# 2024 年度钻完井技术研讨会暨第二十一届石油钻井院(所)长会议论文集

《2024 年度钻完井技术研讨会暨第二十一届石油钻井院(所)长
会议论文集》编委会　编

石油工业出版社

## 内 容 提 要

本书收集了 2024 年度钻完井技术研讨会暨第二十一届石油钻井院（所）长会议精选论文，内容包括工程地质、钻井工艺技术、钻井新工具、新技术、钻井液及堵漏技术、固井、完井及试油技术、储层改造及油气开采、新能源及 CCUS 等，反映了近年钻完井技术科研成果和技术进步。

本书可供钻完井技术人员和管理人员参考使用。

### 图书在版编目（CIP）数据

2024 年度钻完井技术研讨会暨第二十一届石油钻井院（所）长会议论文集/《2024 年度钻完井技术研讨会暨第二十一届石油钻井院（所）长会议论文集》编委会编. —北京：石油工业出版社，2024.4

ISBN 978-7-5183-6688-0

Ⅰ.①2… Ⅱ.①2… Ⅲ.①油气钻井-完井-文集

Ⅳ.①TE257-53

中国国家版本馆 CIP 数据核字（2024）第 092087 号

出版发行：石油工业出版社
（北京市朝阳区安华里二区 1 号楼　100011）
网　　址：www. petropub. com
编辑部：（010）64523687　图书营销中心：（010）64523633
经　　销：全国新华书店
印　　刷：北京中石油彩色印刷有限责任公司

2024 年 4 月第 1 版　2024 年 4 月第 1 次印刷
787×1092 毫米　开本：1/16　印张：73.5
字数：1890 千字

定价：350.00 元

# 《2024 年度钻完井技术研讨会暨第二十一届石油钻井院(所)长会议论文集》
## 编 委 会

# 前　言

    2024 年 4 月在四川省成都市隆重召开的"全国钻完井技术研讨会暨第二十一届石油钻井院(所)长会议"是我国石油钻完井界的一次盛会。本次会议,国内三大石油集团公司、石油院校的钻完井相关专家学者汇聚一堂,以"聚力科技创新,赋能高质量发展"为主题,围绕近年来钻完井技术新成果、新技术、新方法展开全方位的交流和分享,对提升钻完井技术研究应用水平、扩大技术成果应用规模产生积极的推动作用。

    本次会议得到了与会各单位的高度重视,会前踊跃投稿,编委会组织专家认真审查和筛选,共 140 篇论文入选论文集。本论文集涉及深井、水平井的钻完井关键技术、高温钻井液、井下作业工具等内容,涵盖了国内陆上、海洋油气藏,以及致密油气藏、页岩气等非常规油气藏的钻完井技术攻关和应用。既有在钻完井前沿技术的研究与探索,也有对钻完井瓶颈技术方面的攻关,还有对成熟钻完井工艺技术的深入与完善,不仅具有一定的理论研究水平,也与当前石油勘探开发中亟待解决的问题紧密结合,具有较高的学术研究和工程应用价值,代表了目前国内钻完井技术的最新水平,也是近年来我国石油工业领域研究成果的重要体现。

    为方便广大技术人员学习参考,中国石油学会石油工程专业委员会钻井工作部与中国石油集团川庆钻探工程有限公司钻采工程技术研究院联合组织,聘请专家进行审查,对本次会议征集的论文进行精选汇编成集出版。

    本论文集是广大钻完井从业者智慧的结晶,论文理论水平高,实用价值强,希望全国石油工作者能够从中获得启迪、激发灵感,在钻完井新工艺、新技术、新装备的应用研究方面再接再厉,为深层、超深层、非常规油气的高效安全开发,以及新能源的探索利用继续做出贡献。

    最后,对所有提交论文的专家学者表示衷心的感谢!

《2024 年度钻完井技术研讨会暨第二十一届
石油钻井院(所)长会议论文集》编委会
2024 年 4 月

# 目　录

## 一、工程地质

## 二、钻井工艺技术

## 三、钻井新工具、新技术

## 四、钻井液及堵漏技术

# 五、固井、完井及试油技术

# 六、储层改造及油气开采

# 七、新能源及 CCUS

# 一、工程地质

# 陆相深部硬地层在不同钻井液条件下的破岩机理影响因素研究

胡大梁　欧　彪　严焱诚　黄　敏

（中国石化西南油气分公司石油工程技术研究院）

**摘　要**　川西须二气藏天然气资源丰富，是增储上产的主阵地，但地层可钻性差、研磨性强，导致机械钻速低。通过开展不同钻井液条件下的破岩机理室内实验，表明在水基钻井液条件下，对岩石造成水化/浸润作用，有利于提高破岩效率；油基钻井液条件下，岩石未发生水化作用，在PDC齿的高速刮切作用下，在井底表面形成一层坚硬的表层，不利于破岩，而牙轮钻头的压入破岩不受此影响；油基钻井液中的钻进扭矩低于水基条件，能量传递效率低，此在平面齿、异形齿钻进硬地层的效率低。在X8-5H井须二水平段优选兼具牙轮和PDC钻头优点的KPM1642DRT混合钻头，通过牙轮齿的压入破岩结合PDC切削齿的刮切破岩提高硬地层的综合破岩效率，与进口PDC钻头相比，单趟进尺增加80%、平均钻速提高23%，助力本井优快完钻。

**关键词**　硬地层；可钻性；破岩机理；钻井液；钻头选型

川西须家河组二段气藏位于川西坳陷中北段，探明储量超1000×10⁸m³，2020年以来部署实施的X8-2井、X201、X204井相继获高产工业气流，最高无阻流量246×10⁴m³/d，是中石化增储上产的主阵地[1-3]。为进一步增加优质储层穿越长度，增加储量动用率，新部署井以定向井和水平井为主，面临深部地层可钻性差、研磨性强、机械钻速低的问题。通过开展不同钻井液条件下的岩石破岩机理室内实验，分析影响破岩效率的关键因素，为现场钻头选型和改进提供支持，研究成果在X8-5井水平段应用，研选4刀翼2牙轮高效混合钻头，单趟进尺比优化前增加80%，平均钻速提高23%，全井钻井周期117d，首次实现"四个月完钻一口须二水平井"。

## 1　须家河组二段岩石力学特征及钻井难点

川西陆相地层自上而下为第四系、蓬莱镇组、遂宁组、沙溪庙组、白田坝组、自流井组、须家河组，其中第四系—白田坝组地层抗压强度较低，可钻性级值一般为3.5～5.2，整体属于软—中软地层；进入须家河组，地层抗压强度明显升高，地层石英砂岩含量高，

---

【基金项目】中国石油化工股份有限公司科技部课题"四川盆地特深层钻完井工程技术示范"（P21081-7）部分研究成果。

【第一作者简介】胡大梁，男，1982年生，高级工程师，2007年毕业于西南石油大学油气井工程专业，主要从事超深井钻井工程设计和钻井提速工艺研究工作。电话：19827880526。E-mail：PECHDL@126.com。

泥页岩夹层，软硬交替频繁，尤其是进步须家河组下部的须二段，压实强度高、石英含量高、研磨性极强，属于硬地层范畴[4-6]，切削齿吃入困难，破岩效率低，直井段平均机械钻速 1.5m/h 左右，是制约全井提速的瓶颈井段。

X8-5H 井是部署在新场构造以须二段为目的层的一口水平井，设计井深 5738m，水平段长 789m，三开制井身结构，为保证井壁稳定性，三开设计油基钻井液体系。本井 2022年 9 月 17 日开钻，3 趟钻钻至 4141m 二开中完，用时 37.5d。三开进入须三段后，由于岩性致密、非均质性强、可钻性差，钻速低于 2.5m/h；自 4859m 进入须二段后，硅质含量由18% 左右增加至 30%，研磨性增强（图 1），尝试进口旋转齿 PDC 钻头、进口 PDC 钻头等，使用 4 只钻头，总进尺 368m、平均单趟进尺 92m、平均机械钻速 1.67m/h，钻速未得到显著改善（图 2），钻头出井后有严重磨损及崩齿现象，亟待摸清油基钻井液对硬地层破岩机理的影响，开展针对性的钻头选型优化。

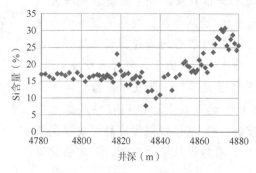
图 1　水平段 Si 含量变化曲线

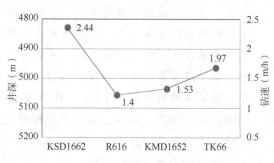
图 2　钻头应用效果对比

## 2　破岩机理影响因素实验分析

### 2.1　实验方案制定

从须家河组 XS206 和 JF101H 井分别取水基钻井液和油基钻井液各 1m³，采集须家河组二段砂岩露头，测定岩石的基本力学参数见表 1。

表 1　须二段露头岩石力学参数表

| 编号 | 直径（mm） | 长度（mm） | 试验力（kN） | 强度（MPa） | 弹性模量（GPa） |
|---|---|---|---|---|---|
| 1 | 25.44 | 50.4 | 53.71 | 108.6 | 5.64 |
| 2 | 25.56 | 50.76 | 67.72 | 138.9 | 5.78 |
| 3 | 25.32 | 50.28 | 71.11 | 143.1 | 5.99 |
| 4 | 25.22 | 50.5 | 40.64 | 82.48 | 5.09 |
| 5 | 25.48 | 50.48 | 69.53 | 141 | 5.74 |
| 6 | 25.54 | 50.38 | 62.66 | 126.6 | 5.61 |
| 均值 | | | | 123 | 5.64 |

为对比分析钻井液、钻头类型对岩石破岩效率的影响，计划开展水基、油基条件下五种微钻头（图 3）的岩石标准可钻性实验，包括平面齿 PDC 微钻头、异形齿 PDC 微钻头、孕镶微钻头、牙轮微钻头及偏心孕镶微钻头。主要实验设备是西南石油大学 GXY-200B 型钻头实验台架（图 4），它主要由液压控制系统和数据采集系统组成，钻头可以实现 360 °旋转运动，钻

压 0~15kN 可调，转速 40~500r/min 可调，钻进深度 0~200m。实验内容包括：不同齿型、不同钻井液条件下的标准可钻性、变钻压可钻性、变转速可钻性和门限钻压测试评价。

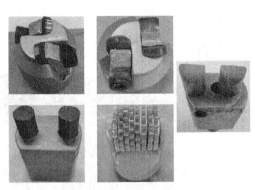 

图 3　实验用微钻头　　　　　　　图 4　钻头实验台架

### 2.2　室内实验过程

岩石标准可钻性测定实验过程包括岩石的预处理（钻井液浸泡后取出清理）和岩石可钻性测定（装夹后试验及数据处理等）[7-10]，步骤见表 2。

表 2　标准可钻性实验过程

| 微钻头类型 | 钻压（N） | 转速（r/min） | 计时方式 |
|---|---|---|---|
| 平面齿 | 500 | 55 | 钻深达 1mm 时开始计时，再钻进 3mm，记录钻进时间 $t$ |
| 异型齿 |  |  |  |
| 孕镶齿 |  |  |  |
| 牙轮齿 | 890 | 55 | 钻深达 0.2mm 时开始计时，再钻进 2.4mm，记录钻进时间 $t$ |

完成标准可钻性实验后，再进行变参数可钻性实验，具体实验步骤如下：

（1）岩样在钻井液中浸泡不少于 72h；

（2）将岩石装夹在钻机钻头下的水基钻井液容器内；

（3）开启钻头，钻头转速为 50r/min；

（4）启动数据采集系统；

（5）造初始井底；

（6）将钻压调至 1500N 不变，转速调至 50r/min；

（7）钻进至预定深度（30mm），上提钻头结束钻进；

（8）将转速分别调至 70r/min、120r/min、160r/min 重复钻进步骤；

（9）将钻头转速定在 50r/min 不变，钻压分别调至 2000N、2500N、3000N、4500N、6800N、7800N、9100N、12300N 重复钻进过程。

将钻头装夹在油基容器内进行上述步骤，实验结束。完成可钻性实验后的岩样如图 5 至图 8 所示。

### 2.3　实验结果分析

（1）牙轮钻头可钻性实验分析。

整理实验数据后，按照岩石可钻性实验标准（SY/T 5426—2000），对牙轮钻头（表 3）和

PDC 钻头的可钻性实验数据进行处理分析，取得对应钻进时间，按照岩石可钻性公式计算对应的可钻性级值：

$$k_{\mathrm{d}} = \log_2 t$$

式中，$k_{\mathrm{d}}$ 为可钻性级值；$t$ 为钻进时间平均值，s。

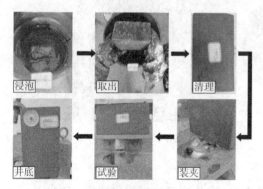
图 5　实验流程

图 6　岩样浸泡

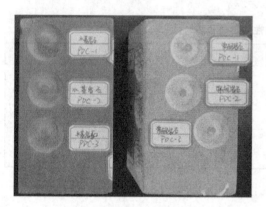
图 7　平面齿钻头实验井底

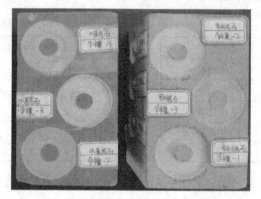
图 8　孕镶齿钻头实验井底

表 3　牙轮钻头可钻性实验数据

| 钻头 | 岩石 | 钻进时间(s) | 钻进时间(s) | 可钻性级值 | 可钻性级值 | 级别 |
|---|---|---|---|---|---|---|
| 牙轮齿微钻头 | 常规 | 57 | 47.00 | 5.83 | 5.54 | 五 |
| | | 39 | | 5.29 | | |
| | | 45 | | 5.49 | | |
| | 水基 | 45 | 37.33 | 5.49 | 5.21 | 五 |
| | | 31 | | 4.95 | | |
| | | 36 | | 5.17 | | |
| | 油基 | 28 | 28.33 | 4.81 | 4.82 | 四 |
| | | 30 | | 4.91 | | |
| | | 27 | | 4.75 | | |

从牙轮微钻头可钻性实验结果可以看出，在钻进时间方面，常规岩石>水基岩石>油基岩石，水基岩石钻进时间较常规岩石缩短约 21%，油基钻井液钻进时间较常规岩石缩短约

40%。在可钻性方面，水基钻井液条件下的岩石可钻性与常规岩石可钻性为同一级别（5级），而油基钻井液条件下的岩石可钻性低一级别（4级），即钻井液有利于牙轮钻头破岩，且油基钻进液的效果好于水基钻井液。

（2）平面齿PDC钻头可钻性实验分析如图9所示。

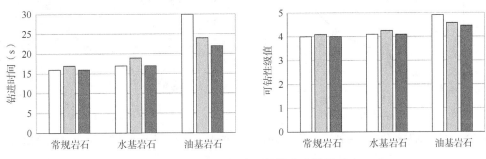

图9　平面齿PDC钻头可钻性实验结果对比

从图9中可以看出，水基条件下钻进时间较常规增加8%，油基条件下钻进时间较常规岩石增加55%；在可钻性级值方面，油基岩石>水基岩石>常规岩石，总之，在钻井液条件下，平面齿PDC钻头条件下的可钻性变差，不利于破岩。

（3）不同钻头类型实验结果对比见表4。

表4　三种岩石四种钻头类型钻进时间对比

| 钻进时间对比 | | 可钻性类别 | | | |
| --- | --- | --- | --- | --- | --- |
| | | 牙轮齿微钻头 | 平面齿PDC微钻头 | 异形齿PDC微钻头 | 孕镶齿微钻头 |
| 岩石类型 | 常规岩石 | 0 | 0 | 0 | 0 |
| | 油基岩石 | ↓40% | ↑55% | ↑7% | ↓31% |
| | 水基岩石 | ↓21% | ↑8% | ↑1% | ↓7% |

综合上述分析，微钻头类型和钻井液环境对钻进效率的影响较大。钻井液条件下，牙轮齿和孕镶齿微钻头破岩方式有利于缩短钻进时间，提高钻进效率；其中油基环境影响大于水基环境，牙轮齿微钻头破岩方式影响大于孕镶齿微钻头；钻井液条件对于以平面齿PDC微钻头和异型齿PDC微钻头破岩方式，造成了不利影响，其中油基环境影响大于水基环境，平面齿PDC微钻头所受影响大于异型齿PDC微钻头。

（4）钻井参数对钻速的影响分析。

基于相同钻井参数，在水基钻井液条件下，岩石的钻进效率始终高于油基岩石（图10），扭矩值趋势也大致相同（图11）。在钻速方面，无论是水基还是油基条件，钻速均随钻压的增加出现拐点，而两种出现拐点的范围有所不同：水基条件钻速增幅拐点有两处，其一是2kN至3kN范围，其二是6.8kN至9.1kN范围，较前后参数范围钻速增量明显要大一些；油基条件钻速增幅拐点也有两处，其一是2.5kN至3kN范围，其二是7.8kN至9.1kN范围，其范围小于水基岩石。

（5）实验结果差异的原因分析。

① 标准可钻性实验条件下，牙轮齿、孕镶齿微钻头和平面齿、异形齿微钻头在钻进时间上存在明显差异。主要原因在于牙轮齿、孕镶齿微钻头的破岩方式没有发生"压实效应"，

不存在表面硬化层，因此相对于常规岩石，钻井液环境对岩石造成的水化作用，有利于提高破岩效率。

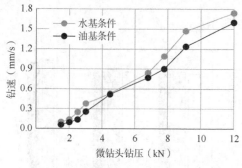

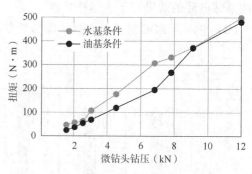

图 10  水基/油基条件钻压—钻速关系曲线图　　图 11  水基/油基条件钻压—扭矩关系曲线图

② 油基钻井液条件下，牙轮齿微钻头钻进岩石的效率高于水基岩石。油基钻井液中的油质能够为黏土矿物颗粒间提供润滑作用，岩石裂缝间润滑作用明显，因此牙轮齿微钻头钻进油基岩石效率得以提高。

图 12  油基钻井液条件下
井底形成的表面硬化层

③ 在平面齿、异形齿微钻头钻进条件下，钻进油基岩石的效率低于水基岩石。油基钻井液的润滑作用，使黏土矿物更容易被压入岩石骨架中，填充得更为紧密，表面硬化层的硬化程度更高，如图 12 所示，从而使 PDC 齿侵入难度增加，钻进效率降低。

④ 孕镶齿微钻头的钻进效率远低于异形齿微钻头。孕镶齿微钻头侵入深度很低，在中硬或中高硬度岩石条件下不具备技术优势。

⑤ 异形齿微钻头钻进效率低于平面齿微钻头。在同等前倾角度条件下，异形齿齿面当量前倾角度大于平面齿，压实效应更为显著，侵入能力也有所降低，导致钻进效率低于平面齿。

⑥ 变参数钻进实验条件下，水基钻井液条件下的钻进扭矩高于油基条件，钻进效率明显高于油基钻井液条件。

## 3　研究成果应用

根据室内可钻性实验结果，在油基条件下，牙轮钻头的破岩效率高于 PDC 钻头、平面齿高于异形齿。基于以上认识，X8-5H 井须二水平段钻头选型推荐选用兼具牙轮和 PDC 钻头优点的 KPM1642DRT 混合钻头，采用 4 刀翼、2 牙轮设计；16mm 切削齿加强耐磨性；力平衡设计保障钻头平稳切削，通过牙轮的压入破岩结合 PDC 切削齿的刮切破岩提高综合破岩效率[11-12]，避免复合片重复切削造成井底表面硬化层的出现(图 13)。

该钻头钻进井段 5177～5334m，进尺 157m、平均机械钻速 1.91m/h，进尺和钻速均得到显著提升，后续继续使用 KPM1642DRT 钻头 1 只，进尺 174m、平均机械钻速 2.19m/h，两只钻头平均进尺 165.5m、平均纯钻时间 80.9h、平均机械钻速 2.05m/h，与前期使用的进口 PDC 钻头相比，单趟进尺增加 80%、平均钻速提高 23%，减少起下钻 2 趟，表明选型思路符合须二段的提速需求，为本井的安全优快完钻提供了有力支撑。

图 13 混合钻头入井前后对比

## 4 结论及建议

（1）水基钻井液条件下，牙轮齿微钻头的破岩方式未发生"压实效应"，不存在表面硬化层，而且水基钻井液对岩石造成的水化/浸润作用，有利于提高破岩效率。

（2）油基钻井液条件下，地层岩石未发生水化作用，在 PDC 齿切削状态下，将黏土矿物通过切削挤压进入岩石骨架内，使井底表面形成一层坚硬的表层，其硬度超出了岩石本身的微硬度，在变参数钻进实验条件下，油基钻井液中的钻进扭矩低于水基条件，能量传递效率低，不利于提高破岩效率。

（3）须二段硬地层在油基钻井液条件下，常规 PDC 钻头破岩效率较低，推荐采用混合钻头，通过牙轮钻头的压入破碎结合 PDC 复合片的刮切混合破岩提高破岩效率。

（4）通过可钻性实验的方式，摸清了水基和油基钻井液条件下，不同类型钻头在硬地层的破岩效果和影响因素，对于类似地层的工具选型优化具有重要借鉴意义。

## 参 考 文 献

[1] 郑和荣，刘忠群，徐士林，等. 四川盆地中国石化探区须家河组致密砂岩气勘探开发进展及攻关方向[J]. 石油与天然气地质，2021，42(4)：765-783.

[2] 姜自然，陆正元，刘斐，等. 川西拗陷新场气田须家河组宽大裂缝及其油气地质意义[J]. 成都理工大学学报(自然科学版)，2023，50(1)：1-12.

[3] 李王鹏，刘忠群，胡宗全，等. 四川盆地川西坳陷新场须家河组二段致密砂岩储层裂缝发育特征及主控因素[J]. 石油与天然气地质，2021，42(4)：884-897，1010.

[4] 刘彬，姚建林，杨斌. 川西双鱼石构造须家河组岩石抗钻特性研究[J]. 科学技术与工程，2022，22(18)：7846-7852.

[5] 刘伟. 川西气田须家河组致密坚硬地层钻井提速关键技术[J]. 天然气技术与经济，2020，14(5)：44-51.

[6] 胡大梁，钟敬敏，赵雯，等. 川西须家河组三段非均质性地层钻头研选及优化[J]. 石油工业技术监

督，2023，39（10）：60-64.

[7] 李玉波，李忠慧，胡棚杰，等.基于矿物组分的岩石抗钻特性评价及应用[J].钻采工艺，2023，46（6）：177-183.

[8] 陈炼，魏小虎，曹强，等.凸棱非平面PDC齿破岩机理及其在含砾地层中的应用[J/OL].中国机械工程，1-11[2024-02-23].

[9] 温博，张春亮，吴昊，等.异形齿切削破碎页岩的试验与数值模拟研究[J].石油机械，2024，52（1）：11-19.

[10] 石祥超，陈帅，孟英峰，等.岩石可钻性测定方法的改进和优化建议[J].石油学报，2023，44（9）：1562-1573.

[11] 胡大梁，严焱诚，李群生，等.混合钻头在元坝须家河组高研磨性地层的应用[J].钻采工艺，2013，36（6）：8-12，149.

[12] 于金平，邹德永，刘笑傲.适合强研磨性硬地层的新型混合钻头设计及现场应用[J].金刚石与磨料磨具工程，2020，40（3）：67-71.

# 基于数字岩心的岩石力学行为评价模型

## ——以天府气区须家河组为例

郭建华 佘朝毅 夏连彬 余文帅

（中国石油西南油气田公司）

**摘 要** 石油天然气钻井过程中，上覆非目的地层钻取的岩心数量有限，大多采用地质露头开展室内试验，限制了岩石力学行为研究的针对性，为此采用数字岩心模型对上覆长井段非目的地层岩石力学行为开展反演研究。该模型基于三维 Voronoi 体，通过二次开发技术结合目标层位岩屑组分测试结果还原矿物成分、黏土以及孔隙的空间分布，利用子程序定义微观矿物组分的损伤演化实现数字岩心的宏观破坏过程模拟。本文以四川盆地天府气田须家河组为例，基于建立的数字岩心模型开展了单轴压缩仿真实验，数值模拟结果中岩石破坏形式与实验室测试结果一致，均表现为剪切缝；提取数字岩心破坏过程应力应变曲线与实验测试结果比较，吻合度高；通过数值模拟和实验室测量比对，验证了本方法在评价岩石强度及破坏特征的可靠性。本研究为岩心材料缺少条件下研究钻井过程上覆地层岩石力学特性提供了新思路，对从微观角度研究岩石力学行为有重要意义，对破岩机理认识及优化钻头选型与设计有重要工程意义。

**关键词** 数字岩心；多组分；力学行为；单轴抗压强度

石油天然气钻井过程中，上覆非目的地层钻取的岩心数量有限，大多采用地质露头开展室内试验，限制了岩石力学行为研究的针对性，故提出采用数字岩心模型对上覆非目的地层岩石力学行为进行研究，对井下岩石的变形机制和破坏特征，对钻头选型及优化设计，提高机械钻速具有重要意义。基于数字岩心模型，能够解决受到真实岩心尺寸限制而无法进行力学实验的问题，即使只有岩屑，也能够通过重构数字岩心进行分析。此外，传统力学实验中，一次实验就会对岩心造成不可恢复的破坏，而数字岩心模型能够重复使用，无次数限制。

现有数字岩心模型的建立通常基于两种方式：图像处理法和数值重建法。图像处理法是借助光学显微镜、CT 仪等高精度设备[1-3]，对切片的岩心逐层进行拍摄或扫描，以获得连续的岩心切片图像，再通过重构算法等，将图片叠加恢复成原岩心结构。该方法目前在石油行业中得到广泛的应用，形成了高精度的三维储层表征技术，多用于渗流和孔隙结构

【基金项目】中国石油天然气股份有限公司重大科技专项"致密砂岩气藏提高采收率关键技术研究"（编号：2023ZZ25）；中国石油西南油气田分公司重大科技专项"四川盆地中西部地区致密气勘探开发理论及关键技术研究—课题 3：四川盆地中西部地区致密气钻采关键技术研究"（编号：2022ZD01-03）。

【第一作者简介】郭建华，1980 年生，高级工程师，长期从事石油天然气钻井技术研究工作。地址：四川省成都市青羊区小关庙后街 25 号。E-mail：g_jh@ petrochina. com. cn。

特征研究[4-7]；但该方法存在切片连续性差的问题，无法准确评价矿物颗粒与岩石力学行为之间的关系，且计算时间也较长。李秉科等[8]基于 X-CT 图像，结合对抗神经网络生成数字岩心，该方法生成速度快，尺寸不受限制。Yufei Fan 等[9]构建了不同黏土含量的三相数字岩心，用以计算磁芯中的电气特性，该模型孔隙特征与实际岩心孔隙差距较大，缺乏实际性。以上均需要配合 CT 图像并要求矿物颗粒间具有强烈的对比特征。数值重建法包括数学随机方法和模拟沉积法。赖富强等[10]对岩心中各种组分和有机质图片进行遍历，通过 MCMC 进行三维重构，主要原理是基于图像信息中孔隙和矿物出现的条件概率随机生成，建立页岩气储层可压性评价模型。祝效华等[11]考虑岩石矿物组分含量及其材料参数后定量研究了不同 PDC 齿的破岩效率，作为优选切削齿的新方法。相比于图像处理法，数值重建的数字岩心可以完全反映实际岩心中的矿物情况，并且可以重复使用，根据不同的矿物组分含量，建立多个不同性质的岩心模型，数据利用率高，适合应用于须家河组岩石力学参数评价中。

三维尺度下的泰森多面体已在多晶体模型中得到了较多应用。GHOSH[12]首次将 Voronoi 模型导入到 ABAQUS 进行计算，很好地再现了颗粒的随机性和不均匀性对晶体模型的影响。潘微[13]等人基于 Voronoi 理论建立了铝合金多晶体的断裂模型，在晶体之间建立内聚力单元，对比实际裂纹扩展路径和形态，证明了该模型对铝合金萌生寿命的预测准确性。基于岩石颗粒排布形式与三维泰森多面体的相似性，一些学者也探索了泰森多面体应用于岩石力学研究的可行性，周大波等人[14]出于颗粒相似性考虑，通过岩石预制裂纹径向压缩破坏模拟，验证了 Voronoi 在岩石模拟破裂中的应用性好，与实验结果的吻合度高，说明使用 Voronoi 子块体单元 DDA 方法能够有效模拟岩石的开裂破坏过程。刘璐瑶等人[15]基于三维 Voronoi 体，建立了混凝土细观模型，借助该模型可以随机缩小多面体尺寸的优势，保证了不同粒径骨料的体积分数均符合要求，从而实现了不同工况下混凝土的力学行为模拟。LV 等人[16]建立基于随机 Voronoi 的脆性岩石模型对压裂和拉伸裂纹的生成过程进行了模拟，并基于该模拟方法研究了地震时边坡的破坏机理。LEE 等人[17]结合 Voronoi 理论，建立了一种微观结构的弹塑性模型，用于研究复合材料和多孔隙结构。

鉴于前人的研究，基于 CT 扫描建立数字岩心的仿真模型对岩心中矿物颗粒的对比度要求较高，难以准确地建立多个种类的矿物模型，如需在较少的岩心资料下准确地厘清须家河组地层的岩石力学参数，有必要开展基于数值重建法的数字岩心反演研究。本文首先基于 Voronoi 法建立三维数字岩心模型，用以表征岩石内部矿物颗粒结构。其次通过 XRD 衍射实验和孔隙度—渗透率测试获得岩石的组分含量和孔隙度，并将其随机分配给矿物颗粒从而还原岩石材料参数的非均质性。基于建立的数字岩心模型，结合天府气区 X 井须家河组取样岩石矿物组分测试结果和岩石破坏理论，开展了该层位岩石破坏特征及力学参数的反演研究，获取了其宏观破坏形貌以及强度特征，并从细观力学角度分析了岩石颗粒在单轴压缩过程中的损伤演化过程。模拟结果与实验室单轴压缩效果比对效果良好，验证了数字岩心在岩石力学行为研究方面的可靠性。

# 1 岩心压缩试验

## 1.1 试样制备及实验流程

依照美国 ASTMD443-04 标准加工岩心，试样样本来自天府气区永浅 X 井须家河组岩心，埋深3711.28—3719.78m，处于须三下亚段。将岩心加工成圆柱状，直径为25mm，高度与直径之比为2，圆柱形试样两端车平、磨光，端面的不平行度小于0.015mm，图1为试验岩石样本。

图1　永浅X井岩心

将标准柱塞岩石样品置于压力机承压板之间环向施加围压至预定值，再轴向施加载荷，逐渐增大轴向压力，直至试样破坏。在加载过程中可获得应力应变曲线，其峰值为抗压强度，通过应力应变变化关系可以计算得到弹性模量、泊松比。岩石的单、三轴压缩力学实验载荷加载示意图如图2所示。

### 1.2　实验结果分析

通过对永浅X井的岩心试件进行岩石力学单轴压缩实验，获取了岩石试件的应力—应变曲线见图4所示。一般来讲，岩石压缩过程中的变形可分为四个典型阶段。第一阶段为空隙压密阶段（OA段），此阶段岩石中的微裂隙闭合，岩石被压密；第二阶段为弹性阶段（AB段），在此阶段，岩石受外力作用会发生弹性变形，但随着外力的消失，岩石会恢复到原来的状态。第三个阶段为微裂隙稳定发展阶段（BC段），此时岩石开始发生塑性变形，试件内部出现微裂隙，岩石开始产生破坏，其中B点为弹性极限点，超过该点的弹性极限，岩石将发生不可恢复的变形；第四阶段为稳定发展阶段（CD段），此阶段内部裂纹迅速增加；C点以后的阶段成为破坏后阶段，C点对应的应力为峰值应力，也称抗压强度，超过该点岩石的承载能力逐渐降低，内部微裂隙贯通，发生大变形破坏。

从图3可以看出，在单轴压缩条件下，由于岩石中存在的孔隙和微裂缝等，压缩前期出现了明显的空隙压密阶段；后进入弹性阶段，在应变达到0.53%时进入屈服阶段，此时屈服强度为125MPa，达到峰值强度的90.06%，应变达到0.6%时进入破坏后阶段。围压为0MPa时，岩石周围没有约束，在轴向载荷的作用下，岩心被压缩，达到峰值应力时，岩石形成劈裂破坏，主裂隙沿着原有方向继续扩展，最终形成与轴向载荷平行的裂纹。从实验结果可以看出，单轴条件下该岩样没有表现出明显的塑性特征，达到峰值强度以后应力水平迅速下降，符合脆性岩石的特点。最终该试件的实验测试力学参数见表1。

表1　永浅X井岩心力学参数

| 围压（MPa） | 抗压强度（MPa） | 弹性模量（MPa） | 泊松比 |
| --- | --- | --- | --- |
| 0 | 138.60 | 23728.76 | 0.105 |

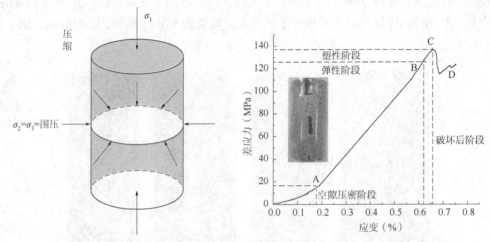

图 2　岩石三轴力学实验加载示意图　　　　图 3　试件单轴压缩实验应力应变曲线

## 2　数字岩心模型建立

### 2.1　三维 Voronoi 理论

三维 Voronoi 图是利用点将空间剖分为多个连续的多面体。对于数字岩心模型，假设在其空间 M 内存在有限数量的点 $S = \{S_1，S_2，\cdots，S_n\}$，岩心空间中的每一个点均对应于一个 Voronoi 单元，而每个 Voronoi 单元都是由点 $S_i$ 生成，各 Voronoi 单元都可以看作是 $S_i$ 点的影响范围，且 $S_i$ 点与其影响范围之间的距离比其他任一点到该范围的距离更近，可将其定义为式（1）。利用 Voronoi 将模型空间内任一点 $S_1$ 与最近点 $S_2$ 按照特定方式划分模型，每一个点 $S_i$ 对应一个多面体单元，即 Voronoi 单元。因为 Voronoi 单元与岩石矿物颗粒结构的相似性，故采用三维 Voronoi 图来表征岩心的矿物随机分布，如图 4 所示。

$$V(i) = \{M \in S，d(M，S_i) \leqslant d(M，S_j)，\forall j \neq i\} \tag{1}$$

式中，$i = 1，2，3，\cdots，n$；$j = 1，2，3，\cdots，n$；$d(X，Y)$ 为点 X 到点 Y 的直线距离。

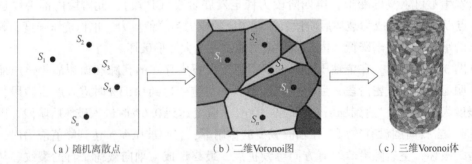

（a）随机离散点　　　　　　　（b）二维Voronoi图　　　　　　　（c）三维Voronoi体

图 4　三维 Voronoi 体生成原理

### 2.2　岩石破坏准则

岩石是一种非均质材料，是矿物颗粒的集合体，其内部存在的孔隙、裂缝、节理等结构，使得即使是同一块岩石中所取的样本，其力学性质差异很大。由于岩石结构的特殊性，受到外部载荷后会造成岩石内部应力场不均匀，不同矿物颗粒受力存在差异，局部应力过大的矿物颗粒首先发生损伤或破坏，剩余的载荷会传递给相邻矿物颗粒，岩石内部应力场不断发生变化。若相邻矿物仍发生损伤，则载荷继续向附近传递，直到有矿物颗粒能承受载荷或岩石发生宏观破坏，载荷终止传递。

将岩石矿物颗粒看作是各向同性的均质颗粒，基于 von Mises 理论，对岩石的损伤进行判定：

$$\sigma_F = \sqrt{\frac{1}{2}\left[(\sigma_{xx}-\sigma_{yy})^2+(\sigma_{yy}-\sigma_{zz})^2+(\sigma_{zz}-\sigma_{xx})^2+6(\tau_{xy}^2+\tau_{yz}^2+\tau_{zx}^2)\right]} \geq \sigma_c \tag{2}$$

式中，$\sigma_c$ 为每个矿物颗粒的抗压强度；$\sigma_{xx}$、$\sigma_{yy}$、$\sigma_{zz}$、$\tau_{xy}$、$\tau_{yz}$、$\tau_{zx}$ 是矿物颗粒应力的六个分量。

矿物颗粒在达到损伤阈值之前保持线性弹性，一旦超过损伤阈值，即 $\sigma_F > \sigma_c$ 时开始发生损伤和失效，矿物的弹性模量开始发生退化[11]：

$$E_t = E(1-D_t) \tag{3}$$

$$D_t = \begin{cases} 0 & \varepsilon \leq \varepsilon_{c0} \\ 1-\dfrac{\mu-\gamma}{\mu-1}\cdot\dfrac{\varepsilon_{c0}}{\varepsilon}+\dfrac{1-\gamma}{\mu-1} & \varepsilon_{c0} < \varepsilon \leq \varepsilon_{cr} \\ 1-\gamma\cdot\dfrac{\varepsilon_{c0}}{\varepsilon} & \varepsilon > \varepsilon_{cr} \end{cases} \tag{4}$$

式中，$E_t$ 为矿物颗粒受到损伤后的弹性模量；$E$ 为矿物原始弹性模量；$D_t$ 为损伤系数，无量纲；$\varepsilon_{c0}$ 表示矿物颗粒单轴抗压强度的峰值应变；$\varepsilon$ 为单轴压缩条件下的 Mises 等效应变；$\varepsilon_{cr}$ 表示残余应变；$\mu$ 表示残余应变系数；$\gamma$ 表示残余强度系数。

### 2.3 数字岩心模型的生成

首先在标准岩心尺寸圆柱体空间范围内随机生成一组离散点，根据 Voronoi 理论和特征，基于离散点将空间用线剖分，最后根据剖分结果，在圆柱形岩心上生成一定数量的 Voronoi 单元作为矿物颗粒，这些矿物颗粒随机分布。通常 Voronoi 镶嵌会产生小边缘，小边缘的存在使得某些网格被过度细化，在模拟计算过程中容易产生畸变，故通过正则化删除小边缘，避免产生局部网格过度细化的问题。通过图 5 所示建模流程进行敏感性分析，以试验结果为约束，最终使用的数字岩心模型具有标准实验室岩心尺寸 $L50\text{mm} \times \phi25\text{mm}$，其中矿物颗粒有 10000 颗，对应表征单元体的数量为 10000 个，即建模开始时的离散点个数为 10000 个。

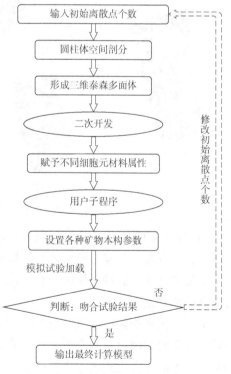

图 5　多组分数字岩心模型构建过程

对天府气区须家河组地层岩心矿物组分含量进行分析，根据 XRD 衍射实验获得矿物组分含量和孔隙度。试验结果显示永浅 X 井岩心主要由石英组成，其含量占到了 78.8%，钾长石含量为 3.6%，斜长石含量为 6.2%，方解石含量为 1%，白云石含量为 0.5%，黏土含量为 9.9%。

通过 python 二次开发技术，对数字岩心模型中各 Voronoi 单元进行随机矿物材料设置，各种矿物材料参数见表2。每种矿物及孔隙在岩心中的含量按照 XRD 测试结果和孔隙度–渗透率测试的孔隙率设置。特别地，考虑到黏土和孔隙结构的特殊性，随机设置更小的单元作为表征。依据实际中黏土及孔隙在岩石内部结构的分布特征，有意地将黏土和孔隙分布在各矿物颗粒边界，使模型更符合实际情况，如图6所示。

表 2　永浅 X 井岩心矿物材料参数

| 矿物 | 抗压强度(MPa) | 弹性模量(GPa) | 泊松比 |
| --- | --- | --- | --- |
| 方解石 | 80 | 54 | 0.26 |
| 白云石 | 102 | 77 | 0.2 |
| 钾长石 | 160 | 74.9 | 0.04 |
| 石英 | 187 | 75 | 0.04 |
| 斜长石 | 147 | 53 | 0.05 |

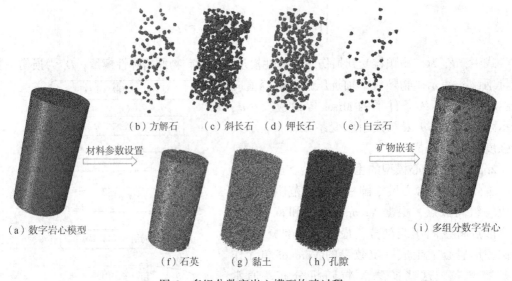

图 6　多组分数字岩心模型构建过程

基于建立的数字岩心模型开展单轴模拟实验，在其上下端面各添加一个刚体板，分别作为压板和底板，与岩心模型之间的接触设置为硬接触。为顶端压板添加 0.005mm/s 均匀向下的加载速度，底端添加六个自由度的固定约束，保证下端被完全固定，以此模拟实验环境下的加载条件。

为了模拟矿物颗粒以及岩石整体的损伤演化过程，通过用户自定义场变量设置了各矿物颗粒受载时的应力—应变情况。在岩石的压缩过程中，随着轴向载荷的不断加载，模型中矿物颗粒的应变也随之变化，位于岩心不同位置的矿物颗粒，即使是同一种类，其应力和应变状况也各不相同。而数字岩心模型在单轴压缩中的每一个宏观现象，都是由细观矿物的损伤演化过程的整体反映。本模型的损伤演化正是基于此。当矿物颗粒受到载荷后，会产生相应的应变，在每一个增量步计算结束后，模拟结果会被子程序访问并通过数据库传输，子程序根据模型的轴向应变大小，对矿物颗粒的损伤进行计算，最后通过场变量输出到模拟结果中，从而得到岩石矿物颗粒的损伤破坏效果。

## 3 数值模拟结果分析

### 3.1 应力应变曲线及模型损伤演化过程分析

对于本模型，加载位移与时间步长正相关，模型尺度已知，则加载过程数字岩心整体应变已知；上压板点载荷已知，且压板与岩心硬接触，则加载过程压板处（岩心受压）应力已知，二者即可绘出模拟过程中岩心的应力—应变关系。图 8 为敏感性分析后模拟单轴压缩过程得到的应力应变曲线。在弹性阶段，应变 0.4% 时，黏土矿物已经完全损伤，而仅有极少量其他矿物颗粒有损伤；应变在 0.58% 时岩心开始进入塑性阶段，此时屈服强度为 108.33MPa，有少量矿物颗粒开始发生破坏；在应变 0.64% 时，岩心进入破坏阶段，此时有大量矿物开始发生破坏，后迅速形成裂纹和破裂面，从图中的损伤因子分布可以得到印证。损伤因子为 1 时，表明矿物完全破坏，损伤因子为 0 时，表明矿物未发生损伤，损伤因子 0~1 时，矿物发生了不完全损伤。

由图 7 可以看出，随着应变的增大，越来越多的矿物进入塑性状态，进而模型中矿物的损伤范围随之增大。前期，少量而分散的矿物颗粒损伤对岩石的宏观力学行为没有影响，岩石最终的破坏是由大量而集中的矿物颗粒损伤累积起来造成的。当轴向压力逐渐向下加载时，更多的矿物颗粒受到挤压产生应变，当应变超过材料本身的屈服应变时，矿物开始发生损伤，并将无法承受的压力传递给邻近矿物颗粒，逐渐形成裂纹和破裂面。

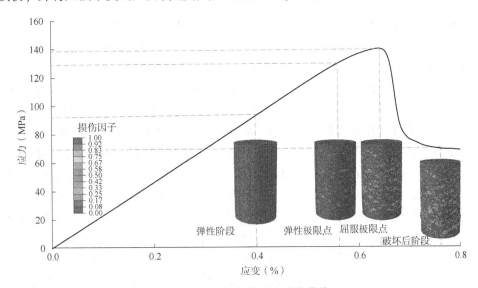

图 7　单轴模拟仿真应力应变曲线

从图 8（a）可以看出，在应变为 0.3% 时，模型处于线弹性阶段，除了黏土矿物已经全部损伤外（此后不再赘述），其他矿物仅有轻微损伤，石英、钾长石和斜长石这类强度高的岩石首先发生损伤，但损伤位置非常分散，这是由于这些位置上的矿物颗粒应变相对较大，超过了材料本身的弹性极限，从而发生了损伤。而此时方解石和白云石还未开始损伤，方解石和白云石属于较软岩石，弹性阶段的应变大，不易进入塑性阶段；在应变为0.64%时，数字岩心整体进入塑性状态时，几种矿物中较为坚硬的石英有部分开始损伤，钾长石和斜长石颗粒有轻微的损伤，白云石和方解石几乎没有损伤。实际情况中，在相同载荷情况下，强度高的矿物应变较小，会首先进入塑性状态，而强度低的矿物应变更大，后进入塑性状态。在应变为0.71%时，数字岩心整体进入破坏后阶段，大量矿物发生损伤，模型损伤量快速增加，石英、钾长石和斜长石的损伤范围进一步扩大，集中在模型中部，但并未达到完全损伤，上下边界周围有轻微损伤。在破坏后阶段，矿物的损伤在模型底部附近汇聚形成明显的裂纹，直到岩石被裂纹贯穿形成破裂面，最终被破坏。根据表2设置的材料参数情况可知，在弹塑性阶段，模型矿物损伤状况符合实际。

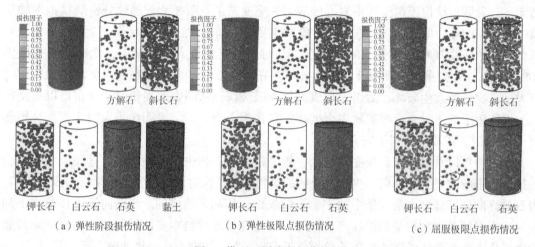

（a）弹性阶段损伤情况　　　　　（b）弹性极限点损伤情况　　　　　（c）屈服极限点损伤情况

图8　模型不同阶段损伤情况

同一种矿物颗粒损伤程度不一致是因为岩石是非均质体，即使是同一种材料，处于岩心不同位置的矿物颗粒的应力状态不同，发生的应变也不相同。图9为弹性极限点处数字岩心整体的Mises应力状况，从应力分布状况可以看出，大部分矿物的应力大小在100~171MPa区间内，少部分矿物的应力大于171MPa，分布较为分散。从不同矿物角度来看，方解石和斜长石大部分应力大小为62~124MPa，少部分应力为124~140MPa，这少部分的方解石承受较大载荷，容易首先发生损伤；白云石的应力相对较小，大小在62~124MPa，且应力分布均匀；相比之下，钾长石和石英矿物的应力较大，极大部分矿物颗粒的应力都在133MPa以上，但此时石英和钾长石仅有轻微损伤，说明其承受载荷能力较强。图9(c)为屈服极限点处的Mises应力分布情况，从图中可以看出，随着载荷的继续加载，此时岩心整体的应力较弹性极限点有较大提升，大部分矿物的应力为150~187MPa，少数矿物的应力已经大于187MPa。钾长石和石英的应力依旧较大，应力较大处的位置分布与图8(c)中损伤情况分布一致；斜长石的应力相较于石英和钾长石更小，但损伤情况大致相当，这是由于钾长石承受载荷的能力更小，更容易进入塑性阶段。由此可见，强度相对高的岩石承受载荷的能力越强，但其也会越快进入塑性近阶段，从而发生损伤。

图10给出了数字岩心在各个阶段的应变分布，可以看出，随着载荷的不断加载，模型以及各矿物的应变逐渐增大。在弹性阶段，此时模型的应变范围在0.5%~0.67%，石英的应变程度普遍小于其他矿物，斜长石和白云的应变较大，间接说明了矿物材料强度与其承受应变的关系。在弹性极限点，由于边界效应的存在，模型整体应变上下端部小、中部应

变大，应变范围 0.5%~0.7%。在屈服极限点，此时模型受到进一步压缩，应变进一步增大，中部应变范围 0.6%~0.9%，有少部分矿物应变已经超过了 0.9%。从应变分布情况可以看出，随着载荷增加，应变整体上升，但是由于矿物材料属性、空间分布以及邻近矿物状态各不相同，应变在不同矿物中的分布情况各有差异，同种矿物处于不同位置的应变情况也不相同。

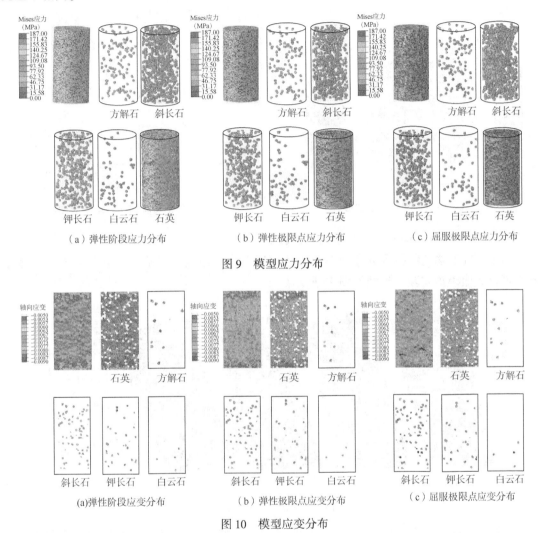

（a）弹性阶段应力分布　　　　（b）弹性极限点应力分布　　　　（c）屈服极限点应力分布

图 9　模型应力分布

（a）弹性阶段应变分布　　　　（b）弹性极限点应变分布　　　　（c）屈服极限点应变分布

图 10　模型应变分布

图 11 给出了应变为 1% 时的损伤因子分布和断裂面状况，此时模型已经进入破坏后阶段。由图可知，在单轴压缩情况下，模型的断裂面与轴向呈现 45°倾角，其形式符合砂岩单轴压缩的破坏形式。不同种类矿物颗粒损伤堆积形成裂纹，裂纹之间相互贯通，最终形成断裂面，造成岩石的宏观破裂。在模型上下边界处的损伤量很小，大部分颗粒没有损伤，仅有少量矿物有轻微损伤；越靠近破裂面附近矿物的损伤规模和损伤量越大，虽然在远离破裂面的地方也有完全损伤的矿物，但由于这些矿物位置较为分散，损伤并不能造成宏观破坏。最终是由相互连通的损伤矿物造成了整个岩心的破坏，这与前述中不同应力、应变下的矿物损伤情况相互印证。

图 12 给出了围压为 0MPa 时的实验结果和数字岩心模型仿真模拟结果的应力应变对比。

由图可知，数字岩心仿真模型的单轴抗压强度为 140MPa，与实验结果 138.60MPa 相差 1.4MPa，精度为 99%；经过计算，数字岩心仿真模型的弹性模量为 22998MPa，与实验结果 23728.76MPa 对比，精度为 96.92%。结合上述模型单轴压缩状态下的破坏过程和应力分布，数字岩心模型的模拟实验结果宏观特性与试验参数基本吻合，说明其可靠性。

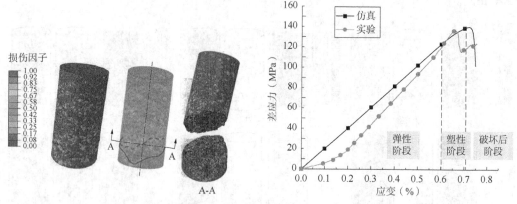

图 11　模型单轴压缩破裂形式　　　　图 12　模拟仿真与实验结果对比

## 3.2　模型矿物空间分布对力学性能的影响

为了研究矿物空间排列分布及单元尺寸对岩石力学性能的影响，建立了另外 4 组数字岩心进行数值模拟实验，模型如图 13 所示。

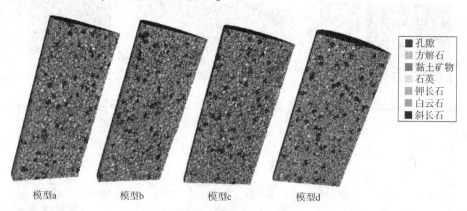

图 13　不同矿物颗粒排列模型

通过对不同矿物空间排列的模型进行数值模拟，如图 14 所示，所有应力应变曲线在弹性阶段（差应力小于 125MPa）重叠，说明其弹性模量相同，均为 22GPa，这表明在弹性阶段，岩石的力学行为不受矿物空间排列情况的影响。仿真结果与实验结果的差异在于，实验结果中存在由于微裂纹等存在，在压缩过程中会有一个空隙压密阶段，造成曲线存在的上凹部分。

在屈服阶段（差应力大于 125MPa），所有曲线变化保持高度一致趋势，与实验结果也非常接近，这表明，岩石在屈服阶段的力学行为不受矿物颗粒空间排列情况的影响。在峰值强度以后，应力水平迅速下降，此时岩石进入破坏后阶段，曲线之间的差异来自空间排列组合的差异导致破裂形式与损伤水平不同。破坏后阶段曲线差异不明显的原因在于该岩样石英含量非常高，矿物颗粒空间排列差异不大。

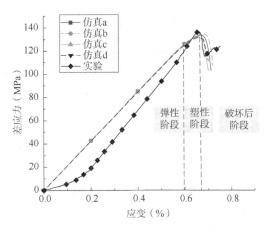

图 14　不同矿物组分空间分布模拟仿真结果

图 15 为不同矿物颗粒空间分布的数字岩心破裂面情况，从图 15 中可以看出，裂纹和破裂面的位置、形状以及倾斜角度各不相同，由此表明，岩石矿物颗粒的损伤情况与矿物空间分布和局部损伤相关。

模型a　　　　　模型b　　　　　模型c　　　　　模型d

图 15　不同矿物组分空间分布破裂情况

## 4　结论

（1）本文针对天府气区须家河组岩石开展了岩石力学参数反演研究，仅基于须家河组永浅 X 井的岩心组分测试结果和 Voronoi 理论，建立了用于表征该井须家河组岩心力学行为的数字岩心模型，用于从微观角度分析和研究岩石的力学特性及损伤破坏行为。

（2）本文研究的数字岩心模型由多种不同组分构成，用塑性应变作为判断矿物颗粒失效的依据，使用损伤系数 $D_t$ 来描述数字岩心模型中材料损伤的演变，采用用户自定义子程序对损伤程度进行计算，可以很好地模拟矿物颗粒及岩石在受载荷过程中的损伤演化行为。

（3）通过对仿真模拟过程中各种矿物的损伤程度、应力状态以及裂纹形态进行对比分析，再现了岩心在单轴压缩过程中的力学行为；与实验结果进行对比，弹性模量和峰值强度精度均在 90% 以上，说明该模型的可行性。

（4）通过多组不同矿物组分空间分布模型计算结果的对比，说明矿物空间分布对弹、塑性阶段的力学行为没有影响，仅对数字岩心的损伤演化和裂纹发展有影响。

# 参 考 文 献

[1] 李增志. 基于 CT 数据的砂岩孔隙结构参数的研究[D]. 大庆：东北石油大学，2023.

[2] 龚修俊，严文德，袁迎中，等. 基于数字岩心和孔隙网络模型的油水相渗模拟研究——以 W433 长 6 油田为例[J]. 重庆科技学院学报(自然科学版)，2023，25(2)：45-50.

[3] 赵华伟，廉培庆，易杰，等. 基于数字岩心技术的岩石孔渗特征研究：以海外 J 油田孔隙型碳酸盐岩油藏为例[J]. 地质科技通报，2023，42(2)：347-355.

[4] 李爱芬，高子恒，景文龙，等. 基于 CT 扫描的蒸汽驱岩心孔隙结构特征及相渗分析[J]. 特种油气藏，2023，30(1)：79-86.

[5] 谭开俊，赵建国，滕团余，等. 基于数字岩心孔喉特征的等效孔隙纵横比有效性研究[J]. 地球物理学报，2022，65(11)：4433-4447.

[6] Zhang, L., Kang, Q., Yao, J. et al. Pore scale simulation of liquid and gas two-phase flow based on digital core technology[J]. Sci. China Technol. Sci, 2015, 58：1375-1384.

[7] 贺斌，吴伟，杨满. 利用三维数字岩心技术评价低渗透砂砾岩储层孔隙结构[J]. 非常规油气，2023，10(3)：15-21.

[8] 李秉科，聂昕，朱林奇，等. 基于梯度惩罚——生成对抗神经网络的页岩三维数字岩心重构[J]. 西安石油大学学报(自然科学版)，2023，38(2)：53-60.

[9] Fan, Y., Pan, B., Mo, X. et al. Study on the $C_0-C_w$ relationship of clay-bearing sandstones based on digital cores[J]. Acta Geophysica. 2020, 68, 641-649.

[10] 赖富强，刘粤蛟，张海杰，等. 基于数字岩心模拟的深层页岩气储层可压性评价模型[J]. 中国石油大学学报(自然科学版)，2022，46(5)：1-11.

[11] 祝效华，王燕飞，刘伟吉，等. PDC 单齿切削破碎非均质花岗岩性能的评价新方法[J]. 天然气工业，2023，43(4)：137-147.

[12] GHOSH S, MALLETT R L. Voronoi cell finite elements[J]. Computers & Structures, 1994, 50(1)：33-46.

[13] 潘微，龙安林，邹羽，等. 基于 Voronoi 理论的铝合金裂纹萌生寿命仿真分析[J]. 组合机床与自动化加工技术，2023(8)：160-162，175.

[14] 周大波，甯尤军，李春玉，等. 岩石圆盘径向压缩破坏的 Voronoi 子块体单元 DDA 方法模拟[J]. 应用力学学报，2023，40(2)：294-301.

[15] 刘璐瑶，陈青青，王志勇，等. 基于 Voronoi 图改进的混凝土三维细观模型生成方法[J]. 科技通报，2021，37(9)：81-89.

[16] Lv, YX, Discrete element method simulation of random Voronoi grain-based models[J]. Cluster Computing-the Journal of Networks Software Tools and Applications, 2017, 20(1), 335-341.

[17] LEE K, GHOSH S. A microstructure based numerical method for constitutive modeling of composite and porous materials[J]. Materials Science & Engineering A, 1999, 272(1)：120-133.

# 超深井地质环境下金刚石颗粒破岩的数值模拟

周忠鸣[1, 2]　臧艳彬[1, 2]

(1. 中石化石油工程技术研究院有限公司；2. 中国石化超深井钻井工程技术重点实验室)

**摘　要**　过去三十多年，研究学者们在深层和超深层地质条件下高效破岩的方法和理论取得了一定的研究成果。然而，在对破岩过程中发生的物理现象认识上仍然存在不足，其中一个基本问题与钻进过程中的岩石—钻头相互作用有关。本文研究了钻头压力和转速对240MPa地应力和200℃条件下孕镶金刚石破岩效率的影响。研究结果表明，对于超深地层，较高的钻压(WOB)加上较低的转速可以提高破岩效率，降低钻头磨损率。因此，我们建议最佳钻井参数：钻压范围为8.0~8.5kN，转速范围为180~240r/min。此外，该研究还研究了水平差异应力对机械钻速(ROP)的深刻影响。上述有助于细化岩石破碎工具的设计和优化钻井参数，从而提高在具有挑战性的钻井环境中岩石破碎的效率。

**关键词**　超深井；相似性原则；钻井参数优化；岩石—钻头相互作用

在过去的三十年里，研究者们在深、超深地质条件下有效破岩的方法和理论方面取得了一定的研究成果。尽管有了这些进展，但在我们对切割过程中所表现出的物理现象的全面理解中仍然存在差距。通过理论分析、实验和数值模拟[1-2]，对机械工具破坏、断裂或岩石的破碎机理进行了广泛的研究。通常，实验和数值研究的主要目的是验证理论模型的准确性。在受控环境中对岩石进行物理测试是一项相对简单的工作，而且这种测试的结果通常很容易被接受。然而，由于随机因素，特别是天然材料的内在异质性，使得研究结果产生较大的离散性。为了排除这些随机因素的影响，需要进行大量的重复性试验。这使得成本相当高，而研究成果却相当有限。此外，人们只能用普通的测量设备和实验方法获得最后阶段的知识，而对破碎过程的了解甚少[3-4]。另外，数值建模通常对给定的条件产生可靠的结果，尽管它经常包括一些重要的简化，但可以提供有用的破碎过程可视化。因此，将数值模拟与物理试验方法相结合，成为一种理想的研究手段。

数值模拟在模拟钻井过程中的碎岩过程中起着关键作用，在特定条件下提供了可靠的结果，并促进了对这一复杂过程的深刻可视化。在钻岩破碎分析中，主要采用数值法(FDM)、有限差分法、有限元法(FEM)、边界元法(BEM)和离散元法(DEM)[5-7]。有限元法尤其以其适用性和适应性而闻名，特别是在模拟具有非均匀性、非线性和复杂边界条件的材料时。此外，有限元法已成为当代工程分析中应用最广泛的数值计算方法，包括岩石力学和岩土工程[8]等领域。它的流行很大程度上归功于它在处理材料异质性、非线性变形

【第一作者简介】周忠鸣，男，1990年出生，2022年毕业于中国科学院地质与地球物理研究所，博士学位，现就职于中石化石油工程技术研究院有限公司，助理研究员。通信地址：北京市昌平区百沙路197号。电话：010-56606206。E-mail：zhouzhm62054.sripe@sinopec.com。

（主要是塑性）、复杂边界条件、动力学问题、处理复杂本构模型甚至压裂方面的合理效率以及用户友好的界面方面的灵活性。

在寻找最有效的连续体方法进行模拟时，有限元法是模拟钻头钻孔破岩过程中最可靠的方法。然而，现有的有限元研究中一个显著的局限性是遗漏了高温和高压地质条件。这种疏忽常常导致数值模拟结果与在超深钻井现场所遇到的实际情况之间的显著差异。为了弥补这一差距，一种理想的方法包括将数值模拟与物理测试相结合。这种组合方法可以在超深三轴地应力的特定条件下验证岩钻相互作用模型。通过对破岩效率的评估和钻井参数的优化，基于相似性理论，建立了超深钻井试验模拟的理论模型。此外，对孕镶金刚石钻头破岩机理的研究，有利于科学、合理地选择钻进参数和对钻头结构的优化评价。这些进步不仅提高了破岩效率，而且有助于适应超深钻井环境的挑战性条件。

## 1 有限元模型建立

### 1.1 几何与网格设计

金刚石颗粒和花岗岩岩体结构的有限元模型采用 Hypermesh 进行网格划分，采用 ABAQUS 进行荷载设置、计算分析和后处理。金刚石颗粒破岩结构整体有限元模型如所示，其几何尺寸设置如下：模拟花岗岩的平面尺寸为 100mm×100mm，厚度为 12mm；金刚石颗粒为正六面体，边长为 2mm。花岗岩结构单元尺寸 1mm，采用这种单元可以避免剪切自锁，适用于大变形问题的分析；模拟金刚石颗粒模型单元尺寸 1mm。整个模型网格数量为 42316 个，其节点数量为 45839 个，其中，金刚石颗粒网格数量为 16 个，其节点数量为 29

个。金刚石颗粒运动轨迹为：以模拟花岗岩的上表面中心为圆心，半径为 25mm 做圆周运动。为使得金刚石颗粒破岩过程显示更加清晰和量化，对金刚石颗粒运行轨迹的网格进行加密（图 1）。加密方式是在转动的轨道两侧各 2mm，建立 4mm 宽的切割区域，然后进行加密。加密网格与非加密网格直接的过渡区域采用五面体网格向六面体网格大尺寸过渡，加密后接触区域网格大小为 0.5mm。

图 1　金刚石颗粒破岩数值模型

### 1.2 结构本构模型参数选取

结构的本构模型参数包括：密度、杨氏模量、泊松比、塑性参数和破坏参数。材料参数依照之前研究中的 240MPa，200℃条件下测得得花岗岩物理力学参数[9]。其中，岩石的密度取为 2.80g/cm³，杨氏模量取为 23.91GPa，泊松比取为 0.105，抗压强度为 453.10MPa。塑性参数采用修正的 Druker-Prager 本构模型，该材料表现出与压力相关的屈服特征，即材料随着压力的增加而变得更强。该本构模型相较于摩尔库伦本构模型，将偏应力作为材料破坏的准则，体现金刚石颗粒破岩的强化特征和体积应力对花岗岩强度的影响。修正的 Druker-Prager 本构模型经常被用于研究岩石剪切破坏作用[10-11]。根据修正的 Druker-Prager 本构模型，引入中间主应力（$\sigma_2$）对破岩的作用，通过正八面体面上的正应力（$\sigma_{oct}$）和（$\tau_{oct}$）表示。即：$\tau_{oct} = \tau_0 + m\sigma_{oct}$。其中，正应力 $\sigma_{oct}$ 可以表示为：$\sigma_{oct} = \dfrac{1}{3}(\sigma_1 + \sigma_2 +$

$\sigma_3$）；剪应力 $\tau_{oct}$ 可表示为：$\tau_{oct} = \frac{1}{3}\sqrt{(\sigma_1 - \sigma_2)^2 + (\sigma_2 - \sigma_3)^2 + (\sigma_3 - \sigma_1)^2}$，$\sigma_1$、$\sigma_2$ 和 $\sigma_3$ 分别

为岩石的最大主应力、中间主应力和最小主应力。$\tau_0$ 可以表示为：$\tau_0 = -\frac{\sqrt{6}}{3}k$，$m$ 可以表示

为 $m = -\sqrt{6}\alpha$，$k$ 和 $\alpha$ 是与岩石材料黏聚力 $C$ 和摩擦角 $\xi$ 相关的参数。

因此，花岗岩的 Druker-Prager 本构模型设置需要摩擦角、膨胀角、应力比以及强化压应力(或拉应力)等参数。其中，摩擦角为 34°，膨胀角为 15°，三轴拉伸强度与三轴压缩强度之比(FlowStress Ratio)为 0.8[12]。结构的破坏参数选择为剪切破坏，该破坏准则适用于本研究中钻头与岩石挤压时发生的破坏模式，需要的参数包括断裂应变、剪切应力比和应变率，断裂应变为 0.02，剪切应力比为 0.02，应变率为 0.02。由于不考虑孕镶金刚石钻头在切割过程中发生破坏的可能，因此，本文将金刚石颗粒视为刚体，花岗岩试样模型具体参数见表 1。

表 1 花岗岩试样模型具体设置参数

| 密度(g/cm³) | 杨氏模量(GPa) | 泊松比 | 抗压强度(MPa) | 摩擦角(°) | 膨胀角(°) | 三轴拉伸强度与三轴压缩强度比 | 应变率 |
|---|---|---|---|---|---|---|---|
| 2.80 | 23.91 | 0.105 | 453.10 | 34 | 15 | 0.8 | 0.02 |

### 1.3 结构分析步设置

之前的研究中通过基于相似原理计算了超深钻井模拟器的参数[9]，孕镶金刚石钻头唇面直径为 50.8mm，单个金刚石颗粒与岩石接触面积视为最大截面积，则基于相似原理施加在钻头的力 5kN、6.5kN、7.19kN、9.38kN 按照比例换算施加到模拟金刚石颗粒的压力分别为 102N、122N、147N、191N。针对结构需要进行切割分析，该分析为几何大变形分析，且具有较大的应变率。因此分析方法采用显式动力分析。其中，分析时间为真实时间，根据算例，在转速设置为 170r/min、220r/min、270r/min、320r/min 加载下，一周的运行时间分别为 0.037s、0.0286s、0.0233s、0.0196s。在分析步设置中，应该考虑由于切割导致的单元损伤，在 status 中选择相关输出。

## 2 模型验证

根据 2.2 中金刚石颗粒破岩模拟中花岗岩参数的设定，采用同样的模拟方式进行花岗岩三轴压缩数值模拟，用以验证在该设定的花岗岩参数下金刚石颗粒破岩模拟是可靠的。图 2 是花岗岩的三轴压缩有限元模型，模拟的花岗岩试样高度为 100mm，直径为 50mm，几何与网格设计和结构本构模型参数选取同样采用文中 2.1 和 2.2 部分花岗岩模型设置，单元尺寸 5mm，单元数量 2562 个，节点数量 3047 个。对岩石下端进行固定约束，根据前期研究[9]，岩石径向施加 240MPa 围压，设置花岗岩试样的温度场为 200℃。模拟花岗岩试样上端视作是一解析刚体压板[10]，刚体压板轴向移动速率等同于前期研究采用的物理模拟参数[9]。图 3 为 240MPa-200℃条件下岩石三轴压缩物理模拟与数值模拟的应力—应变曲线对比。图 4 为 240MPa-200℃条件下物理模拟与数值模拟仿真

图 2 花岗岩的三轴压缩有限元模型

得到的三轴压缩破坏后的花岗岩形态对比。由图 3 和图 4 可知，数值模拟结果能较好反映花岗岩数值模拟破坏形式和应力应变曲线特征与室内试验测试结果比较吻合，说明240MPa-200℃条件下金刚石颗粒破岩仿真数值模型是可靠的。

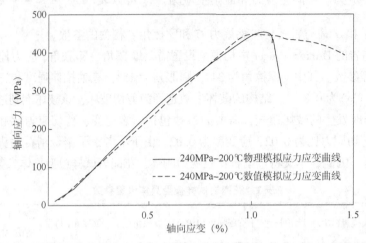

图 3　240MPa-200℃条件下岩石三轴压缩物理模拟与数值模拟的应力—应变曲线对比

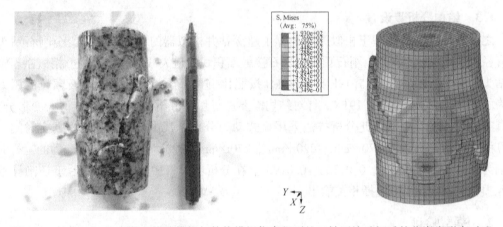

图 4　240MPa-200℃条件下物理模拟与数值模拟仿真得到的三轴压缩破坏后的花岗岩形态对比

## 3　基于有限元的金刚石颗粒破岩数值模拟分析

孕镶金刚石钻头通过自身旋转，凭借钻头胎面上分布的金刚石颗粒以微切削方式破岩。分布在胎面上金刚石颗粒的浓度、粒径，包裹金刚石颗粒的硬质合金的耐磨性能和对金刚石颗粒的挟持力，以及钻进工艺参数与钻遇地层匹配程度等因素都决定着一颗孕镶金刚石钻头的工程表现优劣。

本次单金刚石颗粒破岩数值模拟方案采用表 2 所示方案，通过模拟评价影响孕镶金刚石颗粒切削岩体的破岩效率的主要因素。与前期孕镶金刚石钻头破岩的物理模拟相结合[9]，验证超深地层条件下的物理模拟试验中钻进效率、钻头磨损变化趋势，同时也反映了不同应力变化对钻头进尺的影响研究的可靠性，为建立基于相似理论的超深层钻井试验模拟的机械钻速理论模型提供试验和数据支撑。

表 2　单金刚石颗粒破岩数值模拟方案

| 模型编号 | 角速度（rad/min） | 垂向力（N） |
|---|---|---|
| A1 | | 102 |
| A2 | 170 | 122 |
| A3 | | 147 |
| A4 | | 191 |
| B1 | | 102 |
| B2 | 220 | 122 |
| B3 | | 147 |
| B4 | | 191 |
| C1 | | 102 |
| C2 | 270 | 122 |
| C3 | | 147 |
| C4 | | 191 |
| D1 | | 102 |
| D2 | 320 | 122 |
| D3 | | 147 |
| D4 | | 191 |

　　以图 5 为例，如图所示可以通过模拟得到在表 2 中 16 个转速和钻压组合下，金刚石颗粒在不同切割位置的等效应力和等效塑性应变变化。为了分析孕镶金刚石钻头破岩进尺变化规律，本文统计了不同转速和钻压条件下破岩所积累的岩石的塑性耗散能。塑性耗散能是塑性剪切破坏程度的一种度量，在此引用可以以反映孕镶金刚石钻头破岩效率或者进尺效率[12]。为了更直观、生动地展示数值模拟中金刚石颗粒转速、钻压和岩石的塑性耗散能之间的关系，绘制了上述关系的三维图像(图 6)。

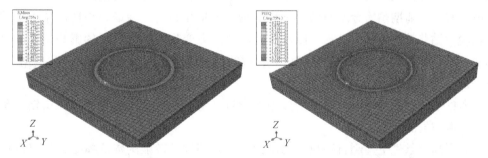

（a）金刚石颗粒在不同切割位置的等效应力变化　　　　（b）金刚石颗粒在不同切割位置的等效塑性应变变化

图 5　转速为 270rad/min，钻压为 147N 时金刚石颗粒在不同切割位置的等效应力和等效塑性应变变化

　　另外，本文也通过模拟 240MPa-200℃超深层地质环境，研究不同转速和钻压条件下孕镶金刚石钻头破岩磨损评价。为了研究金刚石颗粒磨损考虑引用金刚石颗粒对花岗岩施加的切削力来表征，金刚石颗粒对花岗岩施加的切削力即金刚石颗粒破岩过程中所受岩石对其水平方向 $F_X$ 和 $F_Y$ 作用反力的合力，切削力 $F = \sqrt{F_X{}^2 + F_Y{}^2}$。为了更直观、生动地展示数值模拟中金刚石颗粒转速、钻压和切削力之间的关系，绘制了上述关系的三维图像(图 7)。

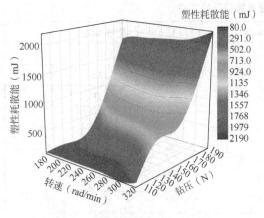
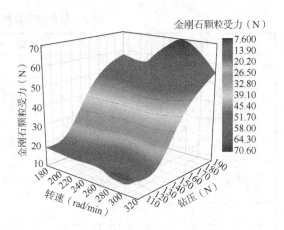

图 6　金刚石颗粒转速、钻压和　　　　　　图 7　金刚石颗粒转速、钻压和
岩石塑性耗散能之间的关系图　　　　　　　　切削力之间的关系图

通过对金刚石破岩过程进行数值模拟，分析金刚石颗粒转速和钻压对金刚石颗粒切削力以及岩石的耗散能的影响。从图6可以看出，当钻压不足(102~122N)时，岩石的耗散能较低，对比室内物理模拟试验，与钻压在5~6.5kN时趋势相似。对比图7可得，当金刚石颗粒转速增加到一定值时(大于260rad/min)，金刚石颗粒受力剧增，即切削效率降低，钻头的磨损率随着钻压的增加而增加。因此，也可以对比出最佳的钻压值和转速值来匹配高切削效率和低磨损率。从图6和图7对比可以得出结论，在240MPa的地应力和200℃的温度条件下、150~170N的钻压和220~240rad/min的转速是最佳钻井参数，这与通过室内物理模拟试验获得的最佳钻井参数基本一致。

## 4　结论

本研究通过对金刚石破岩过程进行有限元数值模拟，分析了金刚石颗粒转速和钻压对金刚石颗粒切削力以及岩石的耗散能的影响。评价孕镶金刚石颗粒切削岩体的破岩效率的主要影响因素。与前期孕镶金刚石钻头破岩的物理模拟相结合，验证超深地层条件下的物理模拟试验中钻井效率、钻头磨损，以及研究不同应力变化对钻头进尺的影响研究的可靠性，为建立基于相似理论的超深层钻井试验模拟的机械钻速理论模型提供试验和数据支撑。主要获得以下几点认识：

(1) 考虑了高温和高地应力对破岩效率的影响，基于相似理论实现了超深层钻进条件对金刚石颗粒破岩的模拟。

(2) 高温高压条件下金刚石颗粒的切削力和岩石塑性耗散能的数值模拟结果可以反映基于相似理论的钻头钻压和转速对孕镶金刚石钻头破岩效率的影响趋势。结合高温高压条件下金刚石颗粒的切削力和岩石塑性耗散能的数值模拟结果也可以得出8.0~8.5kN的钻头钻压(WOB)和180~240rad/min的转速是最优机械参数。在上述最优机械参数条件下可以实现较高的机械钻速和较低的钻头磨损。

(3) 高温高压条件下金刚石颗粒的切削力和岩石塑性耗散能的数值模拟结果验证超深地层条件下的物理模拟试验中钻井效率、钻头磨损，以及研究不同应力变化对钻头进尺的影响研究的可靠性，为建立基于相似理论的超深层钻井试验模拟的机械钻速理论模型提供试验支撑和验证。

## 参 考 文 献

［1］D. D. K. Wayo, S. Irawan, A. Satyanaga, et al. Modelling and simulating eulerian venturi effect of SBM to increase the rate of penetration with roller cone drilling bit［J］. Energies, 2023, 16(10)：4185.

［2］X. Zhang, X. Huang, S. Qi, et al. Numerical simulation on shale fragmentation by a PDC cutter based on the discrete element method［J］. Energies, 2023, 16(2), 965.

［3］S. Kou, H. Kiu, P. A. Lindqvist, et al. Rock fragmentation mechanisms induced by a drill bit［J］. International Journal of Rock Mechanics and Mining Sciences, 2004, 41(1)：527-532.

［4］Q. Xie, C. Zhong, D. Liu, et al. Operation analysis of a SAG Mill under different conditions based on DEM and breakage energy method［J］. Energies, 2020, 13.

［5］W. G. P. Kumari, P. G. Ranjith, M. S. A. Perera, et al. Hydraulic fracturing under high temperature and pressure conditions with micro CT applications：geothermal energy from hot dry rocks［J］. Fuel, 2018, 230：138-154.

［6］W. Liu, X. Zhu, J. Jing. The analysis of ductile-brittle failure mode transition in rock cutting［J］. Journal of Petroleum Science and Engineering, 2018, 163：311-319.

［7］A. Z. Mazen, N. Rahmanian, I. M. Mujtaba, et al. Effective mechanical specific energy：A new approach for evaluating PDC bit performance and cutters wear［J］. Journal of Petroleum Science and Engineering, 2021, 196：108030.

［8］N. H. Adli, I. Namgung. An investigation of structural strength of nuclear fuel spacer grid［J］. Energies, 2024, 17(2)：458.

［9］Z. Zhou, S. Li, X. Li, et al. Evaluation of rock-bit interaction test under simulated ultra-deep well conditions based on similarity principle［J］. Journal of Petroleum Science & Engineering, 2022, 211.

［10］Yan-jie Jia, Ping Jiang, Hua Tong. 3D mechanical modeling of soil orthogonal cutting under a single reamer cutter based on Drucker-Prager criterion［J］. Rock and Soil Mechanics, 2013, 34(5)：1429-1436.

［11］Xiaohua Zhu, Zhaowang Dan. Numerical simulation of rock breaking by PDC cutters in hot dry rocks ［J］. Natur. Gas Ind, 2019, 39(4)：125-134.

［12］Xu Peng, Shijun Hao. Rock breaking mechanism of composite impact of full-size PDC bit based on finite element analysis［J］. Coal Geology & Exploration, 2021, 49(2)：240-246, 252. 2021. doi：10. 3969/ j. issn. 1001-1986. 2021. 2. 030.

［13］M. He, B. Huang, C. Zhu, et al. Energy dissipation-based method for fatigue life prediction of rock salt ［J］. Rock Mechanics and Rock Engineering, 2018, 51(5)：1447-1455.

# 层理性泥页岩流体作用后井壁失稳机理分析

周 岩[1]  宋 巍[1]  吴 艳[1]  李祥银[2]

(1. 中国石油冀东油田采油工艺研究院；2. 中国石油冀东油田)

**摘 要** 泥页岩井壁稳定是制约水平井安全高效钻井的首要技术难题，尤其是层理性泥页岩井壁失稳风险更高。在评价泥页岩成分、结构及理化特性的基础上，综合理论分析、实验评价及仿真模拟等手段，研究泥页岩在流体作用后的力学性能及破坏失稳特征。由于泥页理和微裂缝的存在，页岩在钻井液浸泡后将会发生劣化；由于结构面的导流能力远高于原岩，钻井液优先沿结构面渗透，直接导致结构面强度的弱化。研究证明冀东油田油基钻井液在维持层理性泥页岩井壁稳定上要优于水基钻井液，建立了考虑井眼轨迹和施工周期的三压力校正方法，研究结果为泥页岩低成本、高效、水平井钻井提供基础理论支撑，对频繁钻遇的硬脆性泥页岩井壁稳定问题也极具指导意义。

**关键词** 层理性泥页岩；井壁稳定；岩石劣化；油基钻井液

泥页岩井壁失稳会给钻井工程造成巨大的困难，主要表现为缩径、坍塌卡钻等，是钻井工程中难以有效解决的世界性难题。冀东油田先期实施的深层水平井因井塌报废进尺283m，原因是泥页岩层理发育和极强水敏性及钻井液浸入使裂缝不断延伸、扩张与贯通，最终形成复杂裂缝网，近井壁含水量和胶结的完整性改变了岩石强度及井眼周围有效应力场，诱发应力集中，未能建立新的平衡而导致井壁失稳[1-2]。

现阶段泥页岩井壁稳定性研究集中在力—化—热多场耦合方面[3-4]，对流体作用后强度变化规律及强度劣化对井壁坍塌压力的影响机制尚不明确。因此，综合开展泥页岩力学性能实验及泥页岩水化理论计算，揭示层理性流体作用后井壁失稳机理，研究结果对指导钻井液性能优化，保障优质、安全钻井具有重要意义[5-8]。

## 1 实验研究

### 1.1 理化特性分析

XRD 衍射及扫描电镜实验表明，冀东油田泥页岩主要以黏土、石英为主，含有少量斜长石、方解石、白云岩等脆性矿物，膨胀性黏土矿物附着在非膨胀性石英等矿物周围，水化膨胀产生压差，导致泥页岩不稳定。黏土矿物含量高达40%左右，其次为石英、斜长石（表1）；黏土矿物以伊利石、伊/蒙混层为主，其次为高岭石和绿泥石，不含蒙脱石，伊/蒙混层中伊利石含量较高，为典型硬脆性泥页岩。该类泥页岩不易膨胀，但伊利石会发生

---

【第一作者简介】周岩(1983—)，吉林松原人，2007 年 7 月毕业于大庆石油学院钻井工程专业，高级工程师，现就职于冀东油田采油工艺研究院，主要从事钻井科研与生产工作。联系方式：(0315)8768005，E-mail：jdzc_zhouyan@ petrochina. com. cn。

快速微膨胀，致使泥页岩强度降低，造成剥落掉块。

表1　X-RD衍射实验所测矿物组分

| 序号 | 矿物组分(%) | | | | | | | | |
| --- | --- | --- | --- | --- | --- | --- | --- | --- | --- |
| | 黏土矿物 | 石英 | 钾长石 | 斜长石 | 碳钠铝石 | 方解石 | 赤铁矿 | 普通辉石 | 白云石 |
| 1 | 30.3 | 38.9 | 3.1 | 13.2 | | 1.9 | | | 14.5 |
| 2 | 50.3 | 16.3 | | 3.6 | 0.2 | 9.1 | | | 19.6 |
| 3 | 47.2 | 29.6 | | 4.2 | | 8.2 | | 7.8 | |
| 4 | 34.1 | 12.1 | | | | 19 | 5.5 | | 32.5 |
| 5 | 41.1 | 15.6 | | 4.3 | | 15.6 | | | 23.5 |
| 6 | 37.1 | 31.5 | | 8.5 | | 22.5 | | | |
| 7 | 16.9 | 19.2 | | 2.7 | | 11.3 | | | 53.2 |
| 8 | 57.0 | 22.5 | | 4.6 | | 14.2 | | | |

冀东油田深层泥页岩结构致密坚硬，扫描电镜观察孔隙不发育，微细孔隙呈零星分布，微观裂缝、微孔洞较为发育，电镜照片中裂缝宽度为2.48μm(图1)。当泥页岩与水接触时出现大量附着小气泡，随着时间的推移，岩样出现明显的裂缝，并逐步开启，最后坍塌。

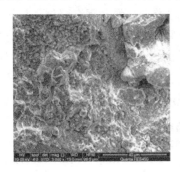

图1　扫描电镜图(井深4979.55~4979.62m)

### 1.2　泥页岩三轴强度劣化规律

(1)不同取心方向常规泥页岩三轴抗压强度。

分别沿着层理方向和垂直层理方向制备φ25mm×50mm的标准岩心柱，然后开展未浸泡岩心三轴抗压强度测试。平行层理方向、垂直层理方向加载后岩心破碎形态如图2所示。可以看出：平行层理和垂直层理岩石力学差异性大，各向异性强，加载后岩石的破碎形态不同，平行于页理方向加载时会沿页理缝发生多次张裂，形成沿着页理面方向的多组碎片。而垂直页理方向加载则会首先产生剪切裂纹，剪切缝与沿着层理的微裂缝连通后形成大体积破碎。由此可知，平行页理方向加载岩石沿着结构面产生了拉伸破坏，垂直页理方向加载则需要克服页岩本体的剪切强度。

沿着页理方向加载时，无论是单轴还是有围压的情况下，其应力—应变关系为直线或近似直线，直到试件发生突然破坏为止，塑性变形不明显，说明在水平方向加载时表现为脆性。而垂直页理方向加载时则表现出一定塑性变形，这是由于微裂缝在压应力的作用下闭合并扩展而产生。模拟地层围压，在三轴压缩条件下，表现脆性减弱，塑性相对增强，破坏方式以压剪为主，易剥落掉块。

（a）平行层理加载　　　　　　　　　　　　　　（b）垂直层理加载

图2　岩心破碎照片

表2为三轴应力测试结果，可以看出：在围压等于60MPa时，测试岩样的破坏方式以脆性破坏为主，岩石弹性模量相对较高、泊松比较低，说明泥页岩脆性较强。

表2　泥页岩三轴应力测试结果

| 岩心编号 | 深度（m） | 层位 | 围压（MPa） | 抗压强度（MPa） | 杨氏模量（MPa） | 泊松比 |
|---|---|---|---|---|---|---|
| 5 | 4977.50~4977.60 | 沙一段 | 60 | 99.817 | 14924.7 | 0.16 |
| 6 | 4978.05~4978.12 | 沙一段 | 60 | 67.146 | 9979.2 | 0.20 |

当加载方向与泥页岩层理面垂直时强度最高，随着夹角的增大，强度逐渐降低。根据莫尔库伦准则，当夹角在$45°+\varphi/2$（$\varphi$为内摩擦角）时达到最低，随后强度又逐渐增大。加载方向不同，页岩破坏形式差异性大，加载方向与页理面呈0°~30°时，主要沿层理面的劈裂破坏；加载方向与页理面呈30°~75°时，主要沿层理面的剪切滑移，50°~60°之间强度最低；加载方向与页理面呈75°~90°时，主要为泥页岩本体的剪切破坏，强度最大（表3，图3）。

表3　不同加载方向岩石力学参数实验结果

| 井号 | 层位 | 加载方向 | 内聚力（MPa） | 内摩擦角（°） | 内摩擦系数 |
|---|---|---|---|---|---|
| A井 | 沙一段 | 平行页理 | 11.386 | 12.95 | 0.23 |
| | 沙一段 | 垂直 | 22.464 | 13.06 | 0.232 |
| | 沙一段 | 30°页理 | 15.698 | 7.57 | 0.133 |
| | 沙一段 | 45°页理 | 8.338 | 6.39 | 0.112 |
| | 沙一段 | 60°页理 | 4.775 | 4.4 | 0.077 |

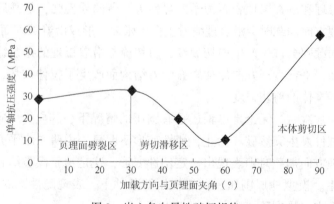

图3　岩心各向异性破坏规律

（2）浸泡不同流体后页岩三轴强度。

将垂直取心和水平取心的页岩分别浸泡于水和油中，浸泡不同时间后开展三轴抗压强度测试，岩心照片如图4和图5所示。水浸泡1h内3块岩心直接破碎，2块产生明显裂纹。油浸泡20h1块岩心表面剥落，其余岩心浸泡48h后完好。对比水中和油中浸泡岩心破坏数量和破坏时间，水对于页岩岩心的破坏速度远大于油对页岩的破坏速度。

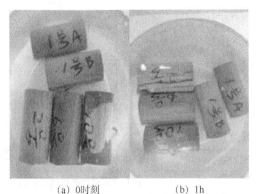 

（a）0时刻　　　　　（b）1h　　　　　　　　（a）0时刻　　　　　（b）1h

图4　水中浸泡1h前后　　　　　　　　　　图5　油中浸泡1h前后

表4　页岩浸泡48h三轴应力实验

| 实验方案 | 岩心编号 | 围压（MPa） | 抗压强度（MPa） | 杨氏模量（MPa） | 泊松比 |
|---|---|---|---|---|---|
| 水浸泡（水平） | 2 | 破碎 | 0 | 0 | 0 |
| | 6 | | 0 | 0 | 0 |
| | 10 | | 0 | 0 | 0 |
| 油浸泡（水平） | 4 | 60 | 49.677 | 9537.9 | 0.21 |
| | 8 | 破碎 | 0 | 0 | 0 |
| | 9 | 60 | 41.778 | 13057.2 | 0.2 |
| 水浸泡（垂直） | 1-A | 60 | 38.944 | 15396.5 | 0.21 |
| | 1-B | 60 | 38.869 | 8608.5 | 0.23 |
| 油浸泡（垂直） | 1-C | 60 | 64.225 | 13322.7 | 0.19 |
| | 1-D | 60 | 63.523 | 10173.9 | 0.22 |

开展浸泡48h后未破碎的岩心三轴实验，测试结果如表4所示，水平方向取心的页岩在水浸泡后全部破碎，三轴强度降为0，强度下降100%；油浸泡后平均三轴强度为45.728MPa，强度下降31.9%；垂直方向取心的页岩在水浸泡后平均三轴强度为38.907MPa，强度下降61%；油浸泡后平均三轴强度为63.874MPa，与原始岩样相比强度几乎不变（图6、图7）。

（3）泥页岩抗拉强度测试。

采用巴西劈裂法测试泥页岩的抗拉强度见表5，页岩在垂直方向和水平方向上抗拉强度差异性大，沿着岩石的层理面易于出现拉伸破坏，这是影响该井井壁稳定性的重要因素（图8、图9）。

图 6　1-C 号岩心实验前后

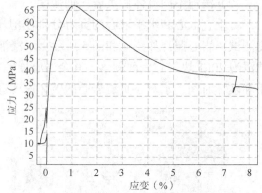

图 7　1-C 号岩心实验前后

表 5　泥页岩抗拉强度实验测试

| 岩心编号 | 取心方向 | 层位 | 岩心编号 | 抗拉强度(MPa) | 平均抗拉强度(MPa) | 变异系数(%) |
|---|---|---|---|---|---|---|
| 3 | 垂直 | 沙一段 | 3-1 | 4.32 | 岩心有裂缝，测试结果错误 | |
| | | | 3-2 | 7.99 | 8.15 | 0.49 |
| | | | 3-3 | 8.15 | | |
| 11 | 水平 | 沙一段 | 11-1 | 3.39 | 3.35 | 8.01 |
| | | | 11-2 | 3.05 | | |

图 8　巴西劈裂实验装置图

图 9　3 号泥页岩垂直方向的抗拉强度测试

## 2　流体作用下泥页岩劣化规律

钻头揭开泥页岩地层一段时间内，多数泥页岩具有足够的强度承受井眼的应力。但是随着时间的推移，由于泥页岩的水化作用，即使吸水量可能很小，但不论使用何种钻井液，泥页岩的强度均会明显降低，在井周出现一个软化区域，导致岩石出现延迟破坏的现象。当泥页岩与钻井液接触时，在水力梯度和化学势梯度的驱动下，引起水和离子的传递，包括钻井液液柱压力与孔隙压力之间的压力差驱动的达西流及由钻井液与泥页岩之间的化学势差驱动的离子扩散。

根据 C. H. Yew 的结论，井周泥页岩地层的水化可以用一个水分子的扩散方程来描述。

根据质量守恒定律可建立泥页岩井壁的吸水扩散方程。令 $q$ 为水分吸附的质量流，$W(r, t)$ 为距井轴 $r$ 处，时间为 $t$ 时的吸附水重量百分比。质量守恒要求：

$$\nabla q = \frac{\partial W}{\partial t} \tag{1}$$

假设：

$$q = C_f \nabla W \tag{2}$$

式中，$\nabla$ 为梯度算子；$C_f$ 为材料的吸附常数，与泥页岩和钻井液的性质有关，可以从水吸附试验中测得。

把式（2）代入式（1）中，在柱坐标体系中可得到水分吸附基本方程为：

$$C_f \frac{1}{r} \frac{\partial}{\partial r} \left( r \frac{\partial W}{\partial r} \right) = \frac{\partial W}{\partial t} \tag{3}$$

边界条件：在无穷远处，地层含水量为原始地层含水量；在井壁处，地层含水量认为达到饱和地层含水量，且都不随时间变化，即：

$$W \mid_{r=r_w} = W_s, \ W \mid_{r \to \infty} = W_0, \ 0 < t < \infty \tag{4}$$

初始条件：

$$W \mid_{t=0} = W_0 \tag{5}$$

利用有限差分法求解上述方程，可求得井眼周围地层在不同时刻不同位置的含水量。根据上述实验结果对页岩吸水速率方程进行修正，利用数值模拟方法可求得井眼周围泥页岩地层在不同时刻和不同位置的含水量。

岩石力学实验测试结果表明：由于页理和微裂缝的存在，页岩在钻井液浸泡后将会发生劣化。结构面的导流能力远高于原岩，钻井液沿结构面的渗透，会直接导致结构面强度的弱化。根据前面实验结果，可以用内聚力和内摩擦角的变化表示页岩强度的弱化。因此，可得到力—化耦合有限元数值模拟模型，部分模拟结果应力云图如图 10 所示。

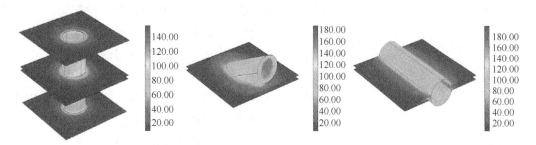

图 10    不同井型、含水量时井壁周围的 von Mises 应力

在页岩地层钻井过程中，岩石强度降低，承载能力减弱，导致井周地层岩石垮塌的趋势增强，结果将量化地体现为坍塌压力升高，导致井壁失稳。因此，利用有限元数值模拟井周页岩在不同含水率时坍塌压力当量密度，直观地分析吸水量对页岩劣化程度和井壁稳定性的影响。计算不同方案的最大坍塌压力及坍塌压力当量密度，不同井斜角和含水量坍塌压力分布规律如图 11 所示。

图 11 为不同井型、含水量时坍塌压力分布规律，可以看出：页岩未发生劣化时坍塌密

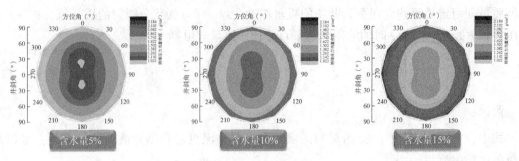

图 11  不同井型、含水量时坍塌压力分布

度变化范围是 1.02~1.53g/cm³；当页岩储层含水量增加后，页岩强度值发生变化，井壁坍塌压力当量密度迅速上升，含水量 10% 和 15% 时的坍塌密度上升范围分别为 0.15~0.22g/cm³ 和 0.31~0.45g/cm³。时间一定时，泥页岩吸水量随距离井壁的增加而减小，在井眼周围的泥页岩地层中形成一水化带。距离固定时，时间越长，泥页岩的吸水量越多，但到一定时间后将趋于饱和和稳定。

## 3  现场案例分析

冀东油田某水平井在钻井过程中井壁失稳，导致了井塌、卡钻等严重的井下事故，该地区泥页岩具有明显的层理，如采用常规模型分析井壁坍塌问题，其结果与实际情况差异很大，因此，需采用不同含水量来校正坍塌压力等效密度的计算模型，确定合理钻井液安全密度窗口。

案例井井深 4996m，水平段长 1200m，邻井最大钻井液密度为 1.45g/cm³，由于钻井液密度低，共发生 5 起井筒坍塌卡钻事故，处理耗时 32 天，分析原因为地层泥页岩微裂隙发育。大多数情况下，泥页岩地层在一定时间不会崩塌，但随着时间的推移，页岩在任何钻井液体系下均会不断水化，并在井周围形成软化区，导致岩石破坏。坍塌压力需结合井眼轨迹和施工周期进行校正，图 12 为修正后的安全钻井液密度窗口。

三开采用油基钻井液钻至 4996m，周期 34 天，考虑岩石劣化，计算最大坍塌压力出现在井斜角 55°~65° 和水平段。该井段最大坍塌压力当量密度为 1.51g/cm³，最小破裂压力当量密度为 1.79g/cm³，安全密度窗口较窄。实钻采用的钻井液密度为 1.51g/cm³，未发生井壁坍塌。可以看出：泥页岩层面的弱化强

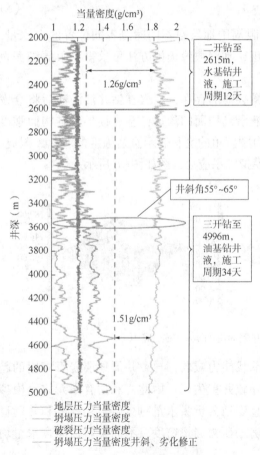

图 12  校正后的安全密度窗口

度(含水量增加)对水平井井壁稳定性具有显著影响。对任何层理面产状均表现为井壁坍塌压力随含水量增加而增加，与未发生弱化的情况相比，坍塌压力增加了约 0.32g/cm³，其中泥页岩层理面的弱化是井壁坍塌的主要控制因素，其影响不容忽视。钻井液在渗透作用下沿层理侵入地层，内聚力和内摩擦角随之降低，井眼围岩沿层理剪切滑动的风险上升，更容易发生井壁失稳。

## 4 结论

（1）冀东油田深层发育典型硬脆性泥页岩，结构致密坚硬，微观裂缝、微孔洞较为发育，实验表明：泥页岩力学强度各向异性特征明显，当加载方向垂直于泥页岩层理面时强度最高，随着夹角的增大，力学强度先减小后增大，夹角为 $45°+\varphi/2$（$\varphi$ 为内摩擦角）时最低。

（2）泥页岩力学强度水解劣化明显，水基钻井液浸泡后力学强度低于油基钻井液，页岩裂缝的发育加剧力学强度的弱化。

（3）水基钻井液环境下泥页岩井壁吸水量最高、力学强度弱化幅度最大、井壁稳定性最差，随着距离井眼增加、吸水量减小、力学强度弱化幅度减小，井壁稳定呈好转趋势。

（4）现场模拟计算表明，考虑层理及钻井液劣化影响的井壁坍塌失稳分析方法分析的结果与实际情况比较吻合，建议在直井段泥页岩地层按照常规井壁稳定分析方法设计钻井液密度，水平段泥页岩地层推荐选用本文所述方法。

### 参 考 文 献

［1］刘宇．多弱面页岩地层井壁稳定研究［D］．大庆：东北石油大学，2022．

［2］吴晓红，陈金霞，王现博，等．冀东 NP280 Es₃~1 井壁稳定钻井液技术［J］．钻井液与完井液，2023，40(6)：725-732．

［3］肖志强．硬脆性泥页岩井壁稳定的流—固—化耦合模型研究与应用［D］．荆州：长江大学，2020．

［4］宋世超．泥页岩井壁稳定的力学与化学协同作用研究与应用［D］．荆州：长江大学，2013．

［5］范翔宇，蒙承，张千贵，等．超深地层井壁失稳理论与控制技术研究进展［J］．天然气工业，2024，44(1)：159-176．

［6］卢运虎，金衍，夏阳，等．超深硬岩地层井壁失稳的动力学分析模型：本征频率和高应力的影响［J］．力学与实践，2023，45(5)：1033-1043．

［7］丁乙，刘向君，梁利喜，等．应力卸载—水化协同作用下页岩井壁稳定性模型［J］．石油勘探与开发，2023，50(6)：1289-1297．

［8］金衍，薄克浩，张亚洲，等．深层硬脆性泥页岩井壁稳定力学化学耦合研究进展与思考［J］．石油钻探技术，2023，51(4)：159-169．

# 致密砂岩微组构特征及力学特性的
# 热稳定性试验研究

陈 泽[1] 唐 贵[1] 李 皋[2] 左 星[1]

(1. 中国石油川庆钻探工程公司钻采工程技术研究院；
2. 西南石油大学油气藏地质及开发工程国家重点实验室)

**摘 要** 随着石油和天然气需求的增长以及钻探技术的持续发展，越来越多的深井、超深井的不断涌现，井底温度大幅提高，改变了井壁岩石力学特性，引发井壁失稳等工程问题。选取川西须家河组致密砂岩岩样，对常温及 100~800℃ 热处理后的岩样开展微组构和三轴压缩实验，探究致密砂岩微组构特性及力学性能的热稳定性。研究表明：本文所用致密砂岩在室内实验条件下测得的热破裂阈值温度区间为 400~500℃，热破裂阈值温度点为 490℃，峰值点为 540℃；微裂缝的发育和延展是造成岩石热损伤的主要原因；致密砂岩抗压强度的热稳定性是温度形成的强化作用和劣化作用的综合表现，温度低于 400℃ 时，热处理对致密砂岩力学强度主要起到强化作用，高于 400℃ 时则主要起劣化作用。研究结果可为致密砂岩储层勘探开发面临的井壁稳定性问题研究提供理论支撑。

**关键词** 致密砂岩；高温；微组构；力学特性；井壁稳定

随着全球能源需求的增长，对非常规天然气资源的勘探开发日益重视。致密砂岩气作为一种重要的非常规气藏类型，其开发对于满足能源需求具有重要意义。然而，高温环境下致密砂岩气井的力学稳定性问题成为制约其开发的重要因素。因此，深入研究高温对致密砂岩气井壁力学稳定性的影响机理，对于指导气井设计和生产实践具有重要的理论和实际意义。

高温后致密砂岩微组构特征变化及其对岩石力学性能的影响关乎应力重构、井壁稳定等井下力学与安全问题。长期以来，国内外学者围绕岩石高温后力学特性变化特征开展了大量研究，在矿物组分方面，苏承东等通过 XRD 发现细砂岩在超过 600℃ 后，石英含量随温度升高而降低[1]；赵怡晴等认为砂岩在 450℃ 以上，高岭石含量会由于脱水而急剧降低[2]，Z. Li 等认为高温使黏土矿物熔化并密封裂缝[3]。矿物组分的变化往往也伴随着微观结构的改变，G. M. Keaney 等利用声发射探测了石英高温相变时的微裂纹损伤特征[4]，M. Li 等利用核磁共振研究了高温热处理后砂岩孔隙大小的分形结构[5]，吴刚等利用偏光显微镜和声发射系统观测了不同温度下花岗岩内部裂纹的扩展速度[6]。热诱导裂纹对岩石力学性能颇具影响，它的成因及扩展规律引起众多学者的关注，Y. L. Chen 等认为热诱导裂纹是由于颗粒间的膨胀差异和温度变化导致的热应力产生[7]；H. Ersoy 等认为在加热和冷却的

---

【第一作者简介】陈泽，就职于中国石油川庆钻探工程公司钻采工程技术研究院。

过程中更容易产生裂纹[8]；J. Peng 等通过大理石循环加热试验，认为热诱导裂纹以晶间裂纹为主，其宽度和长度随循环次数的增加而增加[9]；Q. L. Yu 等发现随着温度升高，晶间裂纹会沿矿物颗粒边界扩展，并形成局部封闭的多边形[10]。宏观岩石力学参数主要受矿物组分、微观孔隙结构的影响，N. N. Sirdesai 等研究了高温后石英砂岩的蚀变程度，拟合了抗拉强度、弹性模量及泊松比与温度的响应函数[11]；H. Tian 等认为黏土岩在一定温度范围内强度随温度的增加而增加[12]；邵保平等认为花岗岩的弹性模量、抗压强度随温度升高而降低，延性随温度的升高而增强[13]。

在地热能开发、核废料深埋、储层热增产等工程领域，岩石总是处在一定的高温高压环境中。因此，高温高压耦合条件下的岩石力学问题成为热点研究对象，赵阳升等研制了20MN 伺服控制高温高压岩体三轴试验机[14]，邵保平试验研究了花岗岩中钻孔围岩在高温高压(600℃，58.8MPa)下的力学行为[15]，阴伟涛等研究了400℃范围内，三轴应力条件下粗、细粒花岗岩的力学特性[16]。

受制于现有装置条件，高温耦合三轴压缩力学试验难以实施，因此目前三轴力学试验方法均为高温热处理后，待岩样冷却再进行力学试验[17-19]。现有报道中，已有 Y. Zhou 等通过 X 射线衍射、低压氮气吸附等试验探究了致密砂岩不同温度处理后的微组构特征[20]；于鑫等研究了高温加热过程中致密砂岩单轴抗压强度变化[21]。缺乏微组构特征变化规律与宏观岩石力学参数响应特征的研究，并且地下岩石总是处在一定的应力环境中，因此有必要了解高温热处理后围压条件下致密砂岩的岩石力学性能变化规律及机制。基于此，选取川西须家河组致密砂岩为研究对象，开展高温热处理后致密砂岩三轴压缩力学试验，并结合 XRD、热失重分析、岩心三维重构和 SEM 获取的微组构特性，揭示高温致密砂岩微观机制和宏观力学参数的热稳定性变化规律。

# 1　试验方案

## 1.1　取样及制样

（1）取样。测试所用岩样取自川西须家河组致密砂岩地层。该地层除保留了一定原生粒间孔外，还发育有一定数量的粒间和粒内溶孔，同时天然裂缝不发育，为典型的孔隙型致密砂岩地层。地层孔隙度均值低于10%，渗透率均值约为 0.01mD。组分方面，主要有长石、石英及黏土矿物。其中长石是最为主要的成岩矿物，含量范围在46%~72%；石英含量范围在 15~35%；黏土矿物(伊利石、绿泥石、高岭石)含量较少，范围在3%~17%。杂基含量整体偏低，胶结物以方解石为主，偶有发育硅质胶结。

（2）制样。致密砂岩岩样的加工和制备主要采用摇臂钻床进行，加工成规格为 φ25×50mm 柱状岩心(图1)。整个制样过程严格按照《岩石实验方法标准》执行，以确保加工精度符合要求。为了保证岩石力学性能测定的准确性，减少误差，在制样完成后，剔除掉尺寸、形态差距大的岩样，并对剩余岩样进行声波测试，剔除波速差异较大的岩样，确保测定

图1　加工后的部分岩样

的岩样初始性质差异较小。

## 1.2 试验设备及内容

（1）微组构特性试验设备及内容见表1。

**表1　微组构特性试验设备及内容**

| 设备名称/型号 | 试验内容 |
|---|---|
| SX-G04123 箱式电阻炉 | 岩心加热 |
| TGA/DSC 热重同步分析仪 | 热失重 |
| PANALYTICAL 的 X'Pert Pro 型 X 射线衍射仪 | 矿物组分及含量 |
| SCMS-E 型岩心多参数测量仪 | 孔隙度 |
| MICROXCT-400 三维重构 X-Ray 显微镜 | CT 三维成像 |
| Quanta 450 扫描电子显微镜 | 微裂缝断口形貌 |

（2）力学特性试验设备见表2。

**表2　力学特性试验设备及内容**

| 设备名称/型号 | 试验内容 |
|---|---|
| SX-G04123 箱式电阻炉 | 岩心加热 |
| 高温高压岩心多参数仪 | 纵波波速、动态弹性模量 |
| 三轴力学试验机 | 三轴抗压强度、静态弹性模量 |

## 1.3 试验方案

（1）微组构特性试验方案。按照设定的温度梯度将岩样分组测试，温度梯度设为常温（26℃）、100℃、200℃、300℃、400℃、500℃、600℃、700℃和800℃，升温速率5℃/min。达到目标温度后，恒温2h，使岩样内部均匀受热，待岩样自然冷却后，分别利用相应设备开展试验。

（2）力学特性试验方案同微组构特性试验方案。

# 2 试验结果与分析

## 2.1 微组构特性变化规律

### 2.1.1 矿物组分

不同温度下矿物含量占比分析结果如图2所示。由图可知，岩样在常温状态时主要成分为石英、长石(钾长石和斜长石)和黏土矿物，其中以长石含量最高，黏土矿物含量最少。长石是一类常见的造岩矿物，本次测得长石主要为钾长石和斜长石两种。常温时长石含量为68.49%(钾长石15.91%，斜长石52.58%)，800℃时为75.87%，增长了7.38%，含量在16%范围内上下浮动，没有明显的趋势；常温时石英含量为16.62%，800℃时为17.27%，增长了0.65%，含量同样在16%范围内波动，也没有明显规律；常温时黏土矿物含量为14.89%，800℃时为4.33%，降低了10.56%，含量变化整体呈平缓—下降—平缓的趋势，在400~500℃时降幅最为明显，降低了7.90%。

研究表明，石英相对黏土矿物来说熔点和沸点较高，因此低温段温度对石英的影响并不明显[22]。但高温下石英会受热膨胀，一方面会导致岩石内部原生微裂缝闭合，另一方面由于矿物热膨胀系数差异，岩石内部会形成局部热应力集中，当这种热应力增强到一定程度时，岩石内部会发生破裂，萌生新的微裂缝[23]。相对而言黏土矿物更容易受热失水和分解[24]。因此岩样在加热过程中，矿物含量占比变化主要是黏土矿物含量降低所致，岩样整体塑性减弱，脆性增强[25-26]。

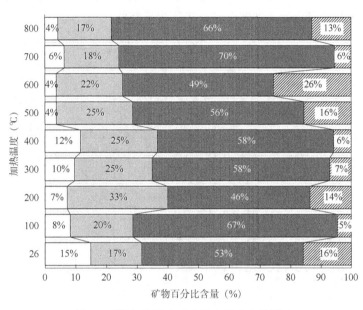

图2　不同加热温度对矿物含量占比的影响

XRD衍射图谱中的晶胞形状及大小决定了其峰位，晶胞中原子的原位置及种类决定了其峰强，衍射峰强度随物质含量的增加而提高，同时也受到温度的影响[27]。因此分析致密砂岩XRD衍射图谱中矿物衍射峰变化规律，可以较为直观地研究其内部矿物的变化情况。

不同温度下XRD衍射主图谱如图3所示。通过对比不同温度梯度上的XRD衍射信息可知，虽然长石含量远大于石英，但是在常温至500℃内，石英最高衍射峰都不低于长石最高衍射峰；低于400℃时，各温度梯度上的XRD图谱变化不大，相对而言黏土矿物的衍射峰在高于400℃时变化较为显著，有学者也得到相似结论[28]。

26～400℃范围内，石英最大衍射峰($2\theta=27.0°$)呈先增大后减小的趋势，在100℃达到峰值；长石最大衍射峰($2\theta=28.1°$)先急剧增大，也在100℃达到峰值，在200℃和300℃时连续回落，在400℃时升高，500℃时降低，600℃时又大幅升高，在700℃和800℃时先升后降，整体波动很大；黏土矿物最大衍射峰($2\theta=12.5°$)呈单调降低的趋势，该处衍射峰至600℃消失。

根据图2可知长石含量是远大于石英和黏土的，但在常温、100℃、200℃、300℃、400℃、500℃时，石英最大衍射峰($2\theta=27.0°$)都不低于长石最大衍射峰($2\theta=28.1°$)。这是因为石英吸收X射线能力很强，导致其衍射峰较高，掩盖其他矿物成分的衍射峰，容易造成对矿物含量的误判[24]。

石英和长石(钾长石和斜长石)在600℃内相对稳定，原因是因为石英和长石均属硅酸盐类物质，温度低于600℃并不会分解[28]。但在600℃、700℃和800℃时，石英最大衍射峰($2\theta=27.0°$)均低于长石最大衍射峰($2\theta=28.1°$)。这是由于加热到573℃后，石英发生相变，由 α 相转为 β 相，导致衍射峰降低[29]。26~400℃时，黏土矿物的衍射峰强度没有太大的变化，表明在 26~400℃范围内，黏土矿物较为稳定，温度升高仅能引起矿物脱水反应。500℃黏土矿物在 $2\theta=12.5°$（黑线框）衍射峰开始消失，当温度达到600℃时其衍射峰基本消失，再至 800℃时黏土矿物在 $2\theta=2.5°$（虚线框）和25.8°（灰线框）的衍射峰消失，至此已基本观察不到黏土矿物衍射峰，表明黏土矿物从 500℃时开始晶体逐渐被破坏，且随温度上升破坏越严重，分析图 2 时也发现加热后黏土矿物含量降低。

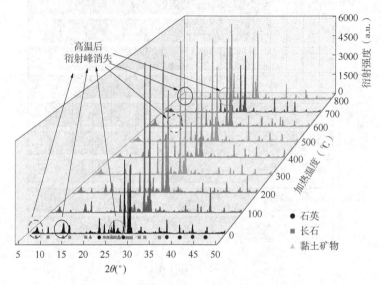

图 3　不同加热温度下岩样 X 射线衍射图谱

### 2.1.2　热失重

热失重 TG-DTG 曲线如图 4 所示，由 TG 曲线外推起始点 A 作 TG 台阶前水平处切线，与 TG 曲线外推起始点 B 所作切线交于点 C，C 对应的温度为 490℃，视为此次热失重的起始温度。

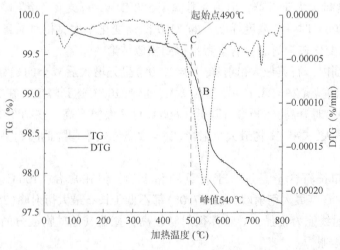

图 4　岩样 TG-DTG 曲线

DTG 曲线存在 1 个明显的热失重峰，即岩样在 450~600℃区间产生了明显的热失重现象，阈值点为490℃，峰值为540℃。当岩样随加热温度不断升高而质量降低，并在加热温度进入450~600℃范围时发生明显的热失重，主要表现为自490℃开始，热失重速度显著加速，至540℃达到峰值。整个加热过程总失重率达2.4%。虽然从490℃加热至540℃，相较于从室温加热到800℃来说用时较短，但在这个区间内失重占比达整个加热过程中失重总量的52%，失重明显，可以认为490~540℃为强失重温度区间。

颗粒物、孔隙及胶结物组成了砂岩，其中胶结物可分为钙质胶结物、硅质胶结物和其他类型胶结物，其中与热失重有重要关系的是黏土矿物的胶结物[30]。黏土矿物具有内含层间水和结构水的层状结构的共性，如本文所用岩样的黏土矿物成分绿泥石、高岭石、伊利石，在热解过程中容易脱水，而黏土矿物失水会引起矿物百分含量变化。高岭石为砂岩中主要的黏土矿物，以胶结物为主要形式存在于砂岩中。高岭石结构中含有丰富的铁离子，因为八面体中的$Al^{3+}$可以用$Fe^{2+}$代替。高岭石在高温加热时会转变为偏高岭石，且晶格破坏，将八面体中的$Fe^{2+}$脱出，当温度不断升高时，偏高岭石会在温度达到750℃后转变成Al–Si尖晶石，并分解$SiO_2$[31-32]。

砂岩在温度由常温加热至350~600℃范围内，会分别出现脱去层间水和结构水的现象[30]，结合矿物组分分析，可认为黏土矿物在500~600℃脱水导致晶体结构被破坏。有研究表明，层间水和结构水的脱出会产生微裂缝并增强连通性[33]。因为黏土矿物发生脱水收缩和有机物分解，有利于矿物颗粒沿晶和穿晶开裂，从而产生大体积孔隙和微裂缝[34]。也有研究发现，这种沿晶及穿晶微裂缝不会在应力作用下发生明显闭合[35]。从另一个角度来说，相对于岩心的孔隙体积，其内部吸附的水分子体积是不能忽视的，而水分的流失有助于流体流通空间的增加[36]。

### 2.1.3 孔隙结构

孔隙度随加热温度的变化规律如图5所示。加热过程中岩样的孔隙度随温度的升高而增加。初始平均值为11.29%，相较于800℃的16.40%整体上增加了5.11%，增幅45.26%。变化可以分为2个阶段：（1）26~400℃为低增长区，区间增加了1.21%，占整体增幅的23.68%；（2）400~800℃为高增长区，区间增加了3.90%，占整体增幅的76.32%。

整体上孔隙度随温度升高而增加，以400℃为分界点，低于400℃时孔隙度变化无明显趋势，孔隙度略微增加，高于400℃时孔隙度随温度升高而大幅增加。

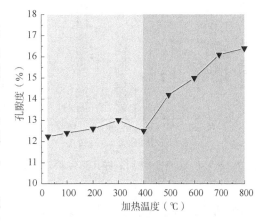

图5 孔隙度随加热温度的变化规律

为直观分析加热后岩心内部孔隙结构的变化，对常温和800℃加热后的岩心分别进行三维重构观察，结果如图6所示。可以直观看到，800℃加热后岩样内部孔隙体积相较于常温明显增多。

统计26℃、800℃岩样中孔隙体积在不同数量级内的分布，结果如图7所示。由图可知，不同体积分布区间中孔隙总体积均随温度升高不断增大。800℃加热后$10^5~10^6\mu m^3$范围内孔隙体积总量是26℃的近两倍。26℃岩样中没有大于$10^6\mu m^3$体积的孔隙存在，加热

800℃却能观察到，表明这些大体积的孔隙是加热后产生。

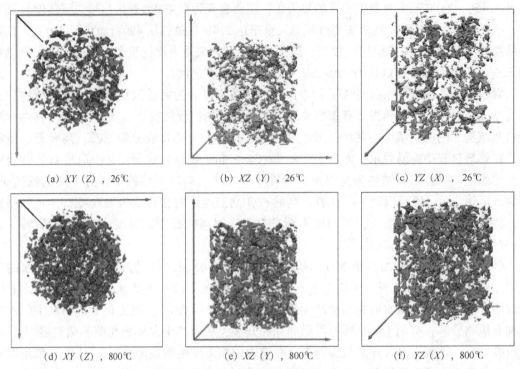

(a) XY (Z), 26℃          (b) XZ (Y), 26℃          (c) YZ (X), 26℃

(d) XY (Z), 800℃          (e) XZ (Y), 800℃          (f) YZ (X), 800℃

图6  岩样在常温和800℃加热后三维重构 XY(Z)、XZ(Y)和 YZ(X)视图

有部分研究均表明，热力耦合条件下，岩样内部基质受热向内部膨胀会导致微裂缝出现一定程度闭合，但基质受热又会失水收缩导致微裂缝扩展，形成更大尺寸的微裂缝结构；当温度低于200℃时，微裂缝主要是闭合的状态，当温度介于200~500℃时，新生微裂缝开始萌生，同时也存在微裂缝闭合现象，当温度高于500℃时，岩石内部微裂缝尺寸不断增加，不同层理之间的微裂缝相互贯通成为更大规模的微裂缝结构且出现穿层破坏现象；400~500℃为层理微裂缝相互贯通的阈值温度[28,37-41]。这与上文中孔隙度以400℃为分界点的规律相符。

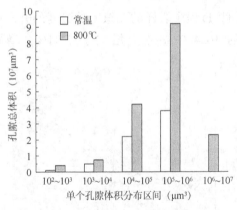

图7  26℃和800℃加热后岩样孔隙体积分布图

### 2.1.4  微裂缝形貌

SEM照片如图8所示。由图8(i)可知，未经高温的致密砂岩内部基本未观察到原生微裂缝，孔隙附近存在紧密接触的颗粒和梳状黏土矿物，当砂岩岩样的导电性整体较弱时，晶体颗粒的表面会呈现出较粗糙，且图片亮度整体偏高。由图8(a)至(c)可知，加热100~300℃相较于未加热岩样，局部可见较大孔洞，但没有明显的微裂缝发育；由图8(d)可知，400℃开始能观察到明显的微裂缝，颗粒表面开始逐渐平整，局部呈絮状，推测为部分矿物发生熔融所致；由图8(e)至(f)可知，500℃高温后能观察到大量微裂缝发育，包括沿晶微裂缝和穿晶微裂缝，且随着温度升高穿晶微

裂缝破坏越明显;由图8(h)可知,800℃时观察到微裂缝大量贯通形成区域性渗流网络。

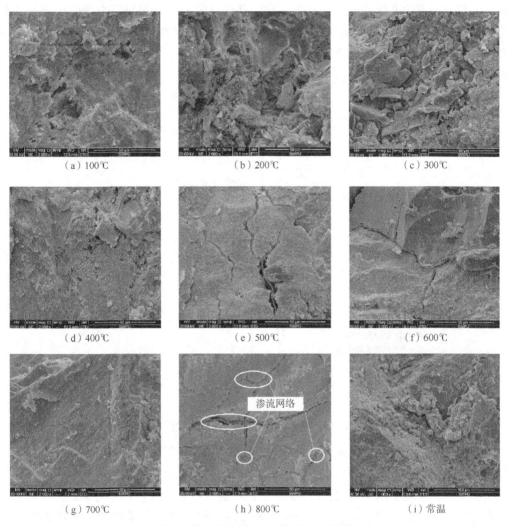

（a）100℃　　　　　　　　（b）200℃　　　　　　　　（c）300℃

（d）400℃　　　　　　　　（e）500℃　　　　　　　　（f）600℃

渗流网络

（g）700℃　　　　　　　　（h）800℃　　　　　　　　（i）常温

图8　岩心加热后2000倍下SEM照片

上述观察到的微裂缝不同于传统的压缩微裂缝,呈明显的无定向性,即向各方面延展,在冷却后依然能够观测到[42]。由于这些微裂缝不定向,且分布各向异性,岩石中不同矿物膨胀系数又各不相同,在某些方向上形变更为困难,很容易出现热应力集中的现象,在热应力超过岩石抗拉强度的情况下就会发生破坏萌生微裂缝,其基本上是不可逆的,在冷却后仍不会完全闭合[43-46]。

400℃微裂缝开始萌生,高于500℃时大量微裂缝显著增加,这与上文中得到的490℃对应岩石热破裂阈值温度点、540℃对应岩石热破裂峰值温度点的判断基本一致。

## 2.2　力学特性变化规律

### 2.2.1　三轴压缩应力—应变

一般情况下,岩石的变形可归纳为5个阶段,如图9所示[47]。(1)微裂缝闭合阶段:初始的压力导致岩石内部的原始微裂缝收缩乃至闭合。(2)弹性变形阶段:介于压缩及屈服之间,岩石的应力—应变曲线近似线性,在这个阶段中弹性模量和刚度变化幅度小,而体积则随着载荷的增加而收缩。(3)微裂缝起裂及稳定扩展阶段：岩石中微裂纹将开始起裂和扩展，导致岩石产生非弹性变形，此阶段起始点对应应力即为起裂应力阈值点 $\sigma_{ci}$。(4)微裂缝非稳定扩展阶段：此阶段起始点处的应力定义为微裂缝损伤应力阈值点 $\sigma_{cd}$，当施加的荷载超过此阈值点时，微裂缝产生非稳定扩展并开始贯通。(5)峰后变形阶段，此阶段起始点对应的应力即为峰值应力 $\sigma_{cp}$。

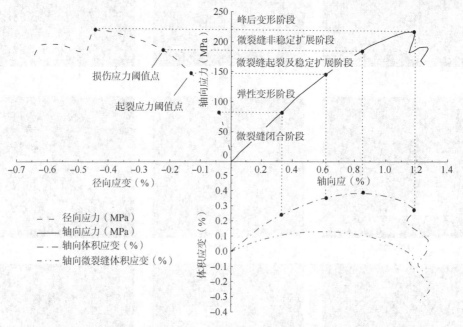

图 9　一般情况下岩样应力—应变曲线及微裂缝体积应变规律[47]

热处理冷却后岩样三轴压缩全应力—应变曲线如图 10 所示。可知三轴压缩全应力—应变曲线表现出以下特点：(1)压实阶段的时间较短，三轴压缩的围压使岩石颗粒在受力过程中更紧密排列，缩短了压实时间；(2)破裂阶段中屈服阶段占比较长，可能是由于岩石在屈服点附近发生塑性流动导致的；(3)岩样在破坏后，仍保留部分承载能力。随着温度的提高，应变量整体逐渐增加，峰值应力先升高再下降。表明随着温度的提高，致密砂岩的脆性明显减弱。此外，压密阶段的时间也相应延长，而弹性阶段时间则缩短，温度对致密砂岩的力学性能影响较大。

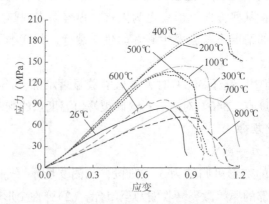

图 10　热处理冷却后岩样三轴压缩应力—应变曲线

为进一步探究不同温度处理后致密砂岩在压缩过程中的微裂缝演化特征，提取不同温度下起裂应力阈值点 $\sigma_{ci}$ 和裂纹损伤应力阈值点 $\sigma_{cd}$ 变化规律(图11)。根据式(1)计算与峰值应力 $\sigma_{cp}$ 的比值，得到起裂应力阈值比 $\sigma'_{ci}$ 和裂纹损伤应力阈值比 $\sigma'_{cd}$ 变化规律(图12)。

$$\begin{cases} \sigma'_{ci} = \dfrac{\sigma_{ci}}{\sigma_{cp}} \\[2ex] \sigma'_{cd} = \dfrac{\sigma_{cd}}{\sigma_{cp}} \end{cases} \qquad (1)$$

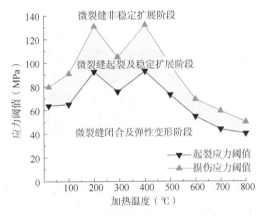

图 11　不同温度处理后试样应力阈值变化情况　　　图 12　不同温度处理后试样应力阈值变化情况

由图10可知，常温至400℃热处理后，致密砂岩起裂应力阈值波动明显，但整体呈上升趋势，这是由于颗粒热膨胀、热致裂、黏土矿物形态变化等多因素的共同作用。400~800℃热处理后，致密砂岩起裂应力阈值呈下降趋势，表明随着热处理温度的升高，在三轴压缩过程中微裂缝的起裂和损伤均更早发生，该温度范围恰好为SEM镜下观察到的微裂缝发育及扩展阶段，表明热诱导微裂缝的萌生使岩样更易在外力作用下被破坏。由SEM分析可知，400~800℃热处理后，微裂纹长度、宽度和密度都逐渐增加，尽管只需更低的外力就能使微裂缝萌生和损伤，但其对应的压密、弹性变形阶段更长，故图11中应力阈值比略有上升。

### 2.2.2　纵波波速、三轴抗压强度

纵波波速及三轴抗压强度随加热温度的变化规律如图13所示。纵波波速随温度的升高而单调降低，三轴抗压强度随温度升高则呈现先增后降的规律。整个变化可以分为2个阶段。（1）26~400℃时，纵波波速降低了7.57%，仅占整体降幅的19.35%，降幅较小；三轴抗压强度则提高了21.82%。（2）400~800℃时，纵波波速降低了34.15%，占整体降幅的80.65%；三轴抗压强度由增转降，区间大幅降低了62.11%。整体上看，纵波波速和

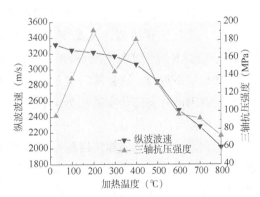

图 13　纵波波速、三轴抗压强度
随加热温度的变化规律

三轴抗压强度分别降低了39.13%及23.82%。

结合上文研究，致密砂岩在低于400℃加热过程中，矿物颗粒吸附水和层间水先脱出，高于400℃时结构水脱出、有机物分解和相变等内部反应导致岩石内部微裂缝增多，孔隙度变大，最终导致岩样纵波波速下降[23,48]。

加热200℃时，由于高温蒸发了矿物颗粒中起润滑作用的水分，增强了岩石骨架颗粒之间的胶结强度，同时原生微裂缝附近的矿物颗粒受热膨胀，填充了其中一部分微裂缝，因此抗压强度得到一定增强，此时加热起到强化作用。温度高于400℃时，此时已经开始有次生微裂缝萌生，降低了其力学强度，此时加热起到劣化作用。致密砂岩的抗压强度是强化作用和劣化作用的综合表现；温度低于400℃时，整体上强化作用大于劣化作用，所以抗压强度整体上升，但温度高于490℃，达到岩石热破裂阈值温度，黏土矿物失水晶格破坏，除沿晶微裂缝外，大量穿晶微裂缝也不断萌生、扩展，形成永久性不可逆的渗流缝网，劣化作用对力学强度的影响明显大于强化作用，因此岩样抗压强度开始大幅降低。部分学者也得出了相似的结论，认为高温会引起砂岩内部的原生微裂缝张开，次生微裂缝萌生、延展，同时也会引起部分微裂缝闭合，两种作用相互影响，使得致密砂岩在热处理下的力学性能呈现出十分复杂的变化规律[49-50]。

### 2.2.3 动、静弹性模量

动、静态弹性模量随加热温度变化规律如图14所示。动态弹性模量随温度的升高而单调降低，静态弹性模量随温度升高同样呈先增后降的规律。整个变化也可以分为2个阶段：(1)26~400℃时，动态弹性模量降低了15.15%，占整体降幅的29.39%，降幅较小；静态弹性模量则提高了15.63%。(2)400~800℃时，动态弹性模量降低了42.89%，占整体降幅的70.61%；静态弹性模量也由增转降，区间降低了54.00%。整体上看，动、静态弹性模量分别降低了51.54%及46.81%。

不同温度热处理后岩样动、静态弹性模量变化趋势与纵波波速、三轴抗压强度变化趋势大体一致，其变化机制也类似，故不做赘述。不同之处是400~800℃热处理后，弹性模量逐渐下降，降幅从700℃开始逐渐变缓。DTG曲线中700~800℃产生的失重峰应是来自绿泥石常压下的脱结构水行为[51]，脱水后增强了绿泥石的脆性，弹性模量与脆性指数往往是正相关，因此抑制了岩样弹性模量的降低。

数值上看，动态弹性模量上大于静态弹性模量。由于岩石并不是真正的线弹性材料，基于弹性力学公式利用超声波速度求得的动态弹性模量与岩样实际三轴压缩结果会有差异[52-54]。应力和应变之间有延滞性，在弹性区内加载卸载时，由于应变落后于应力，使加载线与卸载线不重合，这种滞后现象表明加载时消耗于岩石的变形功大于卸载时岩石放出的变形功，因而有一部分变形功为岩石所吸收，作为岩石的内耗，造成了动、静态弹性模量数值上的差异。

由于动态法不破坏试样结构和性能且可重复测试，而静态法会破坏岩样，且前者测试速度更快、成本更低，所以目前更多地采用动态法测试岩石的弹性模量。但工程中应用的是静弹性参数，因此研究岩石动、静态弹性模量间的关系具有重要的意义。可根据式(2)计算动、静态弹性模量的比值并得到与温度的拟合曲线(图15)。依据拟合式(3)，已知某一温度下的动态弹性模量，可求得对应温度下的静态弹性模量。其中：

$$d_c = \frac{E_d}{E_s} \qquad (2)$$

式中，$d_c$ 为动静比；$E_d$ 为动态弹性模量，MPa；$E_s$ 为静态弹性模量，MPa。

动、静态比与加热温度的关系拟合式：

$$d_c = 2.0307 - 0.84792 e^{-0.5 \cdot \left(\frac{T - 500.51306}{366.12331}\right)^2}$$

$$R^2 = 0.9204 \qquad (3)$$

式中，$T$ 为加热温度，℃；$R^2$ 为拟合度。

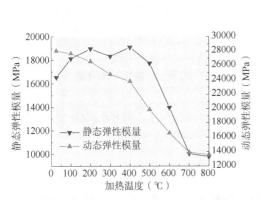

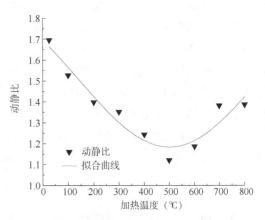

图 14　动、静态弹性模量随加热温度的变化规律　　图 15　动、静随加热温度的变化规律及拟合曲线

### 2.2.4　热损伤

砂岩受到热处理作用后，内部颗粒产生的热膨胀及胶结处发生的热破裂使得砂岩产生不同程度的热损伤，为了进一步表征热损伤砂岩内部结构的损伤程度，引入了热损伤因子的概念[55-56]。本文用基于纵波波速变化和基于三轴抗压强度变化的热损伤因子进行研究。

（1）基于纵波波速的热损伤。利用纵波波速来定义致密砂岩的热损伤因子 $D_{TC}$，常温状态下岩石未发生热损伤，因此热损伤因子为 0，其他温度下热损伤因子计算见式（4）：

$$D_{TC} = 1 - \left(\frac{V_{Ti}}{V_{T0}}\right)^2 \qquad (4)$$

式中，$D_{TC}$ 为基于纵波波速的热损伤因子；$V_{Ti}$ 为加热（$100 \sim 800$℃）后纵波波速，m/s；$V_{T0}$ 为初始（26℃）纵波波速，m/s。

（2）基于三轴抗压强度的热损伤。利用基于静态弹性模量变化来定义热损伤因子 $D_{TE}$，定义常温状态下的热损伤因子为 0，对高温作用后致密岩样进行热损伤分析，其他温度下的热损伤按照式（5）计算：

$$D_{TF} = 1 - \left(\frac{\sigma_{Ti}}{\sigma_{T0}}\right)^2 \qquad (5)$$

式中，$D_{TF}$ 为基于三轴抗压强度的热损伤因子；$\sigma_{Ti}$ 为加热（$100 \sim 800$℃）后三轴抗压强度，MPa；$\sigma_{T0}$ 为初始（26℃）三轴抗压强度，m/s。

计算 $D_{TC}$ 和 $D_{TF}$ 随加热温度变化的数值并进行 min—max 归一化后，如图 16 所示。整体上看，$D_{TC}$ 随温度的升高持续损伤，$D_{TF}$ 则呈现先加强后损伤的规律，且同样以 400℃ 为分界点。

由于 $D_{TC}$ 忽略了高温引起的岩石密度和泊松比的变化，因此随温度的变化趋势更明显，而 $D_{TF}$ 与温度关联特征则比较复杂。在加热温度低于 400℃ 时，$D_{TF}$ 随温度升高在一定范围内波动。依据上文研究，该温度阶段正处于力学强化作用及劣化作用共同影响的阶段，三轴强度变化规律较为复杂。在 490℃ 前，微裂缝有一定发育，但高温强化作用占据主导地位。但温度超过 500℃，大量微裂缝产生使得劣化作用占据主导地位，温度升高，热损伤因子显著增加，三轴抗压强度大幅损伤。400℃ 后 $D_{TC}$ 和 $D_{TF}$ 随温度的变化逐渐趋于一致，即温度越高，

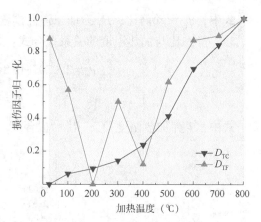

图 16 $D_{TC}$ 和 $D_{TF}$ 随加热温度的变化规律

$D_{TC}$ 和 $D_{TF}$ 两种热损伤因子增加速度越快，岩石力学损伤越剧烈，会对井壁稳定性造成显著影响。相较于 $D_{TC}$ 而言，$D_{TF}$ 能更好地反映实际工况下岩石的热损伤程度。

## 3 讨论

当达到或高于某一温度值时，岩石内部结构变化将愈加剧烈，进而导致岩石宏观力学参数发生明显变化，此温度值即为该岩石的热破裂阈值温度点。本文基于热失重引发岩石内部一系列变化，标定所用致密砂岩热破裂阈值温度点为 490℃。但不同岩石在热处理后的相关特性变化有所不同，因此其对应的热破裂阈值温度点也不尽相同。今后，随着超深井甚至万米深井的不断涌现，井底温度会随之抬升，厘清目的层位岩石的热破裂阈值温度，对于保持井壁稳定性，防范井下风险具有重要意义。

从岩石力学角度来讲，以往关于温度对岩石力学性能的影响研究，两种规律性的认识居多，分别是岩石力学参量随温度单调递减以及先增加再减小，鲜有看到单调递增的试验结果。有文献调研了花岗岩、大理岩、泥岩、细砂岩的力学强度随温度的变化，如图 17 所

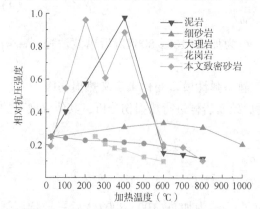

图 17 多种典型岩石相对抗压
强度随温度的变化规律

示[57]。花岗岩黏土矿物含量较低（2%~5%）、大理岩以方解石为主（95%~97%），呈块状构造，这两类岩石在受热后缺乏易膨胀的黏土矿物来进一步充填孔喉，因此力学参量未经升高过程而直接降低；反之，泥岩、细砂岩力学性能随温度的升高先强化再劣化。这与黏土矿物的含量、类型密切相关，也能解释为何不同岩石其温度阈值点各不相同。

本文结合微细观和宏观尺度，刻画了热诱导微裂缝的演化规律，阐述了致密砂岩微组构特征和力学特性的热稳定性机理。低于 400℃时本文所用致密砂岩在主要矿物成分及含量、

孔隙度和微裂缝发育情况等方面变化幅度不大，岩石内部微裂缝萌生少且呈孤立性，部分微裂缝受热膨胀导致闭合，力学强度提高整体提升，热损伤反向降低，温度对力学的强化作用占据主导地位。高于400℃时各微观特征参数开始大幅波动，岩石在490℃开始加速失重至540℃达到峰值，矿物颗粒吸附水和层间水最先脱出，失水导致晶体结构被破坏，孔隙度大幅提高，孔隙体积不断加大，且不同颗粒热膨胀系数不同，最终导致热应力在颗粒之间集中，微裂缝萌发、延展、沟通，力学强度开始降低，热损伤转降为升，温度对力学的强化作用逐渐超过弱化作用。温度高于500℃，石英由 α 相转变为 β 相，体积发生剧烈膨胀，黏土矿物衍射峰逐渐消失，发生分解，矿物颗粒脱去结构水，岩样内部沿晶微裂缝和穿晶微裂缝共同发育，互相贯通，形成区域性渗流缝网，力学强度大幅削弱，热损伤加剧，温度对力学的强化作用占据主导地位。

本文旨在探究致密砂岩储层岩石力学性能随温度的细微观机制和宏观参量变化规律，进而为该储层技术应用时面临的井壁稳定性问题提供理论支撑，同时也丰富了井壁稳定性问题的研究手段。而在实际施工中，可能存在砂泥岩夹层，两种岩石力学性能对温度不同响应特征，或导致其界面产生的复杂应力现象，值得进一步探究。

## 4 结论

（1）岩石存在热破裂阈值温度点。本文所用致密砂岩在室内实验条件下测得的热破裂阈值温度区间为400~500℃，热破裂阈值温度点为490℃，峰值点为540℃。低于400℃时致密砂岩的微组构和力学特性变化不大，高于400℃时开始大幅波动；490℃后，孔隙度、孔隙体积、微裂缝数量等增加，质量、纵波波速、力学强度等均降低。

（2）微裂缝的发育和延展是造成岩石热损伤的主要原因。致密砂岩作为非均质矿物颗粒集合体，在热处理过程中，受膨胀应力、热应力、黏土失水等多因素共同作用，在微裂缝起裂应力阈值与损伤应力阈值上表现出多区间的波动变化。在400~800℃热处理后，起裂应力阈值与裂纹损伤应力阈值的整体降低，表明岩样在外力作用下更易被破坏；起裂应力阈值比与裂纹损伤应力阈值比的整体升高，表明微裂缝发育扩大了岩样在压缩过程中的压密、弹性阶段。

（3）致密砂岩抗压强度的热稳定性是温度引起的强化作用和劣化作用的综合表现。温度低于400℃时，热处理对致密砂岩力学强度主要起到强化作用，高于400℃时则主要起劣化作用。虽然动态力学参数测试便捷，但静态力学参数更能反映实际地层情况。

## 参 考 文 献

[1] 苏承东，韦四江，秦本东，等 . 高温对细砂岩力学性质影响机制的试验研究[J]. 岩土力学，2017，38（3）：623-630.

[2] 赵怡晴，吴常贵，金爱兵，等 . 热处理砂岩微观结构及力学性质试验研究[J]. 岩土力学，2020，41（7）：2233-2240.

[3] LI Z，FORTIN J，NICOLAS A，et al. Physical and mechanical properties of thermally cracked andesite under pressure[J]. Rock Mechanics and Rock Engineering，2019，52：3509-3529.

[4] KEANEY G M，JONES C，MEREDITH P，et al. Thermal damage and the evolution of crack connectivity and permeability in ultra-low permeability rocks[C]// The 6th North America Rock Mechanics Symposium. Houston：[s. n.]，2004：ARMA-04-537.

［5］ LI M, WANG D M, SHAO Z L. Experimental study on changes of pore structure and mechanical properties of sandstone after high-temperature treatment using nuclear magnetic resonance［J］. Engineering Geology, 2020, 275(1).

［6］ 吴刚, 翟松韬, 王宇. 高温下花岗岩的细观结构与声发射特性研究［J］. 岩土力学, 2015, 36(S1): 351-356.

［7］ CHEN Y L, NI J, SHAO W, et al. Experimental study on the influence of temperature on the mechanical properties of granite under uniaxial compression and fatigue loading［J］. International Journal of Rock Mechanics and Mining Sciences, 2012, 56: 62-66.

［8］ ERSOY H, KOLAYLI H, KARAHAN M, et al. Effect of thermal damage on mineralogical and strength properties of basic volcanic rocks exposed to high temperatures［J］. Bulletin of Engineering Geology and the Environment, 2019, 78(3): 1515-1525.

［9］ PENG J, RONG G, TANG Z, et al. Microscopic characterization of microcrack development in marble after cyclic treatment with high temperature［J］. Bulletin of Engineering Geology and the Environment, 2019, 78(8): 5965-5976.

［10］ YU Q L, RANJITH P G, LIU H Y, et al. A mesostructure-based damage model for thermal cracking analysis and application in granite at elevated temperatures［J］. Rock Mechanics and Rock Engineering, 2015, 48(6): 2263-2282.

［11］ SIRDESAI N N, SINGH T N, PATHEGAMA G R. Thermal alterations in the poro-mechanical characteristic of an Indian sandstone-A comparative study［J］. Engineering Geology, 2017, 226(30): 208-220.

［12］ TIAN H, ZIEGLER M, KEMPKA T. Physical and mechanical behavior of claystone exposed to temperatures up to 1000℃［J］. International Journal of Rock Mechanics and Mining Sciences, 2014, 70: 144-153.

［13］ 邵保平, 吴阳春, 王帅, 等. 青海共和盆地花岗岩高温热损伤力学特性试验研究［J］. 岩石力学与工程学报, 2020, 39(1): 69-83.

［14］ 赵阳升, 万志军, 张渊, 等. 20MN 伺服控制高温高压岩体三轴试验机的研制［J］. 岩石力学与工程学报, 2008, 27(1): 1-8.

［15］ 邵保平, 赵阳升. 高温高压下花岗岩中钻孔围岩的热物理及力学特性试验研究［J］. 岩石力学与工程学报, 2010, 29(6): 1245-1253.

［16］ 阴伟涛, 赵阳升, 冯子军. 高温三轴应力下粗、细粒花岗岩力学特性研究［J］. 太原理工大学学报, 2020, 51(5): 5-11.

［17］ 赵亚永, 魏凯, 周佳庆, 等. 三类岩石热损伤力学特性的试验研究与细观力学分析［J］. 岩石力学与工程学报, 2017, 36(1): 142-151.

［18］ LI C, HU Y Q, MENG T, et al. Experimental study of the influence of temperature and cooling method on mechanical properties of granite: Implication for geothermal mining［J］. Energy Science and Engineering, 2020, 8(5): 1716-1728.

［19］ MAHANTA B, RANJITH P G, VISHAL V, et al. Temperature-induced deformational responses and microstructural alteration of sandstone［J］. Journal of Petroleum Science and Engineering, 2020, 192(1).

［20］ ZHOU Y, CHEN W, LEI Y F. Combustion characteristics of tight sandstone［J］. Energy and Fuels, 2018, 32(5): 6293-6299.

［21］ 于鑫, 李皋, 陈泽. 致密砂岩加热过程单轴抗压强度变化［J］. 科学技术与工程, 2019, 19(32): 133-138.

［22］ 陈巧丽. 冲击荷载下煤火区砂岩损伤特性及动态响应［D］. 银川: 宁夏大学, 2022.

［23］ 梁书锋, 方士正, 韦贵华, 等. 高温作用后硅质砂岩力学性能试验［J］. 郑州大学学报(工学版), 2021, 42(3): 87-92.

[24] 平琦, 张传亮, 孙虹键. 不同高温循环作用后砂岩动力特性试验研究[J]. 采矿与安全工程学报, 2021, 38(5): 1015-1024.

[25] 何俊, 万娟, 王宇. 压实黏土干燥裂隙及渗透性能研究[J]. 工程地质学报, 2012, 20(3): 397-402.

[26] 栾茂田, 汪东林, 杨庆, 等. 非饱和重塑土的干燥收缩试验研究[J]. 岩土工程学报, 2008, 182(1): 118-122.

[27] 杨文伟, 陈巧丽, 陆华. 煤火区不同温度后砂岩动态特性试验研究[J]. 哈尔滨工程大学学报, 2023, 44(4): 572-579.

[28] 杨少强. 高温实时作用下油页岩微观结构演化及力学响应规律研究[D]. 太原: 太原理工大学, 2021.

[29] HEUZE F E. High-temperature mechanical, physical and Thermal properties of granitic rocks—A review [J]. International Journal of Rock Mechanics & Mining Sciences & Geomechanics Abstracts, 1983, 20(1): 3-10.

[30] 吐洪江, 韩国生, 田野, 等. 岩石热解热失重法计算砂岩储集层含油饱和度[J]. 录井工程, 2013, 24(3): 16-18.

[31] 匡敬忠, 刘鹏飞, 罗大芳, 等. 高岭石热分解反应动力学计算方法对比[J]. 材料导报, 2018, 32(14): 2376-2383.

[32] 张蓉蓉. 水热耦合作用下深部岩石动态力学特性及本构模型研究[D]. 淮南: 安徽理工大学, 2019.

[33] ZHANG W Q, SUN Q, HAO S Q, et al. Experimental study on the variation of physical and mechanical properties of rock after high temperature treatment[J]. Applied Thermal Engineering, 2016, 20(98): 1297-1304.

[34] WANG H C, REZAEE R, SAEEDI A. Preliminary study of improving reservoir quality of tight gas sands in the near wellbore region by microwave heating[J]. Journal of Natural Gas Science & Engineering, 2016, 17(32): 395-406.

[35] 李皋, 孟英峰, 董兆雄. 砂岩储集层微波加热产生微裂缝的机理及意义[J]. 石油勘探与开发, 2007, 34(1): 93-97.

[36] 刘均荣, 吴晓东. 岩石热增渗机理初探[J]. 石油钻采工艺, 2003, 25(5): 43-47.

[37] 毕井龙. 热—力耦合作用下油页岩断裂特性实验研究[D]. 太原: 太原理工大学, 2016.

[38] 崔利凯, 孙建孟, 黄宏, 等. 高石梯—磨溪区块碳酸盐岩储层孔隙连通性综合评价[J]. 西安科技大学学报, 2019, 39(4): 634-643.

[39] 李江华, 薛成洲, 韩强. 不同热破裂温度下煤岩的孔裂隙演化特征研究[J]. 煤矿安全, 2020, 51(1): 22-25.

[40] 秦洋, 姚素平, 萧汉敏. 致密砂岩储层孔—喉连通性研究——以鄂尔多斯盆地长7储层为例[J]. 南京大学学报(自然科学), 2020, 56(3): 338-353.

[41] WANG G Y, YANG D, KANG Z Q, et al. Anisotropy in thermal recovery of oil shale-Part 1: Thermal conductivity, wave velocity and crack propagation[J]. Energies, 2018, 11(1): 1-15.

[42] MENÉNDEZ B, DAVID C, DAROT M. A study of the crack network in thermally and mechanically cracked granite samples using confocal scanning laser microscopy[J]. Physics and Chemistry of the Earth, Part A: Solid Earth and Geodesy, 1999, 24(7): 627-632.

[43] COOPER S. Thermal cycling cracks in three igneous rocks[J]. International Journal of Rock Mechanics and Mining Sciences & Geomechanics Abstracts, 1978, 15(4): 145-148.

[44] RICHTER D, SIMMONS G. Thermal expansion behavior of igneous rocks[J]. International Journal of Rock Mechanics and Mining Science & Geomechanics Abstracts, 1974, 11(10): 403-411.

［45］ LO K Y, WAI R. Thermal expansion, diffusivity, and cracking of rock cores from Darlington, Ontario ［J］. Canadian Geotechnical Journal, 1982, 19(2): 154-166.

［46］ CHEN Z, LI G, YANG X, et al. Experimental study on tight sandstone reservoir gas permeability improvement using electric heating［J］. Energies, 2022, 15(4): 1438-1440.

［47］ 李存宝, 谢和平, 谢凌志. 页岩起裂应力和裂纹损伤应力的试验及理论［J］. 煤炭学报, 2017, 42 (4): 969-976.

［48］ 郭进平, 杨延光, 张雯, 等. 高温后砂岩动态损伤与破坏特征试验研究［J］. 河南理工大学学报(自然科学版), 2023, 42(2): 160-165.

［49］ 杨礼宁, 姜振泉, 张卫强, 等. 高温作用后砂岩力学性质研究［J］. 地震工程学报, 2016, 38(2): 299-302.

［50］ 梁永庆. 高温作用后砂岩力学性质实验研究［J］. 煤炭技术, 2016, 35(3): 76-78.

［51］ 高平, 刘若新, 马宝林, 等. 绿泥石片岩和斜长角闪岩在高温高压下的物理力学性质及其应用［J］. 地震地质, 1994, 16(1): 83-88.

［52］ 尤明庆, 苏承东, 李小双. 损伤岩石试样的力学特性与纵波速度关系研究［J］. 岩石力学与工程学报, 2008, 196(3): 458-467.

［53］ 尤明庆, 苏承东, 杨圣奇. 岩石动静态参数间关系的研究［J］. 焦作工学院学报(自然科学版), 2002, 21(6): 413-419.

［54］ 尤明庆, 苏承东, 申江. 岩石材料的非均质性与动态参数［J］. 辽宁工程技术大学学报(自然科学版), 2001, 20(4): 492-494.

［55］ 刘泉声, 许锡昌. 温度作用下脆性岩石的损伤分析［J］. 岩石力学与工程学报, 2000, 19(4): 408-411.

［56］ 王鹏, 许金余, 刘石, 等. 砂岩的高温损伤与模量分析［J］. 岩土力学, 2014, 35(2): 211-216.

［57］ 张毅, 李皋, 王希勇, 等. 川西须家河组致密砂岩高温后微组构特征及对力学性能的影响［J］. 岩石力学与工程学报, 2021, 40(11): 2249-2259.

# 砂岩细观结构对岩石力学的影响规律

石祥超 肖文强 陈 帅 王蓉蓉

(西南石油大学 油气藏地质及开发工程全国重点实验室)

**摘 要** 在全球勘探和开采石油与天然气的过程中,钻井工程一直以来都有着巨大的成本和风险。这主要源于一个基本问题:钻井工程师对目标储层的岩石力学性质理解不足且不及时。主要归因于岩石力学参数的获取难和成本高。因此,建立其快速、便捷、经济的岩石力学参数预测方法成为钻井工程中的研究重点。由于岩石种类繁多,研究中先针对砂岩开展了研究,以期先探索一种可行的岩石力学参数获取方法。为了获取砂岩的岩石力学参数预测模型,基于薄片图像提取砂岩细观结构参数和单轴压缩试验得到砂岩的岩石力学参数,对 8 组砂岩的岩石力学参数与细观结构参数进行回归分析,得到了砂岩的岩石力学参数和细观结构参数之间的回归模型。通过研究砂岩力学性质与细观结构的关系发现:砂岩的矿物颗粒面积越大,抗压强度、弹性模量越小。砂岩的细观结构系数越大,抗压强度、弹性模量越大。砂岩的矿物颗粒圆度越大,泊松比越小。砂岩的岩石力学参数与其细观结构参数的高相关性表明可以使用细观结构参数预测岩石力学参数,可以极大提高岩石力学参数的获取效率。

**关键词** 岩石力学参数;砂岩;细观结构参数;回归模型;矿物颗粒

岩石力学参数是钻井工程中应用范围最广泛的参数之一,及时准确地获取钻遇地层的岩石力学参数对于钻头选型、钻井参数优选等均具有重要作用,能够降低钻井过程作业风险,提高钻井速度,节省大量的钻井成本[1-2]。传统获取岩石力学参数的方法是取芯实验法和测井资料预测法,但是这两种方法成本高、难度大、周期长且容易受到钻进过程的影响导致误差较大[3]。国内外岩石力学专家就如何获取准确的岩石力学参数进行了大量的实验研究:Lindqvist 等[4]研究了矿物成分、粒度、孔隙度和微裂隙对岩石力学性质的影响。Prikryl[5]认为花岗岩的单轴抗压强度(UCS)与其粒径密切相关。Li Huamin 等[6]发现砂岩的组成、微观结构、孔隙分布与力学性质密切相关。随着长石和石英颗粒的减小,抗压强度和弹性模量增加,孔隙度降低。Tugrul 等[7]发现岩石的物理力学性质是矿物组成和结构的函数。Johansson[8]证实了矿物组成、孔隙度、颗粒大小和形状及层理是影响岩石力学性质的最重要因素,并总结了各种矿物组成和结构的不同特征及其对岩石力学性质的影响。细观结构作为岩石的宏观物理特征(破碎、破坏、变形、渗流、波动特征等)主控因素,众多

【基金项目】中国石油—西南石油大学创新联合体项目(2020CX040103)。

【第一作者简介】石祥超,1981 年,教授,院长助理,博士,毕业于西南石油大学油气井工程,主要从事石油工程岩石力学方面的教学及科研工作。地址:四川省成都市新都区西南石油大学,邮编:610500。E-mail:sxcdream@ swpu. edu. cn。

学者企图通过定量化的手段来描述细观结构特征对岩石宏观物理性质的影响，尝试对岩石的细观结构进行定量化描述，目前建立的细观结构定量化指标有十几种之多[9]，可以用来描述岩石颗粒尺寸、颗粒密度、颗粒形状、颗粒胶结程度、石英含量、孔隙度、颗粒边界等因素对岩石力学特征的影响。最典型的是 1987 年 Howarth and Rowlands[10] 基于火成岩建立的细观结构系数，除此之外，还有矿物颗粒面积、圆度、角度等：

$$\text{TC} = \left[ \left( \frac{N_0}{N_0+N_1} \times \frac{1}{\text{SF}_0} \right) + \left( \frac{N_1}{N_0+N_1} \right) \times \text{AR}_1 \times \text{AF}_1 \right] \tag{1}$$

$$\text{Rnd} = \frac{4A}{\pi L^2} \tag{2}$$

式中，TC 为细观结构系数；$A$ 为矿物颗粒面积，$\text{mm}^2$；Rnd 为圆形（圆度）；L-Feret 直径，$\text{mm}^2$；$N_0$、$N_1$ 分别为颗粒长宽比（费雷特定义）低于、高于预设值（一般为 2）的数量；$\text{SF}_0$ 为所有颗粒的可判别形状因子的算数平均值；$\text{AR}_1$ 为所有颗粒的可判别长宽比的算数平均值；$\text{AF}_1$ 为颗粒的角度因子。

目前许多学者关于岩石力学参数预测做了较为详尽的研究，但因为不同类型岩石力学性质差异较大，某一类岩石的研究成果对另一类岩石可能并不具备适用性。由于砂岩在油气井勘探中所占的比重较高，因此，有必要针对砂岩的岩石力学性质与细观结构开展深入研究。首先通过单轴压缩试验获得砂岩的岩石学参数抗压强度、弹性模量和泊松比。然后制作薄片、利用显微图像提取砂岩细观结构参数。最后对砂岩的岩石力学参数与细观结构参数进行回归分析，并最终建立基于砂岩细观结构参数的岩石力学参数预测模型进而提高岩石力学参数获取效率。

# 1 实验方法

## 1.1 获取岩石力学参数

本研究采用 GCTS RTR-1000 静态三轴伺服试验系统作为三轴力学试验设备，利用应变片获取岩石的轴向变形。实验在室温和固定加载速率下进行，以保证所有样品的置换加载速率控制在 0.12mm/min。为避免仪器端部不平整对试样的影响，在石块上部与装样板之间固定一个球形座，使载荷均匀分布在试样表面。设备如图 1 所示。

图 2 为单轴压缩试验后的砂岩图像。S1、S5 为脆性剪切破坏，S2、S4 为脆性断裂破坏，S6、S8 为弱面剪切破坏，S3、S7 为延性破坏。

## 1.2 获取细观结构参数

研究使用的显微设备是 XPL-3230 型透反射专业偏光显微镜（图 3），摄像头为 Sony Exmor CMOS Sensor（1200 万像素，USB3.0），软件为 FCL-RS，该软件不仅可以实现拍照等基础功能，还提供了一些颗粒结构基础参数的测量。

通过对岩样制作铸体薄片，然后进行显微

图 1　RTR-1000 型三轴岩石力学测试系统

观测，得到8组砂岩的单偏光和正交偏光图像。使用显微镜观察8种薄片下砂岩的细观结构特征并拍摄显微图像，通过对得到的图像进行图像处理，得到矿物颗粒的轮廓，然后进行数值计算，得到众多细观结构量化指标，如细观结构系数TC、矿物颗粒平均面积$\bar{A}$和圆度Rnd。图4为砂岩的显微图像。

图2　砂岩单轴压缩试验结果图　　　　　　图3　显微设备图片

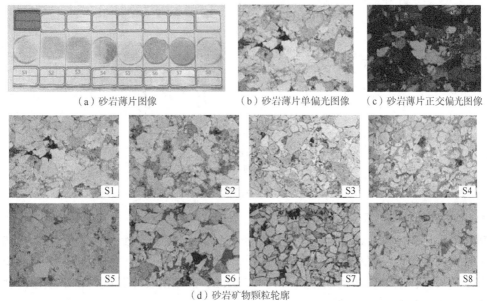

（a）砂岩薄片图像　　　　　（b）砂岩薄片单偏光图像　　　　（c）砂岩薄片正交偏光图像

（d）砂岩矿物颗粒轮廓

图4　砂岩显微图像

## 2　相关性分析

实验结果分析如图5至图7所示。砂岩的抗压强度主要分布在29.1~85.7MPa，最大值为85.7MPa，最小值为29.1MPa，平均值为59.238MPa。砂岩的弹性模量主要分布在5.527~18.366GPa，最大值为18.366GPa，最小值为5.527GPa，平均值为12.119GPa。砂岩的泊松比主要分布在 0. 19~0. 415，最大值为 0. 415，最小值为 0. 19，平均值为 0. 311。

实验结果分析表明：矿物颗粒的面积、细观结构系数与砂岩的抗压强度、弹性模量有一定的相关性。砂岩的矿物颗粒的面积越大，抗压强度、弹性模量越小。砂岩的细观结构系数越大，抗压强度、弹性模量越大。砂岩的弹性模量还与矿物颗粒圆度有一定的相关性，砂岩的矿物颗粒圆度越大，弹性模量越大。砂岩的矿物颗粒圆度对泊松比的大小起着重要作用。砂岩的矿物颗粒圆度越大，泊松比越小。

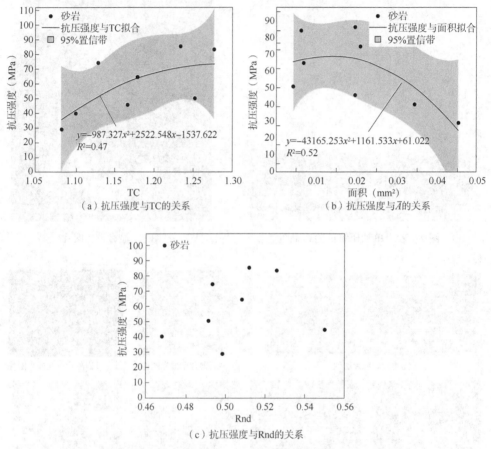

图 5　抗压强度与细观结构参数的关系

### 2. 1　抗压强度与细观结构参数分析

砂岩的抗压强度与细观结构参数的相关性分析如图 5 所示。砂岩的抗压强度随着 TC 的增加而增大，随着矿物颗粒面积的增加而减小。砂岩的抗压强度与 TC、矿物颗粒面积具有中等程度相关性，拟合系数 $R^2$ 分别为 0. 47 和 0. 52，砂岩的抗压强度与矿物颗粒圆度具有弱相关性，拟合系数 $R^2$ 为 0. 31。

将 8 种砂岩进行对比可以看出：含有较多孔隙的砂岩抗压强度普遍越低，主要原因是胶结变差，承载力随着孔隙率的升高而变弱。矿物填充系数 AW 为 1 减去孔隙度的值，砂岩的孔隙度越小，矿物填充系数越大，TC 越大，抗压强度越大。U. Atici[11] 提到了 TC 与孔隙度的相关性非常高，并且 UCS 和 TC 之间呈正相关关系，相关性非常高。本研究结果也表明，砂岩的抗压强度与 TC 之间存在相关性，并且砂岩的 TC 越大，抗压强度越大，说明 TC 对于预测抗压强度很有用。除此之外，矿物颗粒面积也对砂岩的抗压强度有着影响，矿物颗粒面积较大的砂岩其抗压强度普遍较低，Prikryl[5]发现岩石的强度随着颗粒粒径的增加而降低，因为面积较大的矿物颗粒内部可能含有更多、更大的裂缝从而导致砂岩的强度降低。

### 2.2 弹性模量与细观结构参数分析

砂岩的弹性模量与细观结构参数的相关性分析如图6所示。砂岩的弹性模量随着TC的增加而增大，随着矿物颗粒面积的增加而减小，随着矿物颗粒圆度的增加而增大。砂岩的弹性模量与TC、矿物颗粒面积、矿物颗粒圆度均具有中等程度相关性。拟合系数 $R^2$ 分别为 0.58、0.57 和 0.43。

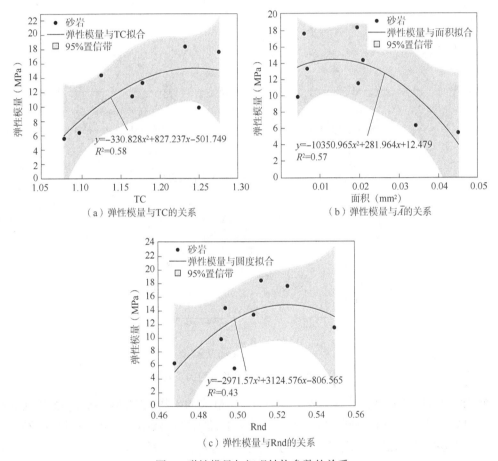

（a）弹性模量与TC的关系　　　　（b）弹性模量与 $\overline{A}$ 的关系

（c）弹性模量与Rnd的关系

图6　弹性模量与细观结构参数的关系

从图6中可以看出，TC与弹性模量之间存在良好的线性关系。U. Atici[5]发现TC与弹性模量之间有较好的线性关系，所有岩石的TC和弹性模量都处于95%置信区间内或附近，弹性模量随着TC的增加而增大，这是因为岩石具有相似的石英含量和结构，为裂纹扩展提供了物理屏障，而TC代表了岩石细观结构对裂纹扩展的阻力。本研究实验结果也表明用TC预测砂岩的弹性模量是可行的。除此之外，矿物颗粒面积的大小也对砂岩弹性模量起着重要的作用。砂岩的矿物颗粒面积越大，弹性模量越小，Lulin Kong[12]也证明了这一结果，他发现随着矿物颗粒尺寸的增加，弹性模量呈指数下降。砂岩的弹性模量随着矿物颗粒圆度的增加而增大，Cavarretta[13]也证实了这一结果。

### 2.3 泊松比与细观结构参数分析

砂岩的泊松比与细观结构参数的相关性分析如图7所示。砂岩的泊松比随着矿物颗粒圆度的增加而增大。砂岩的泊松比矿物颗粒圆度具有极强相关性，拟合系数 $R^2$ 为0.84。砂岩的泊松比与TC、矿物颗粒面积具有弱相关性，拟合系数 $R^2$ 分别为0.36和0.22。

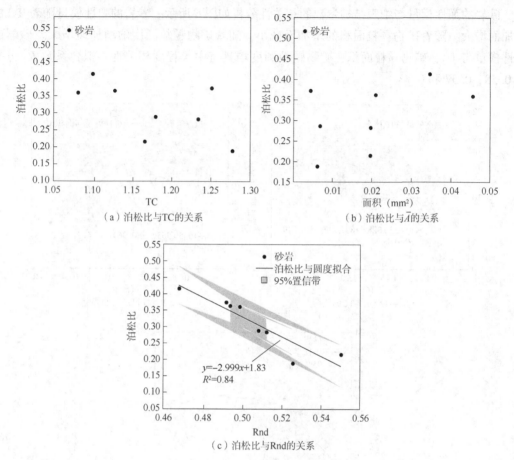

（a）泊松比与TC的关系 （b）泊松比与 $\overline{A}$ 的关系

（c）泊松比与Rnd的关系

图7 泊松比与细观结构参数的关系

砂岩的泊松比与矿物颗粒圆度成负相关关系，砂岩的矿物颗粒圆度越大，泊松比越小。刘广[14]也发现随着矿物颗粒圆度的增加，石英砂岩的泊松比减小。砂岩的矿物颗粒圆度越大，其形状越稳定，强度越高，所以矿物颗粒圆度越大泊松比越小。

## 3 结论

（1）砂岩的抗压强度与TC、矿物颗粒面积具有中等程度相关性。砂岩的TC越大，抗压强度越大。砂岩的矿物颗粒面积越大，抗压强度越小。

（2）砂岩的弹性模量与TC、矿物颗粒面积、矿物颗粒圆度均具有中等程度相关性。砂岩的细观结构系数TC越大，弹性模量越大。砂岩的矿物颗粒面积越大，弹性模量越小。砂岩的矿物颗粒圆度越大，弹性模量越大。

（3）砂岩的泊松比矿物颗粒圆度具有极强相关性。砂岩的矿物颗粒圆度越大，泊松比越小。

# 参 考 文 献

［1］林秋雨．麦盖提地区岩石力学特征分析与钻头选型研究［D］.成都：西南石油大学，2014.

［2］康玉柱．世界油气资源潜力及中国海外油气发展战略思考［J］.天然气工业，2013，33(3)：1-4.

［3］李斌，杨春雷，刘勇．根据岩屑硬度和塑性系数确定地层岩石的力学性质［J］.地下空间与工程学报，2005，1(6)：915-917，939.

［4］Lindqvist J E，Akesson U，Malaga K. Microstructure and functional properties of rock materials［J］. Materials Characterization，2007，58(11-12)：1183-1188.

［5］R. P. Some microstructural aspects of strength variation in rocks［J］. International Journal of Rock Mechanics and Mining Sciences，2001，38(5)：671-682.

［6］Huamin L，Huigui L，Kailin W，et al. Effect of rock composition microstructure and pore characteristics on its rock mechanics properties［J］. International Journal of Mining Science and Technology，2018，28（2）：303-308.

［7］Tuğrul A，Zarif I H. Correlation of mineralogical and textural characteristics with engineering properties of selected granitic rocks from Turkey［J］. Engineering Geology，1999，51(4)：303-317.

［8］Johansson E. Technological properties of rock aggregates［D］. Luleå University of Technology，2016.

［9］Ündül Ö O I E，Er S. Investigating the effects of micro-texture and geo-mechanical properties on the abrasiveness of volcanic rocks［J］. Engineering Geology，2017，229(0)：85-94.

［10］Howarth D F，Rowlands J C. Quantitative assessment of rock texture and correlation with drillability and strength properties［J］. Rock Mechanics and Rock Engineering，1987，20(1)：57-85.

［11］Atici U，Comakli R. Evaluation of the physico-mechanical properties of plutonic rocks based on texture coefficient(Article)［J］. Journal of the Southern African Institute of Mining and Metallurgy，2019，119（1）：63-69.

［12］Kong L，Wu J，Wang H，et al. Size effect of mechanical characteristics of sandstone and granite under uniaxial compression［J］. Frontiers in Energy Research，2023.

［13］Cavarretta I C I，O'Sullivan C O C，Coop M C M R. The relevance of roundness to the crushing strength of granular materials.［J］. GEOTECHNIQUE，2017，67(4)：301-312.

［14］刘广，荣冠，彭俊，等．矿物颗粒形状的岩石力学特性效应分析［J］.岩石工程学报，2013，35(3)：540-550.

# 钻井地质设计文档关键信息自动提取软件研制与应用

万夫磊[1,2]　邹　波[1,2]　肖启福[1,2]

(1. 中国石油集团川庆钻探工程有限公司钻采工程技术研究院;

2. 国家能源高含硫气藏开采研发中心)

**摘　要**　石油地质与钻井专业间信息不互通,钻井设计过程中地质数据需人工查阅,导致钻井设计效率低,打破地质与钻井专业间的信息壁垒,实现跨专业间的信息互通,对提高钻井设计效率和企业核心竞争力意义重大。本文采用国际POSC业务分析模型,开展钻井设计业务数据需求分析,搭建工程信息一体化平台、构建地质设计文档关键信息提取的业务模型,建立地质设计文档词典库及关键信息提取模板库、优选文本提取相似度算法;在上述研究基础上完成了地质文档信息提取软件开发,经测试:本软件信息提取准确率为98%、平均单个文本关键信息提取时间为8s,基本满足钻井设计需求。本文为传统石油行业实现跨专业信息联通提供了思路,有效提高传统石油行业的工作效率,具有较好推广应用前景。

**关键词**　关键信息提取;自然语言处理;余弦相似度算法;关键信息提取;POSC业务模型;软件研制

随着全球进入数字化时代以来,传统石油行业各专业领域之间的信息流、数字流正在发生变化[1],国际知名油公司与互联网企业联手开展业务智能化探索,如道达尔+谷歌云、雪佛龙+微软、壳牌+惠普等跨界组合[2]。美孚与微软合作,通过"数据湖"平台提升上游生产效率;BP与谷歌合作,利用孪生模拟技术,预测井筒复杂,设备故障等风险;壳牌的智能油田(Smart Field)聚焦协同工作环境、智能井、光纤监测、生产实时优化、智能水驱和闭环油藏管理;雪佛龙的信息油田(i-Field)聚焦钻井优化、生产优化、油藏管理;英国石油公司(BP)提出的未来油田(Field of the Future)聚焦应用实时信息系统优化运营。

信息化快速发展的背景下,石油工业软件更注重建井过程中信息多元化收集、侧重海量数据标准化处理及大数据分析和AI方法融合,以实现石油工业软件向自动化、智能化发展目标,高效智能的石油工业软件迭代升级需求日益突出,如石油钻井工程领域,钻井专业与地质专业的信息未实现互联互通,地质基础数据仍然依靠人工查询后手工录入到设计软件,人工查询相关数据及录入需耗时1~2天,严重影响钻井设计效率。打破石油各专业间的信息孤岛,实现跨专业间的信息互通是石油工业软件高效运算的前提,笔者通过开展

【基金项目】川庆钻探工程有限公司科研项目"川渝地区一体化钻井自动设计系统(V2.0)研制"(CQ2022B-9-2-3)。

【第一作者简介】万夫磊,就职于中国石油集团川庆钻探工程有限公司钻采工程技术研究院。

钻井设计业务的数据需求分析，搭建了石油工程信息一体化平台，构建了地质文档关键信息提取的业务模型及地质文档词典库和信息提取模板库，优选了基于自然语言处理文本提取相似度算法，在上述基础上开发了地质设计文档关键信息提取模块，实现了钻井专业与地质专业间的信息互通，大幅提升了钻井设计效率。

## 1 工程信息一体化平台搭建

国外油田企业专业数据库建设始于 1990 年，由 BP、雪佛龙、道达尔、美孚等石油公司发起成立了 POSC(Petrotechnical Open Standards Consortium)，旨在解决油气勘探开发专业数据库标准化问题。POSC 已有将近 130 个成员，其中包括 IBM、SUN、ORACLE、HP、Schlumberger 等著名计算机软件公司和石油公司[3-4]，POSC 标准主要包括基础计算机标准、Epicentre 数据模型、数据存取与交换标准、数据交换格式规范、应用程序间通信标准、用户界面风格指南和石油工业计算机图形元文件规范。POSC 标准包括基础计算标准、数据模型、数据存放与交换标准、数据交换格式规范、应用程序间通信标准及石油行业计算机图形元文件规范[5-10]；国内油田企业在 20 世纪 80 年代后期开始油田专业数据库建设，中石化以勘探开发专业信息系统为基础，开发了勘探、开发、钻井、测井及油田地面工程等八大专业数据库[5]基本满足中石化科研生产、经营管理的需求。

通过应用 POSC 模型开展钻井设计数据需求分析(图1)，搭建了工程信息一体化平台，本平台纵向可分为四层：工程数据应用层、工程数据服务层、数据访问层及数据库(图2)。一体化平台数据模型采用工程作业智能支持系统 EISS(Engineering Opertion Intelligent Support System)数据模型 EDM(EISS Data Model)及报告生成数据模型 RDM(Report Data Model)；EDM 通过服务接口访问 RDM 数据资源，并且可利用权限控制接口返回的数据；RDM 通过服务接口访问数据资源。上述两种数据模型均为数据库表结构。数据库采用 MySql 数据库，采用 SqlSugar 的 ORM 框架，根据功能拆分为地质文档提取服务、工程报告生成服务和平台 &RDM 桥接服务，分别对应钻井地质设计报告的智能识别与提取、钻井工程设计报告的生成和与钻井工程云设计平台进行数据交互。

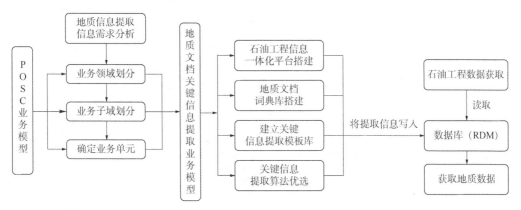

图 1　地质文档关键信息提取业务分析模型示意图

工程信息一体化平台设计两个内部接口和一个外部接口，外部接口主要是为平台 &RDM 桥接服务提供应用程序编程接口(API)，供钻井工程云设计平台访问 RDM 数据。内部接口为地质文档提取接口和地质文档生成接口，地质文档提取接口主要是系统通过访问

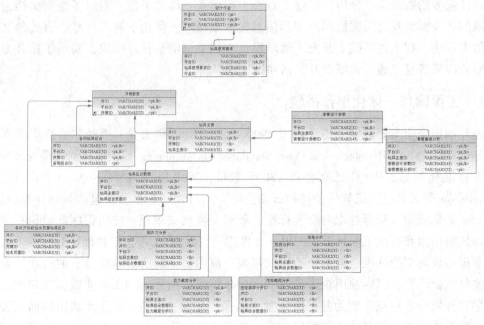

图 2　POSC 钻井设计业务数据需求分析部分示意图

数据获取关键工程参数，地质文档生成接口将获取关键数据填充到地质文档模板库中的域形成地质文档，以供其他专业查询（图 3）。地质文档模板库为一个完全独立的 .NET Word 类库，运行系统无需安装 Microsoft Office，Spire. Doc for. NET 支持将 Word 文件保存在流中，也可以保存为 Web Response，还支持将 Word 文件与 XML、RTF、EMF、TXT、XPS、EPUB、HTML、SVG 和 ODT 等格式文件之间的双向转换。同时，还支持将 Word 文件转换为 PDF 和 OFD 文件，HTML 文件转换为图像文件。

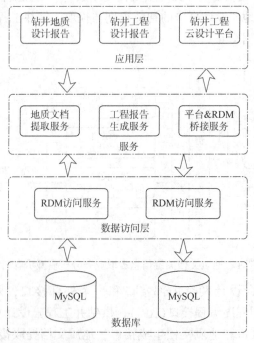

图 3　工程一体化信息平台搭建层状示意图

## 2 地质设计专业词典库及提取模板库建立

词典库和模板库提供标准化的格式和内容，同一区块钻井地质设计文档关键信息提取可以直接套用本区块的提取模板，有利于提高地质设计文档关键信息提取效率。通过联合钻井工程师、地质工程师及信息工程师对不同区块的钻井地质文档归纳分析，按照专业词语的含义建立专业词典库，分析各区块钻井地质设计文档的特点，按照不同的专业词间的词义关系建立专业词语义链关系网及不同区块地质设计文档章节，建立提取章节提取模板库。

### 2.1 地质文档专业词典库

专业词典库包括描述词元概念、词元关系、词组语义类型、唯一标识 ID 和词组语义链(图4)；本文词典库建立采用 PowerDesigner 软件，该软件采用模型驱动方法将业务与 IT 结合帮助部署有效的企业体系架构，并为研发生命周期管理提供强大的分析与设计技术。PowerDesigner 具有多种标准数据建模技术(UML、业务流程建模及市场领先的数据建模)集成一体，并与 .NET、WorkSpace、PowerBuilder、Java™、Eclipse 等主流开发平台集成起来，从而为传统的软件开发周期管理提供业务分析和规范的数据库设计解决方案。

地质文档专业词典库以词义的方式对词元进行管理，按词元与词元的业务意义组成一个覆盖地质与钻井范围的专业词的"词元的网络"；词元包括名词、动词、形容词、数词、量词和代词各自被组织成一个同义词的网络，根据这些同义词词义及关联关系，通过键值关系(键是业务模型中专有名词，值是此专有名词的同义词集合，这些"同义词"来源于文档数据)得到描述各种石油地质及钻井工程相关的术语，以及描述它们之间的关联关系。

词元概念包括名词、动词、形容词、数词、量词和代词。名词表示人、事物或者时间、地点的名称，如构造、地层、井别、井型、邻井等。方位名词：表示方向、位置的词，如上、下、前、后、左、右、东、西、南、北、里、内、外、之上、之下、之前、之后、之中、之间、以上、以下等，一般用在名词性词语后边，表示空间和位置。专有名词：表示专用名称的词，如中生界、古生界、三叠系、中统、沙溪庙组等。抽象名词：表示抽象事物的名称词，如范畴、范围、方法、算法等。动词包括判断动词、能愿动词和趋向动词。判断动词"是"等；表示事物的类属，如该构造是一个北东南西向的向斜构造；可表示事物的特征，如钻杆是很重的；可表示事物是否存在，如井场方圆 10km 是空的。能愿动词"能、可以、必须"等，常常用在一般的动词前面，如必须保持 30MPa 的压力等。

### 2.2 地质文档提取模板库

地质文档模板库按照川渝地区不同区块如 CN、WY、LZ 及 ZG 等区块地质设计中各个章节以及其子章节，进行拆分按照 Office Word 文件格式保存，本文以 CN 区块地质设计文档为例拆分，拆分为：(1)概要信息，包括地质构造、井名、井别、井型等；(2)井区自然状况，包括地理简况、井区矿业简况、井口范围内的人口、房屋分布情况、民宅及聚集区分布情况、水系调查状况、学校位置、区内交通情况、通信条件情况等；(3)基本数据，包括勘探项目名称、井号、井别、井型、地理位置、构造位置、侧线位置、大地坐标、经纬度、地面海拔、磁偏角、设计井深(垂深)、完钻层位、目的层、井位水深、水域位置、钻探目的、完钻原则、完井方法等；(4)区域地质简介，包括邻井井号、层位、井段段号、显示类别、岩性、显示情况；(5)设计依据及钻探目的，包括邻井实钻资料、钻探目的、完钻

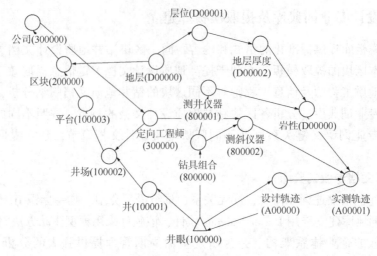

图 4　词语链示意图

层位及原则、完井方法、钻探要求等；(6)设计地层剖面及预计油气层、特殊层位置，包括地层分层信息、地层压力系数、可能钻遇的断层、漏层、超压层位置和井段、油气层、特殊层的埋深及厚度等；(7)工程要求，包括距离范围以内的邻井名称及距离、邻井产层实测压力、邻井钻井实测孔隙压力、邻井破裂压力试验数值、每个地层分层的地层压力系数预测值、钻井液类型及性能使用原则、特殊情况、特殊岩性段处理要求、井身质量要求等；(8)资料录取要求，包括钻井取心层位、设计井段深度、取心进尺、取心收获率、取心目的、取心原则、其他层位机动取心说明、井壁取心、压力检测地层深度。

通过拆分不同章节，将地质文档拆分成多个 Word 域字段，Word 域的意思可以理解为范围，类似数据库中的字段，每个 Word 域都有一个唯一的名字，有不同的取值。本文对地质文档进行结构化分析研究，将地质设计中的各个大章节及子章节进行拆分，进行结构化归类，建立不同区块地质文档提取模板库。

## 3　地质文档关键信息提取算法优选

地质设计文档中语料专业词料预处理是实现关键信息提取的基础，语料预处理包括分词、词性标注、命名实体识别、关键提取、链表生成等过程，通过优选关键信息词义分析算法，分析提取的信息在相关词义链中的词义。

### 3.1　地质文档关键信息语料处理

分词将自然语言文本分解成单个的词语或词汇(使用开源组件"jieba 分词"，源词库来源于"人民日报"，补充地质专业词库完成后，组成地质文档源词库)；词性标注对词语或词汇分配一个词性(如名词、动词、形容词等)；命名实体识别文本中的特定实体(将模板和数据模型进行结合，识别实体，也就是主语(如井、地层、钻井液等)所对应的实体)；关系提取通过判断分词后属于哪个实体和属性(如地层—温度—值—单位)；链表是将提取出的实体和数值产生关联，生成双向链表，再走类似表格数据解析的流程。数据分析提取算法的核心是进行语义相似度计算，通过结合专业词典中的词元相似度及词组语义链，判断报告中的信息的语义，根据提取规则进行信息获取。

### 3.2 语义相似度算法优选

文本相似度计算分析方法分为基于统计、基于深度学习及基于知识库的分析方法。基于统计的语义文本相似度计算模型有 VSM、LSA、PLSA、LDA；基于知识库的语义文本相似度计算模型基于 WordNet 词典的计算方法和基于 Wikipedia 网页的计算方法等，基于深度学习的语义相似度算法有无监督方法和监督方法。

通过调研发现：基于统计学的语义分析算法未考虑句子结构和语义信息，计算分析结果较实际语义差距较大，此方法适用于粗略的信息提取，不适合地质文档关键关键信息及数据信息提取；基于深度学习的词义分析计算方法复杂，该算法主要通过输入层将原始句子映射到一个向量空间并进入表示层，采用词袋模型进行分析，需要准备大规模的语料库且长时间大量的训练；基于知识库的语义文本相似度分析方法，不需要准备大规模的语料库和长时间训练，且计算精度较高，满足地质文档关键信息提取的需求。本文选取该方法主要基于词典库，依据词典内概念之间的上下位关系和同义词关系进行计算分析，文本相似度主要采用计算精度较高的余弦相似度算法分析计算词语的相似度。

$$\cos\theta = \frac{\sum_{i=1}^{n}(A_i \times B_i)}{\sqrt{\sum_{i=1}^{n}(A_i)^2 \times \sum_{i=1}^{n}(B_i)^2}} = \frac{A \cdot B}{|A| \times |B|}$$

## 4 地质文档关键信息提取模块开发

地质文档信息提取模块采用 C#计算机语言开发，模块分为交互层、逻辑层、数据层和持久层(图 5)，运行操作系统为 Windows7、Windows10，运行软件环境为 .Net 5.0 及以上版本，开发工具 Microsoft Visual Studio 2019 数据库 MySQL 8.0；第三方库 Spire. Doc for. NET。

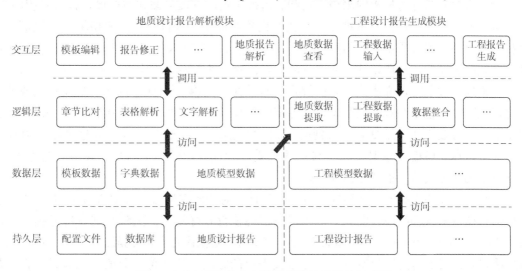

图 5　地质文档关键信息提取模块结构设计示意图

为了用户有更好的交互体验，在软件执行信息提取过程设计前端，执行"选择模板"→"选择报告"→"解析报告"→"保存数据"流程，完成"钻井地质设计报告"信息提取(图 6)。程序需要分为"模板管理""报告解析"两部分，在"模板管理"内配置所需模板，"报告解析"

内完成完整的"选择模板"→"选择报告"→"解析报告"→"保存数据"流程。程序启动界面为解析界面，解析界面点击左上角"模板管理"按钮，可进入模板管理，在模板管理界面点击左上角"返回解析"按钮，回到解析界面。软件前端主要分为4个区域：区域1内只存在"链接到解析模块"的按钮，点击退出模板管理界面，进入解析界面；区域2模板管理区，从左到右分别提供"新增模板""选择模板""导入模板"按钮进行模板管理；"单位"内显示当前操作模板单位，"保存模板"保存3区域模板编辑；区域3模板编辑区，模板编辑区内对选择模板进行相应编辑操作；区域4数据库字段访问区，检索数据库模板字段，显示当前数据库所有字段。

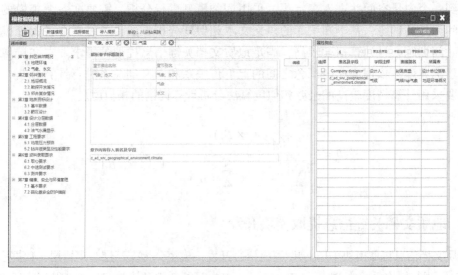

图6　地质文档关键信息提取模块界面示意图

地质文档解析通过模板内表格绑定和段落绑定名称，搜索钻井地质设计报告对应内容，使用绑定的数据库字段作为查询项，查找查询项对应值，进行暂存。表格绑定和段落绑定名称与报告中表格和段落名称的对应关系为一对多，如在绑定中叫"基本数据表"，通过后期维护相应关系，使地质设计报告中表名或者段落名为"基础数据表""基本信息表"时，都可以检索到；按照上述方法，将表格绑定和自然段落的绑定字段与目标表格或自然段的字段进行关联时，也是一对多关联关系，绑定的数据库字段为"地层"，维护相应关系后，在地质设计报告表格和自然段落关联到的"层位""地层层位"这类字段，取这个字段对应的值，进行暂存。模板将数据库数据与钻井地质设计报告内数据关联后，并不会立即入库，需在信息确认无误后，手动点击入库。

为验证本文提出的地质文档提取方的有效性，对地质文档数据提取进行了20井次地质文档信息提取测试，结果表明，本文所提方法能取得较好结果，关键数据及信息提取准确率100%，提取最快时间为5s，最长时间为15s。测试结果说明本文提出的地质文档信息提取方法较好，石油行业其他专业可借鉴本文提出的方法，实现跨专业信息互联，为企业数字化打好基础。

## 5　结论

本文采用国际POSC业务分析模型，开展了钻井设计业务数据需求分析，建立地质关键信息提取的业务模型；通过搭建工程信息一体化平台、建立地质文档关键信息词典库、构建地质文档关键信息提取模板库、优选了地质关键信息提取文本相似度评价方法。在上述基础上完成了地质文档信息提取软件开发，将该模块嵌入到石油工程 EISS(中国石油工程作业智能支持系统)平台，实现了钻井专业与地质专业间的信息互联，本文开发的地质信息提取模块经过测试提取信息准确率为98%，平均单个文本提取数据提取时间为8s，基本实现了打破石油行业地质专业与钻井专业的信息孤岛。

本文为石油行业各专业信息互通提供了思路，其他专业可借鉴本方法突破信息孤岛实现跨专业间的信息融合，为企业降本增效及数字化转型打好基础。虽然本文开发的模块基本实现了地质文档关键信息提取的功能，但存在提取过程需要人工监督，无法实现自动提取，开发的模块功能较单一、为全面实现信息自动化提取等问题，后期还需持续开展提取模型多元化、加强提取算法知识库建设及管理等方面的攻关。

## 参 考 文 献

[1] 肖立志. 数字化转型推动石油工业绿色低碳可持续发展[J]. 世界石油工业，2022，29(4)：12-20.
[2] 匡立春，刘合，任义丽，等. 人工智能在石油勘探开发领域的应用现状与发展趋势[J]. 石油勘探与开发，2021，48(1)：1-11.
[3] 李春生，文必龙，等. POSC 数据平台技术及其应用[M]. 哈尔滨：哈尔滨工业大学出版社，2000：1-66.
[4] 陈强，李晓磊. 国际石油工业界 POSC 及其相关项目的进展[J]. 石油地球物理勘探，1995，2(30)：223-230.
[5] 文必龙. POSC 能源电子标准技术及应用[M]. 北京：地质出版社，2003：1-36.
[6] 唐博. 中国石化勘探开发业务模型及数据元标准化研究与设计[D]. 青岛：中国石油大学(华东)，2010.
[7] POSC. Base Computer Standards[R]. Englewood Cliffs：PTR Rrentice Hall，1994：1-10.
[8] POSC. Epicentre Data Model[R]. Englewood cliffs：PTR Rrentice Hall，1994：1-87.
[9] POSC. Data Access and Exchange[R]. Englewood Cliffs：PTR Rrentice Hall，1994：E_1-E_4.
[10] POSC. POSC Exchange Format[R]. Englewood Cliffs：PTR Rrentice Hall，1994：1-36.

# 基于裂缝性地层漏失机理的井漏地质风险评价技术与实践

李　辉[1]　邓津辉[2]　许胜利[1]　刘佩佩[1]　孙玉红[1]　张瀚澎[1]

(1. 中海油能源发展股份有限公司工程技术分公司；2. 中海石油(中国)有限公司天津分公司)

**摘　要**　针对渤海油田第三系地层面临的断缝体系准确刻画难、随钻井漏风险预警时效低及钻井作业各阶段的裂缝性漏失评价技术体系缺乏等国内外行业性难题，开展地质工程一体化攻关，建立了基于裂缝性地层漏失机理，总结了易漏构造、易漏地层及断缝组合特征，创新形成地震多属性融合及井震结合的多期次、多尺度、多类型断缝体系表征技术；基于面向井漏目标的地震数据前处理技术，并在多尺度地震属性目标综合刻画的基础上，开展钻进过程中的井漏风险随钻跟踪，实时调整并反馈井漏风险预测结果，及时优化井眼轨道，形成了随钻过程中漏层动态避钻技术；基于测井曲线幅度、岩石力学参数，创新形成漏点精准识别及漏失参数评价技术。最终形成了一套钻前预测、随钻跟踪和钻后评价的全井筒全周期的井漏风险评价技术体系，极大降低了井漏发生率，确保了钻井作业安全高效的实施。

**关键词**　漏失机理；断缝表征；属性融合；PE测井曲线；井漏评价

随着渤海油田勘探开发走向深层超深层，钻遇的地层状况也越来越复杂，导致井漏状况频发，而地质工程一体化理念的深入研究能够高效应对复杂地层条件下的钻井风险。因此，钻井前期的地质综合分析成为井漏风险预测的主要环节，为井壁稳定、井筒安全提供重要保障。

一般情况下，发生钻井液漏失需要具备三个条件：(1)钻井液能够克服地层阻力流动的正压差；(2)只有存在工作液通行的条件和工作液的容纳空间，才会产生一定情况的漏失；(3)漏失通道的尺寸应大于工作液的固体颗粒粒径。只有当井筒内钻井液的压力大于地层孔道中流体的压力，工作液才会发生漏失，进而导致井漏钻井故障[1-4]。钻井液漏失类机理包括渗透性漏失、溶洞—裂缝型漏失、压裂性漏失[5]。

【基金项目】中国海油十四五重大专项"海上深层/超深层油气勘探地质作业关键技术研究"(KJGG2022-0405)；中海油能源发展股份有限公司重大科研专项(课题)"深层深井地层压力预测监测技术研究"(HFKJ-ZX-GJ-2023-05-01)。

【第一作者简介】李辉，女，高级工程师，1976年生，2005年毕业于石油大学(华东)资源勘查工程专业，2010年毕业于中国地质大学石油与天然气工程专业，获硕士学位，现从事勘探地质综合研究工作。通讯地址：(300452)天津市滨海新区渤海石油路688号工程技术公司楼。电话：18222071861。E-mail：lihui66@cnooc.com.cn。

据渤海油田从2017年至今的井漏发生情况的统计结果，裂缝性漏失占总漏失情况的80%以上。因此，本文以裂缝性井漏为研究目标，基于地震多属性分析易漏地层及断缝体系，并关注井筒随钻参数的井漏风险实时预警技术和基于测井资料的钻后综合评价方法，建立一套钻前预测、随钻跟踪和钻后评价的全井筒全周期的井漏风险评价技术体系，为保障作业安全、降低作业成本提供可靠的科学依据。

# 1 裂缝性易漏地层表征

## 1.1 构造成因断层

不同构造样式的断层的周围会产生不同的应力状态。在平面上我们可以观察到"X"形的断层组合样式，它们交叉点附近为应力的集中区，井漏的风险程度会特别高；在剖面上的"Y"形断层交汇点附近为应力集中点，地层易发生破裂，是井漏易风险最大区域[图1(a)]，交汇点周围是诱导裂缝的发育区，为井漏的次级风险区；断阶式构造的压应力高值区集中在断层之间，应力场强度高易发育裂缝，井漏风险高[图1(b)]；垒堑式的构造应力集中在构造下部，断层两侧的差别较大，井壁的稳定性差；地堑两侧的断层倾角越小，周缘应力强度则越大，井漏的风险程度也越高[图1(c)(d)]。无论是从平面还是剖面来看，断层的组合样式在井漏风险预测时，为不可忽略的重要因素。

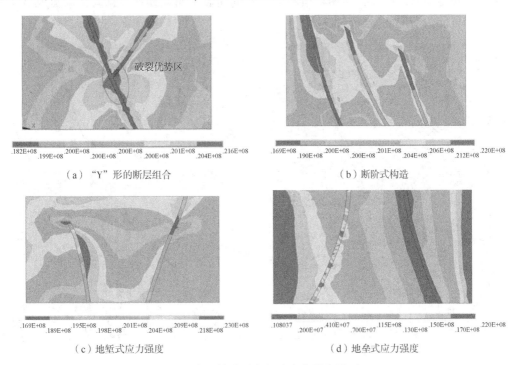

（a）"Y"形的断层组合  （b）断阶式构造

（c）地堑式应力强度  （d）地垒式应力强度

图1　断层构造及垒堑式应力强度界面

断层影响周缘应力的大小和方向，断层的产状(倾角、宽度)会直接影响周围井壁的稳定性(图2)，铲式断层倾角的变化使断层上下应力差别变大，上盘应力强度更大井壁更易失稳；"S"形断层倾角高的部位更易失稳。断层倾角是控制应力变化最明显的特征，高角度断层(倾角大于60°)周缘应力强度较大，井漏风险高；断层倾角越小，对应力方向影响越大、断层影响范围越大。

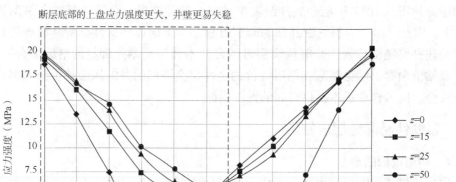

图2 应力强度与断层距离关系

以 BZ27-X 井为例,该井在 3096m、3206m、3257m 和 3468~3527m 井段发生多次漏失,漏失段在地震常规剖面上同相轴错断、方差剖面显示明显异常,据此推断造成 A 井漏的主要原因可能为断层的发育(图3)。

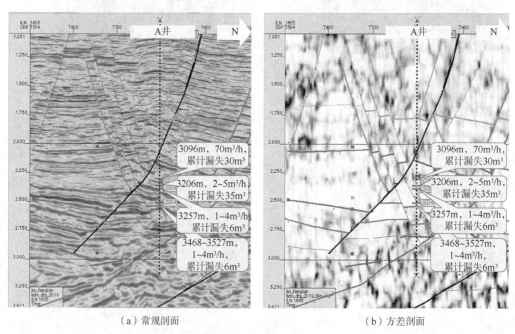

(a)常规剖面                    (b)方差剖面

图3 过 BZ27-X 井的断层漏失地震剖面

### 1.2 火山热膨胀收缩成因的易漏地层

深大断裂是深部高压的泄压区,既控制了断陷盆地深断陷区的发育,同时也是岩浆活动的主要通道,而浅层断裂控制了侵入或喷发的具体位置和形态。

通过研究分析可知渤中凹陷及黄河口凹陷的火山发育模式主要以中心式喷发和裂隙式喷发为主。"中心式"喷发为岩浆通过颈状管道垂直上涌喷出地表的模式,又分为了宁静式、爆裂式和中间式喷发三种；"裂隙式"喷发指的是岩浆沿地壳深大断裂溢出地表的喷发模式，形成大型的溢流相。渤中19-6油田位于渤中凹陷的西南部的渤中19构造区，其主要的火山活动以裂隙式喷发为主，中心式喷发为辅的复合喷发模式。渤中34-9油田的火山岩属早喜山构造期中基性火山岩类，主要存在中心式和裂隙式两种喷发模式，其中油田北区以中心式喷发为主，油田南区以裂隙式喷发为主。BZ34-9研究区内的火山相岩性多为中基性的玄武岩和凝灰岩，通过地震剖面和地震属性分析，火山属于裂隙式和中心式的宁静式和中间式。

火山岩井段井漏风险程度较高，特别是在火山通道附近，火山通道伴生断层及火山通道内热沉降作用形成的节理缝是井漏的天然通道。研究区内断裂复杂多样且活动持久，引起新生代大规模的幔源成因岩浆活动，渐新世中—晚期火山活动达到顶峰，沿着断裂发育多个火山通道。岩浆上涌刺穿地层，形成与火山通道伴生的边缘断层，火山通道内玄武岩冷凝沉降形成典型的柱状节理缝和原生孔洞，加之后期构造运动改造，边缘断层和裂缝更加复杂，极易发生漏失。

火山喷发时，岩浆通过热传导的方式在火山通道的周缘形成一个温度场(图4)，周围的岩石在此温度的影响下发生热膨胀，由于岩石的受热不均匀，会产生一个挤压的应力，使火山通道周围又会产生大量的裂缝，导致井漏的风险又会大大地提高。火山在活动时除了存在热应力场还有区域应力场的存在，在热力耦合叠加的应力场的作用下，应力会集中在火山垂直主应力方向的两侧，发育大裂缝进而增加了发生井漏的风险(图4)。

基于热力耦合应力—应变关系来构建本构方程，再结合莫尔-库仑准则模拟火山活动时的热膨胀破裂，进而划分火山通道相周围井漏风险区(图4)。

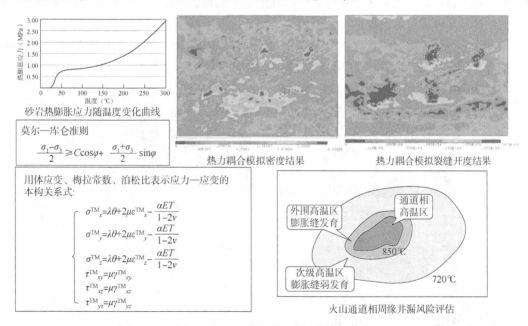

图4　火山通道相附近井漏风险评估

地震常规剖面上B井附近有一个类似杯状的杂乱反射体，在1960ms方差切片上显示不规则椭圆的明显方差异常，据此推断B井附近的杯状体可能是火山通道，因其距离井轨迹约210m，预测井漏风险等级为低风险(图5)。该井实际生产过程中在钻遇风险段(2372~2482m)约30m前(2341m)，工程参数做了精细的调整，钻压和扭矩进行了一定的降低(图5)，钻遇过程未发生漏失。

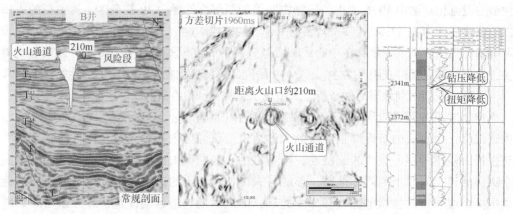

图5 B井附近火山通道识别特征剖面及钻井过程中的参数调整

### 1.3 断缝充填特征

对于断层的内部充填物质来说，其通过影响应力间接影响井壁稳定性。使用测井曲线、瞬时相位、瞬时频率及相干体属性体对断裂带内部结构进行井震联合识别，一级、二级断裂浅层仅发育断层核结构，不发育断裂带结构，向深层破碎带和裂缝带逐渐发育。在断层破碎带的边界，在地震属性上反映在曲率属性和相干体突变处；断层核部及滑动面，常表现为低频相干及较低的瞬时振幅、瞬时频率；诱导裂缝带处，则为高频、低频相干差值区，在蚂蚁体和混沌体上表现也较为明显。利用软件，对派生裂缝带、断层泥不发育及结构完整3种发育模式的断层破碎带封闭系数进行数值模拟。结果表明：断层泥封闭系数最大，其次为滑动破碎带，派生裂缝带的封闭系数最小(图6)。断层充填性质越软，影响应力场范围越大，周缘集中的应力强度越大，且随着断层充填物的弹性模量增大，应力方向趋于主应力方向。

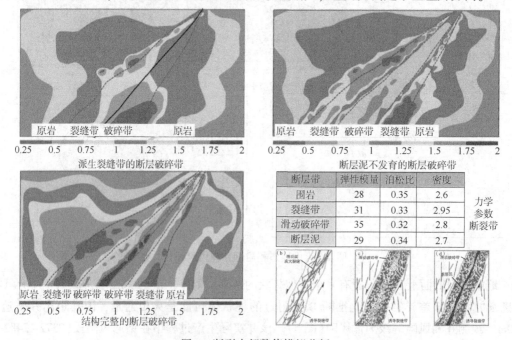

图6 断裂内部数值模拟分析

依据上述原理及断层内部充填特征，可以建立断层充填性和井漏的关系。以此为基础，我们通过方差、相干等属性分析，进行断层内部分析，找到断层充填特征，为井漏预测提供有效依据。如图7所示，C井在海拔3228m断层处发生漏失，方差体剖面上显示漏失点处断层内部充填较少，易发生漏失；D井在海拔4215m、4218m和4220m断层处发生漏失，方差体剖面显示漏失点处断层内部未充填，是井漏高发区，也充分说明了断层充填与井漏的密切关系。

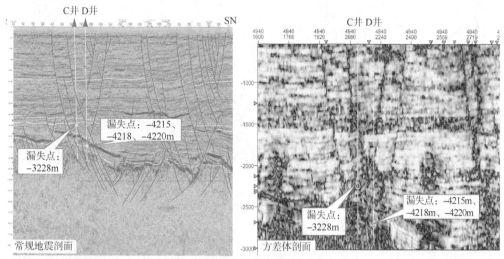

图7  C井、D井断层特征剖面

## 2  井漏风险实时预警技术

随钻过程中应用随钻测井数据建立钻井实时连续四压力剖面(孔隙压力、坍塌压力、漏失压力和破裂压力)，以实时井筒稳定参数为约束，随钻监控钻井液密度、ECD与漏失压力的关系，适时调整ECD，指导工程防漏。因此，创建地质力学分析—轨迹优化—风险段提示—实时ECD精准控制的随钻跟踪评价技术，有利于实现高风险漏失地层的避钻。

### 2.1  基于地质风险识别的轨迹优化建议

为了准确识别断缝体系，针对渤海第三系弹—塑性砂泥岩地层复杂断裂体系，通过已钻井井筒裂缝解释成果，建立地震曲率、相干体、方差体、瞬时相位、瞬时频率、蚂蚁体、混沌体等优选和融合的裂缝敏感性多参数组合模型，有效解决多尺度，显性和隐性断缝体系空间分布、开启性和充填程度表征难题。

#### 2.1.1  火成岩地质风险

根据渤海某地区常规地震剖面(图8)，可以看出B井第一次设计轨迹钻穿绿色火山口构造地层，在地质风险识别角度判断该井具有较大的漏失风险，在设计井靶点不变的前提下，提出规避火山口地层的轨迹优化建议，经四次调整，最终井轨迹选取在距离火山口约325m处的距离，进而远离火山口，降低漏失风险。

#### 2.1.2  断层地质风险

根据渤海某地区C井原设计轨迹钻穿绿色断层，根据方差剖面可以明显看出原设计轨迹会经过大量裂缝性地层，具有较大地质风险，推断该井有断层漏失的风险，在设计井靶点不变的前提下，提出规避断层的轨迹优化建议，经两次调整，最终选取了在500m造斜的侧钻轨迹，避开断层，钻后未发生漏失。

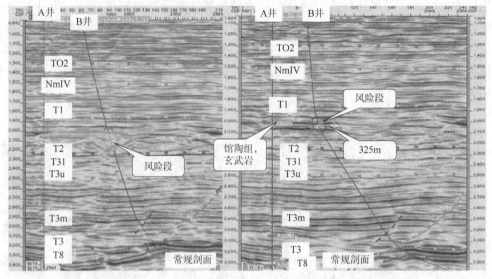

2022年8月B井第一次轨迹　　　　　　　2023年2月B井第四次轨迹

图 8　火山岩地层轨迹优化

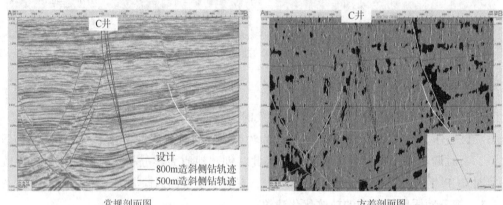

常规剖面图　　　　　　　　　　　　　　方差剖面图

图 9　C井侧钻轨迹优化

## 2. 2　基于地质力学分析的随钻轨迹优化建议

以岩石力学实验为基础，测井计算的力学参数为约束，开展地震多属性与力学参数相关性分析，多元回归确定权重，采用确定性和随机建模方法构建三维非均质力学场（图10）。

岩石力学参数特别是弹性模量与地震属性有较好的相关性，从图11可以看出，弹性模量与反射系数、方差体呈正相关，弹性模量与波阻抗、瞬时频率呈负相关。以测井计算的力学参数为约束，结合地震多属性与岩相模型，通过多元回归确定权重，采用确定性和随机建模方法，构建三维非均质岩石力学参数体。

目标靶区 BZ19-6 区块岩石力学参数的非均质性较

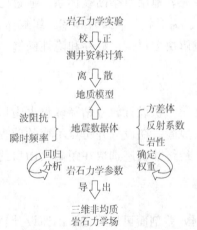

图 10　三维非均质岩石力学场
构建的技术路线

强，不同短断块间的弹性模量差异较大，数值主要介于31.12~22.45GPa；泊松比数值主要介于0.13~0.38。密度分布较为均匀，约2.4g/cm³。

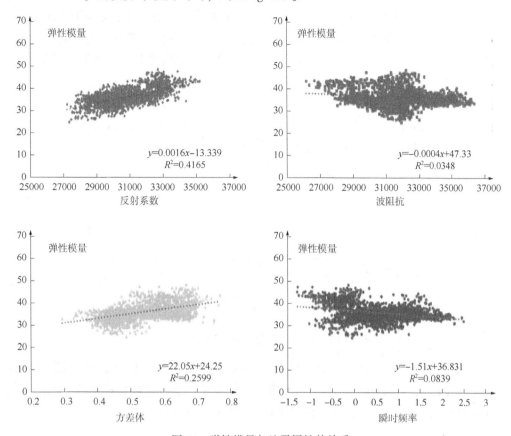

图11 弹性模量与地震属性的关系

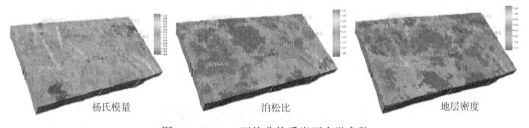

图12 BZ19-6区块非均质岩石力学参数

### 2.3 基于井筒 ECD 精细控制的低密度钻井提速技术

根据渤海目标靶区的具体情况，流体力学模型有边界流速模型、紊流动态模型与层流空状动态模型、屑载荷模型、高黏动切模型。同时鉴于传统的钻井水力模型预测建立在稳态环态下的情况，考虑开泵稳态和不开泵非稳态两种情况下的 ECD 模拟模型，校正传统软件模型，实现精准模拟环空 ECD。

相较于传统方法，其分析模式具有实时性、全面性特点，在钻进前的下钻过程，多次校正模拟 ECD，保证准确性，同时若本井有随钻 ECD 监测，可实现与模拟 ECD 的对比，排查出可能出现的原因，以实现安全作业的目的。首先，通过对与本井井身结构、轨迹、泥浆性能类似的历史井的对比，为后续作业井提供参考和调用；同时考虑浅层测试、中途及到底开泵情况，主要是为了实现多点校正提高准确率，避免人为误差；对于难度较高的井，一般会带随钻 ECD 监测，准确获取钻进期间的井底 ECD。

通过软件模拟 ECD 与井底实测 ECD 对比，根据差值大小进一步判断可能出现的原因，保证作业安全。对于随钻 ECD 监测，其存在自身弊端，无法实现停泵工况下的 ECD 监测，所以通过精准校正软件模拟的钻进 ECD，弥补工具缺陷，实现停泵工况下的起下钻 ECD 模拟监测(图 13)。

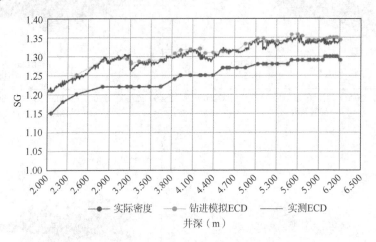

图 13　实测 ECD 与模拟 ECD 对比图

相较于随钻监测工具，拓展了其无法获取抽吸和激动的局限性。通过针对模拟井的关键性参数(井径数据、钻具组合、水力计算模型、钻井液性能、岩屑特征参数、地层相关信息)精细控制，实现非稳态环空 ECD 的精准模拟(图 14、图 15)。

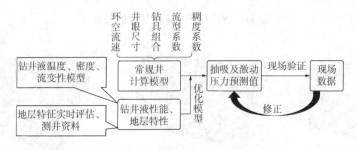

图 14　非稳态环空抽吸激动 ECD 校正图

图 15　环空 ECD 关键参数修正图

深层超深层钻井过程中的薄弱层情况较为复杂，实际钻井过程中建立 ECD 约束下的速度控制，以保障井壁稳定和避免漏失为前提。具体做法：(1)根据断层或薄弱层位置及钻井液性能调整要求，合理设置短起下钻次数与深度；(2)推荐在钻遇东营组前，做一次短起下钻，拉顺上部井段，进东营组前调整钻井液性能，并验证井壁稳定性；(3)钻遇断层或薄弱地层前50~100m，短起下钻，通顺上部井段，并验证井眼稳定性，若井壁稳定，采用低比重过断层，钻穿100m后再适当提高密度(图16)。

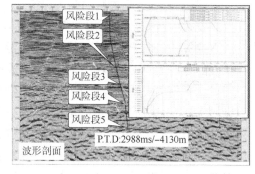

图16 非稳态 ECD 约束下的速度控制图

## 3 漏层识别评价技术

### 3.1 基于测井曲线的漏失评价

通过对渤海地区36口井的漏失段测井曲线分析，裂缝性漏失具有以下的响应特征：常规测井曲线系列中，开启性断层特征表现为扩径、电阻率、密度断崖式降低，裂缝型表现为电阻率台阶状降低，阵列声波幅度显著降低，斯通利波反射系数显著差异，远探测有较明显反射，各向异性显著增大，成像测井能够观察到明显的断层、裂缝特征。

以 LD-X 井为例，该井位于渤海湾盆地辽东南洼东部斜坡带上的，设计主要目的层位为沙河街组沙二段，漏失井段钻遇层位主要为沙二段。在钻前预测本井未见有明显的断缝信息[图17(a)]，钻进至2688.0m处，泥浆池液面突然下降，井口返出量快速减少至无返出，进行多次循环堵漏作业，后钻进至2714.09m时循环池液面稳定，累计漏失钻井液172m³。从图17(b)可看中角度反射成像代表的是地层界面，在2660~2670m井段见几组较强的反射信息，结合图3的 GR 曲线，这块存在着明显的砂泥岩界面；高角度反射成像代表的是井旁裂缝，在2674~2685m井段见竖直反射信息，可见该段存在着明显的垂直裂缝，该井段的钻井漏失是由于地层存在明显的裂缝引起的。从图17(c)常规测井图上看2665m段，井径出现明显的扩径，微球曲线出现明显的下掉，密度也明显地变小，结合远探测反射成像出现明显的反射波异常，多方面证明这地方应该存在比较大的裂缝。

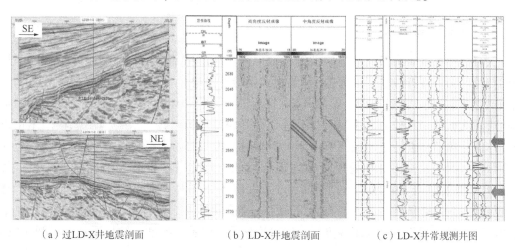

(a)过LD-X井地震剖面　　(b)LD-X井地震剖面　　(c)LD-X井常规测井图

图17 LD-X 井地震剖面及常规测井图

### 3.2　基于岩石力学参数的漏失评价

生产实践中我们常常利用偶极子测井识别裂缝性漏失，根据斯通利波高低频反射差、快慢横波计算的各向异性差异识别近井裂缝；利用远探测成像识别远井裂缝，中角度反射成像代表的是地层界面成像，高角度反射成像代表的是垂直裂缝成像。

同时，利用偶极子测井计算的岩石力学杨氏模量、体积模量、剪切模量和压缩模量发生明显的降低，是造成漏失的原因之一；另外，可利用偶极子测井计算的脆性指数识别裂缝，脆性好的岩层在钻井时容易产生微裂缝，形成岩石的体积膨胀或扩容，造成声速径向变化，通过分析声速的径向变化大小，就可以分析微裂缝。

JZ17-X 井钻进至 2098.0m 处，发生失返性漏失，从图 18（a）可以看出 2097.0～2104.0m 杨氏模量、体积模量、剪切模量和压缩模量较上覆地层明显偏低，横波幅度和斯通利波幅度也明显较低，高低频反射系数明显差异，证明该段可能存在泥岩性质变化、地层破碎或井旁微构造导致。本井钻进至 2204.0m 处，发生漏失，静止漏速 1.5m³/h，该井虽然从斯通利波幅度上看虽然略有降低，但是偶极反射成像上有明显的反射信息，而反射信息并没有发生在明显的岩性界面上，所以证明该地方应该有微裂缝，该点应该是微裂缝引起的漏失 [图 18（b）]。

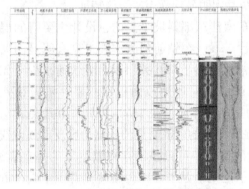 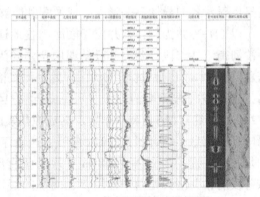

（a）JZ17-X井全波列测井的远探测反射波成像图　　　　　（b）JZ17-X井全波列测井处理成果图

图 18　JZ17-X 井全波列测井图

## 4　实践及应用效果

通过近年来在渤海第三系地层裂缝性地层漏失风险钻前预测、随钻跟踪及钻后评价方面的持续努力，逐渐建立了渤海的"井漏模式及应对策略"，并逐渐形成了操作规范，形成钻前风险预测+钻中随钻地质、钻参分析+钻后综合评价一体化技术序列，助力钻井工程非作业时间大幅缩短，作业效率显著提升。钻井井漏地质风险评价成为地质工程一体化第一个具体落地项目，在近三年的探井作业中的应用，105 口应用预测准确率达到80%，近 3 年漏失井数、漏失总量、堵漏处理时间均逐年降低，尤其是严重漏失情况显著减少。其中2022 年相比 2021 年井漏平均处理时间由 53.3h 降为 25.74h，降幅达 51.74%，非生产时间显著降低，大幅降低钻井成本，有力保障了安全高效钻井。结合科研成果落地，实现钻井地质风险定量化评价，可为现场提供三维可视化风险展示，推动随钻地质作业数智化发展，具有广阔的应用前景。

## 5　结论与认识

（1）裂缝性易漏地层主要包括构造成因的断层、火山热膨胀收缩成因的易漏地层及断缝充填程度，在断缝精细刻画的基础上，研究断缝充填状态意义重大；

（2）井震结合指导下的地震多属性融合优选，形成了不同成因的易漏构造的地震识别法方法，有效指导了井漏风险的预测；

（3）基于面向井漏目标的地震数据前处理技术，并在多尺度地震属性目标综合刻画的基础上，开展钻进过程中的井漏风险随钻跟踪，实时调整并反馈井漏风险预测结果，及时优化井眼轨道，形成了随钻过程中漏层动态避钻技术；

（4）实践形成了钻前预测、随钻跟踪和钻后评价的全井筒全周期的井漏风险评价技术体系，极大降低了井漏发生率，确保了钻井作业安全高效的实施。

## 参 考 文 献

[1] 刘海龙，许杰，谢涛，等 . 渤海中深层井壁稳定流固耦合研究[J]. 石油机械，2019，47(4)：1-7.

[2] 康毅力，郭昆，游利军，等 . 考虑地应力及缝宽/粒径比的钻井堵漏材料抗压能力评价[J]. 石油钻采工艺，2021，43(1)：39-47.

[3] HE Wenhao, CHEN Keyong, HAYATDAVOUDI A, et al. Effects of clay content, cement and mineral composition characteristics on sandstone rock strength and deformability behaviors[J]. Journal of Petroleum Science and Engineering, 2019, 176：962-969.

[4] 杨仲涵，罗鸣，陈江华，等 . 莺歌海盆地超高温高压井挤水泥承压堵漏技术[J]. 石油钻探技术，2020，48(3)：47-51.

[5] 谭忠健，胡云，袁亚东，等 . 渤海海域裂缝性地层井漏机理研究—以渤中 34-9 油田为例[J]. 中国石油勘探 . 2021.26(2)：127-135.

# 钻井液侵入对含天然气水合物
# 沉积物力学性质影响

魏 纳[1,2] 裴 俊[1] 李海涛[1,2,3] 周守为[1,2,4]

(1. 西南石油大学油气藏地质及开发工程国家重点实验室; 2. 天然气水合物国家重点实验室;
3. 重庆大学煤矿灾害动力学与控制国家重点实验室; 4. 中国海洋石油集团有限公司)

**摘 要** 为了研究钻井液侵入对含天然气水合物沉积物力学性质的影响,利用含天然气水合物沉积物声电力学及驱替实验装置制备不同温度、压力和饱和度条件下的含天然气水合物沉积物样品,并在 3MPa 有效围压下开展不排水三轴实验。在侵入压差 2MPa 条件下,模拟水基钻井液对沉积物样品的侵入过程并开展侵入后三轴实验。基于实验开展钻井液侵入数值模拟,并分析温度、压力、天然气水合物饱和度、应力、应变、扩径率等参数演变规律。结果表明:(1)钻井液侵入前,随天然气水合物饱和度增大,沉积物样品由应变硬化变为应变软化,转变临界饱和度介于 15%~25%;(2)无论钻井液是否侵入,沉积物样品峰值强度均随天然气水合物饱和度和压力的升高而增大,随温度的升高而减小;(3)钻井液侵入后,沉积物样品的峰值强度、杨氏模量、剪切模量和割线模量均降低,但泊松比增加;(4)钻井液侵入深度随侵入时间和钻井液温度的降低以及水合物饱和度的增加而降低,不同条件下侵入深度的实验值与模拟值平均误差均低于 15%;(5)钻井液温度的提高和压力的减小会促进水合物分解,从而扩大井周水合物分解和塑性变形范围,钻井液温度和压力越高储层受影响范围越大,保持适当正压差有利于井壁稳定性。

**关键词** 含天然气水合物沉积物;钻井液侵入;力学性质;三轴实验;数值模拟

含天然气水合物储量丰富、分布广泛、能量密度高,是理想的低碳燃料[1-2]。在含天然气水合物钻井过程中,钻井液由于正压差会侵入水合物地层并驱替原有的水和气体。当钻井液侵入水合物储层时,由于钻井液的成分和水合物的分解,沉积物的力学、电学、热学性质和渗透率等将发生变化,造成储层温度场、渗流场、化学场和应力场的变化,从而影响地层的力学稳定性、钻井期间电阻率测井的可靠性及后续生产的热传递和产气速度[3-4]。目前,国内外学者已初步开展了钻井液侵入含天然气水合物储层的力学性质研究。宁伏

【基金项目】国家重点研发计划:多气分层合采及调控机制(2021YFC2800903),国家重点研发计划:水合物储层压裂机理及工艺技术研究(2023YFC2811002)。

【第一作者简介】魏纳,1980 年 8 月生,西南石油大学教授、海洋天然气水合物研究院院长,获西南石油大学油气井工程博士学位,主要从事海洋天然气水合物绿色钻采及控压、欠平衡、气体钻井系列技术,井下流动控制理论及实验评价方法等方面的研究与教学工作。通信地址:成都市新都区新都大道 8号。邮编:610500。电话:13518163748。E-mail:weina8081@163.com。

龙[5-6]、Fereidounpour 和 Vatani[7]、刘天乐[8]、Zhu[9]、Huang[10]、郑明明[11]、张怀文[12]、邱正松[13]、李庆超[14]等分别开展了钻井液侵入水合物地层的侵入机理、储层参数变化、井筒稳定性、钻井液性能优化和作用效果评估等方面的研究，并取得了丰硕的研究成果。然而，这些钻井液侵入研究集中在井周参数演化和钻井液优化等方面，相关力学性质研究以井壁稳定性模型构建和软件模拟研究为主，缺乏钻井液侵入对含天然气水合物沉积物力学性质影响的实验，现场实际应用更少。钻井液侵入后井壁含天然气水合物沉积物的力学响应在钻井液设计时不应被忽略，针对钻井液侵入机理及性能优化的研究将有利于防止水合物分解，避免井壁失稳和储层垮塌等风险。为此，笔者通过实验测试和数值模拟研究了钻井液侵入温度和时间对含天然气水合物沉积物力学性质的影响，分析和评价了钻井过程中钻井液侵入后水合物分解带来的力学效应和工程风险，并提出了风险控制的工程建议。

# 1 沉积物三轴测试及钻井液侵入实验

## 1.1 材料和方法

### 1.1.1 实验材料及实验装置

为了模拟泥砂质含天然气水合物沉积物，使用了按比例混合的高岭土（0~50μm）和石英砂（150~230μm）制备人造样品。泥砂、黏土矿物及用于配置 SDS 溶液的十二烷基硫酸钠均购自博美飞科，甲烷气来自华特气体，纯度达 99.9%，去离子水为实验室自制，电导率≤0.1μS/cm。实验用水基钻井液添加了 10%乙二醇、0.5%卵磷脂和 0.5%PVP，具体配方受限于知识产权不便详述。钻井液性能测试显示，室温（25℃）下钻井液的表观黏度（AV）为 41.5mPa·s，塑性黏度（PV）为 29.0mPa·s，动切力（YP）为 13.5Pa，动塑比（YP/PV）0.47。低温（4℃）下钻井液的 AV 为 49.0mPa·s，PV 为 34.5mPa·s，YP 为 16.5Pa，YP/PV 为 0.48。YP（4℃）/YP（25℃）= 1.22。实验由西南石油大学的水合物沉积物声电力学及驱替实验装置完成，如图 1 所示。该装置包括反应釜、温度调节系统、三轴力学系统、流体控制系统、声电测量系统、数据采集及调控系统，可开展 0~35MPa 压力范围和-6~25℃温度范围内含天然气水合物沉积物的三轴测试实验。

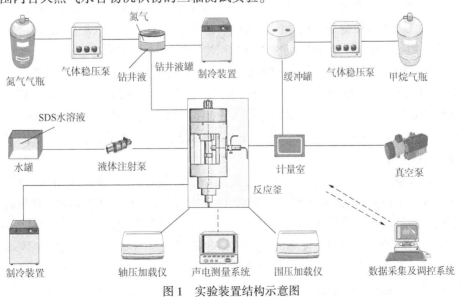

图 1 实验装置结构示意图

### 1.1.2 实验条件及实验步骤

为了量化有无钻井液情况下含天然气水合物沉积物的强度行为，本实验的水合物饱和范围控制在 5%~35%，首先进行了储层温度 4℃ 或 8℃、孔隙压力为 10MPa 或 12MPa、无钻井液条件下的含天然气水合物沉积物力学测试实验，然后以 A 组含天然气水合物沉积物实验数据为参照开展不同条件下的钻井液侵入实验。侵入实验钻井液和储层孔隙压力的压差为 2MPa，钻井液温度分别为 2℃、8℃ 或 14℃，侵入时间为 10min 或 20min，具体实验条件和参数设置见表 1 和表 2。

**表 1  未侵入状态含天然气水合物沉积物制备及力学性质测试实验条件**

| 组别 | 岩心编号 | $S_h(\%)$ | $p(\text{MPa})$ | $T(℃)$ | 组别 | 岩心编号 | $S_h(\%)$ | $p(\text{MPa})$ | $T(℃)$ |
|------|----------|-----------|------------------|--------|------|----------|-----------|------------------|--------|
| A 组 | A1 | 5 | 10 | 4 | C 组 | C1 | 5 | 10 | 8 |
| A 组 | A2 | 15 | 10 | 4 | C 组 | C2 | 15 | 10 | 8 |
| A 组 | A3 | 25 | 10 | 4 | C 组 | C3 | 25 | 10 | 8 |
| A 组 | A4 | 35 | 10 | 4 | C 组 | C4 | 35 | 10 | 8 |
| B 组 | B1 | 5 | 12 | 4 | D 组 | D1 | 5 | 12 | 8 |
| B 组 | B2 | 15 | 12 | 4 | D 组 | D2 | 15 | 12 | 8 |
| B 组 | B3 | 25 | 12 | 4 | D 组 | D3 | 25 | 12 | 8 |
| B 组 | B4 | 35 | 12 | 4 | D 组 | D4 | 35 | 12 | 8 |

**表 2  钻井液侵入含天然气水合物沉积物力学性质测试实验条件**

| $T(℃)$ | $P(\text{MPa})$ | $S_h(\%)$ | $T_{in}(℃)$ | $p_{in}(\text{MPa})$ | $t_{in}(\text{min})$ |
|---------|------------------|-----------|-------------|----------------------|----------------------|
| 4 | 10 | 5/15/25/35 | 2/8/14 | 12 | 10/20 |

（1）沉积物样品制备。将石英砂和高岭土(黏土)按 9∶1 混合均匀后用薄膜包裹底部和侧部，装入制备釜内橡胶筒中，通过制备釜加载 10MPa 的轴压对砂土进行压实并抽真空。启动温度调节系统制冷可将制备釜内的温度控制在含天然气水合物生成的温度范围，随后向岩样中注入定量 SDS 溶液，通过改变砂土中的初始含水量控制水合物饱和度。待水充分渗透后，调节气体压力使制备釜内的压力保持在预定生成压力。当天然气消耗速率为零时，表示甲烷水合物已经形成。含天然气水合物沉积物的制备过程如图 2 所示。

（2）三轴实验。制备好所需饱和度的含天然气水合物沉积物后，设定参数进行常规三轴实验。首先使沉积物样品的轴压和围压等值增加至规定围压后(有效围压 3MPa)，保持围压不变，继续增加轴向应力进行剪切。轴向载荷采用位移控制方式控制，速度为 0.2mm/min。径向和轴向形变由位移计采集并记录于数据采集及调控系统。实验结束后，先后卸去内部气压、围压、轴向荷载和样品。

（3）钻井液侵入及侵入后三轴实验。三轴实验完毕后清理反应釜，按照第(1)步方法重新制备 A1~A4 四种饱和度的含天然气水合物沉积物。利用管线内的负压将钻井液从钻井液罐吸入管线。然后通过气体稳压泵增加氮气压力，待气压升至侵入压力后打开钻井液注入管线和反应釜之间的控制阀门，使不同温度的钻井液以 12MPa 的压力从反应釜顶部注入含天然气水合物沉积物。当侵入时长达到预设值后即可开始三轴实验。三轴测试严格按照步骤(2)方法进行。测试实验完成后，以 0.1cm 为步长沿钻井液侵入面进行切削，直到岩心剖面不再出现钻井液，从而确定钻井液侵入深度。

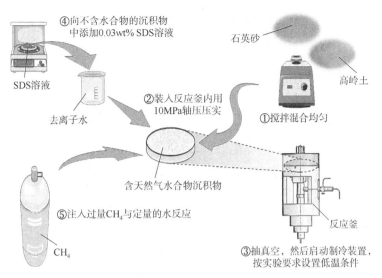

图 2　含天然气水合物沉积物制备流程图

## 1.2　实验结果分析

### 1.2.1　温度、压力和含天然气水合物饱和度对应力—应变关系的影响

图 3 为有效围压 3MPa 下不同温度、压力及天然气水合物饱和度条件下开展三轴实验得到的应力—应变曲线，图 4 为峰值强度和天然气水合物饱和度之间的关系。由图可知，随着载荷增加沉积物发生变形直至最终破坏，且无论含甲烷水合物所处环境温压条件如何，随着水合物饱和度由 5% 增大到 35%，含天然气水合物沉积物的应力—应变曲线由应变硬化向应变软化转化。当水合物饱和度介于 5%~15% 时，含天然气水合物沉积物的应力—应变曲线没有明显的峰值点，均表现为应变硬化特征，水合物饱和度低的含砂质沉积物的破坏特征为延性破坏。而当天然气水合物饱和度介于 25%~35% 时，含天然气水合物沉积物的应力—应变曲线出现了明显的峰值点，均表现为应变软化特征，应变软化的沉积物的峰值强度发生在应变等于 1%~2% 附近。当应变范围内小于 1% 时，饱和度越高，水合物—沉积物体系的偏应力增大的速率越快。据实验结果来看，水合物沉积物发生应变硬化、应变软化转化临界饱和度值在 15%~25% 之间。这一结果与 Masui 等[15-16]和李彦龙等[17-18]的结论相符合。对于应变硬化的水合物沉积物，本文定义应变为 178% 处的偏应力为峰值强度。对于应变软化的水合物沉积物，其峰值强度等于应力—应变曲线最高点的值。此外，随着水合物饱和度的增加，含天然气水合物沉积物的偏应力增大，刚度和强度明显增强。在温压研究范围内，含天然气水合物沉积物的强度随储层温度的降低和孔隙压力的提高而增加。在低饱和度条件下，含天然气水合物沉积物的应力应变关系受温度的影响有限，这从饱和度为 5% 和 15% 的应力应变曲线可以看出。当饱和度较高时，天然气水合物的胶结作用使得其对沉积物样品的力学性能影响更加明显。可以看出，甲烷水合物的强度随压力增加而增加，天然气水合物晶体强度的变化进一步影响了含天然气水合物沉积物的胶结强度，但该结论仅适用于相平衡稳定区域，因为如果温压条件超出了稳定区域，天然气水合物持续分解，则会严重影响应力应变行为。

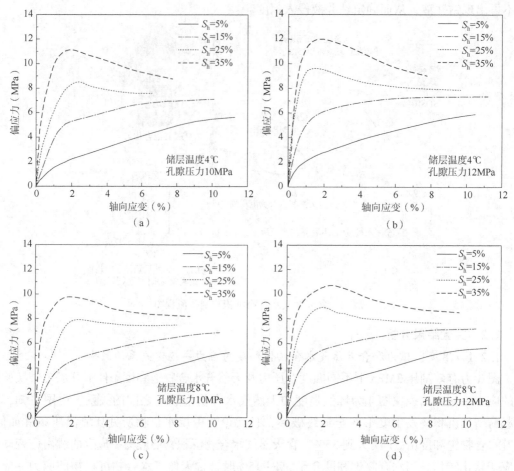

图3　不同温度和压力条件下的应力应变曲线

### 1.2.2　钻井液温度和侵入时间对应力—应变关系的影响

图5和图6所示分别为钻井液侵入后的含天然气水合物沉积物应力—应变和峰值强度随天然气水合物饱和度、钻井液温度、侵入时间的变化关系。实验表明，钻井液的侵入不改变含天然气水合物沉积物强度随饱和度增大而增加的趋势。当天然气水合物饱和度较低时，钻井液侵入对应力应变曲线的影响较小。随着天然气水合物饱和度的增加，沉积物强度被削弱的趋势增强。在高含天然气水合物饱和度情况下，随着钻井液侵入时间的增加，沉积物呈现出由脆性破坏形式向延性破坏转变的趋势。含天然气水合物沉积物的峰值强度均出现降低，最大降幅47.71%，最小降幅也有7.02%。实验中岩心样品顶部首先接触钻井液，因此沉积物的变形可能首先发生于

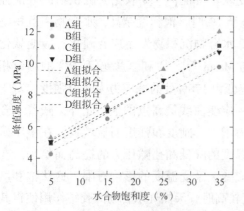

图4　含天然气水合物沉积物峰值强度与
天然气水合物饱和度关系

接触界面，这与图1所示钻井液从井眼向地层的扩散过程类似。沉积物强度在短时间内降低如此多可能归因于岩心的小尺寸。当天然气水合物饱和度和侵入压差相同时，温度将是

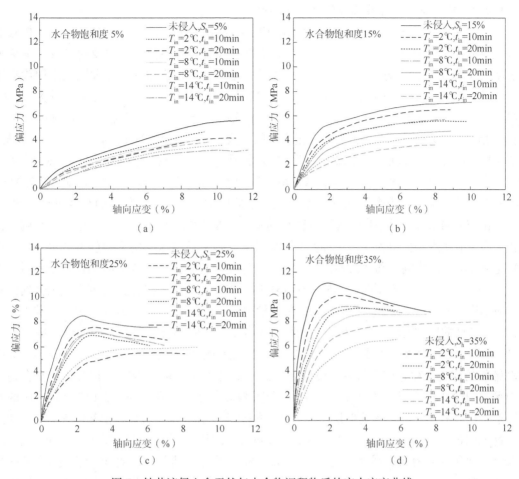

图5 钻井液侵入含天然气水合物沉积物后的应力应变曲线

主导这一过程的主要因素。由图5和图6可知，随着侵入温度或侵入时间的增加，含天然气水合物沉积物的强度减弱。这主要是因为钻井液的温度改变了含天然气水合物沉积物的温度分布，从而导致孔隙中的水合物强度发生变化。钻井液温度越高，水合物颗粒在三轴应力作用下更容易发生滑动、错位、破碎和掉落。如果钻井液—水合物接触面的温度升高并超出了相平衡区域，则水合物会因为钻井液温度的升高而加速分解。水合物分解产生的

气体将导致孔隙压力升高，分解产生的水将导致含水饱和度增加。如果沉积物中含有黏土矿物，将会发生水化膨胀，降低储层渗透率。这些因素都将对含天然气水合物沉积物的应力应变曲线产生影响。即使钻井液温度低于储层温度，钻井液也会导致储层强度性质的改变。首先，钻井液是包含了多种化学剂的复杂分散体系，其包含的盐、醇等物质会改变相平衡曲线，从而影响水合物的稳定性。其次，水基钻井液的水化作用会使岩石的结构发生改变，减小岩土内聚力。

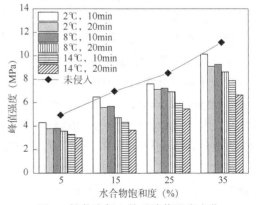

图6 钻井液侵入前后峰值强度变化

### 1.2.3 钻井液侵入对其他力学性质的影响

图7为钻井液侵入不同天然气水合物饱和度沉积物后泊松比、杨氏模量、剪切模量和割线模量随温度和时间变化情况。图8为钻井液侵入前、后各力学参数变化情况。前期研究表明，水合物储层泊松比 $\nu$ 在 0.1~0.4 之间变化，且与水合物饱和度和围压之间没有明确函数关系[19-20]。这与图8(a)结果一致，即当没有钻井液侵入时 $\nu$ 的变化范围为 0.19~0.25，具有一定随机性。钻井液侵入后 $\nu$ 的变化总体上与天然气水合物饱和度和时间的变化呈正相关，当天然气水合物饱和度和侵入时间增大，$\nu$ 平均增幅达 14.56%。为了确保结果的适用性，应将这种关联性扩展到更广泛的参数范围。定义弹性模量 $E$ 为实验 0.5% 应变处的应力应变比例系数，则侵入前 16 组含水合物沉积物 $E$ 的范围为 0.167~1.742GPa。由图7(b)和图8(b)可知，随着沉积物中天然气水合物含量的增加，其在土颗粒间的胶结也势必增加，与土颗粒胶结的水合物进一步改善了沉积物的弹性力学性能，使其抗塑性变形能力增强。沉积物弹性性能在水合物饱和度为 25% 左右增幅较大，该天然气水合物饱和度值与水合物对沉积物整体力学性能影响饱和度临界值一致。与天然气水合物饱和度为零时相比，侵入后含天然气水合物沉积物 $E$ 出现了明显降低，在 0.045~1.033GPa 范围内变化。可见随着侵入时间和钻井液温度的增大，$E$ 减小。同时，无论是否发生侵入，$E$ 的降低值（绝对大小）均随天然气水合物饱和度的增加而增大。若假设含天然气水合物沉积物均质且满足各向同性，则可以用 $G=E/[2(1+\nu)]$ 计算剪切模量，计算结果如图7(c)和图8(c)所示。由于 $\nu$ 差异较小，故剪切模量 $G$ 的变化规律总体上与弹性模量 $E$ 一致。此外，还分析了能反映含天然气水合物沉积物平均刚度特性的割线模量 $E_c$。图7(d)和图8(d)中的 $E_c$ 定义为 1.5% 应变处对应的割线模量。可以看出，当侵入前储层温度 4℃、孔隙压力 10MPa、水合物饱和度 5%~35% 时，水合物沉积物 $E_c$ 范围为 0.103~0.729GPa。相同有效围压下含天然气水合物沉积物的 $E_c$ 随着水合物饱和度的增加而增大。与 $E$ 值相似，侵入后含天然气水合物沉积物的 $E_c$ 显著降低，其范围为 0.063~0.616GPa，最大降幅达 62.3%。由于水合物分解区泊松比和弹性模量的变化，实际钻井过程中的井周应力场将重新分布。出现这些现象的主要原因是随着钻井液侵入时间延长或钻井液温度升高水合物分解持续发生，加之沉积物的泥质成分可能发生水化，导致含天然气水合物沉积物弹性参数和强度参数减小。

## 2 钻井液侵入数值模拟

### 2.1 参数设定及模型验证

考虑温度模型、渗流模型、力学模型、化学模型、辅助方程和定解条件开展数值模拟。几何模型及网格划分如图9所示，储层为长、宽为 20m，高为 1m 的长方体，井眼直径 0.15m，采用极细化网格划分。初步模拟时按照实验条件进行了模型验证，后续模拟中在井眼中设置了薄层低渗透性泥饼，上覆岩层压力、最小有效水平主应力和最大有效水平主应力分别设置为 2.5MPa、2.75MPa 和 3MPa。根据侵入实验测得储层温度 4℃、孔隙压力 10MPa、压差 2MPa 下不同钻井液温度侵入水合物沉积物后的侵入深度 $L_{in}$。模拟计算和实验数据验证误差分析如图10所示，对比发现，温度较低时平均误差较小，而随着侵入温度的提高，计算值与实验值的误差也增大，但平均误差均低于 15%，满足工程条件，故可采用此模型进行更长时间尺度和更多温度条件下的数值模拟。

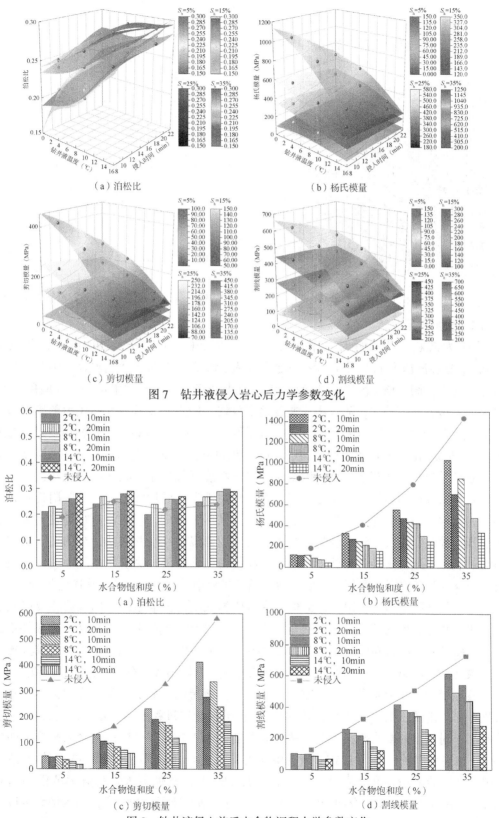

图 7　钻井液侵入岩心后力学参数变化

图 8　钻井液侵入前后水合物沉积力学参数变化

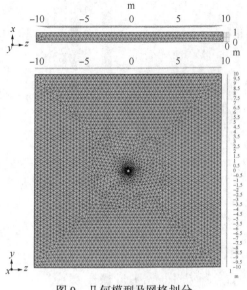

图 9　几何模型及网格划分

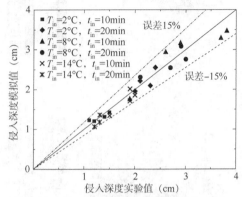

图 10　侵入深度计算结果与实验数据的误差分析

## 2.2　模拟结果分析

图 11 为天然气水合物储层在地层温度 277. 15K、地层压力 10MPa、钻井液温度 279. 15K、钻井液压力 11MPa 下，考虑滤饼侵入 24h 后，不同天然气水合物饱和度地层应力和应变仿真云图。该工况下钻井液温度和压力均高于地层，钻井液沿井筒径向侵入地层，在初始阶段传递速率较快，随后侵入速度逐渐放缓，侵入 24h 后温度和压力的影响范围在水合物饱和度 15% 和 35% 条件下均到达远井端 0.38m 和 1.60m 以外，塑性应变区域分别达到 0.26m 和 0.24m。通过改变初始储层温压或钻井液温压条件发现，当钻井液温度逐渐增大时，在储层温度未达到水合物分解温度前侵入深度增幅较小，在储层温度达到水合物分解温度后侵入深度明显增大，这是由于井眼内钻井液温度的增加会加剧井眼附近水合物的分解，井周地层的屈服区域也随之增大。当钻井液压力增大，侵入深度也随之增大，但此时孔隙压力较高，不会导致水合物的分解，故使用低温钻井液并保持适当的正压差在一定程度上有利于井壁稳定性。此外，滤饼的存在使得钻井液侵入深度减小从而大幅度减小了钻井液对储层温压场及力学场的影响，故在钻井过程中可适当考虑钻井液防滤失剂的添加。

基于对储层孔隙压力、温度及天然气水合物饱和度的数值模拟，选取钻井液侵入 15% 天然气水合物饱和度的储层进行典型案例分析。图 12 为不同钻井液温度和压力条件下储层温压和天然气水合物饱和度分布情况，其中图 12（a）和图 12（c）为钻井液侵入压差 2MPa 条件下，改变钻井液温度所得到的储层温度和天然气水合物饱和度分布，图 12（b）和图 12（d）为钻井液温度为 279. 15K 条件下，改变钻井液压力所得到的储层孔隙压力和天然气水合物饱和度分布。由图可知，井壁的温度和压力在向储层传递过程中迅速减小，且钻井液温度、压力越高，对储层的影响范围越大。钻井液温度为 287. 15K 时储层温度最大影响范围到远井端 0.75m，钻井液压力为 12MPa 时孔隙压力最大影响范围到远井端 0.50m。钻井液温度越高储层中水合物分解范围越大，钻井液温度 287. 15K 条件下水合物分解范围到远井端 0.10m。钻井液压力越高水合物分解范围越小，说明钻井液压力在一定范围内增大可以抑制水合物的分解。钻井液温度的提高和压力的减小均会促进水合物的分解，在实际钻井过程

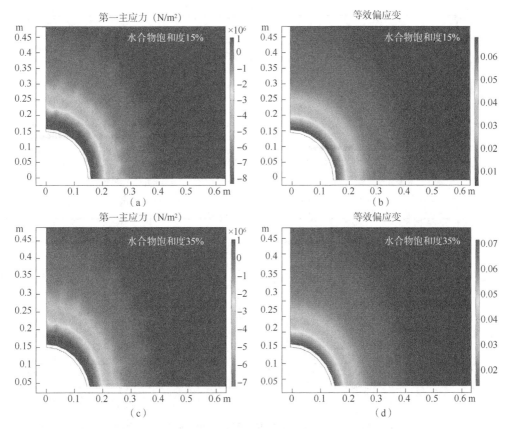

图 11　含天然气水合物储层应力、应变云图

中需要控制温度和压力的变化区间以保证水合物储层的稳定。图 13 为钻井液温度 279.15K，不同压差，钻井液压力为 12MPa，不同温差条件下扩径率分布曲线。分析时需考虑水合物相平衡的影响，多孔介质中 277.15K 和 279.15K 对应的相平衡压力分别为 3.99MPa 和 4.96MPa，10MPa 和 12MPa 对应的相平衡温度分别为 285.67K 和 287.40K。由图可知，当钻井液温压条件在水合物稳定范围内时，钻井液与储层压差较小时扩径率变化幅度比高压差条件下时变化幅度小，随着压差的提高塑性应变区域增大，扩径率也随之增大，在压差 3MPa 时扩径率已大于 30%。同理，随着钻井液温度的提高，井眼半径在水合物稳定范围内变化不大，在储层温度 277.15K、钻井液温差小于 8K 时扩径率均小于 10%。当钻井液温度大于水合物稳定温度范围后，水合物分解更严重，井周塑性应变区域明显增大，井眼半径增速明显提高，当温差为 12K 时，扩径率已接近 50%。出现这种情况的原因在于地层中水合物的分解导致含水饱和度增大，此时储层含水量增加且水合物骨架支撑作用减弱，水合物储层的强度和刚度降低，井眼更易扩大。因此，水合物钻井时有必要保持钻井液和地层处于相平衡稳定区。

## 3　结论

（1）与天然沉积物相比，天然气水合物饱和度升高显著提升了胶结作用，使含天然气水合物沉积物表现出更好的地质力学性质，刚度和强度明显增强。实验中沉积物样品的峰值强度随着天然气水合物饱和度和压力的升高而增大，随温度的升高而减小。随着天然气

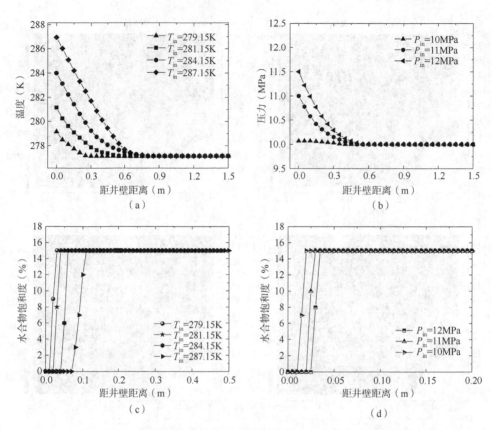

图 12　不同钻井液温度和压力条件下储层温压和天然气水合物饱和度分布

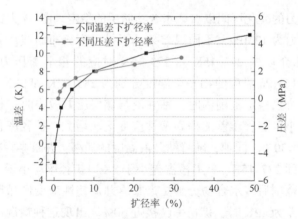

图 13　不同温差和压差条件下扩径率变化

水合物饱和度由 5% 增大到 35%，含泥砂质含天然气水合物沉积物由应变硬化向应变软化转化，转化临界饱和度值介于 15%~25% 之间。

（2）在水合物分解区域，沉积物的弹性参数及强度参数会受钻井液侵入影响，从而导致储层的稳定性变差。实验中峰值强度、杨氏模量、剪切模量及割线模量随着钻井液温度的升高及侵入时间的延长而降低，而泊松比则升高。由于水合物分解区弹性模量和泊松比的变化，井周应力场将会重新分布。

（3）模型验证表明钻井液侵入深度随着侵入时间、钻井液温度的降低和天然气水合物饱和度的增加而降低，侵入深度的实验值与模拟值平均误差均低于 15%，适用性较好。

（4）钻井液侵入对储层的影响程度与水合物相平衡条件关系密切，井壁的温度和压力在向储层传递过程中迅速减小，且钻井液温度和压力越高储层受影响范围越大，保持适当的正压差在一定程度上有利于井壁稳定性。钻井液温度的提高和压力的减小均会促进水合物的分解，从而扩大井周水合物分解和塑性变形范围，增大井眼扩径率，因此需要采取工程调控方法减小储层扰动。

## 参 考 文 献

[1] Sloan E D, Koh C A. Clathrate Hydrate of Natural Gases：3rd Edition[M].Boca Raton, Florida, US：CRC press, 2007.

[2] Sun Wantong, Pei Jun, Wei Na, et al. Sensitivity Analysis of Reservoir Risk in Marine Gas Hydrate Drilling [J]. Petroleum, 2021, 7(4)：427-438.

[3] Ning Fulong, Wu Nengyou, Yu Yibing, et al. Invasion of drilling mud into gas-hydrate-bearing sediments. Part II：effects of geophysical properties of sediments[J]. Geophysical Journal International, 2013, 193(3)：1385-1398.

[4] Cook A E, Anderson B I, Rasmus J, et al. Electrical anisotropy of gas hydrate-bearing sand reservoirs in the Gulf of Mexico[J]. Marine and Petroleum Geology, 2012, 34(1)：72-84.

[5] 宁伏龙, 辜牡丹, 余义兵, 等. 钻井液侵入海洋含水合物地层的数值模型探讨[C]//中国地质学会探矿工程专业委员会. 第十六届全国探矿工程(岩土钻掘工程)技术学术交流年会论文集. 地质出版社, 2011：269-278.

[6] 宁伏龙, 张可霓, 吴能友, 等. 钻井液侵入海洋含水合物地层的一维数值模拟研究[J]. 地球物理学报, 2013, 56(1)：204-218.

[7] Fereidounpour A, Vatani A. An investigation of interaction of drilling fluids with gas hydrates in drilling hydrate bearing sediments[J]. Journal of Natural Gas Science and Engineering, 2014, 20：422-427.

[8] 刘天乐, 蒋国盛, 宁伏龙, 等. 水合物地层低温钻井液对井底岩石表层强度影响[J]. 中国石油大学学报(自然科学版), 2015, 39(4)：147-153.

[9] Zhu Haiyan, Dang Yike, Wang Guorong, et al. Near-wellbore fracture initiation and propagation induced by drilling fluid invasion during solid fluidization mining of submarine nature gas hydrate sediments[J]. Petroleum Science, 2021, 18(6)：1739-1752.

[10] Huang Tianjia, Zhang Yu, Li Gang, et al. Numerical modeling for drilling fluid invasion into hydrate-bearing sediments and effects of permeability[J]. Journal of Natural Gas Science and Engineering, 2020, 77：103239.

[11] 郑明明, 蒋国盛, 刘天乐, 等. 钻井液侵入时水合物近井壁地层物性响应特征[J]. 地球科学, 2017, 42(3)：453-461.

[12] 张怀文, 程远方, 李令东, 等. 含热力学抑制剂钻井液侵入天然气水合物地层扰动模拟[J]. 科学技术与工程, 2018, 18(6)：93-98.

[13] 邱正松, 张玉彬, 赵欣, 等. 海洋天然气水合物地层钻井液优化实验研究[J]. 天然气工业, 2019, 39(12)：104-109.

[14] 李庆超, 程远方, 鲁钟强, 等. 钻井液特性对近井地带水合物分解的影响[J]. 大庆石油地质与开发, 2019, 38(3)：59-64.

[15] Masui A, Haneda H, Yuji O, et al. Triaxial Compression Test on Submarine Sediment Containing Methane Hydrate in Deep Sea off the Coast off Japan. Paper presented at the 41st Annual Conference of Japanese

Geotechnical Society, Tokyo, Japan, 2006.

[16] Masui A, Miyazaki K, Haneda H, et al. Mechanical properties of natural gas hydrate bearing sediments from eastern Nankai trough [R]. Paper presented at the Offshore Technology Conference, Houston, Texas, USA, 2008.

[17] 李彦龙, 刘昌岭, 廖华林, 等. 泥质粉砂沉积物—天然气水合物混合体系的力学特性[J]. 天然气工业, 2020, 40(8): 159-168.

[18] 李彦龙, 刘昌岭, 刘乐乐, 等. 含水合物松散沉积物三轴试验及应变关系模型[J]. 天然气地球科学, 2017, 28(3): 383-390.

[19] Lijith K P, Malagar B R C, Singh D N. A comprehensive review on the geomechanical properties of gas hydrate bearing sediments[J]. Marine and Petroleum Geology, 2019, 104: 270-285.

[20] Lee M W, Collett T S. Elastic properties of gas hydrate-bearing sediments[J]. Geophysics, 2001, 66(3): 763-771.

# 自贡区块三叠系须家河组烃源岩评价

王竺 王洪伟 王雷 张昌盛

（大庆钻探工程公司地质录井二公司）

**摘要** 针对川南自贡区块东部钻井区域三叠系烃源岩做了热解分析、镜质体反射率测定，落实了各层位烃源岩关键参数，并对烃源岩分布特征做了研究，研究结果表明：(1)须家河组烃源岩厚度大，主要集中在须三、须五段，须一段大多被剥蚀。(2)须家河组TOC分布在0.4%~1.1%之间，平均0.65%，整体丰度较差。(3)须家河组HI平均约为216，干酪根以Ⅱ2型和Ⅲ型为主。(4)须家河组 $R_o$ 平均约为1.15%，以生油、凝析油气为主。(5)综合各参数看，须家河组烃源岩有利区带在FY1、FY3井区。

**关键词** 须家河组；烃源岩评价；HI；TOC；$R_o$；成熟度；丰度；有利区带

四川盆地是我国具有丰富天然气资源的大型盆地，具有广阔的勘探前景。四川盆地发育多套烃源岩层系，包括下寒武统、下志留统、二叠系、上三叠统及下侏罗统等，其中下寒武统、下志留统和下二叠统为海相烃源岩层系，上三叠统和下侏罗统为陆相烃源岩层系，上二叠统主要为海陆过渡相烃源岩层系。本次研究对象主要为三叠系陆相须家河组烃源岩。

与下寒武统和下志留统海相烃源岩相比，三叠系泥页岩具有单层薄、累积厚度大、频繁互层等特征。目前川南自贡区块须家河组烃源岩关键参数、优质烃源岩区带有待明确，因此本次挑选12口井样品做了热解分析，挑选6口井样品做了镜质体反射率分析，拟落实自贡区块东部区域烃源岩关键参数及分布特征，对下部井位部署提供依据。

## 1 研究区域概况

自贡区块位于四川盆地西南部自贡低褶构造带，探矿权面积2838.46km²（可工作区面积2164.01km²），目前油田已钻探井主要位于区块东部。自贡区块地层发育较为齐全，自下而上依次发育震旦系、寒武系、奥陶系、二叠系、三叠系、侏罗系，受加里东运动影响，缺失泥盆系和石炭系地层，自贡区块以海相烃源岩为主，陆相烃源岩生烃能力有限，须家河组具有一定生烃能力，岩性为灰黑色页岩、深灰色泥岩，一般厚度150~220m，TOC 1.5%~4.5%，Ⅲ型为主，$R_o$1.0%~1.5%，拟对钻完井须家河组的烃源岩开展化验分析，落实烃源岩关键参数及纵向、横向分布规律，指导下一步井位部署、储量升级。

## 2 研究区域烃源岩厚度

烃源岩厚度是计算烃源岩生烃强度及潜在资源量的重要计算参数之一。因此，统计烃

---

【第一作者简介】王竺，大庆钻探工程公司地质录井二公司。

源岩厚度，可为进一步研究烃源岩生烃能力及资源潜力奠定基础。研究区内须家河组烃源岩厚度126~268m，平均为196m，烃源岩厚度大，但是薄互层较多。主要分布在须三段、须五段，须六段有一定的分布，须一段基本都被剥蚀。Z301井、JF2井、JF3井烃源岩厚度最大，平均厚度达248m，最薄是FY2井和JF4井，平均厚度145m，FY3井烃源岩也较厚，其他几个构造的井，烃源岩厚度一般，从须家河组烃源岩厚度来评价，最厚的是新店向斜，其次是福集向斜，最薄的是高石坎向斜，其他构造一般(图1、图2)。

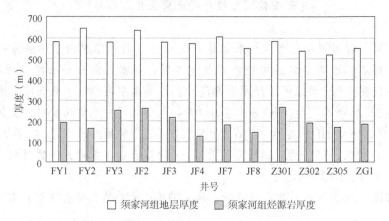

图1　须家河组地层厚度、烃源岩厚度

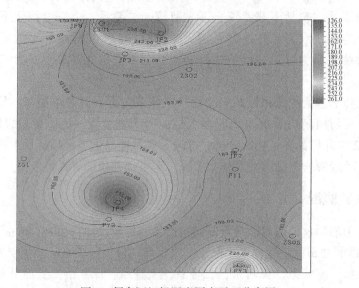

图2　须家河组烃源岩厚度平面分布图

分别对须六段、须五段、须三段地层厚度与烃源岩厚度做了统计。其中须六段烃源岩最厚在FY3井达到130m，须六段烃源岩平均厚度76m(图3)。须五段烃源岩最厚分布在JF2井，达到96m，须五段烃源岩平均厚度45m(图4)，须三段烃源岩最厚在FY1井，达到96m，须三段烃源岩平均50m(图5)。研究区域须六段烃源岩占地层厚度比32.4%，须五段烃源岩占地层厚度比55.7%，须三段烃源岩占地层厚度比42.6%，虽然在须六也较发育，但是互层较多，相对更为连续还是主要集中在须五段、须三段。

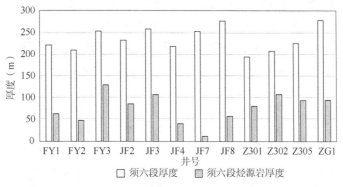

图 3　须六段厚度、烃源岩厚度

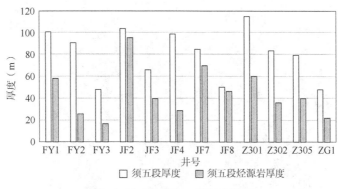

图 4　须五段厚度、烃源岩厚度

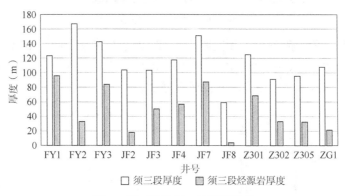

图 5　须三段厚度、烃源岩厚度

# 3　烃源岩评价

## 3.1　有机质丰度

有机质丰度是评价烃源岩生烃能力的重要参数之一，烃源岩的有机质丰度是指单位重量的烃源岩中有机质的百分含量。烃源岩有机质丰度评价常用有机碳含量、氯仿沥青"A"、总烃、岩石热解参数来加以评价。本区由于资料较少。主要通过对烃源岩有机质含量的分析进行判定其有机质丰度。结合目前川南烃源岩有机质丰度评价现状和自贡区块实际情况，制定了如下标准(表1)，通过对研究区12口井热解样品分析，整个须家河组，TOC分布在

0.4%~1.1%之间(统计平均值),整个 TOC 不是很高,整体较差。丰度最高的在福集向斜的 FY3 井、蟠龙场向斜的 FY1 井,达到好的标准,其次是高石坎向斜的 JF4 井、迴龙场向斜的 Z302 井,能达到 0.7 左右,勉强能达到中等标准,其余构造的井丰度都较差(图6)。

表1　自贡区块须家河组有机制丰度评价标准

| 参　　数 　　　　　分　级 | 最好生油岩 | 好生油岩 | 中等生油岩 | 差生油岩 |
|---|---|---|---|---|
| TOC(%) | | >1.0 | 0.7~1.0 | <0.7 |

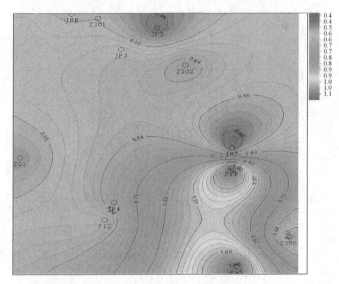

图6　须家河组 TOC 平面分布

分别统计了须六段、须五段、须三段 TOC(图7),须六段 TOC:0.27%~1.23%,平均 0.55%,须五段 TOC:0.45%~2.70%,平均1.02%,须三段 TOC:0.39%~1.39%,平均 0.66%,可以看出,整体来看须五段有机质丰度最好。

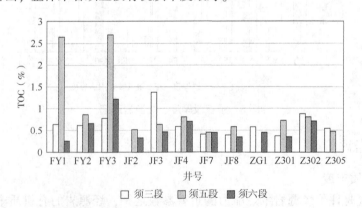

图7　须六段、须五段、须三段 TOC 平面分布

须五段有机质丰度,最高的是在 FY1 井、FY3 井(图8),这和须家河组整体趋势一致,都是在这两个井区最高。须三段有机质丰度最高的是在 JF3 井(图9),从有机质丰度来看,最好烃源岩在 FY1 井、FY3 井区须五段。

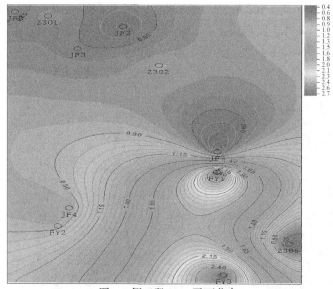

图 8　须五段 TOC 平面分布

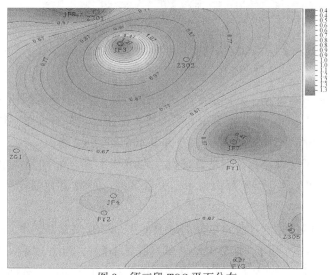

图 9　须三段 TOC 平面分布

### 3.2　有机质类型评价

目前对烃源岩有机质类型的划分，主要建立在干酪根的基础上，即在镜下鉴定干酪根显微组分及组成特征及利用干酪根碳同位素值。由于从烃源岩中提取干酪根费时又昂贵，故本研究针对工区主要采用了热解法评价烃源岩有机质类型。结合邬立言等(1986)的分类范围标准和行业标准，制定干酪根划分方案(表2)

表 2　自贡区块须家河组 HI 划分标准

| 类　　别 | 类　　型 | HI(mg/g) |
|---|---|---|
| Ⅰ | 腐泥 | >600 |
| Ⅱ1 | 腐殖腐泥 | 400~600 |
| Ⅱ2 | 腐泥腐殖 | 150~400 |
| Ⅲ | 腐殖 | <150 |

整个须家河组 HI 分布在 162~299，平均 216，HI 较高的是 JF4 井、FY3 井，较低的是 Z302 井、Z305 井、FY2 井，但都属于Ⅱ2 型范围(图 10)。在从整个分布区间来看，整体是以Ⅱ2 型和Ⅲ型为主，少量Ⅱ1 型，偶见Ⅰ型。由于整个须家河组 HI 指数相差不多，不再分段进行总结，对研究区分五个二级构造，对各井进行了干酪根类型评价。

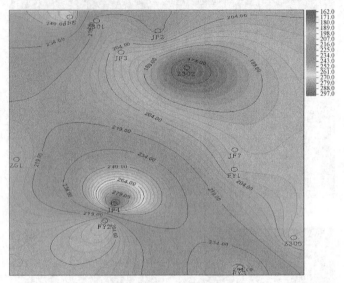

图 10  须家河组 HI 平面分布

蟠龙场向斜分析了两口井，分别是 FY1 井、JF7 井，本向斜须家河组干酪根以Ⅱ2 型干酪根为主，少量Ⅲ、Ⅰ、Ⅱ1 型。富页 1 井须五段各型干酪根都有分布，须三段基本全部为Ⅱ2 型。须一段Ⅲ型和Ⅱ2 型都有分布，FY7 井基本全部为Ⅱ2 型。

迴龙场向斜分析了两口井，分别是 ZG1 井、Z302 井，本向斜须家河组干酪根两口井有所差异，其中自贡 1 井以Ⅱ2 型干酪根为主，少量Ⅲ型，Z302 井以Ⅲ型为主，Ⅱ2 型次之，少量Ⅰ、Ⅱ1 型。

新店向斜分析了四口井，自西向东分别是 JF8 井、Z301 井、JF3 井、JF2 井，本向斜须家河组整体以Ⅱ2 型为主，Ⅱ1、Ⅲ型少量分布，偶见Ⅰ型。JF8 井须家河组基本全部为Ⅱ2 型，Z301 井、JF3 井以Ⅱ2 型为主，Ⅱ1、Ⅲ型少量分布，JF2 井基本全部为Ⅱ2 型，顶部分布少量Ⅲ型。

高石坎向斜分析了两口井，分别是 FY2 井、JF4 井，本向斜须家河组整体以Ⅱ2 型为主，Ⅲ型少量分布，偶见Ⅱ1 型、Ⅰ型。FY1 井基本Ⅱ2 型、Ⅲ型、Ⅰ型都有分布，JF4 井基本全为Ⅱ2 型，偶见Ⅱ1 型、Ⅰ型。

福集向斜分析了两口井，分别是 FY3 井、Z305 井，本向斜须家河组整体以Ⅱ2 型为主，Ⅲ型、Ⅰ型都有分布，偶见Ⅱ1 型。FY3 井Ⅱ2 型为主，Ⅲ型、Ⅰ型都有分布，Z305 井基本全为Ⅱ2 型，偶见Ⅲ型。

### 3.3　有机质成熟度评价

有机质类型和丰度是油气生成的物质基础，而有机质只有达到一定的热演化程度才能开始大量生烃，通过有机质成熟度可以帮助判断烃源岩生烃演化史，目前有机质成熟度较常用的判断方法为热解 $T_{max}$ 及干酪根镜质体反射率。

从研究区选择了 12 口井进行热解分析。由于烃源岩中干酪根热降解生成油气时，首先是热稳定性最差的部分先降解，对余下的部分热解就需要更高的热解温度，这样就使干酪根开始热解生烃的温度和热解生烃量最大时的温度随成熟度的增大而不断增高（Espitalie，1982），根据此特征可用热解法来研究烃源岩的成熟度。

结合邬立言等（1986）提出的成熟度标准，对自贡区块成熟度进行了评价。须家河组 $T_{max}$ 分布在 442~480℃ 之间，从整个分布区间来看，都是处于生油、凝析油、湿气阶段，成熟度最高的是富页 2 井，主要处于生湿气阶段，顶部偶见生干气，其次是 FY1 井、Z301井、JF2 井成熟度以生油、凝析油为主，湿气次之（图 11）。

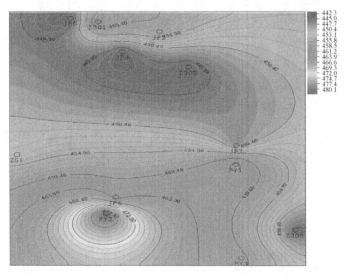

图 11  自贡区块须家河组 $T_{max}$ 平面分布

镜质体反射率是最重要的有机质成熟度指标，镜质体是一种煤素质，但看不到植物的组织，主要是由芳香稠环化合物组成，随着煤化程度的增大，芳香结构的缩合程度也加大，这就使得镜质体的反射率增大。生油母质的热裂解过程与镜质体的演化过程密切相关，所以镜质体反射率是一个良好的有机质成熟度指标，有机质热变质作用愈深，镜质体反射率愈大。选取了 6 口井样品测定 $R_o$ 值，$R_o$ 在 0.99% ~ 1.32% 之间，平均1.15%。结合邬立言等（1986）提出的成熟度标准，须家河组烃源岩处于成熟阶段的生油、凝析油气阶段（图 12）。

通过 $R_o$ 与热解 $T_{max}$ 的对比，同井同一深度的样品所组做的热解分析数据的 $T_{max}$ 与 $R_o$ 值所对应的 $T_{max}$ 值存在一定的误差。由于选取的是岩屑样品，岩屑混杂，即使严格挑样，由于热解样品实际分析的量很少（只有 0.1g 样品），代表性可能会有一定的问题。如果选用岩心样品，数据会更准确些。从两种分析结果来看，都是 FY2 井成熟度最高，FY1 井、FY3井次之，整体趋势一样。

## 4  连井对比

区块南部自西向东，须家河组埋深是两边浅，中间深，福集向斜的 FY3 井、Z305井，须 6 段页岩发育。须五段欠发育，须三段页岩更为发育和连续；成熟度上部须六、须五主要都是处于生油、凝析油、湿气阶段，下部须三段基本全部为生湿气为主，成熟

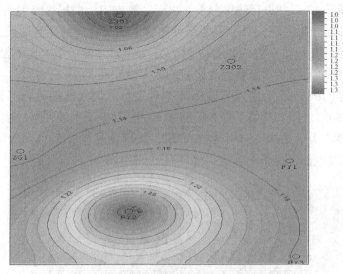

图12　自贡区块须家河组 $R_o$ 平面分布

度更高，埋深最深的 JF4 井成熟度最高；有机质丰度整体都较差，相对来说 JF4 井，稍微高一点（图13）。

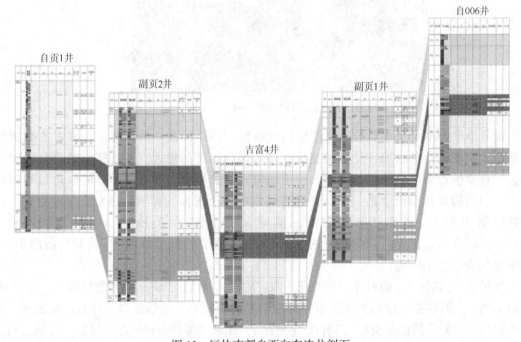

图13　区块南部自西向东连井剖面

区块西部从北向南，须家河组埋深呈逐渐增加的趋势，主要烃源岩层位须三段在 ZG1 井、JF4 井、FY2 等井较厚，整体烃源岩除了 Z301 井、JF3 井烃源岩厚度大且连续，别的井都不是很连续；干酪根类型整体以Ⅱ2 型为主，Ⅱ1、Ⅲ型少量分布，偶见Ⅰ型；成熟度以生油、凝析油为主，湿气次之，迴龙场 ZG1 井和高石坎 JF4 井以生湿气为主，和埋深增加有一定关系；整个有机质丰度在须家河组都是以差为主，越往南相对比北强一点（图14）。

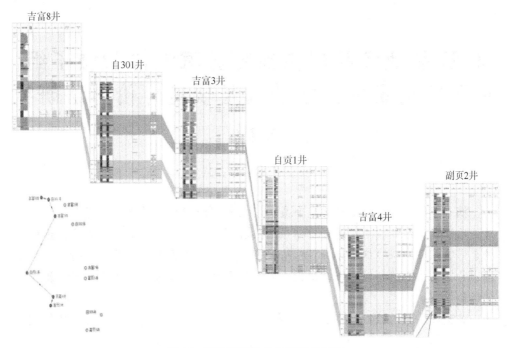

图 14　区块西部自北向南连井剖面

## 5　结论

（1）从厚度来讲，烃源岩厚度最厚达到 260m，最薄也 120m 左右，烃源岩连续，都是大段页岩，纵向上看区块内须家河组，烃源岩主要发育在须三段、须五段，部分井在须六段也较发育，除了福集向斜须 3 段是最好烃源岩外，其余构造都是须 5 段是最好的烃源岩。

（2）综合成熟度、丰度，区块最好的烃源岩集中在福集向斜的 FY3 井、蟠龙场向斜的 FY1 井，有机质丰度高，成熟度相对较高。

（3）须家河组虽然整体有机质丰度较差、成熟度一般，但是纵向上还是须五段整体比须三段强，建议须家河组作为兼探目标，有利区带是在福集向斜的 FY3 井、蟠龙场向斜的 FY1 井区块。

## 参 考 文 献

[1] 刘雪乐，李延钧，李卓沛，等．川中—川南过渡带上三叠统须家河组烃源岩评价[J]．西部探矿工程，2010，22(4)：58-61.

[2] 肖芝华，谢增业，李志生，等．川中川南地区须家河组天然气地球化学特征[J]．西南石油大学学报（自然科学版），2008(4)：27-30，18，17.

[3] 梁艳，李延钧，付晓文，等．中—川南过渡带上三叠统须家河组油气全烃地球化学特征与成因[J]．天然气地球科学，2006(4)：593-596.

[4] 申艳，谢继容，唐大海．四川盆地中西部上三叠统须家河组成岩相划分及展布[J]．天然气勘探与开发，2006(3)：21-25，70.

[5] 杨克明，叶军，吕正祥．川西坳陷上三叠统须家河组天然气分布及成藏特征[J]．石油与天然气地质，2004(5)：501-505.

[6] 卢双舫，张敏．油气地球化学[M]．北京：石油工业出版社，2008.

# 松辽盆地南部梨树断陷苏家洼槽营城子组基于地化录井技术的储层快速评价方法研究

刘慧明

（中国石油大庆钻探工程公司）

**摘 要** 本文以松辽盆地南部梨树断陷苏家洼槽营城子组为研究对象，尝试总结通过地化录井技术快速评价储层的解释评价方法。通过对岩石热解、热解气相色谱等录井资料的综合分析，总结了苏家洼槽营城子组不同显示级别热解气相色谱特征、岩石热解解释评价图板及其评价参数，为该地区的油气勘探开发提供了评价依据。

**关键词** 梨树断陷；苏家洼槽；地化录井；岩石热解；热解气相色谱；解释评价

松辽盆地是我国东北地区的一个大型含油气盆地，梨树断陷是盆地南部的一个重要构造单元。通过对该地区营城子组地层的地化录井评价，可以了解油气分布规律，为勘探开发提供依据。因此，开展松辽盆地南部梨树断陷苏家洼槽营城子组地化录井解释评价方法研究具有重要的意义。

## 1 技术原理

### 1.1 岩石热解地球化学录井仪器的分析原理与流程

在特殊裂解炉中对定量的生油岩和储油岩样品（100mg）进行程序升温烘烤，使岩石样品中的烃类和干酪根（生油母质）在不同温度范围内挥发和裂解，通过载气（$H_2$ 或 He）的吹洗使其与岩石样品实现物理分离，由载气携带直接进入氢焰离子化检测器（FID）进行定量检测，将烃类浓度的不同转变成相应的电信号的变化，经放大进入计算机进行运算处理，得到烃类各组分含量和裂解烃峰顶温度 $T_{\max}$（图 1）。

| 样品 | 程序升温 | 定性分离 | 烃类和干酪根 | FID检测能量转换 | 离子流 | 放大器 | 电压信号 | 定性分离 | 分析报告 |

图 1 岩石热解地球化学录井仪器分析流程

通过调节仪器升温程序，可以获得三个谱峰或五个谱峰的谱图和数据。三峰法热解分析在国内各油田得到了普遍应用，其过程是将 100mg 岩心、岩屑样品放入仪器热解炉中程序加热升温，在 90℃ 下加热 2min，检测到的气态烃为 $S_0$；在 300℃ 下加热 3min，检测到的液态烃为 $S_1$；继续加热升温至 600℃ 检测到高温裂解烃 $S_2$，以及最高裂解峰温 $T_{\max}$（图 2）。

---

【第一作者简介】刘慧明，工作于中国石油大庆钻探工程公司地质录井二公司，通信地址：138000 吉林省松原市青年大街 789 号。电话：13384383961。E-mail：liuhuiming@ cnpc. com. cn。

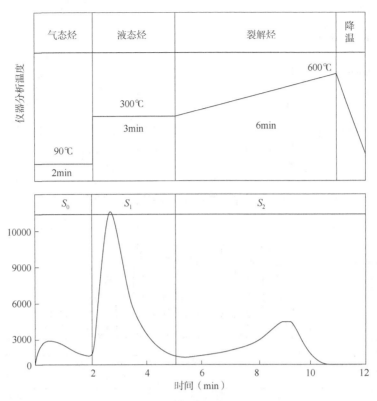

图 2　地化仪分析温度、谱图、参数对应关系

依照统计规律，可以直接利用地化多项参数建立油、气、水层联合判别标准(范围)，进行流体性质评价。常用的参数有直接参数 $S_0$、$S_1$、$S_2$、$T_{max}$ 和派生参数 $p_g$、OPI、TPI 等。该方法简便易行，方便快捷，适用于储层油性、物性稳定地区。

**1.2　热解气相色谱分析原理**

热解气相色谱录井是用专门仪器检测实物样品(岩屑、岩心、井壁取心)中是否含有石油的过程。

将待分析的样品装入坩埚，送入热解炉内，通以载气，加热至300℃并恒温，使样品中烃类挥发热解，与样品分离，再由载气携带进入毛细色谱柱进行分离，分离后的各依次进入 FID 氢焰离子检测器检测，形成与各分离含量成正比关系的一定浓度的离子流(微电流)，经放大器放大和微机处理，记录各组分的保留时间和积分面积，输出含量信号—时间曲线图(色谱图)，从而获得正构烷烃(单体烃)含量、碳数分布范围等等参数(图 3)。根据谱图与参数可以定性判断储层流体性质和进行生油岩评价。

热解气相色谱仪主要检测的碳数范围是 $C_{40}$ 以内单体烃，但由于某些客观因素的影响，如样品自然挥发或散发，通常能够检测到的碳数范围在 $nC_{11} \sim nC_{37}$ 之间。一般天然气层碳数范围为 $C_1 \sim C_{28}$，凝析油层 $C_1 \sim C_{33}$，中质油层 $C_1 \sim C_{35}$，重质油层 $C_1 \sim C_{50}$。

热解气相色谱录井解释油气水层主要有两类方法，一是依据油、气、水层谱图形态特征不同解释油气水层；二是利用油气层与水层谱图参数变化解释油气水层。前者又称谱图指纹识别法，由于油、气、水层中原油芳烃、烷烃、油质沥青、胶质沥青等组分含量不同，热解色谱谱图形态因而有较大差异。谱图指纹方法应用广泛，是主要的热解气相色谱油水层识别方法(图4)。

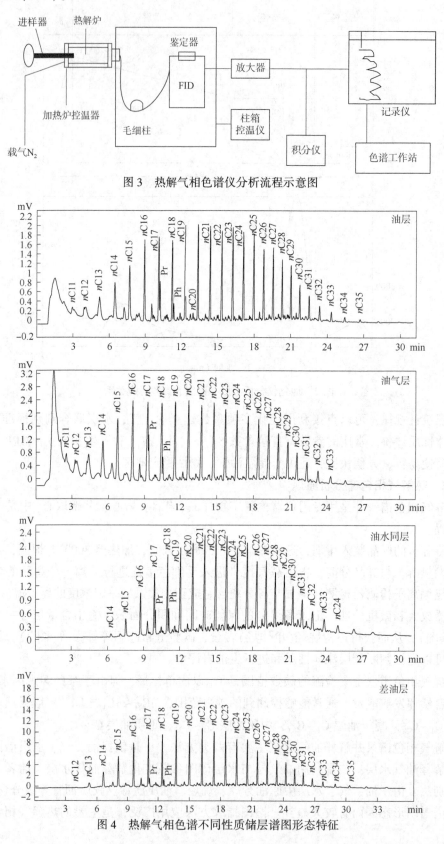

图3　热解气相色谱仪分析流程示意图

图4　热解气相色谱不同性质储层谱图形态特征

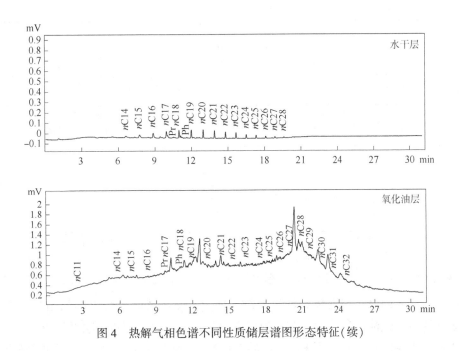

图 4　热解气相色谱不同性质储层谱图形态特征(续)

## 2　录井解释评价方法

苏家地区试油通常采取多层合试以提高产量，试油结论以油水同层为主。若用全井的分析数据与试油数据进行对比，可比性差，据此建立相互关系，显然实际意义不大。在地化录井解释评价方法建立过程中，主要结合测井解释兼顾录井综合解释和试油结果，建立了测井解释与地化录井资料的对应关系。解释评价方法包括谱图特征法、交会图板法、综合评价法。

### 2.1　储集层解释评价——谱图特征法

苏家地区营城子组有热解气相色谱数据的井共 9 口 102 层，测井解释油水同层、油气同层、油层 35 个，差气层、差油层 26 个，干层 17 个；录井解释油水同层、油气同层、油层 36 个，差气层、差油层、含油水层 43 个，干层、水层 23 个；上述数据中有试油结果的 6 口 32 层，试油结果油水同层、油气同层、油层 9 个，差气层、差油层、含油水层 23 个。通过将各个对应井段的热解气相色谱谱图分别与测井解释、现场录井解释结果进行比对，结合试油结果，归纳出了该区油层—油气同层—油水同层、差油层—差气层—含油水层、干层—水层热解气相色谱谱图特征(图 5)。

从上述谱图形态看，油层—油气同层：出峰个数多、峰幅度高，有明显的气态联合峰；油水同层：处分个数要较油层—油气层少一些，幅度大致相同，但没有气态联合峰；差油层—差气层：在出峰个数、峰幅度方面都要比油层—油气同层、油水同层低；水层—干层：在出峰个数、峰幅度方面都要比差油层—差气层还要低，甚至是一条锯齿状直线。

### 2.2　储集层解释评价—交会图板法

油层、油气同层、油水同层、差油层、干层(或水层)谱图形态上存在明显差异，特别是出峰个数和幅度上变化十分明显。热解气相色谱的碳数测量范围为 $C_1$—$C_{37}$ 之间，基本横跨了气态烃、液态烃、裂解烃，因此可以使用岩石热解参数 $S_0$(气态烃)、$S_1$(液态烃)、

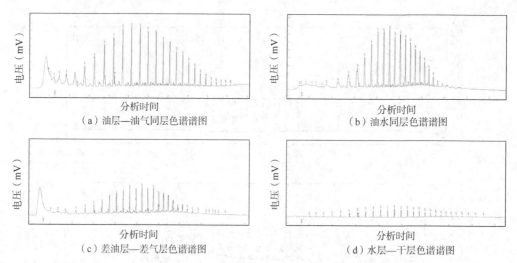

（a）油层—油气同层色谱谱图

（b）油水同层色谱谱图

（c）差油层—差气层色谱谱图

（d）水层—干层色谱谱图

图5 苏家地区油层—油气同层—油水同层、差油层—差气层—含油水层、干层—水层热解气相色谱谱图特征

$S_2$（裂解烃）作为不同储集层参数的特征参数。据此，通过这些参数之间的相互关系，结合测井、录井解释及试油成果可建立苏家地区营城子组岩石热解评价方法及评价图板。

地化油、水层图版评价法是地化多参数联合评价法的直观表现，二者可以相互转换，如图版评价法划分的解释区间转换为参数评价法的评价标准。任何与油气层评价相关的地化录井、综合录井、储层物性、含油性、电性等有效参数都可以用作地化油气层评价图版的参数。

常用的地化图版参数有 $S_0+S_1$、$S_2$、OPI、TPI、Pg 等，参数的选择依据各油气田本身的地质特点和实际情况而定。

地化录井油水层评价图版多为二维交汇图版，图版参数可以完全是地化参数，如地化 Pg—TPI（OPI）图版、$S_0+S_1$—$S_2$ 图版，也可以由单项地化参数与配伍储层物性、含油性、电性等参数组成，为了适应随钻录井的需要，参数选择要简便、实用、易获取，本次图版参数选择为完全地化参数。

分析107层录井解释、80层测井解释及32层试油数据得出，层中的油层、油气同层、油水同层、差油层、差气层、含油水层、干层、水层均存在很好的对应性。我们化繁为简，将油层、油气同层、油水同层定义为Ⅰ类层，将差油层、差气层、含油水层定义为Ⅱ类层，将干层、水层定义为Ⅲ类层。由于岩石热解分析的速度要比解气相色谱快，这样通过参数范围和图版投点，可以第一时间确定油气显示级别，再通过解气相色谱谱图特征更详细的确定显示层特性，两种技术的搭配实现了随钻地化录井解释既快又准的效果。

本次使用完全地化参数创建图版，我们选择 $S_0$、$S_1$、$S_2$、Pg、OPI、TPI、$S_0+S_1$、$S_2$/Pg、Ps（$S_1/S_2$）等参数进行试验，结合上述选取的参数，通过数据整理两两排列组合绘制解释评价图板（图6）。

通过分析观察十几个图版结果发现并不是任意两个参数之间都能较好地区分不同类型显示层，部分图版不同类型显示层的投点相互交叉，没有明显规律。从中优选出4个图板作为苏家地区营城子组的解释图版（图7），分别是：$S_1$ 与 $S_2$、$S_1$ 与 Pg、$S_1$ 与 $S_2$/Pg、$S_1$ 与 Ps 四种，图板精度：80.56%～88.9%。

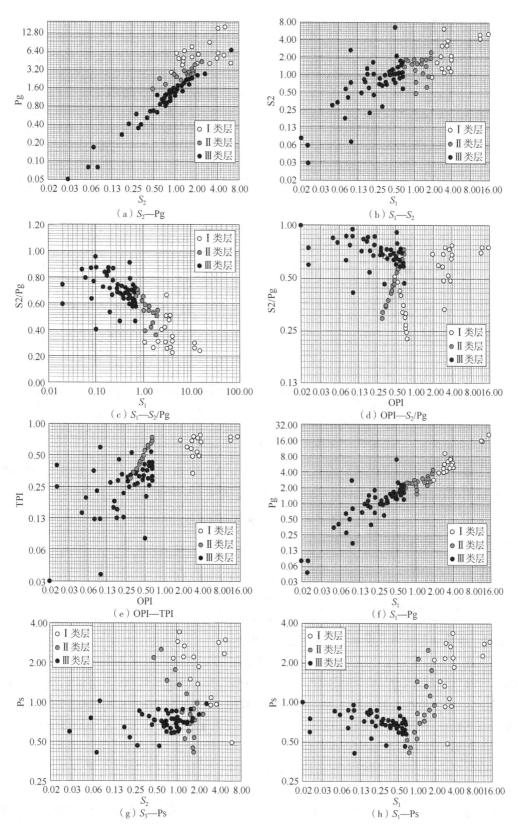

图 6　地化参数排列组合绘制解释评价图版

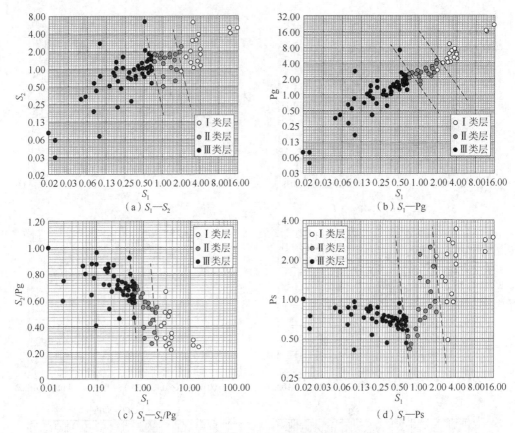

图7 苏家地区营城子组岩石热解解释评价图板

鉴于各个图板解释评价结果均有一定的误差，综合分析4个图板相应参数在不同储集层的响应范围，建立了苏家地区Ⅰ类层、Ⅱ类层、Ⅲ类层岩石热解解释评价标准(表1)。

表1 苏家地区岩石热解参数简易直接判别标准

| 解释结果 | $S_1$(mg/g) | $S_2$(mg/g) | Pg(mg/g) | $S_2$/Pg | Ps |
| --- | --- | --- | --- | --- | --- |
| Ⅰ类层 | ≥2 | ≥2 | ≥4 | ≥0.6 | ≥1.6 |
| Ⅱ类层 | 0.6~2 | 1~2 | 2~4 | 0.4~0.6 | 0.8~1.6 |
| Ⅲ类层 | ≤0.6 | ≤1 | ≤2 | ≤0.4 | ≤0.8 |

## 2.3 综合评价值法及营城子组油气分布规律

岩石热解和热解气相色谱解决的是某一显示层的油气显示级别和性质，并没有宏观的判断苏家地区营城子组整体含油分布，考虑到这种缺陷，我们将营城子组显示层厚度乘以岩石热解 $S_1$ 的数值作为某一显示层的含油强度数值，然后把这口井营城子组所有显示层厚度和岩石热解 $S_1$ 数值的乘积累加得到这口井的岩石热解综合评价值，最后用等值线图绘制苏家地区营城子组岩石热解综合评价值分布图。

计算公式：岩石热解解综合评价值=显示层1厚度×显示层1对应 $S_1$ 的平均值+显示层2厚度×显示层2对应 $S_1$ 的平均值+……

通过等值线图分析，苏家地区营城子组较好的油气显示主要集中在中部到北部区域，西南显示较差，东南部井位不足，具体情况不明。

## 3 应用实例

SJ118 井位于 SJ1 井北部,SJ3 井、SJ5 井南部,位于苏家地区营城子组储层显示较为有利的区域附近(图 8)。SJ118 营城子组通过岩石热解解释评价图板投点分析(图 9),81 号层、82 号层为 Ⅱ 层,56 号层、60 号层、72 号层为 Ⅰ 层;通过热解气相色谱图特征分析(图 10),56 号层、60 号层、72 号层为油水同层,81 号层、82 号层为差油层。56 号层、60 号层、72 号层、81 号层、82 号层合试,试油结果为油水同层,与分析结果相符。

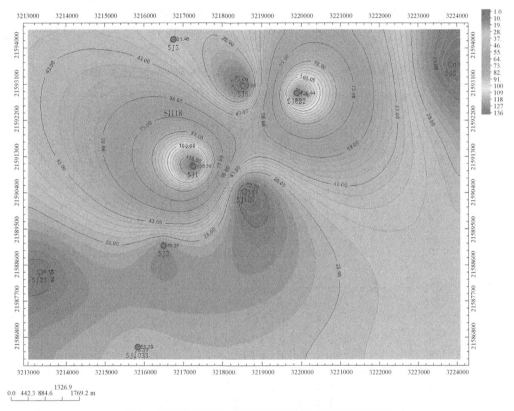

图 8  苏家地区营城子组岩石热解综合平均值分布图

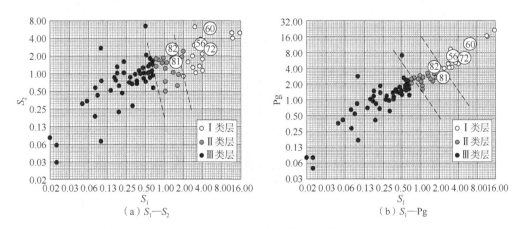

(a) $S_1$—$S_2$     (b) $S_1$—Pg

图 9  苏家地区营城子 SJ118 井营城子组岩石热解解释评价图板

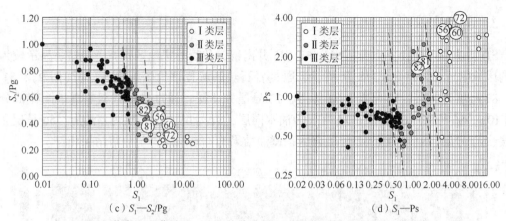

（c）$S_1$—$S_2$/Pg                （d）$S_1$—Ps

图9　苏家地区营城子SJ118井营城子组岩石热解解释评价图板（续）

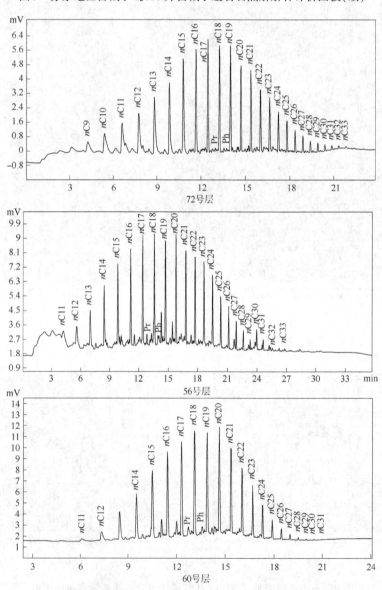

图10　苏家地区营城子SJ118井营城子组热解气相色谱谱图

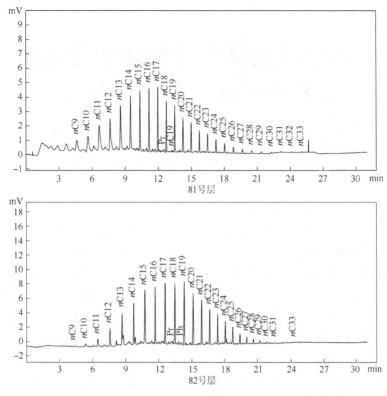

图 10　苏家地区营城子 SJ118 井营城子组热解气相色谱谱图(续)

# 4　结论与建议

通过近几年来对苏家地区营城子组岩石热解技术和热解气相色谱技术的分析，结合测井及试油成果，总结出不同显示级别热解气相色谱特征。在借鉴前人资料的基础上归纳出适合该地区营城子组的岩石热解解释评价图板及其评价参数，通过实际应用也收到了良好的效果。由于试油井比较少，而且是多层合试，所以评价方法和评价图板均有待于进一步完善。

**参 考 文 献**

[1] 白秋阳. 让字井地区泉四段轻烃录井解释评价方法研究[J]. 录井工程，2014：56-59，107.

[2] 田立强，熊亭，邓卓峰，等. 基于地化录井技术的储层快速评价方法研究——以恩平凹陷北部斜坡带为例[J]. 录井工程，2023，34(3)：32-38.

[3] 田士伟. 地化录井在辽河油田西部凹陷稠油层评价中的应用[J]. 录井工程，2021，32(3)：80-83.

# 一种窄河道薄层致密油储层地质
# 工程一体化压裂设计方法

吕泽飞 陈伟华 何 睿 汪 洋 刘 飞 曾 冀

(中国石油西南油气田分公司工程技术研究院)

**摘 要** 四川盆地页岩油分布范围广，纵向层系多，资源量非常丰富，目前随着勘探的聚焦，凉高山组凉二段夹层型砂岩，本套砂岩具有孔隙度高(6.4%)，含油饱和度高(65%)的特征，但是面临储层厚度薄(6~10m)，河道横向展布变化大(宽度110~230m)，砂体内发育低角度裂缝，由于优质砂体石英含量高(>90%)，研磨性强，实钻井眼轨迹大部分位于箱体外，水力裂缝充分覆盖难度大，本研究基于大物模实验及离散元裂缝扩展数值模拟，明确凉二段夹层型砂岩需要采用高黏(60mPa·s)+定向射孔实现纵向充分改造，采用 petrol 平台进行地质工程一体化设计，优化分段、布缝，用液强度、加砂强度优化，基于区域原油特征，通过数值模拟形成不同物性储层的渗流极限，进一步进行布缝优化，实现窄河道、薄储层精确改造，在公 119H 井中获得较好的效果，获产 20m³/d，实现盆地致密油重大突破。

**关键词** 页岩油；地质工程一体化；渗流；窄河道；穿层压裂

## 1 技术背景

随着油气勘探开发的进一步深入，目前页岩油、页岩气越来越得到更多人的关注，四川盆地页岩油页岩油资源丰富[1-2]，第一轮资源评价显示盆地页岩油资源量达到 $20×10^8m^3$，通过三轮勘探攻关评价，页岩型页岩油、页灰互层型页岩油、夹层型河道砂岩页岩油，随着巴中 1HF 井在凉高山组夹层型河道砂岩获产 120m³/d 高产原油[3]，显示出良好的勘探开发潜力，盆地西南探区公 119H 在凉高山组凉二段夹层型砂岩钻遇良好储层(图1、图2)，孔隙度达到 6.4%(图3)，含油饱和度达到 65%，但油品差异大，本井东北向 3km 处公 101 井(图4)原油黏度为 5mPa·s 的轻质油，本井西南边 3.5km 处的西浅 1(图5)井黏度达到 120mPa·s 的重质油，原油黏度差异较大，公 119H 井优质储层较薄，仅 6~8m，由于优质砂体石英含量高(>90%)，研磨性强，可钻性差，实钻轨迹大部分位于顶部，中上部发育低角度裂缝，纵向充分动用难度大，所处河道较窄，宽度 110~230m，精准布缝，针对性改造难度大(图6)。

侯冰等[4-7]对于页岩等非常规储层通过开展真三轴大物模实验，不断提升实验尺度，从

---

【第一作者简介】吕泽飞，就职于中国石油西南油气田分公司工程技术研究院；联系方式：lvzefei@petrochina.com.cn。

实验角度明确水力裂缝扩展形态。目前较多人采用离散元方法[8-10]开展水力裂缝扩展数值模拟工作，该方法能够自适应岩石尺寸，相比较于边界元和有限元精度更高，进一步大尺度揭示裂缝扩展规律。目前针对非常规储层纵、横向变化快，非均质性强的特点，大多采用地质工程一体化建模来实现储层改造精细设计。中国石油大学鲜成刚教授[11-13]在国内率先采用地质工程一体化建模思想开展方案设计，四川盆地页岩气运用了地质工程一体化手段精细部署，一体化设计。本研究通过物模与数模相结合的方式，在凉高山组开展真三轴大物模实验，明确裂缝扩展形态，基于地质工程一体化平台，建立三维地质模型，并开展水力裂缝扩展模拟，实现精细布缝，鉴于petrol平台缝高描述限制，通过采用离散元真三维数值模拟，精细描述水力裂缝纵向扩展特征，从而实现储层精细改造，并通过优化液体体系，进一步提升改造效果。

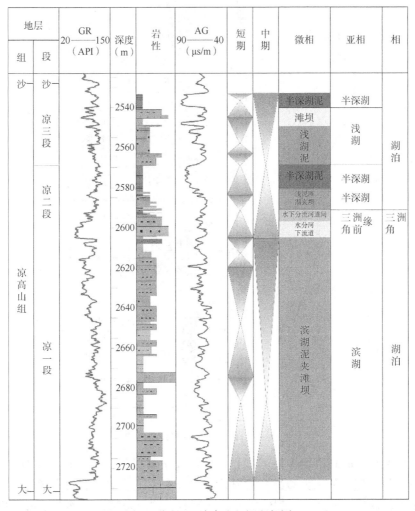

图1　公119H凉高山组沉积相图

## 2　水力裂缝参数设计

### 2.1　水力裂缝真三轴实验

研究采用铁山剖面凉高山组露头，层位为凉二段砂岩夹页岩，通过制样为30cm×30cm×30cm

大尺寸模型，开展水力裂缝真三轴压裂实验，实验设置不同应力、液体黏度、排量实验(图7)。

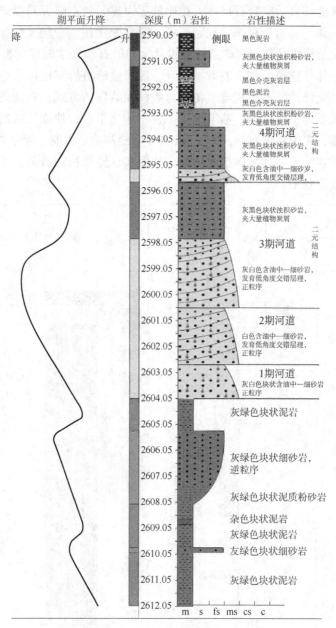

图 2　公 119H 凉二底部岩心描述

通过实现发现，凉高山组夹层型砂岩，相比较于页岩气，水力裂缝相对比较单一(图8)，难以形成较为复杂的水力裂缝，需要采用多缝压裂工艺实现储层有效控制，在岩性界面处，由于液体滤失，导致水力裂缝纵向扩展困难，同时会形成一些分支缝，通过提高黏度至 60mPa·s，水力裂缝纵向扩展效果较为明显(图9、图10)。

### 2.2　水力裂缝三维扩展数值模拟

公 119H 井井眼轨迹主要轨迹为优质砂体上部的 2 号、3 号砂体，水力裂缝需要定向调控充分改造优质砂体，物模实验表明了凉高山组夹层型砂岩结构弱面处易发生较大滤失，影响水力裂缝扩展，为进一步明确影响因素，本研究采用离散元方法开展数值模拟(图11)。

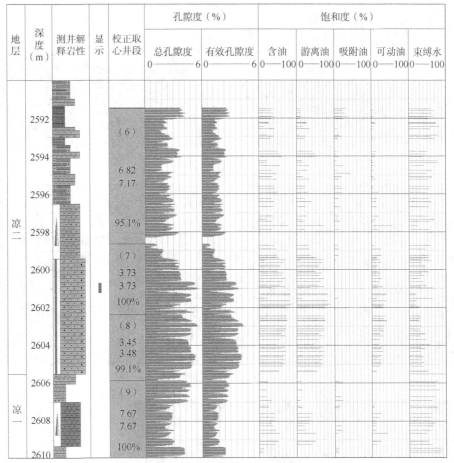

图3 公119H凉二段砂岩核磁扫描成果图

图4 公101井原油

图5 西浅1井原油

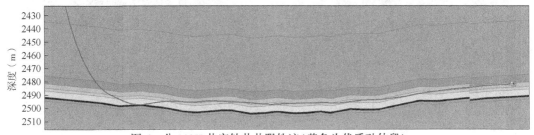

图6 公119H井实钻井井眼轨迹(黄色为优质砂体段)

图 7　真三轴压裂设备及制样

图 8　凉高山组凉二段剖面

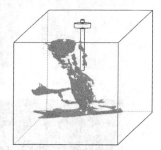

图 9　凉高山组凉二段夹层型砂岩压裂裂缝形态

（a）低黏　　　　　　　　　　　　　　　　　（b）高黏

图 10　采用不同黏度压裂液压裂

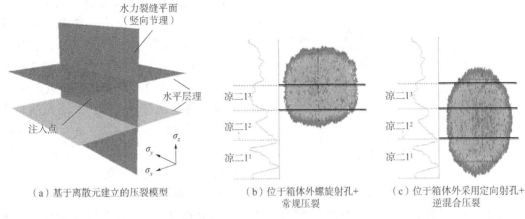

| （a）基于离散元建立的压裂模型 | （b）位于箱体外螺旋射孔+<br>常规压裂 | （c）位于箱体外采用定向射孔+<br>逆混合压裂 |

图 11　不同压裂模型

（1）采用三维离散元数值模拟方法建立含结构弱面的不同岩性组合页岩油储层数值模型，研究不同地质因素和工程因素下裂缝与层理作用规律和裂缝遇层理前后的应力演化过程。

（2）2 小层垂向应力与最小主应力差约为 11MPa，水平缝受到垂向应力抑制，不会被激活。

井轨迹位于 3 小层中部、2—3 界面、2 小层上部、2 小层下部情况下，裂缝向下难以扩展，未改造或极少改造 1 小层。

（3）定向射孔：采用定向向下射孔工艺，通过改变裂缝尖端附近应力场，促进裂缝向下扩展。压裂参数优化：增大排量、黏度，以增大缝内净压力，克服岩性界面阻挡，促进缝高扩展。

## 2.3　建立精细三维地质模型

公 119H 井面临河道较窄，河道宽度变化大的难题，本研究采用 petrol 平台开展地质工程一体化模拟，通过建立精细模型，明确河道展布特征、天然裂缝分布特征，为水力裂缝设计奠定基础(图 12、图 13)。

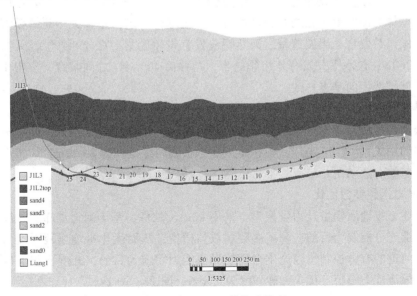

图 12　公 119H 三维构造模型

图 13　公 119H 天然裂缝展布

基于地震、测井和实钻数据，建立精细三维构造模型，三维模型与单井吻合度 90% 以上。纵向分布：水平井轨迹反复穿层，主要位于 2 号箱体顶部，部分位于 1 号箱体和 3 号箱体。河道及天然裂缝：河道较窄，宽度介于 110~230m，井轨迹区域上倾，井周天然裂缝不发育。测井解释厚度：凉二 $1^4$ 小层 20m；凉二 $1^3$ 小层 995.5m；凉二 $1^2$ 小层 549m；凉二 $1^1$ 小层 61.5m。模型钻遇厚度：凉二 $1^4$ 小层 20m；凉二 $1^3$ 小层 993.0m；凉二 $1^2$ 小层 510m；凉二 $1^1$ 小层 63.0m。

基于三维地质模型、岩心资料和测井资料，建立三维属性模型。明确公 119H 井优质砂体厚度为 5~7m，与导眼井基本一致，水平段中部至 A 点区域资源品质最佳。模型孔隙度平均 5.18%、TOC 平均 0.89%、渗透率平均 0.17mD，与导眼井测井解释基本一致（图 14、图 15）。

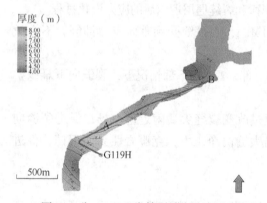

图 14　公 119H Ⅰ类储层厚度分布图

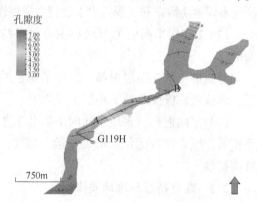

图 15　公 119H 孔隙度分布图

模型平面上，杨氏模量平均值 34.33GPa、泊松比平均值 0.27，水平段最小主应力平均值 56MPa；岩石力学分布较为均匀、地应力分布存在一定非均质性，B 点附近应力整体较高。地震数据体与测井解释相结合，通过实钻资料进行标定，建立天然裂缝模型；该井轨迹中后段上倾，共发育 4 组裂缝带。天然裂缝发育带角度集中在 45°~90°；天然裂缝长度集中在 70~260m；过水平井发育 4 组裂缝带，与井筒 40°~90° 之间发育，集中于北西—南东向，与区域构造走向基本一致。

### 2.4　簇间距优化

根据公山庙区块凉高山组原油 PVT 成果[图 16(a)]，建议模型模拟不同渗透率下裂缝间距与储层动用关系[图 16(b)]。模拟结果显示，簇间距范围为 8~12m，能实现不同渗透率范围的储层的有效动用。

### 2.5　水力压裂参数优化

基于上述三维地质模型及力学模型，采用 kinetix 软件，基于河道展布，开展精细数值模拟，以河道充分控制为目的，开展多频次数值模拟，从而优化平均用液强度为 $31m^3/m$，能够实现该河道的有力控制，以全生命周期导流能力需求为目的，开展不用加砂强度多频次水力裂缝导流能力模拟，优化加砂强度为 4.4t/m（图 17、图 18）。

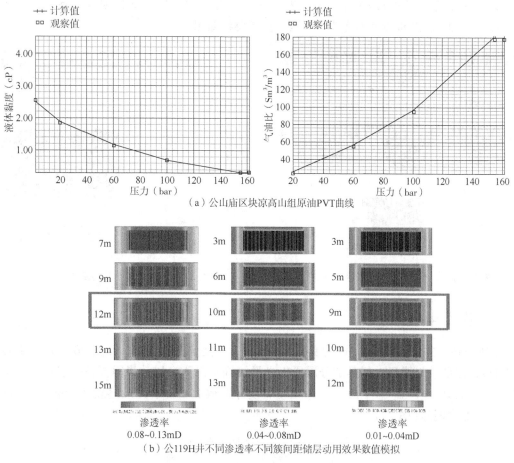

（a）公山庙区块凉高山组原油PVT曲线

（b）公119H井不同渗透率不同簇间距储层动用效果数值模拟

图16　PVT曲线及数值模拟图

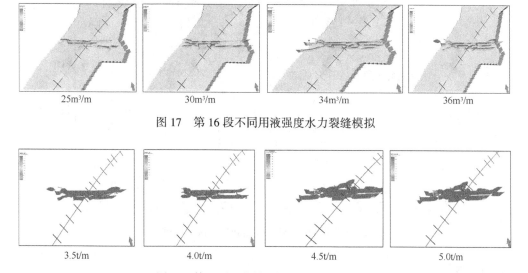

图17　第16段不同用液强度水力裂缝模拟

图18　第16段不同加砂强度导流能力模拟

## 2.6　压裂液液体优化

目前对于页岩油/致密油储层，大多采用驱油压裂液[14-16]，通过渗吸置进一步提升改造效果，本研究采用公 119H 井岩心开展了润湿性等实验，通过优化破乳、降低界面张力（图 19、图 20）、提高渗吸率优选压裂液，提高驱油效果。

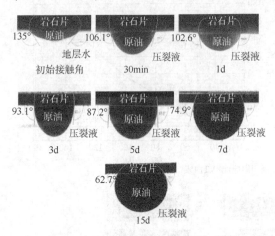

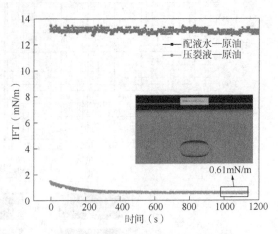

图 19　压裂液对亲油岩石润湿性反转　　　　　图 20　油—水界面张力随时间的变化

## 3　效果运用评估

在公 119H 井设计 27 段并成功实施压裂，压后微地震显示水力裂缝有效波及至 1 号层（图 22），穿层效果明显，但是部分层段仍未见较好产出，穿层效果需要进一步认识，水力裂缝实现河道的全覆盖（图 21），一体化压裂设计取得成功，本井最终获产 20m³/d 高产油流，效果非常明显（图 23）。

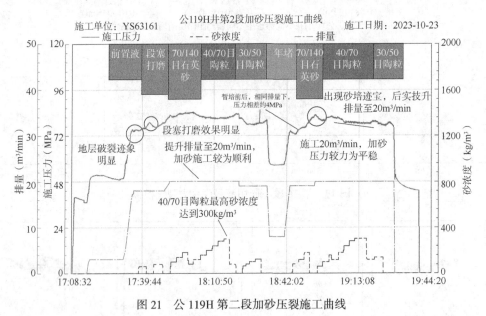

图 21　公 119H 第二段加砂压裂施工曲线

## 4　结论

（1）采用定向射孔+前置高黏能有效克服结构弱面，实现纵向穿层。

（2）纵向非均质性储层采用常规支撑剂铺置工艺，可能很难实现较好的铺置效果。

（3）采用地质工程一体化数值模拟手段，能有效解决强非均质非常规储层布缝难的问题。

图 22　公 119H 全井压裂水力裂缝叠合图

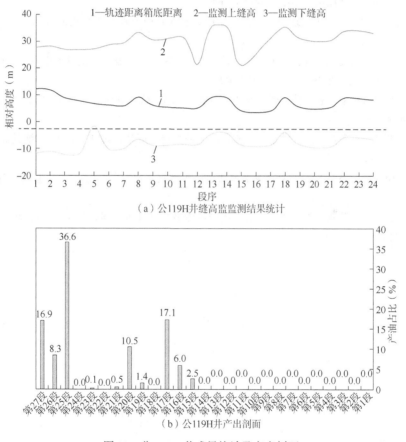

（a）公119H井缝高监测结果统计

（b）公119H井产出剖面

图 23　公 119H 井成果统计及产出剖面

## 参 考 文 献

[1] 何文渊，白雪峰，蒙启安，等．四川盆地陆相页岩油成藏地质特征与重大发现[J]．石油学报，2022，43（7）：885．

[2] 王鹏威，刘忠宝，张殿伟，等．四川盆地复兴地区中侏罗统凉高山组页岩油富集条件及勘探潜力[J]．天然气地球科学，2023，34（7）：1237-1246．

[3] 胡东风，李真祥，魏志红，等．四川盆地北部地区巴中1HF井侏罗系河道砂岩油气勘探突破及意义 [J]．天然气工业，2023，43(3)：1-11．

[4] 侯振坤，杨春和，王磊，等．大尺寸真三轴页岩水平井水力压裂物理模拟试验与裂缝延伸规律分析 [J]．岩土力学，2016，37(2)：407-414．

[5] 宁文祥，何柏，李凤霞，等．陆相页岩油储层水力压裂裂缝形态的试验[J]．科学技术与工程，2021，21(18)：7505-7512．

[6] 侯冰．页岩暂堵转向压裂水力裂缝扩展物模试验研究[J]．辽宁石油化工大学学报，2020，40(4)：98．

[7] 崔壮，侯冰，付世豪，等．页岩油致密储层一体化压裂裂缝穿层扩展特征[J]．断块油气田，2022，29(1)：111-117．

[8] 徐泳，孙其诚，张凌，等．颗粒离散元法研究进展[J]．力学进展，2003，33(2)：251-260．

[9] 顾颖凡，卢毅，刘兵，等．基于离散元法的水力压裂数值模拟[J]．高校地质学报，2016，22(1)：194．

[10] 吴宝成，李建民，邬元月，等．准噶尔盆地吉木萨尔凹陷芦草沟组页岩油上甜点地质工程一体化开发实践[J]．中国石油勘探，2019，24(5)：679．

[11] 吴奇，梁兴，鲜成钢，等．地质—工程一体化高效开发中国南方海相页岩气[J]．中国石油勘探，2015，20(4)：1．

[12] 谢军，鲜成钢，吴建发，等．长宁国家级页岩气示范区地质工程一体化最优化关键要素实践与认识 [J]．中国石油勘探，2019，24(2)：174-185．

[13] 鲜成钢．页岩气地质工程一体化建模及数值模拟：现状，挑战和机遇[J]．石油科技论坛，2018，37(5)：24-34．

[14] 刘建坤，蒋廷学，黄静，等．纳米材料改善压裂液性能及驱油机理研究[J]．石油钻探技术，2022，50(1)：103-111．

[15] 彭冲，王晓飞，付卜丹，等．渗吸驱油型清洁压裂液技术研究[J]．石油化工应用，2020，39(3)：33-36．

[16] 刘博峰，张庆九，陈鑫，等．致密油储层压裂液渗吸特征及水锁损害评价[J]．断块油气田，2021，28(3)：318-322．

# 大安××平台全钻井周期地质工程
# 一体化实践与应用

李　旭　曲凡宇　王　能　陈彦平

（大庆钻探工程公司定向井技术服务项目经理部）

**摘　要**　大安区块位于四川盆地渝西地区，具有极高的深层页岩气开发潜力。为了安全高效地开发大安区块深层页岩气资源，应对该区块储层埋藏深、地温梯度高、箱体厚度薄、构造复杂多变、裂缝频繁发育等工程地质难点，迫切需要开展地质工程一体化研究。而为了全方位的进行提速创效，本文将目前主要聚焦于油气储层的地质工程一体化技术，拓展到全钻井周期：以大安区块地质综合研究为基础，在非储层通过地质研究成果指导井身结构和井眼轨道设计、钻头选型、钻井参数强化模板等工程方案，助力钻井提速；而储层则在当前精细地质建模，实钻地质数据动态修正的技术框架下，引入工程参数进行模型辅助矫正，利用工程参数的前瞻性特点进行超前调整，应用超高温钻井技术应对地层高温，建立以箱体位置-GR-井深-钻速四位一体的双甜点区模式，实现工程提速和钻遇率的双重地质工程目标。该项技术在大安××平台进行了应用，在缩短钻井周期和提高储层钻遇率两方面取得了较好的应用效果，可为大安区块后续开发提供借鉴。

**关键词**　大安区块；深层页岩气；全周期；地质工程一体化；超高温钻井技术；双甜点模式

大安区块位于重庆渝西地区，其二叠系五峰组—龙马溪组正处于四川盆地川南沉积中心。2021年以来，中国石油浙江油田公司取得渝西地区大安流转区块以来，对大安地区的深层页岩气开展了全面深入的勘探评价工作，地质认识和工程技术不断深化，评价井在测试中均实现了产气量达 $100 \times 104 m^3$ 的工业突破[1]。大安区块地质情况具有四川盆地深层页岩气的典型特征，五峰组—龙马溪组地质年代老、成熟度高、经历多期构造运动，地质工程条件和地表条件均较为复杂，勘探开发难度大[2]。与实现商业开发的常规页岩气相比，大安海相深层页岩气具有储层埋藏深（4000.00～4300.00m）、优质储层薄（5.00～8.00m）、地层温度高（127～150℃）、地层压力梯度高（1.70～1.85MPa/100m）、井壁不稳定等特征，钻井提速提效面临诸多挑战，采用常规页岩气钻井技术难以解决[3]。针对安区块深层页岩气储层的复杂地质工程条件，要降低钻井成本、缩短钻井周期、实现页岩气的高效开发，必须要应用地质工程一体化技术，实现高质量的页岩气开发。目前，地质工程一体化在非常规气藏单井产能提高、作业效率加快及油气成本下降等方面实践成效显著，是复杂油气

---

【第一作者简介】李旭，大庆钻探工程公司定向井技术服务项目经理部。

藏实现高效开发的重要手段[4]。目前钻井地质工程一体化的关注点主要集中在以储层开发为核心的地质工程一体化导向技术上，通过地质研究、地质建模、实时导向、轨道优化、轨迹精细控制相结合，以提高靶体钻遇率[5]为了实现大安区块全井段高效开发，大庆钻探在借鉴地质工程一体化导向技术的基础上，将地质工程一体化的理念进一步扩充到整个钻井周期，针对大安地区地质条件进行了个性化的井身结构和井眼轨道设计，针对不同地层进行个性化钻头设计，强化钻井参数，优化钻井工艺，助力钻井提速；储层井段在现有实钻地质数据反向修正模型的基础上，应用工程参数辅助地质导向判断提高储层钻遇率，同时摸索储层地质工程双甜点箱体位置；通过总结、创新、引进、合作等多种方式，最终形成了一套适合大安区块深层页岩气高效开发的全钻井周期地质工程一体化技术，并在大安××平台进行了应用，从已完钻的 4 口井的情况看，大幅缩短了钻井周期，储层钻遇率达96%，起到不错的开发效果。

## 1 大安区块地质工程难点

### 1.1 埋藏深，上部地层钻井周期长

大安区块目的层平均埋深超过 4200m，在钻遇目的层之前需要钻穿 13 套上部地层，其上部地层的钻井周期占到整个施工周期的 56%，迫切需要进行钻井提速。其地层特性各异，单只钻头难以适应不同地层岩性，实现高效钻进；且大部分地层可钻性差，极易造成钻头磨损，不仅会降低机械钻速还会增加起下钻等非生产时间。而深层页岩气以井组进行开发，在上部地层需要进行定向作业，满足井组防碰和后续压裂开发的井间距需求，地层可钻性问题会导致定向作业时效偏低，进一步延长钻井周期。

### 1.2 构造复杂，入靶难度大

大安区块五峰组—龙马溪组地质年代久远，历史上经历了多轮构造运动，导致龙马溪地层发生挠曲、断裂等形变，同时厚度变化较大。而地质物探资料与实钻存在较大差异，地震预测入靶前后地层倾角变化较大，对精准入靶存在一定干扰。在实钻入靶对比时可能存在设计地层倾角与实际倾角有误差及周围存在正负向构造转换的情况，导致地层对比和着陆点控制较为困难。

### 1.3 局部突变叠加井下高温，影响储层钻遇率和钻井周期

靶窗储层发育不稳定，局部微构造难以通过地震资料识别，现场地质导向轨迹调整根据物探资料调整，易造成上下切判断失误，影响箱体钻遇率；一旦局部突变进入五峰组，还会增加卡钻风险(五峰组易发生掉块)，加速钻头磨损，影响钻井周期。同时，大安区块完钻井深较深(平均超过 6000m)，导致摩阻扭矩较高，钻压和扭矩难以有效传递到钻头，降低破岩效率；深层还会导致井下高温(最高超过 150℃)，极大影响井下随钻仪器和提速工具(螺杆、水力振荡器等含橡胶配件的工具)的使用寿命，造成频繁起下钻进一步增加了钻井周期。

## 2 大安区块地质工程一体化关键技术

全钻井周期地质工程一体化技术的理念为：以区块地质、储层综合研究为基础配合高质量钻井，在单井、平台、区块 3 个维度动态提高钻井工程效率与开发效益。其作业模式根据钻遇地层进行钻井方案调整，在非储层上部地层利用地质研究指导井身结构和井眼轨

道优化、钻头选型、钻井参数调整、钻具组合及提速工具应用，达到缩短钻井周期，提高开发效益的目标；储层井段在地质精细建模基础上，利用工程手段保障地质目标实现，提高入靶精度和储层钻遇率，实现地质工程水平段的双重甜点；同时利用完钻井数据修正、优化原地质模型，最终形成具有区块地质工程一体化施工模版。

### 2.1 井身结构及钻具组合优化

通过大安地区地层承压能力、壁稳定性以及临井钻井数据研究，在大安××平台进行了井身结构优化试验(图1)。一是一开 $\phi508$mm 套管下深由原来 150m，调整为 80m，封隔水层，防止环保事件，在安全的前提下减少导管长度，提升整体时效。二是二开 $\phi406$mm 井眼，$\phi339.7$mm 套管下深由原来 1500m 左右封隔须家河组以上地层，调整为下深 1070m，封隔凉高山组以上沙溪庙地层；根据大安区块二开钻头数据统计，1 只钻头无法钻穿原 $\phi406$mm 井眼覆盖的须家河—自流井组，因此 $\phi406$mm 井眼调整至凉高山顶部不会增加趟钻数，而在凉高山和自流井组用 $\phi311$mm 井眼替代 $\phi406$mm 井眼，随着井眼破岩体积的减少可以有效增加钻进效率，减少大尺寸套管的下入深度，节省钻井周期。优化后的井身结构大幅提高了钻井作业效率，大尺寸井眼钻完井周期由区块最优的 35.24d 缩短至 30.67d。

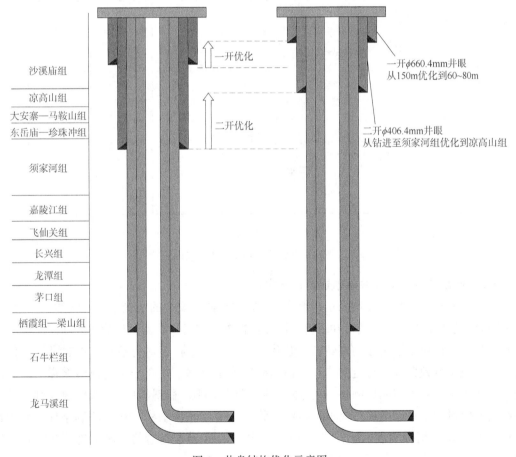

图 1 井身结构优化示意图

## 2.2 个性钻头选型

首先根据井身结构，结合地层研究、工程需求及钻头使用数据，确立 $\phi$406mm—$\phi$311mm—$\phi$215mm 井眼 1—4—2 的最优钻次，在最优钻次基础上对钻头进行分段选型(图2和表1)。然后从区块钻头大数据入手，以机械钻速和单趟进尺为统计指标建立钻头黄金曲线，总结完成井钻头使用情况，提高地层岩性认识，结合地质研究找到影响钻头时效的真实原因，完成钻头初步选型。同时与钻头厂家结合，开展PDC钻头个性化设计工作，对钻头刀翼数量，布齿密度，异型齿运用，切削齿特征选择，保径长度等方面进行优化设计，特别是对行程进尺较低的须家河和茅口组进行钻头一趟钻试验攻坚；并在使用过程中通过钻头随身听等数字设备以及钻头出井磨损情况，还原钻头在井下的真实状态，分析解决钻头井下振动和破岩问题，形成钻头设计—实钻反馈—改进的闭环系统。最终形成大安区块地质研究为基础，1—4—2最优钻次设计为提速核心的钻头选型模版。

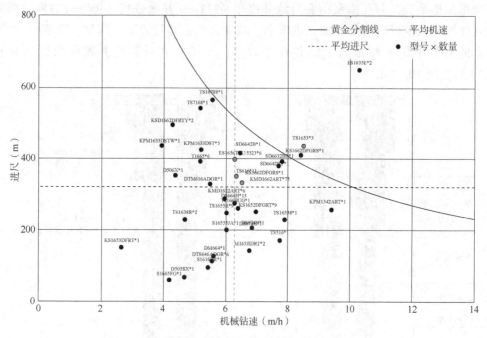

图2　须家河组钻头分析图版

## 2.3 地质工程一体化井眼轨道设计技术

深层页岩气工厂化开发均采用井组开发，在保证防碰安全的前提下，大庆钻探在大安××平台围绕地质工程一体化进行井眼轨道设计：根据地震切片数据，尽量避开断层、裂缝等风险地层；挑选可钻性更强的嘉陵江组替代韩家店—石牛栏组进行造斜，提起进行走位移操作，避免了低效井段进行定向作业，提高整体施工效率；并充分利用地层增降斜的特点进行轨迹控制，减少定向比例。入靶着陆采用"前大后小，稳斜靠后"井眼轨道原则，预留足够空间应对后期垂深上移造成不利影响。平台-6井在垂深上移37m的不利条件下利用预留稳斜井段及时调整顺利入靶；平台-4井在靶点存在异常构造的情况下进行井眼轨道调整，提前30m着陆避免了地层突变造成的进尺损失。

钻具组合以利于井眼轨道控制提高复合比例为前提，配合钻井提速。结合井眼轨道控制目标，$\phi$406mm和$\phi$311mm井眼螺杆钻具角度均选用1.25°，采用欠尺寸双稳定器钻具组合，加足钻铤(9in、8in 钻铤各 6 根)。φ406mm 井眼使用 254mm 减振器配合限位齿钻头，以应对地层跳钻带来的参数限制；用 φ260mm 碳化钨螺杆替代常规 φ244mm 螺杆，提高螺杆扭矩。φ311mm 井眼全程使用 φ244mm 螺杆，提高施工参数上限（最大钻压 26tf）。φ215mm 井眼在旋导接手之前使用单扶螺杆的增斜组合，应对石牛栏组地层降斜趋势，配合水力振荡器需要时进行定向控制，提高定向施工效率。

表 1  大安区块地层难点及钻头选型要点

| 井眼尺寸 | 地层 | 岩　性 | 施工难点 | 钻头选型要点 |
|---|---|---|---|---|
| φ406mm | 沙溪庙 | 粉砂质泥岩，泥岩 | 紫红色泥岩，容易泥包；地层软硬交错，易跳钻 | ①6 刀翼肩部双排齿覆盖、心部限吃入设计；②大导流槽设计匹配沙溪庙组软硬交错和泥包特征 |
| φ311mm | 凉高山 | 粉砂质泥岩，泥岩 | 紫红色泥岩，容易泥包 | ①优化布齿设计，提高攻击性；②外排齿采用异型齿技术，提高钻头抗研磨能力 |
| φ311mm | 自流井 | 粉砂质泥岩，泥岩 | 底部珍珠冲地层研磨性强 | |
| φ311mm | 须家河组 | 细砂岩，页岩 | 须家河组（＞500m）石英含量高，研磨性较强 | ①材料优选：优选高耐磨性复合片及超硬碳化钨基体材料；②二排齿结构设计：强化钻头二次破岩能力，延长钻头使用寿命 |
| φ311mm | 嘉陵江 | 白云质灰岩，石膏层，泥质白云岩 | 石膏易缩径，定向易发生黏附卡钻 | ①组合布齿技术：5 刀翼肩鼻部混合布齿，非平面齿提高切削效率；②刀翼前倾设计：刀翼前倾增强钻头攻击性，提高刀翼强度；③较长肩部抛物线剖面，布齿多，抗冲击性强 |
| φ311mm | 飞仙关 | 灰质泥岩，泥岩 | | |
| φ311mm | 长兴 | 灰岩，页岩，泥质 | 夹层，可钻性差 | |
| φ311mm | 龙潭 | 页岩，碳质页岩 | 塑性高 | |
| φ311mm | 茅口 | 石灰岩 | 致密灰岩，可钻性差 | 5D 切削齿与 4mm 超厚切削齿混布，提高钻头抗冲击能力 |
| φ311mm | 栖霞 | 石灰岩 | | |
| φ311mm | 梁山组 | 石灰岩 | | |
| φ215mm | 韩家店 | 灰岩、粉砂岩 | 夹层多、可钻性差，油气显示活跃 | 配合螺杆施工，短保径、冠部中度抛物线设计，提高定向效率 |
| φ215mm | 石牛栏 | 粉砂岩、页岩 | | |
| φ215mm | 龙马溪 | 黑色页岩 | 主力产层龙一 11 地质情况比较复杂，层内发育有断层、隆起，水平段的控制难度大 | 配合旋导施工，兼顾效率和震动控制 |

### 2.4  超高温钻井技术

#### 2.4.1  高温旋转导向工具

大安区块深层页岩气水平井完钻井深平均超过 6500m，水平段后期在使用油基钻井液的条件下钻具下放摩阻已经超过 60tf，常规螺杆工具无法满足施工要求。大庆钻探通过调研论证，突破了以往高造旋导+高温的两趟钻施工思路，首次尝试造斜段直接下入斯伦贝谢公司最新一代旋导向工具——Neosteer 旋转导向工具，兼顾高造斜率和抗高温能力（最大抗稳 165℃，7°~8°/30m），配合史密斯定制钻头 NZ516 和大功率高扭高温耐油直螺杆，在大安××平台连续 3 口井最终井温 150℃条件下旋导一趟钻完钻。

2.4.2 钻井液降温设备

引入地面安装大型钻井液冷却装置，利用风冷和水冷原理对井筒钻井液进行降温，处理量 120m³/min。全力开启降温设备后，进口温度从最初的 70℃逐渐降低，最终稳定在 50℃，出口温度可稳定在 34℃。

2.4.3 辅助降温技术

（1）转速控制：当井下循环温度超过 145℃时，在钻进时采取顶驱转速控制降低钻具摩擦生热，同时提高划眼转速应对转速降低后的携砂问题。

（2）钻井液密度控制：一方面通过降低钻井液密度减少钻井液循环温度，同时降低围压助力提速；另一方面通过控压钻井的方式保障井下安全，提高井控应急能力。

**2.5 地质工程双甜点技术**

2.5.1 精细地质建模技术

准确的地震资料和翔实的区域地质信息是建立可靠地质模型的基础。大安区块利用二维地震资料进行页岩气开发有利区评价，利用三维地震资料进行水平井部署，并采用三维地震可视化技术进行水平井井眼轨道优化设计，形成了集数据采集、数据处理及解释、地质建模、钻井完井优化设计等于一体的完整开发技术[7]。钻前模型建立，开展靶点参数预测；随钻动态校正，动态逼近靶点真实值，实现较为准确入靶。实钻过程中与物探资料相结合，通过元素和伽马等测录井数据建立的标志层坐标，进行精细化综合分析判断，确保钻探过程中的质量安全和指令有效性(图 3)。在动态校正的基础上，持续完善地震地质模型，优化井眼轨道设计，指导现场定向施工。

2.5.2 双甜点区模式

双甜点区模式是对地质工程定导一体化一种深化，钻井工程从单纯的地质实现手段，变成了地质判断的重要技术依据，因为造斜力、机械钻速等工程指标往往先于随钻伽马、录井元素等地质数据，挖掘工程数据可以提高地质判断的前瞻性和敏感度，帮助提高储层钻遇率(图 4)。

通过旋导仪器造斜力的变化反向推断拟合地层倾角和实际地层倾角的吻合度，反向修正模型精度；通过机械钻速、摩阻扭矩等工程参数、岩屑形态等工程指标，辅助判断在箱体内的位置，在地层突变时可以先行判断调整。而双重甜点区正是把工程提示、工程提速和地质提示有效结合的技术：建立箱体位置—GR—井深—钻速，四位一体的识别模式，并利用岩屑形态辅助判断。甜点区钻进，不仅可以进行工程提速，还能在参数发生变化时做到及时的预警。大安××井通过钻前岩性、可钻性、机械比能等分析，结合实钻摸索，确定箱体中部 1.1~1.8m 地层可钻性好、机械钻速快，距离底部五峰组安全距离合适，容错率高。实钻过程中定导结合，精准控制井眼轨迹在双甜点区钻进，保障钻井时效和储层钻遇率。

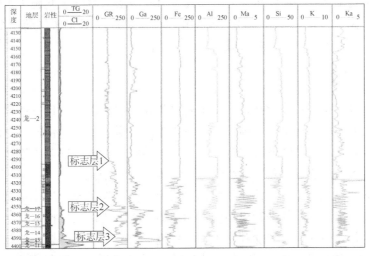

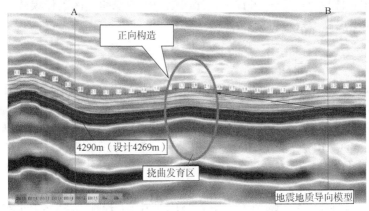

图 3 平台标层和钻前地质建模

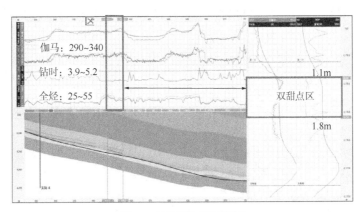

图 4 双重甜点区示意图

## 3 现场应该效果

全钻井周期地质工程一体化技术在大安区块大安××平台共的 4 口井进行了应用。其中，平均钻遇率 96%，相比大安平台 2022 年的平均钻遇率提高了 6%。四口井平均周期 70.11d，缩短钻井周期 17.52%。连续 3 口井应用地质工程一体化双甜点技术，旋导一趟钻钻完钻，证明了该技术的可复制性。4 口井共创中油技服川渝深层页岩气全井施工最短钻进周期纪录、中油技服川渝深层页岩气井 $\phi$215.9mm 井眼最短钻进周期和最高进尺纪录，$\phi$311mm 井眼单只钻头最长进尺纪录和最快机械钻速纪录等。

## 4 认识与建议

（1）全周期地质工程一体化技术，将主要聚焦在储层的地质工程一体化扩展到整个钻井周期，针对大安区块深层页岩气地质工程技术难点，形成了个性化的井身结构和井眼轨道设计、钻井提速技术、井眼轨迹控制技术于一体的深层页岩气钻井关键技术，实现了钻井提速提效，为大安区块深层页岩气产能建设提供了技术支持。

（2）储层双甜点地质工程一体化技术，对当前地质工程定导一体化进行了深化。在原有模式基础上，引出工程参数进行模型修正和超前控制：使得工程技术听从地质指挥被动实现地质目的的作业模式，向主动利用工程参数进行前瞻性的模型修正的技术转型。在大安××平台，应用箱体位置—GR—井深—钻速四位一体的双甜点区工作模式，实现了水平段钻进提速和钻遇率提高的双重目标。

### 参 考 文 献

[1] 舒红林，何方雨，李季林，等．四川盆地大安区块五峰组——龙马溪组深层页岩地质特征与勘探有利区[J]．天然气工业，2023，43(6)：30-43.

[2] 龙胜祥，冯动军，李凤霞，等．四川盆地南部深层海相页岩气勘探开发前景[J]．天然气地球科学，2018，29(4)：443-451.

[3] 姚红生，王伟，何希鹏，等．南川复杂构造带常压页岩气地质工程一体化开发实践[J]．油气藏评价与开发，2023，13(5)：537-547.

[4] 张树东，吉人，王邦伟，等．地质工程一体化地质导向技术在提高页岩气水平井钻井质量中的应用[C]．2016 年天然气学术年会，2016：2197-2209.

[5] 陈颖杰，刘阳，徐婧源，等．页岩气地质工程一体化导向钻井技术[J]．石油钻探技术，2015，43(5)：56-62.

# 地质工程一体化井眼轨道设计方法研究
## ——以川西新场构造新 5-1 井为例

**罗成波　欧　彪　严焱诚　黄河淳**

（中国石化西南油气分公司石油工程技术研究院）

**摘　要**　川西新场构造新 5-1 井是一口定向评价井，拟开发断缝型地质甜点，评价新场构造 F4 断层上盘砂组裂缝发育程度、含气性及产能。基于地质工程一体化理念，设计了井斜角分别为 41.25°、53.4°和 63.18°三种井眼轨道，通过造斜段岩性组合、井壁稳定性、岩屑床厚度、扭矩摩阻、穿越储层段段长及穿越断层的规模和数量进行综合对比分析。得出：41°井斜角轨道造斜段工具面受力不稳定，53.4°和 63.18°井斜角轨道造斜段工具面受力较稳定；三种轨道斜井段的砂岩及泥岩坍塌压力较接近，41°井斜角轨道坍塌压力最高；区块通用排量工况下，三种轨道岩屑床厚度几乎为零；三种轨道的钻进扭矩及起钻摩阻较接近；分别穿越储层段长为 302m、381m 和 503m；井斜角 41.25°和 53.4°轨道只穿越一条断层，63.18°轨道穿越两条断层。考虑穿越断层的工程复杂性及压裂工艺可沟通地质甜点，建议采用井斜角为 53°的轨道。基于地质工程一体化的井眼轨道设计技术，可为提高单井及区块的钻井品质及开发品质提供技术支撑。

**关键词**　地质工程一体化；井眼轨道设计；川西新场构造；X5-1 井

地质工程一体化本质上是一种技术管理模式，是直接服务于开发生产活动和过程的地质与工程的互动式综合性应用研究，其核心是实现地质、工程跨学科、跨部门多元协作，地质与工程相互找问题促进步、地质与工程相互找依据促增效两个维度交互融合的一体化流程，实现快速高效科学决策与实施。地质工程一体化是实现油气资源高质量勘探和高效益开发的必经之路[1-4]。

目前针对井眼轨道设计的研究主要集中在建立不同类型的几何曲线轨道数学模型，通过不同的数学计算方法，求解不同类型的几何曲线轨道数学模型，以达到降摩减扭及降低井眼轨迹控制难度同时提高机械钻速的目的[5-8]。而结合工程地质特征的井眼轨道设计研究较少，造斜段岩性组合特点、不同轨道的井壁稳定性、不同轨道穿越断层的规模及数量等因素关系着钻井品质及后期开发的品质。因此，非常有必要开展地质工程一体化井眼轨道设计方法研究，以期为油气藏高质量勘探开发提供技术支撑。

本文基于地质工程一体化理念，设计了 41.25°、53.4°和 63.18°三种井眼轨道，通过造

---
【第一作者简介】罗成波（1985—），博士，副研究员，2019 年毕业于西南石油大学油气井工程专业，主要从事钻井工程设计及科研工作。地址：（618000）四川省德阳市旌阳区龙泉山北路 298 号；电话：15882402261；E-mail：457105796@qq.com。

斜段岩性组合、井壁稳定性、岩屑床厚度、扭矩摩阻、穿越储层段段长及穿越断层的规模及数量进行综合对比分析，同时考虑穿越断层的工程复杂性及压裂工艺可沟通最优地质甜点，最终比选出相对最优的井眼轨道，为提高单井及区块的钻井品质及开发品质提供了技术支撑。

## 1 新场构造概况

新场构造带位于川西坳陷中段，为一正向构造，呈北东东向展布，包含孝泉构造、新场构造、合兴场-高庙子构造、丰谷构造4个三级构造单元。研究区内断裂整体发育，主要发育近SN、NE、EW向3组不同走向的断裂带，研究区勘探面积为1060km²。新场构造带须二段自下而上划分为3个亚段，包括上亚段、中亚段、下亚段[9]。须二下亚段中下部岩性为粗砂岩与中砂岩互层，上部岩性为泥岩；中亚段岩性为中粗砂岩；上亚段地层整体为大套泥岩夹不等厚中砂岩。地层整体展布特征为东部地层薄，西部地层厚，岩性为大套砂岩夹中薄层泥岩。

基于大量岩心、野外露头、分析化验和井震资料，精细解剖新场构造带须二段气藏，分析裂缝发育主控因素，将页岩气、常规气的理念有机融合，提出了断层、裂缝、致密砂岩储集层三位一体的输导体致密砂岩气富集模式，确定了新场—合兴场须二气藏主要的甜点类型为断褶缝型、断缝型、褶缝型甜点模式[10-11]（图1）。

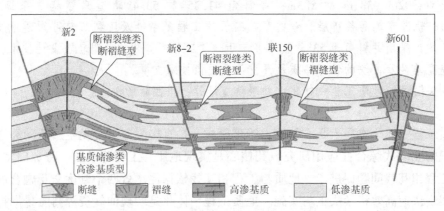

图1 须二气藏甜点类型地质模式图[10-11]

针对不同类型甜点形成了差异化的开发技术政策。Ⅰ类区采用定向井多层兼顾，近断褶，轨迹位于褶皱核部或断层上盘；Ⅱ、Ⅲ类区采用水平井单层开发，穿优质兼裂缝，水平段长1000~1200m。

## 2 地质工程一体化井眼轨道设计方法

新5-1井位于四川盆地川西坳陷新场构造带新场构造，是一口定向评价井，评价新场构造F4断层上盘$TX_2^2$、$TX_2^3$砂组裂缝发育程度、含气性及产能。根据井口坐标及靶点坐标，靶点垂深4745m，揭穿$TX_2^3$砂组留70m测试口袋完钻。设计了三种井眼轨道（表1、表2和表3），皆为直—增—稳三段式，井斜角分别为41.25°、53.4°和63.18°。

表 1    井斜角 41.25°井眼轨道设计表

| 井深(m) | 井斜角(°) | 方位角(°) | 垂深(m) | 南北位移(m) | 东西位移(m) | 视位移(m) | 狗腿度(°/100m) |
|---|---|---|---|---|---|---|---|
| 0 | 0 | 0 | 0 | 0 | 0 | 0 | 0 |
| 3000 | 0 | 0 | 3000 | 0 | 0 | 0 | 0 |
| 3275.01 | 41.25 | 202.44 | 3251.86 | −87.62 | −36.18 | 94.8 | 15 |
| 5261.04 | 41.25 | 202.44 | 4745 | −1298 | −536 | 1404.31 | 0 |
| 5556.32 | 41.25 | 202.44 | 4967 | −1477.96 | −610.31 | 1599.01 | 0 |
| 5626.32 | 41.25 | 202.44 | 5019.63 | −1520.62 | −627.93 | 1645.17 | 0 |

表 2    井斜角 53.4°井眼轨道设计表

| 井深(m) | 井斜角(°) | 方位角(°) | 垂深(m) | 南北位移(m) | 东西位移(m) | 视位移(m) | 狗腿度(°/100m) |
|---|---|---|---|---|---|---|---|
| 0 | 0 | 0 | 0 | 0 | 0 | 0 | 0 |
| 3510 | 0 | 0 | 3510 | 0 | 0 | 0 | 0 |
| 3866.01 | 53.4 | 202.44 | 3816.66 | −142.56 | −58.87 | 154.24 | 15 |
| 5423.09 | 53.4 | 202.44 | 4745 | −1298 | −536 | 1404.31 | 0 |
| 5795.45 | 53.4 | 202.44 | 4967 | −1574.31 | −650.1 | 1703.25 | 0 |
| 5865.45 | 53.4 | 202.44 | 5008.73 | −1626.25 | −671.55 | 1759.45 | 0 |

表 3    井斜角 63.18°井眼轨道设计表

| 井深(m) | 井斜角(°) | 方位角(°) | 垂深(m) | 南北位移(m) | 东西位移(m) | 视位移(m) | 狗腿度(°/100m) |
|---|---|---|---|---|---|---|---|
| 0 | 0 | 0 | 0 | 0 | 0 | 0 | 0 |
| 3800 | 0 | 0 | 3800 | 0 | 0 | 0 | 0 |
| 4221.17 | 63.18 | 202.44 | 4140.87 | −193.74 | −80 | 209.6 | 15 |
| 5559.94 | 63.18 | 202.44 | 4745 | −1298 | −536 | 1404.31 | 0 |
| 6051.9 | 63.18 | 202.44 | 4967 | −1703.78 | −703.57 | 1843.34 | 0 |
| 6121.9 | 63.18 | 202.44 | 4998.59 | −1761.52 | −727.41 | 1905.8 | 0 |

从表 1、表 2 和表 3 可知，三种轨道方位角为 202.44°，斜井段段长分别为 2626m、2355m 和 2322m，稳斜段段长分别为 2351m、1999m 和 1901m，分别穿越储层段长为 302m、381m 和 503m。

### 2.1    造斜段对比分析

根据新场构造已钻井岩屑录井资料，须五段以黑色页岩与灰、浅灰色粉、细砂岩等厚互层夹煤层，须四段发育大套细、中砂岩，须三段为灰黑色页岩与灰浅灰、灰色细、中砂岩、粉砂岩略等厚互层、局部夹煤层，须二段发育大套细、中砂岩。

须五段地层砂泥岩互层频繁，软硬交错，地层非均质性强，易井斜且工具面受力不稳定，造斜效率低；须四段发育大套砂岩，地层均质性强，工具面受力较稳定，有利于造斜。

从表 1、表 2 和表 3 可知，井斜角 41.25°轨道造斜点 3000m，地层为须五段；井斜角 53.4°轨道造斜点 3510m，地层为须四段；井斜角 63.18°轨道造斜点 3800m，地层为须四段。井斜角 53.4°轨道和井斜角 63.18°轨道造斜效率更高。

### 2.2    井壁稳定性分析

新场构造整体属于走滑地应力模式，须二段最大水平主应力为 150~180MPa，最小水平主应力为 80~120MPa，上覆地层压力为 100~130MPa，地层孔隙压力为 65~80MPa。新 5-1 井须二段最大水平主应力方位在 70°左右。须二段砂岩平均弹性模量 30~40GPa，泥岩平均弹性模型 17GPa；砂岩泊松比 0.16，泥岩泊松比 0.11；砂岩内聚力 26MPa，泥岩内聚力 10MPa；砂岩内摩擦角 43°，泥岩内摩擦角 27°。基于井周围岩弹性状态的应力分布，结合摩尔库伦准则，得到不同井斜角及不同方位的坍塌压力云图(图 2 和图 3)。

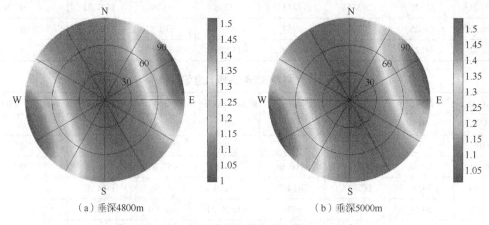

(a) 垂深4800m　　　　　　　　(b) 垂深5000m

图 2　须二段砂岩坍塌压力图(单位：g/cm³)

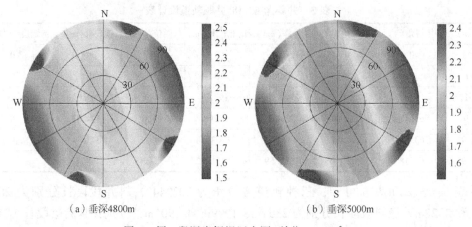

(a) 垂深4800m　　　　　　　　(b) 垂深5000m

图 3　须二段泥岩坍塌压力图(单位：g/cm³)

从图 2 可知，方位角 202°的定向井，三种不同井斜角轨道在垂深 4800m 和垂深 5000m 的砂岩段当量坍塌压力在 1.45g/cm³ 左右，差别较小；从图 3 可知，方位角 202°的定向井，三种不同井斜角轨道在垂深 4800m 和垂深 5000m 的泥岩段当量坍塌压力在 2.13g/cm³ 左右，差别较小。从图 2 和图 3 可知，最优的方位应是 70°或者 250°左右，该方位坍塌压力最小。

### 2.3　岩屑床厚度分析

钻具组合为：$\phi$311.2mmPDC 钻头+$\phi$244.5mm 单弯螺杆 0.75°~1°×1 根+$\phi$203.2mm 短钻铤 3~4m×1 根+止回阀+$\phi$308mm 钻杆扶正器+$\phi$203.2mm 无磁钻铤×1 根+MWD 短节+$\phi$203.2mm 无磁钻铤×1 根+$\phi$203.2mm 普通钻铤×5 根+$\phi$177.8mm 普通钻铤×6 根+钻具旁通阀+$\phi$139.7mm 加重钻杆×3 根+$\phi$177.8mm 随钻震击器×1 根+$\phi$139.7mm 加重钻杆×15 根+$\phi$139.7mm 钻杆。

计算前提条件：转速 60r/min，机械钻速 10m/h，排量 1～2.4m³/min，岩屑直径 3.2mm，岩屑密度 2.5g/cm³。不同轨道斜井段岩屑床厚度计算结果对比如图 4 所示(排量为 1m³/min)。

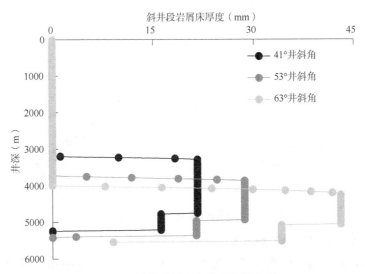

图 4  不同轨道斜井段岩屑床厚度图

从图 4 可知，41°井斜角岩屑床厚度最高为 22mm，53°井斜角岩屑床厚度最高为 29mm，63°井斜角岩屑床厚度最高为 43mm 井斜角。井斜角逐渐增加，岩屑床最高高度逐渐增大。模拟分析表明，在该区块通用排量工况下(2.4m³/min)，三种轨道的岩屑床厚度几乎为零。

## 2.4  扭矩摩阻分析

计算前提条件：钻压 100kN，钻头扭矩 2500N·m，套管段摩阻系数 0.25，裸眼段摩阻系数 0.3；一开套管下深皆为 2524m。

图 5 为不同轨道正常钻进的扭矩对比图，图 6 为不同轨道起钻载荷对比图。

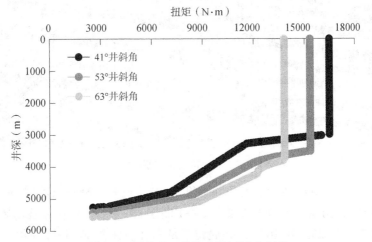

图 5  不同轨道正常钻进的扭矩对比图

从图 5 可知，41°井斜角轨道最高扭矩为 16500N·m，53°井斜角轨道最高扭矩为 15400N·m，63°井斜角轨道最高扭矩为 13800N·m，井斜角增加，最大扭矩逐渐降低。

从图 6 可知，41°井斜角轨道起钻最高载荷为 1442kN，53°井斜角轨道起钻最高载荷为

1411kN，63°井斜角轨道起钻最高载荷为1374kN，井斜角增加，起钻载荷逐渐降低。

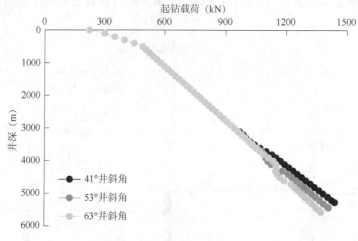

图 6　不同轨道起钻载荷对比图

## 2.5　穿越断层的规模及数量分析

图 7 为三种轨道穿越断层数量图，图 8 为新 5-1 井区目的层砂组顶面构造图。

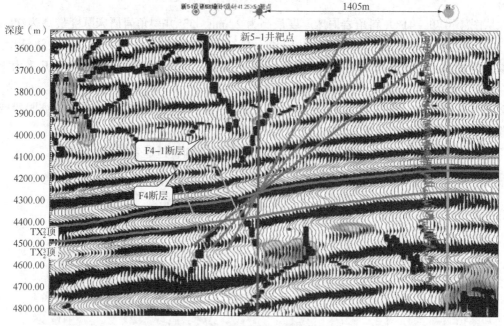

图 7　不同轨道穿越断层图

从图 7 可知，井斜角 41.25°轨道和井斜角 53.4°轨道只穿越一条断层（F4-1 断层），井斜角 63.18°轨道穿越两条断层（F4 断层和 F4-1 断层），井底位置从左往右距离 F4-1 断层的距离分别为 275m、225m 和 100m，井底位置从左往右距离 F4 断层的距离分别为 200m、225m 和 325m。从图 8 可知，F4 断层的规模大于 F4-1 断层规模，F4 断层的控制范围更广。

新场构造发育的断缝体为 I 类甜点，为了使其单井产能更高，井眼轨迹应多沟通甜点区。通常实钻过程中，钻遇断缝体，易诱发溢漏同存复杂。如 FG108 井，钻遇 F6 断层，多

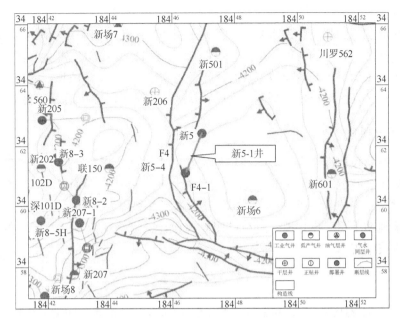

图8　新 5-1 井区 $TX_2^{2+3}$ 砂组顶面构造图

次溢流，漏失钻井液 1120.39m³，耗时 336.3h。随着钻井液漏失量及漏失时间的增加，钻井液侵入储层的深度及损害带半径也逐渐增加[12]，不利于单井产能的提升。

因此，穿越一条断层的轨道更优，后期可通过压裂工艺沟通另一条断层，不仅避免了溢漏同存复杂，还保护储层。

### 2.6　综合分析

表 4 为三种轨道地质工程一体化综合分析对比表。

**表 4　地质工程一体化综合分析对比表**

| 不同轨道 | 造斜段 | 井壁稳定性 | 岩屑床厚度 | 扭矩摩阻 | 穿越储层段长（m） | 穿越断层 |
|---|---|---|---|---|---|---|
| 41°井斜角轨道 | 须五段-工具面受力不稳定 | 三种轨道斜井段的砂岩及泥岩坍塌压力较接近，41°井斜角轨道坍塌压力最高 | 区块通用排量工况下，三种轨道岩屑床厚度几乎为零 | 三种轨道的钻进扭矩及起钻摩阻较接近 | 302 | 穿越 F4-1 断层 |
| 53°井斜角轨道 | 须四段-工具面受力较稳定 | | | | 381 | 穿越 F4-1 断层 |
| 63°井斜角轨道 | 须四段-工具面受力较稳定 | | | | 503 | 穿越 F4 断层和 F4-1 断层 |

从表 4 综合对比分析可知，53°井斜角轨道造斜段工具面受力较稳定，且穿越一个断层，通过压裂工艺可沟通另一条断层，因此，建议采用井斜角为 53°的轨道。

## 3　问题与讨论

（1）井壁稳定最优方位与靶点方位。新 5-1 井靶点方位为 202°，井壁稳定的最优的方位应是 250°左右，该方位坍塌压力最小。但是 250°方位可能不是最优的地质甜点。因为该井后续会压裂，如果通过压裂缝可以沟通最优地质甜点，建议靶点坐标可以优化，接近

250°方位左右。

（2）穿越断层沟通甜点与工程复杂。新5-1井63°井斜角轨道穿越两个断层，且F4断层规模较大。从井眼轨道沟通更长储层段及更多地质甜点的角度，如果可以确保一次堵漏成功且承压满足工程要求同时能酸溶或者返排，应采用63°井斜角轨道。否则，易诱发溢漏同存复杂，损耗工期且储层伤害严重。因此，轨道可靠近大断层，通过压裂工艺沟通甜点。

## 4 结论与建议

（1）通过造斜段岩性组合、井壁稳定性、岩屑床厚度、扭矩摩阻、穿越储层段段长及穿越断层的规模及数量综合对比分析，53°井斜角轨道造斜段工具面受力较稳定，且穿越一个断层，通过压裂工艺可沟通另一条断层，建议选择井斜角为53°的井眼轨道。

（2）基于地质工程一体化理念进行井眼轨道设计，可为提高单井及区块的钻井品质及开发品质提供技术支撑。

### 参 考 文 献

[1] 孙焕泉，周德华，赵培荣，等．中国石化地质工程一体化发展方向[J]．油气藏评价与开发，2021，11（3）：269-280.

[2] 牛栓文．胜利油田低渗致密油藏地质工程一体化探索与实践[J]．中国石油勘探，2023，28（1）：14-25.

[3] 姚红生，王伟，何希鹏，等．南川复杂构造带常压页岩气地质工程一体化开发实践[J]．油气藏评价与开发，2023，13（5）：537-547.

[4] 曾义金．页岩气开发的地质与工程一体化技术[J]．石油钻探技术，2014，42（1）：1-6.

[5] 洪迪峰，唐雪平，高文凯，等．圆弧形井眼轨道设计模型的综合求解法[J]．石油学报，2021，42（2）：226-232.

[6] 于凡，黄根炉，韩志勇，等．悬杆线井眼轨道设计方法[J]．石油勘探与开发，2021，48（5）：1043-1052.

[7] 鲁港，王海涛，李杉，等．三维七段制圆弧形井眼轨道设计的拟解析解[J]．石油学报，2023，44（9）：1545-1551.

[8] 赵廷峰，叶雨晨，席传明，等．七段式三维水平井井眼轨道设计方法[J]．石油钻采工艺，2023，45（1）：25-30.

[9] 邓文龙，叶泰然，纪友亮，等川西新场构造带须二段浅水三角洲砂体结构特征及控制因素[J/OL]．古地理学报：1-23（2023-06-14）.

[10] 郭彤楼，熊亮，叶素娟，等．输导层（体）非常规天然气勘探理论与实践：四川盆地新类型页岩气与致密砂岩气突破的启示[J]．石油勘探与开发，2023，50（1）24-37.

[11] 刘君龙，刘忠群，刘振峰，等．四川盆地新场构造带深层须二段致密砂岩断褶裂缝体特征和地质模式[J]．石油勘探与开发，2023，50（3）：530-540.

[12] 李松，马辉运，叶颉枭，等．基于钻井液漏失侵入深度预测的裂缝性碳酸盐岩储层改造优化[J]．钻采工艺，2018，41（2）：42-45.

# 二、钻井工艺技术

# 双鱼石区块超深井钻井关键技术进展及应用

贾利春[1]　徐　文[2]　周长虹[1]　蔡小聪[1]

(1. 中国石油集团川庆钻探工程有限公司钻采工程技术研究院；
2. 中国石油集团川庆钻探工程有限公司科技信息部)

**摘　要**　川西北双鱼石区块中二叠统栖霞组白云岩储层天然气勘探开发潜力大，已钻获 SYX131 井、SYX133 井、SY001-X9 井等多口高产气井。该构造目的层埋深超 7000m，具有地层多层序、高温高压、压力系统复杂等工程地质环境，给井身结构设计、井下工具仪器、钻井液性能带来严峻挑战，影响机械钻速、固井质量和钻井安全。针对这些难点通过持续攻关、优化集成，形成了以井身结构优化、高效优快钻井、气体钻井、精细控压钻井和固井、抗高温钻井液与堵漏、垂直钻井、高陡构造井身轨迹跟踪等为核心的双鱼石区块深井超深井钻井关键技术，显著提高了机械钻速、缩短了钻井周期，成功钻成了完钻井深 8600m 的 SY001-X3 井、完钻井深 9010m 的 SY001-H6 井等一批标志性超深井，实现四川盆地井深突破 9000m 级，加速了双鱼石区块海相碳酸盐岩油气勘探开发进程。

**关键词**　双鱼石区块；超深井；钻井关键技术；机械钻速；钻井周期

川西北地区双鱼石区块栖霞组白云岩孔隙型储层是四川盆地首个超深层复杂构造碳酸盐岩气藏和中二叠统勘探的最有利地区[1-3]。2012 年部署首口风险探井 ST1 井并测试获 87.6×10⁴m³/d 高产工业气流后，陆续又钻获 SYX131 井、SYX133 井、SY001-X9 井等多口高产气井，进一步证实该构造具备巨大的勘探开发潜力[4-7]。

双鱼石区块目的层埋深超 7000m、普遍介于 7200~7600m，产层中部温度 154.25~169.64℃、平均地温梯度 2.09℃/100m，气藏中部原始地层压力 95.32~96.15MPa、压力系数 1.29~1.36，$H_2S$ 含量 0.34%~0.41%、$CO_2$ 含量 1.4%~2.0%，属于超深层、高温、高压、中含硫气藏[3,8-13]。

双鱼石区块处于上扬子克拉通北缘龙门山山前褶皱带，历经多期构造运动，构造复杂、断裂带多[2-3,14]，同时具有有效储层薄、非均质性极强、发育与分布规律性不强等特点，在纵向上存在多套地层压力系统、局部异常高压，复杂的工程地质环境给钻井带来极大挑战，不仅井漏频繁、井下复杂多、部分地层研磨性强、机械钻速慢[15-19]。在前期钻井实践基础上，进一步总结分析了该构造的工程地质特征、钻井难点及近年来经过持续攻关、不断完

【基金项目】中国石油天然气集团有限公司重大科技专项"万米超深层钻探关键工程技术与装备研制"（编号：2023ZZ20）。

【第一作者简介】贾利春（1985—），男，高级工程师，博士，2014 年毕业于中国石油大学（北京）油气井工程专业，现从事油气井地质力学及优快钻井技术方面研究。电话：0838-5152390；E-mail：jlc802@163.com。

善和提升形成的钻井关键技术，据此对今后钻井关键技术的发展提出了建议。

# 1 双鱼石区块钻井工程地质难点

## 1.1 纵向上地层层序多，压力系统复杂

双鱼石区块由浅及深发育有白垩系—泥盆系层序，具体有 16 套地层[19]，其中三叠系须家河组及以上为陆相碎屑岩地层、雷口坡组及以下为海相地层。前期钻井实践表明该地区纵向上存在 5 套地层压力体系，且高低压互层(表 1)。

双鱼石区块历经多期构造运动、断块发育，造成不仅纵向上存在多套地层压力系统，而且横向上压力系数也存在显著差异，如沙溪庙组以上通常为常压地层，但是在 ST1 井珍珠冲段钻遇异常高压；须家河组各段地层压力系数变化频繁，如 ST8 井须四段钻井液密度 1.55g/cm³ 存在气测异常、气侵、井漏，须三段钻井液密度 1.52g/cm³ 见 2 次气侵，须二、须一段钻井液密度 1.80~1.81g/cm³ 见 5 次气测异常；长兴组—茅口组为异常高压地层，溢漏同存、井控风险高，密度窗口窄，如 ST3 井茅口组钻井液密度 1.90g/cm³ 发生井漏，降至 1.88g/cm³ 发生气侵，近乎"零窗口"；栖霞组与上部茅口组高低压互存，必须下套管分隔。上述地层压力系统特征造成双鱼石区块井身结构必封点多，同一裸眼段易漏失层、易垮塌、异常高压等多个相差悬殊的压力系统交互出现，同一裸眼段的溢流、漏失和垮塌常常共存、反复发生，安全钻井风险高。

表 1 双鱼石区块层序及压力系数[19]

| 层　系 | 层　组 | 压力系数 |
|---|---|---|
| 白垩系 | 剑门关组 | 1.0~1.1 |
| 侏罗系 | 蓬莱镇组 | |
| | 遂宁组 | |
| | 沙溪庙组 | |
| | 自流井组 | |
| 三叠系 | 须家河组 | 1.3~1.4 |
| | 雷口坡组 | |
| | 嘉陵江组 | |
| | 飞仙关组 | |
| 二叠系 | 长兴组 | 1.6~1.8 |
| | 吴家坪组 | |
| | 茅口组 | |
| | 栖霞组 | 1.30~1.36 |
| | 梁山组 | |
| 石岩系 | 观雾山组 | 1.5 |
| 泥盆系 | 金宝石组 | |

## 1.2 部分地层岩性复杂、可钻性差，机械钻速低

纵向上存在自流井组、须家河组、吴家坪组、金宝石组等多个难钻地层，岩性复杂、可钻性差，造成钻头选型难度大、机械钻速低[16,20-21]。如自流井中—底部均以石英砾岩为主，部分含有火燧石砾和菱铁矿；须家河组层厚超过 1000m，须一和须三段为较细的砂、页岩组合，须二和须四段为较粗的砾岩、砂岩，平均单只钻头平均进尺 350m、平均机械钻

速 2.9m/h[20]，但是在该区块北部须一段石英含量高于 80%，导致复合钻头、非平面齿 PDC 钻头、牙轮钻头和孕镶钻头效果均不理想，单只钻头平均进尺仅 14.51m、平均机械钻速仅有 0.6m/h，严重制约了上部井段钻井周期；二叠系吴家坪含黄铁矿、燧石结核，可钻性 8.5~11.5、平均 10.0，ST3 井采用 6 刀翼 WS566BEH 钻头仅进尺 13.27m、机械钻速仅 0.65m/h，钻头直径磨损量大于 10mm[21]。

### 1.3 高温高压易造成井下工具仪器、工作液失效

双鱼石区块目的层井底温度 154.25~169.64℃、原始地层压力 95.32~96.15MPa[11-13]，部分井井底温度压力甚至更高，如 SY001-H6 井井底温度 180℃、井底压力 130MPa。这种超高温、超高压环境对井下仪器及工具、钻井液体系造成严峻挑战。钻井液的处理剂在高温、高压苛刻条件下性能难以维护，如有机添加剂高温下易降解、黏土发生钝化等，不仅会造成钻井液增稠或减稠、胶凝或固化、沉降稳定性恶化，而且性能调控难度大、携岩能力降低[15,22]；同时高温堵漏成功率低、长期封堵稳定性差，高温下有机类堵漏材料极易失效，封堵承压能力下降甚至达到 48.84%[23]，重复性漏失问题突出。井下工具及仪器的电子元器件、橡胶等密封件在高温高压下会发生提前老化、变形、破裂等，导致井下正常工作寿命短、易失效，在部分地区井下仪器的故障率达 60%[22]。

### 1.4 封固段长、顶替效率低，固井气窜风险高

该区块四开井段尾管需要同时封固中部高压层、下部易漏失层，封固段长达 3500~4000m[24-26]，如 ST7 井四开 $\phi$177.8mm 尾管段长度 3812m、封固段内压力系统复杂，安全密度窗口仅有 0.05~0.08g/cm$^3$、喷漏同存[25]。同时由于封固段长，顶底温差大，易导致悬挂器水泥浆长期不凝，影响固井质量。另外，$\phi$139.7mm 小井眼井段的环空间隙小、施工泵压高，固井一次性上返井漏风险大且水泥环薄、水泥浆长期封固效果难以保证[26]。油基钻井液或钻井液中的原油在井壁上形成的油膜难以冲洗干净，钻井液、隔离液和水泥浆高温高密度下更易呈现严重的化学不兼容，窄密度窗口限制了固井液体密度级差，固井过程中顶替效率低，影响水泥环界面胶结质量[27]。而且高温环境同样会造成水泥浆流变性、沉降稳定性调控困难，造成水泥石强度衰退，后期固井气窜风险高。

## 2 双鱼石区块超深井钻井关键技术进展

### 2.1 井身结构拓展优化

双鱼石区块井身结构需要考虑 4 个封隔点：剑门关组或蓬莱镇组封隔点用于封隔地表水层、漏层，须家河组封隔点用于封隔须家河以上常压地层，吴家坪组封隔点用于封隔上部相对低压地层，茅口组封隔点用于封隔异常高压地层与下部栖霞组相对低压地层[16,28]。充分考虑三开、四开井段关井能力和高低压互存风险，优化形成了五开井身结构（表 2）。

表 2 双鱼石区块目前主要井身结构

| 开次 | ST7 井 | | | ST001-X9 井 | | |
|---|---|---|---|---|---|---|
| | 地层 | 井眼（mm） | 套管尺寸（mm） | 地层 | 井眼（mm） | 套管尺寸（mm） |
| 一开 | 剑门关组上部 | 660.4 | 508 | 蓬莱镇组上部 | 660.4 | 508 |
| 二开 | 蓬莱镇组上部 | 444.5 | 365.1 | 沙溪庙组顶 | 444.5 | 365.1 |
| 三开 | 须家河组三段 | 333.38 | 273.05 | 雷口坡组顶 | 333.38 | 282.58+273.05 |

| 开次 | ST7 井 | | | ST001-X9 井 | | |
|---|---|---|---|---|---|---|
| | 地层 | 井眼(mm) | 套管尺寸(mm) | 地层 | 井眼(mm) | 套管尺寸(mm) |
| 四开 | 茅口组底部 | 241.3 | 177.8 | 茅口组底部 | 241.3 | 196.85 |
| 五开 | 金宝石组底部 | 149.2 | 127 | 栖霞组 | 160 | 127 |

### 2.2 高效破岩钻头与提速工具

针对各套地层可钻性、研磨性及岩性特征，开展了个性化高效破岩钻头的研制、优选。对于蓬莱镇组—须家河组地层，可钻性级值 5.73~7.45[19]，其中沙溪庙组以上地层采用 5 刀翼 16mm 切削齿 PDC 钻头，自流井组—须家河组主要采用 5 刀翼 16mm 非平面切削齿 PDC 钻头，但是有由于须家河组地层巨厚(1000~1300m)且横向上差异性显著，特别是构造北部须一段以硅质含量达 80%的石英砂岩为主，平均可钻性级值达到 8.45[20]，采用孕镶钻头实现单只进尺 23.55m、较复合钻头单只进尺提高了 18.6%。

下部吴家坪组、栖霞组、金宝石组等地层可钻性级值更高、机械钻速普遍较低，其中吴家坪组白云岩、灰岩含燧石条带和团块结核，可钻性级值 8.5~11.5、采用 6 刀翼 16mm 非平面切削齿胎体 PDC 复合钻头、实现单只钻头进尺 152.1m、机械钻速 1.72m/h；栖霞组可钻性级值 8.5~13、金宝石组可钻性级值 10.5~14.5，采用 5 刀翼 16mm 切削齿 PDC 钻头[21]。

同时优选大功率的等壁厚螺杆钻具，与高效 PDC 钻头、孕镶金刚石钻头等配合使用有效提高机械钻速，在 SY001-1 井吴家坪组—茅口组应用孕镶金刚石钻头+螺杆实现平均单只钻头进尺 113.52m[16]，在 ST18 须家河组采用改进型孕镶钻头+螺杆提速模式实现单只钻头进尺 437m、平均机械钻速 3.02m/h[20]。

### 2.3 上部地层气体钻井技术

双鱼石区块蓬莱镇组—沙溪庙组中下部层段无油气水，适合采用气体钻井。在 $\phi$444.5mm、$\phi$333.4mm 井段根据地层实钻情况采用气体钻井，优化气体锤钻具组合，形成了注气排量 300m³ 的大尺寸井眼气体钻井提速技术[15]。

表 3 列出了双鱼石区块剑门关组—蓬莱镇组—沙溪庙组中下部气体钻井应用情况。由表 3 可知，$\phi$444.5mm 井眼平均机械钻速 8.39m/h，$\phi$333.4mm 井眼平均机械钻速达到 14.15m/h，与未使用气体钻井的 ST102 井 $\phi$444.5mm 井眼平均机械钻速 3.28m/h、$\phi$333.4mm 井眼平均机械钻速 5.09m/h 相比，分别提高 2.56 倍和 2.78 倍，提速效果显著。

表 3 双鱼石区块部分井气体钻井应用情况

| 应用井 | 层位 | 井眼(mm) | 井段(m) | 平均机械钻速(m/h) |
|---|---|---|---|---|
| ST1 井 | 蓬莱镇组 | 333.4 | 424.9~2505 | 15.04 |
| ST2 井 | 沙溪庙组 | 444.5 | 137.1~1750.7 | 8.74 |
| ST3 井 | 遂宁组 | 333.4 | 1017~2800 | 12.69 |
| ST7 井 | 蓬莱镇组 | 444.5 | 90~414.8 | 8.96 |
| | 遂宁组—沙一段 | 333.4 | 503~2680 | 14.92 |
| ST8 井 | 蓬莱镇组 | 444.5 | 155.4~498 | 9.49 |
| | 遂宁组—沙一段 | 333.4 | 503~2600 | 17.38 |

| 应用井 | 层位 | 井眼（mm） | 井段（m） | 平均机械钻速（m/h） |
|---|---|---|---|---|
| ST101 井 | 剑门关组 | 444.5 | 149~382 | 7.73 |
|  | 蓬莱镇组—沙溪庙组 | 333.4 | 503~3000 | 12.74 |
| ST107 | 蓬莱镇组—沙二段 | 444.5 | 322.7~2249 | 7.4 |
| SY001-X7 井 | 剑门关组—沙二段 | 455 | 259~2623 | 8.0 |
| SY132 井 | 蓬莱镇组—遂宁组 | 333.4 | 511~3000 | 12.12 |

### 2.4 精细控压钻井和固井技术

精细控压钻井和固井技术是通过精确控制钻井和固井时的井筒压力，可以有效解决密度窗口窄、无窗口及溢漏同存的难题，降低长裸眼井段井漏风险、保障固井安全[15-16]。

精细控压钻井和固井技术已在双鱼石区块高低压互存井段成功应用，在降低复杂时效、扩展密度窗口方面发挥了显著效果，如 SY001-X3 井 3765~7623m 井段须家河组—栖霞组采用精细控压钻进，钻井液密度控制在 1.80~1.95g/cm³，在茅口组钻遇高压层，地层压力当量密度 1.98g/cm³、漏失压力当量密度 1.97g/cm³，为扩展安全密度窗口，通过 19 次排气降压后地层压力降至 1.87g/cm³ 实现安全密度窗口建立扩展，实现高、低层同一井段合打；同时实现该井钻井液累计漏失量仅为 180.9m³、相比常规钻井漏失量减少 82.32%，显著降低了单井漏失量[29]。在 SY001-H6 井飞仙关组—茅口组存在异常高压层，同时安全密度窗口窄、又喷又漏，采用排气降压和承压堵漏方式扩展密度窗口，通过 19 次排气降压释放地层压力实现压力系数由 2.12 降低至 1.98，钻井液密度由 2.10g/cm³ 逐步降低至 1.96g/cm³，重新建立了安全密度窗口，有效控制住了溢漏复杂。

精细控压固井技术有效提高了双鱼石区块长裸眼尾管的固井质量，如 ST7 井 φ177.8mm 尾管封固 3770~7582m，实现固井质量优质率 56.20%、合格率 97.30%，ST10 井 φ177.8mm 尾管封固 3900~7410m，实现固井质量优质率 66.10%，合格率 97.70%[25]；SY001-H6 井嘉陵江组—茅口组井段固井作业中建立了安全密度窗口控制溢漏复杂，固井顶替效率高于 90%、二界面固井合格率 98.4%，固井效率显著提高。

### 2.5 钻井液与堵漏技术

双鱼石区块中上部须家河组等地层易水化垮塌，中下部雷口坡组、嘉陵江组等地层含膏盐层易污染钻井液，目的层使用高温高密度钻井液、流变性调控难[16,30]，针对地层特征和提速、井眼净化要求，优化形成了各开次各井段钻井液体系技术，表4 列出了各地层使用的主要钻井液体系。

**表4　双鱼石区块主要钻井液体系**

| 层　位 | 钻井液难点 | 钻井液体系 |
|---|---|---|
| 剑门关组 | 地表窜漏及垮塌 | 高黏、高切膨润土浆 |
| 蓬莱镇组—沙溪庙组上部 | 垮塌层、可能的水层 | 气体钻井 |
| 溪庙组下部—须家河组 | 易水化膨胀、井眼垮塌 | KCl 有机盐聚合物钻井液 |
| 雷口坡组—茅口组 | 抗石膏污染、抗高温 | 钾聚磺钻井液 |
| 栖霞组及以下 | 抗高温 | 钾聚磺钻井液/抗高温强封堵油基钻井液 |

双鱼石区块地层裂缝发育，不仅漏层多、井漏频发且漏失量大，甚至会发生井漏失返。

ST1 井在茅口组发生井漏 4 次，最大漏速 12.0m³/h、累计漏失钻井液 267.9m³，在栖霞组发生漏失 11 次，累计漏失钻井液 1407.6m³[17]。SY001-H2 井吴家坪组发生 10 次井漏，最大漏速 27.0m³/h、累计漏失钻井液 1317.3m³，采用堵漏浆处理 9 次均发生复漏、最后注水泥堵漏。SY001-H6 井钻至 7720.52m 时突遇裂缝，发生井漏失返。

针对上述裂缝性恶性漏失，采用刚性粒子+高失水材料复合堵漏实现强化井眼、提高承压能力，如 ST8 井在茅口组二段采用密度 2.01~2.05g/cm³ 钻井液漏溢同存，采用该方式堵漏一次成功、承压能力提高到 2.03g/cm³[18]。

## 2.6 垂直钻井技术

双鱼石区块部分地层倾角大，蓬莱镇组地层倾角 6°~8°、雷口坡组和嘉陵江组地层倾角 8°~10°，直井段常规钟摆组合井眼轨迹漂移大、易发生井斜，其中气体钻井井段最大井斜 11°、常规钻井液井段平均井斜 4.5°[31]。

对于蓬莱镇组气体钻井井段，通过将扶正器位置由距离钻头 20m 调至距离钻头 29m 和降低钻压、提高转速优化钻井参数的方式，可将气体钻井井段的井斜角降低至 1.14°[31]，同时机械钻速由 5m/h 提高至 7m/h。

对于常规钻井液井段通过优化钻井参数和钻具组合仍难以将井斜角控制 1.5°以下的问题，采用垂直钻井工具可以防斜打快、保障井眼质量[31]。在 ST107 井 $\phi$241.3mm 井眼采用垂直钻井工具单趟钻穿雷口坡组—嘉陵江组，井斜角控制在 0.5°内，单趟进尺 1480.86m，平均机械钻速 10.2m/h，比设计钻井周期节约超过 10d，有效解决了川西北推覆性地层井斜难以控制、钻速慢的问题。

## 2.7 高陡构造井眼轨迹跟踪技术

双鱼石区块受多期构造运动影响，地层产状起伏变化大，评价井及开发井以大斜度井、水平井为主，钻井中存在井眼轨迹跟踪难、调整频繁的难题。针对龙门山断褶带构造复杂、地层非均质性强、展布不稳定特征，采用高清地震技术和井震联合神经网络高分辨率处理技术对栖霞组目的层分布进行了精细刻画，开展精细地质导向建模。同时，为保障储层钻遇率，实钻中沿井眼轨迹方向动态计算地层视倾角，并综合应用岩屑伽马能谱、元素及气测等录井技术随钻识别优质储层[32-33]。如在 SY001-X9 井栖霞组，根据地层视倾角计算结果将其分为 5°、10.5° 和 15.5° 三段。同时，通过岩屑伽马能谱、元素及气测录井识别储层，由于岩屑较少，岩屑伽马能谱录井储层响应特征不明显，但是元素录井和气测录井响应特征明显，实现优质储层跟踪识别，及时调整井眼轨迹，确保井眼轨迹在储层中钻进[33]。在 SY001-H6 井综合应用三维地震、随钻测井、综合录井、元素录井、岩屑薄片分析等确保井眼轨迹对储层的实时追踪，不仅实现高效钻遇储层，而且钻井提速显著、井身质量良好。

## 2.8 其他钻井工艺技术

### 2.8.1 工程作业智能支持系统(EISS)

EISS 系统实时采集钻井、录井、井下作业和测井等专业的现场数据，具备钻井实时监控预警、钻井辅助决策等功能，钻井措施下达更准确[34]。同步依托工程作业智能支持中心(EISC)实现了对钻井现场综合状况的预警判断，已在 SY001-X9 井、SY001-H6 井得到成功应用。EISC 全程跟踪监控了 SY001-H6 井整个钻井过程，累计形成涵盖各项提示预警、专家日检分析等在内的 6253 条数据记录，并且将在云端智能数据库进行不断再分析，可为将来万米超深层钻井提供工程风险参考。

### 2.8.2 连续循环充氮气钻井工艺

在 ST2 井 3104.00~3157.90m 井段由于井漏、垮塌等复杂严重，采用连续循环充氮气钻井缓解井漏失返和再建立循环对井壁产生的破坏，实现进尺 53.9m，平均机械钻速 2.79m/h，同比 ST1 井同井段平均机械钻速提高了 123.2%、提速效果显著[35]。

### 2.8.3 井下多次开关旁通阀

井下多次开关旁通阀正常钻进时旁通阀关闭维持正常循环，当发生井漏需要堵漏作业时通过投球方式激活打开旁通阀从而实现堵漏浆进入环空进行堵漏，堵漏结束后旁通阀关闭恢复正常钻进，减少了因堵漏需要的起下钻次数，提高了多次井漏的处理效率。在 ST2 井 3385~3763m 井段雷口坡组地层开展了井下多次开关旁通阀试验，由于未钻遇严重井漏，未投球激活旁通阀[35]。但是该工具已在四川盆地深井超深井开展了多次应用，如在 GS001-X21 井实施投球开关次数 2 次，实现堵漏作业并恢复钻进，实现了不起钻堵漏的快捷处理，降低复杂处理时效。

## 3 双鱼石区块超深井应用效果

双鱼石区块深井超深井实现钻井周期显著缩短(图1)，ST3 井、SY001-1 井钻井周期同比 ST1 井分别缩短 84.32d、130.02d，机械钻速分别提高 75.13%、81.73%[17]；其中 ST10 井完钻井深 7640.88m、钻井周期 242.8d，创该区块 7500m 以上超深井最快钻井纪录。同时，成功实施了如 SY001-X3 井、SY001-H6 井等一批标志性超深井，其中 SY001-X3 井完钻井深 8600m、垂深 7560.33m、水平段长 892m；SY001-H6 井完钻井深 9010m、垂深 7635m，钻井周期 473d，创造了中国陆上最深天然气井纪录。

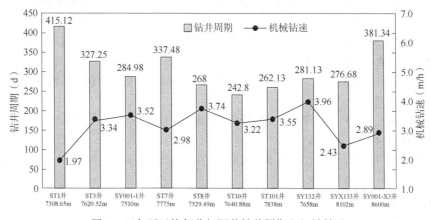

图 1 双鱼石区块部分超深井钻井周期和机械钻速

## 4 结论与建议

(1)双鱼石区块栖霞组白云岩孔隙型储层具备巨大的勘探开发潜力，目的层埋深超 7000m，具有地层多层序、高温高压、压力系统复杂等工程地质环境，给钻井井身结构设计、井下工具仪器、钻井液性能带来严峻挑战，影响机械钻速、固井质量和钻井安全。

(2)针对这些难点通过持续攻关、优化集成，形成了以井身结构优化、高效优快钻井、气体钻井、精细控压钻、固井、抗高温钻井液与堵漏、垂直钻井、高陡构造井身轨迹跟踪等为核心的双鱼石区块深井超深井钻井关键技术，显著提高了机械钻速、缩短了钻井周期，成功钻成了一批深井超深井，加速了双鱼石区块海相碳酸盐岩油气勘探开发进程。

## 参 考 文 献

[1] 张本健，方进，尹宏，等.高产水平井的突破与四川盆地深层常规气藏巨大的勘探开发潜力[J].天然气工业，2019，39(12)：1-9.

[2] 王俊杰，胡勇，刘义成，等.碳酸盐岩储层多尺度孔洞缝的识别与表征——以川西北双鱼石区块中二叠统栖霞组白云岩储层为例[J].天然气工业，2020，40(3)：48-57.

[3] 任利明，张连进，王俊杰，等.7000m以深复杂断裂成组气藏开发早期评价技术——以川西北双鱼石区块栖霞组气藏为例[J].天然气工业，2021，41(7)：73-81.

[4] 孙奕婷，田兴旺，马奎，等.川西北地区双鱼石气藏中二叠统天然气碳氢同位素特征及气源探讨[J].天然气地球科学，2019，30(10)：1477-1486.

[5] 李荣容，杨迅，张亚，等.川西北地区双鱼石区块二叠系栖霞组气藏储层特征及高产模式[J].天然气勘探与开发，2019，42(4)：19-27.

[6] 蒲柏宇，张连进，兰雪梅，等，徐昌海.川西北地区双鱼石区块栖霞组沉积微相特征[J].天然气勘探与开发，2019，42(4)：8-18.

[7] 曾鑫耀，钟大康，李荣容，等.川西北双鱼石地区下二叠统栖霞组白云岩成因研究[J].中国矿业大学学报，2020，49(5)：974-990.

[8] 兰雪梅，王天琪，王俊杰，等.双鱼石超深碳酸盐岩储层裂缝特征与分布规律[C]//第31届全国天然气学术年会(2019)论文集(01地质勘探)，2019：591-598.

[9] 兰雪梅，文雯，王天琪，等.超深层碳酸盐岩储层特征和开发效果——以双鱼石栖霞组气藏为例[C]//第32届全国天然气学术年会(2020)论文集，2020：583-590.

[10] 田云英，王跃翔，刘柏，等.测井新技术在双鱼石区块下二叠统栖霞组油基泥浆测井中的应用——以ST9井为例[C]//第31届全国天然气学术年会(2019)论文集(01地质勘探)，2019：90-96.

[11] 杨雨，姜鹏飞，张本健，等.龙门山山前复杂构造带双鱼石区块栖霞组超深层整装大气田的形成[J].天然气工业，2022，42(3)：1-11.

[12] 邓波，陆正元，刘奇林，等.双鱼石超深高温高压气藏偏差因子计算方法及早期储量预测[J].特种油气藏，2022，29(1)：73-79.

[13] 李旭成，万亭宇，罗静，等.双鱼石区块栖霞组气藏试采认识及早期开发技术对策[J].天然气勘探与开发，2021，44(4)：60-71.

[14] 周路，周江辉，代瑞雪，等.OVT域五维地震属性在双鱼石地区栖霞组裂缝预测中的应用[J].地学前缘，2023，30(1)：213-228.

[15] 伍贤柱，万夫磊，陈作，等.四川盆地深层碳酸盐岩钻完井技术实践与展望[J].天然气工业，2020，40(2)：97-105.

[16] 万夫磊，唐梁，王贵刚.川西双鱼石区块复杂深井安全快速钻井技术研究与实践[J].钻采工艺，2017，40(5)：29-32.

[17] 孙永兴，杨博仲，乔李华.川西北地区复杂深井超深井井身结构优化设计[C]//2017年全国天然气学术年会论文集，2017：2576-2581.

[18] 杨博仲，汪瑶，叶小科.川西地区复杂超深井钻井技术[J].钻采工艺，2018，41(4)：27-30.

[19] 周代生，杨欢，胡锡辉，等.川西双鱼石区块超深井大尺寸井眼钻井提速技术研究[J].钻采工艺，2019，42(6)：25-27.

[20] 刘彬，姚建林，杨斌.川西双鱼石区块须家河组岩石抗钻特性研究[J].科学技术与工程，2022，22(18)：7846-7852.

[21] 苏强，何世明，胡锡辉，等．川西双鱼石区块难钻地层岩石可钻性及钻头选型研究与应用[J]．钻采工艺，2019，42(2)：124-127.

[22] 苏义脑，路保平，刘岩生，等．中国陆上深井超深井钻完井技术现状及攻关建议[J]．石油钻采工艺，2020，42(5)：527-542.

[23] 康毅力，王凯成，许成元，等．深井超深井钻井堵漏材料高温老化性能评价[J]．石油学报，2019，40(2)：215-223.

[24] 陈敏，赵常青，林强，等．川渝地区窄安全密度窗口天然气深井固井新技术[J]．天然气勘探与开发，2021，44(3)：62-67.

[25] 刘洋，陈敏，吴朗，等．四川盆地窄密度窗口超深井控压固井工艺[J]．钻井液与完井液，2020，37(2)：214-220.

[26] 胡锡辉，唐庚，李斌，等．川西地区精细控压压力平衡法固井技术研究与应用[J]．钻采工艺，2019，42(2)：14-16.

[27] 罗翰，何世明，罗德明．川深 1 井超高温高压尾管固井技术[J]．石油钻探技术，2019，47(4)：17-21.

[28] 苏强，陈颖杰，沈欣宇，等．川西地区超深井井身结构优化研究与应用——以双鱼石区块为例[J]．中国石油和化工标准与质量，2017，37(20)：180-181.

[29] 李照，蒋林，江迎军，等．四川多压力系统复杂深井控压钻井技术探讨[C]//第 32 届全国天然气学术年会(2020)论文集，2020：2423-2429.

[30] 周代生，李茜，苏强．KCl-有机盐聚合物钻井液在川西双鱼石区块的应用[J]．钻井液与完井液，2018，35(1)：57-60.

[31] 米光勇，袁和义，王强，等．四川盆地双鱼石区块深井钻井井斜规律研究[J]．西南石油大学学报（自然科学版），2021，43(4)：62-70.

[32] 杨廷红，曾令奇，龚勋，等．岩屑自然伽马能谱和元素录井技术在双鱼石区块栖霞组固井卡层中的应用[J]．录井工程，2020，31(1)：28-34.

[33] 刘达贵，杨琳，朱茜霞，等．四川盆地双鱼石高陡构造井身轨迹跟踪技术[J]．天然气技术与经济，2022，16(4)：44-48.

[34] 钱浩东，王鹏，张治发．工程作业智能支持系统 EISS 平台技术架构优化实践[J]．中国管理信息化，2021，24(16)：184-186.

[35] 王彩玲，贺立勤．双鱼石区块井安全快速钻井技术探讨[J]．石化技术，2019，26(5)：288+298.

# 深层页岩气水平井钻井井筒降温措施分析

杨　谋[1,2]　　车双苗[1,2]　　吴鹏程[3]　　王旭东[3]　　陈　烨[3]　　付建红[1,2]

(1. 油气藏地质及开发工程全国重点实验室；2. 西南石油大学；

3. 中国石油西南油气田分公司工程技术研究院)

**摘　要**　深层页岩气水平井地层温度普遍高于135℃，导致旋转导向工具在高温条件下失效频繁，增加了建井周期，为此，准确预测井下温度，明确各热源项对井筒温度的影响，对井下温度的控制及降温措施的实施具有重要意义。基于能量守恒原理，结合井筒—地层各控制区域传热机理，考虑钻头破岩、钻柱旋转、钻头喷嘴水力能量及循环摩阻生热对井筒温度的影响，建立井筒—地层瞬态传热模型，应用全隐式有限差分法对模型离散求解，结合实测数据对模型进行验证，并分析各热源项、降温技术措施对井筒温度影响规律。研究表明：各热源项对井筒温度影响程度依次为钻柱旋转>钻头破岩>喷嘴压降>螺杆旋转；应用 $5\frac{1}{2}$ in 钻杆替代 $5+5\frac{1}{2}$ in 钻杆、降低钻井液排量、入口温度及停钻循环均可降低井底温度。研究成果有助于认清深层页岩气水平井钻井过程中各因素作用下井底温度演变特性，避免了井筒降温技术应用的盲目性和低效。

**关键词**　深层页岩气水平井；瞬态传热模型；热源项；温度场；数值模型

川南页岩气约占中国页岩气资源总量的68%，埋深3500m及以上资源量 $10.9×10^{12}m^3$，占比87%，是"气大庆"和"双碳"目标建设的重点领域[1]。在泸州、渝西、威荣等地区多口深层页岩气井均获得高产工业气流，展示了深层页岩在勘探开发方面的巨大潜力。但地质环境复杂，开发难度远超北美地区[2-3]。尤其水平段钻进时，原始地温高和水平段长度增加相互作用下使得井底循环温度高，常用的抗温150℃旋导工具在温度高于135℃后，失效率为7%~36%，制约了纯钻时效。地面降温设备能将钻井液在地面温度降低约30℃，实现井底循环温度降低2~15℃，为旋导等提供了适宜的工作环境[4-5]。但随着水平段逐渐延长，地层热量向井筒扩散更多和循环摩阻生热增加，降温效果减弱，使得井底温度逐渐接近或高于旋导服役环境。

井筒温度场理论研究已有80多年历史，众多学者致力于井筒温度敏感因素及温度演变对流体性质影响探讨，为井筒温度研究奠定了丰富成果[6-10]。然而，已有研究成果多集中在理论层面，较少结合生产实际，甚至部分理论认识与现场降温作业相矛盾。例如，理论认为钻井液密度降低或环空循环摩阻增加，井底温度增高等。而实钻中降低钻井液密度和应用 $5\frac{1}{2}$ in

【基金项目】国家自然科学基金项目"干热岩型地热泡沫钻井流体相变行为下井筒温度压力响应特性研究"（No：52174008）。

【第一作者简介】杨谋，1982，教授，博士，2012年毕业于西南石油大学油气井工程专业，主要从事油气井井筒传质传热与固井工艺理论方面研究。E-mail：ym528919@126.com。

钻杆替代 5in 钻杆时，井底温度却降低。同时，针对采用短起循环等措施来降温的现场操作，未进行深入分析。导致现有理论方法不能完全支撑井筒降温技术的顺利实施。为此，基于能量守恒原理，考虑流体循环摩阻生热及钻柱旋转、钻头破岩、喷嘴压降等复杂热源项对井筒温度的影响，建立了川南深层页岩气水平井实际井身结构与钻柱组合下钻进与流体循环期间井筒—地层各控制区域瞬态传热模型，分析正常钻进、流体循环及钻柱组合等对井筒降温影响，旨在实现降低井下温度目标，避免井筒降温技术应用的盲目性和低效。

## 1 井筒—地层瞬态传热数学模型

认为导热体的导热系数 $\lambda$、比热容 $c$、密度 $\rho$ 等均为已知定值。基于能量守恒原理，从 $x$、$y$、$z$ 三个方向流入、流出热量差加上内热源放出的热量，应等于该微元体热量变化量[11]，考虑流体流动产生摩阻，摩阻即生热，热源用 $q_v$ 来表示，根据推导可以获得柱坐标下的传热模型。

$$\frac{\lambda}{r}\frac{\partial T}{\partial r}+\lambda\frac{\partial^2 T}{\partial r^2}+\lambda\frac{\partial^2 T}{\partial z^2}+q_v=c\rho\frac{\partial T}{\partial t} \tag{1}$$

### 1.1 钻柱内流体传热模型

流体在钻柱内流动时，其热量影响因素为流体与管柱内部发生的热交换，以及流动摩阻产生的热量。流动方程可表述为：

$$\frac{\lambda_1}{r}\frac{\partial T_1}{\partial r}+\lambda_1\frac{\partial^2 T_1}{\partial r^2}+\lambda_1\frac{\partial^2 T_1}{\partial z^2}=c_1\rho_1\left(\frac{\partial T_1}{\partial t}+v_{z1}\frac{\partial T_1}{\partial z}\right) \quad 0\leqslant r<r_1 \tag{2}$$

井筒流体与钻柱壁间的边界条件可表述为：

$$-\lambda_1\left(\frac{\partial T_1}{\partial r}\right)_{r=r_1}=h_1(T_2-T_1) \tag{3}$$

式中，$T_1$、$T_2$ 分别为管内流体和管柱壁的温度，℃；$\rho_1$ 为管内流体密度；kg/m³；$c_1$ 为管内流体比热容，J/(kg·℃)；$V_{z1}$ 为流体在管柱内的流速，m/s；$\lambda_1$ 为流体的导热系数，W/(m·℃)；$h_1$ 为流体在管柱内壁面上的对流换热系数，W/(m²·℃)；$r_1$ 为管柱内半径，m。

### 1.2 环空内流体传热模型

当钻柱内流体到达至井底后，在环空中向上流动过程中，流体与井壁和钻柱外壁主要以对流换热方式发生热交换。

$$\frac{\lambda_3}{r}\frac{\partial T_3}{\partial r}+\lambda_3\frac{\partial^2 T_3}{\partial r^2}+\lambda_3\frac{\partial^2 T_3}{\partial z^2}+S_a=c_3\rho_3\left(\frac{\partial T_3}{\partial t}+V_{z3}\frac{\partial T_3}{\partial z}\right) \quad r_2\leqslant r<r_3 \tag{4}$$

在井壁面上，从远处地层传入井壁的热量等于从井壁传入环空的热量，即可表示为：

$$-\lambda_3\left(\frac{\partial T_3}{\partial r}\right)_{r=r_3}+h_3(T_4-T_3)=\lambda_f\left(\frac{\partial T_f}{\partial r}\right)_{r=r_3} \tag{5}$$

式中，$T_4$ 为井壁温度，℃；$r_3$ 为井眼半径，m；$\rho_3$ 为环空流体密度，kg/m³；$c_3$ 为环空流体比热容，J/(kg·℃)；$\lambda_3$ 为环空流体热传导系数，W/(m·℃)；$\lambda_f$ 为地层热传导系数；$h_3$ 为井壁壁面上对流换热系数，$W/(m^2 \cdot ℃)$。

### 1.3 近井壁地层传热模型

近井壁地层传热模型主要以在径向和轴向上的传导方式为主，其瞬态传热模型可表述为：

$$\frac{\lambda_i}{r}\frac{\partial T_i}{\partial r}+\lambda_i\frac{\partial^2 T_i}{\partial r^2}+\lambda_i\frac{\partial^2 T_i}{\partial z^2}=c_i\rho_i\frac{\partial T_i}{\partial t} \tag{6}$$

式中，$i$ 值由井身结构来确定（$i \geqslant 4$），其包括套管、水泥环及近井壁地层等微分单元；$T_i$ 为温度，$℃$；$\lambda$ 为导热系数，$W/(m \cdot ℃)$；$c$ 为比热容，$J/(kg \cdot ℃)$；$\rho$ 为密度，$kg/m^3$。

## 2 模型求解

为了对上述钻井期间井筒—地层瞬态传热模型求解，需要设置相应的数值模型的初始条件和边界条件。

### 2.1 模型初始条件

（1）钻井前井筒—地层已达到热力学平衡状态。为此，井筒—地层各控制区域温度（管内流体、管壁、环空流体及近井壁地层等）的温度为原始地层。其数学模型可表述为：

$$T_{k,j}=T_s+g_f z\cos\theta \tag{7}$$

式中，$T_{k,j}$ 为钻柱内、钻柱壁、环空及近井壁地层温度，$℃$；$\theta$ 为井斜角，$(°)$；$k$ 为井筒—地层径向各网格单元个数，$1 \leqslant k \leqslant 11$；$j$ 为轴向网格单元个数；$T_s$ 为地表温度，$℃$；$g_f$ 为地温梯度，$℃/100m$；$z$ 为井深，$m$。

（2）在地面，管体内流体温度为流体入口温度：

$$T_p(z=0, \ t)=T_{in} \tag{8}$$

式中，$T_{in}$ 为钻井液入口温度，$℃$。

### 2.2 模型边界条件

管体内流体、钻柱壁及环空流体温度在井底深度处均相等，即：

$$T_1(z=H, \ t)=T_2(z=H, \ t)=T_3(z=H, \ t) \tag{9}$$

## 3 结果与讨论

### 3.1 模型验证

#### 3.1.1 实例井基本参数

以四川盆地 Z201H16-7 井井为算例，井身结构如表 1 所示。造斜点井深 3150m、垂深 3148.9m；水平段增斜入靶（A 点）测深 4554.45m、垂深 4332m。井眼曲率为 5.8°/30m。地表温度 25℃、地温梯度 2.922℃/100m、排量 29L/s、油基钻井液密度 2.15g/cm³；钻井液动切力、稠度系数和流性指数分别为 13Pa、0.33Pa·s$^n$、0.81。

表 1　Z201H16-7 井井身结构数据表

| 开钻次序 | 井深（m） | 钻头尺寸（mm） | 套管尺寸（mm） | 套管下深（m） | 水泥封固段（m） |
|---|---|---|---|---|---|
| 一开 | 200 | 660.4 | 508.0 | 0~198 | 0~198 |
| 二开 | 2471 | 406.4 | 339.7 | 0~2469 | 0~2469 |

| 开钻次序 | 井深（m） | 钻头尺寸（mm） | 套管尺寸（mm） | 套管下深（m） | 水泥封固段（m） |
|---|---|---|---|---|---|
| 三开 | 3894 | 311.2 | 250.83<br>244.5 | 0~500<br>500~3892 | 0~3892 |
| 四开 | 6614 | 215.9 | 139.7 | 0~6612 | 0~6612 |

### 3.1.2 实例井模型应用

结合 Z201H16-7 井的井眼尺寸、钻柱组合及施工参数，开展该井井筒温度场预测研究，结果如图 1 所示。对比实测数据，该模型预测误差在 2.8℃ 范围内，进而验证模型准确性。

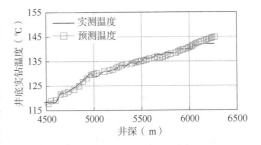

图 1 Z201H16-7 井现场实测数据与预测数据对比图

### 3.2 井筒降温技术措施

影响井筒温度的因素较多，包括流体性能、热物理参数、施工排量及入口温度等。结合现场井下降温操作情况，目前降低井下温度措施为改变钻柱尺寸、降低钻井参数、停钻循环及降低入口温度等措施。为此，针对这些措施对井筒温度影响机理展开分析。

### 3.2.1 钻柱组合

图 2、图 3 分别为使用 5½in 钻杆与（5+5½）in 钻杆时与井壁壁面的对流换热系数以及环空摩阻生热分布图。从图 2 中可以看出，随着井深增加，热对流换热系数增加，使用 5½in 钻杆时其对流换热系数低于与（5+5½）in 钻杆，使得环空流体与近井壁地层热交换越小，进而使得环空温度降低。尽管 5½in 钻杆相比（5+5½）in 钻杆与环空构成间隙更小，流体摩阻生热产生的热量更多（图 3），但其流体间发生热交换量更少，使得井筒温度更低，两者在井底温度相差 2.7℃，如图 4 所示。

### 3.2.2 热源项

结合钻头破岩、钻柱旋转及钻头水功率对井筒温度影响，如图 5 和图 6 所示。从图 5 可以看出，在考虑钻头破岩、钻头水功率及复合钻进的井底温度比不考虑热源项的井底温度高出 8.5℃。从图 6 中可看出转盘旋转、钻头破岩、钻头水功率及螺杆旋转对井底温度影响分别为 2.95℃、2.4℃、1.82℃ 及 1.33℃。因此，为了降低井下温度可以采取降低转速、降低机械钻速及甩螺杆方式。

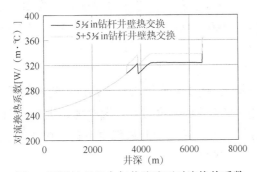

图 2 不同钻具组合与井壁壁面对流换热系数

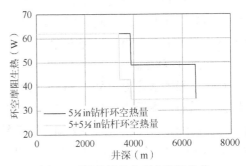

图 3 不同钻具组合环空摩阻生热

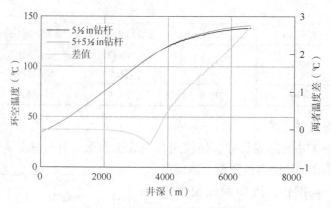

图 4　不同钻具组合环空温度分布

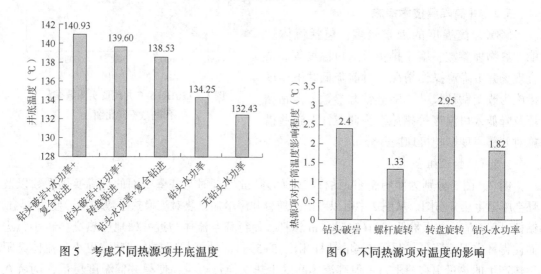

图 5　考虑不同热源项井底温度　　　　图 6　不同热源项对温度的影响

### 3.2.3　钻井液排量

图 7 为不同钻井液排量(20.5L/s、23.5L/s、27.5L/s、31.5L/s、34.5L/s)下环空温度分布图。从图中看出，随着排量增加，环空温度呈增大趋势。导致该现象的原因包括 3 方面：(1)随着排量增加，环空流体与井壁之间的对流换热量增大；(2)排量增大，增加了环空循环摩阻，使得摩阻生热增加；(3)大排量使得喷嘴压降产生更高的热量。三方面原因导致井底温度增加。

### 3.2.4　入口温度

图 8 为不同入口温度下井底温度分布图。从图中可以看出，当入口温度分别为 28℃、38℃、48℃、58℃时，井底温度分别为 139.13℃、140.93℃、142.29℃、143.41℃。入口温度从 58℃降低至 28℃，井底温度降低了 4.28℃。

### 3.2.5　停钻循环

钻进过程中钻柱旋转及钻头破岩会产生较多热量，使得井底增大。当钻进一定时间后，采取停钻循环可降低井下温度，然后再钻进方式以避免井底温度过高。图 9 为钻进时间 2h 时环空温度分布云图，从图中可知，随着钻进时间增加，环空与井底温度升高。由于钻进过程中钻头破岩、钻头水功率以及钻柱旋转均会产生热量。

以 2h 钻进结束时井筒—地层温度分布为初始条件，研究随循环时间以及排量的温度分布。图 10 为排量为 20L/s 时随循环时间井底温度分布图，从图可以看出，循环 20min，井底温度降低 5℃。因此，采取停止循环方式，能很好降低井底温度。

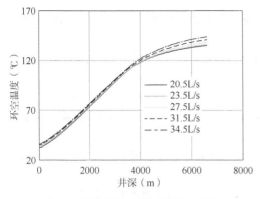

图 7　不同排量下环空温度分布图

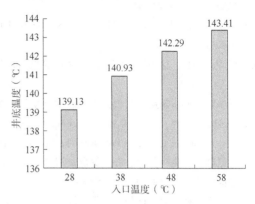

图 8　不同入口温度下井底温度分布图

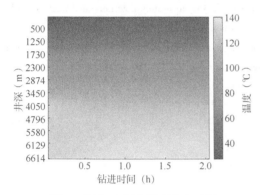

图 9　钻进 2h 环空温度分布云图

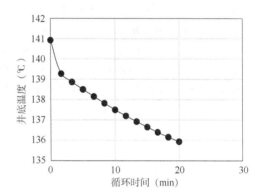

图 10　排量 20L/s 时井底温度分布图

## 4　结论

（1）基于能量守恒原理，考虑井筒—地层各控制区域(钻柱内流体、钻柱壁、环空流体及近井壁地层)径向与轴向传热机理及钻头破岩、钻柱旋转、钻头喷嘴水力能量及循环摩阻生热等复杂热源项的影响，建立了页岩气水平井井筒—地层瞬态传热模型，该模型计算精度误差在 2.8℃以内。

（2）采用 5½in 钻杆替代 5+5½in 钻柱组合能降低井底温度 2.7℃；同时，降低入口温度和排量也有助于降低井底温度。

（3）实例计算表明，转盘旋转、钻头破岩、钻头水功率及螺杆旋转对井底温度影响分别为 2.95℃、2.4℃、1.82℃ 及 1.33℃，为此，在一定程度上可牺牲机械钻速来降低井底温度。

（4）钻进过程中当降低温度接近旋导额度温度时，可采用停钻循环方式来降低井底温度，停钻循环 20min，井底温度降低约 5℃。

参 考 文 献

[1] 邹才能，赵群，王红岩，等 . 中国海相页岩气主要特征及勘探开发主体理论与技术[J]. 天然气工业，

2022, 42(8): 1-13.

[2] 何骁, 陈更生, 吴建发, 等. 四川盆地南部地区深层页岩气勘探开发新进展与挑战[J]. 天然气工业, 2022, 42(8): 24-34.

[3] 佘朝毅. 四川盆地超深层钻完井技术进展及其对万米特深井的启示[J]. 天然气工业, 2024, 44(1): 40-48.

[4] 李涛, 杨哲, 徐卫强, 等. 泸州区块深层页岩气水平井优快钻井技术[J]. 石油钻探技术, 2023, 51(1): 16-21.

[5] 杨瑞帆. 四川深层页岩气井钻井技术创新与实践[J]. 钻采工艺, 2023, 46(4): 13-19.

[6] Marshall D W, Bentsen R G. A computer model to determine the temperature distributions in a wellbore [J]. Journal of Canadian Petroleum Technology, 1982, 21(1): 63-75.

[7] 付建红, 苏昱, 姜伟, 等. 深层页岩气水平井井筒瞬态温度场研究与应用[J]. 西南石油大学学报(自然科学版), 2019, 41(6): 165-173.

[8] 吴鹏程, 钟成旭, 严俊涛, 等. 深层页岩气水平井钻进中井筒—地层瞬态传热模型[J]. 石油钻采工艺, 2022, 44(1): 1-8.

[9] Yang M, Luo D, Chen Y, et al. Establishing a practical method to accurately determine and manage wellbore thermal behavior in high-temperature drilling[J]. Applied Energy, 2019, 238: 1471-1483.

[10] Yang H, Li J, Zhang H, et al. Numerical analysis of heat transfer rate and wellbore temperature distribution under different circulating modes of Reel-well drilling[J]. Energy, 2022, 254: 124313.

[11] 张学学. 热工基础[M]. 北京: 高等教育出版社, 2006.

# 一种消除动态工具面测量盲区的方法

彭烈新[1]　熊　昕[1,2]　滕鑫淼[1]　丁华华[1]

(1. 中国石油集团工程技术研究院有限公司；2. 中国石油勘探开发研究院)

**摘　要**　全旋转导向工具通常用磁性传感器进行动态工具面的测量，当工具轴线与地磁磁力线夹角较小时（<5°），位于工具横截面的磁性传感器敏感不到地磁信号，导向工具进入测量盲区不能正常工作。旋转状态下的工具面测量是一个世界性难题，常规方法通常是通过提高磁性传感器精度来缩小盲区，但并不能消除盲区，而最近提出的重力计+MEMS陀螺的方法存在算法复杂，安装位置受限的诸多问题。本文提出一种通过增加优化轴磁通门传感器组合的方法，完全消除测量盲区。具体方法是在通常的三轴磁性传感器系统中，旋转一定角度再布置一组磁性传感器，称为副传感器，横截面上的传感器为主传感器，副传感器与主传感器组成2具有一定夹角的平面，当主传感器进入测量盲区时，副传感器能够敏感到较强的地磁信号，通过该组传感器计算转动的角度。当接单根等操作导致钻柱处于静止状态时，计算重力工具面角与磁性工具面角度差值。进行正常钻进时，用磁通门测量工具磁性工具面角，结合之前得到的角度差值，计算出重力工具面角。由于磁通门抗振性较强，所测得的磁性工具面角不需要进行复杂的数值滤波，用这种方法得到的重力工具面角很好地兼顾了实时性和精度的要求。在试验装置上进行这2种方法的实验数据显示，在主传感器进入盲区时，由该传感器测量的数据基本处于失效状态，用副传感器测量的数据测量精度控制在10°以内，满足动态指向式旋转导向工具对动态工具面的测量要求。

**关键词**　动态工具面；旋转导向；磁性；重力

在定向井、水平井施工作业中，轨迹参数的测量是一项十分重要不可或缺的工作[1-2]，测量的核心部件通常包括磁性传感器和加速度传感器，用于测量工具的姿态即井斜方位及工具面。由于磁性传感器和加速度传感器利用大地物理特性即地球重力和磁极进行测量，通过地球重力场和磁极磁场在传感器各个轴上的分量计算得到工具的姿态参数[3-4]。当工具处于某一特殊位置，比如与磁极平行时，磁场在工具的横截面无分量，需要利用磁性传感器测量数据计算工具姿态的某些参数就无法得到，工具处在某一工作的盲区[5-6]。特别是，近年来随着旋转导向工具特别是动态旋转导向工具的逐步应用，对轨迹控制的精度和动态

【基金项目】本文由国家重点研发计划《变弯角指向式原理研究及样机试制》(2023YFC2810905)资助完成。

【第一作者简介】彭烈新（1968.6），高级工程师，企业高级专家，博士研究生学历，华中科技大学信息与通信工程专业，主要从事石油钻采仪器、随钻测量仪器与导向工具研发工作。地址：北京市昌平区黄河街5号院中国石油集团工程技术研究院有限公司。电话：010-80162195；手机：18600160463；E-mail：plxdri@ cnpc. com. cn。

性能要求越来越高，工具测量盲区问题就显得更加突出。

导向钻进的工具面测量是一个重要参数，传统滑动钻进和静态式旋转导向工具的工具面测量传感器是在静态下进行的[7-8]，通常用加速度传感器测量重力高边即可，不涉及磁极盲区。而在动态旋转导向工具中，所有的部件都是全旋转的，常规静态工具面的测量方法难以直接用在动态工具面的测量中[9]，而用重力加速度计的测量信号进行滤波从而获得相对稳定角度信号的方法难以同时兼顾测量精度和实时性，现在通行的办法是利用磁通门传感器+重力传感器联合测量的方法，达到角度的精确测量又保证实时性，我们称之为磁性工具面修正法。具体做法是当接单根等操作导致钻柱处于静止状态时，计算重力加速度测量的重力工具面角与二轴磁通门测量的磁性工具面角度差值。进行正常钻进时，用磁通门测量工具钻铤的磁性工具面角，结合之前得到的角度差值，计算出重力工具面角。由于磁通门抗振性较强，所测得的磁性工具面角不需要进行复杂的数值滤波，用这种方法得到的重力工具面角很好地兼顾了实时性和精度的要求。然而该方法要求角度差值在两次测量间隔之间保持稳定，一个单根的长度不会超过 10m，在该段长度，其井斜方位的变化引起的角度差值基本稳定，其角度差值可以认为是一个定值，因而用磁性工具面换算重力工具面的方法简单可行，具有较高的精度和实时性[10]。

但是，当井下工具处于与地磁平行位置时，工具面横截面上无磁场分量，无法从磁性传感器得到磁性工具面角，也就无法得到重力工具面角。形成了一个由于与磁极平行的测量盲区。有些测量精度不高的传感器会在磁极附近测量误差较大，形成一个较大工作盲区(表1)。

表 1  某磁性传感器测量数据(加粗表示工具面角度误差大于 5° 的区域)

| 井斜角(°) | 测量数据 | | | | | | | |
|---|---|---|---|---|---|---|---|---|
| | 方位角 0° | 方位角 45° | 方位角 90° | 方位角 135° | 方位角 180° | 方位角 225° | 方位角 270° | 方位角 315° |
| 15 | 8 | 6.2 | 3.7 | 2.7 | 2.2 | 2.7 | 3.4 | 5.7 |
| 35 | 50 | 5.5 | 2.5 | 1.5 | 1.5 | 2 | 2.5 | 6 |
| 55 | 13 | 3.8 | 1.7 | 0.6 | 0.3 | 0.6 | 1.2 | 3.7 |
| 75 | 6.5 | 2.4 | 0.8 | 0.3 | 0.7 | 0.3 | 0.8 | 2.3 |
| 95 | 4.3 | 1.2 | 0.5 | 1.1 | 1.8 | 1.1 | 0.1 | 1.1 |
| 105 | 2.6 | 0.75 | 0.3 | 1.2 | 2.6 | 1.6 | 0.1 | 0.75 |

为解决动态旋转导向工具的测量盲区问题，本文提出一种通过改变磁性传感器的位置，将原来三轴笛卡尔坐标系，改变为一个五轴传感器，其中 2 轴与工具轴线呈一定夹角，从而使工具处于盲区时，仍有三个轴的传感器能敏感到地磁场，从而达到消除盲区的目的。

## 1  磁性工具面修正法

磁性工具面法是一种在钻进过程中测量动态磁性工具面，用停转静止状态测得的差值修正磁性工具面角，得到动态重力工具面角。大地空间存在着重力场和磁场，在地球上的任何一点，重力的方向总是垂直向下指向地心，而磁场的方向则与该点在地球上的位置有关。这样，以大地的重力方向和磁场方向及与它们垂直的方向为基准建立地理坐标系，即可确定某物体的空间姿态(图 1)。在停转在静静止状态时，通常是接单根的情况下，分别用磁性传感器和重力传感器测得重力工具面 $T_g$ 和磁性工具面 $T_m$，计算它们的差值 $\Delta A$，在钻进过程中，实时测量磁性工具面 $T_{m1}$，然后用静态时计算的 $\Delta A$ 对 $T_{m1}$ 修正，即 $T_{m1} = \Delta A + T_{g1}$，就得到了实时的重力工具面。由于在测量 $\Delta A$ 的间隔并不大，通常为 1 个单根，井斜方位都不会有大的变化，确保重力工具面的计算精度，对重力工具面的测量转化为磁性工具面角的测量。可见，这一方法的关键点还是在于要准确测量磁性工具面[10]。

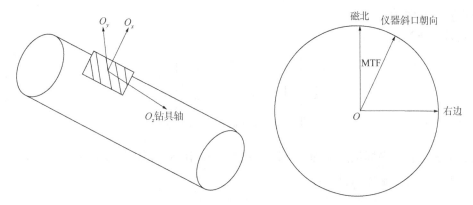

图 1    重力加速度和磁性传感器坐标系

磁性工具面角是指造斜工具弯曲的平面与正北方位所在平面的夹角，是以磁北方向线为基准量度的工具面角，即工具面平面与井底平面的交线在水平面上的投影线同磁北方向线之间的夹角(按顺时针计算)。建立一个工具坐标系。它是定位于仪器探管上的，是随探管姿态变化而动的坐标系。重力加速度 $g$ 在 3 个加速度传感器上的重力场分量分别为 $g_x$，$g_y$，$g_z$，地磁场 $B$ 在 3 个磁性床干起上的分量分别为 $B_x$，$B_y$，$B_z$。$B_z$ 表示磁性传感器轴沿井眼轴向向下的方向；$B_y$ 表示磁传感器沿参考点的朝向，$B_x$ 与 $B_y$ 和 $B_z$ 正交，符合右手坐标系规则，沿磁倾角方向的 $B_x$，$B_y$，$B_z$ 的值是正值。

当 $B_x \geqslant 0$，$B_y < 0$ 时，MTF = $\theta_m$，当 $B_y > 0$ 时，MTF = $\theta_m + 180°$；当 $B_y = 0$，

$$\begin{cases} B_x \geqslant 0 & MTF = 90° \\ B_x < 0 & MTF = 270° \end{cases};$$

当 $B_x < 0$，$B_y < 0$ 时，MTF = $\theta_m + 360°$。

高边工具面 GTF 在 0° ~ 360° 之间变化，当井斜角为 0° 时，高边工具面角不能确定。磁性工具面角(MTF)也在 0° ~ 360° 之间变化。

本文所定义的磁性工具面角是一个中间变量，与通常定义的磁性工具面角略有不同，假定地磁场 $H$ 在钻具横截面的投影为 $H_{xy}$，$y$ 轴代表测量磁性工具面角 $\theta_m$(图2)，则有如下计算公式：

$$\tan\theta_m = \frac{H_x}{H_y} \tag{1}$$

$$T_{m1} = \Delta A + \frac{H_x}{H_y} \tag{2}$$

式中，$T_{m1}$ 为重力工具面角；$\Delta A$ 为角差。

当地磁场 $H$ 与工具轴线接近平行(其夹角一般<5°)时，$H$ 与工具面横截面接近正交，

$H_{xy}$值很小，$xy$轴上的磁性传感器几乎无有用信号输出。为此，需增加2轴磁性传感器平面，称之为副传感器组，使之与$xy$平面形成较大夹角，当工具进入盲区时，$H_{xy}$在增加的平面上具有较大分量，从而得到磁性工具面。

首先，以$x$轴为旋转中心，$x$轴保持不动，仅在$yoz$平面进行旋转。其效果同二维旋转类似，仅需要添加$x$轴的参数，即在旋转矩阵上添加一个维度。该维度不改变$x$轴，也不将$x$轴投影到其他轴(图3)。

其旋转矩阵为：

$$\begin{bmatrix} x_1 \\ y_1 \\ z_1 \end{bmatrix} = \begin{bmatrix} 1 & 0 & 0 \\ 0 & \cos\alpha & \sin\alpha \\ 0 & -\sin\alpha & \cos\alpha \end{bmatrix} \begin{bmatrix} x \\ y \\ z \end{bmatrix}$$

由此形成$x_1 y_1 z_1$坐标系。同理，再以$y$轴为旋转中心，$y$轴保持不动，在$x_1 o z_1$平面进行旋转，形成$x_2 y_2 z_2$坐标系(图4)。

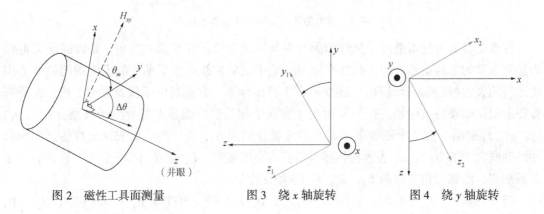

图2　磁性工具面测量　　　图3　绕$x$轴旋转　　　图4　绕$y$轴旋转

其旋转矩阵为：

$$\begin{bmatrix} x_2 \\ y_2 \\ z_2 \end{bmatrix} = \begin{bmatrix} \cos\alpha & 0 & -\sin\alpha \\ 0 & 1 & 0 \\ \sin\alpha & 0 & \cos\alpha \end{bmatrix} \begin{bmatrix} x \\ y \\ z \end{bmatrix}$$

经过2次旋转的矩阵为：

$$C_a^b = [\alpha_2]_{y'} [\alpha_1]_x = \begin{bmatrix} \cos\alpha_2 & 0 & -\sin\alpha_2 \\ 0 & 1 & 0 \\ \sin\alpha_2 & 0 & \cos\alpha_2 \end{bmatrix} \begin{bmatrix} 1 & 0 & 0 \\ 0 & \cos\alpha_1 & \sin\alpha_1 \\ 0 & -\sin\alpha_1 & \cos\alpha_1 \end{bmatrix}$$

$$= \begin{bmatrix} \cos\alpha_2 & \sin\alpha_1\sin\alpha_2 & -\cos\alpha_1\sin\alpha_2 \\ 0 & \cos\alpha_1 & \sin\alpha_1 \\ \sin\alpha_2 & -\sin\alpha_1\cos\alpha_2 & \cos\alpha_1\cos\alpha_2 \end{bmatrix}$$

为求磁性工具面，需要将$x''y''z''$值变回$xyz$，则：

$$\begin{bmatrix} x \\ y \\ z \end{bmatrix} = \begin{bmatrix} C_a^b \end{bmatrix}^{-1} \begin{bmatrix} x'' \\ y'' \\ z'' \end{bmatrix} = \begin{bmatrix} \cos\alpha_2 & 0 & \sin\alpha_2 \\ \sin\alpha_1\sin\alpha_2 & \cos\alpha_1 & -\sin\alpha_1\cos\alpha_2 \\ -\cos\alpha_1\sin\alpha_2 & \sin\alpha_1 & \cos\alpha_1\cos\alpha_2 \end{bmatrix} \begin{bmatrix} x'' \\ y'' \\ z'' \end{bmatrix}$$

将该坐标变换后的值代入公式(1)就得到工具处于在盲区的磁性工具面角度。

## 2 实验数据分析

实验的目的是检验磁性工具面修正法的有效性和精度，在已有$xyz$三轴磁力计基础上新增两轴磁力计，按前面介绍的方法计算处于盲区的工具面角，若旋转角度为$\alpha_1 = 35°$，$\alpha_2 = 35°$，则：

$$x = x''\cos\alpha_2 + z''\sin\alpha_2 = 0.819x'' + 0.573z''$$

$$y = x''\sin\alpha_1\sin\alpha_2 + y''\cos\alpha_1 - z''\sin\alpha_1\cos\alpha_2 = 0.573^2x'' + 0.819y'' - (0.573 \times 0.819)z''$$

根据两次旋转后磁力计在 b 系的$x''y''z''$轴的分量，可解算出原 a 系的坐标$xy$分量，进而按解算出的$xy$分量计算磁性工具面角。如果仅增加$x''$和$y''$两个轴，$z''$轴的值可由原 a 系的$x$，$y$，$z$轴的分量求出总地磁场计算出。设$y$轴表示工具面指向，则磁性工具面角用公式(1)计算得出。

实验的环境是霍尔姆斯线圈形成的磁场环境(图5)，实验航磁单元安装在无磁校验台(图6)，整个校验台放置于霍尔姆斯线圈，通过设置霍尔姆斯线圈参数，营造本地磁倾角和磁偏角的大地磁环境。由于无磁转台刻度并无磁性工具面标准值，我们测得磁性工具面后用公式(2)变回重力工具面角，再与标准值对照，以此评估该方法的优劣。

 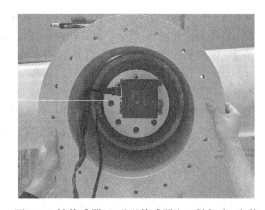

图5 霍尔姆斯线圈及无磁转台　　　　图6 八轴传感器(5磁阻传感器和3轴加表)安装

由表1的测试数据可知，测量精度最差的点出现在井斜角为35°，方位角为0°的时刻。转动无磁转台，取井斜角和方位角分别35°和0°，采集 5 点(0°、90°、180°、270°、360°)的静态数据，通过产品上 3 轴加速度计和 5 轴磁阻传感器输出数据，得到产品各个轴向的重力和地磁分量，按前面介绍的方法分别计算 a 系三轴磁传感器计算的重力工具面和用 b 系 2 轴磁阻传感器计算的重力工具面(表2)。

表 2　由 5 轴磁性传感器计算的工具面角

| 序号 | 工具面角<br>(°) | 井斜角<br>(°) | 方位角<br>(°) | 由磁性工具面计算<br>重力工具面角<br>(°) | 误差<br>(°) | 由 2 轴磁传感器计算的<br>重力工具面角<br>(°) | 误差<br>(°) |
|---|---|---|---|---|---|---|---|
| 1 | 0 | 35 | 0 | 0.2 | 0.2 | 0 | 0 |
| 2 | 90 | 35 | 0 | 65.3 | −24.7 | 87.5 | −2.5 |
| 3 | 180 | 35 | 0 | 219.5 | 39.5 | 183.4 | 3.4 |
| 4 | 270 | 35 | 0 | 298.9 | 28.9 | 274.8 | 4.8 |
| 5 | 360 | 35 | 0 | 358.1 | −1.9 | 357.2 | −2.8 |

由表 2 可知，当磁性传感器 z 轴与地磁场平行或近似平行时，取井斜和方位角分别为 35°和 0°时，此时由 a 坐标系中三轴磁阻传感器计算的工具面角出现很大误差，最大误差将近 40°，此时，所测数据是无效的，而用通过旋转形成的 b 坐标上的 2 轴传感器测量的值具有较大的输出值，通过坐标变换换算成原坐标系计算的重力工具面值虽然也有较大误差，但控制在 5°以内，动态工具面的测量中，该误差可以接受。

## 3　结论

针对动态指向式旋转导向工具进行导向作业存在盲区问题，提出了一种在原来三轴磁性传感器基础上，增加 2 轴磁性传感器，构建与原 xy 平面具有一定夹角的 2 轴坐标系。通过坐标变换，在原来三轴坐标系失效时，使用新的 2 轴磁传感器测量值，计算出重力工具面，解决了磁场盲区问题。通过在霍尔姆斯线圈中进行的实验表明：该方法测量误差控制在 10°以内，可以满足动态指向式旋转导向工具对动态工具面测量的需求。

## 参 考 文 献

[1] Sun Y, Di Q, Zhang W, et al. Dynamic inclination measurement at-bit based on MEMS accelerometer[C]// 29th Chinese Control And Decision Conference. Chongqing：Control and Decision, 2017：571-574.

[2] 鲁港，钟晓明，李胜中，等. 井眼轨迹单根控制的新计算方法[J]. 钻采工艺，2021，43(2)：146-150.

[3] 张学孚，陆怡良. 磁通门技术[M]. 北京：国防工业出版社，1995：16-18.

[4] 周静，尚海燕. 旋转导向闭环钻井中的测斜系统[J]. 石油仪器，2000，14(3)：1-5.

[5] 李世中，耿生群，张亚. 地磁式转数传感器盲区问题实验研究[J]. 弹道学报，2003，15(1)：73-77.

[6] 黄学功，陈荷娟. 基于地磁信号的冗余保险方法研究[J]. 南京理工大学学报(自然科学版)，2009，33(4)：485-488.

[7] 黎伟，牟磊，周贤成，等. 旋转导向系统及其控制方法综述[J]. 煤田地质与勘探，2023，51(7).

[8] 贾建波，兰洪波，菅志军. 475 型静态推靠式旋转导向钻具组合的弯曲应力分布规律[J]. 地球物理学报，2023，66(1)：95-100.

[9] 耿艳峰，宋志勇，王伟亮，等. 动态指向式旋转导向钻井工具面角的动态测量[J]. 中国惯性技术学报，2020，28(3)：323-329.

[10] Schlumberger Ltd. PowerDrive Operating Guidelines，https：//www.slb.com/products-and-services/.

# 页岩油二开水平井钻井关键技术

何 军 孙平涛 张 海 宫鸿哲

(吉林油田钻井工艺研究院)

**摘 要** 松辽南部大情子井页岩油储层埋深 2000～2500m 之间，有机碳＞1.0%，类型以 Ⅰ～Ⅱ 为主，成熟度处于低熟～成熟阶段，部分高熟阶段，是页岩油主要勘探目标。但是目的层目的层层里和裂缝发育，造成井壁稳定性差，水平段延伸困难。针对这个问题，以提高井壁稳定性为攻关目标，通过井身结构优化、强封堵钻井液应用、高效 PDC 钻头及提速工具优选、井筒清洁参数优化及压力精确控制等技术攻关，形成页岩油二开长水平段水平井钻井关键技术，水平段由 704m(三开结构)逐步延伸至 2145m(二开结构)，钻井周期由最长 134.5 天缩逐步短至 50 天，缩短 62%。为吉林油田页岩油高效勘探评价提供技术保障。

**关键词** 井筒清洁；页岩油；二开井身结构；提速；井壁稳定

目前，吉林油田已经完钻 5 口纯页岩水平井，井深 2500～4700m，水平段长 704～2145m、水平位移 900～2400m。在施工过程中，存在返砂效率低、井壁稳定性差易坍塌、水平段延伸困难、摩阻扭矩大等技术难题，因此，开展了井身结构优化、井筒清洁参数优化、高效 PDC 钻头及提速工具优选、油基钻井液封堵剂优选等技术攻关，形成页岩油二开长水平段水平井钻井关键技术。该技术在吉林油田 HYP4 井进行了应用，应用后钻井周期缩短 41%，成本降低 10%，为吉林油田页岩油提速降本提供了技术支撑。

## 1 地质特点及施工难点

### 1.1 地质特点

吉林油田页岩油水平井自上而下钻遇地层主要为泰康组、大安组、明水组、四方台组、嫩江组、姚家组、青山口组。其中，嫩江组地层岩性以泥岩为主，夹泥质粉砂岩、粉砂岩薄层，地层不稳定易塌、易漏；青山口组二+三段(简称青二+三段)地层主要由泥岩与泥质粉砂岩、粉砂岩组成不等厚互层，均质性差，对钻头冲击破坏性强，且与青山口组一段(简称青一段)交接处存在裂缝，易发生漏失及井壁坍塌；青一段地层页岩主要发育在半深湖—深湖区，页岩页理较为发育，表现为层状、薄层状构造，占整个青一段地层厚度的 50%～60%，单层厚度 3～10m，累计厚度可达 30～100m。通过取心观察，部分页岩层中夹有白云岩，易对 PDC 钻头造成冲击破坏，缩短钻头使用寿命。

---

【第一作者简介】何军，男，1968 年出生，1991 年 6 月毕业于江汉石油学院，获得工学学士学位，2013 年 6 月毕业于东北石油大学，获得工学博士学位，现从事钻井工程技术研究工作，教授级高工。地址：吉林油田公司钻井工艺研究院(138000)；联系电话：0438-6337507；E-mail：hejun2008@ petrochi-na. com. cn。

#### 1.2 施工难点

吉林油田 2018-2020 年完成的页岩油试验水平井 3 口井，应用油包水钻井液体系，施工过程中出现了井壁坍塌、漏失摩阻大等复杂情况，影响了勘探评价效果。总结前期施工情况，页岩油水平井难点包括以下几个方面：

（1）井壁稳定性差，制约水平段打成、打长。HYP2 井三开钻进至 4197m 时进行短起下钻，下钻至井深 3984m 时发生井塌，被迫提前完钻，损失了 213m 水平段。

（2）摩阻扭矩大，影响水平段延伸。TYP1 井采用油基钻井液的情况下，水平段 1065m 时，摩阻达到 35tf，限制了水平段的延伸。

（3）三开井身结构成本高，制约了页岩油效益开发的进程。

#### 1.3 技术需求

需要开展井身结构优化、强封堵强抑制钻井液性能优化、高效 PDC 钻头及提速工具优选、井筒清洁参数优化及起下钻压力波动精确控制等技术攻关，保证吉林油田页岩油高效的勘探开发。

## 2 技术对策

### 2.1 井身结构优化

优化原则为能够封隔复杂层位，实现地质目的，且有利于应用先进的工具进行提速，同时要有利于水平井轨迹控制和安全钻井。

页岩油水平井井身结构优化以安全、优快钻井为出发点，由于青山口组以上地层无浅层气，具备二开条件，采用二开井身结构，表套下至姚二+三段，封固嫩江组等易造浆地层，为二开创造有利条件。优化后井身结构为：一开 311.1mm×1852m+244.5mm×1850m，二开 215.9mm×4748m+139.7mm×4745m。

### 2.2 强封堵强抑制钻井液技术

#### 2.2.1 页岩储层井壁失稳机理分析

（1）页岩组构特征。通过对目标区块页岩储层矿物组分分析：黏土矿物 20%~40%，以伊利石为主，蒙脱石含量少，但伊/蒙混层比高，属弱膨胀、高分散速度硬脆性页岩。伊/蒙混层中的伊利石和蒙脱石的吸水膨胀率不一致，引起应力集中，导致硬脆性泥页岩的剥落。

（2）水化机理。通过岩心浸泡实验发现：岩样毛细管效应突出，吸水能力极强，随时间推移，吸水量逐渐增大，且液体优先从渗透性较好的微裂缝、层理浸入地层内部，微裂缝就会出现延伸、扩展，并相互连通，最后与主裂缝贯通。

虽然没有出现明显剥落与掉块，但部分岩样局部出现肉眼可见的裂纹，表明液体浸泡后，岩样确实发生了水化反应，且常规抑制剂抑制页岩水化膨胀与分散效果不明显，通过页岩经水浸泡前后晶间距对比，发现伊利石晶层间距不变，说明无水分子进入晶间，没有发生渗透水化。其水化膨胀与分散主要是由表面水化引起，表面水化是引起页岩地层井壁水化失稳的主要原因。

（3）页岩表面润湿特性分析。通过接触角实验（实验结果见表 1）发现：水接触角 10.5°，油接触角 0°，具有强油润湿性和一定强度的水润湿性。表明油基钻井液和水基钻井液均会在岩心表面铺展，在岩心自吸作用下，引起页理间胶结力变弱进而解理破坏。

表1　接触角实验结果

| 润湿介质 | 页岩岩样 | |
|---|---|---|
| | CA[L](°) | CA[R](°) |
| 1#配方滤液 | 14.4 | 14.4 |
| 2#配方滤液 | 44.3 | 44.3 |
| 3#配方滤液 | 48.8 | 48.8 |
| 4#配方滤液 | 51.9 | 51.9 |
| 水 | 10.5 | 10.5 |
| 白油 | 铺展 | 铺展 |

（4）页岩储层井壁失稳机理认识。页岩为页理、微裂缝发育，通过对岩心进行电镜扫描测量出裂缝宽度 0.5~8μm，以纳微米裂缝为主，为钻井液滤液侵入地层提供天然通道。钻井液滤液在井底压差、毛细管力、化学势差作用下，沿着微裂缝或页理面优先侵入，造成近井壁的孔隙压力增加，削弱了液柱压力对井壁的有效应力支撑作用。滤液侵入引起页岩表面水化作用，水化膜"楔入"作用，使微裂缝开裂、扩展、分叉、再扩展，相互贯通，造成井壁失稳，虽然油基钻井液具有强抑制性，能够抑制表面水化，但是页岩呈现双重润湿的特点，采用油基钻井液时，油相滤液侵入易引起油相与有机质相互作用（吸附、溶解、溶胀等），引起地层内部应力不平衡，地层强度降低，易造成地层沿薄弱面发生剥落和坍塌。因此，油基钻井液的封堵能力尤为重要。

2.2.2　强封堵强抑制钻井液优化措施

（1）提高封堵性防止固液浸入地层。优选 4 种封堵材料，以刚性+可变形为主的封堵技术进行复合封堵，提高井壁的承压能力（表2）。

表2　封堵剂种类及加量

| 序　　号 | 封堵剂类型 | 加量（%） | 粒　径 | 作　　用 |
|---|---|---|---|---|
| 1 | 无荧光防塌剂 | 1 | 2~90μm | 软化 |
| 2 | 纳米封堵剂 | 1 | 5~500nm | 刚性 |
| 3 | 超细碳酸钙 | 2 | 6.5~10μm | |
| 4 | 聚合醇 | 0.5 | | 浊点 |

（2）提高抑制性防止页岩膨胀。青山口组页岩理化性能认识：通过对岩心实验分析发现青二+青三段岩样 16h 线性膨胀率为 5.71%，水化膨胀能力较弱；青一段岩样 16h 平均线性膨胀率大于 10%，水化膨胀能力较强。青二+青三段岩样滚动回收率较高，说明水化分散性相对较弱；青一段中部黑色泥页岩回收率较低，分散性强（表3）。水化膨胀率和水化分散性主要受黏土矿物含量影响，青一段黏土矿物含量大于青二、青三段，更易受水化作用影响，目的层又位于青一段，因此提高钻井液抑制性有助于提高井壁稳定性。

提高抑制性措施：氯化钙浓度由 20% 提高 40%，膨胀率由 7.7% 降至 0.2%，可有效抑制页岩膨胀。

**表 3 青山口组岩心理化性能实验数据**

| 层位 | 取心深度（m） | 岩性描述 | 初始长度（mm） | 线性膨胀量（mm） | | | 线性膨胀率（%） | | | 初始重量（g） | 回收量（g） | 滚动回收率（%） |
|---|---|---|---|---|---|---|---|---|---|---|---|---|
| | | | | 2h | 16h | 30h | 2h | 16h | 30h | | | |
| 青二+青三段 | 2253.15 | 灰色荧光泥质粉砂岩 | 7.36 | 0.23 | 0.42 | 0.48 | 3.13 | 5.71 | 6.52 | 50 | 48.95 | 97.9 |
| | 2288.83 | 灰黑色泥页岩 | 7.14 | 0.43 | 0.92 | 1.04 | 6.02 | 12.89 | 14.57 | 50 | 46.31 | 92.62 |
| | 2295.3 | 灰黑色泥页岩 | 7.46 | 0.38 | 0.91 | 0.98 | 5.09 | 12.2 | 13.14 | 50 | 45.06 | 90.12 |
| 青一段 | 2314.39 | 黑色泥页岩 | 7.35 | 0.64 | 1.17 | 1.24 | 8.71 | 15.92 | 16.87 | 50 | 43.94 | 87.88 |
| | 2320.3 | 黑色泥页岩 | 7.48 | 0.39 | 0.94 | 1.09 | 5.21 | 12.57 | 14.57 | 50 | 46.83 | 93.66 |
| | 2369.5 | 黑色页岩 | 7.56 | 0.31 | 0.68 | 0.78 | 4.1 | 8.99 | 10.32 | 50 | 47.99 | 95.98 |

### 2.2.3 岩石强度实验

分别用研制的强封堵强抑制油基钻井液和常规油基钻井液，模拟地层温度浸泡现场取样岩心，通过单轴岩石力学实验测试岩心强度变化，观察岩心外观变化，结果如表4所示。岩心分别在强封堵强抑制油基钻井液和常规油基钻井液中90℃连续浸泡10天后，强封堵强抑制油基钻井液浸泡后的岩心抗压强度较未浸泡岩心略有降低，常规油基钻井液浸泡的岩心强度有一定降低。使用研制的强封堵强抑制油基钻井液有利于提高页岩井壁稳定性。

**表 4 页岩岩心抗压强度实验**

| 岩心标号 | 浸泡液体 | 岩心抗压强度（MPa） |
|---|---|---|
| 2-3-11 | 未浸泡 | 198.95 |
| 2-3-5 | 强封堵强抑制油基钻井液 | 195.1 |
| 2-1-17 | 常规油基钻井液 | 140.29 |

## 2.3 高效 PDC 钻头及提速工具优选

### 2.3.1 高效 PDC 钻头优化设计

青二+三段存在大段砂泥岩互层，青一段页岩中不均匀分布白云岩，对常规 PDC 钻头冲击破坏严重，易使切削齿发生崩齿，切削齿一旦出现较小结构性破损，会在很短的时间内发生失效，从而影响钻速。为了实现二开井段"一趟钻"的目标，联合钻头厂家在对多种切削齿磨损和强度研究的基础上，研制了混合布齿 PDC 钻头。该钻头每个刀翼的鼻部齿采用斧型齿，提高抗冲击性，其他切削齿采用平面齿，保证钻头的破岩效率。

钻头冠部采取浅内锥形设计。受青山口地层不均质性的影响，PDC 钻头破岩过程中存在无规律振动。冠部采用浅内锥形设计，可以保证每个切削齿都能够主动切削岩石，更加均匀地分散地层的反作用力，实现钻头稳定破岩的目的。

鼻部齿后倾角由常规的 15°减小到 12°。由于鼻部齿选用抗冲击更好的斧型齿，抗冲击提高了，但是破岩效率会有一定的降低，为了保证鼻部齿的破岩效率，就要减小鼻部齿的后倾角。

### 2.3.2 提速工具优选

通过对斯伦贝谢、哈里波顿、贝克休斯、威德福四大品牌旋导的优缺点对比，结合吉林油田青山口的地层特点，优选出贝克休斯 AutoTrack Curve，该型号旋导具有较强的造斜能力，它的理论造斜能力为 13.5°/30m，能够满足小靶前位移的施工需求。它的伽马零长为 3.74m，能够满足地质导向快速找层的需求，且 BHA 具有更强的柔性，减少井下复杂事故。能够满足二开一趟钻的需求。

### 2.4 配套技术优化

TYP1 井施工过程中采用油基钻井液，但是摩阻达到 35tf，分析原因是井眼清洁效果差，岩屑床堆积造成的摩阻增大，为了解决此问题，应用专业的水力学软件 HYDPRO 模拟研究了钻井液排量、钻具转速与岩屑床的关系，并对排量转速进行了优化设计。

#### 2.4.1 转速优化

钻井液排量为 30L/s、机械钻速为 14m/h、钻井液动塑比为 0.35，利用 HYDPRO 软件模拟得到了悬浮岩屑的浓度、岩屑床高度与钻具转速的关系（图 1）。从图 1 可以看出，随着钻具转速增大，岩屑床高度逐渐降低，说明提高钻具转速有利于改善井眼清洁状况，当达到 80r/min 后，岩屑床高度变化趋于平缓，因此，钻具转速由常规 60~80r/min 提高至 80~120r/min。

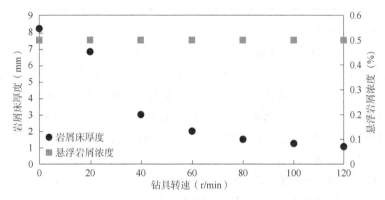

图 1　岩屑床厚度、悬浮岩屑浓度与钻具转速的关系

#### 2.4.2 排量优化

机械钻速为 14m/h、钻具转速为 60r/min、钻井液动塑比为 0.35，利用 HYDPRO 软件模拟得到了悬浮岩屑的浓度、岩屑床高度与排量的关系（图 2）。从图 2 可以看出，随着钻井液排量增大，岩屑床高度及悬浮岩屑浓度逐渐减小，当排量达到 36L/s 后随着排量的提升，岩屑床高度降低加快，因此，钻井液排量应从常规 30~32L/s 提高至 36L/s 以上，以更好地减少岩屑沉降，确保井眼清洁。

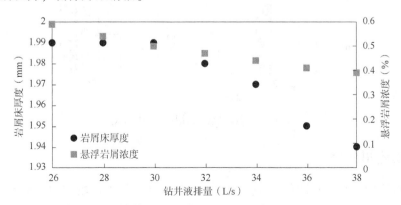

图 2　岩屑床厚度、悬浮岩屑浓度与排量的关系

### 2.4.3 水力参数设计效果分析

钻井液密度为 $1.35g/cm^3$，六速读数分别为 $\Phi_{600}$：96、$\Phi_{300}$：61、$\Phi_{200}$：45、$\Phi_{100}$：31、$\Phi_6$：11、$\Phi_3$：10，钻头水眼面积为 $886.74mm^2$，将排量从常规 30L/s 提高至 36L/s，则喷射速度、冲击力和喷射水功率的计算结果见表5。由表5可知，相同钻头水眼当量面积，排量由 30L/s 提高至 36L/s 时，水力冲击力提高了 36%。可见，采用大排量的水力参数时，不仅可以提高射流冲击力，辅助钻头破岩而提高机械钻速，还可以保持井眼清洁。

表5 水力参数设计效果分析

| 水力参数 | 不同排量对应的水力参数值 | | 提高幅度（%） |
|---|---|---|---|
| | 30L/s | 36L/s | |
| 冲击力（kN） | 1.5 | 2.4 | 36 |
| 射流水功率（kW） | 54.68 | 74.42 | 36.1 |
| 射流速（m/s） | 33.33 | 38.89 | 16.7 |

### 2.4.4 循环加重排量优化

在 HYP4 井施工过程中存在渗漏的情况，如果循环加重过程排量控制不当，可能会出现大量漏失或者井壁掉块坍塌的情况。为了保证井下安全，利用 HYDPRO 软件对起钻前循环加重过程的 ECD 进行分析，通过优化排量（通过计算在提高密度的同时合理的降低排量），保证循环加重过程中的 ECD 与正常钻进时基本相同。钻进时钻井液密度为 $1.34g/cm^3$，密度提到 $1.35g/cm^3$ 前循环排量为 30L/s，密度达到 $1.36g/cm^3$ 后循环排量 25L/s。

### 2.4.5 优化起钻速度

通过对 HYP2 井三开井壁坍塌原因分析，起下钻产生压力波动也是导致井壁坍塌的原因之一，利用 HYDPRO 软件对不同起钻速度产生的压力波动进行分析，并制定了起钻措施：倒划起钻 3~5 柱后，正常起钻 3~5 柱，观察摩阻、扭矩情况，无明显波动，正常起钻，起钻速度小于 6m/min。2021 年完成的两口井平均压力波动比 HYP2 井降低 52%，如图3所示。

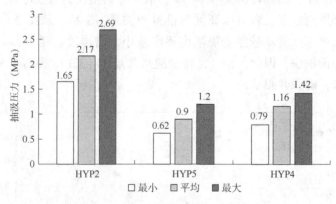

图3 起钻速度优化后井底压力波动

## 3 现场应用效果

吉林油田页岩油水平井钻井关键技术在已在 2 口井进行了现场应用，平均井深 4578m，平均机械钻速 14.59m/h，钻井周期 50.73d，平均水平段长度 2103m，最长水平段 2145m，为吉林油田最长水平段。与应用该技术之前的水平井相比，水平段长度提高82.75%，机械钻速提高53.73%，钻井完井周期缩短了53.86%。下面以HYP4井为例介绍现场应用效果。

HYP4井是位于松辽盆地南部一口纯页岩水平井，钻探目的是落实青一段页岩层水平井产能，为加快评价先导试验提供依据，设计井深4745m，采用三段制双增井眼轨道设计。该井实钻井身结构为：一开，$\phi$311.1mm钻头×1850m，$\phi$244.5mm套管下深1849.5m；二开，$\phi$215.9mm钻头×4745m，$\phi$139.7mm套管下4741.11m。

该井二开井段使用强抑制强封堵高性能油基钻井液钻进，其中1850~2636m井段使用"螺杆+LWD"钻井提速技术，钻压80~120kN，转速80r/min，排量38L/s，泵压24MPa；2636~4745m井段使用混合布齿PDC钻头钻进，并应用旋转导向系统(ATC)与LWD控制井眼轨迹，钻压100~120kN，转速80~90r/min，排量36L/s，泵压25MPa以上，顺利完成造斜段和水平段钻进，井眼轨迹平滑。HYP4井井完钻井深4745m，水平段长2147m，最大井斜角90°，水平位移2443.6m；钻井周期50d，钻完井周期58d，平均机械钻速14.98m/h。首次实现吉林油田井纯页岩水平井二开井身结构，钻井成本同比三开结构水平井降低33%。

# 4　结论

（1）针对页岩油水平井钻井存在的技术难题，开展了井身结构优化、强封堵强抑制钻井液性能优化、钻井参数强化设计、PDC钻头优化设计等技术攻关，形成了吉林油田页岩油水平井二开钻井关键技术。

（2）实现了吉林油田页岩油水平井由三开井身结构简化为二开井身结构，同时水平段长度提高82.75%，机械钻速提高53.73%，为吉林油田页岩油高效勘探提供了技术支撑。

（3）继续开展油基钻井液重利用及高性能水基钻井液技术攻关，持续降低页岩油钻井成本。

## 参 考 文 献

[1] 许涵越．松辽盆地南部青山口组页岩油资源潜力评价［D］．大庆：东北石油大学，2014．

[2] 杨灿，王鹏，等．大港油田页岩油水平井钻井关键技术［J］．石油钻探技术，2020，48（2）：36-41．

[3] 王敏生，光新军，耿黎东．页岩油高效开发钻井完井关键技术及发展方向［J］．石油钻探技术，2019，47（5）：1-10．

[4] 路宗羽，赵飞，雷鸣，等．新疆玛湖油田砂砾岩致密油水平井钻井关键技术［J］．石油钻探技术，2019，47（2）：9-14．

[5] 王建龙，齐昌利，柳鹤，等．沧东凹陷致密油气藏水平井钻井关键技术［J］．石油钻探技术，2019，47（5）：11-16．

[6] 杨灿，董超，饶开波，等．官东1701H页岩油长水平井激进式水力参数设计［J］．西部探矿工程，2019，31（3）：24-26，31．

# 深部坚硬地层破岩异形齿优选方法及应用研究

李　成[1]　曹继飞[1]　袁玉宝[2]　吴仲华[1]　黄　哲[1]　白立业[1]　张存宁[1]　周锡杰[1]

(1. 中石化胜利石油工程有限公司钻井工艺研究院；2. 中石化胜利石油工程有限公司西南分公司)

**摘　要**　钻头异形齿技术能够有效解决深部坚硬地层提速提效技术难题，然而如何优选适用于目标工况和地层特性的异形齿一直未形成规范的方法。本研究基于单齿破岩仿真分析，应用层次分析法和经验法，建立了一套异形齿破岩齿形优选方法，将异形齿优选分为破岩优快评判和齿面结构评判两部分进行，通过权重分配得出异形齿优选结果。最终，应用室内实验验证了方法的可行性，并将该方法应用至一口准噶尔盆地超深井中，取得良好的应用效果。结果显示，实例井火成岩地层中适用齿形为斧形齿，应用优化后的斧形齿钻头，平均机械钻速提高191.43%，印证了优选方法的准确性。该方法能够为深部坚硬地层破岩提速提供技术支撑。

**关键词**　超深井；破岩；异形齿；优选；火成岩

为进一步提高油气储量接替和产能阵地建设，国内油气勘探开发逐渐转向超深、特深层，越来越多的技术难题严重影响深部硬地层的机械钻速和开发成本[1-2]。深部硬地层中，PDC钻头面临破岩效率低、使用寿命短等问题，异形齿技术得到广泛应用[3-7]，然而，如何优选适用于目标工况和地层特性的异形齿是非常关键的问题。目前国内外研究大都仅通过仿真模拟和实验分析的方法进行对比得出优选结果，没有一套通用的、简洁的、快速的异形齿优选方法[8-13]。现场钻头供应商和技术人员也会在基于对地层和工具了解的基础上，通过经验得出的优选结果[14-18]。这些研究及成果无法形成对钻井现场有指导意义的、系统的异形齿优选方法[19-21]。本研究将建立一套异形齿优选方法，并应用仿真和实验的方法进行分析和验证，最终将该方法应用到一口实钻超深井中，为深部坚硬地层破岩提速提供技术支撑。

## 1　异形齿破岩齿形优选及仿真分析

### 1.1　齿形优选方法建立

该方法分两部分进行：一部分是针对异形齿本身进行的破岩优快评判，主要瞄准异形齿

---

【基金项目】中国石油化工股份有限公司重点实验室项目"全尺寸PDC钻头破岩机理实验与评价技术研究"（KLJP23022）；中石化石油工程技术服务股份有限公司青年创新课题"PDC钻头井底多场耦合动态仿真研究"（SG23-06Q）；山东省博士后创新项目资助"难钻地层多维载荷破岩井底耦合动态研究"（SDCX-ZG-202301017）。

【第一作者简介】李成，1991年生，工程师，博士后，2021年毕业于中国石油大学（华东）油气井工程专业，获工学博士学位，目前主要从事深层破岩提速相关研究工作。地址：山东省东营市东营区北一路827号中石化胜利钻井院（257000）；电话：13061370183；E-mail：lijiawei6709@163.com。

破岩效果进行评判，并采用层次分析法得出评判结果。首先，建立评判决策模型树，通过大量文献调研及现场数据统计，准则层选取攻击性、切削力、切削深度、破岩体积、机械比功作为评判因素，这5个因素的联合应用可以较为全面的评判异形齿的破岩能力。第二部分是齿面结构评判，主要瞄准齿面结构与工况之间的适应性进行评判，采用归纳法和赋值法得出评判结果。

最后，通过对工况及环境的分析对两方评价结果赋权重值，得出异形齿优选结果。

### 1.2 齿形优选分析

应用实例对所建立的齿形优选方法进行仿真分析，实例的工况为多维冲击破岩，环境为非均质花岗岩。

#### 1.2.1 仿真模型建立

异形齿评价对象如图1所示，直径为16mm。目标岩样力学特征见表1。

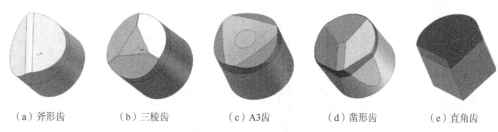

（a）斧形齿　　　（b）三棱齿　　　（c）A3齿　　　（d）凿形齿　　　（e）直角齿

图1　异形齿评价对象

表1　目标岩样力学特性

| 名称 | 可钻性级值 | 抗压强度（MPa） | 抗拉强度（MPa） | 弹性模量（GPa） | 泊松比 |
|---|---|---|---|---|---|
| 花岗岩 | 七级 | 202.441 | 7.13 | 58.71 | 0.139 |

建立单齿直线多维冲击破岩仿真模型，几何结构及网格划分如图2所示。切削齿材料为刚体，与岩石呈表面与表面接触。切削齿与岩石的摩擦系数为0.25，法向为硬接触，采用六面体网格 C3D8R 进行划分。切削齿后倾角为15°，钻压为500N，冲击频率和冲击力分别为60Hz 和450N。

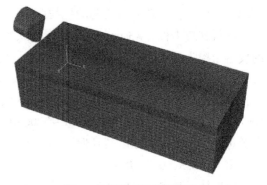

图2　几何模型及网格划分

#### 1.2.2 仿真分析

首先进行破岩优快评判，仿真计算结果如图3所示。在各异形齿对目标岩样攻击性能定性分析的基础上，将攻击性、切削力、切削深度、破岩体积、机械比功的分析结果转换成为方案层的标度值。最终，通过对方案层进行权重分配，将结果归一化，得出破岩优快评判结果见表2。

表2　破岩优快评判结果

| 齿形 | 斧形齿 | 三棱齿 | A3齿 | 凿形齿 | 直角齿 |
|---|---|---|---|---|---|
| 评判结果（%） | 35.94 | 8.93 | 6.14 | 13.82 | 35.17 |

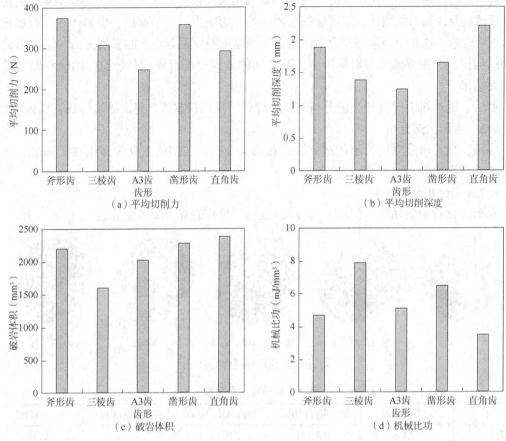

图 3　仿真结果

对异形齿齿面结构进行评判，斧形齿、三棱齿以点线面结合方式破岩，棱线和两侧扇面起主要作用，破坏岩石最弱的抗拉强度，具有良好的抗冲击性，但三棱齿棱线有前向倾角，降低其攻击性。A3 齿以线面结合方式破岩，主要功能体现在降温、散热方面。凿形齿的攻击结构为凸起的棱台结构，且受扇面和锐面的影响攻击结构格外凸显，具有较好的吃入岩石能力，但抗冲击性能差。直角齿是以尖锐的棱锥尖点直接吃入岩石，攻击性非常强大，但抗冲击性极差。如图 4 所示，切削齿齿面受力不相同，五种齿形齿面应力分别为100~400MPa、300~600MPa、1000~3000MPa、2000~5000MPa、3000~7000MPa。因此，各齿形对目标工况适应性由高到低：斧形齿、三棱齿、A3 齿、凿形齿、直角齿，分别打分为0.5、0.4、0.3、0.2、0.1。

冲击技术是提高机械钻速的有效方法，对切削齿的高速钻进和高抗冲击性均有较高要求，但由于冲击作用的存在以及岩石的非均质性，抗冲击性更受关注。因此，对破岩优快评判和齿面结构评判两方面结果的分别赋权重值为 40%和 60%，最终齿形优选结果见表 3。

表 3　最终优选结果

| 齿形 | 斧形齿 | 三棱齿 | A3 齿 | 凿形齿 | 直角齿 |
| --- | --- | --- | --- | --- | --- |
| 优选结果 | 0.34 | 0.21 | 0.16 | 0.13 | 0.15 |

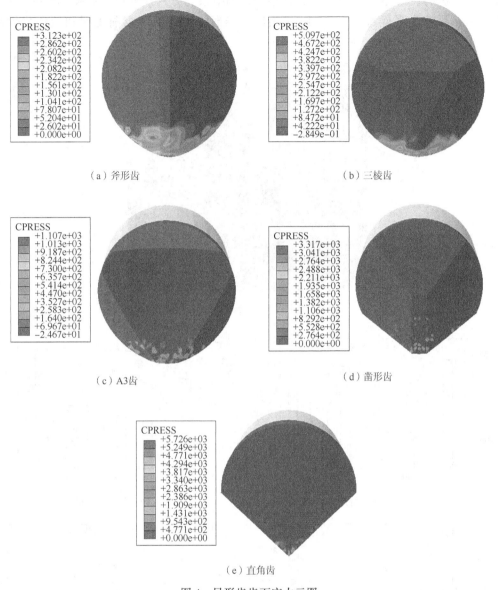

（a）斧形齿 （b）三棱齿

（c）A3齿 （d）凿形齿

（e）直角齿

图 4 异形齿齿面应力云图

## 2 异形齿破岩齿形优选方法实验验证

### 2.1 实验准备

应用微钻头切削—冲击耦合破岩实验装置进行试验，验证齿形优选方法的可靠性，如图 5 所示。异形齿结果与岩样性质同前述内容，岩样尺寸 30cm×15cm×10cm。实验中，参数采集间隔 0.1ms，微钻头两齿中心距 24mm，实时记录扭矩、切深等参数。

### 2.2 实验结果

实验与仿真结果基本一致，验证了仿真模型的准确性，如图 6 所示。其中，由于仿真与实验切削时长不同，两者破岩体积归一化处理后进行对比。

因此，破岩优快评判的结果为直角齿（50.56%）、斧形齿（36.03%）、三棱齿（7.24%）、凿形齿(4.66%)、A3 齿(1.52%)，齿面结构评判结果同仿真分析中的结果。将两组结果相加并归一，最终齿形优选结果见表 4。最终，斧形齿为适用于当前工况和地层岩性的异形齿。

图 5　实验装置

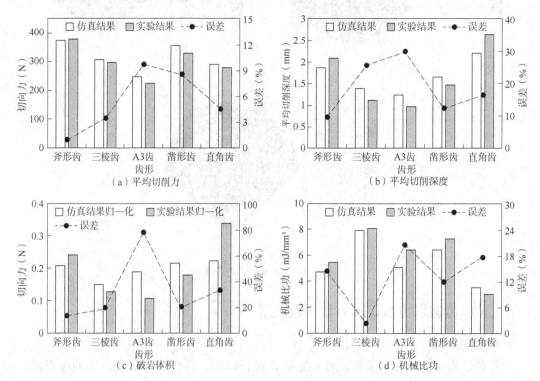

（a）平均切削力　　　　　　　　　　（b）平均切削深度

（c）破岩体积　　　　　　　　　　（d）机械比功

图 6　仿真结果

表 4　最终仿真优选结果

| 齿形 | 斧形齿 | 三棱齿 | A3 齿 | 凿形齿 | 直角齿 |
|---|---|---|---|---|---|
| 优选结果 | 0.34 | 0.21 | 0.14 | 0.11 | 0.20 |

实验中，凿形齿和直角齿破损严重，如图 7 所示。观察破损形貌，两齿均出现崩齿现

象，因此这两种异形齿不适合冲击破岩，印证了优选结果和齿面结构分析的准确性。

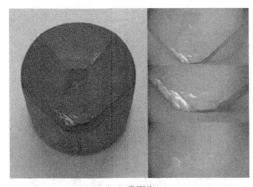

（a）凿形齿　　　　　　　　　　　　　　（b）直角齿

图 7　异形齿破坏形貌

## 3　深层破岩齿形优选方案及现场应用分析

### 3.1　实例井描述及齿形优选

D-1 井位于准噶尔盆地中央凹陷，是一口风险探井，井型为直井。该井四开井身结构，井深 8260m，完钻层位石炭系。四开井段 7230~8260m，应用 φ165.1mm 钻头，本开次主要问题是石炭系火成岩部分地层异常坚硬、研磨性强、钻头损伤严重，岩性为火山角砾岩、凝灰岩，深度 8128~8260m。应用本研究建立的异形齿优选方法，最终针对该井地层岩性优选出适用的异形齿为斧形齿。

### 3.2　现场应用分析及验证

四开火成岩地层中，首先下入 6 刀翼双排平面齿 PDC 钻头，开始时 20~35min 钻速较快，钻至 8141m 逐渐变慢，8151m 时钻时增至 70min，之后最慢钻时达到 120min，钻进至 8209m 时起钻。钻头入井和出井状态如图 8 所示，前排齿顶部、肩部磨平约 1/3，后排齿尖部磨平，外径未小。

（a）入井前　　　　　　　　　　　　　　（b）出井后

图 8　平面齿 PDC 钻头入井前和出井后状态

然后，基于本文建立的齿形优选方案，下入 6 刀翼斧形齿 PDC 钻头，钻至完钻井深

8260m，全过程钻时基本维持在 20~30min，为理想范围，起出钻头后几乎无磨损，如图 9 所示。

（a）入井前 （b）出井后

图 9 优化后钻头入井前和出井后状态

对比来看，平面齿钻头平均机械钻速为 0.7m/h，优化后的斧形齿钻头平均机械钻速为 2.04m/h，增幅达到 191.43%。因此，优化后的钻头更适合在该地层中作业，结果印证了本文所建立的优选方法的准确性。

## 4 结论

（1）建立了异形齿破岩齿形优选方法，该方法分为破岩优快评判和齿面结构评判两方部分，结合工况和环境对两方评判结果赋权重值，得出最终的异形齿优选结果。

（2）室内实验与仿真分析的优选结果相同，验证了齿形优选方法和仿真模型的可靠性；同时，实验中凿形齿和直角齿的崩坏，也证明了齿面结构分析的准确性，解释了仿真计算中两种齿形齿面受力过高的现象。

（3）针对准噶尔盆地一口超深直井钻遇的火成岩地层，应用本研究建立的异形齿优选方法优选出最佳适用齿形为斧形齿。应用优化后的斧形齿钻头，机械钻速提高 191.43%，印证了所建立的优选方法的准确性。

参 考 文 献

[1] DAI X, HUANG Z, SHI H, et al. Experimental investigation on the PDC cutter penetration efficiency in high-temperature granite[J]. Geothermics, 2022, 98: 102281.

[2] 李其州，张凯，周琴，等. 切削深度对 PDC 齿超高速破岩机理的影响分析[J]. 石油机械，2022，50 (6): 1-8, 15.

[3] 徐金凤. PDC 钻头 4D 切削齿技术新发展[J]. 石化技术，2019，26(10): 79-80.

[4] 许利辉，毕泗义. 国外 PDC 切削齿研究进展[J]. 石油机械，2017，45(2): 35-40.

[5] SHAO F, LIU W, GAO D, et al. Development and verification of triple-ridge-shaped cutter for PDC bits [J]. SPE Journal, 2022, 27(6): 3849-3863.

[6] ZHANG F, LU Y, XIE D, et al. Experimental study on the impact resistance of interface structure to PDC

cutting tooth[J]. Engineering Failure Analysis, 2022, 140: 106503.

[7] 玄令超, 管志川, 呼怀刚, 等. 旋转冲击破岩实验装置的设计与应用[J]. 石油钻采工艺, 2016, 38 (1): 48-52.

[8] ZHAN G, PATIN A, PILLAI R, et al. In-situ analysis of the microscopic thermal fracture behavior of PDC cutters using environmental scanning electron microscope[R]. SPE168004, 2014.

[9] 刘伟吉, 阳飞龙, 董洪铎, 等. 异形 PDC 齿混合切削破碎花岗岩特性研究[J]. 工程力学, 2023, 40 (3): 245-256.

[10] 邹德永, 任尊亮, 陈雅辉, 等. 硅质白云岩 PDC 钻头齿型优选实验研究[J]. 钻采工艺, 2021, 44 (6): 19-24.

[11] 祝效华, 李海. PDC 切削齿破岩效率数值模拟研究[J]. 应用基础与工程科学学报, 2015, 23(1): 182-191.

[12] 刘忠, 胡伟, 尹卓, 等. PDC 钻头混合布齿参数对破岩的影响研究[J]. 石油机械, 2020, 48(3): 51-57.

[13] 邓嵘, 丰波, 敖建章, 等. 牙轮钻头牙齿破岩效率的模糊综合评判方法[J]. 石油机械, 2016, 44 (3): 6-11.

[14] YANG Y, ZHANG C, LIN M, et al. Research on rock-breaking mechanism of cross-cutting PDC bit [J]. Journal of Petroleum Science and Engineering, 2018, 161: 657-666.

[15] ROSTAMSOWLAT I, EVANS B, KWON H J. A review of the frictional contact in rock cutting with a PDC bit [J]. Journal of Petroleum Science and Engineering, 2022, 208: 109665.

[16] FU Z, TERGEIST M, KUECK A, et al. Investigation of the cutting force response to a PDC cutter in rock using the discrete element method[J]. Journal of Petroleum Science and Engineering, 2022, 213: 110330.

[17] 罗鸣, 朱海燕, 刘清友, 等. 一种适用于超高温超高压塑性泥岩的 V 形齿 PDC 钻头[J]. 天然气工业, 2021, 41(4): 97-106.

[18] JU P, TIAN D, WANG C, et al. Theoretical and simulation analysis on rock breaking mechanical properties of arc-shaped PDC bit[J]. Energy Reports, 2021, 7: 6690-6699.

[19] TEALE R. The concept of specific energy in rock drilling[J]. International Journal of Rock Mechanics and Mining Sciences & Geomechanics Abstracts, 1965, 2(1): 57-73.

[20] 李田军, 郭嘉, 鄢泰宁. PDC 碎岩功耗的理论分析与计算[J]. 地质与勘探, 2016, 52(5): 937-941.

[21] 张佳伟, 孟昭, 纪国栋, 等. PDC 钻头破岩效率及稳定性室内试验研究[J]. 石油机械, 2020, 48 (12): 35-43, 51.

# 短半径/超短半径侧钻水平井钻完井技术研究与应用

郑殿富　王春华　万发明　钟　晖　解　珅　寇志辉　郑瑞强　李添祺

（大庆钻探工程公司钻井工程技术研究院）

**摘　要**　针对剩余油开采难度大，常规措施挖潜效果不理想的现状，结合长关、高关、低产、套损等各类井的复产与增产需求，大庆钻探为探索剩余油定层、定向高效挖潜方法，借鉴国内外先进经验，创新形成了短半径/超短半径侧钻水平井技术，相较于常规水平井，具有靶前位移短，油层钻遇率高，投资回报率高的特点，是一项可对储量进行定方位、定深度、定长度靶向精准挖潜技术。本文着重论述超短半径水平井技术优势、选井选层方案、施工工艺、关键技术、应用效果及技术发展趋势。

**关键词**　剩余油挖潜；超短半径；靶前位移；开窗侧钻

近年来提出的超短半径侧钻水平井技术，是在侧钻井技术上进一步降低曲率半径，实现大曲率造斜和水平钻进形成水平分支井筒，可以实现定向挖潜改造，扩大泄油面积，改善油井生产条件，提高采收率，逐渐成为油田老井挖潜增油的一项重要技术手段。

超短半径侧钻水平钻井技术是利用 MWD 随钻测量技术及特殊钻井工具，以小曲率半径在老井套管中开窗、造斜、水平钻进。相较于常规水平井，具有靶前位移短，油层钻遇率高，投资回报率大的特点，是一项可对储量进行定方位、定深度、定长度靶向精准挖潜技术。

## 1　超短半径侧钻水平井技术优势

### 1.1　提高低渗储层及稠油层储量动用程度

由于超短半径侧钻水平井技术使直井射孔完井转变为水平井，一方面使油层渗流面积大幅度提高，另一方面使油流状态从径向流转变成线性流，从而使低渗透油层及稠油层产量得到显著提高，开发状况得到有效改善。

### 1.2　挖潜厚油层顶部剩余油，为聚驱后提高采收率提供了新技术

厚油层或侧积体沉积油层底部水淹严重，顶部水淹相对较低且聚驱受效差，压裂、调剖都不能够解决这个问题。而侧钻水平井可穿透厚油层顶部物性变差部位及侧积层面，实现顶部剩余油的挖潜，为挖潜这类油层储量可行的技术。

### 1.3　注采不完善区剩余油可得到定向挖潜

由于断层的遮挡、河道发育较窄、局部井网不完善等，常形成注采不完善型剩余油，

【第一作者简介】郑殿富（1980—），男，黑龙江巴彦人，汉族，高级工程师，2004 年毕业于东北石油大学机械设计制造及其自动化专业，现从事钻井、固井工具及工艺研究工作。电话：13604893913；E-mail：zhengdianfu@cnpc.com.cn。

可向剩余油区定向钻进，使储量得到定向挖潜；另外同层多分支还可实现储量的多向挖潜，对井网控制程度较低的窄河道具有特别的优势。以上类型剩余油应用超短半径侧钻水平井技术措施有效率可达100%。

### 1.4 实现长关井治理

目前各油田都存在大量由于高含水、低产液、套损等而长关的井，但高含水井未必是层层水淹或所有方向都水淹；低产液的原因有油层薄、物性差、污染等。超短半径钻井可定向、钻进距离长的优势恰好解决和弥补了压裂裂缝方向不可控、已完钻油层厚度不可变、解堵技术处理半径短的问题，通过向低水淹方向钻井、向厚度变厚方向钻井、长距离钻井，使部分长关井得到二次开发和利用。对各油田而言，利用该技术治理常关井的潜力巨大。

### 1.5 为井网优化提供了新思路

由于曲率半径短，可在新井采取直井+多层分支侧钻水平井完井方式开发，在发挥水平井开发优势以尽量少的井数实现储量最大控制的同时，又有效避免了水平井开发丢层问题，保证多层同时得到开发，实现最高效益的井网优化。

## 2 超短半径侧钻水平井选井选层方案

在量化分析超短半径侧钻水平井影响因素基础上，建立了选井选层标准，确保剩余油精准挖潜效果。

### 2.1 选井方案

（1）低效、无效井。

① 原则上葡萄花油层投产初期日产液>3t，扶杨油层投产初期日产液>2t，目前日产油量<1t，优先选择<0.5t。

② 优先选择套损井、高含水井、提捞井、长关井、间抽井。

（2）优选无压裂、补孔、堵水等调整措施潜力井。

（3）可选开窗点以上井况良好或开窗点以上修后最小通径≥120mm的套损井。

（4）非近期水驱、化学驱等井网调整利用井。

### 2.2 大庆油田选层方案

依据超短半径水平井技术特点结合大庆油田地质特点，通过现场应用效果分析建立了大庆油田超短半径水平井选层方案，见表1。

**表1 超短半径水平井选层方案**

| 分类 | 葡萄花层砂体规模发育区 | | 葡萄花层窄小河道区 | 扶杨低/特低渗透油层（侧钻+压裂） |
|---|---|---|---|---|
| | 无能量补充（目的层） | 有能量补充（目的层） | | |
| 地质 | （1）剩余油局部富集区；<br>（2）侧钻前地层压力≥7.5MPa；<br>（3）侧钻井间剩余可控地质储量≥13000t；<br>（4）有效厚度≥2m；<br>（5）渗透率≥30mD，泥岩夹层不发育；<br>（6）侧钻井水平段可延伸长度≥100m | （1）剩余油局部富集区；<br>（2）侧钻方向与水淹方向油水井连线夹角≥90°；<br>（3）原始含油饱和度≥55%；<br>（4）有效厚度≥1.5m；<br>（5）侧向水井注采井距≥240m；<br>（6）侧钻方向水井累注水强度≤5600t/m；<br>（7）渗透率≥30mD，泥岩夹层不发育；<br>（8）侧钻井水平段可延伸长度≥100m | （1）剩余油局部富集区；<br>（2）侧钻方向与水淹方向油水井连线夹角应在150°与180°之间；<br>（3）侧钻水平段长度≥120m；<br>（4）有效厚度≥1.5m；<br>（5）河道宽度≥200m；<br>（6）侧钻方向井震储层预测砂体发育 | （1）剩余油局部富集区；<br>（2）侧钻水平段长度≥120m；<br>（3）有效厚度≥3m；<br>（4）侧钻方向与最大主应力及天然裂缝方向夹角≥45° |

| 分类 | 葡萄花层砂体规模发育区 | | 葡萄花层窄<br>小河道区 | 扶杨低/特低渗透<br>油层(侧钻+压裂) |
| --- | --- | --- | --- | --- |
| | 无能量补充(目的层) | 有能量补充(目的层) | | |
| 工程 | (1)断层落实,地层视倾角上倾<25°;<br>(2)斜井侧钻方位与原井斜方位夹角在60°以内;<br>(3)严格按照入层点作为A靶点,含水大于60%井眼,要求A靶点与原井筒水平位移50m以上;<br>(4)优先采用3½in套管完井,满足后续冲砂通井等措施要求 | | | |

## 3 超短半径侧钻水平井施工工艺

超短半径侧钻水平井技术是利用原井套管,应用斜向器、高强度铣锥、高造斜率螺杆、随钻测量仪器等工具,进行开窗、造斜、水平钻进的特殊钻井工艺,目前国内以大庆油田为代表的建设方施工井曲率半径 15～50m,可以实现剩余油富集区定层、定向、精准挖潜(表2和图1)。

### 表2 超短半径水平井技术参数表

| 项　　目 | 技术指标 | 项　　目 | 技术指标 |
| --- | --- | --- | --- |
| 造斜率 | (30°～162°)/30m | 钻进方式 | 滑动+复合 |
| 曲率半径 | 15～50m | 测量工具 | MWD无线监测、陀螺、伽马测井 |
| 井眼尺寸 | 114.3～118mm | 完井方式 | 筛管/固井 |
| 水平长度 | 150～200m | 增产措施 | 笼统压裂/分段压裂 |
| 造斜工具 | 钛合金钻杆+双弯角螺杆 | | |

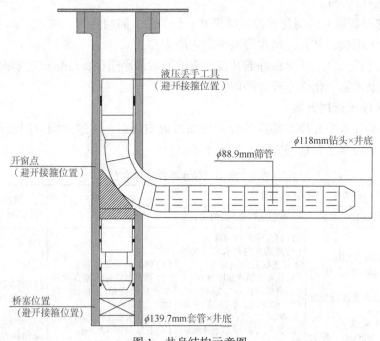

图1　井身结构示意图

### 3.1 主要工序

(1)通井、洗井及刮壁:下通径规和刮壁器对老井眼套管进行通径和热洗井,并对开窗点位置进行套管刮壁。

（2）坐封斜向器：下斜向器，测伽马磁定位校深、陀螺仪定方位并打压坐封斜向器。

（3）套管开窗：下开修窗铣锥磨铣套管开窗，窗口内径 120mm，窗口长 3m。

（4）造斜钻进：井径 114.3mm/118mm，采用无磁钛合金钻杆（MWD）+双弯螺杆马达钻进。

（5）水平钻进：增加单弯螺杆复合钻进，MWD 随钻测井控制轨迹，水平钻进 100m 以上，井径 114.3mm/118mm。

（6）完井：油管固井或筛管完井。

### 3.2 钻具组合

（1）套管开窗器钻具组合：

① 清洗通井：$\phi$120mm×1.5m 通径规+$\phi$88.9mm 钻铤（9 根）+变扣接头+$\phi$73mm 钻杆（到井口）。

② 刮壁：GX140T 套管刮削器+$\phi$88.9mm 钻铤（9 根）+$\phi$73mm 钻杆（到井口）。

③ 坐挂斜向器：$\phi$116mm 斜向器+陀螺定位接头+$\phi$73mm 钻杆（到井口）。

④ 开窗磨铣：$\phi$120mm 铣锥+$\phi$88.9mm 钻铤（9 根）+变扣接头+$\phi$73mm 钻杆（到井口）。

（2）造斜钻进钻具组合：$\phi$114.3mm PDC 钻头+$\phi$73mm（2°+3°）双弯角螺杆+3⅜in 铰链式定向接头+2½in 钛合金钻杆（MWD）+2⅜in 钛合金钻杆+变扣接头+2⅞in 钻杆（到井口）。

（3）水平钻进钻具组合：$\phi$114.3mm 钻头+$\phi$79mm 1°单弯螺杆+3⅜in 铰链式定向接头+2½in 钛合金钻杆（MWD）+2⅜in 钻杆+变扣接头+2⅞in 钻杆（到井口）。

### 3.3 钻井液设计

采用高性能钻井液（表3），相对于国外公司采用的无固相大分子聚合物钻井液，井壁稳定性更好，具有良好的润滑性、抑制性、流变性和携屑能力，有效防止高造斜率井段井壁剥落。

表3 高性能钻井液性能参数表

| 常规性能 | | | | | | | 流变参数 | | | | 固相含量（%） | 膨润土含量（%） |
| --- | --- | --- | --- | --- | --- | --- | --- | --- | --- | --- | --- | --- |
| 密度（g/cm³） | 漏斗黏度（s） | API 失水（mL） | 滤饼厚（mm） | pH 值 | 含砂（%） | 摩阻系数 | 静切力（Pa） | | 塑性黏度（mPa·s） | 动切力（Pa） | | |
| | | | | | | | 初切 | 终切 | | | | |
| 1.10~1.35 | 45~65 | ≤6.0 | ≤0.5 | 8.0~10.0 | <1.0 | <0.08 | 1.0~4.0 | 2.0~15.0 | 10~25 | 8~15 | ≤6 | ≤5.0 |

### 3.4 施工步骤

（1）通井和刮壁。下入通径规和刮壁器等钻具组合等作业，使井筒清洁通畅、循环正常，达到后续施工条件。

（2）锚定斜向器。下入斜向器钻具组合；用陀螺定位仪和电测仪器测试方位和深度，将斜向器固定在造斜点深度和设计方位上；打压 21MPa 稳压 10min，下放管柱，加压 40~50kN，上提 40~50kN，确保导斜器坐封正常后，上提，多出管柱重 0.2kN 正转数圈，起出导斜器上部管柱。

（3）开窗：下入开窗钻具组合，钻压 3~20kN，转盘转速 0~60r/min，钻井泵排量 400~600L/min，铣至 3m 后，把所有的铁屑及岩屑洗出井筒外，起出钻具。

（4）稳斜段钻进：下入稳斜钻具组合，钻压 20~30kN，转盘转速 30~60r/min，钻井泵排量 400~600L/min，钻进 10m 后稳斜工作结束。

（5）造斜段钻进：下入造斜钻具组合，当下至造斜点深度时，效正指重表，利用 MWD 测量井下参数，确保工具面符合设计要求，采用高造斜螺杆滑动钻进，间断检测砂样，钻压 20~30kN。排量 300~500L/min，当钻至造斜段结束时，造斜工作结束。

（6）水平段钻进：下入水平段钻具组合。以滑动或旋转模式钻进水平段，依据定向井设计，现场每 1m 捞取地质砂样，按定向井工程师的指令钻井到设计井深。每钻进 2 个单根需要泵入 1m³ 稠浆清洗井眼以确保井眼干净。

（7）完井：

① 通井、洗井作业。钻具组合：φ114.3mm 通井钻头+φ60.3mm S135 钻杆（按设计）+变扣接头（NC31 母×NC26 公）+φ73mm 钻杆（到井口）。工艺流程：按钻具组合设计组合通井洗井钻具；下钻到完钻井深；大排量（8~10L/s）顶替高黏钻液洗井；用完井液替出裸眼段钻井液；起钻，立回 2⅞in 钻柱杆。

② 下筛管作业。管串组合：φ60.3mm 筛管引鞋+φ60.3mm 筛管+φ60.3mm 钻杆（按实际井深）+遇水膨胀封隔器+液压丢手+φ73mm 钻杆（至井口）。工艺流程：按顺序下入筛管及附件，按标准上够扭矩；按设计管串顺序连接管串；接遇水膨胀封隔器和液压丢手（工具吊上钻台时注意防止磕碰）；将筛管下至预定深度；卸开动力水龙头，投入钢球；确保钢球到位；缓慢开泵憋压（理论脱开压力 3~4MPa），泵压波动后井口返出钻井液视为丢手工具打开；确认筛管丢手成功后起钻；拆卸防喷器组，安装井口。

③ 下油管固井作业。在甲方依据油井后期有增产技术措施需要实施的条件下，下油管固井作业代替下筛管作业。

管串组合：浮鞋+短油管（1~2m）+浮箍+短油管（1~2m）+球座短节+φ88.9mm 油管（按设计长度）+（φ139.7mm×φ88.9mm）尾管悬挂器+φ73mm 钻杆（至井口）。

工艺流程：与常规尾管固井相同。

# 4 超短半径侧钻水平井特殊仪器工具及关键技术

## 4.1 超短半径侧钻水平井特殊仪器工具

与常规侧钻水平井相比，为适应超短半径水平井高曲率小井眼钻进工况，研制了与之条件配套的特殊工具及随钻测量仪器，满足高精度定向及水平钻进要求。

### 4.1.1 柔性随钻测量仪器

由于超短半径井狗腿度大、井径小，对仪器的弯曲能力、外径要求高，开展了小尺寸 MWD 仪器研发，采用进口脉冲发生器与国产探管相结合的方式，并在仪器中间增加柔性短节设计，实现短节之间电气和机械部分的连接，保证内部仪器随着外部钛合金柔性钻杆变形而变化，提高弯曲能力过弯能力，电路骨架采用小型化环形槽设计，轴向增加多个环形槽，提高骨架的柔性（表 4 和图 2）。采用铝合金材料进行加工，在满足电路板安装的同时，承受大狗腿度时产生的弯曲应力；增加伽马测量模块，提高地层岩性识别能力；优化设计柔性短节能够变形、改变方向，变形处可增大过流面积，减少冲损；通过优化短节长度，设计承弯减振机构、承弯骨架、柔性 FPC 板等措施，实现超短半径水平井侧钻过程中井眼轨迹及地层岩性实时监测。

表 4　随钻测量仪器参数

| 参　数 | 指　标 | 参　数 | 指　标 |
|---|---|---|---|
| 仪器直径 | ≤φ35mm | 方位 | 0~360°，±1.5° |
| 仪器长度 | ≤6.10m | 工具面 | 0~360°，±1.5° |
| 曲率半径 | ≤10m | 工作温度 | −40~125℃ |
| 井斜 | 0~180°，±0.1° | 工作压力 | 0~70MPa |

柔性短节

打捞头　电池1　　电池2　　定向探管　　伽马探管　脉冲器　　引斜总成

图 2　φ35mm 随钻测量仪器

### 4.1.2　铰接式双弯高造斜螺杆

超短半径井造斜率要求高，按单弯螺杆设计弯角过大，无法在 5½in 套管内下入，为此依据高造斜率和套管通过性要求，设计铰接式双弯高造斜螺杆(下弯点 3°、上弯点 1°)，多垫片设计，可根据现场需要调成 3mm、5mm、7mm、8mm 垫片，并可进一步提高造斜率，造斜率达到 160°/30m，满足精确控制轨迹要求(图 3)。万向轴采用钛合金挠性轴加滚柱式全密封结构，且滚柱采用限位结构，摆动灵活，可承受更大的扭矩，使用寿命更长。定、转子通过线性动态啮合模拟，对内摆线线型进行了全面优化，改进了线型参数，降低了接触应力和摩擦力。使马达整机效率提高 10%，压降减小 30%。对转子进行喷涂硬化后抛光，井下工作动力性增强同时寿命延长。

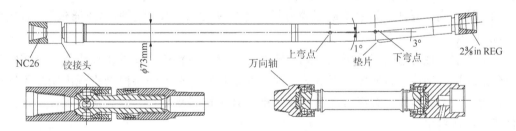

NC26　铰接头　　φ73mm　　　　万向轴　　上弯点　　1°　　3°　2⅜in REG
　　　　　　　　　　　　　　　　　　　　　　　　垫片　下弯点

图 3　铰接式双弯高造斜螺杆

为提高螺杆通过性和造斜率，研制万向铰接头，可以实现 7° 弯曲，并具备密封和传递钻压、扭矩的功能，经现场应用验证工具性能可靠，可有效提高弯螺杆通过性及造斜率。

### 4.1.3　柔性钛合金钻杆

研选定制了高强度、抗疲劳耐弯曲的无磁钛合金钻杆。优化了加厚过渡带的结构，提高强度，加厚形式为内平外加厚，采用一次加热镦粗成型工艺，减缓了内过渡带的表面突变，降低了应力集中，提高了钻杆防刺漏性能，创新设计了 PH6 双梯特种螺纹钢接头，有效提高使用寿命。

技术优势：

(1) 低弹性模量，造斜半径更小。

(2) 高抗疲劳，疲劳寿命是钢材 10 倍以上。

(3) 高强低密，良好的耐蚀性。

经过计算分析，钛合金钻杆具有较高的力学性能，屈服强度更大，是常规钻杆的 2 倍，高曲率钻进时满足了超短半径井的柔性和强度要求，并有效保证现场施工安全。

### 4.1.4 特殊设计小尺寸 PDC 钻头

研发超短刀翼小尺寸 PDC 钻头，经三代钻头的迭代升级，实现 PDC 钻头小井眼高造斜钻井(图 4)。常规 PDC 钻头小曲率半径下，钻具下入困难，尤其是配合双弯螺杆下入更为困难，为此进一步优化设计短刀翼小尺寸 PDC 钻头，相对常规钻头冠部高度缩短 50%。提高造斜率优化设计，内锥 75°的双圆弧冠部曲线，冠顶较平坦，有利于定向造斜，刀翼楔形设计、刀翼各部位圆滑过渡，起下钻顺利，有利于定向造斜；非平面切削齿破岩效率更高，强度更高，提速效果良好。

图 4　小尺寸 PDC 钻头

## 4.2　高造斜率精准轨迹控制与精确地质导向技术

### 4.2.1　高造斜定向施工技术

(1) 掌握了高造斜螺杆造斜规律，理清不同曲率半径水平井螺杆的选用。造斜率主要受到螺杆本身结构、地层特性、钻进参数、井身几何形状等因素的影响。螺杆钻具本身结构，例如弯角大小及位置、垫片尺寸及位置对螺杆钻具造斜率影响十分明显。为保证定向施工的轨迹准确，螺杆造斜率要超过轨迹设计造斜率 20%，螺杆造斜率要通过"三点定圆法"计算校核。

(2) 地层特性对造斜率的影响。地层特性是影响井眼轨道变化的重要因素，地层特性参数包括地层可钻性、各向异性指数等，同一种钻具组合在不同层段会表现出明显不同的造斜能力。一般泥岩地层螺杆实际造斜率与螺杆理论造斜率相符，砂岩地层螺杆实际造斜率低于理论造斜率。

(3) 准确预计反扭角和扭摆定向技术，节省起下钻时间，缩短施工周期。通过精确的计算和施工经验积累，准确掌握直井侧钻第一趟钻盲打段施工规律，准确预估不同地层和螺杆条件下反扭角的设定，小钻压慢速滑动钻进，确保方位偏差做到最小，为后续施工减轻压力，确保了井眼轨迹精确。

### 4.2.2　精确地质导向技术

利用岩屑及气测解释成果，进行钻前两建模、钻中两校正，实现了储层精准预测和井眼轨迹实时调整，平均储层钻遇率达到 97.71%以上

钻前两建模：应用 GeoFacies 软件建立三维地质模型；应用导向软件建立原始模型。

钻中两校正：定向段根据实钻轨迹等现场数据，采用标志层法校对地层构造，确保准确着陆；水平段：应用气测、岩性的对称性校对地层倾角，保证目的层砂岩的有效钻遇。

## 4.3　高质量超短半径完井及增产改造技术

依据不同曲率半径井特点，分别设计了相应的完井工艺配合后期增产措施，确保了增

油效果和油井使用寿命。

（1）超短半径筛管完井管串下入技术。针对高曲率条件下常规筛管无法下入的难题，设计了止推扩孔筛管、高强度丢手工具、钻进式引鞋等系列专用工具，完井管串可旋转下入，确保管串下入成功率100%。

（2）超短半径水平井尾管固井技术。超短半径侧钻水平井小井眼半程固井，集水平井、窄间隙、短半径、复杂调整井固井诸多特点。实施了超短半径轨迹平滑控制、正向反向划眼、造斜段扩眼、专用工具通井等技术措施，确保了套管下入及固井质量。

（3）超短半径半程固井技术。针对造斜段过路水层出水，影响水平段产油效果，并且笼统压裂，易出现造斜段泥岩坍塌及窜层影响压裂效果的难题，需进行造斜段有效封固，克服过路水层及原井目的层射孔带来的高含水短路效应，提高采收率及压裂可靠性。通过优化设计小尺寸注水泥工具、复合膨胀封隔器的固井工具结构实现了超短半径水平井造斜段半程固井工艺。

（4）超短半径水平井增产改造技术。筛管完井笼统压裂工艺，针对中低渗透储层改造需要，形成了"适度规模+暂堵转向"压裂工艺。

固井完井分段压裂工艺，针对低孔、特低渗透储层，攻关了大曲率、小半径、$\phi$88.9mm套管射孔枪弹和可溶桥塞，实现了超短半径井水平段分段压裂。

## 5 应用效果

针对钻补充井、补孔和压裂等常规措施无法实现有效挖潜剩余油的实际，并结合长关、高关、低产、套损等复杂井的复产与增产需求，对大庆油田长垣萨葡中高渗透、外围葡萄花低渗透、外围扶杨特低渗透及海塔复杂岩性低渗等4类储层开展了挖潜试验及推广应用，成效显著，统计近年来正常投产的153口井，平均单井初期日增油2.9t，阶段总累积增油10.8498×10$^4$t。

## 6 超短半径水平井技术发展趋势

超短半径侧钻水平井技术仍存在水平段短泄油面积受限、高含水井侧钻后含水上升快、部分井有效期短、低渗透油层侧钻后增液幅度低等难题，为此将在以下几方面进行技术攻关。

（1）超短半径侧钻优快钻进技术需进一步提升。目前超短半径水平井在致密泥岩定向钻进时仍存在机械钻速慢、钻进效率低等难题，需进一步优化完善可复合钻进的高造斜螺杆、高效PDC钻头等技术，实现定向、水平一趟钻，提高钻井效率，降低成本。

（2）井筒管理对油层合采及老井筒恢复的要求增加。目前超短半径水平井技术只能开发侧钻层位，无法针对日产较高的井，进行老井筒合采；剩余油开采结束后老井筒无法恢复。需进一步攻关老井合采与恢复技术。

（3）延长水平段长度，增加泄油面积。目前超短半径侧钻井受施工条件限制水平段多在120~200m之间，泄油面积有限限制了单井产量提高，为此需进行两方面技术研究：一是长水平段超短半径水平井技术研究；二是多个层位或同一层位的多底分支井技术研究。

（4）完井方式多样化技术研究。由于不同油藏区块的地质条件对完井方式有不同需求如防砂、封固及封隔控水的技术要求，目前筛管完井中筛管防砂能力差，尾管固井质量差均不能满足技术需求，为此，需进一步攻关低成本高质量的封隔封固完井技术系列。

## 7 结论

（1）超短半径水平井技术具有靶前位移短，油层钻遇率高，施工成本低的特点，是一项可对储量进行定方位、定深度、定长度靶向精准挖潜技术。截至目前已推广应用一百余口井，与老井相比单井日产量平均提高3倍，效果显著，能够解决老井治理及开发难题，实现剩余油精准挖潜，满足油田经济开发要求，保障油田高质量有效益可持续开发。

（2）超短半径水平井钻完井技术特别适用于高含水老油田中高渗井间滞留剩余油、区块边际剩余油、断层遮挡剩余油及特低渗薄层剩余油等油藏，不仅对停产井、低产井挖潜有显著意义，更重要的是构建高效驱替体系，为各种常规油田转变开发方式大幅提高采收率，打下坚实的储层基础，技术发展的工业化应用前景十分广阔。

（3）超短半径水平井钻完井技术可有效破解陆相常规油田高含水、低产低效采收率的困境，大幅提高油田采收率，促进开发方式重大转变与开发主体技术升级换代，对实现老油田可持续发展，显著增强原油稳产能力。

## 参 考 文 献

[1] 唐雪平，陈祖锡，汪光太，等．中短半径水平井弯壳螺杆钻具造斜率预测方法研究[J]．钻采工艺，2000，23（3）：13-18.

[2] 苏义脑．极限曲率法及其应用[J]．石油学报，1997（3）：65-67.

[3] 张洪宁，刘卫东，藏艳彬，等．高造斜率螺杆钻具提速技术研究与应用[J]．钻采工艺，2018，39（3）：16-19.

[4] 李猛，薛强．双螺杆应力集中分析及结果优化[J]．机械设计与制造，2005（3）：74-75.

[5] 张小宁．加拿大白桦地致密气超长小井眼水平井优快钻井技术[J]．中国石油勘探，2022，27（2）：142-147.

[6] 党煜蒲，姜天杰．井眼轨迹测量误差校正研究现状及发展趋势[J]．国外测井技术，2020，41（4）：16-22.

[7] 刘修善．导向钻具几何造斜率的实用计算方法[J]．天然气工业，2005，25（11：50-53.

[8] 金衍．井壁稳定力学研究[D]．北京：中国石油大学（北京），1997.

[9] 杨喜，卓振州，史富全，等．钻遇大段泥岩水平井的完井技术对策[J]．石油工业技术监督，2017，33（4）：18-20，25.

[10] 宋昱东，王宝军．中短半径水平套管井完井技术在SZ36-1油田的应用[J]．当代化工研究，2019，38（2）：56-57.

# 深部煤岩气水平井钻完井技术在 JN1H 井的应用

胡珈铭　魏祥高　路克崇

（中国石油西部钻探玉门钻井公司）

**摘　要**　JN1H 井位于鄂尔多斯盆地伊陕斜坡东北部，施工面临着机械钻速低、大井眼稳斜轨迹控制难度大、煤层破碎带增斜井壁稳定与安全下套管、长水平段煤层井壁稳定与携砂、地层导向预测与井眼轨迹控制、长水平段下套管固井、事故复杂防控等技术难题。通过优化钻具组合控制井眼轨迹、应用近钻头地质导向系统预测地层走向进而控制井眼轨迹、应用防塌性能好的复合盐水钻井液解决井壁稳定和长水平段携岩问题，配合整体施工措施，顺利完成了水平段长 2211m 的煤层钻探任务，创造国内深部煤岩气水平井水平段最长纪录，为国内煤岩气水平井钻井提供了成功经验，具有较大的借鉴意义。

**关键词**　煤岩气；水平井；井眼轨迹；钻井液；鄂尔多斯盆地

深层煤岩气领域作为油气田开发的甜点区，逐渐成为各大油田增储上产的重点项目。神木佳县地区地处神府煤矿区，前期开发多口定向井，本溪组试气后工业气流均超过 $2 \times 10^4 m^3$。煤岩气资源极为丰富，极具开采价值。但煤层气水平井钻井难度巨大，井眼轨迹控制难度大、煤层井壁失稳、卡钻、下套管遇阻、固井质量不合格等事故复杂仍然较多。为此，针对煤岩气水平井难题，开展了相应的技术研究。该技术在 JN1H 井进行了现场试验与应用，顺利完成了 2211m 水平段煤层的钻探。

## 1　地层特点与钻井技术难点

### 1.1　地层特点

神木佳县区域位于陕西省榆林市境内，构造属于鄂尔多斯盆地伊陕斜坡，本溪组主要发育潟湖煤岩储集体及分流河道、障壁砂坝等砂岩储集体，岩性以煤岩及中—粗粒石英砂岩为主。煤岩储层全区稳定发育，煤层厚度 6~13m，整体均匀分布。宏观煤岩类型以光亮型煤为主，其次为半亮型煤。煤体结构以原生结构煤、碎裂煤为主，割理发育，呈线状、网状连续性分布。

### 1.2　钻井技术难点

JN1H 井井身结构采用 $\phi406.4mm \times 501m + \phi311.2mm \times 2768m + \phi215.9mm \times 4787m$。作为佳县区块第一口煤层水平井，地质资料匮乏，同类型井钻井经验不足，钻井提速、事故复杂防控难度大。

（1）佳县Ⅱ区、Ⅲ区恶性漏失复杂多：黄土层承压能力差，裂缝极为发育；刘家沟组

---

【第一作者简介】胡珈铭，中国石油西部钻探玉门钻井公司。

与石千峰组存在不整合面；本井二次增斜段位于山西组-本溪组煤层破碎带，提高钻井液密度过程中井漏风险更高，井漏对整体井壁稳定都会有影响。

（2）为满足设计井身结构要求，需要两次在易塌井段增斜，同时在目的层煤层中施工，井壁稳定难度大：一次增斜段延长组、纸坊组以砂泥岩互层为主，成岩差易垮塌；石千峰组4段泥岩水敏性强易吸水导致垮塌；二次造斜段山西-本溪组之间存在多套煤层夹层；取心显示佳县煤层在厚度8~12m之间，以碎裂煤、碎粒煤为主，且中间存在夹矸、煤顶以泥岩为主，相较结构煤，成岩更差。

（3）为满足预探井设计井身结构要求，需要在大井眼中完成入靶，以实现三开煤层专打目标，井斜控制难度大。轨迹控制精度和井身质量要求高：造斜段设计狗腿度4°/30m，全井最大全角变化率不超过6°/30m；φ311mm井眼造斜率低；设计稳斜段长986m，区域内定向井165mm井眼刘家沟组以下复合钻进降斜明显；二次造斜段后期造斜更加困难：摩阻较大，托压严重，井下有坍塌时难度增加；着陆段轨迹调整频繁：地质资料不足，太原组存在断层，A靶深度难以准确预测。

（4）地质、钻井资料不足，地质导向难度大。地质分层不精确，本井未采取先打导眼井的方式实施；太原组存在断层，地层有提前或者滞后的可能；煤层厚度不均，且中间存在泥岩夹矸不均质，预判难度大；水平段煤层厚度不一，同时要保证紧贴顶板钻进，地质预测难度大。

（5）煤层水平井井身质量、井壁稳定问题突出，下套管难度大、固井质量难以保障。下套管难点：二开二次增斜段位于煤层破碎带，下套管受井壁垮塌、套管扶正器破坏和岩屑床等原因影响；三开水平段水平段长、垂深浅，水垂比大，套管串与井壁接触面积大、摩阻大；煤层薄弱，下套管过程中易造成岩屑堆积。固井难点：增斜段、水平段套管居中度低、井眼清洁不好、钻井液难以清除；煤层吸水能力强，对固井前置液、水泥浆性能要求高。

## 2 钻井关键技术

### 2.1 优快钻井技术

针对区域不同地层岩性特征，不同工况需要，优选钻头、优化参数，提高机械钻速。

（1）岩石可钻性分析。

第四系-延长组：砂泥岩为主，含砾石，局部井段含有石板层、砾石层；延长组-石盒子组：砂泥岩为主；石盒子组-本溪组：砂岩、泥岩、灰岩为主；本溪组为煤岩。地层岩屑含砂量普遍在70%以上，个别层位石英含量高达80%。地层可钻性呈现纵向递增，整体可钻性较好(图1)，具体如下：黄土层：1.2；延长组-和尚沟组：4.63~4.97；刘家沟-本溪组：5.1~5.81。

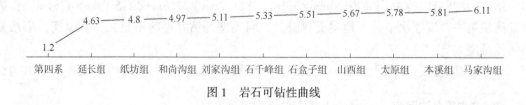

图1　岩石可钻性曲线

（2）钻头优选方案。

延长组：地层含砂、含砾、石板层，跳钻严重。优选 16mm 冠六刀翼镶齿 DPC 钻头，冠状设计，适应中地层；延长组-石千峰组：优选 16mm，五、六刀翼、镶齿 DPC 钻头，提高稳定性，大流道预防泥包；石盒子组-本溪组：优选 16mm 六刀翼镶齿 PDC 钻头，有利于穿夹层；本溪组选优大流道、增加倒划单元的 16mm 五刀翼 PDC 钻头。

### 2.2 井眼轨迹控制技术

（1）直井段、一次造斜段和稳斜段（501~2213m）采用 1.25°螺杆+MWD 控制井斜。钻具组合为 $\phi$311mmPDC 钻头+$\phi$244mm×1.25°螺杆（$\phi$306mm）+单流阀+$\phi$203mm 定向接头+$\phi$203mm 无磁钻铤（1 根）+$\phi$178mm 钻铤（1 根）+$\phi$127mm 加重钻杆（21 根）+$\phi$127mm 钻杆。

（2）稳斜段、二次造斜井段采用（2213~2768m）采用 1.5°螺杆+MWD 保证造斜率，在二次增斜段前保证井斜、位移符合设计，同时加装伽马仪器监测地层，确保准确入靶。采用倒装钻具组合：$\phi$311mmPDC+$\phi$203mm×1.5°螺杆（$\phi$308mm 扶正器）+$\phi$203mm 止回阀+$\phi$203mm 定向接头+$\phi$203mm 无磁钻铤（1 根）+$\phi$127mm 加重钻杆（3 根）+$\phi$127mm 钻杆（75 根）+$\phi$127mm 加重钻杆（51 根）+$\phi$127mm 钻杆。

（3）轨迹优化调整：在太原组灰岩顶较设计提前 5.8m 的情况下，以狗腿度 4.8°/30m 增斜。井斜达到 86°后开始探层作业。

（4）水平段使用近钻头地质导向系统，实现地层精准预测，提高煤层钻遇率。钻具组合：采用 1.25°无扶螺杆+无磁承压钻杆定向调整井眼轨迹。$\phi$215.9mmPDC+$\phi$174mm 发射短节+$\phi$172mm×1.25 无扶螺杆+$\phi$172mm 单流阀+$\phi$176mm 转换接头+$\phi$173mm 接收短节+$\phi$172mm 无磁承压钻杆（1 根）+$\phi$175mm 转换接头+$\phi$127mm 加重钻杆×3 根+$\phi$127mm 钻杆×75 柱+$\phi$127mm 加重钻杆×54 根+$\phi$127mm 钻杆。

### 2.3 煤层钻井液技术

（1）本溪组煤层特性：顶板以泥岩为主，黏土矿物含量 37.3%，主要为伊利石、高岭石，不易水化、性脆、易剥落掉块；顶板碳质泥岩致密，有 2~7$\mu$m 的裂缝；煤层有大量 100$\mu$m 左右的裂缝，密度 1.41g/cm$^3$；煤层的裂缝非常发育，清水浸泡后裂缝扩大；煤层中存在 1$^{\#}$、2$^{\#}$夹矸，是泥岩夹矸。

（2）选用抑制性强，防塌性能好的复合盐水钻井液体系。

具体配方：3%土浆+0.4%高分子抑制剂 IND30+0.75%抗盐降失水剂 HS-1+1.5%降失水剂 NFA-20+0.75%聚合醇+9%KCl+12.5%有机盐+4%润滑剂+0.15%提黏剂 CMC-HV+2.5%乳化沥青+2.5%白沥青+3%石灰粉（40~80 目）+2%超细钙（400 目）+2%超细钙（800 目）+1%固壁剂 XZ-GBJ+1%封堵剂 XZ-FDJ+重晶石。

（3）钻井液封堵性评价。砂盘封堵试验结果显示（图 2），煤岩上游端压力 3500kPa，下游段压力 200kPa，经 48h 上游端压力未传递到下游，说明复合盐水钻井液配方具有良好的封堵能力，可以满足煤层施工要求。

（4）钻井液抑制性评价。岩屑线性膨胀率结果显示（表 1），碳质泥岩 16h 膨胀率为 0.98%，相比清水膨胀降低率为 90.64%，说明复合盐水钻井液体系配方具有优良的抑制性。

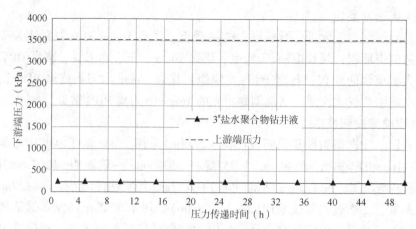

图 2　砂盘封堵试验

表 1　线性膨胀率测试

| 钻屑深度（m） | 岩性 | 膨胀温度（℃） | 线性膨胀率（%） | | | | 膨胀率降低率（%） |
| | | | 清水 | | 钻井液 | | |
| | | | 2h | 16h | 2h | 16h | 90.64 |
| 2226.1 | 碳质泥岩 | 70 | 10.32 | 10.43 | 0.98 | 0.98 | |

（5）钻井液处理维护技术。三开前在套管内处理钻井液，保证 Weigh2 含量在 10% 以上，乳化沥青含量 1.5% 以上，超细钙含量 2.5% 以上，提高钻井液的封堵能力；加入 Redul、NAF-20、PGCS-1 调整 API 失水 3mL 以内；密度 1.38g/cm³；每 200m 补充 0.2～0.3t 石灰石粉，乳化沥青 0.4～0.6t，XZ-GBJ 0.2～0.4t，XZ-FDJ 0.2t；每 300m 补充 400 目 2～3t 超细钙、4～5t Weigh2 或 KCl 5～6t，保持钻井液的抑制能力，防止泥页岩的水化膨胀。

### 2.4　固井配套技术

模拟计算套管刚性，采用大于此刚度的钻具组合通井，达到下套管要求（表2）。二开通井钻具：2570m 以上采用双扶正器通井，2570～2768m 采用近扶正器通井，刚度比大于 1.7；三开通井钻具：φ215.9mm 三牙轮钻头+双母接头+φ168mm 浮阀+φ165mm 钻铤×1 根+φ127mm 加重钻杆×1 柱+φ127mm 钻杆×80 柱+φ127mm 加重钻杆×18 柱+φ127mm 钻杆，刚度比大于 1.20；水平段采用旋转下套管工艺，降低施工风险。

表 2　φ244.5mm 井眼多点预测下套管模拟分析

| 井深（m） | 狗腿度 | | | | 结论 |
| | 轨迹狗腿度（°/30m） | API 推荐（°/30m） | IADC 推荐（°/30m） | PDT 推荐（°/30m） | |
| 0 | 5.98 | 6.98 | 15.69 | 12.35 | 通过 |
| 2768 | 5.98 | 6.98 | 15.69 | 18.29 | 通过 |

预计本井二开下套管最大钩载 1160.7kN，起套管最大钩载 1643.1kN（图3）；三开下套管最大钩载 495.2kN，起套管最大钩载 1226.2kN，套管能安全下入（图4）。

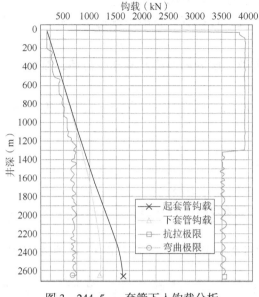
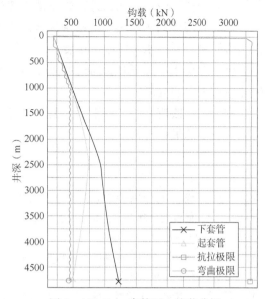

图 3  244.5mm 套管下入钩载分析          图 4  139.7mm 套管下入钩载分析

针对煤层吸水性强、井眼不规则、管串难以居中的问题，开展煤层水泥浆配方研究与评价，并对整体施工进行模拟，保证固井质量。水泥浆分别采用密度为 1.45g/cm³ 领浆、1.89g/cm³ 中间浆、1.89g/cm³ 尾浆三段制设计。压稳计算结果尾浆失重时井底压力大于地层压力 4.56MPa，满足压稳要求。顶替效率分析：封固段平均顶替效率 73.99%，其中裸眼段平均顶替效率 77.67%，重叠段平均顶替效率 73.26%，1450m 处顶替效率 62.8%。

## 3  现场应用效果

JN1H 井完井井深 4787m，水平段长 2211m，钻完井周期 121.25 天，全井机械钻速 4.26m/h，水平段机械钻速 6.57m/h。本井钻至 2213m，井斜下降由 32.6°降至 27.8°，定向慢且效果不好，下入 1.5°螺杆增斜效果明显；在太原组灰岩顶较设计提前 5.8m 的情况下，以狗腿度 4.8°/30m 增斜，最后井斜达到 86°后开始探层作业顺利 2768m 中靶；三开采用近钻头地质导向系统预测地层，确保钻头紧贴顶板钻进，18 次微调轨迹，确保了井眼的平滑；从二次增斜前开始转化钻井液为复合盐水钻井液体系，提高封堵能力；完井后采用分段循环净化井眼方式通井，顺利入套管至预定位置；全井固井质量合格率 98%以上：第一界面优质率 94.49%，第二界面优质率 70.45%。

## 4  结论与认识

（1）佳县地区表层延长组地层砾岩含量高，局部地区含有石板层，可钻性差，钻头损伤严重机械钻速慢，使用 PDC 钻头+常规钻具组合钻进优于螺杆钻具，钻穿石板层后在下入螺杆钻具。

（2）大井眼稳斜相对难度大，同时频繁定向不利于提速，可以考虑优化井身结构，在石千峰组以下连续造斜直到中靶或者优化井身结构，采用 $\phi$215.9mm 井眼造斜，对于提高机械钻速有利。

（3）针对碎裂煤水平井，钻井液必须具备更好的封堵防塌能力，特别是造斜段与水平段处于同一裸眼段；简化钻具、避免钻具破坏井壁对于煤层钻进很重要。

（4）采用近钻头地质导向系统配合水平井钻进，可以有效精准预测地层走向，避免大幅调整轨迹，增加水平段钻进难度。

（5）煤层水平井下套管前通井思路应主要考虑井眼的局部修复和井眼清洁，避免人为破坏造成大面积井塌。

（6）煤层段应减少或者不下入套管扶正器，加强水泥浆配方研究和细化施工方案是提高固井质量的最佳选择。

## 参 考 文 献

[1] 王万庆. 陇东气田水平井钻井技术[J]. 石油钻探技术, 2017, 45(2)：15-19

[2] 郭元恒, 何世明, 刘忠飞, 等. 长水平段水平井钻井技术难点分析及对策[J]. 石油钻采工艺, 2013, 35(1)：14-81.

[3] 侯杰, 刘永贵, 李海. 高性能水基钻井液在大庆油田致密油藏水平井中的应用[J]. 石油钻探技术, 2015, 43(4)：59-65.

[4] 柳伟荣, 倪华峰, 王学枫, 等. 长庆油田陇东地区页岩油超长, 水平段水平井钻井技术[J]. 石油钻探技术, 2020, 48：9-14.

[5] 狄勤丰, 高德利. 大位移井井眼轨迹控制技术方案的优化[J]. 天然气工业, 2004(6).

[6] 岳前升, 李贵川, 李东贤, 等. 基于煤层气水平井的可降解聚合物钻井液研制与应用[J]. 煤炭学报, 2015, 40(S).

[7] 鲍清英, 张义, 何伟平, 等. 煤层气羽状水平井井眼轨迹控制技术[J]. 石油钻采工艺, 2010, 32(4).

[8] 黄维安, 邱正松, 杨力, 等. 煤层气钻井井壁失稳机理及防塌钻井液技术[J]. 煤田地质与勘探, 2013, 41(2).

[9] 邱正松, 徐加放, 吕开河, 等. "多元协同"稳定井壁新理论[J]. 石油学报, 2007, 28(2)：117-119.

[10] 左景栾, 孙晗森, 周卫东, 等. 适用于煤层气开采的低密度钻井液技术研究与应用[J]. 煤炭学报, 2012, 37(5).

[11] 王森. 西山煤层气钻井技术[J]. 现代商贸工业, 2014(8).

[12] 何军, 董国昌, 庞绪英, 等. 小井眼丛式井井眼轨迹控制技术[J]. 石油钻采工艺, 1999, 21(3).

[13] 李克付, 李琪, 王益山, 等. 鱼骨型分支水平井钻井技术开发煤层气技术难点分析及技术对策[J]. 钻采工艺, 2006, 29(2)：1-4.

[14] 彭兴, 周玉仓, 朱智超, 等. 延川南深部煤层气井防漏堵漏技术[J]. 石油钻探技术, 2021, 49(1).

[15] 黄贵生, 李林, 罗朝东, 等. 中江气田致密砂岩气藏"井工厂"钻井井眼轨迹控制技术[J]. 石油钻采工艺, 2017, 39(6).

# 大牛地气田缝洞性储层气侵漏溢规律研究

王　超　曹　霞　李明忠　宋文宇

(中石化华北石油工程有限公司)

**摘　要**　岩溶缝洞性储层井筒压力预测难度大，钻井过程中经常存在井漏和溢流同存的现象，具有井控风险，影响安全高效钻进。本文针对大牛地气田下古生界奥陶系马家沟组岩溶缝洞性储层因重力置换产生的溢漏同层问题，通过对井筒与缝洞性储层耦合的气液两相流数学模型的求解，分析了裂缝的缝宽，缝高及缝长对井底压力和气侵的影响。结果表明：气侵速率、溢流量和井底压力与缝高和缝宽正相关，其中缝高最敏感、缝宽次之；三者与缝长负相关，且受其影响最弱。本文研究得到的模型和规律对预测和预防大牛地气田钻井过程中发生溢漏问题具有重要参考价值。

**关键词**　大牛地气田；缝洞性储层；漏失；溢流；井筒压力预测；储层伤害

由于对岩溶缝洞性储层压力预测不够准确以及钻井过程中控压技术不够精细，大牛地气田在马家沟组马5段储层钻井施工中，发生漏失、溢流的复杂井占比达到54.5%。其中，复杂井中，平均单井漏失量为606.8m³；漏、溢复杂的处理时间平均占比11%，最高达17%。在溢漏同层的井中，一旦气侵进入上部井段，常规处理措施是提高压井液的密度以及进行堵漏作业，既影响井下安全，又影响高效钻完井作业，还可能对储层造严重伤害[1]，现场统计发现漏溢复杂井后期产气量均低于正常井，严重制约了大牛地气田下古生界气藏的效益化开发。如DX-P7井，实钻过程中全烃平均值为37.87%，完井酸压后的全烃值降至14.3%。

钻井液与天然气因密度差而发生重力置换，天然气侵入井筒得同时钻井液漏入裂缝，喷漏同存且同层[2]。揭示井筒与裂缝中的溢漏规律是实施精细控压钻井的关键。气侵后井筒内为多相流，井筒压力准确预测较单相流复杂，导致控压设计和操作难度大[3-5]。本文拟通过对缝洞性储层与井筒耦合的多相流数学模型进行分析，采用有限差分的方法对其进行求解，系统分析缝宽、缝高和缝长对溢流和井底压力的影响规律，为解决钻井过程中的喷、漏同层问题提供理论支撑。

## 1　缝洞性储层与井筒耦合的多相流模型及求解方法

酸性油气藏的开发是油气行业的工作重点之一[6]，研究在钻井、压井过程中酸气气侵时的井筒多相流，发展安全有效的控制酸气膨胀的方法，具有重要的理论和现场意义。

---

【**第一作者简介**】王超(1986—)，男，副主任师，高级工程师，2013年毕业于西安石油大学，工学硕士，现就职于中石化华北石油工程有限公司，从事油气井钻完井工程工艺技术研究和管理工作。地址：河南省郑州市中原区中原西路188号；电话：13140186273；E-mail：wangchao.oshb@sinopec.com。

## 1.1 气侵后井筒多相流方程

参考孙宝江(2012)等对井筒多相流动及井底压力变化规律的研究,结合工程实际,为了便于计算,假设流体流动为沿井眼方向的一维流动,研究对象为纯气体溢流问题,井眼截面为圆形且与井内钻柱同心,考虑酸性气体在水中的溶解度,忽略化学反应及压力对钻井液性质的影响,井眼与地层之间为稳定径向传热,井内流体处于热力学平衡状态[7]。当酸性气体侵入井底时,常处于超临界状态,其密度接近液体,黏度和扩散系数接近气体。在临界点附近,这些物理化学性质会因温度、压力的微小变化而发生显著变化,因此需要单独考虑酸性气体的质量守恒方程[8]。另外,处于超临界状态的酸性气体溶解度特别大,当发生气侵后,其在井底大量溶解,随着气体的向上运移,由于温度、压力的降低,酸性气体在水中的溶解度降低并大量析出,因此井筒环空内是多相多组分且有气体不断逸出的混合体系。

烃类和酸性气体的气相及溶解相在不同井段的质量守恒方程相似,以酸性气体为例:

生产井段:

$$\frac{\partial}{\partial t}(\rho_{ss}E_{ss}A)+\frac{\partial}{\partial s}(\rho_{ss}E_{ss}V_{ss}A)=q_{ss}-q_{rs}-x_{rs} \tag{1}$$

非生产井段:

$$\frac{\partial}{\partial t}(\rho_{ss}E_{ss}A)+\frac{\partial}{\partial s}(\rho_{ss}E_{ss}V_{ss}A)=x_{rs} \tag{2}$$

酸性气体溶解相:

$$\frac{\partial}{\partial t}(\rho_{rs}E_{rs}A)+\frac{\partial}{\partial s}(\rho_{rs}E_{rs}V_{rs}A)=q_{rs}-x_{rs} \tag{3}$$

钻井液相与岩屑的质量守恒方程相似,以岩屑为例:

$$\frac{d}{dt}(AE_c\rho_c)+\frac{d}{ds}(AE_c\rho_c V_c)=q_c \tag{4}$$

总的体积分数:

$$E_{rg}+E_{rs}+E_{rc}+E_g+E_{ss}+E_{sc}+E_m+E_c=1 \tag{5}$$

各溶解相速度与钻井液相相等:

$$V_m=V_{rg}=V_{rs}=V_{rc} \tag{6}$$

式中,$\rho_g$,$\rho_{ss}$,$\rho_{rg}$,$\rho_{rs}$,$\rho_c$,$\rho_m$ 分别为烃类和酸性气体相、两种气体溶解相、岩屑和钻井液相的密度,$kg/m^3$;$E_g$,$E_{ss}$,$E_{rg}$,$E_{rs}$,$E_c$,$E_m$,$E_{rc}$,$E_{sc}$ 分别为烃类和酸性气体相、两种气体溶解相、岩屑、钻井液相、岩屑溶解相和酸性岩屑相的体积分数,无量纲;$A$ 为环空截面积,$m^2$;$V_g$,$V_{ss}$,$V_{rg}$,$V_{rs}$,$V_c$,$V_{rc}$,$V_m$ 分别为烃类和酸性气体相、两种气体溶解相、岩屑和岩屑溶解相及钻井液相的速度,m/s;$q_{rg}$,$q_{rs}$,$q_{ss}$,$q_m$ 分别为单位时间单位厚度产出烃类气体和酸性气体在井底的溶解质量、产出酸性气体的质量、钻井液中气体的质量,$kg/(s\cdot m)$;$x_{rg}$,$x_{rs}$分别为单位时间单位厚度溶解在钻井液中的烃类和酸性气体析出的质量,$kg/(s\cdot m)$;$q_c$ 为岩屑生成速度,$kg/s$。

为了简化计算，将酸性和烃类气体作为气相处理；将酸性气体溶解相、烃类气体溶解相、钻井液相和岩屑相当做均一液相处理，气液两相能量守恒方程为：

$$\frac{\partial}{\partial t}\left[\rho_q E_q\left(h+\frac{1}{2}v^2-g\cos\theta\right)+\rho_l E_l\left(h+\frac{1}{2}v^2-g\cos\theta\right)\right]A$$

$$+R-\frac{\partial}{\partial s}\left[w_q\left(h+\frac{1}{2}v^2-g\cos\theta\right)+w_l\left(h+\frac{1}{2}v^2-g\cos\theta\right)\right] \tag{7}$$

$$=\frac{1}{A^{\cdot}}(T_{ei}-T_a)-\frac{1}{B^{\cdot}}(T_a-T_t)$$

$$A^{\cdot}=\frac{1}{2\pi}\left[\frac{k_e+r_{co}U_aT_D}{r_{co}U_{ak}k_e}\right],\quad B^{\cdot}=\frac{1}{2\pi r_t U_t} \tag{8}$$

式中，$E_q$、$E_l$ 分别为气相和液相的体积分数；$h$ 为焓，包括内能和压能，J/mol；$v$ 为速度，m/s；$g$ 为重力加速度，m/s$^2$；$\theta$ 为角度，(°)；$R$ 为相变焓，J/mol；$w_q$、$w_l$ 分别为气相和液相的质量流量，kg/s；$T_{ei}$、$T_a$、$T_t$ 分别为地层温度、环空内流体温度和钻杆内钻井液的温度，℃；$k_e$ 为地层导热系数，W/(m·℃)；$r_{co}$ 为套管外径，m；$U_a$ 为环空流体与地层间总的传热系数，W/(m$^2$·℃)；$T_D$ 为瞬态传热系，W/(m$^2$·℃)；$U_{ak}$ 为地层流体的传热系数，W/(m$^2$·℃)；$r_t$ 为钻杆内径，m；$U_t$ 为钻杆内流体的传热系数，W/(m$^2$·℃)。

### 1.2 定解条件

#### 1.2.1 气侵过程中的定解条件

气侵过程的初始条件为刚钻到储层、还未发生气侵时的条件。此时，压力条件分别为井筒压力分布和储层原始压力；酸气和烃类气相及溶解相，岩屑溶解相和酸性岩屑相的体积分数均为零。钻井液中岩屑相体积分数及岩屑和钻井液的表观速度为：

$$\begin{cases} E_c(0,j)=\dfrac{V_{vc}(0,j)}{C_c V_{vl}(0,j)+V_{vr}(0,j)} \\[2mm] V_{vc}(0,j)=\dfrac{q_c}{\rho_c A(j)} \\[2mm] V_{vm}(0,j)=\dfrac{q_m}{A(j)} \end{cases} \tag{9}$$

式中，$V_{vc}$，$V_{vm}$ 为环空中岩屑和钻井液在某一截面的表观速度，m/s；$V_{vr}$ 为环空某一界面岩屑的沉降速度，m/s；$V_{vl}$ 为环空混合物在某一界面的速度，m/s；$C_c$ 为岩屑速度分布系数；$j$ 为环空中的某个节点。

井筒发生气侵后井底的多相流边界条件取单位时间单位厚度产出酸气和烃类气体质量，井口压力为大气压。

#### 1.2.2 停钻关井过程的定解条件

停钻关井后，钻井液不再循环流出，由于环空内的各相密度不同，环空内的气体仅靠滑脱上升，因此停钻关井过程的初始条件为溢流结束时刻环空内各相的压力分数、各相的体积分数及各相速度等。

### 1.3 井筒多相流模型求解方法

气侵及气体循环出井筒的过程为非稳态流动[9]，空间域为整个环空，时间域为从计算的初始时刻至计算结束的整个时间段。对控制方程进行求解时需对空间域和时间域进行划分，本文采用均分网格形式进行求解。空间网格和时间网格的划分如图1所示。

对多相流控制方程采用有限差分方法求解[10]。气侵时考虑酸性气体对环空各相的影响，通过相平衡计算可以确定其在气相和液相中的溶解度[11]。

为验证建立的多相流动模型，以 DX-P20 井为例，对比模型与商业软件的预测结果，井底处最大偏差为8.3%，平均偏差小于3.7%，吻合度较高(图2)。

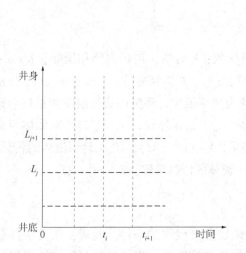

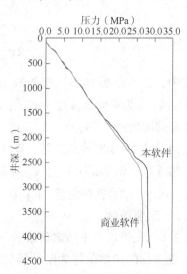

图1 井筒多相流模型空间域和时间域离散网格　　　图2 井筒压力预测结果对比图

## 2 缝洞与井筒气液溢漏规律分析

为了分析气侵时的气液两相流动规律，利用建立的模型和基于储层地质的基础参数(表1)进行数值模拟。

表1 基础参数表

| 名　称 | 参　数　值 | 名　称 | 参　数　值 |
|---|---|---|---|
| 裂缝长度(m) | 20 | 天然气临界压力(MPa) | 4.59 |
| 裂缝高度(m) | 10 | 天然气临界温度(℃) | -82.6 |
| 裂缝宽度(m) | 0.001 | 钻井液密度(kg/m³) | 1020 |
| 井筒裸眼段长度(m) | 10 | 钻井液黏度(mPa·s) | 20 |
| 地层压力(MPa) | 30.87 | 表面张力(N/m) | 0.07 |
| 地层温度(℃) | 100.2 | | |

### 2.1 裂缝宽度对溢流量和井底压力的影响

在缝宽为 0.4~2.8mm 条件下，利用地层裂缝与井筒多相流动耦合模型开展了不同宽度裂缝中置换气侵溢流模拟，结果如图3和图4所示。由图可知，裂缝宽度对井底压力影响显著，随缝宽减小，气侵速率降低，溢流量减少，井底压力变化幅度降低。当裂缝宽度小于 0.4mm 时井筒内的气侵量较小，能够通过控制井口回压的方式循环出井筒内的气体，保持连续钻井作业。

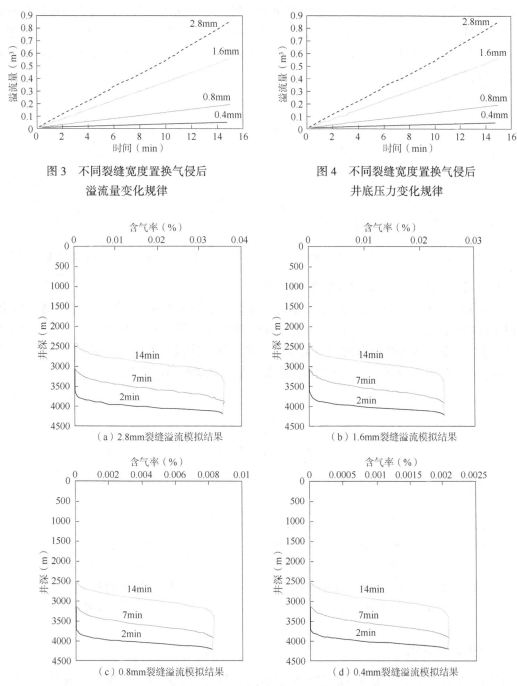

图 3　不同裂缝宽度置换气侵后　　　　图 4　不同裂缝宽度置换气侵后
　　　　溢流量变化规律　　　　　　　　　　　井底压力变化规律

（a）2.8mm裂缝溢流模拟结果　　　　　（b）1.6mm裂缝溢流模拟结果

（c）0.8mm裂缝溢流模拟结果　　　　　（d）0.4mm裂缝溢流模拟结果

图 5　不同裂缝宽度条件下气侵后井筒含气率随井深变化规律

由图 5 可知，裂缝宽度对井筒内的含气率有重要影响，随着缝宽减小，井筒含气率急剧降低。随缝宽降低，气体前缘位置随时间的变化也减慢，即气体的上窜速度降低，井口溢流处理时间窗口增加，作业效率受影响较小。缝宽较大时，气侵后井筒内的含气率较大，需采用压井作业，循环出井内气体，高缝宽地层的钻井作业效率受影响较大。

## 2.2 裂缝高度对溢流量和井底压力的影响

固定裂缝宽度为 1mm，裂缝长度为 500mm，对裂缝高度为 260～370mm 情况下的溢流情况进行了模拟。由图 6 至图 8 模拟结果可知，置换气侵速率对裂缝高度具有较强的敏感性，溢流量随着缝高的增加迅速增大。当裂缝高度降低时，置换窗口范围变小，溢流量迅速降低。裂缝高度小于 265mm 时，井筒内气侵量较小，可以通过井口控压将气体循环排出，能够保证钻井作业的安全性。

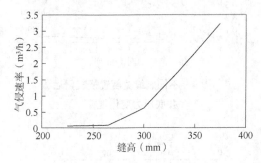

图 6　不同缝高对气侵速率的影响

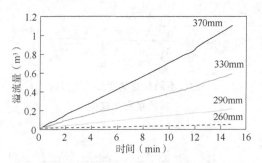

图 7　不同缝高条件下气侵后溢流量变化规律

## 2.3 裂缝长度对溢流量和井底压力的影响

裂缝长度为 300～600mm 情况下的溢流模拟结果如图 9 至图 11 所示。模拟结果显示：气侵量与裂缝长度负相关，当裂缝长度增加时，缝内的气液两相流阻力增加，在相同压差下产气速率降低，进入井筒内的气体量减少，井筒压力降低幅度减小。因此，若地层内裂缝较长，则气侵速率较低，严重井喷风险较低，溢流处理时间较充足。

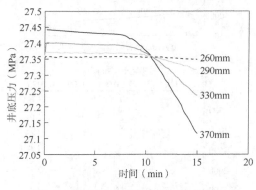

图 8　不同裂缝高度条件下置换气侵后
井底压力变化规律

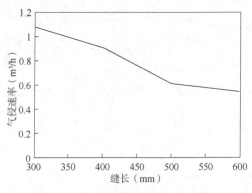

图 9　不同裂缝长度对
气侵速度的影响

## 3　结论与建议

针对大牛地气田下古生界缝洞性储层漏涌同层等复杂钻井问题，建立了缝洞性储层与井筒耦合的多相流数学模型，并采用有限差分方法进行了求解，揭示了井底压差、裂缝尺寸对重力置换气侵的影响规律。

（1）井底压差是重力置换气侵的推动力，随着压差的增大，裂缝内气液界面上移、气相流速增加、液相流速减小；裂缝长度的增加和高度、宽度的减小，增大了缝内气体流动的沿程阻力，当缝高小于 300mm，缝宽小于 1mm 时，重力置换气侵不易发生，可进行常规钻井，无需调整钻井液当量密度；当缝高大于 300mm，缝宽大于 1mm 时，极易发生重力置换效应，需适当调整钻井液当量密度预防重力置换气侵。

（2）建立了考虑岩溶缝洞性储层与井筒气液耦合的多相流动模型，分析了井筒多相流参数变化规律。揭示了缝洞性储层与井筒气液耦合流动规律，随着缝宽、缝高的增加，溢流量迅速增加，井底压力减小，井喷风险增加；相对而言，缝长对井底压力的影响较小。

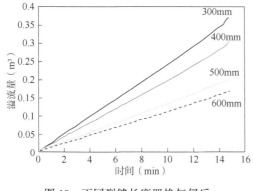

图 10 不同裂缝长度置换气侵后
溢流量变化规律

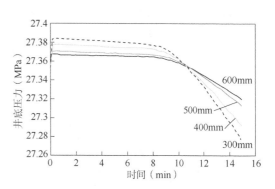

图 11 不同裂缝长度条件下置换气侵后
井底压力变化规律

结合地质、物探和工程数据，对于天然裂缝缝高和缝宽较大的区域，需要提高井控风险等级；反之，应注重防止储层伤害。另外，碳酸盐岩储层压力预测是油气藏勘探开发的难点之一，提高大牛地气田下古生界奥陶系储层压力预测精度有利于更好地预防钻井过程中的井漏和溢流。

## 参 考 文 献

[1] 袁本福. 大牛地下古岩溶缝洞储层安全钻井技术[J]. 石油工业技术监督，2022，38（7）：42-46.

[2] 刘绪钢，周涌沂，张骏强，等. 大牛地气田致密砂岩污水回注性能实验研究[J]. 钻采工艺，2020，43
   （6）：12，100-102，127.

[3] Ramkumar M.，Siddiqui N. A.，Mathew M.，et al. Structural controls on polyphase hydrothermal dolomitiza-
   tion in the Kinta Valley, Malaysia：Paragenesis and regional tectono-magmatism[J]. Journal of Asian Earth
   Sciences. 2019，174（3）：364-380.

[4] Yang X.，Mei Q.，Wang X.，et al. Indication of rare earth element characteristics to dolomite petrogenesis—
   A case study of the fifth member of Ordovician Majiagou Formation in the Ordos Basin, central China
   [J]. Marine and Petroleum Geology，2018，92（4）：1028-1040.

[5] 上官于谦. 鄂尔多斯盆地大牛地气田马家沟中组合储层特征及分布规律[D]. 成都：成都理工大
   学，2018.

[6] Tan Q.，Shi Z.，Hu X.，et al. Diagenesis of microbialites in the lower Cambrian Qingxudong Formation，
   South China：Implications for the origin of porosity in deep microbial carbonates[J]. Journal of Natural Gas
   Science and Engineering，2018，51（5）：166-182.

[7] 霍宏博，李金蔓，张磊，等. 海洋窄压力窗口钻井技术[J]. 石油工业技术监督，2021，37（4）：
   40-44.

[8] 黄船，李杲，张国洪. 安岳气田易漏储层高效完井投产技术研究及应用[J]. 钻采工艺，2021，44
   （5）：69-73.

［9］Shirdel M. , Sepehrnoori K. Development of a transient mechanistic two-phase flow model for wellbores［J］. SPE Journal, 2012, 17(3): 942-955.

［10］Koyanbayev, M. , Wang, L. , Wang, Y. and Hashmet, M. R. Advances in sour gas injection for enhanced oil recovery - an economical and environmental way for handling excessively produced $H_2S$［J］. Energy Reports, 2022, 8: 5296-15310.

［11］唐贵，邓虎，舒梅．地层—井筒耦合条件下的压力控制实验装置研究［J］．钻采工艺，2022，45(4)：44-49.

# 大安区块深层页岩气优快钻井技术

杨　浩　李兆丰　扈成磊　夏顺雷

(中国石油浙江油田公司)

**摘　要**　大安区块深层页岩气具有埋藏深、温高高压、地质构造复杂等特征，存在地层可钻性差、上部地层易漏易塌、旋转导向工具高温失效以及高压井控风险等技术难点。通过分析大安区块地质特征以及研究钻井技术成效，形成了大安区块深层页岩气优快钻井配套技术，在大安区块应用27口，平均钻井周期由2022年的99.24d缩短至70.46d，最高单井平均机械钻速10.6m/h，并且创造了最大单趟进尺2854m，最快钻井周期56.75d等多项指标纪录，为大安区块后续开发提供技术保障。

**关键词**　大安区块；深层页岩气；钻井提速；钻井技术

大安深层页岩气位于川南低陡褶皱带、川东高陡褶皱带2个二级构造单元交界处[1]，其目的层位于龙马溪组，2021年中石油浙江油田在大安区块开始进行深层页岩气的先导试验开发，在开发初期大安区块借鉴自贡、泸州、大足等邻区等相关地质和工程资料[2-4]以及北美钻完井技术[5-7]，通过不断技术攻关，创新思维，形成以地质工程一体化为核心的表层优快钻井技术、简易控压钻井技术、个性化钻头工具优选技术以及一体化高效地质导向技术等深层页岩气钻井配套技术[10-13]。本文通过对大安深层页岩气已完钻井的钻井工程实践，分析总结了该区块钻井工程难点，重点阐述大安区块优快钻井技术应用成效，为大安区块下一步高效勘探开发提供重大技术保障，为探索深页岩气低成本开发起到积极作用。

## 1　钻井工程技术难点

大安区块龙马溪组目的层埋深3500～4500m，其中3500～4000m埋深区面积占24%，4000～4500m埋深区面积占68%[1]，目的层压力系数约为2.0。大安区块自上而下钻遇的地层分别为侏罗系沙溪庙组、凉高山组、自流井组、三叠系须家河组、嘉陵江组、飞仙关组、二叠系长兴组、龙潭组、茅口组、栖霞组、梁山组，志留系韩家店组、石牛栏组和龙马溪组。目前大安区块深层页岩气钻井主要存在以下技术难点：

(1) 嘉陵江-栖霞组常规气活跃，漏转溢井控风险大，存在高压含$H_2S$，根据已钻井统计，嘉陵江组发生井漏次数占比40%，部分井段发生溢漏同存现象，属于高风险井控层段。

(2) 实钻穿越层系多，岩性非均质性强，龙潭组煤系地层软硬交错，钻头选型困难，茅口组、栖霞组、石牛栏组等层段岩性抗压强度高、研磨性较强、可钻性差，实钻部分钻头磨损严重，与地层匹配性较差。

---

【第一作者简介】杨浩，1994年生，男，助理工程师，中国石油大学(北京)，石油与天然气工程(油气井工程)硕士毕业，从事页岩气钻井现场科研管理工作。E-mail：yangh85@petrochina.com.cn。

（3）龙马溪组深层页岩气埋深超过4000m，水平段平均循环温度140℃左右，仪器、工具易失效。目前使用的旋导工具抗温150~165℃，但在循环温度超过140℃的条件下工具故障率高，出现电器元件损坏以及信号丢失现象频繁。同时采用大排量，大钻压，高转速等强化钻井参数，造成钻具强轴向、横向震动，也影响旋导仪器使用寿命及信号传输。

## 2 钻井提速关键技术

### 2.1 表层优快钻井技术

#### 2.1.1 井身结构设计优化

根据三压力剖面、三维地质力学、断裂及天然裂缝发育等地质工程一体化基础研究，不断优化导管及表层套管下深：$\phi$508mm导管下深从前期评价井150m减少到60~80m；开展$\phi$339.7mm表层套管下深优化试验，并获得成功，从先导试验方案套管下至须家河组顶部，优化至凉高山组顶部，节约$\phi$339.7mm表层套管500m以上，如图1所示，同时，通过瘦身$\phi$406.4mm大井眼进尺，机械钻速由6.74m/h提高至17.66m/h，提速61.8%，实现一开一趟钻，钻井提速效果明显，如图2所示。

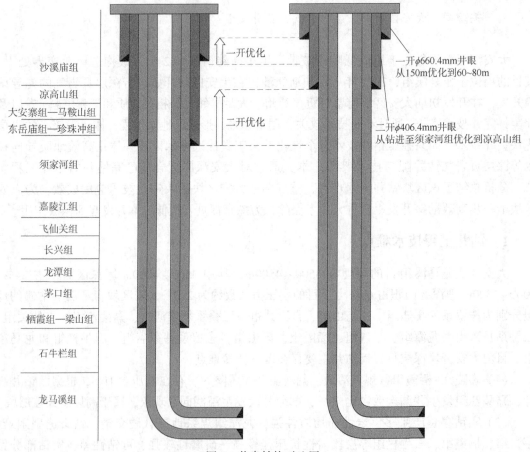

图1 井身结构对比图

#### 2.1.2 浅井工程钻机钻井工艺

渝西地区深层页岩气平均埋深大于4000m，平均井深大于6000m，钻机选型ZJ70以上，随着深层岩气规模开发，钻机资源紧张，并且搬迁难度大导致的钻前时间长[14-15]，导管+一开钻井，采用工程机+空气雾化钻井工艺，可有效减少大钻机占井周期，降低钻井成本。

空气钻井技术工艺：

（1）针对上部灰岩坚硬地层，采用空气锤破岩，针对裂缝溶洞性严重漏失段，采用变径空气锤跟管钻进技术。

（2）上部表层及一开钻进井径大，环空返砂困难，采用钻井液钻井，一般排量不小于 60L/s，因此，通过空气注入量的计算公式：

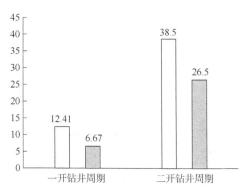

图 2　各开次钻井周期对比图

$$Q = Q_0 + NH$$

式中，$Q$ 为空气注入量，$m^3/min$；$H$ 为井深，km；$N$ 为循环速度与井深的关系曲线的斜率，$m^3/s/1000m$；$Q_0$ 为基本空气耗量，它与井径和钻杆直径有关。

经验推荐的排量为返速 15.25m/s 时，计算需空气量，确定空压机的配备数量；根据钻井循环压差，确定增压机选型。

（3）上部地层存在出水及地层坍塌，应及时采用清水充气钻井技术，做到进出口流量平衡。

大安区块在某试验井使用 XSC1200 工程机进行导管+一开钻进，导管采用 φ615mm 空气锤空气钻钻进，平均机械转速 5.44m/h，一开采用 PDC 钻头+螺杆+EMWD，配备空压机+增压机（35m³/min）+钻井泵（35L/s）进行清水充气钻进，一开钻至 804m 中完，工程机钻井综合米费对比大钻机单井节约费用 40% 左右。

## 2.2　个性化钻头工具优选技术

### 2.2.1　钻头优选

大安区块深层页岩气一开平均进尺 1000m，二开平均进尺 2100m，三开水平段平均段长 2000m，其中二开钻遇地层层位最多，岩性复杂，增加了钻头与地层的匹配性选取的难度。

研究分析不同地层岩性特征，针对不同地层开展个性化钻头优选，自流井组—须家河组顶部地层以泥岩为主，钻头易发生泥包，采用增加排屑槽深度的 6 刀翼 16mm 双排齿 PDC 钻头或 6 刀翼 3 牙轮复合钻头，防止泥包影响钻头切削能力，并采用抑制性较强的钻井液防止泥包生成；须家河组—龙马溪组均采用 5 刀翼 16mm 双排齿 PDC 钻头，其中须家河组—嘉陵江组顶部地层为砂泥岩互层，研磨性强，在钻头选取主要以抗研磨性钻头钻穿须家河组；嘉陵江组地层中存在深灰色铝土质泥岩，塑性强，茅口组、栖霞组地层含黄铁矿、燧石结核，可钻性差，选取攻击性强的钻头进行钻进。钻头选型采用大数据分析，通过黄金分割线的方式优选与地层配伍性较强的钻头，如图 3 所示。同时为满足高钻压大排量的要求，一开用 φ260mm 等壁厚螺杆，二开螺杆选用 φ244.5mm 抗高温抗盐耐腐蚀碳化钨涂层等壁厚螺杆，减少因设备故障导致的起下钻次数，提高机械钻速。

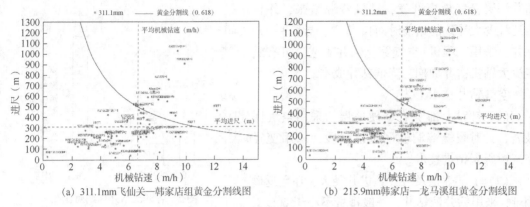

(a) 311.1mm飞仙关—韩家店组黄金分割线图          (b) 215.9mm韩家店—龙马溪组黄金分割线图

图 3　大安区块钻头黄金分割线

### 2.2.2　钻具组合优化

在深层页岩气水平钻进过程中，旋转导向设备会因钻井参数、地层温度和轴向振动的影响，出现信号丢失[16-18]，大安区块目的层温度达到了 140~150℃，部分井在钻进过程中的随钻温度会超过 150℃，影响钻井时效，通过优化旋转导向工具，选用斯伦贝谢旋导，NeoSteer 一体化的导向与切削结构，突破了以往 Archer+Orbit 的两趟钻施工思路，造斜段下入 Neosteer 工具，采用旋导+螺杆钻具组合方式，兼顾高造斜率和抗高温能力(最大抗温 165℃，7°~8°/30m)，为造斜段水平段一趟钻打下基础，缩短了水平段的钻井周期。

## 2.3　一体化高效地质导向技术

为精准控制井眼轨迹，提高钻遇率，通过钻、测和震多信息动态结合，以井震数据为基础，利用实时钻井数据驱动导向模型更新，将地质导向与物探相融合，将地层宏观趋势与微观细节相融合，在精确定位、精细迭代的基础上精准预判，实现主动导向，引导水平井平稳钻进，不断提高一趟钻钻井技术指标。

地震逐点引导钻井技术是以地球物理资料为基石，充分挖掘地震信息，并融入实时钻井信息，构建控制点，通过动态分析，采用"层控(宏观趋势)+点控(具体值域)"的方法，井震实时跟踪迭代融合，更新三维速度场进而修正地震地质模型，逐渐逼近地下真实地层情况，依据模型发挥水平井靶体预估、趋势预判和风险预警"三预"作用，引导水平井在箱体内平稳钻进，最大限度降低钻井风险，同时保证井筒光滑和箱体钻遇率，该技术充分体现了地质+工程信息综合性和钻井应用的前瞻性，如图 4 所示。

图 4　地震逐点引导钻进技术内涵

## 2.4 简易控压技术

在开展水平井钻井施工的过程中，钻井液的密度对于摩阻的大小具有非常重要的影响，更改钻井液密度和性能能够使机械钻速发生改变[19-21]，降低钻井液密度可以提高钻井液的循环降温能力（图5），降低钻头、旋转导向、螺杆钻具的等提速工具的环境温度，降低钻井液与井壁、旋转导向周围的摩擦升温，同时，降低相应体系中的固相含量，可以减少沿程摩阻，增加钻头的破岩水功率[22]。研究分析钻井中气侵（井涌）和井漏事件的特征，采用精细控压钻井技术（MPD），应用智能化控制模式和自动节流模式监控井底压力的波动，利用回压补偿系统和自动节流管汇的节流作用维持井底压力平

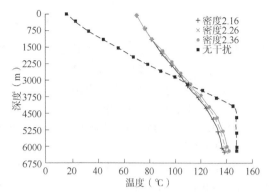

图 5　不同钻井液密度条件下
井筒循环温度曲线[15]

衡[23-24]，保证井壁稳定性，同时在水平段钻井过程中对钻井液密度进行逐级下调，区域内钻井液密度由入靶体时的 2.05g/cm³ 最低降至 1.90g/cm³，利用精细控压钻井技术（MPD）控制井底循环密度当量（ECD）在稳定范围内，防止井壁坍塌，通过在不同平台进行降密度试验，试验平台三开机械钻速由 7.59m/h 提升至 10.39m/h，提速 26.95%。同时采用地面降温设备对井底进行循环降温，当井温达到 115℃时开始采用"板冷+水冷+风冷"相结合方式降温，控制水平段最高循环温度在 140℃以内，减少仪器因高温时效导致的起钻，为钻井提速提效、高效完井提供了保障。

## 3 现场应用

大安区块深层页岩气优快钻井技术在 27 口开发井进行了应用，平均完钻井深 6270m，平均机械钻速由 6.52m/h 提升至 8.54m/h，平均钻井周期由 115.5d 缩短至 81.1d。并有 3 口井实现 60d 内完钻的创新指标。大安区块钻井提速指标对比见表 1。

表 1　大安区块深层页岩气钻井提速指标对比

| 年份 | 开发类型 | 钻井周期(d) | 机械钻速(m/h) |
| --- | --- | --- | --- |
| 2021 | 预探井 | 141.46 | 7.48 |
| 2022 | 先导试验平台 | 99.24 | 7.64 |
| 2023 | 后期开发井 | 70.46 | 8.84 |

## 4 结论与建议

（1）通过总结大安区块地质特征以及实钻技术分析，不断通过井身结构优化、套管选型、钻头及钻具组合，创新应用新技术新工艺，形成了大安区块深层页岩气优快钻井技术。

（2）控制钻井液密度能够有效提高水平段机械钻速及降低井下循环温度，在配套地面井控设备和保证井口安全的前提下，可以根据现场情况逐级降低钻井液密度，提高钻井效率。

（3）大安区块深层页岩气具有埋藏深、温度高、地层压力高的地质特征，在进行三开

钻进时，首选抗温能在超过150℃的旋导工具，选择足够的降温设备和措施、保证井下钻具的稳定性。

## 参 考 文 献

[1] 舒红林，何方雨，李季林，等．四川盆地大安区块五峰组—龙马溪组深层页岩地质特征与勘探有利区[J]．天然气工业，2023，43(6)：30-43.

[2] 王根柱，高学生，张悦，等．泸州深层页岩气优快钻井关键技术[J]．中国石油和化工标准与质量，2022，42(24)：154-156+159.

[3] 李涛，杨哲，徐卫强，等．泸州区块深层页岩气水平井优快钻井技术[J]．石油钻探技术，2023，51(1)：16-21.

[4] 车卫勤，许雅潇，岳小同，等．渝西大足区块超深超长页岩气水平井钻井技术[J]．石油钻采工艺，2022，44(4)：408-414.

[5] 马新华，张晓伟，熊伟，等．中国页岩气发展前景及挑战[J]．石油科学通报，2023(4)：491-501.

[6] Susan Smith Nash．美国新型钻完井技术概述与发展建议[J]．石油钻探技术，2023，51(4)：192-197.

[7] 李根生，宋先知，祝兆鹏，等．智能钻完井技术研究进展与前景展望[J]．石油钻探技术，2023，51(4)：35-47.

[8] 李玉海，李博，柳长鹏，等．大庆油田页岩油水平井钻井提速技术[J]．石油钻探技术，2022，50(5)：9-13.

[9] 李涛，杨哲，徐卫强，等．泸州区块深层页岩气水平井优快钻井技术[J]．石油钻探技术，2023，51(1)：16-21.

[10] 石祥超，陈帅，孟英峰，等．岩石可钻性测定方法的改进和优化建议[J]．石油学报，2023，44(9)：1562-1573.

[11] 陈宇．川东北地区岩石可钻性分析及钻头选型的测井研究[D]．成都：西南石油大学，2020.

[12] 张佩玉．泸州区块阳101井区钻头选型探索[J]．石化技术，2020，27(8)：98-99+27.

[13] 杨文．岩石可钻性预测及钻头选型方法研究[D]．成都：西南石油大学，2017.

[14] 曾凌翔，廖刚，叶长文．川南威远地区页岩气开发工厂化作业模式[J]．天然气技术与经济，2021，15(6)：20-25.

[15] 马春芳．工厂化水平井钻井关键技术研究[J]．西部探矿工程，2022，34(5)：107-109.

[16] 李伟慧，伍俊，吴金鑫，等．威页1hf井旋转导向工具失去信号原因分析[J]．工业，2015(18).

[17] 徐天文，杨峰，赵建国．AutoTrack旋转导向工具现场应用分析[J]．西部探矿工程，2016，28(6)：11-13.

[18] 郑鹏，张港生，吴冬凤．AutoTrak旋转导向工具现场应用分析[J]．中国石油石化，2016(24)：31-32.

[19] 付来福．页岩油水平井技套优快钻井技术[J]．石油和化工设备，2022，25(2)：70-71.

[20] 罗增，曹权，沈欣宇，等．钻井过程循环温度敏感性因素分析与应用[J]．非常规油气，2021，8(5)：93-99.

[21] 刘斌，等．川西地区中深井快速钻井的钻井液应用技术[J]．天然气工业，2010，30(9)：65-68.

[22] 刘斌，张生军，杨志斌，等．川西地区中深井快速钻井的钻井液应用技术[J]．天然气工业，2010，30(9)：65-68+126.

[23] 黄志力，张俊奇，杨俊成．精细控压钻井技术在高温高压井钻井中的应用[J]．中国高新科技，2022(7)：71+93.

[24] 张晓琳，徐文，李枝林，等．川庆钻探精细控压钻井技术专利战略与实践[J]．石油科技论坛，2023，42(4)：61-65.

# 新场—合兴场须二致密砂岩气藏协同高效破岩技术研究与应用

吴　霞　王汉卿　睢　圣　罗　翰　卓宜茜

（中石化西南石油工程有限公司钻井工程研究院）

**摘　要**　针对川西新场—合兴场须二致密砂岩气藏钻井中面临的须家河组地层岩性复杂、硬度高、可钻性差、研磨性强等地质难点及钻头破岩难、机械钻速低、行程进尺短、易先期破坏等工程技术瓶颈，采用局部减振增强异形混合布齿、力平衡强稳定性布局、防卡钻结构等个性化设计，定制化研制 $\phi$241.3mm 长寿命高抗冲击性 PDC 钻头。基于最大破岩水功率理论，形成钻头水力能量配置技术。基于机械比能模型，利用录井工程数据实时分析机械比能变化趋势，监测井下工况以及破岩效率，实现钻井参数实时优化调整，打破常规钻井参数优化数据盲区，确保全过程破岩效率最优化，同时避免钻头异常振动导致的涡动、黏滑等先期破坏，现场应用创多项指标记录，实现须家河组地层全面快速钻进。

**关键词**　PDC 钻头设计；高效破岩；钻头比水马力；机械比能；钻井参数优化

四川盆地新场—合兴场构造三叠统须家河组二段陆相致密碎屑砂岩气藏落实资源潜力大，埋深超 4500m，储层致密，地质条件复杂，自 1988 年开始，历经多轮次滚动评价开发，不断深化地质认识。尤以 2020 年以来，协同攻关取得重大突破，打开了深层高压特低孔致密砂岩气藏效益开发的新局面[1]。但从前期钻井作业实践来看，实际钻井周期滞后于设计周期约 20%，其中须家河组难钻地层厚度大、地层研磨性强、可钻性差[2]，钻井周期占总周期约 70%，整体表现为机械钻速低，行程进尺短，钻头损坏严重的特征，反映出难钻地层破岩效率低仍是影响钻井时效的重要因素。

PDC 钻头破碎岩石的本质在于能量的积聚与释放，影响深部致密砂岩破岩效率的因素复杂多样，需要从破岩机理、破岩能量来源、能量分配以及对安全高效钻井的正负面影响综合衡量。高效破岩方法可以概括为破岩工具性能提升及破岩技术优化。其中作为破碎地层的直接作业元件，PDC 钻头结构设计与地层的配伍性是影响破岩能量利用率的核心因素，基于破岩应力集中的设计思路，斧型齿、锥形齿、多棱齿等多种异形齿及组合破岩方式被广泛应用[3]。能够为岩石弹-塑性变形、激发裂纹、剪切破坏等过程提供最优机械功能环境。但是在钻头应用过程中，对于钻头破岩能量以及工况特征的匹配度关注不够，一方面，若施加能量不足，未达吃入地层的门限钻压及剪切破碎岩石的门限扭矩，将导致破岩效率

---

【第一作者简介】吴霞（1995—），女，工程师，硕士研究生，2020 年毕业于成都理工大学油气井工程专业，现从事非常规油气钻井工艺、工具研发、地质综合评价研究工作。地址：四川省德阳市旌阳区金沙江西路 699 号；邮编：618000；电话：18428385919；E-meal：wux7. osxn@ sinopec. com。

低。另一方面，非均质性地层钻进中作用在钻头上载荷的不定常性，会产生多主频、多维度、多振幅复合的六自由度复杂振动以及多种振动耦合形成的黏滑、涡动等复杂运动，从而导致钻头先期破坏、钻具疲劳，影响钻头破岩效能的同时增大安全风险[4]。基于协同高效破岩机制，钻井提速三要素为与地层匹配的钻头、足够的破岩能量、稳态的钻头工况。因此，有必要从钻头与地层及工程参数配伍性多维度入手讨论川西须家河组地层破岩难点，基于地层抗钻特性开展高耐磨抗冲击 PDC 钻头研制，并基于最优破岩理论，开展钻头水眼优化配置及钻井参数优化调整，提高破岩稳定性，形成钻头设计—参数优化协同高效破岩技术，为硬地层钻井提供有效支撑。

## 1 难钻地层破岩提速难点

须家河组地层埋藏深，厚度大（2000m±），统计分析前期 10 余井次完钻井钻头应用情况，整体使用指标不佳，如图 1 所示。制约破岩提速的难点主要表现为：

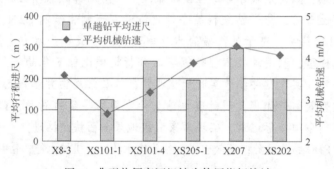

图 1 典型井须家河组钻头使用指标统计

（1）地层可钻性差，PDC 钻头损坏严重。

地层岩性以岩屑砂岩、石英砂岩为主，且硬脆性页岩夹层发育，压实程度高。岩样密度高（2.55~2.75g/cm³），硬度大（600~1000MPa），可钻性差（5~8 级），研磨性强，具较强抗侵入破坏能力，前期钻头切削齿损坏形式如图 2 所示。硬地层中 PDC 钻头切削齿易快速磨钝，切削深度对钻压的敏感性逐渐下降，破岩存在明显"钝搓"现象，且随单齿过度磨损，对冲击载荷的分摊作用减弱，加之须家河地层非均质性强，冲击作用下加速切削齿起裂、崩齿、复合片剥落，最终造成切削齿疲劳断裂。

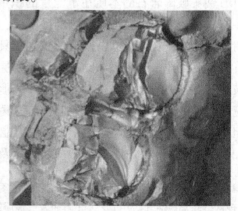

图 2 切削齿损坏示意图

（2）钻井参数选择与钻头结构设计、钻具组合动力学响应配伍难度大，影响破岩稳定性。

施工参数选择未能统筹挖掘动力响应、岩石破碎、工作状态、风险控制间数据联系，当钻头结构设计参数与目标地层下最优钻井参数组合区间不契合，钻柱与井壁碰撞、钻头破碎岩石的应变能转化为钻具的应力波，以振动波的形式通过钻具振动传导至地面。表现为顶驱振动，机械钻速降低，扭矩升高且周期性波动等，严重时频繁憋停顶驱，若不能及时发现并加以控制，将引起剧烈动载造成钻头工况恶化，加速早期磨损、崩齿，甚至引发钻柱失效。

## 2 长寿命高抗冲击性 PDC 钻头结构设计

对于须家河组钻头磨损问题，需优化布齿密度、选用高性能复合片、配合深脱钴工艺等强化切削齿性能。对于冲击损坏，需要持续优化切削结构布置，减少切削齿所受的径向、轴向载荷不平衡度。综合统筹岩石破碎比功、机械钻速、切削力、破岩深度、破岩体积等协调机制；创新采用局部减震增强混合布齿、力平衡稳定布局、防卡钻结构等个性化设计理念，以待钻地层特性为核心，以目标井段工程特征为融合设计因素，综合开展钻头刀翼结构、切削齿类型、布齿密度等定制化设计。

### 2.1 局部减振增强异形混合布齿

切削齿是高效破碎岩石的基本切削单元，其结构及布置方式直接影响了 PDC 钻头的破岩性能及使用寿命，相较于常规平面齿，异形齿特殊破岩机理在高硬度、强研磨性及非均质地层中具备更强适应性。通过不同齿型破岩机理分析，设计采用自主切削屋脊齿，如图 3 所示，将面接触转换为点接触，依赖点载荷轴向预破碎岩石，减少热量积聚，减少磨损。

图 3 屋脊齿结构示意图

针对须家河组地层单轴抗压强度高，所需破岩能量高的问题，设计布齿结构如图 4 所示，采用局部高密度布齿方式，形成硬地层破岩能量分配和破碎环带覆盖，强化鼻肩部切削能力，同时基于"剪切+犁削"混合破岩机理，提出具"强侵入+高抗冲"能力的"多级切削+减震副齿"切削齿混合布齿方法，采用平面主齿，鼻部及肩部易冲击损坏部位布置副排屋脊减震齿。

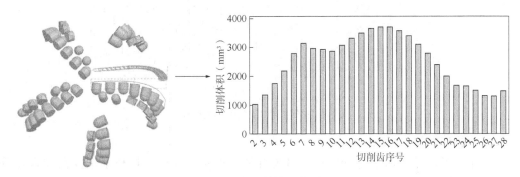

图 4 布齿结构示意图

相较于传统"平面+异形"主齿混合布齿方式，屋脊减振齿布齿方式在钻进前期以平面主齿剪切破岩为主，屋脊副齿限制切削出刃，辅助主齿承担非均质性地层中的冲击载荷，降低主齿冲击破坏风险；钻进后期主齿发生磨损，副排屋脊齿以犁削方式参与破碎岩石，能有效提升须四—须三段硬质夹层攻击性及抗冲击能力，实现全行程进尺钻时稳定，如图5所示。

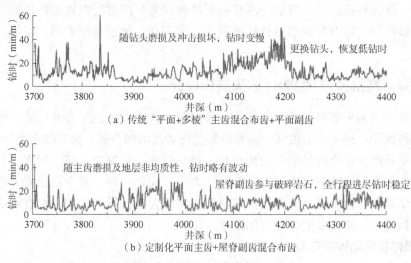

图 5　异形齿布齿方式

## 2.2　力平衡强稳定性设计

形成"多夹层定向强稳定+力平衡抗涡动"结构设计思路，提升钻头定向钻进稳定性。一方面优化调整刀翼角、跨度角、翼间角关键参数、形成螺旋刀翼+螺旋保径结构设计，降低钻头回旋作用，增加与井壁接触面，控制钻头结构受力不平衡度为1.8°；另一方面，采用同轨式逆时针布齿方式，确保切削时形成沟槽，限制钻头涡动，同时设计球形切深限位齿，降低相邻齿扭矩波动，均匀分布切削齿载荷，如图6所示。解决须家河砂页岩互层及须四下部局部含砾高研磨地层受力不平衡导致钻头易先期破坏的难题。

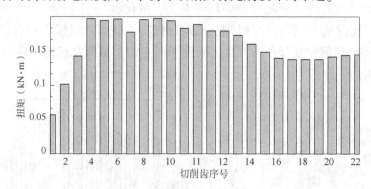

图 6　相邻切削齿受扭矩示意图

## 2.3　防卡钻结构设计

二开下部井段钻进时上部沙溪庙—自流井掉块严重，为满足长裸眼定向段安全钻进，冠部末端采用35°小坡度设计，坡面上增加尖锥齿，形成倒划眼结构对井壁收缩部分进行破碎，降低卡钻风险。同时采用主动保径齿强化对掉块的切削。

### 2.4 个性化钻头结构设计特征

以单趟钻钻遇层位及轨迹控制需求为导向,适配目标层段综合设计特征,形成专层设计 $\varphi$241.3mm PDC 钻头设计方案,见表1。

**表1 $\phi$241.3mm 定制化 PDC 钻头设计方案**

| 结 构 | 设 计 特 征 | 结 构 | 设 计 特 征 |
|---|---|---|---|
| 冠部轮廓 | 中深内锥—中抛面 | 切削齿尺寸 | 16mm |
| 刀翼数量 | 5 | 切削齿性能 | 平面齿+屋脊齿 |
| 刀翼结构 | 微螺旋刀翼 | 特殊布齿设计 | 侧向切削齿、限位齿 |
| 布齿密度 | 高 | 保径结构 | 螺旋保径+倒划眼齿 |

## 3 钻头水力能量优化配置技术

钻头水力参数是射流水力能量和喷嘴损耗能量的综合反映,包括钻头水眼压降($\Delta p_b$)以及钻头水功率($P_b$)。其中钻头水功率一般用比水功率(HSI)进行表征。钻头水力参数一方面影响受钻井液排量的影响,另一方面,受目标趟钻钻具组合及机泵条件下的循环压耗及泵压限制,影响钻井液排量的提升。现场实际应用时,往往倾向于采用大尺寸的喷嘴确保排量提升,但是易导致钻头水力能量不足,发生钻头泥包。因此对于深部小环空面积井段安全高效钻进,基于最大钻头比水功率理论[6],在机泵限度范围内强化钻头水力参数,提高对井底岩屑的清洗作用,将岩屑及时运移出"破碎坑",避免钻头泥包及井底岩石重复破碎,从而为机械钻速提升提供条件。

$$\Delta p_b = \frac{0.05\rho_d Q^2}{C^2 A_0^2} = \frac{0.081\rho_d Q^2}{C^2 d_{ne}^4} \tag{1}$$

$$HSI = \frac{1.27 P_b}{D_b^2} = \frac{0.10287\rho_d Q^3}{D_b^2 C^2 d_{ne}^4} \tag{2}$$

式中,$\Delta p_b$ 为钻头压力降,MPa;$C$ 为喷嘴流量系数;$\rho_d$ 为钻井液密度,g/cm³;$Q$ 为钻井液排量,L/s;$d_{ne}$ 为喷嘴当量直径,cm;$D_b$ 为钻头直径,cm;HSI 为钻头比水功率,kW/cm²,应用时换算成 hp/in² 表征。

前期应用钻头多设计6个水眼,主体采用 15.87~17.46mm 喷嘴直径。40L/s 排量条件下仍然存在钻头泥包现象,此条件下钻头 HIS 为 0.35~0.51hp/in²。个性化 PDC 钻头经过水力流道优化设计,共设置7个水眼,通过优化喷嘴过流面积,可以实现对钻头水力能量的优化配置。改变水眼配置方案,通过式(1)和式(2),得到钻头压降及比水功率对排量的敏感性变化趋势,如图7、图8所示,高排量下通过减少喷嘴过流面积可以增加钻头比水功率,但同时会增加系统循环压耗。因此需要基于目标趟钻钻具组合及施工参数条件下泵压限制,综合不同水眼配置条件及目标排量下钻头水力参数,形成"一趟一案"钻头水眼配置方案。

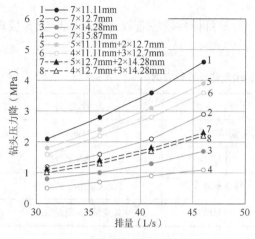
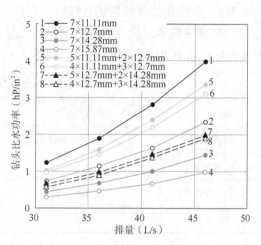

图7  不同水眼配置方案下钻头
压降对排量敏感性

图8  不同水眼配置方案下钻头
比水功率对排量敏感性

以 XS206 井 3100~3650m 井段为例，对不同水眼配置方案下循环压耗及泵压情况进行计算见表2，现场设置的泵压安全高限为 30MPa，目标排量为 40~43L/s，优选采取同规格水眼配置方案，综合选择 7×14.28mm 水眼，此时预测钻达目标本趟钻井深 3650m 系统泵压 29.32MPa。实钻排量 38~43L/s，泵压 27~29MPa，出井钻头未发生泥包，钻头水力能量优化配置对钻头应用具正向指导作用。

表2  不同水眼配置方案下泵压情况

| 水眼尺寸 | 排量（L/s） | 钻头压降（MPa） | HIS（hp/in²） | 预计井深（m） | 泵压（MPa） |
| --- | --- | --- | --- | --- | --- |
| 7×15.87mm | 41 | 0.6 | 0.46 | 3650 | 28.65 |
| 7×14.28mm | 41 | 1.3 | 1.03 | 3650 | 29.32 |
| 7×12.7mm | 41 | 2.1 | 1.65 | 3650 | 30.21 |
| 7×11.11mm | 41 | 3.6 | 3.97 | 3650 | 31.59 |
| 4×12.7mm+3×14.28mm | 41 | 1.7 | 1.33 | 3650 | 29.92 |

## 4  基于机械比能理论的钻井参数优化技术

传统钻井参数的优化依赖于杨格计算模型，基于区域完钻井历史数据回溯采用偏差分析进行钻井参数优化迭代，迭代优化试验周期长，且多局限于钻井参数范围优化。实钻过程中钻井参数优化多依赖于经验调控，无依据工况及岩性变化的定量调控依据，无法判断是否为最优方案。存在钻头破岩不稳定、钻井提速空间受限等问题。Teale 提出了利用机械比能表征钻头切削特定体积岩石所需的能量，衡量钻头做工效率。被证明是能有效表征破岩效率的指标，实现破岩的在岩石抗压强度特定情况下，达到相同机械钻速的机械比能值越低，钻头做功效率越高[7]。钻进过程中，钻头在钻压、扭矩及钻头水眼喷射的共同作用下综合破岩，钻压、扭矩及水功率共同组成能量输入端，而岩石破岩、摩擦热能、钻井液携岩则是输入能源的转换端。以钻头与岩石界面作为能量输入输出界面，基于能量守恒定律，建立基于机械比能理论的高效钻井效率预测模型。实钻中基于实时录井工程数据实时采集，将录井数据筛除噪点并输入神经网络计算，自动将综合录井秒数据转换为机械比能模型计算的输入参数，基于机械比能的变化趋势，可以对井下钻头工况以及破岩效率开展监测分析，从而通过实时优化调整钻井参数，实现通过优化控制策略，打破常规钻井参数优化的数据盲区，确保全钻进过程破岩效率最大化，同时避免钻头涡动、黏滑等异常振动导致钻头先期破坏。

$$MSE = E_f W \left[ \frac{4}{\pi D_b^2} + \frac{0.16 \mu_b (qN + K_N Q)}{D_b v} \right] \tag{3}$$

式中，MSE 为机械比能，MPa；$E_f$ 为破岩能量利用率，通常取 0.35；$W$ 为钻压，kN；$\mu_b$ 为钻头滑动摩擦系数，PDC 钻头取 0.5；$q$ 为螺杆钻具每转排量，与螺杆的结构参数相关，L/r；$N$ 为地面转速，r/min；$K_N$ 为螺杆的转速流量比，与螺杆的结构参数有关，r/L；$v$ 为机械钻速，m/h。

### 4.1 比能基线构建

基于 PDC 钻头破岩机理，认为破碎岩石所需要的能量为岩石抗压强度，低于此能量，切削齿难以吃入地层；高于此能量，会增加整个钻柱系统的能量耗散，从而易引发钻头及钻柱异常振动，均不利于破岩，因此将岩石抗压强度值作为破岩所需能量基准值。基于目标井邻井测井资料分析，计算岩石抗压强度（CCS）纵向数值剖面从而建立基于岩石抗钻特性的机械比能基线。

$$CCS = UCS + p_e + \frac{2 p_e \sin \varphi}{1 - \sin \varphi} \tag{4}$$

式中，CCS 为三轴岩石抗压强度，MPa；UCS 为单轴岩石抗压强度，通过测井数据计算，MPa；$p_e$ 为井底围压，MPa；$\varphi$ 为岩石内摩擦角，(°)，通过测井数据计算。

### 4.2 破岩效率评价

利用随钻数据解析综合计算机械比能，实时对比分析比能基线与实钻机械比能曲线的偏离度，开展钻井效率评价分析。两者偏离度越大，破岩效率越低，如图 9 所示。

### 4.3 钻井参数调控方法

若比能值较大程度偏离基线，优先调节钻压，再调节转速，调节幅度控制 10%。调节钻压时优先降钻压，观察比能偏离趋势，若无降低趋势，恢复钻压再加钻压，判断变化情况。若调节钻压无法提高破岩效率，按先降后升方法调节转速。在排量满足携岩推荐下，若比能值仍然增加，则钻头与地层不适应或钻头磨损严重，更换钻头。

## 5 现场应用

XS202-1 是布置在川西坳陷新盛构造上的一口四开制大位移定向井，本井三开须五—须三段地层定向钻进，其中须五段采用常规钻头钻进，单趟行程进尺 271m，平均机械钻速 3.54m/h，出井钻头磨损严重。为实现深部须四—须三段复杂地层高效稳定破岩，开展了以"PDC 钻头+参数控制"为核心的高效稳定破岩技术应用。采用个性化设计的 PDC 钻头，钻前依据目标排量（35L/s）下的钻具组合循环压耗及泵压限制（32MPa）条件，优化设计钻头水眼配置方案为 7×11.11mm，此时 HSI 为 1.93hp/in²。实钻过程中通过匹配地层的机械比能实现钻井参数的优化调整，其中 3700~4000m 砂页岩不等厚互层，配合个性化设计的 PDC

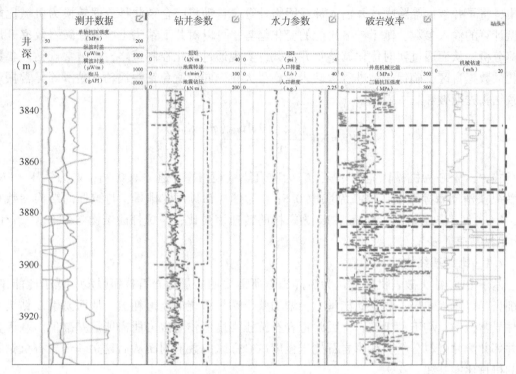

图9 基于机械比能的破岩效率评价

钻头，以50~80kN钻压及50r/min转速实现切削齿高效吃入及稳定破岩，相较于区域经验钻压100~140kN，有效减少耗散到钻具中的多余能量，避免钻头发生涡动、黏滑。4000~4500m井段为砾石发育地层，在此地层所需要的门限钻压及扭矩更高，因此需要强化钻井参数实现稳定吃入，优化钻压为100~120kN，提高转速为70~80r/min，从而确保高效破岩能量供应，以低能耗实现高钻速钻进，如图10所示。综合应用实现单趟进尺756m，同比提升137%，机械钻速6.02m/h，同比提升33%，创工区须家河组φ241.3mm井眼斜井段单趟行程最多、机械钻速最高双纪录。研制钻头出井正常磨损，磨损及冲击破坏较前期应用钻头显著改善。

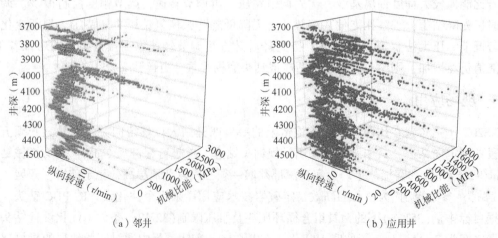

（a）邻井        （b）应用井

图10 邻井与应用井机械钻速与机械比能对比散点图

# 6 结论

（1）新场—合兴场构造深部须家河组地层以岩屑砂岩、石英砂岩为主，压实程度高，非均质性强，可钻性差、研磨性强，表现出钻头破岩难、机械钻速低、行程进尺短、易先期破坏等技术瓶颈。

（2）难钻地层动态冲击和磨损导致低效破岩是造成钻头先期失效的主因，采用局部减振增强异形混合布齿、力平衡强稳定性布局、防卡钻结构等个性化设计，能强化钻头攻击性及破岩稳定性。

（3）深部小环空面积井段安全高效钻进，需要在机泵限度范围内强化钻头水力参数，提高对井底岩屑的清洗作用，将岩屑及时运移出"破碎坑"，避免钻头泥包及井底岩石重复破碎，从而对机械钻速提升提供条件。通过调整喷嘴过流面积可以实现对钻头水力参数的优化调整。

（4）基于机械比能理论，统筹考虑地质参数、钻头结构参数与钻井参数的配伍关系，精细钻井参数调整能实现低能耗高钻速钻进，同时避免钻头发生涡动、黏滑等造成崩齿。

## 参 考 文 献

[1] 郑和荣，刘忠群，徐士林，等．四川盆地中国石化探区须家河组致密砂岩气勘探开发进展与攻关方向[J]．石油与天然气地质，2021，42（4）：765-783．

[2] 杨志彬，张国东，黄建林，等．川西新场地区须家河组工程地质特征及优快钻井对策研究[J]．石油天然气学报，2008，30（6）：278-281，393．

[3] 王光明，李达，倪骁骅．PDC钻头异形切削齿研究进展[J]．石油矿场机械，2022，51（4）：76-83．

[4] 幸雪松，庞照宇，武治强，等．钻头与岩石互作用下钻柱黏滑振动规律研究[J]．石油机械，2023，51（5）：1-8．

[5] 孙泽山，王建毅，刘伟．一种防卡钻头的研究和应用[J]．石油钻采工艺，2012，34（6）：109-111．

[6] 童振，孟庆昆，刘新云．复合钻井中提高钻头水功率的一种方法[J]．石油机械，2014，42（1）：44-46．

[7] 崔猛，李佳军，纪国栋，等．基于机械比能理论的复合钻井参数优选方法[J]．石油钻探技术，2014，42（1）：66-70．

# 鄂尔多斯盆地陇东页岩油大平台长
# 水平井钻完井关键技术及实践

陆红军[1,2]　宫臣兴[1,2]　欧阳勇[1,2]　艾　磊[1,2]　辛庆庆[1,2]

（1. 中国石油长庆油田公司油气工艺研究院；
2. 中国石油长庆油田公司低渗透油气田勘探开发国家工程实验室）

**摘　要**　鄂尔多斯盆地长 7 页岩油资源丰富，主要分布于华池、合水、姬塬、靖安等区域，构造上主体位于天环坳陷东部和伊陕斜坡西部，储层岩石类型以岩屑长石砂岩和长石碎屑砂岩为主，是长庆油田持续增储上产的重要接替领域。与北美海相页岩油不同，长 7 页岩油为陆相湖盆沉积体系，储层连续性差，非均质性强，且地处沟壑纵横的黄土塬地貌，开发过程中面临井场建设困难、钻井成本高、单井累计产量低等诸多技术挑战。长庆油田以"大井丛+水平井"为总体技术思路，按照"工厂化、低成本、动用高、更优化"的工作方针，通过开展大偏移距井身剖面优化设计、强抑制复合盐防塌钻井液、水平井快速钻井配套工艺等技术攻关，配套应用旋转导向、高效耐磨 PDC 钻头、新型水力振荡器等关键提速工具，持续深化试验内容，创新形成页岩油大井丛水平井钻完井技术，有效解决黄土塬地貌钻完井施工难题，实现了页岩油开发方式的转变，构建了规模经济高效开发新模式，为页岩油快速高效建产提供了坚实的技术支撑与保障，为其他油田页岩油开发提供了经验技术借鉴。

**关键词**　页岩油；大平台；三维水平井；偏移距；长水平段

随着非常规油气资源开发力度持续加大，采用常规单井或"小井丛+短水平井"的开发方式，主要面临储量动用面积小、产量低等问题，难以适应长庆油田低成本、高效益开发需求。因此，长庆油田于 2017 年在陇东成立页岩油示范区，积极探索大井丛水平井布井及工厂化作业模式，逐步进行大偏移距长水平井钻完井技术攻关试验，通过集成应用井身结构优化、低摩阻安全钻井液及降摩减阻工具等配套技术，攻克了大井丛水平井防碰绕障难度大、钻井摩阻扭矩高及多断裂带防漏治漏等多项"卡脖子"技术，单平台完钻水平井井数逐年提高，实现了多层系、纵向上储量一次有效动用。2018 年在示范区全面推广"大井丛、水平井、工厂化、立体式"建产模式，提高井场组合井数，大幅节约了土地资源与井场建设

【基金项目】中国石油天然气股份有限公司勘探工程技术攻关项目"钻完井关键技术研究与现场试验"（编号：2022KT16）。

【第一作者简介】陆红军（1972—），高级工程师，院长，2000 年毕业于在西安石油学院油气田开发工程专业，获硕士学位，现从事低渗及非常规油气藏钻完井和提高单井产量技术研究。地址：（710018）陕西省西安市未央区明光路油气工艺研究院；电话：029-86590796；E-mail：lhj1_cq@ petrochina.com.cn。

成本，经济效益显著，并在国内创造了单平台完钻水平井最多（31口）、实施水平段最长（5060m）等一系列钻井工程纪录，使我国页岩油水平井大平台钻井水平迈上了新台阶，助推我国非常规油藏勘探开发实现革命性突破。

# 1 长庆页岩油水平井钻完井技术难点

## 1.1 大井丛平台整体优化设计难度大

受黄土塬地貌及地形自然条件因素影响，井场征地面积受限，要实现单平台多层系开发，钻井过程中井口位置选择、地面与空间布局优化、整体防碰设计、钻机施工顺序等一体化设计难度加大。

## 1.2 三维井段钻井摩阻扭矩大、轨迹控制难度大

与二维水平井相比，三维水平井剖面既要增井斜，又要扭方位，对"螺杆+PDC"钻头钻具组合的增斜能力要求较高，造成三维水平井斜井段摩阻与扭矩均较大。施工过程中，要保证井眼轨迹平滑，钻井液要具备较好的降摩减阻能力，否则容易造成后期施工摩阻与扭矩过大，严重时导致无法钻完下部井段。

## 1.3 井漏与坍塌风险共存，安全钻井施工难度大

区块漏失层主要为黄土层和洛河层，直井段钻进过程易出现漏失，同时，延长组长7段地层泥岩含量普遍为10%～20%，含量最高达40%，斜井段、水平段钻进过程中，钻井液长时间浸泡、冲刷，井壁稳定性变差，易发生失稳垮塌、掉块卡钻等情况，给下部井段的安全钻进和完井管柱的顺利下入带来风险。

## 1.4 大规模体积压裂改造作业对水泥环质量要求提高

大偏移距长水平井井眼轨迹变化率大，采用常规螺杆钻具导致井眼轨迹不光滑，易出现台阶，导致下套管困难，而长水平段体积压裂改造施工压力普遍较高，对水泥环完整性及水泥石的质量的要求提高，常规水泥浆体系无法满足大规模体积压裂压裂要求。

# 2 立体式大平台水平井钻完井技术

## 2.1 大井丛平台整体优化

### 2.1.1 平台布井优化

大井丛水平井组钻井可以有效节约钻井成本，减少土地和道路征用、修井场、搬迁等费用，实现钻井、改造工厂化作业，利于后期管理，如图1所示。以"水平井大井丛工厂化"理念，采用多钻机、集群式钻井，在有限的平台范围内，实现储量最大化动用，如图2所示。针对长7页岩油藏储层发育特征，结合井场大小、井距、偏移距等因素，设计形成3种大井丛水平井布井模式，偏移距在0～800m之间，水平段长主体1500～2000m。单层系部署4～6口水平井，双层系部署6～12口水平井，多层系部署10～20口水平井，实现纵向上多个小层的动用，大幅度提高储量控制程度，如图3所示。

### 2.1.2 井场布局模式

以节约用地面积、快速安全施工为前提，结合井场布井井数，征用井场面积大小及施工节点要求等因素，综合钻井施工难度及经济性，设计形成四种井场平面布局模式：(1)单钻机常规布局，适用于布井数小于4口，或井场规格不超过120m×60m的多井布井方式；(2)单钻机分区作业布局，适用于布井数介于4～8口之间，且要求井场规格超过120m×60m；

(3)双钻机一字型布局及双钻机双排布局,适用于布井数大于 8 口,且要求井场规格超过 180m×60m(或 100m×120m)。根据后期压裂及采油要求,井口间距以 6m 为主,可采用 8m、10m、12m;分区隔离间距不小于 20m,最小排距不小于 30m,如图 4~图 7 所示。

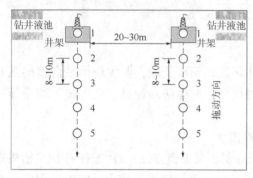

图 1  大井丛平台布井优化

图 2  工厂化布井示意图

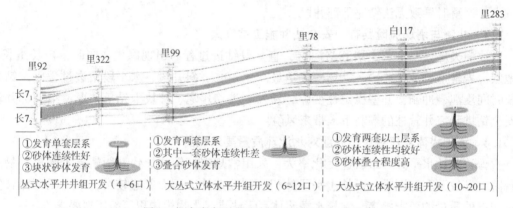

图 3  长庆陇东页岩油大井丛水平井布井模式

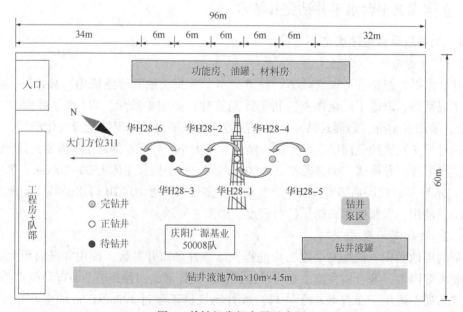

图 4  单钻机常规布局示意图

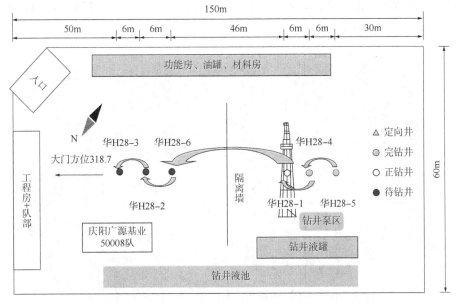

图 5　单钻机分区作业示意图

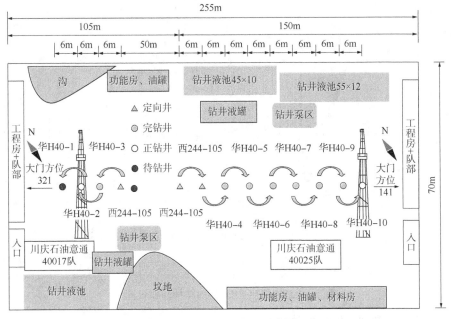

图 6　双钻机一字型示意图

### 2.1.3　大井丛防碰绕障

针对大井丛水平井井数多、防碰井段长、轨迹设计影响因素复杂等情况，采用控制井眼轨迹，保证两井之间安全距离，防止套管相交、相碰事故的发生。钻井过程中，采用防碰扫描针对施工井与邻井井眼轨迹当前测深、垂深进行扫描，计算最近距离，必要时需对多口邻井同时进行防碰扫描计算，如图 8 所示。根据井眼轨迹空间球面扫描与绕障综合逻辑参数，分析地层自然增（降）斜规律、井眼轨迹空间展布、安全井间距曲线，在前期理论研究和后期现场试验的基础上，形成了"设计四防碰、施工三预防、空间三绕障"的大井组丛式井防碰绕障技术理论体系，并通过无线随钻测量系统实施监控井轨迹走向，实现了页岩油大井丛快速、安全钻完井。

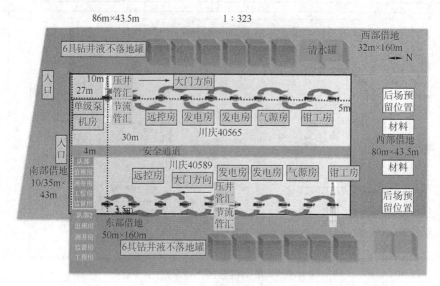

图 7　双钻机双排示意图

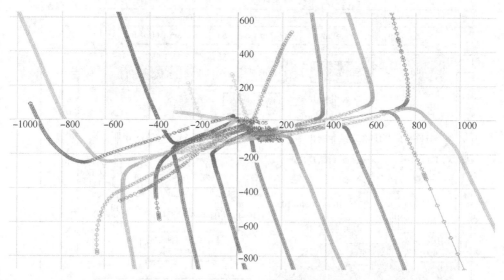

图 8　HH60 平台(22 口井)整体防碰设计

## 2.2　三维水平井剖面优化设计

为满足页岩储层有效压裂与开发，米字型(图 9a)大井丛的水平段无法满足同步有效压裂改造要求，需要开展水平段平行分布的丛式三维水平井钻井技术试验(图 9b)。

常规二维水平井，井口与水平段投影在同一条直线上(图 10a)，钻井过程中只增井斜、方位不变，属二维剖面设计，钻井摩阻扭矩变化影响因素较少，设计难度相对较低；而三维水平井由于井口与水平段投影存在一定的偏移距(图 10b)，从造斜点到入窗点三维空间的钻井过程中既要增井斜、又要扭方位，钻井摩阻扭矩大、轨迹控制困难。国外一般采用旋转导向钻井技术，费用高昂，而国内普遍采用螺杆钻井工具有利于节约钻成本，但国内尚无成熟的与之配套的三维水平井井身剖面设计方法，三维水平井安全钻井面临技术挑战。

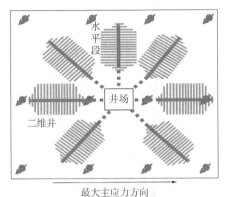

（a）"米型布井"井网不配套、储层动用程度低

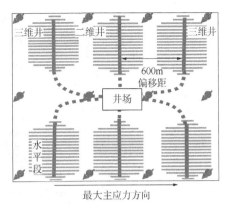

（b）"平行布井"井网配套、有利于提高储层动用程度

图 9　丛式水平井井网匹配开发示意图

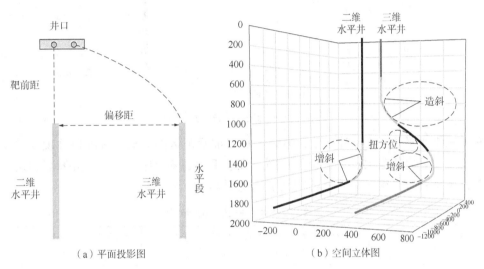

（a）平面投影图　　　　　　　（b）空间立体图

图 10　三维水平井井身剖面优化设计示意图

　　基于三维剖面设方法，结合实钻地层井斜、方位、自然漂移规律与摩阻扭矩分析(图11)，优选具体的造斜点、扭方位点以及造斜率等实钻参数（表 1），形成三维水平井单井面优化设计。

表 1　三维水平井剖面设计参数

| 井　　段 | 设　计　参　数 | 优　选　值 |
|---|---|---|
| 直井段 | 防斜打直 | 0~800m |
| 造斜段 | 造斜点 | 400~800m |
| | 第一增斜率(°/30m) | 2~3.5 |
| 扭方位段 | 扭方位点 | 1300~1500m |
| | 第二增斜率(°/30m) | 3.2~6 |
| 增斜段 | 增斜点 | 1600~1700m |
| | 第三增斜率(°/30m) | 4.5~6.5 |
| 水平段 | 稳斜 | 0~1500m |

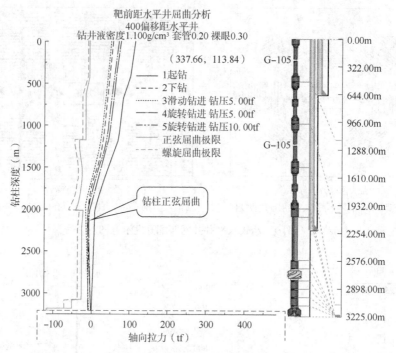

图 11 三维水平井钻柱力学分析

采用三维水平井剖面设计方法，累计在页岩油示范区共完成了856口井现场试验，国内首次实现了页岩油藏1266m最大偏移距三维水平井的安全钻完井，钻井摩阻扭矩、钻井周期与同区块常规二维水平井相当(表2)，提速提效效果显著。

表2  三维水平井钻井指标对比

| 区块 | 水平井井型 | 应用井数（口） | 平均垂深（m） | 平均靶前距（m） | 最大偏移距（m） | 平均水平段长（m） | 钻井摩阻（kN） | 扭矩（kN·m） | 钻井周期（d） |
|---|---|---|---|---|---|---|---|---|---|
| 页岩油藏 | 三维 | 503 | 1957.1 | 550.8 | 1266 | 1701.9 | 296 | 15.4 | 18.5 |
| | 常规二维 | 204 | 2004.2 | 324.2 | — | 1066.8 | 283 | 13.2 | 29.1 |

### 2.3  实钻轨迹精细控制

#### 2.3.1  关键工具优选

（1）提速工具。通过钻头切削能力与水力学参数优化设计，提高钻头抗冲击性，延长钻头寿命，提高钻井进尺。结合实钻井斜及地层自然漂移规律，斜井段优选19mm复合片、6刀翼、浅内锥高效PDC钻头，该钻头工具面稳定，定向钻进效率高，水平段优选出16mm复合片、5刀翼、强耐磨高效PDC钻头，提高钻遇砂泥岩交错和普遍含有硬夹层的地层中钻头的攻击性。二开直井段-斜井段钻具组合将原来3~5柱加重钻杆增加至6~8柱，提高造斜段工具面的稳定性，螺杆钻具选择7LZ172（或165）×1.5°（稳定器212mm），由3级升级为5级172mm螺杆，强化压差至3.5MPa，提高螺杆输出功率(见图12)。

（2）降摩减阻工具：

① 二代水力振荡器：通过应用自研"轴向+径向"新型水力振荡器(图13)，通过变流阀产生液压带动工具往复振动，有效解决了滑动钻进加压困难，平均机械钻速提高15%以上，水平段钻进能力明显提升。

② 套管漂浮接箍：水平段超过 2000m 使用漂浮下套管技术，有效降低下套管过程摩阻，确保大偏移距、长水平井套管安全下入。

（a）斜井段PDC钻头　　　　（b）水平段PDC钻头　　　　（c）大功率螺杆

图 12　分井段 PDC 钻头优选

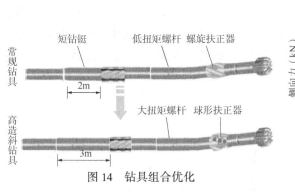 

（a）"Ⅰ型+Ⅱ型"水力振荡器　　　　　　（b）盲板式漂浮接箍

图 13　降摩减阻新工具

### 2.3.2　实钻轨迹控制模式

（1）优化钻具组合。为解决三维井段螺杆钻具造斜率较低、实钻轨迹控制效果不理想的问题，优选球形扶正器替代原来的螺旋扶正器（图 14），降低摩阻，优选低速大扭矩螺杆，提高扭矩输出，将短钻铤 2m 延长至 3m，增加平衡杠杆作用，提高增斜效率、降低实钻摩阻扭矩（图 15）。钻具组合的增斜能力从原来的 3°/30m 提高到 7°/30m，有效提高三维斜井段轨迹控制能力。

图 14　钻具组合优化　　　　　　　　图 15　钻具侧向力分析

（2）三维井段轨迹控制模式。根据三维井段钻井特点，结合剖面设计方法，创新形成了"小井斜走偏移距—稳井斜扭方位—增井斜入窗"的"三步走"实钻轨迹控制模式，降低现场施工难度。

① 小井斜走偏移距：以偏移角度 75°~90° 的方向，采用小井斜（<30°）钻进，消除大部分偏移距；

② 稳井斜扭方位：采用 4°~6°/30m 增斜率扭方位至设计方位要求，同时消除剩余偏移距；

③ 增井斜入窗：优化增斜（45°~87°），控制好方位，增斜入窗。

### 2.4 强抑制防塌复合盐钻井液体系

#### 2.4.1 基本配方及性能

在"5%WJ-1+0.8%YJ-A+1.5%YJ-B"主配方基础上，开展流型调节剂、提黏剂、聚磺处理剂、润滑剂等处理剂筛选，通过大量的配伍试验研发强抑制性有机—无机盐低伤害钻井（完井）液体系的基本配方："5%~7%WJ-1+0.8%~1.0%YJ-A+1%~2%YJ-B"主配方+0.2%~0.3%G310-DQT2+~3%G309-JLS+1%~3%G301-SJS+3%~5%G302-SZD+0.1%~0.3%FW-134+1%~3%G303-WYR，配方性能见表3。

**表3 基本配方性能**

| 序号 | 性 能 名 称 | 常 温 指 标 | 120℃×16h 热滚后指标 |
|---|---|---|---|
| 1 | 密度（g/cm³） | 1.05~1.35 | 1.05~1.35 |
| 2 | 漏斗黏度（s） | 45~85 | 40~70 |
| 3 | $FL_{API}$（mL） | 2.0~4.0 | 3.0~5.0 |
| 4 | 滤饼（mm） | 0.2~0.5 | 0.2~0.5 |
| 5 | PV（mPa·s） | 15~30 | 10~25 |
| 6 | YP（Pa） | 7~25 | 6~20 |
| 7 | 静切力（Pa） | 2~5/3~8 | 1~3/2~6 |

#### 2.4.2 抑制性防塌性能评价

通过泥岩膨胀率试验，称取10g干燥后的钠膨润土，采用NP-01型泥岩膨胀仪测定不同钻井液体系滤液的膨胀量，测试结果如图16所示。从图上可以看出，强抑制有机—无机盐低伤害体系抑制黏土水化分散能力较聚合醇体系、氯化钾体系和聚磺体系强，其泥岩膨胀曲线比较平缓，抑制性很强。

#### 2.4.3 体系润滑性能评价

在基本配方中加入自主研发的G303-WYR润滑剂，改变润滑剂G303-WYR的加量，该防塌钻井液体系润滑性的试验结果如图17所示。从图上可以看出，G303-WYR可有效降低基浆的润滑系数R值，加量1.5%时润滑系数降低率可达79%以上，极压润滑系数可降低至0.03。数据还说明是该润滑剂在热滚试验后，润滑系数进一步降低，说明体系经井下循环温度升高后润滑性增强，对现场施工有利。

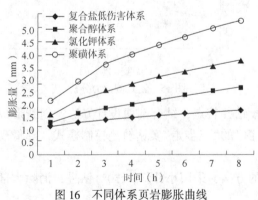

图16 不同体系页岩膨胀曲线

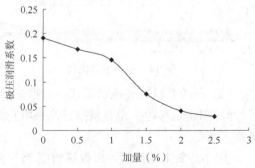

图17 体系润滑系数变化情况

#### 2.4.4 体系降失水试验评价

井底温达60~110℃，选取了G301-SJS和SMP-1作为抗温降失水剂，测试120℃条件下钻井液的 HTHP 滤失，室内评价结果见表4。

表4 体系失水试验数据

| 序号 | 试验配方 | 密度<br>（g/cm³） | 失水<br>（mL） | FL_HTHP<br>（100℃/mL） | pH 值 | PV<br>（mPa·s） | YP<br>（Pa） |
|---|---|---|---|---|---|---|---|
| 1 | 5%WJ－1＋0.5%YJ－A＋1%PAC－L＋0.3%<br>G310－DQT＋3%G309－JLS＋1%G301－SJS | 1.06 | 5.6 | 18 | 11 | 39 | 13.5 |
| | 120℃×16h 热滚后 | 1.05 | 4.2 | 19 | 11 | 26 | 11.5 |
| 2 | 7%WJ－1＋0.3%YJ－A＋1%PAC－L＋0.3%<br>G310－DQT＋2%G309－JLS＋2%G301－SJS | 1.07 | 5.4 | 16 | 11 | 39 | 14 |
| | 120℃×16h 热滚后 | 1.07 | 4.6 | 16 | 11 | 25 | 6 |
| 3 | 9%WJ－1＋0.4%YJ－A＋1%PAC－L＋0.3%<br>G310－DQT＋1%G309－JLS＋3%G301－SJS | 1.10 | 5.2 | 12 | 12 | 41 | 15.5 |
| | 120℃×16h 热滚后 | 1.10 | 4.4 | 15 | 11 | 34 | 15 |

由表4试验数据可知，当体系中2%~3%G301-SJS 和2%~3%G309-JLS 时，100℃条件下体系的 HTHP 失水控制在 15mL/30min 以内，滤饼光滑有韧性，已能够满足要求。

2.4.5 体系加重试验评价

考虑到大斜度井段井壁稳定的要求，进行了钻井液加重试验，主要观察钻井液加重后，体系的性能变化情况，实验结果见表5。

表5 加重试验数据

| 配 方 | | 密度（g/cm³） | FL（mL） | K（mm） | PV（mPa·s） | YP（Pa） |
|---|---|---|---|---|---|---|
| 基浆 | | 1.05 | 4.0 | 0.3 | 18 | 10 |
| 基浆密度提升<br>到1.20g/cm³ | 常温 | 1.20 | 4.6 | 0.5 | 25 | 16 |
| | 热滚120℃×16h | 1.21 | 4.2 | 0.5 | 20 | 11 |
| 基浆密度提升<br>到1.30g/cm³ | 常温 | 1.40 | 4.4 | 0.5 | 30 | 21 |
| | 热滚120℃×16h | 1.40 | 3.8 | 0.5 | 24 | 13 |

从表5可以看出，将基本配方用重晶石/石灰粉粉加重后，中压失水没有出现剧增，塑性黏度 PV 和动切力 YP 有一定程度增加，但仍然满足现场施工要求。加重后的钻井液热滚后，开罐时罐底未发现沉淀，无异味，表明体系加重后性能稳定，满足钻井液加重的要求。

2.4.6 体系储层保护试验评价

为了观察岩芯微观状态下的现象，对岩心进行了 SEM 分析。分别对1#、3#、4#岩心伤害端（正向）、中部、尾端（反向）进行 SEM 扫描，放大3000倍后的岩心图片如图18所示。

从图18中 SEM 扫描图片可以看出，所有孔喉非常清晰和干净，岩心内很难发现固体桥塞粒子，几乎所有黏土矿物粒子为高岭土，很少伊/蒙间层和伊利石粒子，也证实了岩心被低摩阻高润滑钻井液完井液体系轻微伤害。伤害很小，基本接近无伤害，非常利于长时间保护储层。同时该体系具有强抑制、强封堵、低滤失、低黏度、低伤害及润滑性好等特性，有效提高了机械钻速，解决了井壁坍塌及地层造浆等问题，保障了示范区5000m 裸眼井段水平井的井壁稳定，其中华 H50-7 井钻遇200m 以上泥岩均未发生井下复杂。

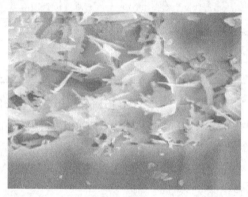

图 18　放大 3000 倍的岩心 SEM 扫描图片

## 3　现场应用

### 3.1　HH100 超大平台实施情况

HH100 平台共完钻 31 口水平井，该平台采用双钻机作业，全部采用二开井身结构（图 19、图 20），水平段长度 1335～2596m、平均 2008m，平均钻井周期 17.1d，最短钻井周期仅 7.67d（1573m），最大偏移距达到 1265.9m，创造亚太陆上单平台完钻水平井井数最多纪录，使我国具备超大平台安全钻井施工能力，为非常规油藏规模效益开发奠定基础。

### 3.2　示范区应用效果

2018—2023 年，累计在长庆陇东页岩油示范区实施水平井组 185 个，856 口井水平井，

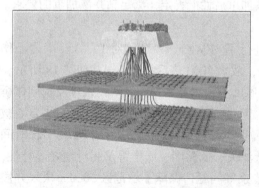

图 19　HH100 平台井眼轨迹设计图

节约井场 671 个，井组平均井数 4.6 口，平台最大井数由 31 口，最大偏移距由 1266m，偏移距 ≥500m 的三维水平井 273 口，最大平台控制储量由 $180×10^4$t 上升至 $1000×10^4$t，共节约土地面积 3441.6 亩，实现了规模高效钻井。页岩油示范区钻井创优指标见表 6。其中：

（1）已完钻 20 口水平井以上井组 5 个，119 口井，井组平均井数 23.8 口，最大平台完钻水平井组井数 31 口，刷新国内油田单平台最大水平井数纪录。

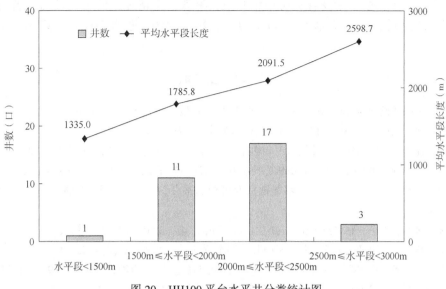

图 20　HH100 平台水平井分类统计图

（2）二开井身结构条件下实施水平段 2000m 以上水平井 121 口，实现 1266m 偏移距、1335m 水平段安全钻进；三开井身结构条件下实施水平段 2000m 以上水平井 41 口，实现 903m 偏移距、2682m 水平段安全钻进。

（3）水平段钻进能力由 1000m 提升至 5000m 以上，平均长度由 1053m 增加至 1792m，平均机械钻速由 15.7m/h 增加至 19.2m/h，平均钻井周期由 29.6d 缩短到 17.8d，最短钻井周期仅为 7.76d(1595m)。

表 6　近年长庆页岩油示范区钻井创优指标

| 指标类型 | 平台号/井号 | 创优指标 | 指标水平 |
| --- | --- | --- | --- |
| 单平台水平井井数（口） | HH100 | 31 | 亚太陆上油田单平台完钻水平井井数最多 |
| 水平段长度（m） | HH90-3 | 5060 | 亚太陆上油田水平井水平段最长 |
| 偏移距（m） | HH100-29 | 1265.9 | 亚太陆上油田水平井偏移距最大 |
| 钻井周期（d） | HH100-30 | 7.67 | 国内页岩油水平井钻井周期最短 |
| "一趟钻"进尺（m） | QH22-9 | 3395 | 二开全井段"一趟钻" |

## 4　结论

（1）创新形成的页岩油大井丛水平井关键钻完井技术，解决了页岩油储层井网、改造与地面限制条件下大井丛钻井技术难题，大幅减少井场建设数量、节约土地资源、保护自然环境，实现了水平井由单井单井场到多井大井丛开发方式的转变，大大提高了施工效率，缩短平台建产周期。

（2）创新三维水平井剖面设计方法，结合"小井斜走偏移距—稳井斜扭方位—增井斜入窗"实钻轨迹控制模式，满足了不同偏移距、靶前距条件下丛式三维水平井安全快速钻井要求，解决了三维井段摩阻扭矩大、轨迹控制难的问题，使我国具备了水平段 5000m 以上三维水平井安全施工能力，实现了超长水平井钻井技术突破。

（3）研发形成的强抑制复合盐防塌钻井液，有效提高钻井液的抑制性与井壁稳定，泥岩段坍塌周期由原来的 20 天延长至 40 天以上，能有效防止长水平段井壁坍塌，实现快速安全钻井。

## 参 考 文 献

[1] 韩志勇．定向井设计与计算[M]．北京：石油工业出版社，1990：55.

[2] 高德利．油气钻探技术[M]．北京：石油工业出版社，1998：126.

[3] 孙振纯，许岱文．国内外水平井技术现状初探[J]．石油钻采工艺，1997，19(4)：6-13.

[4] 葛云华，苏义脑．中半径水平井井眼轨迹控制方案设计[J]．石油钻采工艺，15(2)：1-7.

[5] 王爱国，王敏生，唐志军，等．深部薄油层双阶梯水平井钻井技术[J]．石油钻采工艺，2003，31(3)：13-15.

[6] 田树林．薄油层水平井钻井技术研究与应用[J]．钻采工艺，2004，27(3)：9-11.

[7] 冯志明，颉金玲．阶梯水平井钻井技术[J]．石油钻采工艺，2000，22(5)：22-26.

[8] 吴敬涛，王振光，崔洪祥．两口阶梯式水平井的设计与施工[J]．石油钻探技术，1997，25(2)：2-4.

[9] 帅健，吕英明．建立在钻柱受力变形分析基础之上的钻柱摩阻分析[J]．石油钻采工艺，1994，16(2)：25-29.

[10] 王建军．水平井钻柱接触摩擦阻力解析分析[J]．石油机械，1995，23(4)：44-50.

[11] 郭永峰，吕英明．水平井钻柱摩阻力几何非线性分析研究[J]．石油钻采工艺，1996，18(2)：14-17.

[12] 刘修善．井眼轨迹的平均井眼曲率计算[J]．石油钻采工艺，2005，27(5)：11-15.

[13] 王礼学，陈卫东，贾昭清．井眼轨迹计算新方法[J]．天然气工业，2003，23(增刊)：57-59.

[14] 谢学明，崔云海．三维"Z"形斜面圆弧井眼轨迹控制技术[J]．江汉石油职工大学学报，2007，20(2)：39-41.

[15] 刘巨保，罗敏．井筒内旋转管柱动力学分析[J]．力学与实践，2005，27(4)：39-41.

[16] 于振东，李艳．试油测试射孔管柱的间隙元分析[J]．应用力学学报，2003，20(1)：73-77.

[17] 干洪．梁的弹塑性大挠度数值分析[J]．应用数学和力学，2000，21(6)：633-639.

[18] 魏建东．预应力钢桁架结构分析中的摩擦滑移索单元[J]．计算力学学报 2006，2(36)：800-805.

[19] 陈勇，练章华，易浩，等．套管钻井中套管屈曲变形的有限元分析[J]．石油机械，2006，34(9)：22-24.

[20] 刘永辉，付建红，林元华，等．弯外壳螺杆钻具在套管内通过能力的有限元分析[J]．钻采工艺，2006，29(6)：8-9.

[21] 陈庭根，管志川．钻井工程理论与技术[M]．东营：石油大学出版社，2000，170-171.

[22] 张东海，杨瑞民，刘翠红．TK112H 深层水平井固井技术[J]．断块油气田，2004，11(3)：73-74.

[23] 廖华林，丁岗．大位移井套管柱摩阻模型的建立及其应用[J]．石油大学学报（自然科学版），2002，26(1)：29-38.

[24] 徐苏欣，段勇，雒维国．大位移井下套管受力分析和计算[J]．西安石油学院学报（自然科学版），2001，16(4)：72-88.

[25] 齐月魁，徐学军，李洪俊，等．BPX3X1 大位移井下套管摩阻预测[J]．石油钻采工艺，2005，27(增刊)：11-13.

[26] 高德利，覃成锦，李文勇．南海西江大位移井摩阻和扭矩数值分析研究[J]．石油钻采工艺，2003，25(5)：7-12.

[27] 王珊，刘修善，周大千．井眼轨迹的空间挠曲形态[J]．大庆石油学院学报，1993，17(3)：32-36.

[28] 周继坤，王红，刘俊，等．单弯滑动导向钻井的几个重要问题[J]．石油钻采技术，2002，30(4)：12-14.

[29] 欧阳勇，吴学升，高云文，刘艳红；苏里格气田 PDC 钻头的优选与应用[J]．钻采工艺，2008，31(2)：-13-15.

[30] 王爱江，潘信众；采用 PDC 钻头技术提高鄂北气田的钻井速度[J]．内江科技，2008(1)．-111-112.

[31] 苏义脑．螺杆钻具研究及应用[M]．北京；石油工业出版社，2001：232-237.

[32] 赵更富，赵金海，耿应春，等．提高导向钻具旋转钻进稳斜能力的研究与实践[J]．西部探矿工程，2002，(5)：60-62.

[33] 宋执武，高德利，李瑞营．大位移井轨道设计方法总数及曲线优选[J]．石油钻探技术，2006，(5)：24-25.

[34] 管志川，史玉才，黄根炉，等．涠西南井眼轨迹优化设计技术及平台位置优选与涠西南油群井壁稳定的相关技术研究(研究报告)[D]．青岛；中国石油大学(华东)，2007.

[35] Burak Yeten. Optimization of Nonconventional Well Type, Location, and Trajectory. SPE86880.

[36] 狄勤丰．滑动式导向钻具组合复合钻井时导向力计算分析[J]．石油钻采工艺，2000；22(1)：14-16.

[37] Barr J D, et al. Steerable Rotary Drillingwithan Experimental System. SPE 29382.

# 青海油田大井眼断钻具事故预防及对策研究

邓文星　魏士军　柯　珤　张　璐

(中国石油青海油田分公司油气工艺研究院)

**摘　要**　油田勘探开发逐渐向深层和非常规油气迈进，由于储层埋深大和地质条件复杂等因素影响，深井、超深井需采用多开次、复杂井身结构，大井眼的安全钻井问题仍然突出，存在大井眼断钻具事故频发等难题，严重制约了钻井提速、提效。针对油田断钻具事故频发的难题，通过调研国内外断钻具事故，明确了大井眼断钻具机理，形成了一套大井眼断钻具分析方法，为断钻具原因分析提供科学依据，针对断钻具原因分析取得的认识，开展大井眼钻头、钻具组合和钻井参数优化研究，制定了大井眼防断钻具科学组合方案，指导了设计优化，结合制定的大井眼防断钻具科学组合方案和预防大井眼断钻具技术措施，形成了大井眼安全优快钻井配套技术，有力指导了盆地重点井的现场施工。

**关键词**　页岩油；机械钻速；井身结构；钻具组合；钻井参数

油田勘探开发逐渐向深层和非常规迈进，由于储层埋深大和地质条件复杂等因素影响，深井、超深井需采用多开次、复杂井身结构，大井眼的安全钻井问题仍然突出，存在大井眼断钻具事故频发等难题，严重制约了钻井提速、提效。针对大井眼断钻具事故，开展断钻具原因分析，并采取针对性的技术措施，预防事故发生，对于加快勘探开发进程和提质增效具有非常重要的意义。

## 1　钻井断钻具事故基本情况

2018—2022 年，青海油田累计发生钻具事故 22 次，其中 $\phi$444.5mm 井眼发生 15 次，占各开次钻具事故总数的 72.73%，仅 2022 年 $\phi$444.5mm 井眼就发生 6 次(占近五年的 40%)，较前几年有明显上涨趋势。

重点探井断钻具事故原因分析不清，没有科学、有效的预防手段，导致处理时间较长。其中以昆特依区块昆 2-X1 井最为明显，该井二开 204～2527m 井段采用 $\phi$444.5mm 钻头钻进，共发生断钻具事故 5 次，损失时间 15.94 天，事故占比 24.8%。根据分析认为大井眼断钻具主要原因归纳为以下三个方面：一是地层岩性为砂泥岩及含砾砂岩交互地层，造成钻头轴向振动；二是大井眼软地层易扩径，扶正器、钻具与井壁间隙较大，钻具与井壁高

──────────

【第一作者简介】邓文星，男，1986 年 5 月出生，2010 年 6 月毕业于东北石油大学，工学学士，在青海油田油气工艺研究院从事钻井工程设计工作，工程师。地址：甘肃省敦煌市青海油田油气工艺研究院；邮政编码：736202；电话：0937-8923836；E-mail：dengwxqh@petrochina.com.cn。

频碰撞；三是钻具长期承受拉伸、压缩、弯曲、扭切等复杂应力，在某些区域产生频繁的交变应力，易产生疲劳破坏造成钻具断裂。[1]

油田虽然对大井眼断钻具原因有了一定认识，但无完善的分析方法和分析成果，导致没有科学、有效的预防手段。

## 2 形成大井眼的断钻具事故分析方法指导钻具分析

断钻具的具体原因归类为以下 6 大项：钻具振动、钻具刚度低、应力损坏、钻井参数不合理、井身质量差、现场操作不当。通过调研国内外断钻具事故，明确了以振动为主，钻具刚度低、应力损坏、参数不合理等多因素并存的大井眼断钻具机理，形成了一套大井眼断钻具分析方法，为断钻具原因分析提供科学依据[2]。

经过调研分析，钻具振动主要存在三种形式：纵向振动、横向振动（涡动）、扭转振动[3]（黏滑），其中直井以横向振动为主，水平井则主要表现为黏滑。因油田 φ444.5mm 井眼均位于直井段，据此判断以横向振动为主、黏滑耦合振动并存的形式是诱发钻具断裂的主要原因，以此为思路开展现场断钻具原因分析。

昆 2-X1 井是柴达木盆地一口大斜度超深井，二开 204～2527m 井段采用 φ444.5mm 钻头钻进，该井段岩性以灰色、棕灰色泥岩、砂质泥岩，含砾泥岩、细砾岩，棕红色泥岩为主。在该井段施工期间共发生断钻具事故 5 次，损失时间 15.94 天，分析过程以该井 1422m 井深的断钻具事故为例。

钻具组合：φ444.5mm 钻头+730×631 接头+φ228mm 直螺杆+631×730 接头+钻具止回阀（731×730）+731×NC61 接头+φ229 减振器+NC61×730 接头+φ228.6mm 无磁钻铤 1 根+MWD 悬挂短节+φ440mm 扶正器+φ228.6mm 钻铤 2 根+731×630+φ203.2mm 钻铤 6 根+随钻震击器+φ203.2mm 钻铤 3 根+631×520 转换接头+φ139.7mm 加重钻杆 15 根+521×520 转换接头+φ139.7mm 钻杆。钻进参数：钻压 20～50kN，排量 58L/s，泵压 17.5MPa，转速 30r/min，扭矩 6～10kN·m，钻井液密度 1.37g/cm³，漏斗黏度 62s。

钻具受力分析：根据软件模拟分析，该钻具组合在钻进过程中，未出现钻具屈曲现象。对各项应力进行分项分析发现，在减振器与悬挂短节位置，即井深 1411.31m 与 1396.34m 处，环向应力、扭转应力、VonMises 应力（等效屈服应力）均出现异常高值，其中扭转应力增加近 1 倍（114.8kPa 上升至 206.4/227.9kPa），表明在当前井筒条件与钻具组合情况下，此两处位置为 BHA 受力风险点（图 1）。

断钻具原因分析：经过钻具受力分析可以表明，断钻具位置基本与理论模拟的钻具组合受力异常点即风险点一致。通过该井 5 次断钻具钻井参数变化及应力分析结果来看，认为主要原因是钻具振动，低钻压、高转速形成涡动，加快损坏钻具，录井也显示断钻具前存在悬重高频变化、扭矩周期性变化的现象，判断底部钻具存在振动；现场使用 9+8in 钻铤，刚度偏小，振动条件下易疲劳损坏；根据软件分析，扶正器以下应力较集中，加之振动破坏，造成钻具断裂（图 2 和图 3）。

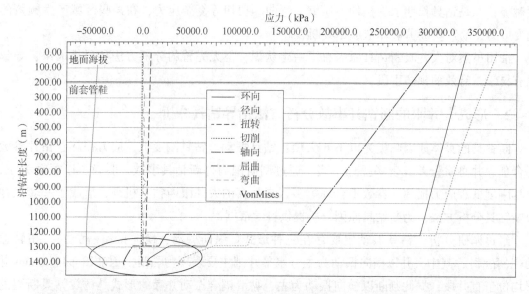

| 沿钻柱长度<br>(m) | 垂深<br>(m) | 组件 | 环向<br>(kPa) | 径向<br>(kPa) | 扭转<br>(kPa) | 切削<br>(kPa) | 轴向<br>(kPa) | 屈曲<br>(kPa) | 弯曲<br>(kPa) | 弯曲应力放大系数 | VonMises<br>(kPa) |
|---|---|---|---|---|---|---|---|---|---|---|---|
| 1,247.93 | 1,247.90 | Heavy Weight | 69,069.6 | -57,761.8 | 1,282.4 | 33.2 | 22,064.7 | 0.0 | 1,143.4 | 1.000 | 111,255.3 |
| 1,255.43 | 1,255.40 | Heavy Weight | 68,643.2 | -57,694.3 | 1,276.0 | 61.0 | 21,343.7 | 0.0 | 1,840.0 | 1.000 | 110,857.6 |
| 1,262.93 | 1,262.90 | Heavy Weight | 68,210.4 | -57,633.3 | 1,264.1 | 106.9 | 20,622.7 | 0.0 | 3,443.9 | 1.000 | 110,611.6 |
| 1,270.43 | 1,270.40 | Heavy Weight | 67,756.2 | -57,593.6 | 1,243.2 | 111.4 | 19,901.7 | 0.0 | 3,937.1 | 1.000 | 110,186.0 |
| 1,277.93 | 1,277.90 | Heavy Weight | 67,340.1 | -57,515.9 | 1,221.5 | 121.2 | 19,180.7 | 0.0 | 4,348.1 | 1.000 | 109,740.0 |
| 1,285.43 | 1,285.40 | Heavy Weight | 66,918.7 | -57,443.5 | 1,197.8 | 97.0 | 18,459.7 | 0.0 | 3,783.0 | 1.000 | 109,134.0 |
| 1,292.93 | 1,292.90 | Heavy Weight | 66,465.8 | -57,402.5 | 1,178.9 | 90.9 | 17,738.7 | 0.0 | 3,783.0 | 1.000 | 108,629.5 |
| 1,292.93 | 1,292.90 | Heavy Weight | 28,588.7 | -57,402.5 | 148.0 | 29.8 | -9,278.5 | 0.0 | -1,618.7 | 1.000 | 74,553.7 |
| 1,301.33 | 1,301.30 | Drill Collar | 26,440.8 | -55,711.3 | 145.6 | 31.5 | -9,955.1 | 0.0 | -2,049.1 | 1.000 | 71,194.9 |
| 1,309.73 | 1,309.70 | Drill Collar | 24,278.3 | -54,034.7 | 143.0 | 24.5 | -10,719.7 | 0.0 | -2,045.2 | 1.000 | 67,854.4 |
| 1,318.13 | 1,318.10 | Drill Collar | 22,124.5 | -52,349.4 | 141.0 | 17.5 | -11,484.3 | 0.0 | -770.0 | 1.000 | 64,560.0 |
| 1,326.53 | 1,326.50 | Drill Collar | 20,002.8 | -50,631.9 | 139.5 | 15.2 | -12,248.9 | 0.0 | -764.8 | 1.000 | 61,215.2 |
| 1,334.93 | 1,334.90 | Drill Collar | 17,854.9 | -48,940.7 | 138.3 | 13.0 | -13,013.4 | 0.0 | -762.7 | 1.000 | 57,874.1 |
| 1,343.33 | 1,343.30 | Drill Collar | 15,700.3 | -47,256.1 | 137.2 | 11.0 | -13,778.0 | 0.0 | -760.1 | 1.000 | 54,536.5 |
| 1,351.73 | 1,351.70 | Drill Collar | 13,539.0 | -45,578.3 | 136.3 | 9.3 | -14,542.6 | 0.0 | -760.0 | 1.000 | 51,202.7 |
| 1,360.13 | 1,360.10 | Drill Collar | 11,371.0 | -43,907.2 | 135.5 | 8.0 | -15,307.2 | 0.0 | -765.1 | 1.000 | 47,873.3 |
| 1,368.53 | 1,368.50 | Drill Collar | 9,234.9 | -42,204.1 | 134.9 | 8.0 | -16,071.8 | 0.0 | -635.4 | 1.000 | 44,548.7 |
| 1,376.93 | 1,376.90 | Drill Collar | 7,080.2 | -40,519.7 | 134.2 | 10.6 | -16,836.4 | 0.0 | -635.4 | 1.000 | 41,230.3 |
| 1,376.93 | 1,376.90 | Drill Collar | 7,836.4 | -40,519.7 | 105.0 | 8.5 | -16,435.3 | 0.0 | -242.8 | 1.000 | 41,879.4 |
| 1,385.93 | 1,385.90 | Drill Collar | 6,955.2 | -39,951.3 | 104.2 | 9.3 | -17,230.0 | 0.0 | -242.8 | 1.000 | 40,634.3 |
| 1,394.93 | 1,394.90 | Drill Collar | 6,056.1 | -39,400.7 | 103.3 | 1.0 | -17,977.4 | 0.0 | 242.8 | 1.000 | 39,397.6 |
| 1,394.93 | 1,394.90 | Drill Collar | 5,345.2 | -39,400.7 | 78.9 | 0.9 | -18,180.7 | 0.0 | -230.7 | 1.000 | 38,776.1 |
| 1,395.43 | 1,395.40 | Stabilizer | 5,284.6 | -39,360.2 | 78.8 | 0.7 | -18,245.3 | 0.0 | -230.7 | 1.000 | 38,690.5 |
| 1,395.43 | 1,395.40 | Stabilizer | 10,906.8 | -39,360.2 | 228.0 | 1.1 | -16,182.8 | 0.0 | -314.7 | 1.000 | 43,593.5 |
| 1,396.34 | 1,396.32 | Sub | 10,864.6 | -39,354.5 | 227.9 | 14.4 | -16,264.0 | 0.0 | -314.7 | 1.000 | 43,555.5 |
| 1,396.34 | 1,396.32 | Sub | 5,956.4 | -39,354.5 | 103.1 | 10.1 | -18,109.8 | 0.0 | -224.2 | 1.000 | 39,274.9 |
| 1,405.31 | 1,405.28 | Drill Collar | 5,061.4 | -38,804.7 | 102.2 | 6.3 | -18,819.4 | 0.0 | -224.2 | 1.000 | 38,051.6 |
| 1,405.31 | 1,405.28 | Drill Collar | 6,057.8 | -38,804.7 | 115.4 | 6.4 | -18,365.4 | 0.0 | -252.2 | 1.000 | 38,917.3 |
| 1,411.31 | 1,411.28 | Jar | 5,649.9 | -38,646.9 | 114.8 | 2.5 | -18,816.4 | 0.0 | -252.2 | 1.000 | 38,448.7 |
| 1,411.31 | 1,411.28 | Jar | 8,019.8 | -38,646.9 | 206.4 | 3.5 | -18,466.8 | 0.0 | -291.4 | 1.000 | 40,562.7 |
| 1,413.89 | 1,413.86 | Sub | 7,894.0 | -38,584.0 | 206.0 | 14.5 | -18,685.8 | 0.0 | -291.4 | 1.000 | 40,416.3 |
| 1,413.89 | 1,413.86 | Sub | 8,349.7 | -38,584.0 | 118.4 | 9.9 | -17,401.4 | 0.0 | -336.3 | 1.000 | 40,730.7 |
| 1,422.71 | 1,422.68 | Bit | 4,653.5 | -36,119.8 | 117.2 | 0.0 | -18,040.3 | 0.0 | -336.3 | 1.000 | 35,410.1 |

图 1　昆 2-X1 井第四趟钻受力风险点模拟图

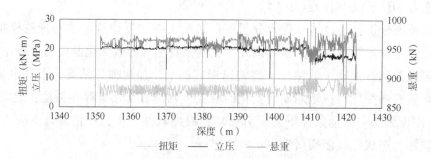

图 2　昆 2-X1 井在 1422m 断钻具前参数变化图

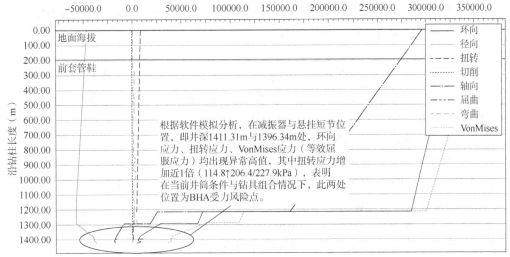

图 3  昆 2-X1 井在 1422m 断钻具前应力变化图

取得的认识：

（1）低钻压、高转速条件下钻具横向振动最显著，破坏性最大，需优化钻井参数；

（2）优化钻具组合，提高钻具刚度，可以减缓振动和应力疲劳带来的破坏；

（3）严格控制上部井眼轨迹质量、严格执行探伤及倒换钻具制度，是保障钻具安全的关键；

（4）使用随钻监测工具可实时监测井下振动，无监测工具时可通过扭矩、悬重的周期变化简单判断是否存在振动。

## 3  制定大井眼防断钻具科学组合方案指导设计优化

### 3.1  制定大井眼防断钻具科学组合方案

方案 1：高刚度满眼钻具组合+复合钻头+高钻压、低转速

推荐采用 10/9/8in 及以上钻铤+17½in 扶正器满眼钻具组合，使井壁环空间隙变小，降低钻具对井壁的冲击力，同时配合高钻压、低转速钻进，能够有效减少剧烈横向振动诱发掉块卡钻的机率，复合钻头扭矩波动更小，黏滑振动幅度更小。

钻具组合推荐：钻头+11¼in 螺杆+11in 钻铤×3～4 根+φ444.5mm 扶正器 1 个+10in 钻铤×1 根+φ444.5mm 扶正器 1 个+9in 钻铤×3 根+8in 钻铤×6 根；钻头及钻井参数推荐：5～6 刀翼、双排非平面齿 PDC 钻头（70～100kN，50～70r/min）、复合钻头（100～150kN）。

方案 2：高刚度塔式钻具组合+复合钻头+高钻压、低转速

推荐采用 10/9/8in 及以上钻铤+欠尺寸扶正器高刚度塔式钻具组合，降低钻具对井壁的冲击力；复合钻头可使用更高钻压，同时可做到扶正器处于受拉状态；配合高钻压、低转速钻进，能够有效减少剧烈横向振动诱发掉块卡钻的概率。

钻具组合推荐：钻头+11¼in 螺杆+11in 钻铤×2～3 根+1 个 φ443.5mm 扶正器+10in 钻铤×2 根+1 个 φ443.5mm 扶正器+9in 钻铤×3 根+8in 钻铤×6 根；钻头及钻井参数推荐：PDC 钻头（70～100kN，50～70r/min）、复合钻头（100～150kN，50～70r/min）。

方案 3：控制钻压下限—考虑轻压吊打降斜需求

大尺寸井眼中采用塔式钻具钻进，考虑钻进过程中采用轻压吊打的需求，可适当降低

钻压,但钻压不应低于60kN,降钻压后确保钻具中性点仍在钻铤本体上。

楼探1井使用复合钻头+11¼in螺杆+11in钻铤×2根+$\phi$440mm扶正器+9in钻铤×4根+8in钻铤×6根+5½in加重钻杆+5½in钻杆。

### 3.2 典型井设计

该井为昆特依地区计划重点井,浅部地层非均质,岩性为泥岩、含砾泥岩互层,根据该区块邻井大井眼断钻具分析结果,开展本井针对性工程难点分析和方案设计,根据分析确定采用方案2进行设计,并制定了5个专项措施。[4]

(1)昆2-2井钻井工程设计采取的措施:

① 认真分析地质和邻井实钻情况,科学缩短$\phi$444.5mm井眼的段长。

② 使用复合钻头或六刀翼PDC钻头、大直径钻铤提高BHA抗扭强度,减小钻头涡动,防止钻头先期损坏从而引发钻具振动加剧。

③ 观察是否存在悬重的高频变化和扭矩振荡,并据此调整转速和钻压,寻找合适区间减小钻具振动,理论研究认为高钻压、低转速能减少振动。

④ 保证钻井液的润滑性能,现场操作注意防范卡钻、参数异常变化。

⑤ 严格控制上部井眼轨迹质量。

(2)昆2-2井钻井工程设计方案:

① 井身结构优化:根据压力系统、地层稳定性、溢漏复杂等情况的实钻认识,优化必封点,科学减少大井眼段长,降低钻具事故风险(表1)。

**表1 昆2-2井井身结构优化表**

| 井号 | 昆2 | 昆1-1 | 昆2-X1 | 昆2-2 |
|---|---|---|---|---|
| $\phi$444.5mm井段 | 216~2103 | 149~2150 | 204~2527 | 50~1500 |
| 段长(m) | 1887 | 2001 | 2323 | 1450 |

② 钻头优选:推荐选用19mm齿符合钻头(KPM1933DST),兼顾攻击性与扭矩波动,减少钻具振动。

**表2 昆2-2井设计钻头选型表**

| 井号 | 昆2-X1 | 昆2-2 |
|---|---|---|
| 钻头选型 | KS1952DGR、KS1662GRSY | KPM1933DST |

③ 钻具组合优化:推荐10/9/8in大直径钻铤钻具组合,提高BHA抗扭强度,减小钻头涡动,防止断钻具事故(表3)。

**表3 昆2-2井设计钻具组合表**

| 井号 | 昆2-X1 | 昆2-2 |
|---|---|---|
| 钻具组合 | $\phi$444.5mm钻头+$\phi$244mm直螺杆+多维冲击器+钻具止回阀+$\phi$228.6mm无磁钻铤1根+$\phi$228.6mm钻铤1根+$\phi$440mm稳定器+$\phi$228.6mm钻铤1根+$\phi$203.2mm钻铤6根+$\phi$177.8mm随钻震击器+$\phi$177.8mm钻铤3根+$\phi$139.7mm加重钻杆15根+$\phi$139.7mm钻杆 | $\phi$444.5mm钻头+$\phi$244.5mm(或$\phi$286mm)直螺杆+$\phi$254mm钻铤2根+$\phi$228.6mm无磁钻铤1根+$\phi$440mm稳定器+$\phi$228.6mm钻铤2根+$\phi$203.2mm钻铤6根+$\phi$139.7mm加重钻杆15根+$\phi$139.7mm钻杆 |

④ 钻井参数优化：推荐采用 80~120kN 高钻压，60~100r/min 低钻速，减小钻具振动（表4）。

表4　昆2-2 井设计钻井参数表

| 井号 | 昆2-X1 | 昆2-2 |
|---|---|---|
| 钻压(kN) | 10~60 | 80~120 |
| 转速(r/min) | 60~80 | 60~100 |

## 4　形成大井眼安全优快钻井配套技术指导现场施工

### 4.1　形成大井眼安全优快钻井配套技术

结合制定的大井眼防断钻具科学组合方案和预防技术措施，总结形成大井眼安全优快钻井配套技术，指导现场施工。

（1）推荐钻具组合+钻头+钻井参数方案：①采用高刚度满眼钻具组合+复合钻头+高钻压、低转速；②采用高刚度塔式钻具组合+复合钻头+高钻压、低转速；③控制钻压下限——考虑轻压吊打降斜需求；④钻具组合推荐值：10/9/8in 钻铤及以上；⑤钻井参数推荐值：钻压 60kN 以上、转速 100r/min 以下。

（2）钻具中性点落在大尺寸钻铤本体。考虑控制井斜轻压吊打需求，降钻压同时确保中性点避开转换接头、钻具接头；钻铤上部的扶正器处于受拉状态。

（3）下部钻具组合中谨慎选择震击器或减振工具。现有减振工具多以降低井底跳钻、黏滑振动，钻具疲劳断裂主要诱因为横向振动。优选本体为单一尺寸、无小尺寸应力薄弱点减振工具。

（4）针对每趟钻钻具组合。一趟钻一分析优选钻井参数，计算当前钻具黏滑、跳钻共振频率，规避钻具共振频率(转速)，计算当前钻具黏滑、跳钻安全钻井参数区间，规避井下振动危险区域。

（5）大井眼断钻具预防性日常管理措施。单趟钻纯钻时间 100h，或总工作时间达到 120h，起钻更换接头，严格执行探伤、倒换钻具；加强技术管理，逐根检查台肩、螺纹，深探井选择一级以上或全新钻具；采用动力钻具，避免跳钻和扭矩波动大，控制井眼轨迹，减少疲劳损伤。

### 4.2　指导现场施工

严格采取四阶段跟踪机制：（1）方案阶段重点关注大井眼安全钻进问题，分析邻井实钻；（2）设计中明确大井眼段具体施工要求；（3）设计人员现场进行设计交底，明确施工难点和预防措施；（4）紧密跟踪实钻工况，提供必要支撑。

该井实钻应用 10/9/8in 钻铤及扶正器塔式钻具组合。设计大井眼段长显著减少，钻具组合刚度得到有效提升，钻井参数得到科学调整，钻具管理得到有效落实。该段仅发生一次断钻具事故，相比同区块昆2-X1，事故率下降80%。

## 5　结论及建议

（1）形成了大井眼的断钻具事故分析方法，指导钻具分析。针对油田断钻具事故频发的难题，通过调研国内外断钻具事故，明确了以振动为主，钻具刚度低、应力损坏、参数不合理等多因素并存的大井眼断钻具机理，形成了一套大井眼断钻具分析方法，为断钻具原因分析提供科学依据，取得了以振动为主、多因素并存的大井眼断钻具机理。

（2）制定了大井眼防断钻具科学组合方案，指导设计优化。针对断钻具原因分析取得的认识，开展大井眼钻头、钻具组合和钻井参数优化研究，制定了3项钻头、钻具组合、钻井参数的科学组合方案，指导了18口重点井（试验井+推广应用井）的设计优化。①高刚度满眼钻具组合+复合钻头+高钻压、低转速；②高刚度塔式钻具组合+复合钻头+高钻压、低转速；③控制钻压下限—考虑轻压吊打降斜需求。

（3）形成了大井眼安全优快钻井配套技术，指导现场施工。结合制定的大井眼防断钻具科学组合方案和预防技术措施，总结形成大井眼安全优快钻井配套技术，指导现场施工，该技术在油田18口井上进行了应用，仅出现1次断钻具事故，有力指导了柴达木盆地大井眼井段的设计优化和安全施工，事故率同比2022年下降83.3%，事故时效降低82.9%。

## 参 考 文 献

[1] 李兴，李乾，雷磊，等.东海某大位移井钻具断裂原因分析与建议[J].热加工工艺，2022，51（14）：158-162.

[2] 吕拴录，王震，康延军，等.MJ1井钻具断裂原因分析[J].钻采工艺，2009，32（2）：79-80.

[3] 谢雪，张涛，林子力，等.井下底部钻具组合高频扭转振动分析[J].石油机械，2022，50（9）：79-84.

[4] 叶周明，刘小刚，崔治军，等.大尺寸井眼钻井工艺在渤海油田某探井中的应用和突破[J].石油钻采工艺，2014，36（4）：18-21.

# 吉林油田致密油平台水平井钻完井
# 关键技术研究与实践

杨振科　高　磊　赵云飞　赵建忠

（吉林油田公司钻井工艺研究院）

**摘　要**　吉林油田在新立庙西地区部署 2 个致密油水平井平台，共 20 口水平井，最大平台 12 口井，最大偏移距 1061m，垂深 1550m，位垂比最大 1.6，钻井过程中存在摩阻、扭矩大、机械钻速低、轨迹控制难度大、水平段延伸和套管下入难度大等难题。针对上述问题，开展了大平台水平井井场优化布置、大偏移距水平井轨迹优化设计、提速工具配套、强化参数和套管下入等关键技术研究。平台平均钻井周期 21d，最快钻井周期 13.75d，较前期缩短了 50%，最大平台 12 口井，最大偏移距达到了 1061m。庙西水平井平台的成功实施，为致密油资源低成本效益开发探索了新途径，示范引领了致密油资源的高效动用。

**关键词**　致密油；平台水平井；大偏移距；三维井眼

从 2015 年开始，通过井身结构常规三开优化为浅表套二开，并通过强抑制水基钻井液、钻井提速技术、套管安全下入和井眼轨迹控制等水平井关键技术，钻井周期和成本双双降低 40%，实现了致密油资源的效益开发，致密油资源开发进入了快速发展阶段。但随致密油资源品味逐渐变差，开发效益逐渐降低，目前的钻井成本无法保证致密油资源的效益开发，在新的形势下对致密油水平井钻井技术产生了新的需求。

平台水平井技术可以减少土地占用，有利于形成学习曲线，降低钻井周期，大幅度降低钻井成本。吉林油田前期水平井主要以单井为主，平台多为 2~3 口井，偏移距 100~300m，最大水平井平台为黑 82 平台，部署 6 口井，最大偏移距 413m，水平段长 1500m。平台水平井有诸多优点，但是也存在三维井眼、摩阻、扭矩大、长水平段延伸与套管难以下入等难题，尤其随着平台规模增加，偏移距持续增加，摩阻、扭矩增加得更为严重，前期形成的致密油优快钻井技术很难满足大平台水平井开发要求。为此，借鉴了长庆页岩油平台成功经验，开展了适合吉林油田的大平台水平井钻井关键技术的研究工作，建成了庙西大平台水平井示范区(图 1)。

## 1　钻井技术难点分析

庙西地区水平井钻探靶层为 8 号层和 12 号层，埋深 1490~1640m，有效厚度 6~12m，

---

【第一作者简介】杨振科，男，1979 年出生，2007 年 7 月毕业于西南石油大学，获得工学硕士学位，现从事钻井工程技术研究工作，高级工程师，吉林油田公司钻井工艺研究院副院长。通信地址：吉林油田公司钻井工艺研究院，邮编：138000。电话：0438-6337511。E-mail：yangzk-jl@ petrochina. com. cn。

为了实现地质储量充分动用，采取 280m 小井距，共部署 3 个平台 23 口水平井。庙西地区前期完成 4 口水平井，偏移距小，阻卡情况频发，平均钻井周期 42d，其中庙 19-1 通井遇阻，套管少下 570m，分析认为主要有以下技术难点：

（1）偏移距大、位垂比大。前期吉林油田水平井最大偏移距 527m，本次部署水平井最大偏移距超过 1000m，三维井眼摩阻较二维井眼增加（图 2），以部署的庙平 6-12 井为例，摩阻增加 70% 以上，同时垂深浅（1550m），悬重小，水平段延伸困难，部署最长水平段 2000m，位垂比 1.6，难以保证套管安全下入。

（2）裸眼段长，井下情况复杂。采用浅表二开井身结构，表套深度仅 300m，裸眼井段超 3000m，下部青山口组地层易漏失、坍塌，严重影响钻井时效。前期完成 4 口水平井，坍塌掉块严重，频繁阻卡，平均水平段仅 1047m，影响钻井周期与水平段极限延伸。最大消偏井斜接近 50°，大斜度段长 1000m，井眼清洁难度大。

（3）井眼轨迹控制难度大。大平台水平井布井以及周边邻井等都会给防碰绕障带来困难，同时大偏移距井眼轨道更加复杂，定向段长，方位变化大。薄油层需要常规导向工具频繁滑动钻进和上下调整井眼轨迹，造成滑动钻进比例增大，导致机械钻速低，着陆点软着陆困难[1]。

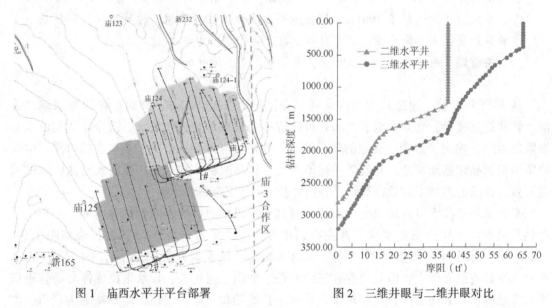

图 1　庙西水平井平台部署　　　　图 2　三维井眼与二维井眼对比

## 2　钻井提速关键技术

结合前期致密油水平井钻井技术，开展了大平台水平井井场优化布置、大偏移距水平井轨迹优化设计、提速工具配套、强化参数和套管下入等关键技术研究，形成了适合吉林油田致密油的平台水平井钻井提速技术。

### 2.1　井场优化布置

庙西致密油平台水平井最大平台为庙西 1 号平台，部署 12 口水平井，采用双钻机平行施工，通过优化井场布局，升级钻机设备，在满足安全前提下，优化油罐、发电机、远控台位置，实现井间距 6m、排间距 34m，进一步缩小井场面积，节约永久占地。井序排布主要从难易程度出发，偏移距由小到大，从中间向两边施工，难度逐渐增加。

### 2.2 偏移距轨迹优化设计

目前国内针对三维水平井一般采用偏移距轨迹剖面，即上部井段小井斜消除偏移距、小井斜扭方位，下部二维增斜入窗的[2]，该剖面模型较常规五段制模型具有施工难度小、摩阻小、井深少的优势，如表1所示。该剖面为庙平6-12井剖面，设计偏移距1061m。但如果利用该方法进行设计，在进行扭方位施工时需要先进行降斜，尤其在偏移距较大时，需要降低更多井斜实现扭方位施工，如表2所示。庙平6-12井在扭方位过程中井斜从48°降低至43°，大井斜角进行降斜导致摩阻增加。为解决该风险，建立一种微增扭方位偏移距水平井模型，在扭方位阶段实现了微增井斜，如表3、表4所示，扭方位过程中井斜从48°增加至54°，杜绝了扭方位降斜风险。庙西平台20口井中有6口井应用微增扭方位偏移距水平井模型，具有现场轨迹控制难度低、后期摩阻扭矩小等优势。

**表 1　偏移距水平井轨迹模型**

| 站点 | 测深<br>（m） | 井斜<br>（°） | 网格方位<br>（°） | 垂深<br>（m） | 北坐标<br>（m） | 东坐标<br>（m） | 闭合距<br>（m） | 闭合方位<br>（°） | 狗腿度<br>（°/30m） |
|---|---|---|---|---|---|---|---|---|---|
| 井口 | 0.00 | 0.00 | 0.00 | 0.00 | 0.00 | 0.00 | 0.00 | 0.00 | 0.00 |
| 造斜点 | 340.00 | 0.00 | 0.00 | 340.00 | 0.00 | 0.00 | 0.00 | 0.00 | 0.00 |
| 增斜完 | 632.84 | 48.81 | 256.58 | 598.69 | -27.24 | -114.16 | 117.36 | 256.58 | 5.00 |
| 稳斜完 | 1704.39 | 48.81 | 256.58 | 1304.42 | -214.38 | -898.47 | 923.69 | 256.58 | 0.00 |
| 降扭完 | 2033.49 | 56.00 | 342.78 | 1530.20 | -99.94 | -1079.67 | 1084.28 | 264.71 | 6.00 |
| 增斜完 | 2166.54 | 84.83 | 342.78 | 1574.33 | 18.54 | -1116.39 | 1116.54 | 270.95 | 6.50 |
| 稳斜完 | 2196.54 | 84.83 | 342.78 | 1577.03 | 47.08 | -1125.23 | 1126.22 | 272.40 | 0.00 |
| A | 2221.54 | 89.83 | 342.78 | 1578.20 | 70.93 | -1132.62 | 1134.84 | 273.58 | 6.00 |
| A1 | 2623.56 | 89.83 | 342.78 | 1579.40 | 454.93 | -1251.62 | 1331.73 | 289.97 | 0.00 |
| 调整完 | 2630.18 | 89.60 | 343.02 | 1579.43 | 461.25 | -1253.57 | 1335.73 | 290.20 | 1.50 |
| B | 3171.46 | 89.60 | 343.02 | 1583.20 | 978.93 | -1411.62 | 1717.84 | 304.74 | 0.00 |

**表 2　降井斜扭方位井段剖面数据**

| 站点 | 测深<br>（m） | 井斜<br>（°） | 网格方位<br>（°） | 垂深<br>（m） | 北坐标<br>（m） | 东坐标<br>（m） | 闭合距<br>（m） | 闭合方位<br>（°） | 狗腿度<br>（°/30m） |
|---|---|---|---|---|---|---|---|---|---|
| 050 | 1710.00 | 48.34 | 257.94 | 1308.13 | -215.30 | -902.57 | 927.90 | 256.58 | 6.00 |
| 051 | 1770.00 | 44.48 | 273.67 | 1349.63 | -218.65 | -945.63 | 970.58 | 256.98 | 6.00 |
| 052 | 1830.00 | 43.03 | 290.92 | 1393.12 | -209.97 | -985.88 | 1007.99 | 257.98 | 6.00 |
| 053 | 1890.00 | 44.22 | 308.27 | 1436.70 | -189.62 | -1021.56 | 1039.01 | 259.48 | 6.00 |
| 054 | 1950.00 | 47.86 | 324.19 | 1478.48 | -158.51 | -1051.11 | 1062.99 | 261.42 | 6.00 |
| 055 | 2010.00 | 53.43 | 337.97 | 1516.63 | -117.99 | -1073.25 | 1079.71 | 263.73 | 6.00 |
| 降扭完 | 2033.49 | 56.00 | 342.78 | 1530.20 | -99.94 | -1079.67 | 1084.28 | 264.71 | 6.00 |

表3 微增扭方位偏移距水平井轨迹模型

| 站点 | 测深<br>（m） | 井斜<br>（°） | 网格方位<br>（°） | 垂深<br>（m） | 北坐标<br>（m） | 东坐标<br>（m） | 闭合距<br>（m） | 闭合方位<br>（°） | 狗腿度<br>（°/30m） |
|---|---|---|---|---|---|---|---|---|---|
| 井口 | 0.00 | 0.00 | 0.00 | 0.00 | 0.00 | 0.00 | 0.00 | 0.00 | 0.00 |
| 造斜点 | 340.00 | 0.00 | 0.00 | 340.00 | 0.00 | 0.00 | 0.00 | 0.00 | 0.00 |
| 增斜完 | 630.04 | 48.34 | 251.76 | 596.83 | -36.08 | -109.47 | 115.26 | 251.76 | 5.00 |
| 稳斜完 | 1624.79 | 48.34 | 251.76 | 1258.07 | -268.69 | -815.30 | 858.44 | 251.76 | 0.00 |
| 降扭完 | 2030.82 | 54.00 | 342.78 | 1512.55 | -138.59 | -1067.69 | 1076.65 | 262.60 | 5.00 |
| 增斜完 | 2208.67 | 84.83 | 342.78 | 1574.33 | 18.54 | -1116.39 | 1116.54 | 270.95 | 5.20 |
| 稳斜完 | 2238.67 | 84.83 | 342.78 | 1577.03 | 47.08 | -1125.23 | 1126.22 | 272.40 | 0.00 |
| A | 2263.68 | 89.83 | 342.78 | 1578.20 | 70.93 | -1132.62 | 1134.84 | 273.58 | 6.00 |
| A1 | 2665.69 | 89.83 | 342.78 | 1579.40 | 454.93 | -1251.62 | 1331.73 | 289.97 | 0.00 |
| 调整完 | 2671.36 | 89.60 | 343.02 | 1579.43 | 460.35 | -1253.29 | 1335.16 | 290.17 | 1.75 |
| B | 3213.59 | 89.60 | 343.02 | 1583.20 | 978.93 | -1411.62 | 1717.84 | 304.74 | 0.00 |

表4 微增扭方位井段剖面数据

| 站点 | 测深<br>（m） | 井斜<br>（°） | 网格方位<br>（°） | 垂深<br>（m） | 北坐标<br>（m） | 东坐标<br>（m） | 闭合距<br>（m） | 闭合方位<br>（°） | 狗腿度<br>（°/30m） |
|---|---|---|---|---|---|---|---|---|---|
| 稳斜完 | 1624.79 | 48.34 | 251.76 | 1258.07 | -268.69 | -815.30 | 858.44 | 251.76 | 0.00 |
| 48 | 1650.00 | 48.69 | 257.20 | 1274.76 | -273.74 | -833.49 | 877.29 | 251.82 | 4.86 |
| 49 | 1710.00 | 49.53 | 270.25 | 1314.04 | -278.69 | -878.48 | 921.63 | 252.40 | 4.98 |
| 50 | 1770.00 | 50.36 | 283.48 | 1352.65 | -273.21 | -923.97 | 963.52 | 253.53 | 5.11 |
| 51 | 1800.00 | 50.78 | 290.15 | 1371.70 | -266.51 | -946.14 | 982.96 | 254.27 | 5.17 |
| 52 | 1860.00 | 51.62 | 303.61 | 1409.30 | -245.42 | -987.76 | 1017.79 | 256.05 | 5.29 |
| 53 | 1920.00 | 52.46 | 317.23 | 1446.21 | -214.82 | -1023.69 | 1045.98 | 258.15 | 5.41 |
| 54 | 1980.00 | 53.29 | 331.00 | 1482.42 | -176.16 | -1051.66 | 1066.31 | 260.49 | 5.53 |
| 增扭完 | 2030.81 | 54.00 | 342.78 | 1512.55 | -138.59 | -1067.69 | 1076.65 | 262.60 | 5.65 |

### 2.3 提速工具配套

决定大平台井水平井钻井速度的主要因素是摩阻、扭矩。与二维水平井相比，三维水平井的偏移距增加了水平井的摩阻、扭矩，降低摩阻、扭矩是平台水平井提速的关键。顶驱配合扭摆工具可以降低滑动定向摩阻，通过上部钻柱的扭动，将消偏井段钻柱与井壁的接触力由静摩擦变为动摩擦力显著降低摩阻，减少定向托压现象。开展"一趟钻"提速工具配套，优选 PDC 钻头配合等壁厚螺杆实现入窗前一趟钻，部分井应用旋转导向工具+模块马达实现水平段一趟钻。

### 2.4 强化参数钻井

借鉴美国页岩气以及古龙页岩油开发经验，全面推广强化参数钻井，提升钻机装备，配备顶驱、大功率泵，钻头突出抗冲击性能，螺杆突出多级数、大功率特点[3-5]。钻机设备、装备保障后，全面强化钻压、排量、转速，钻压由 4~6tf 提高至 8~10tf，排量由 30~32L/s 提高至 36~38L/s，转速由 45~60r/min 提高至 70~100r/min，泵压增加 2~3MPa，扭矩由 25kN·m 增加至 35kN·m，钻井速度得到了大幅度提升，大斜度段井眼清洁情况变好，减少了阻卡等复杂情况发生。

## 2.5 钻井液性能优化

针对庙西地区前期完钻 4 口水平井井壁失稳严重和偏移距大、摩阻大的难题，聚合物钻井液基础上优选了胺基抑制剂和纳米封堵剂，强化了抑制性和封堵性，保障了井壁稳定。改变传统加入单一润滑剂的方式，优选消泡润滑剂+固体润滑剂组合，使其具有乳化作用，保证油性的润滑剂能够在水基钻井液中形成稳定的乳状体系，提高润滑剂在钻井液体系的分散度，控制极压润滑系数在 0.162 以下，大幅度降低钻井液摩阻，现场应用效果良好。

## 2.6 套管安全下入

庙西平台水平井随着偏移距增加，三维水平井井眼摩阻比二维水平井井眼摩阻增量逐渐增加，前期致密油水平井应用漂浮下套管技术，保障了套管的顺利下入，但庙西地区水平井偏移距大，水平段长，且储层垂深浅，前期形成的漂浮下套管配套技术已不适应。通过分析，上部采用壁厚为 10.54mm 的套管，下部采用壁厚为 9.17mm 的套管，漂浮接箍上部采用 1.5g/cm³重钻井液提高上部悬重，在漂浮下套管技术基础上有效增加了上部井段悬重，保障了套管的顺利下入。

## 3 现场应用

形成的致密油平台水平井配套技术，在平台井网/井序优化部署、平台水平井轨迹优化、钻井提速、套管下入等方面取得了技术突破。目前该技术已在庙西水平井平台应用了 20 口井，建成了 2 个水平井平台，最大部署规模 12 口井，最大偏移距 1061m。平台水平井钻井提速技术形成了学习曲线(图 3)，并创造了多项吉林油田水平井记录，平台平均钻井周期 20d，其中庙平 6-19 井水平段 1572m，钻井周期仅 13.8d(图 4)，水平段最高日进尺 506m，二开两趟钻比例达到 60%以上。

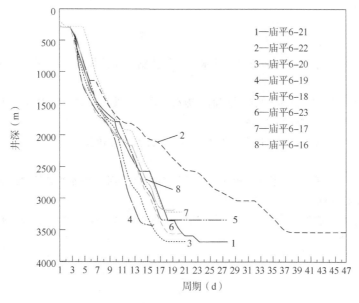

图 3　庙西 2 号平台学习曲线

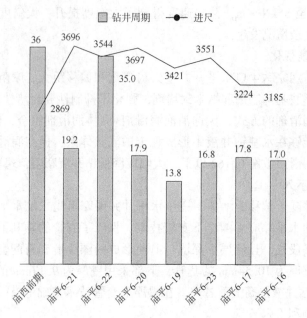

图4　庙西2号平台钻井周期与前期对比

## 4　认识与结论

（1）平台水平井布井模式可以有效降低建井成本，缩短钻井周期，通过配套的技术可以有效降低偏移距的影响。

（2）顶驱+扭摆工具，通过上部钻柱的转动将消偏井段钻柱与井壁接触力由静摩擦变为动摩擦力，显著降低摩阻，是解决三维井眼摩阻问题的关键装备。

（3）微增扭方位偏移距水平井模型在现场实际应用中得到验证，有轨迹控制难度低、摩阻扭矩小等优势。

参 考 文 献

[1] 崔月明，史海民，张清．吉林油田致密油水平井优快钻井完井技术[J]．石油钻探技术，2021，49（2）：9-13.

[2] 王勇著，余世福，周文军，等．长庆致密油三维水平井钻井技术研究与应用[J]．西南石油大学学报（自然科学版），2015，37（6）：79-84.

[3] 倪华峰，杨光，张延兵．长庆油田页岩油大井丛水平井钻井提速技术[J]．石油钻探技术，2021，49（4）：29-33.

[4] 田逢军，王运功，唐斌，等．长庆油田陇东地区页岩油大偏移距三维水平井钻井技术[J]．石油钻探技术，2021，49（4）：34-38.

[5] 李玉海，李博，柳长鹏，等．大庆油田页岩油水平井钻井提速技术[J]．石油钻探技术，2021，49（4）：34-38.

# 钻井工程一体化设计系统开发与应用

### 邹 波 刘素君 王 楠

（中国石油集团川庆钻探工程有限公司钻采工程技术研究院）

**摘 要** 随着云技术的发展，基于云计算技术架构的应用系统逐渐成为主流。根据钻井工程设计需求，本文提出了构建基于云计算的钻井工程快速协同设计思路，以微服务的方式将各功能模块、快速辅助设计方法封装部署在云平台上，实现基于云服务的钻井工程一体化设计及审批，有效解决了传统系统协同能力差、数据利用率低、扩展能力不足等问题，为钻井工程设计效率及质量的提升、钻井成本与风险的降低提供了重要的支撑。

**关键词** 云技术；钻井工程设计；云平台

钻井工程设计是石油和天然气行业中至关重要的环节，它直接影响着钻井作业的成败和效率。随着科技的不断发展，钻井工程设计也在经历着一场革命。而钻井工程一体化设计系统的出现，正是这场革命的关键。

近年来，国外以 Halliburton 公司的 Landmark 软件、Schlumberger 公司的 Drilling Office 软件、Paradigm 公司的 Sysdrill 软件、Petris 公司的 DrillNET 软件为代表[1]，开发了集钻前工程设计、钻中实时数据采集分析的一体化平台；国内以西南油气田 EISS、塔里木油田 DROC 为代表，分别形成了集钻井、录井、测井、固井、完井于一体的开放式云平台，实现了钻井过程中现场作业数据实时交互、数据挖掘、远程实时技术支撑。而钻井工程设计系统作为集钻前设计、钻中分析、钻后评估于一体的完整系统生态链中的重要一环，在一体化平台中融合程度不足，究其主要原因是钻井工程设计专业跨度大、辅助软件多且架构不统一，导致传统 C/S 架构下的工程设计系统自身集成度低，在数据高效共享、专业协作等方面存在不足。在数字化建设的驱动下，亟须以 EISS 云平台为蓝本，应用云计算先进方法、设计思想和架构理念，研制一套凝聚安全钻井工艺技术及工程师成熟经验的钻井工程一体化设计系统，实现与一体化平台的深度融合，提升钻井设计协作效率及科学性，推动工程技术向信息化、智能化的方向不断发展。

## 1 系统研制难点分析

钻井设计需要钻井、钻井液、固井、完井等专业人员各自利用辅助设计软件进行跨部门协同完成，数据录入时间长，设计质量及效率受设计经验影响大。设计云平台研制需要解决这些问题，主要存在以下几方面难点。

【基金项目】川庆钻探工程有限公司科研项目"川渝地区一体化钻井自动设计系统（V2.0）研制"（CQ2022B-9-2-3）。

【第一作者简介】邹波，中国石油集团川庆钻探工程有限公司钻采工程技术研究院。

### 1.1　数据录入时间长，准确性难保证

钻井工程设计需各委托方提供的地质设计数据作为支撑，但目前地质设计部门并无结构化数据推送，工程设计人员手工录入地质资料到系统中，不利于设计效率的提升。为了让设计者将更多精力投入工程设计及方案优化中，需借助文档识别及提取技术自动获取地质关键数据。由于地质设计文档格式及内容差异性大，专业性强，通用的 OCR 技术难以保证较高的数据获取率及准确率。

### 1.2　涵盖内容多，专业跨度大，平台集成难度大

钻井工程设计涵盖内容多，专业跨度大。其中轨迹设计、管柱设计及强度三轴校核、钻井液配方设计、固井液设计等内容需其他商业软件配合完成，目前，这类商业软件平台与数据之间架构不一，存在碎片化、孤岛化等问题，难以实现互联互通，算法移植、二次开发的集成难度大。

### 1.3　成熟设计经验转换形成快速辅助设计方法，对团队专业理解、软件技术要求高

在钻井设计工程师都能根据设计流程逐项分析、独立完成设计的基础上，若能快速正确应用各区块各技术细节的成熟设计经验及合理的提速提效工艺技术，将是提高设计效率、提升设计科学性的关键。如何将这些非结构化的经验、工艺技术进行数字化转换，并形成快速设计方法，对开发团队的专业理解、软件技术提出了严峻考验。

## 2　系统研制

钻井工程一体化设计系统是一个基于云计算和互联网技术的协同工作平台，它将工程设计的各个环节整合在一起，实现设计过程的协同化、智能化和可视化。通过该系统，工程师们可以在云端共享设计数据，交流设计思路，进行实时的协同设计。为开发具备多专业高效协同设计、无纸化办公功能的一体化钻井工程设计系统，本文围绕系统开发思路、系统设计、系统主要功能几方面开展阐述。

### 2.1　开发思路

云计算技术架构应用逐渐成为主流，钻井工程一体化设计系统采用 . Net6. 0 技术，在川庆公司内部私有云上进行系统搭建，解决各专业部门高效协作、数据安全管理问题。在非结构化数据方面，建立专业的字典库及识别模版，利用文档识别解析服务进行地质设计文档关键信息识别与提取，利用接口调用方式桥接 RDM 地质设计数据库和 EDM 钻井工程一体化设计系统数据库；在结构化数据方面，系统遵从 EISS 标准建模，打通工程设计平台与川庆工程作业智能支撑技术云平台（EISS）的数据共享通道，利用海量邻井实钻数据分析实现对工程设计的支撑；采用 B/S 模式下多层设计模式，通过 Entity Framework 技术建立各专业统一的数据持久层[2]，设计计算处理、算法、图形、文档生成、审批等后端业务处理则采用 C#语言开发 API 接口服务、RPC 微服务，实现云平台"高内聚、松耦合"；表现层在 SqlSugar 框架下采用 Javascript、CSS 进行前端网页设计开发。在成熟设计经验转换形成快速辅助设计方法方面，对成熟经验和规则应用条件、应用细节进行数据结构化分析，建立相应设计知识库高效辅助完成设计。钻井工程一体化设计系统开发思路如图 1 所示。

### 2.2　系统设计

系统设计是一个复杂的过程，需要综合考虑系统的功能需求、性能要求、可扩展性、

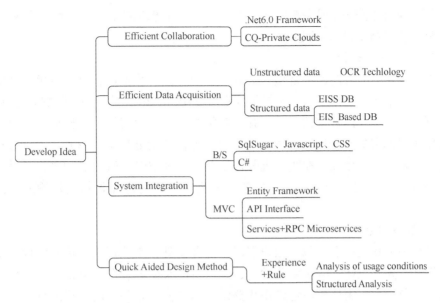

图 1 钻井工程一体化设计系统开发思路

安全性等因素。本文通过对一体化设计系统的项目规模和复杂性、数据量、并发用户、安全性等关键因素分析，从架构设计、分层设计、组件和模块划分、接口设计、技术选型、模块测试与集成等方面入手，确保系统能够高效地处理钻井工程设计相关的任务和数据。系统设计如图 2 所示。

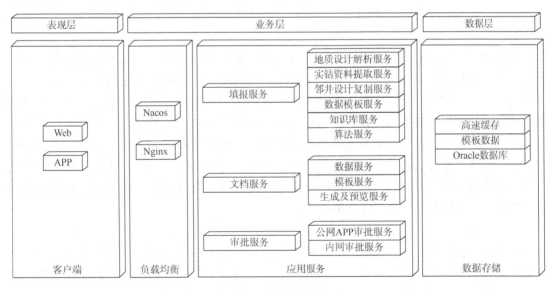

图 2 系统设计图

### 2.2.1 架构设计

钻井工程一体化设计系统需要多专业设计人员线上协作，各专业设计板块内容丰富，开发模块数量多，项目规模中等，复杂程度高，排除单体式架构；随着工程技术的不断发展，功能模块需具备可持续完善和扩展的特性，可考虑分布式或微服务架构；平台并发设计人数在 30 人以内，用户规模和数据并发吞吐量不大，同时与现有的 EISS 云平台深度融合需保证数据的安全性，排除分布式架构；平台使用频次高，要求功能维护不影响正常模块日常使用，模块之间必须具备松耦合、独立部署、故障隔离能力，因此从单体、分布式、微服务三种架构风格中优选微服务架构。

### 2.2.2 系统分层设计

B/S软件体系下的云设计平台包含表现层、业务层、数据层，每一层负责特定的功能或服务，以提高平台的可维护性、可扩展性和可复用性。出于对云平台数据安全性的考量，且为了实现公司云平台间数据的无缝衔接，数据层不考虑使用第三方云服务，而是采用公司私有云服务器部署的Oracle数据库；业务层一方面负责处理文档识别、设计处理、图形绘制、计算分析、文档生成、在线审批等核心业务处理逻辑和数据访问逻辑，另一方面协调数据库与浏览器之间的交互；表现层展示浏览器网页内容并收集用户输入，完成人机交互。

### 2.2.3 模块划分

钻井工程一体化设计系统包括用户登录、任务管理、文档识别、钻井设计、钻井液设计、固井设计、完井设计、特殊工艺设计、文档生成及浏览、在线审批等主要板块，根据数据流向来划分模块。用户模块包含用户登录、用户信息管理、用户权限管理等功能。任务管理模块包含新建任务、任务分配、任务流转、任务删除等功能。文档识别模块则包含上传文档、解析文档、解析数据储存等功能。钻井设计及其他专业设计模块均包含表单处理、设计编辑、计算分析、图形绘制、数据导入导出、数据校验、邻井设计快速辅助设计、知识库快速辅助设计、应用模版快速辅助设计等功能。文档生成及浏览模块则包含模版自定义、文档生成、文档邮件域合并、文档浏览等功能。在线审批包含审批节点编辑、审批意见编辑、审批任务流转等功能。

### 2.2.4 接口和协议

为减少模块之间的耦合，提高系统的灵活性，使模块与一体化设计系统能够有效地协作和交互，模块之间采用统一的接口定义规范。接口类开发注释文档中明确包含接口支持的功能和操作、接口的命名、输入参数和输出参数类型、数据格式及含义，例如云平台数据导入导出、数据校验、邻井设计快速辅助设计、知识库快速辅助设计、应用模版快速辅助设计等功能在各专业设计中具有通用性高的特点，可抽象和封装成接口组件，以便各模块调用。模块与系统之间通信时的格式、顺序和语义采用统一的HTTP协议，以请求和响应的方式实现数据交换。若HTTP通信协议不一致，则触发异常处理机制捕获并处理这些异常情况，以确保系统的稳定性和可靠性。

### 2.2.5 技术选型

在系统的安全性方面，采用川庆身份验证服务器颁发给客户端访问令牌（Access Token）方式验证登录。为了减少地质文档识别与提取系统与钻井工程一体化设计系统两个开发团队之间的相互影响，两套系统各自建立了RDM和EDM数据库，统一采用RDBMS关系型数据存储方式，数据库架构均采用单体架构，以满足各自系统的性能和数据管理需求。云平台集成地质文档识别系统后，采用接口服务桥接RDM和EDM数据库，确保数据的准确性和一致性。后端采用C#语言开发，前端采用Javascript、CSS，确保与EISS云平台开发语言一致，降低平台间融合难度。

### 2.2.6 模块测试与集成

采用等价类法、因果图法、边界值法、状态转换等测试方法，对接口、局部数据结构、路径、异常处理、函数、类、模块进行单元测试。UI 界面测试则主要包含界面的嵌套加载、布局等测试，采用渐增式集成方法快速锁定软件故障位置。

### 2.3 系统主要功能

以提高钻井工程设计的效率、质量和安全性为目标，系统集成了任务管理、文档识别与提取、智能设计辅助、设计工具集成、协同设计、可视化展示、数据校验、无纸化办公、文档在线生成、安全保障等主要功能。

#### 2.3.1 任务管理

任务管理不仅涵盖设计井基本信息管理、井权限管理、设计专业组人员信息及工作权限管理，还包括设计进度动态展示、任务多多维度统计等功能，为钻井设计任务科学管理提供了必要的技术手段。

#### 2.3.2 文档识别与提取

提供文档识别解析技术进行地质文档段落、表格和文字等非结构化数据解析服务，减少工程师阅览文档及录入时间，如图 3 所示。

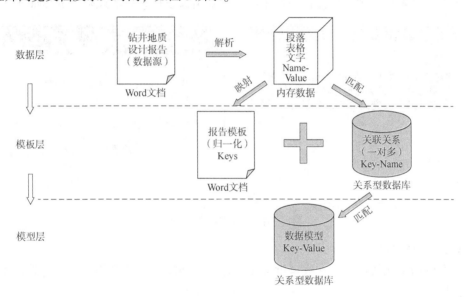

图 3 地质文档识别与提取模块示意图

#### 2.3.3 智能设计辅助

系统提供邻井实钻数据分析、邻井设计引用、成熟模板参考、知识库调用等辅助手段，为工程师提供智能化的设计建议和方案，提高设计效率和质量。

#### 2.3.4 设计工具集成

系统集成各专业的设计工具、算法，如轨迹设计算法、套管校核算法、钻井液设计、固井设计工具等，方便各工程师进行设计操作，减少在不同工具软件中重复录入数据时间。

#### 2.3.5 协同设计

系统支持多人在线协同设计，工程师们可以实时共享设计数据、交流设计思路，协同完成钻井、钻井液、固井、完井、特殊工艺等多个专业板块设计。

#### 2.3.6 可视化展示

系统提供可视化展示功能，直观展示钻井工程设计方案中计算结果及预警提示、井眼轨迹设计剖面图、三维效果图、井身结构及钻具组合矢量图、套管及钻具强度校核图、井控装置图等，以便进行设计优化和调整，界面如图4所示。

图4　可视化展示

### 2.3.7　数据校验

云平台内建模块数据自动校验规则，支持各模块前后数据校验与错误提示，降低修改关键设计数据未触发其他关联设计模块未同步更新引起设计事故的风险，界面如图5所示。

图5　数据校验

### 2.3.8　无纸化办公

系统提供内网在线设计、在线审批等无纸化办公功能，降低打印、送审跑签人工成本，缩短设计周期。

### 2.3.9　文档在线生成

系统提供报告模板和自定义模块快速生成设计文档两种方式，工程师或审核人员可在任意时间节点在线生成设计文档进行浏览和审阅。

### 2.3.10　安全保障

系统采用云端统一身份认证管理及先进的加密和备份技术，有效保障设计数据的安全性和可靠性。

## 3　系统应用评价

工程师应用该系统完成川渝地区32口井钻井设计，相较于传统的设计方式，钻井工程一体化设计系统优势明显。首先，系统让工程师们在同一平台上进行协作设计，实时共享设计数据，提高了设计效率，解决了传统设计方式中工程师们传递设计文件过程中版本不一致、线下送审时间长等问题。其次，钻井工程一体化设计系统中集成各种先进的设计工具和分析软件，不仅帮助工程师们进行了更加精确和高效的设计，同时也助力工程师们更好地理解设计方案的优缺点，从而提高了设计质量。除此之外，基于云计算的加密和备份技术，保障了工程设计数据的安全性和完整性，降低了传统设计方式中数据丢失或被篡改的风险。

## 4 结论

钻井工程一体化设计系统是一个基于云计算和互联网技术的协同工作平台，它将工程设计的各个环节整合在一起，为工程师们提供了一个高效、安全的设计工具，实现了设计过程的协同化、自动化和可视化。通过该平台，工程师们已实现在云端共享设计数据，交流设计思路，进行实时的协同设计，在钻井工程设计协作、设计效率和质量提升方面取得了一些成绩，但在大数据分析、设计智能化等方面仍存在专业分析不够深入、不够全面、智能化程度不高等不足。相信随着云计算和信息化技术在石油行业的不断深入，钻井工程设计云平台将会越来越成熟和完善，为石油和天然气行业的发展做出更大的贡献。

### 参 考 文 献

[1] 刘岩生，赵庆，蒋宏伟，等．钻井工程软件的现状及发展趋势[J]．钻采工艺，2012，35(4)：38-40.
[2] 赵庆，蒋宏伟，赵亦朋，等．钻井工程软件一体化数据库研发[J]．石化技术，2018，25(4)：42-43.

# 取心钻头共振钻进数值仿真研究

李思琪[1,2]　童叶霜[1]　王　敏[1]　王思奇[1]　陈　卓[1]

（1. 东北石油大学；2. 油气钻完井技术国家工程研究中心）

**摘　要**　取心效率和取心质量一直是取心作业关注的重点。本文提出一种共振取心新方法，解决深部地层取心速度慢、质量差、效率低等问题。基于共振取心室内实验，开展三维共振取心仿真模拟，分别从载荷形式、动载频率和动载幅值三方面讨论分析共振取心提速机理。研究结果表明：共振取心方法原理上可行，简谐动载可以加剧取心钻头下岩石的损伤程度以及岩心表面应力场大小，动载频率和动载幅值增加均有利于共振取心效率的提高，通过对载荷组合优选，可以实现提高取心效率同时不影响岩心质量及井筒完整性。本文研究为深部复杂难钻地层高效取心提供了新的途径。

**关键词**　共振取心；室内实验；数值仿真；简谐动载；深部地层

岩心作为油气勘探开发过程中的第一手资料，可提供岩性、物性、矿物成分等地层信息。基于岩心分析实验，可进一步指导钻井作业实施和开发方案制定等工作[1-3]。钻井取心是获取岩心最直接的方式，在油气勘探开发中发挥着极其重要的作用。为高效获取完整岩心，取心效率和取心质量一直是取心作业关注的重点问题。但随着油气勘探深度的增加，取心作业经常钻遇复杂难钻地层，普遍存在取心速度慢、取心质量差、钻进效率低等问题[4-6]。

针对目前深层取心需求和难题，本文提出了一种创新的取心方法。将石油钻井中共振破岩引入到取心作业中，通过在轴向上引入高频简谐动载，配合旋转切削，在动静载复合冲击下实现高效破岩取心。基于共振取心室内实验，开展共振取心三维数值仿真模拟，分析了共振取心的提速机理及影响因素，为共振取心作业参数优选及地层适用性提供理论依据。

## 1　共振取心数值仿真建模

### 1.1　三维仿真模型建立

根据共振取心室内实验[7]进行等尺寸建模仿真，重点分析取心钻头钻进岩石过程，建立三维数值仿真模型，如图1所示。

---

【基金项目】海南省科技专项资助（ZDYF2023GXJS002）。

【第一作者简介】李思琪，女，1989 年 8 月生，女，博士学位，副教授，博士生导师，主要从事岩石力学、高效破岩、钻井工艺与技术、钻柱动力学等方面研究。电话：0459 - 6503643；E-mail：lisiqi448@163.com。

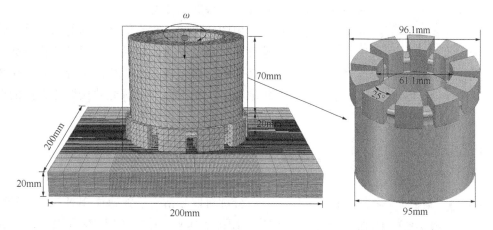

图 1　取心钻头与岩石数值模型

取心钻头由钻头主体和切削齿两部分组成，钻头主体部分内径为 61.1mm，外径为 95mm，高度为 70mm。钻头切削齿组成部分内径为 61.1mm，与钻头主体保持一致，外径为 96.1mm，高度为 20mm，切削齿齿面夹角为 25°，取心钻头材料基本参数如表 1 所示。岩石模型为 200mm×200mm×20mm 的长方体，采用广泛应用于岩土力学数值计算中的 Drucker-Prager 模型设置花岗岩和砂岩的力学特性，模型主要参数如表 2 所示。

表 1　钻头材料基本参数

| 部件 | 参数 | 数值 | 部件 | 参数 | 数值 |
|---|---|---|---|---|---|
| 钻头主体 | 弹性模量（GPa） | 206 | 钻头切削齿 | 弹性模量（GPa） | 705 |
| | 泊松比 | 0.3 | | 泊松比 | 0.2 |
| | 密度（t/mm³） | $7.85×10^{-9}$ | | 密度（t/mm³） | $3.52×10^{-9}$ |

表 2　岩石基本参数

| 岩性 | 参数 | 数值 | 岩性 | 参数 | 数值 |
|---|---|---|---|---|---|
| 花岗岩 | 杨氏模量（MPa） | $5.0×10^4$ | 砂岩 | 杨氏模量（MPa） | $3.7×10^4$ |
| | 泊松比 | 0.28 | | 泊松比 | 0.25 |
| | 密度（t/mm³） | $2.65×10^{-9}$ | | 密度（t/mm³） | $2.64×10^{-9}$ |
| | 屈服应力（MPa） | 55 | | 屈服应力（MPa） | 45 |

忽略取心过程中钻头损耗对结果的影响，将取心钻头整体设置为刚体，采用 C3D10M 四面体单元进行网格划分。为了提高数值计算速度同时不影响仿真结果的精确度，采用 C3D8R 六面体单元对岩石进行网格单元划分，且将钻头与岩石接触区域进行局部网格加密处理，加密网格尺寸通过网格敏感性分析来确定。对岩石的四周和底部施加全固定约束，对取心钻头施加 $x$、$y$ 方向上的位移和转动约束，沿 $z$ 轴施加载荷条件。具体包括：钻压为 3kN，简谐动载的频率范围为 165~205Hz，幅值范围为 0~3kN，转速为 40r/min。

### 1.2　模型验证

为验证仿真模型的准确性，同样以花岗岩为例，选择钻压为 3kN，转速为 40r/min，简谐动载幅值为 2kN，频率分别为 180Hz、185Hz 和 190Hz 条件下，开展取心钻头钻进破岩模拟，计算钻进 1s 时间条件下钻头的钻进速度，将仿真结果与同等条件下室内实验结果进行

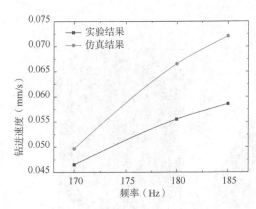

图2 取心钻头钻进速度仿真结果
与实验结果对比图

对比。结果如图2所示。

由图2可知，数值仿真得到的取心钻头钻进速度结果略大于实验结果，但两者变化趋势基本保持一致，误差在23%以内。由此可得，用该三维取心钻头钻进模型来研究共振取心方法的取心破岩机理是合理可行的。

## 2 数值仿真结果分析

### 2.1 载荷形式对取心的影响

分别对取心钻头单独施加3kN钻压，3kN钻压、幅值为1kN、频率为170Hz简谐动载复合载荷，分析载荷形式对钻头取心效率的影响规律。

#### 2.1.1 岩石损伤

如图3所示，分别选取A、B、C三个岩石代表单元，分析其在不同载荷形式作用下损伤随时间变化情况。其中，单元A为处于取心钻头切削齿正下方的岩石单元，即首先与切削齿接触的岩石表层单元；单元B为位于切削齿外缘未与切削齿接触的岩心表层单元；单元C为位于单元A正下方的岩石内部单元。三个单元的损伤情况如图4所示。

由图4(a)可以看出，单元A在两种载荷作用形式下几乎同时产生等效塑性应变，即岩石同时开始产生损伤，且由出现损伤到整个单元完全失效几乎同步。由图4(b)可以看出，在钻压和简谐动载复合作用下，单元B对载荷的响应时间早于仅有钻压作用的时间，单元的损伤程度也要大于仅有钻压作用的情况。但值得注意的是，无论在哪种载荷形式作用下，岩石单元均未达到完成损伤，即单元未发生破坏。由图4(c)可以看出，单元C在只有钻压作用下，等效塑性应变始终为0，即岩石未产生任何损伤；而在钻压和简谐动载复合作用下，经过一段时间后，岩石单元开始陆续产生累积损伤。

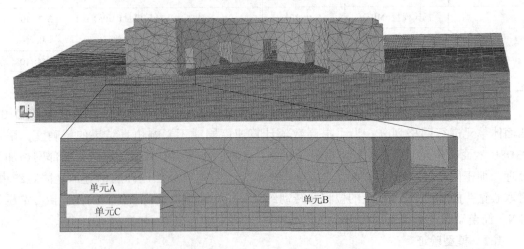

图3 岩石代表单元A、B、C位置示意图

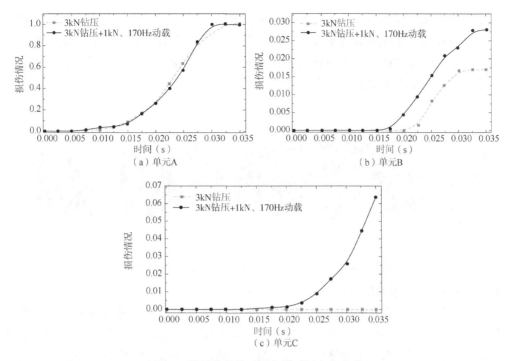

（a）单元A

（b）单元B

（c）单元C

图4  岩石代表单元损伤随时间变化曲线

### 2.1.2  应力场

图5给出了花岗岩在两种载荷形式作用下破岩取心过程中应力场随时间变化云图。如图5（a）所示，在恒定钻压作用下，岩石在取心钻头钻进下产生的应力场随时间稳定变化，均在切削齿前端出现应力集中点，逐渐切削破碎岩石。由图5（b）可以看出，加入简谐动载后，岩石的应力场随着时间增加呈先增大后减小的波动变化，这是由于所施加的简谐动载是正弦形式，即存在加载期和卸载期所造成的。对比图5（a）和图5（b）可以发现，在钻压、简谐动载复合作用下，加载期岩石表层单元应力集中点更多，即使处于卸载阶段，岩石所受到的应力也更大。因此，共振取心方式更容易达到岩石的断裂极限，从而具有更高的取心效率。

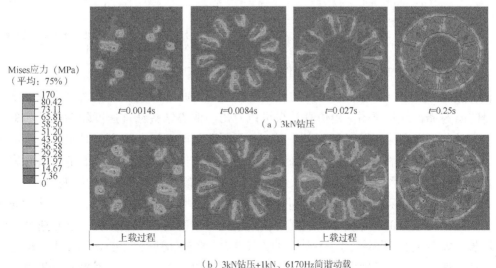

图5  两种载荷形式作用下花岗岩应力场云图

图6给出了两种载荷形式作用下得到的花岗岩岩心应力场云图。从图中可以看出，相比于单独钻压作用，钻压和简谐动载复合作用下取心过程中岩心表面受到的应力更大，但并未造成岩心的断裂或破碎，两种载荷形式作用下得到的花岗岩岩心均是完整无损的，这也进一步说明此时简谐动载并未对岩心质量产生影响。

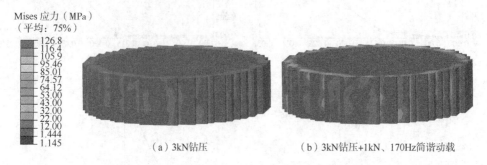

Mises 应力（MPa）
（平均：75%）
126.8
116.4
105.9
95.46
85.01
74.57
64.12
53.00
43.00
32.00
22.00
12.00
1.444
1.145

（a）3kN钻压　　　　　　　　　（b）3kN钻压+1kN、170Hz简谐动载

图6　两种载荷形式作用下花岗岩岩心应力场云图

## 2.2　动载频率对取心的影响

图7分别给出了花岗岩和砂岩在不同动载频率作用下取心钻头进尺深度随时间变化曲线。如图所示，由于取心钻头黏滑效应的存在，取心钻头钻进花岗岩和砂岩的进尺深度均随时间呈阶梯状增加。相比单独钻压作用，加入简谐动载的取心钻头进尺深度明显增加得更快，且黏滞时间均有一定程度的减小。

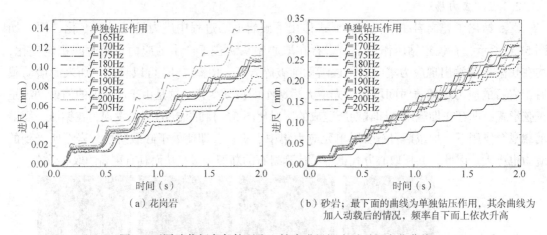

（a）花岗岩　　　　　　　　（b）砂岩；最下面的曲线为单独钻压作用，其余曲线为加入动载后的情况，频率自下而上依次升高

图7　不同动载频率条件下取心钻头进尺深度随时间变化曲线

图8给出了花岗岩和砂岩在不同动载频率作用下取心钻头钻进速度及钻进效率变化幅度的 Akima 样条曲线示意图。由仿真结果可以看出，取心钻头钻进速度随动载频率的增加而增加，这与室内实验结果存在一定差别，主要原因可能在于室内实验时实验装置的固有频率以及能量传递效率均会对实验结果产生影响，而数值仿真中仅仅考虑了钻头与岩石间的作用，忽略了冲击系统的影响因素，只关注动载频率参数对取心效率的影响。

如图8(a)所示，对于花岗岩，当冲击频率从165Hz增加到205Hz时，取心速度先快速增长，当频率到达180Hz时，取心速度增长减缓；当频率到达195Hz后，取心速度又继续快速增长。如图8(b)所示，对于砂岩，冲击频率从165Hz增加到205Hz过程中，取心速度一直在稳步增长。相比于硬质花岗岩，动载频率的增加对中硬砂岩来说提速效果更好，这与室内实验结论一致。综上所述，动载频率有利于共振取心效率的提高，但岩性不同，提速的程度也并不相同。

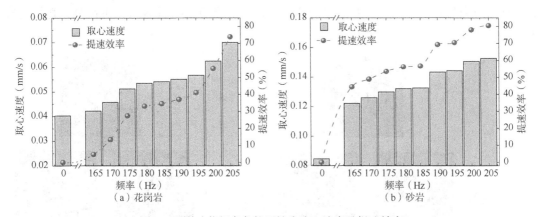

图8　不同动载频率条件下钻头取心速度及提速效率

## 2.3　动载幅值对取心的影响

图9分别给出了花岗岩和砂岩在不同动载幅值作用下取心钻头钻进速度及钻进效率变化幅度的 Akima 样条曲线示意图。由结果可以看出，无论是花岗岩还是砂岩，相比于单独钻压作用，简谐动载的加入均不同程度增大了钻头的取心效率，且随着动载幅值的增加，钻头的取心速度和提速效率均随之增加。如图9(a)所示，对于硬质花岗岩，当动载幅值在0.5~2.0kN范围内时，钻头取心速度增长显著；当动载幅值超过2.0kN后，取心速度增长幅度逐渐降低趋于平缓。如图9(b)所示，对于中硬砂岩而言，在0.0~3.0kN动载幅值范围内，钻头取心效率一直保持稳定增长。由此可见，动载幅值同样有利于共振取心效率的提高，但岩性不同，动载幅值可以实现的提速效果和程度也不尽相同。

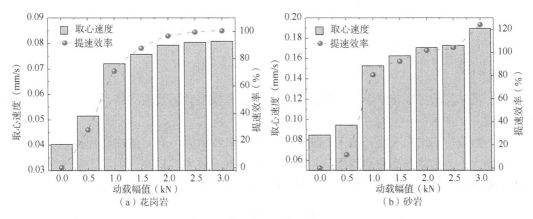

图9　不同动载幅值条件下钻头取心速度及提速效率

分别提取花岗岩和砂岩两种岩性在不同动载幅值作用下获得岩心的应力云图，如图10所示。由图10可知，花岗岩和砂岩两种岩石在不同动载幅值作用下岩心处的应力场较单独钻压作用时更大，且随着幅值的增大，应力场也逐渐增大。如图10(a)所示，对于硬质花岗岩，振动幅值在0~3.0kN范围内增加，岩心逐渐产生应力响应，但并未达到岩石的断裂极限，岩心未发生破碎，即并未影响到岩心质量。由图10(b)可以看出，对于中硬砂岩，当动载幅值在0~1.0kN范围内变化时，岩心部分无应力响应，高频振动并未影响到岩心质量；当动载幅值超过1.0kN后，岩心部分开始产生应力响应，且随着动载幅值的增大，岩心受到的应力随之增大，应力波传递的范围也越广；当动载幅值达到3.0kN时，直接造成了岩心破坏。

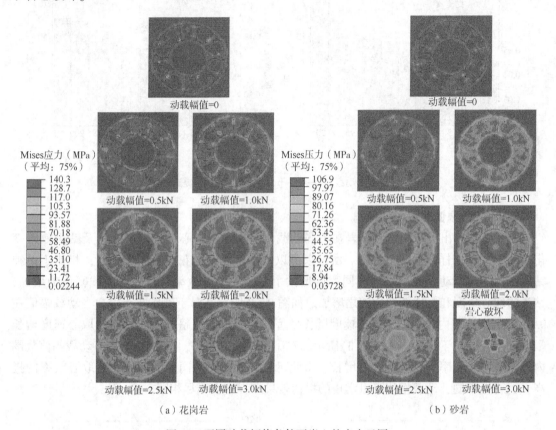

图10 不同动载幅值条件下岩心的应力云图

## 3 结论

（1）基于实验方案建立了三维共振取心数值仿真模型，通过实验结果对比确定了模型的准确性。

（2）数值仿真结果表明：加入简谐动载会加剧取心钻头下岩石的损伤程度以及岩心表面应力场大小，动载频率和动载幅值均有利于共振取心效率的提高，但考虑破岩能耗、岩心质量等因素，需要针对不同岩性进行钻压和简谐动载组合的优选。

### 参 考 文 献

[1] 陈忠帅，吴仲华，司英晖. 石墨烯改性海绵取心工具研制与试验[J]. 石油钻探技术，2020，48（6）：71-75.

[2] 刘晗，李绍坤，王帅，等. 多层级大尺寸超疏水吸油海绵取心衬筒的研制[J]. 中外能源，2021，26（1）：53-57.

[3] Goldberg D，Myers G，Iturrino G. Logging-while-coring-first tests of a new technology for scientific drilling. Petrophysics 2004，45：328-334.

［4］牛延吉，刘先平，嵇成高，等．大直径旋转井壁取心仪研制与应用［J］．测井技术，2018，42（2）：235-237．

［5］魏赞庆，田志宾，杨庚佳，等．高温液压旋转井壁取心仪的研制与应用［J］．石油钻探技术，2023，51（3）：73-82．

［6］杨立文，苏洋，罗军，等．GW-CP194-80A 型保压取心工具的研制［J］．天然气工业，2020，40（4）：91-96．

［7］Li S Q，Vaziri V，Kapitaniak M，et al．Application of resonance enhanced drilling to coring［J］．Journal of Petroleum Science and Engineering，2020，188：106866．

# 大位移井套管磨损预测及强度分析

曹天宝[1, 2]　李忠慧[1, 2]　刘　剑[1, 2]　孟凡奇[1, 2]

(1. 油气钻采工程湖北省重点实验室；
2. 长江大学石油工程学院 油气钻完井技术国家工程研究中心)

**摘　要**　在大位移井钻进过程中，由于水垂比大，钻柱在井下运行形式复杂，造成套管内壁磨损严重，套管强度降低，极大地影响了后续钻井和生产作业。本文应用基于能量传递的套管磨损效率模型，采取分段法求取管柱侧向力，对套管月牙形磨损进行了分析，并依据 API 最小壁厚法，简化月牙状套管磨损，建立了套管磨损预测及剩余强度计算方法。利用该模型对南海某大位移井进行了计算，结果表明，侧向力是影响套管磨损的主要因素，倒划眼对套管的磨损效果明显强于正常钻进。全井段磨损最严重的位置是狗腿角最大的井段，套管失效的风险最大，是采取防磨措施的关键井段。经计算，该井四开作业完成之后，狗腿角最大处的套管磨损深度为 1.15mm，套管强度衰减至原始强度的 58.24%，但仍能满足强度要求。该研究成果为南海大位移井套管磨损的防治提供了依据和参考。

**关键词**　套管磨损；磨损机理；磨损深度；剩余强度；计算模型

大位移井、水平井钻井具有侧向力大、钻井时间长、井下钻柱受力复杂等特点，这些因素极易导致套管磨损[1-3]。尤其是在井眼狗腿严重的井段处，套管磨损问题非常严重，套管承载能力大幅度降低，甚至发生套管变形或挤毁，造成井下事故，给钻井作业带来巨大经济损失[4-7]。因此，准确预测套管磨损程度并采用合适的防磨减阻技术，是减轻套管磨损的重中之重。

众多中外学者对套管磨损进行了研究。Bradley 等指出钻柱旋转、钻柱起下钻是引起套管磨损的主要因素[8]。Hall 等将套管磨损形状假设为单月牙形，并结合磨损效率的基本理论，将摩擦功和磨损面积、磨损深度联系在一起，并指出井段的狗腿度严重影响套管的磨损程度[9]。唐世忠等通过套管磨损体积与旋转钻柱做功成正比的原理，分析了磨损深度随机械钻速和作业时间的变化规律[10]。刘飞等研究了套管钢级、井眼曲率、钻井时间、钻杆轴向力等对套管磨损深度的影响，结果表明套管钢级越高，磨损深度越大，井眼曲率对套

【基金项目】浅层大位移井极限延伸钻完井技术研究(CCL2021ZJFN0784)。

【第一作者简介】曹天宝(2000—)，在读硕士研究生，2022 年毕业于长江大学石油工程专业，主要从事钻完井工程方面的研究工作。地址：湖北省武汉市蔡甸区蔡甸大街大学路 111 号(邮编：430100)，电话：15527945527。E-mail：caotianbao0410@126.com。

【通讯作者】李忠慧(1977—)，教授，博士生导师，主要从事岩石力学与钻完井工程等方面的研究工作。地址：湖北省武汉市蔡甸区蔡甸大街大学路 111 号。邮编：430100，电话：027-69111046。E-mail：lizhonghui@yangtzeu.edu.cn。

管磨损的影响最为严重[11]。刘书杰等以经典理论模型为基础，结合自编程序，对南海某超大位移井套管磨损深度及剩余强度进行了分析，计算结果与现场数据吻合[12]。黄文君等指出套管磨损区域呈现复合磨损模式，并采取控制变量的方式简化套管磨损，给出了磨损深度和形状增量的求解方法[13]。马文海等模拟实际钻进参数，开展套管磨损实验，对磨损试件表面形貌进行了分析，以此研究磨损机理[14]。池明等开展了不同转速、磨损时间和接触力下的套管磨损试验，建立起适用于高温高压深井的套管磨损预测数学模型及剩余强度评价模型[15]。李国亮等通过开展油基钻井液中 P110 套管的磨损实验，得出正压力对套管表面磨损机理的影响较大，在较高正压力下的主要磨损机理为黏着和犁沟磨损[16]。顾岳等将套管磨损截面几何方程与磨损深度极限值结合起来，反算出深井超深井在套管磨损条件下的延伸极限值[17]。陈江华等以 XG-X 井为例，分析了钻井液密度、转盘转速和机械钻速对套管磨损的影响，给出了机械钻速—转速—磨损量关系图版[18]。王小增等分析了复合受力状态下套管接触力与磨损深度的关系，计算了 P110 套管在特定磨损时间后的剩余壁厚和剩余强度[19]。

套管磨损降低了套管强度，对管柱安全构成严重威胁。而大位移井由于井眼曲率大、钻井周期长及钻杆在井内运动状态复杂，套管磨损问题一直未解决。因此笔者基于磨损—效率模型，采取分段法求取管柱侧向力，建立了套管磨损预测模型及磨损后套管剩余强度计算模型，并对南海某大位移井套管磨损程度进行了分析，为套管磨损的防治提供了参考。

# 1 套管磨损预测

## 1.1 磨损—效率模型

如今关于套管磨损的研究都是在磨损效率模型的基础上展开的。该模型基于能量守恒原理，认为套管磨损体积与摩擦做功呈线性关系[20]。由管柱之间接触力和钻进时间可得出月牙形沟槽的磨损体积，进而计算月牙形磨损面积，如图 1 所示。

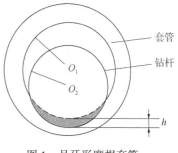

图 1 月牙形磨损套管

管柱在相对滑动期间，由摩擦力所做的功为：

$$W = \sum \mu F_N L_D \qquad (1)$$

式中，$L_D$ 为滑移距离，m；$\mu$ 为摩擦系数；$F_N$ 为单位长度管柱间的侧向力，N/m。

摩擦力做功转化为磨损能量的效率 $E$ 为：

$$E = \frac{U}{W} = \frac{V H_b}{\sum \mu F_N L_D} \qquad (2)$$

式中，$H_b$ 为管材硬度，Pa；$V$ 为套管磨损体积，$m^3$；$U$ 为转化为磨损的能量，$N \cdot m$。

通过式(2)求解套管磨损体积为：

$$V = \frac{E}{H_b} \sum \mu F_N L_D \qquad (3)$$

式中，$\dfrac{E}{H_b}$ 为管柱间的磨损效率，$Pa^{-1}$。

于是，基于磨损效率模型的套管内壁的磨损面积 $S_1$ 为：

$$S_1 = \frac{\mathrm{d}V}{\mathrm{d}l} = \frac{E\mu L_\mathrm{D}}{H_\mathrm{b}}\frac{\mathrm{d}\sum F_\mathrm{N}}{\mathrm{d}l} = \frac{E}{H_\mathrm{b}}\mu F_\mathrm{N}L_\mathrm{D} \tag{4}$$

### 1.2 管柱分段法力学模型

大位移井钻进过程中，钻柱运动形式复杂，因此需要精准地计算出管柱之间的接触力。目前，国内外广泛应用的是假设管柱轴线与井眼轴线完全一致的软杆模型、考虑管柱刚度对钻杆接触力影响的修正软杆模型和纵横弯曲梁模型[21]。结合大位移井井身结构设计特点，在直井段、稳斜段和水平段采用软杆模型，在造斜段等井眼曲率较大的井段采用修正软杆模型，下部 BHA 段采用纵横弯曲梁模型来计算钻柱与套管之间的接触力。

#### 1.2.1 软杆模型

利用微元法对井眼轴线上微小段进行分析，求得微元段轴向力和侧向力的计算公式为：

$$\begin{cases} T_{i+1} = T_i + (W_\mathrm{g}\mathrm{d}l\cos\alpha \pm \mu N_i) \\ N_i = \sqrt{(T_i\Delta\phi\sin\alpha)^2 + (T_i\Delta\alpha + W_\mathrm{g}\mathrm{d}l\cos\alpha)^2} \end{cases} \tag{5}$$

式中，$W_\mathrm{g}$ 为单位长度钻柱浮重，N/m；$T_{i+1}$，$T_i$ 分别为第 $i$ 段钻柱单元两端的轴向应力，N；$\mu$ 为摩擦系数；$\alpha$，$\Delta\alpha$，$\Delta\phi$ 分别为平均井斜角、井斜角增量、方位角增量，rad；$N_i$ 为第 $i$ 段钻柱单元与套管的接触力，N；钻柱向上运动时取"+"，向下运动时取"–"。

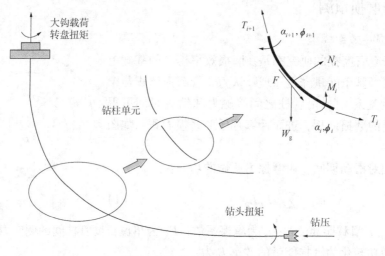

图 2　钻柱微元段单元受力

#### 1.2.2 修正软杆模型

对于井眼曲率较大的井段，管柱轴线无法与井眼轴线保持一致，则考虑管柱刚性的额外接触力为：

$$N_\mathrm{g} = 96EI\left[\frac{1-\cos(K \cdot \Delta L)}{K} - (D-D_\mathrm{o})\right]\Delta L^{-3} \tag{6}$$

式中，$N_\mathrm{g}$ 为附加接触力，N；$D$ 为井眼直径，m；$D_\mathrm{o}$ 为管柱外径，m；$E$ 为管柱材料的弹性模量，MPa；$K$ 为井眼曲率，°/30m；$I$ 为管柱的惯性矩，$\mathrm{m}^4$；$\Delta L$ 为管柱附加刚性正压力的管柱段长度，$\Delta L = [24(D-D_\mathrm{o})/K]^{1/2}$，m。

### 1.2.3 纵横弯曲梁模型

对于带有稳定器的 BHA 段，将稳定器作为一跨管柱的支点，以连续第 $i$ 和第 $i+1$ 跨管柱为对象，其受力分析如图 3 所示。

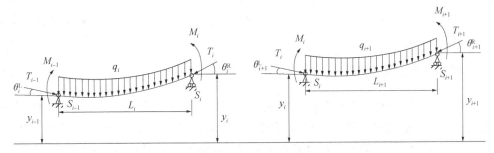

图 3 $n$ 跨连续梁中第 $i$ 与第 $i+1$ 跨梁柱的受力分析

从井斜（$P$ 平面）和方位（$Q$ 平面）两个平面对 BHA 段进行简化分析，可分别建立弯矩方程，进而求得各接触点处侧向力：

$$N_i = \frac{M_{i-1}-M_i+T_{i-1}(y_i-y_{i-1})}{L_i} + \frac{M_{i+1}-M_i+T_i(y_{i+1}-y_i)}{L_{i+1}} + \frac{q_i L_i + q_{i+1} L_{i+1}}{2} \qquad (7)$$

式中，$M_{i-1}$，$M_i$，$M_{i+1}$ 分别为第 $i$ 跨管柱左端、右端和第 $i+1$ 跨管柱右侧弯矩，N·m；$T_{i-1}$，$T_i$ 为第 $i$ 跨管柱左端、右端轴向应力，N；$y_{i-1}$，$y_i$，$y_{i+1}$ 分别为第 $i$ 跨管柱左端、右端和第 $i+1$ 跨管柱右侧支点离套管内壁距离，m；$q_i$，$q_{i+1}$ 分别为第 $i$ 跨管柱和第 $i+1$ 跨管柱浮重，N/m；$L_i$，$L_{i+1}$ 分别为第 $i$ 跨管柱和第 $i+1$ 跨管柱长度，m。

分别求出 $P$ 平面和 $Q$ 平面上的侧向力，则接触点处的侧向力 $N_i = (N_{iP}+N_{iQ})^{1/2}$。

### 1.3 几何法磨损面积

建立钻杆和套管相摩擦的几何模型，图中阴影区域面积即为磨损月牙面积。

钻杆外圆 I 方程：

$$x^2 + (y+a)^2 = r^2 \qquad (8)$$

式中，$a$ 为两圆偏心距，m；$r$ 为钻杆接箍外圆半径，m。

钻杆外圆 II 方程：

$$x^2 + y^2 = R^2 \qquad (9)$$

式中，$R$ 为套管内壁圆半径，m。

可得两圆交点：

$$\begin{cases} x_1 = -\sqrt{R^2 - \left(\dfrac{r^2-R^2-a^2}{2a}\right)^2} \\[4mm] x_2 = \sqrt{R^2 - \left(\dfrac{r^2-R^2-a^2}{2a}\right)^2} \end{cases} \qquad (10)$$

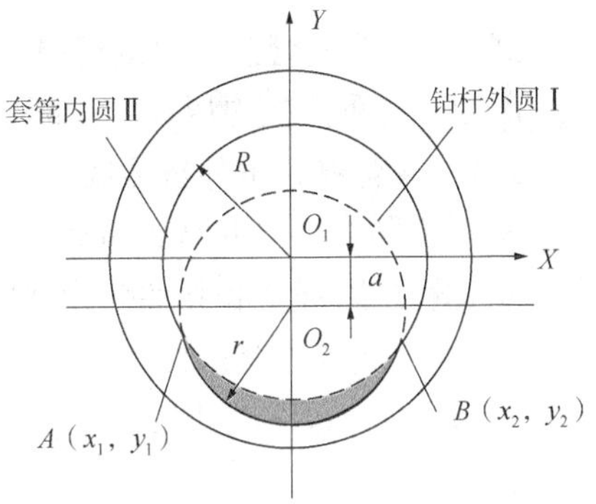

图 4 套管内壁磨损后横截面形状

由此得磨损月牙的面积 $S_2$ 为

$$S_2 = \int_{x_1}^{x_2} \left( \sqrt{r^2 - x^2} + a - \sqrt{R^2 - x^2} \right) dx \qquad (11)$$

将式（10）与式（11）联立，即可求得偏心距 $a$，最终依据磨损深度 $h$ 与 $a$ 的关系求出套管磨损深度，即：

$$h = a - (R-r) \tag{12}$$

式中，$h$ 为磨损厚度，m；$t$ 为套管初始壁厚，m。

磨损初始，$h=0$，$a=(R-r)$；若套管被磨穿，则有 $h=t$，$a=R-r+t$。根据以上约束条件可计算出套管的极限磨损面积 $S_{max}$。

## 2 套管剩余强度计算

据了解，API 最小壁厚法和偏心圆筒模型常用于磨损套管的强度计算。考虑到大位移井钻进过程中钻具运动形式复杂，故选用安全系数较高的 API 最小壁厚法进行强度计算。如图 5 所示，该方法将不均匀磨损套管简化为以最薄弱处为壁厚的磨损套管进行计算分析。

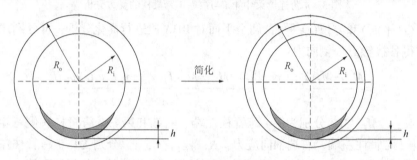

图 5  API 最小壁厚法

### 2.1 套管剩余抗内压强度

采用 API 最小壁厚法将磨损套管最薄弱处壁厚作为简化套管壁厚，进行套管剩余抗内压强度计算，可得：

$$p_{bo} = 0.875 \frac{2Y_p \delta}{D} \tag{13}$$

式中，$\delta$ 为套管某一时刻壁厚，$\delta = t - h$，m；$Y_p$ 为套管屈服强度，MPa；$D$ 为套管外径，m；$p_{bo}$ 为套管剩余抗内压强度，MPa。

### 2.2 套管剩余抗外挤强度

根据不同直径与壁厚比 $D/\delta$，API 将套管的抗挤强度分为屈服挤毁强度、塑性挤毁强度、塑弹性挤毁强度和弹性挤毁强度，适用范围如下。

2.2.1 屈服挤毁强度

当 $(D/\delta) \leqslant (D/\delta)_{yp}$ 时，有

$$p_{co} = 2Y_p \frac{(D/\delta) - 1}{(D/\delta)^2} \tag{14}$$

其中：

$$(D/\delta)_{yp} = \frac{\sqrt{(A-2)^2 + 8(B + 0.0068947C/Y_p)} + (A-2)}{2(B + 0.0068947C/Y_p)} \tag{15}$$

$$A = 2.8762 + 1.54885 \times 10^{-4} Y_p + 4.4806 \times 10^{-7} Y_p^2 - 1.621 \times 10^{-10} Y_p^3 \tag{16}$$

$$B = 0.026233 + 7.34 \times 10^{-5} Y_p \tag{17}$$

$$C = -465.93 + 4.4741 Y_p - 2.205 \times 10^{-4} Y_p^2 + 1.1285 \times 10^{-7} Y_p^3 \tag{18}$$

式中，$p_{co}$ 为套管剩余抗外挤强度，MPa。

### 2.2.2 塑性挤毁强度

当 $(D/\delta)_{yp} \leqslant (D/\delta) \leqslant (D/\delta)_{pt}$ 时，有

$$p_{co} = Y_p \left( \frac{A}{D/\delta} - B \right) - 0.0068947C \tag{19}$$

其中：

$$(D/\delta)_{pt} = \frac{Y_p(A-F)}{0.0068947C + Y_p(B-G)} \tag{20}$$

$$F = \frac{3.237 \times 10^5 \left( \dfrac{3B/A}{2+B/A} \right)^3}{Y_p \left( \dfrac{3B/A}{2+B/A} - B/A \right) \left( 1 - \dfrac{3B/A}{2+B/A} \right)^2} \tag{21}$$

$$G = F(B/A) \tag{22}$$

### 2.2.3 塑弹性挤毁强度

当 $(D/\delta)_{pt} \leqslant (D/\delta) \leqslant (D/\delta)_{te}$ 时，有

$$p_{co} = Y_p \left( \frac{F}{(D/\delta)} - G \right) \tag{23}$$

其中：

$$(D/\delta)_{te} = \frac{2+B/A}{3B/A} \tag{24}$$

### 2.2.4 弹性挤毁强度

当 $(D/\delta) \geqslant (D/\delta)_{te}$ 时，有

$$p_{co} = \frac{3.237 \times 10^5}{(D/\delta)(D/\delta-1)} \tag{25}$$

根据上述套管磨损深度及剩余强度计算模型，建立了套管磨损分析流程，如图6所示。

## 3  工程应用

### 3.1  基本概况

以南海某油田一口大位移井 A1H 井为例，使用上述套管磨损及剩余强度计算模型对该井进行分析。该井斜深5963m，垂深1378m，水平位移5350m，水垂比3.8，最大井斜角88.85°，最大井眼曲率3.0°/30m。该井井身结构见图7。可以看出，裸眼井段较长，且基本为水平井段。查阅钻井资料可知，该井段复杂事故频发，钻井作业时间较长，推测三开 9⅝in 套管的磨损程度最为严重。因此，采用本文的磨损预测模型，对 9⅝in 套管展开磨损分析，套管磨损计算所需基本参数见表1。

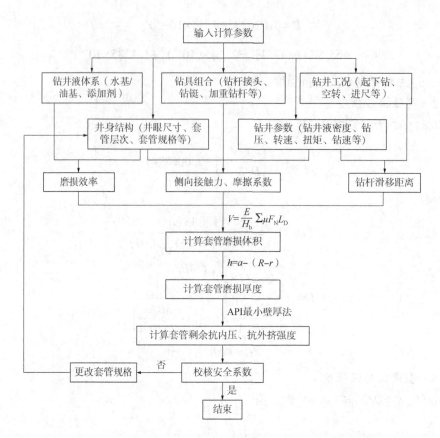

图 6　套管磨损分析

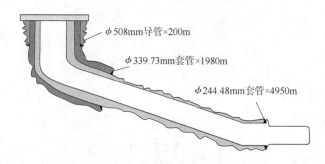

图 7　A1H 井井身结构示意图

表 1　$9\frac{5}{8}$in 套管磨损计算基本参数

| 参数 | 取值 | 参数 | 取值 |
|---|---|---|---|
| 井深(m) | 5963 | 钻井液密度(g/cm³) | 1.10 |
| 套管外径(mm) | 244.48 | 套管内摩擦系数 | 0.25 |
| 套管壁厚(mm) | 10.03 | 裸眼段摩擦系数 | 0.30 |
| 套管钢级 | N80 | 套管磨损系数(Pa⁻¹) | 6.76×10⁻¹¹ |
| 套管下深(m) | 4950 | 钻杆外径(mm) | 149.22 |

### 3.2 套管磨损及剩余强度计算分析

根据钻井日志将四开作业过程简化为六个作业工序，具体信息如表2所示。

**表2　A1H井四开作业工序简述**

| 序号 | 作业类型 | 作业时长(h) | 转盘转速(r/min) | 起始深度(m) | 终止深度(m) |
|------|----------|-------------|-----------------|-------------|-------------|
| 1 | 钻水泥塞 | 17.00 | 60 | 4908 | 4950 |
| 2 | 纯钻进 | 29.31 | 100 | 4950 | 5458 |
| 3 | 倒划眼 | 7.50 | 80 | 5458 | 5030 |
| 4 | 纯钻进 | 26.19 | 100 | 5458 | 5963 |
| 5 | 倒划眼 | 10.50 | 60 | 5963 | 4007 |
| 6 | 起钻 | 12.00 | 1 | 4007 | 500 |

基于本文的磨损预测模型，选取井眼曲率较大(227.84m、401.00m、1166.55m)处套管进行分析，将时间与转盘转速相结合，得到套管磨损情况随转盘旋转圈数的关系，如图8所示。

由图8可以看出，刚开始钻水泥塞和钻进的过程中(0~23.706万圈)，套管磨损深度增长较平稳，套管磨损百分比也在5%以内。但当进入倒划眼工况后，套管磨损深度明显增加，在较短旋转圈数内(23.076万~27.546万圈)磨损百分比上升2%；随后继续钻进，套管磨损深度增长变缓，与工序2纯钻进阶段增长速率保持一致；之后又进入倒划眼阶段，磨损深度和磨损百分比再次显著增加，且增长幅度更为明显。结合钻井日志判断，应为倒划眼作业持续时间较长导致。因此分析认为，正常钻进对套管有一定的磨损，倒划眼施工对套管有较大的磨损，且倒划眼对套管的磨损效果明显强于正常钻进。由现场经验可知，套管的抗内压强度一般远大于套管内压力，所以套管剩余强度分析主要针对抗外挤强度。根据套管磨损情况，可得套管剩余强度，如图9所示。随着旋转圈数的增加，不同位置处的套管剩余强度有不同程度的衰减，套管强度最大衰减到原始强度的58.24%，且倒划眼工况下的强度衰减程度最大，与套管磨损深度的变化规律保持一致。

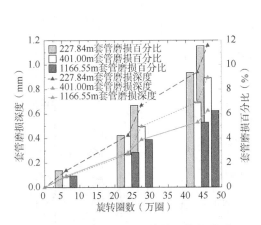

图8　套管磨损深度随旋转圈数的关系

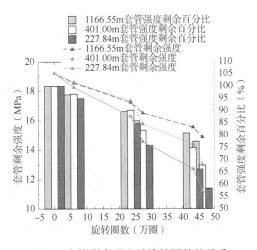

图9　套管剩余强度随旋转圈数的关系

结合该井四开井眼作业数据，得到9⅝in套管全井段磨损情况，如图10所示。

由图10中可知，210~410m井段套管磨损最严重，经分析，主要是该井段侧向力大，磨损时间长导致。井深 227.84m 处套管磨损深度最大为 1.15mm，套管剩余抗内压强度为 35.06MPa，剩余抗外挤强度为 11.19MPa；考虑固井工况套管所受极限载荷，校核得全井段磨损套管强度安全系数均超过 1.2，满足强度设计要求。

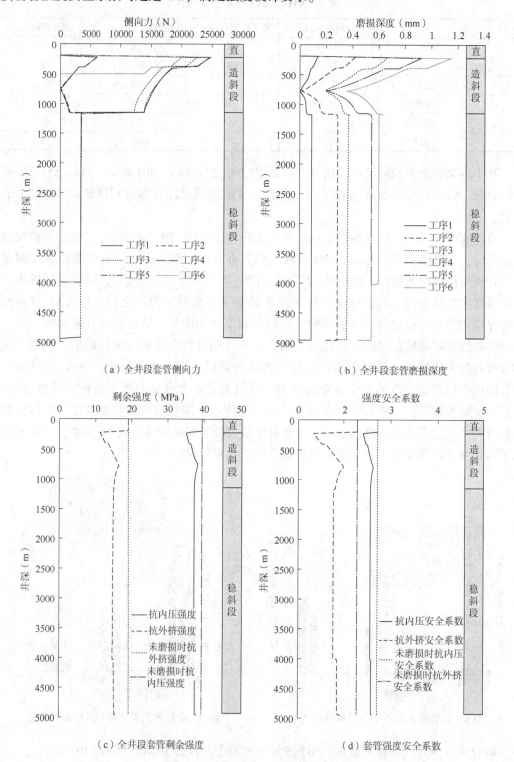

图 10　套管磨损及剩余强度分析

结合井眼轨迹分析，发现全井段磨损最大位置的全角变化率即狗腿角较大，最大磨损深度前后井斜角变化较大，明显区别于前后深度。因此判断套管磨损最大的位置发生在狗腿角最大的深度段。该深度段上下是重点磨损区，需重点关注。

### 3.3 套管防磨措施

综合上述分析及现场实际情况可知，降摩减阻可从井眼轨道类型及狗腿度、钻井液润滑性能、接触面侧向力及钻井时间等几个方面入手，具体措施有：

（1）优化井眼轨迹设计，减小井眼曲率，从而减小侧向力，降低管柱摩阻。

（2）优选具有良好润滑性能的油基钻井液，提高机械钻速，同时控制转盘转速，降低套管磨损。

（3）下入防磨接头、橡胶护箍等防磨减阻工具，在井眼曲率较大井段适当增加工具数量，保护套管。

## 4 结论

（1）本文以经典的磨损效率理论为基础，采取分段法求取管柱侧向力，建立了套管磨损深度计算模型，并依据 API 最小壁厚法，简化套管的月牙形磨损模型，建立了磨损套管剩余强度计算模型。

（2）依据套管磨损预测分析流程，对南海某口大位移井套管磨损情况进行分析。结果表明，倒划眼工况下起钻困难，管柱所受侧向力增大，致使倒划眼对套管的磨损效果明显强于正常钻进。经计算，该井四开作业完成之后，井深 227.84m 处套管磨损深度 1.15mm，套管强度衰减至原始强度的 58.24%，但仍能满足强度要求。

（3）在大位移井钻井过程中，套管磨损无法避免，但应从优化井眼轨道、提高钻井液润滑性、提高机械钻速、下入防磨减阻工具等方面减轻套管磨损，保障管柱作业安全。

### 参 考 文 献

[1] 冯耀荣，付安庆，王建东，等．复杂工况油套管柱失效控制与完整性技术研究进展及展望[J]．天然气工业，2020，40(2)：106-114.

[2] 梁尔国，李子丰，王长进，等．深井和大位移井套管磨损程度预测[J]．石油钻探技术，2013，41(2)：65-69.

[3] 谭树志．深井、超深井套管磨损预测及剩余强度分析[D]．青岛：中国石油大学(华东)，2014.

[4] 贾宗文．考虑磨损的弯曲套管抗挤强度研究及应用[J]．石油机械，2018，46(12)：1-7.

[5] 窦益华，张福祥，王维君，等．井下套管磨损深度及剩余强度分析[J]．石油钻采工艺，2007(4)：36-39，121.

[6] 梁尔国，李子丰，赵金海．磨损套管抗挤强度计算模型[J]．石油钻探技术，2012，40(2)：41-45.

[7] 陈力力，李玉飞，张智，等．水平井套管磨损规律及防磨优化研究[J]．钻采工艺，2022，45(2)：21-27.

[8] Bradley W, Fontenot J. The Prediction and Control of Casing Wear[J]. Journal of Petroleum Technology, 1975, 27(2)：233-245.

[9] Hall R, Garkasi A, Deskins G, et al. Recent Advances in Casing Wear Technology[C]//The IADC/SPE Drilling Conference. Texas, 1994, SPE-27532-MS.

[10] 唐世忠，李娟，张晓峰，等．大位移井套管磨损量分析模型[J]．钻采工艺，2008(6)：17-19,

23，165.

［11］刘飞，方春飞，夏成宇，等.页岩气井钻井过程中套管磨损的计算分析［J］.中国科技论文，2016，11（15）：1699-1702.

［12］刘书杰，谢仁军，刘小龙.大位移井套管磨损预测模型研究及其应用［J］.石油钻采工艺，2010，32（6）：11-15.

［13］黄文君，张星坤，高德利，等.复合模式下套管磨损形状与深度计算模型［J］.石油学报，2021，42（10）：1373-1381.

［14］马文海，王小增，曹银萍，等.庆深气田水平井钻井水基泥浆中套管磨损机理实验研究［J］.科学技术与工程，2014，14（34）：163-168.

［15］池明，刘涛，薛承文，等.高温高压深井套管磨损预测与剩余强度校核研究［J］.钻采工艺，2021，44（6）：1-6.

［16］李国亮，米红学，王小增，等.油基泥浆中 P110 套管磨损机理和耐磨性能［J］.科学技术与工程，2015，15（2）：83-87.

［17］顾岳，高德利，杨进，等.受套管磨损约束的深井钻井延伸极限预测模型［J］.石油钻采工艺，2020，42（5）：543-546.

［18］陈江华，吴惠梅，李忠慧，等.超深定向井钻井中钻井参数对套管磨损量的影响［J］.石油钻采工艺，2014，36（5）：10-12.

［19］王小增，杨久红，窦益华.套管磨损后剩余壁厚及剩余强度分析［J］.石油钻探技术，2008（2）：14-17.

［20］White J，Dawson R. Casing Wear：Laboratory Measurements and Field Predictions［J］. SPE Drilling & Completion，1987，2（1）：56-62.

［21］闫铁，李庆明，王岩，等.水平井钻柱摩阻扭矩分段计算模型［J］.大庆石油学院学报，2011，35（5）：69-72，83，119.

# 射流马达涡轮钻具内转子数值模拟研究

陈福禄[1, 2]　李　玮[1, 2]　张明秀[1, 2]　王旭[1, 2]

(1. 东北石油大学提高油气采收率教育部重点实验室;

2. 东北石油大学 油气钻完井技术国家工程研究中心破岩与高压水射流实验室)

**摘　要**　涡轮钻具广泛应用于油田开发及钻井行业。然而,常规涡轮钻具具有高转速低扭矩的特征,很难满足致密岩层地质钻探。因此,为了提高涡轮钻具钻屑致密度较大岩层的能力,设计了一种新型射流马达涡轮钻具(JMTDT)。基于涡轮结构形式对涡轮钻具的输出性能起着重要的作用这一特性,采用 ANSYS-Fluent 数值模拟软件得出单个射流马达转子在流场内的输出响应特性规律。分析了一定排量下 JMTDT 扭矩、转速、效率以及功率的变化规律。结果表明:在不同的操作参数和流体参数下,JMTDT 表现出明显的输出性能,有助于提高射流马达的扭矩输出和转速的匹配。

**关键词**　涡轮钻具;射流马达;扭矩;输出特性

近年来,低速涡轮钻具钻井技术取得了很大的进展,著名的涡轮钻具公司 Neyrfor、VNIIBT-Drilling Tools 和 Halliburton Sperry 等均有产品问世。这些钻井公司研发的涡轮钻具具备钻穿硬地层、研磨性地层等独特优势,备受关注,吸引众多学者进行研究[1-2]。目前,对低速大扭矩涡轮钻井技术的研究主要集中在叶片结构参数的影响上[3],操作参数对输出性能及流场特征与涡轮定转子结构形式的关系[4]。另一方面,适当优化涡轮定转子叶片参数可以有效地提升涡轮钻具的扭矩,提高涡轮钻具的输出效率[5]。由于钻井液作用于涡轮定转子时,其流体的动能主要转化为涡轮的转动上,导致涡轮钻具在钻进过程中转速大而产生的扭矩过小,不足以钻穿过硬的岩石,只能通过增加涡轮节的长度改善其产生的大转速问题,通常涡轮节大约会增加至 100 级左右[6],但过长的涡轮节又不利于井下钻进工作[7],因此,通过增加涡轮节长度很难实现大扭矩涡轮钻具,更多的是利用加装减速器来实现大扭矩输出[8]。有学者尝试对大扭矩涡轮钻具在井下应用进行了研究[9]。纪博为了提高涡轮钻具设备的扭矩,提出了一种减速器叠加涡轮节结构的涡轮钻具新型装置[10]。袁新梅设计组合了涡轮钻具活齿减速器结构,通过性能分析可以验证该装置可明显提高涡轮钻

---

【基金项目】国家自然科学基金面上项目"万米深井 PDC 钻头冲击破岩机理及提速方法研究"(编号:52274005)。

【第一作者简介】陈福禄,1997 年生,男,在读博士研究生,研究方向:油气井工程。地址:黑龙江省大庆市高新技术产业开发区学府街 99 号(邮编:163318)。E-mail:cfleducation@163.com。

【通讯作者】李玮,1978 年生,教授,博士研究生导师;主要从事高效钻井破岩、水力压裂、钻完井工具研发等方面的研究工作。地址:黑龙江省大庆市高新技术产业开发区学府街 99 号(邮编:163318)。E-mail:our.126@126.com。

具的扭矩输出特性[11]。许福东等提出一种新型涡轮钻具减速装置，并通过数值模拟（或试验方法）分析了涡轮钻具输出特性[12]。这些研究对低速涡轮钻具技术的发展起到了重要的推动作用。

低速涡轮钻具技术在钻井领域的可行性和高效性已逐渐得到证明。目前的研究主要集中在优化叶片结构形式或加装减速器装置来达到降低涡轮节转速从而增大扭矩的目的。利用低速大扭矩涡轮钻具提高涡轮钻具破岩效果的报道较少，主要有两个问题。首先，保证涡轮钻具使用时间适中及较少的检修次数。其次，保证低速大扭矩涡轮钻具内定转子结构以及流道的合理布置，以提高涡轮钻具的扭矩输出性能。因此，对低速涡轮钻具定转子结构及内部流道合理设计和系统分析，找到低速涡轮钻具新型的定转子输出特性和最优结构设计，是进一步提高涡轮钻具扭矩的重要研究方向。

## 1 结构设计

射流马达涡轮钻具（Jet Motor Turbine Drill Tools）设计安装在 PDC 钻头前端，其结构及工作原理如图 1 所示。JMTDT 由涡轮钻具外筒、输出轴、圆锥滚子轴承、止推轴承、套筒、端盖、新型定子以及新型转子组成。JMTDT 的工作原理如下：流量均匀连续的钻井液从入口进入 JMTDT，新结构形式的转子逐渐将流体的轴向运动转变为切向的射流运动，然后流体开始流经射流定转子形成的腔体结构交换切向及轴向运动。同时，均匀密度的钻井液在入口高压的作用下向下一级新定转子结构移动。

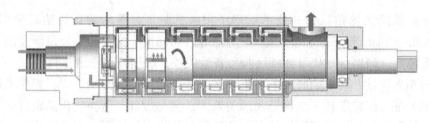

图 1 JMTDT 的结构和工作原理

## 2 数值分析方法

利用 Fluent 软件，采用 Realizable $k-\varepsilon$ 湍流模型[13-14]及滑移网格模型[15-18]，结合壁面函数法，对射流转子进行内流场的 CFD 分析，通过计算得出钻具输出性能参数。

### 2.1 网格划分

流体域的主要结构如图 2 所示。环形进液室的内直径为 $D_1 = 80mm$，进液室长度为 $L_1 = 80mm$，射流转子导液流道的长度为 $L_2 = 54mm$，出口管长度为 $L_3 = 126mm$，射流转子截面直径为 $D_2 = 137mm$，尾管处直径 $D_3 = 104mm$，射流转子槽型口长度 $a = 6.5mm$，宽度 $b = 20mm$。

随着网格数由 231860 增加至 610620，分析曲面射流转子产生的扭矩明显增大。当网格数从 610620 增加到 755310 时，转子扭矩值大小略有变化。因此，数值模拟选用网格数量为 610620 的流体域模型。射流转子流体域模型独立性检验结果如图 3 所示。

### 2.2 求解方法和边界条件

本研究采用 ANSYS-Fluent 求解器对射流转子的输出性能参数（包括扭矩、压降、转速

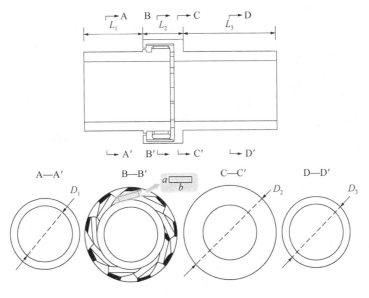

图 2　射流转子的结构及主要参数

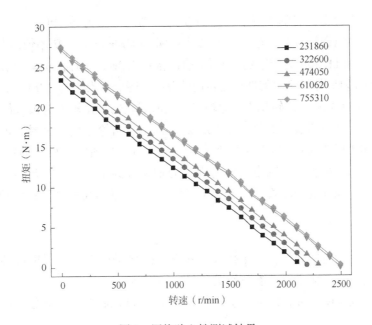

图 3　网格独立性测试结果

及效率)特性进行了预测。在现有的湍流模型中，采用 $k\text{-}\varepsilon$ 湍流模型来模拟射流转子中的流动。水相介质黏度为 $1.003\mathrm{mPa}\cdot\mathrm{s}$，水相物理参数与数值模拟试验结果一致，同时验证了可行性[4]。入口边界条件速度入口(velocity inlet)，出口边界条件为压力出口(pressure outflow)。

## 3　结果与讨论

为了得出射流马达涡轮钻具在一定排量钻井液条件下，涡轮射流单级转子的输出响应特性规律。对上述模型进行数值模拟，模拟了射流马达涡轮钻具在排量 $Q=30\mathrm{L/s}$、不同转速条件下单级转子输出特性情况，并将输出的重要参数值绘制成曲线，如图 4 所示。

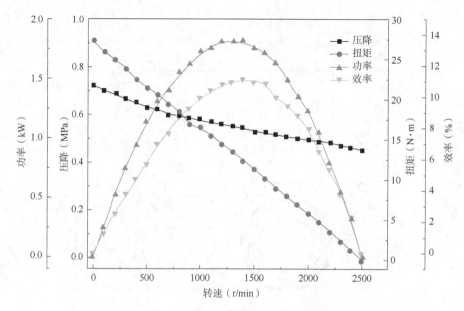

图 4　单级射流转子输出性能曲线

由图 4 中不难看出,当单级转子转速由 0(制动状态)变为转动时,其输出功率和效率均随转速增加呈现出逐渐升高的趋势;当转速达到 1400r/min 时,功率值以及效率值分别达到峰值(1.83kW 和 11.20%)。当转速继续增加达到 2500r/min 时,功率值和效率由峰值逐渐减小到 0。而压降和扭矩输出特性均随转速的升高而降低,当转速为 0 也就是涡轮未开始转动时,钻井液的液力功率全部转化为扭矩输出,此时涡轮输出扭矩值为最大值(27.44N・m)。由于无转动输出,其压降值达到最大值(0.72MPa)。当涡轮达到最大转速时,此时涡轮处于空转状态,其扭矩值为 0,压降为最小值(0.45MPa)。从图中所得出的数据值可以看出,该射流马达涡轮钻具单级转子输出特性与现存的轴流式涡轮钻具单级定转子结构输出特性曲线相似,且相比现存的轴流式单级定转子涡轮钻具具有更大的扭矩输出峰值。

## 4　结论

针对射流马达涡轮钻具,在一定排量、转速等操作条件下,开展射流转子数值模拟研究,系统分析射流转子输出特性参数情况,得出如下结论:

(1)创新性地发明一种新的涡轮转子结构,基于 Fluent 软件模拟分析评价转子在流场中的输出性能。

(2)通过对射流马达涡轮钻具单级射流转子性能分析,利用数值模拟得出创新形式的射流马达转子符合常规涡轮钻具内转子输出响应特性曲线。

### 参 考 文 献

[1] 冯定,刘统亮,王健刚,等.国外涡轮钻具技术新进展[J].石油机械,2020,48(11):1-9.
[2] 赵柳东,李立鑫,王瑜,等.涡轮钻具的研究进展[J].探矿工程(岩土钻掘工程),2016,43(10):269-274.
[3] 张宇航,张强,辛永安,等.54mm 涡轮钻具三维叶片造型设计与研究[J].石油机械,2023,51(3):61-67.

［4］沙俊杰．钻井液特性对涡轮钻具输出性能影响研究［D］．北京：中国地质大学(北京)，2020.

［5］刘强．φ254mm 涡轮钻具定转子结构参数优化设计［D］．北京：中国石油大学(北京)，2021.

［6］郭宝杉．φ73mm 小尺寸涡轮钻具叶型设计及优化［J］．石油矿场机械，2021，50(4)：31-40.

［7］李博．TRM 减速涡轮钻具［J］．西部探矿工程，2013，25(4)：1-42，45.

［8］张翔．小口径涡轮钻具减速器设计及优化［D］．北京：中国地质大学(北京)，2021.

［9］胡泽明．低速大扭矩涡轮钻具的原理与应用［J］．石油钻采机械通讯，1976(5)：45-52.

［10］纪博．涡轮钻具叠加行星减速器的研制及应用［J］．西部探矿工程，2019，31(10)：89-90，92.

［11］袁新梅．涡轮钻具活齿减速传动特性研究［D］．武汉：长江大学，2017.

［12］许福东，符达良．带减速器涡轮钻具动态特性瞬变规律及其模拟［J］．石油机械，1997(6)：36-39，60-61.

［13］王福军．计算流体动力学分析［M］．北京：清华大学出版社，2004：113-132.

［14］Yakhot V，Orzag S A. Renormalizaton Group Analysis of Turbulence：Basic Theory［J］. Scientcomput，1986(1)：3-11.

［15］Montante G，Lee K C，Brucato A，et al. Numerical simulation of the dependency of flow pattern on impeller clearance in stirred vessels［J］. Chemical Engineering Science，2001，56(3)：3751-3770.

［16］徐朝晖，吴玉林，陈乃祥，等．基于滑移网格与 RNG 湍流模型计算泵内的动静干扰［J］．工程热物理学报，2005(1)：66-68.

［17］Jiang F，Chen W P，Mai M R，et al. Numerical simulation on water and sediments two-phase flows in river［C］. Progress in Safety Science and Technology V，2005：1634-1639.

［18］Kris R，Jan V，Erik D. An arbitrary Lagrangian-Eulerian finite-volume method for the simulation of rotary displacement pump flow［J］. Applied Numerical Mathematics，2000，32：419-433.

# 全过程精细控压钻完井技术新进展及下步展望

姚依林[1,2] 李 赛[1,2] 刘 庆[1,2]

(1. 中国石油集团川庆钻探工程有限公司钻采工程技术研究院；
2. 中石油欠平衡与气体钻井试验基地)

**摘 要** 全过程精细控压钻完井技术是川庆钻探在 CQMPD 精细控压钻井基础上通过持续攻关率先提出的一项关键技术创新，旨在提高油气井钻完井效率和保障施工安全。该技术可有效控制钻、测、固、完各阶段施工时井底压力变化，解决深部复杂地层常规钻井漏喷复杂情况多、固井质量差、井控风险高、钻井效率低等难题，现已成为深层复杂油气资源安全高效勘探开发的必备技术利器。本文综合了该技术的最新研究进展，包括 21MPa 自动节流控制系统、自动分流补压装置、精细控压排气降压工艺等多项装备和工艺；介绍了全过程精细控压钻完井技术国内外应用情况，展示了国产化全过程精细控压技术的成熟度和发展潜力。未来，全过程精细控压钻完井技术将引入机器学习算法，不断提高决策自主性，更好地适应井下各种复杂情况，同时逐步向井控智能化、自动化方向发展，实现安全密度窗口智能识别、决策。

**关键词** 全过程精细控压钻完井技术；自动控压固井技术；装备新进展；未来展望

根据第四次全国油气资源评价，我国 70.3% 的天然气资源埋藏于深层（≥4500m）。其中，四川盆地深层—超深层天然气资源量占全国的 27.9%[1]，居全国之首，是我国天然气主要生产基地之一（图 1）。加大深层天然气勘探开发、确保能源供给迫在眉睫。

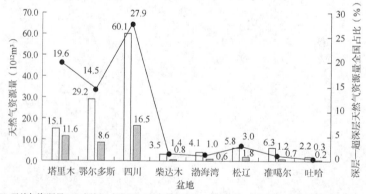

图 1 中国陆上主要含油气盆地深层—超深层天然气资源分布图

【第一作者简介】姚依林，中国石油集团川庆钻探工程有限公司钻采工程技术研究院。

在钻探这些深层复杂地层时，常常出现地层压力敏感引起的井漏、井涌、有害气体泄漏、卡钻等钻井复杂问题，增加了钻井成本和作业风险，严重制约了深层天然气的勘探开发。精细控压钻井技术是解决上述复杂问题的有效手段，而该技术前期被斯伦贝谢、哈里伯顿、威德福三大国际油服公司垄断，国内面临无方法、无装备、无工艺的"三无"挑战。为打破国外技术垄断，实现技术自主化，亟须突破精细控压钻井理论、装备和工艺技术瓶颈。

川庆钻探从 2007 年依托"国外控制压力钻井技术调研"项目开启了川庆精细控压研究之路。随后，依托国家重大专项、集团公司重大工程现场试验项目及川庆多个项目，2009 年形成第一代原理样机，通过多口井的单元试验和集成试验于 2011 年成功推出具有完全自主知识产权的第一代精细控压钻井系统 CQMPD-Ⅰ，2011 年 10 月在冀东油田 NP23-P2009 井成功实现了国内自主知识产权的精细控压钻井技术的首次工业应用，2014 年成功研发了具备连续循环控压的第二代控压钻井系统 CQMPD-Ⅱ。2015 年，川庆精细控压钻井在磨高灯影组首口水平井高石 001-H2 应用，在钻进作业中发挥了很好的作用，但难以压稳储层进行测井、完井等后续作业，钻井其他过程溢漏问题依然非常突出，由此激发了"全过程精细控压技术"的发展。此后，通过持续攻关和不断升级完善，于 2019 年形成了"钻—测—固—完全过程精细控压技术"，将精细控压从钻井拓展到测井、固井和完井阶段，此后，不断在全过程精细控压装备及工艺上继续深耕，装备能力和工艺水平得到了大幅提升。

# 1 全过程精细控压钻完井装备新进展

为进一步适应超深井循环压耗高、控压精度高的技术需求，提高全过程精细控压技术适用范围以及控压能力，对旋转防喷器通径、胶芯寿命，自动节流控制系统控压能力、流量测量上限、管汇压耗及回压补偿系统补偿能力等参数进行了技术攻关，核心指标显著提升，深井、超深井精细控压技术应用提供了设备保障。

## 1.1 中心管通径 230mm 旋转总成

针对深井—超深井上部井段大尺寸钻具无法通过旋转防喷器的难题，开展了锁紧卡箍、旋转轴承应力分析与结构优化，设计了双胶芯密封结构，升级了大通径跟随密封技术，在保证动、静密封能力不变的前提下，中心管通径由 182mm 提升至 220mm，壳体通径由 350mm 提升至 540mm，侧出口通径由 80mm 提升至 127mm，满足了 5⅞in、6⅝in 大钻具通过能力，拓展了全过程精细控压钻井技术的应用范围。

## 1.2 长寿命胶芯

针对油基钻井液胶芯平均寿命低的问题，第一，优化了胶芯结构[2]，改变了胶芯下端锥度，使胶芯下端壁厚加厚（从 92.95mm 提高到 102.12mm）；在胶芯内圈的密封面和过接头的引导面进行了改进，两个立面之间采用大圆弧加斜面过渡，有效分解了过接头时胶芯受到向下的拉伸力；在胶芯密封面上，把密封面长度由 75mm 改至 90mm。第二，增加了胶芯关键部位的胶料，密封面是胶芯的关键部位，为了增强密封性能，提升使用寿命，针对密封面增加了胶料的填充。第三，优化胶芯配合剂选用和分散性，重新优化配合剂，在以前补强炭黑、增塑剂、活化剂等基础上，添加耐磨纳米二硫化钼 2%～3.5%（质量分数）、纳米炭黑 5%～8%（质量分数），作为配合剂使用，硬度基本不变，整体性能得到了显著提高。另外，为了增强配合剂的分散性，在开炼机中采用左右交错切卷胶料的方法降低辊筒温度，保持胶料较高勤度和较大剪切力，以提高分散性。改进后，橡胶材料的性能和分散性都得到了提高。改进后的胶芯在现场使用，通过 4 口试验井的数据可以明显发现，胶芯的使用寿命显著提高 25%，平均使用寿命由改进前的 103.18h 提高到 128.97h(图 2)。

### 1.3　21MPa 自动节流控制系统

针对超深井更高控压能力和抗硫等级的需求(铁山坡区块硫化氢含量 203.06~222.3g/m³)，建立节流阀阀芯型线数学模型，得到阀芯轮廓线，形成流量—压力双拟线性节流阀设计，线性节流区间由 20%~40% 扩大到 10%~80%；同时选用硬质合金作为阀芯材料，并在阀腔和阀盖内壁等相应薄弱点表面喷涂耐冲蚀硬质合金，管汇选用 EE 级抗硫材料，进一步提升了节流阀耐冲蚀性能和抗硫性能。成功研制了高压力级别自动节流控制系统(图 3)，控压能力由 10.5MPa 提高至最高 21MPa，处置能力和适用范围进一步提升。

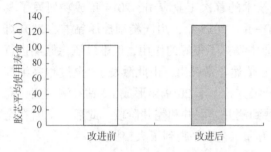

图 2　改进前后胶芯平均使用寿命对比

图 3　21MPa 自动节流控制系统

### 1.4　130mm 全通径自动节流控制系统

为有效解决精细控压钻井装备在超 80L/s 排量下自然节流严重、压力调控范围受限的难题，优化改进自动节流管汇流道，优选硬质合金材料、DN150 大尺寸质量流量计，研制了全通径 130mm、额定压力 14MPa 的自动节流控制系统，流量计通径 150mm，测量上限达 125L/s(钻井液密度 2.0g/cm³)。在川科 1 井现场应用过程中，自动节流控制系统在入口排量 90L/s 的工况下，自节流压力仅为 0.88MPa，实现大排量钻井返出通道自然节流≤1MPa，为 444.5~680mm 大尺寸井眼实施精细控压钻井提供装备保障，极大降低了井漏风险，保障了川科 1 井四开安全钻进。

### 1.5　35MPa 回压补偿系统

针对超深井小井眼循环压耗高达 10MPa 以上、停泵补偿压力高、作业风险高的难题，对回压补偿系统和控制方式进行了升级，研制了恒排量/恒压力输出两种控制模式、自带动力的回压补偿系统，改变了以往采用柴油机+减速机构+钻井泵模式，压力波动显著减低，压力补偿能力由 10.5MPa 提高至最高 35MPa，控制方式由本地手控升级为远程电控，解决了常规钻井停止循环时井底压力波动大的技术难题。满足了深井超深井高压补偿和安全作业需求。

### 1.6　自动分流补压装置

针对当前接立柱采用憋压法导致的套压控制效果不佳、自动化程度不足的问题，研制了自动分流补压装置(图 4)，额定工作压力 42MPa。该装置一方面可实现不停泵接单根(立柱)作业，并通过控制自动节流阀开度，实时调整井口回压，保证恒定的井底压力；另一方面可通过实时精确监测入口流量变化，更加准确地分析出入口流量差异，从而及时判断井下复杂情况，攻克了因入口流量缺乏实时监测造成的分析误差与复杂情况误判的难题。装置于西南油气田蓬莱气区蓬深 105 井开展了现场试验，实现了进出口流量数字化对比分析、工况转换井口套压自动控制，套压实际值波动不超过 ±0.2MPa，提高了溢漏发现的准确性和自动控压作业的自动化程度。

图 4　自动分流补压装置

### 1.7　精细控压钻井无线远程监测与控制系统

开发了便携式无线远程监控系统，实现了精细控压钻井作业远程监测与控制。便携式无线远程监控系统工控机通过与控压数据房交换机连接，实时采集处理 MPD 系统与控压系统数据，通过信息通信器将数据传递至天线，再通过天线将数据最终传递至防爆便携式无线监控设备，实现控压钻井数据远程监测。同时，控压人员可通过便携式无线监控设备发出相应指令，最终将信号传递至控压系统，实现控压远程操作。目前该系统已应用于多口控压作业井，现场最大有效监测与控制范围达 160m。精细控压钻井无线远程监测与控制系统的成功研发，实现了井场一定范围内的数据双向通信与控压钻井关键设备的远程控制，提高了精细控压作业的信息化和自动化程度，扩大了关键人员活动范围，提升了复杂情况发现与处置的及时性。

## 2　全过程精细控压钻完井技术新进展

为满足深井、超深井油气勘探开发对钻井技术的需求，对全过程精细控压技术工艺进行了持续攻关，形成了精细控压排气降压、起下钻井筒压力安全预测、自动精细控压固井等多项新技术，完善了全过程精细控压技术系列，为深层、复杂地层减少井漏、降低事故复杂和安全高效钻完井提供了重要技术支撑。

### 2.1　精细控压排气降压工艺

针对长裸眼段、多压力系统地层，异常高压或过渡气层压平后，采用高密度钻进下部地层，造成井下无安全密度窗口，易引发恶性井漏、溢流和卡钻等井下复杂情况。通过精细控压流程有控制地使地层流体进入井筒并安全排出，达到降低地层压力目的。该项技术已在磨高区块二叠系、蓬莱气区应用 70 余井次，解决了常规钻进无法满足下部地层钻进需要的难题，扭转了长裸眼段多个压力系统面临溢漏同存、无安全密度窗口的复杂局面。

### 2.2　控压起下钻井筒压力预测技术

针对起下钻过程中无法监测井筒压力及钻井液情况，累计收集 35 井次起下钻波动压力数据，得到了在不同钻井液体系、井段和井眼尺寸等条件下波动压力的主要影响因素及规律；建立了起下钻波动压力、重浆帽参数优化等模型，开发了精细控压起下钻井筒压力预测系统，形成了起下钻井筒压力预测技术，6000m 以内井深起下钻波动压力计算误差小于 1MPa，实现了起下钻可视化动态监测、实时计算分析井筒压力动态变化和溢漏风险预警，进一步提高了控压起下钻作业的安全性。

### 2.3　基于浮球液位仪的循环罐数字化测量系统

为了提高溢漏预警准确率，对现有浮球式液位仪液面监测进行了升级改造，研发了一种基于浮球液位仪的循环罐数字化测量系统。系统由浮球液位仪、拉绳位移传感器、数据采集箱、防爆显示屏和软件系统等部分组成，其核心原理是在现有浮球液位仪上加装 1 个拉绳位移传感器[3]，传感器将拉绳距离转化为电信号、显示池体积，实现了将人工读取标尺数据变为数字化自动测量，实时动态监测循环罐液面波动，并以曲线形式显示出来。系统先后在坡 002-H4 井和磨溪 019-H2 井、磨溪 019-H4 等井开展现场试验 5 井次，运行稳定，能够在开泵、停泵、变排量过程中均实时、连续、准确、稳定地监测循环罐钻井液液位，精度达到±1mm，累计监测到 21 次气侵、9 次井漏。

### 2.4 油基钻井液精细控压钻井井底压力计算分析软件

针对油基钻井液井底压力计算不准的难题，开展了高温高压油基钻井液流变性测试实验及井底压力影响因素分析，建立了适用于油基钻井液循环及起下钻过程的井底压力动态计算模型，开发了油基钻井液精细控压钻井井底压力计算分析软件。软件修正计算误差≤1%，解决了油基钻井液井底压力计算精度低、预测偏差大的难题。软件进行了 3 口井的现场测试应用，修正后循环工况下井底压力误差率最小值 0.48%、最大值 0.70%，起下钻工况井底压力误差率最小值 0.75%、最大值 0.95%，为精细控压钻井井底压力的精细控制提供重要依据，进一步降低深层复杂地层油基钻井液条件下的溢漏风险。

### 2.5 自动循环排气压力分析及控制软件

为了进一步提升精细控压技术自动化水平，一方面研发了循环罐钻井液体积自动测量系统，并将软件部分嵌入欠平衡 MPD 控压钻井系统中，将立压、套压、悬重、流量、液面等关键参数汇总至 MPD 后处理软件，完善了精细控压钻井实时动态预警系统；另一方面，根据钻井液体系、六速、黏度等性能参数进行流变模式优选，通过起下钻波动压力、循环压耗及高温高压条件下钻井液性能变化等因素校正水力学模型，实时计算关注点当量密度，实现井筒压力实时计算与可视化。基于以上基础，开发了自动循环排气压力分析及控制软件，软件以"立压控制"为理论基础，根据低泵冲数据、两相流运移情况以压力波的传播与衰减规律，动态调节节流阀从而实时调整井口回压以保持整个气侵过程中立压的相对恒定，从而实现循环排气作业井筒压力自动控制，减少人的影响与干预，进而提高循环排气作业的安全性与成功率。目前软件正处于调试和试验阶段。

### 2.6 自动精细控压固井技术

为提升精细控压固井自动化水平，开展了钻井液流变性、套管居中度、小间隙壁面效应等对环空摩阻的影响因素分析，综合考虑温度、压力对水泥浆性能的影响，以控压下套管激动压力计算、固井水力学计算等模型为基础，建立了固井全过程精细压力计算模型，并基于采集的实时数据，动态计算环空压力剖面、推荐套压控制值等参数，开发了自动控压固井控制系统，实现了实时采集注入/返出/录井等固井全参数、实时井筒压力计算、实时浆柱结构运移状态展示等功能，并与精细控压硬件系统联动控制，形成了"实时算，自动控"的自动精细控压固井技术。该技术在大探 1 井、蓬阳 2 井、魏探 1 井等 11 口井固井过程中进行了应用。固井过程中，系统实时监测进出口流量变化，实时展示浆柱结构运行过程，井底压力闭环计算响应迅速，联动控制速度反应及时（≤10s），套压自动控制精度达到 0.1MPa，套压自动控制与目标值平均吻合率≥90%，平均固井质量合格率提升 30.57%，最高合格率达到 99.79%。自动精细控压固井技术的成功研发，有效提高了固井的安全性和自动化水平，为提高川渝地区的尾管悬挂固井质量提供了技术支持。

## 3 全过程精细控压技术应用效果

目前，川庆钻探精细控压有精细控压装备 30 套，现场精细控压服务队 28 支。自 2011 年至今，川庆精细控压在西南、冀东、塔里木、土库曼斯坦阿姆河右岸等油气田的 17 个区块进行规模应用 589 井次（包括精细控压固井），钻井液漏失量降低 91.12%，钻井复杂时间降低 86.9%，固井质量优质率提高近 20 个百分点，为深层复杂地层油气勘探发现、降低事故风险和提高井控安全提供了技术支撑，已成为深井、超深井高效钻探的重要技术利器。典型区块应用效果如下。

### 3.1 解决磨溪—高石梯区块震旦系灯影组裂缝性储层溢漏复杂难题

磨溪—高石梯区块震旦系灯影组是典型的裂缝—孔洞型储层，高产、高含硫，窄、零安全密度窗口，漏喷同存，前期钻达地质目标困难（目的层进尺完成率 34.1%），严重影响勘探开发进程。在磨溪—高石梯应用全过程精细控压技术作业，其中 20 多口日产达百万立方米，较常规钻井时的钻井液漏失量减少 93.25%，复杂情况处理时间降低 90.33%，100% 钻达地质目标。精细控压钻井成为灯影组开发的标配技术，促成了磨高地区 $110 \times 10^8 m^3$ 产能的快速建成。

### 3.2 加快蓬莱气区过渡层位勘探进程

蓬莱气区是西南油气田近几年的重点开发区域，由于是新探区块，可参考资料较少。在实钻过程中，须家河组、嘉陵江组、龙潭组、长兴组均钻遇异常高压气层，最高压力系数达 2.43，造成下部低压层（压力系数 1.80~2.00）钻井作业存在严重的井漏风险和极大的井控风险，严重阻碍了勘探开发进程。

全过程精细控压凭借技术优势，通过排气降压释放地层压力，重建安全密度窗口，较常规钻井减少漏失量 90.47%，复杂情况处理时间降低 80.86%，同时有效地降低了井控的风险，为下步钻井施工提供了井控安全保障，助力蓬莱气区过渡层提速工作有序开展。其中，蓬探 101 井龙潭组钻遇高压气层，密度由 $2.24 g/cm^3$ 提高至 $2.42 g/cm^3$ 后仍后效严重，不能起下钻作业；精细控压通过排气降压释放地层压力，累计释放天然气 $8500 m^3$，重建密度窗口，将钻井液密度由 $2.42 g/cm^3$ 降至 $2.32 g/cm^3$ 安全范围，有效地降低了井控的风险，为下步钻井施工提供了井控安全保障。

### 3.3 助力高含硫区块获高产及提速增效。

在下川东高含硫区域，采用精细控压技术作业 7 井次，保障了井控安全，实现了提速获产双目标。坡 002-H5、坡 005-X4 两口井以单趟钻进尺 1122m、849m 的速度，创造了区块"一趟钻"完成储层钻进的纪录；坡 005-X3 井测试获日产 $239 \times 10^4 m^3$，3 口井测试产量均达 $160 \times 10^4 m^3/d$ 以上。排气降压重建窗口，溢漏风险大幅降低。持续完善数据监测及配套硬件和软件，蓬深 101、卧深 1、遂探 1 等 18 口井，通过精细控压技术排气降压、重建密度窗口技术，最大限度减少了多压力系统地层喷漏复杂情况，大幅提高了钻井时效。在精细控压钻井作业中，37 口井及时发现并有效控制溢流井漏共 71 井次，未出现一起井控事件，对于井控安全保障发挥了重要作用。

## 4 全过程精细控压技术展望

"十四五"期间，国内油气勘探面临向深井、超深井方向发展，国内外其他油田同样面临同一裸眼段安全密度窗口窄甚至无窗口、溢流漏失频繁、固井质量差等问题[4]，对全过程精细控压技术的需求仍在增加。因此，全过程精细控压技术仍需持续完善技术与装备，以智能闭环控压钻井技术为目标，全面提高一次井控、二次井控能力，结合数字赋能，实现自动/智能井控技术，并培养国际化标准化作业队伍，抢占国际高端技术服务市场。

### 4.1 加大科研投入，扩大应用范围和领域

建立井控科学实验/试验井，开展自动化/智能井控算法、软件、井下工具及装备、工艺攻关研发；将精细控压发现溢漏、降低风险，扩展为漏/喷/塌/卡/刺/断等复杂故障预警、钻井方案优化和参数强化提速、提效，优化钻井技术领域，最终实现降低风险、环保节能降耗的"绿色钻井"技术。今后该技术需要进一步拓展至海洋钻井领域，进行井口密封专用旋转防喷器装备和海洋控压钻井核心软件的研发与应用；同时结合现有精细控压钻井装备和技术理念，研发高压力级别的自动节流压井井控装备和控制软件系统、AI智能预警预报和大数据专家决策系统等，向信息化、自动化、智能化井控技术方向发展，推动行业井控技术革命性进步。

### 4.2 引进和培养专业技术人才，为技术发展提供人力基础

一方面，培养和引进专业技术人才，打造国际化、标准化技术服务队伍，积极参与国际市场招投标和技术服务工作；另一方面，开展公司内部挖潜，通过井控知识培训、师带徒、劳动竞赛、定期考核等多种方式进行人员培养，加快精细控压作业队长、副队长培养速度，进一步扩大精细控压作业队伍。

## 参 考 文 献

[1] 胡大梁，王文刚，朱化蜀，等．关于高压高产井钻井双四通安装位置的探讨[J]．石油工业技术监督，2022，38（3）：1-5.

[2] 李赛，雷雨，任伟．旋转防喷器胶芯寿命影响因素研究与应用[C]//中国石油和石化工程研究会．2023中国石油工程油田化学技术交流会论文集，2023：370-373.

[3] 何弦榘，晏琰，杨晓明．数显浮球液位仪研制与钻井溢漏预警试验[J]．钻采工艺，2022，45（6）：1-2.

[4] 伍贤柱，万夫磊，陈作，等．四川盆地深层碳酸盐岩钻完井技术实践与展望[J]．石油天然气工业，2020，40（2）：101.

# 钻铤螺纹断裂原因分析及预防措施

王文云[1]　商理想[2]　汤云霞[1]

(1. 大庆钻探工程公司钻井生产技术服务二公司；2. 大庆钻探工程公司钻井四公司)

**摘　要**　钻铤螺纹断裂是钻铤失效的主要因素，在整个钻铤失效中占很大比例。根据螺纹断口宏观形貌分析，疲劳是导致螺纹连接失效的主要原因。本文研究了螺纹轴向载荷分布，使用 Solidworks 软件建立了钻铤 NC50 螺纹连接模型，用有限元法分析了各螺纹的静应力分布。根据研究结果，创新地提出了定期切除螺纹一半重新加工螺纹和小角度探头探伤螺纹的预防措施，延长了钻具的使用寿命，避免了井下事故的发生，成功解决了伊拉克艾哈代布油田钻铤疲劳断裂的难题。

**关键词**　螺纹断裂；分析；预防；小角度探头；疲劳

钻铤在钻井过程中承受的载荷十分复杂，需同时承受内压、外压、轴向载荷、弯曲载荷、扭矩及冲击载荷等的作用。而钻铤螺纹连接处是整个钻铤最薄弱的部位，此处发生断裂失效是普遍存在的问题[1-2]。伊拉克艾哈代布油田在钻井时，曾先后发生多次钻铤螺纹断裂事故。钻铤螺纹折断事故，影响日费收入，带来井下安全隐患，因此研究钻铤螺纹失效原因，从而采取有效的措施，对避免钻铤螺纹折断事故的发生具有重要的现实意义。本文分析了钻铤螺纹折断的原因，计算了螺纹应力分布情况，并利用 Solidworks 软件对钻铤螺纹进行实体建模和接触应力分析。根据分析结果，创新提出了切除螺纹一半重新加工螺纹的预防措施，既避免了疲劳失效，又延长了钻具的使用寿命；小角度探头探伤螺纹预防措施，提高了探伤灵敏度，可以发现早期的疲劳裂纹，避免了井下事故的发生。

## 1　钻铤螺纹断裂原因分析

艾哈代布油田在钻井时，钻铤使用在一开和二开钻进中，在二开钻进过程中有 200m 左右的燧石层，钻具组合中采用 φ311mm 牙轮钻头和 8in 减振器。此处地层岩石坚硬，钻压较大，进尺慢且钻柱震动较大，加速了钻具疲劳。从钻铤螺纹断裂情况来看，钻铤断裂位置均在内螺纹靠近水眼或外螺纹靠近台肩的 1~2 扣处，如图 1 所示。断口形貌大部分平滑，裂纹沿螺纹根部发展，属于典型的疲劳失效。

常用钻铤螺纹连接如图 2 所示(以 6½in NC50 钻铤螺纹连接为例)，由 API SPEC7-2 标准可知，外螺纹最大长度为 114.3mm，内螺纹最小长度为 117.5mm。当螺纹连接后，在外螺纹小端端面处，钻铤截面积突然由内外两螺纹截面变为只有内螺纹截面，此处必将产生

---

【第一作者简介】王文云，1981 年出生，高级工程师，2003 年毕业于江汉石油学院机械设计制造及其自动化专业，现任大庆钻探钻技二公司工程师，主要从事钻具及井下工具技术研究工作。地址：吉林省松原市宁江区松江大街 2407 号。邮编：138000。电话：13843810146。E-mail：wangwenyun2000@163.com。

应力集中，成为钻柱的薄弱点，易在此处发生疲劳失效[3]。由于 API 钻铤的内外螺纹长度不同，内外螺纹连接后，必然存在截面的突变，此处形成了应力集中，因而降低了螺纹的疲劳寿命。此外，在钻进过程中，内螺纹这部分暴露在钻井液中，螺纹根部受到钻井液的腐蚀和冲击，容易形成裂纹源，加速此处金属的疲劳失效，产生疲劳断裂[3-4]。

图 1　钻铤螺纹断裂图

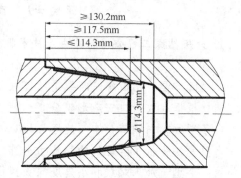

图 2　NC50 螺纹连接示意图

## 2　钻铤螺纹轴向载荷研究

### 2.1　钻铤螺纹轴向载荷分布计算

根据参考文献[5]可知，台肩负荷与紧扣扭矩的关系为

$$T = F \cdot \left( \frac{P}{2\pi} + \frac{R_\text{t}}{\cos\theta} \cdot f + R_\text{s} \cdot f \right) \tag{1}$$

式中，$T$ 为钻铤上扣扭矩，N·m；$F$ 为台肩负荷，N；$P$ 为螺纹螺距，m；$R_\text{t}$ 为螺纹平均节圆半径，m；$\theta$ 为螺纹剖面半角，(°)；$f$ 为螺纹间的摩擦系数，常取 0.08。

螺纹承担的轴线载荷为

$$F_n = \int_{2\pi(n-1)}^{2\pi n} \frac{\sigma_\text{a0} \, R_n \, b_\text{w}}{\mathrm{e}^{fa}\cos\theta}\mathrm{d}a \tag{2}$$

式中，$F_n$ 为第 $n$ 个螺纹承担的轴线载荷，N；$R_\text{s}$ 为密封面平均半径，m；$\sigma_\text{a0}$ 为第一起点螺纹的轴线应力，Pa；$R_n$ 为第 $n$ 个螺纹节圆半径，m；$b_\text{w}$ 为螺纹高度，m。

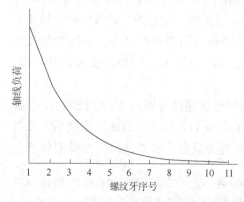

图 3　螺纹轴向载荷分布曲线

根据公式(2)可知，在上扣完毕后的螺纹载荷分布如图 3 所示。由图 3 可知，前 5 个螺纹承担了大部分的载荷，第 1 个螺纹载荷高达 39.52%，第 2 个螺纹载荷为 23.91%，第 3 个螺纹载荷为 14.46%，第 4 个螺纹载荷为 8.75%，而第 7 个螺纹之后几乎不受力。

### 2.2　钻铤螺纹轴向载荷有限元分析

模型采用 API-NC50 螺纹接头为研究对象，根据 API 标准，基本参数如下：

钻铤外径：165mm。

钻铤内径：71.4mm。

螺纹牙型：V-0.038R。

钻铤材料弹性模量：206GPa。

泊松比：0.3。

屈服强度：758MPa。

忽略小螺纹升角的影响，钻铤螺纹属于弹性的轴对称问题，因此简化为 2D 轴对称模型[6-7]。划分网格后的 2D 模型如图 4 所示。

图 4　NC50 螺纹连接网格划分图

螺纹施加轴向拉力 1000kN，由图 5 中可以看出，钻铤外螺纹应力集中区在台肩面的第 1~3 扣处，钻铤内螺纹应力集中区在最末端的第 1~3 扣处，计算数据和现场钻铤螺纹断裂部位一致。

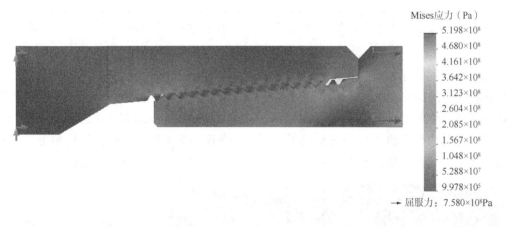

Mises应力（Pa）

$5.198 \times 10^8$
$4.680 \times 10^8$
$4.161 \times 10^8$
$3.642 \times 10^8$
$3.123 \times 10^8$
$2.604 \times 10^8$
$2.085 \times 10^8$
$1.567 \times 10^8$
$1.048 \times 10^8$
$5.288 \times 10^7$
$9.978 \times 10^5$

→ 屈服力：$7.580 \times 10^8$Pa

图 5　NC50 螺纹连接应力图

## 3　钻铤螺纹断裂失效的应对措施

### 3.1　采用小角度纵波探头检测螺纹

目前，油田检测钻铤螺纹常用的方法有磁粉探伤、超声波探伤和渗透探伤（主要针对无磁钻铤），螺纹探伤情况对比如表 1 所示。由于螺纹自身结构的影响，清理螺纹工作量较大，内螺纹观察磁粉和渗透效率较低，清理不干净，容易漏检缺陷，为此超声波探伤成为油田的首选。钻铤螺纹裂纹主要发生在螺纹根部，探伤时距离探头大约 100mm（以 NC50 为例），疲劳裂纹初始形状为月牙形，沿着螺纹根部成长，基本与螺纹轴线垂直。现场主要采用超声波直探头检测螺纹，该方法可以发现螺纹根部 2.5mm 以上的缺陷，而小于 2.5mm 的缺陷则容易漏检。

表1 三种方法螺纹探伤缺陷对比表

| 项目 | 磁粉探伤 | 渗透探伤 | 超声波探伤 |
|---|---|---|---|
| 优点 | 可以发现早期的螺纹裂纹，磁痕显示直观 | 可以发现螺纹近表面的裂纹，裂纹走向没有要求，裂纹显示明显 | 金属内部，表面有一定深度的裂纹。螺纹表面清洁度要求不高，效率高 |
| 缺点 | 螺纹需清理干净，内螺纹观察不方便，效率较低 | 螺纹需清理干净，内螺纹观察不方便，效率较低 | 需要有与探头耦合的面，外螺纹小端端面易被腐蚀，影响探伤质量 |

为了检测出钻铤螺纹根部较小的疲劳裂纹，需要超声波检测仪的主声束方向与被检测的螺纹锥面相平行。由于钻铤螺纹结构的特殊性和不规则探测面，纵波直探头的主声束与螺纹存在一定的夹角，如图6(a)所示。为了防止裂纹漏检，笔者选择使用小角度纵波探头检测螺纹，使其主声束与螺纹锥面平行，如图6(b)所示。

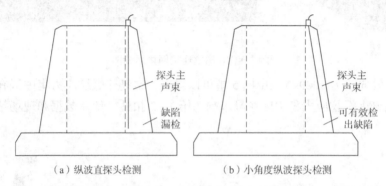

（a）纵波直探头检测　　　　　　（b）小角度纵波探头检测

图6 直探头和小角度探头检测螺纹示意图

钻铤螺纹的常用锥度有1∶4和1∶6两种，要保证能准确地检测出钻铤螺纹的缺陷，需要选择合适的探头。我们选择使用5P1∶6ϕ10和5P1∶4ϕ10探头进行探伤，使用实物试块进行调试，小角度探头可以检测出距离检测面100mm、深1mm的人工刻槽(1mm×1mm×20mm)，比普通探头的2.5mm深提高了60%。小角度探头探伤螺纹缺陷定位精准，切开实物与探伤结果基本吻合。图7为探伤发现裂纹的螺纹，按照检测位置切开图。

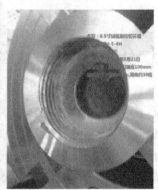

图7 钻铤螺纹裂纹切开图

## 3.2 定期切除螺纹一半重新加工螺纹

完全切除旧螺纹，重新加工新螺纹，是预防钻铤螺纹折断的一种有效措施[8-9]，而这种方法会加速钻铤因长度不足而报废的不良后果。根据螺纹应力分布可知，螺纹前4扣承担了86%的应力，而第7扣之后承载很小。笔者提出切除半扣的方法来预防螺纹折断，切除半扣的周期由钻具疲劳寿命决定。因钻具疲劳寿命影响因素众多、计算复杂，笔者根据现场钻铤使用情况统计表判定，钻铤发生裂纹的使用井口数如表2所示。

表2  钻铤出现疲劳裂纹时使用的井口数

| 8in 钻铤编号 | 疲劳寿命（口井） | 6½in 钻铤编号 | 疲劳寿命（口井） |
|---|---|---|---|
| 1 | 8 | 1 | 6 |
| 2 | 7 | 2 | 7 |
| 3 | 9 | 3 | 9 |
| 4 | 8 | 4 | 8 |
| 5 | 10 | 5 | 6 |

由表2可知，各钻铤出现疲劳裂纹时使用的井数不一致，这是因为疲劳寿命与钻铤在BHA中的位置等各种因素有关，为此选取最少口井数的前一口井完钻进行切半扣。以6½in NC50钻铤为例，该钻铤使用5口井后，切除旧螺纹57mm（大约9牙螺纹），重新加工螺纹。

## 4  结论

（1）钻铤螺纹各部位受力分布不均，螺纹各部位疲劳寿命也不同。在最薄弱部位到达疲劳寿命之前，切除螺纹的一半，重新加工螺纹，可以有效地避免螺纹断裂。

（2）小角度纵波直探头灵敏度比直探头提高了60%，可以检测出早期的疲劳裂纹。

（3）该措施在艾哈代布油田应用以后，没有出现钻铤螺纹折断事故，成功解决了油田钻铤螺纹疲劳失效难题。

参 考 文 献

[1] 张焱，刘坤芳，曹里民，等.石油钻铤螺纹连接失效的机理分析[J].探矿工程，2000(6)：47-50.

[2] 汤云霞，王立军，王文云.钻铤连接螺纹断裂失效分析及结构优化[J].石油矿场机械，2009，38(6)：26-28.

[3] 朱荣东，陈平，夏宏泉，等.钻铤螺纹的有限元分析及应力分散槽优化设计[J].西南石油大学学报（自然科学版），2008(2)：138-141.

[4] 王文云，汤云霞，朱明峰.钻铤螺纹失效分析及解决措施[J].石油矿场机械，2007，36(12)：45-48.

[5] 闫铁，范森，石德勤.钻铤螺纹连接处载荷分布规律研究[J].石油学报，1996，17(3)：116-122.

[6] 丁宇奇，刘巨保，宋丽莉，等.钻铤连接螺纹疲劳寿命分析与优化设计[J].石油机械，2010，38(2)：16-19.

[7] 陶世军，刘剑辉，马建强，等.钻铤螺纹有限元分析及优化改进[J].石油机械，2009，37(10)：52-56.

[8] 王文龙，赵勤，李子丰，等.普光气田气体钻井钻具失效原因分析及预防措施[J].石油钻采工艺，2008.30(10)：38-43.

[9] 王长江，曹建刚，闫铁，等.海拉尔地区钻具失效影响因素的分析与预防措施[J].西部探矿工程，2006，117(1)：117-118.

# 松辽盆地北部致密油水平井高效钻井技术

潘永强 张 坤 朱秀玉 宋 涛

（中国石油大庆油田有限责任公司钻探工程公司钻井工程技术研究院）

**摘　要**　针对松辽盆地北部致密油水平井地质情况复杂、平台井井眼轨道复杂、页岩段易发生井壁失稳、机械钻速低等难题，开展了井位布局优化、钻井设计优化、"一趟钻"快速钻井技术、强抑制低固相 KCl 盐水钻井液体系等攻关研究，形成一套松辽盆地北部致密油水平井高效钻井技术。该技术在松辽盆地北部 113 口致密油水平井进行了应用，试验井平均完钻井深 3250m，平均水平井段长 1125m，平均机械钻速提高 89.2%，平均钻井周期由 42.1d 缩短至 29.8d，创造了致密油水平井 8½in 井眼一趟钻完钻、单只钻头进尺 2700m 等施工纪录，井下复杂情况发生率降低 13.06%，实现了致密油水平井优快钻井的目标。

**关键词**　致密油；水平井；井身结构优化；钻井提速；钻井液

致密油在中国剩余可开采的石油资源中占 40%，且分布范围广，开采潜力巨大。松辽盆地北部致密油藏占油田外围已探明未动用地质储量的 50%，致密油高效开发对油田油气可持续开采具有重要意义[1-3]。近年来，围绕致密油勘探开发，形成了钻井提速工具、高性能水基钻井液体系等多项配套技术[4-7]，取得了一定的应用效果。本文围绕井身结构优化、"一趟钻"快速钻井提速技术、精细轨迹控制技术等开展攻关，形成了松辽盆地北部致密油水平井高效钻井技术并进行了现场应用，取得了显著的应用效果，有力地支撑了致密油藏经济高效开发，促进了致密油钻井技术的蓬勃发展。

## 1　钻井技术难点

松辽盆地北部致密油钻遇层位地层自上而下依次为第四系，新近系泰康组、大安组，古近系依安组，上白垩统明水组、四方台组，下白垩统嫩江组、姚家组、青山口组、泉头组（未穿）。钻井方面存在以下难点：

（1）地质情况复杂，具体表现为：①嫩江组—姚家组埋藏浅，大段泥岩易水化膨胀缩径；②青山口组泥页岩页理极其发育，易发生井壁失稳；③泉头组泥岩塑性强，可钻性差，机械钻速低；④泉头组目的层砂泥岩交界处胶结强度差，易产生井壁剥落；⑤储层薄、横向变化快、连续性差，需频繁调整轨迹，摩阻扭矩大。

（2）井眼轨道复杂，密井网防碰绕障难度大。致密油主要采用平台井布井方式，井眼

【基金项目】国家科技重大专项"松辽盆地致密油开发示范工程"（编号：2017ZX05071）。

【第一作者简介】潘永强（1979—），男，高级工程师，二级工程师，硕士，2002 年毕业于大庆石油学院化学工程专业，目前从事钻井新技术及钻井液相关技术研发工作。地址：黑龙江省大庆市红岗区八百垧南路 37 号钻井工程技术研究院。E-mail：15503318@qq.com。

轨道具有以下特点：①水平段井距为 400~600m，同时水平段钻井方位要垂直于最大主应力方向；②水平段长度一般为 1400~1700m。

（3）页岩页理发育，黏土矿物含量较高，以伊利石、伊蒙混层为主，微裂缝发育；钻井流体持续进入，易导致黏土矿物水化膨胀，造成井壁失稳现象；钻进过程中，井壁易剥落掉块，严重时还会发生井塌、卡钻等复杂情况。

## 2 松辽盆地北部致密油水平井高效钻井技术

经过几年的研究与现场实践，松辽盆地北部致密油在钻井工程技术方面形成了适合致密油钻遇地层特点的"平台化"地面布局方案和"工厂化"钻井作业模式，创新设计了直平联合立体式井组布井方案及双二维井眼轨道设计方案，全面应用了"高效 PDC 钻头+螺杆/提速工具"一趟钻快速钻井技术，形成了井震结合的录井地质导向技术与精细轨迹控制技术，揭示了致密油青山口井壁失稳机理，研发了低固相 KCl 盐水钻井液技术，形成了松辽盆地北部致密油高效钻井技术系列，为致密油高效开发提供了强有力的技术支持。

### 2.1 "平台化"地面布局方案

"平台化"地面布局方案就是利用最小的井场面积使开发井网覆盖区域最大化，可以有效减少征地费用及地面投资，既有利于钻井实施"工厂化"作业，又充分发挥地面工程及基础设施集中使用的高效性，同时也会产生井眼轨道复杂、增大钻井难度等问题。对于适合"平台化"地面布局方案的区块，结合井底坐标、地质条件、地面环境等因素，设计出 8~10口井（直斜井、水平井）、两种排列方式（双排或米字形）、两种钻机模式（单钻机/双钻机）下的多种布局方案，满足了致密油产能建设需求。例如，L 区块某井区计划部署 8 口井，采用双排双钻机模式，井场面积 6520m²，与单井井场面积相比，节约土地 76.4%，节约投资113.21 万元。

### 2.2 "工厂化"钻井作业模式

松辽盆地北部致密油采用批量钻井施工，优化井场布局和作业顺序，直斜井双钻机同步运行，采用对向布局反向拖动的模式；水平井采用统一施工一开、二开，整体施工三开，钻井、固井、测井设备综合利用，减少非作业和候凝时间，节省钻完井周期，同时可实现钻井液重复利用，达到提速增效的目标。ZH 区块 ZH21 平台采用"工厂化"钻井作业模式，与同期相邻区块井相比，搬迁周期缩短 65.32%，钻进周期同比缩短18.91%，完井周期同比缩短 43.21%，建井周期缩短 38.21%，钻井液用量同比减少45.36%，废液减排 600m³。

### 2.3 直平结合立体式井组布井方案及双二维井眼轨道设计方案

根据松辽盆地北部致密油开发井井口分布及造斜点、靶点坐标等基础数据对平台井位布局进行优化，采用"双排"或"米字形"排列设计，形成直平联合立体式井组布井方案（图1），水平井采用双二维井眼轨道设计方案（图 2），双二维模型设计的井眼轨道造斜点浅、直井段短，可以降低平台井直井段防碰的难度；设计井深更小，缩小井眼的进尺，缩短钻井周期；同一施工工况下，双二维模型设计的井眼轨道钻具摩阻更小，施工难度降低。P48、P21 区块共部署了 14 个平台 125 口井，其中双二维水平井平台 8 个，共实施了 32 口双二维水平井。

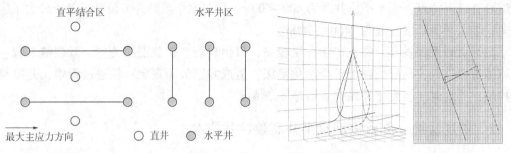

图 1　直平结合立体式井组布井方案　　　　图 2　双二维井眼轨道设计

### 2.4　井身结构优化技术

地层压力系数是判别地层压力是否正常的一个主要参数，也是井身结构设计的基础。根据地层压力系数的高低，确定套管层数，避免层间干扰，对钻井安全施工工具有重大意义。致密油水平井依据施工区块的地层情况、水平段长度、水平段偏移距等因素，综合判断施工风险和难点，开展井身结构设计优化。当注水开发地层压力系数大于 1.5 时，直井和定向井采用三层井身结构，技术套管封固注水层、易塌层位，其余情况采用两层套管井身结构，要求表层套管下深至浅水层底界 10m 以下稳定泥岩段，固井水泥浆返至地面；当井底位移≥1800m 或井斜角≥60°时，水平井采用三层套管井身结构，技术套管封固注水层、易塌层位或浅气层以下 30m，其余情况采用两层套管井身结构，要求表层套管下深至 500m，二开水平井表层套管由 $10\frac{3}{4}$in 优化为 $9\frac{5}{8}$in，固井水泥浆返至地面。

### 2.5　"高效 PDC 钻头+螺杆"复合钻井技术

目前在松辽盆地北部致密油水平井推荐使用的钻井提速技术为[8-10]：（1）$12\frac{1}{4}$in 直井段应用"高效 PDC 钻头+1.0°~1.5°大扭矩螺杆+井壁修整工具"复合钻进技术，造斜段应用"高效 PDC 钻头+液动旋冲工具"快速定向钻井技术，实现 $12\frac{1}{4}$in 井段一趟钻完钻；（2）$\phi 8\frac{1}{2}$in 造斜段推广应用"异形齿 PDC 钻头+旋冲螺杆工具"快速定向钻井技术，水平段推广应用"异形齿 PDC 钻头+1.25°大扭矩螺杆+水力振荡器"或"异形齿 PDC 钻头+旋转导向+岩屑床清除工具"钻井技术，实现"造斜段""水平段"一趟钻施工。全井段推广应用"高效 PDC 钻头+螺杆/提速工具"快速钻井技术，配合使用强抑制低固相 KCl 盐水钻井液体系，取得了较好的提速效果。目前松辽盆地北部致密油水平井 $12\frac{1}{4}$in 井段"一趟钻"比率达到96%，$8\frac{1}{2}$in 水平段一般需 1~2 趟钻完成，目前已有 89% 的井实现了水平段"一趟钻"，提速效果显著。

### 2.6　井震结合录井地质导向技术与精细轨迹控制技术

在单井地质建模的基础上，研发了三维地震建模、井震结合建模、自然伽马反演建模，提高了地质模型预测精度。通过随钻测井、录井数据，结合地震预测。根据曲线横纵向拟合，实时拾取地层倾角，预测着陆点深度。最终根据目的层的厚度及地层倾角选取合适的井斜角度探层，根据岩屑、气测、地化等数据，结合随钻测井曲线保证水平井精准着陆。应用井震结合技术，预测构造变化趋势，结合岩屑、气测、地化分析及随钻测井数据，通过 StarSteer 导向软件横纵向联动拟合，分析当前轨迹处于地层的位置，提前预测，精准控制，提高储层钻遇率。应用井震结合地质导向技术，提高模型预测精度和入靶成功率，减少轨迹调整次数。

针对施工过程中着陆段靶点垂深调整幅度大、水平段油层轨迹调整频繁、摩阻扭矩大施工困难等问题，根据实测自然伽马及电阻率参数曲线变化、实钻机械钻速变化、返出岩屑变化，与录井地质导向充分结合实时修正最新的地层倾角。根据油层走向及钻具增降斜规律提前调整井底轨迹，减少滑动进尺，实施轨迹精细控制作业，确保井眼轨迹平滑和连续施工。2022年，松辽盆地北部致密油水平井应用井震结合录井地质导向技术与精细轨迹控制技术，入靶成功率96%，储层钻遇率92.32%。

### 2.7 强抑制低固相KCl钻井液研发

#### 2.7.1 松辽盆地北部青山口地层井壁失稳机理

通过黏土矿物分析、微观结构观察及水化特性研究等手段开展实验研究，明确了松辽盆地北部青山口地层井壁失稳机理。

（1）松辽盆地北部青山口组黏土矿物含量高、层间组成差异大[11]，黏土矿物中的主体成分为伊利石。随着流体进入地层，伊利石发生表面水化，表面水化膨胀压较大，膨胀压破坏页岩，导致井壁失稳。

（2）松辽盆地致密油青山口组页岩孔缝发育，缝宽分布在 $10\sim40\mu m$ 之间，微孔隙直径在 $35nm\sim200\mu m$ 之间，平均孔隙直径 $18\mu m$，以有机质孔缝、溶孔和黏土矿物晶间孔为主，钻井流体易沿着孔缝进入页岩内部，在毛细管力的作用下，使孔缝延伸、拓展，导致井壁失稳[11]。

#### 2.7.2 强抑制低固相KCl钻井液体系研发

通过黏土矿物、微观结构分析及水化特性研究，明确了松辽盆地北部致密油井壁失稳机理及钻井液技术对策，从提高钻井液体系抑制性、封堵性、润滑性出发，优选低聚胺抑制剂提高钻井液抑制性；应用微米橡胶粉末、纳米石蜡乳液、超细碳酸钙（1200目）、随钻封堵剂，研制出复合微纳米封堵剂，提高体系微纳米封堵能力；利用环氧化异构酯化、醚化反应，研制环保型抗高温润滑剂，提升体系润滑防卡能力。以上述处理剂为核心，构建强抑制低固相KCl钻井液体系。该钻井液体系抗黏土侵20%，泥页岩滚动回收率95.8%，体系抗温120℃，流变性良好（表1），黏切适当，能够满足致密油水平井生产需要。

表1 强抑制低固相KCl钻井液体系常规性能

| 密度（g/cm³） | 实验条件 | $T$（h） | AV（mPa·s） | PV（mPa·s） | $\Phi6/\Phi3$ | API失水（mL） | 高温高压失水（mL） | $K_f$ |
|---|---|---|---|---|---|---|---|---|
| 1.20 | 常温 | — | 22.5 | 13 | 6/3 | 2.8 | 10.2 | 0.065 |
| | 120℃老化 | 16 | 23 | 13 | 5/4 | 2.6 | 10.6 | 0.054 |
| 1.40 | 常温 | — | 27 | 13.5 | 7/4 | 2.6 | 9.8 | 0.078 |
| | 120℃老化 | 16 | 25 | 14 | 6/5 | 2.4 | 10.0 | 0.061 |
| 1.70 | 常温 | — | 32 | 16 | 8/4 | 2.6 | 9.8 | 0.084 |
| | 120℃老化 | 16 | 29 | 17 | 6/5 | 2.4 | 10.2 | 0.072 |

## 3 现场应用

松辽盆地北部致密油水平井高效钻井技术已累计应用113口井，平均完钻井深3250m，平均机械钻速15.36m/h，紫红色泥岩段平均机械钻速6.32m/h，平均钻井周期29.8d。与开展研究之前致密油水平井相比，平均井深增加 200m，平均水平段长度增加 62m，平均机械钻速与紫红色泥岩平均钻速分别提高 89.2%、135.8%（表 2），复杂情况发生率降低 13.06%。下面以 Y1H 平台为例，介绍现场应用情况。

表 2  现场施工情况对比

| 时间 | 平均井深<br>（m） | 平均水平段长<br>（m） | 平均钻速<br>（m/h） | 紫红色泥岩平均钻速<br>（m/h） | 平均钻井周期<br>（d） | 事故复杂情况发生率<br>（%） |
|---|---|---|---|---|---|---|
| 应用技术前 | 3050 | 1063 | 8.12 | 2.68 | 42.1 | 16.32 |
| 应用技术后 | 3250 | 1125 | 15.36 | 6.32 | 29.8 | 3.26 |

Y1H 平台是位于松辽盆地北部长垣 Y1 区块的平台井，由 6 口三开水平井组成，采用双钻机同步施工一开、二开，整体施工三开模式，井眼轨道采用双二维井眼轨道设计，平均设计井深 3120m，平均设计水平井段长 1200m。现场施工时，一开采用 17½in 钻头钻至井深 140m，φ13⅜in 表层套管下至井深 139.5m；二开采用 12¼in 钻头，应用"高效 PDC 钻头+1.0°~1.5°大扭矩螺杆+井壁修整工具"复合钻进技术钻至井深 980m，φ9⅝in 技术套管下至井深 979.5m；三开采用 8½in 钻头施工，造斜段应用"异形齿 PDC 钻头+旋冲螺杆工具"快速定向钻井技术钻进至 1920m，水平段应用"异形齿 PDC 钻头+旋转导向+岩屑床清除工具"钻井技术钻进至 3120m，5½in 生产套管下至井深 3119.5m。

Y1H 平台应用松辽盆地北部致密油水平井高效钻井技术进行施工，6 口井总施工周期 54.15d，平均机械钻速 26.92m/h，二开平均钻井周期 1.83d，二开平均机械钻速 46.15m/h，三开钻井周期 6.52d，三开平均机械钻速 19.43m/h。与应用技术前邻近同井数平台施工情况相比，总施工周期节省 27.8%，全井平均机械钻速提高 44.5%，二开平均机械钻速提高 31.3%，三开平均机械钻速提高 27.6%，钻井提速效果好（表 3）。

表 3  Y1H 平台施工情况

| 井号 | 完钻井深<br>（m） | 水平段长<br>（m） | 二开机械钻速<br>（m/h） | 三开机械钻速<br>（m/h） | 平均机械钻速<br>（m/h） | 钻井周期<br>（d） |
|---|---|---|---|---|---|---|
| Y1-1H | 3130 | 1236 | 46.32 | 19.68 | 27.32 | 17.1 |
| Y1-2H | 3140 | 1247 | 48.46 | 21.22 | 26.53 | 18.2 |
| Y1-3H | 3130 | 1213 | 50.21 | 20.48 | 29.12 | 16.5 |
| Y1-4H | 3150 | 1242 | 45.32 | 18.32 | 26.23 | 18.5 |
| Y1-5H | 3120 | 1215 | 44.15 | 18.65 | 25.43 | 18.9 |
| Y1-6H | 3140 | 1236 | 44.68 | 18.12 | 24.69 | 19.1 |

## 4  结论

（1）松辽盆地北部致密油水平井高效钻井技术解决了上部地层泥岩水化膨胀缩径、青山口组井壁失稳、紫红色泥岩段机械钻速慢、水平段摩阻扭矩大、行程钻速低等问题，降低了施工风险，提高全井机械钻速，缩短钻井周期，为致密油经济有效开发提供了技术保障。

（2）研究形成的松辽盆地北部致密油水平井高效钻井技术，实现了致密油水平井钻井提速提效，对松辽盆地致密气、页岩油等非常规油气藏开发具有借鉴意义和参考价值。

（3）为了进一步提高致密油水平井施工效率，建议持续开展高效 PDC 钻头研发、提速工具改进完善、随钻仪器迭代升级、精细轨迹控制技术等技术攻关，进一步完善松辽盆地北部致密油水平井高效钻井技术，更好地满足致密油高效开发的需求。

## 参 考 文 献

[1] 王玉华，蒙启安，梁江，等．松辽盆地北部致密油勘探[J]．中国石油勘探，2015(4)：44-53.

[2] 金成志，何剑，林庆祥，等．松辽盆地北部芳198-133区块致密油地质工程一体化压裂实践[J]．中国石油勘探，2019(2)：218-225.

[3] 仇越．大庆油田中浅复杂层钻井难点与技术对策[J]．石油石化节能，2021(6)：6-8，60.

[4] 崔宝文，林铁锋，董万百，等．松辽盆地北部致密油水平井技术及勘探实践[J]．大庆石油地质与开发，2014，33(5)：16-22.

[5] 侯杰，刘永贵，李海．高性能水基钻井液在大庆油田致密油藏水平井中的应用[J]．石油钻探技术，2015，43(4)：59-65.

[6] 王发现，陶官忠，吕德庆．ULTRADRIL 水基钻井液在大庆致密油水平井中的应用[J]．石油工业技术监督，2018，34(6)：30-32，39.

[7] 宫华．大庆油田齐家区块致密油水平井钻井提速技术[J]．探矿工程(岩土钻掘工程)，2016，43(9)：38-41.

[8] 李玉海，李博，柳长鹏，等．大庆油田页岩油水平井钻井提速技术[J]．石油钻探技术，2022，50(5)：9-13.

[9] 李建亭，胡金建，罗恒荣．低压耗增强型水力振荡器的研制与现场试验[J]．石油钻探技术，2022，50(1)：71-75.

[10] 王建龙，陶成学，王志玲，等．水力振荡器与井眼清洁工具集成缓解托压技术研究[J]．钻采工艺，2019，42(1)：21-23，2.

[11] 潘永强，张坤，于兴东，等．松辽盆地致密油水平井提速技术研究与应用[J]．石油工业技术监督，2023，39(12)：33-38.

# 丛式井平台井眼轨迹自动设计与绕障方法研究

陈　宽　王培钢　晏泽林

(中国石油集团川庆钻探工程有限公司钻采工程技术研究院)

**摘　要**　页岩油气等非常规油气资源采用丛式井组开发模式，以实现经济效益开发。丛式井组具有井口间距小、空间有限等特点，一般采用人工单井逐一设计的方式调整轨迹参数，以满足地质中靶及防碰绕障需求，轨迹设计牵一发而动全身，一口井轨迹变化导致同平台所有井重新调整设计参数，严重影响设计效率。为此，在总结人工轨迹设计经验的基础上，结合经典路径规划算法、全局规划算法等，建立轨迹自动设计模型；运用 A * 路径寻优算法、蚁群算法构造绕障策略方法及规则集，适配针对不同风险分类的高效人工指导策略，实现高效自动绕障，已开发形成丛式井轨迹自动设计及绕障模块。轨迹自动设计测试 15 个平台，平均用时 60s，轨迹设计效率大大提高，同时对自动化钻井技术发展具有重要的指导意义。

**关键词**　丛式井；防碰绕障；自动设计；自动绕障；自动化钻井

丛式井组开发模式具有占地面积小、节约开发成本等优点，川渝、长庆等地区页岩气、致密油气均采用丛式井组开发模式以实现油气资源高效开发。受山区地理位置及井场布局等限制，丛式井组开发模式存在浅表层轨迹交错分布、部分井入靶前三维空间有限等轨迹设计问题，科学合理的设计丛式井轨迹是保障钻井安全及快速顺利建产的前提。由于丛式井组井口分布密集，且井口布局与靶区不规则对应，导致轨迹设计难度大，目前常用轨迹设计软件(如 Landmark、SunnyPathing)设计方法均为针对单井轨道逐一设计、设计过程中需人工介入干预调整剖面参数，轨道设计总体效率低、耗时长。本文针对丛式井组井口布局与靶区不规则对应的情况，提出了丛式井组井眼轨迹自动设计方法，防碰风险井段运用绕障策略规则集实现自动绕障。结合上述相关设计模型完成轨迹自动设计软件开发，实现丛式井组轨道自动设计。

## 1　丛式井平台轨迹设计难点分析

### 1.1　平台布井数量多、井口位置集中且布局不规则，绕障设计难度大

丛式井组井口间距小(川渝地区多为 5m)，单平台布井 4~15 口，单平台井数较多及双平台交叉布井情况导致轨迹绕障设计难度增大(图 1)；目前采用人工经验绕障设计方法，通过人工干预调整造斜点深度及井眼轨道设计参数以满足防碰要求，先设计井轨迹三维空

---

【第一作者简介】陈宽(1994—)，男，毕业于西南石油大学，本科，现就职于中国石油川庆钻探工程有限公司钻采工程技术研究院，工程师，主要从事钻井工程设计、钻井技术研究等方面的工作。地址：四川省广汉市中山大道南二段 88 号，邮编：618300，电话：18099458117。E-mail：chenk_zwj@cnpc.com.cn。

间较充足，后设计井绕障空间有限，设计烦琐。

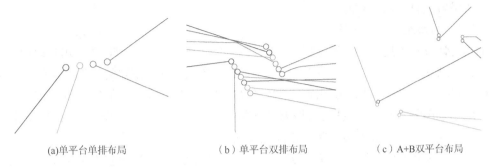

(a)单平台单排布局　　　　　　(b)单平台双排布局　　　　　(c) A+B双平台布局

图1　平台不同井口布局示意图

### 1.2　井眼轨迹设计依靠人工经验，设计效率低、耗时长

不规则井口布局井眼轨迹设计大多依靠人工设计经验，通过不断调整剖面参数以满足防碰要求，后设计井的轨迹变化可能导致同平台已设计井重新调整，该过程需人工反复进行，且工作量随井数的增加呈指数型增长，轨迹设计整体效率低、设计时间长。

## 2　丛式井轨迹自动设计方法

### 2.1　经典路径规划算法

该算法通过不断更新距离集合中的距离，寻找最短路径。每一次计算迭代都会选择当前距离最短的顶点作为下一个当前顶点，并更新该顶点至其他顶点的距离，最终得到起点到其他所有顶点的最短路径和对应的距离。

该算法的实现主要使用两个主要的数据集，即顶点集合(图中所有的顶点)和距离集合(从起点到每个顶点的最短路径距离)，将起点设置为当前顶点，起点距离设置为0，其他顶点距离设置为无穷大，重复以下步骤，直到所有顶点都被标记为已访问。选择当前顶点的邻居中距离最短的顶点，设为下一个当前顶点，更新其他邻居的距离，如果通过当前顶点到达邻居的距离比当前记录的距离要短，则更新距离。在每次迭代更新后，将当前顶点标记为已访问，表示已经找到了从起点到该顶点的最短路径。最后，在所有顶点都被标记为已访问后，就可以提取出从起点到其他所有顶点的最短路径。

### 2.2　全局规划算法

参考无人机的多机多任务路径规划思路，将每一口井类比一架无人机，每口井的目标靶区类比为无人机的目的地，则多机多任务路径规划算法框架思路就能应用在平台井眼轨迹自动设计模型的构建中。

井口往地底的地下空间就是钻头钻进"飞行"的空域，多个钻头各自从固定的起点(井口)准备"飞行"到固定的终点(靶区)，因此可将"空域"进行分区规划，为每个钻头划分自己的"飞行"路线，从而充分利用空间规避后续可能造成的防碰风险。全局规划的另一方面是多个"起飞机场"(井口)组成的阵列几何形状，采用聚类算法分析识别井口形状，以及井口间距、井口行数列数都能为造斜点深度数据提供良好的规划基础。

### 2.3　轨迹自动设计方法

运用上述算法，结合人工设计轨迹流程，实现轨迹自动设计的思路大致为：优选剖面组合类型、制定区块设计规则、计算轨迹剖面数据、执行自动绕障设计、输出结果数据报表，应用计算机编程语言开发技术，集成各大功能模块，开发自动设计软件，实现丛式井组平台井眼轨迹自动设计功能。

### 2.3.1 剖面组合类型优选

本文统计分析了近3年川渝地区A、B、C三大页岩气区块的150个丛式井组的人工设计策略，总结如下：（1）造斜点深度从平台中心井向边缘依次递减；（2）剖面模型"直—增—稳—扭—增—平"三维轨道剖面占总数的73.32%，双二维及其他轨道模型占26.68%；（3）三个区块靶点深度不同，扭方位段末井斜角、入靶狗腿度等关键设计参数的取值范围存在差异，但同一区块参数大多控制在相同范围内。

人工设计采用"小三维"和"双二维"剖面较多，分析产层一般为左右或上下对称分布的特点，每口井轨迹都可视为从蝴蝶脊背出发，沿某条方位线到达翅膀后转折进入产层，形态上与一本翻开的书类似。研究选择"类双二维"的"直—增—稳—扭—稳—增—平"剖面类型，在三维空间中可以分解为"上部井段+中间连接扭方位段+下部中靶井段"，如图2所示：

"上部井段"为"井口—KOP—$M$—$N$"，轨迹曲线在左侧垂面上；

"下部中靶井段"为"$P$—$Q$—$A$—$B$"，轨迹曲线在右侧垂面上；

"中间扭方位段"为"$N$—$P$"，位于左右两个垂面的交线附近，不在任何一个垂面上。

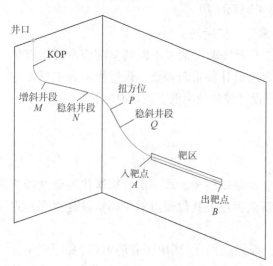

图2 双二维剖面设计原理图

针对绕障井段，在造斜点下方增加四段制"增—稳—降—垂"进行绕障处理。由此形成了完整的自动设计剖面模型："直—（绕障）—增—稳—扭—稳—增—平"，其中"绕障"采用"增—稳—降—垂"模式，根据绕障需求作为可选段。

### 2.3.2 轨迹剖面自动设计计算

根据区块特点，统计分析轨迹各井段剖面设计参数范围，控制参数范围计算轨迹剖面，计算模型为：

$$L_{\text{Total}} = L_{\text{straight}} + L_{\text{build1}} + L_{\text{hold1}} + L_{\text{dt}} + L_{\text{hold2}} + L_{\text{build2}} + L_{\text{horizontal}} \tag{1}$$

$$L_{\text{build1}} = \frac{30}{k_1}\alpha_1 \tag{2}$$

$$L_{\text{hold1,2}} = \frac{D_{\text{holdstart}} - D_{\text{holdend}}}{\cos\alpha_{1,2}} \tag{3}$$

$$L_{\text{dt}} = \frac{30}{k_2} \cdot \arccos\left[\cos^2\alpha_2 + \sin^2\alpha_2\cos(\phi_2 - \phi_1)\right] \tag{4}$$

$$L_{\text{build2}} = \frac{30}{k_3} \cdot \arccos(\cos\alpha_2\cos\alpha_3 + \sin\alpha_2\sin\alpha_3) \tag{5}$$

式中，$L_{total}$ 为三维轨道剖面总井段长度，m；$L_{straigt}$ 为轨道剖面直井段长度，m；$L_{build}$ 为造斜段的长度，m；$L_{hold}$ 为直井段的长度，m；$D_{holdstart}$ 为直井段起点的垂直深度，m；$D_{holdend}$ 为直井段终点的垂直深度，m；$L_{dt}$ 为扭方位段的长度，m；$\alpha_1$ 为第一个造斜段的井斜角，(°)；$\alpha_2$ 为扭方位段起始点的井斜角，(°)；$\alpha_3$ 为第二造斜段末端的井斜角，(°)；$\phi_1$，$\phi_2$ 为扭方位段的方位角，(°)；$k_1$，$k_2$，$k_3$ 为每段的钻孔曲率，(°)/30m。

## 3 轨迹自动绕障方法

### 3.1 A*路径寻优算法

A*路径寻优算法属于启发式路径搜索算法，首先建立搜索地图，便于搜索绕障路径，搜索地图采用空间网格化处理，将防碰空间采用边长为 $S$ 的正方体网格化($S$ 应根据防碰风险高低选择，对于防碰风险较高的井段，即 SF<1 的采用 0.5m 网格；对于中等风险的井段即 1<SF<2，采用 1m 的网格)对绕障空间网格化处理，A*路径寻优算法的总路径评价公式为：

$$L=M+N \tag{6}$$

式中，$L$ 为当前节点的总路径代价；$M$ 为起点开始移动到当前点所在位置已用的代价，沿坐标轴向移动时单位移动代价为 $S$，平面对角移动时代价为 $\sqrt{2}S$，空间对角移动时代价为 $\sqrt{3}S$；$N$ 为当前点到终点(靶点)沿坐标轴向移动的理论最小代价(不考虑障碍)，即当前点到终点的曼哈顿距离，单位移动代价为 $S$。

A*路径寻优算法需构建两个集合：$A$(可行点集合)及 $B$(不可行点集合)用于存储路径节点，录入当前井及邻井信息(井口坐标、海拔、轨道参数及井斜、狗腿、入靶方位等限定条件)，计算邻井误差椭球，将邻井误差椭球占据的网格放入 $B$(不可行点集)完成障碍物模型构建。

将井口、绕障点(人工设定)放入 $A$，开始可行节点，通过计算与其相邻的 26 个正方体的总路径代价，选择路径最短的节点放入 $A$，开始搜索下一节点，直到搜索至靶点，完成绕障路径的搜索的过程，将 $A$ 中的点按先后次序连接并采用曲线插值法优化为平滑的轨迹曲线，完成丛式井组绕障轨道设计过程。

### 3.2 蚁群算法

该算法具备无需动态构造全局三维迷宫、小范围探索即可绕障、方便插入人工指导策略的优势，蚁群算法主要应用在与障碍物距离过近时的绕行方向选择。适配针对不同风险分类的高效人工指导策略，通过控制探索方向的随机比例和各方向的初始信息素浓度，完成高效绕障。如绕障方位首先排除回撤的半球方向，进一步根据井眼轨迹在水平投影图上初始方位走向，将绕障方向限定在前进方向的左侧或右侧 90°范围内，且控制靠近初始方位走向的绕障方位角初始信息素浓度，提高绕障效率。

## 4 丛式井井眼轨迹自动设计模块测试

利用上述自动设计及绕障方法，开发轨迹自动设计模块，试算 A、B、C 三大区块 15 个平台新部署井，设计规则为：(1)防碰分离系数 SF≥1.5，井眼中心距≥4m；(2)造斜点深度范围 300~1800m；(3)绕障调整井段轨迹要求：狗腿度 1.5°/30m，绕障井斜角 3°~5°；

（4）绕障稳斜段长 30～300m，稳斜段井斜角 10°～25°；（5）增斜入靶段狗腿度 5°～7.5°/30m。设计概况见表1。

表1  丛式井组井眼轨道自动设计概况表

| 平台名称 | 平台井数 | 井口布局 | 轨迹剖面类型 | 设计最大狗腿(°/30m) | 设计用时(s) |
|---------|---------|---------|-------------|-------------------|-----------|
| A201H1 | 8 | 2×4 | 直—增—稳—扭—稳—增—平 | 6.8 | 45 |
| A201H2 | 9 | 4+5 | 直—增—稳—扭—稳—增—平 | 6.8 | 52 |
| A201H3 | 5 | 2+3 | 直—增—稳—扭—稳—增—平 | 6.5 | 35 |
| A201H4 | 6 | 2×3 | 直—增—稳—扭—稳—增—平 | 6.5 | 48 |
| A201H5 | 8 | 2×4 | 直—增—稳—扭—稳—增—平 | 6.0 | 55 |
| B202H1 | 10 | 2×5 | 直—增—稳—扭—稳—增—平 | 7.5 | 62 |
| B202H2 | 12 | 2×6 | 直—增—稳—扭—稳—增—平 | 7.8 | 55 |
| B202H3 | 13 | 6+7 | 直—增—稳—扭—稳—增—平 | 7.8 | 78 |
| B202H4 | 9 | 4+5 | 直—增—稳—扭—稳—增—平 | 7.6 | 50 |
| B202H5 | 12 | 2×6 | 直—增—稳—扭—稳—增—平 | 7.0 | 100 |
| C203H1 | 7 | 3+4 | 直—增—稳—扭—稳—增—平 | 6.0 | 46 |
| C203H2 | 8 | 2×4 | 直—增—稳—扭—稳—增—平 | 5.5 | 60 |
| C203H3 | 10 | 3+3+4 | 直—增—稳—扭—稳—增—平 | — | 失败 |
| C203H4 | 10 | 2×5 | 直—增—稳—扭—稳—增—平 | 5.8 | 72 |
| C203H5 | 5 | 2+3 | 直—增—稳—扭—稳—增—平 | 6.0 | 34 |

15个平台自动设计测试过程中，平台轨迹自动设计平均时间60s，最短34s，最长100s。其中 C203H3 平台轨迹自动设计失败，分析原因为三排井口交错复杂，现在的绕障策略设计无解，无法实现自动绕障。总体上，设计的井眼轨迹满足丛式井井眼防碰标准要求，与目前常用软件人工单井逐一设计相比，耗时更短，效率更高。

## 5  结论与建议

（1）本文充分分析丛式井轨迹设计过程中的难点，运用经典路径规划算法及无人机路径规划思路，结合人工设计经验策略总结，形成轨迹自动设计方法。通过控制各井段剖面参数范围，实现轨迹剖面自动设计与计算。

（2）运用 A＊路径寻优算法，将防碰空间网格化，便于绕障模型风险位置的识别与处理，结合蚁群算法，控制绕障方位范围及绕障方位选择的比例，完成高效绕障。

（3）开发的轨迹自动设计模块测试15个平台，平均设计时间60s，设计效率大大提高。但存在部分平台无法自动绕障的问题，需进一步总结人工绕障经验规律，完善绕障策略及算法，提高自动绕障的成功率。

（4）轨迹自动设计模型目前只有人工干预初始化相应的设计规则和设计参数范围，才能得到较好的设计效果。后续建议结合大数据和深度学习框架对所有历史数据进行分类学习及建模，将人工干预替换为自主训练，进一步提高自动化水平。

# 参 考 文 献

[1] LI W Y. Study on multi-objective optimization technology for complex borehole trajectory[D]. Xi'an: Xi'an Shiyou University, 2019.

[2] LI C Y. Study on the application of ant colony Algorithm in well trajectory planning[D]. Xi'an: Xi'an Shiyou University.

[3] WANG L P, GAO J. A method of collision prevention optimization design for large well group cluster well trajectory[P]. CN111411892B, 2021-07-02.

[4] GAO D L. Large cluster horizontal well engineering and high efficient shale gas development model in mountainous area[J]. Natural gas industry, 2018, 38(8): 1-7.

[5] DONG B J, GAO D L, LIU G H. Discussion on the method of wellbore trajectory uncertainty analysis[J]. Natural gas industry, 1999(4): 72-76.

[6] WAN F L, CHEN W, XIAO Q F. Development of Automatic Design Software for Cluster Well Trajectory[C]. 2023 8th International Conference on Cloud Computing and Big Data Analytics, ICCCBDA2023: 369-375.

# 鄂尔多斯盆地北缘东胜气田致密气钻完井关键技术

李明忠　董强伟　宋文宇　李德红

（中国石化华北石油工程有限公司技术服务公司）

**摘　要**　东胜气田是鄂尔多斯盆地北缘最新探明的"千亿方"致密气藏，受盆缘复杂地质构造和勘探开发方式影响，钻完井中存在漏塌复杂突出、机械钻速低、固井完整性要求高等问题。基于问题导向，在分析工程地质特征基础上，优化井身结构和开发 KCl-聚胺强封堵钻井液体系、KPD 堵漏浆等，形成漏塌高效预防与治理技术；优化设计个性化 PDC 钻头和钻井参数，优选钻井工具，配套井眼轨迹控制技术，形成非均质地层钻井提速技术；开发超低密度水泥浆、弹韧性防窜水泥浆，配套全封固井、高效顶替和尾管悬挂及回接工艺，形成低承压地层水平井固井技术。开展相关技术现场集成应用 94 口水平井，平均钻井周期缩短 34.4%、完井周期缩短 32.1%，固井优质率由 26.7% 提高至 84.3%。研究与应用结果表明，通过技术集成形成的东胜气田钻完井关键技术提速降本效果显著，为鄂尔多斯盆地北缘复杂构造致密气藏经济效益开发提供了工程技术保障。

**关键词**　东胜气田；致密气藏；防漏堵漏；钻井液；钻井提速；固井完整性

东胜气田致密气属于典型的低压、低渗透、低产、低丰度气藏，天然气资源量 $16922 \times 10^8 m^3$、探明储量 $2518 \times 10^8 m^3$[1]。由于气田位于鄂尔多斯盆地北缘，构造复杂、开发单元跨度大，前期天然气钻探开发中存在诸多严峻挑战，水平井平均钻井周期 70.1d、完井周期 80.7d，固井密封完整性不足，造成单井成本高，无法满足经济开发要求。借鉴苏里格气田和大牛地气田钻完井技术[2-4]，立足地质与工程一体化、技术与经济一体化的原则，按照"特点条件+适应性关键技术"攻关思路，通过机理分析、工具研选、体系开发、设计优化和工艺配套，形成了东胜气田经济开发钻完井关键技术。

## 1　工程地质特征

影响东胜气田钻完井工程质量和施工效率的因素体现在 4 个方面：

### 1.1　断裂发育，钻井井漏频繁

东胜气田断层发育，断穿层位多，形成大量高角度裂缝，垂向贯穿深；褶皱背斜发育，

【基金项目】中国石油化工股份有限公司项目"致密气藏钻完井及压裂关键工程技术研究与应用"（编号 P23156）。

【第一作者简介】李明忠，1988 年出生，男，高级工程师，硕士研究生，毕业于中国石油大学（华东）油气井工程专业，主要从事钻完井工程技术研究与生产管理工作。地址：河南省郑州市中原区中原西路 188 号 1402；邮编：450006；电话：19339933276；E-mail：petroleumupc@163.com。

在背斜顶部产生大量复杂构造缝；在断层和褶皱作用下，泥岩产生不规则碎裂裂隙。成像测井显示裂缝网络复杂，具有多尺度特征。在井筒压力下，1~10mm 天然裂缝易发生压差式恶性井漏，10~150μm 层理、微裂缝易发生裂缝诱导式井漏[5]；两种漏失类型频次占比分别为 32.8%、67.2%，平均单井损失时间 5.17d。

### 1.2 泥岩发育，井壁失稳突出

东胜气田多套泥岩地层发育，不同层位泥岩特征具有差异，石千峰组、石盒子组为棕红色、棕褐色泥岩，山西组、太原组为破碎及弱结构面的深灰色泥岩、碳质泥岩。黏土矿物含量 30%~45%，以伊蒙混层和伊利石为主，存在纳米、微米宽度及部分可见的裂缝。具有较强水化膨胀性，又易应力剥落，黏土矿物水化膨胀差异和微观结构引起水化不稳定是造成井壁失稳的主要机理[6]。

在工程上，石千峰组、石盒子组等泥岩发育地层与刘家沟组等漏失地层同处于水平井斜井段，漏塌互相诱导。气田属于河相沉积，实钻时常发生砂体提前或滞后、变薄或缺失等情况，斜井段常需在泥岩段提高造斜率中靶或大井斜稳斜探顶，水平段常需在泥岩段调整轨迹。加剧了井壁失稳，平均单井损失时间 7.23d。

### 1.3 岩性轨道复杂，机械钻速低

东胜气田纵向上分布多套砂、砾、泥岩互层，延长组底部有含砾石夹层，纸坊组、下石盒子组、太原组等有部分砂砾岩，下石盒子组、山西组等储层砂体致密，石英含量较高。破岩效率低，PDC 钻头容易发生崩齿或研磨性磨损。井眼轨迹复杂，二维水平井靶前距小于 300m，造斜率达到 6°/30m 以上；三维水平井偏移距 180~350m，常设计大井斜扭方位，综合难度系数[7]大于 2。滑动井段长，摩阻扭矩大，滑动钻时大于 20min/m。

### 1.4 固井漏失，完整性要求高

东胜气田刘家沟组承压能力低，固井井漏造成技术套管难以全封；低排量注替制约顶替效率，水泥封固段的质量较差；被迫采用反挤补救，无法保证反挤与正注衔接及反挤封固质量。全井封固率仅 15%，固井优质率 26.7%。致密气藏以分段多簇体积压裂改造方式为主，射孔密度大，高排量、大液量施工，水泥环段间、簇间封隔失效，严重影响压裂改造效果和长效开发。尾管固井的悬挂器耐压能力仅 35MPa，回接管柱锚定、密封能力不足，多口井发生油套连通和套管弯曲变形问题，压裂作业无法完成。

## 2 漏塌高效预防与治理钻井技术

### 2.1 井身结构设计

为解决刘家沟组井漏与石千峰组、石盒子组等泥岩地层井壁失稳间的矛盾，在井漏高风险区，将三级井身结构优化为"导管+二开井身结构"。导管 80m，封固岩性疏松、胶结程度低的第四系黄土层；一开钻至石千峰组中下部砂岩地层，封固刘家沟组等低承压地层；二开斜井段钻至 A 靶点后继续水平段钻进，直至设计井深完钻；如图 1 所示，实现漏塌分治。在井漏低风险区，仍采用常规三级井身结构，有利于水平段长延伸，如图 2 所示。

### 2.2 井壁稳定钻井液技术及应用方案

通过分析东胜气田井壁失稳机理，采取"物化封固井壁、化学活度平衡、加强抑制水化"的思路构建 KCl-聚胺强封堵钻井液体系[8]。泥岩微裂缝宽度 5~25μm，按照 D90 =

20μm 优化 800 目、1500 目和 3000 目等不同尺度超钙的配比；复配胶乳沥青、纳米乳液、聚合醇等材料，通过表面改性、变形封堵、浊点效应等作用协同封堵微裂缝[9]。优选低分子聚胺抑制剂抑制水化膨胀，加量不少于 0.2%，单层吸附在黏土片层表面，降低水化斥力，阻止水分子进入。KCl 加量 5%以上，不仅能减弱黏土矿物水化分散，而且能降低钻井液水活度，减少滤液向近井地带的扩散、渗透。钻井液滤液浸泡的岩心柱 120h 后仍然保持原样，无崩散现象，如图 3 所示。针对山西组、太原组等破碎与弱结构面泥岩，加入井壁强化剂，具有"外柔内刚"的核壳结构，可提高在泥岩表面的吸附力和随钻封堵效果。

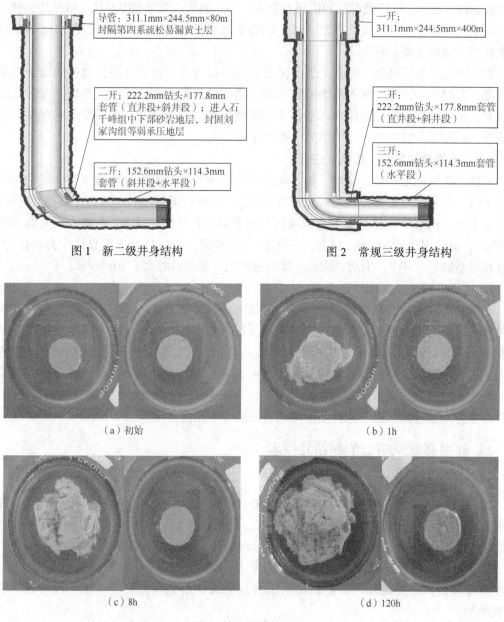

图 1　新二级井身结构

导管：311.1mm×244.5mm×80m
封隔第四系疏松易漏黄土层

一开：222.2mm钻头×177.8mm套管（直井段+斜井段）；进入石千峰组中下部砂岩地层，封固刘家沟组等弱承压地层

二开：152.6mm钻头×114.3mm套管（斜井段+水平段）

图 2　常规三级井身结构

一开：311.1mm×244.5mm×400m

二开：222.2mm钻头×177.8mm套管（直井段+斜井段）

三开：152.6mm钻头×114.3mm套管（水平段）

（a）初始　　　　　　　　　　（b）1h

（c）8h　　　　　　　　　　（d）120h

图 3　岩心柱崩解实验

分图中左图：钾铵基钻井液滤液，右图：KCl—聚胺强封堵钻井液滤液

分段优化钻井液性，一开上直井段采用低固相聚合物钻井液，配方为"2%~4%膨润土+0.1%~0.2%K-PAM+0.2%~0.3%NH₄HPAN"，密度控制1.10g/cm³以下，漏斗黏度30~40s，钻井液滤失量控制在10mL以内；在延长组等高渗透砂岩地层，适当加大K-PAM以减少虚滤饼厚度。进入造斜点后，补充0.8%~1.0%包被抑制剂、0.1%聚胺抑制剂、0.5%LV-PAC和1%~2%NH₄HPAN，控制失水小于6mL，预防石千峰组垮塌；一开中完时控制密度小于1.12g/cm³。二开前加入KCl、聚胺抑制剂、纳米乳液、胶束剂、超细碳酸钙等将钻井液转型，密度调整至1.12g/cm³，滤失量小于5.0mL，漏斗黏度40~50s，高温高压滤失量小于10mL，动切力5~8Pa；随着井斜增大，补充抑制剂、封堵剂、黄原胶和润滑剂；根据逐步提高密度，钻至下石盒子组盒2段提高至1.20g/cm³，入窗前密度提高至1.23g/cm³，漏斗黏度50~60s；水平段钻遇泥岩地层时，保证超细碳酸钙、纳米乳液等封堵剂加量至7%以上，密度提高至1.25g/cm³，物理防塌和化学防塌相结合。

### 2.3 裂缝发育地层高效防漏堵漏技术

东胜气田裂缝特征复杂，诱导式井漏与压差式井漏并存。在井筒压力作用下，等效应力沿层理、微裂缝向尖端传递，造成长度延展、漏失程度增大。通过优选超钙、竹纤维、弹性石墨等，优化随钻预封堵承压体系，砂床承压能力大于7MPa(250~375μm石英砂床)；钻进至刘家沟组前，定时定量补充，及时封堵裂缝端口，形成附加周向应力，阻断压力向裂缝尖端传递[10]。针对压差式恶性井漏，集合裂缝封堵与隔断封堵原理，开发了以固化剂、架桥材料、填充材料、触变剂为主体的可控膨胀堵漏(KPD)技术[11]，具有强触变、快早强、短促凝等特性，封堵强度大于20MPa/(12h×70℃)；当漏速大于5m³/h时，堵漏管柱下放至漏层顶部，固井泵车实施堵漏施工，一次堵漏成功率大于90%。

## 3 非均质地层钻井提速技术

### 3.1 个性化PDC钻头

在直井段提高钻头抗冲击设计，222.2mm钻头采用5刀翼、16mm复合片、双排齿设计，前排为"三棱齿+斧形齿"组合，后排布置2~3个锥齿，深内锥冠部轮廓，"一趟钻"完成直井段钻进。在斜井段提高定向稳定性设计，222.2mm钻头采用4刀翼、16mm复合片、双排齿设计，前排为"斧形齿+平面齿"组合，"浅内锥—短外锥"冠部轮廓，一体钻头缩短整体长度，"一趟钻"完成斜井段钻进。在水平段提高抗研磨性设计，152.4mm钻头采用5刀翼、16mm复合片、双排齿设计，耐磨损复合片，前排为"三棱齿+斧形齿"组合，全金刚石保径，中深内锥设计，1~2趟钻完成斜井段钻进。

### 3.2 钻井参数优化设计

构建钻井参数数据库，采用灰色关联模型分析了东胜气田钻速敏感因素排序依次为转速、钻压、排量，并对比了不同层位的钻速敏感性。在埋深较浅或强度较小的地层，钻速与钻头转速接近线性关系；随着埋深增加或强度增大，钻速的敏感性系数下降，而钻速与钻头钻压的敏感性系数增大，如图4和图5所示。根据钻速对钻压、转速的敏感性分析结果，在钻机、钻井泵和地层承压约束下，优化钻井参数。在软地层采用"高转速—中低钻压"参数，在中硬地层采用"中等转速—中等钻压"参数，在硬地层采用"中低转速—中高钻压"。

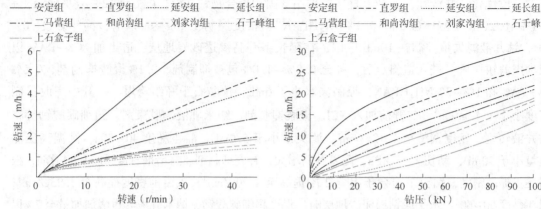

图 4　各层位钻速与转速的关系图版　　　　　图 5　各层位钻速与钻压的关系图版

### 3.3　钻井工具配套

基于钻井参数优化设计，优选适配性强的螺杆钻具。上直井段地层抗压强度低、可钻性较好，使用高转速螺杆；刘家沟组及以下地层抗压强度增大，研磨性增强，使用低转速大扭矩螺杆。配套降摩减阻工具，减少滑动钻进摩阻，提高定向效率与机械钻速。在三维斜井段或短靶前距斜井段配套水力振荡器，利用产生的轴向振动将静摩擦转变为动摩擦。在152.4mm水平段钻进时，水力振荡器因压降大、泵压过高而限制使用，配套了双向扭摆自动控制系统[12]，在滑动定向时控制顶驱或转盘扭转上部钻具，缩短静摩擦段长。

### 3.4　井眼轨迹控制技术

为提高导向准确性，采取井震结合方法，形成"确定随机结合、分级相控、地震约束"三维地质建模方法，表征气藏的空间展布；利用随钻测井、岩屑录井等，实时修正三维地质模型，更新储集体构造形态、砂体横向展布认识；制定靶点着陆、水平段导向方案，提高中靶效率、砂岩钻遇率[13]。

优化钻具组合，减少滑动进尺，提高轨迹控制效率。斜井段采用165mm（1.75°）或172mm（1.75°）高造斜螺杆，优化弯点距钻头及下扶正器中距钻头的距离，造斜率分别提高了9°/100m、10°/100m，见表1。在满足实钻造斜率不低于设计造斜率（中靶垂深上提0.50m）前提下，按照安全优快施工原则，斜井段上部砂岩地层多滑动提高造斜率，泥岩地层多复合保证井眼规则；井斜大于45°后岩屑床容易堆积，摩阻增大，若复合增斜率满足要求则以复合钻进为主。在入窗前50m将井斜角控制在83°左右稳斜探顶，发现气层后在增斜至90°过程中实现入窗。水平段采用"变径稳定器+1.25°螺杆"的钻具组合，变径稳定器外径在142mm与152mm间转换，提高了水平段轨迹调控能力。

表 1　高造斜螺杆与常规螺杆对比

| 螺杆结构参数与指标参数 | 165钻具（高造） | 165钻具（常规） | 172钻具（高造） | 172钻具（常规） |
| --- | --- | --- | --- | --- |
| 弯点距钻头距离（mm） | 1300 | 1500 | 1260 | 1567 |
| 下扶正器中距钻头距离（mm） | 420 | 690 | 480 | 670 |
| 造斜率（1.75°时）（°/30m） | 12.7 | 10.0 | 12.0 | 9.0 |

## 4 低承压地层水平井固井技术

### 4.1 水泥浆体系

针对222.2mm技术套管固井刘家沟组的漏失问题，开发了基于复合减轻剂的超低密度水泥浆，密度1.15g/cm³和1.25g/cm³，水泥石抗压强度大于3.5MPa/（24h×70℃），加压30MPa前后密度差增量小于0.01g/cm³，较市场同密度体系成本降低18.4%~41.6%。针对152.4mm尾管固井时气窜问题与压裂改造需要，优选增韧、增弹材料和晶格膨胀剂等，开发弹韧性防窜水泥浆，SPN系数小于3，抗折强度大于7MPa(48h)，弹性模量3.5~8GPa。

### 4.2 全封固井工艺

若钻井时刘家沟组发生井漏且堵漏后地层承压无显著提升，采用"裸眼封隔器+免钻双级箍"一体化固井工具，工具安放在刘家沟组顶以上50m，实施一级固井后坐封封隔器并进行二级固井，由裸眼封隔器承托刘家沟组以上环空液柱压力，实现全封封固。

若采用一次固井，固井前利用钻井液在"环空—套管"内循环摩阻动态测试地层承压能力[14]，根据测试结果采取不同固井工艺。若井内无法建立循环或刘家沟组承压能力小于1.20g/cm³，采用"1.25g/cm³超低密度水泥浆+正注反挤"施工，正注水泥浆返高至刘家沟组中下部，由井口反挤至刘家沟组，正注与反挤时间间隔不少于12h。参考水泥浆反挤进入漏层的压力特征，优化反挤浆量和排量，促进正注与反挤衔接[15]。若刘家沟组承压能力大于1.20g/cm³，采用1.15g/cm³超低密度水泥浆进行一次全返固井施工，若期间发生漏失则采取反挤补救。

### 4.3 低承压地层高效顶替工艺

满足套管偏心度大于0.7设计，在222.2mm技术套管的直井段每5根、斜井段每3根套管安放一只弓簧套管扶正器；在152.4mm生产套管的水平段每2根安放一只树脂滚轮扶正器或树脂旋流扶正器，重叠段每3根套管安放一只弓簧套管扶正器。由于受地层承压能力和固井车机泵能力限制，实际顶替时水泥浆难以达到紊流或塞流；因此，使用低返速紊流冲洗液和高返速塞流隔离液，通过"紊流—塞流"的复合顶替技术[16]，保证顶替效率。水平段采用清水替浆，有助于降低套管偏心。采用"正注反挤"工艺，正注时向井内注入20m³低黏切钻井液，反挤时由井口向环空泵入10m³以上冲洗液，充分破坏环空钻井液长期静止形成的胶凝结构。

### 4.4 尾管悬挂固井及回接工艺

为保证致密气藏安全高效压裂施工，使用耐压70MPa、自带锁紧结构的全通径尾管悬挂器[17]，既简化回接管串，又克服常规悬挂器回接后密封、锚定不足问题。悬挂器坐挂位置井斜40°~45°，封固段垂深小，在尾浆静胶凝强度过渡阶段易发生环空气窜。采用钻井液循环加压或井口憋压方式，保持静胶凝强度发展到480Pa前可持续有效压稳。

## 5 应用效果分析

2020年以来，持续开展东胜气田水平井钻完井提速提效关键技术的集成应用，累计实施94口水平井，平均钻井周期46d，平均完井周期54.8d。与2019年相比，钻井周期缩短34.4%，完井周期缩短32.1%，提速降本效果显著（表2）。其中最短钻井周期纪录22.8d、完井周期28.1d，该井完钻井深4650m，平均机械钻速20.95m/h。

表 2　2020 年以来应用井技术效果统计

| 年份 | 井数（口） | 平均井深（m） | 平均钻井周期（d） | 平均完井周期（d） |
|---|---|---|---|---|
| 2019 | 38 | 4236 | 70.1 | 80.70 |
| 2020 | 19 | 4417 | 52.2 | 60.80 |
| 2021 | 27 | 4146 | 37.8 | 44.67 |
| 2022 | 26 | 4593 | 49.3 | 58.90 |
| 2023 | 22 | 4552 | 46.9 | 57.20 |

统计各单项技术或单项指标应用效果：

（1）应用 KCl-聚胺强封堵钻井液体系、随钻预封堵承压技术和 KPD 堵漏技术，漏塌预防成功率和堵漏效率有效提升。对比 2019 年，漏失率由 37.2% 降至 25.7%，平均单井井漏处理时间由 5.17d 降低至 1.98d，降幅 61.7%，平均单井损失时间由 7.23d 减少至 3.24d，降低了 55.2%。

（2）应用个性化 PDC 钻头和提速工具，分井段分层位适度优化钻井参数，优化井眼轨迹控制，机械钻速显著提高。二开直井段平均钻头使用数量 1.33 只，与 2019 年相比单井段钻头数量减少 0.34 只，直井段"一趟钻"占比 66.7%、"两趟钻"占比 100%；斜井段平均钻头使用数量 1.61 只，单井段钻头数量减少 0.67 只，斜井段"一趟钻"占比 47.8%、"两趟钻"占比 91.3%；三开水平段平均钻头使用数量 2.1 只，单井段钻头数量减少 1.04 只，水平段"两趟钻"占比 65.2%。全井平均机械钻速 12.22m/h，与 2019 年平均机械钻速 9.69m/h 相比提高 26.1%。

（3）应用超低密度水泥浆体系、全封固井工艺、高效顶替工艺等，固井优质率由 26.7% 提高至 84.3%，全井封固率由 15% 提高至 53.3%，因回接管柱造成的压裂改造失败未发生。

## 6　结论

（1）针对漏塌复杂突出、机械钻速低和固井质量要求高的问题或需求，通过集成漏塌高效预防与治理技术、非均质地层钻井提速技术和低承压地层水平井固井技术，形成了适用于东胜气田致密气的钻完井关键技术。94 口水平井钻完井周期缩短 30% 以上，为致密气经济开发提供工程技术保障。

（2）水平井各井段"一趟钻"仍未实现，提速仍有较大空间。建议立足提高单趟钻进尺和机械钻速的双重目标，持续开展个性化 PDC 钻头设计等提速技术的迭代升级研究。

（3）形成了针对性的防漏堵漏技术，堵漏成功率高，减少井漏复杂损失时间。但 KPD 堵漏作业时间长，随钻预封堵承压体系提高地层承压能力与满足固井一次全返的要求仍有差距。建议试验基于随钻堵漏循环阀的 KPD 堵漏工艺，攻关高承压封缝及堵漏技术。

（4）采用学习曲线法，结合钻完井成本分析，集成应用低成本实用技术和高端工程技术，进一步提升现有技术的提速提效能力，保障东胜气田致密气经济效益开发。

## 参 考 文 献

[1] 何发岐，张宇，王付斌，等. 鄂尔多斯盆地中国石化"十三五"油气勘探进展与新领域[J]. 中国石油勘探，2022，27（5）：1-12.

[2] 史配铭，薛让平，王学枫，等.苏里格气田致密气藏水平井优快钻井技术[J].石油钻探技术，2020，48(5)：27-33.

[3] 史配铭，李晓明，倪华峰，等.苏里格气田水平井井身结构优化及钻井配套技术[J].石油钻探技术，2021，49(6)：29-36.

[4] 余浩杰，王振嘉，李进步，等.鄂尔多斯盆地长庆气区复杂致密砂岩气藏开发关键技术进展及攻关方向[J].石油学报，2023，44(4)：698-712.

[5] 李德红，罗宏志，李明忠，等.东胜气田刘家沟组易漏地层随钻防漏技术研究[J].钻探工程，2022，49(5)：111-117.

[6] 白传中，刘刚，徐同台，等.裂缝性泥页岩地层防塌误区及强封堵防塌对策[J].钻井液与完井液，2021，38(3)：337-340.

[7] 薛让平，李录科，杨光.三维水平井难度系数的界定与应用[J].钻采工艺，2019，42(1)：96-98.

[8] 邱正松，徐加放，吕开河，等."多元协同"稳定井壁新理论[J].石油学报，2007，28(2)：117-119.

[9] 于雷，张敬辉，李公让，等.低活度强抑制封堵钻井液研究与应用[J].石油钻探技术，2018，46(1)：44-48.

[10] 张磊，谢涛，张羽臣，等.钻井过程中井筒裂缝动态扩展规律研究[J].非常规油气，2021，8(2)：114-119.

[11] 吴天乾，李明忠，蒋新立，等.杭锦旗地区裂缝性漏失钻井堵漏技术研究与应用[J].探矿工程，2020，47(2)：49-53.

[12] 王海斌.牛庄洼陷页岩油大尺寸井眼优快钻井技术[J].石油机械，2023，51(7)：43-50.

[13] 赵兰.基于三维地质建模的定录导一体化技术在J58井区中的应用[J].录井工程，2017，28(3)：36-41，156.

[14] 吴天乾，李明忠，李德红，等.固井前地层漏失压力动态测试方法[J].石油钻采工艺，2019，41(3)：283-287.

[15] 吴天乾，李明忠，李建新，等.杭锦旗地区正注反挤固井技术研究[J].钻采工艺，2021，44(3)：104-107.

[16] 吴天乾，李明忠，蒋新立，等.鄂尔多斯杭锦旗区块低漏失压力井固井工艺技术[J].复杂油气藏，2018，11(4)：69-73.

[17] 李明忠.鄂尔多斯盆地杭锦旗地区水平井尾管固井工艺技术[J].断块油气田，2018，25(5)：661-664.

# 深井大差异环空井筒流场优化技术研究

唐　贵[1, 2]　王军阁[1, 3]　陈昭希[1, 2]　李　照[1, 2]

(1. 中国石油集团川庆钻探工程公司钻采工程技术研究院；2. 油气钻完井技术
国家工程研究中心；3. 低渗透油气田勘探开发国家工程实验室)

**摘　要**　深井超深井采用大差异环空井身结构时，为了满足上部大尺寸井眼携岩要求，需要采用较大的钻井液排量，从而使得下部小井眼段循环压耗增大，井底压力及立管压力上升，在增加了钻井装备负荷的同时增加了井漏风险。为此，本文研发了井筒压力剖面工具及配套的流场优化技术，通过合理分配钻井液流量既能有效清洁井眼，又能改善井筒压力分布。以 ZS-102 井为例进行了仿真分析，结果表明，优化后的井筒流场在保证上部井段正常携岩的前提下井底压力可降低 4.78MPa，立管压力可降低 13.75MPa，对于深部地层复杂井身结构井筒优快钻进具有重要意义，同时，该技术对于多压力体系的安全钻进也有良好效果。

**关键词**　深井超深井；大差异环空；压力剖面调节；流场优化；流量分配

据新一轮油气资源评价，中国陆上常规天然气资源量为 $41.0 \times 10^{12} \mathrm{m}^3$，其中，深层约占 30.1%，超深层约占 40.2%，主要分布在四川盆地、塔里木盆地及鄂尔多斯盆地的海相碳酸盐岩、前陆冲断带等领域。中国石油各探区中，塔里木盆地深层—超深层探井占盆地内总探井数的 94%，四川盆地深层—超深层探井占盆地内总探井数的 79%，深层超深层油气资源成为勘探开发重要接替区[1-3]。

深层油气资源往往面临压力窗口窄、压力体系复杂、含酸性气体等难题，一定程度上制约了深层超深层油气资源的高效勘探开发。以四川蓬莱气区为例，该区块位于川中古隆起东段北部，总面积达 $20000 \mathrm{km}^2$。2020 年以来，PT1 井在震旦系灯影组二段，JT1 井在寒武系沧浪铺组、二叠系茅口组相继取得突破，证实川中地区磨溪—龙女寺构造北斜坡灯影组二段台缘带具备形成岩性圈闭气藏群的条件，蓬莱气区成为四川油气田规模增储的主攻区块之一。但该区块深部地层地质条件复杂，压力体系多，高低压互层且含酸性流体等，使得深部地层钻探难度也越来越大。为了提高钻井效率、降低钻井成本，在该地区在灯影组大量采用了组合井身结构，即五开完钻后悬挂油层套管，然后以小尺寸钻头钻至完钻井深后再回接油层套管，形成了上大下小的大差异环空井身结构。为了实现安全快速钻进，配套形成了诸如承压堵漏、优化钻井液配方、防塌防卡等工艺措施[4-5]。这些技术的应用在提高机械钻速上起到了明显作用，但大差异环空井眼在井眼清洁、降压等方面存在诸多难题。

---

【第一作者简介】唐贵，中国石油集团川庆钻探工程公司钻采工程技术研究院。

# 1 大差异环空井筒钻井难点分析

以 ZS-102 井为例,该井位于蓬莱气区中江地区斜坡带,实际完钻井深 6309m。在 φ250.83mm 技术套管固井后,四开采用 φ215.9mm 钻头继续钻进,钻至目的层顶部悬挂(φ184.15mm+φ177.8mm)油层套管(实际使用 φ177.8mm),然后五开采用 φ149.2mm 小尺寸钻头钻至完钻井深后再回接油层套管。因此,五开为 φ250.83mm+φ184.15mm+φ149.2mm 三段式井身结构。

## 1.1 环空岩屑上返速度分析

该井 φ177.8mm 套管悬挂点为典型的变径点,悬挂点以上流道面积为悬挂点以下面积的 1.59 倍,悬挂点处环空平均流速下降至 60%,井眼净化能力下降,易造成卡钻等复杂。建立悬挂点变流道有限元模型,如图 1 所示。仿真分析结果表明,在上部大环空流速下降明显,套管悬挂点出现涡流,岩屑存在返速为 0 的区域,易造成沉砂卡钻,如图 2 所示。同构造 PS-1 井、PT-1 井等多口井因沉砂导致井下复杂。

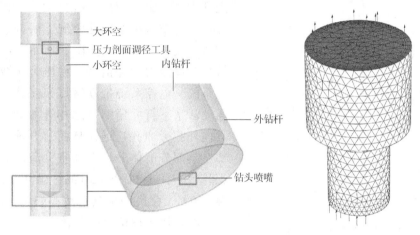

图 1 变径点有限元模型图

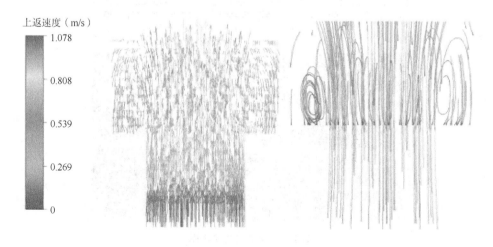

图 2 变径点岩屑上返速度图

### 1.2  井筒压力分析

该井四开设计使用 30~35L/s 排量钻进，五开设计使用 16~18L/s 排量钻进，设计立管压力均为 20~25MPa。实际钻进中五开采用钻井液排量为 20L/s，立管压力在 25MPa 以上。钻进至 6300m 时，井底压力为 85.1MPa，裸眼段循环当量密度（ECD）可能超过密度窗口，压力控制的难度与井漏风险随之加大。

较高的循环压力也进一步增加了钻井装备的负荷，这种情况在长裸眼段井尤为常见。在同区块 PS-6 井，六开超过 1000m 的小井眼段使得该井循环压耗大幅上升，实际钻井液排量为 20L/s 时，实际钻井泵压超过 30MPa，甚至达到 37MPa，过高的泵压易造成钻井设备的损坏。

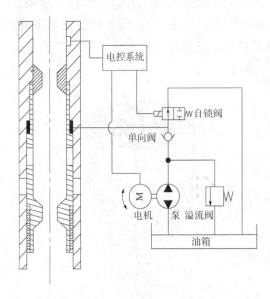

图 3  压力剖面调节工具工作原理图

## 2  压力剖面调节工具设计

### 2.1  工具原理

为了改善大差异环空井筒流场环境，适应上部大环空钻井液携岩排量大、下部小环空钻井液携岩排量小的实际情况，研制了压力剖面调节工具，工作原理如图 3 所示。压力传感器接收井口压力脉冲信号，将压力波数据发送电控系统，电控系统带动液压泵工作，通过油液驱动活塞下行并压缩与之相连的弹簧，带动工具内外腔旁通孔连通，从而打开泄压通道，下部钻具部分流体分流至环空，泄压通道关闭流程相反。工具外径 128mm，承压 140MPa、耐温 150℃，强度与钻具一致，如果间隔 4h 待机与休眠切换，理论上控制器工作时间 500d，如图 4 所示。

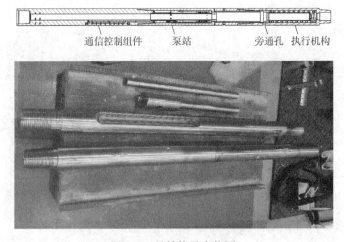

通信控制组件　　泵站　　　　　旁通孔　执行机构

图 4  工具结构及实物图

## 2.2 工具孔径优化

为了实现流量与压力的精确控制，需要对工具流量分配情况进行量化分析。结合 ZS-102 井身结构，模拟了采用 $\phi$127mm 钻杆（内径 108.6mm）时，孔径大小为 8mm、10mm 对应的压力剖面调节工具分流系数与两端压差的关系，如图 5 和图 6 所示。

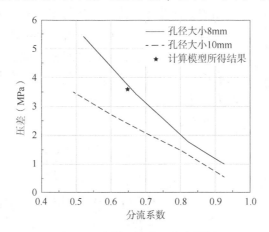

图 5  压力剖面调节工具流线图

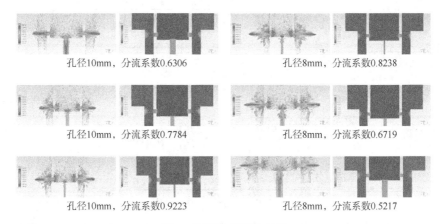

图 6  不同孔径压力云图

由流线图和压力云图可知：越靠近压力剖面调节工具中心位置，流线越密，流速越快；随着分流量的增大，流速随之增大；随着工具孔径的增大，流速减缓；在压力剖面调节工具的上下侧都会形成涡旋，涡旋随着分流系数的增大而增大，处于大环空的涡旋能够搅动该区域的钻井液，能将靠近井壁的岩屑运移至环空中心位置，再随自下而上的钻井液运移至上部井段，不会在悬挂点位置形成岩屑堆积。

# 3  大差异环空井筒流场优化模型建立

## 3.1 物理模型

如前所述，大差异环空井筒钻井难题本质上是上下两段流道面积差异过大带来的压力场、速度场分布的问题，压力剖面调节工具通过优化不同截面流道流动参数有效改善全井筒流场，在保证上部大尺寸环空携岩要求的前提下有效降低下部小井眼段的钻井液流量，兼顾大差异环空井筒携岩与降低压力的要求，其物理模型如图 7 所示。钻井液从钻杆注入，

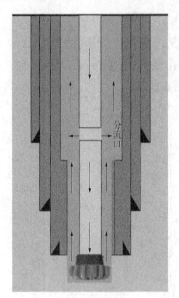

图 7 大差异环空井筒
流动物理模型

部分流体通过工具按设计分流比例进入环空，剩余流体沿钻具继续向下流动，经钻头进入环空后上返至地面完成循环。

### 3.2 数学模型

加入压力剖面调节工具后，井筒流道包括压力调节工具上下端的钻杆及环空流道，参与流动的流体流量将小于工具上端的流量，其流量变化情况符合工具的流量分配关系。同时，对于深井而言，井筒循环温度对钻井液密度、黏度等有较为明显的影响，需要进行考虑，因此，带压力调节工具的井筒流动控制方程为[6-8]：

钻杆内：

$$\frac{\partial \rho_p}{\partial t}+\frac{\partial(\rho_p v_p)}{\partial z}=Q_f \tag{1}$$

$$\frac{\partial(\rho_p v_p)}{\partial t}+\frac{\partial(\rho_p v_p^2+p_p)}{\partial z}=\frac{f_p \rho_p v_p^2}{2 D_p}+\rho_p g\cos\theta \tag{2}$$

$$\frac{\partial(c_p \rho_p T_p)}{\partial t}=\frac{T_a-T_p}{A_p R_p}+\frac{Q_p}{A_p}\frac{\partial(c_p T_p)}{\partial z}+\Delta S_p \tag{3}$$

环空内：

$$\frac{\partial \rho_a}{\partial t}+\frac{\partial(\rho_a v_a)}{\partial z}=Q-Q_f \tag{4}$$

$$\frac{\partial(\rho_a v_a)}{\partial t}+\frac{\partial(\rho_a v_a^2+p_a)}{\partial z}=\frac{f_a \rho_a v_a^2}{2 D_a}-\rho_a g\cos\theta \tag{5}$$

$$\frac{\partial(c_a \rho_a T_a)}{\partial t}=\frac{T_p-T_a}{A_a R_p}+\frac{T_g-T_a}{A_p R_{a2}}-\frac{Q_a}{A_p}\frac{\partial(c_a T_a)}{\partial z}+\Delta S_a \tag{6}$$

式中，$\rho_p$，$\rho_a$ 分别为钻杆、环空内流体密度，$g/cm^3$；$v_p$，$v_a$ 分别为钻杆、环空内流体流速，$m/s$；$p_p$，$p_a$ 分别为钻杆、环空内压力，$Pa$；$T_p$，$T_a$ 分别为钻杆、环空温度，℃；$R_p$ 为钻杆、钻井液热阻，$K·m/℃$；$R_{a2}$ 为井壁、套管、水泥环及地层热阻，$K·m/℃$；$f_p$，$f_a$ 分别为钻具内和环空内流动摩擦系数，其值与工具截面变化、钻井液流变性、钻井液密度等相关；$A_p$，$A_a$ 分别为钻柱、环空截面积，$m^2$；$c_p$，$c_a$ 分别为钻柱、环空比热容，$J/(kg·℃)$；$g$ 为重力加速度，取 $9.8m/s^2$。

同时，考虑钻井液性能函数及压力剖面调节工具流阻计算，见式(7)和式(8)[9-11]：

$$\tau_0\left(\frac{1}{T},\ p\right)=A_1 \frac{1}{T}+B_1 p+C_1 \frac{1}{T^2}+D_1 \frac{p}{T}+E_1 p^2+F_1 \frac{1}{T^3}+G_1 \frac{p}{T^2}+H_1 \frac{p^2}{T}+I_1 p^3 \tag{7}$$

$$\rho(p,\ T)=\rho_0\exp\left[\xi_p(p-p_0)+\xi_{pp}(p-p_0)^2+\xi_t(T-T_0)+\xi_{tt}(T-T_0)^2+\xi_{pt}(p-p_0)(T-T_0)\right] \tag{8}$$

$$R_f=\frac{\Delta p_f}{Q_f}=\xi \frac{\rho_1 v_f^2}{2d_f Q_f} \tag{9}$$

式中，$\rho(p, t)$为某温度和压力下的钻井液密度，$g/cm^3$；$\rho_0$为初始温度压力条件下钻井液初始密度，$g/cm^3$；$p$为测点压力，MPa；$T$为测点温度，℃；$p_0$为初始压力，MPa；$T_0$为初始温度，℃；$\xi_p$，$\xi_{pp}$，$\xi_t$，$\xi_{tt}$，$\xi_{pt}$为待定系数，根据实验数据回归得到；$\Delta p_f$为压力剖面调节工具两端压降，MPa；$Q_f$为压力剖面调节工具分流量，L/s；$\xi$为压力剖面调节工具阻力系数；$v_f$为通过压力剖面调节工具的钻井液流速，m/s；$d_f$为压力剖面调节工具当量直径，mm。

### 3.3 模型的求解

方程(1)至方程(9)耦合了压力、温度及钻井液物性参数，可利用有限体积法对井筒流动模型进行数值求解[12-13]。

## 4 大差异环空井筒流场优化分析

### 4.1 模型计算精度对比

ZS-102井采用的钻具组合见表1，实钻过程中采用的钻井液排量为20L/s，地面六转速旋转黏度计测得的数值为：$\Phi_3 = 5$，$\Phi_6 = 6$，$\Phi_{100} = 26$，$\Phi_{200} = 47$，$\Phi_{300} = 57$，$\Phi_{600} = 98$。在井深为6100m时进行低泵冲试验，下入存储式压力计记录分流前不同钻井液排量下的井底压力及对应的立管压力，结果显示，循环压耗、立压计算值与实测值的误差均控制在10%以内(图8和图9)，因此，本模型能够较为真实地反映井下的压力情况。

**表1 主要入井钻具**

| 序号 | 工具名称 | 外径(mm) | 内径(mm) | 长度(m) |
|---|---|---|---|---|
| 1 | 牙轮钻头 | 149.2 | — | 0.26 |
| 2 | 加重钻杆 | 101.6 | 55.10 | 9.35 |
| 3 | 加重钻杆 | 101.6 | 55.10 | 198.13 |
| 4 | 加重钻杆 | 101.6 | 55.10 | 75.51 |
| 5 | 钻杆 | 101.6 | 84.84 | 2702.38 |
| 6 | 钻杆 | 127.0 | 108.60 | 3314.40 |

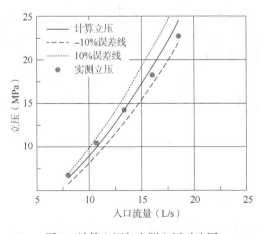

图8 计算立压与实测立压对比图

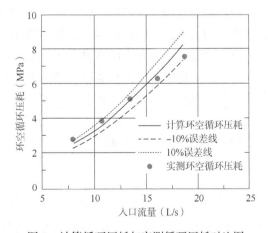

图9 计算循环压耗与实测循环压耗对比图

### 4.2 井筒流场优化分析

模拟井深为6300m时，在钻具中加入压力剖面调节装置的流场分布。入井钻具组合为：

牙轮钻头+加重钻杆+压力剖面调节工具+钻杆,工具安装位置3360m。工具开启后,当分流系数为 0.65 时,井底压力从 85.08MPa 降至 80.30MPa,立压从 20.97MPa 大幅降至 7.22MPa,环空压耗从 7.16MPa 降至 2.40MPa,如图10所示。由此可见,使用压力剖面工具可有效降低环空循环压耗及井底压力,有助于改善井底压力状态,同时,工具能够显著降低泵压,减小钻井设备负荷。

为了分析不同分流比对压力调节效果的影响,分析了恒定工具下深3880m时,分流系数为0.31、0.48、0.66及不分流时ECD随井深的变化,如图11所示。可以看出,安装压力剖面调节工具处ECD出现了拐点,分流系数越大,拐点前后的ECD差别越大,证实了本工具形成两种不同压力梯度,可以起到多梯度钻井的作用。分流系数越大,压力剖面调节工具后的压力降越大,当分流系数为 0.66 时,井底 ECD 可从 2.40g/cm$^3$ 降至 2.34g/cm$^3$,下降了0.06g/cm$^3$。因此,本工具对多梯度钻井也具有一定的调节作用。

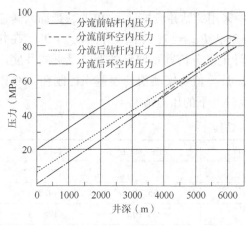

图10 优化前后压力分布图

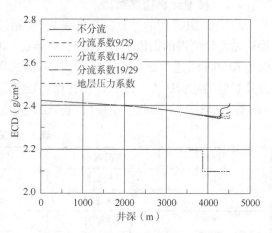

图11 不同分流系数对应 ECD 图

## 5 结论

(1)深井超深井在采用"大"+"小"、"大"+"大"+"小"等大差异环空井身结构时,由于流道面积的变化,可能存在岩屑上返速度不足、井眼清洁效率低、钻井泵压高等情况,需要进行针对性分析,并提出解决措施,减少井下复杂风险。

(2)压力剖面调节工具能够有效改善不同井段岩屑上返,在保证携岩效果的同时,显著降低钻井泵压,减小钻井泵负荷,实现流场优化。为了保证优化效果,需要进行参数设计与工具结构优化。

(3)流场优化技术能够形成两个或多个压力梯度,对于多压力体系、漏喷同存地层也有较好的适应性。

**参 考 文 献**

[1] 李剑,佘源琦,高阳,等. 中国陆上深层—超深层天然气勘探领域及潜力[J]. 中国石油勘探,2019, 24(4):403-417.

[2] 佘源琦,高阳,杨桂茹,等. 新时期我国天然气勘探形势及战略思考[J]. 天然气地球科学,2019,30 (5):751-760.

［3］蔚远江，杨涛，郭彬程，等．前陆冲断带油气资源潜力、勘探领域分析与有利区带优选［J］．中国石油勘探，2019，24(1)：46-58.

［4］夏连彬，胡锡辉，李文哲，等．蓬莱气区超深井钻井提速技术［J］．天然气勘探与开发，2023，46(1)：91-96.

［5］刘德平，代睿，彭聪，等．深井超大环空小井眼安全钻井技术研究与应用——以蓬莱气区 DB-1 井为例［J］．钻采工艺，2023，46(2)：15-20.

［6］杨建东．实用流体瞬变流［M］．北京：科学出版社，2018.

［7］张锐尧，肖平，朱忠喜，等．CML 双梯度钻井瞬态井筒温压耦合场［J］．石油机械，2023，51(8)：57-63.

［8］张万栋，罗鸣，吴江，等．海上超高温高压钻井井筒温度压力场耦合研究［J］．中国安全生产科学技术，2023，19(1)：128-135.

［9］张辉，樊洪海，逄淑君．钻井液流变参数计算方法及现场应用软件开发［J］．西部探矿工程，2008，20(2)：72-73，77.

［10］赵胜英，鄢捷年，舒勇，等．油基钻井液高温高压流变参数预测模型［J］．石油学报，2009，30(4)：603-606.

［11］范洪海．实用钻井流体力学［M］．北京：石油工业出版社，2014.

［12］JOHN D. ANDERSAN．计算流体力学入门［M］．姚朝辉，周强，译．北京：清华大学出版社，2010.

［13］王福军．计算流体动力学分析-CFD 软件原理与应用［M］．北京：清华大学出版社，2021.

# 蓬莱气区超深井钻井提速研究

夏连彬　李文哲　胡锡辉　郭建华

(中国石油西南油气田公司工程技术研究院)

**摘　要**　为解决蓬莱气区超深井钻井机械钻速低、故障复杂时效高、钻井周期长等问题，需开展钻井提速技术研究。通过对 18 口已钻井实钻数据统计分析，总结提出 3 个制约钻井提速的瓶颈问题，重点介绍了针对问题形成的技术对策与初步实施效果。研究表明：通过优化井身结构缩短大尺寸井段长度，大尺寸井眼平均钻井周期、中完周期得到有效缩短；在下部窄安全密度窗口井段攻关高效承压堵漏技术能够解决喷漏同存难题；在难钻地层采用"个性化 PDC 钻头+螺杆"复合钻井技术，应用扭力冲击器、多维冲击器、大尺寸钻具等提速效果明显。建议进一步在蓬莱气区开展提速新技术、新工艺和新工具现场试验，同时加强区域地质工程一体化研究，为该区块实现整体提速提供理论依据。

**关键词**　超深井；机械钻速；大尺寸井段；窄安全密度窗口；难钻地层

随着我国油气资源的勘探开发向深层、超深层迈进，开展超深井复杂地层钻井技术研究，成为钻井面临的迫切任务。近年来，我国钻井装备和配套工艺、技术不断进步，钻达井深不断得到突破，深井、超深井数量快速增长，但超深井钻井过程中仍面临更为复杂的超高温超高压、坚硬难钻地层、多压力体系及酸性流体等难题。

川中古隆起蓬莱气区储层埋藏超深，自上而下将钻遇海陆两相地层，地质条件复杂，纵向产层多，压力系统复杂，断层、膏盐、高压盐水发育，必封点多，井控风险高，实钻过程中面临长段大尺寸井眼与压差卡钻、溢漏同存、垮漏同存等地质工程难点。因此，有必要开展超深井钻井提速技术攻关，通过优化井身结构、优选个性化钻头及提速工具、优配钻井工艺及参数，有效解决钻井提速难题，为该区块超深井安全快速钻进提供有利技术支撑[1]。

## 1　工程地质难点

蓬莱气区位于川中古隆起东段北部，南起乐至，北至梓潼，西至中江，东到蓬安，总面积达 20000km²。2020 年以来 PT1 井灯二段，JT1 井沧浪铺组、茅口组相继取得突破，灯四段见到新苗头，证实川中地区磨溪—龙女寺构造北斜坡灯二台缘带具备形成岩性圈闭气藏群的条件，使川中古隆起蓬莱气区成为四川油气田规模增储的主攻区块。

截至目前，蓬莱气区超深井正钻、完钻井共计 18 口，通过总结前期实施情况，对各完

---

【第一作者简介】夏连彬(1987—)，女，四川省成都市人，2009 年毕业于中国石油大学(华东)材料化学专业，获理学学士学位，高级工程师职称，主要从事钻井设计与研究工作。E-mail：xialianbing@petrochina.com.cn。

钻开次钻井情况进行分析，结果表明：

（1）灯影组埋深大，由南向北深度逐渐增加，预计最深完钻井深 8185m，平均完钻井深 7435m，井底最高温度 176℃，井底平均温度达 161.3℃，目前最长钻井周期为 538.71d。

（2）上部大尺寸井眼段机械钻速低，如 $\phi$660.4mm 井眼（蓬莱镇—遂宁组）平均机械钻速 2.06m/h；$\phi$444.5mm 井眼（遂宁组—须二段顶）平均机械钻速 2.13m/h。

（3）长裸眼井段安全密度窗口窄，筇竹寺组恶性井漏，严重影响地质目标实现。PS4 井在筇竹寺组漏失钻井液 430.4m³，损失时间 322.33h，复杂时效 23.3%；ZS101 井在筇竹寺组漏失钻井液 1336.3m³，损失时间 1385.07h，复杂时效 25.7%。

## 2　钻井提速难点

蓬莱气区超深井钻遇地层总厚度 7000m 以上，其中侏罗系、上三叠统为陆相沉积，以砂泥岩为主；中三叠统及以下沉积地层为海相沉积，岩性以碳酸盐岩为主[2]。钻探实践表明，蓬莱气区浅层油气发育，大安寨段、须家河组为产层，沙一段以下均为高压气层；须家河组地层异常高压，高密度钻井过程中显示频繁；雷口坡组、嘉陵江组钻遇石膏、盐岩，可能钻遇高压盐水层，雷二段—嘉五段等地层易漏失，高密度情况下易发生卡钻；筇竹寺组可能钻遇恶性井漏；沧浪铺组、茅口组压力最高分别达 157MPa、154MPa；灯影组为裂缝性气层，可能发生溢流、井漏，钻遇破碎性地层可能发生卡钻。

### 2.1　上部大尺寸井段

上部大尺寸井眼（$\phi$660.4mm+$\phi$444.5mm）平均段长 3578m，平均起下钻趟数 26 趟，其中 $\phi$660.4mm 井眼平均钻进时间 31.22d，$\phi$444.5mm 井眼平均钻进时间 141.25d。沙一段—须家河组泥页岩与砂岩互层段长近 1500m，地层软硬交错，平均使用 23.67 只钻头，平均机械钻速 1.40m/h。PS1 井 444.5mm 井眼中完井深 3985m，钻井周期 139.83d；PS2 井 444.5mm 井眼中完井深 3528m，钻井周期 133.9d。

### 2.2　下部窄安全密度窗口井段

下部 $\phi$241.3mm 井眼裸眼段长 1200~2200m，温差大（60~70℃），油气显示活跃，钻井液密度高，安全密度窗口窄，漏喷同存。JT1 井在该井段经实钻验证安全密度窗口为 2.26~2.30g/cm³，共钻遇 8 次气测异常（龙潭组、栖霞组、洗象池组、筇竹寺组）、3 次气侵（茅口组、沧浪铺组）、6 次井漏（筇竹寺组）。PS1 井在该井段安全密度窗口为 2.10~2.18g/cm³，共钻遇 8 次气测异常（茅口组、栖霞组、洗象池组、龙王庙组、沧浪铺组）、1 次气侵（栖霞组）、3 次井漏（沧浪铺组）。

### 2.3　难钻地层井段

实钻分析表明，该井区难钻层段主要有自流井组、须家河组、茅口组、沧浪铺组。自流井组、须家河组砂泥岩交错，砂岩石英含量高，胶结致密、硬度大、研磨性强、地层可钻性差，加之存在高压气层，钻井液密度高（1.72~2.09g/cm³），导致机械钻速很低，自流井组（300m）平均使用钻头 5 只，平均机械钻速 1.34m/h，须家河组（730m）平均使用钻头 10.67 只，平均机械钻速 1.46m/h。茅口组以泥—粉晶灰岩、泥晶硅质灰岩为主，可能含有硅质岩和燧石，200m 井段平均使用 2.5 只钻头，平均机械钻速 2.1m/h。沧浪铺组为粉砂岩、泥质粉砂岩与粉砂质泥岩、泥岩、石灰岩、白云岩互层，上部致密粉砂岩研磨性强，PS2 井 5 趟钻打穿沧浪铺组，平均单只钻头进尺 43.7m，平均机械钻速 0.91m/h。

## 3 钻井提速技术对策

### 3.1 优化井身结构

基于已钻井资料分析和地层三压力剖面研究，通过优化必封点位置，预计可缩短大尺寸井段长度约600m，达到提高机械钻速的目的。具体优化方案为：$\phi$374.65mm 技术套管必封点由须二段顶优化至须家河组顶，缩短 $\phi$455mm 大尺寸井段长度，不钻揭须家河组高压气层，降低高密度钻井液条件下沙溪庙组中下部地层黏卡风险。$\phi$282.58mm 技术套管浅下至茅口组顶，$\phi$333.4mm 井眼不钻揭茅口组高压层，避免钻遇茅口组高压层后上部裸眼段发生井漏和压差卡钻(图1)。

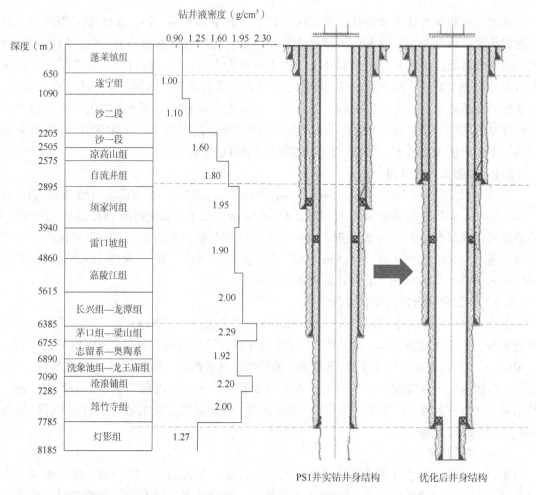

图 1　蓬莱气区井身结构优化方案

### 3.2 高效承压堵漏技术

关于提高地层承压能力的作用机理，目前比较有代表性的理论有"封尾(Tip Sereenout)"理论、"应力笼(Stress Cage)"理论及"裂缝闭合应力(FCS)"理论。针对蓬莱气区超深井面临的难题，应就长裸眼段微纳米级诱导缝提高承压能力防漏技术和已堵漏地层提高承压技术开展攻关，以解决目前堵漏效率低、套管层次多、钻完井周期长等问题。

### 3.3 个性化 PDC 钻头+等壁厚大扭矩螺杆复合钻井技术

蓬莱气区须家河组主要以细砂岩、泥质砂岩为主,具有可钻性差、机械钻速慢、单趟进尺少等特点,通过研究地层特性,选用三长三短六刀翼中抛面冠部设计的 PDC 钻头,其中心部为平面齿,鼻肩部双排多棱齿、非平面/锥形齿,布齿密度高(双排齿),拥有抗冲击(抗冲击性能提高 90%)、抗研磨性强的特点,有效地提高了单趟进尺。同时,由于须家河组砂岩夹页岩,部分层位含石英,存在研磨性强、软硬交错、扭矩波动大的特点,钻头、螺杆选型与地层匹配度也保证了行程机械钻速[3-4]。目前正钻井 DT1 井,在须家河组选用多棱齿 PDC 钻头+大扭矩螺杆,仅 3 趟钻穿须家河组,效果良好;累计进尺 1232m、纯钻 402.2h,平均机械钻速 3.06m/h,钻井周期 24.33d,对比邻井提速效果明显(表 1)。

表 1　DT1 井与邻井须家河组钻井情况对比

| 项目 | DT1 井 | 区块邻井 | 使用效果 |
| --- | --- | --- | --- |
| 单趟平均进尺(m) | 410.0 | 218.1 | 提高 87.99% |
| 平均机械钻速(m/h) | 3.06 | 2.83 | 提高 8.13% |
| 平均钻井周期(d) | 24.33 | 25.91 | 降低 6.10% |

### 3.4 提速工具优选

#### 3.4.1 扭力冲击器

扭力冲击器主要依靠扭力冲击来实现高频率的冲击钻进。将钻井液的能量转换为扭向的、高频的、均匀稳定的机械冲击能量传递给钻头,大幅度提高剪切效率,改变 PDC 钻头的碎岩方式,同时扭力冲击器提供的冲击扭力,还能有效降低钻具的黏滑振动,大幅提高钻进速度,延长钻头寿命。正钻井 ZS103 井在 $\phi$241.3mm 井眼采用扭力冲击器+忍者齿钻头,一趟钻从筇竹寺组上部钻至灯二段顶中完,进尺 492.71m,机械钻速 3.85m/h(该区块前期同层位平均机械钻速 2.53m/h),提速 52%,提速效果明显[5-8]。

#### 3.4.2 多维冲击器

多维冲击器是一种轴向和扭向复合冲击钻井工具,该工具能够将稳态流动的钻井流体转换为具有压力振荡的脉冲射流,并通过螺旋结构将脉冲射流的流体冲击作用转换为机械式的轴向与扭向冲击作用,最终通过冲击杆的运动将冲击力传递至 PDC 钻头,达到提速目的。通过国内其他油气田试验情况总结分析后发现,在三叠系以上地层,使用低螺旋角工具能够有效提高机械钻速和延长钻头进尺,是一种高效的软至中硬地层提速手段;二叠系、石炭系及以下深部硬岩地层的提速难题在于剧烈的井下振动,通过提高多维冲击器的扭向冲击力幅值可减小钻进过程中的黏滑振动,可维持 PDC 钻头在坚硬地层中平稳高效钻进,从而大幅度提高钻头进尺。针对难钻地层,多维冲击器能够针对性地解决深井钻井中的钻探难点(图 2)[9-10]。

### 3.5 应用大尺寸钻具

针对 $\phi$660.4mm、$\phi$455/444.5mm 等大尺寸井眼钻井液密度高、钻具振动剧烈易疲劳破坏等问题,可通过开展大尺寸钻具与减振工具优选,进一步强化钻井参数,提高钻具刚度,降低钻具故障。一是使用 $\phi$168.28mm 大尺寸钻杆,提高环空返速,强化井眼清洁与携岩

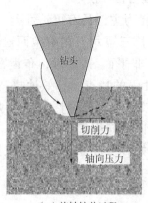

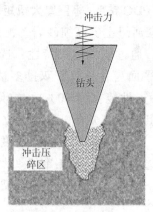

（a）旋转钻井过程　　　　　　　（b）冲击钻井过程

图2　多维冲击器提速原理

（与 $\phi$139.7mm 钻杆相比，同排量有效降低泵压）；二是使用 $\phi$286mm 大尺寸钻铤与水力加压器/重型减振器，减小钻具振动；三是使用 $\phi$286mm 大尺寸大扭矩螺杆，强化井下动力钻具性能。

## 4　结论及建议

（1）通过优化井身结构，$\phi$444.5mm 井眼平均钻井周期 47.37d，同比优化前周期减少 39.84d，同时中完周期得到有效缩短，提速效果明显。

（2）在自流井组、须家河组、茅口组、沧浪铺组等难钻地层，通过试验"个性化 PDC 钻头+螺杆"复合钻井技术，应用扭力冲击器、多维冲击器、大尺寸钻具等，取得了一定实施效果，可通过推广应用后形成区块提速模板。

（3）在下部窄安全密度窗口井段，应针对高温高密度钻井液流变性控制与润滑防卡、承压堵漏技术的优选及实施规范等开展研究。

（4）在新工艺、新技术试验的基础上，应加强地质工程一体化研究，科学指导钻井提速。例如构建重点区域地层孔隙、坍塌、破裂、漏失压力剖面，开展 XPT、DIFT 等地层压力测试，指导井身结构和钻井液密度设计；强化地层可钻性钻前预测、钻中监测、钻后评价研究，为个性化钻头及提速配套工具优选提供依据；应用三维地震资料，精确预测断层、褶皱、裂缝带等不良地质体，指导井身结构、轨迹设计和防漏堵漏工艺。

**参　考　文　献**

[1] 苏义脑，路保平，刘岩生．中国陆上深井超深井钻完井技术现状及攻关建议[J]．石油钻采工艺，2020，42（5）：527-542．

[2] 杨雨，谢继容，赵路子．四川盆地茅口组滩相孔隙型白云岩储层天然气勘探的突破及启示[J]．天然气工业，2021，42（2）：1-9．

[3] 周代生，杨欢，胡锡辉．川西双鱼石构造超深井大尺寸井眼钻井提速技术研究[J]．钻采工艺，2019，42（6）：25-27．

[4] 康健，郝围围，刘德智．高陡含砾地层大扭矩螺杆+高效 PDC 钻头钻井提速分析[J]．西部探矿工程，2021（5）：71-75．

［5］张金成，张东清，张新军．元坝地区超深井钻井提速难点与技术对策［J］．石油钻探技术，2011，39（6）：6-10.

［6］胡大梁，欧彪，张道平．川深1超深井钻井优化设计［J］．钻采工艺，2020，43(2)：34-37.

［7］叶金龙，沈建文，吴玉君．川深1井超深井钻井提速关键技术［J］．石油钻探技术，2019，47(3)：121-126.

［8］杨博仲，汪瑶，叶小科．川西地区复杂超深井钻井技术［J］．钻采工艺，2018，41(4)：27-30.

［9］刘书斌，倪红坚，张恒，等．多维冲击器钻井提速技术及应用［J］．石油机械，2020，48（10）：44-50.

［10］索忠伟，王甲昌，张海平，等．旋冲钻井在塔河工区超深井段的应用［J］．石油钻采工艺，2013，35（4）：44-46.

# 上细下粗"异径井眼"膨胀管开窗侧钻技术

袁鑫伟[1]　张宏阜[1]　范浩思[2]　何琼华[3]

(1. 中国石油西部钻探定向井技术服务公司;
2. 中国石油西部钻探试油公司; 3. 中国石油西部钻探克拉玛依钻井公司)

**摘　要**　使用膨胀管封隔复杂地层,而后在膨胀管内开窗作业,规避下部复杂地层,可以提高后续钻井效率。由于各种原因,膨胀管在膨胀过程中可能不充分,形成上细下粗的"异径井眼"。侧钻点处的膨胀管直径大于上部井段未膨胀处的直径。本文分析了这种上细下粗的"异径井眼"膨胀管开窗难度、膨胀管膨胀后应力及应变情况,还介绍了斜向器的坐封原理,以及铣锥的选择依据。详细介绍了准噶尔盆地某井在这种上细下粗的"异径井眼"内膨胀管的开窗过程,这些可为今后同类型施工提供有益参考。

**关键词**　膨胀管;异径;开窗

膨胀管技术是 20 世纪 80 年代末发展起来的钻修井技术,早期的膨胀管技术一般作为常规技术失败后的临时性的救援措施来部署,作为成熟油田井的补救、恢复和翻新。随着该技术的逐渐发展和成熟,逐渐应用到钻井领域,用于处理深井、复杂井出现的问题。膨胀管技术是将可塑性管柱下入到井筒内,以机械或液压的方式使管柱发生永久性塑性变形,使管柱的内径变大。膨胀管对材质要求比较高,其膨胀率一般要求在 15%～25% 之间,在其膨胀的过程中,膨胀管要满足应力—应变关系,具有足够的强度和塑性变形能力。其膨胀后抗压强度要大于 API 标准中的 J55 钢级的套管强度。通过下入膨胀管,可以封堵任意一个复杂地层,从根本上解决多个复杂地层与有限套管层序之间的矛盾,使复杂的深井能够较顺利地钻达目的层。该技术能够简化井身结构,节约钻井成本,是一种全新的钻完井方式和修井方式,因此被称为 21 世纪钻井和完井最具革命性的核心技术之一。

准噶尔盆地某井是部署在该区的一口水平井,设计层位为 $P_3w_1^1$,设计井深 5500m。由于该井漏失、坍塌严重,施工中异常复杂,后经讨论决定注灰回填封井,对原设计进行变更。变更设计采用 $\phi194mm$ 膨胀管注水泥固井并与上层套管悬挂的方式,封堵乌三—乌二段易坍塌地层(膨胀管进入乌一段斜深 5m 左右)。采用扩眼器对计划下入膨胀管的井段实施扩眼作业,井径扩至大于 $\phi241.3mm$,膨胀管施工后内径 $\phi194mm$。封堵后使用 $\phi165mm$ 钻头在膨胀管内开窗侧钻,而后下入 $\phi139.7mm$ 套管完井。

## 1　该井侧钻主要技术难点

该井膨胀管膨胀后是"异径井眼"结构,上细下粗(图 1)。4023m 以上井段,未能充分

---

**【作者简介】**张宏阜,现为中国石油西部钻探定向井技术服务公司一级工程师。电话:13999510331。

膨胀，通径是168~169mm，而侧钻点选择在内径较粗的4257m处，该处管内直径膨胀后为196~197mm。分析认为，该井膨胀管侧钻的主要技术难点是：

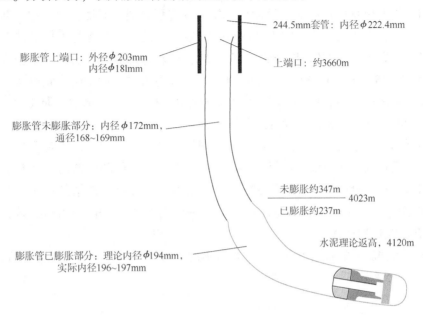

图1　准噶尔盆地某井膨胀后的井身结构

（1）由于部分膨胀管未完全膨胀，整个井筒是上细下粗的"异径井眼"，侧钻井段井眼直径大于上部未膨胀的井眼直径，增加了选择斜向器的困难（膨胀管未膨胀部分：内径 $\phi$172mm，通径 168 ~ 169mm，膨胀管已膨胀部分：理论内径 $\phi$194mm，实际内径 196 ~ 197mm），既要满足斜向器顺利通过上部较细井眼，又要保证斜向器在较粗井眼内的坐封力牢靠，综合分析，决定采用 160mm 膨胀管专用液压式斜向器，设计卡瓦牙张开最大外径限制在 202mm 左右；

（2）该井开窗侧钻位置在膨胀管内，要求斜向器斜面的材料性能要大于膨胀管硬度，斜向器牙齿要能够有效地吃入膨胀管内；

（3）由于本井的特殊性，斜向器需要压在膨胀锥上面触底坐封，必须保证膨胀锥的压实程度，不能发生位移，否则会影响斜向器坐封的牢靠性；

（4）膨胀管专用开窗铣锥攻击性能加强，能够更快撕破膨胀管、尽快出窗，减少对斜向器的磨损，缩短整个开窗过程的时间；

（5）本井测深 4230.28m 井斜 72.16°，属于大斜度井开窗，比常规开窗井难度及复杂性要大。

## 2　开窗侧钻工具的选择

### 2.1　斜向器的选择

由于膨胀管未膨胀部分通径是168~169mm，而膨胀管已膨胀部分的理论内径为 $\phi$194mm，实际内径196~197mm，既要保证斜向器的坐封力牢靠，又要考虑卡瓦牙张开最大外径不破坏膨胀管的前提下，如何优选斜向器的结构型号是重中之重。

选用某型号的斜向器。这种斜向器长度4480mm，其斜向器斜面3°、斜向器斜面硬度280~320HB，卡瓦牙硬度400~450HB，锚定力大于700kN，斜向器坐封后抗扭矩60~70kN·m，保证导斜器坐封安全可靠。

斜向器采用的橡胶件密封要质量优良。要求具有耐高温、耐油、耐腐蚀、高强度、弹性好等特点。项目中选取丁腈橡胶为基体材料。该材料是由丁二烯与丙烯腈共聚而制得的一种合成橡胶。是耐油（尤其是烷烃油）、耐老化性能较好的合成橡胶。丁腈橡胶中丙烯腈含量（%）有42~46、36~41、31~35、25~30、18~24等五种。丙烯腈含量越多，耐油性越好，但耐寒性则相应下降。它可以在120℃的空气中或在150℃的油中长期使用。此外，它还具有良好的耐水性、气密性及优良的黏结性能。

该斜向器的坐封过程是：斜向器通过下入管柱下到设计深度后，旋转管柱调整开窗斜向器的方位，通过陀螺测斜仪测量斜向器的方位，保证下入的斜向器与预计深度和方位完全一致。尔后，通过投球关闭→憋压20~27MPa→卡瓦撑开→上提钻具验证→定位完毕→顶驱正转35圈→上提40kN销钉剪断，丢手成功→斜向器坐封完毕→起出送入钻具。

### 2.2 开窗铣锥的选择

根据膨胀管膨胀后的材料力学性质选择合适的开窗工具。文献[2]介绍了膨胀管膨胀后的应力变化（图2和图3）。

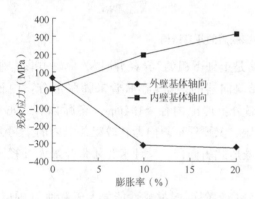 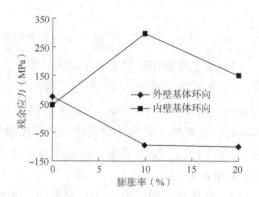

图2　膨胀管膨胀后内外壁轴向残余应力的变化　图3　膨胀管膨胀后内外壁环向残余应力的变化

其结论是：（1）经膨胀扩管后，残余应力的分布特点为：外壁基体的轴向和环向残余应力均为残余压应力，而内壁基体的轴向和环向残余应力均为残余拉应力。（2）残余应力测试数据展现出一种异常现象，即内壁基体的轴向残余应力随膨胀率的增加而增加；膨胀率超过10%时，外壁基体的环向、轴向残余应力几乎不增加，内壁基体的环向残余应力反而减少。

文献[3]对膨胀管膨胀后的应变进行了分析研究。该文献介绍了选取初始壁厚不均度各异的三根管子（图4），经过膨胀后可以发现，3根管子在各个不同的膨胀幅度下，其壁厚不均依然存在，且随着膨胀幅度的增加，3根管子的壁厚不均度在原来的基础上不断增加（图5）。

如果按照图4中的方法将膨胀后的管子截面特征绘图，发现管子厚边和薄边的对称分布特征在膨胀后更加明显（图6）。可见，井眼内管子膨胀的力学环境无法对钢管起到均壁作用，相反钢管的壁厚不均度会在原来的基础上不断增加。其主要原因在于，膨胀时管子同一横截面上的相对厚壁部分和薄壁部分的壁厚值都会减小，但塑性变形主要在管子的薄弱部位发生，也就是说，管子薄壁部分的壁厚减小速度大于厚壁部分的壁厚减小速度。

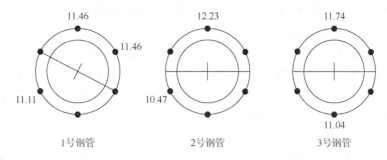

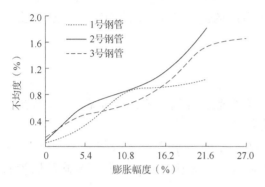
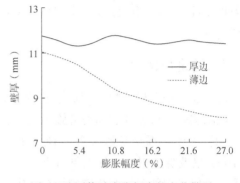

图4　选取的不均度各异的三根管子

图5　三根管子膨胀后不均度的变化　　　　图6　壁厚值随膨胀幅度的变化情况

　　图6为实验中管子测量横截面上的厚壁部分和薄壁部分的壁厚值随膨胀幅度增加的变化情况，从图6中可以很明显看出，管子膨胀后薄壁部分的壁厚值的减小速度大于厚壁部分，随着膨胀幅度增加，厚壁部分和薄壁部分的壁厚差值越来越大。可见，管子厚壁和薄壁部分的壁厚值在膨胀后的减小速度不一致是造成膨胀后管子壁厚不均度增加的直接原因。

　　根据膨胀管的材质和膨胀后的情况，选取某型号的高效螺旋铣锥，其本体硬度280HB，采用进口优质合金加工，保证切削套管顺利。

## 3　施工简况

　　2023年某月某日在该井井口组合钻具后，下入$\phi$163mm膨胀管专用液压式斜向器。经过中途对陀螺测斜仪检测，显示仪器工作良好。下钻到底后，经过陀螺测量后，对液压式斜向器进行坐封。憋压27MPa，持续5min，上提100kN无位移变化，说明斜向器坐封牢靠。下放至井深4257.12m，转盘正转35圈，上提40kN销钉剪断，丢手成功，完成斜向器坐封程序。

　　次日，下入螺旋铣锥进行磨铣作业。顺利下钻到斜向器上方，17：00下探斜向器导尖，上提0.5m，开转盘，从4252.42m开始磨铣。进尺在2.0m后钻压加到50kN，扭矩平稳，上下活动钻具，振动筛返出大量铁屑，继续正常磨铣。进尺2.6m，进尺有所缓慢，进入地层，钻压增加到80kN，泵压稍有升高，其他参数不变，返出铁屑量减少。磨铣至井深4256.85m，完成本次磨铣任务，磨铣进尺：4.43m，磨铣井段：4252.42～4256.85m，磨铣时间：7h，整个磨铣过程很顺利。

　　磨铣钻具组合：$\phi$165.1mm铣锥+$\phi$128mm转换接头+$\phi$114.3mm加重钻杆（1柱）+

$\phi133$mm 转换接头+止回阀+$\phi133$mm 转换接头+$\phi114.3$mm 加重钻杆(14 柱)+$\phi114.3$mm 斜坡钻杆(69 柱)+$\phi127$mm 钻杆。

为了保障膨胀管开窗窗口质量,后又下入复试铣锥修复窗口。修复窗口参数:钻压 0T,转速 40—70—80r/min,泵压 8MPa,空转扭矩 5~6kN·m,黏度 47s,排量 18L/s。在井深 4252.42~4256.85m 反复上下修窗口,在转速 40r/min 修窗口时扭矩波动大,扭矩 5~13kN·m,40r/min 转速修窗到底,后面几趟扭矩平稳。经过 2 个多小时修窗程序,上提下放均无遇阻显示。

为了进一步验证窗口质量,又下入 $\phi165.1$mm 牙轮钻头+158mm 扶正器开始对窗口进行验证。下钻到底开始试钻。钻进至井深 4264m,试钻井段完成,钻具上提下放过窗口无挂阻现象提钻。说明膨胀管开窗窗口能够满足后续的造斜及水平段施工,膨胀管开窗程序顺利完成。

## 4 结论及认识

(1) 在上细下粗的"异径"膨胀管内实施开窗侧钻,在这之前还没有见过有关报道,该井的成功实施,可为今后同类型施工提供有力帮助。

(2) 由于上部未膨胀部分通径是 168~169mm,而膨胀管已膨胀部分的内径为 196~197mm,既要保证斜向器的坐封力牢靠,又要考虑卡瓦牙张开最大外径不破坏膨胀管的前提下,如何优选斜向器的结构型号是重中之重。

(3) 与常规套管相比,膨胀管的强度更高,其膨胀后应力、应变均与膨胀前大相径庭。根据膨胀管的材质和膨胀后的应力分布情况,选择合适的开窗工具,以提高开窗效率。

### 参 考 文 献

[1] 徐炳贵,贾涛,黄翠英,等. 膨胀管技术在钻井过程中的研究与应用[J]. 石油机械,2013,41(4):11-15.

[2] 唐明,王璐璐,马建忠,等. 石油膨胀套管的力学性能及膨胀后的残余应力[J]. 西安交通大学学报,2010,44(7):90-94.

[3] 张建兵,毛连海,施太和,等. 膨胀管膨胀过程中不均匀变形的试验研究[J]. 石油钻采工艺,2004,26(4):9-12.

[4] 唐明,宁学涛,吴柳根,等. 膨胀套管技术在侧钻井完井工程的应用研究[J]. 石油矿厂机械,2009,38(4):64-68.

[5] 付胜利,高德利,易先中,等. 实体可膨胀管变形力与膨胀工具模角关系研究[J]. 石油机械,2006,34(1):25-28.

# 塔里木油田跃满区块超深水平井钻井技术

张 仪

（中国石油西部钻探巴州分公司）

**摘 要** 塔里木油田跃满区块水平井井深、地层复杂。该区块水平井施工难度大，优化井眼剖面设计时，除了考虑常规定向井、水平井的影响因素外，还要考虑最大造斜率、最大井斜角、稳斜段长度、降斜率等对优快钻进的影响。深井钻井提速技术必须考虑深井岩石致密、可钻性差、井底静止温度高、钻头加压难度大、油藏结构复杂多变等问题，因此塔里木油田跃满区块深井水平井提速，直井段主要采用螺杆+PDC钻头防斜打快技术，斜井段应用复合钻头+单弯螺杆、定向PDC钻头+单弯螺杆提速技术。定向段施工从井眼剖面设计、钻具组合优化、轨迹控制精度、钻井液性能等来降低其摩阻，达到超深水平井提速目的。

**关键词** 摩阻；扭矩；靶区；剖面

## 1 区域地质特征

塔里木油田跃满区块位于新疆沙雅县境内，井区位于塔里木河洪泛平原，地势较平坦，地表为戈壁滩，少量红柳。气候属暖温带大陆性干旱型气候，终年干燥少雨，年平均降水量仅74.6~76.3mm；日照长，年平均日照时数达2727h；冬季干冷，夏季酷热，年平均气温为11.3℃；昼夜温差大，无霜期长，为183~227d。该地区年主导风向为东北风。春秋时有沙尘暴，盛夏炎热，易发生洪涝灾害，冬季寒冷，易发生霜冻灾害。

## 2 施工难点

（1）直井段井斜、水平位移控制要求高。上部直井段钻进过程中，随着井深的增加，钻柱容易弯曲变形，导致深井钻头加压难度增大，为了预防井斜、位移超标，通常采用轻压吊打法，这种方法严重降低了钻速，二叠系、三叠系、石炭系、志留系、奥陶系易井漏，井漏有可能引起压差卡钻或坍塌卡钻。直井段井身质量要求见表1。

（2）造斜点在7000m以下，完钻井深接近8000m，超深井定向施工轨迹控制难度大，工具面难以控制，定向滑动钻进期间摩阻大，频繁托压、黏卡，精准入靶难度大。

（3）该区块超深井井底温度在150℃左右，高温高压井监测难，容易发生MWD测量仪器故障和螺杆钻具故障。

（4）三开定向井段地层复杂，可钻性差，螺杆造斜率不易掌握，容易导致井斜不够或井斜超标现象。

---

【作者简介】张仪，中国石油西部钻探巴州分公司新疆阿克苏。

（5）四开152.4mm小井眼中半径定向施工井段，岩屑返出困难，容易形成岩屑床，造成提下钻困难，甚至发生卡钻等井下事故复杂。小井眼井段，由于排量小，导致螺杆钻具的功率难以发挥，MWD测量信号传递困难。

（6）该区块井深、地层复杂，已完井多次发生井漏、卡钻等井下事故复杂。

表1　直井段井身质量要求

| 井深（m） | 井斜角（°） | 水平位移（m） | 全角变化率（°/30m） |
|---|---|---|---|
| 0~1000 | ≤1.5 | ≤15 | ≤1 |
| 1000~2000 | ≤2 | ≤25 | ≤1.5 |
| 2000~3000 | ≤2.5 | ≤40 | ≤1.5 |
| 3000~4000 | <3 | <40 | ≤2 |
| 4000~5000 | <3 | <50 | ≤3 |
| 5000~7260 | <4 | <50 | ≤3 |

## 3　技术方案

### 3.1　井身结构设计

该区块目前基本是四开井身结构设计，444.5mm井眼：13⅜in套管封固浅层疏松岩层；311.2mm井眼：9⅝in套管钻穿二叠系以下100m左右下入；215.9mm井眼：7in尾管下至奥陶系一间房组顶面以下2~4m，确保技术套管下至吐木休克组泥岩段以下。152.4mm井眼完钻原则：原则上钻至B点完钻，裸眼完井，93.2mm割缝油管备用。井身结构基本设计见表2。

表2　井身结构设计数据表

| 开钻次序 | 井深（m） | 钻头尺寸（mm） | 套管尺寸（mm） | 套管下入地层层位 | 套管下入井段（m） | 水泥封固段（m） |
|---|---|---|---|---|---|---|
| 1 | 0~1200 | 444.5 | 339.7 | 新近系 | 0~1200 | 0~1200 |
| 2 | 1200~5496 | 311.2 | 244.5 | 二叠系 | 0~4000 | 0~4000 |
| | | | | | 4000~5494 | 0~5496 |
| 3 | 5496~7418 | 215.9 | 177.8 | 一间房组 | 5194~7416 | 5194~7418 |
| 4 | 7418~7852 | 152.4 | | | 裸眼完井，93.2mm割缝油管备用 | |

### 3.2　井眼轨迹剖面优化

造斜点选择在地层相对稳定的奥陶系桑塔木组，易于定向造斜施工，根据直井段正位移或负位移情况，以及VSP测井后靶区调整情况，通过上移造斜点降低四开斜井段狗腿度，降低施工难度，中完井段预留稳斜段，便于地质卡层。轨迹优化情况见表3和表4。

表3　原轨迹设计

| 井深（m） | 井斜（°） | 方位（°） | 垂深（m） | 南北坐标（m） | 东西坐标（m） | 狗腿度（°/30m） | 闭合距（m） | 特殊点 |
|---|---|---|---|---|---|---|---|---|
| 7260.00 | 0 | 0 | 7260.00 | 0 | 0 | 0 | 0 | 造斜点 |
| 7410.00 | 30 | 307.04 | 7403.24 | 23.12 | −30.64 | 6 | 38.38 | |
| 7417.91 | 30 | 307.04 | 7410.09 | 25.50 | −33.79 | 0 | 42.34 | |

| 井深<br>（m） | 井斜<br>（°） | 方位<br>（°） | 垂深<br>（m） | 南北坐标<br>（m） | 东西坐标<br>（m） | 狗腿度<br>（°/30m） | 闭合距<br>（m） | 特殊点 |
|---|---|---|---|---|---|---|---|---|
| 7438.75 | 30 | 307.04 | 7428.14 | 31.78 | −42.11 | 0 | 52.76 | |
| 7530.42 | 85 | 306.64 | 7475.52 | 76.31 | −101.68 | 18 | 127.13 | |
| 7651.67 | 85 | 306.64 | 7486.09 | 148.40 | −198.60 | 0 | 247.92 | A 点 |
| 7851.67 | 85 | 306.64 | 7503.52 | 267.30 | −358.47 | 0 | 447.16 | B 点 |

表 4　优化轨迹设计

| 井深<br>（m） | 井斜<br>（°） | 方位<br>（°） | 垂深<br>（m） | 南北坐标<br>（m） | 东西坐标<br>（m） | 闭合距<br>（m） | 狗腿度<br>（°/30m） | 标志点 |
|---|---|---|---|---|---|---|---|---|
| 7232.29 | 0.32 | 56.84 | 7231.42 | −52.48 | −2.93 | 52.56 | 0 | |
| 7240.00 | 0.32 | 56.84 | 7239.13 | −52.45 | −2.90 | 52.53 | 0 | 造斜点 |
| 7414.99 | 35.00 | 327.30 | 7403.44 | −8.58 | −30.47 | 31.65 | 6.00 | |
| 7424.52 | 35.00 | 327.30 | 7411.24 | −3.99 | −33.41 | 33.68 | 0.02 | 中完 |
| 7435.00 | 35.00 | 327.30 | 7419.82 | 1.07 | −36.67 | 36.68 | 0 | |
| 7549.45 | 85.00 | 311.00 | 7475.52 | 70.90 | −101.91 | 124.15 | 13.55 | |
| 7665.54 | 84.26 | 306.42 | 7486.39 | 143.16 | −192.08 | 239.56 | 1.19 | |
| 7674.07 | 84.26 | 306.42 | 7487.24 | 148.20 | −198.90 | 248.04 | 0 | A 点 |
| 7843.69 | 85.54 | 306.79 | 7502.31 | 248.95 | −334.52 | 416.99 | 0.24 | |
| 7874.10 | 85.54 | 306.79 | 7504.67 | 267.10 | −358.80 | 447.30 | 0 | B 点 |

### 3.3　钻具组合与参数选择

直井段采用螺杆+MWD 仪器监测防斜打快，四开造斜段使用复合钻头+单弯螺杆钻具组合，增加复合钻比例，五开造斜段、稳斜段使用 PDC 定向钻头+单弯螺杆，采取少定向多复合钻方式，水平段主要通过调整钻压达到稳井斜、稳方位的目的，提高机械钻速。钻具组合见表 5。

表 5　钻具组合与参数选择

| 序号 | 井段 | 钻具组合 | 钻压<br>（kN） | 转速<br>（r/min） | 泵压<br>（MPa） | 排量<br>（L/s） |
|---|---|---|---|---|---|---|
| 1 | 三开<br>增斜 | φ215.9mm 复合钻头+φ172mm 单弯螺杆 1.5°+φ172mm<br>单流阀+φ172mm 无磁钻铤×1 根+φ172mm 无磁悬挂+<br>φ127mm 斜坡钻杆（15 根）+φ127mm 加重钻杆（45 根）+<br>φ127mm 钻杆 | 40~120 | 30+螺杆 | 20~22 | 26 |
| 2 | 四开<br>增斜 | φ152.4mm PDC 钻头+φ120mm 单弯螺杆 1.75°+φ120mm<br>单流阀+φ120mm 无磁钻铤×1 根+φ120mm 无磁悬挂+<br>φ88.9mm 斜坡钻杆（54 根）+φ88.9mm 加重钻杆（45 根）+<br>φ88.9mm 钻杆+φ127mm 钻杆 | 40~60 | 30+螺杆 | 22~24 | 15 |
| 3 | 四开<br>稳斜 | φ152.4mm PDC 钻头+φ120mm 单弯螺杆 1.5°+φ120mm<br>单流阀+φ120mm 无磁钻铤×1 根+φ120mm 无磁悬挂+<br>φ88.9mm 斜坡钻杆（54 根）+φ88.9mm 加重钻杆（45 根）+<br>φ88.9mm 钻杆+φ127mm 钻杆 | 40~60 | 30+螺杆 | 22~24 | 15 |

### 3.4 技术措施

（1）为保证直井段井身质量及后期斜井段施工，充分利用"PDC 钻头＋螺杆"的优势，防斜打快，达到提速效果。调整优化井眼轨迹，确保满足地质入靶要求。

（2）做好防黏卡工作，加足润滑剂加强滤饼的润滑性能，加足抗温降失水剂和防塌封堵剂维持低 HTHP 滤失量，控制 HTHP 失水在 10mL 以内，加足软化点与地温相适应的胶体沥青类防塌剂，加量控制在 5% 左右。特别是造斜开始后，流变性与润滑性一定要保持优良，控制适当高的动塑比，满足井眼岩屑净化和岩屑悬浮。

（3）斜井段施工，每钻进 24h 短提下 1 次，每次短起前应打入足量稠钻井液，将井筒内的岩屑携带干净，每次起钻前大排量循环 2 周，充分清洗井眼。

（4）旋转钻进开启顶驱时要由慢而快，严禁直接开到钻进时需要的转速，同时密切观察扭矩的变化，发现异常立即停顶驱，转速不得超过 40r/min。

（5）水平段钻进必须做到：简化钻具结构，优选螺杆钻具稳定器，达到降低摩阻和扭矩的目的。及时清除岩屑床，采用及时短起下钻、短循环等手段进行机械破岩。同时钻井液必须具备很好的悬浮稳定性、流动性。根据扭矩、摩阻情况判断岩屑床问题，及时采取措施加以清除。

（6）良好的流变性能和滤饼质量是快速钻井的重要保证。在满足携带岩屑、井下正常的情况下，控制较低塑性黏度。充分利用四级固控设备，尤其是利用好离心机，并配合化学絮凝法和清罐的方式，最大限度地除去劣质固相。加强封堵造壁性，斜井段加强携岩及润滑性能，防垮塌、防井漏、防溢流、防喷、防硫化氢。保证钻井液的失水造壁性，API 中压失水降低至 5mL 以下，维持钻井液中足够的抗高温降滤失剂及封堵防塌剂含量，控制劣质固相含量，保证钻井液形成优质滤饼，提高封堵质量。

（7）钻进过程中保持钻井液性能稳定，随着井深增加，注意保证钻井液的抗温能力，要求除加足磺化类处理剂外，增加合适软化点的粉状沥青类防塌剂，提高封堵造壁能力。志留系和一间房组易发生井漏，加强钻井液监测，铁热克阿瓦提组、桑塔木组可能存在高压盐水，针对可能出现的井漏、溢流和盐水污染等复杂情况做好应急预案。结合邻井密度使用情况，及时做好钻井液密度调整。

（8）定向钻进过程中，钻井液中加入 4%～6% 润滑剂，将滤饼黏滞系数降低到 0.10 以下；随着井斜的增加，逐步提高润滑剂含量，保持钻井液滤饼黏滞系数在 0.10 以下，确保钻井液具有良好的润滑防卡能力。

（9）定向钻进过程中，钻井液满足良好流变性能，薄而韧的滤饼质量，良好封堵防塌能力，抗温及稳定性强，适当提高动切力，保持钻井液良好的冲刷和携带能力，防止岩屑床的形成。井斜过大时，提高钻井液泵排量，尽量达到紊流，以达到提高携岩能力的要求。

## 4 应用情况与效果

跃满区块成功实施了跃满 211-H1 井、跃满 703-H3 井两口超深水平井的技术应用，定向斜井段机械钻速大幅提高、定向周期大幅缩短。2 口井都在设计工期内完成施工，实现了井下安全，无事故复杂。完成的 2 口井平均机械钻速 2.38m/h，较邻井 4 口井平均机械钻速的 1.83m/h 提速 30.1%。机械钻速对比见表 6。

表6 钻具组合与参数选择

| 井号 | 井型 | 井眼尺寸（mm） | 造斜井深（m） | 该开次井深（m） | 进尺（m） | 纯钻时（h） | 机械钻速（m/h） |
|---|---|---|---|---|---|---|---|
| YueM2-3X | 定向井 | 241.2 | 6548 | 7206 | 658 | 253.0 | 2.60 |
|  |  | 171.5 | 5099 | 5310 | 125 | 66.0 | 1.89 |
| YueM22-1X | 定向井 | 215.9 | 6828 | 7114 | 286 | 156.0 | 1.83 |
|  |  | 152.4 | 7114 | 7304 | 190 | 102.0 | 1.86 |
| YueM22-2X | 定向井 | 215.9 | 7023 | 7407 | 384 | 196.5 | 1.95 |
|  |  | 152.4 | 7407 | 7448 | 41 | 24.0 | 1.71 |
| YueM20C | 侧钻井 | 171.5 | 7263 | 7400 | 137 | 138.5 | 0.99 |
| 平均机械钻速 |  |  |  |  |  |  | 1.83 |
| 跃满211-H1 | 水平井 | 215.9 | 7260 | 7426 | 166 | 89.2 | 1.86 |
|  |  | 152.4 | 7426 | 7950 | 524 | 234.0 | 2.24 |
| 跃满703-H3 | 水平井 | 215.9 | 7000 | 7304 | 304 | 122.5 | 2.48 |
|  |  | 152.4 | 7304 | 7652 | 348 | 118.8 | 2.93 |
| 平均机械钻速 |  |  |  |  |  |  | 2.38 |

## 5 结论与建议

（1）合理配置钻具组合，控制好井斜、方位、位移在设计范围内，达到减少定向纠斜的目的，通过小幅度定向调整井眼轨迹，既能提高钻井速度，又能有效地预防井下事故和复杂情况的发生，实现安全提速。

（2）针对超深井定向施工难度大，高温高压，定向工具、MWD仪器易失效等技术难点，通过调研邻井资料，编制详细的定向施工方案及安全钻井预案，一段一策，优化井眼轨迹（三开定向段小狗腿、小井斜），优选最佳匹配螺杆和钻头选型，三开定向段使用个性化螺杆+复合钻头，四开造斜及水平段施工简化钻具结构，使用抗高温、长寿命、无扶螺杆+PDC定向钻头。

（3）在钻进过程中，通过随时注意观察扭矩、泵压的变化，发现问题及时分析、解决；变换钻压来调整钻具受力情况；每钻进完单根划眼2次，以保证井眼平滑、及时清除井底岩屑，保证井下安全。

（4）及时测斜、准确预测，是保证井身轨迹的关键。使用进口高端无线随钻测斜仪，能够及时准确掌握井身轨迹的变化趋势，实现优质、快速、安全钻进。形成的跃满区块超深井水平井钻井提速技术，可在塔里木油田其他区块推广应用。

**参 考 文 献**

［1］尹宏新，徐明.塔里木油田深井钻井提速技术难点分析及对策［J］.中国石油和化工标准与质量，2016（20）：2.

［2］宋建伟，何世明，龙平，等.国内深井钻井提速技术难点分析及对策［J］.西部探矿工程，2013（12）：73-77.

［3］宋泓钢.国内深井钻井提速技术难点分析及对策研究［J］.化学工程与装备，2015（2）：3.

# 鄂尔多斯盆地陇东页岩油水平井"一趟钻"技术与实践

宫臣兴[1,2]　欧阳勇[1,2]　李治君[1,2]　余世福[1,2]

(1. 中国石油长庆油田公司油气工艺研究院；2. 中国石油长庆油田公司
低渗透油气田勘探开发国家工程实验室)

**摘　要**　相较北美，长庆油田页岩油储层物性差，压力系数低，经济开发难度大，对钻井控降成本要求高，为推动页岩油规模效益开发，亟需开展水平井钻井提速降本技术攻关。借鉴北美"一趟钻"先进经验，在现有地质、工程现状基础上，分析了长庆油田页岩油水平井实施"一趟钻"的技术难点，重点从井身结构设计、井身剖面优化、轨迹高效控制、长寿命工具研发、钻井液体系优化、降摩减阻工具优选、激进钻井参数、远程辅助决策等方面开展技术攻关及实践应用。结果表明，随着"一趟钻"技术持续完善，"一趟钻"施工能力及比例不断提升，提高机械钻速、缩短钻井周期效果显著，已成为推动长庆页岩油钻井提速及高效开发的重要技术手段，对于其他油田钻井提速降本具有重要的借鉴意义。

**关键词**　"一趟钻"；机械钻速；旋转导向；水平井；页岩油

"一趟钻"技术是指用一个钻头和一套钻具组合一次入井钻完一个井段或一个开次的钻井技术[1-2]，其具有提高机械钻速、减少井下复杂、缩短钻井周期、降低施工成本等多重优势，已逐渐成为推动非常规油气低成本开发的关键技术之一。国外"一趟钻"钻井技术研究起步早，目前已形成了成熟的技术体系，实现了广泛的应用，且取得了显著的提速效果。例如2016年，美国 Eclipse 公司在 Utica 页岩气区完钻一口井深8244.2m水平井，实现了斜井段+5652m超长水平段"一趟钻"，钻井周期仅17.6d；2015年，CONSL 公司完成单井场多口水平井斜井段+水平段"一趟钻"，"一趟钻"最高进尺4597.6m，最高日进尺1774.2m；EOG 公司在 Wolfcamp、Eagle Ford 和 Bakken 区块平均钻井周期缩短45%~60%，钻完井成本减少25%~45%[3-5]。受工程地质因素影响，我国"一趟钻"钻井技术起步晚，发展较慢，在技术成熟度、应用比例及效果上还与国外存在较大差距。

鄂尔多斯盆地页岩油资源丰富，勘探开发潜力巨大，是支撑长庆油田增储上产的重要

【基金项目】中国石油天然气股份有限公司勘探工程技术攻关项目"钻完井关键技术研究与现场试验"(编号：2022KT16)。

【第一作者简介】宫臣兴(1994—)，工程师，副所长，2019年毕业于西北大学油气田开发工程专业，获硕士学位，现从事钻完井及智能化技术研究与推广工作。通讯地址：陕西省西安市未央区明光路油气工艺研究院。邮编：710018。电话：029-86590723。E-mail：gchx_cq@petrochina.com.cn。

接替资源。但受沟壑纵横的黄土塬地貌限制，页岩油开发采用大平台工厂化建井模式，大偏移距及长水平段机械钻速慢，钻井周期长；浅表层二开井身结构，二开长裸眼钻遇多个复杂层位，塌漏矛盾突出，制约钻井提速。需借鉴北美"一趟钻"提速经验，开展优快钻井技术研究与应用，推动页岩油水平井提速降本。长庆油田自2018年开展页岩油水平井"一趟钻"技术攻关以来，"一趟钻"比例持续提升，钻井周期大幅缩减，为页岩油效益开发提供了有力的技术支撑。

# 1 "一趟钻"技术难点

根据陇东页岩油区域地层特性及工程技术现状，若想实现"一趟钻"钻完一个开次或一个井段，主要存在以下技术难点：

(1) 二开井裸眼钻遇第四系、白垩系(环河组、华池组、洛河组)、侏罗系(安定组、直罗组、延安组)、三叠系(延长组)等地层，其中洛河组、延长组天然裂缝发育，承压能力低，易漏失。直罗组黏土矿物含量高，储层段(长7段)存在大量泥岩段，易坍塌，同一裸眼段塌漏矛盾突出。

(2) 受黄土塬地貌限制，井区主要采用大平台工厂化建井模式，井型以三维水平井为主，相较于二维水平井，其轨道更加复杂，钻井摩阻高，施工难度大。

(3) "一趟钻"可能需钻穿直井段、斜井段、水平段多个井段，一套钻具组合需满足防斜、造斜、稳斜等多种轨迹控制要求，轨迹控制难度大。

(4) "直井段+斜井段"为1500~2000m，"一趟钻"需钻具入井150~250h。水平段1500~2000m，"一趟钻"需钻具入井200~350h。要实现分井段或分开次"一趟钻"完钻，对钻头、螺杆及MWD单趟入井使用寿命提出了更高的要求。

# 2 "一趟钻"钻井关键技术

针对制约陇东页岩油水平井实现"一趟钻"钻进的各项钻井难点，主要围绕井下复杂预防、井眼轨道优化、轨迹高效控制、工具寿命提升等方面开展研究。

## 2.1 井身结构优化

为实现开发效益最大化，长庆油田在考虑地层特征(图1)及钻井安全等因素基础上，页岩油主体采用 $\phi$311.2mm 井眼×$\phi$244.5mm 表层套管+$\phi$215.9mm 井眼×$\phi$139.7mm 表层套管的二开浅表层井身结构开发(图2)，表层套管下深200~400m，封固第四系黄土层，从源头为实现二开"一趟钻"或"直井段+斜井段"、水平段分段"一趟钻"创造了条件。对于个别严重漏失、溢漏同存、易垮塌、大偏移距或长水平段水平井采用三开井身结构(图3)，技术套管封固易漏、易塌、异常高压等复杂层位或下至入窗点实现储层专打，三开井身结构目标是实现分开次"一趟钻"。

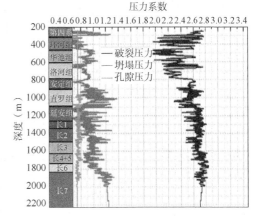

图1 陇东区域地层三压力剖面图

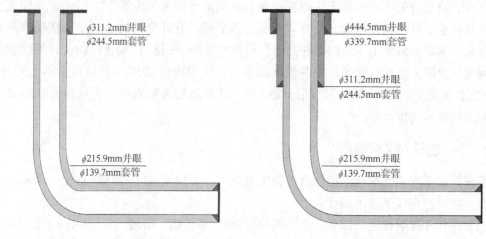

图 2　二开井身结构　　　　　图 3　三开井身结构

## 2.2　井身剖面优化及轨迹高效控制

长庆油田页岩油采用大井丛水平井立体式开发，井型以二维及三维水平井为主，为保障"一趟钻"顺利实施，针对水平井摩阻扭矩高、施工难度大的问题，开展井身剖面优化设计及轨迹控制模式优化，综合考虑施工摩阻扭矩、轨迹控制难度等因素，二维水平井采用"直—增—稳—增—水平段"五段制剖面，三维水平井采用"直—增—稳—扭方位—稳—增—水平段"七段制剖面，见图4所示。结合现有钻井工艺及施工能力，提出"小井斜走偏移距—稳井斜扭方位—增井斜入窗"的井眼轨迹控制模式，即以偏移角度75°~120°方向，采用小井斜(小于25°)钻进，消除三分之二偏移距，采用4°~6°/30m 增斜率扭方位至设计方位要求，同时消除剩余三分之一偏移距，然后将方位摆正至设计要求，采用增斜钻进至87°左右，控制好方位，增斜入窗，进入水平段。优化后的井身剖面及轨迹控制模式提高了三维井段的灵活性与适应性，确保了实钻轨迹的光滑度，降低钻井摩阻扭矩20%以上。

## 2.3　高性能工具配套

高性能 PDC 钻头及长寿命钻井工具是实现长水平井"一趟钻"的关键，受长庆页岩油低成本开发策略限制，前期主要以"单弯螺杆+MWD"常规钻具组合为主。目前，随着旋转导向工具不断完善升级，且价格逐渐下降，其应用比例持续上升，能很好满足现场作业需求。

### 2.3.1　高性能 PDC 钻头

基于长庆页岩油水平井井身结构、井眼轨道及各地层岩石力学特点，要保持高效钻进，对于 PDC 钻头主要有两个方面的要求：一是"直+纠偏段"、斜井段高效定向、强攻击，水平段高耐磨、快速钻进。因此直、斜段采用六刀翼、16mm 复合片深水槽、中长保径强化钻头、内锥线长工具面稳定，增大内

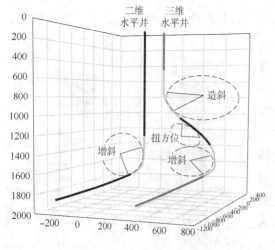

图 4　二维及三维井身剖面图

锥角和冠顶半径利于造斜(图5);水平段采用五刀翼、16mm复合片、螺旋刀翼、长保径、布齿密度大，减少刀翼，利于清岩，避免泥包(图6)。通过优选 CZS1653B、ES1625PSGC9 等高效 PDC 钻头，多口井实现了"直井段+斜井段"或水平段"一趟钻"及二开全井段"一趟钻"，水平段"一趟钻"最大进尺3001m，单只钻头"一趟钻"最大进尺达3395m。

图5　直、斜井段钻头(六刀翼)　　　　图6　水平段钻头(五刀翼)

### 2.3.2　大功率高耐磨螺杆

为满足"一趟钻"提速需求，从两个方面开展螺杆优化改进，一是改进常规螺杆，将螺杆外径由 165mm 优化为 172mm、级数由 3.5 变为 5.5 级，提升螺杆输出功率。优选高硬度低磨耗橡胶材料，头数仍为 7~8 头，在保证螺杆转数不变的前提下，螺杆总成寿命提高20% 以上，输出扭矩提高 20%，整机效率提升将近 10%[6]。二是试验并优化等壁厚螺杆，通过下移稳定器及弯点，提高钻具造斜率，改进等壁厚橡胶阀门结构，降低压耗和设备损耗，改进螺杆防掉装置，降低井下风险。通过优化改进，有效保障了单只螺杆平均入井时间在 160h 以上、平均进尺在 1800m 以上。

### 2.3.3　长寿命 MWD

针对常规单电池电量限制单趟入井工作时间难以突破 200h 的问题，在常规 MWD 基础上进行改进，研发了串联双电池组供电技术及涡轮发电技术，双电池组可保证 MWD 单井入井 300h 以上的作业需求[7]，涡轮发电无故障最长可运行 900h 以上。

### 2.3.4　旋转导向试验应用

旋转导向相较常规"弯螺杆+MWD"钻具组合，无需起下钻即可改变钻具组合特性，能够实现对井斜和方位的双控制，且全程复合钻井，在轨迹控制及钻井提速方面优势明显[8-10]。近年来，针对大偏移距及长水平井施工摩阻扭矩高、机械钻速慢的问题，优选 AutoTrack G3、AutoTrack Curve、CG Steer 等国内外先进旋转导向工具开展现场试验，取得了良好的应用效果，例如 Q*-2 井与 Q*-7 井为同平台两口井，均采用二开井身结构，井深相当，Q*-2 井靶前距及偏移距均大于 Q*-7 井，施工难度更大，Q*-7 井采用"弯螺杆+MWD"常规导向方式，二开下钻 4 趟，二开钻井周期 15.43d，平均机械钻速 16.31m/h。Q*-2 井采用旋转导向，二开实现直斜段、水平段 2 趟钻完钻，二开钻井周期仅为 11.79d，平均机械钻速 20.68m/h，提速效果显著(表1)。

表 1  Q*–2 井和 Q*–7 井主要钻井参数对比

| 井号 | Q*–2 | Q*–7 |
|---|---|---|
| 导向方式 | 旋转导向 | 弯螺杆+MWD |
| 完钻井深(m) | 3198 | 3250 |
| 靶前距(m) | 838.3 | 609.5 |
| 偏移距(m) | 573.7 | 384.3 |
| 水平段长(m) | 1081 | 1210 |
| 二开下钻趟数(趟) | 2 | 4 |
| 二开钻井周期(d) | 11.79 | 15.43 |
| 二开平均机械钻速(m/h) | 20.68 | 16.31 |

### 2.4  钻井液优化

针对二开长裸眼钻遇多套复杂层系易发生溢漏及井壁失稳等问题，分段优化钻井液体系，最大程度避免因井漏、井塌等井下复杂事故导致起钻，确保"一趟钻"钻井顺利实施。直井段采用清水聚合物钻井液体系，密度控制在 $1.05 \sim 1.10 g/cm^3$，总聚合物含量控制在 0.3% 以上，安定组以上地层采用聚丙烯酰胺(PAM)控制钻屑分散。斜井段采用低固相聚合物防塌钻井液体系，加入高性能润滑剂改善钻井液润滑性，密度控制在 $1.10 \sim 1.15 g/cm^3$，进入直罗组之前，提高密度、加入抑制剂、提高抑制防塌类聚合物加量，API 失水控制在 6mL 以内，提高钻井液防塌性能。水平段采用复合盐低伤害强抑制防塌钻井液体系，该体系利用离子镶嵌、封堵双重防水化机理(图 7)，实现泥岩防塌，具有低密度、低黏度、高切力特点，机械钻速高，携砂能力强(图 8)。水平段钻井液增加 KCl 含量，提高体系抑制性，保障井壁稳定，水平段钻井液体系配方为 0.05%K–PAM+0.15%XCD+0.5%PAC–LV+0.3%BLA–HV+1%ZDS+3%~4%KCl+3%~5%HCOOK+ 2.5%润滑剂+WT2 加重剂[11]，钻井液密度控制在 $1.25 \sim 1.35 g/cm^3$，API 失水控制在 5mL 以内。

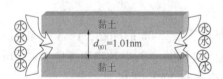

干黏土接触水，水分子进入层间

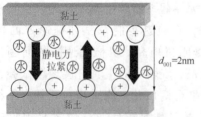

阳离子进入晶层后，恰好镶嵌在黏土Si–O四面体的氧原子六角形晶格中，并使黏土间微弱的分子间力转变为强大的静电力，拉紧黏土晶层

水分子进入黏土层面，形成黏土层面双电层，出现黏土层间的双电层斥力，使黏土进一步水化膨胀

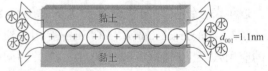

黏土层间距缩小，实现去水化目的，而且层间距恰好达到一个阳离子直径的大小，阻止水分子侵入层间发生表面水化

图 7  钾离子镶嵌拉紧示意图

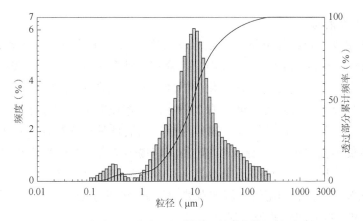

图 8　复合盐低伤害强抑制防塌钻井液体粒度分布

## 2.5　降摩减阻工具

应用降摩减阻工具可有效降低钻井施工摩阻，陇东页岩油水平井钻井主要优选以下工具实现降摩减阻：(1)以球形扶正器代替螺旋扶正器，降低扶正器与井壁接触面积；(2)应用旋转清砂短节提升岩屑清除效率，保证井眼通畅(图9)；(3)水平段采用无磁承压钻杆或加重钻杆，减少扶正器和钻铤的使用，降低钻具重量及和井壁的接触面积，实现降摩减阻；(4)推广二代水力振荡器，利用其产生的激荡力解决托压问题(图10)。

图 9　旋转清砂短节

图 10　水力振荡器

## 2.6　激进钻井参数

北美通过采用"高钻压、高转速、大排量"的激进钻井工艺实现了水平井机械钻速的大幅提升，Marcellus 及 Utica 页岩油水平井平均机械钻速达 30~80m/h，是陇东页岩油水平井的 3~5 倍。因此，借鉴北美强化参数钻井提速经验，结合现场机泵条件强化后钻压提升 75%、转速提升 14%、排量提升 12%、泵压提升 50%[12]，见表2。应用后提速效果显著，以 H*-2 井为例，强化钻井参数后，机械钻速提升至 28.76m/h，较同平台邻井平均机械钻速提高 19.09%。

表 2　强化前后钻井参数对比

| 项目 | 钻压(kN) | 转速(r/min) | 排量(L) | 泵压(MPa) |
| --- | --- | --- | --- | --- |
| 强化前 | 80 | 70 | 34 | 10 |
| 强化后 | 140 | 80 | 38 | 15 |
| 提升比例 | 75% | 14% | 12% | 50% |

### 2.7 远程决策辅助

利用信息化手段开展远程决策支持是推动方案实时优化及精细施工管理的重要手段，国内外 Halliburton、Baker Hughes、中国石化等众多石油公司均研发了功能强大的钻井远程决策支持系统[13-16]，并通过多专业一体化协同决策有力支撑了钻井作业。长庆油田借鉴国内外远程决策支持经验，结合现场页岩油水平井钻井作业需求，建立了钻井工程远程决策系统，主要包括钻前分析、钻井监控、固井监控、钻后评估四大模块。研发的快速钻井分析、钻井风险智能预警功能为"一趟钻"的顺利实施提供了有力的远程技术支持。

（1）快速钻井分析：基于钻头历史数据，以机械钻速和钻头进尺为横、纵坐标绘制散点图，标签为钻头型号，利用基于弗波纳奇数列的黄金分割算法（图 11），通过设置 0.382、0.618 等关键比例，可实现对钻头的快速寻优。

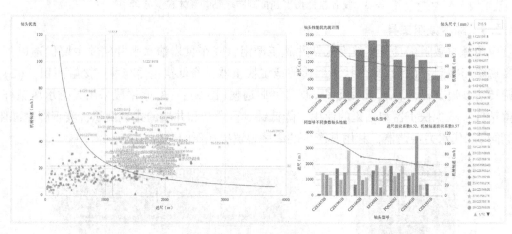

图 11  黄金分割钻头优选

（2）钻井风险智能预警：建立了复杂工况评判知识库，利用风险可信度算法将钻井数据变化特征与知识库匹配，为可能发生的复杂风险打分，分值超过阈值则提示预警信息，模型预警准确率可达 85%以上，可提前预判井漏及溢流风险，及时介入处理，降低起钻频次及复杂处理时间（图 12）。

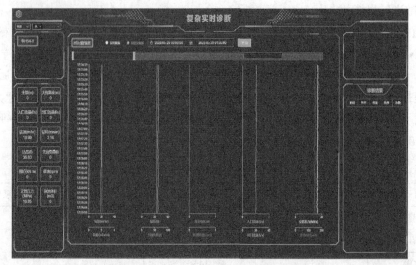

图 12  钻井溢、漏风险智能监测界面

## 3 应用效果

### 3.1 "一趟钻"比例持续提升

随着长庆油田页岩油水平井"一趟钻"钻井技术不断完善与推广,二开井直斜段"一趟钻"及水平段"一趟钻"比例持续提升(图13),2021年二开"两趟钻"完钻比例最高提升至57.5%;多口井实现了二开全井段"一趟钻"。三开井基本形成了直井段"一趟钻"、斜井段"一趟钻"及水平段"一趟钻"的钻井模式,"3个一趟钻"的完成比例已提升至50%以上。

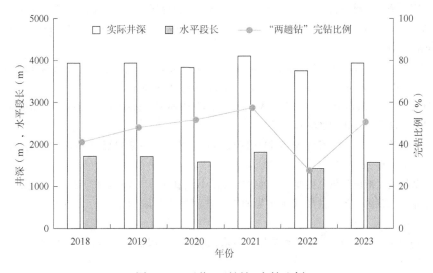

图13 二开井"两趟钻"完钻比例

### 3.2 "一趟钻"指标持续突破

H*-17井实现水平段3001m"一趟钻"完钻(完钻井深4917m);Q*-9井完成二开直、斜、水平段"一趟钻"完钻,创造单钻头最大进尺3395m纪录(完钻井深3666m)。L*-3井实现"一趟钻"井段最高机械钻速43.71m/h(完钻井深2952m,钻井周期11.08d)。

### 3.3 钻井提速提效显著

现场实践表明,"一趟钻"技术可有效提高钻井速度、缩短钻井周期。例如2021年"两趟钻"(直斜段及水平段各"一趟钻")比例为历年最高,达57.5%,平均钻井周期仅17.8d,平均机械钻速19m/h。2022年受地质追层、轨迹调整等因素影响,"两趟钻"比例仅为27.5%,平均钻井周期27.6d,平均机械钻速15.8m/h;"一趟钻"进尺3395m的Q*-9井全井钻井周期15.29d,"一趟钻"井段平均机械钻速18.78m/h;"一趟钻"井段平均机械钻速43.71m/h的L*-3井全井钻井周期11.08d;水平段3001m的H*-17井完钻井深4971m,不但水平段"一趟钻"完成,而且全井钻井周期仅12.5d。

## 4 结论与建议

(1)"一趟钻"钻井技术成功实施可有效提高水平井钻井速度,缩短钻井周期,是推动长庆油田页岩油实现钻井提速的关键技术手段。

(2)"一趟钻"钻井技术是一项系统性技术,涉及的井身结构、井眼轨道、轨迹控制、长寿命工具、钻井液、降摩减阻、钻井参数、远程辅助决策等方面都是保障"一趟钻"顺利实施的重要因素，均需精细优化。

（3）"弯螺杆+MWD"已成为长庆页岩油规模化、低成本实施"一趟钻"的主体技术，前期旋转导向试验结果已表现出其在"一趟钻"中的巨大优势，后期在成本控制范围内，可持续加强旋转导向提速相关研究与应用。

## 参 考 文 献

[1] 刘克强."一趟钻"关键工具技术现状及发展展望[J].石油机械，2019，47（11）：13-18.

[2] 杨金华，郭晓霞.一趟钻新技术应用与进展[J].石油科技论坛，2017，36（2）：38-40.

[3] BEIMS T. Purple Hayes No. 1H Ushers in step changes in lateral length，well cost[J]. The American Oil and Gas Reporter，2016.

[4] LIVINGSTON D，et al. Baker Hughes，Horizontal drilling optimization，high build rates lead to "mile-a-day" record wells in Marcellus Shale[J]. Drilling Contractor，May/June，2016.

[5] AL-ARFAJ M K，AMANULLAH M，ZAIDI S，et al. Revised experimental approaches to address shale drilling challenges[R]. SPE 188037，2017.

[6] 沈兆超，霍如军，郁燕飞，等.苏里格南区块小井眼井二开一趟钻钻井技术[J].石油钻探技术，2020，48（6）：15-20.

[7] 张宝磊.随钻测量双电池供电控制短节的研制[J].石油管材与仪器，2017，3（1）：37-39.

[8] 李军，李东春，张辉，等.推靠式旋转导向工具造斜能力影响因素[J].石油钻采工艺，2019，41（4）：460-466.

[9] 郭晓霞，杨金华，钟新荣.北美致密油钻井技术现状及对我国的启示[J].石油钻采工艺，2014，36（4）：1-5，9.

[10] 汪海阁，王灵碧，纪国栋，等.国内外钻完井技术新进展[J].石油钻采工艺，2013，35（5）：1-12.

[11] 李晓明，倪华峰，苏兴华，等.陇东X平台页岩油水平井减摩降阻配套技术研究与应用[J].西安石油大学学报（自然科学版），2023，38（3）：70-74.

[12] 田逢军，王运功，唐斌，等.长庆油田陇东地区页岩油大偏移距三维水平井钻井技术[J].石油钻探技术，2021，49（4）：34-38.

[13] HALLIBURTON. Collaborative decision centers[EB/OL].[2014-02-07]. https://www.landmarksoftware.com/Pages/CollaborativeDecisionCenters.aspx.

[14] SADLIER A，SAYS I，HANSON R. Automated decision support to enhance while-drilling decision making：where does it fit within drilling automation？[R]. SPE 163430，2013.

[15] BAKER HUGHES. WellLink radar remote drilling advisory service[EB/OL].[2015-02-09]. http://www.bakerhughes.com/products-and-services/drilling/drilling-services/remote-drilling-services/welllink-radar-remote-drilling-advisory-service.

[16] 杨肖莉，杨传书，赵金海，等.钻井工程决策支持系统关键技术[J].石油钻探技术，2015，43（2）：38-43.

# 基于结构特征分析和 BP 神经网络的泸州区块页岩气 PDC 钻头选型研究

陈 烨

(中国石油西南油气田工程技术研究院)

**摘 要** 深层和超深层页岩气资源潜力巨大，但钻井面临诸多挑战。PDC 钻头已成为油气钻井的主要破岩工具。合理的钻头结构设计可以提高破岩效率，延长使用寿命。本文采用逆向建模技术分析了现场采集的 PDC 钻头结构特征，并利用斯皮尔曼秩相关系数法研究了特定井段 PDC 钻头结构特征对机械钻速和进尺的影响。研究发现，钻头的刀片数、切刀切削角、冠顶旋转半径、内锥角和切削齿直径是影响钻头钻速和进尺的主要结构特征，其影响程度因地层条件而异。刀片数量、冠顶旋转半径、内锥角和切削角对钻速有显著影响，而刀片厚度、轨距长度、轨距宽度和喷嘴等效直径对钻头进尺有明显影响。此外，根据钻头的结构特征，利用 BP 神经网络建立了特定井段内钻头进尺和钻速的预测模型。该模型的拟合优度大于 85%，精度较高，与钻头配合使用，可为一定井段内钻头的结构设计和优化提供参考，指导钻头优化，合理规划钻井作业，降低钻井成本。

**关键词** 钻头结构；斯皮尔曼秩相关系数；BP 神经网络；机械钻速预测

中国页岩气资源丰富，是未来天然气增产的重要领域。页岩气地质资源量在 $(80.45 \sim 144.5) \times 10^{12} \mathrm{m}^3$ 之间，深层(大于 3500m)资源量占 65% 以上。四川盆地作为中国页岩气主产区，储量 $112 \times 10^{12} \mathrm{m}^3$，占比超过 69%[1-4]。深层和超深层页岩气资源潜力巨大，但钻井面临地质条件复杂、钻井效率低、钻头磨损严重、钻井周期长等诸多挑战[5-8]。自 20 世纪 70 年代进入油气钻井领域以来，PDC 钻头以其高机械钻速、进尺长等优点迅速抢占了全球油气钻头市场。据资料显示，PDC 钻头进尺目前占全球油气钻头总进尺的 90% 以上，市场份额在 75%~80% 之间，且在不断增长[9]。在材料方面，PDC 钻头的结构设计直接影响其整体性能，包括机械钻速、磨损率、单进尺、钻井稳定性等[10]。当钻头结构设计不合理时，过多的起下钻和钻头损失将影响总钻井成本的 15%~20%[11]。科学合理的钻头结构设计有利于去除岩屑，降低机械比能，提高破岩效率，保证钻头的优良性能。

作为评价钻头使用效果的重要指标，钻速和进尺与钻井成本密切相关。准确预测钻头

---

【基金项目】中国石油天然气集团攻关性应用性科技专项"页岩气规模增储上产与勘探开发技术研究"(编号：2023ZZ21)。

【作者简介】陈烨，1991 年生，高级工程师，2014 年博士毕业于东北石油大学；主要从事页岩气钻井工艺及技术方面的研究工作。地址：四川省成都市青羊区小关庙后街 25 号。邮编：610051。E-mail：chenye_2020@petrochina.com.cn。

的钻速和进尺可以改善资源分配，有助于制定钻井作业计划，提高钻头的使用效率，达到提速降本的目的[12]。钻头进尺预测的研究相对较少，而许多专家学者对钻速预测进行了大量研究。传统的理论推导预测方法是通过大量实验获得数学推导公式。Bourgoyne 的渗透率模型为后续预测研究奠定了基础[13]；王克雄等建立了 WOB 指数、转速指数、水力指数等参数之间的关系，提出了钻速系数 K，并结合声波测井，建立了钻速预测模型[14]。李昌盛等采用多元回归分析法求解了钻速的系数方程，得到了不同形式的回归系数[15]。

钻井为一个复杂的过程，地层条件、工具结构和操作设置都会对钻头的破岩产生影响[16]。因为较难获得地质条件和钻井参数的系数，也很难将机械钻速有效地表示为一些关键变量的数学函数，所以近年来的一些研究建议在人工智能领域使用数据驱动模型来预测和优化钻速，神经网络方法已被广泛采用[17-18]。苏兴华[19]、Omogbolahan[20] 等采用基于 K 近邻法和决策树法的综合算法建立钻速预测模型，并将拟合优度作为钻速预测的评价指标。为建立定向井的钻速预测模型，李博[21]、Melvin[22] 等采用人工神经网络算法；Omid[23]、Abiodun[24] 等采用多种遗传算法对神经网络算法进行优化，并从相对误差 $R^2$、均方误差等方面对算法效果进行对比分析。张海军[25] 利用随机森林算法、K 近邻算法和支持向量机算法建立了钻速的分类预测模型，然后利用遗传算法对模型参数进行优化，得出了满足施工设计和现场作业需要的钻速分类预测方法。Husam[26] 等利用测井数据和录井数据，通过环形神经网络算法预测钻速，最高准确率达 85%。

与数学推导相比，基于神经网络的钻头钻速预测模型更具普适性，输入参数一般为地层特征和钻井参数等测井数据，但根据钻头的结构特性预测钻头在某一区块的钻速和进尺的研究方法尚未见文献记载。本文采用逆向建模方法分析了现场采集的新钻头的结构特征，并采用斯皮尔曼秩相关系数法研究了特定区间内钻头结构特征对钻头钻速和进尺的影响。同时，利用 BP 神经网络建立基于钻头结构特性的钻头进尺和钻进速度预测模型，实现对特定区块穿透率和进尺的预测。根据不同的使用方法，它可以为特定井段的钻头结构设计和优化提供参考，指导钻头优化，合理规划钻井作业，最大限度地降低钻井费用。

# 1 钻头结构特性的敏感性分析

本文研究探讨了钻头结构特征的分析方法。在使用激光扫描仪获取钻头的空间几何模型数据后，利用 Geomagic 软件采用逆向建模技术对钻头的结构特征进行分析。本文分析了以下 12 种钻头的水力和切削结构特征：刀片数量、冠顶刀片厚度、冠顶旋转半径、内锥角、轨距长度、轨距宽度、标径长度、刀具切削角度、刀具直径、喷嘴数量、喷嘴等效直径和径向流道深度。表 1 显示了一些分析结果。

表 1　PDC 钻头结构特征分析结果

| 进尺 (m) | 钻速 (m/h) | 尺寸 (mm) | 型号 | 冠顶旋转半径 (mm) | 标径长度 (mm) | 刀片数量 | 冠顶刀片厚度 (mm) | 轨距长度 (mm) | 轨距宽度 (mm) | 喷嘴数量 | 喷嘴等效直径 (mm) | 径向流道深度 (mm) |
|---|---|---|---|---|---|---|---|---|---|---|---|---|
| 762.00 | 18.59 | 406.4 | SD6647VZ | 155.07 | 24.48 | 6 | 65.220 | 46.56 | 58.48 | 9 | 35.21 | 69.42 |
| 772.00 | 7.21 | 406.4 | SD6648BZ | 166.74 | 31.77 | 6 | 69.400 | 58.70 | 66.88 | 12 | 44.00 | 102.87 |
| 483.57 | 9.94 | 406.4 | TS1665B | 167.23 | 27.64 | 6 | 70.585 | 61.30 | 46.50 | 9 | 31.83 | 51.63 |
| 1065.00 | 9.22 | 406.4 | TS616 | 163.14 | 24.32 | 6 | 61.915 | 73.17 | 45.71 | 9 | 31.83 | 56.27 |

| 进尺<br>(m) | 钻速<br>(m/h) | 尺寸<br>(mm) | 型号 | 冠顶旋转<br>半径<br>(mm) | 标径<br>长度<br>(mm) | 刀片<br>数量 | 冠顶刀<br>片厚度<br>(mm) | 轨距<br>长度<br>(mm) | 轨距<br>宽度<br>(mm) | 喷嘴<br>数量 | 喷嘴等<br>效直径<br>(mm) | 径向流<br>道深度<br>(mm) |
|---|---|---|---|---|---|---|---|---|---|---|---|---|
| 821.00 | 11.25 | 406.4 | TS1656B | 161.47 | 28.59 | 5 | 76.105 | 73.90 | 58.44 | 9 | 31.83 | 51.75 |
| 513.50 | 12.80 | 406.4 | T1665 | 174.00 | 28.44 | 6 | 70.515 | 70.65 | 50.78 | 9 | 31.83 | 40.42 |
| 347.33 | 13.99 | 406.4 | TS1666B | 159.40 | 36.34 | 6 | 67.305 | 75.47 | 48.89 | 9 | 31.83 | 61.89 |
| 422.00 | 11.68 | 406.4 | TS1655B | 175.00 | 53.60 | 5 | 74.415 | 74.50 | 57.30 | 8 | 40.41 | 50.70 |
| 305.64 | 9.952 | 406.4 | T1655BS | 160.20 | 61.70 | 5 | 83.020 | 104.10 | 75.60 | 8 | 40.41 | 65.00 |
| 677.00 | 13.24 | 406.4 | CAS6164N | 146.10 | 63.04 | 6 | 69.930 | 127.00 | 93.84 | 9 | 35.72 | 81.79 |
| 541.63 | 9.15 | 406.4 | CAS6164W | 151.95 | 62.97 | 6 | 72.940 | 127.00 | 98.41 | 9 | 35.72 | 84.02 |
| 385.97 | 14.48 | 406.4 | DS653AB | 152.20 | 63.41 | 5 | 68.895 | 120.30 | 64.32 | 8 | 40.41 | 72.86 |
| 601.00 | 8.84 | 406.4 | HS5163BU | 167.98 | 51.21 | 5 | 65.275 | 61.91 | 60.33 | 10 | 40.16 | 98.28 |
| 442.75 | 11.81 | 406.4 | HS5163BMK | 160.67 | 55.91 | 5 | 70.505 | 65.37 | 70.68 | 8 | 40.41 | 76.60 |
| 461.00 | 10.72 | 406.4 | HS6163BU | 177.12 | 38.60 | 6 | 53.545 | 56.92 | 74.56 | 8 | 40.16 | 93.39 |
| 563.71 | 11.80 | 406.4 | KS1662DGRS | 126.00 | 29.75 | 6 | 65.215 | 108.40 | 76.93 | 9 | 31.83 | 56.07 |
| 420.60 | 11.32 | 406.4 | ES1626ET | 158.50 | 63.00 | 6 | 71.680 | 134.40 | 76.53 | 9 | 33.38 | 79.20 |
| 644.00 | 6.92 | 311.2 | SD6542B | 111.18 | 25.21 | 6 | 58.585 | 54.69 | 62.54 | 8 | 44.90 | 59.31 |
| 388.00 | 7.76 | 311.2 | SD6632BZ | 88.29 | 37.18 | 6 | 52.330 | 89.13 | 72.96 | 8 | 44.56 | 59.16 |
| 415.00 | 6.39 | 311.2 | SD6642B | 115.91 | 32.20 | 6 | 60.595 | 74.32 | 52.18 | 9 | 50.85 | 59.64 |
| 625.00 | 5.52 | 311.2 | TS1655BP | 120.00 | 54.40 | 5 | 59.500 | 78.60 | 51.40 | 8 | 40.41 | 58.60 |
| 543.10 | 5.71 | 311.2 | TS1655B | 130.50 | 36.30 | 6 | 52.350 | 55.30 | 43.50 | 7 | 42.00 | 48.80 |
| 387.60 | 4.87 | 311.2 | T1665 | 135.40 | 46.80 | 6 | 55.000 | 63.40 | 44.00 | 6 | 33.38 | 45.30 |
| 327.10 | 6.23 | 311.2 | TS616 | 123.93 | 46.19 | 5 | 53.685 | 68.38 | 46.19 | 8 | 33.38 | 46.75 |
| 137.00 | 3.61 | 311.2 | TS1653 | 107.84 | 50.24 | 5 | 56.500 | 64.10 | 50.26 | 8 | 40.41 | 53.74 |
| 188.67 | 6.70 | 311.2 | TS1653B | 110.95 | 44.09 | 5 | 58.690 | 68.59 | 44.20 | 8 | 40.41 | 56.63 |
| 192.63 | 4.80 | 311.2 | TS1655BTS | 106.70 | 51.97 | 5 | 61.785 | 77.19 | 51.97 | 7 | 46.20 | 48.74 |
| 589.00 | 9.28 | 311.2 | DS653H | 118.33 | 57.39 | 5 | 58.680 | 68.96 | 57.23 | 8 | 33.68 | 60.84 |
| 223.00 | 6.43 | 311.2 | DS664H | 111.75 | 36.15 | 6 | 55.690 | 75.09 | 37.86 | 9 | 33.38 | 63.84 |
| 224.00 | 4.96 | 311.2 | DS674H | 108.01 | 52.08 | 7 | 40.990 | 61.53 | 51.95 | 10 | 40.16 | 62.14 |
| 217.00 | 4.43 | 311.2 | DM653H | 76.84 | 39.82 | 5 | 63.815 | 69.79 | 40.58 | 7 | 42.00 | 78.76 |
| 338.75 | 6.21 | 311.2 | KMD1662ART | 124.60 | 57.60 | 6 | 62.685 | 109.90 | 104.00 | 9 | 38.10 | 57.08 |
| 385.26 | 6.87 | 311.2 | KS1652DFGRT | 121.50 | 52.00 | 5 | 60.415 | 82.00 | 76.90 | 9 | 38.10 | 66.20 |
| 120.50 | 5.13 | 311.2 | KS1652FGRY | 125.00 | 105.00 | 6 | 54.395 | 126.00 | 108.00 | 8 | 40.41 | 54.72 |
| 411.75 | 6.00 | 311.2 | ES1656TEU | 125.40 | 73.10 | 6 | 65.000 | 98.70 | 55.64 | 6 | 38.10 | 66.00 |
| 569.00 | 7.16 | 311.2 | ES1635E | 112.00 | 49.07 | 5 | 58.450 | 97.80 | 78.12 | 8 | 44.90 | 64.40 |
| 1021.00 | 8.59 | 215.9 | ES1655L | 87.70 | 51.40 | 5 | 47.800 | 76.66 | 61.05 | 7 | 46.20 | 35.60 |

斯皮尔曼秩相关系数法是一种非线性参数统计分析工具,通过比较每个样本集中给定因子的阶次变化所产生的目标函数值的阶次变化,研究变量随机值之间的相关性,并确定每个因子对模型的影响程度。其优点是不受因子值的限制,只需分析因子样本集的排序位置和目标函数值的变化。这是一种非参数(与分布无关)检验方法,用于确定一个变量与另一个变量的关联强度,结合钻头结构特征的分析结果,可以更好地匹配钻头结构特征对钻头钻进速度和进尺的敏感性分析[27-28]。

样本集 $\{X_i^1, X_i^2, \cdots, X_i^n\}$ 中的样本 $X_i$(本研究中钻头的结构特征)按值的大小排序。$X_i^k$

在序列中的位置是$X_i^k$的秩，即$\alpha_k$。将目标函数$\{Y_1，Y_2，\cdots，Y_n\}$（本项目中为钻头在特定区间的钻进速度和进尺）的解集，按照其因子$X_i^k$的对应值（$Y_k$）进行排序，而$Y_j$在序列中的位置为$Y_j$的秩，即为$\beta_k$。根据式（1）计算因子样本集与目标函数对应解集的秩相关系数$r_i$，并以绝对值表示（结果与排序方法无关）。它表示目标函数对$X_i$因素的敏感性（在本文中，它分别表示机械钻速和进尺对钻头结构特征的敏感度）。当$r_i$的值越大，目标函数对因素的敏感度就越高，即$X_i$对目标函数的影响就越大。

$$r_i = \left| \frac{n\sum_{k=1}^{n}\alpha_k\beta_k - \sum_{k=1}^{n}\alpha_k\sum_{k=1}^{n}\beta_k}{\sqrt{n\sum_{k=1}^{n}\alpha_k^2 - \left(\sum_{k=1}^{n}\alpha_k\right)^2}\sqrt{n\sum_{k=1}^{n}\beta_k^2 - \left(\sum_{k=1}^{n}\beta_k\right)^2}} \right| \quad (1)$$

式中，$r_i$为$X_i$的秩相关系数；$n$为样本总数；$k$为样本集数；$\alpha_k$为$X_i^k$的秩；$\beta_k$为目标函数的解集$Y_j$的秩。

该软件采用MATLAB编写，基于钻头的损耗量，以结构特征作为输入变量，以进尺和钻速作为输出变量，并利用变量之间的对应关系确定各钻头结构特征的斯皮尔曼秩相关系数。钻速和进尺对每个钻头结构特征的敏感性由斯皮尔曼秩相关系数表示，其相关系数越高，钻速或进尺对钻头结构特征敏感性越大，进而结构特征对目标函数的影响越大。

泸州区块二开钻深为80~1100m，包含沙溪庙组至自流井组。钻探发现的地层以泥岩夹砂岩为主，可钻性较好。如图1所示，刀片数量、冠顶旋转半径、内锥角、刀具切削角度和喷嘴数量都对钻速有显著影响。刀片数量、冠顶刀片厚度、喷嘴等效直径和内锥角都对进尺有显著影响。

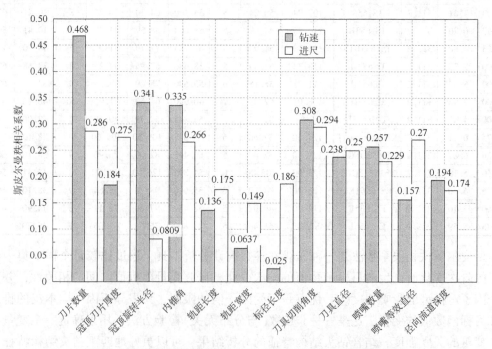

图1　泸州区块沙溪庙组至自流井组钻头构造特征秩相关系数

泸州区块三开初始钻深为1100~1600m，属于须家河组。钻探地层岩性以砂岩为主，夹页岩和煤，石英含量高，粒径小，胶结致密，地层非均质性强，磨蚀性强，可钻性差。如

图 2 所示，刀具的切削角度、冠顶旋转半径、刀片数量、内锥角和刀具直径都对钻速有显著影响。刀具的切削角度、刀具的直径、冠顶旋转半径、喷嘴等效直径、内锥角、标径长度和轨距长度都对进尺有显著影响。

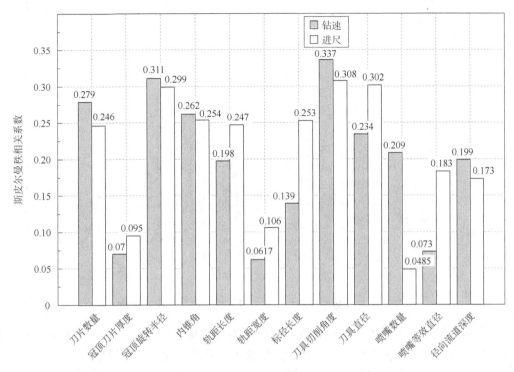

图 2　泸州区块徐家河组钻头构造特征秩相关系数

泸州区块四开初始钻深为 2950~3500m，为栖霞组和石牛栏组。钻井时遇到的地层岩性主要为磨蚀性石灰岩、页岩和粉砂岩。如图 3 所示，刀片数量、刀具切削角度、刀具直径、冠顶旋转半径和内锥角都对钻速有显著影响。刀片数量、刀具直径、刀具切削角度、冠顶刀片厚度、轨距长度、冠顶旋转半径和标径长度都对进尺有显著影响。

综上所述，刀片数量、刀具切削角度、冠顶旋转半径、内锥角和刀具直径是影响钻头钻速和进尺的主要结构特征。优化的主要目标是刀片布置方式、刀冠旋转半径和内锥角的设计，以提高钻头的性能。在高磨蚀性和可钻性较差的地层中，刀具的切削角度对钻速的影响大于冠顶旋转半径和内锥角，但在可钻性好的地层中则相反。刀片数量、冠顶旋转半径、内锥角和刀具切削角对机械钻速的影响大于进尺，而刀片厚度、轨距长度、轨距宽度、标径长度和喷嘴等效直径对进尺影响大于机械钻速，从而可以根据现场作业要求合理优化钻头结构。

## 2　钻头进尺和钻速预测模型

随着大数据分析和机器学习等计算机技术的发展，许多学者在人工智能领域研究了基于数据驱动模型的神经网络对钻速的预测和优化，其中 BP 神经网络算法因其高度的灵活性而被广泛应用。BP 神经网络技术，也称为误差反向传播，分为两个过程：信号正向传播和误差反向传播调整。输入信号在前向传播中被逐层传递到输出隐藏层的计算，并且每一层中的神经元只受前一层中神经元的影响。如果输出层接收到期望的输出，则学习算法结束；

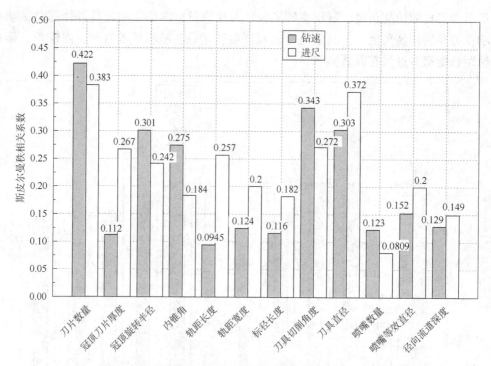

图 3　泸州区块栖霞组至石牛栏组构造特征秩相关系数

如果没有接收到期望的输出，则计算输出层的误差变化值，并且通过网络沿着连接路径将误差信号传输回来，以修改每一层中神经元的权重，直到达到期望的目标。

图 4 描述了本文中使用的 BP 神经网络，它包括一个输入层、一个隐藏层和一个输出层。输入层有与 12 个输入参数相匹配的 12 种钻头结构特征，输出层是钻头进尺和钻进速度，隐藏层的数量待定。有两种通常使用的方法来提高网络的训练精度。首先，增加网络中隐藏层的数量；然而，过多的隐藏层会使网络训练复杂化，并延长训练时间。其次，增加隐藏层中的神经元数量，这种策略的训练效果比增加隐藏层更容易监测和改变。为了提高网络性能和训练精度，通常优先考虑增加隐藏层中的神经元数量。

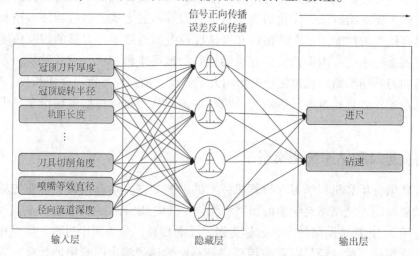

图 4　用于预测钻速和进尺的 BP 神经网络示意图

原则上，BP 神经网络有理想的隐藏层单元数。当网络中的隐藏层单元数量少于最佳数量时，网络的记忆和归纳能力会受到影响，网络性能也会受到影响。当隐藏层单元的实际数量多于最佳数量时，网络的性能不会提高，但网络的训练速度会过于缓慢。目前还没有明确的标准来确定最佳的隐藏层单元数。大多数研究都是根据经验或训练，在对学习时间和网络识别率进行全面比较后确定的。隐藏层中神经元的数量可以通过三个经验公式中的一个来选择：

$$h = 2m + 1 \tag{2}$$

$$h = \sqrt{m+n} + a \tag{3}$$

$$h = \lg n \tag{4}$$

式中，$h$ 是隐藏层中神经元的数量，$m$ 是输入端的神经元数量，$n$ 是输出端的神经元的数量。在本文中，选择公式(3)初步确定隐藏层中的神经元数量为 5~13 个。

为实现 BP 神经网络的设计、训练、仿真和性能测试，建立了训练集和测试集，本文采用了 MATLAB 编写程序。泸州区块沙溪庙组至自流井组钻井样本数为 17 个，随机抽取 12 个样本作为训练集，其余 5 个样本作为测试集。泸州区块徐家河组钻井样本数为 21 个，随机抽取 14 个样本作为训练集，其余 7 个样本作为测试集；依次建立 4 个预测模型组。根据公式(3)，初步确定隐藏层神经元数为 5~13 个，因此，有必要结合 BP 神经网络的训练结果，进一步分析隐藏层中不同神经元数量下线性回归的决定系数 $R^2$（也称为拟合优度）。

决定系数的范围为 $[0，1]$，越接近 1，模型的性能越好。另一方面，它越接近 0，模型的性能就越差。如图 5 所示，沙溪庙组至自流井组钻速预测模型中的最优隐藏层单元数为 10 个，须家河组钻速预测模型中的最佳隐藏层单元数目为 11 个，须家河组钻速预测模型的最优隐藏层数为 11 个。拟合优度大于 85%，模型的精度非常突出。图 6 描述了 BP 神经网络的预测结果。

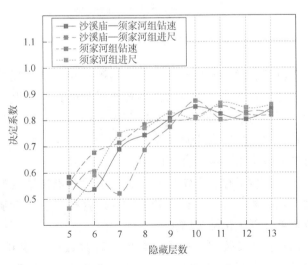

图 5　不同隐藏层数量下预测模型的决定系数

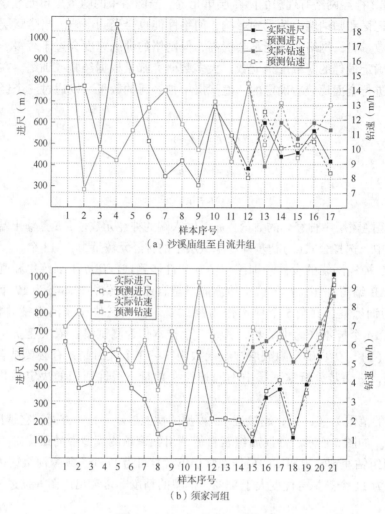

（a）沙溪庙组至自流井组

（b）须家河组

图 6　BP 神经网络的预测结果

## 3　结论

（1）刀片数量、刀具切削角、冠顶旋转半径、内锥角和刀具直径是影响钻头钻速和进尺的主要结构特征。刀片排列方式，以及冠顶旋转半径和内锥角的设计是提高钻头性能的主要优化目标。然而，不同的地层条件对其影响程度不同。在磨蚀性强、钻进能力差的地层中，钻头切削角对钻速的影响要大于冠顶旋转半径和内锥角，而在钻进能力强的地层中则相反。钻头结构可根据地质条件进行合理优化。

（2）刀片数量、冠顶旋转半径、内锥角和刀具切削角对机械钻速的影响大于进尺，而刀片厚度、轨距长度、轨距宽度、标径长度和喷嘴等效直径对进尺影响大于机械钻速，从而可以根据现场作业要求合理优化钻头结构。

（3）在分析获取钻头特征参数和钻头现场使用数据的基础上，利用 BP 神经网络建立特定层钻头机械钻速和进尺的预测模型，得到每个预测模型的最优隐藏层单元数。拟合优度大于 85%，模型的精度很高。

# 参 考 文 献

[1] 郭彤楼. 中国式页岩气关键地质问题与成藏富集主控因素[J]. 石油勘探与开发, 2016, 43(3): 317-326.

[2] 王立歆, 李弘, 刘小民, 等. 中国海相页岩气地震勘探技术及其发展方向[J]. 石油学报, 2024, 45 (1): 261-275.

[3] 王红岩, 周尚文, 赵群, 等. 川南地区深层页岩气富集特征、勘探开发进展及展望[J]. 石油与天然气地质, 2023, 44(6): 1430-1441.

[4] 梁兴, 单长安, 张磊, 等. 中国南方复杂构造区多类型源内成储成藏非常规气勘探开发进展及资源潜力[J]. 石油学报, 2023, 44(12): 2179-2199.

[5] 王建, 郭秋麟, 赵晨蕾, 等. 中国主要盆地页岩油气资源潜力及发展前景[J]. 石油学报, 2023, 44 (12): 2033-2044.

[6] 蔡勋育, 周德华, 赵培荣, 等. 中国石化深层、常压页岩气勘探开发进展与展望[J]. 石油实验地质, 2023, 45(6): 1039-1049.

[7] 云露. 四川盆地东南缘浅层常压页岩气聚集特征与勘探启示[J]. 石油勘探与开发, 2023, 50(6): 1140-1149.

[8] 马新华, 张晓伟, 熊伟, 等. 中国页岩气发展前景及挑战[J]. 石油科学通报, 2023, 8(4): 491-501.

[9] 祝效华, 李瑞, 刘伟吉, 等. 深层页岩气水平井高效破岩提速技术发展现状[J]. 西南石油大学学报 (自然科学版), 2023, 45(4): 1-18.

[10] 宋先知, 裴志君, 王潘涛, 等. 基于支持向量机回归的机械钻速智能预测[J]. 新疆石油天然气, 2022, 18(1): 14-20.

[11] 闫继坤. 基于 BP 神经网络的 PDC 钻头优选研究[D]. 青岛: 中国石油大学(华东), 2017.

[12] 沐华艳, 孙金声, 丁燕, 等. 基于机械比能的钻速预测模型优选[J]. 钻采工艺, 2023, 46(3): 16-21.

[13] BOURGOYNE A T, YOUNG F S. A Multiple Regression Approach to Optimal Drilling and Abnormal Pressure Detection[J]. SPE J. 14 (1974): 371-384. doi: https://doi.org/10.2118/4238-PA.

[14] 王克雄, 魏凤奇. 测井资料在地层抗钻特性参数预测中的应用研究[J]. 石油钻探技术, 2003(5): 61-62.

[15] 李昌盛. 基于多元回归分析的钻速预测方法研究[J]. 科学技术与工程, 2013, 13(7): 1740-1744.

[16] MAZEN A Z, RAHMANIAN N, MUJTABA I, et al. Prediction of Penetration Rate for PDC Bits Using Indices of Rock Drillability, Cuttings Removal, and Bit Wear[J]. SPE Drilling & Completion, 2020, 36(2).

[17] 汤明, 王汉昌, 何世明, 等. 基于 PCA-BP 算法的机械钻速预测研究[J]. 石油机械, 2023, 51 (10): 23-31, 76.

[18] 冯义, 朱亮, 杨立军, 等. 基于 LSTM 神经网络深度序列机械钻速实时预测[J]. 西安石油大学学报 (自然科学版), 2024, 39(1): 122-128.

[19] 苏兴华, 孙俊明, 高翔, 等. 基于 GBDT 算法的钻井机械钻速预测方法研究[J]. 计算机应用与软件, 2019, 36(12): 87-92.

[20] AHMED, OMOGBOLAHAN S, AMAN, et al. Stuck Pipe Early Warning System Utilizing Moving Window Machine Learning Approach[C]. Paper presented at the Abu Dhabi International Petroleum Exhibition & Conference, Abu Dhabi, UAE, November 2019. doi: https://doi.org/10.2118/197674-MS.

[21] 李博, 王鲁朝. 基于 GA-BPANN 的钻井机械钻速预测模型[J]. 西部探矿工程, 2024, 36(2): 56-61.

[22] DIAZ M B, et al. Predicting rate of penetration during drilling of deep geothermal well in Korea using artificial

neural networks and real-time data collection[J]. Journal of Natural Gas Science and Engineering, 2019, 67: 225-232.

[23] OMID H, AGHDAM S, GHORBANI H, et al. Comparison of accuracy and computational performance between the ma chine learning algorithms for rate of penetration in directional drilling well[J]. Petroleum Research, 2021, 271-282.

[24] ABIODUN I L, KWON S, ONIFADE M. Prediction of rock penetration rate using a novel antlion optimized ANN and statistical modelling[J]. Journal of African Earth Sciences, 2021, 182: 104287.

[25] 张海军, 张高峰, 王国娜, 等. 基于遗传算法优化随机森林模型的机械钻速分类预测方法[J]. 科学技术与工程, 2022, 22(35): 15572-15578.

[26] HUSAM A, HAMEEDI, DUNN S. Data-driven recurrent neu ral network model to predict the rate of penetration[J]. Upstream Oil and Gas Technology, 2021, 7: 100047.

[27] Burghes D N. Teaching Spearman´s Rank Correlation Coefficient[J]. Teaching Statistics, 1993, 15(3): 68-69.

[28] HAUKE J, KOSSOWSKI T. Comparison of values of pearson's and spearman's correlation coefficients on the same sets of data[J]. Quaestiones Geographicae, 2011, 30(2): 87-93.

# 国产垂直钻井工具 BH-VDT 配 11in 钻铤钻具组合优化研究

陈红飞　陈世春　马　哲　郭　超

（渤海钻探工程技术研究院）

**摘　要**　随着石油钻采技术的不断进步，国内油气田勘探开发正逐步向地下深层迈进，深井和超深井的数量也随之增多，同时大尺寸井眼直井段的深度也同步增加。随着大尺寸直井段的加深，钻进技术难度也随之增加。一方面需要满足防斜打直的设计要求，另一方面也要满足大尺寸井眼机械破岩功率所需的大钻压。国产垂直钻井工具 BH-VDT+11in 钻铤的钻具组合由于其突出的防斜打直性能，在塔里木盆地和四川盆地等深井进行了应用。本文通过对此类钻具变换部分钻具位置后的造斜率和刚性进行模拟计算分析和对比，从而优选出适合不同地层和井斜的钻具组合和施工措施方案。

**关键词**　BH-VDT；大尺寸钻铤；钻具组合优化；防斜打直；降斜率

近年来，随着石油钻采技术的不断进步，国内油气田勘探开发正逐步向地下深层迈进，深井和超深井的数量也随之增多，同时大尺寸井眼直井段的深度也同步增加。井深 5000m 以上的井，$12\frac{1}{4}$in 直井段一般要达到 4000m 才能满足设计要求。为了安全钻进，$17\frac{1}{2}$in 直井段长度一般也要求尽量向下延伸。随着大尺寸直井段的加深，钻进技术难度也随之增加。一方面需要满足防斜打直的设计要求，另一方面也要满足大尺寸井眼机械破岩功率所需的大钻压。因此垂直钻井工具配大尺寸钻铤的大钟摆钻具组合应运而生。国产垂直钻井工具 BH-VDT+11in 钻铤的钻具组合在塔里木盆地和四川盆地应用十余井次，应用效果整体良好，但仍存在不少问题，需要进一步对此类钻具组合进行优化分析，总结出适应不同地层的钻具组合选型规律。

## 1　BH-VDT+11in 钻铤钻具组合的特点

### 1.1　双重防斜打直功能

国产垂直钻井工具 BH-VDT 属于静态式推靠，有四面可伸出的推靠翼，其中推靠翼主要有铰链式和碟簧式两种类型。目前 BH-VDT 主要有 6000、5000 和 4000 三种主力类型工具，具有良好的防斜打直功能，可满足 $12\frac{1}{4}$in ~ 26in 井眼直井段的防斜打直需求，已经在塔里木油田、新疆油田、青海油田和西南油气田等成功应用 150 余井次和 29 万余米进尺。

---

【第一作者简介】陈红飞，男，1985 年 7 月出生，钻井工程师，研究生，2007 年毕业于中国石油大学（北京）信息与计算科学和石油工程专业，主要从事钻井工程设计和现场技术支持等工作。地址：天津市经开区第二大街 83 号，邮编：300457；电话：13662097900；E-mail：369030595@qq.com。

另外 11in 钻铤组成的大钟摆钻具组合也具有很好的防斜功能。

### 1.2 充分释放钻井参数

BH-VDT 工具具有良好的适应性，可在大钻压、大扭矩、大排量、高转速等工况下正常工作，还可以配合螺杆钻具使用。因此可以充分释放多种钻进参数，满足目前激进参数钻进需求，实现钻井提速增效的目的。

### 1.3 提高机械破岩能量

机械破岩能量是指破碎单位体积的岩石所需要的能量，一般将单位面积上的钻压乘以钻头转速所得的乘积等同于钻头在井底的机械破岩能量，另外还可以参考单位长度上的钻压即比钻压来衡量机械破岩能量。而大尺寸井眼破岩体积大，以 8½in 井眼作为参考基准，常见的 17½in 和 12¼in 井眼钻头每米破岩体积分别是 8½in 井眼的 4.23 倍和 2.07 倍。目前国内大尺寸井眼钻井实际施加在钻头上的钻压一般为 180~240kN，综合转速一般为 100~200r/min。按照这种钻井参数，17½in 井眼钻头机械破岩能量只有 8½in 井眼的 35%，比钻压是 8½in 井眼的 73%；12¼in 井眼钻头机械破岩能量只有 8½in 井眼的 72%，比钻压比 8½in 井眼略高点（表 1）。显然在大尺寸井眼段钻头在井底的机械破岩能量严重不足，使其钻头齿很难切入岩石，无法进行体积破碎，只能以研磨方式进行破岩，导致钻头破岩效率很低，从而限制了机械钻速的提高。而国外深井钻井中 17½in 钻头上的钻压一般为 400~500kN，12¼in 钻头上的钻压一般为 250~300kN。因此迫切需要大幅度提高钻压，而大尺寸钻铤是提高钻压的最有效途径。

**表 1 不同尺寸井眼每米破岩量、比钻压和机械破岩能量对比表**

| 井眼尺寸<br>（in） | 每米破岩量<br>（m³） | 每米破岩<br>量比值 | 钻压<br>（kN） | 比钻压<br>（kN/cm） | 比钻压比值<br>（%） | 综合转速<br>（r/min） | 机械破岩能量<br>（单位面积钻压×转速） | 机械破岩<br>能量比值（%） |
|---|---|---|---|---|---|---|---|---|
| 8½ | 0.037 | 1.00 | 120~160 | 5.56~7.41 | 100 | 150 | 49.12~65.50 | 100 |
| 12¼ | 0.076 | 2.07 | 180~240 | 5.79~7.71 | 104 | 150 | 35.53~47.37 | 72 |
| 17½ | 0.155 | 4.23 | 180~240 | 4.05~5.40 | 73 | 150 | 17.40~23.20 | 35 |
| 26 | 0.342 | 9.34 | 180~240 | 2.73~3.63 | 49 | 150 | 7.89~10.52 | 16 |

### 1.4 不同尺寸钻铤的刚性对比

根据惯性矩和钻柱临界钻压计算公式：

$$I = \pi(D^4 - d^4)/64 \tag{1}$$

$$p_{\text{临}1} = 2.04 \cdot q_m \cdot \sqrt[3]{E \cdot I/q_m} \tag{2}$$

$$p_{\text{临}2} = 4.05 \cdot q_m \cdot \sqrt[3]{E \cdot I/q_m} \tag{3}$$

式中，$I$ 为惯性矩，$cm^4$；$D$ 为刚性体的外径，$cm$；$d$ 为刚性体的内径，$cm$；$p_{\text{临}1}$ 为钻铤第一次弯曲临界钻压，$kN$；$q_m$ 为钻铤的浮重，$kg/cm$；$E$ 为弹性模量，$N/cm^2$；$p_{\text{临}2}$ 为钻铤第二次弯曲临界钻压，$kN$。

根据公式（1）和公式（2）分别计算钻铤的惯性矩和临界钻压，结果见表 2。其中 11in 钻铤单根浮重 3.59t，分别是 10in 钻铤和 9in 钻铤的 1.23 倍和 1.55 倍；由于不同钻铤的弹性模量一样，长度也假定一样，钻铤刚度可以等同于惯性矩，因此 11in 钻铤刚度分别是 10in

钻铤和 9in 钻铤的 1.47 倍和 2.25 倍；11in 钻铤第一次弯曲和第二次弯曲的临界钻压分别是 197.09kN 和 391.29kN，分别是 10in 钻铤和 9in 钻铤的 1.30 倍和 1.76 倍。所以 11in 钻铤的刚性非常大，不易弯曲。在狗腿度较大的井段，11in 钻铤引起较大的摩阻，起下钻时容易遇阻，不好通过。因此需要对钻具组合进行优化分析，总结出适应不同地层的最优钻具组合。

表 2　不同尺寸钻铤刚度及临界弯曲钻压表

| 钻铤尺寸（in） | 外径（mm） | 内径（mm） | 单根钻铤浮重（t） | 钻铤惯性矩（cm⁴） | 刚度比 | 钻铤第一次弯曲临界钻压（kN） | 钻铤第二次弯曲临界钻压（kN） |
|---|---|---|---|---|---|---|---|
| 8 | 203.2 | 71.4 | 1.80 | 8237 | 0.62 | 81.03 | 160.88 |
| 9 | 228.6 | 71.4 | 2.31 | 13233 | 1.00 | 112.09 | 222.52 |
| 10 | 254.0 | 76.2 | 2.92 | 20256 | 1.53 | 151.00 | 299.79 |
| 11 | 279.4 | 76.2 | 3.59 | 29733 | 2.25 | 197.09 | 391.29 |

注：按钻井液密度 1.1g/cm³ 和单根长度 9.45m 来计算钻铤浮重。

根据表 2 可知，9in 钻铤在 10t 钻压下未弯曲，在 15t 和 20t 钻压下发生第一次弯曲，在 25t 钻压下发生第二次弯曲；而 11in 钻铤在 10t 和 15t 钻压下未弯曲，在 20t 时刚开始第一次弯曲，25t 时仍未发生第二次弯曲。

## 2　钻具组合优化分析

11in 钻铤通常用于 17½in 及以上井眼直井段，常与配碟簧式推靠翼的 BH-VDT5000 工具一起使用。本文先选取一种之前常用的"BH-VDT5000+9in 钻铤"单扶钻具组合作为参考对象，然后选取一种目前常用的"BH-VDT5000+11in 钻铤"单扶钻具组合，再通过改变稳定器、11in 钻铤和减振器等钻具位置来组成四种新单扶钻具组合，见表 3，最后对比和分析这六种单扶钻具组合的降斜率和刚性的变化，从而优选出适合不同地层特点的钻具组合。

表 3　不同钻具组合表

| 钻具组合序号 | 钻具组合结构 | VDT 距稳定器距离 $L_2$（m） |
|---|---|---|
| 钻具组合 0 | 17.5in 钻头 + BH-VDT + 9in 浮阀 + 接头 + 9inLDC×1 + 441.32mm STB + 9inLDC×3 + 11in 减振器 + 接头 + 8inLDC×13 + 接头 + 5.5inDP | 10.6 |
| 钻具组合 1 | 17.5in 钻头 + BH-VDT + 9in 浮阀 + 接头 + 11inLDC×1 + 441.32mm STB + 11inLDC×1 + 11in 减振器 + 接头 + 9inLDC×3 + 接头 + 8inLDC×13 + 接头 + 5.5inDP | 10.6 |
| 钻具组合 2 | 17.5in 钻头 + BH-VDT + 9in 浮阀 + 接头 + 11inLDC×1 + 441.32mm STB + 11in 减振器 + 11inLDC×1 + 接头 + 9inLDC×3 + 8inLDC×13 + 接头 + 5.5inDP | 10.6 |
| 钻具组合 3 | 17.5in 钻头 + BH-VDT + 9in 浮阀 + 接头 + 11inLDC×1 + 11in 减振器 + 441.32mm STB + 11inLDC×1 + 接头 + 9inLDC×3 + 接头 + 8inLDC×13 + 接头 + 5.5inDP | 14.6 |
| 钻具组合 4 | 17.5in 钻头 + BH-VDT + 9in 浮阀 + 接头 + 11inLDC×2 + 441.32mm STB + 11in 减振器 + 接头 + 9inLDC×3 + 接头 + 8inLDC×13 + 接头 + 5.5inDP | 19.9 |
| 钻具组合 5 | 17.5in 钻头 + BH-VDT + 9in 浮阀 + 接头 + 11inLDC×1 + 11in 减振器 + 11inLDC×1 + 441.32mm STB + 接头 + 9inLDC×3 + 接头 + 8inLDC×13 + 接头 + 5.5inDP | 23.9 |

## 2.1 六种钻具组合的降斜率

在井斜 1°、地层倾角 15°、钻头各向异性指数 0.05、地层各向异性指数 0.99 和钻井液密度 1.25g/cm³的假定参数下，利用 BH-VDT 垂钻系统纠斜能力预测软件分别模拟计算六种钻具组合在 10t、15t、20t 和 25t 钻压下的降斜率。计算结果如图 1 所示。

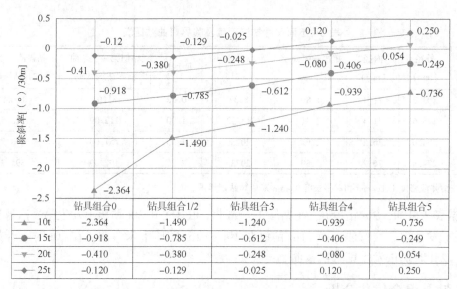

| | 钻具组合0 | 钻具组合1/2 | 钻具组合3 | 钻具组合4 | 钻具组合5 |
|---|---|---|---|---|---|
| 10t | -2.364 | -1.490 | -1.240 | -0.939 | -0.736 |
| 15t | -0.918 | -0.785 | -0.612 | -0.406 | -0.249 |
| 20t | -0.410 | -0.380 | -0.248 | -0.080 | 0.054 |
| 25t | -0.120 | -0.129 | -0.025 | 0.120 | 0.250 |

图 1　六种钻具组合不考虑地层各向异性时不同钻压下降斜率对比图

由图 1 可知，六种钻具组合的降斜率都随着钻压的增加而明显降低，这说明此类钻具组合的降斜率和钻压相关性很强。

在 9in 钻铤未发生第二次弯曲的钻压下，五种含 11in 钻铤的钻具组合的降斜率都小于含 9in 钻铤的钻具组合 0，这表明 11in 钻铤更大的刚性降低了其钻具组合的降斜率。在 9in 钻铤发生第二次弯曲但 11in 钻铤未发生第二次弯曲的 25t 钻压下，钻具组合 1 和 2 的降斜率略大于钻具组合 0，这说明在钻压较高时，钻铤的刚性有时有利于维持降斜率。最后在这五种含 11in 钻铤的钻具组合之间，降斜率都随着垂钻工具距稳定器距离 $L_2$ 的增加而降低，并且在同一钻压下钻具组合 1 和 2 的降斜率始终最大，钻具组合 3 和钻具组合 4 分别排第二和第三，钻具组合 5 的降斜率最小，其中钻具组合 1 和 2 在 10t 钻压下降斜率为 -1.49°/30m，即使在 25t 的高钻压下其降斜率还有 -0.129°/30m，而钻具组合 5 在 15t 钻压下的降斜率也只有 -0.249°/30m，仍小于钻具组合 1 和 2 在 20t 钻压下的降斜率，钻具组合 5 在 20t 钻压时降斜率已经变为正数，钻具组合 4 也在 25t 时降斜率也变为正数，不仅不能降斜，反而开始增斜。因此选择不同的钻具组合入井时，需要严格控制钻压，尽量发挥出钻具组合的降斜特性。

## 2.2 六种钻具组合的刚性

根据静态刚度计算公式：

$$K = 0.01 \cdot EI/L \tag{4}$$

式中，$K$ 为静态刚度，N·m；$E$ 为弹性模量，N/cm²；$L$ 为刚性体长度，cm。

分析含多个刚性体的钻具组合的刚性，通常只考虑钻头和最上部稳定器之间这段钻具（其中钻头和各种接头忽略不计），将其视为一个长的刚性体来计算其等效刚度，加权平均

后可得:

$$K_{钻具} = \sum_{i=1}^{n} 0.01 \cdot E_i \cdot I_i \cdot L_i / L_{钻具} \tag{5}$$

式中,$K_{钻具}$ 为钻具组合的等效刚度,N·m;$E_i$ 为第 $i$ 个工具的弹性模量,N/cm$^2$;$I_i$ 为第 $i$ 个工具的惯性矩,cm$^4$;$L_i$ 为第 $i$ 个工具的长度,cm;$L_{钻具}$ 为此段钻具总长度,cm。

根据式(5)分别计算六种钻具组合的等效刚度,计算结果见表4。

表4　六种钻具组合等效刚度表

| 钻具组合序号 | BH-VDT 刚度（N·m） | 9in 钻铤刚度（N·m） | 11in 钻铤刚度（N·m） | 减振器刚度（N·m） | 稳定器刚度（N·m） | 总长度 L（cm） | 等效刚度（N·m） | 刚度比值（%） |
|---|---|---|---|---|---|---|---|---|
| 钻具组合 0 | 7682347 | 2940675 | | | 135083401 | 1755 | 2876579 | 100 |
| 钻具组合 1/2 | 7682347 | | 6607443 | | 135083401 | 1755 | 3939725 | 137 |
| 钻具组合 3 | 7682347 | | 6607443 | 15745352 | 135083401 | 2155 | 3155389 | 110 |
| 钻具组合 4 | 7682347 | | 6607443 | | 135083401 | 2735 | 2411032 | 84 |
| 钻具组合 5 | 7682347 | | 6607443 | 15745352 | 135083401 | 3135 | 2091356 | 73 |

由表4可知,六种钻具组合中等效刚度最大的是钻具组合 1/2,最小的是钻具组合 5。以钻具组合 0 的刚性为基准,刚性最大的钻具组合 1/2 是钻具组合 0 的137%,这表明仅仅只是把稳定器下方的一根 9in 钻铤替换成 11in 钻铤,钻具组合的刚性就增加37%。对于含"BH-VDT+11in 钻铤"的五种钻具组合而言,通过移动 11in 钻铤和稳定器位置,可以较大程度调节钻具组合的刚性,例如钻具组合 5 的刚性只有钻具组合 1/2 的53%,还甚至可以比含 9in 钻铤的钻具组合 0 的刚性还低,例如钻具组合 4 和 5 的刚性都低于钻具组合 0。但如果只是调整稳定器上方其余钻具的位置,由于降斜率和刚度计算都只考虑稳定器下方钻具,因此无法分析其是否会影响降斜率和刚性,比如钻具组合 1 和 2,只改变稳定器上方减振器和 11in 钻铤的位置,下部钻具的降斜率和刚度始终认为相同。

### 2.3　五种钻具组合综合对比

基于上面对五种含 11in 钻铤的钻具组合的降斜率和刚度计算结果,可以将降斜率和刚度排序进行综合对比分析,见表5。从表5中可以清晰地看出,对于含 11in 钻铤的钻具组合来说,随着 BH-VDT 距离稳定器的距离 $L_2$ 的增加,钻具组合的降斜率和等效刚度都随之递减。

表5　五种钻具组合造斜率与等效刚度表

| 钻具组合序号 | BH-VDT 距离稳定器距离 $L_2$（m） | 降斜率由大到小排序 | 等效刚度由大到小排序 |
|---|---|---|---|
| 钻具组合 1/2 | 10.6 | 1 | 1 |
| 钻具组合 3 | 14.6 | 2 | 2 |
| 钻具组合 4 | 19.9 | 3 | 3 |
| 钻具组合 5 | 23.9 | 4 | 4 |

## 3　钻具组合优化分析

根据钻具组合降斜率和刚性的变化规律,可以根据不同的地层情况和入井前井斜大小来优化选择合适的钻具组合和钻井参数。

（1）对于井眼比较规则的大尺寸井眼直井段地层，比如泥岩层，由于狗腿度较小，可以不考虑钻具组合起下钻遇阻等问题，因此可以选用刚性强的钻具，比如钻具组合 1 和 2，充分发挥刚性钻具的防斜作用。如果入井前井斜大于 1°，则工具入井后钻压尽快提高到 15t，在打完一个立柱后快速把井斜降至 0.5° 以内，之后还可以根据地层倾角来适当提高钻压、转速和排量等进行强参数钻进，如果井斜变化不大，可以继续保持强参数钻进，从而实现既防斜纠斜又快速钻进的目标。

（2）对于井眼不规则的大尺寸井眼直井段地层，比如砾岩层，由于局部狗腿度可能较大，对于刚性强的钻具会存在起下钻遇阻、不好通过的问题，因此可以选用刚性较弱的钻具组合，比如钻具组合 5，先确保钻具可以顺利通过。如果入井前井斜大于 1°，则工具入井后尽量维持钻压在 10t 左右，在打完一个立柱后把井斜降至 0.5° 以内后，再根据地层倾角等适当调整钻压、转速和排量等参数，但钻压不宜过高，因为钻压在 20t 时其不再降斜而是增斜，最好不超过 15t，防止钻具弯曲影响纠斜效果，最终实现既纠斜又顺利钻进的目标。

（3）对于大尺寸井眼直井段多变性复杂地层，比如不均质地层，可以选用刚性适中的钻具组合，比如需要刚性强些的可以选钻具组合 3，需要刚性稍微弱的可以选钻具组合 4，既可以充分发挥刚性钻具本身的防斜作用，又可以适当避免发生钻具遇阻的问题。再根据入井前井斜和地层倾角等情况来选择合适的钻井参数并进行动态灵活调整，从而实现防斜、纠斜和顺利且快速钻进的目标。

## 4 结论

本文通过计算和对比分析了六种"BH-VDT+钻铤"单扶钻具组合的造斜率和刚性，得到了五种"BH-VDT+11in 钻铤"单扶钻具组合的造斜率和刚性与 BH-VDT 距近钻头扶正器距离的变化规律，从而为钻具组合优化提供了一定的参考依据，并据此总结出一套针对不同地层特点和入井前井斜情况选择钻具组合和钻井施工参数的优化方案，对今后此类钻具组合在大尺寸井眼直井段的应用具有较好的参考意义。

### 参 考 文 献

[1] 汝大军，张健庚，马哲，等 . BH-VDT5000 自动垂直钻井系统工具[J]. 石油科技论坛，2012，31(3)：64-65，68.

[2] 肖平，张晓东，梁红军，等 . 通井钻具组合刚度匹配研究[J]. 机电产品开发与创新，2011，24(3)：33-34.

[3] 李军，李东春，张辉，等 . 推靠式旋转导向工具造斜能力影响因素[J]. 石油钻采工艺，2019，41(4)：460-466.

[4] 王光磊，狄勤丰，张进双，等 . 带可变径稳定器底部钻具组合的等效刚度及其导向能力分析[J]. 钻采工艺，2020，43(2)：15-18.

[5] 苏义脑 . 油气直井防斜打快技术理论与实践[M]. 北京：石油工业出版社，2003.

[6] 《钻井手册》编写组 . 钻井手册(第二版)：上[M]. 北京：石油工业出版社，2008.

# 苏里格气田 5½in 套管开窗侧钻长水平井技术研究与应用

李建君[1,2]  欧阳勇[1,2]  谢江锋[1,2]  段志锋[1,2]

(1. 长庆油田油气工艺研究院; 2. 低渗透油气田勘探开发国家工程实验室)

**摘　要**　针对苏里格气田 5½in 套管开窗侧钻井水平段长度短、机械钻速低、摩阻扭矩大及固井质量难以保证等问题,进行了套管开窗剖面设计、开窗工具优选、钻具组合优化、井眼清洁、钻井液体系优选及固井技术优化等方面的研究。根据侧钻点不同,优化了井身剖面,优选了开窗工具,采用了特制小接箍非标钻杆和小直径井眼清洁器,以降低施工摩阻和扭矩;优选了低聚胺钻井液体系,以满足长裸眼段井壁稳定及润滑防塌要求;采用了低摩阻树脂韧性水泥浆体系,配合使用整体式弹性套管扶正器和小尺寸旋转引鞋,实现侧钻水平井套管固井完井方式的转变。5½in 套管开窗侧钻水平井在苏里格气田应用 82 口,平均钻井周期 36.9d,水平段长 723m,固井质量合格率 100%,一界面固井质量优良率达 86%,初期单井日产气 $3.2 \times 10^4 m^3$,较前期侧钻水平井平均钻井周期缩短 10.6%,平均水平段长增加 11.0%,单井日产量提升 23.1%,其中水平段长不小于 1000m 的侧钻长水平井有 14 口,最长水平段长达 1111m。研究结果表明,苏里格气田 5½in 套管开窗侧钻长水平井关键技术能提高小井眼侧钻井机械钻速、缩短钻井周期和降低复杂时效,提速提效效果显著,具有推广应用价值。

**关键词**　侧钻长水平井;小井眼;井眼清洁;钻井液;窄间隙固井

利用老井侧钻是有效盘活油田资产,降低生产成本,挖潜剩余油气,提高油气动用程度和采收率的重要技术[1]。实践表明,5½in 套管侧钻水平井在其他油气田具有良好实施效果,国内相关学者也对套管开窗侧钻水平井技术进行了研究[2-4],但受气藏井距、原井筒条件、钻井工具参数及后期压裂工艺限制影响,侧钻水平井水平段长普遍在 650m 左右,钻井周期较长,且对井下工具、钻井液的携岩性及润滑性、固井质量等的要求较高,并且随着侧钻水平段长度增加,面临井眼清洁困难、井下摩阻扭矩大、固井质量难以保证等问题。为此,笔者通过套管开窗方案设计、开窗工具优选、钻具组合优化、井眼清洁、钻井液体系优选及窄间隙固井技术转变等措施,形成了苏里格气田 5½in 套管开窗侧钻长水平井关键技术,2021 年以来在苏里格气田成功实施 14 口水平段长不小于 1000m 的侧钻水平井,取得了良好开发效果。

【第一作者简介】李建君(1988—),男,工程师,硕士,2014 年毕业于中国石油大学(北京)油气井工程专业,现从事油气田钻完井工艺技术研究;地址:陕西省西安市未央区明光路新技术开发中心,邮编:710018;电话:029-86590683;E-mail: lijianjun11_cq@petrochina.com.cn。

# 1 小井眼侧钻长水平井技术难点

2021 年以前，苏里格气田侧钻水平井普遍采用 $\phi$118mm 钻头在 $\phi$139.7mm 套管内开窗，开窗点平均井深 2845m，侧钻后平均井深 4266m，水平段长 640m，最长水平段长 947m，机械钻速 3.7m/h，钻井周期 41.3d，采用裸眼封隔器完井。结合现有侧钻井技术，侧钻长水平井钻井存在以下技术难点：

（1）井眼轨迹控制难度大。入窗前，大井斜段出现岩屑床沉积，导致摩阻、扭矩增大；采用的 $\phi$73mm 钻杆柔性大，易出现螺旋屈曲，钻压施加困难，特别是旋转钻进时，弯曲井段的钻柱受应力作用，极易造成疲劳失稳破坏。

（2）钻速低，周期长。由于环空间隙小，井下工具尺寸小，钻井参数优化受限，最大设计排量为 8L/s，计算泵压高达 18.5～25MPa，对钻井设备要求高[5]；井眼的增斜段和水平段分别位于含大段硬脆性泥岩的石千峰组和石盒子组，易吸水发生剥落和坍塌，窄环空间隙循环携岩困难，机械钻速低和裸眼段浸泡时间长，加大了井下事故复杂风险。

（3）固井质量难以保证。为提高侧钻单井产量，配合压裂改造，采用 $\phi$88.9mm 生产套管固井完井，理论环空间隙仅为 14.5mm，小于常规井固井所要求的最小间隙 19.0mm。环空间隙小，水泥环薄，其抗压和抗冲击能力受限[6]；水平段长，套管居中度差，环空流动阻力大，循环泵压高。

# 2 小井眼侧钻长水平井关键技术

## 2.1 侧钻井选井适用要求

老井开窗侧钻涉及地面、井筒、地质、开发等多项条件，基于地质工程一体化选井思路，制定致密气藏开窗侧钻井选井原则(表 1)。

表 1 气田侧钻井选井适用要求

| 类型 | 要素 | 要求 |
|---|---|---|
| 井场/井筒条件 | 套管规格 | 5½in 以上 |
| | 井筒状况 | 套管腐蚀检测合格、无明显漏点且试压满足 25MPa |
| | 开窗段 | 开窗点上下 50m 固井质量优良 |
| | 井场范围 | 满足 ZJ30 钻机配套设备摆放要求 |
| 气藏地质特征 | 储层连通性 | 区域连通性好，发育稳定 |
| | 储层物性 | 气层有效厚度大于 5m |
| | 可采储量 | 区域采出程度较低，单井可采储量大于 $0.3 \times 10^4 \text{m}^3$ |
| | 剩余气分布 | 剩余气富集方位明确 |
| 开发动态特征 | 地层能量 | 区域地层压力保持水平在 85% 以上 |
| | 初期产能 | 区域气井日产气 $(0.2 \sim 0.5) \times 10^4 \text{m}^3$ |

## 2.2 套管开窗剖面设计

依据老井井斜和侧钻靶点要求，优选开窗位置、结合完井管串下入安全和低摩阻施工要求，优化形成适合气田侧钻水平井的三种剖面设计方法(表 2)。

（1）"单增"剖面：对于开窗点距目的层较近、水平位移不大的侧钻井，采用"直—增—

稳—水平"轨迹设计，以靶前距 300m 计算，起下钻摩阻分别为 136.9kN、185.5kN，滑动钻进钩载 342.8kN。

（2）"双增"剖面：对于开窗点距目的层适中、水平位移适中的侧钻井，采用"直—增—稳—增—水平"轨迹设计，以靶前距 450m 计算，起下钻摩阻分别为 133.1kN、178.5kN，滑动钻进钩载 327.8kN。

（3）"三增"剖面：适合于开窗点距目的层远、水平位移大的侧钻井，采用"直—增—增—稳—增—水平"轨迹设计，以靶前距 600m 计算，起下钻摩阻分别为 136.1kN、182.6kN，滑动钻进钩载 339.1kN。

表 2　侧钻水平井剖面设计对比表

| 剖面类型 | 起钻摩阻(kN) | 下钻摩阻(kN) | 平均摩阻(kN) | 滑动钻进钩载(kN) |
|---|---|---|---|---|
| "单增"剖面(直—增—稳—水平) | 136.9 | 185.5 | 161.2 | 342.8 |
| "双增"剖面(直—增—稳—水平) | 133.1 | 178.5 | 155.8 | 327.8 |
| "三增"剖面(直—增—稳—增—水平) | 136.1 | 182.6 | 159.4 | 339.1 |

对比以上三种剖面类型，"双增"剖面下的起下钻平均摩阻及滑动钻进钩载相对较小，结合长庆气田地层特征和侧钻水平井开窗点距目的层位置情况，推荐采用"双增"剖面设计，造斜率 4°~5°/30m，靶前距 350~450m。

### 2.3　开窗工具优选

套管开窗侧钻的开窗方式一般有两种，即斜向器开窗和锻铣开窗，前期长庆区域施工的气井套管开窗侧钻水平井一般选用分体式斜向器开窗方式，该方式相对于锻铣开窗，窗口处暴露地层较少，相对来说井塌风险较小，井下相对安全，而且开窗周期短，成本低，操作简单。为提高开窗效率，后期逐步推广应用一体式弧面反铣斜向器(图 1)，相较于分体式斜向器开窗，可以实现一趟钻完成斜向器坐封、开窗、修窗作业，提高了开窗作业效率，磨铣进尺由 0.93m 提高至 1.67m。

图 1　一体式弧面反铣斜向器

### 2.4　钻具组合优化

优选 $\phi$88.9mm 特制小接箍钻杆替代 $\phi$73mm 钻杆，通过采用双台阶式矮牙扣 $\phi$88.9mm 特制小接箍钻杆，一方面可减小接箍外径，增大环空间隙，现场实际循环压耗可降低 16.7%，排量提高 1~2L/s，另一方面，其抗拉强度相比普通 $\phi$73mm 钻杆增大 75% 以上，可有效提升长裸眼段井下事故处理能力(表 3)。

表 3　不同钻杆对比表

| 特性 | 特制 $\phi$89mm 钻杆 | 普通 $\phi$88.9mm 钻杆 | 普通 $\phi$73mm 钻杆 |
|---|---|---|---|
| 接箍外径(mm) | 102.0 | 104.8~127.0 | 104.8 |
| 管体外径(mm) | 88.9 | 88.9 | 73.0 |
| 管体内径(mm) | 70.2 | 66.1 | 50.0 |

| 特性 | 特制 φ89mm 钻杆 | 普通 φ88.9mm 钻杆 | 普通 φ73mm 钻杆 |
|---|---|---|---|
| 接箍部分内径(mm) | 58.0 | 57.2、49.2 | 47.0 |
| 加厚 | IU | EU、IU、IEU | EU、IU |
| 抗拉强度(kN) | 2336 | 944~2175 | 741~1334 |
| 抗挤强度(MPa) | 176.5 | 74.9~175.1 | 83.7~193.6 |
| 抗扭强度(kN·m) | 15.0 | 19.5~35.1 | 15.7~28.2 |

优选后斜井段钻具组合：φ118mm PDC 钻头+φ95.3mm×1.5°螺杆(φ114mm 扶正器)+φ105mm 回压阀+MWD 定向接头+φ105mm 无磁钻铤×1 根+φ88.9mm 加重钻杆×60 根+φ88.9mm 钻杆；水平段钻具组合：φ118mm PDC 钻头+φ95.3mm×1.25°螺杆(φ112mm 扶正器)+φ105mm 回压阀+φ114mm 扶正器+MWD 定向接头+φ105mm 无磁钻铤×1 根+φ88.9mm 加重钻杆×15 根+φ88.9mm 钻杆(长度视情况而定)+φ88.9mm 加重钻杆×35 根+φ88.9mm 钻杆。

### 2.5 井眼净化

随着井斜增大和水平段长增加，钻井产生的岩屑携带出地面也随之困难。为此，设计研制一种适用 5½in 套管开窗侧钻水平井用小直径井眼净化工具(表4)，该工具由上扶正器、清洁器、下扶正器一体构成，具有以下特点：(1)上下两端的扶正器上加工有倒角并镶有硬质合金块，保证了在上提及下放钻具时，对形成小井眼的井段进行切削修整，起到通井划眼的作用；(2)井眼净化工具一体加工完成，中间没有螺纹连接，保障了工具的强度和井下使用安全性；(3)清洁带的凹槽及特殊设计的扶正条和流道有效地破坏岩屑床并实现岩屑的向上有效运移；(4)镶有硬质合金块上端扶正器不仅可以保证钻具上提时起到修整井壁划眼的作用，其"V"形流道可使钻井液发生弯曲，形成螺旋流，增强了岩屑清除效果。

表4　小直径净化工具参数表

| 外径 | 适用井眼 | 长度 | 水眼 | 上扣扭矩 | 扣型 | 材质 | 总质量 |
|---|---|---|---|---|---|---|---|
| 114mm | 118mm | 2.8m | 38mm | 16.0kN·m | 3½in API FH | 4145H | 173kg |

通过数值模拟分析，随着钻具旋转循环，井眼清洁工具对流场扰动加大，对岩屑颗粒运移产生引导作用，颗粒速度增大，岩屑从环空高边再次滑落到环空低边距离也就越长，进而岩屑运移效果越好。在侧钻水平井钻具运动，开泵循环后，当泵压 18~20MPa、排量 12~16L/s 时，岩屑床可基本清除。现场初期试验结果表明，应用该小直径净化工具，水平段钻进后期摩阻可降低16%，有效解决了泥岩储层长水平段侧钻水平井井眼携岩难题 (图2)。

### 2.6 钻井液体系优化

侧钻水平井施工过程中，为了防止大斜度段、水平段的石千峰组和石盒子组泥岩坍塌，需要提高钻井液密度，而根据区块钻井经验，钻井液密度提高到 1.25g/cm³ 后则发生漏失，停泵又出现"返吐"，安全密度窗口窄，易形成"呼吸效应"导致井壁失稳。

针对环空间隙小，大斜度井段和水平段易坍塌问题，研发应用低聚胺强抑制防塌钻井液体系，提高井壁稳定性。该体系通过加入固体润滑剂，起到降摩减阻的作用；优选改性沥青(SFT)和无荧光白沥青(NFA-25)，形成薄而光滑致密滤饼，提高钻井液封堵性；采用

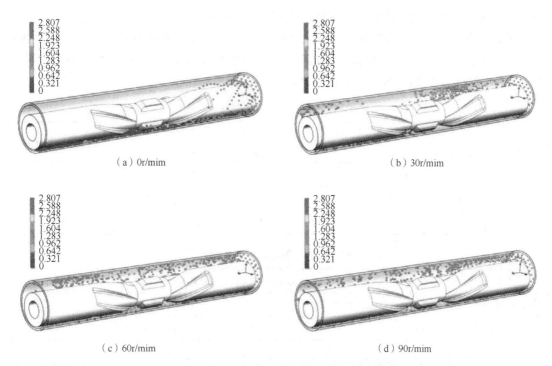

(a) 0r/mim  (b) 30r/mim

(c) 60r/mim  (d) 90r/mim

图2　不同转速下岩屑运移模拟示意图

KCl 和低聚胺以提高钻井液抑制性。通过复配试验确定最终配方为：1.5%G320+0.3%KP-A+2%～3%膨润土+0.15%NaOH+0.3%PAC-H+0.1%XCD+0.3%PAC-SL+3%G309+1.5%G316（润滑剂）。

该钻井液抑制性强，可以抗120℃高温，润滑系数小于0.03，润滑性接近油基钻井液，可有效解决小井眼高摩阻大扭矩问题，同时室内实验表明，该体系兼有保护储层的作用，对储层的平均伤害率为9.85%（表5），属于低伤害体系，满足苏里格气田老井开窗侧钻低成本低伤害开发要求。

表5　岩心伤害评价

| 岩心 | 初始渗透率 $K_{g1}$（mD） | 温度（℃） | 进口压力（MPa） | 出口压力（MPa） | 围压（MPa） | 最终渗透率 $K_{g2}$（mD） | 伤害率（%） | 平均伤害率（%） |
|---|---|---|---|---|---|---|---|---|
| 1# | 2.67 | 130 | 3.52 | 0.04 | 32.54 | 2.42 | 9.36 | |
| 2# | 2.45 | 130 | 3.53 | 0.05 | 32.72 | 2.22 | 9.39 | 9.85 |
| 3# | 1.89 | 130 | 3.51 | 0.04 | 32.77 | 1.87 | 10.80 | |

## 2.7　长裸眼窄间隙固井

2021 年以前，苏里格气田侧钻水平井均采用裸眼封隔器完井方式，段间封隔有效性低，单井产量释放不足，为了满足致密气藏侧钻水平井分段压裂提高封隔有效性的技术需求，采用在 $\phi$118mm 井眼下入外径 $\phi$88.9mm、内径 $\phi$76mm 套管，通过研发高强度韧性水泥浆体系、配套完善固井工具和工艺，形成侧钻水平井窄间隙固井技术，解决了 3½in 套管窄间隙固井难题。

### 2.7.1　低摩阻韧性水泥浆体系

针对窄间隙顶替压力高、薄水泥环段间封隔有效性低的问题，研发采用新型低摩阻韧性水泥浆体系：G（HSR）水泥+10%树脂+树脂固化剂+降失水剂+膨胀剂+分散剂+增强剂，室内实验表明，该体系具有性能稳定、失水量低、流变性好、稠化时间可调、抗冲击性和微膨胀性能优良等特点（表6和表7），相较常规水泥浆体系，该体系摩阻系数可降低30.5%，水泥石抗压强度提高14.7%，弹性模量降低48.8%。

**表6　室内实验水泥浆流变性能对比**

| 温度（℃） | 低摩阻低密高强水泥浆体系 | | | 常规低密度水泥浆体系 | | | 摩阻系数降低率（%） |
|---|---|---|---|---|---|---|---|
| | 流变指数 $n$ | 稠度系数 $K$（Pa·s$^n$） | 摩阻系数 | 流变指数 $n$ | 稠度系数 $K$（Pa·s$^n$） | 摩阻系数 | |
| 30 | 0.64 | 0.47 | 0.0403 | 0.55 | 0.71 | 0.0498 | 19.08 |
| 85 | 0.73 | 0.28 | 0.0298 | 0.54 | 0.52 | 0.0429 | 30.54 |

**表7　室内实验水泥石性能对比**

| 体系 | 抗压强度（MPa） | 弹性模量（GPa） | 胶结强度（MPa） | 渗透率（mD） | 失水量（mL） | 游离液（mL） |
|---|---|---|---|---|---|---|
| 常规降失水体系 | 35.9 | 10.81 | 2.63 | 0.023 | 48 | 0.5 |
| 低摩阻韧性体系 | 41.2 | 5.53 | 3.68 | 0.006 | 14 | 0 |

考虑到延长组和刘家沟组地层承压能力低（漏失压力系数普遍在1.0~1.25之间），固井时极易发生漏失，造成水泥返高不够，因此，需要进行水泥浆柱结构优化，采用"三段式"固井工艺，以密度1.89g/cm³左右的低摩阻韧性水泥浆体系为尾浆，密度1.25g/cm³左右的低密高强水泥浆体系为领浆，配合中间段填充密度1.70g/cm³左右的低密度水泥浆体系，固井施工压力可由42MPa降至30MPa以内，在保证长裸眼段水泥返高要求的同时，有效解决侧钻小井眼常规硅酸盐水泥固井存在的水泥环薄且脆性大、压裂过程中易发生水泥环封隔失效的难题。

### 2.7.2　固井工具配套

固井工具优选树脂旋转引鞋，采用偏心引导头，可360°旋转，转速30~150r/min，有利于解决井眼不规则的小井眼侧钻水平井下套管遇阻难题，配合一体化弹性扶正器，水平段一根套管加一个扶正器，通过顶替模拟分析，套管居中度达到80%~90%，排量0.6L/s时顶替效率最优。2021年首次试验5口小井眼侧钻水平井，水泥返高达标，固井合格率达100%，第一界面良好率达86.8%（表8）。

**表8　侧钻水平井首次固井完井试验效果统计表**

| 序号 | 井号 | 设计水泥返高（m） | 实际水泥返高（m） | 第一界面 | | 第二界面 | |
|---|---|---|---|---|---|---|---|
| | | | | 良好（%） | 中等（%） | 良好（%） | 中等（%） |
| 1 | 苏36-1CH | 2500 | 2360 | 97.22 | 1.21 | 20.30 | 85.40 |
| 2 | 苏东21-46CH | 2110 | 2002 | 88.30 | 10.13 | 16.30 | 82.30 |
| 3 | 靖27-22CH | 2170 | 2135 | 96.82 | 2.98 | 15.78 | 84.05 |
| 4 | 靖48-19CH | 2257 | 2190 | 77.8 | 13.56 | 15.62 | 75.35 |
| 5 | 苏6-0-9CH | 2400 | 2330 | 85.8 | 6.58 | 13.12 | 82.20 |
| | 平均 | 2242.33 | 2218.33 | 86.8 | 7.70 | 14.84 | 80.53 |

## 3 现场应用

2021 年以来，苏里格气田完钻 5½in 套管开窗侧钻水平井 82 口，平均钻井周期 36.9d，水平段长 723m，固井质量合格率 100%，初期单井日产气 $3.2×10^4m^3$，较前期侧钻水平井平均钻井周期缩短 10.6%，平均水平段长增加 11.0%，单井日产量提升 23.1%，其中水平段长不小于 1000m 的侧钻水平井 13 口，最长水平段长达 1111m(图 3)。

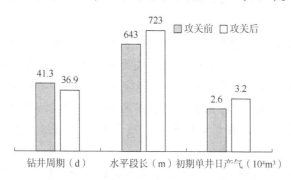

图 3 攻关前后侧钻水平井主要指标对比

## 4 结论与建议

（1）5½in 套管开窗侧钻长水平井技术，现场应用表明，该技术可在有效延长侧钻水平段长的同时降低钻井周期，转变完井方式，并实现单井产量稳步增长，提速增产显著，可进一步扩大规模。

（2）根据现有技术发展，建议研发小尺寸近钻头方位伽马地质导向工具，在保障有效储层钻遇率同时尽可能提高侧钻水平段长。

（3）目前侧钻水平井均在直井老井筒中进行开窗侧钻，建议后期在定向井、水平井等老井筒中开展侧钻水平井试验，并在水源保护区、林区等特殊区域，通过延长侧钻长水平段长，进一步拓展和检验侧钻长水平井技术应用效果。

### 参 考 文 献

[1] 叶成林. 苏里格致密砂岩气藏小井眼侧钻水平井配套技术发展与展望[J]. 中国石油勘探，2023，28(2)：133-143.

[2] 王兴武. 小井眼长裸眼侧钻水平井钻井实践[J]. 钻采工艺，2010，33(3)：29-31，35，141.

[3] 张月，来东风，赵永光，等. 冀东油田 $\phi$139.7mm 套管开窗侧钻水平井固井工艺技术研究与应用[J]. 石化技术，2019，26(12)：214-217.

[4] 韦孝忠. 浅谈苏里格气田老井开窗侧钻水平井技术[J]. 钻采工艺，2016，39(1)：7，23-25.

[5] 欧阳勇，刘汉斌，白明娜，等. 苏里格气田小井眼套管开窗侧钻水平井钻完井技术[J]. 油气藏评价与开发，2021，11(1)：129-134.

[6] 刘志雄，刘克强，胡久艳. 长庆油田套管开窗侧钻井小井眼窄间隙固井技术[J]. 复杂油气藏，2019，12(4)：68-70，88.

# 吉林油田套管开窗侧钻井技术研究与试验

徐新鑫　赵雪松　禚爱博　王　超

**摘　要**　随着油田的持续开发，低产井、长停井及报废井数量不断增加，如何挖潜剩余油，使这部分井重新恢复生产成为日益热门的问题。利用套管开窗侧钻井技术可实现老井二次完井继续采油，恢复原有井网，有效提高储量动用程度和采收率，助力油田低成本挖潜剩余油。本文介绍了吉林油田套管开窗侧钻井发展历史，分析了侧钻井产量影响因素，总结了侧钻井钻完井技术成果及取得的效果。

**关键词**　剩余油挖潜；套管开窗；吉林油田；影响分析；侧钻技术

吉林油田经过长时间开发，井况逐年变差，套变井、长停井整体呈现增多的趋势。这些井一方面造成可采储量损失，另一方面也造成了油田井网不完善。报废井和长停井挖潜侧钻实现了最大限度利用现有油气资源，挖潜老区剩余油的目的。追求钻井低成本、油井高产量是油田开发永恒的话题，也是侧钻井能够规模应用的前提条件。近几年来，吉林油田通过攻关研究侧钻井井位优选、钻完井工艺优化、小井眼采压配套等技术，有效解决了制约侧钻井发展的瓶颈问题，使该技术成为降低百万吨产能建设投资的工程利器。

## 1　吉林油田侧钻井发展历史

吉林油田套管开窗侧钻技术发展始于 1992 年，相较于国内其他油田，吉林油田需要在 $\phi$139.7mm 油层套管内开窗，这样井眼尺寸更小，施工难度难度更大。经过逐步摸索，共经历了无靶点自由换井底、小规模摸索试验和规模试验三个阶段：

### 1.1　无靶点自由换井底侧钻试验阶段（1992—1996 年）

1992 年，在扶余采油厂实施了吉林油田第一口侧钻井——观 3 井，当年完成观 3 井和观 1 井 2 口套管开窗侧钻井。1992—1996 年间，累计完成套管开窗侧钻井 4 口井。主体工艺流程：套管锻铣开窗；人工定向和水泥固定导斜器；转盘驱动三牙轮钻头钻进；自由换井底；聚合物钻井液体系钻井；无支撑式（正反接头丢手）尾管固井完井。

### 1.2　套管开窗侧钻定向井和水平井试验阶段（1999—2018 年）

1999 年，在双阳采油厂实施了第一口定向侧钻井——星 A 侧 6-6 井，1999—2018 年

---

【第一作者简介】徐新鑫，男，1985 年出生，高级工程师，吉林油田公司钻井工艺研究院井筒技术研究所所长，本科，毕业于东北石油大学石油工程专业，主要从事钻井工程工作。通讯地址：吉林省松原市宁江区长宁北街 1546 号钻井工艺研究院，邮编：138000，电话：13331782126，E-mail：xuxx-jl@ petrochina. com. cn。

间，累计实施套管开窗侧钻定向井或水平井 21 口井，均成功钻达设计目标点。主体工艺流程应用锚定式导斜器和钻铰式铣锥开窗；用小直径螺杆钻具驱动单牙轮或 PDC 钻头进行裸眼钻进；用有线随钻测斜仪或 MWD 进行井眼轨迹控制；聚合物钻井液体系钻井；完井采用 $\phi$88.9mm 尾管悬挂裸眼封隔器+多级压裂滑套、尾管悬挂固井完井方式。

### 1.3 规模试验阶段（2019 年至今）

2019 年开始，在乾安、英台等采油厂开展侧钻井规模性试验，截至目前累计实施套管开窗侧钻井 57 口，均采用固井完井，固井质量满足后期采压需求。主体工艺流程应用导斜器带铣锥一体式开窗工具开窗；用 $\phi$88.9mm 特制薄接箍钻杆配合 $\phi$95mm 1.5° 大扭矩螺杆驱动 PDC 钻头进行裸眼钻进；用 MWD 进行井眼轨迹控制；采用防塌漏聚合物钻井液体系；尾管悬挂 $\phi$95.25mm 薄接箍套管固井完井。

## 2 老井侧钻挖潜产量影响因素分析

### 2.1 老井侧钻挖潜产量分析

吉林油田前期套管开窗侧钻井产量参差不齐，一些井最高产量达 20t/d，一些井在钻井过程中涌水投产后含水率 100%。

针对跟踪 2018 年以前的 10 口侧钻井进行产量分析：

2.1.1 含水率对侧钻井产液量和产油量的影响

含水率高低直接影响油井的产量和效益，但含水率高的油井不一定就没有开采经济效益，需要通过产液量与产油量等数据来计算盈亏平衡点衡量油井是否具有开采经济效益。

一般情况下，产油量与产液量、含水率成正比。在油井投产初期含水率一般较低，含水率随着开发时间增加而增加，但侧钻井较为特殊，含水率从投产初期就相对较大，其值一般与老井停产前含水率相近。

如图 1 所示，跟踪的侧钻定向井平均含水率 93.64%，侧钻水平井平均含水率 74.86%。侧钻水平井平均含水率较侧钻定向井平均含水率低 18.78%，分析认为侧钻水平井井底位移大，远离了老井筒，一般受老井筒含水率高的影响较小。

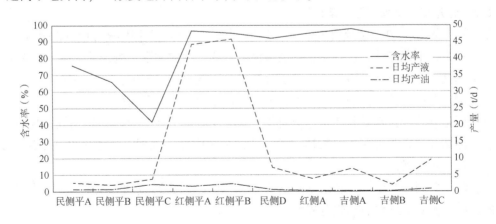

图 1 侧钻井含水率与产液量、产油量关系曲线图

2.1.2 裸眼段长或水平段长对侧钻井产液量和产油量的影响

对跟踪的 10 口井产量与裸眼段长、水平段长相关数据进行了分析，具体数据见表 1。

表1 侧钻井产量与裸眼段长、水平段长数据表

| 井号 | 日均产液(t) | 日均产油(t) | 裸眼段长(m) | 水平段长(m) |
|---|---|---|---|---|
| 民侧平A | 2.58 | 0.63 | 1250 | 698 |
| 民侧平B | 2.01 | 0.69 | 1078 | 785 |
| 民侧平C | 3.73 | 2.17 | 976 | 474.55 |
| 红侧平A | 44.13 | 1.62 | 1290 | 546 |
| 红侧平B | 45.68 | 2.35 | 1309 | 834 |
| 民侧D | 7.18 | 0.58 | 376 | — |
| 红侧A | 3.80 | 0.19 | 311.54 | — |
| 吉侧A | 6.88 | 0.18 | 453 | — |
| 吉侧B | 2.00 | 0.15 | 356 | — |
| 吉侧C | 9.53 | 0.82 | 305 | — |

通过对侧钻井产量数据的跟踪分析，侧钻定向井裸眼段长度对产液量的贡献率约为 1.67t/100m，比侧钻水平井 1.54t/100m 略大；侧钻定向井裸眼段长度对产油量的贡献率约为 0.11t/100m，却比侧钻水平 0.13t/100m 小，究其原因，认为与侧钻定向井平均含水率比侧钻水平井平均含水率大有直接关系。而侧钻水平井水平段长度对产液量的贡献率约为 2.99t/100m，水平段长度对产油量的贡献率约为 0.24t/100m。侧钻水平井产量贡献率数据远比侧钻定向井要好，因此，认为在不考虑油藏剩余油因素时，侧钻水平井在经济效益上比侧钻定向井具有一定的优势。

通过分析研究，侧钻井产液量、产油量基本与裸眼段长度成正比关系，更直观地说产液量、产油量与侧钻井裸露的油层段长度成正比。

2.1.3 井型对侧钻井产液量和产油量的影响

跟踪的 10 口井中，通过调研产量数据进行分析，侧钻水平井日均产液量是侧钻定向井日均产液量的 3.34 倍，侧钻水平井日均产油量是侧钻定向井日均产油量的 3.86 倍。基本符合公开资料中水平井产量为定向井产量的 3~5 倍的数据结果。

**2.2 老井侧钻挖潜产量影响因素**

依据跟踪的 10 口井产量分析结果及公开资料可以得出套管开窗侧钻井产量影响因素有：

（1）剩余油油藏特性，包括可采剩余油储量、剩余油饱和度、剩余油丰度、含水率等；

（2）侧钻井井底位移，即侧钻井油层段裸眼长度或水平段长度；

（3）侧钻井中靶情况，一般情况下，侧钻井靶心距越小产量越高；

（4）侧钻井井型，水平井产量为定向井产量的 3~5 倍，但需要考虑侧钻投资收益率；

（5）侧钻井钻完井情况，一般情况下，钻井过程中发生水侵、涌水等复杂情况，侧钻井投产后产量不乐观；

（6）侧钻井固完井质量，剩余油一般为难采储量，需要通过油藏改造技术才能实现经济开发，固完井质量影响油藏改造程度。

通过对侧钻井产量影响因素分析总结，开展了储层预测、精细油藏描述、水驱规律等研究，重新认识了储层特征、剩余油分布特征，明确了水井侧钻、外扩区侧钻、套变井侧钻、内部挖潜侧钻、油水界面认识、接替层挖潜六大挖潜方向，有效部署侧钻井施工井位，进一步优化施工工艺，形成完善的套管开窗侧钻井钻完井配套技术。

# 3 套管开窗侧钻井钻完井工艺技术

针对 $\phi$139.7mm 套管开窗小井眼侧钻施工所面临的：提速工具选型困难、参数优化空间小、老区地层压力紊乱、钻井液防塌漏技术、窄间隙固井保障等难题，通过近几年的摸索试验，形成以下几项侧钻井配套工艺技术，确保了侧钻井的安全快速施工。

## 3.1 地质工程一体化选井技术

侧钻井井位优选时，加强多专业沟通，优先选择侧钻井附近动态清楚和局部高点剩余油，且单井控制剩余可采储量侧钻定向井大于 $0.5 \times 10^4$ t，侧钻水平井大于 $2 \times 10^4$ t。在前期调研的基础上，通过与采油压裂部门相结合，建立地质工程一体化的选井标准和方法，见表2，可以快速选井，及时制定方案，加快产建速度。

表2 侧钻井选井标准

| 要 素 | 要 求 |
|---|---|
| 套管规格 | 5½in 以上 |
| 井筒状况 | 开窗点以上套管完整，无腐蚀、穿孔，试压20MPa |
| 井身轨迹 | 井斜30°以内，方位有利 |
| 开窗段 | 固井质量良好，地层稳定 |
| 井场范围 | 满足ZJ20钻井机或XJ350修井机及配套设备摆放要求 |
| 周边环境 | 满足修井作业安全环保要求 |

## 3.2 侧钻提速技术

### 3.2.1 开窗工艺

侧钻井在实施过程中用于开窗的常规工具因施工工序多而影响侧钻井的时效与成本。针对此情况，优选带铣锥一体式开窗工具，精确控制施工参数，开窗用时4h，较以往缩短50%，同时一体式开窗工具可将斜向器锚定、套管开窗一趟钻完成，可节省一趟钻，在提速降本方面起到了积极作用。

### 3.2.2 钻头选型

前期套管开窗侧钻井速度慢，部分地区存在钻头与地层适应性差，无法满足侧钻井快速钻进的需求，针对这些问题，根据不同地区可钻性等级，并综合考虑钻头的攻击性及使用寿命，对侧钻井钻头进行个性化设计，设计形成了SD3439KY钻头(图2)，该钻头针对钻井工艺对钻头本体进行了特殊加工处理，能够有效提高机械钻速的同时保证钻井安全。目前在英台地区试验11口井，平均机械钻速为9.32m/h，较英台平均机械钻速提高33.3%。

### 3.2.3 钻井参数优化

常规的 $\phi$118mm 井眼配合使用 $\phi$73mm 钻具，钻具内眼尺寸小，参数优化空间受限。为解决这一问题，尝试优选 $\phi$88.9mm 特制钻杆替代 $\phi$73mm 钻杆，该钻具优化了钻杆水眼、接箍、管体外径，见表3。室内计算及现场试验表明，在同等泵压条件下，排量可提高26.3%，钻头比水功率可提高一倍(图3)，排量增加，有利于清洁井眼，提高水力净化效果；可优选大排量螺杆，螺杆转速由270r/min可以提高到350r/min。$\phi$88.9mm 特制钻杆在方侧 3-1 井成功试验，机械钻速达到 10.8m/h，较英台平均机械钻速提高 46.8%。

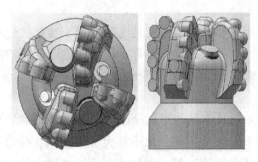

图2　个性化 PDC 钻头示意图

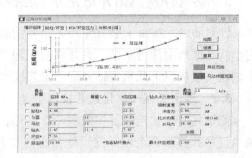

图3　泵压 19.7MPa 下水力参数

表3　钻具对比表

| 参数 | 特制 φ89mm 钻杆 | 普通 φ88.9mm 钻杆 | 普通 φ73mm 钻杆 |
|---|---|---|---|
| 接箍外径（mm） | 104.8 | 104.8~127.0 | 104.8 |
| 管体外径（mm） | 88.9 | 88.9 | 73.0 |
| 管体内径（mm） | 70.2 | 66.1 | 50.0 |
| 接箍内径（mm） | 57.2 | 57.2~49.2 | 47.0 |
| 抗拉强度（kN） | 1942 | 944~2175 | 741~1334 |
| 抗扭强度（kN·m） | 26.5 | 19.5~35.1 | 15.7~28.2 |

### 3.3　小井眼防塌漏钻井液技术

套管开窗侧钻井井眼尺寸小、环空压耗大，老区地层压力层系紊乱，极易引起塌漏等复杂情况发生。通过近几年的研究试验，逐步完善形成了针对各区块的配套钻井液体系和技术措施，保证了侧钻井的成功率。

在常规开发井体系基础上，优化形成失水低、流变性好、防塌能力强的聚合物体系。同时采用防塌漏技术措施，主要是：单井优化密度窗口，保证力学平衡；降低钻井液滤失量，提高抗污染性；设计乳化沥青和土沥青，提高封堵能力；优化流变参数，提高防漏能力；固井前承压，预防固井漏失等。

鉴于恶性漏失地区对钻井施工及后续产能的影响，开展了超分子高强度凝胶堵漏技术试验，高强度凝胶属于化学交联类固化材料，初始配制后为自由流动的浆体，进入漏层后在地层温度作用下实现交联固化，如图4所示，形成高强度段塞，可用于填充堵塞井下裂缝、溶洞等漏失通道，强化井眼。

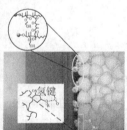

图4　高强度超分子凝胶

### 3.4 窄间隙固完井技术

随着油田开发时间的增加，剩余油更广泛分布于低孔低渗透的油藏，常规压裂技术已经不能满足油藏改造的需要，而大型体积压裂技术对井筒内径及固井质量的要求更高。但是 $\phi$139.7mm 套管开窗侧钻井，钻头尺寸 $\phi$117.5mm/120.6mm，导致环空间隙小、水泥环薄，固井时水泥浆用量少，冲洗时间短，顶替效率低。通过近两年的研究和试验，优化完善了以下完井工具及工艺，保证了侧钻井固井质量满足采压需求。

#### 3.4.1 完井工具选型

完井套管：优选 $\phi$95.25mm 薄接箍套管，增大环空间隙，可以使用扶正器，降低材料成本。同时在接箍处增加倒角，方便套管顺利下入。

套管扶正器：对比分析小井眼各种扶正器，优选出整体冲压一体式扶正器，保证套管居中度，提高顶替效率。

尾管悬挂器：为满足规模压裂需求，优选出可回接封隔液压式悬挂器，密封压力 55MPa，满足采压要求。

#### 3.4.2 韧性水泥浆体系

在水泥浆中掺入增韧材料，改善水泥环的韧性和弹性，防止窜流，见表4；同时水泥石 24h 抗压强度大于 14MPa，弹性模量由 10GPa 降低至 6GPa 以内，具有良好的抗冲击性。

**表 4 水泥浆配方及性能**

| 水泥浆配方 | G 级水泥+6.5%增韧剂 BCE-310S+3.5%降失水剂 BCF-200S+0.8%减阻剂 CF40S+1.2%缓凝剂 BXR-200L |
| --- | --- |
| 密度（g/cm³） | 1.87~1.92 |
| 抗压强度 | >14MPa/24h |
| 稠化时间 | 施工时间+60~90min |
| 流动度 | ≥22cm |
| 力学性能要求 | 7d 杨氏模量指标≤6GPa |

#### 3.4.3 固井技术措施

强化井眼准备措施，带牙轮钻头下钻通井，对阻卡段多次划眼；认真处理钻井掖，要求固井前钻井液黏度小于 45s，充分洗井；通过软件模拟分析，设计扶正器安放数量和位置，保证套管居中(1 根 1 个)；采用 JPY-01 高效冲洗液，前置液用量 $2m^3$，冲刷井壁，提高顶替效率；优化固井施工参数，精细控制排量 0.3~0.5$m^3$/min，预防漏失。

#### 3.4.4 随钻扩孔技术

为了给固井提供一个更大的井眼条件，开展侧钻井随钻扩孔试验。在井斜小、定向段短的侧钻井上，主要使用 1.5° 单弯螺杆配合 PDC 钻头进行复合钻进，自然扩眼率可达 10%~12%；在定向段长的侧钻井上，尝试试验 $\phi$117.5mm PDC 双心扩孔钻头，扩孔率在 15% 以上。

### 3.5 应用效果

通过持续优化完善技术方案，平均钻井成本降低 32.7%。2021 年应用主体技术路线，指导 7 个油区共试验完井 51 口，平均钻速 6.38m/h，同比提高 40.1%，平均钻井周期 11.5d，同比缩短 17.8%，固井质量均满足采油压裂要求。产能效果初见成效，其中 FBC3-5 井日产油 1.1t、DHC8-2 井日产油 2.4t、DHC4-10 井日产油 3.3t、YC+45-3-3 井日产油

2.6t，剩余油效益动用见到好的苗头。

## 4 结论

（1）套管开窗侧钻井技术是老区剩余油挖潜和提高原油采油率的重要技术途径，随着开发形势的日益严峻，套管开窗侧钻技术的应用前景将更加广阔，因此需要加强剩余油分布研究，明确剩余油储量、位置、饱和度、丰度、含水率等重要油藏参数，可为挖潜剩余油提供油藏数据支撑。

（2）通过攻关套管开窗侧钻小井眼钻井提速、小井眼钻井液、窄间隙固完井等技术，形成吉林油田特色的配套钻完井技术，经过现场试验得到了检验，在方案设计、现场施工等方面积累了成功的经验，为下步更大规模的推广应用和优化降成本奠定了基础。

（3）在剩余油挖潜方面，需要大力推广地质工程一体化工作模式，建立地质工程一体化响应机制，实现侧钻井效益建产，助推老油田提质增效。

## 参 考 文 献

［1］贺海洲，张耀民，王卫忠，等．老井侧钻技术在油田开发后期挖潜剩余油的研究［J］．石油化工应用，2009，28（9）：66-69.

［2］朱尧．侧钻井在老油田挖潜增效中的应用［J］．中国科技纵横，2013（13）：62.

［3］陈定柱，张建强，孙利，等．濮城油田侧钻井方案研究及效果评价［J］．内蒙古石油化工，2001，27（2）：110-116.

# 超深井防斜钻具组合动力学研究及应用

余成秀[1]　曾德智[1]　罗　江[2]　石建刚[3]

(1. 西南石油大学油气藏地质及开发工程全国重点实验室；2. 中国石油川庆钻探工程
有限公司钻采工程技术研究院；3. 中国石油新疆油田分公司工程技术研究院)

**摘　要**　超深井直井螺杆钻具组合钻进过程中普遍存在防斜打快难题，严重降低勘探开发效率。为此，应用 ANSYS 和 ADAMS 仿真软件，建立了单弯单稳螺杆和预弯曲动力学钻具组合的刚柔耦合模型；开展了不同井斜角和井眼扩径条件下两者钻铤形心运动轨迹、钻头动态冲击载荷和上稳定器碰撞力的动力学特征分析；以钻头动态冲击载荷和稳定器碰撞力作为优选评价指标，明确了两种钻具组合的防斜能力和安全钻进能力。现场试验表明，应用优化后的单弯单稳螺杆钻具组合井斜控制效果明显改善，五开最大井斜角降至 $6.71°$，平均机械钻速提高 $113.8\%$。研究认为，优化后的螺杆防斜钻具组合能够有效控制井斜，为超深井直井的防斜钻具组合优化提供了技术借鉴。

**关键词**　超深井；防斜打快；钻具组合；动力学

随着深层超深层油气资源勘探开发力度逐年增加，复杂地质条件及工程技术难点制约钻井综合经济效益提升的问题愈发明显[1-2]。其中对于井深超过 6000m 的超深井直井，防斜打快是实现安全高效钻井的关键技术之一[3]。近年来，螺杆钻具组合因其具有低成本、高提速、强纠斜等明显优势被大规模推广，为进一步发挥螺杆钻具高转速提速效果和起到防斜作用，众多学者针对其动力学特性开展了广泛研究。狄勤丰[4]利用动力学理论评价了预弯曲钟摆钻具组合的防斜特性；钟文健[5]建立了全井钻柱动力学特性仿真模型，模拟了钻柱横向运动轨迹；刘科柔[6]在 Jansen 动力学模型的基础上评价了双稳定器预弯曲钻具组合防斜特性。但是对于单弯单稳螺杆、预弯曲动力学钻具组合与井壁之间直接作用关系鲜有分析，尚未形成一套动力学直观的防斜评价方法。

基于上述内容，笔者应用 ANSYS 有限元和 ADAMS 动力学仿真软件，建立了考虑钻柱屈曲变形后与井壁碰撞接触的刚柔耦合仿真模型，得到了不同井斜角和井眼扩径条件下单弯单稳螺杆和预弯曲动力学钻具组合的瞬态动力学特性，较好地指导了新疆南缘地区防斜打快钻具组合优选，对于提升超深井直井钻井效率具有重要参考价值。

---

【基金项目】国家自然科学基金"腐蚀与脉动冲击载荷共同作用下超高强度钻具疲劳损伤行为与控制机制研究"(51374177)。

【第一作者简介】余成秀(1998—)，女，西南石油大学石油与天然气工程专业在读博士生，目前从事油气井工程力学方面的研究。地址：四川省成都市新都区新都大道 8 号；邮编：610500；电话：18382074816；E-mail：515828269@ qq. com。

# 1 螺杆钻具动力学仿真模型

钻柱动力学的研究关键是如何描述井壁、钻柱的碰撞接触问题，包括两个非线性难点，几何非线性和动态接触非线性[7]。钻压和扭矩共同作用于钻头破碎岩石时，钻柱发生弯曲变形，但是受到井壁的约束存在动态碰撞接触。对于底部钻柱屈曲变形后与井壁的碰撞接触，采用了 ADAMS/View 模块展开仿真分析[8-9]。

## 1.1 柔性钻铤模型

利用 ANSYS 建立钻铤模型，模拟长度为 9000mm，钻铤外径为 140mm，内径为 57.2mm。再创建模型单元和材料，选取 solid185 实体单元，密度为 $7.86g/cm^3$，泊松比为 0.3，弹性模量为 210GPa。钻铤轴向上网格长度为 200mm，端面或横截面上等间距划分为 12 份，如图 1 所示。为顺利实现上下两端控制节点对钻铤整体施加力和驱动，需将其与钻铤上下两端一定长度内的柔性体网格节点作为刚性区域来连接，最终结果如图 2 所示。

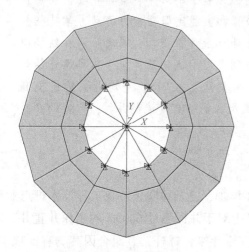

图 1　钻铤径向网格划分情况

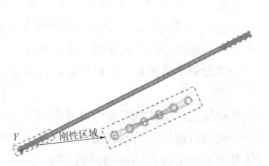

图 2　钻铤轴向网格划分及刚性区域情况

## 1.2 螺杆钻具刚柔耦合模型

建立的螺杆钻具刚柔耦合模型主要包括井壁、井底岩石、钻铤、稳定器、螺杆和钻头，其中钻铤为柔性体，通过 ANSYS 软件导出 MNF 文件生成，其余部分为刚性体。将生成的 MNF 文件导入 ADAMS 中后沿 $Z$ 轴方向进行装配，从而得到螺杆钻具刚柔耦合模型。通过添加运动副定义各部件之间的约束情况，同时施加驱动和载荷，如图 3 所示。螺杆钻具组合各构件间约束关系见表 1。

表 1　螺杆钻具组合各构件间约束关系

| 运动副名称 | 连接部件 |
| --- | --- |
| 平行约束 | 钻铤与井壁 |
| 固定约束 | 井壁与大地 |
| | 钻铤与稳定器 |
| | 钻铤与螺杆 |
| | 螺杆与钻头 |

对底部钻具设置重力载荷，对钻柱与井壁、钻头与井底岩石之间设置接触力，对井底岩石与大地之间设置轴套力，对上端钻铤刚性连接点处设置单向力和旋转驱动，如图4所示。

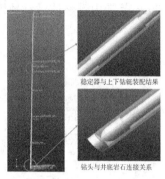
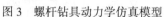
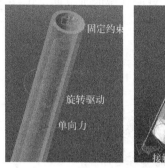
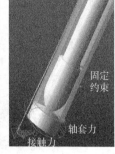

图 3 螺杆钻具动力学仿真模型　　　　　图 4 载荷与驱动施加设置结果

根据上述内容分别建立了单弯螺杆钻具组合和预弯曲动力学螺杆钻具组合的刚柔耦合模型，具体结构尺寸情况见表 2 和表 3。

表 2 单弯单稳螺杆钻具组合结构尺寸

| 结构 | 外径（mm） | 内径（mm） | 长度（mm） | 备注 |
|---|---|---|---|---|
| 钻头 | 190 | — | 350 | |
| 弯螺杆 | 146 | 57.2 | 1000 | 弯角 0.5°，距钻头 1000mm |
| 钻铤 | 140 | 57.2 | 9000 | |
| 稳定器 | 187 | 57.2 | 900 | |
| 钻铤 | 140 | 57.2 | 9000 | |
| 井壁 | 250 | 194.0 | 28000 | 扩径 2% |
| 井底岩石 | 250 | — | 100 | 与井壁底部相距 1mm |

表 3 预弯曲动力学钻具组合结构尺寸

| 结构 | 外径（mm） | 内径（mm） | 长度（mm） | 备注 |
|---|---|---|---|---|
| 钻头 | 190 | — | 350 | |
| 下稳定器 | 185 | 57.2 | 500 | 距离钻头 700mm |
| 预弯短节 | 140 | 57.2 | 800 | 弯角 0.5°，距下稳定器 800mm |
| 直螺杆 | 140 | 57.2 | 7500 | |
| 上稳定器 | 187 | 57.2 | 900 | |
| 钻铤 | 140 | 57.2 | 9000 | |
| 井壁 | 250 | 194.0 | 20000 | 扩径 2% |
| 井底岩石 | 250 | — | 100 | 与井壁底部相距 1mm |

## 2 钻柱瞬态动力学特征分析

### 2.1 钻铤形心轨迹特征

选取钻压为 80kN，转盘转速为 80r/min，井斜角为 1°，井眼扩径系数为 1.02 时，单弯单稳螺杆和预弯曲动力学钻具的钻铤形心运动情况如图 5 所示。由于钻头与井底岩石、稳定器与井壁不断碰撞接触，底部钻具同时存在横向和纵向振动，从三维运动轨迹中可明显看出横向振动更为强烈；钻铤形心初始为不规则运动，逐渐转变为距井眼轴线先增大后减小的圆周往复运动，井眼横截面 $Y$ 方向上位移量处于 $\pm 20\text{mm}$ 范围内，整体运动轨迹表现出较强的不规则性。

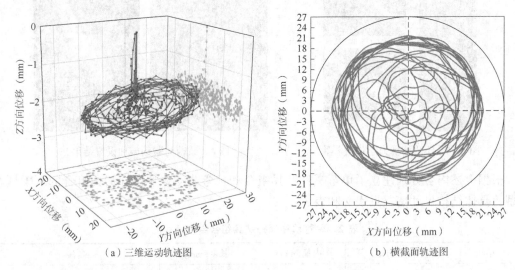

（a）三维运动轨迹图　　　　　　　（b）横截面轨迹图

图 5　钻铤形心轨迹图（单弯单稳螺杆井斜角 1°，井眼扩径 1.02）

　　预弯曲动力学钻具同样由于自身的结构弯角使钻柱质心偏心，如图 6 所示。当转速提高至 60r/min 后，钻柱发生向后涡动，钻铤形心运动轨迹转变为顺时针方向，横截面 $Y$ 方向上位移量在 $-28\sim16\text{mm}$ 范围内，涡动轨迹靠近于下井壁，有利于减小井斜。

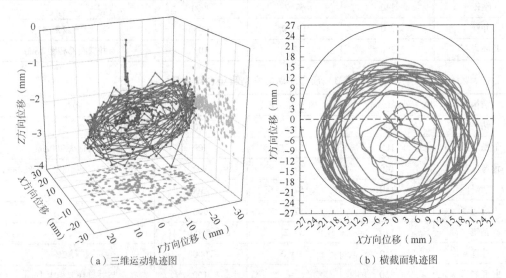

（a）三维运动轨迹图　　　　　　　（b）横截面轨迹图

图 6　钻铤形心轨迹图（预弯曲动力学井斜角 1°，井眼扩径 1.02）

　　将井斜角由 1° 增加至 5°，单弯单稳螺杆和预弯曲动力学钻具的钻铤形心运动情况如图 7 和图 8 所示。由于单弯单稳钻具组合指向下井壁重力分量增加，钻铤形心在井眼横截面上位移受弯螺杆及其连接部分旋转运动影响减弱，横截面 $Y$ 方向上位移量在 $-20\sim16\text{mm}$ 范围内。

预弯曲动力学钻具组合初始同单弯单稳钻具组合相似,重力主导作用下钻铤形心波动下降约15mm;底部钻具组合在转速增加过程中,上端钻铤向后涡动趋势逐渐明显,与井斜角1°保持一致,横截面Y方向上位移量处于-27~16mm范围内,贴近于下井壁,涡动轨迹较井斜角1°时更为明显。

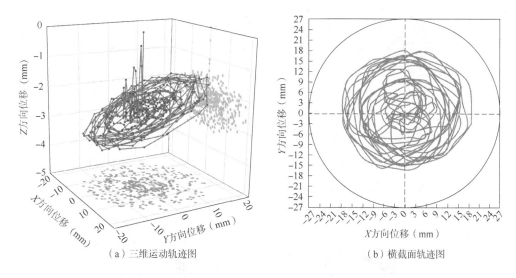

(a) 三维运动轨迹图　　　　　　　　(b) 横截面轨迹图

图7　钻铤形心轨迹图(单弯单稳螺杆井斜角5°,井眼扩径1.02)

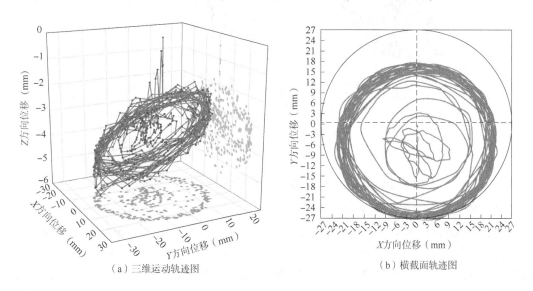

(a) 三维运动轨迹图　　　　　　　　(b) 横截面轨迹图

图8　钻铤形心轨迹图(预弯曲动力学井斜角5°,井眼扩径1.02)

将井眼扩径系数1.02增加至1.20,结果如图9和图10所示。由于井眼扩径系数大幅增加,重力作用下稳定器和上端钻铤始终贴于下井壁且绕井眼轴线转动趋势弱,使得上端钻铤形心轨迹最大位移一直为负。预弯曲动力学钻具上下两端稳定器与井壁的碰撞摩擦力大大减弱,使得初始钻铤形心运动轨迹始终位于下井壁;随着稳定器与井壁碰撞摩擦加剧,底部钻柱向后涡动趋势增强,保持稳定后横截面Y方向上位移量处于-44~34mm范围内,最大位移处始终贴于下井壁。

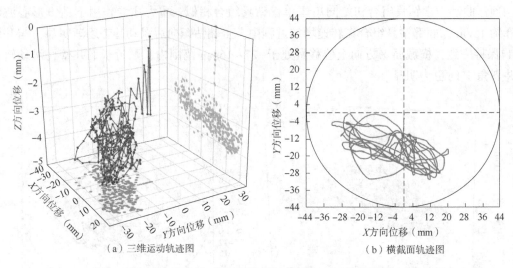

（a）三维运动轨迹图　　　　　　　　　（b）横截面轨迹图

图9　钻铤形心轨迹图(单弯单稳螺杆井斜角5°，井眼扩径1.20)

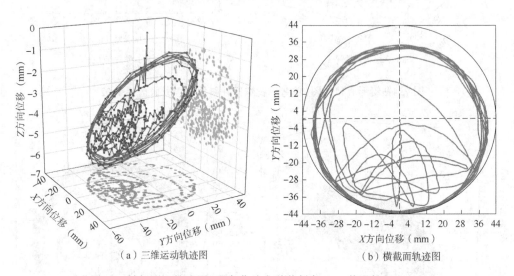

（a）三维运动轨迹图　　　　　　　　　（b）横截面轨迹图

图10　钻铤形心轨迹图(预弯曲动力学井斜角5°，井眼扩径1.20)

## 2.2　钻头动态冲击载荷变化

钻头对井底岩石作用力大小及方向是影响井斜的关键因素[10-11]，根据所建立模型开展对应分析，设钻头对井底岩石作用力方向指向下井壁时为负，指向上井壁时为正。从图11中可知，钻压为80kN，井斜角为1°，转速为80r/min，井眼扩径系数为1.02时，钻头对下井壁动态冲击载荷明显高于上井壁。一个周期内钻头动态冲击载荷指向上井壁波动范围为0~0.72kN，而指向下井壁时范围为-1.68~0kN，平均钻头动态冲击载荷为-0.62kN，主要由于单弯单稳螺杆钻具在转动过程中产生较大离心惯性力，且重力分量指向下井壁，使降斜趋势更为明显。

预弯曲动力学钻具钻头动态冲击载荷在0~3s内，由于结构弯角的偏心作用和井斜角的重力作用，对井底岩石的作用力方向指向下井壁，动态冲击载荷波动范围为-4.89~0kN；但由于上、下稳定器不断与井壁发生高速碰撞摩擦，从而在钻头上形成侧向冲击载荷，重力影响下使得3s后钻头对井底岩石的作用力增加，对下井壁的最大动态冲击载荷从-

4.89kN 增加到-6.32kN 附近。仅从钻头动态冲击载荷来看，单弯单稳螺杆和预弯曲钻具组合均满足常规地区防斜要求。

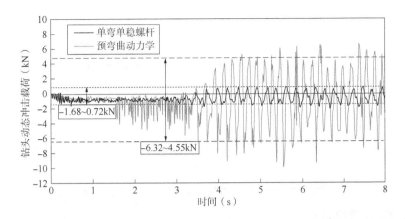

图 11　钻头动态冲击载荷随时间变化规律(井斜角 1°，井眼扩径 1.02)

如图 12 所示，井斜角增加为 5°时，单弯单稳螺杆在 8s 内钻头动态载荷始终指向下井壁，随着转速提高至 60r/min，运动趋于稳定状态，整体波动范围在-3.03～-0.76kN 之间，平均钻头动态冲击载荷为-1.21kN，较井斜角 1°时增加约 0.59kN，表明井斜角增加时防斜效果明显。预弯曲动力学钻具在井斜角增加至 5°时，受到重力分量影响较大，初始与单弯单稳螺杆一致，随着 2s 后涡动趋势逐渐稳定，钻头动态冲击载荷逐渐增大，冲击载荷在-6.76～-1.57kN 之间动态变化，较井斜角 1°时指向下井壁方向的作用力更大，防斜效果明显增强。

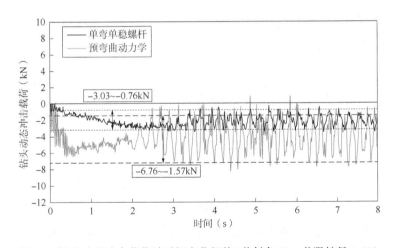

图 12　钻头动态冲击载荷随时间变化规律(井斜角 5°，井眼扩径 1.02)

如图 13 所示，井斜角为 5°的情况下，将井眼扩径系数由 1.02 增加至 1.20，从钻头动态冲击载荷随时间变化规律可明显看出，两种钻具组合在大井斜、大井眼扩径的情况下钻头动态冲击载荷均小于 0，即指向下井壁。单弯单稳螺杆是由于井眼尺寸增大，在底部钻具组合旋转过程中钻头持续贴下井壁，而弯螺杆旋转所引起的离心惯性力使得钻头对下井壁的动态冲击载荷处于动态变化中，波动范围在-2.72～-1.57kN 之间，最终稳定在-1.64kN 附近。

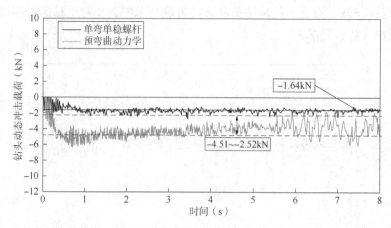

图 13　钻头动态冲击载荷随时间变化规律(井斜角 5°，井眼扩径 1. 20)

### 2. 3　上稳定器碰撞力变化

井下钻具中稳定器外径接近于井眼尺寸才能起到扶正效果，而钻进过程中易因钻柱屈曲变形与井壁发生接触碰撞，存在一定井壁失稳风险。为此，对比两种钻具组合上稳定器对井壁的碰撞情况，得到了两者 8s 仿真时间内碰撞力随时间变化结果。由图 14 可知，0～3s 内单弯单稳螺杆和预弯曲动力学钻具的上稳定器在井斜影响下主要与下井壁发生碰撞，3s 后钻柱旋转发生反向涡动，上稳定器间断性与上下井壁发生碰撞。单弯螺杆钻具组合的上稳定器对井壁的碰撞力波动范围主要集中在-10. 20～9. 12kN，而预弯曲动力学钻具组合的上稳定器对井壁的碰撞力波动范围主要集中在-28. 81～33. 59kN，对井壁的冲击碰撞作用约为单弯单稳螺杆的 3 倍，不利于维持井壁稳定。

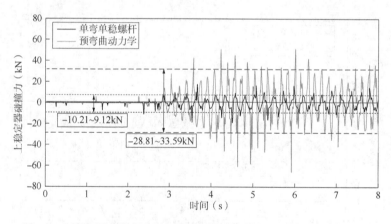

图 14　上稳定器碰撞力随时间变化规律(井斜角 1°，井眼扩径 1. 02)

如图 15 所示，井斜增加为 5°后，指向下井壁的重力分量增加，两种钻具组合上稳定器对下井壁的碰撞力明显高于上井壁；其中单弯单稳螺杆钻具上稳定器对井壁的碰撞力波动范围主要集中在-16. 83～11. 62kN，而预弯曲动力学钻具的上稳定器对井壁的碰撞力波动范围主要集中在-36. 61～32. 27kN；表明单弯单稳螺杆钻具对井斜更为敏感，碰撞力受井斜增加而增加，预弯曲钻具所受影响较小。

将井眼扩径系数由 1. 02 增加至 1. 20 的情况下(图 16)，井眼尺寸增加 34mm，单弯单稳螺杆上稳定器全程仅与下井壁发生碰撞，且碰撞力较扩径系数为 1. 02 时大大减弱；预弯曲动力学钻具在5.7s前涡动趋势不明显，重力起主导作用，上稳定器始终对下井壁发生碰撞，之后随着涡动趋势的明显，上稳定器对上、下井壁碰撞力大小相近，但较扩径系数为1.02对应工况下的碰撞力同样大幅减弱。

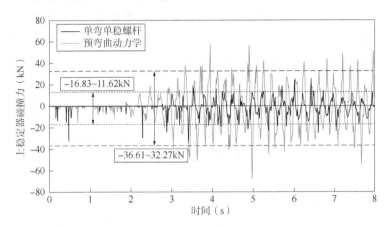

图15 上稳定器碰撞力随时间变化规律(井斜角5°，井眼扩径1.02)

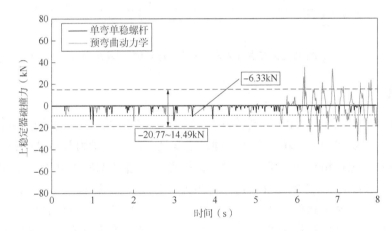

图16 上稳定器碰撞力随时间变化规律(井斜角5°，井眼扩径1.20)

## 3 现场应用实例

根据以上研究内容，将成果应用于西部某油田区块STX井，以明确与工程实际的吻合情况。考虑两种组合中预弯曲动力学钻具的上稳定器对井壁碰撞力约为单弯单稳螺杆的3倍，而所应用区块井壁稳定性差，井眼扩径情况严重，故选用单弯单稳螺杆更利于井壁稳定，防止井下复杂事故的发生。

应用ADAMS仿真计算单弯单稳螺杆不同结构下平均动态冲击载荷和稳定器碰撞力，评估钻具组合的防斜能力和井壁作用力，优选得到STX井四开/五开井段单弯单稳螺杆钻具组合，具体结构为：$\phi$241.3/190mm钻头+螺杆+$\phi$177.8/158mm钻铤2根+稳定器(欠6~9mm)+$\phi$177.8/158mm钻铤+加重+钻杆，若井斜小于5°时可选用直螺杆进行钻进，而井斜大于5°时，则选用0.5°~0.75°的弯螺杆进行降斜，钻压波动范围为60~80kN。

与单钟摆、直螺杆钻具组合STX井五开6700~6906m井段进行了对比分析，如图17所示。在井深为6700~6774m时，第一趟采用单钟摆井斜角由3.01°增加至7.11°，主要由于地层倾角和井眼扩径增加，该钻具组合钻进趋势为增斜，不能满足防斜需求，导致井斜角迅速增加。第二趟更换为带直螺杆的单钟摆，在大井斜条件下仍为增斜钻进趋势，继续钻进 26m 后，井斜角迅速增至 7.89°，仍不能满足防斜要求。最终第三趟采用了优化的单弯单稳钻具组合，结构弯角为 0.75°，钻进 105m 后，最大井斜角由 7.89° 降低至 6.71°，降斜效果明显。平均机械钻速较试验前的邻井由 1.95m/h 提升至 4.17m/h，提高 113.8%，提速效果更佳，验证了螺杆防斜钻具组合优化研究的可行性。

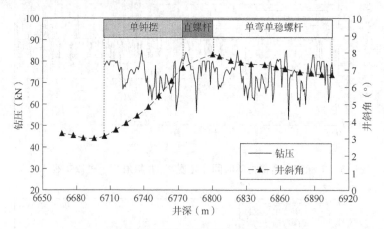

图 17　STX 井单弯单稳螺杆钻具组合试验结果

## 4　结论

（1）应用 ANSYS 和 ADAMS 仿真软件，建立了钻柱屈曲变形后与井壁碰撞接触的刚柔耦合仿真模型，能够实现单弯单稳和预弯曲动力学钻具的瞬态动力学特性分析。

（2）单弯单稳螺杆钻具井斜增至 5° 时，钻铤形心轨迹略偏向下井壁，平均动态冲击载荷大幅增加约 0.59kN，大井斜条件下适用性更强；井眼扩径增至 1.20 时，形心轨迹不规则且完全趋向下井壁，钻头和稳定器作用几乎仅指向下井壁，防斜效果明显。

（3）预弯曲动力学钻具井斜增至 5° 时，钻铤形心涡动轨迹更明显，横向振动减弱，钻头动态冲击载荷大幅增强而碰撞力减小；井眼扩径增至 1.20 时，钻铤形心发生稳定涡动时间延后约 3.7s，防斜能力大幅减弱。

（4）以平均动态冲击载荷和稳定器碰撞力作为优选评价指标，推荐了单弯单稳螺杆钻具组合结构参数；现场应用表明，五开最大井斜角降低至 6.71°，平均机械钻速提高 113.8%，满足超深井直井的防斜打快作业需求。

## 参　考　文　献

[1] 袁国栋，王鸿远，陈宗琦，等 . 塔里木盆地满深 1 井超深井钻井关键技术[J]. 石油钻探技术，2020，48(4)：21-27.

[2] ZHAO F, WANG H G, CUI M. Optimizating drilling operating parameters with real-time surveillance and mitigation system of downhole vibration in deep wells[C]//IADC/SPE Asia Pacific Drilling Technology Conference，Singapore：SPE，2016：SPE-180661-MS.

[3] 汪海阁，黄洪春，毕文欣，等 . 深井超深井油气钻井技术进展与展望[J]. 天然气工业，2021，41(8)：163-177.

［4］狄勤丰，王文昌，姚永汉，等．底部钻具组合动力学模型及涡动特性仿真［J］．中国石油大学学报(自然科学版)，2010，34(3)：53-56.

［5］钟文建，李双贵，熊宇楼，等．超深水平井钻柱动力学研究及强度校核［J］．西南石油大学学报(自然科学版)，2020，42(4)：135-143.

［6］刘科柔，张辉，王新锐，等．双稳定器预弯曲钻具组合防斜特性动力学评价方法［J］．石油钻采工艺，2021，43(3)：281-288.

［7］刘永升，高德利，王镇全，等．斜直井眼中钻柱横向动态运动非线性模型研究［J］．振动与冲击，2017，36(24)：1-6.

［8］刘强，刘轶渼，杨春雷．匹配旋转导向的螺杆钻具钻柱动力学研究［J］．应用力学学报，2021，38(3)：1272-1279.

［9］吴泽兵，黄海，郑维新，等．基于机械系统动力学自动分析水平井钻柱—井壁接触仿真分析水平井钻柱—井壁接触仿真分析［J］．科学技术与工程，2020，20(33)：13762-13768.

［10］米光勇，袁和义，王强，等．四川盆地双鱼石区块深井钻井井斜规律研究［J］．西南石油大学学报(自然科学版)，2021，43(4)：62-70.

［11］李琴，傅文韬，黄志强，等．硬地层单牙轮—PDC 钻扩联合钻头破岩特性［J］．中国机械工程，2019，30(22)：2683-2690.

# 三、钻井新工具、新技术

# 锥形齿混合布齿 PDC 钻头不平衡力计算方法

史杏杏　晁文学

（中国石化中原石油工程公司钻井工程技术研究院）

**摘　要**　切削齿空间结构参数是影响钻头受力的主要因素之一，但其对混合布齿 PDC 钻头受力的影响目前尚缺乏有效的计算评估方法。本文基于室内实验和数值模拟结果，建立了平面齿和锥形齿单齿力学模型；在此基础上，考虑切削齿的切削角、法向角和周向坐标等空间结构参数，建立了平面齿—锥形齿混合布齿 PDC 钻头不平衡力计算模型。利用该模型计算了 $\phi$215.9mm 混合布齿 PDC 钻头的不平衡力和侧向角，并与 Ls-dyna 软件模拟结果进行了对比。结果表明：模型计算的不平衡度、侧向角与数值模拟结果吻合良好，误差分别为 0.98%、5.97%。本研究可为平面齿—锥形齿混合布齿 PDC 钻头结构参数优化设计提供理论参考。

**关键词**　锥形齿；混合布齿；PDC 钻头；不平衡力

自 20 世纪 70 年代初，PDC 钻头制造和使用成功后，便以其钻速快、寿命长、进尺高等优势，在石油钻井中得到了广泛的应用[1]。近年来，为了提高 PDC 钻头吃入地层能力和侧向切削能力，又研制了混合布齿 PDC 钻头，平面齿—锥形齿混合布齿 PDC 钻头便是其中的一种。该混合布齿 PDC 钻头虽然具有更高的钻井效率和更长的钻头进尺[2-4]，但在复杂地层钻进中，常出现崩齿、碎齿和磨损严重等问题，分析其原因，主要是由于受力不平衡导致涡动而造成的[5-6]。

对于 PDC 钻头的受力，国内外学者已开展了相关研究，并取得了不少成果。邹德永[7]发现平面 PDC 齿的切向力和正压力受接触面积和接触弧长影响，通过调整钻头刀翼的周向位置角可实现 PDC 钻头力平衡设计；叶枫[8]等考虑了切削齿的反作用力、钻头钻压和扭矩，建立了 PDC 钻头切削齿的受力模型；Detournay 等[9]研究了 PDC 钻头钻进时的摩擦特性，创建了 PDC 钻头各破岩参数之间关系的计算模型；梁尔国等[10]研究了切削齿切削角、接触弧长等对切削齿受力的影响；谌湛[11]建立了正压力与切向力关系模型；王晓峰等[12]通过对岩石破碎过程的动力学分析，建立了钻头的压入力和切削力的动力学模型；王家俊等[13]基于岩石钻进实验，通过多元非线性回归方法，建立了切削齿与岩石相互作用的二维理论模型；况雨春等[14]建立了单齿在空间坐标下切削岩石的几何力学模型，并通过对比有限元数值模拟结果和模型计算结果，建立了钻头力学计算模型；宋洵成[15]利用遗传算法构建了 PDC 钻头侧向力平衡优化方法；马亚超等[16]以最小弯扭比和侧钻比为目标，建立了

【基金项目】中国石化中原石油工程公司项目"空气锤优化及应用研究"（编号：2022122）。

【第一作者简介】史杏杏（1996—），女，助理工程师，硕士，2022 年毕业于中国石油大学（北京）油气井工程专业，现于中国石化中原石油工程公司钻井工程技术研究院从事钻井工艺方面研究。地址：河南省濮阳市中原东路 462 号中原油田钻井院（457001），电话：18810365102，E-mail：2457841225@qq.com。

PDC 钻头力平衡优化布齿结构设计模型。但是，上述研究主要针对平面齿和常规 PDC 钻头，对于锥形齿及平面齿—锥形齿混合布齿 PDC 钻头受力情况研究较少。

为此，首先基于室内实验和数值模拟结果，修正了平面齿单齿力学模型，建立了锥形齿单齿力学模型；其次，考虑切削齿的切削角、法向角和周向坐标等结构参数，建立了混合布齿 PDC 钻头不平衡力计算模型；最后，通过对比模型计算结果与数值模拟结果，验证了计算模型的准确性。

# 1 单齿力学模型

## 1.1 单齿切削实验

单齿切削实验在 PDC 齿破岩综合实验装置上进行。该装置由切削系统和控制系统两大部分组成，切削系统主要包括夹具、夹持装置、高精度切深及角度调节装置、传感器、高精度步进式电机、导轨等，控制系统包括编程设置模块和数据采集模块，可实时对数据进行采集与处理。

岩样采用四川须家河组砂岩露头，并加工成边长为 150mm 的正立方体。为提高实验的精确性，需严格控制岩样 6 个面的平行度和光滑度。岩石力学特性测试结果见表 1。

表 1　实验岩样基本力学参数测试结果

| 岩性 | 密度(g/cm³) | 弹性模量(GPa) | 泊松比 | 内摩擦角(°) | 黏聚力(MPa) | 抗压强度(MPa) | 抗拉强度(MPa) |
|------|------|------|------|------|------|------|------|
| 砂岩 | 2.67 | 38.058 | 0.124 | 36.36 | 32.55 | 147.409 | 6.46 |

结合钻头使用情况及国内外文献，切削角度范围为 0°~35°[17]，单齿切削实验方案见表 2。

表 2　平面齿、锥形齿单齿切削实验方案

| PDC 齿类型 | 切削深度(mm) | 切削角度(°) |
|------|------|------|
| 平面齿 | 1.0、1.5、2.0、2.5、3.0 | 10、15、20、25、30 |
| 锥形齿 | 1.0、1.5、2.0、2.5、3.0 | 5、10、15、20、25、30 |

在 5mm/s 的切削速度下，切削实验过程持续约 30s。为消除边界效应，选取 7~22s 的切向力数据(切削区间 40~110mm)进行分析。不同倾角下平面齿、锥形齿的平均切向力随深度变化曲线如图 1 所示。由图 1 可知，随着切削深度的增加平均切向力呈线性增大。

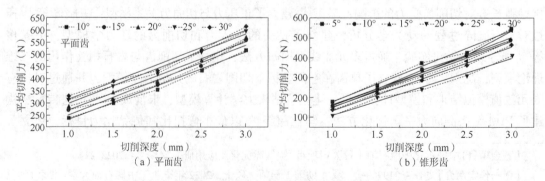

图 1　平面齿、锥形齿切削砂岩平均切向力变化曲线

### 1.2 单齿数值模拟

采用 Abaqus 软件建立单齿数值计算模型，仿真模拟切削破岩，岩石力学参数设置与实验获取的力学参数保持一致。岩石尺寸为 30mm×20mm×15mm，底面设置为端部固定边界条件，约束 6 个自由度，其他各面不施加约束。采用 C3D8R 结构化网格进行网格划分，接触设置为面—面接触，接触位置岩石进行网格加密，岩石划分的网格总数为 1221985，锥形齿网格数为 19232，平面齿为 15331，如图 2 所示。岩石的本构关系采用软件自带的损伤塑性模型。

尽管切削角度变化范围较大（0°~35°），但通常采用 16°~25°，此处以切削角度为 20°为例进行分析。图 3 和图 4 表示当切削角度为 20°时切向力波动特征和平均切向力随切削深度变化曲线。

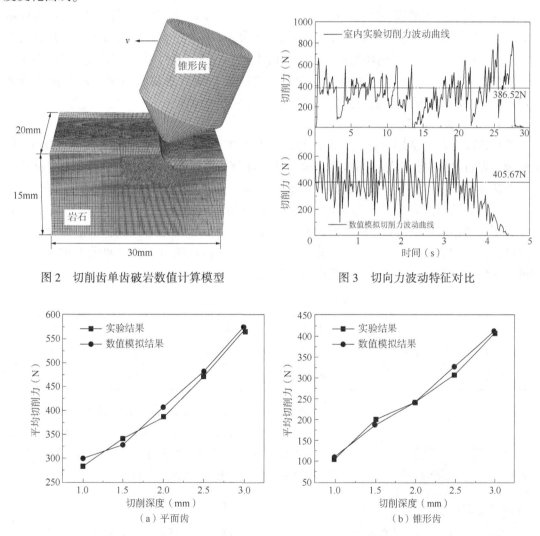

图 2　切削齿单齿破岩数值计算模型　　　　图 3　切向力波动特征对比

图 4　平面齿、锥形齿切向力随切削深度变化规律

将实验测得的切向力波动特征、切向力随切削深度变化规律与数值模拟结果进行对比，可以看出，实验测得的切向力与数值模拟得到的切向力分别为 386.52N 和 405.67N，实验和数值模拟的切向力随切削深度的变化趋势基本一致，误差分别在 6%、6.4% 以内。数值

计算和切削实验的数值吻合较好，证明了数值计算结果是可靠的。

### 1.3 平面齿力学模型

虽然异型齿切削有很多优点，但是在 PDC 钻头布齿中仍然以平面齿为主。目前，关于平面齿 PDC 钻头切削齿受力的研究较为成熟，建立的模型也较多。为使模型达到准确、简单、适用的目标，在平面齿力学模型[10]的基础上，根据实验和数值模拟结果，对模型中的系数及法向力与切向力的系数进行了修正，模型如下：

$$
\begin{cases}
F_c = \mu f P_t K_d^{q_t} A^{0.325} \\
F_n = 2.3866 F_c - 271.37
\end{cases}
\tag{1}
$$

式中，$F_c$ 为单齿切向力，N；$F_n$ 为单齿法向力，N；$\mu$ 为磨损高度系数，$\mu = \exp[h_w/(d\cos\alpha)]$；$h_w$ 为磨损高度，mm；$d$ 为复合片直径，mm；$\alpha$ 为切削角，(°)；$K_d$ 为可钻性极值；$f$ 为弧长系数，$f = l/l_d$；$l_d$ 为实际弧长，$l$ 为等效弧长；$p_t$ 为不同切削角时方程的系数，$p_t = 4.1e^{4.5\sin\alpha}$；$q_t$ 为不同切削角时方程的指数，$q_t = 1.5(\cos\alpha)^{4.5}$；$A$ 为接触面积，$mm^2$。

根据该模型计算切向力，80%的求解值与实验数据误差不超过10%，最小误差低至0.13%；法向力80%的计算值与数值模拟结果误差在10%以内。

### 1.4 锥形齿力学模型

单齿切削岩石与摩擦力有关，而接触面积对摩擦力的影响较大。当切削角度增大时，锥形齿与岩石接触面积增加，不规则程度变大，摩擦力贡献也增大。参照平面齿接触状态分析方法推导锥形齿的受力分析模型。将锥形齿与岩石相互作用简化成简单的几何模型进行分析，推导锥形齿的切削深度和切削角度与接触弧长、接触面积的计算方法[18]。

为了找到影响切削齿受力的主要因素，用 stata 软件对锥形齿参数进行主成分分析，确定切削齿受力的主要影响因子。表3显示切向力与接触面积的贡献率之和大于98%，说明接触面积是影响受力的主要因素，其次是切削角度。

表3 特征值及贡献率统计表

| 参数 | 切向力 | 接触面积 | 切削角度 | 接触弧长 | 切削深度 |
|---|---|---|---|---|---|
| 特征值 | 3.688 | 1.213 | 0.059 | 0.033 | 0.007 |
| 贡献率 | 73.76% | 24.25% | 1.18% | 0.67% | 0.15% |

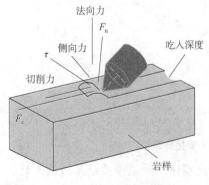

图5 锥型齿切削岩石模型

根据实验和数值模拟结果，结合锥形 PDC 切削齿与岩石相互作用模型(图5)，在 MATLAB 中采用"quadratic"方法对回归分析模型进行拟合，并对该模型的计算进行逼近，得到锥形齿的受力计算公式：

$$
\begin{cases}
F_c = a_1 A_c S_c + b_1 S_c \\
F_n = 3.565 F_c - 670.52
\end{cases}
\tag{2}
$$

式中，$F_c$ 为单齿切向力，N；$F_n$ 为单齿法向力，N；$\alpha$ 为切削齿切削角，(°)；$A_c$ 为接触面积，$mm^2$；$S_c$ 为接触弧长，mm；$a_1$，$b_1$ 为方程系数，$a_1 = 0.0005$

$(-0.0927\alpha^2 + 14.0508\alpha - 31.9766)$，$b_1 = 0.0205\alpha^2 - 1.6602\alpha + 58.3255$。

根据该模型计算切向力，87%的求解值与实验数据误差在10%以内，最低误差低至0.23%，计算得到的法向力与数值模拟结果误差在7.69%以内。

## 2 不平衡力模型建立

PDC钻头正常钻进是指在钻压和扭矩的作用下绕井眼轴线连续旋转破碎岩石的过程，每个切削齿都会受到一个法向力$F_n$和一个切向力$F_c$。法向力$F_n$可以分解为径向分力$F_r$和垂直分力$F_v$，如图6(a)所示。侧向不平衡力的具体定义为：作用在钻头上且垂直于钻头旋转轴线的平面内，切削齿的法向力和切向力能分解为一个作用于钻头中心上的力和一个力矩，该力就是侧向不平衡力。

建立核心坐标，以第一刀翼所在基准面作为$x$轴，钻头中心线为$z$轴并指向井底，建立一个右手圆柱坐标系($o$—$xyz$)，如图6(b)所示。切削齿的径向坐标$OR$与$x$轴的夹角为周向坐标$\theta$，$H$为高度坐标，因此切削齿位置坐标用($R_i$，$\theta_i$，$H_i$)表示，$i$表示切削齿号。若钻头的冠部形状为：$H = f(R)$，则切削齿的法向角$\gamma$可表示为：

$$\gamma = \arctan\left[\frac{\dfrac{df(R)}{dR}}{R} = R_i\right] \tag{3}$$

由图6(c)可知，将各个切削齿的法向力$F_n$进行分解，得到对应切削齿的轴向力$F_v$和径向力$F_r$。而切向力$F_c$和法向力的径向力$F_r$在同一$xoy$平面上，分解并求和得到总侧向力$F_s$及方向角。

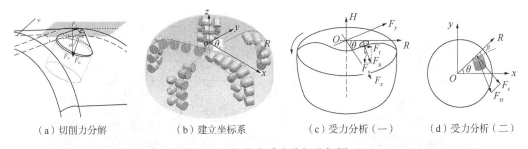

| （a）切削力分解 | （b）建立坐标系 | （c）受力分析（一） | （d）受力分析（二） |

图6　PDC钻头受力分解几何图

如图6(d)所示，添加侧转角$\beta$后，法向力的方向和大小没有改变，切向力的径向分力$F_{rr}$平行于切削齿的径向坐标$R$，各个切削齿的切向力径向分力$F_{rr}$、轴向力$F_v$和径向力$F_r$可以表示为：

$$F_{rr} = F_c \cdot \tan\beta, \quad F_v = F_n\cos\gamma, \quad F_r = F_n\sin\gamma \tag{4}$$

根据冠部形状确定法向力$F_n$的方向，依据冠部形状剖面周向角进行计算，将刀翼分布在四个象限内。进行力的合成，整理后$F_x$和$F_y$方向的合力可以表示为：

$$F_x = \sum_{i=1}^{n}\left(F_{ci}\sin\theta_i + F_{ri}\cos\theta_i - F_{rr}\cos\theta_i\right)$$

$$F_y = \sum_{i=1}^{n}\left(-F_{ci}\cos\theta_i + F_{ri}\sin\theta_i - F_{rr}\sin\theta_i\right) \tag{5}$$

总的侧向力为：

$$F_s = \sqrt{F_x^2 + F_y^2} \tag{6}$$

侧向力方向角可以表示为：

$$\theta_s = \arctan(F_y/F_x), \ F_x \geqslant 0 \ \text{或} \ 180 + \arctan(F_y/F_x), \ F_x < 0 \tag{7}$$

以215.9mm锥形齿—平面齿混合布齿PDC钻头为例，在MATLAB软件中进行编程，输入平面齿和锥形齿的切削结构参数，计算得到钻头的侧向力和侧向角，见表4。

**表4　不平衡力计算数值统计表**

| 锥形齿—平面齿混合<br>布齿PDC钻头 | 侧向力 | 侧向角 |
|---|---|---|
| | 1050.15N | −65.03° |

该锥形齿—平面齿混合布齿PDC钻头不平衡力为1050.15N。不平衡度为总侧向力与钻压的比值，即不平衡度为4.44%。

## 3　数值仿真模拟

在Solidworks中建立钻头与岩石相互作用模型，主要包含岩石、PDC钻头、钻杆和扶正圆环的工具模型，如图7所示。用软件Ansys Workbench/Ls-dyna/Ls-prepost对钻头与岩石相互作用模型进行前处理，主要包括：计算模型选择、定义材料、添加边界条件、关键字参数重定义等。最后采用Ls-dyna软件进行破岩数值模拟，得到动态钻进时不平衡度波动范围，验证计算模型的准确性。

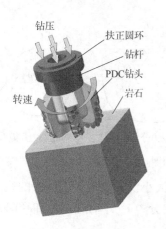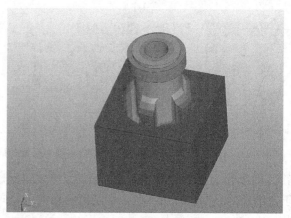

图7　锥形齿—平面齿混合布齿PDC钻头与岩石相互作用模型

在0~30s时间段内，钻头在不断吃入岩石，直至钻进时间超过30s后，PDC钻头的锥形齿和平面齿完全接触岩石并参与岩石破碎，$X$方向和$Y$方向的齿面接触力波动幅值相对稳定，并存在周期性波动，如图8所示。因此选取30~60s这一时间内$X$方向和$Y$方向的齿面接触力数据进行分析。

数值模拟过程中，钻头轴向载荷设置为25000N，数据采集频率为16Hz。$XY$平面上合力的最大值为3868.81N，最小值为42.92N，平均值为1354.31N。基于$X$方向和$Y$方向的平均齿面接触力，计算得到钻头的侧向角为−69.16°。在30~60s时间段内，钻头不平衡度最大值为 15.47%，最小值为 0.17%，如图 9 所示，钻头钻进过程中的不平衡度平均值为 5.42%。

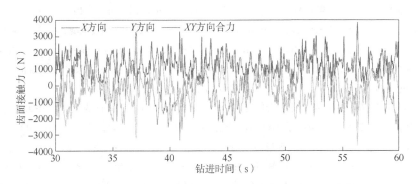

图 8　30~60s 接触力随时间变化规律

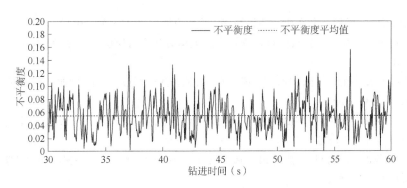

图 9　不平衡度随时间变化规律

## 4　结论

（1）PDC 钻头的不平衡力主要受切削齿的切削角、周向角及径向坐标等空间结构参数影响。

（2）基于冠部形状可以确定钻头体在空间坐标系下不平衡力的大小和方向，并可以对布齿参数进行调节来降低钻头的不平衡度，其中侧转角、法向角和高度坐标等参数对 PDC 钻头侧向不平衡力影响较小，而改变周向坐标可实现 PDC 钻头不平衡度的快速调节。

（3）利用建立的不平衡力模型计算的 215.9mm 锥形齿—平面齿混合布齿 PDC 钻头的不平衡度、侧向角与软件数值模拟验证吻合良好，其中不平衡度误差为 0.98%，侧向角误差为 5.97%。

参 考 文 献

[1] WARREN T, SINOR L. PDC bits: what's needed to meet tomorrow's challenge[C]. University of Tulsa Centennial Petroleum Engineering Symposium, 1994.

[2] https://www.drillingcontractor.org/better-and-better-bit-by-bit-35780[EB/OL]. https://www.drillingcontractor.org/better-and-better-bit-by-bit-35780.

[3] HSIEH L, ENDRESS A J D C I. Better and better, bit by bit/New drill bits utilize unique cutting structures, cutter element shapes, advanced modeling software to increase ROP, control, durability[J]. 2015, 71（4）:

48-60.

[4] WONG A, DENOUDEN B, HERMAN J, et al. New Hybrid Bit Technology Provides Improved Performance in Conventional Intervals[C]. SPE Annual Technical Conference and Exhibition, 2016.

[5] BEATON T, WONG A, ISNOR S, et al. New Type of Oilfield Drill Bit Produces New Levels of Performance in Large Diameter Intervals[C]. SPE/IADC Middle East Drilling Technology Conference and Exhibition, 2016.

[6] MENSA-WILMOT G, KREPP T, STEPHEN I. Dual torque concept enhances PDC bit efficiency in directional and horizontal drilling programs[C]. SPE/IADC drilling conference, 1999.

[7] 邹德永. 刀翼式 PDC 钻头结构及布齿优化设计研究[D]. 成都：西南石油大学, 2000.

[8] 叶枫, 宋涛. PDC 钻头切削齿的受力模型的建立[J]. 科技信息(科学教研), 2007(34)：374, 397.

[9] DETOURNAY E, RICHARD T, SHEPHERD M. Drilling response of drag bits: theory and experiment [J]. International Journal of Rock Mechanics and Mining Sciences, 2008, 45(8)：1347-1360.

[10] 梁尔国, 李子丰, 邹德永. PDC 钻头综合受力模型的试验研究[J]. 岩土力学, 2009, 30(4)：938-942.

[11] 谌湛. PDC 钻头力学模型实验研究[D]. 青岛：中国石油大学(华东), 2011.

[12] 杨晓峰, 康勇, 王晓川. 岩石钻掘过程钻头受力动力学解析模型[J]. 煤炭学报, 2012, 37(9)：1596-1600.

[13] 王家骏, 邹德永, 杨光, 等. PDC 切削齿与岩石相互作用模型[J]. 中国石油大学学报(自然科学版), 2014, 38(4)：104-109.

[14] 况雨春, 张明明, 冯明, 等. PDC 齿破岩仿真模型与全钻头实验研究[J]. 地下空间与工程学报, 2018, 14(5)：1218-1225.

[15] 宋洵成, 邹德永. 采用遗传算法的 PDC 钻头侧向力平衡优化设计[J]. 中国石油大学学报(自然科学版), 2006(4)：50-52.

[16] 马亚超, 张鹏, 黄志强, 等. 全局力平衡 PDC 钻头布齿优化设计[J]. 中国机械工程, 2020, 31(20)：2412-2419, 2428.

[17] 窦同伟, 王长在, 孙宝, 等. 金刚石复合片脱钴 PDC 钻头个性化设计与应用[J]. 中国石油和化工标准与质量, 2014, 34(11)：101-102.

[18] XIONG, CHAO, HUANG, et al. Experimental Investigation into Mixed Tool Cutting of Granite with Stinger PDC Cutters and Plane PDC Cutters %J Rock Mechanics and Rock Engineering[J], 2021(prepublish).

# 超大排量下脉冲器流场仿真分析及优化设计

陶松龄　黄　峰　刘郢轩　赵　亮

（中国石油渤海钻探工程公司）

**摘　要**　在超深井、特深井大尺寸井段钻探过程中，为了保证环空返速及井眼清洁，采用大排量等激进钻井参数成了当下的主流趋势，超大排量下随钻测量用脉冲发生器的抗冲蚀性能不足成了行业内的共性技术难题。为此基于 fluent 的流场仿真分析，采用 k-epsilon 模型对脉冲发生器核心部件进行湍流的模拟，结合不同施工排量和钻井液含砂比等各项参数，得出脉冲器薄弱区域的冲蚀磨损率，并进行了结构的优化设计。仿真分析显示优化后的脉冲器薄弱区域的最大冲蚀速度仅为 0.02mm/h，对比优化前降低了 40.2%。现场应用结果表明，改进后的脉冲发生器能够满足激进钻井参数下的苛刻要求，井下工作寿命延长了 80h 以上，在塔里木油田 YG1 井等井取得了良好的应用效果。

**关键词**　超深井；激进钻井参数；脉冲发生器；抗冲蚀；仿真分析

钻井液正脉冲发生器是随钻测量系统实现井下与地面通信的核心设备之一[1]，其结构简单、性能稳定，是目前普遍使用的一种传输方式[2]。随着勘探开发的不断深入和提速增效的迫切需求，"激进钻进参数"钻进技术成为当下实现钻井全面提速和非常规油气资源高效开发的重要手段[3]，其核心就是尽一切可能释放钻井参数。以塔里木山前垂直钻井为例，17in 及以上大尺寸井段，最大排量达 90L/s 以上，大排量的广泛应用，使得脉冲发生器因冲蚀故障，严重影响了钻井时效。目前常用的解决方法主要有提高钻井液性能，降低黏度和沉砂含量[4]；易冲蚀部件的材料优选或表面喷涂，提高其耐磨性和耐腐蚀性。基于钻井成本等方面考量，钻井液性能常不能满足仪器服务方的要求，而表面喷涂技术水平参差不齐，特别是异形部件喷涂质量常难以保证。因此本文基于 fluent 的流场仿真分析，对脉冲发生器的关键部件进行了结构优化设计，从根本上提升其抗冲蚀性能，并取得了较好的应用效果。

## 1　脉冲发生器简介及技术问题

### 1.1　脉冲发生器简介

钻井液正脉冲发生器主要由控制阀总成及主阀总成组成，如图 1 所示。其中，控制阀总成包括阀芯、阀座总成及电磁组件等；主阀总成主要包括主阀扶正器、导杆、蘑菇头、限流环、滤网总成等。

工作时，井下脉冲信号通过脉冲驱动电路控制脉冲器的控制阀阀芯上下动作，从而和

【第一作者简介】陶松龄（1987—），男，工程师，2009 年毕业于成都理工大学机械设计制造及自动化专业，主要从事自动垂直钻井技术研究工作。地址：天津开发区二大街 83 号中国石油天津大厦，邮编：300457，电话：13785817114，E-mail：taosongling@ cnpc. com. cn。

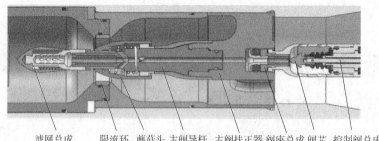

滤网总成　限流环　蘑菇头　主阀导杆　主阀扶正器　阀座总成　阀芯　控制阀总成

图 1　钻井液正脉冲发生器结构示意图

阀座喷嘴之间的过流孔形成了开关状态。当过流孔关闭时,主阀蘑菇头的内部压力升高,迫使蘑菇头向上运动。蘑菇头上端位置的改变,导致其与外围的限流环钻井液流道变化,从而在钻柱内产生压力脉冲。压力脉冲被地面压力传感器感知,并按照相应的规则进行解码,达到随钻测量的目的。

### 1.2　面临的技术问题

针对大排量、高含砂工况下该脉冲器抗冲蚀性能不足的问题,前期通过主阀导杆、阀座总成等结构优化设计[5],取得了较好的应用效果。然而随着近些年"激进钻井参数"提速需求,该脉冲器暴露了新的短板,集中体现在主阀扶正器因冲蚀刺漏导致脉冲幅值降低或井下失联。

以塔里木油田 DQ7 井 22½in 井眼应用为例,采用该脉冲器连续两趟钻出现因主阀扶正器冲蚀导致脉冲阈值弱或井下失联的情况,共同现象为后期脉冲阈值快速衰减,直至无法正常解码,主要施工及钻井液性能参数见表 1。

表 1　DQ7 井应用情况表

| 井号 | 工作排量<br>(L/s) | 工作时间<br>(h) | 钻井液体系 | 钻井液密度<br>(g/cm³) | 钻井液黏度<br>(s) | 钻井液含砂比<br>(%) | 出井状况 |
|---|---|---|---|---|---|---|---|
| DQ7 | 64~68 | 86 | KCl-聚磺 | 1.75~1.83 | 19~56 | 0.4 | 信号弱 |
| | 68~71 | 185 | KCl-聚磺 | 1.08~1.15 | 40~55 | 0.3 | 井下失联 |

经返厂排查发现,脉冲器中的主阀扶正器(内部流道碳化钨涂层)支撑肋存在不可避免的局部截流,并在该部位产生紊流,冲蚀加剧,导致内外部流道连通,蘑菇头上下不能形成有效的压差。并经实践显示,主阀扶正器内部流道碳化钨涂层处理,对于规则部位(如扶正器外套的内圈)的抗冲蚀性能提升有显著效果,但对于异形部件(扶正器支撑肋),前期虽能对支撑筋形成一定保护,但随着薄弱部位涂层先行掉落或冲蚀,薄弱部位的冲蚀甚至会加剧(图 2 至图 4)。

图 2　DQ7 井扶正器刺漏　　　图 3　DQ7 井扶正器冲蚀断裂　　　图 4　冲蚀刺漏方向

## 2 有限元分析及优化设计

### 2.1 有限元分析模型的建立

2.1.1 网格划分及流体域的生成

选用 fluent 软件对原始脉冲发生器几何模型进行清理，添加进出口边界，抽取流体域，对流体域的壁面和流体域部分进行有限元网格划分，整体的分析模型如图 5 和图 6 所示。

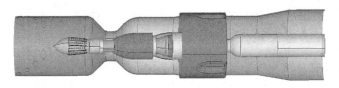

图 5 整体分析模型

图 6 流体域网格划分示意图

2.1.2 仿真计算设置

分析采用基于 S-N 方程和标准 k-epsilon 湍流模型的 CFD 技术，采用 SIMPLE 压力修正算法求解速度与压力的耦合；湍流能、湍流耗散项、动量守恒方程都采用二阶迎风格式离散。计算思路为将颗粒作为离散项和流体耦合运动，计算出作用力；然后对颗粒运动、碰撞进行分析，得到其轨迹；最后由材料表面的冲蚀分布及损失质量，计算出冲蚀率。

（1）湍流模型。

鉴于脉冲发生器内部双流道的特点，采用 k-epsilon 模型进行湍流的模拟，该模型对于复杂几何周围流动问题，具有较好的稳定性、收敛性和计算精度，$k-\varepsilon$ 模型形式[6]如下：

$$
\begin{cases}
\dfrac{\partial(\rho k)}{\partial t}+\dfrac{\partial(\rho k u_i)}{\partial x_i}=\dfrac{\partial}{\partial x_i}\left[\left(\mu+\dfrac{\mu_t}{\sigma_k}\right)\dfrac{\partial k}{\partial x_i}\right]+G_k-\rho\varepsilon+S_k \\[3mm]
\dfrac{\partial(\rho\varepsilon)}{\partial t}+\dfrac{\partial(\rho k u_i)}{\partial x_i}=\dfrac{\partial}{\partial x_i}\left[\left(\mu+\dfrac{\mu_t}{\sigma_\varepsilon}\right)\dfrac{\partial k}{\partial x_i}\right]+C_{1\varepsilon}\dfrac{\varepsilon}{k}G_k-C_{2\varepsilon}\rho\dfrac{\varepsilon^2}{k}+S_\varepsilon
\end{cases}
\tag{1}
$$

$$
u_t=\rho C_u\frac{k^2}{\varepsilon}
\tag{2}
$$

式中，$k$ 为液相流的动能；$u$ 为顺着坐标轴梯度方向的液相速度；$\rho$ 为液相的密度；$\mu$ 为液相的黏度；$G_k$ 为 $k$ 的衍生项；$\varepsilon$ 表示能量的耗散；$\sigma_k$ 为耗散能动函数对应的普朗特数，一般取值为 1；$\sigma_\varepsilon$ 为湍流动能耗散的功率对应的普朗特数，一般取 1.2；$S_k$ 和 $S_\varepsilon$ 为普通参数；在 Fluent 中，默认 $C_u=0.09$、$C_{1\varepsilon}=1.44$、$C_{2\varepsilon}=1.92$。

（2）冲蚀理论。

颗粒冲蚀定义为壁面材料单位时间单位面积上损失的质量，由公式(3)表示[7]：

$$R_{e} = \sum_{p=1}^{N_{p}} \frac{m_{p} C(d_{p}) f(\alpha) v^{b(v)}}{A_{f}} \tag{3}$$

式中，$R_e$ 为冲蚀磨损速率；$N_p$ 为颗粒数量；$m_p$ 为质量流量；$C$ 为粒径函数；$d_p$ 为颗粒直径；$\alpha$ 为路径与壁面的冲击角；$f(\alpha)$ 为冲击角函数；$v$ 为相对于壁面的速度；$b(v)$ 为相对速度函数；$A_f$ 为壁面面积。

冲击角函数公式如下所示：

$$f(\alpha) = \begin{cases} 0+22.7\alpha-38.4\alpha^2, & \alpha \leqslant 0.267\text{red} \\ 2+6.8\alpha-7.5\alpha^2+2.25\alpha^3, & \alpha > 0.267\text{rad} \end{cases} \tag{4}$$

壁面反弹系数计算公式如下：

$$\begin{cases} \varepsilon_N = 0.993-1.76\alpha+1.56\alpha^2-0.49\alpha^3 \\ \varepsilon_T = 0.988-1.66\alpha+2.11\alpha^2-0.67\alpha^3 \end{cases} \tag{5}$$

式中，$\varepsilon_N$ 为法相恢复系数；$\varepsilon_T$ 为切向恢复系数。

2.1.3 边界条件设置

分别设置连续相和离散相的边界条件，连续相定义入口边界条件为速度入口，根据不同的流量设置不同的入口速度，湍流强度设为 5%，水力直径为管道的几何直径，出口边界为压力出口，管壁为壁面边界。离散相设定颗粒注入器，颗粒相的射流采用入口面射流源，从进口边界面上抛撒惯性颗粒，定义砂粒的速度和质量流量。流体入口和出口处采用逃逸（Escape）条件，壁面采用反弹（Reflect）条件，定义砂粒的法向反弹系数和切向反弹系数，在冲蚀模型中定义冲击角函数。

**2.2 仿真分析**

2.2.1 不同排量及含砂比下仿真分析

（1）选取排量 120L/s，钻井液含砂比 0.5%，分析结果显示扶正器的最大冲蚀速率为 $2.35\times10^{-4}\text{kg}/(\text{m}^2\cdot\text{s})$（图 7 和图 8）。

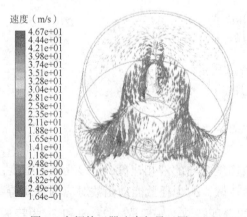

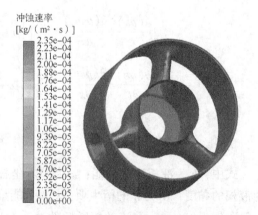

图 7　主阀扶正器速度矢量云图(一)　　　　图 8　主阀扶正器冲蚀云图(一)

（2）选取排量 120L/s，颗粒含量 0.3%，分析结果显示扶正器的最大冲蚀速率为 $1.75\times10^{-4}\text{kg}/(\text{m}^2\cdot\text{s})$（图 9 和图 10）。

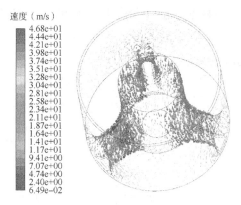

图 9　主阀扶正器速度矢量云图(二)

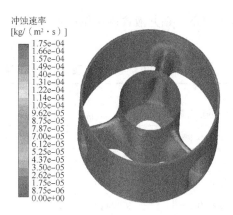

图 10　主阀扶正器冲蚀云图(二)

（3）选取排量 100L/s，钻井液含砂比 0.5%，分析结果显示扶正器的最大冲蚀速率为 $1.49\times10^{-4}\text{kg}/(\text{m}^2\cdot\text{s})$（图 11 和图 12）。

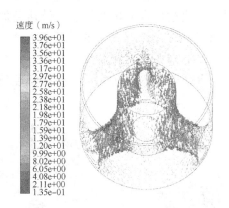

图 11　主阀扶正器速度矢量云图(三)

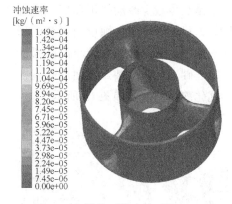

图 12　主阀扶正器冲蚀云图(三)

（4）选取排量 100L/s，泥浆含砂比 0.3%，分析结果显示扶正器的最大冲蚀速率为 $8.47\times10^{-5}\text{kg}/(\text{m}^2\cdot\text{s})$（图 13 和图 14）。

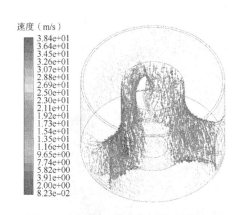

图 13　主阀扶正器速度矢量云图(四)

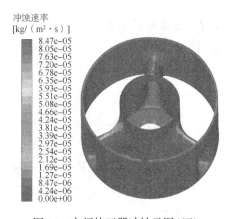

图 14　主阀扶正器冲蚀云图(四)

### 2.2.2　不同排量及含砂比下分析结果对比

分析结果显示，主阀扶正器的冲蚀部位在三肋的支撑筋处，从表 2 四组结果可以看出，同样排量下，钻井液含砂比越高冲蚀速率越大，同种钻井液含砂比下，排量越大冲蚀速率越大。

表 2    不同排量下的扶正器冲蚀速率表

| 工况 | 最大冲蚀速率 | | 平均冲蚀速率 | |
|---|---|---|---|---|
| （流量，颗粒含量） | 最大速率 $[kg/(m^2 \cdot s)]$ | 对应冲蚀厚度（mm/h） | 平均速率 $[kg/(m^2 \cdot s)]$ | 对应冲蚀厚度（mm/h） |
| 120L/s，0.5% | $2.35 \times 10^{-4}$ | 0.110 | $1.2 \times 10^{-4}$ | 0.055 |
| 120L/s，0.3% | $1.75 \times 10^{-4}$ | 0.0810 | $8.82 \times 10^{-5}$ | 0.040 |
| 100L/s，0.5% | $1.49 \times 10^{-4}$ | 0.068 | $7.62 \times 10^{-5}$ | 0.035 |
| 100L/s，0.3% | $8.47 \times 10^{-5}$ | 0.039 | $3.95 \times 10^{-5}$ | 0.018 |

### 2.3    优化设计及仿真分析

#### 2.3.1    优化方案

选取最恶劣的工况（排量 120L/s，钻井液含砂比 0.5%）作为冲蚀优化的参考工况。优化的思路是在尽量少改动扶正器周边配件的前提下，通过仿真分析及优化设计达到提升抗冲蚀性能的目的。基于冲蚀攻角函数的影响，采取了三种优化方案，主要是在主阀扶正器的三肋支撑筋上部添加弧度较小的圆弧锥面，从而降低薄弱位置的冲蚀，其中方案 2 是在方案 1 的基础上增加了圆弧锥面的长度，方案 3 为在薄弱位置增加了一个圆弧状硬质合金护套，优化前后的模型如图 15 所示。

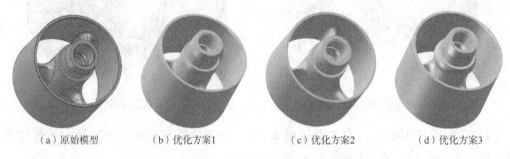

（a）原始模型          （b）优化方案1          （c）优化方案2          （d）优化方案3

图 15    优化前后三维模型

#### 2.3.2    仿真分析结果

如图 16 至图 19 所示，从矢量云图可以看出，主阀扶正器优化位置的钻井液流向发生了改变，扶正器薄弱区域流线的密度明显降低。

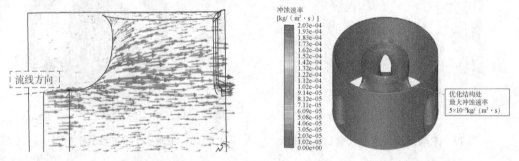

图 16    方案 1 扶正器速度流线云图          图 17    优化方案 1 冲蚀云图

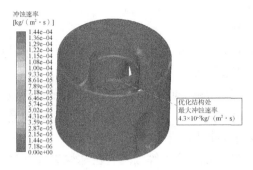
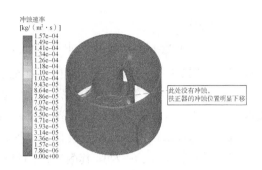

图 18　优化方案 2 冲蚀云图　　　　　　图 19　优化方案 3 冲蚀云图

上述三种方案均起到了减小冲蚀速率的效果，其中方案 2 和方案 3 效果较佳。方案 2 的平均冲蚀速率降低了 40.2%，同时扶正器厚度薄弱区域的最大冲蚀速度只有 0.02mm/h；优化方案 3 的平均冲蚀速率降低了 34.6%，但此优化方案的冲蚀位置明显下移（冲蚀点转移至壁厚处），扶正器的薄弱位置基本无正面冲蚀（表 3）。鉴于方案 2 无须改动主阀扶正器周边配件，且优化后薄弱位置冲蚀速率明显降低，故优先选择优化方案 2，并进行了加工试制及现场试验。

表 3　不同优化方案冲蚀情况表

| 工况 | 平均冲蚀速率 | | | 扶正器薄弱位置 | |
| --- | --- | --- | --- | --- | --- |
| | 平均速率<br>（mm/h） | 对应冲蚀厚度<br>（mm/h） | 降低<br>（%） | 最大冲蚀厚度<br>（mm/h） | 平均冲蚀厚度<br>（mm/h） |
| 原始 | $1.2 \times 10^{-4}$ | 0.055 | — | — | — |
| 优化 1 | $1.01 \times 10^{-4}$ | 0.046 | 15.8 | 0.023 | 0.012 |
| 优化 2 | $7.17 \times 10^{-5}$ | 0.033 | 40.2 | 0.020 | <0.010 |
| 优化 3 | $7.85 \times 10^{-5}$ | 0.036 | 34.6 | | |

## 3　现场试验

优化后的脉冲器主阀扶正器先后在塔里木油田 YG1 井及 BT1 井（22½in 井眼）、西南油气田 HT1 井（23⅜in 井眼）进行了应用，井下工作状况正常。如表 4 所示，其中 YG1 井工作 271.5h，在钻井液性能及应用排量等主要工况基本同等的情况下，对比优化前 DQ7 井寿命增加 86.5h，提升 46.7%，应用效果提升显著。

表 4　优化后主阀扶正器应用情况表

| 井号 | 应用井段<br>（m） | 工作排量<br>（L/s） | 工作时间<br>（h） | 钻井液体系 | 钻井液密度<br>（g/cm³） | 钻井液黏度<br>（s） | 钻井液含砂比<br>（%） | 出井状况 |
| --- | --- | --- | --- | --- | --- | --- | --- | --- |
| YG1 井 | 2758~3049 | 64~70 | 271.5 | KCl-聚磺 | 1.84~1.90 | 58~64 | 0.30 | 工作正常 |
| BT1 井 | 498~1252 | 75~80 | 186.0 | KCl-聚磺 | 1.10~1.15 | 65~72 | 0.35 | 工作正常 |
| HT1 井 | 326~502 | 96~101 | 54.0 | KCl-聚磺 | 1.11 | 40.41 | 0.30 | 工作正常 |

## 4　结论

（1）对于内部流道规则的部件，碳化钨涂层能够显著提升其抗冲蚀性能，但对于异形部件（如主阀扶正器支撑筋）提升有限，甚至会加剧其冲蚀。

（2）基于 fluent 的钻井液脉冲发生器主阀扶正器流场仿真分析显示，通过对薄弱部位的弧线锥面引流设计，极端恶劣工况下，平均冲蚀速率降低了 40.2%，在内部过流面积受限的情况下，薄弱部位的流线引流设计是一种有效的抗冲蚀提升手段。

（3）硬质合金作为一种极其耐冲蚀的材料，综合考虑成本等因素，在结构设计允许情况下，通过其保护薄弱部位或转移主要冲蚀点（壁厚厚处），也是一种可行的抗冲蚀提升办法。

（4）施工排量及钻井液含砂比等参数，对于脉冲器的抗冲蚀性能有显著的影响，在"激进钻井参数"提速增效的背景下，控制钻井液的固相颗粒含量，对于脉冲发生器抗冲蚀性能提升行之有效。

## 参 考 文 献

[1] 王俊，鲁宁，李陈，等. 泥浆式正脉冲发生器的研制与应用[J]. 钻采工艺，2009，32(6)：68-71。

[2] 肖俊远，王智明，刘建领，等. 泥浆脉冲发生器研究现状[J]. 石油矿场机械，2010，39(10)：8-11.

[3] 张以明，李拥军，崔树清，等. 杨税务潜山高温油气藏勘探突破的关键井筒技术[J]. 石油钻采工艺，2018，40(1)：20-26.

[4] 王哲. 基于 Fluent 的泥浆脉冲发生器冲蚀磨损规律研究[J]. 机械工程师，2020(2)：26-28.

[5] 陶松龄，陈世春，徐明磊，等. 滑动推靠式垂直钻井系统结构性能优化及应用[J]. 石油矿场机械，2021，50(1)：77-83.

[6] LAUNDER B E, SPALDING D B. Lectures in mathematical models of turbulence[M]. London：Academic Press，1972.

[7] SHAH S N, JAIN S. Coiled tubing erosion during hydraulic fratuing slurry flow[J]. Wear，2008，264：279-290.

# 控压钻井实时计算及控制决策方法研究

杨　赟[1, 4]　阎荣辉[2, 4]　许朝阳[1, 4]　韦海防[1, 4]　王培峰[1, 4]　高晓涛[3]

(1. 中国石油集团川庆钻探工程有限公司钻采工程技术研究院；2. 中国石油长庆油田分公司工程技术部；3. 中国石油长庆油田分公司培训中心；4. 低渗透油气田勘探开发国家工程实验室)

**摘　要**　随着石油勘探与开发向边缘、深部复杂地区和非常规资源的发展，窄密度窗口、高井控风险等钻井问题越来越突出。对于窄安全密度窗口地层，控压钻井能有效降低钻井作业难度和井控风险，但现有控压系统在无井底压力测量数据条件下的计算分析能力有限，无法实现准确指导常规控压钻井和精细控压作业实时计算分析与控制决策推荐。因此，基于现场工程录井、控压的实际及实时数据，建立了自动判断控压钻井作业工况的分支判断树，实现了11种钻井工况的实时识别；从环空液固两相流动特征着手，耦合井筒压力和地层流体侵入量，建立了控压钻井过程中的环空压力分布预测模型，实现了井口回压预控值的计算、确定和推荐。在理论研究基础上，开发了控压钻井计算分析及控制决策系统，现场测试和验证表明，控压钻井过程中可以进行井筒压力及井口回压值模拟分析、自动识别钻井工况和井下复杂，立管压力计算值与实测值之间的平均误差为1.88%，基于安全作业条件的井口回压预测值与实控值符合率达到89.8%，实现了基于实时工程参数的控压钻井在线计算分析与控制决策，提高了控压钻井井口回压控制的可靠性和时效性，有效指导常规控压钻井作业，提升流程优化后的精细控压钻井作业能力和智能化水平。

**关键词**　控压钻井；井筒流动；多相流；控制决策

随着石油勘探与开发向边缘、深部复杂地区的发展，以及部分油田采用注水等提高储层能量的开发模式，导致窄密度窗口、高井控风险等问题突出，是造成钻井周期长、事故频繁、井下复杂的主要原因，在长庆油田、四川盆地、塔里木盆地等油田已成为钻井施工的技术瓶颈。控压钻井技术(MPD)能够有效地控制井底压力，降低井控风险，缩短复杂处置时间，提高安全密度窗口地层钻进能力，从而保障异常压力地层钻井作业的顺利进行[1-4]，精细控压钻井较常规控压钻井的应用优势尤其突出，但其投入及运行成本较高，开展流程优化、设备改进和算法提升等研究探索是保持、甚至提升现有精细控压钻井作业能力同时降低技术成本的必走之路。

针对控压钻井计算与控制技术，国内外专家学者开展了一系列的研究。Reyholtz等[5]开

---

【第一作者简介】杨赟，男，1979年生，高级工程师，2006年7月毕业于西南石油大学油气井专业，获工学硕士学位，现从事气体/欠平衡钻井、水平井钻井、控压钻井等钻完井技术研究与攻关工作。通讯地址：陕西省西安市未央区长庆科技楼1117室(710021)；电话/手机：029-86593693/15929919062；E-mail：yangyun@ cnpc. com. cn。

发了一个多层级的 MPD 框架,以优化钻井过程并提高机械钻速。Godhavn 等[6]建立了一系列非线性方程,用于控制 MPD 应用期间的压力,提高压力控制效果。Asgharzadeh 等[7]在确定机械钻速中考虑了地底压力的影响,开发了用于 MPD 的综合控制器。该控制器能够同步转速、钻压、泵排量和节流阀开度的变化,以实现预先确定的压力和钻速目标。Moid 等[8]在一口高压高温气井中使用了控压钻井技术,减少了非生产时间并增加了机械钻速。Galimkhanov 等[9]在俄罗斯东西伯利亚油田使用了 MPD 技术,提高了钻井安全性、减少了钻井液漏失、提高了水平井段钻井效率。张锐尧等[10]研究了深水多梯度控压钻井中气侵条件下多梯度控制参数对井筒压力的影响规律,并提出了优化设计方法,为气侵条件下的控压钻井工艺技术的优化设计提供了参考。Parayno 等[11]在北达科他州盆地使用 MPD 技术,克服了多种钻井问题,例如卡钻、钻井液漏失和压力波动。通过优化钻井液密度和控制整个生产段的井口回压,钻井周期缩短了一半,从 14d 减少到 7d。赵德等[12]针对西非某区块上部泥岩地层钻井压力窗口窄、下部裂缝性碳酸盐岩地层漏失严重的问题,提出了一种组合应用环空压力动态控制钻井技术和加压钻井液帽钻井技术的新技术,有效解决了同一井内井壁稳定、漏失、井控等多项复杂问题。Rostami 等[13]开发了一种优化使用控压钻井技术的软件。该软件能够集成多个钻井参数,以确定井底压力、孔隙压力、裂缝压力。此外,还采用了基于模型的算法,以控制自动节流阀,以使井底压力保持在安全钻井液窗口内。

近年来,长庆油田注水开采区、川渝页岩气等区域控压钻井作业通过优化流程、简化设备,减少了井下随钻压力测量(PWD)工具、回压补偿泵和改进优化了自动节流控制系统,并基本保持了控压钻井技术原有优势,且作业成本也进一步降低[14-15],具有广大的应用前景。尤其在缺乏井下 PWD 情况下,溢流、漏失复杂识别和井筒压力预测至关重要,直接影响如何调整合适的井口控压值。现有控压系统在无井底压力测量数据条件下的实时分析计算能力有限,不能根据工程参数、井况的变化进行准确的控压作业分析计算与控制决策推荐,影响了井口回压控制的可靠性和时效性。因此,需研究控压钻井井筒压力计算及控制决策方法研究,并开发相应软件系统,根据工程录井、控压施工数据或实时数据准确计算井筒压力,实现井口回值模拟计算、在线分析推荐或自动调整压值,提供控压决策建议,指导常规控压作业,提升优化后的精细控压系统自动化、智能化水平,为控压钻井技术的推广提供技术支持。

# 1 控压钻井计算分析模型

## 1.1 控压钻井环空多相流动模型

### 1.1.1 环空液固两相流动模型

基于现有固液气三相流模型计算精度难以满足要求,本文研究环空流动以固液两相流为研究对象,考虑钻屑的存在,如图 1 所示。模型基本假设如下:(1)钻井液和固相岩屑混相,计算过程视为一相;(2)混相在井筒中沿轴线方向作一维非定常流动;(3)在井筒同一过流断面上,混

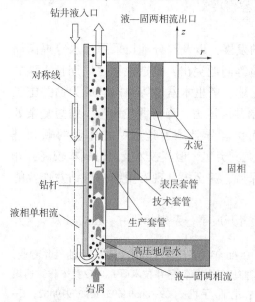

图 1 环空液固两相流动示意图

相具有相同的温度和压力；（4）在井筒过流断面的任一位置，混相所特有的热物性参数和流动参数均相同。

液—固两相的质量守恒方程：

$$\begin{cases} \dfrac{\partial(\rho_L\alpha_L)}{\partial t}+\dfrac{\partial(\rho_L\alpha_L v_L)}{\partial z}=0 \\[3mm] \dfrac{\partial(\rho_S\alpha_S)}{\partial t}+\dfrac{\partial(\rho_S\alpha_S v_S)}{\partial z}=0 \end{cases} \quad (1)$$

式中，$\rho$ 为密度，$kg/m^3$；$\alpha$ 为体积分数；$v$ 为速度，$m/s$；下标 L，S 分别表示液相和固相。

液—固两相混合物的动量守恒方程：

$$\frac{\partial}{\partial t}\Big(\sum_{m=G,\ L,\ S}\rho_m\alpha_m v_m\Big)+\frac{\partial}{\partial z}\Big(p+\sum\rho_m\alpha_m v_m^2\Big)+\sum_{m=G,\ L,\ S}\rho_m\alpha_m g\cos\theta+F_f=0 \quad (2)$$

式中，$F_f$ 为环空混合物摩擦压降，$kg/(m^2\cdot s^2)$；下标 $m$ 表示液—固混合物。

环空混合物能量守恒方程：

$$\frac{\partial}{\partial t}\Bigg\{\sum_{m=G,\ L,\ S}\Big[\rho_m\alpha_m\Big(u_m+\frac{1}{2}v_m^2\Big)\Big]\Bigg\}=\sum_{m=G,\ L,\ S}(\rho_m\alpha_m v_m g\cos\theta)+$$

$$\frac{\partial}{\partial z}\Bigg\{\sum_{m=G,\ L,\ S}\Big[\rho_m\alpha_m v_m\Big(u_m+\frac{p}{\rho_m}+\frac{1}{2}v_m^2\Big)\Big]\Bigg\}+\frac{Q_{total}}{A_{an}}+\sum_{m=G,\ L,\ S}\dot{H}_m \quad (3)$$

式中，$u$ 为内能，$m^2/s^2$；$Q_{total}$ 为环空流体与周围环境间的热量交换，$kg\cdot m/s^3$；$A_{an}$ 为环空截面积，$m^2$；$\dot{H}_m$ 为相单位体积的焓通量，$kg\cdot m/s^3$。

岩屑和液相间的滑移可以表示为：

$$v_S=C_0 v_m-v_{Sr} \quad (4)$$

式中，$v_S$ 为岩屑速度，$m/s$；$C_0$ 为岩屑和液相间的分布参数；$v_m$ 为环空中液相和固相混合物的速度，$m/s$；$v_{Sr}$ 为岩屑沉降末速，$m/s$。在地层流体侵入发生前，井筒中的流动为单相流，则环空任一位置处的压力、液相速度等参数都可以确定。

1.1.2 井筒地层流体侵入量与井筒压力耦合计算模型

直井地层水或原油侵入量计算采用裘比公式：

$$Q_1=\frac{2\pi Kh(p_e-p_w)}{\mu_1 B_1\Big(\ln\dfrac{R_e}{R_w}-0.5+s\Big)} \quad (5)$$

式中，$p_e$ 为地层压力，$MPa$；$p_w$ 为井底压力，$MPa$；$\mu_1$ 为流体黏度，$mPa\cdot s$；$B_1$ 为流体体积系数；$K$ 为有效渗透率，$mD$；$h$ 为有效厚度，$m$；$R_e$ 为供给边界半径，$m$；$R_w$ 为井底半径，$m$；$s$ 为表皮系数。

水平井中地层流体侵入量计算采用 Joshi 公式：

$$Q_1 = \frac{2\pi K_h h / \mu_1 B_1}{\ln\frac{R_e}{R_p} + \frac{h}{L}\ln\left(\frac{h}{2R_w}\right)} \quad (6)$$

$$L/2 = \sqrt{a^2 - b^2}$$

$$R_e = (a+b)/2 = \left[a + \sqrt{a^2 - (L/2)^2}\right]/2 \quad (7)$$

$$a = (L/2)\sqrt{0.5 + \sqrt{0.25 + (2R_{eh}/L)^4}}$$

式中，$K_h$ 为水平渗透率，mD；$R_p$ 为内部渗流场半径，m；$L$ 为水平段长度，m；$a$ 为椭圆长轴，m；$R_{eh}$ 为拟圆形驱动半径，m。

同时，可通过钻井液增量、进出口流量测量来实现地层水或原油侵入量的预算与分析；在液气分离器后端加装气体流量计，可进行气体侵入量的预算。另外，返出流体类型和特性可以通过录井分析确定。

### 1.1.3 环空单相流摩阻计算

环空摩阻是影响井筒压力分布的一个重要因素，而单相流摩阻与流体的流动型态、流变模式和流变参数等密切相关。通常，现场广泛应用的钻井液多数属于宾汉流体和幂律流体。

当宾汉流体处于层流状态时，单位长度的环空压耗表达式为：

$$\left(\frac{dp}{dz}\right)_{fr} = 2f_{abh}\frac{1}{D_{hy}}\rho u^2 = \frac{48\mu_p u}{D_{hy}^2} + \frac{6\tau_o}{D_{hy}} \quad (8)$$

当幂律流体处于层流状态时，单位长度的环空压耗表达式为：

$$\left(\frac{dp}{dz}\right)_{fr} = 2f_{apl}\frac{\rho u^2}{D_{hy}} = \frac{4k}{D_{hy}}\left(\frac{2n+1}{3n}\frac{12u}{D_{hy}}\right)^n \quad (9)$$

当钻井液处于紊流状态下，其环空摩阻计算式为：

$$\left(\frac{dp}{dz}\right)_{fr} = 2f_a\frac{\rho u^2}{D_{hy}} \quad (10)$$

对于环空范宁摩阻系数 $f_a$ 的求解，采用 Reed-Pilehvari 提出的公式：

$$\frac{1}{\sqrt{f_a}} - 4\lg\left[\frac{0.27\Delta}{D_{hy}} + 1.26^{n'-1.2}Re_g^{0.75-n'}f_a^{(1-n'/2)(0.75-n')}\right] \quad (11)$$

### 1.1.4 地层水侵入对钻井液性能的影响

对长庆油田注水开采区作业现场收集的 12 口井采出水进行分析，采出水的离子成分较复杂、矿化度高、硬度高。选取了现场使用的钻井液体系进行不同含水量的性能影响评价实验，具体如下：1#：现场钻井液；2#：1#配方+10%采出水；3#：1#配方+30%采出水；4#：1#配方+50%采出水。不同含水量条件下钻井液的密度和黏度变化如图2所示。

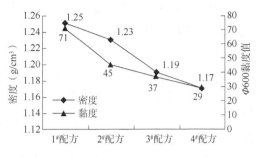

由测试结果可以看出，随着地层采出水含量的增加，钻井液各项性能迅速下降。发生地层水侵入后，利用实验数据对钻井液的流变参数进行修正。在实时读取了录井数据后，利用环空多相流模型计算当前钻井参数情况下的井筒压力，并反推出平衡地层压力所需要的井口回压。

图2　不同含水量的密度、黏度变化曲线

### 1.2　控压钻井作业工况判断方法

常规控压钻井系统需要进行控压值模拟计算时，工程录井、工况等现场信息均以人工方式输入。

精细控压钻井系统需要通过自动判断提升实时控制能力，但目前控压钻井工况的识别也主要依靠人工观察、分析录井曲线的趋势变化，人工判断无法同实时数据结合，工况识别的效率不高。部分油田服务公司可以利用软件实现起钻、下钻、钻进、接单根四个工况的识别，但工况识别的数量少、效率低。针对上述问题，本文利用分支树判断模型编写计算机程序，结合录井数据，实现旋转钻进、滑动钻进、起钻、下钻、划眼、倒划眼、循环、灌浆、悬停、循环划眼、循环倒划眼11种工况的实时识别，如图3所示。

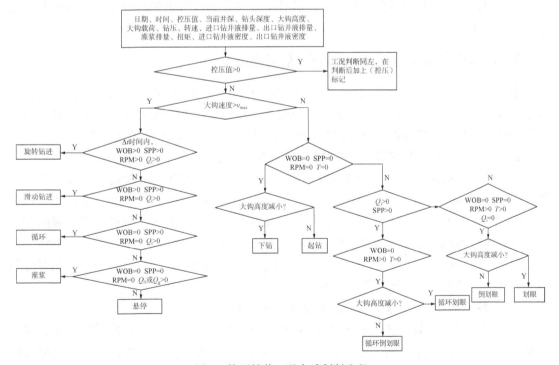

图3　控压钻井工况自动判断流程

### 1.3　井口回压预控值优化策略

精细控压钻井为了提高控压符合率和自动化、智能化水平，在利用1.2节中建立的环空多相流模型反推出平衡地层压力所需要的井口回压后，还需要根据相关标准、设备能力等限制条件对井口回压预控值进行修正。表 1 中的工况通过 1.2 节建立的工况判断程序自动确定。

**表 1 不同工况下控压级别设置**

| 工况 | $p_{1级}$ | $p_{2级}$ |
|---|---|---|
| 钻进 | 输入值 | 输入值 |
| 循环 | 输入值 | 输入值 |
| 控村起下钻 | 输入值 | 输入值 |
| 需要按压的其他措施 | 输入值 | 输入值 |

注：(1)各种工况条件下的 $0<p_{1级}\leq p_{2级}$，且 $p_{1级}$ 和 $p_{2级}$ 均不大于 $p_{DP}$(MDP 许可压力)；

(2)$p_{1级}$、$p_{2级}$ 与 $p_{DP}$ 比较，若 $|p_{1级}、p_{2级}|\leq p_{DP}$，输入后可正常保存，若 $|p_{1级}、p_{2级}|>p_{DP}$，不能保存，提示"检查调整设备许可压力或调整报警值"；

(3)如果 $p_{1级}=p_{2级}$，按照 $p_{2级}$ 处理；

(4)同一级别，循环 ≥ 钻进，否则输入时，不能保存，且提示修改；

(5)$p_{1级}$、$p_{2级}$ 值均必须输入，不输入则提示。

### 1.4 气侵的控压决策策略

现有的无论质量流量计还是电磁流量计，当通过流体存在气侵时均会发生测量失真，计算的井口控压值准确性会大幅度下降，不能作为实施控压的参考或推荐。本文研究表明，可以通过大数据分析和算法优化，提高控压值的计算准确性，需要包括失真判别及报警、井底压力预测、地层压力确定、井口回压值模拟、气侵趋势分析控制等功能，从而有效地指导控压作业。

## 2 控压钻井计算分析及控制决策系统测试

通过上述模型与策略，开发了控压钻井计算分析及控制决策系统，系统主要功能包括基本数据管理模块、模拟计算与分析、实时数据采集模块、井筒压力计算模块、井口回压计算模块等，可指导常规控压钻井作业，实现精细控压钻井自动及全自动控制。

### 2.1 控压钻井井口控压值、井底压力计算功能测试

利用采用自动控压钻井的 A173-39H 井等三口录井和控压数据，验证软件井口控压值推荐模块的准确性。A173-39H 井控压钻井验证数据起止时间为 2020 年 5 月 9 日 1：50 至 3：00，井深 2376~2394m，推荐井口控压值计算结果如图 4(a)所示。软件计算得到的井口控压推荐值与实际控压值符合得很好，平均相对误差为 4.95%，最大相对误差为 10%。软件计算得到的井底压力值与地层孔隙压力的对比如图 4(b)所示，可以看出，控压钻井过程中井底压力能够有效平衡地层孔隙压力。

### 2.2 控压钻井实时分析计算及控制决策功能试验

X28-38H 井是部署在鄂尔多斯盆地伊陕斜坡的一口水平开发井，目的层为长 $8_1$，水平段长度 100m，设计完钻井深 2417m，设计完钻垂深 2014.94m，通过自动及全自动控压钻井，成功解决钻井过程的油水侵问题。

根据在线监测模块读取的钻井现场实时录井数据，软件成功对控压钻井作业中的各个工况进行了自动识别，图 5 显示了该井起钻工况对应的录井参数和工况判断结果。

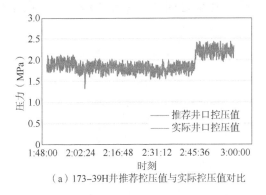
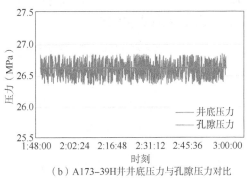

（a）173-39H井推荐控压值与实际控压值对比　　（b）A173-39H井井底压力与孔隙压力对比

图4　控压钻井井口控压值、井底压力计算功能测试

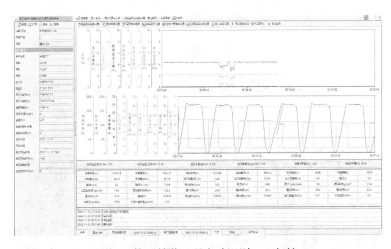

图5　控压钻井工况自动识别——起钻

控压钻井过程中利用在线监测读取的实时录井数据，可以计算出立管压力和环空压耗，宾汉和幂律流变模式下井筒压力计算结果见表2，软件计算出的立管压力范围均在实际立管压力范围内，计算立压平均值与实际立压平均值十分接近，误差在3%以内。其中，采用幂律模式计算得到的立管压力平均值略大于实际立压平均值，采用宾汉模式计算立管压力平均值略小于实际立压平均值。

表2　两种流变模式井筒压力计算结果

| 流变模式 | 入口钻井液密度（g/cm$^3$） | 实际立压范围（MPa） | 实际立压平均值（MPa） | 计算立压范围（MPa） | 计算立压平均值（MPa） | 计算环空压耗（MPa） |
|---|---|---|---|---|---|---|
| 宾汉 | 1.27~1.28 | 14.21~15.94 | 14.88 | 14.49~14.61 | 14.50 | 1.56~1.79 |
| 幂律 | 1.27~1.28 | 13.02~15.81 | 14.24 | 14.50~14.61 | 14.60 | 1.79~1.83 |

全自动控压钻井时间段：2022年11月28日23：23—23：52，全自动控压钻井深度：2351.15~2354.67m，软件根据录井数据和控压设备数据自动推荐井口控压值并实施全自动控压作业，如图6和图7所示。

测试过程控压钻井作业顺利，推荐控压值与实际控压值的对比如图8所示，可以看出，软件实时计算出的控压推荐值和实际控压值符合得很好，两条曲线规律一致，误差不大。

在控压钻井时间段内，89.8%的推荐控压值与实际控压值之间的误差在10%以下，误差在10%以上的数据点仅占10.2%。

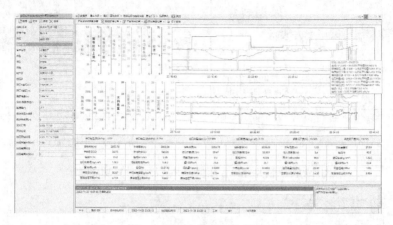

图6　控压钻井控压值推荐

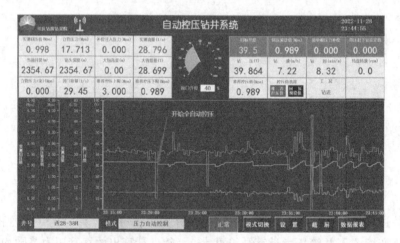

图7　采用控压钻井实时分析计算及控制决策实施控压作业

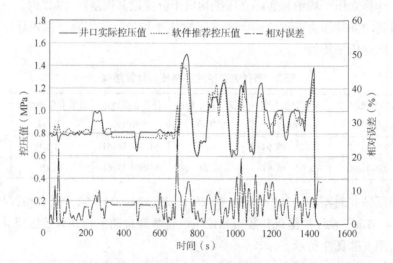

图8　井口实际控压值与软件推荐控压值对比图

# 3 结论

本文建立了基于现场工程录井、控压实时参数的控压钻井作业工况自动判断方法、控压钻井过程中环空压力分布预测模型，实现了井口回压预控值的计算、确定和推荐。在理论研究基础上，开发了控压钻井计算分析及控制决策系统，并开展了现场测试和验证。本文主要结论如下：

（1）基于大钩重量、大钩速度、钻压、转速、排量、立管压力等实时工程录井参数，建立了自动判断控压钻井作业工况的分支判断树，利用阈值法进行多参数阈值判断，实现起钻、下钻、滑动钻进、旋转钻进等11种钻井工况的实时识别，为后续井筒压力实时监测和计算提供基础参数。

（2）针对溢漏同存等窄安全密度窗口地层，基于环空多相流物理模型，考虑井筒压力—地层溢流耦合的影响，建立了控压钻井期间环空瞬态多相流动计算模型。根据井底压力和控压级别，确定了保持安全钻井的控压窗口范围，实现了井口回压预控值的计算、确定和推荐。

（3）在理论研究的基础上，研发了控压钻井计算分析及控制决策系统。该系统主要功能包括钻井基础数据管理、工况和井下复杂自动判断、井筒多相流动模拟、井筒压力预测、井口回压自动控制推荐等。

（4）开展了系统测试和验证，控压钻井测试过程中软件系统能够自动识别钻井工况和井下复杂，理论计算的立管压力值与实测立管压力值之间的误差在2%~6%之间，利用已钻井控压钻井数据计算得到的井口控压推荐值与实控值间的平均相对误差为4.95%~6.14%，基于安全作业条件的井口回压预测值与实控值符合率达到89.8%（X28-38H井）。

## 参 考 文 献

［1］周英操，刘伟. PCDS精细控压钻井技术新进展［J］. 石油钻探技术，2019，47（3）：68-74.

［2］周英操，崔猛，查永进. 控压钻井技术探讨与展望［J］. 石油钻探技术，2008，36（4）：1-4.

［3］SULE I，IMTIAZ S，KHAN F，et al. Risk analysis of well blowout scenarios during managed pressure drilling operation［J］. Journal of Petroleum Science and Engineering，2019，182：106296.

［4］REHM B，SCHUBERT J，HAGHSHENAS A，et al. Managed pressure drilling：Elsevier，2013.

［5］BREYHOLTZ Ø，NYGAARD G，NIKOLAOU M. Automatic control of managed pressure drilling［C］. Proceedings of the 2010 American Control Conference. 2010. IEEE.

［6］GODHAVN J M，PAVLOV A，KAASA G O，et al. Drilling seeking automatic control solutions［J］. IFAC Proceedings Volumes，2011，44（1）：10842-10850.

［7］SHISHAVAN R A，HUBBELL C，PEREZ H D，et al. Multivariate control for managed-pressure-drilling systems by use of high-speed telemetry［J］. SPE Journal，2016，21（2）：459-470.

［8］MOID F，GHAMDI A A，NUTAIFI A M，et al. Utilization of Managed Pressure Drilling in Deep High Pressure High Temperature Gas Wells［C］. IADC/SPE Managed Pressure Drilling and Underbalanced Operations Conference and Exhibition. 2019. OnePetro.

［9］GALIMKHANOV A，OKHOTNIKOV D，GINZBURG L，et al. Successful implementation of managed pressure drilling technology under the conditions of catastrophic mud losses in the Kuyumbinskoe field［C］. SPE Russian Petroleum Technology Conference. 2019. OnePetro.

［10］张锐尧，李军，杨宏伟，等．空心球多梯度控压钻井井筒压力控制方法［J］．Natural Gas Industry，2022，42(11)：23-26.

［11］PARAYNO G，PEACOCK S，CONNOLLY B．Revitalizing the Bakken With Managed Pressure Drilling［C］．SPE/IADC International Drilling Conference and Exhibition．2019．OnePetro.

［12］赵德，赵维青，卢先刚，等．西非 S 深水区块裂缝性碳酸盐岩地层控压钻井技术［J］．石油钻采工艺，2022，44(1)：20-25.

［13］ROSTAMI S A，BRANA J，KOITHAN T．Integrated hydraulics modeling for managed pressure drilling［C］．International petroleum technology conference．2020．OnePetro.

［14］张海涛．简易控压钻井工艺及其在哈得 29-2 井中的应用［J］．西部探矿工程，2020，45(1)：12-45.

［15］张苏，范永涛，李立昌，等．简易控压方法及现场试验［J］．石油矿场机械，2019，7(2)：89-92.

# 复合钻井机械比能模型建立与应用

李 季 张军义 李明忠 宋文宇

(中国石化华北石油工程有限公司技术服务公司)

**摘 要** 机械比能的研究对监测钻井井下工作状态，实时进行参数调整，避免钻井事故的发生，提高钻井效率，降低钻井成本有着重要意义。本文分析了前人机械比能模型，并基于 Teale 传统机械比能模型，考虑钻头扭矩、射流水功率、螺杆复合钻具等影响因素，建立了一种更接近井下实际工况的复合钻井机械比能模型，形成了基于机械比能基线的钻井破岩效能评价方法，并在鄂尔多斯盆地东胜气田 J30-PX 井完成了技术应用，准确识别了该井钻井低效工况井段，指导了钻井参数优化和动态调整，优化后平均机械钻速提高了 18.4%，技术应用效果良好。复合钻井机械比能模型为钻井工程参数优化、钻头磨损分析及提速工具优选提供了理论依据，具有较好的借鉴意义。

**关键词** 复合钻井；机械比能；破岩效能；低效工况；钻井参数

1964 年，Teale 首次提出了在钻进岩石过程中机械比能的概念，并通过对不同类型岩石采用不同钻头进行大量实验，建立了机械比能原始模型，多年来机械比能模型已经过不断地改进完善。Cherif 模型在 Teale 模型的基础上引入了机械效率系数 $E_m$，更符合实际钻井工况，计算精度相对较高，但机械效率随井深、井型、地层岩性、钻头类型和钻具组合参数变化而变化，取值有一定误差。1992 年 Pessier 模型引入滑动摩擦比系数，给出了钻头扭矩的计算方法，通过机械比能趋势线对钻头磨损情况进行了趋势分析。目前机械比能理论已被国外广泛应用在钻井过程监测、钻井设计优化、钻井技术经济评价，以及岩石力学特征评价等方面，取得了很好的应用效果[1]。

国内机械比能理论起步较晚，近年多名学者对机械比能模型开展相关理论研究，也取得了一定的成果，2012 年，孟英峰将机械能量和水力能量结合起来，在原有的机械比能理论基础上，分析了水力能量对破岩和井底净化的作用，建立了水力参数条件下的机械比能模型。该模型水力能量主要考虑为常规钻井中钻头水力喷射破岩，更适合高压喷射钻井。2018 年，苏超在 Teale 传统机械比能模型基础上，通过力学分析，分别对直井、斜井的钻压，以及扭矩进行了修正，获得功交汇模型。目前国内学者主要在理论层面开展研究，用于指导钻井工程施工的相关案例较少。本文在 Teale 传统机械比能模型基础上，考虑井下钻

---

【基金项目】中国石油化工股份有限公司项目"致密气藏钻完井及压裂关键工程技术研究与应用"（编号：P23156）。

【第一作者简介】李季，1983 年出生，男，高级工程师，本科，毕业于沈阳工业大学应用化学专业，主要从事钻完井工程技术研究与生产管理工作。地址：河南省郑州市中原区中原西路 188 号 1402；邮编：450006；电话：18538108837；E-mail：liji.oshb@sinopec.com。

头扭矩、射流水功率、螺杆复合钻具等因素，建立机械比能模型，形成钻井破岩效能评价方法[2-4]，实现指导钻井高效施工的目的。

# 1 复合钻井机械比能模型建立

## 1.1 考虑井下钻头扭矩的影响

根据 Teale 机械比能模型，考虑实际钻井过程中钻柱振动、摩阻损失和围压等因素的影响，钻头破岩有效能量一般仅 1/3 左右，所以实际比能远大于岩石强度，需要在原有 Teale 模型上加入一个修正系数：

$$M_{SE} = \eta \left( \frac{W}{A_b} + \frac{120\pi NT}{A_b R} \right) \tag{1}$$

式中，$\eta$ 为能量损耗系数，通常取 0.35。

在现场记录中，钻压、转盘转速和机械钻速可以通过录井数据得到，但钻头扭矩却无法直接获得，因此需要引入钻头滑动摩擦系数进行计算[5]，计算模型示意图如图 1 所示。

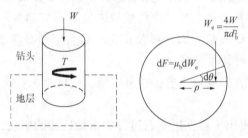

图 1　井下钻头扭矩计算模型示意图

根据二重积分，井下钻头真实扭矩计算公式为：

$$T = \int_0^{2\pi} \int_0^{\frac{d_b}{2}} \rho^2 \frac{4\mu_b W}{\pi d_b^2} d\rho d\theta = \frac{\mu_b d_b W}{3} \tag{2}$$

式中，$d_b$ 为钻头直径，m；$\mu_b$ 为钻头滑动摩擦系数，一般牙轮钻头取 0.25，PDC 钻头取 0.50。

单位时间内破裂岩石的体积为：

$$V_R = \frac{A_b R}{60} = \frac{\pi d_b^2 R}{240} \tag{3}$$

整理可得传统机械化比能模型为：

$$M_{SE} = \eta W \left( \frac{4}{\pi d_b^2} + \frac{160\mu_b N}{d_b R} \right) \tag{4}$$

## 1.2 考虑射流水功率的影响

钻头水力参数是钻井破岩效率的重要因素，可以清洁井底岩屑和避免岩屑重复破碎，且在钻进岩石强度较低的地层，当射流冲击力超过地层岩石破碎强度时，射流将直接破碎岩石，起到辅助破岩作用。因此将机械能量与水力能量两者有机结合，形成井底真实钻井条件下的破岩比能理论。

射流冲击力单位时间内对岩石做的功就等于井底的有效射流水功率：

$$W_{HJ} = \lambda H_P = \lambda \Delta p_b Q_0 \tag{5}$$

式中，$H_P$ 为钻头水功率，kW；$\Delta p_b$ 为钻头压降，MPa；$Q_0$ 为喷嘴的流量，L/s；$\lambda$ 为能量降低系数，一般为 25% ~ 40%。

当钻井液排量和喷嘴尺寸一定时，根据流体力学能量守恒方程，可得钻头压降的计算式为：

$$\Delta p_b = \frac{554.4\rho_d Q_0^2}{A_0^2} \tag{6}$$

式中，$\rho_d$ 为钻井液密度，g/cm³；$A_0$ 为喷嘴总横截面积，mm²。

整理可得考虑射流水功率后的机械比能模型为：

$$M_{SE} = \eta \left( \frac{4W}{\pi d_b^2} + \frac{160\mu_b N}{d_b R} \right) + \frac{14400\lambda \Delta p_b Q_0}{\pi d_b^2 R} \tag{7}$$

### 1.3　考虑螺杆复合钻具的影响

螺杆复合钻具增大钻头转速和扭矩，提高破岩能力。当采用井下螺杆钻具进行复合钻井时，准确计算机械比能需要确定井底钻具的真实钻速和扭矩。

螺杆钻具的理论转速为：

$$N_L = \frac{60Q_L}{q} \tag{8}$$

式中，$N_L$ 为螺杆钻具输出的理论转速，r/min；$Q_L$ 为螺杆钻具的钻井液排量，L/s；$q$ 为螺杆每转排量，L/r。

在不考虑水力损失时，根据能量守恒原则可知，螺杆钻具输入的水力能量转化为钻头输出的机械能量：

$$T_L \omega_b = \xi \Delta p_L Q_L \tag{9}$$

$$\xi = \frac{H_{max}}{\Delta p_{max} Q_{max}} \tag{10}$$

式中，$T_L$ 为螺杆钻具输出的理论扭矩，N·m；$\omega_b$ 为钻头角速度，rad/s；$\Delta p_L$ 为螺杆进出口压降，Pa；$\xi$ 为功率转换系数；$H_{max}$ 为螺杆钻具最大输出功率，kW；$\Delta p_{max}$ 为螺杆钻具允许最大压降，MPa；$Q_{max}$ 为螺杆钻具允许的最大排量，L/s。

又因为 $\omega_b = \pi N_L / 30$，则：

$$T_L = \frac{\xi \Delta p_L q}{2\pi} \tag{11}$$

根据插值法，得螺杆钻具压降计算公式为：

$$\Delta p_L = kQ_L^2 \tag{12}$$

$$k = \sum \frac{Q_{i+1}^2 - Q_i^2}{\Delta p_{i+1} - \Delta p_i} \tag{13}$$

式中，$k$ 为螺杆钻具压降系数；$\Delta p_i$，$\Delta p_{i+1}$ 为插值时的压耗，MPa；$Q_i$，$Q_{i+1}$ 为插值时的排量，L/s。

由于钻头喷嘴与螺杆钻具出口处的压力相等，根据水力学原理，压差相等流速相同。可以得到螺杆钻具排量计算公式：

$$Q_\text{L} = \frac{Q_0}{A_0} A_\text{L} \tag{14}$$

式中，$A_\text{L}$ 为螺杆钻具流道面积，$mm^2$。

综上所述，螺杆钻具复合钻井水力机械比能模型为：

$$M_\text{SE} = \eta \left[ \frac{4W}{\pi d_\text{b}^2} + \frac{480\left(N + \frac{60}{q}Q_\text{L}\right)\left(\frac{\mu_\text{b}d_\text{b}W}{3} + \frac{\xi\Delta p_\text{L}q}{2\pi}\right)}{d_\text{b}^2 R} \right] + \frac{14400\lambda\Delta p_\text{b}Q_0}{\pi d_\text{b}^2 R} \tag{15}$$

## 2　钻井破岩效能评价

### 2.1　机械比能基线的确定

机械比能基线为实际钻井过程中破岩效率达到理论最大值时的曲线，是描述机械比能随深度、钻时变化的基准线。室内实验证明，岩石抗压强度在很大程度上决定了钻头破岩所需要的机械能量，机械比能与岩石围压下的抗压强度很接近。从地质意义上分析，比能基线就是某一地区自上而下的地层岩石抗压强度整体变化情况的趋势线。可以选取井底围压下岩石抗压强度作为参照值，对比分析实际钻井过程中机械比能和比能基线的大小，从而确定钻头的破岩效率。在钻井参数相同的条件下，机械比能曲线的变化可反映地层物性的变化趋势。

机械比能基线计算以岩石抗压强度计算模型为基础：

$$S = S_\text{u} + p_\text{e} + \frac{2p_\text{e}\sin\theta}{1 - \sin\theta} \tag{16}$$

式中，$S_\text{u}$ 为无围压岩石抗压强度，MPa；$p_\text{e}$ 为井底围压，MPa；$\theta$ 为岩石内摩擦角，（°）。

### 2.2　破岩效能评价

机械比能基线就是该区块内岩石强度整体变化情况的趋势线。实际的比能曲线偏离比能基线的大小，反映破岩效率的高低。当地层物性相同时，实际的比能曲线越接近比能基线，说明破岩效率越高。当机械比能值相对基线发生异常变化时，证明该井段可能出现异常状况，此时必须对异常状况及钻井低工况的原因进行诊断，采取相应的技术措施排除异常或优化钻井参数改变低效能工况，提高破岩效率[6-9]。

## 3　复合钻井比能模型在钻井提速中的应用

鄂尔多斯盆地东胜气田 J30-PX 井采用二级井身结构，导管施工采用 311.2mm 钻头钻至 80m，下入 244.5mm 导管固井，封固表层黄土层；一开采用 222.3mm 钻头钻至上石盒子组 3325.09m（井深），下入 177.8mm 技术套管封隔易漏失层位；二开采用 152.4mm 钻头钻至完钻井深，下入 114.3mm 尾管固井完井。

根据实钻地质资料，J30-PX 井 2368～2978m 井段为二马营组、和尚沟组和刘家沟组，岩性以棕褐色泥岩和浅灰色细砂岩为主，地层研磨性强，岩石可钻性差，采用螺杆+PDC 钻头复合钻进[10-11]。钻进过程的机械比能、钻速、钻压、排量、转速及扭矩的关系如图 2 所示。

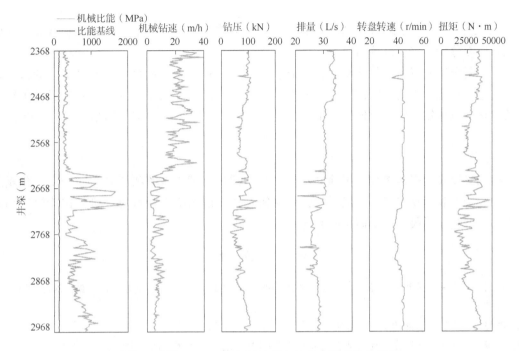

图 2　东胜 J30-PX 井机械比能与钻井参数变化趋势图

（1）2368～2660m：二马营组采用低转速低钻压配合，转速稳定在 44r/min 左右，钻压为 53.00～104.00kN，平均钻压 86.64kN，平均钻速 21.51m/h，机械比能曲线总体较低，接近岩石强度，说明该段钻进参数合理，钻头工作效率很高。在 2590～2642m 井段先增加钻压，机械钻速有明显提升，随后减小排量，机械钻速就显著降低。因此，在排量保证井底净化的前提下，二马营组适合高钻压高转速的钻井参数组合[12-13]。

（2）2661～2818m：进入和尚沟组，地层可钻性变差，保持钻压不变、转速不变，全段内机械钻速较低，平均钻速为 5.92m/h，且机械比能变化幅度较大。在 2684～2720m 井段尝试了两次增大钻压，但提速效果并不理想，反而降低转速却使机械比能明显减小，说明高转速并不适合和尚沟组。因此，该地层适合高钻压中等钻速钻井参数组合，参数优化后推荐钻压为 88kN，转速为 38r/min。

（3）2819～2978m 刘家沟组：该地层抗压强度、抗剪强度，以及研磨性均较高，在 2866～2978m 井段随着钻压从 53.93kN 逐渐增加到 105.07kN，机械钻速无明显变化，机械比能从 440.7MPa 增大到 1178.5MPa，导致破岩效率低。该段排量一直保持 29L/s 不变，出现钻头泥包和井底净化不充分的可能性较小。因此可以判断在该地层，现有钻进工具的破岩能力无法满足需求，推荐使用新型 PDC 钻头或在钻头上加轴向冲击器等方法，增强钻头破岩能力[14-15]。

## 4　结论

（1）建立的复合钻井机械比能模型，充分考虑了井下钻头扭矩、射流水功率、复合螺杆钻具等影响因素，较传统机械比能模型在计算准确度上有一定提高，更加接近井下实际工况。

（2）基于机械比能基线的钻井破岩效能评价方法，对钻井井下异常状况和低效工况的识别与原因分析具有较好的指导意义。

（3）复合钻井机械比能模型和钻井破岩效能评价技术现场应用中，通过实时的机械比能与钻速、钻压、排量、转速及扭矩的相关性，准确判断低效工况井段，有效指导了钻井参数优化，机械钻速较优化前提高了18.4%，应用效果显著，具有一定的推广应用前景。

## 5　建议

机械比能模型很多参数基于地面测量，但钻柱在充满流体的狭长井筒内处于十分复杂的受力、变形和运动状态，仍然无法做到对机械比能的精确定量计算，机械比能模型仍需随先进井下测量手段的进步而不断完善。

### 参 考 文 献

[1] 苏超，李士斌，王昶皓，等．修正机械比能模型的研究[J]．石油化工高等学校学报，2018，31(5)：71-76．

[2] 李想．基于机械比能的钻井参数优化研究[D]．大庆：东北石油大学，2023．

[3] 吴俊．克深区块吉迪克组地层破岩效率评价研究[D]．北京：中国石油大学(北京)，2016．

[4] 孟英峰，杨谋，李皋，等．基于机械比能理论的钻井效率随钻评价及优化新方法[J]．中国石油大学学报(自然科学版)，2012，36(2)：110-114，119．

[5] 曲思凝．基于机械比能的地层物性和钻头效率随钻评价研究[D]．大庆：东北石油大学，2019．

[6] 管志川，呼怀刚，王斌，等．基于机械比能与滑动摩擦系数的PDC钻头破岩效率试验[J]．中国石油大学学报(自然科学版)，2019，43(5)：92-100．

[7] 路宗羽，徐生江，蒋振新，等．准噶尔南缘深井机械比能分析与钻井参数优化[J]．西南石油大学学报(自然科学版)，2021，43(4)：51-61．

[8] 田川川，高利军，冯剑楠，等．基于机械比能理论的钻井参数优化[J]．中国石油和化工标准与质量，2023，43(16)：133-136，139．

[9] 赵明文．PDC钻头钻井参数优化模型与应用研究[D]．大庆：大庆石油学院，2003．

[10] 王超．钻井参数实时优化分析方法研究[D]．成都：西南石油大学，2016．

[11] 付志胜．钻井参数实时优化方法研究[D]．成都：西南石油大学，2014．

[12] 陈晓华．基于机械比能理论优化钻井效率新方法在大牛地气田的应用[J]．钻采工艺，2017，40(4)：3，28-31．

[13] 陈绪跃，樊洪海，高德利，等．机械比能理论及其在钻井工程中的应用[J]．钻采工艺，2015，38(1)：1，6-10．

[14] 颜斌，李贤思，马炳奇，等．基于机械比能在肯基亚克油田钻井参数的优选[J]．石化技术，2023，30(9)：69-71．

[15] 周长所，杨进，幸雪松，等．基于机械比能理论的渤海深层钻井参数优化[J]．石油钻采工艺，2021，43(6)：693-697．

# 内置钻头脉冲冲击器仿真分析及应用

江定川　睢圣　王汉卿　曾成

（中石化西南石油工程有限公司钻井工程研究院）

**摘　要**　为解决深部硬地层钻井提速工具稳定性差、造斜率低、提速效果有限的问题，通过调研分析国内外钻井提速工具研究现状及性能参数，研制了一种内置于钻头的液动冲击器，可以实现在不降低造斜率的情况下，配合螺杆或旋导等应用，从而辅助提高机械钻速。通过数值仿真模拟工作环境下内置钻头脉冲冲击器的流道和相关参数对其性能的影响，结果显示该工具的平均压降为 2.00MPa，频率为 14.47Hz，轴向冲击载荷为 26.2kN，结构参数优化后为内部流道角度 30°，流道高度 23mm，钻井液排量为 40L/s。室内清水介质试验结果显示工具振动频率为 14.08Hz，压降为 1.97MPa，轴向冲击载荷为 21.2kN，与仿真结果基本一致，达到市面上一般冲击钻井工具性能指标。该内置钻头脉冲冲击器在川渝工区 XS206 井、XY8 井配合 PDC 钻头入井试验，平均机械钻速分别达到 6.61m/h、22m/h，较邻井同井段同层位分别提速 23.8%、87.7%。

**关键词**　钻井提速；深部硬地层；液动冲击器；流道仿真

　　四川盆地天然气资源丰富，总资源量达 $66×10^{12}m^3$，"十四五"期间为加快建设天然气千亿产能基地，打造中国"气大庆"，中石化西南油气分公司针对已落实的评价建产潜力区部署了百余口井以新建产能。然而随着勘探开发由浅、中部地层向深部地层发展，油气开采难度和开采成本也随着地层深度的加深而不断提高，深井、超深井钻井过程长期面临深部地层地质条件复杂、地可钻性差、钻井效率低、成本高等难题[1-3]，因此开发新的钻井提速工具来提高钻井效率和降低钻井成本具有重要意义。目前，国内外已经出现了一批成熟的冲击钻井提速工具，例如水力振荡器、轴冲、扭冲及复合冲击器等，但依然存在增加了钻头到钻铤之间的距离，降低了造斜率，使用成本高，无法配套旋导使用等不足[4-13]。

　　本文通过对国内外现有提速工具的调研，针对当前深部硬地层钻井造斜效率低，提速工具稳定性差，提速效果有限的问题，研制了一种内置于钻头，在不降低造斜率情况下提高破岩效率，可配套于常规和旋转导向工具使用的内置钻头脉冲冲击器，并开展了仿真优化分析和现场试验，验证了设计的合理性，为提高深部硬地层机械钻速，缩短钻井周期，降低钻井成本提供了有力的技术支撑。

---

【第一作者简介】江定川（1997 年—），男，助理工程师，2022 年硕士毕业于西南石油大学，主要从事钻完井工程、地质工程等研究工作。通讯地址：四川省德阳市旌阳区金沙江西路 699 号（邮编：618000）；电话：17790281371；E-mail：1924818601@qq.com。

# 1 内置钻头脉冲冲击器结构及工作原理

## 1.1 结构组成

内置钻头脉冲冲击器主要由旋转动力机构、轴承、外壳、密封圈组成，如图1所示。其中，旋转动力机构由连接体和旋转体组成，为自旋转内置钻头冲击器的核心部件，起到能量转换和产生脉冲压力的作用。

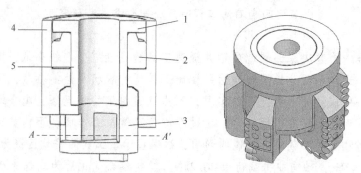

图1 内置钻头脉冲冲击器结构及其与钻头的装配图

1—连接体；2—轴承；3—旋转体；4—外壳；5—密封圈

## 1.2 工作原理

内置钻头脉冲冲击器使用时置于钻头内腔，工作过程中利用钻井液的动能带动旋转动力机构运动产生轴向冲击力。连接体内部设有流道，工作时钻井液通过钻杆流入连接体，由于内部流道尺寸的变化，可在内径狭小处产生较大的压降和较快的流速。高速流体冲击内置钻头脉冲冲击器外壳，由于流道与外壳之间呈一定的角度，使高速流体冲击外壳产生的射流反作用力作用在旋转动力机构上，让旋转体产生旋转。外壳上有能充分挡住旋转体流道的挡块，在旋转体的旋转运动下，流道与挡体间歇性的接触，改变了钻井液的流通面积，在面积的周期性变化作用下，产生周期性的脉冲压力波动，该脉冲压力波动直接作用于钻头上，使钻头产生轴向冲击。同时，高压流体通过脉冲空化射流作用于井底，可辅助破岩。

如图2(a)所示，箭头方向为钻井液的流动方向，绿色为外壳壁面，红色为流道。在钻井液的射流反作用力下，旋转体的流道发生旋转，从而导致旋转体的流道与外壳壁面之间产生周期性的面积变化，通过流通面积的改变从而引起脉冲压力的变化。面积周期性变化如图2(b)所示。

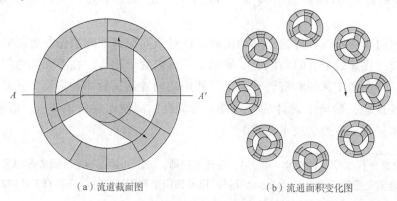

（a）流道截面图　　　　　　　　（b）流通面积变化图

图2 内置钻头脉冲冲击器结构

## 2　内置钻头脉冲冲击器仿真分析

### 2.1　湍流模型

高速流体在内置钻头脉冲冲击器内部的运动状态，在不同的领域使用不同的湍流模型。本文考虑使用 Yakhot 和 Orzag 应用重整化群理论提出的选择 $RNG\kappa-\varepsilon$ 湍流模型[14]。该模型通过在大尺度运动和修正后的黏度项体现小尺度的影响，而使这些小尺度运动系统地从控制方程中去除，其控制方程如下：

$$\frac{\partial(\rho k)}{\partial t}+\frac{\partial(\rho k u_i)}{\partial x_i}=\frac{\partial}{\partial x_j}\left[\left(\mu+\frac{\mu_t}{\sigma_k}\right)\frac{\partial k}{\partial x_j}\right]+P_k-\rho\varepsilon \tag{1}$$

$$\frac{\partial(\rho\varepsilon)}{\partial t}+\frac{\partial(\rho\varepsilon u_i)}{\partial x_i}=\frac{\partial}{\partial x_j}\left[\left(\mu+\frac{\mu_t}{\sigma_\varepsilon}\right)\frac{\partial\varepsilon}{\partial x_j}\right]+C_{1\varepsilon}\frac{\varepsilon}{k}P_k-C_{2\varepsilon}^*\rho\frac{\varepsilon^2}{k} \tag{2}$$

其中，

$$\begin{cases} C_{2\varepsilon}^*=C_{2\varepsilon}+\dfrac{C_\mu\eta^3(1-\eta/\eta_0)}{1+\beta\eta^3} \\ \eta=Sk/\varepsilon \\ S=(2S_{ij}S_{ij})^{1/2} \end{cases} \tag{3}$$

式中，$C_\mu=0.0845$，$\alpha_k=\alpha_\varepsilon=0.7194$，$C_{\varepsilon 1}=1.42$，$C_{\varepsilon 2}=1.68$，$\eta_0=4.38$，$\beta=0.012$。

### 2.2　数值仿真计算

#### 2.2.1　流道模型建立

利用 SOLIDWORKS 软件建立内置钻头脉冲冲击器三维模型(图3)，将流道模型导入网格划分软件中，对进口、出口、边界条件进行设置，采用非结构化网格划分，分别对全局网格尺寸、全局体网格尺寸、全局棱柱网格参数进行设置，流道壁面采用三层壁面网格参数，具体划分后的网格如图4所示。

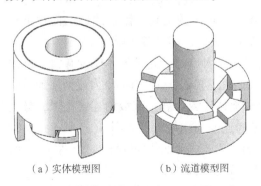

（a）实体模型图　　（b）流道模型图

图3　内置钻头脉冲冲击器三维模型

图4　内置钻头脉冲冲击器网格图

#### 2.2.2　仿真计算设置

将文件导入 FLUENT 软件，确定网格尺寸无误后，模拟参数设置流体选择不可压缩的液体，密度为 $1.7g/cm^3$，求解器设置选择压力求解器和瞬态求解器，并设置沿 $Y$ 轴向下的重力加速度，其余均为软件的默认选择[15]。

流体模型选择 RNG$\kappa-\varepsilon$ 模型，入口选择速度入口，出口设置为压力出口[16]。考虑内置钻头脉冲冲击器实际工作环境，排量选择 40L/s，入口直径为 43mm，计算的入口速度根据公式：

$$v = \frac{Q}{A} \qquad (4)$$

计算得 $v = 27.6$m/s。

采用滑移网格技术模拟流体流动，建立旋转体流道与外壳挡体的流道交界面，将旋转体流道出口设置为 interface1，外壳流道设置为 interface2，建立接触面。旋转体的动力来源为液流射流的反作用，因此采用 6 DOF 动网格技术模拟在液流反作用力下旋转体的被动旋转。网格方法设置采用光顺与网格重构方法，进行局部网格重构，并建立 6 DOF 动网格属性。

根据残差曲线趋于稳定，判断内置钻头脉冲冲击器的流道仿真已达到收敛，对结果下一步进行数据提取和分析工作(图 5)。

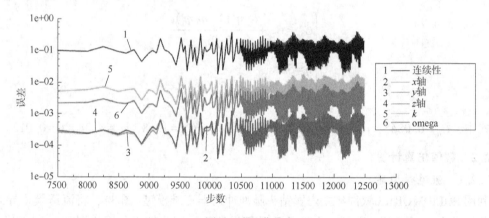

图 5  残差曲线

### 2.2.3  仿真结果分析

提取不同时刻下内置钻头脉冲冲击器的压力和速度云图(图 6，图 7)[17]，从图中可知在水力冲击的作用下，旋转体呈现顺时针旋转。随着旋转体的旋转，流道的连通面积也相应发生变化，因此导致在工具的进入与出口之间出现压力差，即工具压降。

如图 6(a)初始时刻所示，压力主要集中在旋转体的入口处，此时流体还没有完全进入工具内部，因此工具底端的压力为 0Pa。随着流体的不断进入，工具内部压力逐渐增大。由图 6(b)可以看出，工具内部的流体压力主要集中在旋转流域与静止流域的连接位置，最大压力可以达到 3.54MPa。随着旋转体的旋转，流道的连通面积增大，如图 6(c)所示，此时旋转流域与静止流域连接位置的最大压力为 2.18MPa。当连通面积最小时，如图 6(d)所示，此时旋转流域与静止流域连接位置的最大压力达到 3.89MPa。

从图 7 中可以看出流体的入口速度保持不变为 27.558m/s，流体的最大流速在旋转流域与静止流域连接位置，且连通面积不同时，流速不同，图 7(a)时刻最大流速为 53.7m/s，图 7(b)时刻最大流速为 63.4m/s，图 7(c)时刻最大流速为 53.3m/s，图 7(d)时刻最大流速为 66.2m/s，可以看出流速随着连通面积的增大而减小。

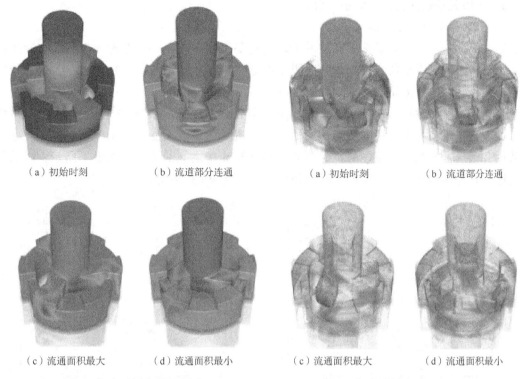

（a）初始时刻　　（b）流道部分连通　　（a）初始时刻　　（b）流道部分连通

（c）流通面积最大　　（d）流通面积最小　　（c）流通面积最大　　（d）流通面积最小

图6　任意时刻流道压力图　　　　　　图7　任意时刻流道速度矢量图

根据压力和速度模型，提取模型进口和出口之间的压力，计算出工具压降和相应产生的轴向冲击载荷，得到压降变化曲线和冲击载荷曲线(图8，图9)。

从图8中可以看出内置脉冲冲击器所产生的压力波动即压降曲线类似正弦波动，其产生的最大压力为3.71MPa，最小压力为1.24MPa，最大压降为2.47MPa，平均压降为2.00MPa，频率约为14.47Hz。

从图9可以看出最大冲击载荷为42kN，最小冲击载荷为14.1kN，平均冲击载荷为26.2kN，载荷的变化频率与压降的频率相同。

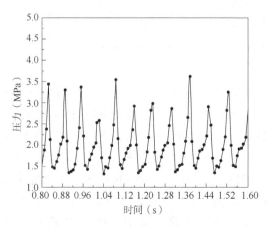

图8　不同时刻压降曲线

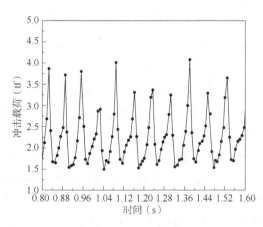

图9　不同时刻冲击载荷曲线

### 2.3 相关参数对性能影响仿真分析

#### 2.3.1 钻井液排量仿真

钻井液的排量作为内置钻头脉冲冲击器的重要工作参数之一，考虑冲击器的实际工作环境，分析不同钻井液排量下工具的性能参数变化。结构参数保持入口直径为43mm，旋转体流道角度为30°，流道高度为23mm不变，钻井液密度为1.7g/cm³。分别研究排量为30L/s、35L/s、40L/s、45L/s下工具的轴向冲击载荷和压降。如图10和图11所示，从峰值角度分析，轴向冲击载荷与压降的峰值均随着流量的增加而变大。从图10和图11中提取数据并整理冲击载荷均值、峰值、压降和频率与流量之间的关系，如表1所示，随着排量的增加，冲击载荷均值、峰值、压降和频率均呈现增大的趋势。

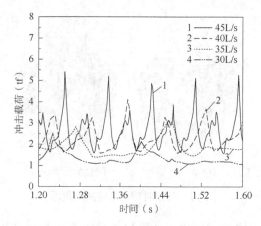

图10　不同排量下工具的轴向冲击载荷

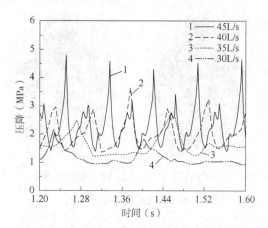

图11　不同排量工具的压降

**表1　不同排量下相关性能参数表**

| 参数 | 数值 | | | |
|---|---|---|---|---|
| 流量（L/s） | 30 | 35 | 40 | 45 |
| 冲击载荷均值（kN） | 13.67 | 18.55 | 22.62 | 25.92 |
| 冲击载荷峰值（kN） | 24.82 | 34.28 | 42.00 | 54.26 |
| 压降（MPa） | 1.219 | 1.651 | 2.008 | 2.303 |
| 振荡频率（Hz） | 7.69 | 8.33 | 14.47 | 25.67 |

#### 2.3.2 流道高度仿真

在保持流量40L/s，钻井液密度1.7g/cm³，入口直径43mm，流道角度30°不变的情况下，分别研究流道高度为23mm、20mm、17mm、14mm下工具所产生的冲击载荷和压降，结果如图12和图13所示。当流道高度为23mm时，最大冲击载荷为42kN，均值为22.62kN；流道高度为20mm时，最大冲击载荷为76.71kN，均值为32.51kN；流道高度为17mm时，最大冲击载荷为151.36kN，均值为54.22kN；流道高度为14mm时，最大冲击载荷为423.18kN，均值为112.59kN。当流道高度为23mm时，压降为2.008MPa；流道高度为20mm时，压降为2.876MPa；流道高度为17mm时，压降为4.797MPa；流道高度为14mm时，压降为9.960MPa。因此，流道高度越高，内置钻头脉冲冲击器产生的轴向载荷和压降越小。

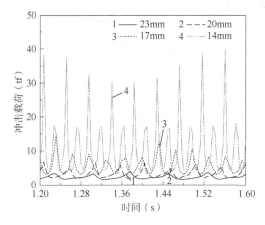

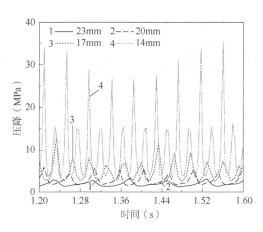

图12　不同内部流道高度下的工具轴向载荷　　　　图13　不同内部流道高度下的工具压降

### 2.3.3　流道角度仿真

在保持流量 40L/s，钻井液密度 1.7g/cm³，入口直径 43mm，流道高度 23mm 不变的情况下，分别研究流道角度为 30°、25°、20°、15° 下工具所产生的冲击载荷和压降，结果显示，内置钻头脉冲冲击器所产生冲击载荷峰值、均值和压降变化不大，而频率随着流道角度的增加而减小(图14和图15)。当流道高度为 30° 时，频率为 14.47Hz；流道高度为 25° 时，频率为 11.11Hz；流道高度为 20° 时，频率为 10.29Hz；流道高度为 15° 时，频率为 6.25Hz。

通过钻井液排量和结构参数仿真优化分析，得到内置钻头脉冲冲击器优化后的结构参数为内部流道角度 30°，流道高度 23mm，钻井液排为 40L/s。

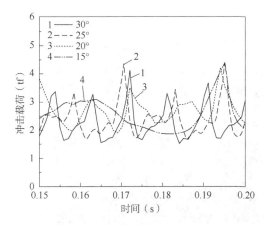

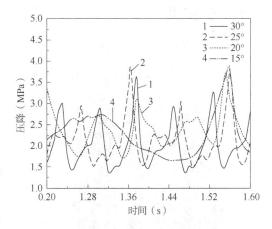

图14　不同内部流道角度下的工具轴向载荷　　　　图15　不同内部流道角度下的工具压降

## 3　室内试验

结合仿真分析结果优化了内置钻头脉冲冲击器的结构参数，并开展了室内试验，试验排量为 35L/s，介质为清水，试验结果见表 2。结果显示排量为 35L/s 时，工具振动频率为 14.08Hz，平均压耗为 1.97MPa，轴向冲击载荷为 21.2kN，与市面上冲击钻井工具性能指标相近。

表 2　室内试验性能参数表

| 参数 | 频率(Hz) | 最大压力(MPa) | 最小压力(MPa) | 平均压降(MPa) |
| --- | --- | --- | --- | --- |
| 排量 35L/s(清水) | 14.08 | 3.59 | 0.06 | 1.97 |

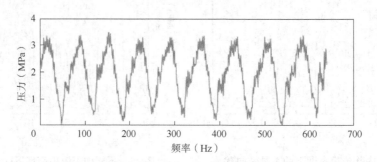

图 16　压力时域信号数据

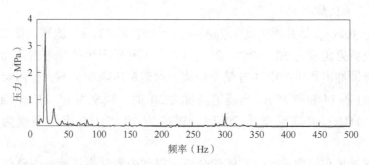

图 17　压力频域信号数据

# 4　现场应用

研制的内置钻头脉冲冲击器先后在 XS206 井和 XY8 井开展了入井试验(图 18)。

（a）冲击器装配完整体　　　　　　　　　　（b）入井照片

图 18　内置钻头脉冲冲击器装配体和入井照片

### 4.1 XS206井试验情况

XS206井入井试验层位为沙溪庙—须家河组。入井钻具组合为$\phi$241.3mm 钻头+$\phi$120mm 内置钻头脉冲冲击器+$\phi$185mm 单弯螺杆(1.25°)+回压阀×1 个+$\phi$210–238mm 扶正器+$\phi$177.8mm 无磁钻铤×1 根+MWD 短节×1 根+$\phi$139.7mm 加重钻杆×3 根+$\phi$139.7mm 钻杆+$\phi$139.7mm 加重钻杆×45 根+随钻震击器×1 个+旁通阀×1 个+$\phi$139.7mm 加重钻杆×15 根+$\phi$139.7mm 钻杆。钻井液密度 1.92~2.05g/cm³，黏度 20~38mPa·s，排量 35~45L/s，钻压 80~140kN，转数 50~80r/min。

分别对比近似排量下井口测试、滑动钻进、复合钻进工况下泵压变化，实钻参数显示内置钻头脉冲冲击器压降为 2~3.1MPa。钻进过程中 MWD 仪器信号正常且连续传输，表明冲击器脉冲不影响仪器信号正常传输，安全可靠(图 19)。

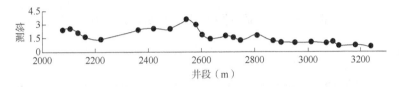

图 19　信号传输测试

试验趟钻进尺 560m，井段为 2569~3129m，平均机械钻速 6.61m/h，使用时长 167.53h，XS206井试验井段平均机械钻速较前期 10 口邻井同井段同层位的平均机械钻速提高 23.8%，提速效果明显(图 20)。

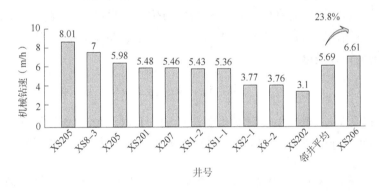

图 20　XS206井试验井段平均机械钻速较邻井对比

### 4.2 XY8井试验情况

XY8井试验层位为沙溪庙—凉高山组地层，岩性以砂泥岩互层为主。入井钻具组合为$\phi$241.3mm 钻头+$\phi$120mm 内置钻头脉冲冲击器+$\phi$185mm 单弯螺杆(1.25°)+回压阀×1 个+$\phi$210~238mm 扶正器+$\phi$177.8mm 无磁钻铤×1 根+MWD 短节×1 根+$\phi$139.7mm 加重钻杆×3 根+$\phi$139.7mm 钻杆+$\phi$139.7mm 加重钻杆×45 根+随钻震击器×1 个+旁通阀×1 个+$\phi$139.7mm 加重钻杆×15 根+$\phi$139.7mm 钻杆。钻井液密度 1.26g/cm³，排量 34~35L/s，钻压 100~130kN，转数 55~65r/min。

内置钻头脉冲冲击器入井前测试压耗 2.4~3MPa，钻进过程中 MWD 信号稳定，起钻前钻进工况稳定，非钻头原因起钻。试验趟钻进尺 356m，井段 1964~2320m，平均机械钻速 22m/h，使用时长 43h。邻井 XYL24HF 采用相同 PDC 钻头配合螺杆钻具组合的二开第一趟钻 2008~2466m，钻遇地层沙溪庙组，进尺 458m，平均机械钻速 11.24m/h。试验井 XY8 井平均机械钻速达 22m/h，平均机械钻速与邻井 XYL24HF 相比提速 87.7%，提速效果显著。

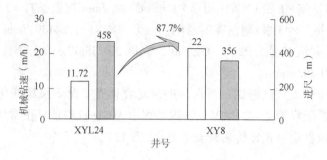

图 21　XY8 井试验井段较邻井平均机械钻速对比

## 5　结论

（1）通过流道模型仿真模拟分析，得到排量 40L/s，密度 1.7g/cm³ 时内置钻头脉冲冲击器理论性能参数，其理论压耗为 2.00MPa，频率约为 14.47Hz，平均轴向冲击载荷为 26.2kN。

（2）通过验证不同钻井液排量和内部流道相关结构参数对冲击器性能的影响，得到优化后的结构参数为内部流道角度 30°，流道高度 23mm，钻井液排量为 40L/s。

（3）内置钻头脉冲冲击器室内清水试验结果与仿真结果基本一致，XS206 井与 XY8 井试验井段平均机械钻速较邻井分别提速 23.8% 和 87.7%，提速效果明显，表明冲击器设计合理，可有效辅助钻井提速。

## 参 考 文 献

[1] 曹继飞．难钻地层钻井提速技术应用及优化建议[J]．中外能源，2020，25(S1)：34-38.

[2] 刘伟．川西气田须家河组致密坚硬地层钻井提速关键技术[J]．天然气技术与经济，2020，14(5)：44-51.

[3] 刘清友．若干智能钻井装备发展现状及应用前景分析——以四川盆地页岩气开发为例[J]．钻采工艺，2022，45(1)：1-10.

[4] 贾涛，徐丙贵，李梅．钻井用液动冲击器技术研究进展及应用对比[J]．石油矿场机械，2012，41(12)：83-87.

[5] 甘心．钻井提速用振动冲击工具研究进展[J]．钻探工程，2021，48(2)：85-93

[6] 付加胜，李根生，田守嶒，等．液动冲击钻井技术发展与应用现状[J]．石油机械，2014，42(6)：16.

[7] 查春青，柳贡慧，李军，等．复合冲击钻具的研制及现场试验[J]．石油钻探技术，2017，45(1)：57-61.

[8] 查春青，柳贡慧，李军，等．复合冲击破岩新技术提速机理研究[J]．石油钻探技术，2017，45(2)：20-24.

[9] 穆总结，李根生，黄中伟，等．轴扭耦合冲击钻井技术研究[J]．石油机械，2018，46(10)：12-17.

[10] 周祥林，张金成，张东清．TorkBuster 扭力冲击器在元坝地区的试验应用[J]．钻采工艺，2012，35(2)：15-17.

[11] 李玮，纪照生，陈柳，等．轴向冲击器设计计算及有限元分析[J]．中州煤炭，2016，(6)：76-80.

［12］田家林，胡志超，张昕，等．纵扭复合冲击工具动力学特性研究［J］．机械工程学报，2022，58（7）：141-151.

［13］李玮，高海舰．射吸式冲击器在塔里木地区的现场应用［J］．辽宁石油化工大学学报，2017，37（6）：36-39.

［14］Yakhot V，Orszag SA. Renormalised group analysis of turbulence：1. Basic theory［J］. Sci Comput，1986，1：3-51.

［15］鲍泽富，刘江．FLUENT 在液动冲击器使用配置研究中的应用［J］．石油机械，2019，47（6）：50-54.

［16］张元志．射吸式液动冲击器的优化设计［D］．西安：西安石油大学，2015.

　［17］樊亚明，翁国华，岳坚，等．基于 Fluent 的流场分析在稳压罐设计中的应用［J］．电子科技，2015，28（11）：100-103.

# 轴扭耦合冲击螺杆辅助混合布齿 PDC 钻头高效成井关键技术研究

史怀忠[1]　赫文豪[1, 2]　黄中伟[1]　李根生[1]

(1. 中国石油大学(北京)油气资源与工程全国重点实验室;
2. 中国石油大学(北京)油气光学探测技术北京市实验室)

**摘　要**　为服务国家深地工程类深井超深井钻井需求,轴扭耦合振动冲击破岩等新型提速方法日益成为油气井行业的研究热点与焦点,但关于其辅助钻头破岩机理及高性能冲击器研究相对匮乏。本论文基于轴扭耦合冲击辅助钻头破岩机理,研制了新型轴扭耦合冲击螺杆动力工具与个性化混合布齿 PDC 钻头,并进行了轴扭耦合冲击螺杆辅助混合布齿 PDC 钻头一体化提速现场实验。研究数据显示:利用轴向和扭向冲击应力波的传递时间差,结合个性化混合布齿方法,冲击载荷有利于增大 PDC 齿侵入效率,诱导岩石主裂纹的快速发育和加速岩石的脆性破坏,使得钻头更易吃入和破碎地层,从而大幅度降低钻头切削力和破岩比能,且存在最佳冲击频率、冲击幅值及冲击排量使得其综合破岩效率最高。研制的轴扭耦合冲击螺杆和混合布齿 PDC 钻头成功在海南 5000m 深层地热科学探井进行现场试验,试验井段较同层段机械钻速提升 40%,可为我国深层油气及地热资源的高效勘探开发提供理论指导与技术支撑。

**关键词**　轴扭耦合冲击;混合布齿方法;冲击螺杆;个性化 PDC 钻头;冲击频率

随着我国勘探开发力度的不断增大,开发深层超深层油气及地热资源对于保障国家能源安全具有重大意义,但在深层超深层钻井工程中,普遍存在岩石硬度高、地层可钻性差、破岩效率低、机械钻速慢、高效成井难度大等问题,提高钻头的破岩效率一直是研究的难点与焦点[1-4]。为提高深部硬岩地层破碎效率,国内外研究学者及机构先后提出了多种提速方法与破岩技术,包括振动冲击钻井技术、高压喷射钻井技术、激光钻井技术、等离子体破岩技术、高压脉冲电流辅助破岩技术等。

考虑其现场工艺难度,振动冲击钻井技术是目前最常用的提速方法之一,并相继开发了轴向冲击器[5-7]、扭转冲击器[8-11]、复合冲击器等[12-16]钻井提速工具,其工作原理普遍依赖流体能量,通过换向阀等机构将流体能量转化为冲击动能,但进一步研究表明,振动冲击钻井虽然具有改变钻头破岩方式、提高钻头破岩效率的功能,但是在复杂地层环境中,

---

【第一作者简介】史怀忠(1974—),研究员,2009 年毕业于中国石油大学(北京)油气井工程专业获博士学位,研究方向:钻井提速工艺、高效破岩机理及个性化 PDC 钻头研制等。地址:北京市昌平区府学路 18 号研修大厦 303 室(邮编:102249),电话:010-89733512,E-mail: shz@ cup. edu. cn。

由于钻井液排量、地层温度、压力等因素的综合影响，易导致冲击器动力阀开启失灵、撞击失效等问题，无法保证换向器动力源长期正常工作状态，致使其冲击力、冲击频率等参数不稳定，破岩效率有限。作为目前钻井工程中最常见、最有效、最稳定的提速工具之一，螺杆钻具具有转速稳定、寿命高等优势，其螺杆马达是较理想的换向阀动力来源，正常工作即可保证动力源稳定输出，使得换向阀工作状态稳定，进而实现冲击部件的往复运转。因此，研制螺杆钻具、轴向冲击器、扭转冲击工具相结合的轴扭耦合冲击螺杆开始得到专家学者的关注[17-18]。根据其概念设计，冲击螺杆的研制既可以实现冲击器持续高效的稳定工作状态，也可以改善实际钻井过程中由于螺杆钻具与冲击器因工具连接导致螺杆造斜能力降低的问题，帮助控制井眼轨迹。另一方面，区别于常规钻井的旋转剪切破岩作用，冲击载荷在显著改变 PDC 钻头的破岩方式的同时，对现有的 PDC 钻头及 PDC 齿的抗冲击性、耐磨性也提出了更高的要求[19-21]。为提高钻头整体性能，异型 PDC 齿的研发极大提高了钻头的破岩能力，如锥形齿、斧型齿及三棱齿的设计可通过改变齿与岩石的接触形状，有效提高 PDC 钻头的破碎硬岩及抗冲击能力[22-24]。

因此，本文提出了轴扭耦合冲击螺杆辅助混合布齿 PDC 钻头一体化提速方法，提高钻头寿命、保障机械钻速，相关概念如图 1 所示，旨在探讨轴扭耦合冲击螺杆辅助混合布齿 PDC 钻头提速方法在深部地层的适应性，从而为深井超深井硬地层高效破岩与钻井提速提供理论指导与技术支撑。

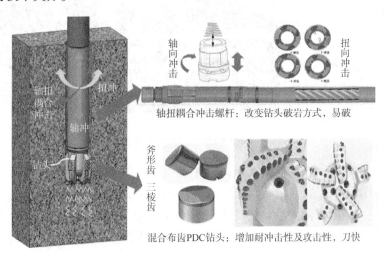

图 1　轴扭耦合冲击螺杆辅助混合布齿 PDC 钻头一体化提速方法

## 1　轴扭耦合冲击辅助 PDC 齿破岩机理

利用落锤冲击辅助单齿破岩实验，发现在不同的冲击参数下，岩石的脆性指数存在显著差异，且在相同冲击能量下，岩石的破碎程度和 PDC 齿的侵入深度也会显著不同。冲击载荷作用下，岩石呈现塑性与脆性混合破碎的破岩模式。与常规旋转切削剪切破岩效果不同，适应冲击破岩的 PDC 齿后倾角设计也与常规切削破岩存在差异。以硬质砂岩为例，在相同冲击能量下，随着 PDC 齿后倾角的增大，塑性破坏区域由齿后向齿前区域转变，破碎比功随后倾角的增大呈现降低趋势，当后倾角大于 20° 后，破碎比功呈现平缓趋势。同时，侵入深度随后倾角的增大呈现先增大后减小的特征，当后倾角度为 40° 时，侵入深度最大，PDC 齿达到了最佳吃入状态。根据测试数据，推荐在冲击载荷下 PDC 齿后倾角设计应在 20°~40°范围内。为进一步揭示轴扭耦合冲击破岩机理，建立了轴扭耦合冲击辅助单齿破岩模拟，如图 2 所示。模拟数据表明，轴向冲击过程中，PDC 齿的侵入速度远大于旋转切削速度，导致短时间内 PDC 齿竖直方向受力急剧增加，其切削力也随之增大，作用效果不仅增大 PDC 齿侵入深度，且将岩石的破碎模式从延性破碎逐步转化为脆性破碎。扭向冲击过程中，扭向冲击的加载同样导致 PDC 齿在周向方向受力与切削力急剧上升，但相较于旋转切削破岩，扭向冲击破岩主要体现在对损伤累积阶段的加速，促进沿 PDC 齿切削方向主裂纹的快速发育，同时抑制了次生裂纹的发展，易生成较大尺寸岩屑，降低了破岩比能。因此，尽管增加 PDC 冲击深度有助于提高破碎体积，但也对扭矩能量提出了更高的要求。在轴扭耦合作用下，扭向冲击可以有效降低破岩所需的扭矩，提高井眼质量。

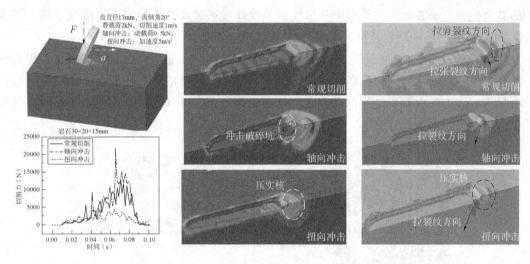

图 2　冲击辅助单齿切削数值模拟

在轴扭耦合冲击钻进的过程中，钻头破碎岩石的行为涉及轴向冲击和扭向冲击两种特性。在冲击力的作用下，底部岩石首先形成破碎坑，由于轴向和扭向冲击应力波在传递到 PDC 钻头时存在一定的时间差，轴向冲击波早于扭向冲击作用于岩石。研究发现轴向冲击和扭力冲击无相位差时，破岩速度较快，但其破岩体积较小；存在半个周期以内的相位差时，由于轴向冲击载荷先于扭转冲击载荷达到峰值，PDC 齿在获得一定破岩深度后扭转冲击成为破岩主力，能够获得更高的破岩体积；当相位差超过半个周期后，轴向冲击和扭转冲击的配合效率下降。因此，在设计轴扭耦合冲击提速钻具时，对不同形式冲击载荷的相位控制是十分重要的。在确定冲击相位差的基础上，冲击幅值决定了破碎坑的大小，而冲击频率与旋转速度决定了相邻冲击破碎坑的间距。当冲击频率与冲击幅值均较小时，冲击破碎坑的间距远大于破碎坑的尺寸，破碎坑相互分隔，裂纹沟通性差，与旋转剪切作用配合性差，破岩效率较低。当冲击频率与冲击幅值均过大时，相邻的冲击破碎坑之间处于重叠状态，岩屑重复破碎，同样无法与旋转剪切作用协调配合，综合破岩效率仍较低。存在最佳冲击频率与最佳冲击幅值，使得冲击破碎坑大小与间距均处于最优区间，且与旋转剪切作用高效配合，有效侵入岩石的同时旋转扭矩又不会过大，冲击能量利用效率达到最高。

因此，轴扭耦合冲击幅值和频率存在一个最优值，需要根据具体的地层及钻井参数协同配合，相关研究数据如图 3 所示。

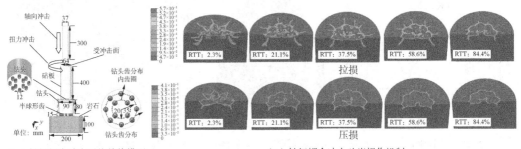

（a）轴扭耦合冲击系统数值模型　　　　　　（b）轴扭耦合冲击破岩损伤机制

图 3　轴扭耦合冲击下多齿钻头破岩模拟（RTT 为扭冲输入能量占比冲击输入能量的比例）

## 2　混合布齿方法与个性化 PDC 钻头设计

目前，异形 PDC 齿与混合布齿 PDC 钻头已普遍用于深井超深井钻井过程并逐渐呈主流优势，如斧形齿和三棱齿。模拟验证了平面齿主要靠剪切作用主导破岩，而斧形齿与三棱齿在破岩过程中，切削齿接触应力更多地分布于底端两个接触脊背面，应力分布面积大且更加均匀，有助于降低硬岩对 PDC 齿的冲击。相较于平面齿，斧形齿与三棱齿抗冲击性能及工作寿命均有显著优势。此外，受斧形齿与三棱齿独特的三维切削面结构设计，岩石受切削附近区域最大屈服深度约可以达到切削深度的 2 倍，异形齿预破碎效果显著，综合破岩效率较高。

根据海南 5000m 深层地热科学探井现场测井—录井—钻井资料与钻井需要，采用 5 刀翼混合布齿 PDC 钻头整体切削结构设计，并采用直线—双圆弧形冠部轮廓，降低内锥高度，增大内圆弧半径，保证冲击载荷较为均匀地作用到钻头齿上，以匹配冲击钻井技术。由于目标区块钻进层位砂砾岩单轴抗压强度较高，内锥部位井底形状类似于圆锥形凸起，周侧无地应力约束，易破碎，采用强攻击斧形齿可以增强破岩局部载荷，防止掏心现象，提高钻头抗轴向冲击性能。肩部及主动保径采用三棱齿，提高钻头抗涡动性能，增强冲击作用下的稳定性。保径部分利用三棱齿增强保径，防止振动冲击过程中缩颈。在斧形齿与三棱齿中间采用高寿命常规齿过渡设计，以增强两侧异形齿工作的稳定性。由于外锥部位切削齿所受钻头回旋扭矩、振动冲击力较大，且刀翼较厚，保留单个刀翼上的同轨道布齿方式，即三棱齿布置在沿切削方向的前排及后排，组成了双三棱齿布齿切削单元，并根据三棱齿切削破碎砾岩实验数据，推荐合适的齿间距和前后排齿高差，完成混合布齿 PDC 钻头的布齿设计及水力结构性能测试（图 4），选用 5 喷嘴 PDC 钻头水力结构，在高效破岩的同时保持井底流场清洁。

## 3　轴扭耦合冲击螺杆结构设计与工具研制

轴扭耦合冲击螺杆主要由螺杆马达总成、扭向冲击单元和轴向冲击单元组成，结构剖面如图 5 所示。基于常规螺杆钻具，改进了螺杆部分的传动装置，使得扭冲主轴上方与传动轴相连，下方与输出主轴相连。扭冲部分主要由扭冲主轴、配流体、扭冲冲击块、传动

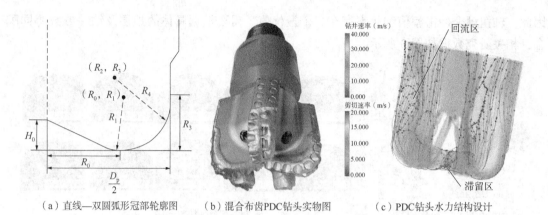

（a）直线—双圆弧形冠部轮廓图　　（b）混合布齿PDC钻头实物图　　（c）PDC钻头水力结构设计

图4　PDC钻头结构设计及水力性能测试

体和扭冲壳体等结构组成。钻井液从中心通道流入扭冲主轴流道，主轴侧壁有侧开孔，一部分钻井液通过侧壁开孔进入冲击块与传动体之间间隙形成的冲击腔并对称填满一般数量腔室，使得充满流体腔室与空腔室形成压差，推动冲击块转动，周期性撞击传动体，并随主轴旋转形成周期性反复扭向冲击。轴冲部分由凸轮机构及碟簧组成，下动套与输出主轴通过螺纹连接，且与下凸轮通过花键相连。工作时，螺杆马达传动轴带动输出主轴和下凸轮同步旋转，使得滚子在上凸轮的曲面轨道上运动，由于上凸轮周向位移被限制，其仅在滚子和曲面轨道的挤压接触下做轴向往复运动，从而挤压上部碟簧，产生连续轴向高频冲击力，辅助钻头冲击破岩。

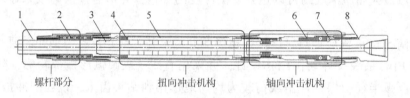

图5　轴扭耦合冲击螺杆结构

1—螺杆传动主轴；2—推力轴承；3—扭冲主轴；4—扭冲冲击块；5—传动体；

6—凸轮组；7—下动套；8—输出主轴

利用 Fluent 等计算流体动力学工具，针对轴扭耦合冲击螺杆扭向冲击机构和轴向冲击机构分别进行数值模拟，并分析了不同排量下单级冲击面的冲击力。研究发现，随着入口流量增大，扭向冲击力与冲击频率随之增大，冲击力峰值到达的时间提前，且冲击力峰值与流量呈线性正相关。轴向冲击机构方面，模拟显示在 0.1s 内，轴向冲击凸轮从最小位移到最大位移经历了 10 个周期，频率为 10Hz。轴向力在 50kN 上下波动，最大值为 87kN，最小值为 25kN。

在此基础上，开展了冲击螺杆冲击性能室内测试，如图6所示。冲击螺杆钻具测试系统主要包括夹持台架、循环系统、监测与控制系统等辅助装置，可模拟真实钻进排量下冲击器冲击性能。测试结果表明，随着排量的增大，轴向冲击力呈现先降低后升高的趋势，30L/s 下冲击力最为稳定，而冲击扭矩随排量增大呈显著上升趋势。此外，冲击频率随排量增大而增加，测试过程中压差范围为 0.5～2.0MPa，测试数据与数值模拟结果最大相差 19%，在一定程度上验证了数值模拟的准确性。

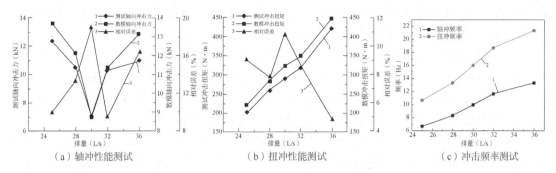

（a）轴冲性能测试　　　　　（b）扭冲性能测试　　　　　（c）冲击频率测试

图6　冲击螺杆冲击性能室内测试

## 4　轴扭耦合冲击辅助混合布齿PDC钻头一体化提速现场试验

研制了新型轴扭耦合冲击螺杆动力工具与个性化混合布齿PDC钻头，在国内第一口5000m深层地热科学探井——海南福山凹陷区块福深热1井，进行了轴扭耦合冲击螺杆辅助混合布齿PDC钻头一体化提速现场实验。试验井段为中生界白垩系砂砾岩地层，相关钻进数据见表1。试验井段采用冲击螺杆+混合布齿PDC钻头，单只钻头进尺150m，后因井下测井仪器故障起出，钻具无明显磨损，平均机械钻速为5.37m/h，相较于上井段机械钻速提高40.21%，相较于下井段机械钻速提高120.08%。

表1　钻进效果对比表

| 井段 | 井深（m） | 进尺（m） | 钻进时间（h） | 平均钻速（m/h） | 钻头类型 | 地层岩性 |
|---|---|---|---|---|---|---|
| 上井段 | 3001~3494 | 493 | 128.73 | 3.83 | 常规螺杆+混合布齿PDC钻头 | 砾岩为主，含砾砂岩、砾状砂岩不等厚互层 |
| 试验段 | 3494~3663 | 169 | 31.50 | 5.37 | 冲击螺杆+混合布齿PDC钻头 | |
| 下井段 | 3663~3810 | 147 | 60.17 | 2.44 | 常规螺杆+常规钻头 | |

试验完成后，混合布齿PDC钻头受损较低，肩部平面齿出现轻微磨损，图7为混合布齿钻头钻井前后的图像。混合布齿PDC钻头整体受损较小，肩部平面齿、三棱齿完好，可再次入井。现场试验结果表明，轴扭耦合冲击螺杆辅助混合布齿PDC钻头一体化提速技术应用效果良好，在相同施工条件下明显提高了该层段钻进的机械钻速及单只钻头进尺，保证了钻头寿命。

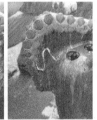

图7　混合布齿PDC钻头出井图

## 5　结论

（1）在相同冲击能量下，随着PDC齿后倾角度的增大，塑性破坏区向齿前区域转变，破碎比功随后倾角的增大呈现降低趋势。冲击钻井过程中，推荐 PDC 齿后倾角布齿角度范围 20°~40°，使得 PDC 齿达到了最佳吃入状态。

（2）轴扭耦合冲击效果与冲击相位差、冲击频率、冲击幅值等结构设计参数和钻井液排量等工艺参数相关，存在最佳冲击频率与冲击幅值使得冲击能量利用效率最高。

（3）研制的轴扭耦合冲击螺杆钻具能够产生有效的轴向及扭向振动冲击力，冲击力随排量增大呈现上升趋势，且室内测试数据验证了数值模型的有效性。

（4）提出了斧形齿、三棱齿、平面齿混合布齿方法，研制了个性化 PDC 钻头，利用异形齿非平面切削结构设计，使得 PDC 齿更易吃入地层的同时增强钻头攻击性与抗冲击性能。

（5）对海南 5000m 深层地热科学探井进行现场试验，相关数据表明，试验井段较同层段机械钻速提升超过 40%，验证了轴扭耦合冲击螺杆辅助混合布齿 PDC 钻头一体化提速方法的高效性，可为我国深层油气及地热资源的高效勘探开发提供理论指导与技术支撑。

## 参 考 文 献

[1] 徐春春，邹伟宏，杨跃明，等.中国陆上深层油气资源勘探开发现状及展望[J].天然气地球科学，2017，28(8)：1139-1153.

[2] 路保平.中国石化石油工程技术新进展与发展建议[J].石油钻探技术，2021，49(1)：1-10.

[3] 张海平，刘晓丹，王中昌，等.新型旋转冲击复合钻井工具结构设计与运动仿真研究[J].机械强度，2017，39(2)：392-396.

[4] 祝效华，郭光亮.动静载荷比对钻齿破岩效率的影响研究[J].振动与冲击，2019，38(1)：22-28.

[5] John T. Finger. Investigation of percussion drills for geothermal applications[J]. Society of Petroleum Engineers, 1984, 36(13): 2128-2136.

[6] Gordon A. Tibbitts, Roy C. Long. World's first benchmarking of drlling mud hammer perfornance at depth conditions[C]. SPE 74540, 2002.

[7] 付加胜，李根生，田守嶒，等.液动冲击钻井技术发展与应用现状[J].石油机械，2014，42(6)：1-6.

[8] 周祥林，张金成，张东清.TorkBuster 扭力冲击器在元坝地区的实验应用[J].钻采工艺，2012，35(2)：15-17.

[9] 孙起昱，张雨生，李少海，等.钻头扭转冲击器在元坝 10 井的试验[J].石油钻探技术，2010，38(6)：84-87.

[10] 吕晓平，李国兴，王震宇，等.扭力冲击器在鸭深 1 井志留系地层的试验应用[J].石油钻采工艺，2012，42(3)：99-101.

[11] 侯子旭，贾晓斌，李双贵，等.玉北地区深部地层扭力冲击器提速工艺[J].石油钻采工艺，2013，35(5)：132-136.

[12] 柳贡慧，李玉梅，李军，等.复合冲击破岩钻井新技术[J].石油钻探技术，2016，44(5)：10-15.

[13] 查春青，柳贡慧，李军，等.复合冲击钻具的研制及现场试验[J].石油钻探技术，2017，45(1)：57-61.

[14] 查春青，柳贡慧，李军，等.复合冲击破岩钻井新技术提速机理研究[J].石油钻探技术，2017，45(2)：20-24.

[15] 闫炎，管志川，玄令超，等.复合冲击条件下 PDC 钻头破岩效率试验研究[J].石油钻探技术，2017，45(6)：24-29.

［16］ 穆总结，李根生，黄中伟，等．轴扭耦合冲击钻井技术研究［J］．石油机械，2018，46（10）：12-17.

［17］ 席传明，穆总结，罗翼，等．GCY-I 型冲击螺杆钻井提速技术研究与试验［J］．石油机械，2020，48（10）：39-43，97.

［18］ 彭旭．煤矿井下复合冲击螺杆钻具高效破岩机理研究［D］．北京：煤炭科学研究总院，2021.

［19］ 汪伟．复合冲击钻井提速机理研究与工具研制［D］．北京：中国石油大学（北京），2022.

［20］ 纪照生．轴冲作用下 PDC 钻头破岩机理研究［D］．北京：中国石油大学（北京），2021.

［21］ 龙伟，况雨春，何琛彬，等．水平井 PDC 钻头黏滑振动规律试验研究［J］．石油机械，2023，51（9）：18-25.

［22］ 熊超，黄中伟，王立超，等．锥形聚晶金刚石复合片齿破岩特征与机制研究［J］．岩土力学，2023，44（8）：2432-2444.

［23］ 魏秀艳，赫文豪，史怀忠，等．三轴应力下三棱形 PDC 齿破岩特性数值模拟研究［J］．石油机械，2021，49（9）：17-23，32.

［24］ 李硕文．三棱形异形 PDC 齿破碎花岗岩特性研究［D］．北京：中国石油大学（北京），2021.

# 考虑钻井工况的多参数自适应协同溢流
# 早期智能检测方法

杨宏伟[1]　李　军[1,2]　王　彪[1]　詹家豪[1]

(1. 中国石油大学(北京)；2. 中国石油大学(北京)克拉玛依校区)

**摘　要**　超深井钻井中溢流可能引发严重井控事故，因此早期溢流检测对于安全钻井非常重要。针对溢流数据样本稀缺、不同钻井工况以及溢流不同阶段钻井参数响应规律差异等问题，提出了一种考虑钻井工况的多参数自适应协同溢流早期智能检测方法。采用随机森林算法(RF)建立了钻井工况智能识别模型，并深入剖析了模型的可解释性。通过消除正常钻井工况对溢流特征参数的影响，结合多参数序列趋势值，构建了溢流风险系数(KRI)自适应计算方法。通过对多口井实测数据测试，验证了该方法的有效性。研究结果表明，钻井工况智能识别模型的准确率达到了98.7%，识别规则与专家经验相一致，可用于指导溢流特征参数优选；该方法受人为因素和部分参数测量失效的影响较小，可应用于钻井全过程中，溢流平均预警时间较常规方法提前8.3min，可有效降低后续井控处理难度。

**关键词**　溢流；早期智能检测；钻井工况；随机森林；溢流风险系数

对溢流的监测识别是保障钻井安全的重要研究方向[1]。现场检测溢流的方法主要是人为跟踪录井仪实时获取的参数，分析钻井参数的波动趋势[2-3]，但往往难以发觉溢流初期钻井参数发生的细微变化。因此，实现人工溢流预警向智能化发展是亟须解决的关键技术。

目前关于溢流早期智能检测方法的研究可以归结为两类：(1)基于机器学习算法的溢流检测方法。付加胜[4]等人提出了基于 CNN-LSTM 融合网络的溢流早期预测深度学习方法，能够提前 10min 准确预测溢流的发生。Duan[5]等基于人工神经网络，针对不同的钻井工况训练不同的溢流智能检测模型，溢流识别准确率高达 96.5%。但由于溢流数据样本较少，不同井之间的钻井参数数值差异较大，训练得到的溢流早期智能检测模型泛化性不足。(2)基于钻井参数序列波动趋势的溢流检测方法。哈利伯顿公司[6]通过实时计算溢流特征参数序列的斜率模拟预期变化，并对实际值与预测值的差值进行积分得到溢流概率，能够较现场提前 10min 预警。晏琰[7]等提出了一种基于趋势线法的钻井风险预警技术，当采集的

---

【基金项目】国家重点研发计划项目"陆上超深油气井井喷防控关键技术装备及示范应用"课题1"超深油气井井喷风险智能监测预警技术及装备"(2023YFC3009201)；国家自然科学基金重大科研仪器研制项目"钻井复杂工况井下实时智能识别系统研制"(52227804)。

【第一作者简介】杨宏伟，1990年生，副教授，博士研究生，毕业于中国石油大学(北京)油气井工程专业，主要从事控压钻井、复杂工况智能监测、智能井控等方面的研究，地址：北京市昌平区府学路18号(邮编：102249)，电话：13261980738，E-mail：zerotone@ cup. edu. cn。

立管压力、总池体积和进出口流量差等参数同时满足复杂故障趋势线识别值的偏差不大于10%时，则进行溢流报警。该类方法不需要大量的溢流数据，通用性较强。

然而，目前该类方法的研究存在两个不足，一是较少考虑钻井工况对钻井参数波动的影响，难以应用到钻井全过程中。二是溢流风险系数计算时未考虑溢流不同阶段钻井参数响应时效性和响应程度的影响，不同时刻下各钻井参数权重无法自适应调整。对此，本文通过结合钻井工况类型和特征参数序列趋势结果，提出了一种溢流早期智能检测方法。

## 1 钻井工况智能识别模型

本文将钻井工况划分为静止、原地循环、原地旋转、原地循环（旋转）、起钻、起钻（开泵）、倒划眼、干倒划眼、下钻、下钻（开泵）、划眼、干划眼、复合钻进和滑动钻进14种类别。溢流的发生伴随着整个钻井过程，不同钻井工况下溢流发生机理不同，直接反映在溢流特征参数及其响应规律不同。对此，本文首先建立钻井工况智能识别模型，用于辅助特征参数优选。

### 1.1 模型介绍

表1展示了钻井工况与录井参数间的映射关系。可以发现，转盘转速可以反映钻柱是否旋转，入口流量和立管压力可以反映井筒内是否有流体流动，井深与钻头位置可以反映钻具是否上提或下放，钻压和扭矩可以反映钻头是否破岩。RF[8-10]由多棵决策树集合而成，能够以树状图的结构清晰地呈现出模型结构，具有可解释性强、鲁棒性高的优势。因此，本文利用RF来自动提取钻井工况与录井参数间的映射规则。

表 1 不同钻井工况下录井参数响应规律

| 钻井工况 | 井深（m） | 钻头位置（m） | 钻压（kN） | 扭矩（kN·m） | 转盘转速（r/min） | 入口流量（L/s） | 立管压力（MPa） |
|---|---|---|---|---|---|---|---|
| 静止 | — | — | 0 | 0 | 0 | 0 | 0 |
| 原地循环 | — | — | | | 0 | >0 | >0 |
| 原地旋转 | — | — | | | >0 | 0 | 0 |
| 原地循环（旋转） | — | — | | | >0 | >0 | >0 |
| 起钻 | — | ↓ | | | 0 | 0 | |
| 起钻（开泵） | — | ↓ | | | 0 | >0 | >0 |
| 倒划眼 | — | ↓ | | | >0 | >0 | >0 |
| 干倒划眼 | — | ↓ | | | >0 | 0 | |
| 下钻 | — | ↑ | | | 0 | 0 | |
| 下钻（开泵） | — | ↑ | | | | >0 | >0 |
| 划眼 | — | ↑ | | | >0 | >0 | >0 |
| 干划眼 | — | ↑ | | | >0 | 0 | |
| 复合钻进 | ↑ | ↑ | >0 | >0 | >0 | >0 | >0 |
| 滑动钻进 | ↑ | ↑ | >0 | >0 | 0 | >0 | >0 |

注：↑表示增加、↓表示减小、—表示不变。

### 1.2 数据样本收集

本文共收集了来自某油田现场实际获取到的10口井的录井数据，选择其中7口井为训练集，其他 3 口井为测试集。结合钻井日志和专家经验，对每种钻井工况进行标注，最终得到的训练集和测试集中各钻井工况样本总量如图 1 所示。

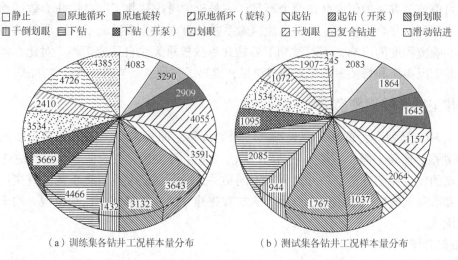

□静止　□原地循环　■原地旋转　▨原地循环（旋转）　▨起钻　▨起钻（开泵）　▨倒划眼
▥干倒划眼　▤下钻　▨下钻（开泵）　▨划眼　▨干划眼　□复合钻进　▨滑动钻进

（a）训练集各钻井工况样本量分布　　　　　（b）测试集各钻井工况样本量分布

图 1　训练集与测试集各钻井工况样本量分布

### 1.3　模型建立与解释测试

RF 中两个重要的参数分别为决策树的个数和每棵树的深度。其中，决策树的个数越多，模型的泛化性越强，但会带来一定的计算成本。每棵树的深度越大，模型的拟合能力较强，但可能会造成过拟合。本文通过网格搜索，同时结合 5 折交叉验证来确定决策树个数和树深度两个参数的最优值，如图 2 所示。综合考虑钻井工况智能识别模型的准确率、增加决策树个数带来的计算成本和增大树深度对模型泛化性的影响，本文最终选择决策树个数为 45，树深度为 6 的组合对模型进行训练。

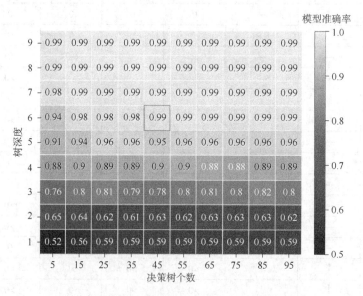

图 2　不同决策树个数和树深度组合下模型准确率

图 3 展示了钻井工况智能识别模型在测试集上的识别结果，准确率为 98.7%，表明该模型泛化性较高，能够为溢流早期智能检测提供钻井工况信息，结合表 1 辅助溢流特征参

数优选，降低溢流误报率和漏报率。

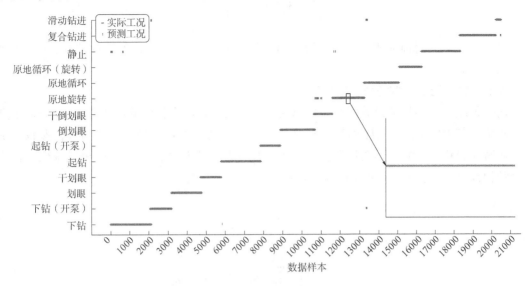

图 3　钻井工况智能识别模型测试结果

## 2　溢流早期智能检测方法

本文基于溢流特征参数序列趋势，构建了一种 KRI 的自适应计算方法，通过实时监测 KRI 的大小，实现溢流早期智能检测，其流程如图 4 所示。

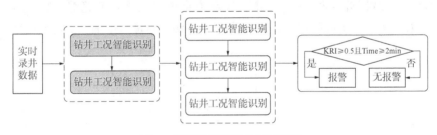

图 4　溢流早期智能检测流程图

### 2.1　溢流特征参数预处理

#### 2.1.1　特征参数滤波

实时测量到的特征参数可能包含一定的高频噪声，会影响特征参数序列趋势的准确提取。对此，本文首先应用 Haar 小波对特征参数进行 5 层小波分解，最终得到 A1、A2、A3、A4、A5 近似序列和 D1、D2、D3、D4、D5 细节序列。令 D1＝D2＝D3＝0，溢流特征参数被重构为：

$$S_c(t) = A5+D5+D4+D3+D2+D1 \qquad (1)$$

#### 2.1.2　特征参数校正

对于起下钻、划眼和倒划眼等与上提/下放钻具有关的钻井工况，在提取序列趋势前，需要对总池体积进行校正，使得其能够真实反映溢流复杂工况。如起下钻过程中，下放的钻具会排出井筒中的部分钻井液，总池体积增加，可能造成误报。因此，若钻井工况智能识别模型识别的工况为起钻或下钻相关的工况，基于式(2)对总池体积进行校正。

$$\text{SUM}' = \text{SUM} \pm \frac{\pi h (d_1^2 - d_2^2)}{4} \tag{2}$$

式中，SUM 为总池体积，m³；$h$ 为起出/下放钻具高度，m；$d_1$ 为钻杆外径，m；$d_2$ 为钻杆内径，m。

### 2.2 特征参数序列趋势提取方法

对于长度为 $\alpha$ 的特征参数序列，可以使用一元线性回归方程中的斜率值(MK)来表示其波动趋势，若 MK>0，表明序列呈上升趋势，反之，则呈下降趋势。考虑到特征参数局部波动对整体趋势的影响，本文基于长期趋势比局部趋势占比大的思想，构建了特征参数序列趋势值计算方法，如式(3)和式(4)所示。

$$w_{i,\alpha} = \frac{1}{1 + e^{\frac{i - \lambda_1 - \alpha}{8}}} \tag{3}$$

$$\text{MAK}_{\alpha,t} = \frac{\sum_{i=1}^{\alpha-1} w_{i,\alpha} \times \text{MK}_{i,\alpha}}{\sum_{i=1}^{\alpha-1} w_{i,\alpha}} \tag{4}$$

$$\lambda_1 = 0.5 - \alpha$$

式中，$\text{MAK}_{\alpha,t}$ 为 $t$ 时刻长度为 $\alpha$ 的特征参数序列趋势值；$w_{i,\alpha}$ 为子序列(数据点 $i$ 到 $\alpha$)的权重，且满足 $i$ 越接近 $\alpha$ 时，$w_{i,\alpha}$ 越小，表示模型更加注重长期趋势；$\text{MK}_{i,\alpha}$ 为子序列的 MK。为了计算 KRI，将提取的趋势值划分为三个等级，1 表示增加，0 表示不变，−1 表示减小。

$$G_{\alpha,t} = \begin{cases} 1 & \text{MAK}_{\alpha,t} > \delta \\ 0 & |\text{MAK}_{\alpha,t}| \leqslant \delta \\ -1 & \text{MAK}_{\alpha,t} < -\delta \end{cases} \tag{5}$$

式中，$\delta$ 为阈值。

### 2.3 KRI 自适应计算方法

为了提高溢流智能检测方法的时效性和准确性，本文提出了一种 KRI 自适应计算方法，该方法能够实时基于特征参数序列趋势值的大小，自适应地为每个特征参数分配相应的权重，如式(16)和式(17)所示。

$$w_{t,f_i} = \frac{e^{|\text{MAK}_{\alpha,t,f_i}|}}{\sum_{i=1}^{m} e^{|\text{MAK}_{\alpha,t,f_i}|}} \tag{6}$$

$$\text{KRI}_t = \sum_{i=1}^{m} w_{t,f_i} \times \text{sign}_{f_i} \times G_{\alpha,t,f_i} \tag{7}$$

式中，$w_{t,f_i}$ 为 $t$ 时刻第 $i$ 个特征参数的权重；$\text{MAK}_{\alpha,t,f_i}$ 为 $t$ 时刻第 $i$ 个特征参数序列的趋势值；$m$ 为当前钻井工况下特征参数的个数；$\text{sign}_{f_i}$ 为符号标志，当第 $i$ 个特征参数为总池体积、出口流量时，$\text{sign}_{f_i} = 1$，当第 $i$ 个特征参数为 $\Delta_p$ 和 $\Delta_\rho$ 时，$\text{sign}_{f_i} = -1$；$G_{\alpha,t,f_i}$ 为 $t$ 时刻第 $i$ 个特征参数序列趋势值对应的等级大小。

KRI 介于 $-1 \sim 1$ 之间，KRI 越接近 1，表示发生溢流的风险越大。考虑到 $\alpha$，$\beta$ 和 $\delta$ 取值对 KRI 的影响，本文进行溢流早期智能检测的策略为：当 $\text{KRI} \geq 0.5$，且持续超过 2min 仍满足 $\text{KRI} \geq 0.5$，则可发出溢流预警信号，反之，则表示无溢流发生。

## 3 实例分析

实例 1：图 5 中前 10 列展示了某油气田某井 1 发生溢流前的一段实时钻井数据，最后 2 列展示了钻井工况实时识别结果[0—下钻、1—下钻（开泵）、2—划眼、3—干划眼、4—起钻、5—起钻（开泵）、6—倒划眼、7—干倒划眼、8—原地旋转、9—原地循环、10—原地循环（旋转）、11—静止、12—复合钻进、13—滑动钻进]和 KRI 计算结果，采样间隔为 5s。根据钻井日志可得，现场作业人员于 13：26 发现钻进至 3235.27m 时总池体积上涨 0.5m³，出口钻井液密度由 1.37g/cm³ 降至 1.35g/cm³，表明发生了溢流，随后立即组织关井。由图 6 可以发现，当入口流量不变的情况下，出口流量和总池体积于 13：14 左右开始逐渐增加，立管压力也开始逐渐降低，但由于变化幅度较小，很难从视觉上发现。本方法于 12：45 之后，钻井工况识别结果为复合钻进，溢流特征参数选择为出口流量、总池体积、$\Delta_p$ 和 $\Delta_\rho$，于 13：16 出现 $\text{KRI} \geq 0.5$，之后一直满足 $\text{KRI} \geq 0.5$，可于 13：18 发出溢流预警信号，比现场作业人员早 8min 预警。

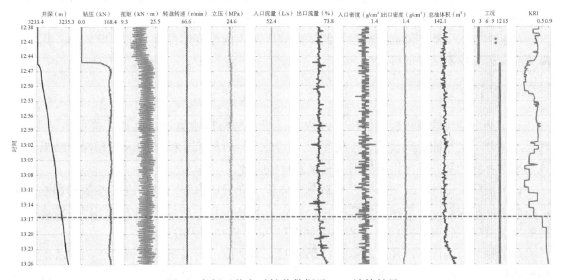

图 5　实例 1 井实时钻井数据及 KRI 计算结果

实例 2：图 6 展示了某油气田某井 2 发生溢流前的一段实时钻井数据以及溢流检测结果，数据采样间隔为 5s。根据钻井日志可得，短起下钻到井底循环过程中，现场作业人员于 23：37 发现总池体积上涨 0.4m³，立即组织关井。由图 9 可以发现，当入口流量不变的情况下，立管压力于 23：22 左右开始逐渐下降，总池体积于 23：25 左右开始逐渐增加。本方法钻井工况识别结果为原地循环，溢流特征参数选择为出口流量、总池体积、$\Delta_p$ 和 $\Delta_\rho$，于 23：26 出现 $\text{KRI} \geq 0.5$，之后一直满足 $\text{KRI} \geq 0.5$，可于 23：28 发出溢流预警信号，比现场作业人员早 9min 预警。

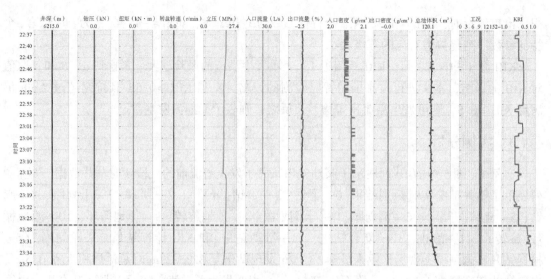

图6 实例2井实时钻井数据及KRI计算结果

分析实例1井与实例2井可以发现，本文提出的溢流早期智能检测方法在两口实例井上的平均预警提前时间为8.3min，具有以下三个方面的优势：

（1）本方法协同多参数序列趋势计算KRI，不需要发生溢流时的钻井参数来训练模型，克服了溢流数据样本稀缺的问题。

（2）本方法考虑了不同钻井工况以及溢流不同阶段钻井参数响应规律的差异，构建了KRI的自适应计算方法，能够应用到钻井全过程溢流检测中。

（3）本方法受部分溢流特征参数测量失效以及人为改变钻井参数的影响较小，保证了溢流早期智能检测结果的可靠性。

## 4 结论

（1）基于随机森林算法和历史录井数据，结合网格搜索算法，优选了模型最佳参数，建立了钻井工况智能识别模型，准确率为98.7%。同时剖析了模型的可解释性，结果表明该模型学习到的钻井工况识别规则与专家经验相吻合。

（2）消除了钻井工况和人为因素对总池体积、立管压力和出口密度等参数的影响，考虑溢流不同阶段特征参数响应程度不同，建立了KRI的自适应计算方法，制定了溢流早期智能检测策略，当KRI≥0.5，且持续时间超过2min则判别为溢流。

（3）在两口溢流实例井上的测试结果表明，本文提出的溢流早期智能检测方法能够应用到不同钻井工况、部分溢流特征参数测量失效等场景中，提高了溢流早期智能检测的可靠性和适用性。

## 参 考 文 献

[1] 王维斌，唐家琼，庞江平，等. 川东地区井喷显示特征及地质因素分析[J]. 天然气工业，2007(11)：19-23.

[2] 孙甫南. 用关基井随钻综合录井曲线判断溢流信息[J]. 天然气工业，1986(4)：50-54.

[3] Schafer D M, Loeppke G E, Glowka D A, et al. An evaluation of flowmeters for the detection of kicks and lost circulation during drilling[C]. SPE-23935-MS, 1992.

［4］付加胜，刘伟，韩霄松，等．基于 CNN-LSTM 融合网络的溢流早期预测深度学习方法［J］．石油机械，2021，49（6）：16-22.

［5］Duan S，Song X，Cui Y，et al. Intelligent kick warning based on drilling activity classification［J］. Geoenergy Science and Engineering，2023，222：211408.

［6］Tang H，Zhang S，Zhang F，et al. Time series data analysis for automatic flow influx detection during drilling ［J］. Journal of Petroleum Science and Engineering，2019，172：1103-1111.

［7］晏琰，段慕白，黄浩．基于趋势线法的钻井风险预警技术研究［J］．钻采工艺，2023，46（2）：170-174.

［8］董师师，黄哲学．随机森林理论浅析［J］．集成技术，2013，2(1)：1-7.

［9］李欣海．随机森林模型在分类与回归分析中的应用［J］．应用昆虫学报，2013，50(4)：1190-1197.

［10］马天寿，张东洋，杨赞，等．基于机器学习模型的斜井坍塌压力预测方法［J］．天然气工业，2023，43(9)：119-131.

# 深井超深井井筒连续波高速数据传输技术研究与思考

李振宝[1]　方弘廉[2]　伊　明[1]　李富强[1]　陈琨霖[1]　孟　滢[1]

（1. 中国石油西部钻探工程技术研究院；2. 中国石油西部钻探玉门钻井公司）

**摘　要**　针对深井超深井井筒参数测量信号高速传输问题，阐述了技术的发展现状。根据深井超深井信号传输量大、传输速率高的需求，指出连续波高速脉冲传输技术是未来高速传输技术的发展方向；分析了国内外高速连续波钻井液脉冲传输系统技术现状，指出了国内外技术差距并提出了一种连续波钻井液脉冲传输系统的整体结构；结合井下系统的技术现状，提出了深井超深井连续波脉冲发生器定转子结构设计原则及编解码算法；根据地面系统的技术难点，指出自适应信号消噪算法与自适应均衡器是未来深井超深井地面压力信号消噪与信道均衡的发展趋势；总结了本文所提出的技术方案，预期深井超深井数据传输速率可达 10bit/s，提出了深井超深井井筒高速数据传输技术的诸多挑战和发展趋势，为井筒高速脉冲传输技术研究与系统研制提供参考和借鉴。

**关键词**　深井超深井；高速脉冲传输；连续波；自适应信号处理；脉冲发生器

深层超深层油气勘探开发是"十四五"及今后寻找大油气田、开拓油气增储上产新领域的重点战略方向。据预测，我国深层石油和天然气储量分别占国内石油和天然气总量的 25% 和 23%。近 3 年，勘探在塔里木库车山前+台盆区、准噶尔南缘、川渝深层、柴达木阿尔金山前等 7000~8000m 以深层获重大油气发现，西部四大盆地深层油气储量发现快速增长，已成为国内油气资源重要战略接替区。

随着工程技术的不断进步，针对浅层已基本形成全产业链与系列工程技术利器，但针对深层超深层钻井，还存在钻井效率低、事故复杂频发等难题。当前，井筒信息传输一般采用钻井液脉冲数据传输（Mud Pulse Telemetry，MPT）技术[1]，与其他数据传输技术相比，因其可靠性、经济性，应用最为广泛。但是该技术信号传输速率仅可达 0.5bit/s，且传输速率受井深影响进一步变慢，无法满足日益增加的井下信息测量需求，成为目前制约井筒测量技术发展和应用的瓶颈[2]。

MPT 技术以钻井液作为传输介质，在井下安装节流装置，通过一系列编码方式产生钻

【第一作者简介】李振宝（1993—），工程师，工学博士，燕山大学机械电子工程专业，现工作于中国石油西部钻探工程工程技术研究院，工程师。研究方向：智能钻井井下信息测量和高效传输、井下安全监控、智能信号处理与故障诊断算法等。通讯地址：新疆维吾尔自治区克拉玛依市克拉玛依区鸿雁路 80 号，邮编：834000，电话：13081184772，E-mail：lzbgcy@cnpc.com.cn。

井液压力波动并传播至地面高压管路，实现井下数据的上传。按照压力脉冲信号的发生机理，可以将钻井液脉冲信号发生器分为负脉冲、正脉冲和连续波钻井液脉冲信号发生器。连续波钻井液脉冲信号传输技术在数据传输速率方面优势明显，是目前国内外相关机构和企业的重点研发内容[3-5]，也是最适应深井超深井数据传输的技术手段。

## 1 深井超深井高速脉冲传输系统结构

20世纪70年代初，Mobil率先研制出连续波MPT系统，现场试验数据传输速率达到了3bit/s[6-8]。1993年，斯伦贝谢推出PowerPulse旋转阀式连续波脉冲发生器，该脉冲发生器在10000m的超深井数据传输速率最高可达16bit/s，2008年，该公司又推出了DigiScope连续波脉冲发生器，数据传输速率最高可达36bit/s。贝克休斯的连续波脉冲发生器采用摆动阀式定转子结构设计，采用"摆动—停止—摆动"的转子运动方式，能够有效避免转阀的阻塞问题，同时也适用更多的编解码算法[9]，该连续波脉冲传输系统在6400m深井数据传输速率达到了20bit/s。

国内连续波高速传输系统的研发目前还处于吸收和引进国外技术阶段，尚未形成成熟产品，但也进行了大量的研究工作。2008年，中国石油集团钻井工程技术研究院的苏义脑等开发的连续波高速脉冲传输系统在实验环境下的数据传输速率可达10bit/s[10]。2016年10月，中海油开发的连续波脉冲发生器完成了实井测试，在3016m井深条件下数据传输速率达到了12bit/s[11]。

根据现有正脉冲钻井液脉冲传输系统结构，提出了一种连续波钻井液脉冲传输系统整体结构，如图1所示，由井下系统、钻井液信道和地面信号处理系统组成。井下系统包括发电机/电池、整流稳压电路、数据采集系统、连续波脉冲发生器等，钻柱中的钻井液作为整个系统的信息传输通道，地面系统包括地面传感器数据采集网络、信号处理算法、地面解码软件等。

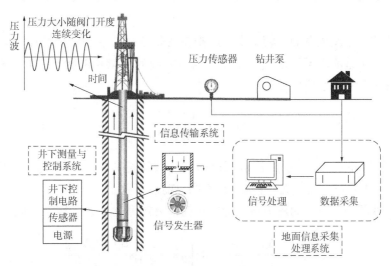

图1 连续波钻井液脉冲传输系统整体结构

## 2 井下系统相关技术现状与技术难点

井下系统主要由供电系统、数据采集系统、钻井液脉冲发生器等组成。数据采集系统完成数据采集后，将测量数据进行压缩并格式化，通过控制连续波钻井液脉冲发生器转子运动完成数据编码和调制，连续波脉冲发生器通过改变定转子之间的相对位置调节节流孔面积大小，形成连续压力波脉冲信号并将测量数据经过钻井液信道传输至地面[12-14]。

连续波钻井液脉冲发生器的信号发生原理如图2所示，通过转子不断旋转，使钻井液的过流面积发生连续变化，形成连续压力脉冲信号。

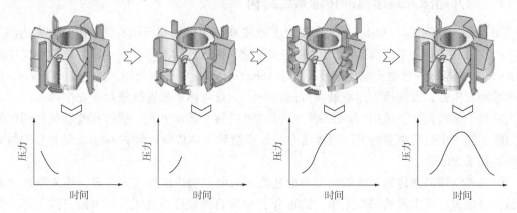

图2　连续波钻井液脉冲信号发生原理示意图

## 2.1　定转子阀口结构设计

定转子结构设计与优化研究内容主要包括叶片形状、个数、定转子间隙和倾角等参数对水力特性和压力场的影响。2011年，中海油王智明等对扇形阀口、矩形阀口和三角形阀口进行了三维流场分析，得出转子阀口设计原则：三角形阀口形状的转子受力较好，压力波更接近正弦波；应尽可能减小转子叶片厚度以减小其所受转矩；转子叶片选择4较为合适[15]。2018年，中国石油大学的鄢志丹等在三角形阀口结构的基础上优化设计了圆弧三角形阀口结构，通过计算流体力学仿真和地面水力实验均得到了与正弦高度相似的压力波信号[12]。

目前连续波信号发生器的定转子设计原则主要是依据薄壁小孔节流原理[16]。如果假设把钻井液看作是定常流动不可压缩的流体，当钻井液的流量和密度不变时，根据薄壁小孔节流原理可得阀口变化前后压差为：

$$\Delta p(t) = \frac{\rho Q^2}{2C_d^2} \frac{1}{A(t)^2} \tag{1}$$

式中，$\rho$ 为钻井液密度；$Q$ 为流过阀口的钻井液流量；$C_d$ 为阀口的流量系数，一般取 0.6~0.8；$A(t)$ 为阀口的通流面积；$\Delta p(t)$ 为阀口前后压差。

期望钻井液脉冲器产生的压力波为标准正弦信号压差 $\Delta p_0(t)$，因此可以得到：

$$\Delta p_0(t) = \frac{\Delta p_{max} - \Delta p_{min}}{2} \sin\left(n\omega t - \frac{\pi}{2}\right) + \frac{\Delta p_{max} + \Delta p_{min}}{2} \tag{2}$$

式中，$\omega$ 为转子的角速度；$\Delta p_{max}$ 和 $\Delta p_{min}$ 分别为标准正弦信号 $\Delta p_0(t)$ 的最大值和最小值。

结合式(1)和式(2)，可以得到转阀的流通面积 $A(t)$：

$$A(t) = \frac{Q}{C_{\mathrm{d}}} \sqrt{\frac{\rho_{\mathrm{m}}}{\left(\Delta p_{\max} - \Delta p_{\min}\right) \sin\left(n\omega t - \dfrac{\pi}{2}\right) + \left(\Delta p_{\max} + \Delta p_{\min}\right)}} \tag{3}$$

设计定子、转子结构时，定子外径一般要大于转子外径，因此当转阀完全关闭时存在最小过流面积 $A_{\min}$，假设阀口过流面积为 $A_1(t)$，则转子在旋转时的总过流面积 $A(t)$ 为：

$$A(t) = A_1(t) + A_{\min} \tag{4}$$

用标准正弦信号压差 $\Delta p_0(t)$ 和理论信号压差 $\Delta p(t)$ 的相关系数 $\rho$ 作为评判转子结构设计好坏指标：

$$\rho = \frac{\int_0^T \Delta p(t) \cdot \Delta p_0(t)\, \mathrm{d}t}{\sqrt{\int_0^T \Delta p^2(t)\, \Delta\mathrm{d}t} \cdot \sqrt{\int_0^T \Delta p_0^2(t)\, \Delta\mathrm{d}t}} \tag{5}$$

因此，通过设计定转子结构得到阀口过流面积为 $A_1(t)$，使得式(5)中 $\rho$ 接近 1 时，说明定转子结构设计合理，可以得到近似正弦信号的连续波脉冲信号。

## 2.2 连续波脉冲编解码算法

连续波脉冲器常用的信息编码方式主要有二进制码和多进制码[17]。二进制码有相移键控（Phase Shift Keying，PSK）、频移键控（Frequency Shift Keying，FSK）、幅移键控（Amplitude Shift Keying，ASK）等多种调制方式，与 PSK 相比 FSK 编码方式对电动机控制精度要求较低且更易于实现，但是其占用带宽较高，在深井超深井条件下随着传输速率的提高，其信号衰减更为严重，因此二进制编码方式中，PSK 更具有优势且抗噪声干扰能力更强[18]。国外先进的连续波脉冲器如斯伦贝谢、贝克休斯等公司的连续波脉冲器，大多采用更适应深井超深井数据传输的正交相移键控（Quadrature Phase Shift Keying，QPSK）多进制编码调制方式，可以增加码元过渡时间并提高功率有效性和带宽利用率，其调制原理框图如图 3 所示。

综上，深井超深井高速脉冲传输技术井下系统的技术难点主要有三点：第一，如何通过设计连续波脉冲器定转子阀口结构使其生成的连续压力脉冲近似于正弦信号；第二，如何通过设计有效的抗大负载扰动电动机控制算法使连续波脉冲器转子具有较强的抗负载扰动和动态跟踪性能；第三，如何设计连续波脉冲器的编解码和调制算法使其在低功耗条件下承载更多的数据信息。

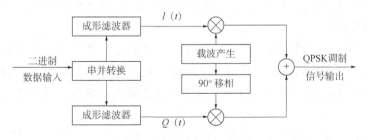

图 3　QPSK 调制原理框图

## 3 地面系统相关技术现状与技术难点

地面解码系统主要由数据采集、信号处理、解码软件等部分组成。首先通过安装在立管上的压力传感器采集地面钻井液压力波信号，然后对采集到的压力信号进行信号消噪、滤波、补偿失真等处理，随后对压力信号进行数据解调、同步和解码，最后经过校验、解析和解压缩后还原出井下数据。地面解码系统的主要难点在于信号的消噪和信道均衡。

### 3.1 钻井液压力脉冲信号消噪技术

目前国内外针对钻井液脉冲信号消噪问题主要有两个研究方向：第一是基于双压力传感器的泵噪声滤除技术；第二是基于自适应滤波手段的信号分解消噪算法。理论上，针对地面泵噪声信号消除问题，通过在地面钻井液管路上增加双压力传感器，使用延迟差分算法能够有效消除泵噪声，但是由于双压力传感器安装时对传感器间距有一定要求，大多数井场无法满足多压力传感器安装条件，导致其应用推广受限。

自适应滤波器可自动调整滤波系数跟踪有用信号实现最优滤波，无需预先提取噪声特征，可动态适应于各种条件下的钻井液脉冲信号去噪，并规避钻井泵工况变化造成的噪声干扰。目前自适应信号消噪算法主要分为时域自适应信号分解消噪算法和频域自适应信号分解消噪算法，其中时域自适应信号分解消噪算法主要有集合经验模态分解（Ensemble Empirical Mode Decomposition，EEMD）、自适应局部迭代滤波（Adaptive Local Iterative Filtering，ALIF）等，频域自适应信号分解消噪算法主要有经验小波变换（Empirical Wavelet Transform，EWT）、变分模态分解（Variational Mode Decomposition，VMD）等。

在实际应用中，由于 EMD 和 EEMD 算法在信号分解过程中无法指定分解固有模态分量数量，且存在模态混叠现象[19]，因此其对信噪比提升效果有限。而 ALIF 对正弦信号、非平稳信号的消噪效果较好，能够有效改善端点效应，具有较强的自适应性。EWT 算法由于在信号分解消噪过程中易出现过分解问题，导致模态分解结果不够理想，而 VMD 算法在选择合适的模态数量后，可以得到理想的分解消噪结果[20]。

针对深井超深井地面压力波脉冲信号衰减严重、信噪比低等问题，通过引入 ALIF、VMD 等自适应信号分解消噪算法可以有效滤除钻井液压力信号中的噪声成分，同时避免衰减有用信号，在深井超深井地面钻井液压力脉冲信号消噪方面具有巨大推广应用价值。

### 3.2 钻井液脉冲信号信道均衡技术

在实际钻井过程中，由于钻柱接头、仪器安装等原因，会导致钻井液信道中压力波信号发生反射，且反射量的大小与管道内径的变换量相关[21]，深井超深井由于钻柱较长，会存在较大的时延扩展和多次反射叠加，导致严重的信道失真和码间干扰，因此需要对信道加以补偿，降低误码率。

自适应均衡技术对随机性和时变性钻井液脉冲信道具有更好的应用效果[22]，包括训练过程和跟踪过程。在训练过程中，自适应均衡器根据训练样本及其标签以检测误码率最小为目标，对滤波器参数进行优化，通过对自适应滤波器进行训练，可以显著提高自适应滤波器的性能。

在深井超深井信道畸变较大的场合，自适应滤波器性能无法满足数据高速传输的需求。判决反馈均衡器（Decision Feedback Equalizer，DFE）可以从当前状态中减去由先前符号带来的时延干扰，在严重畸变的钻井液信道上有优异的解码性能，同时具有受定时误差和噪声影响小等优点，是目前适用于深井超深井条件下的自适应均衡器。

## 4 结论

深井超深井井筒高速传输技术涉及机械、电子、流体力学、控制技术、通信技术、钻井技术等多学科领域，是一项多学科综合性交叉课题。采用本文所提出的连续波脉冲器设计方法、QPSK 编解码算法及自适应地面信号分解消噪和信道均衡算法，预期深井超深井数据传输速率可达 10bit/s，但是深井超深井井筒高速数据传输技术仍面临诸多挑战，主要有以下三个方面：

（1）深井超深井连续波脉冲发生器转子运动控制优化与节能研究，如抗大负载扰动电动机控制算法研究，低功耗信号编码与数据压缩技术等；

（2）深井超深井地面极低信噪比钻井液压力波信号的高效消噪与解码算法研究，如自适应钻井液压力波信号消噪算法研究、复杂信道畸变信号的均衡技术、高精度动态压力传感器技术等；

（3）适应深井超深井连续波信号发生器的可靠性与经济性研究，如耐高压高速旋转阀内外压力平衡结构、耐高温高压承压结构材料优选、井下工具仪器的抗冲蚀抗振动设计等。

### 参 考 文 献

［1］乔宗超 . 深井高温 MWD 系统误差修正算法研究及实现［D］. 广州：广东工业大学，2017.

［2］贾梦之，耿艳峰，闫宏亮，等 . 高速泥浆脉冲数据传输技术综述［J］. 仪器仪表学报，2018，39（12）：160-170.

［3］Antunes PD, Gonzalez FOC, Yamachita RA, et al. A review of telemetry data transmission in unconventional petroleum environments focused on information density and reliability［J］. Journal of Software Engineering and Applications，2015，8（9）：455-462.

［4］Cooper P, Santos LSB. New mud-pulse telemetry system delivers improved drilling dynamics and formation e-valuation data［C］. SPE Russian Petroleum Technology Conference，2015.

［5］Su Y N, Sheng L M, Li L, et al. Strategies in high data- rate MWD mud pulse telemetry［J］. Journal of Sustainable Energy Engineering，2014，2（3）：269-319.

［6］Sitka M A, Sherrill K, Winslow D. Mud powered inertia drive oscillating pulser：US 9000939 B2［P］. 2015.

［7］Barbely J R. Mud-pulse telemetry system including a pulser for transmitting information along a drill string：US 20180128099 A1［P］. 2018.

［8］Burgess D E. Rotary pulser and method for transmitting information to the surface from a drill string down hole in a well：US 9238965 B2［P］. 2016.

［9］Klotz C, Bond P R, Wassermann I, et al. A new mud pulse telemetry system for enhanced MWD/LWD applications［C］. IADC/SPE Drilling Conference，2008：1-5.

［10］苏义脑，李林，石荣，等 . 连续波压力脉冲发生器：CN201221355Y［P］. 2009-04-15.

［11］张祝军 . 摆动式连续波泥浆脉冲通信系统中的信道特性与消噪技术研究［D］. 杭州：浙江大学，2018.

［12］Yan Z D, Geng Y F, Wei C M, et al. Design of a continuous wave mud pulse generator for data transmission by fluid pressure fluctuation［J］. Flow Measurement and Instrumentation，2018，59（3）：28-36.

［13］Yan Z D, Wei C M, Geng Y F, et al. Design of a rotary valve orifice for a continuous wave mud pulse gener-ator［J］. Precision Engineering，2015，41（7）：111-118.

［14］Namuq M A, Reich M, Al-zoubi A. Numerical simulation and modeling of a laboratory MWD mud siren pressure pulse propagation in fluid filled pipe[J]. Oil Gas European Magazine, 2012, 38(3): 125-130.

[15] 王智明，肖俊远，管志军．基于 CFD 的旋转阀泥浆脉冲器转子结构参数研究[J]．设计与研究，2011，6(205)，3-4，26.

[16] Chin W, Su Y N, Sheng L M, et al. High-data-rate MWD system for very deep wells[J]. Well Logging Technology, 2014, 38(6): 713-721.

[17] 刘新平．DSP 控制连续波信号发生器机理与风洞模拟试验研究[D]．青岛：中国石油大学(华东)，2009.

[18] 樊昌信，曹丽娜．通信原理[M]．7 版．北京：国防工业出版社，2012.

[19] Li Z B, Jiang W L, Zhang S, et al. Hydraulic pump fault diagnosis method based on MEEMD and WKELM [J]. Sensors, 2021, 21, 2599.

[20] 王腾．自适应信号分解算法对比研究及在液压泵故障诊断中的应用[D]．秦皇岛：燕山大学，2021.

[21] 边海龙，苏义脑，李永威，等．基于时延差分的连续波随钻测量信号提取算法[J]．电子测量与仪器学报，2015，29(5)：669-675.

[22] Barak E. Mud pulse telemetry preamble for sequence detection and channel estimation: WO 2017062009 A1 [P]. 2017.

# 超高频冲击破岩机理研究及齿形优选

张伟强　曹继飞　李成

(中石化胜利石油工程有限公司钻井工艺研究院)

**摘　要**　超高频冲击破岩技术通过井下高频共振可加快岩石疲劳损伤，减少钻头黏滑振动，提高钻井时效，是实现深层、超深层钻井提速提效的关键技术手段之一。通过室内物模实验和数值模拟分析，研究了不同岩性对超高频冲击载荷的响应特征，并对不同齿形在超高频冲击条件下的破岩效果进行研究。研究结果表明：超高频冲击破岩技术通过超高频冲击地层岩石，引发岩石共振，在岩石表面形成疲劳损伤区，达到预破碎岩石的效果。齿形优选结果表明，3D 齿 MSE 最低，破岩效率最好，斧形齿次之，破岩效率最差的为锥形齿。

**关键词**　超高频冲击；室内实验；数值模拟；破岩机理；齿形优选

为持续推进增储上产，我国石油勘探开发逐步转向深层、超深层，以超高频冲击破岩技术为手段的钻井提速工艺，可以显著提高地层钻速，降低钻具磨损，是实现深层、超深层油气资源效益开发的关键。自 1940 年以来，学者们开始对冲击钻探技术的可行性进行研究。Topanelian 通过室内实验分析了低频冲击对钻深的影响。阿伯丁大学应用动力学研究中心(CADR)也设计了立式和卧式两类微钻头实验装置，可实现 100~350Hz 的冲击频率输出。国内学者也对振动破岩技术做了相关研究工作，李玮等通过实验证明高频冲击能够降低岩石的抗钻能力。

目前超高频冲击破岩技术在世界范围内仍处在理论研究和先导试验阶段，本文通过室内超高频破岩实验和数值模拟方法，对超高频简谐振动冲击破岩机理及不同齿形切削齿冲击破岩效果开展研究工作，为超高频冲击破岩技术推广应用奠定理论基础。

## 1　超高频冲击破岩室内实验

### 1.1　岩样制备及力学性能测试

本文选用完整均质的花岗岩和砂岩露头作为试样，根据实验台架要求，岩样尺寸为 120mm×50mm×30mm，端面平行度小于 0.02mm，针对两种岩样开展岩石力学性能测试，结果见表 1。

【第一作者简介】张伟强(1996—)，男，助理工程师，专业技术一级师，2021 年毕业于中国石油大学(华东)油气田开发工程专业，获硕士学位，现从事钻完井新工艺技术研发工作。通讯地址：山东省东营市中石化胜利石油工程有限公司钻井工艺研究院(邮编：257017)，电话：13245463961，E‑mail：zhangwq86806.ossl@ sinopec.com。

表 1　岩石力学特性

| 名称 | 可钻性级值 | 抗压强度（MPa） | 弹性模量（GPa） | 泊松比 | 抗拉强度（MPa） |
|---|---|---|---|---|---|
| 花岗岩 | 七级 | 202.44 | 58.71 | 0.139 | 6.25 |
| 砂岩 | 五级 | 123.69 | 33.29 | 0.134 | 7.13 |

## 1.2　实验设备及方案

本文中实验所采用的设备为超高频振动冲击破岩实验装置，该装置可主动调节冲击频率、冲击力及钻压等参数，实现以超高频简谐波冲击方式破岩。实验选择微型双齿 PDC 钻头，切削齿为常规平面齿，齿中心距24mm，后倾角15°。设置轴向高频冲击系统输出功一致，调节不同冲击频率和对应冲击力，具体实验方案见表2。最终通过测量系统记录实验过程中的钻柱扭矩、切削深度等参数，由式(1)计算破岩机械比功。

$$\text{MSE} = \frac{W}{V} = \frac{F_x \cdot S_x + (F_{y1} + F_{y2}) \cdot S_y}{V} \tag{1}$$

式中，$W$ 表示切削齿做功，J；$F_x$ 为平均切向力，N；$F_{y1}$ 为钻压，N；$F_{y2}$ 为冲击力，N；$S_x$ 为切向位移，m；$S_y$ 为平均轴向位移，m；$V$ 为破岩体积，m³。

表 2　具体实验方案设计

| 岩性 | 钻压（N） | 冲击力（N） | 冲击频率（Hz） |
|---|---|---|---|
| 砂岩 | 400 | 750 | 50 |
| | | 500 | 100 |
| 花岗岩 | 500 | 160 | 300 |
| | | 100 | 500 |
| | | 50 | 1000 |
| | | 10 | 1500 |

## 1.3　实验结果及分析

花岗岩和砂岩实验结果如图1和图2所示。花岗岩试样所形成切削坑道较规则且频率越高且深越浅，砂岩所形成切削坑道不同频率差异较大，且高频冲击下切深逐渐增加。

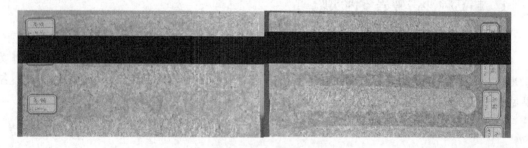

图 1　花岗岩岩样破碎情况

花岗岩切深及切向力随频率变化如图3所示，两项参数均在500Hz时达到峰值。频率超过500Hz后，平均切深趋于平缓，但切向力下降迅速，切向力/切深趋势分化明显，表明此时岩石破碎以高频轴向冲击力为主，切削齿切向受力较小。

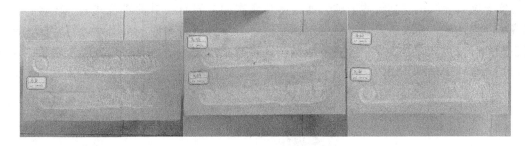

图 2　砂岩岩样破碎情况

此外，花岗岩破岩机械比功随频率增加整体呈下降趋势，破碎相同体积的岩石所需能量越小，如图 4 所示。对比 300Hz 和 1500Hz 实验结果，两者切向力相近，1500Hz 条件下，平均切深提升 42.28%，MSE 下降 29.83%。在实验室条件下，冲击频率越高，越有利于花岗岩地层破碎。

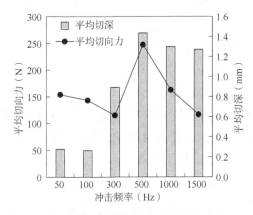

图 3　花岗岩切深及切向力随频率变化

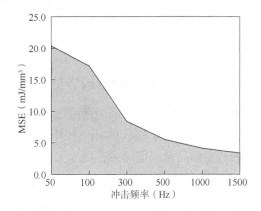

图 4　花岗岩机械比功随频率变化曲线

图 5 为砂岩切深及切向力随频率变化曲线，实验结果表明，砂岩切深和平均切向力具有较好一致性，均随冲击频率增加先缓慢减小后增大。破岩机械比功整体波动幅度较大且呈增加趋势，如图 6 所示。实验数据表明，砂岩冲击频率越高，越有利于切削齿吃入岩样，切削齿表现为以切削为主冲击为辅。

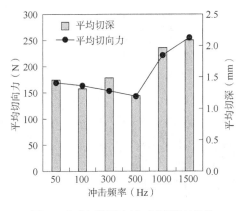

图 5　砂岩切深及切向力随频率变化

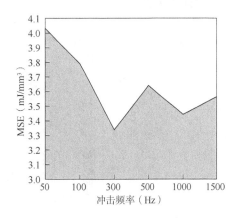

图 6　砂岩机械比功随频率变化曲线

实验结果表明，超高频冲击破岩通过超高频次冲击岩石，引发岩石共振，在岩石表面形成疲劳损伤区，预破碎岩石。针对可钻性较差岩石，超高频冲击可引发岩石共振，造成岩石预破碎，提高破岩效率；针对可钻性较好岩石，较大冲击力使切削齿嵌入岩石，难以发挥超高频冲击优势，如图7所示。

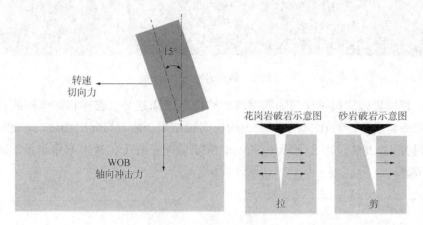

图 7　不同岩性破岩机理示意图

## 2　异形齿超高频冲击破岩仿真模拟

本文基于室内实验结果，选用适用于超高频冲击破岩技术的花岗岩地层，假设切削齿为刚体，岩石材料参数取 60MPa 围压下的实验测量值。设置切削面与岩石为表面与节点接触，岩石底面完全固定约束，建立三维异形齿切削模型。模型参数见表 3。

表 3　三维模型参数

| 密度($g/cm^3$) | 弹性模量(GPa) | 泊松比 | 抗压强度(MPa) | 剪胀角(°) | 内聚力(MPa) | 内摩擦角(°) | 流应力比 |
| --- | --- | --- | --- | --- | --- | --- | --- |
| 2.62 | 68.99 | 0.334 | 654.80 | 30 | 32.94 | 56.88 | 0.78 |

### 2.1　仿真模型可靠性验证

以花岗岩岩石力学测试结果为基础，固定系统整体输出能量一致，对比分析数模结果和实验结果(图 8 至图 10)。去除异常点后模型整体误差小于 20%，且 MSE 曲线整体变化趋势一致，验证了模型可靠性。

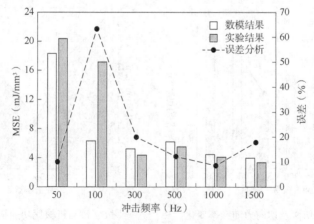

图 8　花岗岩模型误差分析

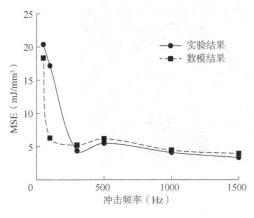

图 9    模拟和实验 MSE 随频率变化曲线          图 10    数值模拟云图与实验结果对比

### 2.2    异形齿冲击破岩模拟方案

分析平面齿在不同超高频冲击条件(频率、冲击力)下的破岩效果,优选最优破岩参数。选取锥形齿、斧形齿、三棱齿、4D 齿等 8 种齿形,基于平面齿仿真分析中优选的超高频冲击参数,优选出适用于深部坚硬火成岩地层的异形齿。具体模拟方案见表 4。

表 4    模拟实验方案

| 齿形 | 冲击频率(Hz) | 轴向冲击力(N) | 切削速度(mm/s) | 切削齿后倾角(°) | 钻压(N) | 总时间(s) |
|---|---|---|---|---|---|---|
| 平面齿 | 500 | | 00 | 15 | 500 | 0.1 |
| | 1000 | 500 | | | | |
| | 1500 | 1000 | | | | |
| | 2000 | 1500 | | | | |
| | 2500 | | | | | |

数值模拟结果如图 11 和图 12 所示,超高频冲击条件下,模拟优选破岩参数为:冲击力 1000N,冲击频率 1500Hz,钻压 500N,切削速度 600mm/s,切削齿后倾角 15°。

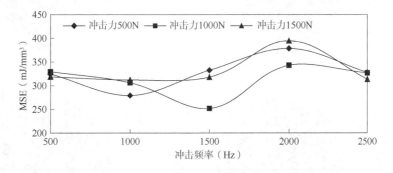

图 11    平面齿 MSE 随频率变化曲线

### 2.3    超高频冲击破岩齿形优选

以优选的破岩参数为基础,针对 8 种齿形破岩效果进行数值模拟,优选适用于超高频冲击的异形齿。数值模拟结果表明(图 13 至图 15),3D 齿 MSE 最低,破岩效率最好,斧形齿次之,破岩效率最差的为锥形齿。

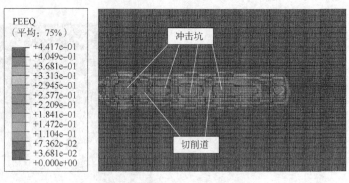

图 12　最优破岩参数结果云图

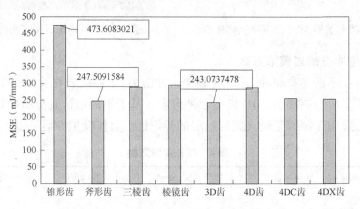

图 13　不同异形齿 MSE 对比

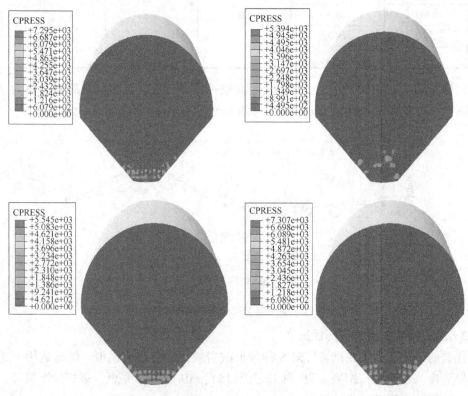

图 14　3D 齿受力云图

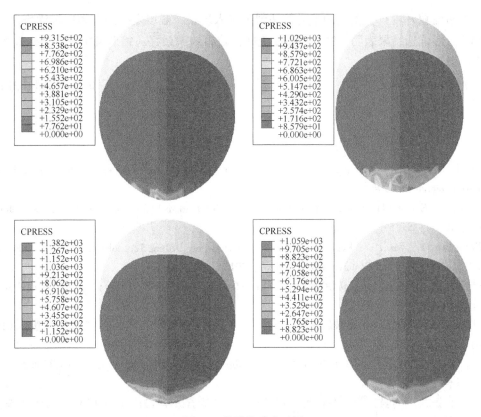

图 15　斧形齿受力云图

斧形齿主要攻击岩石的抗拉强度，切削方向上岩石破碎坑呈三角形，接触力在整个接触边缘上均有分布，应力横向传播为主。而 3D 齿的攻击结构与斧形齿不同，接触力主要集中在切削齿的前端，应力纵向传播范围较广，有利于深层岩石预破碎。

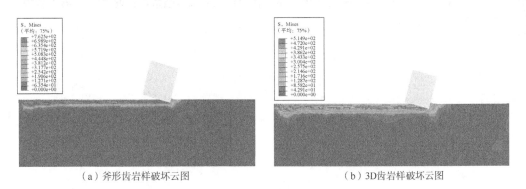

（a）斧形齿岩样破坏云图　　　　　　　　　　　（b）3D齿岩样破坏云图

图 16　岩样破坏结果侧视云图

## 3　结论

本文针对超高频冲击破岩技术开展研究工作，主要研究成果如下：

（1）通过超高频冲击地层岩石，引发岩石共振，在岩石表面形成疲劳损伤区，预破碎岩石。

（2）针对可钻性较差岩石，超高频冲击可引发岩石共振，造成岩石预破碎，提高破岩效率；可钻性较好岩石，较大冲击力使切削齿嵌入岩石，难以发挥超高频冲击优势。

（3）齿形优选结果表明，3D 齿 MSE 最低，破岩效率最好，斧形齿次之，破岩效率最差的为锥形齿。

（4）斧形齿齿面受力较小，稳定性较高，3D 齿冲击能力较强，有助于超高频冲击力深层传播。

## 参 考 文 献

［1］Samuel，G. Is it a lost technique a review［C］. Society of Petroleum Engineers Permian Basin Oil and Gas Recovery Conference，1996.

［2］Topanelian，E. Effect of low frequency percussion in drilling hard rock［J］. Journal of Petroleum Technology，1958，10（7）：55-57.

［3］Wiercigroch M，Vaziri V，Kapitaniak M. RED：Revolutionary Drilling Technology for Hard Rock Formations［C］. Spe/IADC Drilling Conference & Exhibition，2017.

［4］李玮，闫铁，张志超，等. 高频振动钻具冲击下岩石响应机理及破岩试验分析［J］. 石油钻探技术，2013，41（6）：4.

［5］李思琪. 高频谐波振动冲击破岩机制及试验分析［J］. 中国石油大学学报：自然科学版，2015，39（4）：7.

［6］闫铁，李玮，许兴华，等. 高频振动冲击钻具的共振破岩机制及实验分析［C］//中国石油学会. 中国石油学会，2012.

［7］田家林，杨志，付传红，等. 高频微幅冲击振动作用下岩石破碎行为计算方法［J］. 吉林大学学报（地球科学版），2015，45（6）：1808-1816.

［8］邱晓宁，陈世春，刘永峰，等. 一种高频低幅复合振动冲击器：CN201721856350.3［P］. 2023-06-26.

［9］Xiaohua Z，Liping T，Hua T. 高频扭转冲击钻进的减振与提速机理研究［J］. Issue：20，2012，31（20）：75-78.

［10］邹德永，曹继飞，袁军，等. 硬地层 PDC 钻头切削齿尺寸及后倾角优化设计［J］. 石油钻探技术，2011，39（6）：91-94.

# 基于钻井流体固相颗粒信息的漏层裂缝宽度计算方法

林　冲[1,2]　贺　海[1,2]　陈　宏[1,2]　欧阳伟[1,2]

(1. 中国石油集团川庆钻探工程有限公司钻采工程技术研究院；

2. 油气田应用化学四川省重点实验室)

**摘　要**　针对漏层裂缝宽度确定难题，本文通过分析刚性颗粒封堵裂缝的临界条件，提出了一种基于钻井流体固相颗粒信息的漏层裂缝宽度计算方法，并利用实验和模拟数据进行了验证。研究表明，对于给定浓度的颗粒，存在缝宽—粒径比的临界值和绝对值，使得裂缝封堵概率由 0 增加至 100%。基于刚性颗粒封堵裂缝的临界条件的漏层裂缝宽度计算模型考虑了流体作用下的裂缝—颗粒匹配关系，具有较高的精度，与实验和数值模拟结果误差为 0.66% ~ 28.83%，平均为 16.34%。误差随裂缝尺寸—颗粒直径比增大而逐渐减小。现场案例表明，该方法可通过使用现场钻屑、堵漏配方和钻井液参数，快速准确地确定井漏工况下的局部真实裂缝宽度，为堵漏浆配方和堵漏施工参数设计提供可靠依据。

**关键词**　井漏；堵漏；裂缝宽度；封堵；钻屑；堵漏材料

桥接堵漏是利用不同形状、尺寸、类型的惰性材料，以不同的配比混合于钻井液中，通过在孔喉、裂缝等漏失通道内架桥和封堵实现堵漏的技术。由于经济价廉、工艺简便、施工安全，桥接堵漏是现场最常用的堵漏技术，占整个井漏处理的 50% 以上，取得明显效果。确定漏失裂缝宽度，选择合适的桥接堵漏材料，设计匹配的桥接堵漏浆和合理的堵漏工艺参数，是桥接堵漏成功的重要前提。然而，在现场堵漏施工中漏失裂缝宽度往往很难确定，桥接堵漏主要以经验性的试错为主。堵漏材料粒径过大造成"封门"，过小则无法架桥，两者均导致桥接堵漏失败，从而降低一次堵漏成功率。

目前常用的裂缝宽度确定方法包括直接观测法、水动力学法、岩石力学法和测井法。直接观测法通过人眼、显微镜、扫描电镜观察井下岩心或露头直接测定表面裂缝宽度。水动力学法通过漏失速度等井漏数据或渗透率，利用水动力学方程间接确定等效水力学裂缝宽度[1-3]。岩石力学法通过建立地层裂缝动态变化的数值模型或解析模型，间接确定特定井筒压力下诱导裂缝或扩展延伸天然裂缝的宽度剖面[4-5]。测井法则利用测井数据通过经验公式间接确定井壁的裂缝宽度[6-7]。由于资料获取的便捷性、准确性，实施过程的经济性、可

---

【第一作者简介】林冲，1990 年出生，高级工程师，博士研究生，毕业于西南石油大学油气井工程专业，现就职于中国石油集团川庆钻探工程有限公司钻采工程技术研究院，主要从事钻井工程防漏堵漏技术与储层保护研究。通讯地址：四川省德阳市广汉市中山大道南二段 88 号，邮编：618300，电话：0838-5151116，E-mail：linchong_sc@ cnpc. com. cn。

操作性，以及结果的准确性和代表性等方面存在的问题，上述方法在实际应用过程中往往效果不佳。漏失裂缝宽度确定仍然是防漏堵漏的技术难题之一。

针对漏失裂缝宽度确定难题，本文提出了一种基于钻井流体固相颗粒信息的漏层裂缝宽度计算方法。首先分析了刚性颗粒材料封堵裂缝的临界条件，以及井漏工况下的钻井流体固相颗粒与裂缝宽度关系，明确了基于钻井流体固相颗粒信息的漏层裂缝宽度确定机理。其次，推导了基于钻井流体固相颗粒信息的漏层裂缝宽度计算模型，并利用实验数据验证了模型有效性。最后，介绍了基于钻井流体固相颗粒信息的漏层裂缝宽度计算流程，讨论了现场应用效果。

# 1 基于钻井流体固相信息的漏层裂缝宽度确定机理

## 1.1 刚性颗粒封堵裂缝的临界条件

刚性颗粒封堵裂缝具有随机性，但对于给定的刚性颗粒和裂缝，裂缝封堵概率主要受到裂缝宽度—颗粒粒径比值($R$)和体积浓度($C_p$)的控制[8-9]。Guariguata 等[8]定义封堵概率($P_p$)为封堵发生的次数除以总尝试次数。Sun 等[9]研究发现对于给定尺寸的颗粒与通道，存在临界封堵浓度($C_{p-critical}$)和绝对封堵浓度($C_{p-absolute}$)。封堵概率与颗粒浓度的关系如式 1 所示，当颗粒浓度不超过临界封堵浓度时，颗粒无法封堵裂缝，封堵概率为 0；当颗粒浓度超过临界封堵浓度，颗粒开始封堵裂缝，且随着颗粒浓度增大，封堵概率增大；当颗粒浓度达到绝对封堵浓度后，颗粒必然封堵裂缝。

$$P_p = \begin{cases} 0 & C_p \leq C_{p-critical} \\ 0 \sim 1 & C_p \in (C_{p-critical} - C_{p-absolute}) \\ 1 & C_p \geq C_{p-absolute} \end{cases} \tag{1}$$

反而言之，对于给定的颗粒浓度，存在临界封堵缝宽—粒径比($R_{critical}$)和绝对缝宽—粒径比($R_{absolute}$)。封堵概率与缝宽—粒径比的关系如式 2 和图 1 所示，当缝宽—粒径比不超过绝对缝宽—粒径比时，颗粒必然封堵裂缝，封堵概率为 1；当缝宽—粒径比超过绝对缝宽—粒径比，颗粒可能封堵裂缝，且随着缝宽—粒径比增大，封堵概率减小；当缝宽—粒径比达到临界缝宽—粒径比后，颗粒无法封堵裂缝，封堵概率为 0。

$$P_p = \begin{cases} 1 & R \leq R_{absolute} \\ 0 \sim 1 & R \in (R_{absolute} - R_{critical}) \\ 0 & R \geq R_{critical} \end{cases} \tag{2}$$

因此，对于一定浓度和大小的刚性颗粒，存在一个裂缝封堵范围，其下限为绝对封堵宽度，封堵概率 100%，上限为临界封堵宽度，封堵概率为 0。随着裂缝宽度由绝对封堵宽度增大到临界封堵宽度，封堵概率逐渐降低。

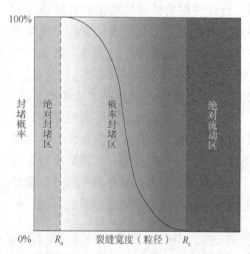

图 1　一定浓度和大小的刚性颗粒对
不同宽度裂缝的封堵概率

### 1.2  井漏工况下的钻井流体固相颗粒与裂缝宽度关系

地层存在开口尺寸大于外来工作液中固相粒径的漏失通道是井漏发生的必要条件之一。对于裂缝漏失通道而言，当裂缝宽度低于某一临界值 $W_{c1}$ 时，钻井液中所含的固相会在缝口附近堵塞裂缝。当裂缝宽度介于临界值 $W_{c1}$ 和 $W_{c2}$ 之间时，则会发生井漏，但随着钻井液在裂缝内扩散远离井筒，静止一段时间后井漏将自动停止。一方面是因为钻井液中的固体颗粒在漏失过程中封堵了裂缝[10-12]；另一方面是因为钻井液的屈服应力流变学性质，当压力梯度的大小降低至临界值后，钻井液在裂缝中的流动将自动停止。现场经验证据表明，当裂缝宽度超过临界值 $W_{c2}$，井漏不会自行停止[13]。

对于井漏后自动停止的情况，裂缝开口的宽度应不小于临界封堵宽度，准许钻井液中的固相漏失进入裂缝。而裂缝内一定深度的宽度应不超过绝对封堵宽度，从而保证钻井液中的固相封堵裂缝停止漏失。对于井漏无法自动停止的情况，裂缝在相当长的深度内宽度均不低于临界封堵宽度。据此，通过岩屑或前期堵漏浆的浓度和粒径，可以推算井下漏失裂缝宽度范围，为堵漏材料的选择提供依据。

## 2  基于钻井流体固相颗粒信息的漏层裂缝宽度计算模型

### 2.1  模型推导

假设局部裂缝入口宽度为 $W_i$，出口宽度为 $W_o$，钻井流体以流速 $V_f$ 流入裂缝，其中固相颗粒是大小相同的圆球颗粒，则流入裂缝的固相颗粒数量 $N_{in}$ 为：

$$N_{in} = \frac{\pi \left(\frac{W_i}{2}\right)^2 V_f C_{enter}}{\frac{4}{3}\pi\left(\frac{d_p}{2}\right)^3} = \frac{3W_i^2 V_f C_{enter}}{2d_p^3} \tag{3}$$

式中，$V_f$ 为钻井流体流速，m/s；$C_{enter}$ 为流入裂缝的固相颗粒体积浓度，%；$d_p$ 为固相颗粒直径，m。

为了确定钻井流体中固相颗粒能够有效封堵的最大裂缝宽度，必须先确定局部裂缝的最大颗粒排出速度。通过对流经开口的流体速度和体积浓度在开口面积上积分，即可求得开口的最大颗粒排出速度 $N_{out}$（时间单位内的颗粒数量）：

$$N_{out,\,max} = \frac{\int_0^{\frac{d_0}{2}} C_{exit}(r)V_{exit}(r)\cdot 2\pi r\,\mathrm{d}r}{\frac{4}{3}\pi\left(\frac{d_p}{2}\right)^3} \tag{4}$$

式中，$d_0$ 为开口直径，m；$r$ 为开口内某点到开口中心的距离，m；$V_{exit}(r)$ 为开口流体速度剖面；$C_{exit}(r)$ 为开口颗粒体积浓度剖面。

式（4）可以简化为：

$$N_{out,\,max} = \frac{12}{d_p^3}\int_0^{\frac{d_0}{2}} C_{exit}(r)V_{exit}(r)r\,\mathrm{d}r \tag{5}$$

根据 Lafond（2014）[13]，采用活塞流模型的颗粒排出体积浓度对式（5）进行积分。在活塞流中, $C_{exit}$ 在整个开口内恒定, $V_{exit}$ 只在开口边缘处( $C_{exit}=0$ )才明显偏离中心线。因此, 颗粒排出速度可以很好地近似为:

$$N_{out,max} \approx \frac{3\overline{C_{exit}}\ \overline{V_{exit}}\left(\dfrac{d_0}{d_p}-1\right)^2}{2d_p} \tag{6}$$

当流入局部裂缝的颗粒速度大于最大颗粒排出速度时, 颗粒开始堵塞裂缝。因此, 通过比较式(3)和式(6)( $N_{in} \geqslant N_{out,max}$ ), 用局部裂缝出口宽度 $W_o$ 替代 $d_0$ , 可以求得如下关系式:

$$\overline{C_{exit}}\ \overline{V_{exit}}(W_o-d_p)^2 = W_i^2 V_f C_{enter} \tag{7}$$

至此, 虽然求得了关于局部裂缝出口宽度 $W_o$ 的关系式, 但该方程求解过程非常困难, 需要简化处理。

为了求解 $W_o$ , 首先需要计算裂缝出口的平均颗粒浓度 $\overline{C_{exit}}$ 和与裂缝出口宽度相对应的平均流体速度 $\overline{V_{exit}}$ 。当开口减小至接近颗粒时, 开口中心线的颗粒体积浓度趋于0.48, 接近假设颗粒从一个等于 $d_0/d_p$ 的高度一个接一个地通过开口所得到的值0.52。当开口逐渐增大时, 开口中心线的颗粒体积浓度趋于0.83, 这与各向同性压缩的颗粒堆积由堵塞态向流动态转换的临界颗粒体积浓度0.84非常接近[14-15]。对于活塞流, $C_{exit}$ 在整个开口内恒定, 因此假设裂缝出口的平均颗粒浓度等于中心线的颗粒浓度, 则:

$$\overline{C_{exit}} = 0.83\left(1-\frac{1}{2}e^{-W_o/3.3d_p}\right) \tag{8}$$

将式(8)代入式(7), 可得:

$$\left(1-\frac{1}{2}e^{-W_o/3.3d_p}\right)\overline{V_{exit}}(W_o-d_p)^2 = \frac{W_i^2 V_f C_{enter}}{0.83} \tag{9}$$

采用 Lafond(2014)[13]提出的方法来确定局部裂缝出口平均流体速度。假设 Free falling arch(FFA)理论在流体驱动的流动中仍然成立, 并且颗粒是被流过的流体自由拖动, 而不是在重力下自由下落, 则一个被流体拖动的颗粒在其运动方向 $x$ 上满足以下条件:

$$a_p = \frac{1}{2}\cdot\frac{\partial V_p^2}{\partial x} = \frac{3C_D\ (\beta V_f-V_p)^2}{2d_p} \tag{10}$$

式中, $a_p$ 为颗粒的加速度; $V_p$ 为颗粒的速度; $x$ 为流体的流动方向; $C_D$ 为拖曳力系数; $V_f$ 为平均流体速度; $\beta V_f$ 为局部流体速度, 对于局部裂缝有 $\beta = W_i^2/W_o^2$ 。使用边界条件( $V_p=0$ , $x=0$ ; $V_p=\overline{V_{exit}}$ , $x=L$ )求解此方程, 得到如下解:

$$\frac{\overline{V_{exit}}}{\beta V_f-\overline{V_{exit}}}+\ln\left(\frac{\beta V_f-\overline{V_{exit}}}{\beta V_f}\right) = \frac{3C_D L}{2d_p} \tag{11}$$

根据 Lafond(2014)[13]的假设和推导, $\overline{V_{exit}}$ 会呈现出恒定速度(如传送带流动)和恒定加速度(如重力流动)条件的极限值。

代入 $\beta = W_i^2/W_o^2$，式(9)可以改写为：

$$\left(1-\frac{1}{2}e^{-W_o/3.3d_p}\right)\left(1-\frac{d_p}{W_o}\right)^2 = \frac{\beta V_f C_{enter}}{0.83\overline{V_{exit}}} \tag{12}$$

令 $\lambda = \overline{V_{exit}}/\beta V_f$，$L = W_o$，则式(11)和式(12)可改写为：

$$\frac{\lambda}{1-\lambda}+\ln(1-\lambda) = \frac{3C_D W_o}{2d_p} \tag{13}$$

$$\left(1-\frac{1}{2}e^{-W_o/3.3d_p}\right)\left(1-\frac{d_p}{W_o}\right)^2 = \frac{C_{enter}}{0.83\lambda} \tag{14}$$

拖曳力系数 $C_D$ 是求解式(13)的重要参数。Morrison[15]提出了不同雷诺数 $Re$ 下计算球体的拖曳力系数经验关系式。

$$C_D = \frac{24}{Re}+\frac{2.6\left(\frac{Re}{5}\right)}{1+\left(\frac{Re}{5}\right)^{1.52}}+\frac{0.411\left(\frac{Re}{263000}\right)^{-7.94}}{1+\left(\frac{Re}{263000}\right)^{-8}}+\frac{0.25\left(\frac{Re}{10^6}\right)}{1+\frac{Re}{10^6}} \tag{15}$$

该经验公式与实验数据拟合情况如图2所示，具有极高的精度。

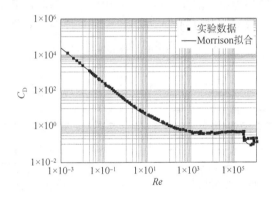

图2　Morrision 拖曳力系数拟合公式与实验数据对比

颗粒雷诺数 $Re$ 的表达式为：

$$Re = \frac{\rho_f V_f d_p}{\mu_f} \tag{16}$$

式中，$\rho_f$ 为流体密度，$kg/m^3$；$\mu_f$ 为流体动力黏度，$Pa \cdot s$。

联立求解式(13)至式(16)，即可求得 $W_o$。由于式(13)和式(14)为超越方程，无法直接求解，需要通过数值计算方法进行计算。

**2.2　模型验证**

本节将利用 Lafond[13]、Mondal 等[7]、Sun 等[9]的实验和 CFD-DEM 数值模拟数据对模型进行验证。验证结果如图3(a)所示，实验和数值模拟结果均紧密分布在模型计算的临界 $C_s$—$R$ 曲线附近，表明模型计算结果与实验、数值模拟结果具有较高的一致性。图3(b)中的误差分析显示，模型计算结果与实验、数值模拟结果误差在 0.66%~28.83%，平均 16.34%，总体上误差随着开口尺寸—颗粒直径比增大而逐渐减小。因此，本文提出的计算模型总体计算结果可靠，可用于钻井现场漏失裂缝宽度的计算。

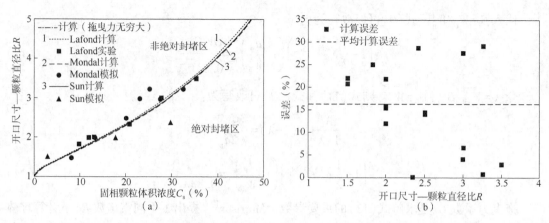

图3　裂缝宽度计算模型与实验、数值模拟结果对比

## 3　基于钻井流体固相颗粒信息的漏层裂缝宽度确定方法

### 3.1　基于钻井流体固相颗粒信息的漏层裂缝宽度计算流程

由式(13)和式(14)可知，要确定漏失裂缝宽度 $W_o$，首先须根据钻屑或堵漏浆信息确定钻井流体中固相颗粒的体积浓度 $C_{enter}$，然后再采用筛分法测定固相颗粒直径 $d_p$，随后通过钻井液参数计算拖曳力系数 $C_D$，最后代入方程计算，具体流程如图4所示。

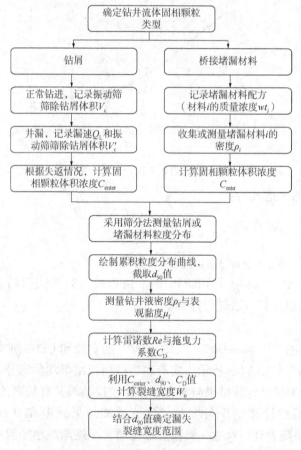

图4　基于钻井流体固相颗粒信息的漏层裂缝宽度确定流程

（1）$C_{enter}$ 的确定。

$C_{enter}$ 为钻屑体积浓度时，可以通过单位时间内返出钻井液体积、振动筛筛除钻屑体积和漏速确定。正常钻进时，钻头破岩产生钻屑，一部分形成滤饼，剩余部分被钻井液循环返出地面，单位时间内返出钻井液体积为 $V_0$，振动筛筛除钻屑体积 $V_c$。对于同一地层，在钻井参数和钻井液性能基本不变的情况下，钻屑产生的速度是稳定的，因而返出地面的钻屑浓度和大小也是相对稳定的。井漏后，一部分钻屑随钻井液漏失进入地层，剩余部分钻屑随钻井液返出地面。若井漏后钻井液完全失返，则认为钻屑在漏速 $Q_L$ 下全部漏入地层裂缝；若井漏后钻井液部分失返，单位时间内振动筛筛除钻屑体积 $V_c'$，漏速为 $Q_L$，则漏入地层裂缝的钻屑体积浓度为：

$$C_{enter} = \begin{cases} \dfrac{V_c}{Q_L} & （完全失返） \\[3mm] \dfrac{V_c - V_c'}{Q_L} & （部分失返） \end{cases} \tag{17}$$

$C_{enter}$ 为堵漏材料体积浓度时，可以通过堵漏浆配方和堵漏材料密度确定。假设堵漏浆由 $m$ 种堵漏材料组成，其中第 $i$ 种材料的质量浓度为 $wt_i$，密度为 $\rho_i$，则漏入地层裂缝的堵漏材料体积浓度为：

$$C_{enter} = \frac{\displaystyle\sum_{i=1}^{m} \frac{wt_i}{\rho_i}}{\displaystyle\sum_{i=1}^{m} \frac{wt_i}{\rho_i} + 1} \tag{18}$$

（2）$d_p$ 的确定。

对于均一的颗粒体系，$d_p$ 是单一颗粒的直径。对于具有一定粒度分布的颗粒体系，$d_p$ 是一个粒径范围。Xu 等[16] 研究发现，多分散颗粒体系的堵塞主要由大颗粒（$d_p \geq d_{90}$）决定，因为引起堵塞的架桥结构主要由这些大颗粒构成。粒度分布较宽的颗粒体系的堵塞概率与体积平均直径相关性较差，却与 $d_0/d_{90}$ 的相关性很好。对于粒度分布不同的颗粒体系，$d_{90}$ 相同则颗粒体系对同一开口的堵塞概率相同，其临界和绝对封堵 $d_0/d_{90}$ 也相同。对于多分散颗粒体系和均一颗粒体系，$d_{90}$ 相同则临界和绝对封堵 $d_0/d_{90}$ 也基本相同。因此，$d_{90}$ 可以作为具有粒度分度的颗粒体系的特征粒径用于裂缝宽度的计算。钻井流体中的钻屑或堵漏材料的粒径通常可以达到毫米级，其 $d_{90}$ 可以通过筛分法进行测定。

（3）$C_D$ 的确定。

钻井流体固相颗粒的拖曳力系数是颗粒雷诺数的函数，而雷诺数是钻井流体流速、密度、黏度和颗粒直径的函数。井漏发生或堵漏作业后，现场通过收集钻井液密度、表观黏度、漏速、钻屑或堵漏材料 $d_{90}$ 利用式（16）计算颗粒雷诺数 $Re$，代入式（15）即可求得拖曳力系数 $C_D$。

### 3.2 现场应用分析

四川盆地某预探井三开钻进至井深 3098m（须家河组二段）上提循环准备接立柱时井漏失返，经过 5 次桥接堵漏和 3 次水泥堵漏，未见效果（表1）。第三次至第五次桥接堵漏信息见表1：第三次堵漏浆 $d_{90}$ 为 1.51mm、体积浓度为 20.22%，注替全部漏失，无套压；第四次堵漏浆 $d_{90}$ 为 2.83mm、体积浓度为 12.80%，间歇挤注挤入堵漏浆约 80%，套压 4.3MPa；

第五次堵漏浆$d_{90}$为3.00mm、体积浓度为17.37%，挤注封门。根据第三次至第五次桥接堵漏信息，基于钻井流体固相颗粒信息的漏层裂缝宽度确定方法，计算得到漏失裂缝宽度为3.5~5.3mm。

表1　四川盆地某预探井须二段漏层第三次至第五次桥接堵漏信息

| 堵漏浆 | $d_{90}$(mm) | 体积浓度(%) | 堵漏浆挤入率(%) | 套压(MPa) | 计算临界裂缝宽度(mm) |
|---|---|---|---|---|---|
| 第三次 | 1.51 | 20.22 | 93.3 | 0 | 3.5 |
| 第四次 | 2.83 | 12.80 | 80.6 | 4.3 | 5.3 |
| 第五次 | 3.00 | 17.37 | 0 | 6.4 | 6.4 |

根据计算漏失裂缝宽度，为实现"进得深、架得住、填得实、封得稳"的堵漏效果，设计了连续注入的粒径、浓度逐级增大的三级堵漏浆。三级堵漏浆理论临界封堵缝宽依次为2.8mm、4.0mm、4.8mm(表2)。考虑等候期间的裂缝闭合，为避免封门，同时进入裂缝较深处形成长段封堵层，第一级堵漏浆$d_{90}$略小于3.5mm；第二级、三级堵漏浆$d_{90}$介于3.5~5.3mm之间。堵漏施工第一次挤注过程中，第一级堵漏浆全部挤入漏层裂缝，第二级堵漏浆挤入约50%，套压升至5MPa后降至0.7MPa。第二次挤注，第二级堵漏浆挤入几乎全部挤入，套压稳定至4.1MPa，地层承压能力由1.41MPa提高至1.82MPa，达到承压目标，不再进行挤注，堵漏成功。该应用案例证明了基于钻井流体固相颗粒信息的漏层裂缝宽度确定方法的有效性。

表2　四川盆地某井堵漏浆临界封堵裂缝宽度

| 堵漏浆 | $d_{90}$(mm) | 体积浓度(%) | 理论临界封堵缝宽(mm) |
|---|---|---|---|
| 第一级 | 1.80 | 7.15 | 2.8 |
| 第二级 | 2.60 | 7.05 | 4.0 |
| 第三级 | 2.75 | 10.74 | 4.8 |

## 4　结论

（1）对于给定浓度的颗粒，存在临界封堵缝宽—粒径比和绝对缝宽—粒径比，使得裂缝封堵概率由0增加至100%。

（2）基于钻井流体固相颗粒信息的漏层裂缝宽度计算模型充分考虑了流体—颗粒—裂缝的相互作用，与实验和数值模拟结果误差为0.66%~28.83%，平均16.34%，且误差随着裂缝尺寸—颗粒直径比增大而逐渐减小，证明了模型的有效性。

（3）基于钻井流体固相颗粒信息的漏层裂缝宽度确定方法，利用钻屑、堵漏配方和钻井液参数，确定井下漏失工况下的局部真实裂缝宽度，操作方便快捷，结果准确可靠，可为堵漏配方与堵漏施工参数设计提供科学依据。

**参　考　文　献**

[1] Liétard O, Unwin T, Guillo D J, et al. Fracture width logging while drilling and drilling mud/loss - circulation-material selection guidelines in naturally fractured reservoirs [J]. SPE Drilling & Completion, 1999, 14(3): 168-177.

[2] Sawaryn S J. Discussion of fracture width logging while drilling and drilling mud/loss-circulation-material selec-

tion guidelines in naturally fractured reservoirs[J]. SPE Drilling & Completion, 2001, 16(4): 268-269.

[3] Civan F, Rasmussen M L. Further discussion of fracture width logging while drilling and drilling mud/loss-circulation-material selection guidelines in naturally fractured reservoirs[J]. SPE Drilling & Completion, 2002, 17(4): 249-250.

[4] Zhang J, Yin S. A three-dimensional solution of hydraulic fracture width for wellbore strengthening applications [J]. Petroleum Science, 2019, 16: 808-815.

[5] 崔维平, 杨玉卿, 张翔. 基于电成像测井图像的井壁压裂缝视宽度计算[J]. 测井技术, 2016, 4(5): 633-636.

[6] 魏斌, 卢毓周, 乔德新, 等. 裂缝宽度的定量计算及储层流体类型识别[J]. 物探与化探, 2003, 27(3): 217-219.

[7] Mondal S, Wu C H, Sharma M M. Coupled CFD-DEM simulation of hydrodynamic bridging at constrictions [J]. International Journal of Multiphase Flow, 2016, 84: 245-263.

[8] Guariguata A, Pascall M A, Gilmer M W, et al. Jamming of particles in a two-dimensional fluid-driven flow [J]. PhysicalReview E, 2012, 86(6): 061311.

[9] Sun H, Xu S, Pan X, et al. Investigating the jamming of particles in a three-dimensional fluid-driven flow via coupled CFD-DEM simulations[J]. International Journal of Multiphase Flow, 2019, 114: 140-153.

[10] Dyke C G, Wu B, Milton-Tayler D. Advances in characterizing natural-fracture permeability from mud-log data[J]. SPE Formation Evaluation, 1995, 10(3): 160-166.

[11] Sanfillippo F, Brignoli M, Santarelli F J, et al. Characterization of conductive fractures while drilling [C]. SPE European Formation Damage Conference and Exhibition, 1997.

[12] Lavrov A. Lost circulation: Mechanisms and solutions[M]. Cambridge: Gulf Professional Publishing, 2016.

[13] Lafond P G. Particle jamming during the discharge of fluid-driven granular flow[D]. Golden: Colorado School of Mines, 2014.

[14] Janda A, Zuriguel I, Maza D. Flow rate of particles through apertures obtained from self-similar density and velocity profiles[J]. Physical Review Letters, 2012, 108(24): 248001.

[15] Morrison F A. An introduction to fluid mechanics[M]. Cambridge: Cambridge University Press, 2013.

[16] Xu S, Sun H, Cai Y, et al. Studying the orifice jamming of a polydispersed particle system via coupled CFD-DEM simulations[J]. Powder Technology, 2020, 368: 308-322.

# 电—热—固—损多场耦合电磁辐射辅助破岩数值模拟

朴　强　冯司濠　武丽娇　胡蓝霄

（成都理工大学）

**摘　要**　随着油气行业不断向深层进军，钻遇储层岩石硬度增大，钻速降低且刀具寿命缩短，导致成本提高且效率降低。针对深层花岗岩破岩难的问题，本文研究电磁辐射破岩机理，利用电磁波与储层岩石的相互作用诱导产生热应力破裂或致使岩石损伤，进而降低岩石强度，提高钻井效率。基于花岗岩岩心的矿物组分分布，借助 COMSOL Multiphysics 有限元软件建立电-热-固-损耦合的数值模型，计算电磁辐射下花岗岩的电磁场、温度场、应力场及损伤分布，分析电磁辐射辅助破岩的作用机制。结果表明：电磁辐射作用下成岩矿物中石英和长石的应力分布以拉伸应力为主，而白云母的应力分布以压缩应力为主；15kW 电磁辐射2min 后，花岗岩张性破裂体积约为 29%。随着损伤程度的增加，花岗岩硬度降低，能够有效减小钻头的磨损，增加钻速，服务深层油气的低碳、绿色及高效钻完井。

**关键词**　电磁辐射；深层；花岗岩；损伤因子；破岩

电磁加热是一种能量转换过程，区别于常规的热传导[1]。电磁敏感性材料可以通过介质极化和离子传导两种机制进行加热[2-4]，同时还具有选择性、体积式及速度快等显著特点[5]。当电磁波辐射岩石时，成岩矿物在介电性能方面的差异[6]，使电磁波优先选择更敏感的矿物进行反应[4]。在不同矿物之间较高的温度梯度、膨胀差异及相互约束共同作用下，岩石内部产生热应力集中诱导产生裂缝[7]，而水分蒸发、矿物热解及胶结作用的减弱推动了裂缝的形成与扩展[8-10]。

学者们对电磁破岩的实验研究充分显示了其作为一种破岩技术的可行性与潜力。Lu 等[11-12]发现微波辐射下玄武岩的强度随辐射时间不断下降，这种变化是微波敏感矿物和热膨胀系数较大矿物受热膨胀作用的结果。Zheng 等[13]在微波辐射后的火成岩薄片中观察到不同类型及密度的裂纹，其中二长岩和花岗岩分别以晶间裂纹和穿晶裂纹为主，辉长岩中二者均有。Yang 等[14]在对煤的微波加热过程中发现，矿物质的变化是除水分蒸发外造成煤微观损伤的又一个重要因素。Li 等[15]同样观察到了煤中矿物颗粒的溶解，这种溶解有助于

【第一作者简介】朴强，男，2000 年 7 月，2022 年 6 月毕业于成都理工大学，学士学位，现成都理工大学石油与天然气工程专业在读研究生。

【通讯作者】胡蓝霄，1989 年 11 月，博士学位，毕业于阿尔伯塔大学石油工程专业，现为成都理工大学能源学院副教授/硕导，主要从事非常规油气开发相关研究，E-mail：lanxiao_cdut@ hotmail. com,本文为四川省自然科学基金项目（编号：2023NSFSC0945）与国家自然科学基金资助项目（编号：52104023）的成果。

原始裂缝的发展、次生裂缝的产生和渗透率的提高。Chen 等[16]采用微波间歇辐射的方式在页岩样品中形成了复杂缝网，在平行于层理的岩样中渗透率提升超过两个数量级，垂直于层理的岩样也有一个数量级的增加。Hu 等[17]指出页岩在微波辐射下其内部热应力高于矿物间胶结强度就可能产生微裂纹，甚至是脆性破坏。

现有研究多假设均质岩心模型，忽略了不同矿物组分及其分布对于电磁辐射的影响，进而模拟结果与实际情况差别较大，难以提供有效的理论支撑。本文基于花岗岩岩心的矿物组分建立矿物分布随机分布模型，应用 COMSOL Multiphysics 有限元软件进行电磁场、温度场、应力场及损伤分布多场耦合的数值模型，研究不同条件下电磁辐射的损伤机理及破岩效果，明确电磁辐射破岩的机理，为深层岩石电磁辐射辅助破岩提高钻井效率提供依据。

## 1　模型描述

模拟采用的电磁加热实验装置是在微波炉的基础上改进而成的，岩心选用 16mm×16mm×16mm 立方体的花岗岩样品。实验装置由端口、谐振腔和石英盘组成，由端口作为电磁热源项辐射谐振腔，发射频率为 2.45GHz、$TE_{10}$ 模式的电磁波，岩心放置在谐振腔底部中心处，实验装置和岩心数据详细如图 1 所示。

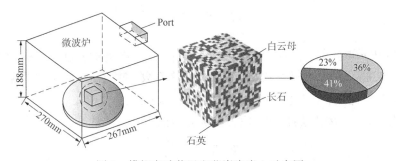

图 1　模拟实验装置和花岗岩岩心示意图

花岗岩岩心的成岩矿物由石英、长石和白云母三种矿物组成。其中石英的含量最高，达到 41%。其中，花岗岩成岩矿物的性质见表 1。

表 1　成岩矿物性质

| 性质 | 矿物 | | |
|---|---|---|---|
| | 石英 | 白云母 | 长石 |
| 渗透率 | $3.8-0.0013j$[18] | $9-0.02j$[19] | $5.52-0.01j$[18] |
| 电导率（S/m） | $1\times10^{-12}$[20] | $5\times10^{-7}$[19] | $3.16\times10^{-4}$[21] |
| 热容量[J/(kg·K)] | 970 | 900 | 945 |
| 热膨胀系数（$K^{-1}$） | $5.5\times10^{-7}$[20] | $6\times10^{-6}$[25] | $3.56\times10^{-6}$ |
| 导热系数[W/(m·K)] | 9.125 | 0.1 | 1.46 |
| 杨氏模量（GPa） | 96.4 | 86 | 87.5 |
| 泊松比 | 0.08 | 0.25 | 0.28 |
| 抗拉强度（MPa） | 25 | 20.5 | 21.9 |
| 抗压强度（MPa） | 250 | 190 | 219 |

## 2　控制方程

本节介绍在岩心尺度下电磁损耗、热传导、诱导热应力和损伤演化的控制方程，阐述模型物理场全耦合的过程及模型计算流程。

## 2.1 电磁场、热传导和热应力

电磁波在介质中的传播由麦克斯韦方程组来描述，假设介质为一般磁线性且各向同性时，电磁场在频域中的计算方程为

$$\nabla \times (\mu_r^{-1} \nabla \times E) - k_0 \left( \varepsilon_r - \frac{\mathrm{j}\sigma_e}{\omega \varepsilon_0} \right) E = 0 \tag{1}$$

式中，$\nabla$ 为哈密顿算子矢量符号；$\mu_r$ 为介质相对磁导率；$E$ 为电场强度，V/m；$k_0$ 为波数，$k_0 = \omega/c_0$；$\omega$ 为角频率，rad/s；$c_0$ 为光在真空的速度，$3 \times 10^8$ m/s；$\varepsilon_r$ 为介质复介电常数；j 为虚数单位，$\sqrt{-1}$；$\varepsilon_0$ 为真空介电常数，$8.854 \times 10^{-12}$ F/m。

电磁辐射下花岗岩的温度场分布由热传导实现，不考虑加热过程中可能发生的化学反应，且热源由花岗岩组成矿物吸收电磁波转化的热能提供：

$$Q = \frac{1}{2} \mathrm{Re}(J \cdot E^* + \mathrm{i}\omega B \cdot H^*) \tag{2}$$

$$\nabla \cdot (k \nabla T) + Q = C_p \rho \frac{\partial T}{\partial t} \tag{3}$$

式中，Re 表示取实部；$J$ 为电流密度，A/m$^2$；$E^*$ 为电场的共轭；i 为虚数单位；$B$ 为磁通量密度，Wb/m$^2$；$H^*$ 为磁场的共轭；$k$ 为导热系数，W/(m·K)；$T$ 为温度，K；$Q$ 为电磁加热源；$C_p$ 为比热容，J/(kg·K)；$\rho$ 为密度，kg/m$^3$。

假设花岗岩岩心为线性热弹性，应力平衡方程由下列公式计算：

$$0 = \nabla \cdot \sigma + F_V \tag{4}$$

式中，$\sigma$ 为第二类 Piola-Kirchhoff 应力张量，Pa；$F_V$ 为体积力矢量，一般情况下指的是重力，Pa。

热应变张量可以由岩心温度差和热膨胀系数求解，为

$$\varepsilon_{th} = \alpha(T)(T - T_{in}) \tag{5}$$

式中，$\alpha$ 为热膨胀系数，1/K；$T_{in}$ 为花岗岩的初始温度，K。

对于线性热弹性材料，弹性应变张量 $\varepsilon_{el}$ 等于总线性弹性应变张量与总热应变张量之差：

$$\varepsilon_{el} = (\varepsilon - \varepsilon_{th}) \tag{6}$$

根据 Duhamel-Hooke 定律可以求解出第二类 Piola-Kirchhoff 应力张量：

$$\sigma = C : \varepsilon_{el} \tag{7}$$

式中，$C$ 为弹性张量，由杨氏模量 $E$(GPa) 和泊松比 $\nu$(GPa) 定义。

## 2.2 损伤演化

本次研究中，选取最大拉应力准则为拉伸损伤阈值，当拉应力超过阈值时，则产生拉伸损伤；选取莫尔库伦准则为剪切损伤阈值，当剪切应力超过阈值时，则产生剪切损伤。

$$F_1 = \sigma_1 - f_{t0} = 0 \tag{8}$$

$$F_2 = -\sigma_3 + \sigma_1 \frac{1+\sin\theta}{1-\sin\theta} - f_{c0} = 0 \tag{9}$$

式中，$F_1$ 和 $F_2$ 分别是判断拉伸损伤和剪切损伤的阈值函数；$\sigma_1$ 和 $\sigma_3$ 分别为第一主应力和第三主应力，Pa；$f_{t0}$ 为岩石抗拉强度，Pa；$f_{c0}$ 为岩石抗压强度，Pa；$\theta$ 为岩石的内摩擦角，$\theta = 30°$。

弹性损伤原理中，岩石单元的弹性模量随着损伤演化逐渐降低，所以岩石的弹性模量可以由损伤表示：

$$E = E_0(1-D) \tag{10}$$

式中，$E$ 和 $E_0$ 分别为岩石损伤的弹性模量和未损伤的弹性模量，Pa；$D$ 为损伤变量。

损伤演化的范围为 $0 \sim 1$，$D = 0$ 时岩石未发生损伤，$D = 1$ 时岩石演化为完全损伤。在岩石单元进行单轴拉伸试验时，初始应力—应变曲线为线弹性，不发生损伤，此时 $\varepsilon < \varepsilon_{t0}$，当达到最大拉应力准则标准时，损伤开始产生，并用幂函数表示损伤演化过程，直到拉伸应变达到最大拉伸应变 $\varepsilon_{tu}$ 时，岩石发生完全损伤。单轴拉伸试验过程中，拉伸损伤变量定义由下列公式表达：

$$D = \begin{cases} 0 & (\varepsilon < \varepsilon_{t0}) \\ 1 - \left(\dfrac{\varepsilon_{t0}}{\varepsilon}\right)^n & (\varepsilon_{t0} < \varepsilon < \varepsilon_{tu}) \\ 1 & (\varepsilon_{tu} < \varepsilon) \end{cases} \tag{11}$$

式中，$\varepsilon_{t0}$ 为弹性极限处的拉伸应变，$\varepsilon_{t0} = f_{t0}/E_0$；$n$ 为本构系数，$n = 2$；$\varepsilon_{tu}$ 为最大拉伸应变，$\varepsilon_{tu} = \eta \varepsilon_{t0}$，$\eta$ 为极限应变系数，$\eta = 5$。

同理，在岩石单元处于单轴压缩时，初始应力—应变曲线为线弹性，未发生损伤，当剪切应力满足莫尔库伦准则标准时，岩石产生剪切损伤。单轴压缩试验过程中，剪切损伤变量定义由下列公式表达：

$$D = \begin{cases} 0 & (\varepsilon_{c0} < \varepsilon) \\ 1 - \left(\dfrac{\varepsilon_{c0}}{\varepsilon}\right)^n & (\varepsilon < \varepsilon_{c0}) \end{cases} \tag{12}$$

式中，$\varepsilon_{c0}$ 为弹性极限处的剪切应变，$\varepsilon_{c0} = f_{c0}/E_0$。

花岗岩样品在电磁辐射下损伤会随着时间而积累，故损伤累积由下列公式定义：

$$D = D_0 + \sum_{i=1}^{n} (D_i - D_{i-1}) \tag{13}$$

式中，$D_0$ 为初始损伤因子；$n = T/h$，$h$ 为时间步长，s。

## 3　结果与讨论

本文选取频率为 2.45GHz、加热功率 15kW、加热时间为 120s 作为电磁辐射花岗岩损伤模型的参数，探究花岗岩岩心及成岩矿物在电磁辐射下的损伤情况。

根据图2(a)岩心的电磁功率损耗密度分布可知，长石和白云母的电磁功率损耗密度明显大于石英。通过模型求解得出的平均电磁功率损耗密度可知，石英的平均电磁功率损耗密度为$4.4 \times 10^5 W/m^3$。由于石英的介电损耗远小于其他矿物，将电磁能转化为热能的能力弱于其余矿物，单位体积下的石英吸收的电磁能更少，所以石英的平均电磁功率损耗密度最小。因此，电磁辐射花岗岩时，长石和白云母是影响花岗岩电磁功率损耗的关键因素。

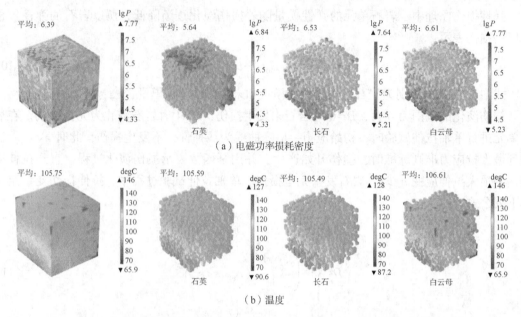

图2 电磁辐射下成岩矿物和岩心的电磁功率损耗密度和温度分布示意图

图2(b)为岩心在电磁辐射下，加热120s后的温度分布示意图。由于阻抗边界和谐振腔电场分布，导致加热方向从岩心左下方发散。相同加热功率下，岩心的温度分布由矿物的介电性质、热容和导热系数共同决定。矿物的随机分布和矿物性质引起电磁波的选择性加热，导致花岗岩温度分布呈现非均质性，出现部分局部热点。

由于花岗岩的电磁功率损耗密度呈现非均质性现象，故矿物的温度存在差异，如图2(b)所示。由于模拟过程中选用的岩心尺度较小，矿物间的热传导速率较快，所以各矿物的平均温度接近，岩心的平均温度为105.75℃。而白云母的最大温度为146℃，明显高于石英和长石的最大温度127℃和128℃，同时白云母的最小温度为65.9℃，明显低于石英和长石的最大温度90.6℃和87.2℃。

计算过程中，将第一主应力大于0定义为拉应力，反之则为压应力。如图3(a)所示，岩心在电磁辐射下120s的第一主应力，长石与石英的第一主应力以拉应力为主。白云母的热膨胀系数均大于其他矿物，当温度上升时，发生热膨胀对相邻矿物进行挤压。热膨胀系数大，膨胀形变严重，受到相互作用力的影响，白云母受压。同时，当各个矿物达到相应损伤所需的应力时，矿物发生损伤。

由图3(b)可知，花岗岩岩心在电磁辐射下，吸收电磁能转化为热能，岩心温度上升，发生热膨胀形变产生热应力，矿物间相互挤压，但是岩心温度的非均质分布和矿物具有不同的热膨胀系数，导致岩心应力分布呈现非均质性。根据式(8)和式(9)可知，当岩心受到的应力达到相应的损伤阈值时，即产生相应的损伤。白云母的第一主应力小于0，应力分布以压缩应力为主，由表 1 可知，抗压强度远大于抗拉强度。因此，岩心更易产生拉伸损伤。岩心的损伤主要以石英为主，岩心损伤体积占总体积的 29.2%，石英的损伤体积最高，损伤体积占岩心总体积的 28.5%。通过对岩心进行体平均求解出各矿物的平均损伤因子，得出成岩矿物中石英的平均损伤因子远大于其余矿物，而岩心由于非均质性的影响，导致平均损伤因子较小仅为 0.15。其中，石英的平均损伤因子最高为 0.34，而白云母的平均损伤因子最小，仅为 0.002。

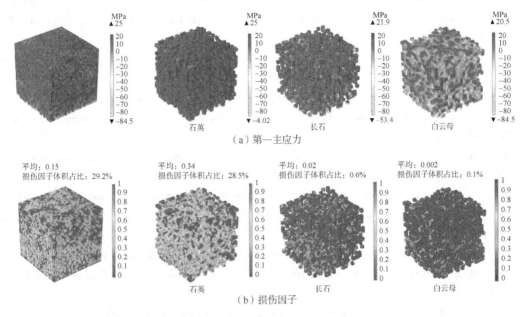

图 3　电磁辐射下成岩矿物和岩心的第一主应力和损伤因子分布示意图

# 4　结论

（1）花岗岩在加热功率 15kw 电磁辐射下加热 120s，损伤体积占比为 29.2%，以石英为主。电磁辐射下，成岩矿物中石英和长石的应力分布以拉应力为主，而白云母以压应力为主。

（2）电磁辐射破岩过程中，使花岗岩产生热损伤，导致其硬度及强度降低，进而提高破岩效率，能够有效减小钻头的磨损，增加钻速，提高钻井效率。

## 参 考 文 献

[1] DEYAB S M, RAFEZI H, HASSANI F, et al. Experimental investigation on the effects of microwave irradiation on kimberlite and granite rocks[J]. Journal of Rock Mechanics and Geotechnical Engineering, 2021, 13 (2): 267-274.

[2] TOIFL M, HARTLIEB P, MEISELS R, et al. Numerical study of the influence of irradiation parameters on the microwave-induced stresses in granite[J]. Minerals Engineering, 2017, 103: 78-92.

[3] LI W, EBADIAN M A, WHITE T L, et al. Heat and mass transfer in a contaminated porous concrete slab with variable dielectric properties [J]. International journal of heat and mass transfer, 1994, 37 (6): 1013-1027.

[4] WEI W, SHAO Z, ZHANG Y, et al. Fundamentals and applications of microwave energy in rock and concrete

processing-A review[J]. Applied Thermal Engineering, 2019, 157: 113751.

[5] NEKOOVAGHT Motlagh P. An investigation on the influence of microwave energy on basic mechanical properties of hard rocks[D]. Concordia University, 2009.

[6] SUN C, LIU W, MA T. The temperature and mechanical damage investigation of shale with various dielectric properties under microwave irradiation [J]. Journal of Natural Gas Science and Engineering, 2021, 90: 103919.

[7] LI J, KAUNDA R B, ARORA S, et al. Fully-coupled simulations of thermally-induced cracking in pegmatite due to microwave irradiation[J]. Journal of Rock Mechanics and Geotechnical Engineering, 2019, 11(2): 242-250.

[8] HUANG J, XU G, HU G, et al. A coupled electromagnetic irradiation, heat and mass transfer model for microwave heating and its numerical simulation on coal[J]. Fuel Processing Technology, 2018, 177: 237-245.

[9] YANG N, HU G, QIN W, et al. Experimental study on mineral variation in coal under microwave irradiation and its influence on coal microstructure [J]. Journal of Natural Gas Science and Engineering, 2021, 96: 104303.

[10] LI G, MENG Y, TANG H. Clean up water blocking in gas reservoirs by microwave heating: laboratory studies [C]//International Oil & Gas Conference and Exhibition in China. OnePetro, 2006.

[11] LU G, FENG X, LI Y, et al. Influence of microwave treatment on mechanical behaviour of compact basalts under different confining pressures[J]. Journal of Rock Mechanics and Geotechnical Engineering, 2020, 12 (2): 213-222.

[12] LU G M, FENG X T, LI Y H, et al. Experimental investigation on the effects of microwave treatment on basalt heating, mechanical strength, and fragmentation[J]. Rock Mechanics and Rock Engineering, 2019, 52 (8): 2535-2549.

[13] ZHENG Y, MA Z, ZHAO X, et al. Experimental investigation on the thermal, mechanical and cracking behaviours of three igneous rocks under microwave treatment[J]. Rock Mechanics and Rock Engineering, 2020, 53(8): 3657-3671.

[14] YANG N, HU G, QIN W, et al. Experimental study on mineral variation in coal under microwave irradiation and its influence on coal microstructure [J]. Journal of Natural Gas Science and Engineering, 2021, 96: 104303.

[15] LI H, TIAN L, HUANG B, et al. Experimental study on coal damage subjected to microwave heating [J]. Rock Mechanics and Rock Engineering, 2020, 53(12): 5631-5640.

[16] CHEN T, ZHENG X, QIU X, et al. Experimental study on the feasibility of microwave heating fracturing for enhanced shale gas recovery[J]. Journal of Natural Gas Science and Engineering, 2021, 94: 104073.

[17] HU G, SUN C, HUANG J, et al. Evolution of shale microstructure under microwave irradiation stimulation [J]. Energy & Fuels, 2018, 32(11): 11467-11476.

[18] LIU J, XUE Y, ZHANG Q, et al. Investigation of microwave-induced cracking behavior of shale matrix by a novel phase-field method[J]. Engineering Fracture Mechanics, 2022, 271: 108665.

[19] KAUR S, SINGH S, SINGH L. Effect of oxygen ion irradiation on dielectric, structural, chemical and thermoluminescence properties of natural muscovite mica [J]. Applied Radiation and Isotopes, 2017, 121: 116-121.

[20] HU L, LI H, BABADAGLI T, et al. Thermal stimulation of shale formations by electromagnetic heating: A clean technique for enhancing oil and gas recovery[J]. Journal of Cleaner Production, 2020, 277: 123197.

[21] HU H, DAI L, LI H, et al. Electrical conductivity of K-feldspar at high temperature and high pressure [J]. Mineralogy and Petrology, 2014, 108(5): 609-618.

# 电磁式环空液面连续监测技术研究

冯胤翔[1]　段慕白[1]　梁　爽[2]　孙翊成[1]

(1. 中国石油集团川庆钻探工程公司钻采工程技术研究院；

2. 中国石油集团川庆钻探工程公司科技信息部)

**摘　要**　钻井溢漏时，环空液面监测技术能迅速、准确地确定液面的变化趋势和钻井液漏失或油气上升运移的情况，以便及时有效地采取对应措施。目前现场主要采用回声式测距仪，使用高压气枪产生探测声波，而高压气体依靠氮气瓶存储，用完需要及时进行补充，无法实现连续监测。本文从环空声波传播特性研究入手，研发了一套基于电磁式声波发射器的环空液面连续监测系统，并通过试验验证了该方法的可行性，解决了现有手段无法实现环空液面自动连续监测的问题。

**关键词**　环空声学；环空液面；连续监测；电磁式；声波发射器

近年来，川渝地区的深井超深井越来越多，窄安全密度窗口频繁出现[1]，控压钻井面临各种漏喷复杂，压力巨大。目前，控压钻井在正常钻进、停泵接单根、起下钻过程中，都能够通过套压精确控制井筒压力，确保井筒不漏不溢，但在出现恶性井漏或重浆帽起下钻时，液面不在井口，控压钻井失去了控制手段。如果此时，井内漏转溢，则会发生比较严重的井控事件[2]。

液面监测技术广泛应用于油田勘探开发中。在油田开发中，环空液面监测能判断井下液面位置，为下一步的油田开发生产作业提供可靠的指导[3]。溢漏后，井队和专家需要迅速、准确地确定液面的变化趋势和钻井液漏失或油气上升运移的情况，以便及时有效地采取对应措施，保护人员、资产的安全。环空液面的动态监测及溢流、漏失模型是预防钻井溢漏事故发生的首要技术手段。此前采用的浮筒法具有测量准确、成本低廉的优点，但是该方法操作复杂，连续性差，且水位传感器容易在环空受阻造成上提下放困难，同时由于电缆长度有限，不适用液面较深的情况[4]。目前，钻井现场主要采用回声式测距仪进行环空液面测距[5]，但由于是使用高压气枪作为声源，氮气瓶只能存储少量的气体，用完后必须进行补充，无法做到钻井工程中的连续测量，容易在发生井控问题时，没有具体的环空液面数据，导致钻井风险预警效果不佳；且需人工手动进行测量，气压较大存在人员安全

【基金项目】中国石油天然气集团有限公司科学研究与技术开发项目《万米超深层油气资源钻完井关键技术与装备研究》(2022ZG06)；中国石油天然气集团有限公司重大科技专项项目《陆上井控应急关键装备与配套技术研究》课题一"井控险情预警技术装备研发"(2021ZZ03-1)。

【第一作者简介】冯胤翔(1997—)，男，硕士，2022年毕业于西南石油大学，助理工程师，现主要从事安全钻井技术研究及装备研发工作。地址：四川省广汉市中山大道南二段88号钻采工程技术研究院，邮政编码：618300，电话：15881177372，E-mail：fengyx97@cnpc.com.cn。

风险，需要专业人员操作。

针对上述不足，研制了一种基于电磁式声波发射器的环空液面连续监测仪，能够实时掌握环空液面变化趋势，确保发生恶性井漏工况下的停泵、起下钻、堵漏等各种作业期间井控安全。

## 1 环空声传播特性研究

声波是一种机械波，声波的产生是由声源振动引起的，声波的传递过程不是物质的传递，而是介质在一点来回做简谐运动，声波的传播实际上是能量在介质中的传递，因此声波在传播过程中会发生反射、衰减等现象。

### 1.1 声波在环空的衰减特性

在理想状态下，声波在传播过程的能量恒定不变，但在实际情况中，声波在传播过程中会逐渐衰减[6]。声波的衰减主要分为两种：黏滞衰减和热传递衰减[7]，声波的黏滞衰减可通过声场中任意点的位移 $\xi$ 求解一维黏性波动方程来获得：

$$\xi = Ae^{-\alpha_\eta x}\sin\left(\omega t - \frac{x}{c}\right) + Be^{-\alpha_\eta x}\sin\left(\omega t + \frac{x}{c}\right) \tag{1}$$

式中，$c$ 为声传播速度，m/s；$\omega$ 为角频率，rad/s；$Ae^{-\alpha_\eta x}$ 为声波的振幅，dB；$e^{-\alpha_\eta x}$ 为声波的衰减系数，$e^{-\alpha_\eta x}\sin\left(\omega t + \frac{x}{c}\right)$ 表示声波沿负方向传播。$\alpha_\eta$ 为声波黏滞衰减物理量，其表达式为

$$\alpha_\eta = \frac{\omega^2 \eta}{2\rho_0 c^3} = \frac{2\omega^2}{3\rho_0 c^3}\eta' \tag{2}$$

式中，$\eta$ 为黏度，Pa·s。

第二种为热传递衰减。热传递的衰减系数为

$$\alpha_\chi = \frac{\chi\omega^2(\gamma-1)}{2\rho_0 c_0^3 C_0} = \frac{\chi\omega^2\eta}{2\rho_0 c_0^3}\left(\frac{1}{C_v} - \frac{1}{C_p}\right) \tag{3}$$

式中，$\chi$ 为热传导系数，W/(m·K)；$C_v$ 为定容比热容，J/(kg·K)；$C_p$ 为比定压热容，J/(kg·K)。

环空声衰减是黏滞衰减和热传导衰减之和：

$$\alpha = \frac{\omega^2}{2\rho_0 c_0^3}\left[\eta + \chi\left(\frac{1}{C_v} - \frac{1}{C_p}\right)\right] \tag{4}$$

由式(4)可得，声波总的衰减系数与声波频率的平方成正比。因此，在固定介质中，低频声波随距离的增加衰减更慢，高频声波衰减更快。

### 1.2 环空声学有限元仿真

COMSOL 有限元分析软件有良好多物理场耦合计算能力[8]，为了分析环空声波的传播特性，选取 COMSOL 多物理场有限元软件中的压力声学模块，构建环空几何模型，分析不

同频率的入射声波衰减情况，压力声学控制方程：

$$\frac{1}{\rho c^2}\frac{\partial^2 p_t}{\partial t^2}+\nabla\cdot\left[-\frac{1}{\rho}(\nabla p_t-q_d)+\frac{\delta}{pc^2}\frac{\partial\nabla p_t}{\partial t}\right]=Q_m$$

$$\delta=\frac{1}{\rho}\left[\frac{4\mu}{3}+\mu_B+\frac{(\gamma-1)k}{C_p}\right] \tag{5}$$

$$p_t=p+p_b$$

边界条件：

$$-n\cdot\left[-\frac{1}{\rho}(\nabla p_t-q_d)\right]=0 \tag{6}$$

式中，$c$ 为声速，m/s；$\rho$ 为密度，$kg/m^3$；$C_p$ 为比定压热容，$J/(kg\cdot K)$；$\gamma$ 为比热率；$K$ 为导热系数，$W/(m\cdot K)$；$\mu$ 为动力黏度，$Pa\cdot s$；$\mu_B$ 为本体黏度，$Pa\cdot s$；$p_t$ 为源节点声压；采用自定义平面波辐射声源。

将管道顶端设置为声压源，入射声强 110dB，管道底部设置为阻抗为 $1.5\times10^6 Pa\cdot s/m$ 的水，其余环形空间设置为空气，空气与套管、钻杆接触部分设置为硬边界条件：

$$\left[-\frac{1}{\rho}(\nabla p_t-q_d)\right]=0 \tag{7}$$

式中，$\rho$ 为媒质的密度；$q_d$ 为环隙里的背景声压；$p_t$ 为总声压场。套管环形空间的声压场 $p(X,t)$ 通过标量波方程求解 $p_t$ 来确定。

由于模型太长，此处截取接箍部分作为展示，如图 1 所示。

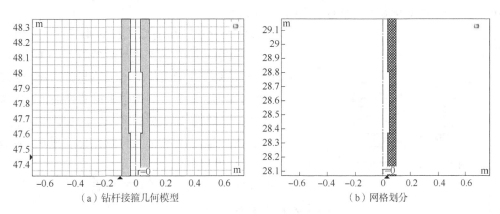

(a) 钻杆接箍几何模型　　　　　　　　　　(b) 网格划分

图 1　环空几何部分模型设置

仿真结果如图 2 所示，可以看出声损耗随声波频率增加而增加，钻杆会增大声损耗，在 80~300Hz 段声衰减增大较多的原因是钻杆接箍的存在，使声波反射，在纵向上产生了驻波。以环空液面深度 500m 为例，当声波频率为 20Hz 时，声波大致衰减 40dB，当声波频率为 500Hz 时，声波衰减 60dB。因此在设计声波发射器时，要尽可能提高其低频性能。

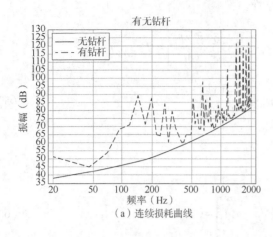
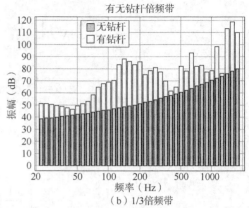

（a）连续损耗曲线　　　　　　　　（b）1/3倍频带

图 2　声波衰减曲线

## 2　环空液面连续监测系统

现场使用的环空液面检测仪主要采用高压气枪瞬间释放一个瞬时的脉冲波，这种方式具有能量大、发生时间短的优点，但是同时也有操作危险、不能多次测量、不能连续测量的缺点。电磁式声波发射器具有可调频、可连续多次发声、操作安全的优点[9]，因此本研究采用低频电磁式声波发射器作为环空液面监测系统的发声源。

### 2.1　电磁式声波发射器

电磁式声波发射器是由支撑系统、磁路系统、振动系统三个部分组成。声波发射器的下部是由永磁体构成，当电流通过音圈时，音圈中的软铁材料会因电磁感应原理被电流舌簧磁化，因电流的变化而达到与下方的永磁体相互吸引或排斥，从而迫使振膜发生振动产生声波[10]。电磁式声波发射器的结构如图 3 所示。

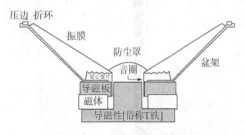

图 3　电磁式声波发射器

频响特性[11]指当输入恒定电压信号、不同频率的声波信号时，电磁式声波发射器产生的声压随输入的频率变化而发生的增大或衰减、相位随频率变化而变化的现象。为增强电磁式声波发射器的低频响应，采用了增大振膜面积、增加磁体磁性和音圈匝数的方法，为验证其低频性能，采用 COMSOL 对其进行模拟分析。

COMSOL 模型参数设置见表 1。

表 1　模型参数设置

| 名称 | 值 | 名称 | 值 |
| --- | --- | --- | --- |
| 音圈匝数（匝） | 150 | 音圈电阻值（Ω） | 8 |
| 音圈导线截面积（$10^{-8}\,m^2$） | 2.4 | 永磁体剩余磁通密度（T） | 0.6 |

材料电磁参数见表 2。

表 2　材料电磁参数

| 材料 | 电导率(S/m) | 相对磁导率 | 相对介电常数 |
|---|---|---|---|
| 空气 | 1 | 1 | 1 |
| 音圈 | $4.6×10^7$ | 1 | 1 |
| 导磁材料 | $1.2×10^7$ | 500 | 1 |
| 振膜 | 1 | 1 | 1 |
| 支架 | 0 | 1 | 1 |
| 玻纤 | 0 | 1 | 1 |

力学参数设置见表 3。

表 3　材料力学参数

| 材料 | 密度($kg/m^3$) | 杨氏模量(Pa) | 泊松比 | 瑞丽阻尼参数 | 各向同性化损耗因子 |
|---|---|---|---|---|---|
| 音圈 | 4500 | $110×10^9$ | 0.35 | — | 0.05 |
| 振膜 | 1200 | $2×10^9$ | 0.42 | $3.7×10^{-5}$ | 0.04 |
| 支架 | 650 | $0.58×10^9$ | 0.3 | — | — |
| 玻纤 | 2000 | $70×10^9$ | 0.33 | — | 0.04 |
| 挂耳 | 67 | $5×10^6$ | 0.4 | — | — |

　　在 COMSOL 中对电磁式声波发射器进行二维建模，模型最外面一层为完美匹配层，它能够吸收入射波不形成反射，从而不影响空气域内的声波。二维模型及网格划分如图 4 所示。

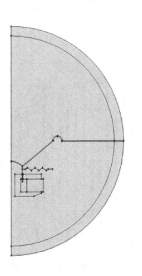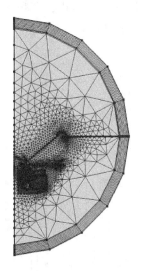

图 4　发声器二维模型及网格划分

　　发声器不同频率下的总声压场云图如图 5 所示，发声器的总声压场主要集中在振膜附近，随着距离的增加，声压场衰减迅速。不同频率下对应总的声压场不同，当频率为 300Hz 时发声器的总声压场最大。

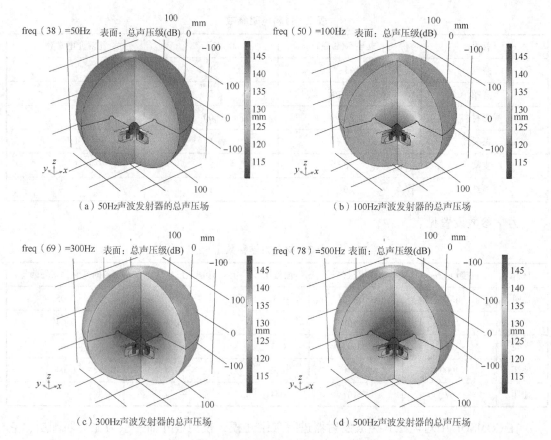

（a）50Hz声波发射器的总声压场                    （b）100Hz声波发射器的总声压场

（c）300Hz声波发射器的总声压场                    （d）500Hz声波发射器的总声压场

图 5　不同频率下声波发射器的总声压场

　　发声器的响频曲线如图 6 所示，由曲线可知，该发声器的低频响应较好，在频率为 20Hz 时，声压级能够达到 90dB，在频率为 100Hz 时，声压级能够达到 110dB，在 300Hz 时声压级达到最大，为 120dB。

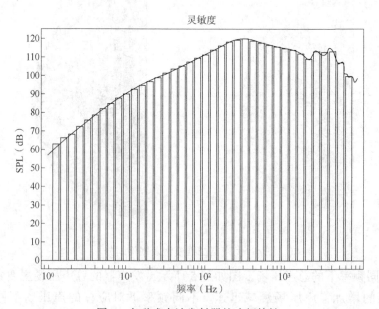

图 6　电磁式声波发射器的响频特性

## 2.2 环空液面连续监测系统

环空液面连续监测原理是在井口发出脉冲声波，声波沿着环空向下传播遇到钻杆接箍和环空液面时会有回波向上传输，在井口的监测仪监测到回波并记录相应的回波时间，通过计算回波时间与发射时间差就可以计算出环空液面的位置。环空液面可由公式（8）确定：

$$D_e = L \cdot L_e / L_0 \tag{8}$$

式中，$D_e$ 为环空液面深度，m；$L$ 为环空液面回波与井口波的距离，m；$L_e$ 为某一钻杆接箍波与井口波的距离，m；$L_0$ 为产生回波的接箍到井口的距离，m。

环空液面连续监测系统由电磁式声波发射器、驱动单元、声波传感器、PC 组成，系统示意图 7 所示。

其中，声波发射器驱动单元由前级功率放大器和后级功率放大器组成，前级功率放大器能将微弱的输入电压信号转换为电流信号输出，起匹配作用。后级功率放大器能将经驱动放大器输入的信号放大为大功率信号，从而满足发声器的驱动电压要求，带动发声器发声[12]。声波传感器能够将声信号转换为电信号，再将电信号输出给计算机进行实时分析。环空液面连续监测装置组成如图 8 所示。

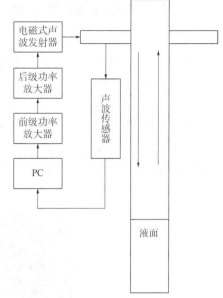

图 7 环空液面连续监测系统示意图

（a）环空液面连续监测装置

（b）环空液面分析仪

（c）环空液面连接三通

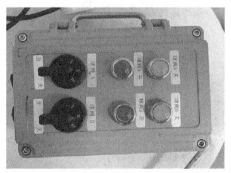

（d）远程控制装置

图 8 环空液面连续监测装置组成

## 3 环空液面连续监测试验

环空液面连续监测试验在 X 试 1 井进行，该井完钻层位为天马山组，完钻井深 708m（直井），下入 $\phi$244.5mm 套管至井深 615.26m 处固井。

### 3.1 试验步骤

（1）连接钻头、止回阀及钻铤；（2）连接声波发射器、接收器、连接三通和管线等；（3）下入钻具至井底；（4）打开钻井泵从钻具水眼灌满钻井液；（5）起钻，记录起出钻柱数量，利用钻柱排空体积计算理论环空液面高度；（6）利用环空液面连续监测装置测量环空液面高度。环空液面连续监测装置安装如图 9 所示。

图 9　环空液面连续监测装置安装图

### 3.2 试验结果

本文所设计的环空液面连续监测软件具有声波调频调幅、发声间隔设置、声波图谱显示、液位自动记录等功能，会自动识别声波发射点和液面回波点，并计算环空液面高度。起出一柱钻柱后坐卡，发射探测声波测量环空液面高度，当起钻至 540m 坐卡后，连续发射探测频率为 100Hz 的声波，环空液面连续监测软件（图 10），测得环空液面深度为 83.6m，理论环空液面高度为 83.2m，误差 0.5%。

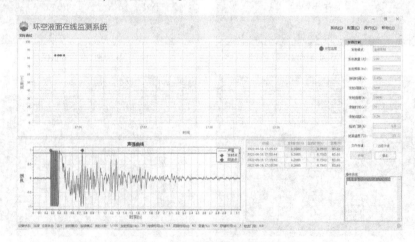

图 10　环空液面连续监测软件

连续起出钻柱，直至钻头位置为 220m 时，钻头与液面分离，液面位置不再改变，每起出一柱测量一次环空液面高度，实测液高与理论液高对比分析图如图 11 所示，误差均小于 2%。

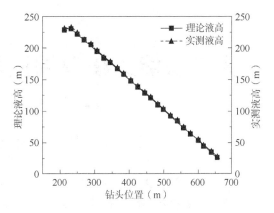

图 11　不同环空液面高度实测对比

## 4　结论与认识

（1）声衰减随声波频率增大而增大，当环空高度为 500m 时，声波频率选择 20～500Hz，声波衰减 40～60dB。

（2）利用电磁式声波发射器作为发声源能够实现环空液面的连续测量，在研制发声器时应尽可能提高其低频响应特性。

（3）所研制的环空液面连续监测系统具有调频调幅、自动识别等功能，能够实现环空液面的自动准确测量，实测液位与理论液位误差小于 2%。

## 参 考 文 献

[1] 晏凌，吴会胜，晏琰．精细控压钻井技术在喷漏同存复杂井中的应用[J]．天然气工业，2015，（2）：59-63.

[2] 万昕，左星，王佩珊，江迎军，邓鹏，彭茂桓．浅谈漏喷同存复杂地层的技术对策[J]．钻采工艺，2018，41(4)：34-36，47，7.

[3] 胡畔，肖河川，李伟成．基于环空液面监测系统的自动在线监测研究[J]．钻采工艺，2016，39(6)：66-68+5.

[4] 冉超．复杂管柱声场下的油井动液面深度测量方法研究[D]．重庆：重庆邮电大学，2021.

[5] 周昕．抽油井动液面在线测试技术的应用[D]．西安：西安石油大学，2015.

[6] 冯涛．基于油套环空声学特性的油井动液面监测技术研究[D]．青岛：山东科技大学，2015.

[7] 林惟锾，黄亮，蔡茂林．气动管道中压力波的传播特性分析[J]．北京航空航天大学学报，2011，37(5)：600-604.

[8] 王轲，刘彦萍，田豆，等．COMSOL 在动液面声波反射特性研究中的应用[J]．计算机时代，2019(10)：57-60.

[9] 张平柯．扬声器的位移共振与速度共振[J]．中南大学学报(自然科学版)，2013，44(12)：4930-4935.

[10] 陈睿，沈勇，冯雪磊．直接辐射式扬声器系统的低频效率计算公式[J]．应用声学，2022，41(6)：860-866.

[11] 殷昊，刘伟，冯秀娟，等．扬声器激励次声频校正器的设计和性能分析[J]．应用声学，2023，42(2)：304-311.

[12] 郭庆，张文斌，景亚鹏，等．电动扬声器智能检测与自动分类系统的设计[J]．仪表技术与传感器，2021(1)：48-52.

# 人工智能大模型综述及钻完井数据应用展望

舒新阳　何洪涛　高　杨　成冠琪

(中石化胜利石油工程公司智能信息技术支持中心)

**摘　要**　钻完井数据是油气勘探开发的重要数据之一，可以为油气田的评价、开发和管理提供有价值的信息。随着钻完井技术的发展，钻完井数据的类型、规模和复杂度不断增加，给钻完井数据分析带来了新的挑战和机遇。人工智能技术的持续发展，一系列生成式大模型的爆发，大模型如今已经演变成了人工智能重大发展趋势。本文将从大模型的发展现状出发，详细介绍大模型技术的发展历史和当前现状，分析大模型技术在钻完井领域的应用价值及深刻影响，并介绍其在钻完井领域的应用前景。

**关键词**　大模型技术；钻完井数据分析；应用案例；效果评价

大模型是一种神经网络模型，具有强大的泛化能力和表达能力，可以在自然语言处理、计算机视觉、语音识别等领域实现出色的性能。大模型技术是人工智能领域的一种重要的创新，它标志着人工智能从弱人工智能向通用人工智能的跃升，也预示着人类社会从数字社会向智能社会的转变。

作为数字内容创作的新引擎，大模型技术在信息的处理与内容的加工制作方面进一步释放生产力，为数字经济发展注入全新动能。伴随着技术的升级，可以预见，其在石油钻完井领域也将迎来新一轮智能应用建设浪潮[1]。

## 1　大模型介绍

### 1.1　大模型的概念

大模型指基于深度学习算法，利用海量数据和强大算力训练出的复杂神经网络模型，相比传统模型，大模型需要更多的数据，能够学习文本等非向量数据。大模型的设计目的是为了提高模型能够表示的函数空间的大小和模型在给定的任务和数据上的表现，在处理复杂任务时能够更好地捕捉数据中的模式和规律。从某种角度来看，大模型本质上是一个使用海量数据训练而成的模型，其巨大的数据和参数规模，实现了智能的涌现，展现出类似人类的智能[2]。

### 1.2　大模型的特点

大模型巨大的模型规模使大模型具有强大的表达能力和学习能力。当模型的训练数据

---

【第一作者简介】舒新阳，1999 年生，中石化胜利石油工程公司智能信息技术支持中心智能研发中心工程师，大学本科学历，毕业于长春大学计算机科学与技术专业，主要从事钻完井信息化建设工作，地址：山东省东营市东营区北一路 827 号钻井工艺研究院，邮编：257100，电话：15733233837，E-mail：shuxy515.ossl@ sinopec.com。

突破一定规模，模型突然涌现出之前小模型所没有的、意料之外的、能够综合分析和解决更深层次问题的复杂能力和特性，展现出类似人类的思维和智能，这就是涌现能力，也是大模型最显著的特点之一。

大模型通常会一起学习多种不同的任务，如机器翻译、文本摘要、问答系统等。这样可以提高模型的通用性和可迁移性，减少模型的碎片化和重复训练。

大模型需要强大的计算资源。训练大模型通常需要数百甚至上千个 GPU，以及大量的时间，通常在几周到几个月。这可以加速训练过程而保留大模型的能力。

大模型需要丰富的数据。大模型需要大量的数据来进行训练，只有大量的数据才能发挥大模型的参数规模优势[3]。

### 1.3  大模型的发展历程

萌芽期(1950—2005 年)：这个时期主要以传统的神经网络模型为主，如 CNN，它在 1980 年由 LeNet-5 模型诞生，标志着机器学习方法由浅层转向深度学习。此外，Word2Vec 在 1998 年提出了词向量模型，这是自然语言处理领域的一个重要里程碑。

沉淀期(2006—2019 年)：在这个阶段，Transformer 架构被提出，它基于自注意力机制，为深度学习模型提供了新的视角。2013 年，Word2Vec 诞生，而 2014 年的 GAN 则是生成模型研究的重大进展。2017 年，Transformer 架构被提出，这使得深度学习模型参数可以达到数亿级别。

爆发期(2020 年至今)：这一阶段的标志性事件包括 GPT-1 和 BERT 的出现，它们代表了预训练大模型时代的到来。2020 年，OpenAI 推出了 GPT-3，拥有 1750 亿参数，这在当时的模型规模上是巨大的。随后，更多的策略和技术被应用于提高大模型的推理能力和任务泛化能力。例如，基于人类反馈的强化学习(RLHF)，代码预训练，指令微调等。

目前，大模型正在经历快速的发展，特别是在大数据、大算力和大算法的支持下，大模型的预训练和生成能力及多模态多场景应用能力得到显著提升。例如，ChatGPT 的成功就是在大规模数据集和强大算力的支持下，通过 Transformer 架构和大模型策略实现的。

### 1.4  大模型的实际应用

大模型的主流产品应用主要集中在以下几个领域：自然语言处理、计算机视觉和推荐系统等。

1.4.1  主流大模型发展状况

国内外 IT 公司旗下主流大模型见表 1。

**表 1  国内外 IT 公司旗下主流大模型**

| 公司 | 主要产品 |
|---|---|
| Google | T5、BigBird、Meena 等自然语言处理模型 |
| Facebook | BART 文本生成模型、Blender 对话模型、DINO 计算机视觉模型 |
| Microsoft | Turing-NLG 自回归语言模型、DeBERTa 注意力语言模型、COGVIEW 图文生成模型 |
| OpenAI | GPT-4 语言对话模型、DALL-E 图像生成模型、Sora 视频生成模型 |
| 百度 | ERNIE 预训练语言模型 |
| 阿里巴巴 | 通义千问大语言模型 |

目前大模型的研发正处于上升阶段。随着大模型技术在日常生活中越来越常见，在工

业等生产领域上大模型也在逐渐发挥起作用[4]。

### 1.4.2 各领域大模型产品

（1）工业生产——盘古大模型。

华为盘古大模型是一种人工智能模型，该模型在各种领域都有广泛的应用，已在煤矿、铁路、气象、金融、代码开发、数字内容生成等领域发挥作用。其中盘古矿山大模型是首个商用于煤矿行业的 AI 大模型[5]。它通过"经营管理与智能生产分离""数据不出园区""支持规模复制""学习分析小样本"等能力特性，搭建起中心训练、边缘推理、云边协同、边用边学、持续优化的人工智能运行体系和集团管控、煤矿执行的人工智能管理体系，促进煤矿生产从人工管理到智能化管理、从被动管理到主动管理的"两大跨越"。目前已在掘进、综采、运输等 16 大类 256 个矿山应用场景展开科研攻关，并取得阶段性成果。

盘古预测大模型面向结构化类数据，基于 10 类 2000 个基模型空间，通过模型推荐、融合两步优化策略，构建图网络架构 AI 模型。盘古科学计算大模型是面向气象、工业等领域，融合 AI 数据建模和 AI 方程求解的方法。从海量的数据中提取出数理规律，使用神经网络编码微分方程，使用 AI 模型更快更准地解决科学计算问题。

（2）语言对话——ChatGPT。

ChatGPT 是一种基于 GPT-3.5 的对话模型，由 OpenAI 开发和发布，能够根据上下文和历史对话生成人类般的文本回复。ChatGPT 利用了强化学习和人类反馈的方法，优化了模型的对话行为和质量。ChatGPT 可以应用于多种场景和领域，如创意写作、技术支持、游戏教学等[6]。

（3）图像生成——DALL-E。

DALL-E 是 OpenAI 在 2021 年 1 月发布的一种文本到图像的生成模型，它可以根据自然语言的描述生成多样化和高质量的图像。

DALL-E 的发展是基于之前的一些文本到图像的生成模型，例如 AttnGAN、TediGAN、ImageGPT 等，它们都尝试用不同的方法将文本和图像进行对齐和转换，但是受限于数据集的规模和质量，以及模型的复杂度和效率，都没有达到令人满意的效果。DALL-E 的突破在于它使用了大量的未标注的图像文本对作为训练数据，以及利用了 dVAE 和 Transformer 的强大的表示能力和生成能力，使得它能够处理更复杂和更抽象的文本描述，生成更精细和更多样的图像。

（4）语音合成——SPEAR-TTS。

SPEAR-TTS 是一个多说话人语音合成模型，它将 TTS（文本到语音）作为两阶段任务：把文本映射为高阶的语义 token，也即"读"；将语义 token 映射为低阶的声学 token，也即"说"。训练"读"的时候可以采用预训练和回译减少对平行语料的依赖，训练"说"的时候可以完全使用数量相对丰富的语音。SPEAR-TTS 还利用了 SoundStream 这个技术，将声学 token 作为条件时，可以捕获其中的声学信息，并保留声学 token 中的音色，实现了对多种说话人的跨语种音色迁移和自然度提升。

## 2 大模型及其相关技术在钻完井领域的应用

### 2.1 大模型与钻井参数优化

钻完井数据分析是油气勘探开发的重要环节，可以为油气田的评价、开发和管理提供有价值的信息。随着钻完井技术的发展，钻完井数据的类型、规模和复杂度不断增加，给钻完井数据分析带来了新的挑战和机遇。

钻井参数优化指根据油气藏的地质特征和钻井目标，选择合适的钻井参数如钻头类型、钻压、转速、流量等实现钻井效率的提升。大模型技术可以利用钻井参数、钻井效果、钻井风险等多源数据，建立钻井参数与钻井效率、钻井成本等之间的关系模型，实现钻井参数的智能优化和控制。

为了提高效率，钻完井可采用基于大数据的模型建立，对钻井参数进行优化和控制。利用钻井参数、钻井效果、钻井风险等多源数据，建立钻井参数优化模型。该模型由三个部分组成：数据预处理、数据建模、数据优化。分别对钻井数据进行清洗、归一化、降维等操作，提高数据的质量和效率。利用深度神经网络，从钻井数据中提取有用的特征和规律，建立钻井参数与钻井效率、钻井成本、钻井风险等之间的非线性映射关系。

基于数据模型技术的优化方法相比传统的经验方法，可以显著提高钻井效率，降低钻井成本，减少钻井风险。数据模型在钻井参数优化中具有明显作用，可以有效利用钻井数据的多样性和丰富性，实现钻井参数的智能优化和控制，提高钻井效率，减少钻井风险。

### 2.2 大模型与机械钻速预测

机械钻速指机械钻头破岩加深钻口的速度，是反映钻井效率的一个重要指标。机械钻速的预测方法主要分为两类：基于物理模型的方法和基于数据模型的方法。基于物理模型的方法是根据钻井过程中的物理、力学、流体力学等原理，建立钻井参数、钻具组合、地层岩性、钻井液性能等因素与机械钻速之间的数学关系，从而进行机械钻速的预测。基于数据模型的方法是根据钻井过程中实时或历史的录井数据，利用统计分析、机器学习、人工智能等技术，挖掘数据之间的潜在关联和规律，构建数据模式和结构，从而进行机械钻速的预测[7]。为了克服当前基于物理模型和基于数据模型的方法各自的不足，使用基于集成迁移学习的机械钻速预测方法可以有效地解决不同油田之间的数据分布差异问题，提高新油田的机械钻速预测性能。基于集成迁移学习的方法在新油田的机械钻速预测上具有显著的优势。

这为机械钻速的预测提供了一种新的思路和方法，对于大模型在预测机械钻速中有借鉴意义。通过使用集成迁移学习的方法，可以从已有的大模型中学习和迁移有用的知识，同时考虑新任务的特点和物理约束，从而提高大模型的性能。这样可以为大模型的优化、应用、扩展等提供科学依据和技术支持。

### 2.3 大模型与钻头优选

钻头优选是钻井领域的重要技术，可以通过分析工况为选择对应钻头或调整钻头参数提供强大的技术支撑和决策依据[8]。大模型技术可以通过对地层、钻井、钻头等多方面的数据分析和模拟，为钻头优选提供科学的依据和建议，同时也可以根据钻头的性能和反馈，对模型进行动态的调整和优化，从而实现钻井过程的智能化管理和控制。钻头优选可以根据大模型技术的指导，选择最合适的钻头及参数，提高钻井效率和质量，同时也可以为大模型技术提供更多的数据和信息，从而实现钻井过程的优化和改进。

胜利石油工程公司研发了一种基于大模型技术的钻头优选系统。通过分析得到测井数据和地层特性间的相似性关系，将不同的地层划分为若干个类别，每个类别代表一种地层环境。使用一个深度学习模型来评价相似地层中钻头的使用效果，该模型可以根据测井数据和钻头参数预测钻进速度、钻头磨损程度、钻井成本等指标。通过优化算法得到最优的钻头选型方案，该算法可以根据预设的目标函数（如最大化钻进速度，最小化钻井成本等）在不同的地层类别中选择最合适的钻头。

在数据上，大模型还能够通过收集和分析大量的钻井数据，帮助理解钻井过程中的各种复杂现象，从而为大模型的构建提供数据支持。例如，可以通过分析这些数据，来理解钻头的磨损情况、钻井液的流动情况、地层的变化情况等，这些都是构建其他大模型的重要因素。

### 2.4 语言大模型与知识问答系统

语言大模型是一种利用海量文本数据训练的深度学习模型，能够生成和理解自然语言。行业知识问答系统是一种针对特定行业领域的专用语言大模型，能够与用户进行专业的对话。同时该系统通过自主的模型训练和提供相关的信息和建议。

"胜小利"是胜利油田开发的一款为石油天然气用户提供的智能聊天系统，它采用了大量的石油天然气数据和其他领域的数据，可以回答用户的问题，分析和展示公司内部数据，提高工作效率。

图1　胜小利聊天系统

该系统同时兼容了其他通用语言模型，即使用其他领域的语言数据，能够扩展和增强系统的语言能力和知识，实现对话的多样性和灵活性。相较于公众化语言对话系统，本地化的部署保证了数据的隐私，在高效和安全中寻找平衡点。胜小利聊天系统界面如图1所示。

## 3 大模型在钻完井领域应用的挑战与展望

### 3.1 挑战

目前，大模型发展较为迅速，但各行各业将大模型行业化的进程却存在一定的阻碍，钻完井领域亦是如此，由于知名大模型发布时间晚，进步速度快，许多领域的大模型构建仍然无法快速跟进。

大模型数据源质量不足的问题：数据的质量和完整性，直接影响了大模型技术的效果和可信度。因此要保证钻完井数据的收集、存储等环节的规范和有效，避免数据出现异常问题。

计算能力不足：与互联网、电子商务等行业相比，石油行业在信息通信技术方面的技术积累和人才积累明显薄弱，通过自主创新获得大数据技术成功将是一个非常漫长的过程，因此出现计算能力较弱的现象。加强与数字化巨头公司的合作，探索以石油公司为主体，与阿里巴巴、华为等国内顶尖信息企业、高等院校联合筹建石油工程大数据技术重点实验室，提供专项资金支撑石油工程大数据技术的研发。

大模型数据源不够充足：石油天然气行业部门复杂，数据无法互通，形成较大数据堡垒，造成数据来源不足或质量不强。因此需要建立统一的大模型数据平台，这需要油田分公司、油田服务公司和科研机构的共同参与，只有加强石油工程各环节的数据共享，打破数据孤立分散、相互隔绝的局面，通过共享不同专业和部门之间的信息数据，规范数据的传输，提升数据的一致性和可靠性，才可能实现一体化的数据融合。

## 3.2 展望

大模型在钻完井领域的应用，有着广阔的发展空间和潜力。随着数据的增加和质量的提高，数据标准的统一和规范，计算资源的扩充和优化，大模型将能够更好地适应钻完井领域的需求和特点，提供更高水平和价值的服务。此外，大模型还可以与其他领域的模型知识库进行桥接和融合，实现跨领域的知识共享和创新，拓展和增强系统的能力和知识。最后，大模型还可以与其他类型的模型进行集成和协作，实现多模态的数据处理和表达，提升和丰富系统的交互方式和体验。

# 4 结语

大模型技术是一种利用大数据和高性能计算，建立复杂的数学模型，高效处理和智能分析数据的技术。它在钻完井数据分析中有很大的潜力，可以助力油气勘探开发的技术和产业。本文介绍了它在钻完井数据分析中的应用和效果，并为钻完井数据分析的发展提供了参考和启示。本文也期望它能够更广泛地应用和推广，并提出了一些研究和实践的建议，以提高它在钻完井数据分析中的效率和质量，为钻完井数据分析的理论和方法提供更多的方案和示范，并促进它在钻完井数据分析中的规范化、标准化、开放化、协同化。

## 参 考 文 献

[1] 杜新凯，吕超，刘彦，等 . 大模型技术在保险销售领域的应用研究[J]. 保险理论与实践，2023(11)：124-136.

[2] 刘安平，金昕，胡国强 . 人工智能大模型综述及金融应用展望[J]. 人工智能，2023(2)：29-40.

[3] 大模型综述[J]. arXiv preprint arXiv：2109. 05767，2021.

[4] 云晴 . 国外大模型发展分析[J]. 通信世界，2023(17)：36-38.

[5] AI 重塑千行百业华为云发布盘古大模型 3. 0 和昇腾 AI 云服务[J]. 世界电子元器件，2023(7)：8-13.

[6] 程光，程翠柳 . 基于 ChatGPT 的管理会计应用场景研究[J/OL]. 会计之友，2024(6)：15-20[2024-02-27]. http：//kns. cnki. net/kcms/detail/14. 1063. F. 20240221. 1226. 006. html

[7] 王永夏 . 石油旋挖钻井机械钻速自动控制方法[J]. 中国石油和化工标准与质量，2024，44(2)：103-105.

[8] 崔海波 . 高研磨性地层 PDC 钻头优选方法[J]. 中国石油和化工标准与质量，2023，43(5)：195-198.

# 高温钻井液冷却装备发展现状与设计新思路

柳　鹤<sup>1</sup>　李　宽<sup>2</sup>　雷中清<sup>1</sup>　蒋海涛<sup>1</sup>

（1. 中国石油渤海钻探工程技术研究院；2. 中国地质科学院勘探技术研究所）

**摘　要**　钻井液温度控制技术是高温井安全、高效作业必不可少的关键技术。本文系统梳理了国内外钻井液温度控制，尤其是钻井液冷却装备的发展现状，在充分借鉴成熟的降温模式、换热模式、系统设计的基础上，以钻井液闭式循环为前提，以高效节能和自动化为原则，提出了新型钻井液冷却装备设计方案，主要包括冷却液降温模块、对流换热模块和监测与控制模块等，采用喷淋冷却与强制风冷互补的冷却液降温模式，优选钛板式换热器，采用气液两相流作为冷却介质，可根据服役工况选取最优的钻井液/冷却液对流换热参数，并实现了模块化和集成化设计，具有更强的环境适用性和现场操作性。

**关键词**　钻井液温度控制；钻井液冷却装备；冷却液降温；冷却介质；对流换热

不论是石油、天然气等传统油气资源，还是页岩油气等非常规油气资源，或是地热能等非常规能源，钻井工程是获取地下资源的必要手段，钻井技术的优劣直接影响开发利用成本。随着钻井深度的增加，井底温度不断升高，对钻井作业造成以下几个方面的影响，导致难度大、风险高、成本高。

（1）人身安全是钻井作业优先考虑的事项，根据美国烧伤协会的说法，接触到 68℃ 的流体的人体皮肤会在不到一秒钟内导致第二度的烧伤，并且在短短的一秒钟内会导致第三度的烧伤，随着钻井液温度的升高，可能发生高温烫伤伤害的风险增加。

（2）井控设备的可靠性是安全、顺利完井的保障，井控设备主要采用橡胶密封，高温对井控设备的可靠性和使用寿命产生不利影响。

（3）钻头、螺杆、MWD、LWD、RSS 等井下工具和仪器的耐温能力面临极端考验，高温环境服役带来仪器信号不稳定、井下工具寿命短等问题，显著增加钻井周期和成本[1]。

（4）高温条件下，钻井液有机处理剂加速降解，黏土钝化，钻井液性能易失效，造成孔壁失稳，带来事故隐患，同时增加钻井液维护难度和成本。

（5）钻井过程中，地层温度高于钻井液循环温度，井壁所受周向应力和轴向应力由压应力变为张应力，井壁张性破坏的可能性增大，围岩强度降低，易出现井壁热破裂。

## 1　井底高温应对措施

第一种方式：将耐温材料、阻热材料、井下制冷等应用于钻井液体系和井下工具仪器

【第一作者简介】柳鹤，1987 年，高级工程师，高级专家，博士，吉林大学地质工程专业，主要从事钻井提速工具研究工作。天津市滨海新区海滨街兴胜道渤钻工程院，300280，liuhe08@cnpc.com.cn。

的研发，提高本身的耐温能力。目前，抗高温水基钻井液最高耐温240℃，抗高温油基钻井液最高耐温280℃；哈里伯顿的 Quasar Trio MWD/LWD 系统，斯伦贝谢的 PowerDrive ICE RSS 和 TeleScope ICE MWD 系统，耐温能力均超过200℃。随着井底温度的不断升高，对钻井液、井下工具材料、随钻测量仪器等的耐温要求越来越高，技术难度和研发成本呈指数增加[2]。

第二种方式：通过一些技术手段将井筒温度控制在较低的温度范围内，改善井下工具的服役环境，主要有以下几种降温控温技术：

（1）基于相变蓄热的钻井液降温技术：将相变材料引入钻井液体系中，当钻井液循环温度达到相变温度后，相变材料发生相变，吸收大量的相变潜热，实现降低井筒钻井液循环温度的目的[3]。

（2）基于隔热阻热钻具的降温技术：采用隔热材料或隔热涂层的方法降低钻杆导热系数，减少入井低温钻井液与环空上返高温钻井液之间的热交换，达到控制井筒温度分布的目的[4]。

（3）基于钻井液冷却装备的降温技术：在地表采用钻井液冷却装备对出井的高温钻井液进行主动降温，如图1所示，相比于常规钻井，钻井液的入井温度降低30~40℃，从而将井筒温度稳定在较低的温度范围下，井下工具可避免"高温服役"，相应的工作寿命与工作稳定性大幅度提高[5-6]。

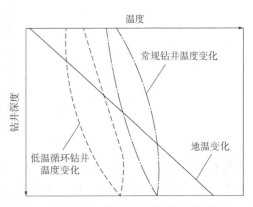

图1　常规钻进/低温循环钻进模式对比

## 2　钻井液冷却装备发展现状

根据钻井液与冷却介质是否直接接触，冷却设备可分为开式和闭式两种。

### 2.1　开式钻井液冷却装备

开式钻井液冷却装备的工作原理如图2所示，钻井液循环泵抽取高温钻井液至上部的喷淋系统，经喷头将高温钻井液向下喷射至填料层，形成一层水膜；设备顶部的风机强行将外部的干冷空气通过底部的进气格栅吸入设备内部，与填料中的高温钻井液进行接触式热交换，被加热的空气携带热量通过风机排出，实现钻井液降温的目的。此类冷却装备的优点是投入和运行成本低、环境适应性强、结构简单、现场安装方便等，缺点是空气携带钻井液中的大量水分，扰动了钻井液性能，增加了维护难度和成本。

### 2.2　闭式钻井液冷却装备

根据冷源条件，闭式冷却装备分为风冷冷却装备和水冷冷却装备。

#### 2.2.1　风冷闭式钻井液冷却装备

风冷冷却装备是采用空气作为冷源，使用压缩机对冷却介质（气体或液体）进行降温，利用换热器实现冷却介质与钻井液的对流换热，达到钻井液降温目的。风冷冷却装备特别适用于水源受限地区，可应用于北极钻探至稠油热采，现场安装与维护难度较低，不足之处是制冷能力弱、设备投入和运行成本较高。

以气体作为冷却介质的风冷冷却装备中，具有代表性的是 DRILL COOL 公司的 DRY

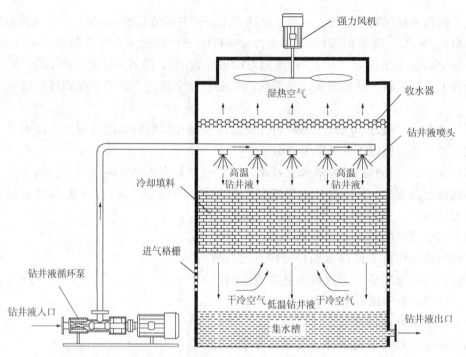

图 2　开式钻井液冷却装备工作原理图

AIR GEO-COOLER 系列，由空气冷却模块、过滤器模块和钻井液冷却模块组成。空气冷却模块可视为通用风冷冷风空调，可根据冷却需求通过调整冷却单元的数量来扩展；钻井液冷却模块采用了气-液换热模式的宽间隙钛板换热器，内置反冲洗系统，便于清洁。

以液体作为冷却介质的风冷冷却装备，工作原理如图 3 所示，具有代表性的是 DRILL COOL 公司的 GCFX GEO CHILLER 系列、NOV 公司的 TUNDRA™ MAX Land Mud Chiller 系列，以及中国石化胜利石油工程有限公司钻井工艺研究院针对我国南疆地区研发的一套钻井液地面冷却系统[7]，一般由冷却介质降温模块和钻井液冷却模块组成，冷却介质降温模块可视为风冷式冷水机组，冷却介质可根据工作环境选择淡水、乙二醇水溶液或饱和盐水等，换热器大多选用液-液换热模式的板式换热器。

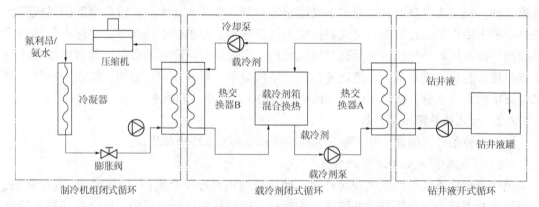

图 3　液体冷却介质风冷装备工作原理图

### 2.2.2　水冷闭式钻井液冷却装备

相比于风冷，水冷在能效方面具有明显优势，占钻井液冷却装备的比例在 80% 以上。

根据钻井液冷却模式、冷却介质降温模式、换热器类型等，目前国内外钻井市场应用的水冷冷却装备大致有以下几种。

（1）喷淋直接冷却：工作原理与逆流闭式冷却塔相同，采用钻井泵或砂泵从钻井液罐抽取高温钻井液，输送至冷却设备的冷却盘管中。同时，喷淋泵抽取冷却水（一般为淡水）进入顶部的压力旋流式喷嘴，形成竖直向下高速运动的喷射小水滴颗粒，提高水滴换热表面积，与高温钻井液进行间壁式热交换，被加热的冷却液少部分蒸发与干冷空气混合形成湿热空气，由风机排出顶部，带走部分热量，大部分冷却液回落至集水槽，被冷却降温的钻井液返回钻井液罐（图4）。

最有代表性的是 DRILL COOL 公司的 FRESHWATER GEO-COOLER 系列，是全球第一台钻井液冷却设备，在20世纪70年代专门为 Geysers 地热田开发而研制。鉴于钻井液冷却技术对钻井安全、钻井平台和井下仪器设备的突出贡献，冷却装备很快在石油和天然气钻井行业得以大范围扩展应用，尤其是在墨西哥湾早期的高温高压气井中。得益于 FRESH-WATER 冷却装备传热效率高、模块化设计、操作简单、坚固耐用等技术优势，该系列设备目前仍是北美地区高温井市场主流产品，包括犹他州米尔福德场地正在实施的美国干热岩FORGE 项目大斜度定向井。

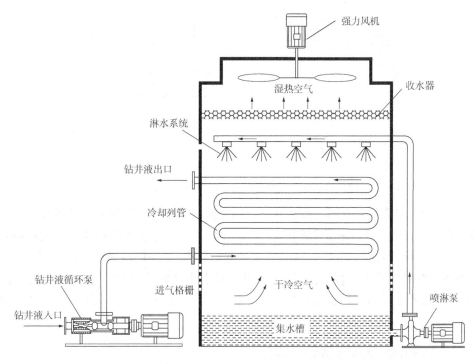

图4　喷淋直接冷却钻井液冷却装备原理图

（2）基于换热器的喷淋冷却：冷却介质一般采用逆流闭式冷却塔进行降温，再通过换热器将冷量传递给高温钻井液。喷淋冷却设备近些年在高温油气井陆续推广应用，中国石化石油工程技术研究所研制了 JW-GCY-Ⅰ型降温系统，采用的是热管式换热器[8]；宝鸡石油机械有限责任公司研发了 ZLQ030-75 型高温钻井液冷却装置，采用的是不锈钢平板式换热器。

（3）基于换热器的喷淋冷却＋强制冷却：中国石化中原石油工程有限公司研制的 ZLZY310 型高温钻井液冷却系统，工作原理如图 5 所示，采用了两组板式换热器串联的工作方式，钻井液依次与冷却水和冷冻水进行对流换热，冷却水由闭式冷却塔进行降温，作为第一级换热的冷却介质，冷冻水由水冷式冷水机进行强制降温，冷源来源于冷却水，该冷却设备可将钻井液降至较低的温度状态[9]。

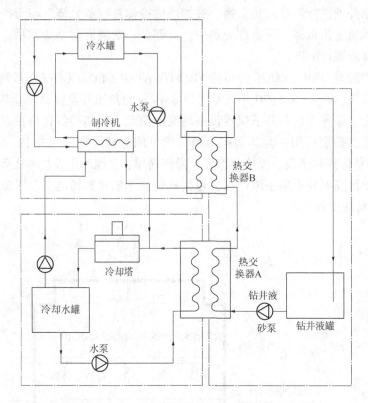

图 5　ZLZY310 型高温钻井液冷却系统工作原理图

经过 40 余年的研发和应用，国内外已研制出多种换热模式和结构形式的钻井液冷却装备，以适应不同的服役工况和降温需求，大都取得了理想的现场应用效果，发展得更加模块化、自动化、高效化和集成化，从中笔者获得如下认识：(1)冷风设备具有更强的环境适应性，基本不受温度和水源制约；(2)水冷设备具有更高的能效比，投入和运行成本较低；(3)强制冷却能将钻井液控制在更低的温度，扩展适用范围和深度；以上认识将作为新型钻井液冷却装备研发的基础。

## 3　新型钻井液冷却装备设计思路

在充分调研和分析总结现有冷却设备的基础上，为满足多样化的钻井环境和需求，本文提出了一种新型高效闭式钻井液冷却装备的设计方案，采用钻井液与冷却介质全程逆流间壁式对流换热的降温模式，基本工作原理如图 6 所示，主要包括冷却液降温模块、对流换热模块、监测与控制模块等。

### 3.1　冷却液降温模块

冷却液降温模块包括喷淋降温单元和强制降温单元，两个单元独立运行。

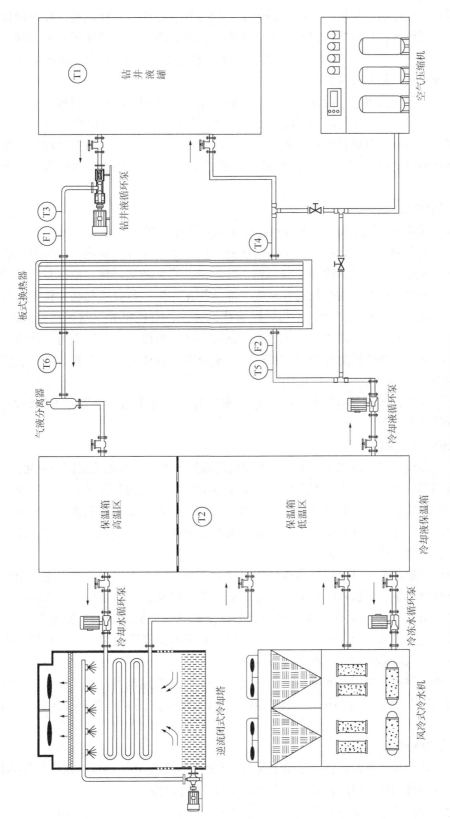

图6 新型冷却设备工作原理图

喷淋降温单元包括冷却塔、冷却水循环泵、冷却液、冷却液保温箱等，冷却液保温箱分为高温区和低温区，相对独立但不影响流体流通；冷却塔选用逆流密闭式冷却塔，运行过程中不需要补充冷却水，抽取高温区的冷却液，降温后排至低温区，出水温度可达到30℃左右；冷却液一般为淡水。

强制降温单元包括水冷式冷水机、冷冻水循环泵、冷却液、冷却液保温箱等，冷水机采用空气作为冷媒，机组运行不受环境温度的影响，出水温度可降至10℃以下。

众所周知，喷淋降温能耗远低于强制冷却，在常规工况条件下，只有喷淋降温单元投入工作，当喷淋降温能力不足、水源受限、要求更低的入井温度等情况时启动强制降温单元。

### 3.2 对流换热模块

对流换热模块包括换热器、冷却介质循环单元和钻井液循环单元。

换热器是钻井液与冷却介质对流换热的核心元件，选用钛板式换热器，可兼顾换热和防腐。冷却介质循环单元包括冷却液保温箱、冷却液、冷却液循环泵、空压机、气液分离器等，低温区的冷却液与压缩空气混合形成气液两相流作为冷却介质与钻井液进行对流换热；冷却液循环泵可实现无级调速，以匹配最优的流速；空压机为气液两相流提供气源，同时可反向清洗钻井液循环通道，甚至在极端低温条件下可以泵入空气作为冷却介质与钻井液进行对流换热；换热后的气液两相流经过气液分离，液体返回保温箱高温区，实现冷却液闭式循环。

钻井液循环单元包括钻井液循环泵、钻井液罐等，钻井液循环泵选择不锈钢螺杆泵，密度和温度适用范围大。

### 3.3 监测与控制模块

监测与控制模块包括参数监测单元、冷却液降温控制单元和对流换热控制单元。

参数监测单元主要对 6 个温度参数和 2 个流量参数进行监测和记录，包括：钻井液罐温度(钻井液入井温度)、冷却液温度、钻井液入口温度、钻井液出口温度、冷却液入口温度、冷却液出口温度、钻井液循环流量、冷却液循环流量，以上参数再结合综合录井参数将作为装备自动化高效运行的依据。

冷却液降温控制单元以保温箱内冷却液温度作为控制基准，当温度大于设定值时，自动启动冷却液循环泵、风机和喷淋泵，冷却塔进入工作模式，直至温度小于设定值，自动停止；如冷却塔能力不足(环境高温、井下高温异常或更低的钻井液入井温度等)，一定时间内冷却液温度没有降至设定值，启动冷水机组，直至温度降至设定值。在水源受限地区或极寒条件下，只启动强制降温单元。

对流换热控制单元以钻井液罐温度(钻井液入井温度)为控制基准，当温度大于设定值时，自动启动冷却液循环泵和钻井液循环泵，进行对流换热模式，直至温度小于设定值，自动停止。

### 3.4 技术特点

(1) 钻井液冷却装备的运行可适用于任何工况条件，不受环境温度、水源条件的约束，并可根据水源条件和环境温度自动选取高效的冷却液降温模式。

(2) 冷却介质选用冷却液和空气充分混合的气液两相流，在换热器内流速快，已形成湍流，具有更高的对流换热系数。

（3）冷却液温度、冷却液流量、钻井液流量等可根据地温条件、井身结构、钻井液类型等进行优化和调整，实现节能高效的目的。

（4）冷却设备实现了自动化、集成化和模块化设计，具有更好的现场操作性。

## 4 结论与建议

（1）在充分调研和分析国内外钻井液冷却装备的降温模式和结构类型的基础上，本文提出了新型钻井液冷却装备的设计方案，优化了冷却液降温模式，优选钛板式换热器，将气液两相流作为冷却介质，实现了自动化、集成化和高效化设计。

（2）降温控温技术是高温井安全高效作业必不可少的关键技术，应继续优化和完善地表降温装备研发与应用，开展管柱阻热隔热研制与试验，深化钻井液相变降温技术理论研究与室内实验。

参 考 文 献

[1] 刘珂，苏义脑，高文凯，等．随钻仪器井下降温系统冷却效果数值研究[J]．石油机械．2022，50（7）：23-32.

[2] 刘彪，李双贵，杨明合，等．钻井液温度控制技术研究进展[J]．化学工程师，2019，280（1）：42-44.

[3] 刘均一，陈二丁，李光泉，等．基于相变蓄热原理的深井钻井液降温实验研究[J]．石油钻探技术，2021，49（1）：53-58.

[4] ELWOOD C. Drilling Fluid CoolingUSA. System：661574215753[P]．1980-08-05.

[5] 刘文鹏，徐磊，苏凤奇，等．高温钻探用钻井液降温装置及其方法：202211708647.0[P]．2022-12-29.

[6] 马喜伟，马青芳，等．天然气水合物钻井液冷却系统设计研究[J]．石油机械，2017，45（10）：27-31.

[7] 李亚伟，王斌斌，董怀荣，等．钻井液地面冷却系统方案设计及关键参数计算[J]．中外能源，S01，17-122.

[8] 梁晓阳，赵聪，赵向阳，等．基于热管技术的钻井液地面降温系统研制[J]．石油机械，2023，51（3）：24-32.

[9] 李胜忠，张铜鎏，聂军，等．ZLZY310高温钻井液冷却系统研制及应用[J]．石油机械，2022，50（8）：46-51.

# 钻井参数随钻智能优化技术及现场应用

张洪宝[1]　马正超[2]　崔韫淇[2]　马　帅[1]　潘少伟[1]

(1. 中石化石油工程技术研究院有限公司；2. 中国石油大学(北京))

**摘　要**　钻井参数自动优化是智能钻井系统核心决策任务之一，也是实现科学化钻井的重要手段。现代数据科学技术的快速发展为实现钻井参数智能优化提供了新机遇，针对钻井参数优化面临的地质因素不确定、钻井施工风险高、钻井破岩机理复杂、人工智能算法局限性等难题，深度融合大数据处理、人工智能、经典工程理论，考虑多种钻速影响因素，通过井筒地质环境模拟和破岩过程仿真构建数字孪生体，进行不同钻井参数下钻井效果预演和智能优化，实现了"咨询模式"下钻井参数智能优化。现场应用表明，钻井参数随钻智能优化可使机械钻速提高10%以上，提高了随钻钻井参数优化的科学性和自动化程度，为智能钻井技术的发展和系统构建奠定了基础。

**关键词**　钻井参数优化；数字孪生；智能钻井；超前预测；自适应校准

科学设计和调整钻井参数(钻压、转速、排量等)可以有效改善井下工具状态，提高钻井速度和效率，节约钻井周期和成本。在优化钻井理论中进行钻井参数优化的主要路径为：钻速预测—定义目标函数—模型求解，机械钻速预测是钻井参数优化的理论依据，不断提高机械钻速预测模型的准确性和适应能力贯穿优化钻井理论整个发展历史。

20世纪50年代至90年代，优化钻井理论基本成熟，代表性成果为喷射钻井理论、钻井水力参数优化方法、牙轮钻头钻速方程。自20世纪90年代至2010年左右，理论界开始研究PDC钻头、复合钻井方式下机械钻速预测方程和机械比能理论[1-4]。2015年至今，随着人工智能、大数据技术的发展，以机器学习为代表的机械钻速预测方法开始快速发展，数据驱动方法同物理或经验模型深度融合成为保证机械钻速预测效果的重要手段[5-10]。机械钻速预测准确性的显著提升使利用机器决策进行钻井参数智能优化成为可能，然而基于计算机进行钻井参数智能优化仍然面临以下挑战。

(1) 受地震数据精度、随钻测量成本高昂等因素限制，钻井过程中的地质因素难以准确预测，如抗压强度、研磨性和岩性等，地层特性的不确定性影响预测和决策精度。

(2) 智能推荐钻井参数的不合理可能导致地面和井下设备故障、井壁失稳、钻具落井等复杂情况，石油钻井高投资、高风险的特点导致机器自动决策的犯错成本高昂。

(3) 钻井过程中，数千米钻具将地面能量传递至钻头破岩，钻具同流体、井壁、井底岩石作用机理复杂，导致机械钻速预测稳定性不足。

【第一作者简介】张洪宝(1987—)，2011年毕业于中国石油大学(北京)油气井工程专业，现从事优化钻井技术研究，硕士，副研究员。通讯地址：(102206)北京市昌平区百沙路197号中国石化科学技术研究中心。电话：010-56606239。E-mail：zhanghb.sripe@ sinopec.com。

（4）以机器学习为代表的人工智能技术对非线性复杂问题具有极强的映射能力，为复杂工程和地质环境下的机械钻速预测提供了新手段，然而机器学习的独立同分布假设使得数据驱动方法过度依赖训练数据质量，外推能力严重不足，可能导致低级错误。

钻井参数随钻智能优化对于提高钻井施工的科学性、构建智能钻井系统至关重要，本文针对钻井参数智能优化落地面临的技术挑战，综合采用工程技术理论、现代数据科学和软件工程技术提出系统性解决方案，提出基于"数字孪生"理念的钻井参数随钻优化技术路线，研制了综合多种技术栈的钻井参数随钻优化软件并进行了现场应用。

## 1 基于"数字孪生"的钻井参数优化技术

针对地质因素不确定性、钻井施工风险高、钻井破岩机理复杂、人工智能算法局限性等难题，深度融合大数据、人工智能、经典工程理论，考虑多种钻速影响因素，通过井筒地质环境模拟和破岩过程仿真构建数字孪生体，实现钻井地质因素、钻具运动状态、井下流动状态、破岩过程多维度钻进过程仿真，结合实钻数据、物理模型和机器学习模型实现仿真模型校准，采用贝叶斯理论进行地层因素、系统规律不确定性描述，如图1所示，利用数字孪生实现不同钻井参数配合下多维钻井效果预演和智能优化，实现了"咨询模式"下的钻井参数智能优化，能够有效提高钻井过程中数据利用率，提高随钻钻井参数优化的科学性和自动化程度，为智能钻井技术的发展和系统构建奠定了基础。

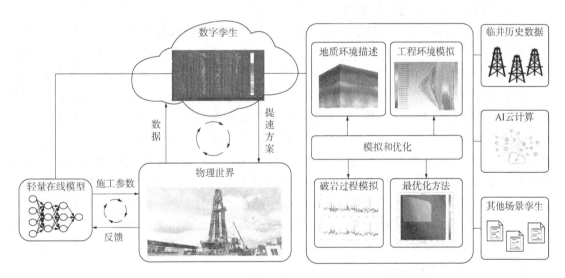

图1 "数字孪生"实现钻井参数预演和智能优化

### 1.1 随钻地层抗钻特性描述与超前预测

基于区域地震数据、邻井抗压强度、地质分层、井眼轨迹信息和正钻井地质分层、井眼轨迹信息，进行正钻井地层抗钻特性随钻预测。利用获取的已钻地层的真实信息与井周一定范围内的叠前地震资料，快速完成速度模型修正及偏移成像，对钻头前待钻地层的地质特征与钻井地质环境因素进行实时修正描述与预测，实现正钻井地层抗钻特性随钻预测，包括单轴抗压强度、围压下抗压强度，并输出预测置信区间（图2），为随钻地层特性估计、钻井参数调整、钻速预测模型建立提供基础数据[11]。地层岩性变化是进行钻井参数动态调整的主要依据，随钻测井解释岩性成本高昂、岩屑录井描述具有迟到时间导致的滞后性，而地面录井信息可在一定程度上反映地层岩性和强度变化趋势，综合利用邻井地质资料和本井录井资料提高随钻岩石特性识别准确性，证明了机器学习方法进行地面录井信息同井下岩石特性响应关系映射是可行的，地层空间约束和在线校准机制的引入有助于提高平均准确率约20%[12]。

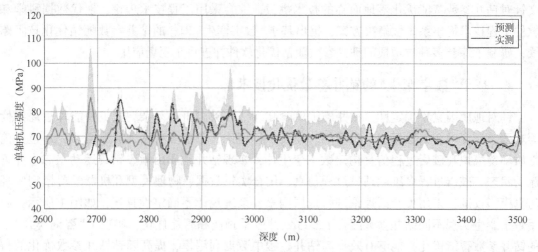

图 2　某井段考虑不确定性的单轴抗压强度预测剖面

### 1.2　钻具运动状态监测与预测

钻井参数配置是否合理直接影响井下钻具运动状态，如过高的钻压可能导致钻具发生屈曲和疲劳破坏。基于三维软杆力学模型，考虑井眼结构、钻具组合、井眼轨迹和钻井参数对钻具运动状态的影响，实现了已钻井任意时刻的侧向力、轴向力、扭矩分布分析和不同钻井参数配合下的运动状态预测(图 3)。通过动态计算屈曲临界轴向力和扭矩上限，对钻具运动状态进行约束。提出基于地面测量的井底钻压和扭矩在线监测方法，形成摩阻扭矩标定点自动提取方法，建立基于三维软杆模型的井底钻压和扭矩实时计算方法。设计了摩阻扭矩实测点动态拾取和稀疏处理功能，通过大钩载荷和转盘扭矩扫帚图(图 4)，动态分析起下钻过程中的滑动摩擦系数，支持工况包括上提、下放、空转、划眼和倒划眼，保证了随钻分析的时效性。由于钻具在实际井眼中的运动状态复杂，传统软杆模型难以保证摩阻扭矩预测误差，提出了物理模型结合机器学习的井底摩阻扭矩预测方法，复合模型较传统物理模型预测误差降低23%[13]。

### 1.3　井下流动状态监测与预测

钻井参数配置直接影响井下流动状态，如钻头压降、射流冲击力、井底循环压力、井眼清洁等。基于随钻获取钻井参数信息，动态校正随钻水力计算模型，实现已钻井段水力参数解释和待钻井段水力参数预测，立管压力预测准确率达95%以上。提出环空层流与紊流转换时对应的"井径"为临界井径的概念，以定量描述井眼状态的变化趋势，是钻井风险的重要表征参数[14]。基于"临界井径理论"钻井水力参数定量优化方法，如图 5 所示，通过岩屑输送比、井壁冲刷系数、环空动压系数等定量表征井筒流动状态，并利用控制标准指导水力参数优化[15]。建立了以井壁冲蚀系数、岩屑输送比和环空动压系数等为基础的环空状态表征方法(表 1)，基于地层特性和环空状态安全门限，建立了钻井液流变参数优选流程与环空状态表征参数控制准则。

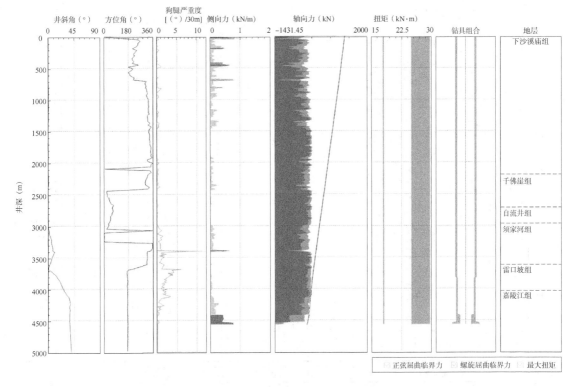

图 3　某井钻压为 200kN 时的井下受力状况预测结果

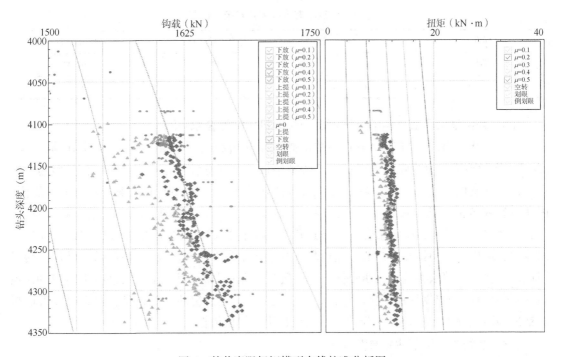

图 4　某井摩阻扭矩模型在线校准分析图

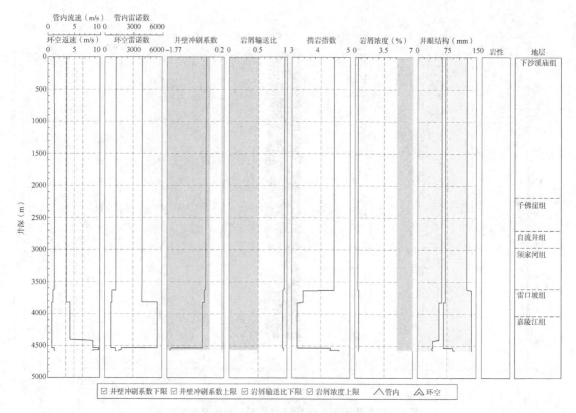

图 5　某井井下流动状态监测结果

表 1　环空状态表征方法及控制门限

| 标准 | 井壁冲蚀系数 | 岩屑输送比 | 环空动压系数 |
|---|---|---|---|
| 推荐指标 | 0.03 | >0.5 | <0.02 |
| 可行指标 | −0.15~0.1 | >0.5 | <0.03 |

### 1.4　经典理论同数据驱动方法深度融合的机械钻速在线预测

设计了基于邻井大数据的钻井参数敏感性定量分析与可视化方法，采用 2D 散点图、3D 热力图分析多种自变量同因变量之间的敏感性，自变量参数包括：钻压、转盘转速、排量、钻井液密度、大钩载荷、总泵速、入口钻井液密度、钻头比水功率、动力钻具压降，因变量参数包括：机械钻速、机械比能、地面扭矩、立压、切削齿吃入深度、黏滑系数、井斜变化率、方位变化率。结合传统钻速模型的结构稳定性和机器学习方法的强非线性映射能力，形成了不同钻井方式的钻速预测方法，建立多种输入参数(可控参数：钻压、转盘转速、排量等；地层参数：抗压强度、岩性等)同机械钻速、机械比能之间的映射关系(模型)，随钻过程中根据地层变化、钻具组合变化自适应动态更新预测模型，钻头前方 20m 机械钻速预测准确性大于 85%，为钻井参数组合优化提供依据[17-19]（图6）。

### 1.5　多约束条件下钻井参数优化

机器学习技术的"独立同分布"假设导致智能决策结果受数据质量的影响较大，由于石油钻井过程和地质环境的复杂性和多变性，难以保证机器决策的绝对准确，而石油钻井高投资、高风险的特点导致施工安全至关重要，为了保证机器决策的稳定性和施工安全，提出了物理模型约束钻井参数优化空间的技术方法。

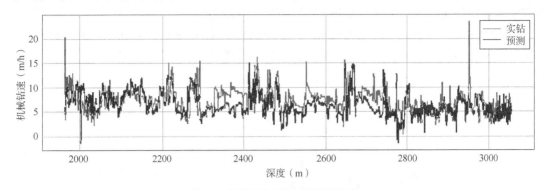

图6　某井段机械钻速预测结果

如图7所示，综合考虑4类(地面设备能力、液体流动状态、工具运动状态、岩石破碎机理)23种约束条件，以机械钻速最高或机械比能最低为目标，实时绘制钻井参数优化控制图，动态推荐最优钻井参数[19]。如钻井液排量优化需受钻井泵最大排量、功率和泵压的约束，钻井扭矩需受顶驱能力限制。钻井参数优化需保证井下工具(钻杆、钻头、动力钻具等)处于正常运动状态，不发生屈曲、黏滑、涡动等异常工况；钻井参数的调整也许考虑钻井水利状况的约束，如环空岩屑浓度、钻井液密度窗口、薄弱地层井壁冲刷等。

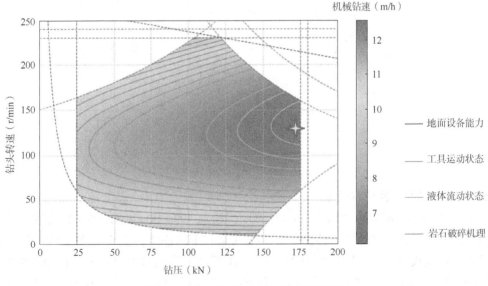

图7　多约束条件下钻井参数优化方法

## 2　应用实例

基于形成的钻井参数智能优化理论方法，深度融合经典钻井工程理论、数据科学方法、软件工程技术开展了载体研发。利用人工智能算法的强非线性描述能力和大数据处理能力提高关键技术指标的超前预测精度，利用经典工程理论、方法的结构稳定性和强先验属性约束钻井参数优化空间，构建面向钻井参数随钻智能决策的专业算法体系，包括72个工程和智能算法，开发了37个Web API服务并通过云计算实现大量数据快速处理，形成了钻井参数随钻智能优化软件，支撑了钻井参数智能优化方法落地。

形成的钻井参数随钻智能优化技术软件OptDrilling v1.0(图8)，在川东南某井进行了全面应用，该井为一口三开次水平井，典型井段应用效果如下。

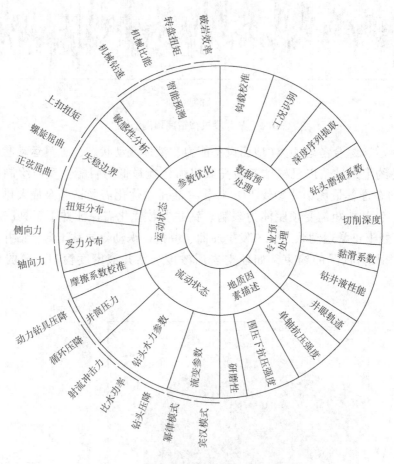

图8  OptDrilling 随钻优化软件业务功能

### 2.1  石牛栏组地层应用效果

三开 $\phi$215.9mm 定向井眼钻进至 4041.00m，通过 3990.00～4041.00m 井段钻速敏感性分析(图9)，发现在较高的转盘转速下，机械钻速有下降趋势，分析原因为高转盘转速导致钻具发生涡动失稳，推荐转速小于85r/min，采用高钻压–低转速钻进；通过调整钻井参数(转速由90r/min降低至80r/min、钻压由100kN提高至120kN)，4041.00～4150.00m 井段机械钻速提高13%，机械比能降低14.4%，扭矩波动降低35%，破岩效率明显提升(图10)。

### 2.2  龙马溪组地层应用效果

水平段钻进推荐采用高钻压、控制顶驱转速的参数配合，并分井段动态识别钻压和转速拐点，5022.00～5160.00m 井段调整转速(由90r/min降低至75r/min)后，机械比能降低18.5%，机械钻速提高14.2%，破岩效率明显提升(图11)。

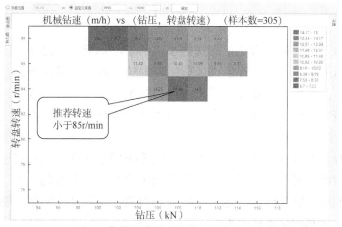

图 9　参数敏感性分析（3990～4041m）

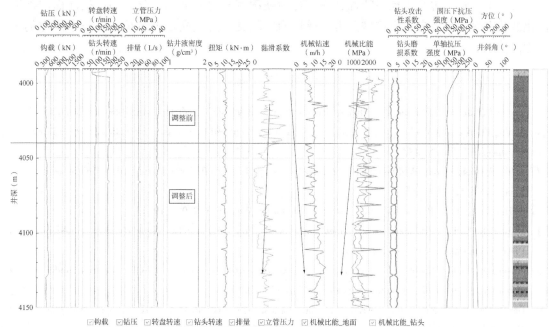

☑ 钩载　☑ 钻压　☑ 转盘转速　☑ 钻头转速　☑ 排量　☑ 立管压力　☑ 机械比能_地面　☑ 机械比能_钻头

☑ 钻头磨损系数　☑ 钻头攻击性系数　☑ 单轴抗压强度　☑ 围压下抗压强度　☑ 井斜角　☑ 方位角

图 10　优化效果（4041～4150m）

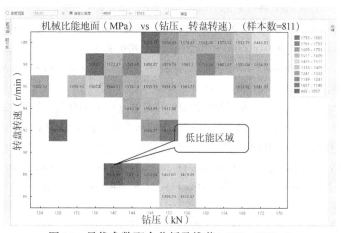

图 11　最优参数配合分析及推荐（4900～5022m）

## 3 结论

（1）钻井参数智能优化是构建智能钻井系统的核心单元，也是实现科学化钻井的重要手段。综合现代数据科学、人工智能、经典工程理论，通过井筒钻井地质因素、钻具运动状态、井下流动状态和岩石破碎过程模拟仿真构建数字孪生体，可实现不同钻井参数下钻井效果的预演和智能优化，现场应用表明本技术可提高机械钻速13%以上，降低机械比能14%以上。

（2）经典工程理论可对机器自动寻优过程进行约束，避免低级错误，保证钻井安全，且可提高智能决策的解释性，克服机器学习等黑箱模型可解释差的缺点，便于现场技术人员分析钻井低效原因，针对性地制定技术措施，因此，经典理论同数据驱动深度融合是推动钻井参数智能设计和优化落地的重要手段。

（3）由于钻井过程中地层特性、系统行为随深度和时间动态变化，如何提高面向参数优化的数字孪生动态自适应校准能力、保证同实际钻井过程同步更新是未来技术研究的重要方向。

## 参 考 文 献

［1］ Hector U. Caicedo, William M. Calhoun, Russ T. Ewy. Unique ROP Predictor Using Bit-specific Coefficient of Sliding Friction and Mechanical Efficiency as a Function of Confined Compressive Strength Impacts Drilling Performance. SPE 92576. 2005.

［2］ Kshitij Mohan, Faraaz Adil and Robello Samuel. Tracking Drilling Efficiency Using Hydro-Mechanical Specific Energy. SPE 119421. 2009

［3］ G. Hareland, P. R. Rampersad. Drag-Bit Model Including Wear. SPE 26957. 1994.

［4］ H. R. Motahhari, G. Hareland, J. A. James. Improved Drilling Efficiency Technique Using Integrated PDM and PDC Bit Parameters. SPE 141651. 2010.

［5］ Mustafa M. Amer, Abdel Sattar DAHAB, Abdel-Alim Hashem EI-Sayed. An ROP Predictive Model in Nile Delta Area Using Artificial Neural Networks. SPE 187969. 2017.

［6］ David, Moran, Hani Ibrahim, Arifin Purwanto. Sophisticated ROP Prediction Technologies Based on Neural Network Delivers Accurate Drill Time Results. SPE 132010. 2010.

［7］ Jahanbakhshi, R. Keshavarzi, R. Real-time Prediction of Rate of Penetration during Drilling Operation in Oil and Gas Wells. American Rock Mechanics Association. 2012；53(3)：127.

［8］ Bodaghi A, Ansari HR, Gholami M. Optimized support vector regression for drilling rate

［9］ of penetration estimation. Open Geosciences. 2015；7(1)：870-879.

［10］ Chiranth Hegde, Scott Wallace, Ken Gray. Using Trees, Bagging, and Random Forests to Predict Rate of Penetration During Drilling. SPE 176792. 2015.

［11］ 路保平，袁多，吴超，等. 井震信息融合指导钻井技术[J]. 石油勘探与开发，2020，47(6)：8.

［12］ JIANG J, LUO F, ZHANG H, et al. Adaptive Multiexpert Learning for Lithology Recognition[J]. SPE Journal, 2022, 27(06)：3802-3813.

［13］ BAI K, FAN H, ZHANG H, et al. Real time torque and drag analysis by combining of physical model and machine learning method [C]//SPE/AAPG/SEG Unconventional Resources Technology Conference. OnePetro, 2022.

［14］ 路保平，鲍洪志. 临界井径计算分析与工程应用[J]. 石油钻采工艺，2019，41(2)：125-129.

[15] 路保平. 基于地层性质与环空状态的钻井液流变参数优选[J]. 钻井液与完井液, 2020, 37（4）: 438-443.

[16] 路保平, 李国华. 石油钻井作业手册[M]. 北京: 中国石油大学出版社, 2014.

[17] ZHOU F, FAN H, LU B, et al. Application of DNN-TCN Composite Neural Network in Rate of Penetration Prediction[C]//IADC/SPE Asia Pacific Drilling Technology Conference and Exhibition. OnePetro, 2022.

[18] ZHANG H, LU B, LIAO L, et al. Combining Machine Learning and Classic Drilling Theories to Improve Rate of Penetration Prediction [C]//SPE/IADC Middle East Drilling Technology Conference and Exhibition. OnePetro, 2021.

[19] ZHANG H, ZENG Y, LIAO L, et al. How to Land Modern Data Science in Petroleum Engineering[C]// SPE/IATMI Asia Pacific Oil & Gas Conference and Exhibition. OnePetro, 2021.

# 钻井机组在线监测故障智能诊断系统研究

郑维师[1,2]　高宝元[1,2]　谭　欢[1,2]　杨晓峰[1,2]

(1. 中国石油集团川庆钻探工程有限公司工程技术研究院；

2. 低渗透油气田勘探开发国家工程实验室)

**摘　要**　针对钻井队机组没有专一的在线监测故障智能诊断系统、长期振动超标、存在不安全且浪费电能、容易引起停机停止钻井工作实际问题，研发出钻井机组在线监测故障智能诊断系统。通过实时监测钻井机组振动、转速和油温等参数，实现了在线监测和远程监测机组的运行状态、及时诊断故障结果和提出预知性维修指导意见，确保了钻井机组安全可靠地运行，延长了无故障使用期限，从而避免钻井过程非计划停机，节省运行和管理费用，提高了钻井工作效率。经 2021 年在 3 个钻井队机组进行了应用，满足了钻井绿色数字化发展的要求。

**关键词**　钻井机组；在线监测；故障智能诊断

目前钻井机组没有专门的在线监测故障智能诊断系统，个别机组有只是基于单一数据的采集和限位保护；钻井机组长期振动超标浪费电能严重，由于对机组各参数的相关度不高，一旦关键机组停机也将造成重大的经济损失，有时还会带来人员伤亡和严重的环境污染，以往计划性维修手段无法满足钻井高效运行的生产模式[1]。新型的机组在线监测故障智能诊断系统，实现了在线和远程监测机组的运行状态、及时诊断故障结果和提出预知性维修指导意见，克服了钻井机组长期振动超标、存在不安全且浪费电能、容易引起停止钻井工作造成损失等问题，提高了钻井工作效率，满足了钻井作业绿色数字化发展的要求[2]。

## 1　钻井机组在线监测故障智能诊断系统组成

钻井机组在线监测故障智能诊断系统如图 1 所示，包括检测振动传感器、采集器、转发器、在线监控单元和远程监控单元；泵上设有检测振动传感器，检测振动传感器与采集器电连接，采集器、在线监控计算机和远程监控上位机都电连接于转发器[3]。在线监测计算机和远程监控上位机都用于数据存储和监控，在线监测计算机还可就地诊断出机组故障，并将数据上传至数字化网络中。远程监控上位机用于远程监测机组运行情况并存储数据，进行数据发布，泵前后端的水平方向和垂直方向上均设有检测振动传感器，检测振动传感器包括振动加速度传感器、温度传感器、转速传感器和压力传感器[5]。

## 2　钻井机组在线监测故障智能诊断方法

（1）在钻井机组的泵上安装水平、垂直的检测振动传感器，将检测振动传感器电连接

---

**【作者简介】**高宝元(1963—)，男，工程师，2005 年毕业西安交通大学电气工程及自动化专业，现工作于中国石油川庆钻探工程公司钻采工程技术研究。从事石油自动化仪器仪表研发。联系方式：陕西省西安市长庆兴隆园小区，029-86593595，13032963778。E-mail：gbaoyuan_gcy@ cnpc. com. cn。

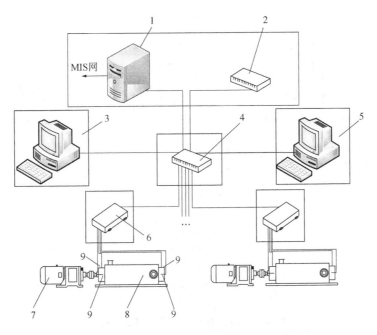

图 1　钻井机组在线监测故障智能诊断系统构成示意图

1—服务器；2—远程诊断中心；3—在线监测计算机；4—多口转发器；
5—远程监控上位机；6—采集器；7—电机；8—泵；9—检测振动传感器

于采集器，并将采集器、在线监控单元和远程监控单元都电连接于多口转发器[6]；

（2）采集器采集到检测振动传感器的信号并将其转化为数据，传输至多口转发器，采集器采集到的数据包括泵前端和后端的实时运行状态的数据，包括振动振幅数据、加速度数据、转速数据、压力数据和温度数据[7]；

（3）转发器将数据传输至在线监测计算机，在线监测计算机还可就地诊断出机组的各种故障，并将数据上传至数字化网络中，同时就地操作人员根据诊断出的故障结果进行指导性维修[8]；

（4）转发器同时还将数据通过专网光纤上传至远程监控上位机，进行数据发布，远程诊断中心用于远程数据存储和监测，实现机组状态监测、数据分析和故障远程诊断。

## 3　钻井机组在线监测故障智能诊断系统设计

### 3.1　故障诊断专家系统结构设计

故障诊断专家系统是从故障诊断的本质出发，根据故障诊断问题的特点和要求，具有诊断理论的科学性和诊断技术的先进性，故障诊断专家系统的总体结构如图 2 所示[9]。

系统由三个库和六个功能模块组成。三个库指设备数据库、征兆事实库和诊断知识库；六个功能模块指信号分析、征兆获取、诊断推理、诊断解释、故障处理和知识获取模块。

设备数据库用于存放数据采集系统通过安置在被监测对象上的传感器采集到的各种信息。

征兆事实库用于存放系统推理过程中获取的所有征兆事实，征兆事实的获取由征兆获取模块来完成。

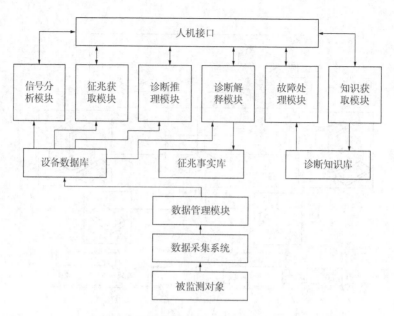

图 2　故障诊断专家系统结构示意图

诊断知识库用于存放与故障诊断有关的各种诊断知识，包括征兆库、经验知识库、决策知识库等，它们是故障诊断专家系统的核心。

在线监测计算机和远程监控上位机都设置有数据库单元、数据采集单元、状态监测单元、动平衡计算单元和分析诊断单元。数据库单元用于数据的存储，它由升降速数据库、历史数据库及事件数据库等组成，它根据机组的不同状态把有关数据存到不同的数据库中，以便于后续分析。系统具有仿真主监视图、棒图、数据和事件列表、曲线等形式显示测点的状态，出现异常对应报警的图标自动进行颜色异常显示。分析诊断单元含有强大的轴承数据库分析系统和专家故障诊断分析系统数据库，能够为分析诊断提供翔实依据，分析诊断单元主要对各种数据进行在线或离线分析，以判断机组的运行状态并能自动给出机组故障原因和处理意见。

远程监控上位机有多种数据存储方式：等时间间隔采样存储、等转速间隔采样存储、等负荷间隔采样存储、报警存储和人工方式存储数据。

远程监控上位机针对机组不同的运行状态，自动存储有关数据，形成各种数据库。可以实现设备运行状态的监测、设备故障的及时发现和原因分析及设备预知性维修的指导。

### 3.2　故障检测传感器设计

检测振动传感器，包括振动加速度传感器、温度传感器、转速传感器和压力传感器，振动测量传感器是通过 IEPE 将压电晶体的输出电荷转换为与振动量成正比的低阻电压信号；温度检测采用感温传感器来完成，压力检测采用硅晶体的压阻效应压力传感器来完成，转速检测采用开关型霍尔传感器来完成。现场采用"一线总线"接口的数字方式传输，大大提高了系统的抗干扰性。电缆线采用屏蔽 4 芯双绞线，其中一对线接地线与信号线，另一对线接 VCC 和地线，屏蔽层在源端单点接地[10]。

通过在泵前后端的水平、垂直方向上设有检测振动传感器，可以及时发现和诊断钻井机组存在的质量不平衡、初始弯曲、热弯曲、叶片脱落、不对中、油膜振荡、汽流激振、电磁激振、摩擦、轴瓦松动和共振等故障情况并及时报警和提出指导性的处理意见,从而避免非计划停机,提高生产效率。

### 3.3 数据采集器设计

采用的采集器为分布式振动数据智能采集器,其振动数据采集系统是一款适应于现场的工况且功能强大的数据采集器[11]。

振动数据智能采集器有以下优点:

(1)设计源头就充分考虑了 EMC 指标;

(2)采集器具有无缝数据采集技术,即可以对所有通道进行不间断的数据采集与传输;

(3)全工业级芯片,超宽温度适应范围,保障了系统的稳定性;

(4)超高速数据采集速率,能够保障系统具有超高的分析频率能力。

## 4 应用效果

2021 年钻井机组在线监测故障智能诊断系统在钻井队安装应用了 3 套,实现了钻井机组在线监测故障智能诊断,解决了钻井机组已有的故障问题,实现了钻井机组未来的零故障率,振动值降到国际振动烈度标准以下。延长了钻井机组的运行寿命,减少了钻井机组设备的意外停机事故,提高了钻井机组运行效率,具有良好的推广价值[12]。

## 5 结论

(1)钻井机组在线监测故障智能诊断系统的应用能够减少机组判断故障的时间和误操作,而故障诊断的及时性和准确率对于防止故障的发展具有决定作用。

(2)钻井机组许多故障的发生都有一个由轻到重的发展过程。通过对异常信号的检测,能够早期发现机组潜在的故障,及时采取预防措施,避免或减少事故的发生,延长机组的无故障使用期限,提高机组可用率。

(3)通过指导机组设备的启停,有助于提高钻井机组设备的运行效率,实现优化运行,节省运行和管理费用。

(4)通过对机组设备的状态分析,确定合理的检修时机和检修方案,促进维修方式从预防性维修到预测性维修的转变,避免不必要的停机,并能通过提高修复速度减少停机时间,节约维修费用。

(5)通过数据记录和分析,有利于建立机组设备的文档资料,在事故发生后为事故分析提供有力的证据,有利于积累诊断经验,提高故障诊断的整体水平。

### 参 考 文 献

[1] 寇胜利. 汽轮发电机的振动及现场动平衡[M]. 北京:中国电力出版社,2007:26-29.

[2] 高金吉. 机械故障诊断与自愈化[M]. 北京:高等教育出版社,2012:6-20.

[3] 高喜奎,朱卫东,程明霄. 在线分析系统工程技术[M]. 北京:化学工业出版社,2014:134-135.

[4] 常攀,谢超,程明霄. 基于振动测试的离心泵故障诊断[J]. 机械研究与应用,2009(5):122-125.

[5] 宫能春. 旋转设备共振故障的诊断[J]. 设备管理与维修,2009(12):40-43.

[6] 李文华,王玉学. 离心泵故障诊断方法[J]. 辽宁工程技术大学学报:自然科学版,2002,21(2):233-235.

[7] 王其成. 泵运行状态监测和故障诊断[J]. 化工装备技术,2001,22(5):8-10.

[8] 杨胜利，李业全. 机组状态与诊断系统在池潭水电厂的应用[J]. 电工技术，2009(1)：15-17.

[9] 王庆国，刘红彦. 原油外输泵齿轮箱高振动分析及其诊断[J]. 通用机械，2009(7)：23-25.

[10] 陈宝文，郑建华，石红等. 大型泵机组监测与控制系统的应用[J]. 水泵技术，2000(2)：26-27.

[11] 韩冬. 成品油长输管道系统中输油泵故障诊断技术应用研究[J]. 化学工程与装备，2013(6)：18-19.

[12] 王本汉，李保国. 输油泵机组故障诊断专家系统的研究与应用[J]. 油气储运，2003(10)：21-23.

# QT/ZS194-101型破碎地层取心工具研制与应用

姚坤鹏　陈文才　张　伟

(川庆钻探工程有限公司钻采工程技术研究院)

**摘　要**　随着全国许多油田进入后期开发阶段，地层水淹严重，取心时岩心极易坍塌破碎，此外，在川渝地区灯影组和新疆地区鹰山组等层位，裂缝孔洞非常发育、岩心破碎，采用现有取心技术，堵心、磨心发生的概率在90%以上，极大程度影响了取心单筒进尺和岩心收获率。为解决上述问题，研究了通过立压变化来判断堵心的堵心报警装置和双层内筒结构的堵心解堵装置，形成了适用于破碎地层的特效取心工具和配套取心工艺。并在川渝地区3口井开展了现场试验，平均单筒进尺同比提高了40%，平均收获率95%，能有效发现并解除堵心，保证取心单筒进尺和收获率，减少起下钻次数，缩短钻井周期，对取全取准破碎地层地质资料和取心提速增效有着重要意义。

**关键词**　破碎地层；单筒进尺；堵心报警；堵心解堵

钻井取心技术是获取岩心的最直接方式，在油气勘探开发中发挥了极为重要的作用。在破碎地层中，由于岩心成柱性差，进心过程中散碎岩屑易掉落在内、外筒环空中并堆积，进而导致堵心，影响取心单筒进尺。目前，现场技术人员都是通过取心过程中的钻压、立压、扭矩等参数变化，按经验来判断是否堵心，对现场作业人员的能力要求非常高，如果发现不及时，就会造成磨心，影响取心收获率。

当前，针对破碎地层取心，主要有保形取心、密闭取心、震动取心及加压式取心四种应对方式。保形取心通过采用特殊低摩阻内筒，降低岩心进入内筒的阻力，来减小堵心发生的概率；密闭取心通过在内筒中灌装密闭液，利用密闭液的润滑作用对内筒内壁进行降阻，进而减小岩心进入内筒的阻力，降低堵心概率；震动取心是通过控制钻井液流量给内筒施加一定频率的周期性震荡力，将卡在内、外筒环空中散碎岩心及时抖落、排出，避免长时间在一处堆积，造成堵心；加压式取心采用可变形的特殊岩心爪，通过施加钻压挤压岩心爪使其产生塑性变形，实现全包覆式割心，避免起钻过程中散碎岩心掉落，提高取心收获率，仅适用于软碎地层取心。上述几种取心技术是从预防堵心和防止起钻时岩心掉落的角度，提高破碎地层取心收获率，对于如何提高取心单筒进尺仍无有效手段。为此，开展了川庆QT/ZS194-101型破碎地层取心工具研究，并开展现场试验验证。

【第一作者简介】姚坤鹏，出生于1990年，工程师，大学本科毕业于长江大学机械设计及其自动化专业，主要从事钻井取心工具及其他井下工具研究工作。地址：中山大道南二段88号，邮编：618300，E-mail：993668179@qq.com。

# 1 工作原理及参数

## 1.1 工具结构及原理

QT/ZS194-101 型破碎地层取心工具结构如图 1 所示。

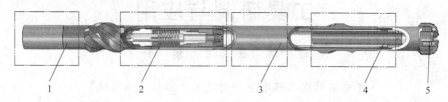

图 1 QT/ZS194-101 型破碎地层取心工具结构示意图
1—悬挂机构；2—堵心报警机构；3—取心筒；4—堵心解堵机构；5—取心钻头

取心钻进前，挡流管处于低位，旋转总成侧向流道孔处于完全开放状态；二级内筒套装在一级内筒中，通过剪切销钉与一级内筒固定，是岩心首先进入的存储室；弹簧处于压缩预紧状态，一级内筒处于浮动状态。钻遇堵心时，岩心推动内筒组向上移动，挡流管被推至高位，将旋转总成侧向流道孔封盖关闭，立压升高，发出堵心预警；增加钻压钻进，剪断剪切销钉后，一级内筒回落，挡流管重新回到低位，恢复旋转总成的流道，立压同步恢复，进行堵心后的二次取心钻进。条件允许的情况下，可以增加二级内筒的数量，达到多次堵心解堵的目的。

## 1.2 取心工工具参数

QT/ZS194-101 型破碎地层取心工具主要技术参数见表 1。

表 1 取心工具技术参数表

| 工具总长（mm） | 10486 | 钻头（mm） | $\phi101$（内径）、$\phi214.4$（外径） |
|---|---|---|---|
| 岩心直径（mm） | $\phi101$ | 外筒（mm） | $\phi154$（内径）、$\phi194$（外径） |
| 内筒（mm） | $\phi129$（内径）、$\phi144$（外径） | 衬筒（mm） | $\phi108$（内径）、$\phi121$（外径） |
| 外筒抗拉强度（kN） | 1400 | 外筒抗扭强度（kN·m） | 35 |
| 外筒上扣扭矩（kN·m） | 13~16 | 可解堵次数（次） | 1 |
| 可取岩心最大长度（m） | 9.2 | 连接扣型 | NC50 |

# 2 取心工具结构设计

## 2.1 堵心报警机构

### 2.1.1 堵心报警机构原理

如图 2 所示，堵心报警机构由挡流管、弹簧、滑套、悬挂轴、内筒转换接头和自动泄压总成组成，堵心报警机构通过内筒转换接头与内筒相连，内筒转换接头、悬挂轴和挡流管通过螺纹连接，悬挂轴通过六方轴与滑套六方孔配合，悬挂在其下端。

堵心时，岩心对二级内筒的摩擦力通过剪切销钉传递到一级内筒上，推动一级内筒上移，进而带动挡流管上移，挡住旋转总成上的侧向流道孔，使立压升高，实现堵心报警。

堵心后，增加钻压继续钻进，当岩心对二级内筒的摩擦力超过剪切销钉的剪切极限时，剪切销钉被剪断，一级内筒在自重、钻井液压力及弹簧的多重作用下，回复至原位，挡流管回复原位，立压恢复正常，即可进行堵心后的二次取心钻进。

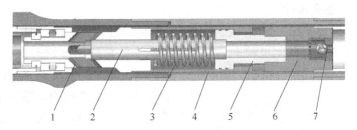

图2 堵心报警机构结构示意图

1—旋转总成；2—挡流管；3—弹簧；4—滑套；5—悬挂轴；

6—内筒转换接头；7—自动泄压总成

### 2.1.2 堵心时的节流流道设计与优化

堵心报警是通过节流憋压使立压升高实现的，立压的变化值与流道面积直接相关。根据钻井水功率传递的基本原理，当出现节流时，立压的增加值等于节流面两端的压降。

如图3所示，在节流面两端，对1、2截面列伯努利方程：

$$p_1+1/2\rho v_1{}^2+\rho gh_1=p_2+1/2\rho v_2{}^2+\rho gh_2 \qquad (1)$$

由于$h_1$与$h_2$近似相等，两边的压差：

$$p_1-p_2=1/2\rho(v_2{}^2-v_1{}^2) \qquad (2)$$

其中：

$$v=Q/A$$

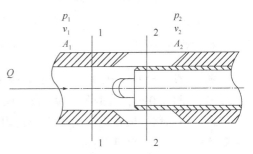

图3 钻井液节流面示意图

式中，$h_1$为截面1的垂直高度；$h_2$为截面2的垂直高度；$p_1$为截面1的压强；$p_2$为截面2的压强；$\rho$为钻井液密度；$v_1$为截面2的钻井液流速；$v_2$为截面2的钻井液流速；$Q$为钻井液流量；$A$为截面处的流道截面积。

通过计算优化，为确保堵心时立压变化易观察，确定了节流前流道面积$A_1=3520mm^2$，挡流管上升至最高点时，流道面积$A_2=390mm^2$，按取心排量$Q=18L/s$，钻井液密度$\rho=1.1\sim2.2g/cm^3$计算，代入数据得两截面的压差$\Delta p$：

$$\Delta p=p_1-p_2=1.15\sim2.34MPa \qquad (3)$$

即根据钻井液密度不同，堵心时的立压变化为范围是$1.15\sim2.34MPa$。

### 2.1.3 弹簧设计

弹簧的作用是在剪销前，可以抵消一部分进心的阻力，避免销钉提前剪断，减小取心进尺，同时，在剪销解堵后，推动内筒复位，恢复立压继续钻进，因此，弹簧的弹力不能过小，同时，和内筒重力之和还不应大于销钉剪切力，需要重点计算。

由于销钉剪切力为$T=27kN$，内筒重$G=3kN$，初选弹簧最大工作载荷20kN，根据《机械设计手册》圆柱弹簧的设计方法，对弹簧进行设计。

根据设计，弹簧刚度$P=462N/mm$，最大工作行程$h=43mm$，故弹簧的最大弹力$F$为：

$$F=P\times h=462\times43=19.8kN \qquad (4)$$

*F+G<T*，不会出现销钉提前剪断的情况。

## 2.2 专用取心钻头设计

根据取心工具原理，在实现堵心报警和堵心解堵的过程中，内筒要上下往返发生一段位移，使立压发生变化。在此过程中，如果内筒向上的位移超过钻头内扶正的台阶长度，就会导致内筒偏心，造成岩心折断，影响下一步钻进，同时，内筒上移的过程中，岩心处于挤压状态，可能在内筒下端与钻头内台阶的配合段产生堆积，导致内筒无法复位，解堵后立压无法恢复正常，影响下一步钻进。因此，需要对取心钻头内扶正台阶进行优化设计，一方面，要适当加长扶正台阶面的长度，确保内筒向上发生最大位移时仍处于扶正状态，另一方面，在扶正台阶面上开设排屑槽，与钻头排屑槽连通，及时排出可能在扶正台阶面处堆积的岩屑，保证内筒复位正常(图4)。

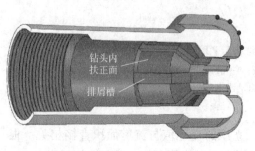

钻头内扶正面

排屑槽

图4 取心钻头结构示意图

## 3 现场应用

采用 QT/ZS194-101 取心工具在×××井开展了现场应用2井次，取心井段在长兴组 6569.00~6600.09m，井眼尺寸 9½in，地层主要岩性是深灰色云岩、灰色云岩、灰色灰岩，易破碎，钻遇堵心风险高。由于半剖式内筒的出心、组装耗费时间偏长，采用常规取心工具穿插使用，节约钻井时间。

本次在长兴组共取心5筒次，其中，第二筒和第四筒采用解堵取心工具，取心过程中正常取心1次，钻遇堵心1次，堵心时，立压由 11.6MPa 升高到 13.3MPa，继续钻进后立压恢复正常，成功剪销并解除了堵心，最终单筒进尺由监测到堵心时的 3.74m 提高到了 8.04m，比同井常规取心工具的平均单筒进尺(4.34m)提高了 85%，成功验证了其堵心报警和堵心解堵功能(表2)。

表2 ×××井现场应用情况表

| 筒次 | 井段(m) | 层位 | 取心进尺(m) | 岩心长(m) | 收获率(%) | 工具类型 |
|---|---|---|---|---|---|---|
| 1 | 6569.00~6575.34 | 长兴组 | 6.34 | 6.30 | 99.37 | 常规取心工具 |
| 2 | 6575.34~6583.38 | 长兴组 | 8.04 | 8.04 | 100.00 | 解堵取心工具 |
| 3 | 6583.38~6585.77 | 长兴组 | 2.39 | 0.90 | 37.66 | 常规取心工具 |
| 4 | 6586.77~6595.80 | 长兴组 | 9.03 | 9.03 | 100.00 | 解堵取心工具 |
| 5 | 6595.80~6600.09 | 长兴组 | 4.29 | 4.23 | 98.60 | 常规取心工具 |

## 4 结论与建议

(1)根据现场试验效果，破碎地层解堵取心工具能够有效提高破碎易堵地层取心单筒进尺，节约钻井成本，应用前景广阔。

(2)双层内筒的解堵结构切实可行，但根据原理，内筒层数越多解堵次数越多，取心

图5 现场岩心图片

单筒进尺提升越高，在保证取心安全和质量的前提下，仍需进一步开展多层内筒取心工具攻关。

（3）半剖式内筒虽然能在一定程度减小堵心后的出心难度，但其装配困难，而且衬筒仍需按常规出心工艺进行出心，可尝试采用类似铝合金、PVC内筒等可切割式内筒。

（4）工具仅针对发生在内筒中的堵心工况，对发生在钻头、岩心爪处的堵心不能有效解决，需要进一步攻关。

## 参 考 文 献

[1] 周刚，刘彬，邹强，等．川式保形取心技术的发展与应用．钻采工艺，2009，32(1)：17-18.
[2] 胡畔，何超，向贵川．破碎地层高温高压密闭取心工具的研制及现场应用．钻采工艺，2016，39(1)：89-91.
[3] 许俊良，薄万顺，王智锋，等．堵心监视装置的研制．石油钻采工艺，2005，27(1)：72-73.
[4] 段绪林，卓云，郝世东，等．对破碎地层取心预防磨心的认识与建议．钻采工艺，2019，42(1)：99-100.
[5] 赵远刚，张伟．液动锤钻进减轻岩心堵塞机理的研究．探矿工程，2013，40(7)：81-83.
[6] 李鑫森，李宽，梁健，等．复杂地层取心钻进堵心原因分析及其预防措施．探矿工程，2018，45(12)：12-15.
[7] 许俊良，宋淑玲，成伟．国外钻井取心新技术（一）．石油机械，2000，28(9)：53-56.
[8] 何超，胡畔，唐聪，等．新型加压式取心工具研究及现场应用．钻采工艺，2015，38(5)：62-65.
[9] 汪曾祥，魏先英，刘祥，等．弹簧设计手册．上海科学技术文献出版社，1986.

# 气体钻井智能化关键技术与应用

谢 静

(中国石油集团川庆钻探工程有限公司钻采工程技术研究院)

**摘 要** 随着智能化发展引领起新一轮科技及产业变革,气体钻井在智能化方向紧跟市场需求不断创新,主要形成了三大关键技术,有效支撑着我国油气资源的安全、高效、绿色开发。本文总结了集中自动化监控技术、电驱设备及集成配套技术和随钻安全监测智能预警技术现状。结合以上关键技术在新疆、川渝地区的现场应用效果分析得出:2 口井平均节省燃油费用 3 万~5 万元/天,累计减少二氧化碳排放 999t、碳排放 260.3t,节能减排效果明显;随钻安全监测智能预警技术提高了现场监测人员的工作效率,为实施高效气体钻井安全风险处理措施赢得宝贵时间。

**关键词** 气体钻井;智能化;安全控制;绿色发展;自动化监控

智能化发展与应用催生着科技不断创新,正在引领新一轮科技及产业变革,成为众多行业科技发展的大趋势[1-2]。在石油行业,气体钻井正在向自动化、智能化迈进,实质性推动了川渝、新疆等地区油气勘探开发进程。随着我国能源发展向清洁低碳、安全高效转型,探索气体钻井与大数据、人工智能等前沿理论及技术的有机融合,符合钻井生产中节能降耗、减少碳排放、降低生产成本等要求,也为非常规油气资源的绿色开发增添新途径。

自 2014 年以来,为增强气体钻井作业安全性能,川庆钻探钻采院提出了气体钻井集中远程监控系统方案,计划采用集中远程监控与 VFD 控制房联动,通过数据通信实现作业现场电驱设备运行参数、注入/返出流体实时监测和现场设备远程控制等功能[3-4]。在"油改电"背景下,油田电网覆盖率的增加给该研究内容提供了一定的基础支撑,但由于多数设备均为 2011 年以前制造,运行系统复杂、数据采集与传输接口比较落后,无法与现有先进自动化、信息化技术对接,远程控制难度大[5]。在川庆钻采院研发团队紧跟市场需求不断的科技攻关下,气体钻井智能化技术有了重大突破,主要取得三大核心成果,一是形成集中自动化监控技术,解决了高压条件下人工操作的高风险、频繁巡检强度大等难题,提升了设备自动化、智能化水平;二是形成电驱设备及集成配套技术,解决了钻井作业期间燃油成本高、废气排放不环保、噪声大等问题;三是形成随钻安全监测智能预警技术,提高了现场监测人员的工作效率,为实施有效气体钻井安全风险处理措施赢得了宝贵时间。以上气体钻井智能化关键技术的发展,有力保障了气体钻井作业的安全、高效、绿色开发,市场前景广阔,推广应用价值高。

---

**【作者简介】**谢静(1994—),女,硕士,2021 年毕业于长江大学石油与天然气工程专业,现从事气体钻井技术研究。通信地址:四川广汉市中山大道南二段 88 号,E-mail:1172991806@qq.com。

# 1 气体钻井智能化关键技术

## 1.1 集中自动化监控技术

集中自动化监控技术是提升气体钻井自动化、智能化水平的核心技术，主要有集中监控系统、35MPa 电控泄压装置两方面。该项技术是一项集成技术，它的发展依托于电驱设备及集成配套技术和随钻安全监测智能预警技术，分别在电驱设备硬件、预警软件方面不断优化升级，从而提高气体钻井智能化水平，综合提升市场竞争力。

集中监控系统是气体钻井智能化的重要载体，目前已具备集工艺流程、设备监控、返出流体监控、视频监控、录井数据远程集中呈现功能，所有监测存储数据可进行追溯查询和技术分析，如图1、图2所示。通过远程集中控制中心可对注气设备进行单台紧急停机操作，其原理是根据气体钻井不同工况下的实际情况进行判断，形成一套正常或复杂工况下的设备自动化控制程序。

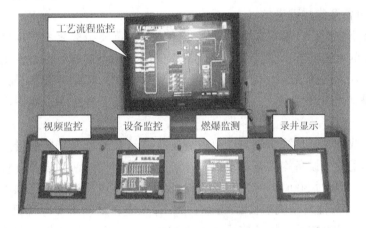

图 1　集中监控系统操作台

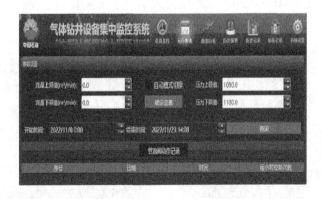

图 2　集中监控系统软件界面

35MPa 电控泄压装置能实现 55~57s 内供气与泄压自动切换、不同工况下注气量自动调节。基本原理是根据气体流量计监测的瞬时流量和目标流量进行对比，系统按照算法结果自动控制调节阀开度，释放机组多余气量，如图3所示。集中监控系统可对泄压装置实现单只阀门远程控制开关状态、供气和泄压两种工况的联动工作，在井下异常和设备异常情况下实现声光报警，如图4所示。

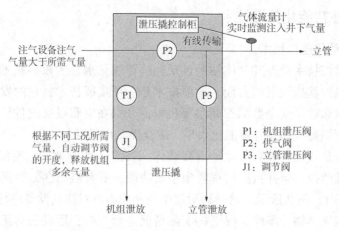

图 3　电控泄压原理图

注气设备注气
气量大于所需气量

泄压撬控制柜

气体流量计
实时监测注入井下气量

有线传输

立管

P2

P1

P3

根据不同工况所需
气量，自动调节阀
的开度，释放机组
多余气量

J1

泄压撬

机组泄放　　立管泄放

P1：机组泄压阀
P2：供气阀
P3：立管泄压阀
J1：调节阀

## 1.2　电驱设备及集成配套技术

电驱设备及集成配套技术是集中自动化监控技术的重要组成之一，也是推动气体钻井绿色、高效开发的重要环节，主要有电驱设备集成配套、VFD 控制系统。川庆钻采院以绿色发展为导向，探索低碳清洁生产和绿色环保发展新模式，强化节能减排，积极探索新工艺、新技术，提升公司绿色作业、清洁生产、低碳钻井能力覆盖率，减少碳排放，实现绿色生产[6-7]。

电驱设备集成配套从传统柴驱向电驱转变是气体钻井绿色发展的关键。目前国内各气体钻井服务公司配套的设备均为柴驱设备，据统计钻采院气体钻井设备日均柴油消耗量超过 20t；当使用功率超过 300kW/台的柴油发动机时废气排放量过高；经噪声测试设备区域最低值超过 85dB；柴油发动机在长时间运行中，存在跑、冒、滴漏等现象，污染土壤。针对以上问题，川庆钻采院经过攻关完成了 1 套 400m³/min 电驱气体钻井主体设备，其中电驱空压机(排量大于等于 40m³/min、工作压力大于等于 2.4MPa)、电驱增压机(排量大于等于 60m³/min、工作压力大于等于 25MPa)如图 5、图 6 所示。

图 4　35MPa 电控泄压装置实物图

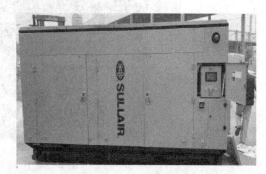

图 5　电驱空压机实物图

VFD 控制系统是电驱空压机和电驱增压机集中操控的系统，主要由 VFD 控制房、电气控制器、增压机软启动装置、变压器等组成，该系统直接从网电箱变室获取 600V 电源，再经过 VFD 控制系统内部设施向电驱增压机、电驱空压机提供 600V 或 380V 电源。VFD 控制房内安装变压器、软启动装置等重要电气设备，该房间内部设备设施固定牢靠，防腐、防尘、防潮、抗冲击、防破坏能力强，解决了成套电驱设备用电、集中操控等问题，实现了远程集中启停设备，如图7、图8所示。

图 6  电驱增压机实物图

图 7  VFD 系统实物图

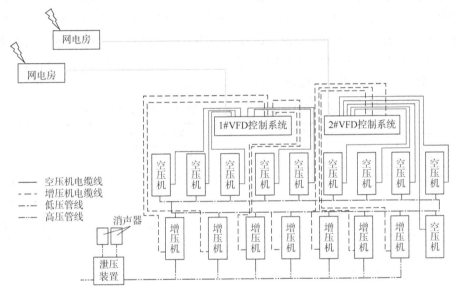

图 8  VFD 系统与电驱设备控制流程示意图

### 1.3  随钻安全监测智能预警技术

随钻安全监测智能预警技术是集中自动化监控技术的基础支撑，也是保障气体钻井安全钻进的技术屏障，主要有井下安全随钻监测系统、随钻安全监测智能预警软件两方面。随着深层油气高效开发已经成为中国战略资源接替的重大需求，当面临深层复杂、多压力系统地层钻进时，缺乏完善的监测手段，导致井筒流动及压力风险控制面临不确定性，对钻井效率、安全等提出重大挑战[8-10]。川庆钻采钻结合大数据，基于卷积神经网络构建智能预警系统，帮助现场技术人员预先感知风险并采取控制措施。

井下安全随钻监测系统是通过对返出流体、岩屑浓度、应力波、钻井参数等多源数据监测，实时综合反映井下工况，有效解决了监测面窄、测量精度低、响应时间慢等问题。其中返出流体监测装置采样频率2Hz，能适应气体钻井高返速工况，如图9所示，该装置采用物理过滤+湿式除尘的方式，解决了同类型干式除尘产品易堵塞难题，清砂周期约为同类型产品的7倍。

（a）返出流体监测装置整体外观　　　　（b）返出流体监测装置内部结构

图9　返出流体监测装置实物图

　　随钻安全监测智能预警软件整体框架由三部分组成，分别为数据提取模块、安全风险识别计算模块及识别结果与警示模块，如图10所示。根据现场实际情况对不同风险设置相应的报警阈值，当大于阈值时，在预警模块中按照黄、橙、紫、红四种预警颜色进行系统风险提示，如果未达到阈值，则不会发出警示并实时持续监测。风险等级共设置为4级，主要处理措施为声光报警和上报决策人员，见表1。软件程序采用基于C#语言和python联合开发，网络模型结构简洁，准确识别率高达80%以上。

表1　随钻安全监测智能预警软件风险等级设置及处理措施

| 预警颜色 | 风险等级 | 风险概率 $P$（%） | 软件处理措施 |
|---|---|---|---|
| 黄色 | IV | 70%>$P$≥60% | 继续监测 |
| 橙色 | III | 80%>$P$≥70% | 声光报警 |
| 棕色 | II | 90%>$P$≥80% | 声光报警 |
| 红色 | I | $P$≥90% | 上报决策人员 |

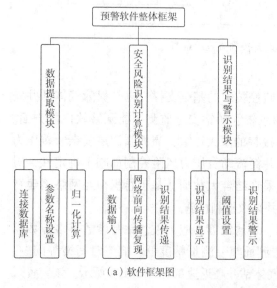

（a）软件框架图　　　　　　　　　　（b）软件报警效果界面

图10　随钻安全监测智能预警软件框架图与报警效果界面

## 2 气体钻井智能化应用

### 2.1 集中监控系统及电驱设备现场应用

2021 年 4 月，钻采院在新疆地区 BZ-X 井开展气体钻井作业，本次电驱设备从安装调试到作业结束，共计稳定运转 23 天。首次采用"电驱（9 台）+油驱（11 台）"组合模式，成功保证气体钻井作业顺利完成。共计节省燃油费 4.05 万元/天，减少二氧化碳排放 778t、碳排放 202.7t。

2022 年 9 月，钻采院在川渝地区 P-X 井开展气体钻井作业，首次采用电驱设备及其气体钻井集中监控系统组合使用，从设备安装到作业结束，共计稳定运转 11 天。气体钻井集中监控系统实时呈现了电驱设备参数、返出流体参数、重点区域视频等监测内容，通过远程集中操控电控泄压装置，实现了接单根或起下钻等供气与泄压在 55~57s 联动自动切换，如图 11、图 12 所示。共计节省燃油费 3.38 万元/d，减少二氧化碳排放 221t、碳排放 57.6t，见表 2。

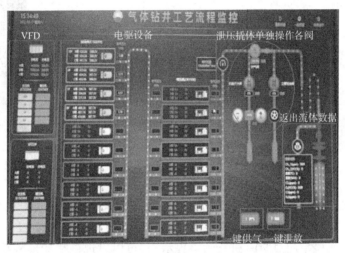

图 11　电驱设备工艺流程远程操控界面

图 12　集中监控系统重点区域自动化监控

表 2  节能减排效果统计表

| 井号 | 累计用电($10^4$kW·h) | 替换柴油(t) | 减少二氧化碳排放(t) | 减少碳排放(t) | 节约燃油费用(万元/d) |
|---|---|---|---|---|---|
| BZ-X 井 | 87.22 | 244.22 | 778 | 202.7 | 4.05 |
| P-X 井 | 24.8 | 69.4 | 221 | 57.6 | 3.29 |

## 2.2  井下安全随钻监测系统现场试验

2021 年 5 月,钻采院在川渝地区 JQ-X 井开展氮气钻井井下安全随钻监测系统现场试验,试验期间该系统无故障工作时间超过 120 小时,及时、准确识别了地层产气、地层微量出水工况,并对卡钻做出了风险提示,如图 13 所示,井下复杂事故准确识别率达到 100%。

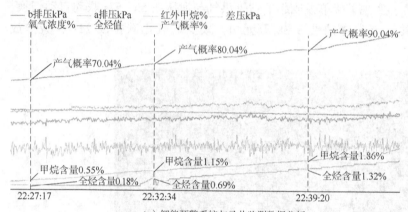

(a)智能预警系统与录井监测数据分析          (b)排砂管线采样点

图 13  JQ-X 井第一次产气智能预警系统监测数据对比

试验期间进行了多点位、多参数独立监测,通过与录井数据进行对比分析可知(表 3),录井监测的全烃值在 22:32:34 开始出现上涨趋势,预警系统则在 22:27:17 开始进入产气工况判断(产气概率超过 70% 进行预警提示),可以发现该智能预警系统相比录井监测提前 5 分钟左右(已扣除取样管线延迟时间),为氮气钻井井口安全控制和井下复杂预防赢得了宝贵时间。

表 3  智能预警系统与录井监测结果

| 时间 | 智能预警系统监测 | 录井监测 | 系统预警结果 |
|---|---|---|---|
| 22:27:17 | 红外甲烷含量 0.55% | 全烃含量 0.18% | 产气概率 70.07%(进入产气工况) |
| 22:32:34 | 红外甲烷含量 1.15% | 全烃含量 0.69%(出现上涨趋势) | 产气概率 80.04% |
| 22:39:20 | 红外甲烷含量 1.86% | 全烃含量 1.32% | 产气概率 90.04% |

## 3  结论与建议

(1)集中自动化监控技术是气体钻井在智能化发展方向上的重要体现,实现不同工况下注气量的自动化调节与控制,高效且精准排查设备故障,在井下及设备异常情况下自动声光报警,解决了高压条件下人工操作高风险和频繁巡检高强度等问题。

(2)电驱设备及集成配套技术、随钻安全监测智能预警技术是集中自动化监控技术发展的重要支撑来源，电驱设备及集成配套技术解决了气体作业期间燃油成本高、废气排放不环保、主体设备自动化差等难题；随钻安全监测智能预警技术有利于提高现场监测人员工作效率，为实施有效气体钻井安全风险处理措施赢得宝贵时间。

（3）气体钻井智能化关键技术在安全、高效、绿色开发方向上取得现阶段成果，建议下步继续大量推广应用，不断升级完善配套设备和气体钻井集中监控系统，加强随钻安全监测智能预警技术在自动化控制层面相融合，以适应钻井现场实际情况。

## 参 考 文 献

[1] 曾义金，金衍，周英操，等.深层油气钻采技术进展与展望[J].前瞻科技，2023，2(2)：32-46.

[2] 李海，姜富川，周柏年，等.钻井运行管理智能化信息系统[J].天然气技术与经济，2021，15(5)：35-38，59.

[3] 蒋振伟，邓凯，杨建荣，等.提高气体钻井安全性和自动化程度的分析与应用[J].内江技，2013，34(3)：114，138.

[4] 李金和，徐忠祥，罗整，等.电驱动气体钻井设备设计方案[J].钻采工艺，2015，38(5)：19-21，6-7.

[5] 张希军.推行"油改电"项目节能增效的探讨[J].石油石化节能，2014，4(8)：15-16，18.

[6] 孙志和，石林.科学化与自动化钻井技术[J].石油钻采工艺，2017，39(6)：661.

[7] 许萍，燕修良.气体钻井设备在高温严寒环境下的技术改造与应用[J].钻采工艺，2016，39(4)：70-71，6.

[8] 李皋，李诚，孟英峰，等.气体钻井随钻安全风险识别与监控[J].天然气工业，2015，35(7)：66-72.

[9] 孟英峰，李皋，陈一健，等.欠平衡钻井随钻储层监测评价技术研究[J].钻采工艺，2011，34(4)：1-5.

[10] 吴鹏程，孟英峰，李皋，等.欠平衡钻井随钻监测系统的开发及应用[J].天然气工业，2011，31(5)：77-79，121-122.

# 可控随钻扩眼器研制及现场应用

李　玮[1,2]　盖京明[1]　李思琪[1,2]

(1. 东北石油大学；2. 油气钻完井技术国家工程研究中心)

**摘　要**　随着我国非常规油气勘探开发日益深入，高温高压地层、大段盐膏层等复杂工况地层逐渐增多，钻井液安全窗口窄、盐膏层井眼缩颈等难题对钻井和固井作业提出了更高的要求。针对上述难题，研发了可控随钻扩眼器，以扩大井眼尺寸，实现非常规井身结构、抑制井眼缩颈、提高固井质量。工具主要包括控制机构和传动机构，工作原理为通过投球憋压剪断销钉实现流道变化，从而利用液压展开或收回刀翼。对工具进行了流场分析，并开展了室内测试和现场试验。现场试验表明，可控随钻扩眼器试验井段平均井径 241.49mm，相比扩眼前井径平均扩大 14.53mm，扩大率 6.4%。该工具有效缓解了东营组、沙一段地层缩颈导致的电测遇阻、挂卡问题，为解决盐膏层缩颈、非常规套管作业提供了国产产品和技术支撑。

**关键词**　盐膏层；井眼缩径；随钻扩眼器；非常规套管；现场实验

随着我国非常规油气资源开发日益深入，高温高压地层、大段盐膏层等复杂工况地层逐渐增多，钻井液安全窗口窄、盐膏层井眼缩颈等对井身结构设计和固井质量提出了严峻挑战。利用可控随钻扩眼技术扩大井径有效缓解上述钻井难题，并已成为国内外石油公司常用的技术手段。

井下扩眼工具主要分为扩眼钻头和独立结构型扩眼工具。其中扩眼钻头和早期的偏心式扩眼工具由于对可通过的井眼尺寸要求较高被逐渐淘汰。国内使用的扩眼器主要是辽河油田的 RWD-152 型液压式随钻扩眼工具[1]和胜利石油管理局的 JK 型扩眼工具[2]。其中 RWD 型扩眼器为偏心结构扩眼器，应用报道较少，而 JK 型随钻扩眼工具则存在锥体结构薄弱，导致钻井液短路等工作性能问题。

国外主流扩眼工具主要是滑移液压扩张式扩眼工具，主要采用投球激活或压差激活，适用于常规钻井、开窗钻井、分支井等工况[3]。国外扩眼工具产品在我国市场占据主要地位，以斯伦贝谢犀牛扩眼器为例，在我国渤海油田[4]、川渝地区[5]、南海地区[6]等地区均有使用。国外石油巨头通过技术垄断，提供价格高昂的技术服务，为打破国外技术壁垒，提高自身市场竞争力，研发可控随钻扩眼器具有重要的学术和工程意义。

本文开展了可控随钻扩眼工具结构设计，通过数值模拟分析进行了结构优化，并通过室内实验和现场实验验证了工具的工作性能。

---

【第一作者简介】李玮，男，1978 年 2 月生，教授、博士生导师，2006 年获大庆石油学院油气井工程硕士学位，2010 年获东北石油大学油气井工程博士学位，现从事高效钻井破岩、水力压裂、钻井优化等方面的研究工作。E-mail：our.126@ 126. com。

【通讯作者】盖京明，男，1996 年 4 月生，2021 年获东北石油大学油气井工程硕士学位，现为东北石油大学石油与天然气工程在读博士，从事钻井工具研发、岩石力学等方面的研究工作。

# 1 可控随钻扩眼器结构和原理

可控随钻扩眼器是一种投球激活液压式随钻扩眼工具(以下简称扩眼器)。扩眼器主要由控制机构和传动机构组成,如图1所示。控制机构主要包括上下球座、上下阀球、下端帽和下芯轴;传动机构主要包括弹簧、刀翼和活塞等部件。工具主要分为未激活、激活和去激活三种工作状态。工具未激活时,钻井液直接从芯轴中心流出,如图2(a)所示;工具下入到需扩眼井段时,投球憋压剪断下球座销钉,下球座下移打开通往活塞的流道,刀翼在钻井液压力作用下展开,工具激活,如图2(b)所示;停泵后,刀翼在弹簧力和自重力下自动收回。当需不扩眼钻进时,再次投球,憋压剪断球座外部销钉,球座下行堵塞活塞腔通道,刀翼在弹簧力作用下收回,同时保留扩眼器内钻井液下行至钻头的通道,如图2(c)所示。

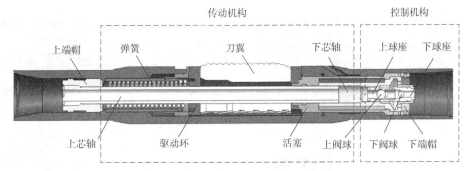

图1 扩眼器结构示意图

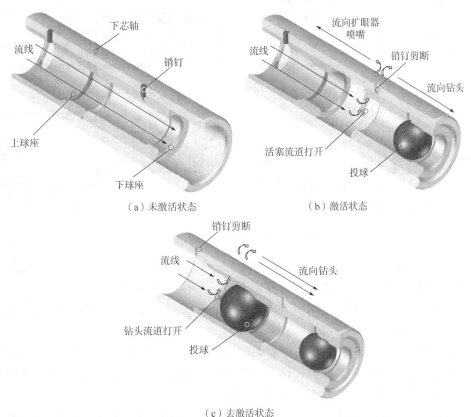

(a)未激活状态　　　　　　　　(b)激活状态

(c)去激活状态

图2 扩眼器工作状态示意图

## 2　可控随钻扩眼器结构优化

为了确定扩眼器工具内部的流动情况，开展了全尺寸扩眼器结构流场模拟分析，并对薄弱部件进行结构优化。

为了确定扩眼器内钻井液的流通情况，分别考虑扩眼器未激活、投球激活和投两球去激活三种钻进条件下扩眼器内部流场状态，开展了全尺寸扩眼器控制系统流场模拟分析，以判断工具内部钻井液的流动特性，并进行相应的优化。

流场模拟基于实际钻井水力参数，设定配合的钻头喷嘴当量面积为 $1000mm^2$，扩眼器喷嘴直径为 10mm，入口排量为 32L/s，流体密度为 $2.0g/cm^3$，出口为自由边界，数值模拟结果如图 3 所示。

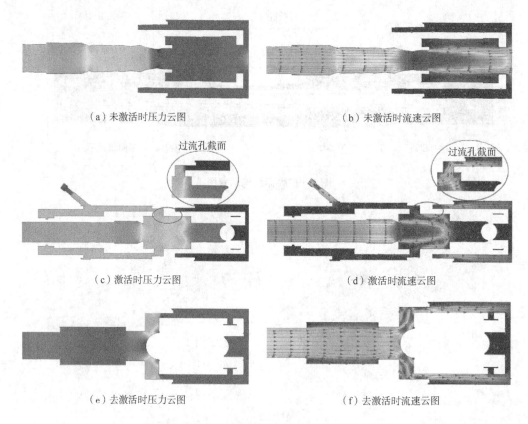

（a）未激活时压力云图　　　　　　　　　（b）未激活时流速云图

（c）激活时压力云图　　　　　　　　　（d）激活时流速云图

（e）去激活时压力云图　　　　　　　　　（f）去激活时流速云图

图 3　三种工作状态下扩眼器内部的流压分布情况

扩眼器在未激活时，钻井液直接从芯轴流过，并在上下球座的缩颈处产生一定的压耗。工具激活时，钻井液通过上下芯轴过流孔分别流向钻头和扩眼器喷嘴，活塞在液压作用下推动刀翼展开。工具去激活时，上球座下移关闭通往活塞的流道，钻井液仅从下芯轴过流孔流向钻头，压耗主要集中在过流孔处。

在扩眼器的实际施工时，主要关注投球前后的立管压力变化，从而判断工具是否成功激活或去激活，进而决定施工方案，设上下球座销钉剪断压力均为 6MPa，通过流场模拟，得出不同排量下投球前后的压力变化如图 4 所示。

如图 4 所示，在不同的排量下，BHA 总压耗随工作状态的改变其增减趋势有所不同，整体上看，BHA 总压耗在两次投球憋压时升高，在正常工作状态下降低，尤其是在低排量情况下压耗波动更加明显。

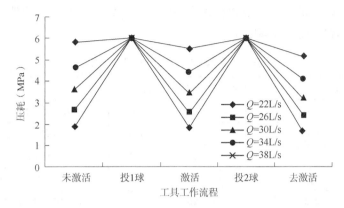

图 4　BHA 总压耗与工作流程关系图

## 3　可控随钻扩眼器样机室内实验

### 3.1　实验目的和实验流程

室内实验的主要目的是，检验扩眼器的工作原理、密封性能，测试合适的剪销强度和弹簧刚度，验证工具在各工作状态下的压耗与模拟结果是否一致，并根据实验结果进行工具结构优化，为现场试验现场操作工艺制定提供参考，实验设备示意图如图 5 所示。

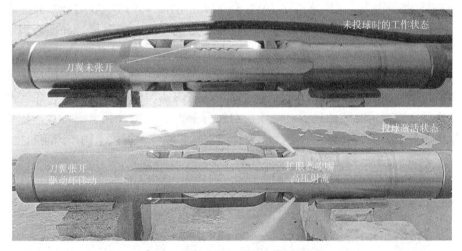

图 5　全尺寸样机室内实验效果图

实验流程为：实验采用全尺寸样机进行工具原理验证实验，不设置销钉，装配不同刚度的弹簧，投入一颗金属球，观察刀翼伸展状态和流体渗漏情况，测量刀翼展开距离，记录压耗和流量数据；投入第二颗金属球，观察刀翼收回和流体渗漏情况，记录压耗和流量数据。而后进行销钉剪切实验，测试不同尺寸、数量和材质的销钉的剪断压力。

### 3.2　实验数据与结果分析

室内实验分析了工具在不同销钉和弹簧组合下的工作状态，实验结果见表 1。由第 1、2 组实验结果可知，当投 1 球激活时，工具的启动压力为 2MPa，启动排量为 20L/s，刀翼完全展开压力为 4.5MPa，排量为 32L/s。由第 3、4 组实验可知，工具在未激活时销钉不会被剪断，而投 1 球后销钉则在 6MPa 压力下剪断。由第 5 组实验可知，工具在投 2 球去激活后，尽管配置刚度较低的弹簧刀翼也能正常回收。工具室内实验结果表明，工作原理可靠、密封性能良好，销钉和弹簧适配性强。

表 1　全尺寸样机室内实验数据表

| 实验序号 | 投球个数 | 弹簧推力（kg） | 销钉个数 | 排量（L/s） | 压耗（MPa） | 实验结果 |
|---|---|---|---|---|---|---|
| 1 | 1 | 600 | 0 | 20 | 2.0 | 刀翼缓慢展开，停泵回收正常 |
| 2 | 1 | 600 | 0 | 32 | 4.5 | 刀翼完全展开，停泵回收正常 |
| 3 | 0 | 420 | 4 | 19 | 1.9 | 工具未激活，销钉未剪断 |
| 4 | 1 | 420 | 4 | 20 | 6 | 憋压 6MPa 时剪断销钉，刀翼完全展开 |
| 5 | 2 | 420 | 4 | 20 | 6 | 憋压 6MPa 时剪断销钉，刀翼回收正常 |

## 4　可控随钻扩眼器样机现场试验

通过制定完备的扩眼器现场操作方案，试验样机于 2023 年 1 月在 Z1-28 井开展了现场试验。该井为定向井，东营组、沙一组紫红、灰绿色泥岩缩颈严重，造成多口井卡钻、电测遇阻问题，严重影响了施工进度。通过对实验井段扩眼，解决泥岩缩颈问题。试验采用的工具尺寸型号如图 6 所示。钻具组合为 215.9mm 牙轮×0.26m+165mm 浮阀×0.60m+196mm 可控随钻扩眼器。工具分别在 1915.41～1982.69m 和 2757.70～2882.52m 进行了扩眼作业，分别执行了常规钻进、投球激活和投球去激活工序，刀翼展开和回收顺利，未出现复杂工况。试验井段平均井径 241.49mm，相比扩眼前井径平均扩大 14.53mm，扩大率 6.4%，钻后测井井径曲线如图 7 所示。扩眼作业有效缓解了东营组、沙一段地层缩颈导致的电测遇阻、挂卡问题。通过充分的理论计算，经室内实验多次优化验证，在国产可控随钻扩眼器研发上取得了突破性进展，对于应对特深井井身结构优化、应对盐膏层缩颈、非常规套管作业等工程难题具有重要意义，为我国随钻扩眼技术提供了国产产品和技术服务。

（a）工具井口测试　　　　　　　（b）工具出井形貌

图 6　扩眼器井口测试及出井形貌

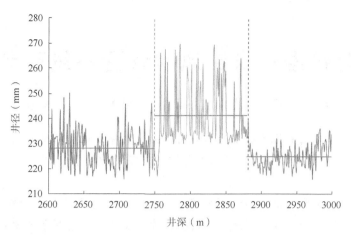

图 7　Z1-28 井钻后测井井径曲线

## 5　结论

（1）可控随钻扩眼器是一种投球激活液压式随钻扩眼工具。扩眼器主要由控制机构和传动机构组成，工作原理为投球激活/去激活原理，通过投球憋压剪断销钉，控制活塞流道打开和关闭，从而实现刀翼展开和回收。

（2）通过工具的流场模拟，得到了各施工流程下的压耗变化情况。为了在实际施工时观察到明显的压力变化，投球后应小排量憋压。

（3）工具的室内实验结果表明，工具的工作原理可靠、密封性能良好，销钉和弹簧适配性强。

（4）工具分别在实验井 1915.41～1982.69m 和 2757.70～2882.52m 进行了扩眼作业，平均钻时 3.06min/m，试验井段平均井径 241.49mm，相比扩眼前径平均扩大 14.53mm，扩大率 6.4%，有效缓解了东营组、沙一段地层缩颈导致的电测遇阻、挂卡问题。

### 参 考 文 献

[1] 张宏英，李东阳，黄衍福，等.顶驱下套管作业装备配套及工艺初探[J].石油矿场机械，2011，40（3）：20-23.

[2] 许俊良，马清明，吴仲华，等.JK215—237 型随钻扩眼工具的研制[J].石油机械，2004（10）：42-43+2-3.

[3] 黄韬，何世明，汤明，等.井下扩眼工具的研究现状分析[J].石油矿场机械，2021，50（3）：8-16.

[4] 朱国宁，和鹏飞，葛文臣，等.单球投入式扩眼器及其扩眼技术在渤海油田的应用[J].探矿工程（岩土钻掘工程），2015，42（12）：76-78.

[5] 苏伟，甘霖，孙月明，等.Rhino XS8000 型扩眼器在渝东南首次运用的认识[J].钻采工艺，2016，39（6）：97-99.

[6] 李中，李炎军，杨立平，等.南海西部高温高压探井随钻扩眼技术[J].石油钻采工艺，2016，38（6）：752-756.

# 基于实时数据的卡钻风险预警系统研制与应用

刘香峰[1,2]　蒋金宝[1]　李海波[1,2]　胜亚楠[1,2]　李鹰峰[1,2]

(1. 中国石化中原石油工程有限公司钻井工程技术研究院；

2. 中国石化石油工程钻井仪表及固控技术中心)

**摘　要**　卡钻作为常见的钻井复杂，发生后会严重影响钻井时效，增加钻井成本。为充分挖掘利用现场实时采集数据，为卡钻风险预警提供技术手段和工具，在分析卡钻故障关键表征参数基础上，采用等效摩擦系数和关键参数趋势变化率构建了卡钻故障动态风险评估模型，融合机理模型和实时数据处理方法，形成了卡钻风险预警技术，并开发了配套软件系统。现场应用表明，软件系统运行稳定高效，报警时间早于故障实际发生时间，对安全钻井施工提供了技术支撑。

**关键词**　等效摩擦系数；参数趋势变化；卡钻；风险预警

卡钻故障是钻井过程中常见一种故障，卡钻一旦发生，其处理将会增加非作业时间，极大增加钻井成本。统计显示，在川渝某页岩气工区，卡钻故障导致的非生产时效占比26%，平均单次卡钻故障处理时间超过20天，目的层段卡钻发生频率高，发生后处理周期长，是制约安全高效钻井的重要因素之一。

多年来，很多学者和技术人员一直在研究减少钻井复杂的方法，早期的钻井复杂判断主要是通过监测一些关键钻井参数，由人工判断钻井施工过程是否发生异常。但钻井是一个长期且连续的过程，钻井参数的微小变化可能就是钻井异常发生的先兆，人的精力有限，并不能持续高度关注钻井参数的细微变化，所以异常识别和预警的质量难以保证。随着仪器的进步，可以获取准确的工程监测参数，结合实时数据可以得到钻井预警参数的连续变化值，但是钻井复杂的预警标准仅基于阈值，判别方法过于简单，缺少智能性。而得益于人工智能技术的快速发展，模糊逻辑法、人工神经网络、专家系统、灰色关联分析法等一系列智能方法被引用到钻井复杂监测中[1-3]，人工智能与钻井故障诊断的结合使钻井故障预测变得越来越高效和准确，但钻井过程中的不确定性、模糊性、随机干扰等都是潜在的问题，仅利用人工智能方法会由于算法本身的问题产生一定的局限性，对故障诊断的准确监测造成影响。

---

【项目基金】中石化中原石油工程有限公司项目"井下工程参数采集及随钻传输系统研制"（编号：2023101）；中石化中原石油工程有限公司项目"基于VDX实时数据的井下风险监测及预警系统研制"（编号：2021112）。

【第一作者简介】刘香峰，男，1989年9月，助理研究员，院青年专家，副主任师，硕士，中国石油大学(北京)石油与天然气工程专业。主要从事钻井仪器仪表设计，钻井工程风险评价和钻井软件开发等方面的研究工作。通讯地址：河南省濮阳市华龙区中原路462号钻井工程技术研究院，邮编：457001，电话：15738013886；E-mail：475035278@qq.com。

基于上述需求，采用钻井现场实时数据和理论模型，开展了卡钻风险预警技术研究，开发了预警软件，并进行了现场应用，证实了算法和软件的准确性。

# 1 卡钻故障关键表征参数

根据造成卡钻的原因，卡钻类型可分为粘附卡钻、坍塌卡钻、沉砂卡钻、键槽卡钻、泥包卡钻、落物卡钻等。卡钻发生前通常会出现一些征兆，如立管压力升高、转速和扭矩波动增大、起下钻阻力异常、出口流量减小等。因此，本系统将大钩载荷、立管压力、转速、扭矩和出口排量作为基本监测参数，同时监测这些参数的变化趋势，作为卡钻故障的关键表征参数之一。

2012 年，Guzman 等认为计算理论摩阻扭矩与实时采集到的摩阻扭矩离差可以为卡钻风险预警提供重要参考依据，并在实践中进行了验证[4]。多家油服公司推出了基于该方法的软件系统，如马丁戴克公司 cerT& D 实时扭矩和阻力数据系统。但在应用中，随着井深的变化，井壁摩擦系数如何设定，理论值与实际值离差是否在可接受范围，离差的大小和趋势征兆何种等级的卡钻风险，均需要经验丰富的工程师根据现场实际情况进行操作和判断。借鉴该方法，本系统将 EDR 采集的大钩载荷和摩阻扭矩实时代入摩阻扭矩计算模型，反算等效摩擦系数，将等效摩擦系数作为卡钻故障的表征参数之一，避免了离差阈值人为动态调整，为卡钻风险指数的自动计算提供表征参数。

# 2 卡钻风险诊断模型

## 2.1 等效摩擦系数监测

### 2.1.1 摩阻扭矩和井眼轨迹插值计算

本系统采用标准的软杆计算模型，该模型忽略了钻井液的动力效应和钻柱弯矩影响，但因模型简单，处理侧向力方式便于计算，其产生计算误差统一归于摩阻系数的选择，得到了广泛应用，如 Halliburton 公司的 Landmark 软件系统。其微段（100ft 或 30m 段）力学模型如下：

$$N=\sqrt{(F_{\mathrm{d}}\Delta\phi\sin\alpha)^2+(F_{\mathrm{d}}\Delta\alpha+W_{\mathrm{d}}\sin\alpha)^2} \qquad (1)$$

$$\Delta F_{\mathrm{d}}=W_{\mathrm{d}}\cos\alpha\pm\mu N \qquad (2)$$

$$\Delta T=\mu Nr \qquad (3)$$

式中，$F_{\mathrm{d}}$ 为钻柱单元下端的轴向拉力，N；$T$ 为钻柱扭矩，N·m；$N$ 为钻柱与井壁的接触正压力，N；$W_{\mathrm{d}}$ 为钻柱在钻井液中的重量，N；$\mu$ 为钻柱与井壁的摩擦系数；$r$ 为钻柱单元半径；$\Delta\alpha$，$\Delta\alpha$，$\Delta\phi$ 分别为平均井斜角，井斜角增量，方位角增量；模型中 $\mu$ 前符号起钻时取"+"，下钻时取"−"。

采用线性插值方法对井眼轨迹的离散化测量数据进行插值，进而获得完整的实际轨迹数据。在 $AB$ 之间任意井深 $D_i$，对应的井斜角 $\alpha_i$、方位角 $\phi_i$ 为

$$\alpha_i=\alpha_A+\frac{D_i-D_A}{D_B-D_A}(\alpha_B-\alpha_A) \qquad (4)$$

$$\phi_i = \phi_A + \frac{D_i - D_A}{D_B - D_A}(\phi_B - \phi_A) \tag{5}$$

式中，$\alpha_i$，$\alpha_A$，$\alpha_B$，$\phi_i$，$\phi_A$，$\phi_B$分别为井深$D_i$，$D_A$，$D_B$处井斜角和方位角，(°)。

### 2.1.2 井眼轨迹、钻具组合实时更新算法

（1）记录已钻井眼的井眼轨迹数据，以矩阵[TR]表示，包含井深 Depth、井斜角 Inclination、方位角 Azimuth，即[TR$m$，3] = [Depth$m$，Inclination$m$，Azimuth$m$]；记录钻具组合数据，以矩阵[PT]表示，包含分段钻具类型编号 ID、长度 Length、累计长度 SLength、外径 OutDia、内径 InnerDia、线重 LWeight 向量，即[PT$n$，6] = [ID$n$，Length$n$，SLength$n$，OutDia$n$，InnerDia$n$，LWeight$n$]。

（2）根据钻井参数仪实时获得的钻头深度 BitDepth，对当前钻具所处的实时井眼轨迹和钻具组合进行更新计算。

井眼轨迹的更新方法为：检索当前钻头深度 BitDepth 所处向量 Depth$m$ 中的元素区间，若 Depth$m(x-1)$<BitDepth<Depth$m(x-1)$，则采用线性插值方法，利用 Inclination$m(x-1)$和 Inclination$m(x)$计算新的井斜角 Incl。采用同样方法计算新的方位角 Azimu。新的井眼轨迹表示为下式：

$$[TR_{x,3}] = \begin{bmatrix} Depth_{x-1} & Inclination_{x-1} & Azimuth_{x-1} \\ Bitdepth & Incl & Azi \end{bmatrix} \tag{6}$$

钻具组合的更新方法为：根据当前钻头深度 BitDepth 计算钻柱已起出地面长度 PickupLength，PickupLength = SLength$(m)$ - Bitdepth，检索向量 SLength$(m)$ - Bitdepth 中每个元素的取值，对取值为负数元素进行剔除，新的钻具组合表示为下式：

$$[PT_{y,6}] = [ID_y，Length_y，SLength_y，OutDia_y，InnerDia_y，LWeight_y] \tag{7}$$

### 2.1.3 摩擦系数反算

通过钻井现场实时获得钻井液密度、钻头深度、大钩载荷，并按照上述方法，获得更新后的井眼轨迹、钻具组合，代入摩阻扭矩计算模型，以等效井壁摩擦系数为求解目标，实时计算当前等效井壁摩擦系数。为加快求解速度，模型求解过程采用非线性逼近方法，具体求解过程不再赘述。根据大量历史数据反算情况，设定等效摩擦系数最大值，并以此为基础对等效摩擦系数进行归一化处理，得到无量纲等效摩擦系数。

## 2.2 参数趋势变化监测

### 2.2.1 单监测数据点数据变化率[5]

ROC(Rate of Change)通过识别卡钻的关键特征参数的快速变化来监测潜在风险，且不需要参考模型值。数据点 $x$ 在区间[$a$，$b$]的 ROC 计算公式为

$$ROC = \frac{x_b - x_a}{x_a} \times 100\% \tag{8}$$

式中，ROC 为变化率；$x_b$为数据点在 $b$ 处的实测数值；$x_a$为数据点在 $a$ 处的实测数值。

### 2.2.2 区间数据变化率

采用加窗移动平均方式对单点数据 ROC 进行处理，同时，根据历史数据反演情况，设

定 ROC 最大值，在此基础上对 ROC 进行归一化处理，得到无量纲 ROC 值。

### 2.3 卡钻风险 SPI 计算

卡钻风险指数可以通过将不同的加权因子分配给大钩载荷监测指标、扭矩监测指标和立管压力监测指标的概率值来计算。卡钻风险指数值介于 0~1 之间，表示井卡钻事件发生的概率，计算公式为

$$SPI = w_1 \times FF_{SPI} + w_2 \times ROC1_{MVA} + (1 - w_1 - w_2) \times ROC2_{MVA} \tag{9}$$

式中，SPI 为卡钻风险指数，$w_1$，$w_2$，$w_3$ 为权重系数；$FF_{SPI}$ 为等效摩擦系数归一化值；$ROC1_{MVA}$，$ROC2_{MVA}$，$ROC3_{MVA}$ 为不同监测参数区间数据变化率归一化值。

### 2.4 算法准确性验证

采用某××井数据对算法准确性进行了验证，从图 1 可以看出，单纯的大钩载荷过大导致等效摩擦系数升高并不会触发卡钻风险报警，因为此时大钩载荷整体为下降趋势，这也是该算法相对于传统阈值算法的优势所在；从图 2 可以看出，等效摩擦系数和参数变化的同时上升趋势，会导致卡钻风险升高。

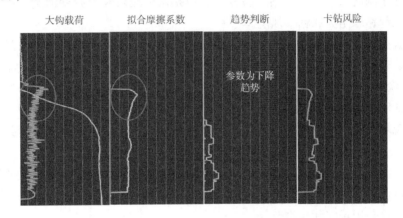

图 1　××井 A 时间段数据测试

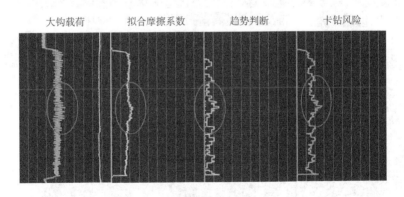

图 2　××井 B 时间段数据测试

## 3 数据库及软件开发设计

### 3.1 数据库设计

风险预警系统基于 SQL Server2008 进行数据库开发，设计上考虑满足以下功能：保存

EDR 钻台计算机采集、传输的实时数据；保存数据通道配置信息，主要包括参数名称、绑定序列号、报警、显示跨度等信息；自动识别起钻和倒划眼工况，并保存此工况下的时间基准数据；保存起钻和倒划眼工况下的钻头深度基准数据，并自动生成起钻和倒划眼序号，保存摩阻扭矩在常用摩擦系数区间下的理论计算结果，方便与采集的实际数据进行对比分析。

### 3.2 软件开发

基于理论方法，开发了基于实时数据的卡钻风险预警软件，软件采用 C#语言编写，通过 UDP 协议与井场服务器内部通信交互数据，具备数据导入导出功能，实现卡钻风险预警、声光报警功能。

## 4 现场应用

### 4.1 案例井 A

在境外某工区 A 井进行了现场试验，该井目的层井壁稳定，井眼轨迹平滑，狗腿度较小；钻具尺寸小刚度低，因此卡钻风险较低。但是水平段较长、井壁渗透性好、小井眼清砂困难，存在起钻摩阻大和粘卡风险。

现场试验完整记录了最后一趟钻起钻前循环、防卡测试、起钻情况。在最后一趟钻起钻之前，井队进行了四次短起及长时间循环。软件自动记录每次短起并编号(钻头深度基准，图 3)，除第一次短起测试在初始起钻阶段大钩载荷稍高外，其他 3 次短起大钩载荷无较大区别，证明井眼较为通畅，清洁度良好。四次短起钻曲线在软件界面对比展示，可以较好地支持现场决策，比如明确循环效果、是否停止循环操作，以节约时间并具有较低的卡钻风险。

在时间基准界面，软件记录并展示了相应的钻井参数曲线及与卡钻相关的风险参数曲线。从图 4 可以看出，四次短起卡钻风险指数 SPI 均低于设定的安全值 30%，认为卡钻风险相对较低，这与现场实际相吻合。

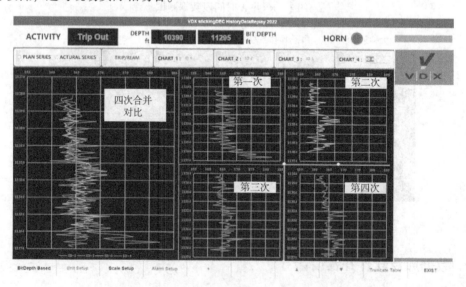

图 3　A 井四次短起钻头深度基准视图

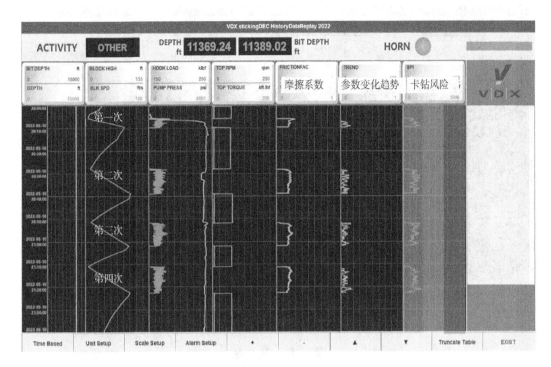

图 4　A 井四次短起钻头时间基准视图

### 4.2　案例井 B

在国内某工区 B 井进行了现场试验，该井二开段为直井段（1500～5821m），因此只激活了异常趋势卡钻预警功能。井队 18：00～19：00 持续钻进，大钩载荷、顶驱转速、扭矩等参数均在正常范围和趋势内，卡钻风险较低。19：00～20：00 持续钻进，顶驱转速、扭矩等参数存在异常波动，软件分别在 19：03、19：27、19：32 发出卡钻风险预警；若此时及时停止钻进并采取循环、划眼等措施可降低风险值。20：00～21：00 井队观测到扭矩参数异常，并进行了约 10min 的循环划眼之后继续钻进，此时顶驱转速、扭矩 ROC 风险值较高，卡钻风险指数多次超过设定阈值，软件发出 10 余次持续报警。20：55 井队观测到扭矩参数异常，再次进行循环划眼操作，软件发出了持续报警提示，21：17 在划眼过程中发生卡钻故障。软件首次报警时刻 19：02，早于井队发现异常 1 小时，早于发生卡钻超过 2 小时（图 5）。

## 5　结论与认识

（1）以等效摩擦系数和关键参数变化率建立了卡钻预警模型，同时考虑了参数幅值和趋势变化，对卡钻风险预测具有更好的效果；

（2）采用卡钻预警模型，开发了卡钻风险预警软件，开展了现场应用，为钻井复杂风险识别提供了技术支持，对提高钻井工程复杂预警水平具有一定的意义。

（3）算法和软件相关参数设置需要大量历史井数据进行反演修正，进一步提高算法的准确性和软件的实用性。

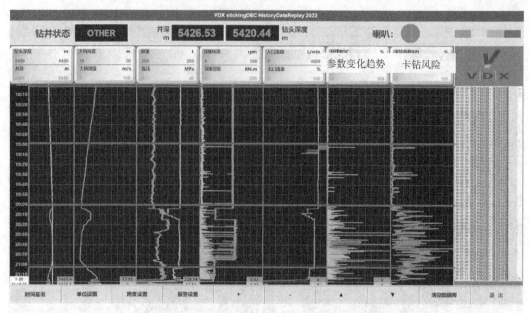

图 5    B 井正常钻进到发生卡钻时间基准视图

## 参 考 文 献

[1] MURILLO A, NEUMAN J, SAMUEL R. Pipe Sticking Prediction and Avoidance Using Adaptive Fuzzy Logic Modeling[J]. Society of Petroleum Engineers, 2024.

[2] JAHANBAKHSHI R, KESHAVARZI R, SHOOREHDELI M A, et al. Intelligent Prediction of Differential Pipe Sticking by Support Vector Machine Compared With Conventional Artificial Neural Networks: An Example of Iranian Offshore Oil Fields[J]. SPE Drilling & Completion, 2013, 27(4): 586-595.

[3] NARAGHI, ELAHI. Prediction of drilling pipe sticking by active learning method(ALM)[J]. Journal of Petroleum & Gas Engineering, 2013, 4(7): 173-183.

[4] SALMINEN K, CHEATHAM C, SMITH M, et al. Stuck-Pipe Prediction by Use of Automated Real-Time Modeling and Data Analysis[J]. SPE Drilling & Completion, 2017, 32(3).

[5] 李紫璇, 张菲菲, 祝钰明, 等. 钻井模型与机器学习耦合的实时卡钻预警技术[J]. 石油机械, 2022, 50(4): 15-93.

# $\phi$558.8mm 大尺寸 VDT 垂直钻井工具研发与应用

刘义彬　黄　峰　康建涛　陶松龄

（中国石油渤海钻探工程技术研究院）

**摘　要**　山前高陡构造和逆掩推覆体等大倾角地层的防斜打快问题一直是制约钻井提速的技术"瓶颈"，使用自动垂直钻井系统可以有效解决这一技术难题。随着中秋 1 井的勘探突破，秋里塔格构造成为布井重点，二开普遍采用 22in 及以上井眼，此外博孜区块、大北区块和新疆油田也会采用 22in 井眼，市场对大井眼垂直钻井工具提出了广泛需求。BH-VDT6000 垂直钻井系统的研发，可以满足大井眼 22~26in 井眼的市场需求，完善产品系列。QT1 井地层倾角为 30°~45°，井斜控制难度比较大。BH-VDT6000 垂直钻井系统 22½in 井眼垂直钻井现场试验井段 50~490.25m，进尺 440.25m，平均机速 11.6m/h，井斜不大于 0.8°，取得了较好的防斜打快效果。

**关键词**　高陡构造；垂直钻井；防斜打快；大井眼

随着中秋 1 井的勘探突破，秋里塔格构造成为布井重点，二开普遍采用 22in 及以上井眼，此外博孜区块、大北区块和新疆油田也会采用 22in 井眼，市场对大井眼垂直钻井工具提出了广泛需求。

针对 22in 等大井眼，当前主要用的是 BH-VDT5000 系列工具，通过前期博孜 15 等井的应用，存在以下问题：

（1）VDT5000 工具本体外径 369mm，为 16~17½in 井眼设计，悬挂 22in 导向块，钻进时力矩更大，给工具连接和本体支撑造成更大压力。在纯钻时间很短的情况下，多次出现导向块磨损、裂纹严重、舌板掉落的情况，施工风险大。

（2）大井眼为了满足携砂要求，需要更大的排量，对工具冲蚀加剧，零部件冲蚀大，工作寿命短。

为满足 BH-VDT 系列化需求，解决上述技术问题，研发 BH-VDT6000 垂直钻井工具，以满足大井眼 20~26in 井眼的市场需求。

## 1　BH-VDT6000 垂直钻井系统的研发

### 1.1　BH-VDT6000 测量与控制系统模型的建立

BH-VDT 垂直钻井工具主要由壳体及中心轴组成。在钻井过程中，壳体相对于井壁静

【第一作者简介】刘义彬（1981—），男，山东栖霞人，高级工程师，2004 年毕业于长江大学机械设计制造及自动化专业，主要从事钻井工具方面研究工作。地址：天津市经开区第二大街 83 号，300457；电话：13932756173，E-mail：liuybcc@126.com。

止，中心轴随钻杆一起转动。测量与控制系统、液压执行机构及导向装置安装在工具壳体上。

当液压机构执行模块接收到运算控制模块相关指令后，直流无刷电机开始转动，驱动微型油泵将液压油泵入高压囊内，并达到预设的高压阀阈值 $P_s$。与此同时，根据指令，电磁阀驱动电路驱动电磁阀动作。电磁阀具有两种工作状态，即当给电磁阀通电时，电磁阀打开，其内部油路处于高通状态，高压囊内的油可通过电磁阀进入活塞；当电磁阀断电时，电磁阀关闭，其内部油路处于低通状态，活塞内的液压油通过电磁阀、低压阀门进入油囊。下面以 A 组导向装置为例，说明其工作原理。

当 A 组导向装置所在的工具面处于高边时，液压执行机构模块会接收到运算控制模块打开电磁阀 A 的指令，此时电机驱动油泵持续不断地将液压油泵入高压囊，电磁阀 A 处于高通状态，高压囊内的液压油通过电磁阀 A 进入活塞 A 内并达到高压阀设定的压力阈值，活塞 A 伸出并推出导向块 A，导向块 A 推靠井壁，在井壁的反作用力下，钻头指向与 A 组导向装置相反的方向，从而达到纠斜的目的。当 A 组导向装置处于非高边时，电磁阀 A 关闭并处于低通状态，在井壁的反作用力下，活塞 A 缩回并将液压油通过电磁阀、低压阀门压回至油囊，直至活塞 A 内的压力等于设定的低压阀门阈值(图 1)。

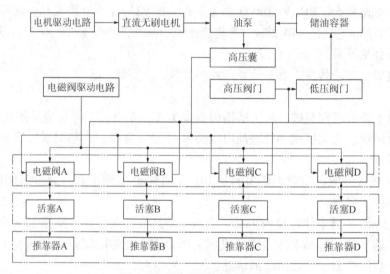

图 1　液压执行机构功能框图

基于 BH-VDT 垂直钻井工具的机械结构和纠斜原理，建立控制模型如下：将 1# 推靠翼即 1# 导向装置的机械中心设定为垂直钻井工具圆周面的 0° 角，从 1# 导向块开始顺时针每隔 90° 分别配置 2#、3# 和 4# 推靠翼。工具顺时针旋转时，工具壳体转角测量值增大。将整个工具壳体圆周面(360°)划分为八个扇区，当每个扇区处于高边状态时，则处于该扇区的或与该扇区邻近的推靠翼伸出。

### 1.2　BH-VDT6000 铰链式结构设计

#### 1.2.1　铰链式结构方案

考虑到一开地层多为砾石结构，优选铰链式结构方案。当需要推靠翼支撑井壁纠斜时，高压通往相应的活塞进而顶出，使推靠翼绕着实心销轴向上转动支撑井壁，这时弹性舌板发生挠性变形(舌板产生的弹力远小于活塞推力)，在反作用力下工具回到垂直方向。当高边变换到其他面时，液压系统卸压，推靠翼在下端舌板的作用下主动缩回(图2)。优化设计后工具推靠翼主动收回，工具最大自然外径比钻头小 6mm。采用实心销铰链连接方式，井下安全性更高。

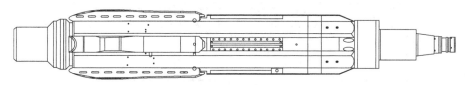

图2　BH-VDT6000 铰链式结构外观示意图

### 1.2.2　有限元分析

对销轴和弹性舌板进行了有限元分析验算，结果表明设计方案满足设计指标(表1、图3)。

**表1　有限元分析验算**

| 关键技术参数 | 设计目标 | 实际计算值 |
|---|---|---|
| 销轴的塑性力 | ≥180kN | 195.5kN |
| 弹性舌板最大回复力 | ≥2000N | 2060N |
| 弹性舌板寿命 | ≥19 万次 | 33.9 万次 |

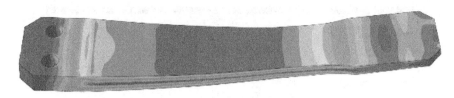

图3　弹性舌板有限元分析

### 1.3　现场地面解码系统研制

#### 1.3.1　地面测控箱的研制

解码箱主要由地面计算机、DC/DC 转换器、USB/RS-485 总线转换器、DSP 处理器组成，钻井液脉冲解码箱(TFR)的功能原理如图4所示。DC/DC 转换器将后备电源提供的 220VAC 转换为 24VDC 直流稳压电源，为解码箱的电路模块供电。立管压力传感器的测量信号通过电缆及 7 芯圆形插座引入泥浆脉冲解码箱，DSP 电路模块对输入的立管压力信号进行采样、隔离、滤波、ADC 转换，将输入的模拟的立管压力信号转换为数字立管压力信号，并通过 USB/RS-485 总线转换器将数据输送至地面计算机，地面计算机对数据进行运算、解码获得最终井下参数。

#### 1.3.2　地面监测软件的设计

地面监测软件主要实现如下功能：

与 TFR 解码箱通信，实时接收 TFR 解码箱发送的信号数据；

存储管理接收到的信号数据；

信号滤波处理；

有效信号波形检测；

脉冲信号识别、信号同步、信号解调/解码数据；

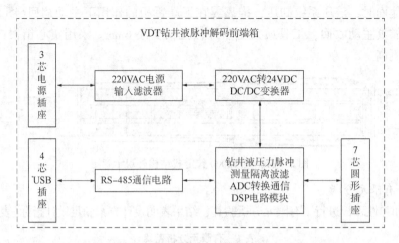

图 4  BH-VDT 钻井液脉冲解码前端箱功能原理图

动态波形绘制与显示，波形缩放比例调整及平移，解码数据显示与存储；

记录信号回放；

识别并显示开关泵状态、记录开泵时间；

新建/打开井工程，管理工程数据文件。

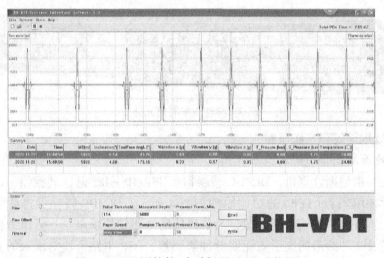

图 5  地面监测软件"启动解码过程"功能界面

## 2  现场试验

### 2.1  QT1 井基本情况

QT1 井是部署在塔里木盆地西南坳陷西天山冲断带乌恰构造带阿深 1 号构造的一口风险探井。设计井深 6700m，采用五开井身结构设计(图 6)。一开设计钻头尺寸为 $\phi$571.5mm (22½in)，井段 0~500m。

根据资料显示地层倾角为 30°~45°，邻井阿克 3 井在井深 301m 井斜最高达 8.5°，井斜控制难度比较大。一开井段需钻穿克孜洛依组、巴什布拉克组，主要岩性为褐灰色泥岩(含膏)、粉砂质泥岩、杂色细砾岩(表 2)。

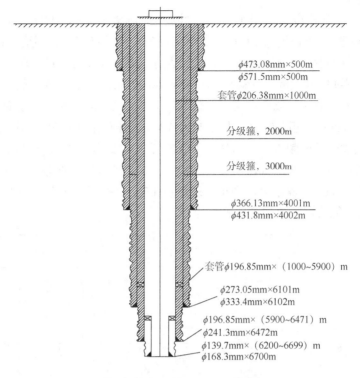

图 6  QT1 井井身结构示意图

表 2  QT1 井地层分组及主要岩性

| 地层 | 底界（m） | 厚度（m） | 主要岩性 |
|---|---|---|---|
| 第四系（$Q_{3-4}$） | 50 | 50 | 灰色山麓冲积砾石层与未固结松散沙土 |
| 克孜洛依组（$N_1k$） | 400 | 350 | 褐灰色泥岩（含膏）、粉砂质泥岩、杂色细砾岩 |
| 巴什布拉克组（$E_{2-3}b$） | 490 | 90 | 灰褐色粉砂质泥岩、褐灰色泥质粉砂岩、红褐色泥岩 |
| 乌拉根组（$E_2w$） | 500 | 10 | 灰黄色灰质泥岩、灰色泥岩 |

## 2.2  钻具组合及钻井参数选择

### 2.2.1  钻具组合

22½in PDC 钻头+VDT6000 工具+11in 钻铤×1 根+22½in 扶正器+11in 钻铤×5 根+NC77×NC61+9in 单向保护接头+9in 钻铤×6 根+NC61×NC56+NC56×520+5⅞in 加重钻杆×8 根+5⅞in 钻杆。

### 2.2.2  钻井参数

QT1 井一开钻井参数见表 3。

表 3  QT1 井一开钻井参数

| 钻压（kN） | 转速（r/min） | 排量（L/s） | 泵压（MPa） | 扭矩（kN·m） |
|---|---|---|---|---|
| 20~100 | 60~95 | 52~77 | 5~13.5 | 2~19 |

### 2.3 施工情况

QT1 井一开钻进井段 50～490.25m，共使用 1 套 BH－VDT6000 工具，垂钻进尺 440.25m，平均机速 11.6m/h。最大井斜出现在 485m，井斜 0.98°，调整工具后井斜控制良好，90% 井段井斜控制在 0.6° 以内，井斜控制达到工程设计井身质量要求。

井深 50m，测试信号正常，井斜 0.3°。井段 50～75m，钻压 2～6t，转速 80r/min，井斜从 0.4° 下降至 0.2°，高边转动较缓慢。井段 75～118m，钻压 2～6t，转速 80r/min，井斜控制在 0.1° 左右，高边转动相对频繁。井段 119～174m，强化钻井参数，钻压 6t，转速上提至 95r/min，工具高边转动较频繁，井斜从 0.1° 上升至 0.4°。井段 175～289m，钻压 5～9t，转速从 95r/min 逐渐下调至 80r/min，下调转速后，高边转动较为缓慢，井斜稳定在 0.5°～0.6° 之间。井深 435m，仪器信号出现重启现象（图 7）。钻进过程工具信号基本正常，BH－VDT6000 工具的性能稳定，达到了试验目的。

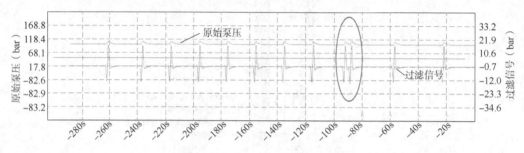

图 7　BH－VDT 工具出现重启信号

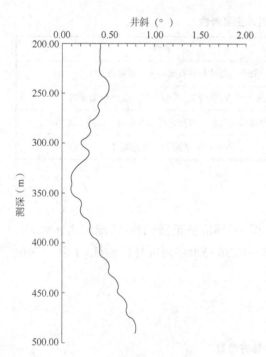

图 8　QT1 井井斜轨迹图

## 3　施工效果分析

### 3.1　施工效果

BH-VDT6000 工具于 50m 入井，井斜 0.3°，钻进 490.25m 出井，井斜 0.8°，最大动态井斜出现在 485m，井斜 0.98°，其他 90% 井段井斜控制在 0.6° 以内，身质量控制良好，达到钻井设计要求（图 8）。

### 3.2　与邻井对比

QT1 与周边同一区块，地层岩性相近邻井对比分析（表 4），BH-VDT6000 垂直钻井系统平均机械钻速明显超过周边邻井，相比 AK3 井机械钻速提高 237.9%，井斜控制良好。

## 4　结论与认识

（1）BH-VDT6000 垂直钻井系统在 QT1 井一开 22½in 井眼完成垂直钻井现场试验，地层倾角 30°～45°，邻井 AK3 井在井深 301m 井斜最高达 8.5°，井斜控制难度比较大。服务井段 50～490.25m，进尺 440.25m，入井时间 52h，平均机速 11.6m/h，井斜不大于 0.8°，取得了较好的防斜打快效果。

**表 4　QT1 井与临井效果对比分析**

| 井号 | 完钻层位 | 垂钻工具 | 一开井段(m) | 机械钻速(m/h) | 提速对比(%) | 井斜对比(°) |
|------|---------|---------|------------|--------------|-----------|-----------|
| QT1 | $N_1k$ | BH-VDT | 50~490.25 | 11.59 | — | 0.1~0.98 |
| AK3 | $N_1k$ | 常规 | 0~538.47 | 3.43 | 237.9 | 1~8.5 |

（2）根据电路板测试情况可以得出发电机在 3800r/min 以上时会出现 CVA 无动作，CVA 长顶起，无 36V 输出及数据丢失或错误情况。这种现象与现场重启现象相吻合。结合电路板维修情况，这种故障是在高转速时干扰较大导致电路板晶振停振单片机不工作导致的。

（3）BH-VDT6000 垂直钻井系统的成功研制，满足了塔里木油田大井眼 20~26in 井眼的市场需求，完善了 BH-VDT 垂直钻井工具的系列化，同时扩大了 BH-VDT 垂直钻井工具的市场份额。

### 参 考 文 献

[1] 汝大军，杨士明，乔金中，等 . BH-VDT5000 垂直钻井系统在克深 207 井的应用[J]. 钻采工艺，2013，36(1)：107-109.

[2] 刘衍前，杨海平 . 垂直钻井技术在瑞参 1 井的应用[J]. 江汉石油科技，2011，21(1)：27-31.

[3] 张绍槐 . 深井、超深井和复杂结构井垂直钻井技术[J]. 石油钻探技术，2005，33(5)：11-15.

[4] 康建涛，汝大军，马哲，等 . BH-VDT 垂直钻井系统导向块结构优化设计及现场试验[J]. 石油钻采工艺，2019，41(4)：475-479.

[5] 汪海阁，苏义脑 . 直井防斜打快理论研究进展[J]. 石油学报，2004，25(3)：86-90.

[6] 刘磊，刘志坤，高晓荣 . 垂直钻井系统在塔里木油田应用效果及对比分析[J]. 西安石油大学学报，2007，22(1)：79-81.

# DQ-172型多用途智能导向随钻仪器的研制与应用

## 蔡 伟

（中国石油大庆钻探工程公司钻井工程技术研究院）

**摘 要** 本文介绍了自主研发的 DQ-172 型多用途智能导向随钻仪器，可通过挂接不同的功能短节和软件实现旋转导向与垂直钻井两种工作模式之间的切换。其中，旋转导向系统共应用 29 口井，最大造斜率为 7.5°/30m，多口井实现水平段"一趟钻"完钻，各项指标符合施工需求；垂直钻井系统进行了 3 口井现场应用，井斜控制在 1°左右，机械钻速同比邻井提高 19.87%，取得了较好的纠斜打快效果。

**关键词** 旋转导向系统；垂直钻井系统；一体化；机械钻速

随着油气勘探活动的不断发展，定向井、水平井及直井的钻井施工对于高精度定向旋转钻进的需求日益增加。传统的钻井仪器往往都只能满足单一的应用场景，存在一定局限性，因此需要一种更为先进和智能的一体化随钻仪器，以满足现代钻井施工中不同应用场景的需求。DQ-172 型多用途智能导向随钻仪器是目前大庆钻探为了适应市场需要自主研制的高端随钻仪器，是广泛应用于长水平段与直井施工的新一代智能化钻井系统。

## 1 DQ-172型多用途智能导向随钻仪器介绍

### 1.1 基本概况

DQ-172 型多用途智能导向随钻仪器基于推靠式导向工作原理，采用模块化设计，配备了先进的工程参数和地质参数测量模块，可在旋转钻进中实现精准控制井眼轨迹，避免传统井下螺杆钻具等动力钻具滑动钻进带来的大摩阻和钻进效率低等问题。同时具有井下涡轮 300W 大功率发电机供电、双向通信、大功率非接触能量信号电磁耦合、近钻头传感器连续测量和程控分流多工作模式指令下传等技术特点（表1）。

**表1 DQ-172型多用途智能导向随钻仪器参数表**

| 参数 | 性能指标 | 参数 | 性能指标 |
|---|---|---|---|
| 适用井眼尺寸 | 8½in | 抗堵漏能力 | ≥143kg/m³ |
| 仪器长度 | 14.5m（旋导）<br>8.7m（垂钻） | 电阻率天线发射频率 | 1MHz & 2MHz |
| 耐温 | 150℃ | 电阻率相差及幅度比测量范围 | 0.1~2000Ω·m，0.1~100Ω·m |

【第一作者简介】蔡伟，男，1989 年 6 月出生，科研项目经理，高级工程师，2011 年毕业于东北石油大学获工学学士学位，现主要从事随钻仪器研发与稳定性提升工作。通讯地址：黑龙江省大庆市红岗区八百垧街道钻井工程技术研究院钻井仪器研究所。邮编：163000，电话：13136828686，E-mail：caideyu888999@163.com。

| 参数 | 性能指标 | 参数 | 性能指标 |
|---|---|---|---|
| 耐压 | 140MPa | 井斜角测量范围及精度 | $0\sim180°$，$±0.1°$ |
| 仪器最大造斜率 | $7.5°/30m$ | 方位测量范围及精度 | $0\sim360°$，$±1°$ |
| 持续稳定工作时间 | $≥200h$ | 近钻头井斜测量范围及精度 | $0\sim180°$，$±0.2°$ |
| 适应转速 | $60\sim300r/min$ | 近钻头井斜测点位置 | 测点距钻头0.8m |
| 最大通过能力 | 旋转$10°/30m$、滑动$16°/30m$ | 伽马测量范围及精度 | $0\sim380API$，$±6API$ |

DQ-172型多用途智能导向随钻仪器的整套系统由地面设备、下传系统、上传系统、脉冲发生器、双向供电\通信模块、工程参数测量、地质参数测量、导向执行机构等8个子系统构成，可根据实际需要变换模块组合，并根据专用下传软件进行旋转导向与垂直钻井等多种工作模式之间的功能切换(图1)。

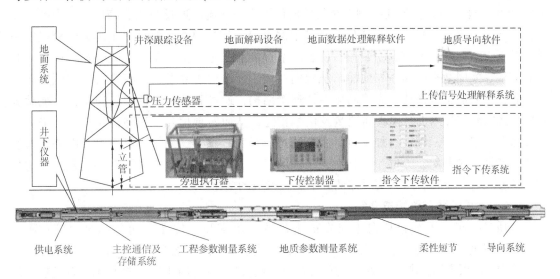

图1　DQ-172型多用途智能导向随钻仪器系统整体构成示意图

## 1.2　DQ-172型多用途智能导向随钻仪器的仪器串配置

智能旋转导向系统功能可依据现场施工的需求，提供三种仪器串配置，如图2所示。

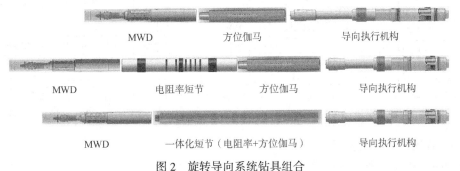

图2　旋转导向系统钻具组合

通过专用下传软件，可将仪器切换成垂直钻井系统工作模式，此时仪器串配置如图 3 所示。

MWD                                    导向执行机构

图 3   垂直钻井系统钻具组合

## 2   DQ-172 型多用途智能导向随钻仪器功能短节

### 2.1   上半部电子系统短节介绍

上半部电子系统短节主要由 300W 三相钻井液发电机、BCPM 供电/转速控制系统、主控通信及存储电路系统和一个先进的工程参数测量单元组成。

300W 钻井液发电机主要负责为整串仪器的电子电路及导向头液压执行系统提供持续稳定的动力。BCPM 供电/转速控制系统将发电机输出的交流电通过整流和稳压后，为整串仪器稳定输出 36V 直流电。主控通信及存储电路系统采用单总线、时分多主的通信模式控制整个井下仪器 7 个通信节点的通信，使各个节点能够稳定地协同工作，能够实现仪器所有节点监测、实时数据存储并与地面系统双向通信功能。由于井下工具各模块之间既要有电源通路，又要有信号通路，为了简化系统连接结构，通过载波通信模块将通信信号加载到 36V 直流电源信号内进行模块间能量及信号传递，从而实现信号及能量的单总线传输。工程参数测量单元由三轴重力加速度计、磁通门、温度传感器、采样计算、电源电路等模块组成，能够实现井斜、方位、工具面、总磁场强度、磁倾角和重力场强度的测量，通过将需要的参数进行上传，可以实时监测井下工程参数的变化。

### 2.2   地质参数测量短节介绍

地质参数测量短节包括自主研发的电磁波电阻率和方位伽马两种测量短节（图 4、图 5）。其中电阻率测量短节采用插件式结构，天线系设计为环缝式双频（1MHz 和 2MHz）四发双收结构，底层探测距离大于 2m。方位伽马测量模块的传感器采用基于微机电双轴陀螺实现 8 扇区伽马传感器旋转定位的布置，壳体采用外壁铣槽、并联布置方式设计，测点距离钻头 2.3m，其存储能力达到 1Gbits，可以为导向人员的轨迹控制提供随钻地层地质参数依据。

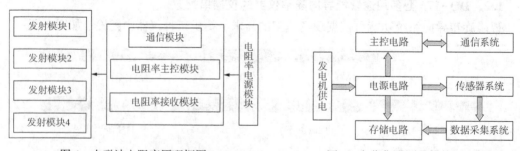

图 4   电磁波电阻率原理框图            图 5   方位伽马测量模块原理框图

### 2.3   导向执行机构介绍

导向执行机构主要由导向模块电源系统（非接触供电变压器）、上电子仓、下电子仓及 3 个间隔 120°分布的液压导向执行模块组成。

基于能量、信号非接触式双向高效无线传输设计要求，非接触变压器部分采用对称绕线方法，并应用高性能软磁材料，最终研制出了旋转耦合变压器，无线能量传输效率达82.6%。

上、下电子仓为导向短节的电子电路部分，包含控制电路、驱动和二次电路及一个近钻头井斜传感器，主要负责实时计算三个液压导向执行单元触及井壁时反向推力的合力矢量位置，按照接收到的下传指令实施三维导向控制，使钻头按预定方位钻进，达到精准控制井眼轨迹的目的。导向头部分安装有传感器可以测得支撑爪1相对于高边的位置，图6中偏置合力即是控制目标，当系统下达控制指令时，井下微处理器按照预定控制算法计算出各支撑爪力，通过液压推动支撑爪支出，同时获得井壁对支撑爪的反向推力。在井下应用时按照预定的轨迹，将目标导向力传给井下处理器，井下处理器通过按照已定的控制参数计算各支撑爪力大小，并通过井下处理器传给控制阀，再传给各支撑爪，各支撑爪按计算出的控制参数支出，使仪器受到井壁反向支撑力，从而使钻头按目标方向进行高效钻进，钻进的同时将测得的工程参数和地质参数通过井下传感器上传到地面监控系统，地面工程师通过对上传数据的分析，确定接下来井下工作参数的调整(图7)[3-6]。

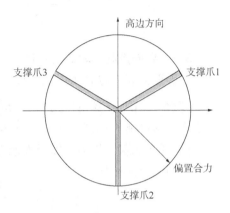

图 6  控制平面内结构分布图

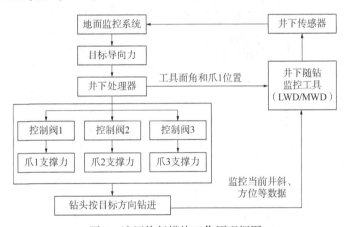

图 7  液压执行模块工作原理框图

## 3  DQ-172型多用途智能导向随钻仪器关键技术

### 3.1  能量、信号非接触式双向高效无线传输技术

为了避免电能传输过程中的损耗，首先，将整流电路模块优化为交流PID反馈闭环控制及三相全桥可控脉宽调制电路，同步了交流电压电流相位，提高了电路的功率因数，降低了整流电路模块内部不必要的电能损耗，进而提高了其输出功率(图8、图9)。此外，为了防止某一个电源模块负载过大或过小，形成负载分配不均现象，在并行电源设计中采用了负载均衡技术，动态调整每个电源的输出电流，提高了电源的工作寿命和可靠性。最后，通过对非接触供电模块采用对称绕线方法，并应用高性能软磁材料，研制出了旋转耦合变

压器，有效降低了气隙损耗，使无线能量传输效率达 82.6%，从而实现了相对高速旋转运动载体间能量的高效无线传输及双向信号通信[12-19]。

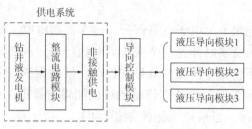

图 8　电能传输流程图

### 3.2　导向控制模块纠斜算法

井眼重力高边与 $F_1$ 的夹角为 $\beta$，则当导向力可调时，可由 1、2 号液压导向模块合成与重力高边一致的导向纠斜力 $F$。$F_1$ 和 $F_3$ 的幅值计算公式为 $\tan\beta = \sqrt{3}\,|F_2|/(2|F_1|-|F_3|)$，若要产生尽可能大的纠斜力，可令与高边夹角最小的液压导向模块输出其最大推力，则 $|F_1|$ 为输出的额定推力，即最大推力（图 10），2 号液压导向模块输出的纠斜力幅值 $|F_3|$ 可由上面的公式计算。

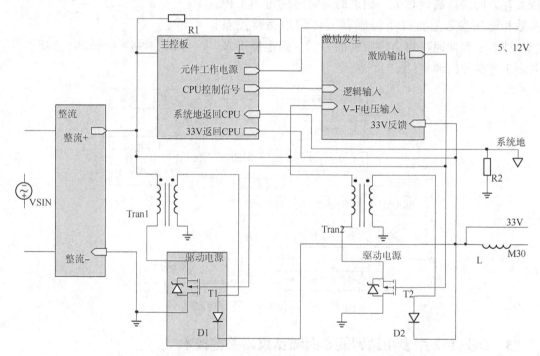

图 9　整流电路原理图

由上述分析可知，只要液压导向模块输出的推力连续可调，并将上述计算的导向合力矢量的算法编译至导向控制模块中，就可以实现 DQ-172 型智能导向一体化随钻仪器垂直钻井模式下沿井眼轨迹进行全方位的准确纠斜[11-19]。此外，开发了导向仿真分析软件（图 11），实现了导向执行机构各种状态的定性定量分析。通过仿真分析软件，验证了优化后的算法有效地消除了跳变，实现目标推力在工具面旋转过程中进行柔性调节，避免了液压导向模块过载现象，能够将最终的合力矢量产生提高 30%。

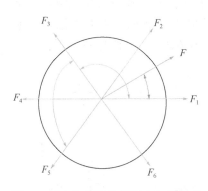

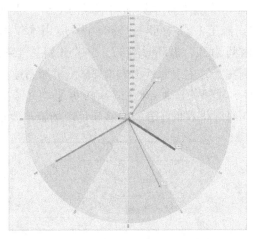

图 10　导向执行机构纠斜力矢量分布　　　　　图 11　导向合力矢量仿真分析软件界面

### 3.3　三维井眼轨迹闭环导向控制电路集成设计

将导向力计算分析、执行机构的驱动、反馈、校验等算法分别固化在单一电路模块中，同时开发了具有时分多主、非破坏性总线仲裁和自动检错重发功能的分布式总线结构，建立了多模块交互通信逻辑关系，最终形成低电磁干扰的三维轨迹闭环导向控制电路。

### 3.4　低功耗、微型液压导向模块机电液一体化集成设计

借鉴航天舵机控制领域的高速无传感器电机转子驱动控制技术，同时编制 FOC 矢量控制程序，通过反电动势精确定位高速转子，提升导向模块推力体积功耗比。最终研制的多机电液部件微型集成液压导向模块，在功耗 22.4W 情况下，可提供 2.5t 导向力，满足施工要求。

## 4　现场应用

### 4.1　DQ-172 型多用途智能导向随钻仪器旋转导向系统功能应用情况

经过多年攻关，仪器的可靠性和稳定性得到了极大的提高，截至目前，该项技术累计开展现场试验 29 口井，总进尺 12384 米，累计工作时间 1541 小时，最大造斜率每 7.5°/30m。中 91-平 312 井单井水平段进尺 1014 米，砂岩钻遇率最高 87%，平均机械钻速较同区块 LWD 施工提高了 129.49%，为产业化推广奠定了基础。

期间在薄差油层地质导向钻井中工程参数测量模块、地质参数测量模块、液压导向执行单元均能够正常工作。尤其方位伽马测量模块因其距钻头近、且具有方位特性，可以实现地层方位伽马测量与成像，能够精确地质导向，实时指导钻头钻进方向，提高砂岩钻遇率。此外，钻井泵稳定工作时下传指令能够正确解码，实施随钻双向通讯，实现在钻进时下传指令，提升钻进效率。

### 4.2　DQ-172 型多用途智能导向随钻仪器垂直钻井系统功能应用情况

本仪器的垂直钻井系统功能于 2021 年 9 月 20 日起在海拉尔区块的 S49-53、S34-54 井等 3 口井进行了现场试验，累计循环 298h，进尺 2184.5m，各项指标能够满足现场施工的要求。

其中 S49-53 井是位于海拉尔盆地乌尔逊凹陷苏仁诺尔构造带的一口开发井，设计井深

2550m，目的层位于铜钵庙组兼顾南屯组。地质资料表明，该区块地层倾角较大，最大倾角43.3°，施工中易斜问题比较突出。应用本仪器施工，实现一趟钻完钻，累计进尺1322m、入井时间212h、循环时间175.5h，井斜从4.46°平稳下降，纠斜效率较高，纠斜后全程井斜控制在1°左右，最小井斜0.36°，机械钻速同比邻井提高19.87%，平均井眼扩大率仅为3.32%，较邻井显著降低（S39-59井平均井眼扩大率为9.04%），井眼比较规则，井身质量好，纠斜防斜效果显著，能够满足现场施工要求。

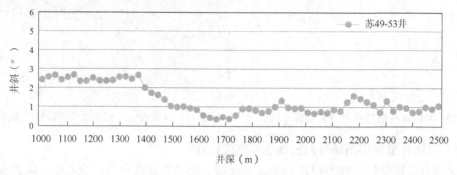

图12　实钻数据曲线图

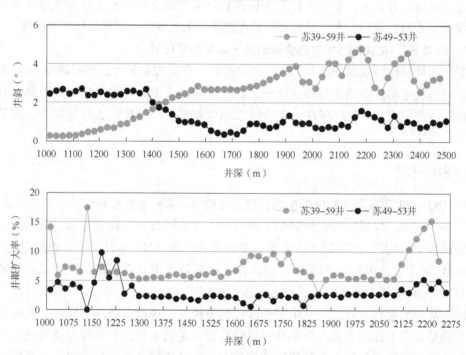

图13　邻井数据对比曲线图

## 5　结论

（1）DQ-172型多用途智能导向随钻仪器无论在旋转导向还是垂直钻井工作模式下，其整体钻柱处于旋转状态时，携砂性能好，能够消除滑动钻进过程中易出现的拖压、卡钻等现象，提高了井眼轨迹质量，有效的保证了后续固井完井施工的顺利进行。

（2）通过多口水平井和直井的现场应用中，DQ-172型多用途智能导向随钻仪器既能够实现按照设计轨迹进行智能化自动导向，又可以根据实际井眼轨迹和地层情况随时下传指令并调整导向方向和导向力，因此满足智能化自动导向钻井作业及随钻地质导向作业的双重需要，同时也保证了较高的机械钻速及提高井眼轨迹质量。

## 参 考 文 献

[1] 陈虎. 国产旋转导向及随钻测井系统在渤海某油田的应用. 探矿工程(岩土钻掘工程). 2017, 44(3): 35-38.

[2] 光新军, 王敏生. 新型旋转导向工具在页岩气开发中的应用[J] 石油机械, 2014, 42(1): 27-31.

[3] 李士斌, 王业强, 张立刚, 等. 静态推靠式旋转导向控制方案分析及优化[J]. 石油钻采工艺, 2015, 37(4): 12-15.

[4] 杜建生, 刘宝林, 夏柏如. 静态推靠式旋转导向系统三支撑掌偏置机构控制方案[J]. 石油钻采艺, 2008, 30(6): 5-10.

[5] 李琪, 彭元超, 张绍槐, 等. 旋转导向钻井信号井下传送技术研究[J]. 石油学报, 2007, 28(4): 108-111.

[6] 闫文辉, 彭勇. 旋转导向钻井工具导向执行机构设计[J]. 天然气工业, 2006, 26(11): 70-72.

[7] 康建涛, 汝大军, 马哲, 等. BH-VDT 垂直钻井系统导向块结构优化设计及现场试验[J]. 石油钻采工艺, 2019, 41(4): 475-479.

[8] 汝大军. 垂直钻井系统用供电和信号上传系统的研制[J]. 钻采工艺, 2012, 35(1): 56-59.

[9] 吴泽兵, 蒋梦洁, 谷亚冰, 等. 指向式旋转导向偏置机构方向控制及动力学仿真[J]. 钻采工艺, 2021, 44(6): 13-18.

[10] 韩家威, 刘白雁, 莫文锋. 微型液压动力系统的 PWM 控制研究[J]. 中国机械工程, 2011, 22(23): 2849-2852.

[11] 苏义脑, 林雅玲, 李佳军, 等. 井下控制机构与系统设计学概述[J]. 石油机械, 2014, 42(2): 1-5.

[12] 王燕, 刘白雁, 王科. 垂直钻井系统纠斜机构脉宽调制控制研究[J]. 石油钻探技术, 2015, 43(2): 120-125

[13] 张奎林, 夏柏如. 国产自动垂直钻井系统的改进与优化[J]. 断块油气田, 2012, 19(4): 529-532.

[14] 李军, 李东春, 张辉. 指向式旋转导向工具造斜能力影响因素研究[J]. 钻采工艺, 2018, 41(1): 1-5.

[15] 刘修善. 导向钻具定向造斜方程及井眼轨迹控制机制[J]. 石油勘探与开发, 2017, 44(5): 788-793.

[16] 汪跃龙, 李凌云, 贺艳, 等. 近钻头钻具姿态测量的多传感器最小二乘原理加权融合方法[J]. 石油学报, 2021, 42(4): 500-507.

[17] 胡超, 丁伟, 胡军, 等. 自动垂直钻井工具在蓬莱气区推广应用[J]. 钻采工艺, 2022, 45(6): 152-156.

[18] 陈添, 柳贡慧, 李军, 等. 内推指向式旋转导向工具及其导向力分析[J]. 钻采工艺, 2022, 45(2): 15-20.

[19] 王永现, 赵龙归, 赵尧. 自动垂直钻井工具电机驱动系统的研究[J]. 机电工程技术, 2022, 51(4): 277-280.

# 非常规油气保压取心研究应用进展

## 苏 洋 戴运才

(中国石油集团长城钻探工程有限公司工程技术研究院)

**摘 要** 深层、非常规油气成藏机理、评价方法不同于常规油气资源，采用常规取心获取的岩心在天然气储量计算过程中需估算损失气量，导致其数据可信度不高。保压取心技术能有效解决目前损失气量无法准确计量的问题，但受深地高温高压复杂环境限制，限制了在深层油气领域的拓展和应用。为此开展了针对深层非常规油气的保压取心工具和工艺研究，进一步提升了工具的保压能力、安全性和可靠性，并结合我国非常规油气储层特点，在保压取心技术发展方向上科学规划，提出"油藏保温保压，气藏控压保气"的差异化发展理念，制定了"保压为技术手段，保油保气为目的"的工程应用目标，在陆地非常规油气开展试验应用93 口井，整体保压成功率达到91%，含气量测试准确度提高20%以上。

**关键词** 非常规油气；页岩气；保压取心；含气量

深层、非常规油气成藏机理、赋存形态及开发技术不同于常规油气资源，勘探开发过程中往往需要对储层物性、含油气性和储集性进行精细评价[1-2]。到目前为止，尽管探测地下地质情况的各种新技术、新方法不断出现，但是通过钻取地层岩心来进行储层性质研究、探明资源储量仍是最直观和必不可少的手段，是各种间接探测方法所不能代替的。常规取心获取的岩心存在油气组分损失严重，孔渗饱测试数据失真等问题，基于常规取心技术建立的地质评价方法和储量计算方式已经难以适用于煤层气、页岩气等非常规油气资源[3]。以页岩气为例，页岩岩心钻取和起下钻时间周期较长，不可避免地导致了损失气量的增大，损失气的比例可以占到总含气量的40%~80%，损失气量的精确计算已成为确定页岩总含气量的重点和难点[4-9]。

保压取心技术是利用保压取心工具获取岩心，在井底压力条件下将岩心密封在保压内筒当中，保持岩心内流体不散失的一种特殊、高技术壁垒的钻井取心技术，该技术能最大限度地减少岩心中油气等组分的损失和孔隙结构变化，具有"保油、保气"的技术优势，能真实反映储层物性、力学性能及流体分布规律[10-18]。近年来，长城钻探公司研制的60MPa保压取心工具广泛应用于3500m 以浅各类油气储层评价工作当中，为中浅—中深层油气地质综合研究、选区评价、开发靶体优选及储量计算等方面提供了重要技术支持。但是，随着勘探开发的持续推进，油气勘探目的层由中浅层向深层和超深层、资源类型由常规向非

---

【第一作者简介】苏洋(1985 年5 月)，男，2009 年毕业于中国石油大学(北京)石油工程专业，2009 年获中国石油大学(北京)石油工程专业学士学位。中国石油长城钻探工程技术研究院，高级工程师，主要从事钻井取心技术研究和相关技术服务工作。地址：辽宁省盘锦市兴隆台区惠宾街91 号长城钻探工程技术研究院，邮编：124010，电话：15142765620，E-mail：suyang. gwdc@ cnpc. com. cn。

常规快速延伸，埋深 3500~4500m 的深层页岩油气成为我国油气上产重要勘探领域，川南深层页岩气储层压力普遍达到 80~100MPa，渤海湾盆地页岩油储层温度超过 150℃，万米超深层甚至达到 240℃/140MPa 的苛刻环境，现有保压取心技术已经难以满足上述高温、高压复杂环境取心作业需求，亟需更新换代。

## 1 保压取心面临的挑战

（1）高温高压条件下取心作业难度大，深地保压取心为世界空白。

国外早在 20 世纪中旬开发出了 PCB、PTCS、APC 等多种保压取心工具用于海底岩心样品采集和天然气水合物取样，在全球探明了大量可燃冰赋存区，同时也证实了保压取心技术对于保持岩心地层原始状态具有显著效果，是一种可以用于地层原始资料获取的有效方法[19-22]。但国外保压取心工具以海域应用为主，其工作环境为海洋低温环境，且海水密度相对较低，介质较为纯净，设计工作压力一般不大于 35MPa，因此国外主流取心工具并不适用于我国陆地深层保压取心，也没有可借鉴实例。

陆地深井取心环境较海域更为复杂，四川盆地 4000m 以深龙马溪组页岩气井钻井液密度介于 2.0~2.5 之间，固相含量达到 40%，给密封阀和控制机构的有效执行带来巨大挑战，目前我国主流保压取心工具设计工作压力为 60MPa，而深层超深层储层压力可达 100MPa 以上，远远超出取心工具设计工作压力，并且在陆地深层高温环境下，金属材料机械性能衰减，橡胶等密封材料失效，保压密封效果难以保证。

（2）保压取心系统多场耦合温度压力变化规律缺乏系统性研究，地面处理安全风险高。

保压系统在井底获取岩心，投球到起钻过程中，取心筒内有岩心、钻井液和一定的气体，筒内外压力、温度相同，处于平衡状态。取心筒从井底到地面过程中，筒外压力减小至大气压，筒内温度减小至大气温度，在这个过程中取心筒、岩心会发生体积变形，从而筒内钻井液、气体所占体积也会发生变化，加之筒内钻井液和气体随压力温度均发生变化，故使得保压取心筒系统整个变化过程十分复杂，属于气、液、固三相的热—固—相态耦合变化研究领域。到达地面后，大气环境的温度压力与取心筒内压力变化关系也受到诸多因素影响，涉及取心筒体积变形、岩心体积变形、气体体积变形及钻井液体积变形影响。而取心筒体积变形量又与取心筒的热膨胀系数、壁厚、弹性模量等有关；岩心的体积变形量与岩石的孔隙度、弹性模量、泊松比等有关；气体体积变形量与气体相对分子质量、相对密度、相态变化等有关；钻井液体积变形量与其膨胀系数、压缩系数等有关，目前还没有开展系统性的研究，无法预测取心筒内油气相态及压力变化。

## 2 保压取心研究进展

### 2.1 保压取心国内外发展现状[10-22]

保压取心是目前保存储层流体的最重要手段，基于保压取心的现场含气量测试技术基本实现了对原位含气量的高精度测试。随着测试技术的进步，保压取心可以获取更多的原始地层信息，因此研究仍在深入。目前保压取心技术作为一项技术平台，形成了不同领域的发展方向和技术路线。如我国广州海洋地质调查局、中国石化胜利钻井院和国外等公司开发的保压取心工具主要用于海域天然气水合物取心，其作业环境为海洋低温条件，以绳索式为主，注重低温保持和快速获取。中国石油长城钻探、川庆钻探、大庆钻探开发的保压取心工具主要用于陆地石油与天然气勘探，其作业环境为陆地深层高温高压条件，甚至超高温超高压，以起钻式为主，注重"保油、保气"，弱化了"保温、保压"，以实现深层油气井储量评价。另外还有谢和平院士及深圳大学开发的保压取心工具主要用于构建深部原位岩石力学研究，因此提出了"保压、保温、保质、保光、保湿"五保取心构想，以达到真实原位应力与赋存环境构建，为岩石力学研究建立基础。

长城钻探公司较早在陆地保压取心技术领域进行规划和布局，通过结合我国深层非常规油气储层特点和精细评价需求，提出了"油藏保温保压，气藏控压保气"的差异化发展理念，确立了"保压为技术手段，保油保气为目的"的生产应用目标，制定了适用于我国陆地深层非常规油气的保压取心技术发展路线，在高温高压环境保压密封、适应能力等方面实现关键技术突破，从"十二五"至"十四五"期间先后完成了 20MPa、60MPa、80MPa 三代保压取心工具研制和定型。在页岩油、页岩气、煤层气、致密气、CCUS 等领域均实现工业化应用，在大庆古龙页岩油、胜利页岩油、四川盆地海相页岩气、鄂尔多斯盆地海陆相页岩气及煤层气、涪陵陆相凝析油气、延长致密砂岩气等领域均取得勘探突破，累计实施保压取心近 100 口井，引领了国内陆地保压取心技术的发展。

## 2.2 陆地深层保压取心工具

目前陆地深层保压取心工具主要以长城钻探 GW 系列 80MPa 保压取心工具为代表，其设计工作压力为国内外最高，该工具主要由差动总成、测量总成、保压内筒总成、球阀密封装置、外筒和取心钻头等组成，如图 1 所示。其工作原理是：外筒与取心钻头连接，传递钻压和扭矩。保压内筒下端连接球阀密封装置，上部依次连接测量总成、差动总成。取心钻进时，球阀处于打开状态，岩心通过球阀进入保压内筒。钻取完岩心后，通过投入钢球，坐落在差动总成球座并造成压力上升，利用液压作用剪断差动总成销钉使内外筒进行差动，在此过程中，球阀密封装置被关闭，完成内筒的保压密封。测量总成可以对内筒中的温度和压力进行连续测量和存储，通过细小的趋势变化可以更加详细地了解岩心样本在起钻过程中油气成分的挥发分解过程。GW-CP 保压取心工具主要参数为：工具外径194mm，取心钻头尺寸 215.9mm；岩心直径 80mm，额定保压 80MPa；割心方式为液力加压和自锁式割心相结合，采用钻具起下作业方式[10-11]。

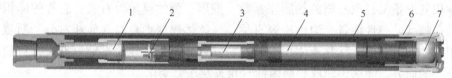

图 1　保压取心工具结构图

1—差动总成；2—上部密封机构；3—测量总成；4—保压内筒总成；
5—外筒；6—取心钻头；7—球阀密封装置

80MPa 保压取心工具以超高压球阀密封技术作为重点攻关对象，设计采用主、被动密封结合方式进行保压密封，优选高强度合金材料，攻克高强度梯形螺纹内筒设计，实现取心工具 80~100MPa 稳定密封；采用抗高温密封填料硫化处理技术形成一体式高硬度密封面，耐温达到 170℃，解决了高激动压力下密封元件贴合不严和抗高温性能差的技术难题。同时，研发了基于外筒不动、内筒上移的双级同步差动机构，采用反向抬升设计，确保取心工具差动过程中不受井壁摩阻影响，割心动作和球阀旋转有序启闭，适用于大斜度井、水平井等复杂结构井取心作业，应用范围和适应能力得到显著提升。

## 2.3 现场测试技术

保压取心作业完成后，保压岩心的现场处理与测试，是获取地层相关参数，进行储层评价与预测的关键。针对不同油气藏地质特点和测试需要，目前主要采用 2 种类型的处理方法：保压和非保压岩心处理。其基本原则是：尽可能快速地完成现场保压岩心的相关操作，以避免或减少外界温压条件的变化对岩心产生影响[19]。工作过程中涉及包括压力测试、带压解吸、带压转移、对岩心进行冷冻、切割、分析化验等功能在内的一整套专用地面处理设备及工艺。对于常规油藏和页岩油藏，包括高含水、长期开发的老油田，一般采用非保压岩心处理方法：利用超低温快速冷冻来消除内筒压力。保压内筒处于带压状态时，要取出岩心而不能让岩心中的油气水损失，必须将岩心流体固化在岩心中[14]。超低温快速冷冻是利用液氮（常温下温度为−196℃）对保压内筒和岩心同时进行冷冻，冷冻后内筒压力消除，岩心油气水组分完全保留，然后对岩心进行切割、取样、存储和化验分析（图 2）。在该领域大庆油田勘探开发研究院、东北石油大学较早开展系统性研究，形成的低温保压取心实验技术采用超低温冷冻法开展实验，可以保持岩心在处理过程中气液相流体不散失，可基于保压岩心获得多项分析参数，是国内唯一开展过实际应用的低温保压取心技术[24-31]。

图 2　保压内筒液氮冷冻

对于煤层气和页岩气藏，含气量和临界解吸压力是地质评价的重要指标[23-25]。对于这类气藏，一般采用保压岩心处理方法。GW-CP 保压取心工具专门设计了可用于气体解吸的保压内筒，内筒具有多功能接口，到达地面后可不将岩心取出，直接进行带压测试、游离气收集、吸附气解吸及地层压力下临界解吸压力特征观测，以达到定量分析的目的。为了实现页岩气保压取心和含气量测试的有机结合，国家页岩气研发中心、西南油气田等单位还自主研发了保压取心现场含气量测试装置，通过不断优化测试方法和技术，取得了较好的应用效果。保压取心与常规取心的不同之处主要有两点：（1）取心筒内含有高压气体，气体需减压后进入计量装置；（2）取心筒内存有大量钻井液，气体释放时，钻井液会同时喷出。因此，针对这两项特点进行了设备研制，设备构成及测试流程如图 3 所示。

## 3　现场应用情况

2021 年以来，为加速川渝地区深层页岩气勘探开发，长城钻探公司在西南油田气泸 203 井区开展了 L203H91-1 井页岩气保压取心施工。该井钻井液密度为 $2.35g/cm^3$，保压取心井段垂深 3700m，井底温度 100℃，属于国内第一口深层页岩气保压取心井。由于设计采用了高强度保压内筒及耐高温密封材料，经受住了井底高温高压环境的考验，4 次保压取心均未发生油气泄漏。钢球落座后，差动机构在井下运行安全稳定，均一次性差动到位，确保了球阀成功关闭。地面利用保压内筒进行了页岩气收集和测试，测得页岩总气量介于 $5.5\sim7.5m^3/t$，为科学评估泸 203 井区深层页岩气资源量发挥了重要作用（图 4）。

2022 年，长城钻探公司率先在浙江油田大安 1 井、大安 101 井、西南油气田泸 214 井

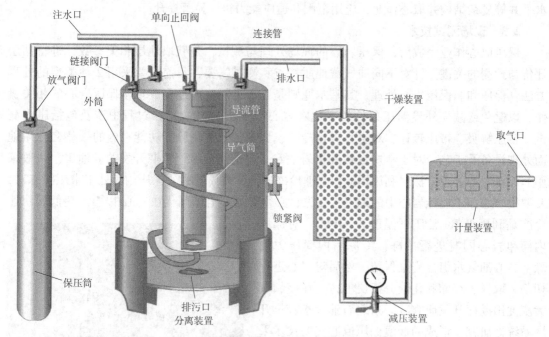

图 3  页岩气保压取心现场含气量测试设备

实施了 100MPa 以上储层保压取心现场应用。其中大安 1 井、泸 214 井均在龙马溪组页岩气储层实测到超过 15m³/t 的高含气量数据，刷新四川盆地龙马溪组储层页岩气含气量测试纪录，奠定了四川盆地深部页岩气先导试验方案信心。

图 4  页岩气保压取心地面含气量测试

在累积了大量超深层保压取心经验的基础上，2023 年在长庆油田鄂尔多斯盆地、吐哈油田实施 5000m 以深煤层气及页岩气保压取心应用 2 口井，均取得成功。截至 2024 年，长城钻探公司在松辽盆地、渤海湾盆地、鄂尔多斯盆地、四川盆地等累计试验应用 93 口井，最高应用储层温度 175℃，最大应用井深 5160m，最高应用储层压力 110MPa，接连取得多个深层油气区块资源潜力勘探突破，创造了国内外保压取心应用储层压力最高、应用井深最深等纪录，且整体成功率达到 91%。

## 4  结论与建议

随着我国深层、非常规油气投资规模和勘探力度的不断增加，对地质评价工作也在不断深入[32-34]。保压取心技术已经成为油田开发设计中一种可靠、准确的地层原始资料采集利器，是科学评估深层油气资源量的有效技术措施。在此，对保压取心技术今后的研究方向和推广应用提出几点看法和建议。

（1）我国保压取心技术目前已形成了用于陆地油气勘探和海域天然气水合物探勘的两大技术类别，整体技术与国外已无明显差距，在陆地非常规油气勘探的应用规模较国外已具有一定优势，在保压能力、岩心直径等技术指标方面已达到或超过国际先进水平。接下来应重点关注保压岩心地面处理及后续带压测试技术的开发与完善，与地质研究部门加强合作，共同探索，形成多学科、多手段相结合的测试方法，实现保压取心技术应用价值最大化。

（2）陆地深层保压取心不同于海域天然气水合物取样，"保压"只是技术手段，而不是最终目的，应消除保压取心认知误区。一味追求地面压力保持效果，不但极大增加了工具开发成本，也会给现场作业人员带来极大的安全风险，且不利于后续测试试验的开展。深地保压取心作业应根据地质需求、作业环境、测试条件科学合理地开展工程应用，弱化"保压率"概念，建立更为先进、科学的评判手段。

（3）储层数字化、精细化评价是解决地质研究难点、卡点的重要手段之一，随着保压取心技术研究的不断加大和深入，今后深地保压取心的方式将从加压转变为控压，测试内容将从油气性定量评价拓展至物性、相态、渗流的动态评价，测试方法也将与CT、核磁等无损带压测试手段相结合，最终推动我国保压取心技术从借鉴走向引领，为我国深地资源高效勘探开发提供有力技术保障。

## 参 考 文 献

[1] 王红岩，周尚文，刘德勋，等. 页岩气地质评价关键实验技术的进展与展望[J]. 天然气工业，2019，40(6)：1-17.

[2] 董大忠，王玉满，黄旭楠，等. 中国页岩气地质特征、资源评价方法及关键参数[J]. 天然气地球科学，2016，27(9)：1583-1601.

[3] 李阳，薛兆杰，程喆，等. 中国深层油气勘探开发进展与发展方向[J]. 中国石油勘探，2020，25(1)：45-57.

[4] 朱庆忠，苏雪峰，杨立文，等. GW-CP194-80M 型煤层气双保压取心工具研制及现场试验[J]. 特种油气藏，2020，27(5)：139-144.

[5] 朱庆忠，杨延辉，陈龙伟，等. 我国高阶煤层气开发中存在的问题及解决对策[J]. 中国煤层气，2017，14(1)：3-6.

[6] 赵贤正，朱庆忠，孙粉锦，等. 沁水盆地高阶煤层气勘探开发实践与思考[J]. 煤炭学报，2015，40(9)：2131-2136.

[7] 朱庆忠，杨延辉，左银卿，等. 中国煤层气开发存在的问题及破解思路[J]. 天然气工业，2018，38(4)：96-100.

[8] 朱庆忠，杨延辉，王玉婷，等. 高阶煤层气高效开发工程技术优选模式及其应用[J]. 天然气工业，2017，37(10)：27-34.

[9] 李相方，蒲云超，孙长宇，等. 煤层气与页岩气吸附/解吸的理论再认识[J]. 石油学报，2006，34(4)：1113-1128.

[10] 杨立文，苏洋，罗军，等. GW-CP194-80A 型保压取心工具的研制与应用[J]. 天然气工业，2020，40(4)：91-96.

[11] 杨立文，孙文涛，罗军，等. GWY194-70BB 型保温保压取心工具的研制和应用[J]. 石油钻采工艺，2014，36(5)：58-61.

[12] 张洪君，刘春来，王晓舟，等. 深层保压密闭取心技术在徐深 12 井的应用[J]. 石油钻探技术，2007，29(4)：110-114.

[13] 罗军. 保温保压取心工具球阀工作力学的有限元分析[J]. 石油机械，2014，42(7)：16-19.

[14] 罗军. 保压密闭取心技术在延页 27 井的应用[J]. 钻采工艺，2015，38(5)：113-114.

[15] 马力宁，李江涛，华锐湘，等．保压取心储层流体饱和度分析方法-以柴达木盆地台南气田第四系生物成因气藏为例[J]．天然气工业，2016，36(1)：76-80.

[16] 巢华庆，黄福堂，聂锐利，等．保压岩心油气水饱和度分析及脱气校正方法研究[J]．石油勘探与开发，1995，22(6)：73-77.

[17] 裘杰，王晓舟，杨永祥，等．保压取心技术在吐哈油田陵检14-241井的应用[J]．石油钻探技术，2003，31(3)：19-21.

[18] 张斌成，谢治国，刘英，等．吐哈保压密闭取心饱和度应用及水淹识别方法[J]．吐哈油气，2005，10(2)：152-155.

[19] 王韧，张凌，孙慧翠，等．海洋天然气水合物岩心处理关键技术进展[J]．地质科技情报，2017，36(2)：249-257.

[20] 白玉湖，李清平．天然气水合物取样技术及装置进展[J]．石油钻探技术，2010，38(6)：116-123.

[21] 张伟，梁金强，陆敬安，等．中国南海北部神狐海域高饱和度天然气水合物成藏特征及机制[J]．石油勘探与开发，2017，44(5)：670-680.

[22] 任红，裴学良，吴仲华，等．天然气水合物保温保压取心工具研制及现场试验[J]．石油钻探技术，2018，46(3)：44-48.

[23] 李相方，蒲云超，孙长宇，等．煤层气与页岩气吸附/解吸的理论再认识[J]．石油学报，2006，34(4)：1113-1128.

[24] 张晓明，石万忠，徐清海，等．四川盆地焦石坝地区页岩气储层特征及控制因素[J]．石油学报，2015，36(8)：926-953.

[25] 刘刚，赵谦平，高潮，等．提高页岩含气量测试中损失气量计算精度的解吸临界时间点法[J]．天然气工业，2019，39(2)：71-75.

[26] 孙龙德，刘合，何文渊，等．大庆古龙页岩油重大科学问题与研究路径探析，石油勘探与开发，2021，48(3)：453-463.

[27] 徐庆龙，何云俊，张晔，等．合川须二致密砂岩气藏开发潜力评价研究，2018年全国天然气学术年会论文集，2018.

[28] 赵正望，李楠，刘敏，等．四川盆地须家河组致密气藏天然气富集高产成因术[J]．天然气勘探与开发，2020，42(2)：39-46.

[29] 俞巨锋，王洪辉，段新国，等．合川区块须家河组二段储层微观非均质性及其成因分析[J]．长江大学学报(自科版)，2014，11(2)：65-68.

[30] 王骍，刘宝昌．表镶大颗粒人造金刚石钻头受力及水力学数值模拟研究[J]．探矿工程(岩土钻掘工程)，2016，43(8)：64-68.

[31] 乔领良，胡大梁，肖国益．元坝陆相高压致密强研磨性地层钻井提速技术[J]．石油钻探技术，2015，43(5)：44-48.

[32] 夏爽．川西地区须家河组钻头个性化研究[D]．成都：西南石油大学，2017.

[33] 郭旭升，胡东风，黄仁春，等．四川盆地深层—超深层天然气勘探进展与展望[J]．天然气工业，2020，40(5)：1-14.

[34] 郭旭升，胡东风，李宇平，等．陆上超深层油气勘探理论进展与关键技术[J]．Engineering，2019，5(3)：458-470.

# 基于大数据的司钻领航系统研究与应用

张治发　钱浩东　刘　伟　张　帆

(中国石油川庆钻探工程有限公司钻采工程技术研究院)

**摘　要**　目前，司钻的操作主要依赖观察指重表、钻机设备参数、录井显示屏等设备，一方面观察的参数信息多且不集中，造成工作强度大，另一方面风险井段操作仍然依靠自身经验，将导致井筒工程安全与提速得不到保障等问题。针对上述问题，本文研究出了一种面向未来自动钻井的智能司钻领航系统，重点介绍了司钻领航系统的基本工作原理、软件模型和硬件组成及系统的功能体系结构。该系统可以将参数优化、风险提示、工程预警、专家指令等功能，以文字、图形和语音方式推送并提醒司钻，最终达到提升司钻精准操作、降低事故复杂率、夯实井控责任等目的。通过对 65 口井的现场试验证明，本系统为现场司钻操作提供了全方位的支持和保障，成功助力钻井提速 2%，复杂率降低 3%。

**关键词**　司钻领航仪；工程预警；风险提示；远程交互；自动识别

传统钻井作业中，司钻的操作主要依赖观察指重表、钻机设备参数、录井显示屏等设备，观察的参数信息多且不集中，造成工作强度大，风险井段操作仍然依靠自身经验，特别是随钻石油钻探开采往深层、超深层迈进，钻井的难度越来越大，对司钻的操作技能与注意力是一个巨大的挑战，仍采用传统的事后管理与处理方式及个人操作经验已无法满足高难度复杂井的要求，司钻在操作过程中，因精力不集中导致注意力分散和判断力下降，就有可能造成井复杂事故发生，从而将导致井筒工程安全与提速得不到保障等问题，将会影响到钻井工程开发的进度。随着油田勘探开发行业数十年的发展，油田勘探开发逐步向数字化转型，智能化技术也已开始广泛应用[1-3]。全球范围内油田数字化、信息化建设历史远超 20 年，正从原有的地质模型和数学模型向着大数据、人工智能、知识管理和云协作方向演化，自动化与智能化成了重要特征[4-6]。为使司钻的操作从传统模式向智能化、信息化迈进，司钻领航系统作为司钻操作的"眼睛"，被迫切提上开发日程。

目前市场上的司钻领航仪可以通过图形、数据、文字、语音等方式向司钻传达数据，指导司钻工作，但无法充分发挥 EISS 大数据资源的优势，也不能以语音提示为主，屏幕为辅的方式，推送工程警告、风险提示、模板执行、坐岗提示、EISC 指令信息，提高钻井作业水平。本文研制的司钻领航系统可利用大数据、人工智能等信息技术，对集成平台的海量数据资源进行智能分析，并针对钻进、循环、起钻、下钻等工况，提供优化参数、风险提示、工程预警和专家指导[7-8]。与现有系统相比，该系统具有多项优势，如更好地整合大数据资源，与钻井人员进行更高效的沟通，有助于提高钻井安全和效率。

---

【第一作者简介】张治发，川庆钻探工程有限公司钻采工程技术研究院。

## 1 司钻领航仪研发

司钻领航系统利用 EISS 系统实时数据与动态数据分析判断井径井斜、井身结构、套管数据等风险阈值；实时分析钻压、转速、排量是否满足对应区域提速模板要求；集成 EISS 系统工程预警功能，并对上一趟发出的工程预警进行风险提示。该系统以模型驱动、数据驱动的技术方式，集多套独创算法和结构化的钻井技术标准规范于一体，对钻井过程中的井控风险、工程风险进行实时分析，通过语音提示辅助司钻进行作业，从而保障井下作业安全。系统搭载司钻领航仪、电子液面坐岗仪等软件，具有智能分析模块、信息智能推送模块、图形和数据展示模块及语音播放模块，将实时自动采集的数据和导入的算法模型进行特征分类，并将二者进行特征匹配，最终将系统评估的结果传输到具有图形和数据展示功能及语音播放功能的硬件显示器上，用于司钻领航仪预警，充分实现软硬件的结合(图1)。

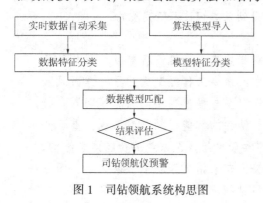

图 1 司钻领航系统构思图

### 1.1 随钻工况自动判断模块研究

随钻工况自动判断采用综合录井仪设备采集现场设备时序数据，实时获取钻井现场工况特征参数将为输入信息判断模型；在工况判断模型内，基于工况特征参数将钻头位置的变化情况和速度，大钩高度的拉升情况，出入口流量的变化情况与所属参数对应的目标特征向量作为模型属性，计算所述目标特征向量与各标准特征向量的关联度，通过判别分类器实行选择判别，如果关联度大于或者等于临界关联度，则根据算法关联度标准特征向量确定井下工况，其逻辑关系图 2 所示。

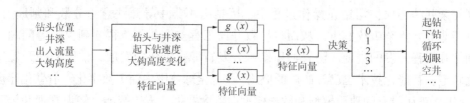

图 2 算法关联度标准特征向量图

判别器算法如图 3 所示，通过实时数据驱动的工作模式，利用钻井工况自动计算模块，实现"边钻边算"的工作新模式。随钻工况自动判断模块主要分为三个功能部分。

### 1.2 井控预警模型研究

发生井控风险事故之前，录井参数会发生一定程度的异常变化，仪器或者采集传输等造成数据存在一些异常值引起误判的概率，因此，首先处理钻井参数的异常值，然后分析某些工程录井数据变化趋势并结合数据挖掘理论对可能发生的钻井风险井控预警。

如图 4 所示，实时读取综合录井仪实时数据，取当前时间前 15min 数据作为一个数据队列，即以时间线为基础，遵从先进先出，取 0～12min 数据作为回归值，当前值于回归值做比较，如果连续 40s 都大于 0 则预警溢流，小于 0 则预警井漏。每 3min 更新一次基值，如果 5min 内有相同的预警则不提示。

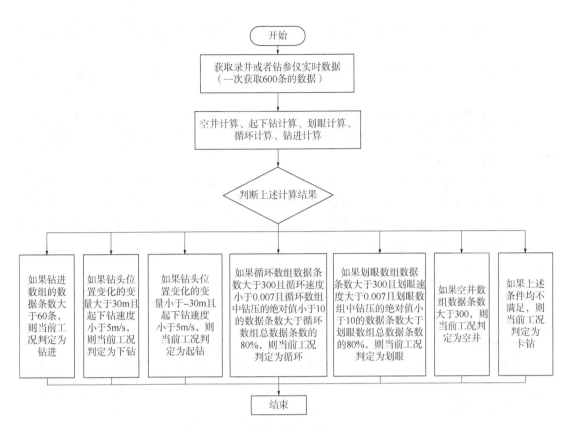

图 3　随钻工况判断模块图

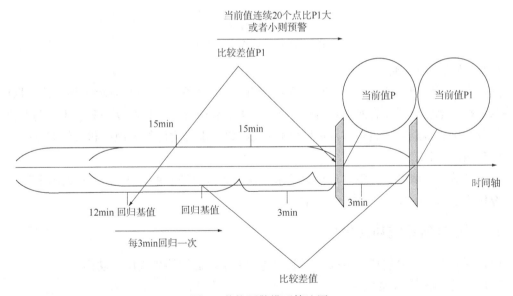

图 4　井控预警模型算法图

## 1.3　基于已钻井井段的风险模块研究

该模块使用已钻井井段的数据，针对钻井起下钻过程中常见的工程风险进行自动学习，并建立起下钻中遇到的例如大井径井段、大狗腿井段等风险提示模型。风险井段提示规则如下：

（1）如果测斜数据中狗腿度大于 8°，并且井段大于当前套管鞋位置，则判断为大狗腿度井段；

（2）如果井径数据中平均井径大于 30% 且井段大于当前套管鞋位置，则判断为大井径井段；

（3）如果井径数据中平均井径小于 0 且井段大于当前套管鞋位置，则判断为缩井井段；

（4）如果上趟钻预警过人工添加扭矩与卡钻异常，并且井段大于当前套管鞋位置，则判断为上趟钻扭矩与卡钻异常井段。

在建立风险预警对应模型之后，将模型结合录井实时数据导入司钻领航系统，通过特征提取算法，找到模型相关特征和数据相关特点。通过模型特征对模型进行分类，并通过层次化聚类和分类聚类算法将数据进行分类，再将二者进行特征匹配，最终进行当前风险预警模型判断，将判断的结果用于司钻预警（图 5）。

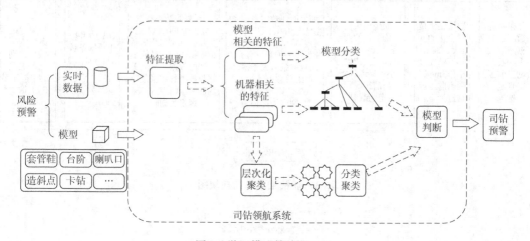

图 5　学习模型算法流程图

### 1.4　井筒模拟研究

井筒模拟可以把抽象化的数字转换为更为直观的图像展示。图 6 所示，将设计数据（设计井深结构、地层分层及岩屑、钻具组合等）、实钻数据及实时数据以井深、垂深为数据支点，将各类别的数据封装组合，最后图示化展示（数据来自构建的知识库和大数据分析）。

### 1.5　硬件组成

司钻领航系统硬件主要包括现场数据采集器一台，司钻领航仪 1 套，液面坐岗仪 1 台、无线液位传感器 12~18 台，手持机 1 台。

## 2　司钻领航系统功能架构

司钻领航系统主要包括司钻操作领航功能和电子液面智能坐岗两大功能。

### 2.1　司钻操作领航功能架构

司钻领航仪工作原理如图 7 所示。

（1）司钻领航仪采用基于井场版 EISS 系统中钻井工作平台、录井工作平台、钻井液工作平台提供的基础数据，主要包含钻井、录井、钻井液专业中的人工填写数据；

（2）除人工填写数据外，还结合了录井实时数据、液面坐岗记录及人工设置的风险井段中各类参数，通过后台智能分析，加上 EISC 中心专家下达的指令，在司钻领航仪中生成各类工程预警、风险提示、指标对比、指令措施提示。

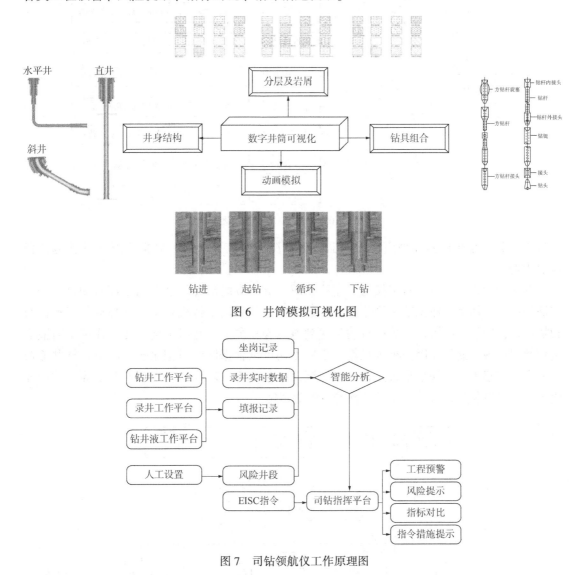

图 6　井筒模拟可视化图

图 7　司钻领航仪工作原理图

司钻操作领航功能包括钻进、起下钻和循环三种工况下的界面展示与语音播报提示，图 8 为司钻领航仪在三种工况下进行语音播报提示的工作流程。

### 2.2　电子液面智能坐岗功能架构

通过在循环罐处增加一台防爆显示器，实现了液面坐岗记录的电子化，并集成了液面实时数据跟踪、起下钻钻井液修正表、回流量记录表、井控预警和历史数据查询等功能，实现了坐岗工的无纸化与智能化办公。电子液面电子坐岗仪由标尺位移传感器、防爆触摸屏和预警软件组成。

自动生成电子坐岗记录，查询使用方便快捷，有效提高工作效率；甲乙方、前后方数据实现共享，协助事前分析、事中处理和事后调查；液面变化实时分析，智能预警提示，采用"实时数据+人工参与"大幅降低预警误报率。电子液面坐岗仪包括钻进阶段液

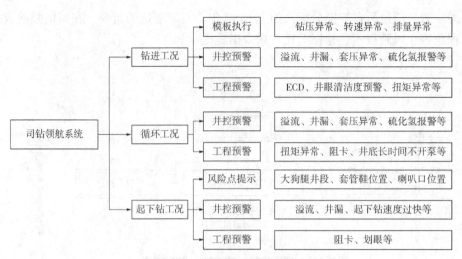

图 8　司钻领航仪功能架构图

面坐岗、起下钻阶段液面坐岗、传感器故障情况下的液面坐岗、异常情况下的智能预警
四块内容。

图 9 所示为电子液面坐岗仪的工作原理图。电子液面坐岗仪是坐岗工面对的是一个电
脑操作屏，一切坐岗数据都在操作屏上完成。坐岗工采用手持机对每个循环罐的标尺进行
扫描确认，确认后的罐体积数据自动传送到电脑操作屏上，然后坐岗工在操作屏上对液面
进行数据校核、差值原因分析等操作，坐岗工还可以根据回流量记录表、起下钻钻井液修
正表来校核起下钻时灌浆是否正常，填写液面变化原因，若校核发现理论和实际的体积变
化不一致或者相差较大，开始进行预警，提醒司钻。

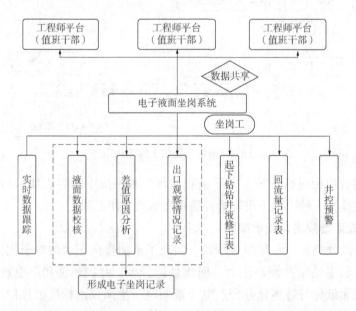

图 9　电子液面坐岗仪工作原理图

如图 10 所示，为电子液面坐岗仪在异常情况下的智能预警。电子液面坐岗仪发出预
警，告知坐岗工，坐岗工及时对液面进行校核，判断是否为异常或者误报，若为误报，坐

岗工点击结束预警，若判断为异常，坐岗工在 3min 内告知值班干部或者司钻，值班干部或者司钻在 5min 之内进行处理，若为溢流或者井漏，根据相应的处理措施进行处理，若值班干部或者司钻，超过 5min 还未对预警进行处理，该预警就制动推送到 EISC 工程领导，同时会告知安全监督和甲方监督，由 EISC 工程领导根据现场情况预判，下达指令，要求现场进行处理。

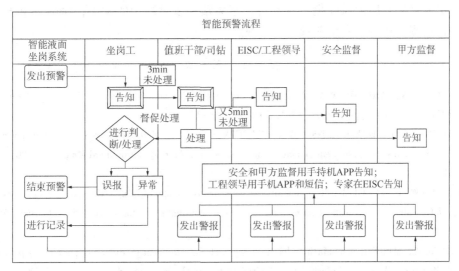

图 10　电子液面坐岗仪异常情况下的智能预警

## 3　现场应用及效果

司钻领航系统已在 PS8 井、PS12 井、MX019－H2 井等 65 口井现场试验，现场累计运行时间超过 80000h，累计语音提示超 127748 条，杜绝了低级错误操作引发的事故，邻井地质复杂提前预警，降低了井筒故障复杂率，协助钻井队提速模板执行率大幅提高，向智能钻井迈出了关键的一步。

在推广司钻领航系统后，复杂预警更加精确，误报率大幅降低，事故复杂率大幅降低。可助力钻井提速 2%，复杂率降低 3%，提质增效作用突出（图 11、图 12）。

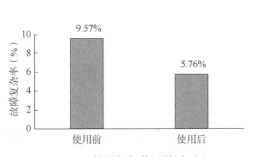

图 11　司钻领航仪使用前后对比

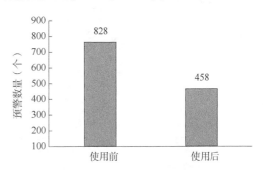

图 12　司钻领航仪使用前后对比

## 4　结论及建议

（1）自主研制的司钻领航系统，通过司钻操作领航和电子液面坐岗两大模块，实现钻井参数优化、风险实时评价及预防措施推送等功能，从而改变传统的以经验来判断阻卡风险的工作模式。

（2）对 65 口井的现场试验结果表明，司钻领航仪在规范现场操作、提示工程风险、降低事故复杂率等方面提供了全方位的支持和保障，成功助力钻井提速 2%，复杂率降低 3%。

（3）随着对该系统的不断升级与完善，未来的司钻领航系统必定能够准确、及时地识别当前工况并做出相应的风险提示及预警，避免钻井故障复杂的发生，保障井下安全，同时为钻井提速提供依据，应用前景非常可观。

## 参 考 文 献

［1］ BHATNAGAR A, KHANDELWAL M. 2012. An intelligent approach to evaluate drilling performance［J］. Neural Computing and Applications, 2012, 21(4): 763–770.

［2］ MAISTRENKO A L, BONDARENKO M O, GARGIN V G, et al. Methods of improving efficiency of drilling operations for increasing oil and gas production in Ukraine［J］. Journal of Superhard Materials, 2007, 29(5): 307–315.

［3］ YIN Q, YANG J, TYAGI M, et al. Machine learning for deepwater drilling: Gas–kick–alarm classification using pilot–scale rig data with combined surface–riser–downhole monitoring［J］. SPE Journal, 2021, 26(04): 1773–99.

［4］ NAUTIYAL A, MISHRA A K. Machine learning approach for intelligent prediction of petroleum upstream stuck pipe challenge in oil and gas industry［J］. Environment, Development and Sustainability, 2022.

［5］ TARIQ Z, ALJAWAD M S, HASAN A, et al. A systematic review of data science and machine learning applications to the oil and gas industry［J］. Journal of Petroleum Exploration and Production Technology, 2021, 11(12): 4339–4374.

［6］ WAQAR A, OTHMAN I, SHAFIQ N, et al. Applications of AI in oil and gas projects towards sustainable development: A systematic literature review［J］. Artificial Intelligence Review, 2023, 56(11): 1–28.

［7］ CHOUBEY S, KARMAKAR G P. Artificial intelligence techniques and their application in oil and gas industry［J］. Artificial Intelligence Review, 2021, 54(5): 3665–3683.

［8］ ELMOUSALAMI H H, ELASKARY M. Drilling stuck pipe classification and mitigation in the Gulf of Suez oil fields using artificial intelligence［J］. Journal of Petroleum Exploration and Production Technology, 2020, 10(5): 2055–2068.

# 基于机器学习方法的 PDC 钻头钻井参数优化技术研究

李卓伦[1]　李　玮[1, 2]　焦圣杰[1]

（1. 东北石油大学石油工程学院；

2. 油气井技术国家工程实验室高效钻井破岩技术研究室）

**摘　要**　哈拉哈塘地区奥陶系富含碳酸盐岩油气资源，埋深达到 7000m 以上，该地区深部为碳酸盐岩地层，钻井主要应用 PDC 钻头，其工作效率直接影响到钻井进度和成本。为了预测和分析不同钻进条件下 PDC 钻头的机械钻速，本文在考虑机械参数、水力参数、地层参数的基础上，基于机器学习的回归方法对综合钻速方程中的钻压指数、转速指数、可钻性指数等参数进行多元回归，提出了钻速方程的三元模式和四元模式，并建立了钻井参数的优化流程，提高了机械钻速。计算实例表明，以金跃 104 井录井数据回归得出该井的三元和四元钻速方程，其中分段优化得到的三元模式平均精度为 90.92%；四元模式预测平均精度为 90.58%；以金跃 202 井录井数据分段回归的三元和四元钻速方程预测金跃 104 井机械钻速，优选每段预测精度高的模型，得到最终预测精度达到 86.86%；在钻井参数优化中，将参数阈值范围分别设定为 5% 和 10% 时，钻速分别提高 49.85% 和 50.90%。

**关键词**　钻速方程；机器学习；钻井参数优化

哈拉哈塘地区是塔里木盆地主要的含油区带，该地区奥陶系富含碳酸盐岩油气资源埋深达到 7000m 以上，属于深部非常规油气资源。由于钻井深度普遍在 7000m 以上，岩性为碳酸盐岩地层，且存在大量的缝网体系，机械钻速低，施工周期长[1,2]。因此，建立该区块的钻速预测模型，研究提高机械钻速的钻井参数优化方法，对于超深井钻井提速和非常规油气资源的勘探开发具有重要的指导意义。

牙轮钻头、PDC 钻头及金刚石钻头是石油钻进中常用的 3 大类钻头，其中 PDC 钻头占我国钻井完成总进尺的 80% 以上。在哈拉哈塘地区深部地层钻井中，PDC 钻头为主要应用的钻头。PDC 钻头的机械钻速受机械参数、水力参数、地层参数和钻头结构等因素的影响[3]，其工作效率直接影响到钻井进度和成本[4]。

本文在考虑机械参数、水力参数、地层参数的基础上，提出了基于机器学习的回归方法的三元模式和四元模式的钻速预测方程，建立了钻井参数优化流程，并以金跃区块的 6 口井数据为基础，进行了分析与计算，为分析机械钻速和优化钻井参数提供一条途径。

---

【第一作者简介】李卓伦，东北石油大学石油工程学院。

# 1 钻速预测模型的建立

为了预测和分析不同钻进条件下钻头的机械钻速，国内外学者建立了一系列的钻速方程。这些钻速方程是在考虑机械参数、水力参数、地层参数和钻头结构等不同的侧重点上，结合室内实验和现场统计数据建立起来的[5]。

随着大数据和人工智能等新技术、新方法的兴起，其应用于协助实现智能钻井石油钻探已成为趋势[6,8]。Hegde 等[9]评估了试验驱动型模型与使用人工智能的数据驱动型模型的建模精度，发现数据驱动型模型相较于其他模型可降低预测误差达 12%。Mohammad Mehrad 等[9]提出了一种 LSSVM-COA 钻速预测模型，可以更准确更低成本的钻井，但要基于大量的实钻数据。

而应用大数据、人工智能等技术的钻速预测方法要基于一定量的数据，当数据采集量超过实际需求量时，原本用以降低成本提高效率的数据采集分析反而将拖累钻探钻井施工。因此，在较少的数据量情况下，提高钻速预测精度，是提高钻速预测效率降低其预测成本的关键。

本文在前人研究的基础上，综合考虑上述原因，提出由钻压、转速和地层可钻性系数构成的钻速方程三元模式：

$$V_{op} = C \frac{W^{\alpha} n^{\lambda}}{K_f^{\beta}} \tag{1}$$

式中，$C$ 为综合系数；$W$ 为钻压，kN；$n$ 为转速，r/min；$K_f$ 为地层可钻性系数；$\alpha$ 为钻压指数；$\lambda$ 为转速指数；$\beta$ 为地层可钻性指数。

以及由钻压、转速、排量和岩石可钻性构成的四元钻速预测方程：

$$V_{ROP} = C \frac{W^{\alpha} n^{\lambda} Q^{\varepsilon}}{K_f^{\beta}} \tag{2}$$

式中，$V_{ROP}$ 为机械钻速，m/h；$W$ 为钻压，kN；$\alpha$ 为钻压指数；$n$ 为转速，r/min；$\lambda$ 为转速指数；$Q$ 为排量，L/s；$\varepsilon$ 为排量指数；$K_f$ 为地层可钻性系数，$\beta$ 为可钻性指数；$C$ 为综合系数。

这两个方程的特点是主要构成参数都直接来自录井数据，通过综合系数考虑齿高磨损量、压差、压实系数等参数对机械钻速的影响。这样的建模方式可以有效降低方程使用过程中的误差。

两个模型中的地层可钻性系数 $K_f$ 并不是室内测定的岩石可钻性极值，而是一个相对的、综合性的可钻性系数。这个指标在回归计算中，可以综合评价临近数据下的井底地层岩石抵抗钻头破碎的能力。其计算公式如下：

$$K_f = \log_2(8 \cdot T) \tag{3}$$

式中，$T$ 为录井数据中整米钻时，min/m。

在上述两个模型中，不同指数是通过线性回归的方法进行计算。机器学习是人工智能及模式识别领域共同研究热点，其理论和方法已被广泛应用于解决工程应用和科学领域的复杂问题[10-13]。机器学习的回归算法通过建立变量之间的回归模型，通过训练过程得到变量与因变量之间的相关关系。常见的回归算法包括线性回归、非线性回归、逻辑回归、多项式回归。本文应用回归分析方法对综合钻速方程中的综合系数、钻压指数、转速指数和排量指数等参数进行多元回归。

## 2 钻速预测模型的验证

金跃区块位于塔里木盆地哈拉哈塘地区，该区块为7000m的非常规超深部地层的碳酸盐岩油气资源，本文以该区块6口井的实钻数据为例，进行了计算和分析。计算用的整米机械钻速录井数据为原始数据，仅去掉未钻进的零值点，不再做其他任何降噪处理。

### 2.1 单井全井段预测

选取金跃104井作为研究对象，对该井录井数据，对式（1）和式（2）的钻速方程进行多参数回归，并得出了最优参数表，见表1。

表1 金跃104井钻速最优回归参数表

| 初始井深 | 终止井深 | 模型 | 综合系数 | 钻压指数 | 转速指数 | 排量指数 | 可钻性指数 | 精度 |
|---|---|---|---|---|---|---|---|---|
| 1540 | 7162 | 三元模式 | 535.8264 | 0.0495 | 0.1182 | | 2.3788 | 71.21% |
| 1540 | 7162 | 四元模式 | 110.3356 | 0.0241 | 0.0538 | 0.4057 | 2.2166 | 80.65% |

表中的平均精度计算模型为：

$$E = 1 - \frac{\sum_{k=m}^{n} \left( \frac{|VOP2_k - VOP1_k|}{\overline{VOP1}} \right)}{M} \tag{4}$$

式中，$m$ 为初始井深，m；$n$ 为终止井深，m；$VOP1$ 为原始机械钻速，m/h；$VOP2$ 为模型计算机械钻速，m/h；$\overline{VOP1}$ 为原始机械钻速平均值，m/h；$M$ 为数据点的个数。

根据最优参数表，应用式（1）和式（2）进行计算，由此绘制图1。

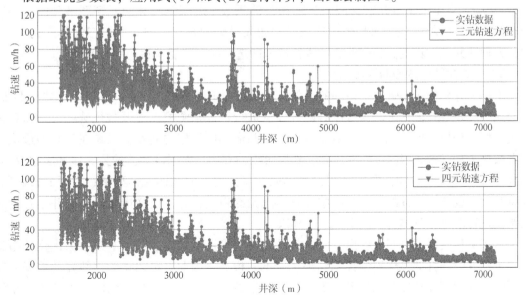

图1 金跃104井钻速对比图

由表1可知：对该井从1540m到7162m的5622m的数据进行回归，三元模式的计算精度为71.21%，四元模式的计算精度为80.65%。这个精度较高，可以说明所选模型具有较高的相关性，可以预测钻速。

## 2.2 单井分段预测

为进一步提高三元模式和四元模式计算精度，结合金跃104井从1540m到7162m的5622m中共用了8只PDC钻头，进行分段计算，并对每段数据进行回归分析，共得16组最优参数，并用上述16组指数计算得到金跃104井钻速结果，如图2所示。

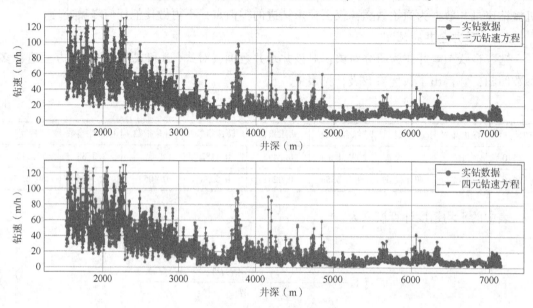

图2　分段回归预测结果

三元模式预测精度在73.45%~97.08%，全井平均精度为90.92%［应用公式(3)计算］；四元模式预测精度在72.77%~95.93%，全井平均精度90.58%。16组精度值主要集中在90%~95%，是由于用本井数据回归计算相关的系数，表明三元和四元模型来分段预测钻速，具有更高的相关性。而且，对比三元和四元模型的精度，部分井段三元模式精度高，部分井段四元模式精度高，因此，在进行模型的选取时，不能单独选用一种模型。

## 2.3 单井钻速方程的区域优化

上面的计算仅仅是针对一口井的。如果在金跃104井钻进之前存在多口已钻井，那么，在金跃104井各井段钻进时，可以有两种办法进行钻速预测模型的系数优选：一是以钻进段进行回归分析，但可能会存在数据量小，回归准确度不好的问题；二是在已有的最优模型系数中进行优选。根据上面的思路，选取第二种方法，根据该地区的另5口井实钻数据，选择与金跃104井相同井段的数据，对其他5口井的三元和四元模型指数进行分段回归，并将其代入金跃104井的对应井段中计算钻速预测精度，并于上文中金跃104井本井的分段精度进行对比，具体计算结果见表2和表3。

从表2和表3可以明显看出，多口井最优模型筛选结果显示段，本井数据优化模型最优，个别井段邻井的最优模型计算结果优于本井模型。因此，可以认为，邻井的数据回归得到的三元和四元钻速预测模型系数，在预测本井时，精度与本井分段回归得到的模型计算精度相当。所以，在取得区域钻井的多口井的实钻数据后，可以综合分析邻井预测模型，用邻井参数对新井进行预测，这为钻速方程的区域优化和区域工程应用奠定了基础。

表 2　三元模式预测精度　　　　　　　　　　单位:%

| 井深(m) ＼ 井号 | JY7-1 | JY104 | JY1-1 | JY202 | RP 3012-1 | HD29 |
|---|---|---|---|---|---|---|
| 1540~3244 | 92.96 | 94.07 | 90.77 | 77.65 | 90.13 | 93.52 |
| 3245~3659 | 77.49 | 94.91 | 78.08 | 45.74 | 82.25 | 83.69 |
| 3660~5023 | 88.81 | 73.45 | 85.33 | 72.55 | 57.58 | 61 |
| 5024~5404 | 90.5 | 94.19 | 54.71 | 62.87 | 88.71 | 96.1 |
| 5405~6672 | 58.51 | 87.79 | 56.67 | 95.76 | 89.58 | |
| 6673~6970 | | 95.8 | | 93.32 | | |
| 6971~7001 | | 97.08 | | 89.03 | | |
| 7002~7162 | | 90.92 | | 81.43 | | |

表 3　四元模式预测精度　　　　　　　　　　单位:%

| 井深(m) ＼ 井号 | JY7-1 | JY104 | JY1-1 | JY202 | RP 3012-1 | HD29 |
|---|---|---|---|---|---|---|
| 1540~3244 | 92.96 | 94.41 | 91.88 | 75.46 | 90.84 | 93.48 |
| 3245~3659 | 76.54 | 94.78 | 80.43 | 52.43 | 82.08 | 84.86 |
| 3660~5023 | 90.15 | 72.77 | 84.93 | 74.12 | 65.27 | 61.22 |
| 5024~5404 | 90.61 | 93.48 | 57.55 | 73.13 | 90.64 | 96.34 |
| 5405~6672 | 50.05 | 87.19 | 58.91 | 95.81 | 89.6 | |
| 6673~6970 | | 95.93 | | 97.80 | | |
| 6971~7001 | | 92.88 | | 89.26 | | |
| 7002~7162 | | 90.58 | | 86.22 | | |

### 2.4　设计井钻速预测

假设金跃 104 井为设计井，结合设计井不同井段的设计参数，在设计阶段对该井机械钻速进行预测。为提高预测精度，选择一口距离最近的地层序列的井作为参考井，应用该井最优参数系列计算设计井机械钻速。

具体参考井选择金跃 202 井，分段回归得到模型参数，将金跃 104 井的设计参数代入，分段计算钻速预测结果，并与金跃 104 井的实钻数据进行对比，将钻速的预测结果与实际钻速进行对比，如图 3 所示。在 1540~7122m(金跃 102 井深度仅达到 7122m)的预测范围内，红色为预测曲线，蓝色为实钻曲线。从图中不难看出，根据设计参数得到预测曲线整体规律与录井数据的原始数据规律具有很好的相关性。

三元模式预测精度在 60.38%~97.18%，全井段平均精度 77.38%；四元模式预测精度在 49.42%~91.46%，全井段平均精度 79.76%。

建立模型优选方法，每个井段选取预测精度高的模型，整合数据，得到钻速的最优预测值(图 4)，平均预测精度为 86.86%。该精度较高，可以满足现场施工的预测需求。

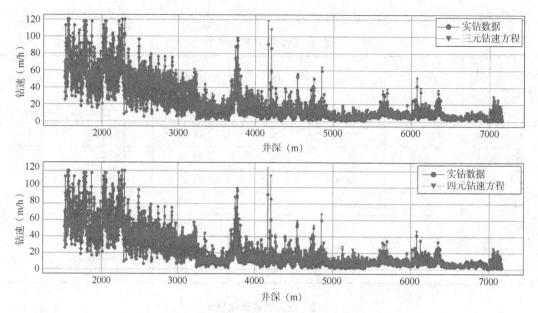

图 3　设计井金跃 104 井机械钻速预测值

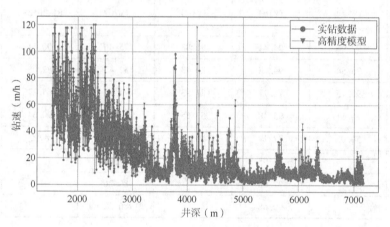

图 4　设计井金跃 104 井机械钻速最优预测值

## 3　钻井参数优化应用

基于上述的三元和四元钻速预测模型，针对现场施工易调节钻压、转速和排量这三个参数，建立了如下的参数优化流程。第一阶段的数据预处理中，主要收集本井、邻井、本区块的实钻数据和钻头使用数据，并进行基本的数据处理，包括零值的去除，缺失值不全，异常值处理和统一数据单位；第二阶段钻速模型计算中，基于第一阶段的基础数据，采用多元非线性拟合的方法，对三元模型和四元模型的预测精度进行计算；第三阶段的钻井参数优化中，首先优选出预测精度最高的模型，设定钻井参数调整的范围，通过粒子群优化算法，以钻速最高为单目标值，计算出不同钻井参数组合时的钻速预测值，优选出钻速最高的钻压、转速和排量的组合。

参考上文以邻井金跃 202 为参考井，对金跃 104 井进行分段预测的结果，用优化流程对金跃 104 井的钻井参数进行优化，将参数阈值范围分别设定为 5%、10% 和 20%，得到优化后的钻速分布如图5、图6所示。

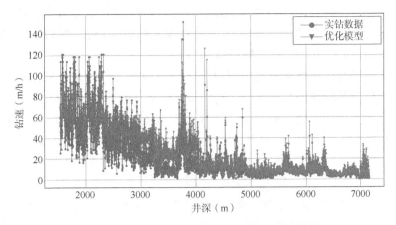

图5　优化钻井参数阈值为5%的钻速预测结果

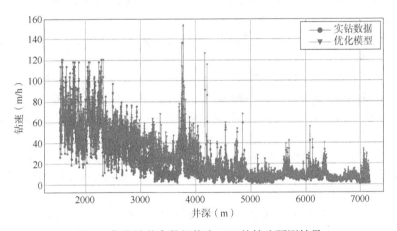

图6　优化钻井参数阈值为10%的钻速预测结果

通过参数优化，计算得出，当参数阈值范围分别设定为5%和10%时，钻速分别提高49.85%和50.90%。此结果表明：

（1）通过该优化方法，可以显著提高机械钻速；

（2）钻井参数调整阈值范围影响较小，可根据钻井设备和施工安全实际情况，将参数调节范围保持在5%~10%。

## 4　结论

本文提出了基于机器学习方法的三元和四元钻速预测模型，应用线性回归方法对模型中参数进行了多元回归，并建立了钻井参数优化流程，为高效、快速钻井提供了新的思路。

（1）提出了三元模型和四元模型来预测机械钻速，应用机器学习的回归方法对模型中参数进行了多元回归，在金跃104井全井段钻速预测分别结果为71.21%和80.65%，三元模型和四元模型具有较高的相关性，可以预测钻速。

（2）应用钻速方程的三元模式和四元模式对金跃104井进行分段优化，计算结果表明，三元模式全井平均精度为90.92%；四元模式全井平均精度为90.58%，均有了较大的提高，且部分井段三元模式精度高，部分井段四元模式精度高，在模型的选取时，不能单独选用一种模型。

（3）实现了区块性的现场实钻井钻速预测，通过本区块其他井数据，预测设计井的钻速，计算结果表明邻井的数据回归得到的三元和四元钻速预测模型系数，在预测本井时，精度上与本井分段回归得到的模型计算精度相当。

（4）以邻井金跃202数据为依据，对设计井金跃104进行分段预测，在三元模式和四元模式中优选每段的预测精度高的模型，得到最终预测精度达到86.86%。

（5）建立了钻井参数优化流程，对设计井金跃104进行参数优化，当参数阈值范围分别设定为5%和10%时，钻速分别提高49.85%和50.90%。

## 参 考 文 献

[1] 王方智，董长银，白晓飞，等. 哈拉哈塘碳酸盐岩储层井壁失稳动态评价及失稳形态分析[J]. 石油地质与工程，2022，36(1)：87-93，98.

[2] 宁超众，孙龙德，胡素云，等. 塔里木盆地哈拉哈塘油田奥陶系缝洞型碳酸盐岩储层岩溶类型及特征[J]. 石油学报，2021，42(1)：15-32.

[3] 邹德永，蔡环. 布齿参数对PDC钻头破岩效率影响的试验[J]. 中国石油大学学报(自然科学版)，2009，33(5)：76-79.

[4] BAHARI A，BARADARAN SEYED A. Drilling cost optimization in a hydrocarbon field by combination of comparative and mathematical methods[J]. Petroleum Science，2009，6(4)：451-463.

[5] 刘军波，韦红术，赵景芳，等. 考虑钻头转速影响的新三维钻速方程[J]. 石油钻探技术，2015，43(1)：52-57.

[6] 李根生，宋先知，祝兆鹏，等. 智能钻完井技术研究进展与前景展望[J/OL]. 石油钻探技术：1-16

[7] 匡立春，刘合，任义丽，等. 人工智能在石油勘探开发领域的应用现状与发展趋势[J]. 石油勘探与开发，2021，48(1)：1-11.

[8] HEGDE C，DAIGLE H，MILLWATER H，et al. Analysis of rate of penetration(ROP)prediction in drilling using physics-based and data-driven models[J]. Journal of Petroleum Science and Engineering，2017，159：295-306.

[9] MEHRAD M，BAJOLVAND M，RAMEZANZADEH A，et al. Developing a new rigorous drilling rate prediction model using a machine learning technique，Journal of Petroleum Science and Engineering(2020)，192(C).

[10] 王以法. 人工智能钻井实时专家控制系统研究[J]. 石油学报，2001(2)：83-86，124-125.

[11] 贾虎，邓力珲. 基于流线聚类人工智能方法的水驱油藏流场识别[J]. 石油勘探与开发，2018，45(2)：312-319.

[12] 路保平，袁多，吴超，等. 井震信息融合指导钻井技术[J]. 石油勘探与开发，2020，47(6)：1227-1234.

[13] ASHENA R，RABIEI M，RASOULI V，et al. Drilling Parameters Optimization Using an Innovative Artificial Intelligence Model[J]. J. Energy Resour. Technol，2021，143(5).

# 低压高能长寿命水力振荡器研制与试验

王建龙[1] 郑 锋[1] 杨 超[2] 柳 鹤[1] 于 琛[1] 张展豪[1]

(1. 中国石油渤海钻探工程有限公司工程技术研究院;

2. 中国石油集团油田技术服务有限公司)

**摘 要** 水力振荡器是缓解定向托压最有效的工具之一。但是,传统的单头螺杆、偏心盘阀式水力振荡器,难以满足深井、超深井、长水平井对低压耗、长寿命、高能效的需求。为此,设计了同心盘阀结构,扩大了钻井液的过流面积,压耗降低 2.5MPa;设计了 7/8 头螺杆和挠轴结构,保障螺杆转子稳定转动,使定子橡胶均匀受力;设计了多级活塞结构,振荡力在压力波动降低的前提下,提高了 25%;优化设计碟簧组,采用单碟 21 组对合,提高强度和寿命;优选隔套式密封、承压耐磨组合式密封、斯特封等新式密封结构,提高活塞运动副密封结构耐磨性能;优选使用镀铬、激光熔覆、激光喷涂、激光熔喷等表面处理工艺,提高转子、芯轴表面耐腐蚀、冲蚀性能。低压高能长寿命水力振荡器现场试验 25 口井,平均提速 23.9%,工具最低压耗 2.1MPa,最长工作寿命达到 312h,最高温度 161℃,助力巴彦油田、华北油田、大港油田等多口井创造钻井周期最短、机械钻速最高纪录,验证了其低压高能长寿命工作性能,建议在深井、超深井、长水平井中推广应用。

**关键词** 水力振荡器;同心驱动;低压耗;长寿命;定向托压

随着非常规、深部油气资源开发的不断深入,水平井、大位移井、深井超深井越来越多,水平段长已经突破 5000m、井眼深度已经突破 9000m,但是这些井钻井后期存在摩阻扭矩大、定向托压严重等问题,导致钻压传递效率低、定向机械钻速低,造成钻井周期增长[1-5]。为此,国外率先研发了水力振荡器工具,成为缓解定向托压最有效的工具之一,以美国 NOV 公司 Agitator 工具最为典型,性能最优、效果最好、规模最大。随后国内各大高校、钻探企业也相继研发了多款水力振荡器工具,包括螺杆式、涡轮式、射流式、全金属式、阀式、自激振荡式水力振荡器等工具[6-13],其中单头螺杆式水力振荡器应用效果最好、规模最大。

但随着深井长水平井增加、一趟钻水平的提高,单头螺杆式水力振荡器存在三方面的问题[14-16]:一是压耗高(4.0~5.0MPa),给钻井泵增加运行负荷,钻井后期出现因泵功率不足无法继续使用工具的情况;二是振荡力有待于进一步提升(35~50kN),随着井眼深度、水平段长度的增加,摩阻不断增加,钻井后期由于振荡力不足,导致缓解定向托压效果明

【第一作者简介】王建龙(1984—),男,山东沂水人,2013 年获中国石油大学(华东)油气井工程专业硕士学位,高级工程师,主要从事钻井提速工具、钻井软件研发与应用工作。E – mail:383462010@ qq. com。

显减弱，甚至不起作用；三是寿命不足（150~200h），随着一趟钻技术不断进步，螺杆、定向仪器、钻头的寿命达到 300h 以上，工具寿命成为底部钻具组合的短板，难以满足一趟钻的需求。针对上述问题，在传统单头螺杆、偏心盘阀、单级活塞的基础上，设计了多头螺杆、同心盘阀、多级活塞的结构，研制了低压高能长寿命水力振荡器，在国内各大油气田应用 100 余口井，工具体现出低压耗、高能效、长寿命的良好性能，满足现场安全高效钻井需求。

# 1 结构及原理

## 1.1 工具结构

低压高能水力振荡器主要由振荡短节、动力短节、挠轴、盘阀总成等四部分组成，如图 1 所示。

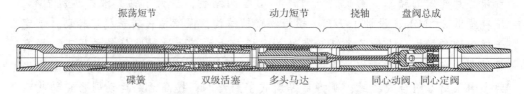

图 1 低压高能长寿命水力振荡器的结构示意图

其中，振荡短节主要由双级活塞、碟簧、芯轴三部分组成。下部盘阀总成处产生的周期性压力脉冲作用于活塞上产生冲击能量，碟簧组通过吸收和释放冲击能量来实现轴向振荡，带动上下连接的工具产生轴向振动。动力短节是一个定转子比例为 7：8 的容积式液压马达，主要由定子和转子组成，当钻井液流经动力短节时，会驱动转子在定子腔内高速旋转，并带动挠轴、动阀高速旋转；挠轴将马达转子的运动传递给动阀，同时也吸收螺杆转子的偏心位移，使得动阀可以绕着螺杆定子中心轴做圆周运动。盘阀总成由同心的动阀、定阀组成，动阀在外缘间隔均布 4 个大孔和 4 个小孔，定阀在外缘均布 4 个大孔，阀孔的大小决定了压力脉冲的幅值和压降。在动力短节、挠轴的驱动下，动定阀盘的液体过流面积出现周期性增大、减小变化，进而产生周期性的压力脉冲作用在活塞上，为活塞运动提供能量。

## 1.2 工作原理

钻井过程中，钻井液流经工具时，驱动 7/8 头螺杆马达高速旋转，在挠轴的作用下，带动动阀围绕定子中心做圆周运动。当动阀和定阀的重合面积最小时，产生最大的压力脉冲；当重合面积最大时，产生最小的压力脉冲。压力脉冲作用在振荡短节的活塞上，压力脉冲大时压缩碟簧吸收能量，芯轴伸出；压力脉冲小时碟簧释放能量，芯轴缩回。随着动阀高速旋转，动定阀过流面积产生高频周期性变化，进而驱动工具产生高频轴向振动（12~15Hz），从而带动上下钻具产生轴向蠕动，使滑动钻进的静摩阻转变为动摩阻，达到降低摩阻缓解托压的目的。

# 2 关键结构设计

以降低压耗、提高振荡力、延长工具寿命为目标，在传统单头螺杆水力振荡器基础上，优化设计了螺杆马达头数、盘阀结构、活塞级数、碟簧数量等参数，并优化了材料及加工工艺。

## 2.1 螺杆马达设计

螺杆马达转子和定子间存在着偏心距 $e$，转子与定子曲面是头数差1、螺距相同、旋向相同(左)的共轭曲面，形成一系列相互隔离的密封腔。当高压钻井液从上端入口流入马达时，不平衡的水压力产生驱使转子相对于定子转动的力矩，即驱动转矩。若转子轴向无约束，则在转动过程中转子还要轴向运动。但由于转子下端和挠轴相连即转子轴向运动被限制，所以转子在钻井液作用下作相对于定子的平面行星运动。

分析转子相对于定子的平面行星运动，对7/8头螺杆马达进行定转子骨线方程计算、端面型线设计，确定螺杆关键参数，具体螺距为113.75mm，偏心距为5.93mm，过流面积为1887.05mm²，每转排量为12.02L。利用仿真技术，进行了静力学仿真分析(图2)，结果可知螺杆的应力值为 $2.764×10^7$ Pa，小于材料的屈服应力，且最大位移为 $7.513×10^{-2}$ mm，可忽略不计，保障了螺杆设计的可行性。相比于单头螺杆马达，7/8头螺杆马达定子受力更加均匀，有利于提高螺杆马达的工作稳定性和寿命。

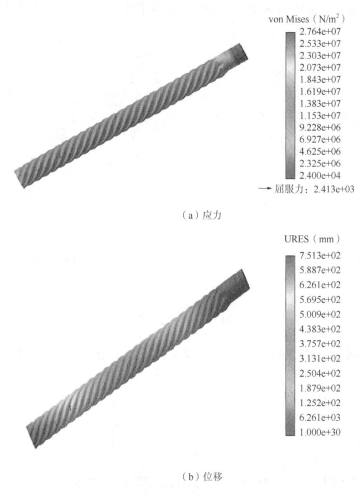

（a）应力

（b）位移

图2　螺杆马达静力学仿真分析结果

## 2.2 动、定盘阀设计

水力振荡器阀盘的旋转主要是靠螺杆马达来驱动的，挠轴的存在，可将螺杆马达的偏心位移吸收，因此动阀盘会以螺杆转子的公转速度绕工具的中心轴旋转，据此旋转规律，设计动定阀盘的阀孔为圆周分布，并且在阀盘运动过程中绝对不能完全阻断液流，因此在动阀盘上设计大小两种阀孔并呈圆周分布。动定阀阀孔的运动过程可以看作两个圆的靠近分离运动，且过流面积在零和定阀孔面积之间变化，在计算动定阀孔之间的过流面积时，以任意圆 $O_3$ 和圆 $O_4$ 为例，分别列出动定阀之间过流面积的计算公式。

若圆心 $O_3$ 与 $O_4$ 都在相交弦 $AB$ 的同一侧，则过流面积如图 3（a）所示：

$$S_2 = \frac{1}{2} r_1^2 \delta_1 + \frac{1}{2} r_2^2 \delta_2 - \frac{1}{2} Hd \tag{1}$$

若圆心 $O_3$ 与 $O_4$ 分别在相交弦 $AB$ 两侧时，则过流面积如图 3（b）所示：

$$S_2 = \pi r_2^2 - \frac{1}{2} r_2^2 \delta_2 + \frac{1}{2} r_1^2 \delta_1 - \frac{1}{2} Hd \tag{2}$$

式中，$r_1$ 为动阀孔半径；$r_2$ 为定阀孔半径；$\delta_1$ 和 $\delta_2$ 为相交弦 $AB$ 在圆 $O_3$ 和圆 $O_4$ 上所对应劣弧的圆心角；$H$ 为圆 $O_3$ 和圆 $O_4$ 的相交弦 $AB$ 长度；$d$ 为圆心之间距离。

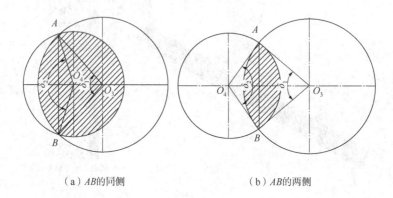

（a）$AB$ 的同侧　　　　　　　　（b）$AB$ 的两侧

图 3　动定阀盘过流面积变化图

根据水力振荡器的总压降要求，设计了动定阀阀孔，以 172mm 工具为例，压差的计算公式为

$$\Delta p = \frac{1}{2} \rho v_2^2 - \frac{1}{2} \rho v_1^2 \tag{3}$$

式中，$\Delta p$ 为水力振荡器压降；$\rho$ 为钻井液密度；$v_1$ 为钻井液在马达中的流速；$v_2$ 为钻井液在阀中的流速。

将 $v_1 = Q/S_1$，$v_2 = Q/S_2$ 代入式（3），可得

$$\Delta p = \frac{1}{2} \rho \left( \frac{Q}{S_2} \right)^2 - \frac{1}{2} \rho \left( \frac{Q}{S_1} \right)^2 \tag{4}$$

取压降 $\Delta p = 2.5\text{MPa}$，流量 $Q = 32\text{L/s}$，钻井液密度 $\rho = 1.28\text{g/cm}^3$，设计的马达过流面积 $S_1 = 0.0018\text{m}^2$，可得阀的平均过流面积为 $S_2 = 786.56\text{mm}^2$。

基于以上计算，设计动阀盘上大阀孔的尺寸为 $\phi 20\text{mm}$、小阀孔的尺寸为 $\phi 12.5\text{mm}$，大小阀孔数量各为 4，定阀盘上阀孔的尺寸为 $\phi 20\text{mm}$，阀孔数量为 4。

建立了仿真流道模型并进行网格划分，模拟排量 32L/s 时，动阀相对于定阀转角为

0°～40°时定转子交界面的压力云图(图4),计算脉冲压力幅值为2.49MPa。模拟分析表明,当过流面积最大时,即转角为0°时,此时阀盘上游压力最小,仿真数据为$p=0.42$MPa;当过流面积最小时,即转角为25°时,此时阀盘上游压力最大,仿真数据为$p=2.91$MPa。

相较于偏心盘阀,单头螺杆的动盘阀为偏心盘阀,同心驱的工具是多头螺杆同心驱动盘阀,同心驱的盘阀尺寸参数调整的空间很大,因此工作压耗可以降低很多,同心驱工具相比前一代的压耗降低1.5～2MPa。

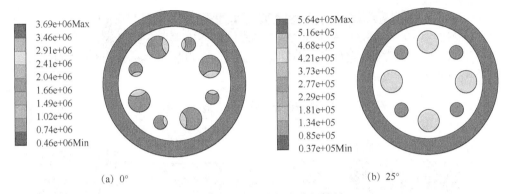

(a) 0°    (b) 25°

图4    脉冲压力幅值仿真分析结果

### 2.3 活塞设计

液压在活塞处轴向推力计算公式为

$$F=\Delta p \times S \tag{5}$$

式中,$\Delta p$为活塞处的压降;$S$为活塞作用截面积。

由以上公式可知,水力振荡器产生的振荡力大小与压力脉冲和作用面积成正比,上述同心驱动的盘阀结构压力脉冲降低了1.5～2MPa,要想实现振荡力不降低,需要增大压力脉冲的作用面积,压力脉冲的作用面积即为活塞的截面积。因此,设计了双级活塞结构,活塞当量截面积为原来的1.33倍,相比单级活塞,相同压耗下振荡力提高33%以上,达到60kN。

### 2.4 碟簧设计

进行了碟形弹簧组合受力分析,通过对碟簧的负荷、应力、刚度、变形能等方面计算得到满足振动要求的碟簧组合,选用外径125.5mm,内径80.5mm碟形弹簧,采用单碟21组对合,仿真分析结果表明,选用碟簧未发生塑性变形,保证高频振动的工况下,碟簧不发生疲劳损坏。

碟簧组合应力主要集中在碟簧内圈,最大值为829MPa,而所选用的碟簧应力为1420MPa,未达到碟簧屈服极限,碟簧组合处于完全弹性阶段而未发生塑性变形(图5)。

### 2.5 材质优选及加工工艺

优选隔套式密封、承压耐磨组合式密封、斯特封等新式密封结构,保证密封承压可靠性和运动顺畅度,有效解决活塞运动副的失效问题,寿命提高1倍以上(图6)。

优选使用镀铬、激光熔覆、激光喷涂、激光熔喷等表面处理工艺,提高表面硬度、光洁度、耐腐蚀性,延长使用寿命,降低工具内部摩阻内耗,提高运动顺畅度,解决了转子、芯轴表面易腐蚀、受损等问题(图7)。

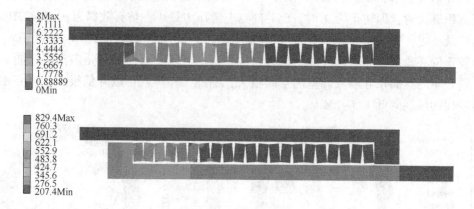

图 5　碟簧组合位移云图和应力云图

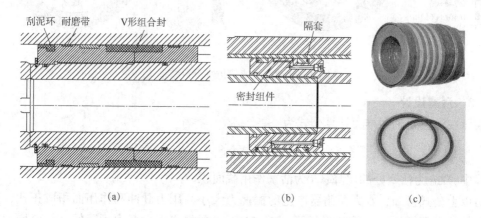

图 6　活塞密封结构示意图

图 7　转子、芯轴表面处理示意图

## 3　室内测试

搭建试验台架，对加工的样机进行了功能测试，测试样机的压耗、振动加速度，测试结果表明：加工的 172mm 样机在 30L/s 排量下，工具压耗低于 2.5MPa，测试振动加速度达到 3g(图 8、图 9)。

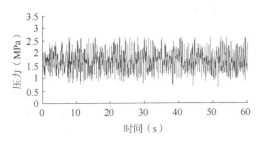

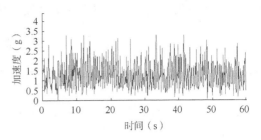

图 8　30L/s 工具压耗低于 2.5MPa　　　　　　图 9　30L/s 工具振动加速度达到 3g

## 4　现场试验

低压高能长寿命水力振荡器现场试验 25 口井，平均提速 23.9%，工具最低压耗 2.1MPa，最长工作寿命达到 312h，试验最深井深 6188m，最大井斜 92.5°，单趟钻最长进尺 3307m，最高温度 161℃，助力巴彦油田、华北油田、大港油田等多口井创造钻井周期最短、机械钻速最高纪录。

大港油田某水平井，丛式井平台邻井多、距离近，最近距离 5.69m，为避免防碰，要求轨迹精细控制；造斜点浅(100m)，在三次增斜(700m 内由 20°增至 90°)、扭方位井段，易产生托压，定向机速低、工具面稳定性差。为此，在该井试验了低压高能长寿命水力振荡器，工具入井前，在井口按 30L/s 排量进行试压 2 次，工具压耗 2.4MPa，振动正常。使用工具前，单根定向一般需活动钻具 3~5 次，严重影响了定向钻进效率，井眼质量难以保证；使用工具后，工具安放在距离钻头 315m 的位置，单根定向一般仅活动钻具 1~2 次，说明定向工具面稳定性更好，如图 10 所示。使用工具井段井斜 46.1°~92.5°，纯钻时间 44h，平均机械钻速 11.93m/h，对比邻井的 9.72m/h，提高了 22.7%。

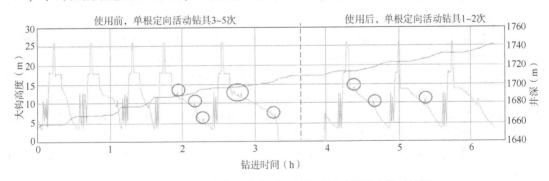

图 10　大港油田某水平井应用工具前后活动钻具次数对比图

## 5　结论与建议

水力振荡器是缓解定向托压最有效的工具之一，随着井眼越来越深、水平段越来越长，对工具的低压耗、长寿命的性能需求越来越高。为此，在传统的单头螺杆、偏心盘阀、单级活塞的基础上，设计了 7/8 头螺杆、同心盘阀、多级活塞结构，研发了低压、高能、长寿命的水力振荡器工具，压耗降低 2.5MPa，寿命提高至 300h，振荡力提高至 60kN，振动加速度达到 3g，现场试验效果良好，满足了深井、长水平井高效定向需求。为了进一步降低水力振荡器对钻井泵的负载、提高寿命，建议开展地面可控水力振荡器的研制工作，实现定向钻进井段工具开启、复合钻进井段工具停止工作的功能。

## 参 考 文 献

[1] 李子峰，杨海滨，许春田，等．定向井滑动钻进送钻原理与技术[J]．天然气工业，2013，33(12)：94-98.

[2] 王建龙，王丰，张雯琼，等．水力振荡器在复杂结构井中的应用[J]．石油机械，2015，43(4)：54-58.

[3] 汪海阁，黄洪春，纪国栋，等．中国石油深井、超深井和水平井钻完井技术进展与挑战[J]．中国石油勘探，2023，28(3)：1-11.

[4] 王建龙，许京国，杜强，等．大港油田埕海2-2人工岛钻井提速提效关键技术[J]．石油机械，2019，47(7)：30-35.

[5] 易先中，宋顺平，陈霖，等．复杂结构井中钻柱托压效应的研究进展[J]．石油机械，2013，41(5)：100-104，110.

[6] 孔令镕，王瑜，邹俊，等．水力振荡减阻钻进技术发展现状与展望[J]．石油钻采工艺，2019，41(1)：23-30.

[7] 汪伟，柳贡慧，李军，等．阀式水力振荡器结构设计与性能参数研究[J]．石油机械，2022，50(8)：17-23.

[8] 赵传伟．自激式水力振荡器的优化设计[J]．天然气工业，2021，41(2)：132-139.

[9] 朱旭辉．涡轮水力振荡减阻器设计及优化研究[D]．西安：西安石油大学，2023.

[10] 黄文君，石小磊，高德利．水平钻井振动减阻器参数优化设计[J]．天然气工业，2023，43(8)：108-115.

[11] 史怀忠，成鹏飞，穆总结，等．插针式水力振荡器的研制及应用[J]．石油机械，2021，49(11)：17-23.

[12] 李建亭，胡金建，罗恒荣．低压耗增强型水力振荡器的研制与现场试验[J]．石油钻探技术，2022，50(1)：71-75.

[13] BAEZ F，BARTON S. Delivering performance in shale gas plays：innovative technology solutions [C]//SPE/IADC Drilling Conference and Exhibition. Am-sterdam：SPE, 2011：SPE 140320-MS

[14] 姜华，李军，陈杰，等．水力振荡器性能参数与减阻率影响规律研究[J]．石油机械，2024，52(1)：38-44.

[15] 王学迎，张淙胜，张恒，等．基于有效牵引力系数的水力振荡器减阻效果评价方法[J]．西安石油大学学报(自然科学版)，2023，38(6)：133-139.

[16] 李光乔，况雨春，罗金武，等．小井眼水力振荡器工作特性与试验研究[J]．石油机械，2023，51(8)：11-17+25.

# 5½in 套管开窗侧钻井小尺寸方位伽马工具研制

刘克强　王培峰　赵文庄　牛　涛

(中国石油集团川庆钻探工程有限公司钻采工程技术研究院)

**摘　要**　针对国内外小尺寸方位伽马随钻工具缺乏、小尺寸方位伽马工具研制技术难度大等难题，为了满足长庆油田老井 5½in 套管开窗侧钻井现场技术需求，研制了一种小尺寸随钻方位伽马地质导向钻井工具。优选设计了工具总体结构和方位伽马分时分区算法，设计配套了样机室内性能测试装备和方案，并通过地面实验对工具的安全可靠性、测量精度、通信、解码等性能进行了验证测试。测试结果表明：工具的抗拉、抗压、抗扭性能满足现场施工要求；工具能够实时分辨分界面两侧地层岩性特征，方位伽马测量误差小于±5%；工具软硬件、通信、解码等各项功能正常，地面解码数据与发射数据一致，误码率在2%以内。形成的方位伽马关键性能测试方法，具有发现和消除设计缺陷、降低工具现场应用风险、提供理论支撑等重要作用，对于国内方位伽马随钻测量工具的研制与推广应用具有一定的借鉴意义。

**关键词**　方位伽马；地质导向；钻遇率；力学性能；刻度

随着长庆油田的持续开发，老井 5½in 套管开窗侧钻 φ118mm 小井眼数量逐年增加，并亟须解决储层钻遇率低、泥岩段钻井复杂事故多、水平段长等技术难题[1-3]。方位伽马随钻测量是近年来发展起来的一种新型地质导向技术，和常规自然伽马随钻测量相比，不但能够分辨地层分界面两侧地层岩性，而且能精确判别分界面两侧地层的相对位置关系，在提高储层钻遇率、优化井眼轨迹、降低井下地质风险等方面效果显著[4]。目前虽然国内个别企业已经具备方位伽马随钻测量工具/仪器研制能力，但整体仍处于研究试验阶段，因此开展相关研究分析，对于国内方位伽马随钻测量工具的研制与推广应用具有一定的借鉴作用。

## 1　技术难点

(1) 相对于大尺寸方位伽马随钻测量工具，适用于 φ118mm 井眼的方位伽马随钻测量工具尺寸小、强度低，且工作环境恶劣(高温、高压、强震动等)，因此对工具安全可靠性提出了更高的要求。

(2) 国内外成熟的小尺寸方位伽马工具缺乏，可以借鉴的相关研发经验及现场实钻资料少，多项关键技术需要"摸着石头过河"。

(3) 方位伽马是近年来发展起来的一种新型随钻地质导向技术，国内方位伽马随钻测

---

【第一作者简介】刘克强，高级工程师，现从事特殊工艺井钻完井技术研究工作。E-mail：liukq_gcy@cnpc.com.cn。联系电话：17792762678。

量技术整体仍处于研究试验阶段，工具研制、性能测试、刻度标定等缺乏相关的技术标准或规范。

## 2 工具总体设计方案与研制

为了降低小尺寸方位伽马工具井下失效风险，应用有限元力学仿真计算分析了前置式、后置式两种方案的优缺点(图1、表1)，优选确定了工具在 BHA 中的挂接位置(后置式单短节结构)，有效提高了小尺寸工具及 BHA 安全可靠性，同时降低了井下数据传输技术难度、提高了数据传输精度等。

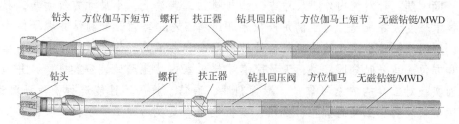

图 1 方位伽马在 BHA 中的两种常见连接方式示意图

表 1 基于有限元力学计算的连接方式关键数据对比表

| 连接位置 | 前置式 | 后置式 |
|---|---|---|
| 工具在 BHA 中最大应力强度(MPa) | 932 | 665 |
| 工具最大外径(mm) | 95 | 105 |
| 工具长度限制(m) | 一般≤1 | ≥2 |
| 电池寿命(h) | 小于 100h | 可大于 200h |
| 元器件布局 | 受限 | 比较灵活 |
| 伽马探头需求 | ≥1 个 | ≥3 个 |

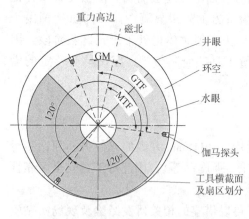

图 2 工具横截面及滑动钻进时方位伽马分时分区计算原理图

为了解决后置式方位伽马工具滑动钻进时方位伽马测量难题，采用三个伽马探头沿圆周均匀分布(图 2)，并采用特殊的算法解决了方位伽马分区分时计算问题。同时，工具内设置钻柱转动状态识别功能，自动默认为钻柱转速小于等于 6r/min 时为滑动钻进状态，钻柱转速漫大于 6r/min 时为复合钻进状态，滑动钻进时 3 个探头同时工作；复合钻进时可设置 2 个或 3 个探头同时工作，也可设置 1 个探头单独工作，以便降低电池电能消耗，延长井下工作时间。

基于以上关键设计方案，研制了钻铤式盖板结构小尺寸方位伽马随钻测量工具样机，其主要技术指标为：外径 105mm，长度 2400mm，方位伽马扇区数量 4 个(上、下、左、右)，工作温度−20~150℃，最高工作压力 120MPa。

## 3 样机关键性能测试

和其他井下随钻测量工具/仪器相比，除了进行样机耐温、振动、承压密封等性能测试外，针对方位伽马随钻测量工具的特点，重点进行了以下关键性能测试。

### 3.1 工具本体力学性能测试

工具的伽马探头、电池、中控机芯等元部件侧装于开槽钻铤中，由于钻铤本身尺寸较小，开槽会降低钻铤本体机械性能[5]等原因，为保障工具在实钻工况中机械强度和安全可靠性，依据相关技术标准和实验规范，参照现场施工实际参数，开展了工具本体全尺寸实物拉、压、扭三项力学机械性能测试(图3)，实验表明工具在最大试验载荷下应力应变微小且卸载后恢复为零，机械性能完全满足设计要求(表2)。

图3 拉压及扭矩测试实物图

表2 工具力学性能测试数据表

| 测试项目 | 试验载荷 | 测试结果 |
|---|---|---|
| 拉力测试 | 最大拉力 100kN | (1)最大应变为 $2.2 \times 10^{-4}$，对应最大应力为 40.02MPa，小于试样材料屈服强度(970MPa)；(2)卸载后各应变片的应变恢复为零，表明拉力对工具结构变形影响很小；(3)小尺寸工具本体在拉力载荷下结构完整、未发生失效 |
| 压力测试 | 最大压力 100kN | (1)最大应变为 $2.1 \times 10^{-4}$，对应最大应力为 40.11MPa，小于试样材料屈服强度；(2)卸载后各应变片的应变恢复为零，表明轴向压力对工具结构变形影响很小；(3)小尺寸工具本体在轴向压力载荷下结构完整、未发生失效 |
| 扭矩测试 | 最大扭矩 12kN·m | (1)最大应变为 $1.8 \times 10^{-4}$，最大应力为 34.2MPa，小于试样材料的屈服强度；(2)小尺寸工具本体在扭矩载荷下结构完整、无破坏、无粘扣；(3)卸扣后应变片应变恢复接近为零，表明上扣过程对工具本体结构变形很小 |

### 3.2 工具方位伽马刻度

伽马工具/仪器刻度是实现伽马测量值(计数率)向工程值(API)转换的重要手段，通过刻度，不同的方位伽马工具对同一测量对象的测量将获得相同的结果。和常规自然伽马随钻测量仪、自然伽马测井仪相比，方位伽马随钻测量工具/仪器在伽马值计算、工作状况、尺寸大小等方面存在较大差异。一方面，目前国内还没有针对方位伽马工具刻度及精度测试装置、方法等建立相关的技术标准；另一方面，现有自然伽马测井仪刻度及校验的相关装置、方法、标准还不能完全满足方位伽马随钻测量工具刻度及精度测试要求。针对以上技术现状，研制了适用于方位伽马随钻测量工具刻度及精度测试的二级刻度器——方位伽马测试平台(图 4)[6]。

图 4　方位伽马测试平台实物图

如图 4 所示，该平台主要由旋转装置、伽马源、测试钻具、滑轨、控制/显示台组成，其中伽马源分为高放射性、低放射性和中放射性三种标准伽马源，其校准值及不确定度分别为：(342.7±6.7) API、(24.6±0.6) API、(223.0±4.4) API。标定及测试时，方位伽马随钻测量工具连接在测试钻具中，并放置于伽马源组合的中心孔内；测试钻杆通过卡盘固定于平台两端的旋转装置中，旋转装置可驱动钻杆模拟实钻中的钻具转动；伽马源及其底座可在平台上沿导轨前后运动，以改变伽马源与方位伽马随钻测量工具的相对位置。

### 3.2.1　刻度方程

目前，伽马测井刻度理论源自美国石油协会于 1959 年颁布的 API RP-33 标准，依据该标准，我国石油工业测井计量站建立了我国的伽马刻度井。其高放层为花岗岩，低放层为白云岩，其高放层、低放层活度符合标准要求，所不同的是该井的高放层和低放层差值为 207.45API[7]。一般地，伽马刻度采用两点刻度方法[8-11]，其刻度方程描述为

$$y = kx \tag{1}$$

式中，$y$ 为伽马源高放层与低放层之间的伽马值差值，API；$k$ 为刻度系数，也称仪器系数，API/CPS；$x$ 为仪器在伽马源高放层与低放层计数率的差值，CPS。

### 3.2.2　刻度方法

利用上述测试平台，小尺寸方位伽马随钻测量工具进行刻度的具体步骤如下：(1)安装固定：将工具连接在测试钻杆的合适位置，吊装到伽马源测试平台，通过卡盘固定；(2)通信连接：工具运行 10min 以上，连接方位伽马工具和 PC 之间的通信线，打开软件进入方位伽马标定界面；(3)低放计数：将伽马探头放置在低放射性标准伽马源中间位置，静止状态下记录 200 组以上计数；(4)高放计数：将伽马探头放置在高放射性标准伽马源中间位置，静止状态下记录 200 组以上计数；(5)刻度标定：根据高放、低放源中测录的数据，利用软件计算每个探头的刻度系数。

### 3.2.3　刻度结果及认识

根据上述刻度系数计算方法与刻度实测数据，即可计算出刻度系数 $k$。低放源下各探头的伽马计数分别为 5.52CPS、5.87CPS、5.64CPS，高放源下各探头的伽马计数分别为 80.22CPS、88.30CPS、80.12CPS，各探头的刻度系数 $k$ 分别为 4.2730API/CPS、

3.8827API/CPS、4.2778API/CPS。同时通过数据分析，发现刻度数据样本数量对刻度系数值有一定影响，对于本工具而言，随着数据量的增加刻度系数趋于稳定，100组数据以后变化缓慢（图5），因此刻度时必须记录足够的数据才能尽量保证刻度系数 $k$ 的精确性。

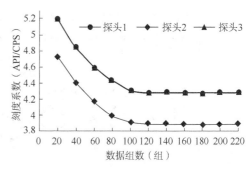

图5 刻度数据组数与刻度系数变化关系图

### 3.3 方位伽马测量精度测试

模拟"泥岩—砂岩—泥岩"的地层变化情况，在伽马测试平台开展了4种不同伽马源搭配方式、2种运动状态、不同工作探头数量、不同转速等条件下的模拟工况方位伽马测量精度测试，完成了样机地层辨识能力和方位伽马测量精度测试。各种模拟工况下的方位伽马测试结果表明，研制的小尺寸方位伽马上、下、左、右四扇区方位伽马功能正常，方位伽马测量误差小于±5%（表3）。

表3 不同模拟工况条件下的方位测量精度测试表

| 类别 | | | 全低源 | 全高源 | 上低下高 | 上中下低 |
|---|---|---|---|---|---|---|
| 静态 | 三探头 | 上伽马 | -3.08% | -1.65% | — | — |
| | | 下伽马 | -3.13% | 1.90% | — | — |
| | | 平均伽马 | -2.91% | 0.15% | 0.34% | -2.13% |
| 转动状态 | 单探头 | 上伽马 | -4.25% | -0.43% | — | — |
| | | 下伽马 | -2.50% | 1.26% | — | — |
| | | 平均伽马 | -2.82% | -0.64% | 2.30% | -2.40% |
| | 双探头 | 上伽马 | -4.04% | -1.09% | — | — |
| | | 下伽马 | -3.27% | 0.75% | — | — |
| | | 平均伽马 | -3.85% | -1.29% | 2.49% | -3.37% |
| | 三探头 | 上伽马 | -3.12% | 1.06% | — | — |
| | | 下伽马 | -2.43% | 0.08% | — | — |
| | | 平均伽马 | -2.99% | 0.80% | -0.82% | -2.69% |

注：（1）平均伽马指上、下、左、右伽马的平均值；

（2）上低下高源中心位置的平台校准值为183.9API，上中下低源中心位置的平台校准值为123.9API。

#### 3.3.1 伽马源对测试精度的影响分析

试验数据分析表明，在其他条件相同的情况下，样机在高放射性源中的测量精度比在低放射性源中的方位伽马测量精度高；主要原因是低放射源伽马射线放射强度低，伽马探管计数率低，相同的计数率变化引起的误差变大。

#### 3.3.2 静止状态下位置变换对测试精度的影响分析

试验数据分析表明，本工具受方位伽马算法影响，滑动工况下变换3个伽马探头相对于井壁的位置，方位伽马测量值存在一定的差异，尤其是在不同岩性分界面处差异更明显（图6），但测量精度均能满足现场要求。因此实际应用时，滑动钻进工况下可以通过变换工具探头相对井壁位置、求多次测量平均值的方法消减此测量误差。

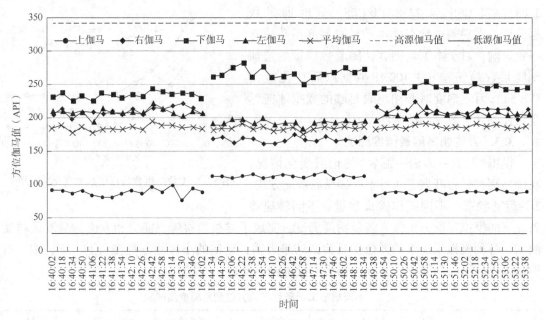

图 6　上低下高伽马源、静态条件下的方位伽马测量曲线

### 3.3.3　其他因素对测试精度的影响分析

试验数据分析表明，工具运动状态(滑动或复合)对方位伽马测量精度影响微小，在复合钻进工况下，探头数量、测量时长、转速变化对方位伽马测量精度影响微小，表明工具在实际钻进工况下具有良好的适用性。

图 7　地面水循环测试实物图

### 3.4　工具地面水循环测试

完成了不同排量(6L/s、7L/s、8L/s、9L/s、10L/s)下"方位伽马工具+MWD"联机地面水循环试验(图 7)，在模拟实钻工况条件下，软硬件、通信、解码等各项功能正常，地面解码数据与发射数据一致，误码率在 2% 以内。

## 4　结论与建议

(1)研制的小尺寸方位伽马随钻测量工具设计时考虑了使用环境和现场技术要求，室内测试表明该工具力学性能、方位伽马测量精度、通信、解码等技术指标达到了预定设计目标，适合在老井 5½in 套管开窗侧钻中进行地质导向工作。

(2)室内性能测试是检验样机性能的重要手段之一，针对国内方位伽马随钻工具研发经验缺乏、小尺寸方位伽马工具研制技术难度更大等难题，设计、配套了样机室内性能测试装备和方案，起到了发现和消除设计缺陷、降低工具现场应用风险等重要作用。

(3)工具填补了长庆油田 φ118mm 小井眼钻井随钻方位伽马地质导向工具技术空白，随着长庆油田老井挖潜技术和小井眼钻井技术的进一步推广，该工具应用前景广阔。建议通过现场试验应用，进一步改进完善工具各项性能。

# 参 考 文 献

［1］谢新刚，彭元超，周文兵．低渗透油田注水区域油井侧钻钻井技术［J］．内蒙古石油化工，2019，45（10）：81-83.

［2］石崇东，袁卓，王万庆，等．φ139.7mm 套管开窗侧钻水平井钻井技术在苏 36-6-9CH 井的应用［J］．内蒙古石油化工，2014，40(14)：99-103.

［3］张鹏，叶小闯，许敏，等．低渗气藏老井综合挖潜与治理对策研究［C］．2021 油气田勘探与开发国际会议论文集(中册)，2021：470-484.

［4］刘克强，陈财政，李欣，等．方位伽马随钻测量技术现状与发展展望［J］．复杂油气藏，2022，15（4）：86-90.

［5］袁超，周灿灿，张锋，等．随钻方位伽马测井探测器直径优化设计［J］．石油机械，2014，42（3）：1-4.

［6］中国石油天然气集团有限公司，中国石油集团川庆钻探工程有限公司．一种方位伽马测试平台：CN202010373290.X［P］．2020-05-06.

［7］任晓荣，黄剑雄．自然伽马测井刻度的论述［J］．石油仪器，1999，13(4)：25-27.

［8］国家能源局．石油核测井仪刻度规范：SY/T 6583—2019［S］．北京：石油工业出版社，2019.

［9］国家能源局．自然伽马刻度器校准方法：SY/T 7077—2016［S］．北京：石油工业出版社，2016.

［10］黄隆基．放射性测井原理［M］．北京：石油工业出版社，1985.

［11］庞巨丰．核测井物理基础［M］．北京：石油工业出版社，2005.

# BH-VDT 远程传输系统开发与应用

陈红飞 张长春 陈奇涛 魏庆振

（中国石油集团渤海钻探工程技术研究院）

**摘 要** 为了钻井的实时监测及后方技术专家能实时掌握各井现场情况，实时对现场提供技术支持，本文针对此问题对井下数据的实时监测、智能预警、远程传输等开展深入研究。首先基于功能需求设计整个远传系统的架构；在现场处理部分，使用 USB2085 采集卡进行数据采集，选用 Kaiser 窗函数对监测数据进行过滤解码，根据预警规则对数据进行智能预警；在数据传输部分，系统在数据压缩的同时基于 HTTP 协议传输，基于 PostgreSQL 进行存储，并可进行断点续传；在远程 web 部分，采用 ASP. NET 及 VUE 进行开发，实现远程监测及控制。通过以上研究，开发了一套集现场监测、后方监测、智能预警、历史回放、参数同步等功能于一身的垂直钻井工具井下数据实时远程传输系统。该系统的开发有助于满足后方技术专家对现场数据的实时监测需求，有助于全面了解井下数据，从而及时做出科学决策。

**关键词** BH-VDT；远程传输；实时监测；智能预警；远程控制

BH-VDT 垂直钻井系统是一种带有井下闭环控制，通过机、电、液一体化协同实现井下主动纠斜、保持井眼垂直的先进钻井工具，主要用于解决山前高陡构造、大倾角及逆掩推覆体等易斜地层的防斜打快钻井难题[1]。井场分散和位置偏僻，后方技术专家很难实时掌握各井现场情况，不便于实时对现场提供技术支持，一定程度上影响了 BH-VDT 现场服务质量。因此，为了满足现场和后方工作人员对于井下数据进行实时监测的需要，需要开发一套 BH-VDT 的井下数据远程传输系统[2-4]，实现现场数据采集与分析、智能预警、辅助分析、数据远程传输、远程实时监测与控制等功能，以满足垂直钻井技术服务的最新需求，进一步促进钻井与信息化的深度融合。

## 1 系统架构

BH-VDT 远程传输系统主要是用来解决实时计算分析 BH-VDT 井下泵压数据并且实时远传到后方服务器的问题，系统整体架构如图 1 所示。

如图 1 所示，使用该系统的人员大体可以分为两类人员，分别为现场工作人员和后方决策人员，当垂钻工具开始工作后，软件可根据实际情况创建趟钻进行监测，显示随钻钻井液脉冲原始泵压信号及过滤信号，同时根据解码算法计算出井斜、振动值、井底压力等

---

【第一作者简介】陈红飞，男，1985 年 7 月出生，钻井工程师，2007 年毕业于中国石油大学（北京）信息与计算科学和石油工程专业，从事钻井工程和信息化工作。地址：天津市经开区第二大街 83 号，300457；电话：13662097900，E-mail：ceberlation@ hotmail. com。

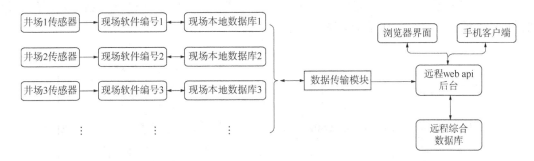

图 1　BH-VDT 远程传输系统总体架构图

数据，帮助工程师掌握井下钻进数据，根据工程师给定的预警规则，进行智能预警，提醒工程师及时对现场情况做出对应调整。另外软件可自动录入井深等数据，根据工程师录入的地层数据，帮助工程师直观观测当前钻进的地质情况。最后所有以上数据均被录入数据库，后续可作为井史数据以图表的方式直观地帮助工程师进行辅助分析。

远程传输系统实时将本地数据库中所有数据传输到后方数据库，并且可以在网络断开连接时候记忆通信中断位置，在通信恢复之后自动从中断位置开始传递后续数据。现场软件也可接收后方人员发送的参数更改指令。后方专家可通过内网互联的计算机或手机对现场进行监控，查看信号及数据，对数据进行评估分析，随时发出参数调整指令，使现场监控参数时刻达到最优水准。

## 2　系统功能组成部分

将该系统分为现场处理、数据远程传输、远程 web 三个部分。

### 2.1　现场处理部分

现场部分是整个系统中所需要数据的入口，更是整个系统的基石。现场处理部分主体由地面设备硬件及软件构成。地面硬件包括但不限于压力传感器、大钩悬重传感器、绞车传感器、基于 USB2085 集成的解码箱、计算机。现场数据处理软件设计实现包括，数据采集，实时数据处理，用户界面搭建。

#### 2.1.1　实时数据采集

为了可以方便高效地采集传感器数据，本系统采用了基于 USB 总线的数据采集卡——USB2085，可将地面设备中的各个传感器采集到不同通道中，并直接与计算机的 USB 接口相连。支持 USB2.0 Full-Speed 协议，真正实现即插即用，并且备有配套的驱动程序，因此软件只需对驱动程序进行适配代码的编写即可进行采集数据。后集成在解码箱中作为软件与地面传感器之间的媒介。

软件系统对于实时性的要求是毋庸置疑的，并且该实时系统必须要能够在实时采集数据的同时及时响应用户或操作系统的指令，为了满足这一需求，软件采用 C#语言进行编写，执行速度快性能高，基于 .NET Framework 开发框架，对于实时数据采集部分可直接开辟后台线程执行该部分任务，可靠稳定不会卡顿且不会影响软件其他响应需求。

采集的实时数据分处在 4 个通道，分别为压力通道、悬重通道、绞车通道 A 与绞车通道 B，由于硬件采集规则限制，多通道采集的数据融汇在一个缓存区中，为此，软件只需开辟 4 个通道子缓存，在采集过程中按照各通道在缓存区中的偏移进行数据分发，最后得到各自独立数据即可。整体结构如图 2 所示。

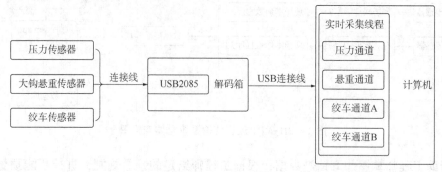

图 2　实时数据采集结构图

### 2.1.2　实时数据处理

实时数据处理同样需要满足实时性要求，因此同样为数据处理开辟后台线程，由于需要实时处理的数据有两种，即泵压数据与井深数据，所以开辟两个后台线程进行数据处理计算。

对于实时采集到的压力通道数据，采用算术平均滤波算法，得到原始泵压，平均值滤波对周期性干扰抑制能力良好，但对异常信号和噪声抑制作用差。又由于井下各种随机噪声多且强度大，从含有噪声的信号中有效检测识别出需要的脉冲信号就尤为重要。

在各类滤波函数中[5-6]，Kaiser 窗主瓣能量与旁瓣能量之比最大，且可以自由选择主瓣宽度和旁瓣高度间的比重，Kaiser 窗由第一类零阶修正贝塞尔函数构成，其时域表示为

$$W(n) = \frac{I_0\left[\beta\sqrt{1-\left(\dfrac{n}{N/2}\right)^2}\right]}{I_0(\beta)}, \ 0 \leqslant |n| \leqslant N/2$$

其中

$$I_0(\beta) = 1 + \sum_{n=1}^{\infty}\left[\frac{(\beta/2)^n}{n!}\right]^2$$

式中，$I_0(\beta)$ 为第一类变形零阶贝塞尔函数；$N$ 为窗函数的长度；$\beta$ 为窗函数的形状参数，通过调节 $\beta$ 可以控制主瓣宽度和旁瓣高度的衰减比例[7]。

因此本软件为去噪采用低通或带通的 Kaiser 窗函数模型，通带选用 0～0.8Hz；选用一组普适性较强的带通滤波系数，并通过解码反馈情况，不断地优化出一组优选的滤波数组，满足了对于原始泵压数据进行有效过滤的需要。

之后对过滤信号进行计算分析。一个周期包括 10 个脉冲，为了识别脉冲进行解码，本软件系统通过手动设置脉冲阈值，对超出阈值的各个脉冲间隔和脉冲宽度进行判断记录达到识别效果，并对这些脉冲的极值进行计算解码，得到解码数据并进行智能预警，涵盖井斜、振动值、动态压差、高边转动、信号情况及悬重变化。并且为了满足预警的灵活性，软件提供用户预警规则的可修改入口，以人性化的界面进行呈现。

对于实时采集到的绞车及负荷通道，为了正确且自动更新深度数据，本软件基于用户

根据现场实际情况做出的标定或校准来进行综合计算分析。用户利用负荷标定将通过负荷传感器采集到的 AD 数据与实际大钩负荷建立线性关系；利用绞车标定将绞车转动圈数和大钩偏移量建立线性关系。由此软件在给定深度初值后，能达到自动将采集到的 AD 数据转化为钻深及测深的效果。经过测试，由于不可避免会带来误差，软件对此做出优化，用户手动更改钻深进行覆盖或(图 3)。

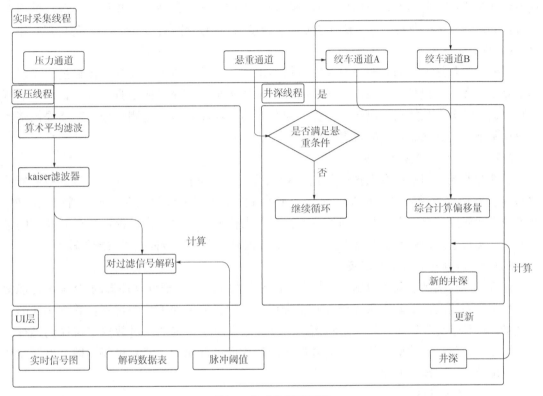

图 3  实时处理流程图

### 2.1.3  软件界面设计及相关功能

考虑到软件对实时性要求较高，以及软件对于实时监测曲线及辅助分析的绘图需求，软件界面设计搭配了高性能 DevExpress UI 框架进行开发，开发遵循以下原则：(1)UI 界面与运算逻辑分离，UI 与逻辑之间通过 C#中的事件进行消息传递，有利于软件模块化开发，提升软件可扩展性；(2)采用 UI 框架中的工具集进行开发，提高开发速度，提高软件维护性便于软件界面改进升级；(3)采用多窗口界面开发，提高用户使用体验。

同时为了满足现场预警及分析等需求，软件共设计功能界面如图 4 所示。

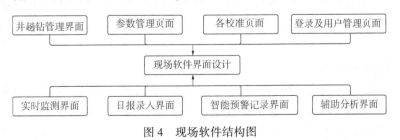

图 4  现场软件结构图

## 2.2 数据远程传输部分

数据传输部分是现场软件及远程 web 的联接纽带，针对系统中数据实时远传及后方指令传输至现场的需求，基于不同的本地数据库与远程综合数据库，实现软件与远程 web 端数据的双向传输。

钻井作业区常常远离网络信号基站，通信过程中的断联情况必须考虑在内，因此将数据库设立为不同井场的本地数据库与远程综合数据库所构成的数据库集群，集群数据库全部选择 PostgreSQL 数据库[8-9]，具有性能高、速度快、稳定性高、数据类型广等优点，以满足系统要求。

另外，各数据库中的数据表与表中数据类型完全相同，便于远程数据传输过程流畅且不出差错。数据表包括但不限定于，实时原始泵压数据，实时解码数据，预警记录，监测参数数据，预警参数数据，地层数据等。为系统的现场和远程的监测和分析功能提供坚实的数据基础，提高数据管理的效率。

### 2.2.1 软件传输至后方 web

软件在监测过程中所有数据包括用户录入的数据都将传输至后方 web，后方服务器的 IP 固定，软件可通过后方 web 提供的 web API 直接将数据传输并保存至远程综合数据库。而考虑实际使用情况，现场有断网的可能，即每当传输失败都会将数据记录至受保护的临时文件，实现了通信中断保存断点的功能，通信恢复后会将未传输数据重新传输。

### 2.2.2 后方 web 传输到现场

远程 web 传输到现场的数据一般只有监测参数的更改。但现场软件端的 IP 地址可能常因为网络原因更改，不能依靠远程 web 精准识别，因此采用如下传输规则：后方 web 的更改直接保存到远程数据库，软件中利用框架自带的定时器，定期通过数据接口探测远程综合数据库中最新参数数据，并与本地数据库最新数据进行比对，若有更新，即去更新软件参数设定及插入本地数据库。

### 2.2.3 数据压缩

因为本系统涉及远程传输，数据压缩技术对本系统中的加快远程传输速度和减小数据在监测设备及服务器的存储空间有着重要意义。

在远程传输方面，考虑到传输的数据类型为 Json 字符串，本系统采用对字符串较为有效的压缩算法。GZIP 压缩算法在压缩时间及压缩比的性能上较为均衡，并且满足系统实时性，在尽可能低的压缩时间上取得较为不错的压缩比。系统中，将数据压缩模块置于现场软件端，而数据解压模块置于后方 web 端，大大提升了通信的速度。

在减小数据存储空间方面，PostgreSQL 数据库提供了多种数据压缩技术。本系统采用其原生的 TOAST 数据压缩方式，该压缩方式基于 LZ4 压缩算法，是一种以速度著称的无损压缩算法，压缩与解压均处于数据库层面，给本系统带来节省带宽，减少存储空间，提高系统性能的优势。

## 2.3 远程 web 部分

远程 web 部分，采用前后端分离技术进行开发，后端服务器基于 ASP. NET Core 网络框架实现[10]，可以创建 web api 并使用实时技术[11]，能够满足系统对于实时性的要求，并且能够在跨操作系统平台上高性能运行。前端采用 VUE 技术进行开发，能够构建高性能的可实时更新的曲线图，UI 元素更现代化和人性化。远程 web 结构图如图 5 所示。

图 5　远程 web 结构图

### 2.3.1　正钻井实时监测

由于监测的过程是实时的，后台数据库的数据在实时远传的过程中，数据不断增加，为了使页面感知实时数据，使用 ASP. NET Core 的实时技术，定时探测数据库中是否有新的数据，一旦有，就进行数据处理并传递给前端页面，web 页面就会呈现新的实时数据，供后方人员监测及了解现场井况。

### 2.3.2　历史井数据回放

为了满足后方专家对于历史数据进行分析总结的需要，web 部分实现已结束的井和趟钻的历史数据的回放功能。用户通过选取已经结束的井和趟钻，也可设置限定的时间区间或者深度区间，将对应录入的所有历史数据进行回放，并可对监测参数做临时调整。

### 2.3.3　远程控制软件

该模块可帮助后方人员实时监测现场正钻井时，对现场软件做出参数调整，从而实现远程控制软件的功能。

### 2.3.4　权限管理

为了对远程控制模块做出限制，采用如下权限管理规则：管理员每天都可更新权限密码，后方人员在更改参数时，必须要对密码进行验证才能成功更改参数。

## 3　现场应用测试

BH-VDT 远程传输系统在现场进行了应用测试(图 6)，取得了良好的应用效果，显示出系统具有很好的稳定性和实时性，后方技术专家可以实时掌握现场工具运行及工况数据，从而更好地进行技术指导，提高了 BH-VDT 现场服务质量。以 BZ24-2 井三开钻井为例，根据第一趟 BH-VDT4000 工具实时传输的现场工况数据，后方技术专家及时调整下一趟工具的参数配置，并根据远程传输的现场作业动态数据及时提供技术指导，调整相关作业参数。第二趟工具从 3038m 钻至 3420m，持续稳定工作超过 200h，起钻时井斜 0.14°，期间远程传输系统一直稳定运行，信号解码率始终大于 90%，有力地保障了现场钻井作业施工进度。

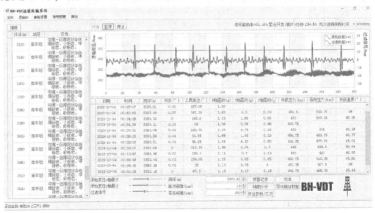

图 6　现场软件应用界面图

## 4 结论和认识

（1）研究形成了一套集现场和后方同步监测、智能预警、历史回放、辅助分析等功能于一身的垂直钻井工具井下数据实时远程传输技术，并基于研究开发了一套 BH-VDT 井下数据远程传输系统，满足了后方技术专家对现场数据的实时监测需求。

（2）本系统采用了一种兼顾传输及存储的双维度数据压缩方式，传输中采用 GZIP 压缩算法，存储中采用 LZ4 压缩算法。在本系统应用过程中，在保证传输数据稳定性和可靠性的同时，也有较高的传输速度。并且在此基础上的多次实验证明，远传系统断点续传数据零误差。

（3）本文采用了 Kaiser 窗的滤波解码算法，在噪声不强等情况下效果显著，但是在信号较弱或噪声干扰较强的情况下效果甚微。为了进一步提升解码水平，还应该加强针对井下微弱信号或噪声较大的信号的算法研究，提高系统的解码率，提升系统稳定性和泛用性。

### 参 考 文 献

[1] 陈世春，BH-VDT4000 垂直钻井系统研制与应用．天津市，中国石油集团渤海钻探工程有限公司，2022-06-09.
[2] 吴佩林，马晟．工业企业能耗在线监测数据传输设备远程运维研究[J]．信息系统工程，2023（9）：126-129.
[3] 庞国红．基于 ARM 的农机作业信息远程传输系统设计与实现[J]．南方农机，2023，54（12）：74-76.
[4] 史磊．基于 STM32 嵌入式的无线通信远程数据传输控制系统设计[J]．计算机测量与控制，2022，30（11）：111-115，146.
[5] 黎艺泉．高速泥浆脉冲信号噪声消除方法研究[D]．成都：电子科技大学，2020.
[6] 采用凯塞尔窗函数的声表面波带通滤波器[J]．压电与声光，1978（1）：68-81.
[7] 卢恋，任伟新，王世东．基于 Kaiser 窗的分数阶 Fourier 变换与时频分析[J]．振动工程学报，2023，36（3）：698-705.
[8] AhmedI. PostgreSQL 数据库的特点[J]．软件和集成电路，2021（6）：63.
[9] 丁治明．PostgreSQL 生态价值与中国开发者社区运营实践[J]．软件和集成电路，2021（6）：66-67.
[10] 张建平，马利，何翠华．基于 ASP. NET 的粮仓温湿度远程监测管理系统的实现[J]．粮食与饲料工业，2014（4）：21-23，27.
[11] 张像源．基于 ASP. NET 的滑坡实时监测数据网上发布系统设计与实现[J]．中国地质灾害与防治学报，2005（4）：124-127.

# 高强度柔性钻杆研制及试验

刘先明[1]　朱青林[1]　管　铎[1]　贾建波[2]

(1. 长江大学机械工程学院; 2. 中海油田服务股份有限公司)

**摘　要**　柔性钻杆作为超短半径水平井钻井的关键工具,现场应用主要存在结构强度低、寿命短、密封难的技术难题,严重影响水平井钻进延伸能力。本文研制了一种造斜率为 16°/m 的高强度柔性钻杆,采用球铰结构连接钻杆短节,钻具之间既可以弯曲一定角度,又可以传递扭矩和钻压。利用有限元软件建立了该柔性钻杆单节三维有限元模型,采用应力分类法对柔性钻杆结构强度进行校核,并开展了柔性钻杆的抗拉、抗压、抗扭结构强度及承载后的密封性能的室内实验和现场试验。结果表明:柔性钻杆可承受扭矩大于 30kN·m,拉伸载荷大于 1200kN,压缩载荷大于 200kN,密封压力大于 40MPa;模拟井试验造斜钻进时间 5h,造斜进尺 4m,水平钻进时间 43h,水平进尺 68.11m,为后续现场试验奠定了基础。

**关键词**　柔性钻杆;弹塑性;高强度;超短半径;室内实验

随着油气资源的不断开采,油气储量不断减少,已开发的常规油田多数已进入开采后期,"三低一高"(产量低、采收率低、经济效益低、含水高)问题日益突出,且注水效率低,无效水循环严重[1-2]。各油田重视老井产能恢复,迫切对老井进行改造[3]。如何高效开发剩余油气资源便成为目前亟须解决的问题,而超短半径多分支径向水平井技术可提高单井产量和采出程度,达到增产增效的目的[4-6]。超短半径多分支径向水平井技术指沿井眼的不同半径方向钻出多个水平井眼,其曲率半径一般为 1~4m,远小于短半径水平井(5.73~19.1m)和中半径水平井(86~286.5m)[7-8],其中柔性钻杆是该技术的重要工具。

柔性钻杆是由多个钻杆短节首尾连接而成,节与节之间可以弯曲一定角度。通过多个钻杆短节弯曲角度的叠加,便能实现从竖直到水平段的转变,从而能够进行超短半径径向水平井钻井作业[9]。柔性钻杆一般位于钻具组合底部,与钻头或者柔性钻具相连,起到传递钻压、扭矩及压力的作用。近年来,超短半径钻井技术在国内不断发展与应用[10-12],扩大现场应用范围,延长钻井距离,也成为柔性钻杆新的目标,因此也对柔性钻杆力学与密封性能提出了更高的要求[13]。徐亭亭等[14]通过数值模拟与室内实验的方法得到了柔性钻杆极限承载扭矩为 2kN·m,但其扭矩值较低。郭瑞昌等[15]分析了钻具屈曲、额定泵压、目的层破裂压力和钻具强度等因素对侧钻水平井水平段极限延伸长度的影响,并给出了相应的计算公式,为确定侧钻水平井的设计和钻具的设计提供参考。张绍林等[4]利用 ANSYS 有限元分析软件对柔性钻具关键承力部件进行静应力仿真分析,柔性单元球头配合副抗扭强

---

【第一作者简介】刘先明,长江大学机械工程学院。

度大于 20kN·m。刘鹤等[16]通过室内实验测试了柔性钻杆的力学及密封性能，在拉伸载荷 435kN 下，工具长度没有明显变形，以及单独内压 15MPa 下密封无泄漏。王建龙等[17]分析了钻具屈曲、额定泵压、目的层破裂压力和钻具强度等因素对侧钻水平井水平段极限延伸长度的影响，并给出了相应的计算公式，为确定侧钻水平井的设计和钻具的设计提供参考。陈培亮等[18]研究了钛合金材料在短半径水平井钻杆中的使用性能，与其他钢钻杆对比，结果表明：在钻杆的使用过程中，钛合金钻杆的侧向力、扭矩和摩阻均小于钢钻杆，尤其是摩阻约为钢钻杆的 60%。

综上所述，目前研制的柔性钻杆力学承载能力受限，且对于承载后的密封性能研究较少，因此本文设计了一种高强度柔性钻杆，通过数值模拟和室内实验方法，对柔性钻杆抗拉、抗压、抗扭力学性能及承载后的密封性能进行分析。

# 1 柔性钻杆设计

## 1.1 结构设计

超短半径水平井钻井技术要求造斜曲率半径不大于 4m，设计的柔性钻杆主要由柔性弯曲机构、扭矩传递机构、球面密封机构设计及工具连接接头组成，如图 1 所示。钻具主要采用球头连杆机构，利用柱键在球头连杆凹槽内的移动，实现钻具的柔性弯曲；扭矩传递方面，相邻钻杆短节之间通过连接在球座与球头连杆之间的柱键实现，单个钻杆短节内各零件之间由相互连接的螺纹实现；球面采用异形密封圈和 O 形密封圈结合的方式密封；上下接头采用 NC38 扣型，可与其他钻具进行连接。

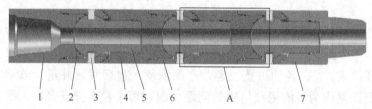

图 1  柔性钻杆三节结构图（外加上下接头）

1—钻杆内接头；2—密封圈；3—柱键；4—本体；5—球头连杆；

6—球座；A—柔性钻杆短节；7—柔性钻杆外接头

## 1.2 单节弯曲角度设计

采用几何定圆法对曲率半径 $R$ 与柔性钻具单元长度 $L$、单元弯角 $\alpha$ 之间的几何关系进行分析。假设柔性钻杆每节为刚性，确定柔性钻杆每节长度，也就是使柔性钻杆单节不弯曲，能通过曲率半径的井壁，柔性钻杆外径为 $D_0$，柔性钻杆与井壁的间隙为 $D-D_0$，如图 2 所示。

在直角三角形 $OAB$ 中，由图 2 可知：

$$\left(\frac{L_{max}}{2}\right)^2 + \left[R+\left(D_0-\frac{D}{2}\right)\right]^2 = \left(R+\frac{D}{2}\right)^2 \tag{1}$$

式中，$L_{max}$ 为柔性钻杆每节长度的最大值，mm；$R$ 为曲率半径，m；$D_0$ 为柔性钻杆内径，mm；$D$ 为井眼直径，mm。

得出柔性钻杆每节长度的最大值为

$$L_{max} = 2\sqrt{2R(D-D_0)-D_0{}^2+DD_0} \tag{2}$$

每节弯曲的角度为

$$\theta = \frac{90° \times 2L}{\pi R} \qquad (3)$$

已知井眼直径 $D$ 为 142mm，柔性钻杆外径 $D_0$ 为 132mm，曲率半径 $R$ 为 3.6m，将参数代入以上各式可得：$L_{max} = 541.6$mm，单节柔性钻杆长度不同，对应不同的单节弯曲角度，如图 3 所示，最终选取单节长度 $L$ 为 240mm，弯曲段 24 节，每节弯曲角度 $\theta$ 为 3.8°。

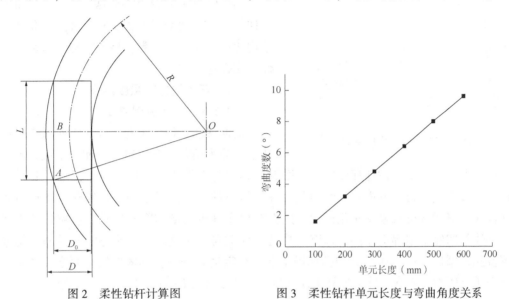

图 2　柔性钻杆计算图　　　图 3　柔性钻杆单元长度与弯曲角度关系

### 1.3　柱键直径设计与计算

柔性钻杆承受扭矩，柱键易发生剪断，故对柱键开展设计分析。柱键数量 $n$ 为 6 个，球头连杆球头处的直径 $D$ 为 104mm，柱键直径为 $d_j$，柱键嵌入球座的深度 $h$ 为 10mm，柔性钻杆承受扭矩 $M$ 为 25kN·m，柱键材料选用 35CrMo，如图 4 所示，柱键易发生剪断，故通过剪切强度公式(4)选取柱键直径 $d_j$ 为 18mm。

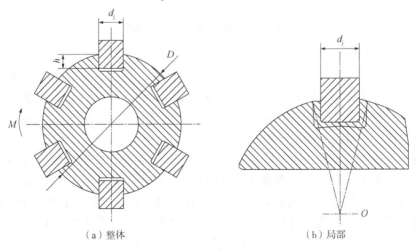

（a）整体　　　　　　　　（b）局部

图 4　柱键与球头连杆受力图

$$d_{\mathrm{j}} > \sqrt{\frac{4nM}{3\pi D \tau_{\mathrm{s}}}} \tag{4}$$

式中，$d_{\mathrm{j}}$ 为柱键直径，mm；$n$ 为柱键数量；$M$ 为柔性钻杆承受扭矩，kN·m。

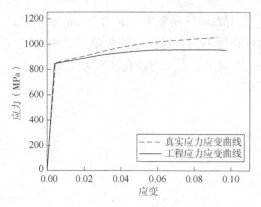

图 5  35CrMo 应力应变曲线

## 2  柔性钻杆有限元分析

### 2.1  材料模型建立

柔性钻杆材料选用 35CrMo，其真实和工程拉伸应力应变曲线[19]如图 5 所示，为准确分析结构的应力应变等参数，材料本构模型采用多线性随动强化模型。

### 2.2  正常钻进时强度评价

#### 2.2.1  有限元模型建立

根据现场工作中柔性钻杆的工作状态，将柔性钻杆分为两种工况：造斜段和水平段。不论造斜段还是水平段，柔性钻杆都要同时承受钻杆轴向力和扭矩的作用，由于柔性钻具内外压差较小，故在进行力学分析时忽略内部钻井液压力的作用。对模型进行简化，将单节柔性钻杆作为有限元分析对象，简化模型，建立有限元分析模型如图 6 所示。忽略螺纹连接强度，本体与球座采用绑定连接，球座与柱键、柱键与球头连杆、球头连杆与球座，均采用摩擦接触，摩擦系数为 0.13，根据现场工况，给定边界条件：本体螺纹处固定，球头连杆右端面承受压力 200kN，球头连杆螺纹连接处，承受 30kN·m 扭矩。

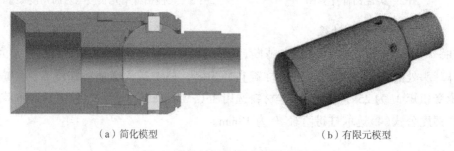

（a）简化模型　　　　　　　　　　（b）有限元模型

图 6  柔性钻杆钻进时有限元模型

#### 2.2.2  结果分析

单节柔性钻杆钻进时等效应力及总变形如图 7 所示，通过柱键传递扭矩的方式，会导致接触部位局部产生应力集中现象，最大等效应力为 973.18MPa，导致接触部位容易产生磨损，超出了材料的屈服极限，按照一般理论，结构显然已经不安全，但对于柱键传扭结构，显得过于保守，故选用应力分类法[20]。

柱键与球头连杆、球座产生了峰值应力，其中球头连杆、球座峰值应力不在危险截面上，在静强度分析可不予考虑，在疲劳设计中要加以限制，球头连杆危险截面最大等效应力为 272.54MPa。本体最大等效应力为 272.54MPa，柱键最大等效应力为 973.18MPa，其危险截面等效应力分布如图 8 所示，三个危险截面中最大平均等效应力为 408.6MPa，柱键危险截面平均等效应力小于屈服强度，可认为柱键整体强度满足设计要求。故单节柔性钻杆在抗扭 30kN·m，抗压 200kN 工况下，满足静强度要求。

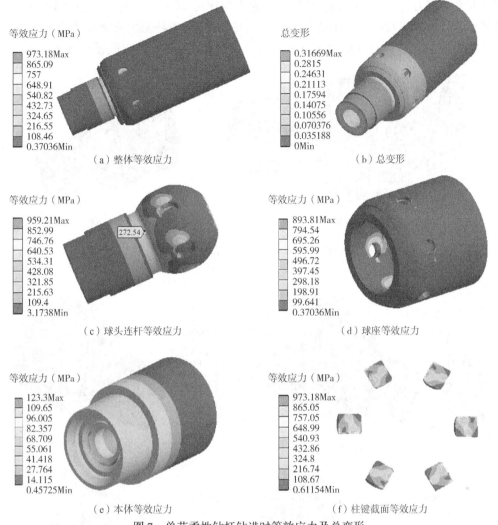

（a）整体等效应力

（b）总变形

（c）球头连杆等效应力

（d）球座等效应力

（e）本体等效应力

（f）柱键截面等效应力

图7　单节柔性钻杆钻进时等效应力及总变形

## 2.3　遇阻时强度评价

### 2.3.1　有限元模型建立

超短半径钻进时，柔性钻杆位于钻具组合底部，承受扭矩和钻压，但遇阻卡钻时，柔性钻杆需要承受较大的拉力来提钻，故对柔性钻杆承受拉伸载荷进行评价，轴向拉力通过球座和球头连杆及螺纹转递，轴向拉力900kN，忽略螺纹连接强度，对模型进行简化，建立有限元分析模型如图9所示。球座与球头连杆采用摩擦接触，摩擦系数为0.13，边界条件：球座左端固定，右端受拉900kN。

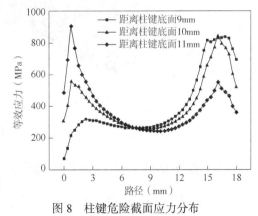

图8　柱键危险截面应力分布

### 2.3.2　结果分析

结果显示，钻杆局部会发生小区域屈服现象，存在峰值应力，对整体结构强度影响较小，故改用弹塑性有限元分析，得到单节柔性钻杆钻进时等效应力及总变形如图10所示，整体最大等效应力为 886.15MPa，屈服强度为 835MPa，球座局部发生了小范围屈服，屈服区域较小，且最大等效应力小于抗拉强度 980MPa，球头连杆最大等效应力为 627.01MPa，安全系数为 1.33，整体总变形为 0.606mm，故单节柔性钻杆抗拉极限强度不小于 900kN。

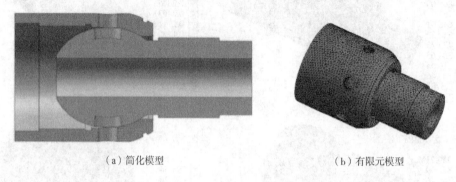

（a）简化模型　　　　　　　　　　（b）有限元模型

图9　柔性钻杆遇阻时有限元模型

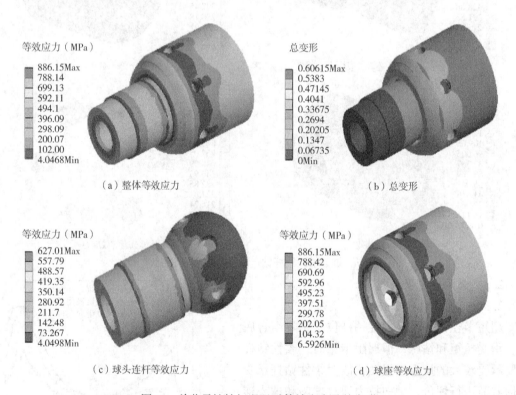

（a）整体等效应力　　　　　　　　　　（b）总变形

（c）球头连杆等效应力　　　　　　　　　　（d）球座等效应力

图10　单节柔性钻杆遇阻时等效应力及总变形

## 3　柔性钻杆力学及密封实验研究

为了验证柔性钻杆的力学和密封性能，试验采用装配好的 3 节柔性钻杆及上下接头，测试柔性钻杆抗拉、抗压和抗扭转性能及在复合加载下的柔性钻杆密封性能。

### 3.1　承压拉伸实验

利用综合模拟实验台架向试件施加轴向拉力，如图11 所示，按照 20t，40t，60t，80t，100t，120t 逐渐施加，同时，利用试验泵对试件内部加压至 42MPa，在轴向拉力 120t 情况下，稳压 15min，柔性钻杆密封压力压降小于 0.3MPa，如图 12 所示，证明柔性钻杆抗拉情况下密封性能可靠，满足抗拉 120t 技术指标要求。

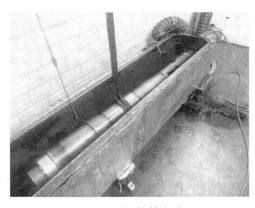

图 11　承压拉伸实验

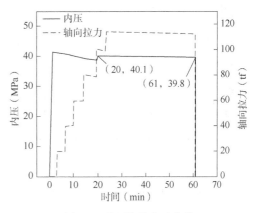

图 12　承压拉伸实验曲线

### 3.2　承压压缩实验

利用综合模拟实验台架向试件施加轴向压力，如图 13 所示，逐渐施加至 24.76t，同时，利用试验泵对试件内部加压至 40.8MPa，稳压 15min，柔性钻杆密封压力压降 0.8MPa，轴向压力载荷曲线平稳，如图 14 所示，证明柔性钻杆抗压情况下密封性能可靠，满足抗压 20t 技术指标要求。

图 13　承压压缩实验

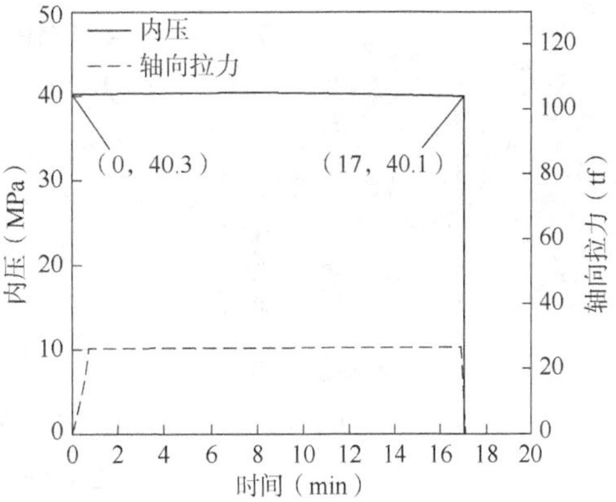

图 14　承压压缩实验曲线

### 3.3　承压扭转实验

利用液压拧扣机向三节柔性钻杆短节施加扭矩，如图 15 所示，实验中扭矩测试设定值为 40kN·m，钻杆内部初始加压 40MPa，扭转过程中，钻杆内部容腔体积不断变小，密封压力达到了 52.4MPa，整个抗扭试验中，密封无泄漏，如图 16 所示，扭矩-圈数曲线在 30kN·m 下曲线相对平稳，如图 16 所示，满足抗扭 20kN·m 技术要求。

图 15　抗扭情况下密封性能测试

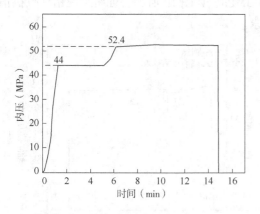

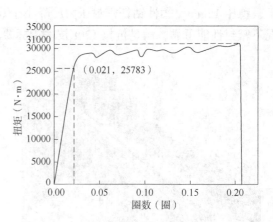

图 16  抗扭情况下密封测试曲线    图 17  抗扭情况下扭矩测试曲线

图 18  柔性钻杆在新疆塔里木
A6 井开展模拟井实验

## 4  现场试验

2024 年 1 月 18 日，研制的高强度柔性钻杆在新疆塔里木 A6 井开展模拟井试验，如图 18 所示，其中造斜钻具组合为 144mm 造斜钻头 + 132mm 造斜钻具 + 120mm 浮阀 + 88.9mm 高抗扭钻杆，钻进参数：排量 900~1100L/min，钻压 1~6t，转速 70~80r/min，最大扭矩 11kN·m，泵压 15~18MPa，造斜时间 5h，造斜进尺 4m。水平钻进钻具组合为 144mm 造斜钻头 + 132mm 柔性钻杆 + 120mm 浮阀 + 120mm 随钻震击器 + 88.9mm 高抗扭钻杆，钻进参数：排量 1100L/min，钻压 1~6t，转速 80r/min，扭矩 5~12kN·m，泵压 18~20MPa，水平钻进时间：43h，水平进尺：68.11m。

## 5  结论

（1）基于球头连杆机构研制了一种造斜率 16°/m 的高强度柔性钻杆，柔性单元外径 132mm，长度 240mm，单节弯转角度 3.8°。

（2）利用 ANSYS 有限元分析软件对柔性钻具关键承力部件进行静应力仿真分析，针对柔性钻杆正常钻进和遇阻两种工况，建立了材料非线性、接触非线性有限元模型，并采用应力分类法对柔性钻杆结构强度进行评价，柔性单元球头配合副抗扭强度不小于 30kN·m，满足安全要求。

（3）开展了室内实验对柔性钻杆力学性能及承载后密封性能进行验证，实验结果表明柔性钻杆可承受扭矩大于 30kN·m，拉伸载荷大于 1200kN，压缩载荷大于 200kN，密封压力大于 40MPa。

（4）完成了新疆塔里木 A6 井模拟井试验，其中造斜钻进时间 5h，造斜进尺 4m，水平钻进时间 43h，水平进尺 68.11m，为后续现场试验奠定了基础。

# 参 考 文 献

[1] 马猛, 王聪, 张永学等. 高含水稠油预分离用分离器水力特性研究[J]. 石油机械, 2017, 45(2): 73-77.

[2] 武晓光, 黄中伟, 李根生, 等. "连续管+柔性钻具"超短半径水平井钻井技术研究与现场试验[J]. 石油钻探技术, 2022, 50(6): 56-63.

[3] 王居贺, 孙伟光, 于东兵. 超深井连续管短半径侧钻工艺研究与现场试验[J]. 石油机械, 2023, 51(1): 33-39.

[4] 张绍林, 孙强, 李涛, 等. 基于柔性钻具低成本超短半径老井侧钻技术[J]. 石油机械, 2017, 45(12): 18-22.

[5] 吕小东. 坨 33-12-14CH 侧钻水平井钻完井工艺分析[J]. 石油机械, 2009, 37(7): 66-68, 96.

[6] 罗敏, 董小娜, 徐亭亭, 等. 半铰接柔性钻具模型建立及载荷传递规律研究[J]. 力学与实践, 2018, 40(6): 666-670, 682.

[7] PUTRA S K, SINAGA S Z, MARBUN B T H. Review of ultrashort-radius radial system(URRS)[C]//IPTC 2012: International Petroleum Technology Conference. European Association of Geoscientists & Engineers, 2012: cp-280-00185.

[8] MA T, LIU J, FU J, et al. Drilling and completion technologies of coalbed methane exploitation: An overview [J]. International Journal of Coal Science & Technology, 2022, 9(1): 68.

[9] 王伟, 贾建波, 张良振, 等. 柔性钻杆球面密封结构设计及其密封性能分析[J]. 石油机械, 2022, 50(4): 9-14.

[10] 管申, 郭浩, 程林, 等. WZ-X1井超短半径水平井轨迹控制技术研究及应用[J]. 钻采工艺, 2020, 43(6): 7, 21-23, 27.

[11] 郭永宾, 管申, 刘智勤, 等. 多分支超短半径钻井技术在我国海上油田的首次应用[J]. 中国海上油气, 2020, 32(5): 137-144.

[12] 宫华, 郑瑞强, 范存, 等. 大庆油田超短半径水平井钻井技术[J]. 石油钻探技术, 2011, 39(5): 19-22.

[13] 张勇, 刘晓民, 华泽君, 等. 超短半径钻井技术现状及发展趋势[J]. 钻采工艺, 2023, 46(2): 41-45.

[14] 徐亭亭, 罗敏, 王晶, 等. 柔性钻杆优化设计及承载能力研究[J]. 化工机械, 2018, 45(6): 768-772.

[15] 郭瑞昌, 李根生, 刘明娟, 等. 径向水平井转向器内柔性管力学模型研究[J]. 石油机械, 2010, 38(3): 24-27, 90.

[16] LIU H, HUANG S, SUN Q, et al. Application ofUltrashort Radius Lateral Drilling Technique in Top Thick Reservoir Exploitation after Long Term Water Flooding[C]//Abu Dhabi International Petroleum Exhibition & Conference. OnePetro, 2016.

[17] 王建龙, 张雯琼, 于志强等. 侧钻水平井水平段延伸长度预测及应用研究[J]. 石油机械, 2016, 44(3): 26-29.

[18] 陈培亮, 孙伟光, 钟文建, 等. 钛合金钻杆在短半径水平井中应用技术研究[J]. 石油机械, 2021, 49(10): 38-44.

[19] CHAI J, LV Z, ZHANG Z, et al. Nonlinear Failure Analysis on Pressurized Cylindrical Shell Using Finite Element Method: Comparison of Theoretical and Experimental Data[J]. Journal of Failure Analysis and Prevention, 2022: 1-11.

[20] 江楠. 压力容器分析设计方法[M]. 北京: 化学工业出版社, 2013.

# 同心双管反循环国内技术可行性展望

刘天宇[1] 范黎明[1] 唐国强[2] 王 磊[1] 邓玉涵[1]

(1. 中国石油集团川庆钻探工程公司钻采工程技术研究院；
2. 中国石油集团川庆钻探工程公司科技信息部)

**摘 要** 深地钻探，长水平井钻探是非常规油气勘探的重要方向，当前深地钻探表层井眼尺寸大，循环携砂困难，长水平段钻进存在拖压、岩屑床堆积、循环压耗高等问题。同心双管反循环技术，钻井液在双壁钻具内循环，井眼环空内液体不参与循环，降低循环压耗，及时清理岩屑床，有利于长水平段延伸与表层大尺寸井眼钻进，同时该技术可代替海洋钻探隔水管，故本文对同心双管反循环技术在国内的可行性进行总结和展望。

**关键词** 反循环；双壁钻具；应用前景；水平井；超深井；海洋油气

双壁反循环钻井，是一种钻井液不通过井筒环空循环，只在双壁钻具内部循环携砂的钻井方式，可有效避免井底 ECD 波动，维持环空压力梯度稳定，有利于窄密度窗口钻进和延伸水平段长度；同时也可以替代海洋钻井中隔水管作业。因此，对同心双管反循环钻井技术在国内适应性进行探索有助于对深井、长水平井，甚至深水钻井提供有效工艺措施。

## 1 同心双管反循环技术海洋油气领域适用性评估

近年来深水油气产量呈上升之势，未来产量可持续增长，《国家"十四五"规划和2035年远景纲要》强调，要围绕海洋工程、资源、环境等领域突破一批关键核心技术。双壁钻杆无隔水管钻井技术可为南海深水油气资源的勘探开发提供更加安全效益的技术手段。

### 1.1 海洋油气钻探技术现状

当前海洋油气勘探领域处理岩屑与循环钻井液的技术主要有四类：隔水管钻探技术；无隔水管钻探技术；无隔水管钻井液闭式循环技术（RMR 技术），ReelWell Drilling Method（RDM）钻井技术，如图 1 所示。

#### 1.1.1 隔水管钻探技术

隔水管钻探技术是海洋油气勘探领域最常用的技术，该技术利用隔水管隔绝海水，使钻井液形成闭合循环通路，内部导引套管、钻具；隔水管技术在 20 世纪 40 年代末诞生，在 60 年代隔水管关键设备与功能逐步完善，至此该技术进入了比较系统的发展过程[1]。

#### 1.1.2 无隔水管钻探技术

无隔水管钻探技术工艺结构简单，不携带隔水管，有效控制钻探平台规模，减少运行成本，由于未建立系统的循环路径，岩屑直接填海，只能用于泥岩线下的表层非产层段开眼钻

---

【第一作者简介】刘天宇，中国石油集团川庆钻探工程公司钻采工程技术研究院。

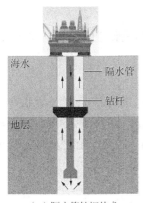
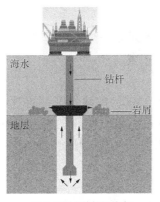
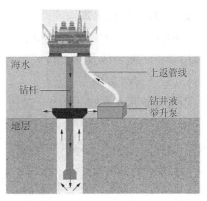

| （a）隔水管钻探技术 | （b）无隔水管钻探技术 | （c）无隔水管钻井液闭式循环技术（RMR技术） |

图1　海洋油气常用钻探技术示意图

进，持续钻进会有坍塌和卡钻等风险，钻遇产层难以控制井喷等复杂事故[2]。

### 1.1.3　无隔水管钻井液闭式循环技术(RMR技术)

无隔水管钻井液闭式循环技术( RMR 技术)通过立管系统泵入钻井液至钻头，钻井液携带岩屑流至海底井口的吸入装置，该装置连接海底举升泵组，通过回流管线泵送至海上平台，海平面至海底的钻杆暴露在海水中，该系统使压力维持在地层压力与破裂压力窗口之间，避免漏失、井壁失稳等难题，在深水表层天然气水合物钻探、窄压力窗口深水钻探适应性强[3]。

无隔水管钻井液闭式循环系统(RMR)诞生于 21 世纪初，由挪威 AGR 公司在岩屑运移系统(CTS)基础上创新研发，2003 年试验成功并于同年在里海 WestAzeri 油田开始商业应用，迄今在世界范围内已应用井数 100 余口[4]。

### 1.1.4　ReelWell Drilling Method(RDM)技术

ReelWell Drilling Method(RDM)是由 ReelWell 钻井公司提出的一种新型钻井方法，系统由顶驱适配器、双壁钻杆、桥式交叉接头、举升助排机构等工具组成。该方法将钻井液从顶驱适配器输送至双壁钻具环空，经过交叉接头送至钻头水眼，携带岩屑的钻井液通过交叉接头吸入双壁钻具内管再返回顶驱适配器，近些年研究进展见表1。

表1　ReelWell Drilling Method(RDM)技术研究进展

| 年份 | 研究进展 |
| --- | --- |
| 2004 | 挪威国家石油公司和挪威科学研究委员会提出 ReelWell 钻井方法 |
| 2005 | ReelWell AS、壳牌、挪威国家石油公司成立联合项目组对 ReelWell 反循环钻井技术和设备进行研究 |
| 2006 | 完成 ReelWell 钻井关键配套设备的研发与测试 |
| 2007 | 在斯塔万格实验中心"Ullrigg"钻机上对全尺寸模型进行验证 |
| 2008 | 实际设备在"Ullrigg"钻机上进行试验，测试性能良好 |
| 2009 | RDM 技术在陆上与海上进行试验井的钻探试验并取得成功 |
| 2010 | RDM 技术在加拿大卡尔加里进行现场推广应用并得到 RC 能源和 Nabors Canada 的认可 |
| 2014 | BG 巴西公司首次将 RDM 钻井系统应用到了海上平台进行 2300m 的深水钻井作业 |
| 2016 | RDM 技术在加拿大阿尔伯达省陆上 1 口浅层水平井进行钻进试验 |

### 1.2 隔水管技术难点

当前隔水管技术已发展成熟，但仍有难以解决的技术难点，如隔水管质量大，体积大，材料昂贵，不便回收及对抗台风等自然灾害。

#### 1.2.1 回收困难

隔水管技术存在技术短板：在小于1000m的浅水区，应对台风的方法是解脱海底井口隔水管总成(LMRP)并将全部隔水管回收，将钻井船驶离台风海域；在大于1500m的深水海域，需要至少提前4天开始准备，当前天气有效预测时间仅为4~5天，无法及时在台风侵袭前回收隔水管。

#### 1.2.2 引发重大安全事故

遭遇台风若未及时回收隔水管，将引发隔水管断裂、脱离、触底等事故，造成钻井液、原油泄漏等重大事故，严重污染海洋环境的同时还需打捞隔水管、维修平台月池、张紧器、LMRP等设备，耗费人力财力，耽误作业进度。

#### 1.2.3 延误开发进程

中国南海平均水深1450m左右，南海石油储量约为$1.7×10^9 m^3$(约$110×10^8$bbl)，天然气储量约为$5.38×10^{12}m^3$(约$190×10^{12}ft^3$)，但每年存在5个月台风期需停工停产，影响经济效益。

#### 1.2.4 作业管串碰撞、涡激振动、机械损坏

深水作业时，海流作用于隔水管产生的涡激振动易造成隔水管疲劳损坏(水管下端接近泥岩线处最易发生)[5]；同时，海流的拖曳力使隔水管和内部测试管产生一致的变形，隔水管涡激振动导致隔水管与内部测试管线撞击产生机械损坏[6]。

### 1.3 同心双管反循环海洋钻探优势

同心双管反循环技术起源于ReelWell Drilling Method(RDM)技术，钻井液在钻具管内循环，可有效避免井底ECD波动，维持环空压力梯度稳定，有利于大尺寸井眼表层钻进，窄密度窗口钻进和延伸水平段长度；同时在我国南海等深水钻井领域替代海洋钻井中隔水管作业[7-8]，如图2所示。

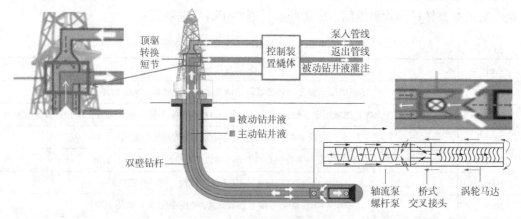

图2 同心双管反循环技术

#### 1.3.1 代替隔水管

隔水管钻井是目前海洋钻探领域使用最广泛的钻井方式，但隔水管体积大(直径16~

24in），质量大（612~678kg/m，壁厚 10~40mm），成本高（10 万元/m）[11]等，相同长度的双壁钻杆价格为隔水管的 7% 甚至更低，降低经济成本；2003 年配置一套 10000ft（3048m）钻井隔水管系统需要 2000 多万美金，2008 年 7500ft（2286m）钻井隔水管系统为 3750 万美元，甚至更高。

### 1.3.2 降低平台载荷需求

深水钻探过程对平台性能要求高（需要六七代平台），双壁钻杆质量为隔水管的 8%，对平台性能要求低，可用最大作业井深低，大钩载荷低的三四代老式平台代替，平台作业水深需求降低 70%，大钩载荷降低 65%。

## 2 同心双管反循环技术陆地钻探领域适用性评估

随着我国对非常规油气资源开采力度增加，对深井、超深井、长水平井勘探力度持续增加，大尺寸井眼表层钻进携砂困难，返速低，长水平段岩屑床堆积，拖压严重，窄密度窗口溢流、漏失等问题涌现，是我国非常规油气资源发展的不利因素，需要对解决手段进行探索，同时亟需新工艺、技术的开发应用。

### 2.1 延长水平井极限长度

如图 3 所示，在水平段钻进过程中，水平段极限延伸长度与钻井泵排量呈反比关系，延伸水平段长度需控制排量，但是低排量将引起循环不畅，岩屑床堆积，拖压等问题，提升卡钻风险；增大排量循环压耗升高，井底压力升高至安全窗口范围之外，会引发井漏等井下复杂工况。

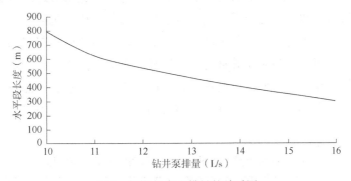

图 3　极限长度和排量的关系图

使用油基钻井液可提高携岩、润滑能力，减少岩屑床堆积，有效降低摩阻扭矩，这也是国内长水平段钻进的常用技术，但是相比于水基钻井液，油基钻井液成本高，重复使用情况下油基钻井液成本大致 10000 元/m³，不重复使用成本约 7000 元/m³，成本约为水基钻井液 2 倍，且配制难度大。

#### 2.1.1 双梯度钻井液提供浮力

同心双管反循环技术井眼环空采用高密度钻井液，钻具内为低密度钻井液，配合使用铝合金钻杆，提高了水平段钻柱浮力，降低摩阻扭矩，如图 4 所示，减少或者代替了高成本油基钻井液的使用。

#### 2.1.2 实时清理岩屑床

若不考虑未知井下复杂工况，使用同心双管反循环技术，岩屑在钻具内部循环，连续清理岩屑，防止岩屑床产生，如图 5 所示。

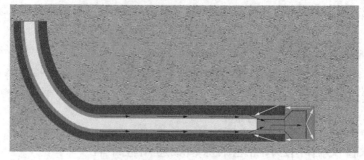

——— 向下注入的低密度钻井液
——— 静置不参与循环的高密度钻井液
——— 返回顶驱的低密度钻井液

图 4　高低密度钻井液分布图

图 5　实时清理岩屑床示意图

## 2.2　大尺寸井眼表层钻进携砂

我国钻探领域正向万米级深地探索，表层井眼尺寸已达到 $\phi$812.8mm 甚至更高，当前建立循环所需排量超越循环系统极限，循环返速低，重复破碎，携砂困难，钻井液维护量大等问题严重阻碍进尺速度[9-10]，据测算 $\phi$914.4mm 井眼循环压耗损失的水力功率已达到 92.5%[15]。同心双管反循环技术钻井液在双壁钻具环空及内管循环，井眼环空钻井液静置，双壁钻具内部所需循环排量远小于正循环钻井井眼环空所需排量，是超深井表层钻探携砂降排的有效手段。将近十年大尺寸井眼钻进存在携砂问题的地区和解决手段进行汇总[11-12]，见表 2。

表 2　国内大尺寸井眼携砂难点代表性地区汇总地区

| 地区 | 技术难点 | 解决手段 |
|---|---|---|
| 川西双鱼石区块 | 完钻井深在 7000m 以深的超深井，机械钻速低，伴随井塌、井漏、气侵等复杂 | 将上部 444.5mm 井眼深度从 1000m 缩短至 500m，减少大井眼钻进长度 |
| 四川盆地 | 钻井液携砂困难，钻井液循环量大，循环周时间长 | 保证高排量的同时，加入随钻、桥塞堵漏剂重稠浆多次携砂 |
| 宣汉-巫溪区块 | 在额定功率下，914.4mm 钻头在钻进过程中，92.5%的水力功率被用于循环损耗，只有不到 7.5%作用在钻头上 | 多次举砂：在钻进过程中，间断使用高黏钻井液进行举砂，有效防止沉砂卡钻 |
| 呼图壁储气库 | 444.5mm 大井眼在井底清洗、携砂能力和破岩能力差，成井眼净化难度大、钻屑携带困难、机械钻速慢等困难 | 1. 优化钻头序列，针对使用钻具；<br>2. 优选固控设备，保证井下安全，降低循环压耗；<br>3. 强化水力参数 |

| 地区 | 技术难点 | 解决手段 |
|---|---|---|
| 长庆区域 | 大尺寸井眼水力参数不足，携砂困难。由于$\phi$444.5mm、$\phi$311.2mm、$\phi$346mm 大井眼钻具内压耗大，泵压高，排量受限，导致井眼净化难度大、钻屑携带困难 | 大尺寸钻具优选。优选高抗拉、抗扭的$\phi$139.7mm S135 级大水眼钻具，以此减少了压耗，强化大井眼钻井排量，增大环空返速，极大地解放水力能量，提高大井眼携砂效果 |

由表 5 总结归纳可知，大尺寸井眼钻探过程中，携砂困难、返速低、机械钻速低及井漏等问题在川渝、长庆、新疆等地较为常见，通常以强化水力学参数，更换钻井液体系，甚至从井身设计上减少大尺寸井眼段长度等方式提高机械钻速，减少复杂发生，但这些都不能从根本上解决循环携砂和复杂问题，同心双管反循环是从工艺根本上的变革。

## 3 同心双管反循环技术应用迫切性分析

### 3.1 同心双管反循环技术应用优势

（1）及时清理岩屑床，保证井眼净化。

（2）具有悬浮力，降摩减阻，减少油基钻井液的使用，或与油基钻井液联合使用将具有更好的润滑、携岩效果。

（3）所需排量低，循环压耗小，可延长极限长度，作为精细控压的补充，保证钻进安全稳定。

（4）双壁钻杆有可能代替海洋隔水管技术。

（5）大尺寸井眼钻进促进循环返排，高效携岩。

### 3.2 同心双管反循环技术应用难点

同心双管反循环技术具有诸多优势，但是当前仍存在一些技术的不成熟性，还需进一步评估。

3.2.1 钻具与辅助工具难点

（1）双壁钻具深层钻进压耗高。

（2）辅助工具对井筒条件要求高，易引起复杂。

（3）低排量需配合电动工具。

3.2.2 工艺难点

至少需要两种钻井液，需要两套循环系统。环空采用静液柱控制环空压力，钻井采用另外一种钻井液进行循环。如何在深井时顺利建立反循环这本身就是一个技术难点；且接单根、起下钻等工艺、井控工艺和工具较常规的更复杂。另外，环空独立静止钻井液和钻井的循环钻井液之间的界面位置控制也是一个技术难点。

3.2.3 其他潜在风险

（1）卡钻：双壁钻杆两层结构，比单壁钻杆硬度大，柔韧性低，定向钻进过程中有可能弯曲不利，造成拖压，有卡钻风险。

（2）堵塞钻具：同心双管反循环建立循环所需排量低，循环压耗低，双壁连接处或者循环通道窄，有堵塞钻具风险。

（3）海洋油气涡激振动：在海油领域使用，由于直径小，质量小，形变量随波浪流动变化大，震动幅度大，可能更容易断裂破碎。

## 4 总结

（1）在海洋钻探领域，同心双管反循环技术有望代替隔水管，在国内南海等深水钻探地区拥有应用市场，但暂无应用迫切性。

（2）在陆地钻探领域，同心双管反循环技术适用于表层大尺寸井眼携砂，提高循环返速，适用于长水平井钻进，降摩减阻，减少岩屑床堆积，目前国内外均未在陆地进行成功商业应用，分析该技术目前在国内陆地钻探领域具有应用潜力，但是暂无应用市场和应用迫切性。

参 考 文 献

[1] 牛爱军，毕宗岳，牛辉，等．国外深水钻井隔水管发展现状及主管性能分析[J]．焊管，2015，38（9）：6-11.

[2] 王志远，张洋洋，张剑波，等．海域天然气水合物经济化钻采平台及安全钻井技术分析与思考[J]．船舶，2022，33(5)：1-20.

[3] 王偲，谢文卫，张伟，等．RMR 技术在海域天然气水合物钻探中的适应性分析[J]．探矿工程(岩土钻掘工程)，2020，47(2)：17-23.

[4] 许本冲，张欣，马汉臣．海洋钻探钻井液循环技术[J]．探矿工程(岩土钻掘工程)，2020，47(7)：30-35.

[5] 冯超，陈锟，付晨龙，等．深水钻井隔水管疲劳损伤分析[J]．中国安全生产科学技术，2023，19（8）：52-58.

[6] 贾杜平，莫丽，毛良杰，等．深水隔水管—测试管柱系统涡激振动实验研究[J]．工程设计学报，2021，28(2)：170-178.

[7] 邓虎，范黎明，许期聪．多工艺反循环钻井技术发展现状与展望[J/OL]．钻采工艺，2024(1)：60-72[2024-02-27]．http://kns.cnki.net/kcms/detail/51.1177.TE.20240209.2157.014.html.

[8] 王国荣，曾诚，毛良杰，等．深水钻井隔水管系统配置及动力学特性分析[J]．西南石油大学学报(自然科学版)，2018，40(3)：156-163.

[9] 李沁周．剑阁区块大尺寸井眼钻井液技术的分析与认识[J]．化工管理，2020(11)：103-104.

[10] 刘彬，官扬，姚建林．川东北大井眼段钻速慢的原因分析[J]．中国石油和化工标准与质量，2023，43(12)：126-127，130.

[11] 张琴，何锦华，黄劲松，等．溪203井914.4mm大井眼钻井实践[J]．钻采工艺，2018，41(1)：105-106，115.

[12] 周代生，杨欢，胡锡辉，等．川西双鱼石构造超深井大尺寸井眼钻井提速技术研究[J]．钻采工艺，2019，42(6)：25-27，36，2.

# 大尺寸井眼控压钻井装备研制与应用

雷 雨[1,2] 任 伟[1,2] 唐国军[1,2] 刘小玮[1,2]

(1. 中国石油集团川庆钻探工程有限公司钻采工程技术研究院;

2. 中国石油欠平衡与气体钻井试验基地)

**摘 要** 随着石油勘探开发逐渐聚焦于深层复杂地层油气藏,常规技术手段难以满足安全高效钻进需求,易导致"溢流、井漏、垮塌、卡钻"等风险较大,亟须研制适应于大尺寸井眼、大排量钻井的控压钻井装备。文章介绍了当前控压钻井装备现状和大尺寸大排量井眼钻井中的难题,并设计研制了一套包括旋转防喷器和自动节流控制系统的控压钻井装备,现场应用效果良好。

**关键词** 超深井;控压钻井技术;旋转防喷器;自动节流控制系统

随着国内深井、超深井复杂地层成为当前主要勘探开发目标,大尺寸井眼越来越多。大尺寸井眼钻井存在裸眼段长、压力系数跨度大、钻井排量高,常规钻井方式溢漏复杂频繁,处理难度大,井控风险高,亟须采用控压钻井技术解决溢漏复杂。大尺寸井眼控压钻井技术对现有控压钻井装备迭代升级提出了新要求。

## 1 大尺寸井眼控压钻井装备现状

控压钻井技术具备对井筒压力精细控制的能力,能显著增加钻井过程的可控性、降低事故发生概率、克服窄密度窗口等钻井难题[1]。该技术主要通过井口设备及地面管汇系统精细控制或调整环空压力体系,确保环空液柱压力微大于井底压力,且不压漏地层,从而在窄压力窗口层段实现安全、快速钻进[2]。旋转防喷器、自动节流控制系统作为该技术实施的必备装备,对技术顺利实施起到关键作用。当前设备在大尺寸井眼钻井作业存在以下问题。

(1) 旋转防喷器不能满足大尺寸钻头通过。

为了保证深井、超深井井身结构设计要求,三开井眼部分已采用593.73mm大尺寸钻头钻进,而目前国内液相欠平衡/控压钻井旋转防喷器公称通径为280mm、350mm、480mm及540mm,因此大尺寸钻头无法正常通过现有旋转防喷器,起下钻作业只能重新拆装旋转防喷器壳体,这将耗费较长的时间,在复杂地层作业,空井时间较长将存在较大的井控风险。

(2) 排量80L/s以上,地面自动节流控制系统自节流超过1MPa,严重影响井口压力控制。

控压钻井过程中井筒内返出的钻井液和岩屑通过控压地面流程循环流动,444.5mm及

---

【第一作者简介】雷雨,中国石油集团川庆钻探工程有限公司钻采工程技术研究院。

以上大尺寸井眼钻井由于岩屑含量高且颗粒大等因素，排量要求65~125L/s。目前国内控压钻井自动节流控制系统全通径最大103mm，在65L/s排量下，自节流已达到0.87MPa，在80L/s排量下，自节流已超过1MPa，井口压力无法精确控制。

综上所述，现有控压钻井设备无论从工作性能还是通过能力都无法满足大尺寸井眼钻井要求，且随着深井、超深井勘探规模的不断扩大，上部长裸眼井段多压力系统溢漏复杂问题的日益突出，因此，有必要开展大尺寸井眼控压钻井装备的研制，实现现有控压钻井系统的迭代升级。

## 2 大尺寸井眼控压钻井装备的研制

旋转防喷器是井口安全控制系统的重要设备，也是欠平衡钻井、地热钻井、煤层气钻井的必要设备之一。旋转防喷器安装在防喷器组的最上部，作为控制设备的补充，在井眼环空与钻柱之间起封隔作用，并提供安全有效的压力控制，同时具有将井眼返出流体导离井口的作用，提高钻井效率，减少造成地层损害，还能降低对环境的污染。

### 2.1 旋转防喷器的研制

大通径旋转防喷器由大通径壳体(底座)、卡箍总成、高压动密封旋转总成(含大直径高压密封胶芯)等组成。旋转防喷器工作时，整机长时间受高压、高速、大排量的岩屑颗粒、腐蚀性气体、液体等冲蚀，壳体易腐蚀、冲蚀损坏。

#### 2.1.1 壳体

壳体主要起到导流作用，壳体在强度试压和使用过程中，壳体内必定受到试压介质与井筒内泡沫、气、水、油(或它们的混合流体)等的压力作用。其结构形状同采气井口装置的阀门阀体与环形防喷器的壳体受力状态相似，依据API Spec 16RCD第2版标准规定，壳体强度试验为其额定压力的1.5倍，按52.5MPa计算。

壳体最大内径：$D=760$mm；

静水压强度压力：$p_n=51.72$MPa(API Spec 16RCD第2版壳体强度压力试验要求)；

本体材料：35CrMo；

机械性能：$\sigma_{0.2} \geqslant 414$MPa(API 60K)

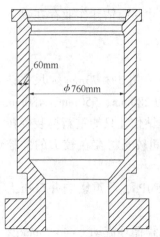

图1 壳体壁厚尺寸示意图

按ASME Ⅷ第二册附录4中关于阀腔的计算公式：

$$S_m = 2pY^2/(Y^2-1) \tag{1}$$

$$S_t = p_n R/t + p_n/2 \tag{2}$$

其中 $$Y = (D+2t)/D \tag{3}$$

式中，$Y$为外径与内径之比；$D$为所计算的壳体内径，$D=760$mm；$p_n$为静水压强度压力52MPa；$p$为额定压力35MPa；$R$为内半径380mm；$t$为壁厚60mm(图1)；$S_t$为静水压试验压力下总的最大许用主膜应力强度；$S_m$为额定工作压力下的设计应力强度。

参数代入式(1)至式(3)，得$S_m=199.18$MPa，$S_t=241.36$MPa；

根据API Spec 16A(第3版)5.4.2.2的规定，进行强度校核。

$0.9S_y = 372.6\text{MPa}$

$(2/3)S_y = 273.24\text{MPa}$

最终可见：$S_t \leqslant 0.9S_y$，$S_m \leqslant (2/3)S_y$

结论：合格。

从图 2 壳体 Mises 应力分布状态可以看出，在与卡箍本体连接处，壳体出现应力集中现象，最大 Mises 应力为 612.5MPa，小于材料屈服强度，故在试压压力载荷条件下，壳体结构强度满足要求。

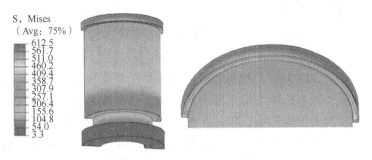

图 2　壳体 Mises 应力分布状态(单位：MPa)

### 2.1.2　高压动密封旋转总成

与所有的钻井机械一样，旋转防喷器的工作环境非常恶劣，需承受高压和较高的外载，高压旋转动密封作为旋转防喷器轴承总成的关键部件，其性能好坏直接影响到旋转防喷器的使用。旋转动密封是旋转防喷器的主要部件，从可靠性和经济性来讲，影响设备的整体性能。旋转防喷器工作时，作用在其上的动压为 21MPa，静压为 35MPa，转轴轴径大于 200mm，转速 150r/min，密封介质为含有磨砺性细小颗粒的高温钻井液，工作条件十分恶劣。工作时一旦发生泄漏，钻井液进入轴承总成，将会对轴承总成造成致命伤害，甚至影响整个钻井进程。

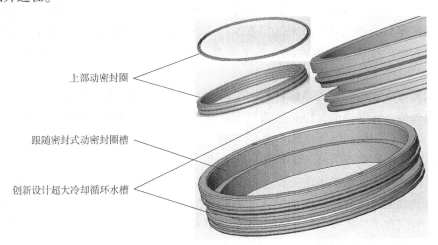

上部动密封圈

跟随密封式动密封圈槽

创新设计超大冷却循环水槽

图 3　动密封设计图

设计动密封结构，形成具有正和反两个工作方向的密封结构，并有自补偿功能，工作时，正向承受大于 35MPa 的压力，反向在 1~3MPa 的压力下向下部零件缓慢滴状注油。密封结构包括密封件本体、补偿弹簧和外密封圈，其中补偿弹簧位于安装槽内，补偿弹簧的线径与所述安装槽的槽宽具有 $K$ 值关系，补偿弹簧能够支撑密封件本体唇口(图3)。

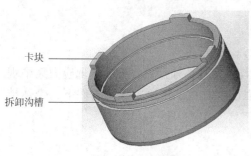

卡块

拆卸沟槽

图4　密封衬套图

旋转防喷器使用工况极为恶劣，一旦密封组件失效，易造成密封衬套损坏，改进设计密封衬套，该衬套在设计中免除螺纹连接，通过卡块进行定位连接，能有效降低维修劳动量，更换旋转总成更方便(图4)。

### 2.1.3　耐油胶芯

密封胶芯是钻井作业安全施工的重要保障，旋转防喷器所密封的钻具为非等径管柱串，含有各类接头，且时常处于偏心、无规律振动状态，密封橡胶元件容易弹性失效、刮伤失效，直接关系到旋转防喷器的使用效果，尤其在油基钻井液的环境下，胶芯长期与油基钻井液接触，钻井液对橡胶有较强的腐蚀性，易使橡胶出现溶胀、起皮和变硬等现象；胶芯在使用过程中，易与钻杆之间产生径向滑动或是直接与钻杆是动密封，在这种工况下，胶芯内圆局部温度过高，并且胶芯磨损加快，这对胶芯材料的耐温和耐磨性提出了更高要求。胶芯的可靠性直接影响控压钻井作业的成本和风险，其失效原因和失效机制是十分复杂的综合性问题，但从胶芯橡胶材料特性及配方、胶芯外部结构、形状、尺寸，以及支撑筋等因素，对胶芯进行系统完整的失效分析难度很大，虽然胶芯属于"易损件"，对胶芯的原材料及机制进行分析，从源头上控制胶芯性能，在油基钻井液中的适应性显著提升，可以抵抗油基钻井液对橡胶的腐蚀，进一步增加作业施工的安全性。

采用氢化丁腈橡胶、丁腈橡胶和丙烯酸酯橡胶共混作为橡胶基体；加入导热材料以提高材料的耐温性，防止制品局部温度过高；加入润滑剂更是在炭黑的耐磨性基础上，赋予橡胶材料优异的自润滑性能，使得耐油胶芯材料具有良好的物理机械性能，在75℃的油基钻井液中浸泡后质量和体积变化率低，能有效避免胶芯几何尺寸的变化所产生的影响，同时物理机械性能测试的数值下降率低。该材料除具有优异的物理机械性能外，还具有优异的耐温、耐介质的性能，在多种配方的油基钻井液中使用后，只有微小的体积和质量变化率。

对比试验可以发现，加入导热材料纳米碳管、石墨烯和丙烯酸酯橡胶后，制成的橡胶在强度有所提高，耐磨性也有提高；抵抗油基钻井液腐蚀性和耐温性提升显著。说明本材料耐磨性、耐温性和耐腐蚀性优异；也证明纳米碳管和石墨烯改善了材料的耐磨性和耐热性，丙烯酸酯橡胶的加入提高了材料的耐介质性。

对比试验也可以发现，优化三种基体材料的比例和更换其他材料的种类，将材料优化配置，最终制成的橡胶材料物理机械性能在同等情况下，性能显著提高，试样在浸泡后的物理机械性能变化小，质量和体积变化微小。在油基钻井液中的适应性也显著提升，基本可以抵抗油基钻井液对橡胶的腐蚀(图5)。

### 2.2　自动节流控制系统的研制

大尺寸井眼大排量钻井对现有自动节流控制系统的挑战关键在于：由于钻井排量大(可达150L/s)，管汇冲蚀[3]严重，尤其是压降明显的节流阀处及管道转弯处；自节流效应明显，影响控压精度和效果[4-5]，需要采用针对性设计解决相关问题。

门尼黏度测试

试片浸泡

试片制备

物性测试

图5　材料测试图

### 2.2.1　自节流效应研究

控压钻井工艺需要控制自动节流管汇节流阀开关调整井口回压，从而调节井底压力保持平稳，较高的自节流效应会导致调节空间的缩窄和调节精度的降低，影响控压钻井技术的实施效果。根据现场实际流程，建立简化模型，分段分类进行自节流效应的研究（图6）。

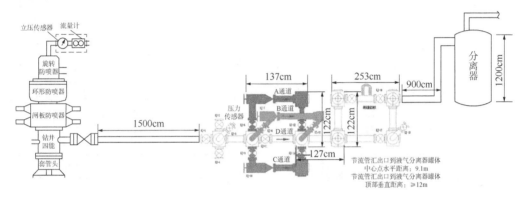

图6　控压钻井现场典型流程

结果表明：当节流阀全开，钻井液排量为65L/s，密度为2000kg/m³，节流管汇管径为4in时，总自节流压降为1.86MPa，主要由井口压降、管路和水龙带沿程摩阻、弯头局部摩阻、分离器高程差节流阀节流压降组成，其中与自动节流控制系统相关的总共为1.387MPa，明显偏大，不利于精准压力控制(图7)。

### 2.2.2　管汇冲蚀研究

长期高压力、大排量钻井液流过，会严重冲蚀自动节流控制系统的管汇，造成控制精度变低，导致控压不稳定。综合考虑节流管汇内液固两相流动特征，建立了一套适用的节流管汇冲蚀仿真模型，研究了节流阀和管汇在各因素影响下的冲蚀规律(图8)。

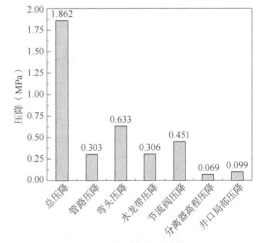

图7　自节流压降分布图

分别研究了机械钻速、钻井液排量、颗粒直径和球形系数影响下的节流阀冲蚀规律,结果表明:

(1) 冲蚀速率随机械钻速的升高而线性升高(机械钻速的大小反映了管汇中的岩屑含量)。

(2) 冲蚀速率随钻井液排量的增加而升高,大排量下(65L/s),最大冲蚀速率为3.41mm/a。

(3) 节流阀主要薄弱点为阀芯朝向入口侧、阀腔与阀座相交壁面、阀盖下部壁面及阀座四个部位(图9),冲蚀速率分别为2.61mm/a、3.15mm/a、0.06mm/a和3.41mm/a。

冲蚀速率随颗粒直径的增加而显著降低。

(4) 球形系数越小颗粒越不规则,冲蚀速率越大(球形系数反映了颗粒的形状)。

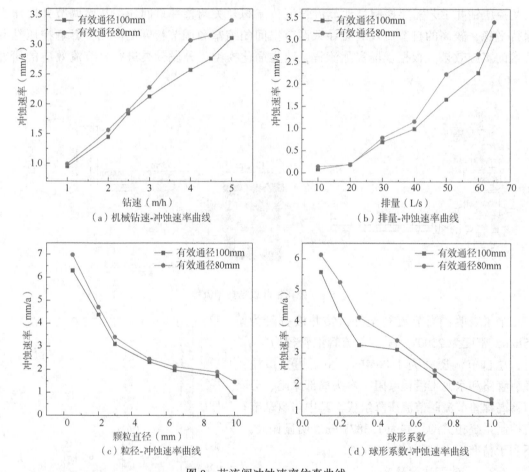

（a）机械钻速-冲蚀速率曲线

（b）排量-冲蚀速率曲线

（c）粒径-冲蚀速率曲线

（d）球形系数-冲蚀速率曲线

图 8    节流阀冲蚀速率仿真曲线

分别研究了机械钻速、钻井液排量、颗粒直径和球形系数影响下的管汇冲蚀规律(图10),结果表明:

(1) 冲蚀速率随机械钻速的升高而升高;

(2) 冲蚀速率随钻井液排量的增加而升高,大排量下(65L/s),其冲蚀速率为1.37mm/a;

(3) 管汇主要薄弱点为闸板阀处和节流阀下游管段壁面,其冲蚀速率分别为0.12mm/a

和1.37mm/a(图11);

（4）冲蚀速率随颗粒直径的增加而显著降低；

（5）冲蚀速率随球形系数升高而降低。球形系数为0.1时，节流阀开度为80%时，冲蚀速率最高为1.85mm/a。闸板阀处和节流阀下游管段壁面冲蚀速率分别为1.03mm/a和1.85mm/a。

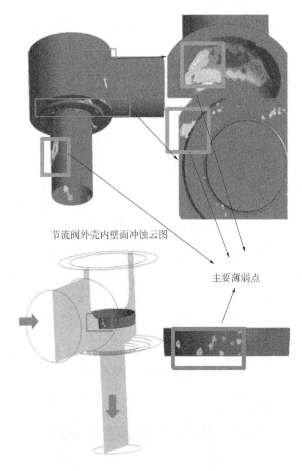

图9　节流阀主要薄弱点

### 2.2.3　节流阀及管汇优化设计

基于节流阀节流特性及节流管汇冲蚀特征仿真结果，从调节节流阀节流特性、降低管汇系统的自节流效应及提高管汇系统的抗冲蚀性能提出了地面管汇结构的优化方案。

（1）降低自节流效应。

现用直线节流阀的节流特性显示：节流管汇的管径越小，自节流效应越显著。为满足精细控压要求，一般自节流压降需小于1MPa，现用4in管汇在大排量(65L/s)时的自节流压降为1.86MPa(图12)。

将管汇内径增至5in时，自节流压降为1.04MPa；进一步对弯头进行优化处理减小弯头的阻力系数为0.5，总压降降低为0.87MPa(图13)。

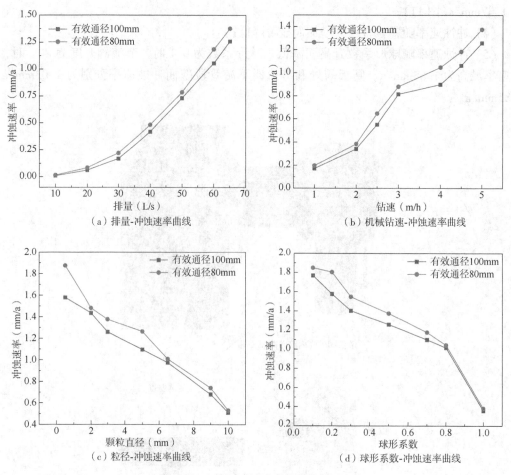

（a）排量-冲蚀速率曲线                （b）机械钻速-冲蚀速率曲线

（c）粒径-冲蚀速率曲线                （d）球形系数-冲蚀速率曲线

图 10　管汇冲蚀速率仿真曲线

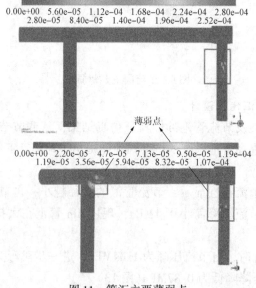

图 11　管汇主要薄弱点

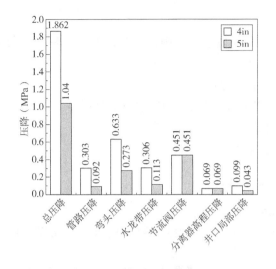

图12　4in 和 5in 管汇自节流压降分布图

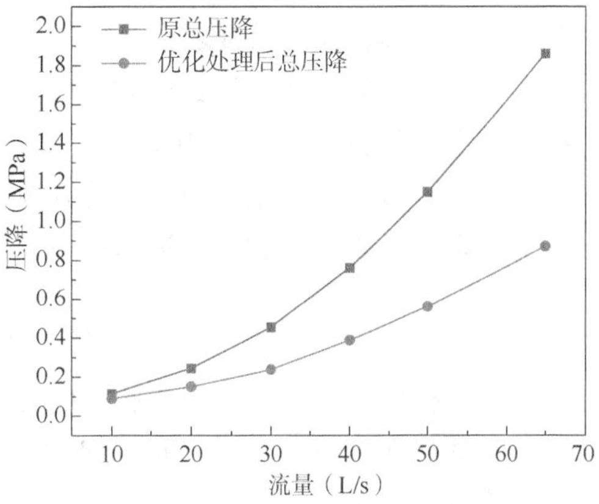

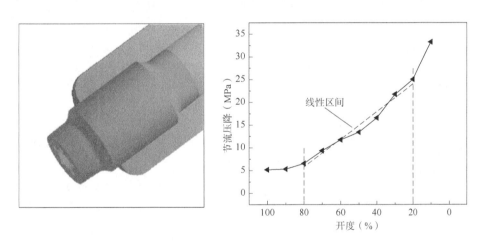

图13　扩大管径并优化转弯处后压降

（2）改进节流阀控制特性。

在一定排量条件下，一定的控压值区间内，节流阀的特性曲线越接近线性，则控压越容易，稳定性越好。从加强节流特性线性度的要求出发，对筒形阀阀芯曲线进行重新设计，从直线改为五次曲线，改进后节流阀在常用开度区间线性度较好(图14)。

图14　优化节流阀结构控制特性

（3）改进抗冲蚀性能。

结合节流阀和管汇的冲蚀规律及薄弱点，阀芯的材料可选用硬质合金，阀腔和阀盖内壁等相应薄弱点涂抹硬质涂层；在管汇的闸板阀处管路和节流阀下游管路内壁涂抹硬质涂层；在管道转弯处采取倒角设计方式，增强导流能力，缓解"流速骤增，压力骤减"及节流阀入口憋压现象，进而减小固体颗粒的冲蚀作用。同时在现场使用中在薄弱处采用测厚仪定期测量壁厚，监测冲蚀情况以提前预防管路失效。

## 3 结论

目前，该套大尺寸控压钻井设备在川渝地区 X 井现场使用中，日常密度为 1.86g/cm³，排量在 80~100L/s，使用情况表明：

（1）重新设计的旋转防喷器能满足××××××钻具通过；

（2）未控压时自节流 0.6~0.8MPa，自动节流控制系统自节流效应明显降低；

（3）在大排量大通径条件下，压力控制更平稳；

（4）模拟分析表明，设备耐冲蚀能力得到了加强。

### 参 考 文 献

[1] 天工. 控压钻井技术新进展[J]. 天然气工业，2019，39(2)：83.

[2] 王安康，雷新超，王福学，等. 精细控压钻井技术在海上平台(地面井口)的应用[J]. 海洋石油，2020，40(3)：72-76.

[3] 黄华宝，钱玉宝，郭旭涛，等. 基于 DDPM 模型的高压管汇冲蚀磨损数值模拟[J]. 科学技术与工程，2023，23(26)：11195-11201.

[4] 唐国军，孙海芳，高如军，等. 电控自动节流控制系统研制与应用[J]. 钻采工艺，2015，38(3)：3.

[5] 任伟. 大排量工况下控压钻井节流阀节流特性研究[J]. 中国设备工程，2023(19)：119-121.

# 气井井喷火灾后井口剩余强度分析

彭玉丹　孙宝江　付光明

(中国石油大学(华东))

**摘　要**　围绕气井井喷火灾井口剩余强度评价问题，开展了井口材料火灾喷水冷却后力学性能实验，揭示了井口材料力学性能变化规律。建立了气井井喷火灾井口温度场模型及其冷却后的剩余强度计算模型，揭示了高温下井口温度分布及冷却后的剩余强度变化规律。结果表明喷水冷却后井口极限承载力相较于其常温下极限承载力最高降低32%。未清障井喷火灾下，井口外表面温度最高，且位置离井口外表面越远温度越低；井口橡胶密封温度会达到橡胶分解和失效温度。

**关键词**　井喷；火灾；井口；剩余强度

井口是井喷火灾救援和压井的重要装置，其剩余强度是采取合理井控措施及压井参数设计的重要依据。在井场清障前，由于井架烧毁和井口损坏，气流从井口喷出后形成的火焰受障碍物影响而方向发散，使井口处于火焰包围的高温炙烤状态；井口在高温作用下强度性能下降；此外，井喷火灾处置过程中常采用喷水措施来灭火和降低井场温度；喷水冷却后井口剩余强度并不明确，在这种情况下实施压井作业存在很高失控风险。因此，研究气井井喷火灾井口剩余强度具有重要意义。

目前，国内外学者对于火灾高温下和火灾冷却后钢梁结构、管道结构的力学分析较为广泛，而针对井喷火灾高温下和冷却后井口力学响应研究鲜有耳闻。段进涛等[1]提出了结合 FDS 和 ABAQUS 程序的火灾下钢结构热—力耦合分析方法，并与实际案例进行了比较，证明了方法的准确性。卢孟超[2]基于数值模拟方法建立了常温、火灾升温和降温下空夹层钢管混凝土耐火极限模型，分析了不同参数对其耐火极限的影响规律。漆雅庆[3]对火灾作用下钢筋混凝土的柱、梁、框架结构的温度场、耐火极限和剩余承载力进行了数值模拟研究。曹旭祥等[4]针对热采温度条件下(390℃)的 30CrMo 材料进行了拉伸实验和蠕变性能研究。马颖慧和于俊鹏等[5-6]基于 ABAQUS 软件建立了火灾下钢筋混凝土梁的抗剪强度计算模型，分析了梁在不同火焰工况下的抗剪强度和耐火极限。侍雁翔等[7]基于 ABAQUS 软件建立了井喷火灾下钻井四通的温度场模型，分析了井喷火灾下温度场分布。张喜庆[8]建立了全尺寸的热采井口装置热—流—固耦合计算模型，热采温度为338℃，表明热载荷作用下装置变形明显增加，且在强度校核时需要考虑温度产生的应力。周宁等[9]基于 FDS 软件建立了池火火灾下石化管道热响应分析模型，分析了火灾下管道的热响应规律，并建立了管道的升温公式。Foroughi 等[10]对管道泄漏形成的音速喷射火焰冲击相邻的管道进行了实验研究，结果表明当相邻管道内为空气时，火焰冲击9分钟后，管道的温度达到800℃；如果

---

【第一作者简介】彭玉丹，中国石油大学(华东)。

管道中含有水，则与液体接触的壁面升温较慢，最高的温度为150℃。Fan 等[11]对火灾下无轴向约束的不锈钢柱受压性能进行了实验研究，表明荷载比和偏心率是影响其临界温度和耐火性能的关键因素。Rodrigues 和 Tondini 等[12-13]对压缩载荷作用下矩形和圆形截面的空心不锈钢柱开展了实验研究，探明了其失效变形模式，计算了结构的耐火极限和失效温度。何冰冰、孙文隽和李泽宁[14-16]对火灾下轴心受压、带约束偏心受压和带约束轴心受压的钢柱抗火性能进行了实验研究和数值模拟，分析了不同参数对其抗火性能的影响规律，并建立了钢柱屈曲温度预测模型。张艳红、葛勇和夏月[17-19]分别对火灾下 Q960、Q460 和 Q690 材料钢梁进行了实验研究和数值模拟，分析了 Q960、Q460 和 Q690 材料钢柱的热响应特征，建立了钢梁屈曲温度的计算公式，为钢梁的抗火设计提供了参考。

本文首先建立了火灾下井口温度场模型，分析了了井口温度分布规律；开展了井口材料喷水冷却后力学性能实验，获取了冷却后井口材料力学性能参数；进而建立了冷却后井口剩余强度计算模型，分析了不同温度的井口喷水冷却后剩余强度变化规律。

# 1 井喷火灾井口温度场分布

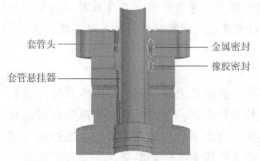

图 1 井口及其内部结构

套管头

套管悬挂器

金属密封

橡胶密封

井喷火灾井口温度分布是喷水冷却后其力学响应分析的基础。井口结构中井口头结构承受套管重量和防喷器重量等载荷，且内部含有套管悬挂器及密封部件。井喷火灾高温作用下井口头及其内部结构有很高的失效风险。为此，本文主要以井口头及其内部结构为研究对象，包括井口，套管，密封结构，如图 1 所示。基于传热学理论和 ABAQUS 有限元软件，建立井喷火灾下井口头及其内部结构热力学响应模型，研究井口及其内部管柱温度场的影响规律，从而为喷水冷却后剩余强度研究奠定基础。根据井口周围是否存在障碍物，井喷着火工况分为井场未清障和井场清障工况。其中，在井场未清障工况下，井口周围受烧毁井架等装置的阻碍，火焰方向发散，此时井口被火焰包围；此时，井口的热源输入为周围火焰对井口的对流传热。而井场清障工况，井口障碍物被清理，井喷气流垂直从井口喷出形成单一方向的射流火焰；本文主要针对未清障工况下井口及其内部结构温度分布进行研究。

## 1.1 火灾高温下材料的热工参数

（1）钢材的热工参数

火灾高温下井口及其内部结构材料的热工参数是其温度场计算的基础。本文中井口头、套管挂、金属密封圈、橡胶密封圈的材料分别为 35CrMo、N80、316L 和橡胶。其中，N80、35CrMo、316L 同为钢材，热工参数相近。

高温下钢材的热工参数包括钢材的导热系数、热膨胀系数、钢材的比热，采用欧洲 Eurocode 3 规范中的计算模型计算相应参数。

钢材的导热系数[20]：

$$\lambda = \begin{cases} -3.33 \times 10^{-2} T_\mathrm{f} + 54 & 20℃ \leqslant T_\mathrm{f} \leqslant 800℃ \\ 27.3 & 800℃ \leqslant T_\mathrm{f} \leqslant 1200℃ \end{cases}$$

式中, $\lambda$ 为钢材导热系数, $W \cdot m^{-1} \cdot ℃$; $T_f$ 为钢材的温度,℃。

钢材的热膨胀系数[20]:

$$\alpha = \begin{cases} 0.8 \times 10^{-8}(T_f - 20) + 1.2 \times 10^{-5} & 20℃ \leqslant T_f < 750℃ \\ 0 & 750℃ \leqslant T_f < 860℃ \\ 2.0 \times 10^{-5} & 860℃ \leqslant T_f < 1200℃ \end{cases}$$

式中, $\alpha$ 为钢材的导热系数。

高温下钢材的比热[20]:

$$c = \begin{cases} 2.22 \times 10^{-6} T_f^3 - 1.69 \times 10^{-3} T_f^2 + 7.73 \times 10^{-1} T_f + 425 & 20℃ \leqslant T_f < 600℃ \\ 666 + 13002/(T_f - 738) & 600℃ \leqslant T_f < 735℃ \\ 545 + 17820/(T_f - 731) & 735℃ \leqslant T_f < 900℃ \\ 650 & 900℃ \leqslant T_f < 1200℃ \end{cases}$$

式中, $c$ 为钢材的比热。

高温下钢材的密度和泊松比

钢材密度和泊松比随温度变化较小, Eurocode 3 采用定值, 即密度为 7850kg · m⁻³ 之误 泊松比为 0.3。

(2) 高温下橡胶热工参数

井口和套管挂之间的密封采用现场常见的金属和橡胶密封结构, 如图 1 所示。其中, 橡胶密封采用的橡胶圈属于超弹性材料; 高温下橡胶力学性能复杂: 研究表明火灾中橡胶的温度小于 200℃ 时, 其并无明显分解; 橡胶的温度为 250~300℃, 橡胶质量开始下降; 橡胶的温度大于 300℃, 其剩余质量迅速下降, 导致其力学性能大幅降低[21]。

橡胶的导热系数和比热

橡胶的导热系数和比热随温度的变化复杂, 难以用模型进行数学表征。周雅萍等[22]基于实验方法测定了橡胶在不同温度下的导热系数和比热, 如表 1 所示。

表 1 橡胶的导热系数和比热[22]

| 温度/℃ | 导热系数/(W · m⁻¹ · K⁻¹) | 比热/(MJ · m⁻³ · K⁻¹) |
|---|---|---|
| 室温 | 0.1906 | 1.63 |
| 50 | 0.1922 | 2.00 |
| 100 | 0.1938 | 2.29 |
| 125 | 0.1935 | 2.16 |
| 150 | 0.1993 | 2.78 |
| 200 | 0.2511 | 3.50 |

橡胶的膨胀系数和密度

橡胶的热膨胀系数随温度的变化复杂, 同样难以用数学模型去表征。方庆红采用实验方法对橡胶的热膨胀系数进行了测定。实验测定了不同温度下橡胶的热膨胀系数结果如表 2

所示。橡胶的密度取定值为 $1.3 \text{g} \cdot \text{cm}^{-3}$。

表 2  橡胶的热膨胀系数[23]

| 温度/℃ | 52 | 67 | 82 | 96 | 111 | 127 |
|---|---|---|---|---|---|---|
| 热膨胀系数 | $1.67 \times 10^{-4}$ | $2.39 \times 10^{-4}$ | $2.57 \times 10^{-4}$ | $3.02 \times 10^{-4}$ | $2.7 \times 10^{-4}$ | $3.07 \times 10^{-4}$ |

### 1.2  井喷火灾下井口结构的温度场计算

（1）温度场理论

井喷火灾下井口及其内部结构的传热过程包括对流传热、辐射传热和热传导。

对流传热[20]：

$$Q_c = h \cdot (T_c - T_s)$$

式中，$Q_c$ 为传递的热量，$\text{W} \cdot \text{m}^{-2}$；$h$ 为对流传热系数，$\text{W} \cdot \text{m}^{-2} \cdot \text{℃}^{-1}$；$T_c$ 为对流流体的温度，℃；$T_s$ 为固体表面的温度，℃。

辐射传热[20]：

$$Q_r = \chi_r \cdot \sigma \cdot [(T_c + 273)^4 - (T_s + 273)^4]$$

式中，$Q_r$ 为辐射传热的热量，$\text{W} \cdot \text{m}^{-2}$；$\chi_r$ 为综合辐射系数；$\sigma$ 为斯特藩—玻尔兹曼常数，$5.67 \times 10^{-8} \text{W} \cdot \text{m}^{-2} \cdot \text{K}^{-4}$。

热传导[20]：

$$\rho c \frac{\partial T}{\partial t} = k \left( \frac{\partial^2 T}{\partial x^2} + \frac{\partial^2 T}{\partial y^2} + \frac{\partial^2 T}{\partial z^2} \right)$$

式中，$\rho$ 为密度，$\text{kg} \cdot \text{m}^{-3}$；$c$ 为比热容，$\text{J} \cdot \text{kg}^{-1} \cdot \text{℃}^{-1}$；$k$ 为导热系数，$\text{W} \cdot \text{m}^{-1} \cdot \text{℃}^{-1}$；$x$，$y$，$z$ 为坐标，m；$t$ 为时间，s。

（2）温度场模型的建立

基于上述理论和 ABAQUS 软件建立井喷火灾下井口及其内部结构温度场有限元模型。由于几何模型具有对称性，取几何模型的 1/4 进行分析，从而降低计算成本，如图 2(a) 所示。在未清障条件下，热源是火焰对井口外表面的对流传热；井喷火焰燃料的主要成分为 $CH_4$；为此，在未清障条件下井喷火灾的升温曲线采用碳氢燃料升温曲线[24]，如图 2(b) 所示。由图 2(b) 可知，随火灾时间的增加，火灾的温度先以较快的速度上升后逐渐趋于稳定。模型采用 DC3D8 热传导单元对模型的网格进行划分，模型合理的网格数为 17 万。模型初始温度场定义为 20℃；井口和内部结构相互接触的表面采用绑定约束。模型采用 Heat Transfer 瞬态分析步。此外，受火面的对流传热系数取为 $50 \text{W} \cdot \text{m}^{-2} \cdot \text{K}^{-1}$，辐射系数取为 0.5。背火面的传热系数取为 $9 \text{W} \cdot \text{m}^{-2} \cdot \text{K}^{-1}$，辐射系数取为 0.5。采用经典的 Petukhov 公式计算套管内壁和气体对流的努塞尔数[25]，而后再通过以下公式计算对流传热系数。

### 1.3  井喷火灾井口结构温度场分析

以对流系数为 $0.1 \text{kW} \cdot \text{m}^{-2} \cdot \text{K}^{-1}$ 和气体温度为 50℃ 的工况为例分析井口、套管以及密封结构温度随火灾时间的变化，选取结构中节点位置如图 3(a) 所示；不同节点位置随火灾时间增加温度的响应曲线如图 3(b) 所示，表明井口、套管以及密封结构节点位置的温度随火灾时间的增加变化趋势相近：不同节点位置的温度先急剧增加后趋于稳定。其中，$N_1$ 位置（井口）较其他节点位置的温度先趋于稳定，温度稳定的时间在 200min，原因在于 $N_1$ 位置离受火面位置最近且远离气流对套管内壁的对流传热位置，主要受火焰温度的影响而受气流对流传热的影响较小，温度值更容易趋于稳定。此外，相同时间下，$N_1$ 位置温度最高，温度稳定时达到 1000℃略低于火灾的升温曲线；而 $N_2$ 位置相比 $N_1$ 位置远离受火面，$N_2$ 位置温度低于 $N_1$ 位置。金属密封结构位置 $N_3$ 达到稳定后的温度小于 $N_1$ 和 $N_2$，且小于密封橡胶 $N_4$ 位置，原因在于 $N_3$ 位置（金属密封）相比于 $N_4$ 位置（橡胶密封）并未与井口壁面存在直接的导热。井口橡胶密封位置的温度会达到橡胶密封的分解和失效温度。套管悬挂器位置 $N_5$ 和 $N_6$ 位置会受气流的对流换热的直接影响，且相同时刻下，$N_5$ 位置温度大于 $N_6$ 位置温度，原因在于 $N_5$ 位置距套管挂与井口的接触面更近，且受火面的热量由 $N_5$ 位置传递到 $N_6$ 位置。

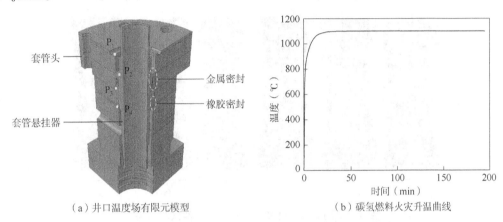

（a）井口温度场有限元模型　　　（b）碳氢燃料火灾升温曲线

图 2　井口温度场有限元模型和碳氢燃料火灾升温曲线

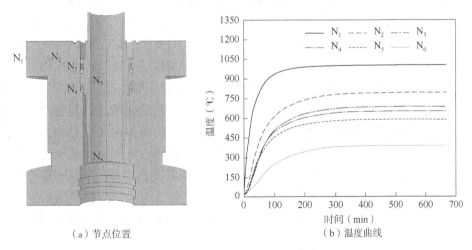

（a）节点位置　　　（b）温度曲线

图 3　不同节点位置的温度曲线

## 2　喷水冷却后井口结构剩余强度计算

井喷火灾发生后，油田会立即启动应急响应方案并组织井场周围地区的消防力量对井喷火灾进行喷水灭火和降温。在井喷火焰扑灭后组织实施井控压井作业，火灾后井口剩余强度是井控压井中关注的重要参数。本文针对井口冷却后的剩余强度进行分析。基于ABAQUS有限元软件及喷水冷却后材料试验数据，建立井口及其内部结构冷却后剩余强度计算模型，分析不同工况下井口喷水冷却后的剩余强度。

### 2.1 喷水冷却后井口材料力学性能

喷水冷却后井口材料力学性能变化是评价冷却后井口强度性能的基础。开展了温度为室温~800℃的试件喷水冷却后材料力学拉伸性能实验。温度为室温、400℃、500℃、600℃、700℃和800℃的试件喷水冷却后拉伸断裂结果如图4所示。由图4可知，大部分的试件断口平整且平行于横截面，而温度为800℃的试件喷水冷却后，试件中出现断口呈斜切破坏现象。大多数试件断口在标距范围之内，且位于试件一侧，而温度为800℃的试件喷水冷却后两个试件的断口位置贴近标距。当试件温度≤700℃，喷水冷却后断口的缩颈程度较小；当试件温度为800℃，喷水冷却后断口几乎无缩颈现象，表现为明显的脆性断裂现象。

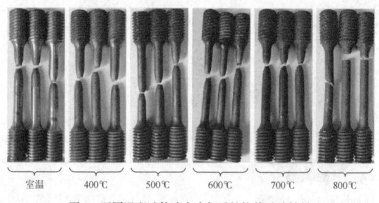

图4 不同温度试件喷水冷却后的拉伸试验结果

图5为喷水冷却工况下井口材料经数据处理后的应力应变曲线，以及弹性模量($E$)、屈服强度($\sigma_{0.2}$)的变化情况。由图5可知当试件温度小于700℃，喷水冷却后试件存在屈服平台；而在试件温度大于700℃时，情况相反。相同应变条件下，温度为400~700℃的试件，喷水冷却后试件应力值小于室温下材料的应力值；其中温度为400~600℃试件，喷水冷却后试件应力值相差较小。对于温度为800℃的试件，相同应变条件下，在应变值较小时，喷水冷却后的试件应力值小于其他温度下试件的应力值，但随应变增加，其应力值逐渐大于其他温度试件喷水冷却后的应力值，且大于室温试件的应力值。由图5可知，随试件温度的增加，喷水冷却后试件材料的弹性模量在一定范围内波动没有明显的规律性，波动范围在20%以内；温度为500℃和600℃的试件喷水冷却后材料弹性模量分别达到最小值和最大值。由图5可知，随试件温度从室温增加到500℃，喷水冷却后井口材料屈服强度逐渐降低，试件温度为600℃时出现小范围上升，而后随试件温度的增加，喷水冷却后井口材料屈服强度逐渐降低。

### 2.2 喷水冷却后井口剩余强度计算

井口是井控压井的关键装置。正常工作条件下，井口承受的主要载荷为井口顶部装置的重力和套管悬挂载荷。顶部载荷主要来自井口防喷器的重力；防喷器的重量在20~100t；本文井口头上端面的有效承载面积估算为0.45m²（井口上端面的外径850mm，内径380mm，并去掉螺栓孔的面积）[26-27]。通过折算防喷器的重力在井口上端面产生的最大

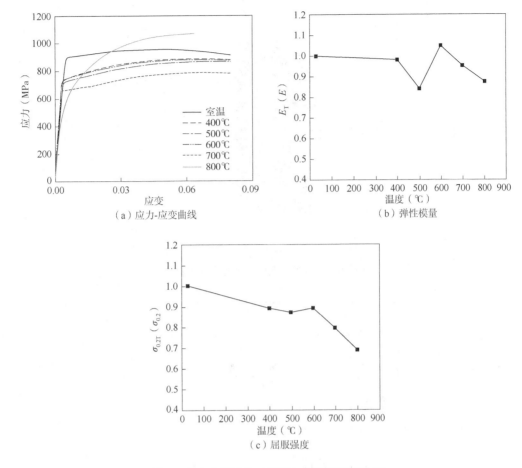

（a）应力-应变曲线　　　　　　　　（b）弹性模量

（c）屈服强度

图5　喷水冷却后井口材料力学性能实验数据

压力在3MPa以内。3MPa的顶部载荷远远小于井口极限承载能力。在本节剩余强度计算中井口顶部载荷取极限工况为3MPa。本文主要讨论不同喷水冷却温度下井口悬挂套管位置的极限承载能力。其中，极限承载力的判据为在该载荷作用下井口结构应力达到材料的屈服应力[28]；材料屈服应力通过上一节中喷水冷却后井口材料的力学性能试验获取。基于ABAQUS建立喷水冷却后井口剩余强度计算模型，分析不同喷水冷却温度下井口剩余强度变化规律。

　　由于井口模型为对称模型，取井口的1/4对称模型，如图6所示。采用C3D8R单元对模型进行网格划分；经过网格敏感性分析，模型合理的网格数为76800左右。模型的边界条件和载荷如图6所示：在井口顶部施加压力载荷；在井口悬挂套管位置施加套管悬挂载荷；井口底部施加固支约束；在两个侧面施加关于X和Y的对称约束。在不同喷水冷却温度条件下，井口达到屈服应力时悬挂套管位置的极限载荷以及产生极限载荷所对应的套管悬重的变化规律如图7所示。由图7可知，随井口温度增加，喷水冷却后井口达到屈服应力时套管悬挂位置的极限载荷以及对应的极限套管重力载荷，先降低后出现小幅增加后继续降低；与室温下（20℃）井口的极限载荷相比，井口温度从20℃增加到800℃，喷水冷却后井口悬挂位置的极限承载压力降低32%。

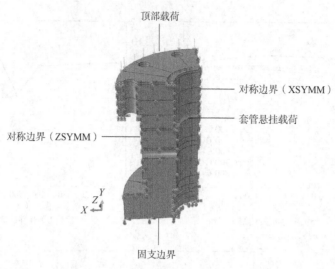

图 6　井口极限强度计算有限元模型

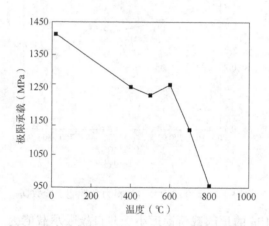

图 7　喷水冷却温度后井口悬挂位置的极限承载力

## 3　结论

（1）在本文研究范围内，喷水冷却后井口极限承载力相较于其常温下极限承载力最高降低 32%。

（2）未清障井喷火灾下，井口外表面温度最高，且位置离井口外表面越远温度越低；井口密封橡胶位置的温度会达到橡胶分解和失效温度。

（3）喷水冷却前试件温度对井口试件材料的各项力学性能参数影响复杂，各项力学参数不会随喷水冷却前试件温度线性变化。

### 参　考　文　献

[1] 段进涛, 史旦达, 汪金辉, 等. 火灾环境下钢结构响应行为的 FDS-ABAQUS 热力耦合方法研究[J]. 工程力学, 2017, 34(2): 197-206.

[2] 卢孟超. 火灾全过程作用下中空夹层钢管混凝土的耐火极限研究[D]. 沈阳: 沈阳大学, 2021.

[3] 漆雅庆. 火灾下钢筋混凝土构件的非线性有限元分析研究[D]. 南京: 华南理工大学, 2011.

［4］ 于俊鹏．不同受火工况下钢筋混凝土连续梁抗剪性能研究［D］．唐山：华北理工大学，2019．

［5］ 曹旭祥，颜廷俊，李鹏鹏，等．热采井口装置材料 30CrMo 的拉伸及蠕变性能研究［J］．机械工程学报，2020，56(22)：112-119．

［6］ 马颖慧．钢筋混凝土连续梁火灾下抗剪性能研究［D］．唐山：华北理工大学，2018．

［7］ 侍雁翔，刘峰．井喷失火工况下钻井四通温度场分析［J］．石化技术，2019，26(6)：127-128．

［8］ 张喜庆．热采井口装置全尺寸热-流-固强度计算及安全评定［J］．石油矿场机械，2019，48(3)：12-18．

［9］ 周宁，恽曙斌，李雪，等．池火灾环境下石化管廊管道热响应规律数值模拟［J］．工业安全与环保，2023，49(3)：1-6．

［10］ Foroughi V，Palacios A，Barraza C，et al. Thermal effects of a sonic jet fire impingement on a pipe［J］. Journal of Loss Prevention in the Process Industries，2021，71：104449．

［11］ Fan S，Ding X，Sun W，et al. Experimental investigation on fire resistance of stainless steel columns with square hollowsection［J］. Thin-Walled Structures，2016，98：196-211．

［12］ Tondini N，Rossi B，Franssen J M. Experimental investigation on ferritic stainless steel columns in fire ［J］. Fire Safety Journal，2013，62：238-248．

［13］ Rodrigues J P C，Laím L. Comparing fire behaviour of restrained hollow stainless steel with carbon steel columns［J］. Journal of Constructional Steel Research，2019，153：449-458．

［14］ 何冰冰．Q550 高强钢轴心受压矩形柱抗火性能研究［D］．南京：东南大学，2018．

［15］ 孙文隽．带约束偏心受压不锈钢柱抗火性能研究［D］．南京：东南大学，2016．

［16］ 李泽宁．带约束轴心受压不锈钢柱抗火性能试验研究［D］．南京：东南大学，2015．

［17］ 张艳红．约束 Q960 钢梁火灾响应试验研究［D］．重庆：重庆大学，2022．

［18］ 葛勇．约束高强度 Q460 钢柱抗火性能研究［D］．重庆：重庆大学，2012．

［19］ 夏月．轴向约束高强度 Q690 钢柱抗火性能研究［D］．重庆：重庆大学，2018．

［20］ 吕晓．钢管高强混凝土轴心受压短柱火灾后剩余承载力分析及试验研究［D］．南京：东南大学，2018．

［21］ 王岚，管庆松，刘红波．隔震橡胶支座用橡胶高温后力学性能试验研究［J］．工业建筑，2019(8)：7．

［22］ 周雅萍．建筑隔震橡胶支座耐火性能试验研究［D］．南京：东南大学，2015．

［23］ 方庆红．纤维增强橡胶在不同温度条件下的力学性能研究［D］．沈阳：东北大学，2006．

［24］ 宋超杰，张岗，秦智源，等．钢板组合连续桥梁的耐火极限［J］．长安大学学报(自然科学版)，2019，39(6)：89-98．

［25］ Coetzee N. Heat transfer coefficients of smooth tubes in the turbulent flow regime［D］. Pretoria：University of Pretoria，2015．

［26］ 刘洋，练章华，张杰，等．大通径芯轴式悬挂器金属密封结构研究［J］．润滑与密封，2022，47(4)：124-131．

［27］ 王峰．芯轴式套管悬挂器密封结构及其力学行为研究［D］．成都：西南石油大学，2019．

［28］ 樊恒．三超气井套管强度与安全可靠性研究［D］．青岛：中国石油大学(华东)，2016．

# 四、钻井液及堵漏技术

# 基于倒频谱分析瞬态压力波的井漏检测方法

朱忠喜　刘　宏

（长江大学石油工程学院）

**摘　要**　在石油钻井过程中，井漏可能导致经济损失和环境污染。为此提出一种基于倒频谱分析瞬态压力波的井漏检测方法。通过分析瞬态压力波在井筒中的传播规律，根据压力波信号的特征峰值的时间量纲和幅度变化来识别钻井液的漏失位置和漏失量信息。实验表明，使用 CEEMDAN-WT-CCF-HJS 的信号去噪能有效抑制噪声；漏失时，倒频谱分析能明显显示反射波特征峰值，定位漏失位置，并反映漏失量。实验误差在 2.25%~9.10%，为现场井漏检测提供理论支持和技术指导。

**关键词**　井漏定位；漏失量；瞬态压力波；倒频谱；CEEMDAN 算法

近年来，科研学者专注于钻井工程中防漏堵漏领域，快速准确地定位漏失层是钻井堵漏的关键技术[1-2]。本文通过实验模拟和验证，提出一种在保持钻井液循环的情况下，利用倒频谱分析瞬态压力波的信号特征变化来确定漏失位置的新方法。通过搭建室内井漏检测设备，进行了信号采集、处理、分析，验证该方法的有效性。研究结果为现场井漏检测提供了理论支持和技术指导。

## 1　方法和数学模型

### 1.1　环空系统中瞬态压力波传递模型

图1模拟了井漏情况下瞬态压力波在环空系统的传播过程。不考虑井筒损耗（无损模型），且假设套管参数与频率无关。上游节点和下游节点限定了整个井筒环空系统，其坐标分别为 $y^U$ 和 $y^D$，且 $y^U=0$，$y^D=y$。在下游附近设置一个阀门，阀门前布置压力传感器，其坐标为 $y^M$。假设单个漏失点的坐标为 $y^K(y^K<y^M)$，$Q_0^K$ 和 $H_0^K$ 分别表示漏失区的稳态流量和水头损失。

传递矩阵法在解决临时管道流动问题上表现出了显著的有效性。因此，在环空系统中压力传感器测量点 $y^M$ 处的流量 $q$ 和水头 $h$ 可用一维管道传递矩阵[3]表示为

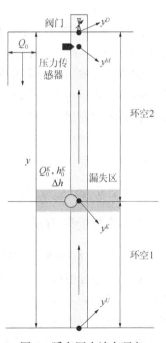

图1　瞬态压力波在环空系统的传播过程

---

【第一作者简介】朱忠喜，长江大学石油工程学院。

$$\begin{bmatrix} q(y^M) \\ h(y^M) \end{bmatrix} = M^{NK}(y^M - y^K)$$

$$\begin{pmatrix} 1 & 0 \\ -\dfrac{2\,H_0^K}{Q_0^K} & 1 \end{pmatrix} M^{NK}(y^K) \begin{bmatrix} q(y^U) \\ h(y^U) \end{bmatrix} \tag{1}$$

其中

$$M^{NK}(y) = \begin{bmatrix} \cosh(\mu y) & -\dfrac{1}{Z}\sinh(\mu y) \\ -Z\sinh(\mu y) & \cosh(\mu y) \end{bmatrix} \tag{2}$$

式中，上标 $NK$ 代表无漏失；$Z = \mu\,\alpha^2/(i\omega g A)$ 为特征阻抗；$\mu = \alpha^{-1}\sqrt{-\omega^2 + ig A\omega R}$ 为传播函数；$\alpha$ 为压力波速；$A$ 为环空横截面积；$R = (f Q_0)/(g D A^2)$ 为单位长度上的线性化阻力；$f$ 为 Darcy-Weisbach 摩擦系数；$Q_0$ 为环空系统中的稳态流量；$D$ 为环空内径。

### 1.2 基于倒频谱分析瞬态压力波的井漏检测方法

倒频谱通常被定义为信号的傅里叶变换的对数的傅里叶变换，因而具有时间量纲[4]。在分析管道系统内的压力瞬变过程时，可以利用带有管道泄漏等特征产生的反射波来精确定位泄漏点位置。假设压力传感器接收的时域信号为 $y(t)$，则复倒频谱可以定义为[4]

$$C_Y(t) = F^{-1}\left[\log Y(f)\right] \tag{3}$$

式中，$t$ 为倒频率，表示倒频谱中的时间量纲，单位为 s。在倒频谱中呈现出倒频率为 $t_0$ 的谱线，对应其频率值为 $f_0 = 1/t_0$。

倒频谱的输出是一系列峰值，每一个峰值都发生在信号与之前的信号相匹配时。因此，在分析井筒环空系统漏失时，可以根据峰值的时间量纲 $\Delta t$ 对应于瞬态压力波从阀门到达环空特征并再次返回的行进时间来确定漏失位置，公式如下：

$$y^R = \alpha\,\frac{\Delta t}{2} \tag{4}$$

式中，$\alpha$ 为压力波速；$y^R$ 为主要的环空特征，即漏失位置和环空底部。

## 2 数据处理方法

### 2.1 CEEMDAN 算法的原理

经验模态分解（EMD）、集合经验模态分解（EEMD）算法是目前许多研究者采用的去噪方法[5]。然而两者存在严重的模态混叠和残余噪声转移问题，Torres 等在两者的基础上提出了一种自适应噪声完备集合经验模态分解（CEEMDAN）[6]。该算法分解从两个方面解决了上述问题：（1）在每阶 IMF 分解阶段添加自适应白噪声，而不是直接在原始信号中加入不同幅值的高斯白噪声信号；（2）CEEMDAN 是 EMD 对所有添加了自适应白噪声的信号分解得到第一个 IMF 后进行整体平均计算，作为最终的第一个 IMF，然后对剩余部分重复上述操作，有效解决了模态混叠和残余噪声转移的问题。CEEMDAN 对信号低频特征敏感，适合于处理具有包含在低频特性中的有用信息的压力波信号。

## 2.2 小波阈值去噪原理

Donoho 提出了小波阈值，该方法基于小波变换的信号去噪方法[7]。有效信号和噪声信号在小波系数上表现出不同的特征，因此可以通过选择合适的阈值来提取有效信号并抑制噪声。

小波阈值去噪的另一个关键问题是阈值函数的选取。软阈值函数中 $\hat{W_j}$ 总是连续，使重构信号波形相对平滑，而且可以更好地保留信号的小波系数[8]。因此，本文中选择小波软阈值对压力波信号经过 CEEMDAN 分解生成的 IMFs 进行去噪。

### 2.3 IMFs 的选择原则

相关系数可以显示去噪后的 IMFs 与原始信号之间的相关性，其值范围从-1 到 1。相关系数的绝对值数越大，表明去噪后的 IMFs 与原始压力波信号的相关性越高[9]。此外，本文也引入了 Hilbert 变换来评估去噪后的 IMFs 的信号特征显著性[10]。

### 2.4 信号去噪流程

本文提出了一种基于 CEEMDAN-WT-CCF-HJS 的信号去噪方法，用于处理实验中压力传感器所采集的非平稳信号。首先对实验采集到的原始压力波信号进行 CEEMDAN 分解以获得 IMFs。其次从高阶到低阶对每阶 IMF 采用小波软阈值（WT）去噪，根据相关系数法（CCF）和希尔伯特联合谱（HJS）来评估去噪后的 IMFs 信号特征显著性，并选择出有效 IMFs。最后利用选择出的有效 IMFs 重构原始信号以达到信号去噪的目的。该信号去噪方法过程如图 2 所示。

图 2　基于 CEEMDAN-WT-CCF-HJS 的信号去噪流程

## 3　实验研究与结果分析

### 3.1　实验设备

本文采用了如图 3 所示的井漏检测设备进行相关实验。通过激发器在激励阀门处产生压力波，数据采集设备能够捕获并记录压力波信号从激发到再次返回传感器所携带的井漏信息数据。

图 3　实验设备示意图

### 3.2 数据处理过程

#### 3.2.1 压力波信号的分解

将采集的压力波信号数据导入 MATLAB 后，对其采用 CEEMDAN 模态分解方法。该算法的分解结果如图 4 所示。

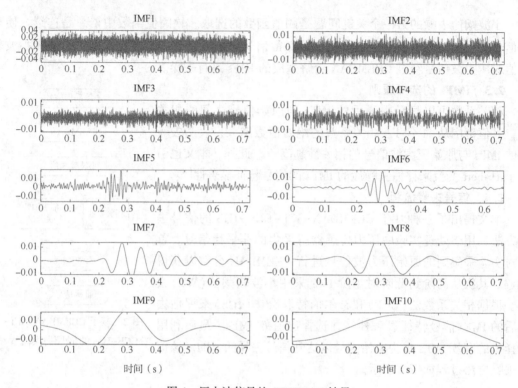

图 4 压力波信号的 CEEMDAN 结果

#### 3.2.2 小波阈值去噪与 IMFs 的选择

如图 5 所示为利用小波软阈值对 IMFs 去噪的前后效果对比。从该图中可以看出，$IMF_1$-$IMF_5$经过小波阈值处理后，去噪效果尤为明显。表 1 为对比结果，其中$c_k(t)$和$c_i(t)$分别为小波阈值去噪前后的 IMFs，经过处理后的 IMFs 与原始信号的相关程度提升明显。相关系数的绝对值数越大，表明 IMFs 分量与原始压力波信号的相关性越高。因此可以初步确定去噪后的 $IMF_5$-$IMF_{10}$与原始信号有关，为有效成分。$IMF_1$-$IMF_4$为噪声成分。

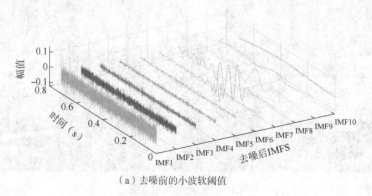

（a）去噪前的小波软阈值

图 5 IMFs 比较

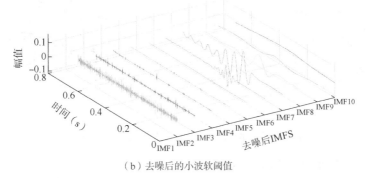

（b）去噪后的小波软阈值

图 5　IMFs 比较(续)

此外本研究中还引用了 Hilbert 变换来评估每阶 IMF 的信号特征显著性。如图 6 所示，去噪后的 $IMF_1$-$IMF_4$ 中的信号特征基本湮没在噪声中，无法从中提取到信号特征。相反，去噪后的 $IMF_5$-$IMF_{10}$ 中信号特征的频率和能量在时间尺度上的分布规律较为清晰，信号特征和噪声区分明显，所以该分解信号属于有效成分。最后，选择为有效成分的 IMFs 重构压力波信号以达到信号去噪的目的。

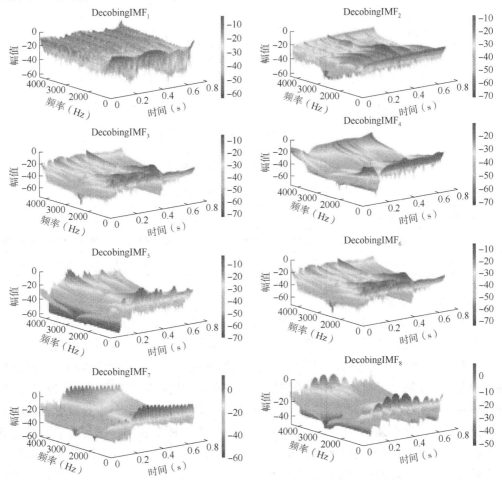

图 6　去噪后的 IMF1-10 的三维希尔伯特联合

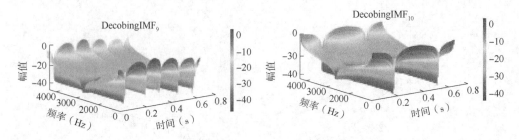

图 6　去噪后的 IMF1~10 的三维希尔伯特联合(续)

### 3.2.3　压力波信号的重构及对比

图 7 分别展示了三种算法的去噪 IMFs 重构的压力波信号。与原始信号对比可以看出，基于 EMD、EEMD 和 CEEMDAN 的三种算法都可以有效抑制干扰噪声。具体而言，CEEMDAN 重构的信号去噪效果最佳，重估信号的精度最高，EEMD 次之，EMD 重构的信号中仍存有少量噪声，信号质量略差。

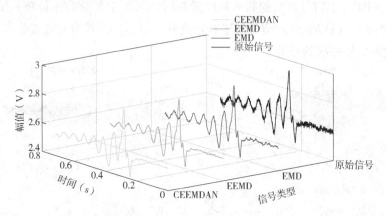

图 7　各类算法重对比构信号效果

表 1　$c_k(t)$，$c_i(t)$ 与原始信号的相关系数

| CCF$_{c(t)}$ | IMF$_1$ | IMF$_2$ | IMF$_3$ | IMF$_4$ | IMF$_5$ | IMF$_6$ | IMF$_7$ | IMF$_8$ | IMF$_9$ | IMF$_{10}$ |
|---|---|---|---|---|---|---|---|---|---|---|
| $c_k(t)$ | 0.0043 | 0.0082 | 0.0113 | 0.0248 | 0.1661 | 0.4842 | 0.8199 | 0.5779 | 0.391 | 0.2077 |
| $c_i(t)$ | 0.0163 | 0.0229 | 0.0301 | 0.0427 | 0.2075 | 0.5085 | 0.8969 | 0.6580 | 0.4899 | 0.3081 |

### 3.2.4　实验结果和讨论

图 8 为井筒在无漏失情况下的倒频谱分析结果，从中可以看出，在井筒环空系统中，存在一个主要反射波的特征峰值，即环空底部。这是由于在环空底部不存在漏失，压力波 $\Delta H$ 沿井筒环空垂直向下传播且经过多次反射、折射效应后，波的能量非常集中，特征峰值的幅度较大。图 9 展示了在井筒环空的漏失阀 A 处存在漏失量为环空平均稳态流量的 5% 的倒频谱分析结果。在发生漏失情况下，井筒环空系统中增加了另一个主要反射波的特征峰值，即漏失位置。这个漏失特征峰值的时间量纲明显小于环空底部，这是由于当压力波到达漏失区时，部分波 $\partial H$ 被反射回来，而另一部分波 $\Delta H-\partial H$ 将继续沿着井筒环空向下传播。在这个过程中，由于波的反射延时，漏失特征的出现时间会早于环空底部，并且特征峰值的幅度也会由于波的能量损失而发生减小。进一步实验，将井筒环空的漏失阀 A 处的漏失

量从 5% 增加到 10%，其余实验条件保持不变，实验结果如图 10 所示，较大的漏失量导致了漏失特征峰值的幅度增加。这是随着漏失量的上升，使得环空系统中的流体在漏失区域表现出更为显著的不连续性，从而激发了更强烈的压力波信号振动。因此，在漏失区波的能量更为集中，在图中呈现为特征峰值幅度的明显增加。

　　针对井筒环空系统中不同位置的井漏检测进行实验，将井筒环空的漏失位置从漏失阀 A 处调整到漏失阀 B 处，然后分别对该处发生漏失量为 5% 和 10% 的情况进行了实验，漏失特征峰值的时间量纲从 1.93ms 偏移到了 2.91ms，对于不同的漏失位置，可以根据其时间量纲和公式(4)进行定位和识别。此外，对于漏失阀 B 处倒频谱中特征峰值的幅值也会随漏失量增大而增大，符合实验理论。实验误差结果如图 11 所示，该方法定位漏失位置的误差在 5.46%~8.67%，在实验合理范围内。

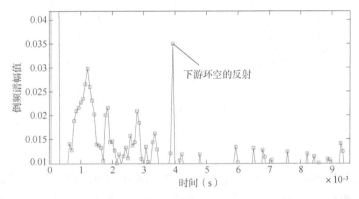

图 8　无漏失情况下的倒频谱分析

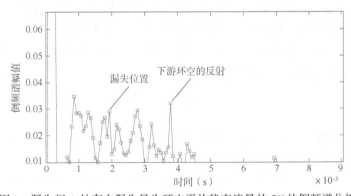

图 9　漏失阀 A 处存在漏失量为环空平均稳态流量的 5% 的倒频谱分析

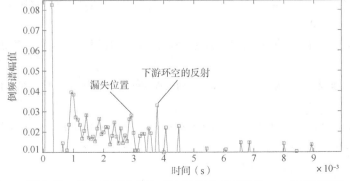

图 10　漏失阀 A 处存在漏失量为环空平均稳态流量的 10% 的倒频谱分析

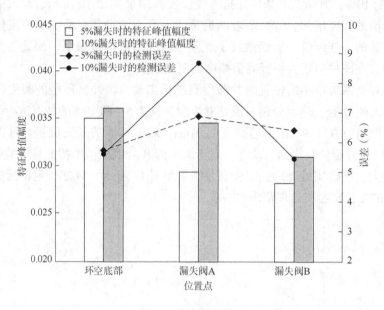

图 11　实验误差结果

## 4　结论

本文基于倒频谱分析深入探讨了钻井工程中检测井漏与定位漏层的方法。引入了一种基于 CEEMDAN-WT-CCF-HJS 的信号去噪方法，成功实现了对压力波信号的有效去噪。在井漏发生时，倒频谱分析清晰展示了漏失位置和环空底部的反射波特征峰值。通过分析漏失特征峰值的时间量纲和幅值变化，可识别漏失位置和漏失量信息。实验证明，该方法对不同条件下的井漏具有可靠性和有效性，误差控制在 2.25% ~ 9.10%。该研究为石油钻井现场井漏检测提供了理论支持和技术指导。

### 参　考　文　献

[1] 邓虎，范黎明，许期聪. 多工艺反循环钻井技术发展现状与展望[J]. 钻采工艺，2024，47(1)：60-72.

[2] HE C, SHIBO Y, ZHIXIU W, et al. A New Plugging Technology and Its Application for the Extensively Collapsed Ore Pass in the Non-Empty Condition[J]. Energies, 2018, 11(6)：1599-1599.

[3] 张嘉伟，胡昊灏，黄一帆，等. 基于传递矩阵法的声学覆盖层透射系数预报研究[J]. 噪声与振动控制，2024，44(1)：80-85.

[4] 何正嘉，张涵埒，屈梁生. 倒频谱原理及其在噪声分析中的应用[J]. 噪声与振动控制，1983，(6)：7-12.

[5] 张烨，田雯，刘盛鹏. 基于集合经验模式分解的火灾时间序列预测[J]. 计算机工程，2012，38(24)：152-155.

[6] ANNEH, PIERRE A, GUILLAUME M. Analysis of laser speckle contrast images variability using a novel empirical mode decomposition：comparison of results with laser Doppler flowmetry signals variability. [J]. IEEE transactions on medical imaging, 2015, 34(2)：618-27.

[7] Wallich P，王玉平. 一种正激起波澜的分析技术：小波理论[J]. 世界科学，1992(8)：2, 17.

［8］徐景秀，张青．改进小波软阈值函数在图像去噪中的研究应用［J］．计算机工程与科学，2022，44（1）：92-101.

［9］BERTOLO A，VALIDO E，STOYANOV J. Optimized bacterial community characterization through full-length 16S rRNA gene sequencing utilizing MinION nanopore technology.［J］. BMC microbiology，2024，24（1）：58-58.

［10］VISHVESH K，SWARUP S M. $L_2-1p$；estimates and Hilbert-Schmidt pseudo differential operators on the Heisenberg motion group［J］. Applicable Analysis，2023，102（13）：3533-3548.

# 阵列式超声多普勒测漏仪研制与应用

曾敏偲 蔡 强 冯思恒

(中国石油集团川庆钻探工程有限公司钻采工程技术研究院)

**摘 要** 准确监测及定位钻井过程中钻井液漏失是指导现场堵漏的关键基础，漏点精准定位对于指导精准封堵、降低钻井风险、节省钻井成本及提升施工效率具有极其重要的意义。本文在对比分析现有钻井过程钻井液漏点定位监测方法技术的基础上，基于超声多普勒原理研制了一种三探头阵列式超声多普勒漏点监测仪，并通过优化探头布局方式，有效消除了钻井过程滤饼吸附、井眼不规则等因素影响，获取了较为准确的环空钻井液流速信号。通过对探头监测信号进行有效处理，实验标定建立钻井液流速与监测信号间的相关关系，实现了钻井过程中钻井液流速的准确监测。将本文研制的监测短节应用于实际模拟井和实际井中钻井液流速检测，实际应用表明该方法可以有效获取钻进过程钻杆与井眼环空间钻井液速度信息，最低钻井液流速识别可达到 0.019m/s，实际应用效果较好，为准确定位钻井液漏点提供了有效的解决方案。

**关键词** 钻井；钻井液漏失；超声多普勒；漏点定位

井漏是钻井过程中经常遇见的一种复杂事故，井漏的出现会大大影响油气井的钻井效率，不仅浪费大量有效钻进时间，损失钻井液，引起井塌、卡钻等事故，严重的甚至会导致井眼报废，造成巨大的经济损失和安全隐患[1-2]。以川渝地区为例，据初步统计 2015—2019 年川渝地区钻井作业中共漏失钻井液 $36.46×10^4m^3$，损失 1473 天，消耗堵漏材料 10750t 以上(不含水泥)，平均每年井漏造成直接经济损失 1.5 亿元以上。目前，井漏的有效处置手段为精准的漏点封堵[3-5]，受多种井漏影响因素干扰[6-8]，实际地层漏点堵漏一次成功率较低，川渝地区现阶段堵漏成功率多低于 50%，漏点定位成为制约精确堵漏的关键因素之一，因此亟须建立一种及时高效的随钻漏点定位监测仪器和定位方法，为井漏的科学治理提供技术支撑。

目前，现场采用的井漏漏点定位监测技术主要包含直接法和间接法两类。直接法是借助流量监测技术来直观实现井下不同深度位置钻井液流速的监测，通过漏点位置上下流速变化来实现漏点的准确定位，常采用的钻井液流量监测方法包含电磁流量计[9]、超声流量计[10-12]等。受钻井液性质影响，现有的电磁流量计通常仅适用于水基钻井液条件，对油基

【基金项目】中国石油集团川庆钻探工程有限公司科技项目"漏失层位监测与评价系统研究"(编号：CQXN-2020-12)

【第一作者简介】曾敏偲，1990 年生，工程师，本科生，毕业于西南石油大学安全工程专业，长期从事定向井随钻测量、复杂超深井安全快速钻井等方面的研究和技术服务工作。地址：四川省德阳市广汉市中山大道南二段 88 号。电话：18708114225。E-mail：zenms@cnpc.com.cn。

钻井液不能获取有效的监测信号；超声流量计通过与钻井液流速方向平行的对向探头交替发射和接受超声波实现钻井液流速检测，这种布局方式在实际应用中极易粘附滤饼。间接法是通过监测得到井筒钻井液的各类信息，进而间接反映井筒钻井液漏失情况，主要采用的技术包括钻井液池液位法、出入口流量法[13-15]、温度—压力检测法[16-19]、液面检测法[20]、同位素示踪法[22]、测井资料识别法[23-24]、综合录井技术[25-26]和多信息融合的智能监测方法[27-28]等。总体来说，间接法漏点定位技术精度还有待进一步提升。

为了克服现有钻井过程钻井液漏失监测方法的不足，本文在对比分析现有监测技术原理的基础上，考虑钻井过程钻井液循环粘污等因素的影响，研制了一种阵列式超声多普勒检漏仪，采用阵列探头布局克服了单一探头监测带来的局限，通过监测超声多普勒信号得到钻杆与井眼环空钻井液流速，并采用 MWD 信号传输，实时反映环空钻井液动态，为钻井过程漏点定位提供了一种可行的解决方案。

## 1 阵列超声多普勒测漏仪研制

### 1.1 阵列超声多普勒测漏仪监测原理

阵列超声多普勒检漏仪是基于声学多普勒效应建立的，由发射端探头（T）和接收端探头（R）组成，发射端和接收端对称布置。其核心原理是当钻井液与超声多普勒探头之间具有相对运动时，流体流动的方向和流速大小将改变从发射端发出的声波频率，接受探头 R 监测到的声波频率相较于发射探头 R 发射的频率发生改变，这种由于发射与接收端之间的相对运动造成的声波频率的改变现象即为多普勒效应（图 1）。

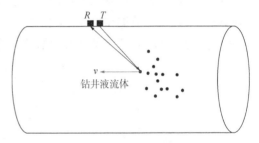

图 1 超声多普勒流量测量原理

发射端发出超声信号后，探头接收到的声波频率信号为

$$f_2 = \frac{c + v \cdot \cos\theta}{c - v \cdot \cos\theta} \cdot f_1 \tag{1}$$

由于 $c \gg v \cdot \cos\theta$，则频率之差表示为

$$\Delta f = |f_1 - f_2| = \frac{2v \cdot \cos\theta}{c} \cdot f_1 \tag{2}$$

则钻井液流速与多普勒频移关系表示为[29]，

$$v = \frac{c}{2\cos\theta} \cdot \frac{\Delta f}{f_1} \tag{3}$$

式中，$v$ 为钻井液流速，m/s；$c$ 为钻井液介质中超声波传播速度，m/s；$\theta$ 为探头安装方向与流体流动方向之间的夹角，（°）；$\Delta f$ 为多普勒频移频率，Hz；$f_1$ 为激励信号频率，Hz；$f_2$ 为接收信号频率，Hz。

基于上述超声多普勒流速测量原理，在实际仪器设计过程中，仪器与井壁之间的环空并不是均匀的环形空间，考虑随钻过程井眼结构的不规则差异及高密度低流速流量监测影响，为减小井径变化对流速检测影响，设计采用 3 个多普勒探头阵列布局以实现环空流速信号监测，监测仪器结构示意图和实物图如图 2 所示。

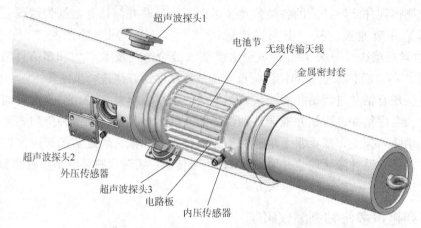

图 2　钻井液漏失监测仪短节结构示意图

### 1.2　阵列流速信号处理

阵列超声多普勒检漏仪采用同一深度 3 个完全相同的探头阵列分布组成，因此，下井监测过程中，仪器监测得到 3 组频谱信号，对于其中任一探头，模拟 8.5in 井眼实验环境，采用密度为 $1.75g/cm^3$ 水基钻井液监测得到不同流量条件下响应信号如图 3 所示。

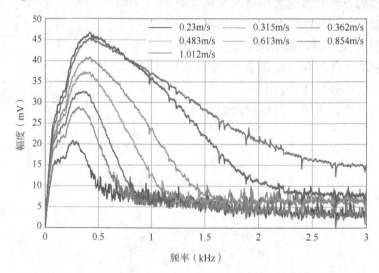

图 3　超声多普勒流速探头监测不同流量条件下响应频谱图

从图 3 中可以看出，随着钻井液流速增加，对应频谱信号幅度增加明显，频谱信号响应区间增大。结合谱峰形状和峰值采用相对阈值算法对谱信号进行处理，并与实验室标定后电磁流量计监测流速信号进行对比（图 4），发现采用相对阈值算法处理得到的多普勒频移信号与电磁流量计监测信号变化趋势一致性较好，能够较为清晰反映钻杆与井眼环空钻井液流速。

基于环状阵列分布 3 个超声多普勒探头结构，对检测到的频移信号进行加权平均处理，得到的频移信号用于代表该深度点流速信号。再通过地面模拟装置实验标定，可建立流速与信号幅度的函数关系，进而可实现井眼环空钻井液流速的监测。

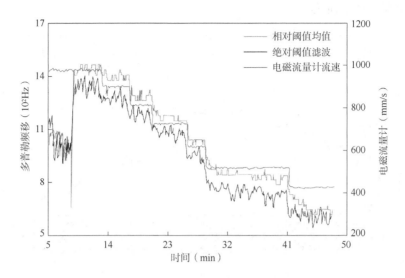

图4　不同流量条件信号处理对比效果

### 1.3　环空流速计算

钻井液漏失监测过程中，钻井液多是在仪器与套管间环形空间内流动，由于环空特殊的几何结构，层流和紊流时速度剖面多为抛物线型，与井筒内不存在仪器时速度最大值处于流管中心位置不同，环空内速度剖面速度最大值位置是变化的。对于环空内层流，流体速度平均值与速度最大值之间的关系表示为

$$
\begin{aligned}
C_v &= \cfrac{\cfrac{(\varPhi_0 - \varPhi_\mathrm{L}) \cdot r_\mathrm{o}^2}{8\mu L} \cdot \left[\cfrac{1-F_\mathrm{d}^4}{1-F_\mathrm{d}^2} - \cfrac{1-F_\mathrm{d}^2}{\ln(1/F_\mathrm{d})}\right]}{\cfrac{(\varPhi_0 - \varPhi_\mathrm{L}) \cdot r_\mathrm{o}^2}{4\mu L} \cdot \left\{1 - \left[\cfrac{1-F_\mathrm{d}^2}{2\ln(1/F_\mathrm{d})}\right] \times \left[1 - \ln\left(\cfrac{1-F_\mathrm{d}^2}{2\ln(1/F_\mathrm{d})}\right)\right]\right\}} \\[2mm]
&= 2 \cdot \cfrac{\left[\cfrac{1-F_\mathrm{d}^4}{1-F_\mathrm{d}^2} - \cfrac{1-F_\mathrm{d}^2}{\ln(1/F_\mathrm{d})}\right]}{\left\{1 - \left[\cfrac{1-F_\mathrm{d}^2}{2\ln(1/F_\mathrm{d})}\right] \times \left[1 - \ln\left(\cfrac{1-F_\mathrm{d}^2}{2\ln(1/F_\mathrm{d})}\right)\right]\right\}}
\end{aligned}
\tag{4}
$$

式中，$F_\mathrm{d}$ 为仪器外径与套管内径比值。层流条件下环空流体速度平均值与最大值之比表现为钻杆外径与套管内径比值 $F_\mathrm{d}$ 的函数，主要分布在 0.65～0.67。对于环空内紊流，基于实验数据总结，得到环空内紊流条件下 $v_\mathrm{m,an}/v_\mathrm{max,an}$ 近似等于 0.88。受超声多普勒探头探测深度和扩径缩径影响，环空宽度 $\phi$ 小于 20mm 时，监测流速可反映环空平均流速；$\phi$ 大于等于 20mm 时，平均流速＝监测流速×校正系数 $C_v$。

基于研制的测试短节，在实验井 Z1 中完成不同钻井液流量循环条件模拟实验。Z1 井完钻层位为天马山组，深井完钻层位为天马山组，垂深 620m，下入 $\phi$244.5mm（套管钢级 P110、壁厚 11.05mm）至井深 615.66m 处固井。通过将测试短节连接钻杆下至井底静止，分别开展钻井液循环速度为 0.019m/s、0.042m/s、0.081m/s、0.129m/s、0.211m/s、0.259m/s、0.0302m/s、0.34m/s 条件下监测实验，录取监测整个实验过程中监测短节信号响应，实验结果如图5所示。

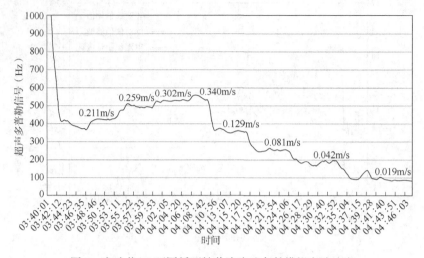

图5 实验井 Z1 不同循环钻井液流速条件模拟实验响应

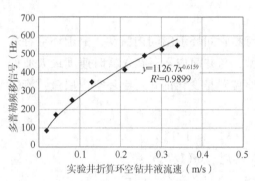

图6 试验井监测钻井液流速与
超声多普勒频移信号关系

通过对不同流速条件稳定频移信号进行处理，得到对应流速条件频移信号特征值，则与流速关系如图6所示。图中可以清晰看出，环空钻井液流速与超声多普勒信号间存在较好正相关关系，模拟实验监测最低流速为 0.019m/s，仍可监测到清晰的多普勒信号，表明该短节可满足 0.019m/s 钻井液流速检测，识别漏点精度高。

## 2 实例应用

XT1 井位于宁夏回族自治区灵武市白土岗乡，工区地处银川平原的东南边缘，属典型的草原荒漠地貌，地面海拔 1300m 左右。该井设计井身 4955m，为 3 开结构，目的层为克里摩里组。钻进过程中根据地面钻井液动态变化判定井下存在钻井液漏失现象，根据 XT1 井地质特征预估的可能漏失井段，确定本次测漏试验井段为 2600~2700m，3000~3224m。

(1) 2600~2700m 段测试及分析(图7)：井口逐渐下钻至井下 2645.63m，下放过程中每柱钻井液流速信号逐渐归于零点，中途静止时钻井液流速信号完全趋于零点。下至 2645.63m，为测得漏失点，采用小排量循环测量，以 6.89L/s 排量分别在 2645.63m、2671.16m 和 2698.53m 定点连续测量 5min；如图 7 所示，测得流速基本一致，结合 3 次循环测量后钻井液液面无变化钻井液无损耗，得出该井段无漏失，且井底漏点被堵漏材料覆盖也未发生漏失。

(2) 3000~3224m 段测试分析(图8)：下钻至井深 3046m 逐渐增大钻井液循环排量，保持钻井液流量 22.06L/s 循环测量 5min，通过钻井液返出损耗计算出此时漏失速度 6m³/h 后，分别在井下 3079.3m 和 3224m 以 22.06L/s 排量停钻循环测量 5min。从测量数据综合对比可以看出(图8)，井下 3224m 时 22.06L/s 循环钻井液监测流速信号与 3079.3m 时

22.06L/s 流量循环钻井液监测流速信号趋于一致,但明显高于3046m时22.06L/s循环钻井液监测流速信号,表明循环钻井液过程3079.3~3224m间不存在漏点,3046~3079.3m存在漏点,建议进行封堵作业。

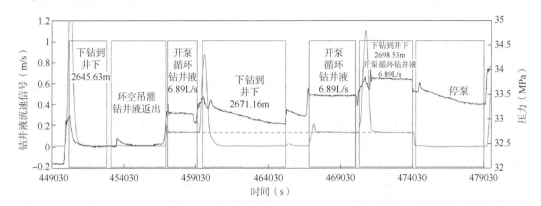

图7 预估漏失井段2600~2700m试验数据图

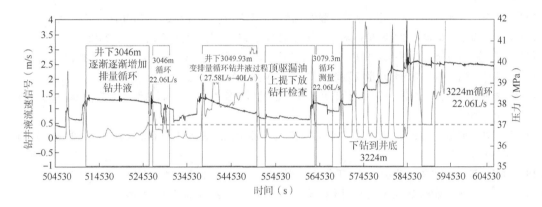

图8 井下3046~3224m试验数据分析(红线为速度,黑线为压力)

## 3 结论与认识

(1)钻井过程中钻井液漏失漏点定位受到多种因素影响,采用阵列式探头布局可以有效消除井筒环空不规则因素影响,采用光滑外壁结构有效降低了钻井液循环过程中滤饼吸附影响,为提升超声多普勒信号精度奠定基础。

(2)基于本文研制的阵列超声多普勒井漏监测仪可以实现井下环空钻井液流速的准确监测,实验井中应用可最低识别0.019m/s钻井液流速,漏点识别分辨率高;基于现场实际井XT1井监测分析,识别漏失层位为3046~3079.3m,建议开展漏失封堵作业。

**参 考 文 献**

[1] 左星,罗超,张春林,等.四川盆地裂缝储层钻井井漏安全起钻技术认识与探讨[J].天然气勘探与开发,2019,42(1):108-113.

[2] 孙金声,白英睿,程荣超,等.裂缝性恶性井漏地层堵漏技术研究进展与展望[J].石油勘探与开发,2021,48(3):630-638.

[3] 郑有成，李向碧，邓传光，等．川东北地区恶性井漏处理技术探索[J]．天然气工业，2003(6)：84-85，181.

[4] 林英松，蒋金宝，秦涛．井漏处理技术的研究及发展[J]．断块油气田，2005(2)：4-7+89.

[5] 李科，贾江鸿，于雷，等．页岩油钻井漏失机理及防漏堵漏技术[J]．钻井液与完井液，2022，39(4)：446-450.

[6] 王明波，郭亚亮，方明君，等．裂缝性地层钻井液漏失动力学模拟及规律[J]．石油学报，2017，38(5)：597-606.

[7] 李文哲，于兴川，赖燕，等．深层脆性页岩井钻井液漏失机理及主控因素[J]．特种油气藏，2022，29(3)：162-169.

[8] 吕开河，王晨烨，雷少飞，等．裂缝性地层钻井液漏失规律及堵漏对策[J]．中国石油大学学报(自然科学版)，2022，46(2)：85-93.

[9] BEDA G，CARUGO C. Use of Mud Microloss Analysis While Drilling to Improve the Formation Evaluation in Fractured Reservoir[C]．SPE Technical Conference & Exhibition，2001.

[10] 贾伟．钻井泥浆漏失检测技术研究[D]．西安：西安石油大学，2015.

[11] 刘振东，明玉广，王传富，等．钻井液漏失位置测量仪的研制及试验[J]．石油钻探技术，2017，45(6)：55-59.

[12] 冯旭东，王元超，王欢，等．钻井液漏失监测技术研究[J]．电子测试，2019(11)：18-20.

[13] 张昕．新型流量差井涌井漏预报系统的研究与设计[D]．成都：西南石油大学，2012.

[14] 刘斌．超声波液位传感器录井现场应用拓展[J]．录井工程，2015，26(1)：58-61，87-88.

[15] 王志浩．随钻钻井液流量定量检测系统[D]．山东：山东大学，2018.

[16] 隋秀香，李相方，朱磊，等．一种钻井液漏失位置测量新方法[J]．石油钻采工艺，2007(3)：114-116，128.

[17] 隋秀香，李相方，崔松，等．温度式钻井漏层位置测量仪的研制[J]．石油钻探技术，2009，37(3)：78-80.

[18] 刘阳．基于PWD技术深水表层井下复杂工况随钻监测[D]．成都：西南石油大学，2012.

[19] 邹佳玲．钻井漏失风险预测与控制系统设计[D]．成都：西南石油大学，2018.

[20] Zheng Z，Yu Z，Jingpeng W，et al. A real time monitoring method for well-kick and lost circulation based on distributed fiber optic temperature measurement[J]．Geoenergy Science and Engineering，2023，229.

[21] 朱焕刚，王树江，李宗清，等．早期溢流及漏失的新型及时高精度监测计量系统[J]．天然气工业，2018，38(12)：102-106.

[22] 李相方，车仕华，唐德钊，等．示踪法井漏位置测定技术[J]．石油钻探技术，2001(3)：11-12.

[23] 甘秀娥．利用测井资料评价钻井液漏失层[J]．测井技术，2002(6)：474-477.

[24] 范翔宇，田云英，夏宏泉，等．基于测井资料确定钻井液漏失层位的方法研究[J]．天然气工业，2007(5)：72-74，153-154.

[25] 吴英伟．综合录井井控监测技术应用现状及发展思考[J]．信息系统工程，2019(10)：79，82.

[26] 孙伟峰，卜赛赛，张德志，等．基于DCC—LSTM的钻井液微量漏失智能监测方法[J]．天然气工业，2023，43(9)：141-148.

[27] 蔺研锋，闵超，代博仁，等．基于动态特征和深度神经网络的钻井漏失事故预测[J]．西安石油大学学报(自然科学版)，2022，37(3)：64-69.

[28] 李宜君．基于专家系统和长短期记忆网络的钻井风险监测方法研究[D]．北京：中国石油大学．2020.

[29] DONG Feng，GAO Huan，LIU Weiling，et al. Horizontal oil-water two-phase dispersed flow velocity profile study by ultrasonic doppler method[J]．Experimental Thermal and Fluid Science，2019，102，357-367.

# 抗高温180℃近油基钻井液体系研究及应用

司西强[1,2]　王中华[1,2]　谢俊[1,2]　王忠瑾[1,2]

(1. 中国石化石油工程钻完井液技术中心;
2. 中国石化中原石油工程有限公司钻井工程技术研究院)

**摘　要**　近油基钻井液是研制的一种作用机理与油基钻井液相近、性能与油基钻井液相当,且绿色环保的水基钻井液,通过嵌入及拉紧晶层、吸附成膜阻水、低水活度反渗透驱水、封堵微孔裂缝形成封固层等发挥抑制防塌性能,可实现"水替油"的技术目标。针对目前新疆顺北工区深井超深井在抗高温、井壁稳定、润滑防卡、绿色环保等方面的技术急需,开展了抗高温近油基钻井液体系研究攻关。研发出耐温达332℃近油基基液,构建并优化得到了抗高温180℃近油基钻井液配方:近油基基液(水活度0.682)+1.0%~3.0%土+1.0%~1.5%降滤失剂AMC+0.5%~1.5%降滤失剂ZY-JLS+0.1%~0.3%流型调节剂MSG+3.0%~7.0%成膜封堵剂ZYPCT-1+1.0%~3.0%纳米封堵剂ZYFD-1+0.5%~2.0%固壁抑制剂GAPG-1+5.0%~7.0%辅助抑制剂ZYCOYZ-1+0.1%~0.3%pH调节剂+重晶石。钻井液密度在1.14~2.60g/cm³范围内可调。密度为1.14g/cm³时,钻井液水活度为0.641。钻井液抗温达180℃;岩屑回收率接近100%;极压润滑系数为0.034,滤饼黏附系数为0.0524;钻井液滤液表面张力为25.178mN/m;钻井液中压滤失量为0mL,高温高压滤失量为8.0mL;钻井液EC₅₀值为139700mg/L;钻井液抗盐达饱和,抗钙10%,抗土30%、钻屑25%,抗水30%,抗原油20%;钻井液表现出较好的储层保护性能。截至目前,抗高温近油基钻井液体系已在新疆顺北4-1H井、顺北11X井成功应用,效果突出,顺北4-1H井应用井段井径扩大率仅为5.21%,起下钻摩阻仅为4~8t。在抑制防塌、润滑防卡、降低循环温度、老浆回收利用、测井保障、钻后处理费用等方面表现出显著优势,实现了新疆深井超深井的绿色、安全、高效钻进,具有较好的经济效益和社会效益,应用前景广阔。

**关键词**　深井超深井;抗高温近油基钻井液;低活度;强抑制;高润滑;绿色环保;水替油

【基金项目】中国石化集团公司重大科技攻关项目"烷基糖苷衍生物基钻井液技术研究"(JP16003)、中石化集团公司重大科技攻关项目"改性生物质钻井液处理剂的研制与应用"(JP17047)联合资助。

【第一作者简介】司西强,男,1982年5月出生,2005年7月毕业于中国石油大学(华东)应用化学专业,获学士学位,2010年6月毕业于中国石油大学(华东)化学工程与技术专业,获博士学位。现任中石化中原石油工程公司高级专家,研究员,主要从事新型钻井液处理剂及钻井液新体系的研发及应用工作。近年来以第1发明人申请发明专利63件,已授权34件,出版专著1部,发表论文80余篇,获河南省科技进步奖等各级科技奖励30余项。通讯地址:河南省濮阳市中原东路462号,邮编:457001,电话:15039316302,E-mail:sixiqiang@163.com。

自 2011 年以来，历经十余年攻关研究，中国石化中原石油工程公司王中华创新团队研制出了系列化的低活度近油基基液[1-7]，并以其为基础，配套不同功能的其他配伍处理剂，构建并优化形成了抗高温 150℃近油基钻井液体系[8-13]，先后在东北页岩油水平井、江苏页岩油水平井、延长页岩气水平井、四川页岩气水平井成功应用，较好地满足了国内页岩油气水平井的绿色、安全、高效钻进[14-15]。其中，采用近油基钻井液施工的松页油 2HF 井为国内第一口水基钻井液打成的页岩油水平井[16]，打破了松辽盆地北部页岩油储层被称为"钻井禁区""不可战胜"的神话，为我国下步页岩油大规模开发积累了宝贵的第一手资料，意义重大。在松页油 2HF 井施工过程中，100%纯泥岩裸眼浸泡 165d 仍然保持强效持久的井壁稳定（邻井坍塌周期不超过 21d），完井作业以 200～300m/h 的高速度下套管一次成功。总的来说，近油基钻井液是一种作用机理与油基钻井液相近、性能与油基钻井液相当，且绿色环保的水基钻井液，通过嵌入及拉紧晶层、吸附成膜阻水、低水活度反渗透驱水、封堵微孔裂缝形成封固层等发挥抑制防塌性能，从技术、成本及环保等角度来说，近油基钻井液体系均表现出明显的优势，可实现"水替油"的技术目标，适用于高活性泥页岩、含泥岩等易坍塌地层的绿色、安全、高效钻进。

近年来，鉴于目前新疆顺北工区部分超深井的井深已超过 9000m，深层地层温度已高达 180℃，地质状况更加复杂，环保要求更加严苛[17-19]。因此，针对新疆顺北工区深井超深井在抗高温、井壁稳定、润滑防卡、绿色环保等方面的技术亟需，开展了抗高温近油基钻井液体系研究攻关，形成了抗高温 180℃近油基钻井液体系。抗高温近油基钻井液体系已在新疆顺北 11X 井、顺北 4-1 井成功应用，在抑制防塌、润滑防卡、降低循环温度、老浆回收利用、测井保障、钻后处理费用等方面效果突出，并正在继续推广应用。本文主要介绍抗高温 180℃近油基钻井液体系的研究概况及现场应用效果，以期对国内外钻井液技术人员有一定启发作用，促进钻井液技术不断进步。

# 1 抗高温 180℃近油基钻井液体系

抗高温 180℃近油基钻井液体系的研究目标在于在高温条件下充分发挥近油基基液的近油特性，以近油基基液为基础和连续相，研制或优选其他配伍处理剂，通过协同作用来提升近油基钻井液的综合性能，形成一种作用机理与油基钻井液相近，性能与油基钻井液相当，且绿色环保的抗高温近油基钻井液体系，满足现场高温高活性易坍塌地层的绿色、安全、高效钻进的技术急需。

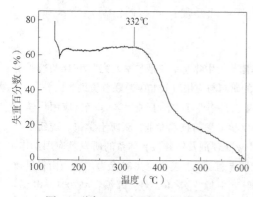

图 1 耐高温近油基基液的热重曲线

## 1.1 耐高温近油基基液研制

耐高温近油基基液是由糖基聚醚、杂多糖、胺基壳寡糖、烷基糖苷、甜菊糖苷、硬葡聚糖等天然产物经一系列生物化学反应制备得到。耐高温近油基基液对自由水具有牢固的束缚作用，其具有油的性质，可认为是一种近似油的物质，但又不存在油的环保问题。热重分析结果表明，近油基基液耐温达 332℃。耐高温近油基钻井液的热重曲线如图 1 所示。

通过对耐高温近油基基液的特性进行测试评

价，结果表明，其水活度为 0.682，EC$_{50}$值为 506800mg/L，220℃高温下基液相对抑制率达100%，润滑系数为 0.0178。可以定性预测的是，以耐高温近油基基液作为连续相配制得到的近油基钻井液体系必然具有突出的抗高温稳定性、超强的抑制防塌性能和突出的润滑防托压防卡性能。

### 1.2 体系构建及配方优化

以水活度为 0.682 的耐高温近油基基液作为基础和连续相，开展抗高温近油基钻井液体系的构建及配方优化。通过配套研制或优选不同功能的各种配伍处理剂，并通过单因素考察实验和正交优化实验对钻井液配方组成进行了优化，最终研究形成了抗高温 180℃近油基钻井液体系的优化配方：耐高温近油基基液（水活度 0.682）+1.0%～3.0%土+0.1%～0.3%流型调节剂 MSG+1.0%～1.5%降滤失剂 AMC+0.5%～1.5%降滤失剂 ZY-JLS+3.0%～7.0%成膜封堵剂 ZYPCT-1+1.0%～3.0%纳米封堵剂 ZYFD-1+0.5%～2.0%固壁抑制剂 GAPG-1+5.0%～7.0%辅助抑制剂 ZYCOYZ-1+0.1%～0.3%pH 值调节剂+重晶石。经测试，密度为 1.14g/cm$^3$ 时，钻井液水活度为 0.641。

根据高温高压地层的实际需要，抗高温 180℃近油基钻井液体系密度在 1.14～2.60g/cm$^3$ 范围内可调。对抗高温近油基钻井液体系优化配方及加重钻井液性能进行了评价。钻井液老化实验条件为：180℃、16h。不同密度下抗高温近油基钻井液体系的性能评价结果见表 1。

**表 1 不同密度下抗高温近油基钻井液体系配方的性能结果**

| 密度 ρ (g/cm$^3$) | AV (mPa·s) | PV (mPa·s) | YP Pa | YP/PV [Pa/(mPa·s)] | G′/G″ (Pa/Pa) | FL$_{API}$ (mL) | FL$_{HTHP}$ (mL) | 润滑系数 | 黏附系数 | pH 值 |
|---|---|---|---|---|---|---|---|---|---|---|
| 1.14 | 38.5 | 24 | 14.5 | 0.604 | 3.0/5.0 | 0 | 8.0 | 0.034 | 0.0524 | 9.0 |
| 1.40 | 46.5 | 31 | 15.5 | 0.500 | 4.0/5.5 | 0 | 6.4 | 0.047 | 0.0612 | 9.0 |
| 1.70 | 52.5 | 36 | 16.5 | 0.458 | 4.0/6.5 | 0 | 6.0 | 0.064 | 0.0787 | 9.0 |
| 2.00 | 63.5 | 49 | 14.5 | 0.296 | 5.0/7.0 | 0 | 5.4 | 0.078 | 0.1228 | 9.0 |
| 2.50 | 71.5 | 55 | 16.5 | 0.300 | 5.5/8.5 | 0 | 4.6 | 0.097 | 0.1228 | 9.0 |
| 2.60 | 77.0 | 60 | 17.0 | 0.283 | 5.5/12.5 | 0 | 2.8 | 0.127 | 0.1228 | 9.0 |

由表 1 中数据可以直观地看出，抗高温近油基钻井液体系在不加重及密度较低的情况下，流变性及降滤失性能均较好，随着密度的升高，钻井液黏度和切力均呈上升趋势，高温高压滤失量呈降低趋势，虽然润滑系数随着密度升高而逐渐增大，但在高密度条件下仍然保持了较好的润滑性能。当密度为 1.14g/cm$^3$ 时，钻井液表观黏度为 38.5mPa·s，塑性黏度为 24mPa·s，动切力为 14.5Pa，动塑比 0.604，中压滤失量 0mL，高温高压滤失量8.0mL，极压润滑系数 0.034，泥饼黏附系数 0.0524；当密度升高至 2.0g/cm$^3$ 时，钻井液表观黏度（AV）63.5mPa·s，塑性黏度（PV）49mPa·s，动切力（YP）为 14.5Pa，动塑比为0.296，中压滤失量为 0mL，高温高压滤失量为 5.4mL，极压润滑系数为 0.078，滤饼黏附系数为 0.1228；当密度升高至 2.6g/cm$^3$ 时，钻井液表观黏度为 77.0mPa·s，塑性黏度为 60mPa·s，动切力为 17.0Pa，动塑比为 0.283，中压滤失量为 0mL，高温高压滤失

量为 2.8mL，极压润滑系数为 0.127，滤饼黏附系数为 0.1228。可以看出，在高密度情况下，钻井液黏度上升幅度较大，特别是塑性黏度较表观黏度上升的速度更快。针对上述问题，可通过严格控制重晶石质量及粒度、调变钻井液配方中聚合物加量来优化钻井液流变性能，确保抗高温近油基钻井液体系在高密度时仍然具有较好的流型，以满足不同区域不同地层现场施工的技术需求，实现安全、快速、高效钻进。普通水基钻井液或高性能水基钻井液在高密度情况下，由于其抑制地层造浆的能力较差，随着劣质固相不断侵入钻井液体系，在钻进中后期，往往会出现钻井液黏切大幅度上升且难以控制的难题，而近油基钻井液体系中的近油基基液是一种性能与油相近的流体，可消除地层黏土矿物及钻屑的水化作用，从而避免地层造浆导致的流变性能失控难题。

### 1.3　钻井液性能

抗高温近油基钻井液体系是以水活度为 0.682 的耐高温近油基基液作为连续相配制而成。由于耐高温近油基基液具有强抑制、高润滑、低表面张力、吸附自由水、固液容量限高、封固微孔裂缝、无毒环保等特性，配制得到的抗高温近油基钻井液体系也表现出优异的性能。具体对抗高温近油基钻井液体系的抑制、润滑、滤液表面活性、降滤失、抗污染、储层保护、生物毒性等性能进行了评价测试。并从抑制、润滑、失水、储层保护及生物毒性等方面对抗高温近油基钻井液和油基钻井液进行了比较。

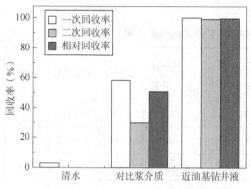

图 2　清水、对比浆及抗高温近油基
钻井液岩屑回收率结果

#### 1.3.1　抗高温近油基钻井液性能

（1）抑制性能。

① 岩屑回收实验。

清水、对比浆与抗高温近油基钻井液的岩屑回收率实验结果如图 2 所示。对比浆为按照抗高温近油基钻井液体系优化配方扣除近油基基液后配制得到的参照钻井液。岩屑回收实验条件为 180℃、16h，所用岩屑为马 12 井 4～10 目泥岩岩屑。

由图 2 中实验结果可以看出，180℃高温滚动 16h，抗高温近油基钻井液中岩屑一次回收率为 99.80%，二次回收率为 99.20%，相对回收率为 99.40%，而清水中的岩屑一次回收率仅为 2.9%，对比浆的岩屑一次回收率为 58.40%，二次回收率为 29.70%，相对回收率为 50.86%。抗高温近油基钻井液的岩屑回收率接近 100%，远远高于对比浆的岩屑回收率。综合上述分析，抗高温近油基钻井液对易水化黏土矿物具有超强的抑制膨胀、水化分散能力，表现出优异的抑制防塌性能。

② 膨润土柱高温滚动实验。

为进一步考察高温条件下抗高温近油基钻井液对膨润土柱子的影响，对清水、对比浆、抗高温近油基钻井液浸泡并高温滚动的膨润土柱子外观形貌进行了对比，对膨润土柱子的筛余量（过 40 目筛）进行干燥称重。对比浆为按照抗高温近油基钻井液体系优化配方扣除近油基基液后配制得到的参照钻井液。老化实验条件：180℃热滚 16h。热滚前后膨润土柱子的外观形貌如图 3 和图 4 所示；热滚后膨润土柱子回收质量见表 2。

|清水|对比浆|抗高温近油基钻井液|

图3 不同介质热滚前膨润土柱子的外观形貌

|清水|对比浆|抗高温近油基钻井液|

图4 不同介质热滚后膨润土柱子的外观形貌

表2 清水、基液、抗高温近油基钻井液热滚后膨润土柱子回收质量

| 介质种类 | 热滚前柱子质量(g) | 热滚后柱子质量(g) | 柱子回收率(%) |
|---|---|---|---|
| 清水 | 20.33 | 3.14 | 15.45 |
| 对比浆 | 20.32 | 8.97 | 44.14 |
| 抗高温近油基钻井液 | 20.33 | 20.86 | 102.61 |

由图3、图4和表2中实验现象及实验结果可以看出，180℃热滚16h后，从膨润土柱子的外观状态来看，清水中高温滚动的膨润土柱子分散最为严重，已经失去原来柱子的形状，外观为一滩泥水，干燥后称重质量仅为3.14g，柱子回收率为15.45%；扣除近油基基液后的对比浆中高温滚动的膨润土柱子也未保持柱子的原始形貌，外观表现为一些尺寸较大的黏土颗粒碎屑，干燥后称重质量仅为8.97g，柱子回收率为44.14%，说明对比浆具有一定的抑制黏土矿物水化膨胀分散的功能；抗高温近油基钻井液中高温滚动的膨润土柱子保持了原始形貌，柱体未出现裂缝和水化膨胀分散现象，可以认为，抗高温近油基钻井液完全抑制了膨润土柱子的水化分散，且其在膨润土柱子上具有成膜吸附作用，导致干燥称重的膨润土柱子超过原始质量，干燥后称重质量为20.86g，柱子回收率为102.61%。

（2）润滑性能。

对抗高温近油基钻井液的润滑性能进行了测试评价，并与清水和对比浆的润滑性能进行了对比。对比浆为按照抗高温近油基钻井液体系优化配方扣除近油基基液后配制得到的参照钻井液。对比浆和抗高温近油基钻井液的润滑性能结果均在180℃热滚16h后测试得到,所用仪器为EP极压润滑仪、滤饼黏附系数测定仪。评价测试结果见表3。

表3 清水、基液、抗高温近油基钻井液润滑性能测试结果

| 配方 | 极压润滑仪示数 | 极压润滑系数 | 润滑系数降低率(%) | 滤饼黏附系数 | 黏附系数降低率(%) |
|---|---|---|---|---|---|
| 清水 | 40.0 | 0.340 | — | — | — |
| 对比浆 | 17.0 | 0.145 | — | 0.1687 | — |
| 抗高温近油基钻井液 | 4.0 | 0.034 | 76.55 | 0.0524 | 68.94 |

由表3中实验数据可以看出,抗高温近油基钻井液中水活度为0.682的近油基基液的存在可显著降低钻井液的极压润滑系数和滤饼黏附系数。对比浆的润滑系数为0.145,黏附系数为0.1687;抗高温近油基钻井液极压润滑系数为0.034,滤饼黏附系数为0.0524,与对比浆相比,润滑系数降低率和黏附系数降低率分别为76.55%和68.94%。综上所述,抗高温近油基钻井液中存在的水活度为0.682的近油基基液可显著改善钻井液的润滑性能,避免现场钻井施工过程中出现的起下钻摩阻大、托压卡钻等井下复杂,满足现场施工过程中的润滑防卡要求。

(3)滤液表面活性。

考察了对比浆及抗高温近油基钻井液的滤液表面活性。对比浆为按照抗高温近油基钻井液体系优化配方扣除近油基基液后配制得到的参照钻井液。将180℃热滚16h后的对比浆及抗高温近油基钻井液压取滤液,在室温下测定其表面张力,实验结果见表4。

表4 清水、基液、抗高温近油基钻井液滤液表面张力测试结果

| 配方 | 表面张力(mN/m) | 表面张力降低率(%) |
|---|---|---|
| 清水 | 72.300 | |
| 对比浆 | 36.316 | — |
| 抗高温近油基钻井液 | 25.178 | 30.67 |

由表4中实验数据可以看出,抗高温近油基钻井液的滤液表面张力为25.178mN/m,较对比浆滤液的表面张力有较大程度的降低,表面张力降低率为30.67%,表现出较好的表面活性,有利于减小水锁效应,提高滤液返排效率,提高油气采收率。

(4)降滤失性能。

考察了对比浆、抗高温近油基钻井液的中压滤失量和高温高压滤失量。对比浆为按照抗高温近油基钻井液体系优化配方扣除近油基基液后配制得到的参照钻井液。通过对比分析,得出近油基基液对抗高温近油基钻井液滤失量的影响。老化条件:180℃、16h。实验结果见表5。

表5 近油基基液水活度对钻井液滤失量的影响

| 配方 | $FL_{API}$(mL) | $FL_{HTHP}$(mL) |
|---|---|---|
| 对比浆 | 1.8 | 14.0 |
| 抗高温近油基钻井液 | 0 | 8.0 |

由表 5 中实验数据可以看出，对比浆的中压滤失量为 1.8mL，高温高压滤失量为 14.0mL，抗高温近油基钻井液的中压滤失量为 0mL，高温高压滤失量为 8.0mL。这说明在抗高温近油基钻井液中，由于水活度为 0.682 的低水活度近油基基液连续相的存在，其可与其他处理剂发生协同作用，使抗高温近油基钻井液的滤失量显著降低。低水活度近油基基液对抗高温近油基钻井液体系具有显著的降滤失效果。

（5）抗污染性能。

为了考察抗高温近油基钻井液的抗盐、抗钙、抗膨润土、抗钻屑、抗水侵及抗原油等污染的能力，在抗高温近油基钻井液中人为加入工业盐、氯化钙、膨润土、钻屑、水、原油等对钻井液性能影响较大的固体液体物质，180℃ 高温滚动 16h，对钻井液性能进行评价测试，得出抗高温近油基钻井液的抗污染性能评价结果。实验结果表明，抗高温近油基钻井液体系抗盐达饱和，抗钙 10%，抗土 30%，抗钻屑 25%，抗水侵 30%，抗原油 20%。抗高温近油基钻井液体系具有较高的固相和液相容量限，这些固体和液体的侵入不会破坏钻井液的性能，表现出突出的抗污染性能。

（6）储层保护性能。

为了评价抗高温近油基钻井液体系的储层保护性能，考察了该钻井液对岩心进行静态和动态污染后的渗透率恢复值。渗透率恢复值评价实验所选用岩心为东北松页油 2HF 井天然岩心，岩心直径 25mm，岩心长度 25.5mm。岩心夹持器加热温度 90℃。评价测试结果见表 6。

表 6 抗高温近油基钻井液渗透率恢复值测试结果

| 实验方式 | 围压（MPa） | $p_{前稳}$（MPa） | $p_{后稳}$（MPa） | 渗透率恢复值（%） |
|---|---|---|---|---|
| 静态 | 6.0 | 0.355 | 0.382 | 92.93 |
| 动态 | 6.0 | 0.421 | 0.462 | 91.13 |

由表 6 中天然岩心的动态渗透率恢复值和静态渗透率恢复值的测试数据可以看出，用抗高温近油基钻井液动态或静态污染岩心后，岩心的静态渗透率恢复值大于 92%，动态渗透率恢复值大于 91%，说明抗高温近油基钻井液对地层伤害程度较小，表现出较好的储层保护性能。

（7）生物毒性。

对抗高温近油基钻井液体系的生物毒性进行了评价测试，所用方法为发光细菌法，检测指标为 $EC_{50}$ 值。经检测，抗高温近油基钻井液优化配方的 $EC_{50}$ 值为 139700mg/L，远大于排放标准 30000mg/L。得出结论为：抗高温近油基钻井液无生物毒性，绿色环保，可适用于海洋及其他环境敏感地区的钻井施工，实现绿色、安全、高效钻进。

1.3.2 近油基与油基性能对比

为充分认识抗高温近油基钻井液体系的近油基特性及环保性能，从抑制、润滑、失水、储层保护及生物毒性等方面对抗高温近油基钻井液和油基钻井液进行了对比。岩屑回收实验条件为 180℃，钻井液老化实验条件为 180℃、16h。抗高温近油基钻井液按 1.2 中提供的优化配方配制；油基钻井液配方组成：柴油 +4%～6% 有机膨润土 +20%CaCl₂+2%～3% 氧化沥青 +4% 粉状乳化剂 +1%Span80+3%CaO+2% 结构剂 +2% 降滤失剂 JPAS，油水比为 8∶2。实验结果见表 7。

表 7　抗高温近油基钻井液与油基钻井液性能对比

| 钻井液 | 岩屑回收率(%) | 润滑系数 | $FL_{API}$(mL) | $FL_{HTHP}$(mL) | 动/静态渗透率恢复值(%) | $EC_{50}$值(mg/L) |
|---|---|---|---|---|---|---|
| 近油基 | 99.80 | 0.034 | 0 | 8.0 | 91.13/92.93 | 139700 |
| 油基 | 100.00 | 0.043 | 0.8 | 7.8 | 90.76/93.52 | — |

　　由表 7 中实验数据可以看出，抗高温近油基钻井液岩屑回收率为 99.80%，油基钻井液岩屑回收率为 100%；抗高温近油基钻井液润滑系数为 0.034，油基钻井液润滑系数为 0.043；抗高温近油基钻井液中压滤失量和高温高压滤失量分别为 0mL 和 8.0mL，油基钻井液中压滤失量和高温高压滤失量分别为 0.8mL 和 7.8mL；抗高温近油基钻井液动静态渗透率恢复值分别大于 91% 和 92%，油基钻井液动静态渗透率恢复值分别大于 90% 和 93%。由上述实验数据分析结果可以看出，抗高温近油基钻井液在抑制、润滑、降滤失、储层保护等方面性能与油基钻井液相当，且具有油基钻井液所不具备的绿色环保效果。因此，在目前环保要求日益严格的情况下，抗高温近油基钻井液可作为避免高温复杂地层现场施工环保压力的一种有效解决手段，实现绿色、安全、高效钻进。

## 2　抗高温近油基钻井液现场应用

　　截至 2024 年，抗高温近油基钻井液体系已在新疆顺北 4-1H 井、顺北 11X 井成功应用，效果突出。其中，顺北 4-1H 井应用井段井径扩大率仅为 5.21%，起下钻摩阻仅为 4~8t。在抑制防塌、润滑防卡、降低循环温度、老浆回收利用、测井保障、钻后处理费用等方面表现出显著优势，实现了新疆深井超深井的绿色、安全、高效钻进。目前正在顺北 53-2 井、顺北 46X 井等多口井推广应用，具有较好的经济效益和社会效益，应用前景广阔。

### 2.1　概况

　　抗高温近油基钻井液体系在新疆顺北 4-1H 井成功应用。顺北 4-1H 井位于新疆沙雅县境内，是中国石化西北油田分公司部署于顺北 4 号断裂带的一口定向开发水平井，设计井深 8036.61m/7928m(垂)，由华北西部钻井公司 90103HB 钻井队承钻，由中原钻井院提供四开抗高温近油基钻井液技术服务，于 2021 年 4 月 28 日 19：00 开钻，由于定向方位数据出现偏差，甲方决定填井侧钻，2021 年 5 月 16 日 16：00 开始侧钻，2021 年 6 月 2 日 7：00 完钻，完钻井深 8036.61m/7925.09m(垂)，完钻井斜 38.1°。整个钻进过程井壁稳定无掉块，起下钻摩阻低，顺利完钻，电测顺利，裸眼完井。

　　顺北 4-1H 井的井身结构设计见表 8。

表 8　顺北 4-1H 井井身结构设计表

| 开钻顺序 | 钻头直径(mm) | 井深(m) | 套管外径(mm) | 套管下深(m) | 备注 |
|---|---|---|---|---|---|
| 1 | 444.5 | 2000 | 339.7 | 1999 | |
| 2 | 311.2 | 5820 | 250.8+244.5 | 5818 | 双级固井，双级箍位置 3000m± |
| 3 | 215.9 | 7284 | 177.8 | 7282 | 悬挂器位置 5618m |
| 4 | 149.2 | 8036.61/7928 | — | — | |

## 2.2 技术难点

顺北 4-1H 井位于顺北 4 号断裂带上,该井施工技术难点主要表现在以下三个方面。

### 2.2.1 破碎带地层易井壁失稳

顺北 4-1H 井地质预测在井深 7783.8~7836.7m(斜)/7470~7480m(垂),水平位移 417.5~469.5m 处钻遇破碎带,地层易垮塌掉块,井壁失稳风险极大,且破碎带附近裂缝可能非常发育,易发生放空、井漏、卡钻等。

### 2.2.2 小井眼定向易托压,环空压耗高

顺北 4-1H 井四开井眼尺寸为 149.2mm,环空间隙小,定向易托压,对钻井液润滑防卡性能要求极高,同时井眼小导致环空压耗高,对钻井液流变性能要求高。

### 2.2.3 对钻井液高温稳定性及环保要求高

顺北 4-1H 井井底温度高达 169℃,对钻井液高温稳定性要求高,同时对定向工具和仪器的抗高温性能要求高,以确保轨迹控制和定向钻井效率。前期甲方在顺北 4-1H 井的部分邻井采用油基钻井液,油基钻井液钻屑需要环保处理,存在综合使用成本过高及影响完井电测数据获取的难题,而近油基钻井液绿色环保,抑制防塌及润滑性能与油基钻井液相当,钻屑无需环保后处理,同时不影响电测数据的获取。

## 2.3 技术对策

针对施工技术难点,主要从井壁稳定、润滑防卡、高温稳定等三个方面来制定技术对策。

### 2.3.1 井壁稳定技术

(1)低活度近油基基液作为连续相,通过嵌入及拉紧晶层、吸附成膜阻水、低水活度反渗透驱水、封堵微孔裂缝形成封固层等发挥超强抑制防塌性能;

(2)引入固壁抑制剂 GAPG-1,通过与地层黏土矿物发生化学胶结作用,固结破碎带井壁,实现井眼稳定;引入辅助抑制剂 ZYCOYZ-1,通过嵌入黏土晶格抑制黏土矿物水化膨胀分散;

(3)引入成膜封堵剂 ZYPCT-1、纳米封堵剂 ZYFD-1、不同粒径刚性和变形材料(与地层孔缝相匹配),通过成膜柔性封堵和纳微米级配刚性封堵等多重封堵措施,降低液相压力传递,预防破碎地层应力坍塌。

### 2.3.2 润滑防卡技术

(1)近油基基液作为连续相,含大量长链烷基、氮、醇羟基等疏水亲油基团及强吸附基团,可通过强吸附基团在井壁及钻具表面产生物理吸附和化学吸附,亲油基朝外,形成金属杂化薄膜,具有突出的抗磨性和耐极压性;

(2)后期完井作业使用塑料小球、石墨等固体润滑剂,使钻具与井壁之间的滑动摩擦转变为滚动摩擦,保障下套管作业顺利施工。

### 2.3.3 高温稳定技术

近油基基液本身耐温达 332℃,以其为连续相配制成的近油基钻井液抗高温性能突出;同时,引入抗温 180℃ 的流型调节剂 MSG、抗温 180℃ 的抗盐降滤失剂 AMC、抗温 200℃ 成膜封堵剂 ZYPCT-1 和抗温 200℃ 固壁抑制剂 GAPG-1 等多种配套抗高温处理剂,与近油基基液协同提升近油基钻井液高温稳定性能。

### 2.4 应用效果

通过对现场实钻情况进行总结分析，发现近油基钻井液体系具有以下应用效果。

#### 2.4.1 抑制防塌效果突出，井壁保持长久稳定

顺北4-1H井四开钻进过程中井漏严重，多次发生失返性漏失，共漏失钻井液600m³以上，为减小漏失概率，将近油基钻井液密度由设计的1.34g/cm³降至1.13g/cm³，降低幅度高达0.21g/cm³，即便在密度如此大幅波动的情况下，依然保持了强效持久的井壁稳定状态，无掉块产生，起下钻顺畅，完井电测一次成功，井径规则，应用井段平均井径扩大率仅为5.12%(图5)。

抗高温近油基钻井液在顺北4-1H井四开应用井段的井径曲线如图5所示。

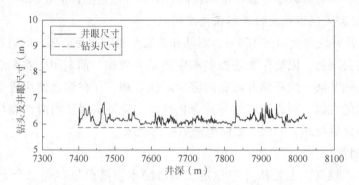

图5 抗高温近油基钻井液在顺北4-1H井四开应用井段井径曲线

#### 2.4.2 机械钻速高

抗高温近油基钻井液在顺北4-1H井四开应用，平均机械钻速为4.4m/h，四开钻井周期为16.63d，较设计周期缩短10.37d，节约率达38.4%。跟邻井相比提速效果显著。

#### 2.4.3 润滑效果突出

顺北4-1H井四开钻进过程中，抗高温近油基钻井液润滑系数小于0.06，定向过程非常顺利，无托压现象，一趟钻完成造斜目标，起下钻摩阻4~8t，润滑效果与油基钻井液相当。

#### 2.4.4 钻井液降温效果显著，提高了定向仪器工作效率

通过对顺北工区应用的其他水基钻井液的降温效果进行统计分析，结果表明，常规水基钻井液降温幅度为9℃，顺北8X井侧钻2开第1趟钻最高温度168.75℃，顺北11侧钻探管数据最高静止温度163℃。而顺北4-1H井的井底静止温度经定向仪器测试为153~169℃，使用抗高温近油基钻井液体系，由于其具有在井底热容量限高，返出井底时散热快的优点，钻进过程中钻井液循环温度仅为132~141℃，循环降温幅度可达20~29.9℃，有效提高了螺杆、定向仪器及钻头在高温下的工作效率及使用寿命。

#### 2.4.5 保障了测井项目不受限制

近油基钻井液体系连续相为近油基基液，其虽具有油的特性，但本质仍为水基，对所有的测井项目均无干扰，有效解决了油基钻井液部分测井项目受限的技术难题。

#### 2.4.6 老浆循环利用率高，绿色环保

顺北4-1H井使用顺北11X老浆240m³，抗高温近油基钻井液重复使用率达92.3%，老浆性能稳定，与新配制浆配伍性能良好，钻井过程中钻井液高温性能稳定，有效降低了近

油基钻井液使用综合成本；抗高温近油基钻井液 $EC_{50}$ 值为 139700mg/L，远大于排放标准 30000mg/L，无生物毒性，绿色环保。

## 3　结论及认识

（1）研制出耐温达 332℃、水活度为 0.682 的近油基基液，其是由糖基聚醚、杂多糖、胺基壳寡糖、烷基糖苷、甜菊糖苷、硬葡聚糖等天然产物经一系列生物化学反应制备得到，对自由水具有牢固的束缚作用。

（2）以水活度为 0.682 的耐高温近油基基液作为基础和连续相，构建并研究得到了抗高温 180℃近油基钻井液体系优化配方。钻井液密度在 1.14～2.60g/cm³ 范围内可调。密度为 1.14g/cm³ 时，钻井液水活度为 0.641。钻井液表现出优异的抗高温、抑制、润滑、降滤失、抗污染、储层保护、环保等性能。

（3）抗高温近油基钻井液在抑制、润滑、降滤失、储层保护等方面性能与油基钻井液相当，且具有油基钻井液所不具备的绿色环保效果。因此，在目前环保要求日益严格的情况下，抗高温近油基钻井液可作为避免高温复杂地层现场施工环保压力的一种有效解决手段，实现绿色、安全、高效钻进。

（4）抗高温近油基钻井液体系在超深井应用效果突出。顺北 4-1H 井应用井段井径扩大率仅为 5.21%，起下钻摩阻仅为 4～8t。在抑制防塌、润滑防卡、降低循环温度、老浆回收利用、测井保障、钻后处理费用等方面表现出显著优势，实现了新疆超深井的绿色、安全、高效钻进。

（5）继续开展抗温 200℃及以上的近油基钻井液技术攻关，满足现场更高温度地层绿色、安全、高效钻进的技术需求。

（6）在目前"近油基钻井液体系"持续深入研究及不断实践的基础上，探索开展"超油基钻井液体系"的前瞻研究。

**参 考 文 献**

[1] 王中华．钻井液及处理剂新论[M]．北京：中国石化出版社，2017：456-467.

[2] 司西强，王中华．钻井液用烷基糖苷及其改性产品合成、性能及应用[M]．北京：中国石化出版社，2019：301-312.

[3] 司西强，王中华，赵虎．钻井液用烷基糖苷及其改性产品的研究现状及发展趋势[J]．中外能源，2015，20(11)：31-40.

[4] 司西强，王中华．钻井液用聚醚胺基烷基糖苷的合成及性能[J]．应用化工，2019，48(7)：1568-1571.

[5] 司西强，王中华，魏军，等．钻井液用阳离子甲基葡萄糖苷[J]．钻井液与完井液，2012，29(2)：21-23.

[6] 魏凤勇，司西强，王中华，等．烷基糖苷及其衍生物钻井液发展趋势[J]．现代化工，2015，35(5)：48-51.

[7] 司西强，王中华，贾启高，等．阳离子烷基糖苷的中试生产及现场应用[J]．应用化工，2013，42(12)：2295-2297.

[8] 司西强，王中华，王伟亮．聚醚胺基烷基糖苷类油基钻井液研究[J]．应用化工，2016，45(12)：2308-2312.

[9] 司西强，王中华，魏军，等．阳离子烷基葡萄糖苷钻井液[J]．油田化学，2013，30(4)：477-481.

[10] 司西强，王中华，王伟亮．龙马溪页岩气钻井用高性能水基钻井液的研究[J]．能源化工，2016，37(5)：41-46.

[11] 谢俊，司西强，雷祖猛，等．类油基水基钻井液体系研究与应用[J]．钻井液与完井液，2017，34(4)：26-31.

[12] 赵虎，司西强，王爱芳．国内页岩气水基钻井液研究与应用进展[J]．天然气勘探与开发，2018，41(1)：90-95.

[13] 赵虎，司西强，甄剑武，等．氯化钙-烷基糖苷钻井液页岩气水平井适应性研究[J]．钻井液与完井液，2015，32(6)：22-25.

[14] 赵虎，孙举，司西强，等．ZY-APD高性能水基钻井液研究及在川南地区的应用[J]．天然气勘探与开发，2019，42(3)：139-145.

[15] 高小芃，司西强，王伟亮，等．钻井液用聚醚胺基烷基糖苷在方3井的应用研究[J]．能源化工，2016，37(5)：23-28.

[16] 司西强，王中华，雷祖猛，等．近油基钻井液技术及实践[A]．2019年度全国钻井液完井液学组工作会议暨技术交流研讨会论文集[C]．北京：中国石化出版社，2019.7-20.

[17] 董小虎，商森．顺北区块超深120mm小井眼定向技术难点及对策[J]．西部探矿工程，2018，30(1)：47-50.

[18] 王建云，杨晓波，王鹏，等．顺北碳酸盐岩裂缝性气藏安全钻井关键技术[J]．石油钻探技术，2020，48(3)：12-19.

[19] 付均，袁俊文．抗高温高密度水基钻井液技术研究[J]．西部探矿工程，2019，31(1)：27-29.

# 顺北超深储层保护钻井液技术研究及应用

董晓强[1, 2, 3]

(1. 国家能源碳酸盐岩油气重点实验室;

2. 页岩油气富集机理与有效开发国家重点实验室;

3. 中国石化石油工程技术研究院有限公司)

**摘 要** 顺北油田奥陶系储层属断溶体油藏,具有埋藏超深、地温高、裂缝发育且尺寸分布范围大、非均质性严重及强应力敏感和强水润湿性的特点,储层具有碱敏、水敏及应力敏感等。基于顺北一间房组及鹰山组储层物性、敏感性特征及损害机理分析,通过优化耐高温固壁防塌钻井液体系配方,形成了"宽粒径刚性颗粒、高软化点材料复合封堵和储层表面适度润湿反转"三元复合屏蔽暂堵技术,实现减少滤失量和固相侵入量及深度、提高随钻封堵时效。现场应用表明,耐高温固壁防塌钻井液体系在顺北814X井取得良好的储层保护效果,滤液初失水时间由40s提升至83s,钻井液随钻封堵性能明显提高,返排阻力小,未酸压自然建产,助力工程刷新亚洲陆地上垂深最深千吨井纪录。

**关键词** 顺北油田;储层保护;钻井液;超深井;润湿性

顺北油田构造处于"两隆两坳"之间,为塔里木盆地中相对稳定的二级构造单元,构造位置为顺托北部和满加尔凹陷等油气运移的有利指向区[1-2],油气资源潜力巨大,是中国石化增储上产的主力区块之一。顺北油田储层平均埋深超过8200m,储层钻进时存在放空、漏失,大量钻井液固相颗粒堵塞裂缝,造成储层损害、影响产能,完井作业期间,高温下钻井液加重材料沉降[3],严重时可能导致井眼报废甚至不能建产。目前建产井占比66.7%,但自然建产井仅占1.7%,绝大多数井需要酸压改造,表明钻进过程对储层造成一定程度损害。开展顺北储层特征与储层损害方式关联研究及储层保护钻井液体系研究,对提高单井产能及高效开发具有重要意义。

## 1 顺北储层特征分析

### 1.1 储层物性特征

#### 1.1.1 储集空间特征

顺北油田是多期走滑相关构造破裂叠加埋藏流体沿破碎带改造形成裂缝—洞穴型储层[4,5],裂缝尺寸分布范围宽,从缝宽大于20cm的放空型洞穴或缝洞至小于5mm的孔隙或微裂缝均有分布。成像测井显示裂缝角度以高角度缝(立缝及斜缝)为主、水平缝为辅,多

---

【作者简介】董晓强(1980—),男,副研究员,博士,山东大学物理化学专业,主要从事储层保护及高温高密度钻井液体系及工艺。地址:北京市昌平区沙河镇百沙路197号院中国石化科学技术研究中心主楼西区1001室,102206。E-mail:dongxq.sripe@sinopec.com。

与压裂缝伴生，压裂缝一般不连续，未见裂缝被明显溶蚀现象。顺北奥陶系一间房组与鹰山组孔渗数据统计显示一间房组与鹰山房组均为低孔低渗透储层，孔渗线性相关性较差，鹰山组地层相关系数仅为0.041，表明发育的裂缝提高了储层的平均渗透率[6]，裂缝是一间房组与鹰山组地层渗透率的主控因素，储层基质致密，基本不具有储集功能。储层埋藏深，为高温、常压系统。

### 1.1.2 储层岩性特征

采用X射线荧光分析仪对顺北奥陶系一间房组和鹰山组碳酸盐岩储层岩心进行全岩矿物及黏土矿物组分分析，结果见表1、表2。测试结果表明，顺北一区储层主要以方解石为主（78%~99%，平均95.2%），含少量白云石（平均2.8%）及石英（平均1.0%），基本不含长石和重矿物，基块黏土相对含量少（平均1.0%），裂缝充填物中黏土含量明显增大且含有多类型黏土矿物。以顺北509H井缝内充填黏土矿物为例，黏土矿物中伊利石含量最高（61%~66%，平均63.7%），其次是伊/蒙间层（平均35.4%）、高岭石（平均0.4%）、绿泥石（平均0.2%）。

表1　顺北储层岩心全岩矿物分析

| 井号 | 层位 | 井段(m) | 岩性 | 方解石(%) | 白云石(%) | 黏土矿物(%) | 其他(%) |
|---|---|---|---|---|---|---|---|
| 顺北P1井 | $O_{1-2}y$ | 8000~8055 | 白云质灰岩 | 78 | 19 | 3 | — |
| 顺北509H井 | | 8017~8019 | 黄灰色泥晶灰岩 | 95.6 | 3 | 1.4 | — |
| 顺北103井 | $O_2yj$ | 7287~7292 | 灰色泥晶灰岩 | 96 | — | <1 | ~4(石英) |
| 顺北107井（裂缝充填物） | $O_2yj$ | 7456 | — | 4.2 | 1.5 | 31.3 | 63(石英27.8，长石33.3，其他1.9) |
| SHB1-102井 | $O_2yj$ | 7441~7443 | 灰色泥晶灰岩 | 96 | — | <1 | ~2(石英)~2(菱铁矿) |

表2　顺北509H井黏土矿物成分分析　　　　　　　　　　　单位:%

| 岩心编号 | 高岭石 | 绿泥石 | 伊利石 | 伊/蒙间层 | 间层比 |
|---|---|---|---|---|---|
| 1 | 1 | 0 | 64 | 34 | 20 |
| 2 | 1 | 1 | 66 | 32 | 20 |
| 3 | 0 | 0 | 62 | 38 | 20 |
| 4 | 0 | 0 | 66 | 34 | 20 |
| 5 | 0 | 0 | 61 | 39 | 20 |

### 1.1.3 储集体润湿性特征

采用全量程接触角测量仪分别用清水及顺北中质原油测试了顺北509H井及顺北P1井奥陶系岩心表面润湿性。从表3结果可知，清水测试储层表面接触角在20°~33°，原油测试储层表面接触角在53°~84°，表明顺北鹰山组地层亲水性强。

表3 顺北509H储层岩心润湿性评价

| 岩心 | 水相接触角(°) | 油相接触角(°) |
|---|---|---|
| 1 45/79 | 20.2 | — |
| 1 46/79 | 24.8 | 83.4 |
| 1 47/79 | 25.0 | 53.9 |
| 1 55/79 | 32.8 | — |
| 1 76/79 | — | 57.2 |

### 1.2 顺北储层敏感性分析

按 SY/T 5358—2010《储层敏感性流动实验评价方法》并使用高温高压岩心流动评价仪对顺北103H井、顺北509H井奥陶系一间房及顺北P1井鹰山组岩心敏感性进行评价。由表4六敏评价可知,奥陶系一间房组及鹰山组储层非均质性明显,一间房组和鹰山组碳酸盐岩均具有强应力敏感、弱盐敏、无酸敏的特征。结合表1、表2黏土矿物及全岩矿物结果,虽然伊利石、高岭石属速敏型矿物,但黏土矿物含量低、胶结性好,储层可运移颗粒少,速敏总体影响小,一间房组储层水敏、速敏、碱敏强于鹰山组,由此推断钻井液滤液侵入储层后在碱敏、水敏方面存在潜在损害,而且随着储层压力下降,开发后会表现出应力敏感性损害。

表4 顺北储层敏感性测试

| 敏感性类型 | 奥陶系储层敏感程度 | | |
|---|---|---|---|
| | 一间房组 | | 鹰山组 |
| | 顺北 509H | 顺北 103H 井 | 顺北 P1 井 |
| 水敏 | 中等偏弱—中等偏强 | 弱 | 弱 |
| 酸敏 | 无 | 无 | 无 |
| 碱敏 | 强 | 中等偏强 | 弱 |
| 盐敏 | 弱 | 弱 | 弱 |
| 速敏 | 中等 | 弱 | 无 |
| 应力敏 | 强 | 强 | 强 |

## 2 储层损害机理

顺北储层孔-洞-缝多级、宽尺度分布,因此外来流体及固相对储层损害作用随储集空间尺度不同而异。对于基质具有低孔渗及裂缝发育特征的灰岩储层而言,固相颗粒、缝宽尺寸分布、基质矿物含量及润湿性对储层产生明显影响[2,7]。顺北储层碳酸盐岩表现出强亲水性(表3),水作为润湿相在毛细管压力或正压差作用下优先占据小孔隙并以薄膜形式覆盖在岩石孔隙表面,非润湿相油气只能存在于较大孔隙中心。Bennion[8]探讨了水相圈闭的形成机理、影响因素和损害消除方法,指出水相圈闭形成的原因为储层初始含水饱和度远小于束缚水饱和度,微裂缝的水相圈闭损害主要由毛细管自吸作用造成。影响液相滞留聚集作用的主要因素是储层孔隙结构、岩石与流体间作用及储层压力等。根据 Paiseuille 定律[9],毛细管排出液柱体积 $Q$ 如式(1)所示,可以看出毛细管半径 $r$ 越小,储层压力越低,液相越容易滞留。因此影响水相圈闭的因素主要包括岩石水润湿性、初始含水饱和度、裂缝发育程度(包括裂缝长短、裂缝密度和裂缝面大小)、毛细管半径 $r$、储层压力、工作液黏度和侵入深度等[10]。

$$Q = \frac{\pi r^4 \left( p - \dfrac{2\sigma\cos\theta}{r} \right)}{8\mu L} \tag{1}$$

式中，$r$ 为毛细管半径；$L$ 为液柱长度；$p$ 为驱动压力；$\mu$ 为外来流体黏度。

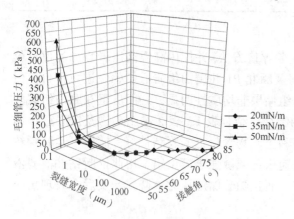

图1　裂缝宽度及润湿性对返排阻力的影响

顺北油田储层钻进以水基钻井液为主，由于储层表面亲水性越强，微裂缝及毛细管的毛细管作用也越强，液相侵入地层越深，对储层的潜在损害也越大。在顺北509H井岩心接触角变化区间内，缝宽及滤液表面张力是影响毛细管压力的主要因素。图1模拟了原油从储层裂缝返排时需要克服的毛细管压力情况，表明增加裂缝宽度和适度增加储层表面的疏水性，毛细管压力迅速降低。从式(1)可知，对于一定裂缝宽度的储层，适度增加滤液与储层表面间的接触角 $\theta$(约50°，疏水性适度增强)，可以达到一定的降低返排阻力的效果。

通过核磁共振评价储层水自吸侵入—排后的液相滞留作用，对岩样饱和、自吸及返排后的三个过程进行分析。由图2核磁共振 $T_2$ 谱可知，岩样自吸后核磁共振 $T_2$ 谱曲线相比饱和岩样曲线整体向左侧移动，曲线与 $x$ 轴所包围面积减小；岩样返排后，核磁共振 $T_2$ 谱曲线相比自吸后岩样曲线整体又向左侧移动，曲线与 $x$ 轴所包围面积进一步减小，但降幅有限。核磁共振 $T_2$ 谱曲线与 $x$ 轴所包围面积被认为是岩样中地层水所占的体积。岩样自吸后，其含水饱和度为 77.03%，返排后其含水饱和度降低至 59.65%。由分布频率与 $T_2$ 关系曲线可知，岩样中大孔隙的液相返排程度较小孔隙返排程度大，大量侵入小孔的地层水无法返排。

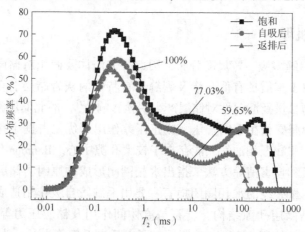

图2　基块饱和、自吸地层水及返排后核磁共振 $T_2$ 谱

基于顺北地质特点、储集空间特性、储层岩心润湿性及敏感性测试结果，储层损害主要包括：(1)储层渗透性低和水润湿性强，小裂缝及孔隙毛细管效应和水相圈闭作用强，油气难返排，同时低渗透率导致启动压力大[11]；(2)储层敏感性因素，包括钻井液滤液大量侵入储层后易造成储层堵塞及滤液具有碱敏、水敏损害，且开发造成储层压力下降导致出现应力敏感性损害；(3)钻井液对储层损害因素包括体系密度、固相含量及酸溶性、滤液及体系高温沉降稳定性等方面。其中，体系正压差增大造成漏失量大；固相颗粒损害主要为钻井液中难酸溶颗粒含量高及未及时清除的劣质固相等封堵裂缝；滤液因素包括高 pH 值造成碱敏及离子反应沉淀堵塞；钻井液高温稳定性差，固相沉降(包括黏土及重晶石等难酸溶颗粒)堵塞储层流动通道；(4)其他作业过程，包括钻井采用过高泵压及排量等钻井参数，以及测试时完井液密度降低，储层应力变化导致掉块并堵塞油气流动通道等。

# 3 储层保护钻井液技术

## 3.1 技术对策

基于储层损害因素分析，形成如下储层保护钻井液对策：(1)开展耐高温高酸溶屏蔽暂堵体系研究，物理封堵微孔缝，快速形成致密滤饼，减少钻井液侵入量[12]；(2)通过油基润滑剂适度改善储层表面润湿性，减弱微裂缝或孔洞的毛细管自吸作用，降低滤液对地层的敏感性损害[13]；(3)优化钻井液流型并强化固控设备使用，减少钻井液中有害固相、降低环空压耗及钻井液渗入量；(4)采用高酸溶加重剂并优选耐高温关键处理剂，提高钻井液体系的高温胶体稳定性，实现流型、滤失量、高温沉降稳定性的兼顾，保证体系沉降稳定性，有助于提高漏失井浆的返排率，降低沉积堵塞油气返排通道的风险。

## 3.2 储层保护钻井液体系构建

优选耐高温降滤失剂、润滑剂、防塌剂等核心处理剂，形成耐高温固壁防塌钻井液体系。通过提高体系高温稳定性、破碎性地层井壁稳定性及微裂缝封堵时效，降低复杂时效，同时改善储层表面的润湿性，降低储层返排阻力。

### 3.2.1 降滤失剂研选

在 4%膨润土+0.2%NaOH+重晶石基浆中加入 2.0%降滤失剂，基浆密度为 1.6g/cm³，评价 200℃老化后黏度和滤失量，实验结果见表 5。从实验结果可知，不同降滤失剂对流变性影响差别较大。基于降滤失效果和黏度效应，SMDP-2 老化前后体系的流变性能稳定，优选 SMDP-2 作为钻井液体系的降滤失剂。

表 5 聚合物降滤失剂降滤失效果对比

| 降滤失剂 | 实验条件 | AV(mPa·s) | PV(mPa·s) | YP(Pa) | FL$_{API}$(mL) |
|---|---|---|---|---|---|
| KJ-N | 老化前 | 60 | 39 | 21 | 4.4 |
| | 200℃/16h | 43.5 | 31 | 12.5 | 5.8 |
| LFL-P | 老化前 | 57 | 37 | 20 | 5.0 |
| | 200℃/16h | 36 | 23 | 7 | 6.4 |
| SPD-1 | 老化前 | 61 | 42 | 19 | 4.8 |
| | 200℃/16h | 35 | 28 | 7 | 5.2 |

| 降滤失剂 | 实验条件 | AV(mPa·s) | PV(mPa·s) | YP(Pa) | FL$_{API}$(mL) |
|---|---|---|---|---|---|
| SMDP-2 | 老化前 | 59 | 43 | 16 | 2.8 |
| | 200℃/16h | 40 | 32 | 8 | 4.4 |
| LV-PAC | 老化前 | 45 | 32 | 13 | 4.8 |
| | 200℃/16h | 25 | 19 | 6 | 15.0 |

### 3.2.2 耐高温封堵防塌剂研选

在4%膨润土+4%评价土基浆中加入2.5%封堵防塌剂,按照 SY/T 5794—2010《钻井液用沥青类评价方法》标准评价收集的封堵防塌剂耐高温性能,实验结果见表6,软化点200℃的 SMNA-1 改善滤饼质量能力优于当前顺北油田用防塌剂产品,优选 SMNA-1 作为耐高温封堵防塌剂。

**表6 封堵防塌剂降滤失效果对比**

| 配方 | 实验条件 | PV(mPa·s) | FL$_{API}$(mL) | FL$_{HTHP}$(mL) |
|---|---|---|---|---|
| 基浆 | 200℃/16h | 15 | 28.2 | 360.0 |
| 基浆+2.5%LQ-1 | 200℃/16h | 17 | 12.2 | 144.6 |
| 基浆+2.5%LQ-2 | 200℃/16h | 14 | 10.6 | 72.2 |
| 基浆+2.5%LQ-3 | 200℃/16h | 14 | 11.6 | 98.6 |
| 基浆+2.5%LQ-4 | 200℃/16h | 16 | 9.8 | 58.0 |
| 基浆+2.5%LQ-5 | 200℃/16h | 18 | 9.4 | 60.8 |
| 基浆+2.5%SMNA-1 | 200℃/16h | 17 | 8.6 | 56.2 |

### 3.2.3 润滑剂研选

在2%博友土+0.5%SMDP-2+重晶石基浆中加入2%润滑剂,基浆密度为1.60g/cm³,采用 Fan EP 21200 极压润滑仪评价润滑效果。表7对比了极压润滑实验结果,润滑剂 SMJH-1、SKY 老化后润滑系数小于老化前润滑系数,其他润滑剂老化后润滑系数均高于老化前,但含 SMJH-1 基浆高速搅拌后起泡量远低于 SKY,对体系流型影响最小。基浆配方补充1%SMJH-1及2%顺北中质原油后测试老化后基浆膨润土颗粒的表面润湿性变化,结果如图3所示,通过 SMJH-1 及原油适度改善固相表面润湿性,由亲水转变为适度疏水,有助于后期降低油气返排阻力。

**表7 润滑剂耐温性能评价**

| 序号 | 润滑剂 | 试验条件 | PV(mPa·s) | 极压润滑系数 | 发泡率[①](%) |
|---|---|---|---|---|---|
| 1 | 基浆 | 老化前 | 27.5 | 0.231 | 2.0 |
| | | 200℃/16h | 22 | 0.252 | 2.5 |
| 2 | 极压减摩剂 LXJM-1 | 老化前 | 43 | 0.161 | 81.0 |
| | | 200℃/16h | 63 | 0.246 | 83.2 |

| 序号 | 润滑剂 | 试验条件 | PV(mPa·s) | 极压润滑系数 | 发泡率①(%) |
|---|---|---|---|---|---|
| 3 | 极压减摩剂 LXJM-2 | 老化前 | 48 | 0.156 | 82.0 |
| | | 200℃/16h | 10 | 0.196 | 84.5 |
| 4 | SKY-1 | 老化前 | 29 | 0.170 | 40.5 |
| | | 200℃/16h | 19 | 0.119 | 44.0 |
| 5 | SMJH-1 | 老化前 | 26 | 0.163 | 4.5 |
| | | 200℃/16h | 24 | 0.134 | 6.5 |
| 6 | RHJ-3 | 老化前 | 23 | 0.201 | 62.0 |
| | | 200℃/16h | 7 | 0.225 | 65.1 |
| 7 | LUBE-167 | 老化前 | 27 | 0.175 | 81.8 |
| | | 200℃/16h | 20 | 0.210 | 117.5 |

注：①发泡率测试浆：2%博友土+2%润滑剂。

（a）加入前　　　　　　　　　　　　　　　（b）加入后

图3　润滑剂加入前及加入后黏土表面润湿角变化

### 3.2.4　体系综合性能评价与优化

优化上述关键处理剂加量及封堵剂粒径级配形成耐高温固壁防塌钻井液体系，井浆密度为 $1.60g/cm^3$，配方为 $3.0\%\sim3.5\%$ 钠土 $+1.5\%\sim2.0\%$ 聚合物降滤失剂 $+8\%\sim10\%$ 磺化材料 $+1.5\%\sim2.5\%$ 润滑剂 SMJH-1（复配原油）$+1\%\sim3\%$ 防塌剂 SMNA-1 $+0.3\%$ NaOH $+$ 石灰石（复配超细钙）。性能评价结果见表8，可知密度为 $1.60g/cm^3$ 钻井液体系在205℃、16h滚动老化后流变性能良好，HTHP 失水为9.8mL。静置老化 10d 后体系黏切性能稳定，HTHP 滤失量为10.6mL，沉降系数 SF=0.52，表明长期高温静置老化后体系具有良好的高温稳定性能。

表8　耐高温钻井液性能评价结果

| 实验条件 | PV(mPa·s) | YP(Pa) | $FL_{HTHP}$(mL) | pH | EP 系数 | SF |
|---|---|---|---|---|---|---|
| 常温 | 27 | 8.0 | — | 11.0 | 0.157 | — |
| 205℃/滚动 16h | 25 | 6.5 | 9.8 | 10.5 | 0.164 | — |
| 205℃/静置 10d | 21.0 | 7.5 | 10.6 | 9.0 | 0.174 | 0.52 |

采用 MFC-1 型高温高压多功能损害评价仪评价体系对缝宽 $150\mu m$ 裂缝的屏蔽暂堵效果，封堵及返排效果如图4所示及见表9，滤饼紧密堆积密实固体颗粒，对裂缝产生了封堵作用。滤饼形成后进行返排，返排过程突破压力较低（0.25MPa），钢样岩心渗透率返排恢复率大于 85%。

表9　钻井液动态损害评价

| 缝宽(μm) | 1h 滤失量(mL) | 循环/返排 | | | |
|---|---|---|---|---|---|
| | | 循环正压差(MPa) | 突破压力(MPa) | 最大恢复率(%) | 最大恢复率压差(MPa) |
| 150 | 13.64 | 3.5 | 0.25 | 86.2 | 0.25 |

(a)滤饼封堵150μm缝宽裂缝　　　　　　(b)返排后

图4　滤饼封堵150μm缝宽岩样裂缝，返排后岩样裂缝

## 4　现场应用

### 4.1　顺北814X井施工概况

顺北814X井位于8号断裂带北段，为四开制斜井，以 $O_{1-2}y$ 和 $O_1p$ 为目的层，奥陶系存在2条弱拉分断裂[8139~8140.5m(垂)，8180.5~8182.5m(垂)]，碳酸盐岩储层裂缝、洞穴、孔洞发育，存在放空、井漏、溢流、卡钻等风险。该井四开钻进至9085.64m鹰山组发生失返性漏失，放空段长1.19m，漏失后将密度由 $1.30g/cm^3$ 逐级降至 $1.12g/cm^3$，降密度建立循环并强钻至9195.00m完钻，完钻层位 $O_1p$。该井钻进及完井测试累计漏失井浆超5900 $m^3$。四开井浆维护要点为重点强化井浆随钻封堵微裂缝、稳定高温井浆流型、改善沉降稳定性能。钻井液配方为2.5%~3.5%膨润土+0.6%~1.0%抗温抗盐降滤失剂+10%~12%磺化材料+4%~5%封堵防塌剂+0.5%~1.0%环保/极压润滑剂+4%~6%多级刚性封堵剂(600~4000目)+3%~4%原油+石灰石，钻井液性能见表10，可知体系流型稳定，具有良好的高温稳定性，沉降稳定系数SF=0.506(200℃静置72h)，滤液初失水时间由40s提升至83s，提高了体系随钻封堵性能，耐高温固壁防塌钻井液体系确保了鹰山组下段破碎带地层井壁稳定。

表10　顺北814X井四开钻井液性能

| 井深(m) | 性能 | $\rho(g/cm^3)$ | FV(s) | PV(mPa·s) | YP(Pa) | $FL_{API}$(mL) | $FL_{HTHP}$(mL) | $K_f$ |
|---|---|---|---|---|---|---|---|---|
| 7846.00~9195.00m(四开) | 设计 | 1.20~1.34 | 50~60 | 15~25 | 8~12 | ≤4 | ≤9 | ≤0.06 |
| | 实际 | 1.12~1.60 | 44~53 | 17~25 | 6.5~12 | 1~2 | 6~8 | 0.0524 |

### 4.2　顺北814X井产能评价

2023年2月20日至3月4日对该井进行了产能测试，产能与邻井对比见表11。该井产量及稳定性优于邻井，且未酸压自然建产，油气当量1017t，刷新亚洲陆地上垂深最深千吨井纪录。

表 11　顺北 814X 井与顺北 83X 井产量对比

| 井号 | 工况 | 油嘴（mm） | 油压（MPa） | 日产油（t） | 日产气（$10^4 \mathrm{m}^3$） | 油气当量（$10^4 \mathrm{m}^3$） |
|---|---|---|---|---|---|---|
| 顺北 803X | 酸压前 | 7 | 58.76 | 193.92 | 28.06 | 377.98 |
|  | 酸压后 | 9 | 38.23 | 106.64 | 17.62 | 228.41 |
| 顺北 814X | 未酸压 | 14 | 37.47 | 621.36 | 65.48 | 1017 |
|  |  | 8 | 51.40 | 221.52 | 29.82 | 414.83 |

## 5　结论

（1）基于顺北储层储集空间特征、润湿性及敏感性测试结果，明确顺北油田储层损害机理主要为钻井液中大量低酸溶固相侵入并堵塞地层、较强的水润湿导致高毛细管作用力造成了气层水相圈闭及水锁及钻井液耐温差造成固相沉降。

（2）通过"宽粒径刚性颗粒、高软化点材料复合封堵和储层表面适度润湿反转"三元复合屏蔽暂堵技术，实现减少滤失量和固相侵入量及深度、提高随钻封堵时效，耐高温固壁防塌钻井液体系在顺北 814X 井取得良好的储层保护效果。

## 参 考 文 献

[1] 邓尚，李慧莉，张仲培，等. 塔里木盆地顺北及邻区主干走滑断裂带差异活动特征及其与油气富集的关系[J]. 石油与天然气地质，2018，39(5)：878-888.

[2] 方俊伟，张翼，李双贵，等. 顺北一区裂缝性碳酸盐岩储层抗高温可酸溶暂堵技术 [J]. 石油钻探技术，2020，48(2)：17-22.

[3] PARVIZINIA A，AHMED R M，OSISANYA S O. Experimental Study on the Phenomenon of Barite Sag [M]. 2011.

[4] 李冬梅，柳志翔，李林涛，等. 顺北超深断溶体油气藏完井技术[J]. 石油钻采工艺，2020，42(5)：600-605.

[5] 李映涛，漆立新，张哨楠，等. 塔里木盆地顺北地区中—下奥陶统断溶体储层特征及发育模式 [J]. 石油学报，2019，40(12)：1470-1484.

[6] 黄阳. 裂缝性碳酸盐岩储层的保护技术[J]. 中国石油和化工标准与质量，2012，2(13)：139-140.

[7] 王建华，鄢捷年，郑曼，等. 钻井液固相和滤液侵入储层深度的预测模型 [J]. 石油学报，2009，30(6)：923-926.

[8] BENNION D B，BIETZ R F，THOMAS F B，et al. Reductions In the Productivity of Oil And Low Permeability Gas Reservoirs Due to Aqueous Phase Trapping [J]. Journal of Canadian Petroleum Technology，1994，33(9)：45-54.

[9] 李蔚萍. 低渗储层水锁伤害影响因素及预防措施 [J]. 精细与专用化学品，2022，30(9)：27-29.

[10] 刘大伟. 川东北裂缝漏失性碳酸盐岩储层损害机理及保护技术研究[D]. 成都：西南石油大学，2006.

[11] 林勇，王定峰，冀忠伦. 特低渗透油藏保护油层钻井液研究与应用[J]. 钻井液与完井液，2006，23(5)：47-49，86-87.

[12] 杨兰田，耿云鹏，牛晓，等. 保护缝洞性碳酸盐岩储层的钻井液技术[J]. 钻井液与完井液，2012，29(6)：17-20，86.

[13] 方俊伟，董晓强，李雄，等. 顺北油田断溶体储集层特征及损害预防[J]. 新疆石油地质，2021，42(2)：201-205.

# 梳型温敏聚合物对无固相水基钻井液高温流变性的调控

陶怀志[1]　艾加伟[1]　陈俊斌[1]　舒小波[1]　谢彬强[2]

(1. 中国石油川庆钻探工程有限公司钻采工程技术研究院;

2. 长江大学石油工程学)

**摘　要**　针对现有聚合物增黏剂存在高温降黏缺陷，不能有效调控无固相水基钻井液高温流变性能的难题，采用自由基胶束聚合法制备了丙烯酰胺(AM)/新型温敏单体(MVC)/2-丙烯酰胺基-2-甲基丙磺酸钠(NaAMPS)梳型温敏聚合物(TSP-Comb)。采用红外光谱、核磁氢谱和凝胶渗透色谱等表征和测定了TSP-Comb的分子结构和重均分子量，采用热重分析和环境扫描电镜分别测定了TSP-Comb分子链的热稳定性和微观结构，采用流变仪和可见分光光度计研究了TSP-Comb的温度响应特性，并研究了TSP-Comb对无固相水基钻井液高温流变性能的调控效果。研究结果表明，TSP-Comb溶液在90~180℃范围内具有优良的高温增稠特性和较高的相变温度(高于60℃)，相比较于线性温敏聚合物，TSP-Comb在高温流变稳定性和相变温度提升方面均有明显改善；TSP-Comb的高温增稠特性有助于改善无固相钻井液的高温流变性能，基于TSP-Comb构建的无固相钻井液的表观黏度、塑性黏度、动切力等流变参数在90~180℃较宽温度范围内的变化率小于25%，TSP-Comb显著提高了无固相钻井液的高温流变稳定性，为无固相水基钻井液高温流变性能调控提供了一种新方法。

**关键词**　梳型聚合物；温敏聚合物；高温增稠；高温流变性；无固相钻井液

无固相钻井液能最大限度地避免固相伤害，且具有机械钻速高、润滑性好、流动阻力小等优点[1-4]，为油气层钻探中常用的钻井液体系。但无固相钻井液的抗温性能较差[5-6]，特别是高温下钻井液流变稳定性不佳，不能满足深层高温油气藏的高效钻探需求。从本质上来看，无固相钻井液的抗温性能主要取决于聚合物增黏剂的抗温能力，因为聚合物增黏剂在无固相钻井液中起到最主要的调控流变性与滤失造壁性的作用[7-9]。因此，对抗温聚合物增黏剂的研究显得极为重要，这一直也是钻井液的研究热点和难点之一。目前钻井液用抗温聚合物的研究主要集中在丙烯酰胺类聚合物的改性方面，采用的主要方法是聚合物分子侧链的刚性化及官能团的功能化设计[10-12]，但这些措施的效果有限。水溶性聚合物抗温

【第一作者简介】陶怀志，男，1983生8月生，2012年获西南石油大学油气井工程专业博士学位，现任职于中国石油川庆钻探钻采工程技术研究院，高级工程师，主要从事油气井工作液、油田化学等方面研究。地址：四川省广汉市中山大道南二段钻采院；邮政编码：618300；联系电话：13388123420；E-mail：taohz_ccde@cnpc.com.cn。

性能不理想的主要原因在于聚合物的高温降解或高温降黏。由 Arrhenius 方程可知，聚合物溶液黏度会随着温度升高而下降，因此其在高温环境中的稳定性较差。

针对该难题，20 世纪 90 年代法国科学家 Hourdet 提出了"温敏增稠聚合物"的新思路[13]。与常规聚合物溶液的高温降黏现象相反，该类聚合物溶液特有的温敏增稠现象为提高聚合物抗温性能的一个新途径。近年来，国内外研究者将温敏聚合物的流变特性应用于解决油田各个作业环节中的难题，例如，提高三次采油聚合物耐温抗盐性能[14]、改善水泥浆高温稳定性[15]、调控钻井液流变性[16-17]等，均取得了较好的室内研究结果，但这些聚合物仍存在相变温度较低、高温稳定性较差等问题[18-19]，存在一定的抗温局限性。

从聚合物分子链入手改善其链形状，为提高聚合物耐温性的重要手段之一。梳型聚合物分子侧链的体积排斥和电性排斥作用，使其分子链充分伸展而排列成梳状结构，能增强主链刚性和分子结构的规整度，进而提高分子链的热稳定性、抗剪切性等[20]。因此，梳型聚合物为新型耐温抗盐聚合物的重要研究方向之一。笔者基于自制的亲水/疏水性能和链长可控的温敏大单体，将梳型聚合物的链结构特性与温敏聚合物的温敏缔合特性相结合，设计、制备了一种具有梳状结构的温敏聚合物，以进一步提高温敏聚合物的抗温性能，探索其高温增稠行为、相变温度的变化规律及调控无固相钻井液高温流变性能的规律等，并与笔者前期研制的线性温敏聚合物[21]进行比较，分析温敏聚合物的链形状对其抗温性能的影响，以期为解决高温无固相钻井液流变性失稳难题提供技术支持。

# 1 实验

## 1.1 主要实验原料和试剂

丙烯酰胺（AM）：化学纯，2-丙烯酰胺基-2-甲基丙磺酸（AMPS）：分析纯，过硫酸铵（APS）：分析纯，上海阿拉丁生化科技股份有限公司；N-乙烯基己内酰胺（NVCL）：化学纯，上海麦克林生物医药有限公司；盐酸硫乙醇胺（AET）：分析纯，上海慈维化工科技有限公司；丙烯酰氯：分析纯，上海尼姆丁化学有限公司；N,N,N,N'-四甲基乙二胺（TEMED），化学纯，北京百灵威科技有限公司；丙酮、N,N'-二甲基甲酰胺（DMF）、十二烷基苯磺酸钠 SDBS、氢氧化钠和氯化钠，均为分析纯，国药集团化学试剂有限公司；蒸馏水。

## 1.2 温敏聚合物的合成

### 1.2.1 温敏大单体 MVC 的合成

温敏大单体 MVC 为参照并优化文献[22]中的单体制备方法得到，其制备原理如图 1 所示，包括两步反应。

第 1 步为端胺基调聚物（AM-co-NVCL）-$NH_2$的合成，将摩尔比为 $M_{AM}$ ：$M_{NVCL}$ = 5.5 ：3.0 的两种单体溶于装有 100mL 去离子水的三口烧瓶中，搅拌均匀后，分别将一定量的引发剂 APS 溶液和链转移剂 AET 溶液滴加到反应液中，在氮气保护下，于 25℃ 下反应 10h，后用丙酮沉淀反应液，反复洗涤、真空冰冻干燥，得到端胺基调聚物 MVC。

第 2 步为温敏大单体 MVC 的合成。将 MVC 溶于装有 100mL DMF 的三口瓶中，将预先溶解在 DMF 中的适量丙烯酰氯逐滴加到上述溶液中，并搅拌均匀，在氮气保护下，于 25℃ 下反应 12h，用丙酮沉淀反应液，反复洗涤、真空冷冻干燥，得到温敏大单体 MVC。实验中，可以通过控制第一步反应中 AM 和 NVCL 配比来实现对 MVC 分子亲水/疏水性能和链长度的控制。

## 1.2.2　温敏聚合物的合成

依次将 AM 和 AMPS 溶于 100mL 去离子水中，用 20%NaOH 水溶液调节单体混合液 pH 值至中性，将混合液倒入三口烧瓶中，加入 SDBS，搅拌均匀，后加入 MVC，连续搅拌，控制上述 3 种单体的摩尔比为 5.5∶3.0∶1.5，通氮气约 30min，然后将预先配制的 TEMED 和 APS 溶液滴加到反应液中，于 55℃反应 6h，得到胶状产物，使用丙酮洗涤、沉淀 3 次，后于 50℃真空中干燥、研磨，即得梳型温敏聚合物 TSP-Comb，在 TSP-Comb 制备过程中可通过控制单体摩尔比来控制聚合物分子中梳状链密度。

线性温敏聚合物 Poly(AM-NVCL-AMPS)(代号 PANA)为课题组前期制备，具体制备方法参见文献[21]。

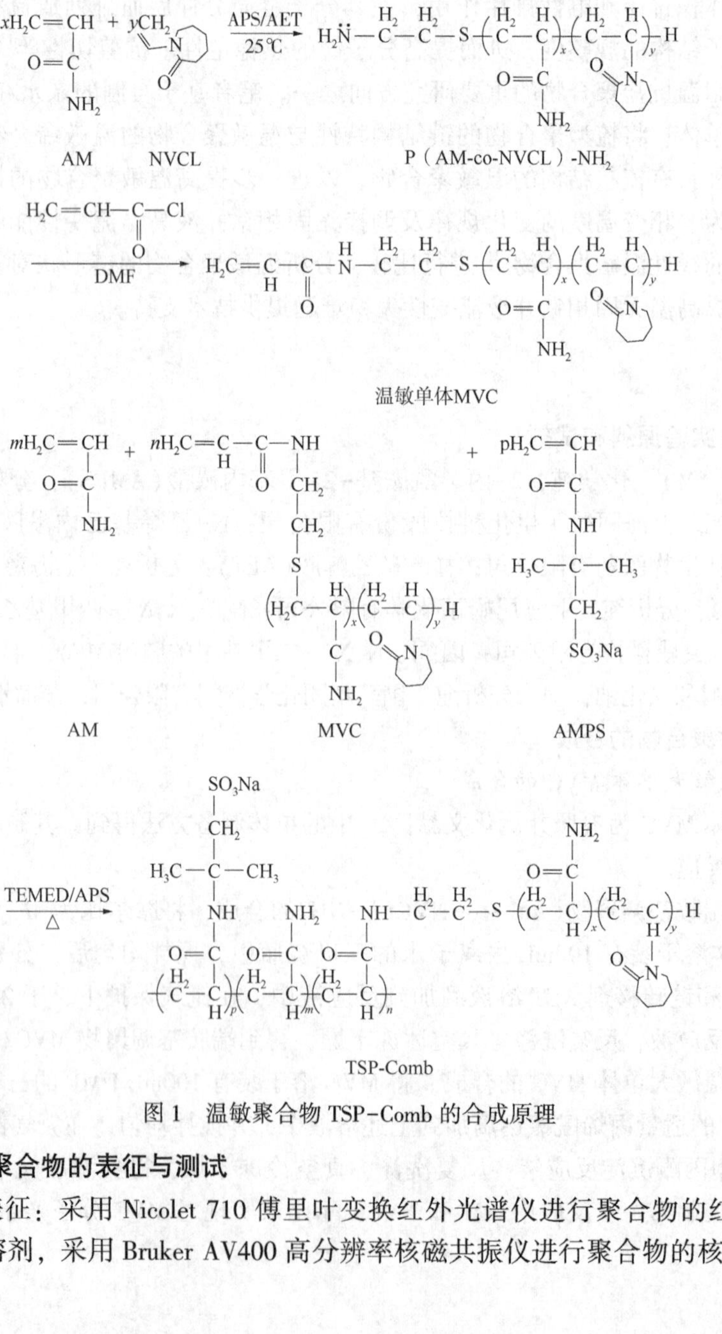

图 1　温敏聚合物 TSP-Comb 的合成原理

## 1.3　温敏聚合物的表征与测试

分子结构表征：采用 Nicolet 710 傅里叶变换红外光谱仪进行聚合物的红外光谱分析；以重水 $D_2O$ 为溶剂，采用 Bruker AV400 高分辨率核磁共振仪进行聚合物的核磁共振氢谱分析[1]H—NMR。

分子量测定：采用 Waters 2695 型凝胶渗透色谱仪(GPC)测定聚合物的重均分子量，以 0.1mol/L NaNO$_3$ 溶液作为洗脱液，以 pullulan p-82(葡聚糖)为标准样。

热稳定性测试：采用 HTG-1 型热重分析仪，在氮气氛围下，对聚合物进行热失重分析，进而分析其分子链的热稳定性，测试温度范围为 30~600℃，升温速率为 10℃/min；采用 HAAKE RS6000 流变仪测定聚合物溶液在某一温度下老化 16h 后的黏度，计算其在各温度下的黏度保持率，老化温度分别为 150℃、160℃、170℃、180℃、190℃和 200℃，剪切速率为 100s$^{-1}$，实验中为了消除溶液中溶解氧的影响，在聚合物溶液中添加了 0.2%除氧剂硫脲。

微观结构测试：采用 Quanta 450 型环境扫描电镜(ESEM)观测聚合物分子链在水中的微观结构形态，实验方法为冷冻升华法[23]。

高温流变性测试：采用 HAAKE RS6000 高温高压流变仪对聚合物溶液进行高温流变性测试，温度测试范围为 20~180℃，压力为 5MPa，仪器升温速率为 2℃/min，控温精度为±0.01℃，固定剪切速率为 100s$^{-1}$，聚合物溶液黏度—温度曲线的拐点温度即为聚合物溶液的临界增稠温度($T_{th}$)。

浊点温度(LCST)测试：采用 721 型紫外—可见分光光度仪，在 20℃至 90℃范围内测定聚合物溶液的透光率随温度变化，得到的透光率—温度曲线的拐点温度即为其浊点温度。

### 1.4 钻井液性能测定

参照 GB/T 16783.1—2014《石油天然气工业钻井液现场测试 第 1 部分：水基钻井液》[24] 中方法配制无固相钻井液，采用 HAAKE RS6000 高温高压流变仪，在 20~180℃ 温度范围内，测定钻井液的高温高压流变性能；采用 ZNN-D6 型六速旋转黏度计测定、计算钻井液高温老化前后的表观黏度、塑性黏度、动切力等流变参数；采用中压失水仪测定钻井液高温老化前后的滤失量。

## 2 结果与讨论

### 2.1 温敏聚合物结构表征

#### 2.1.1 红外光谱分析

TSP-Comb 的红外光谱如图 2 所示，图中 1039.55cm$^{-1}$ 和 1193.03cm$^{-1}$ 为聚合物分子 AMPS 链节中 SO$_3^-$ 的特征吸收峰(分别为 SO$_3^-$ 中 S—O 的对称和非对称伸缩振动峰)，625.86cm$^{-1}$ 为 AMPS 中 C—S 伸缩振动峰；3434.24cm$^{-1}$ 为酰胺基链节中 N—H 的伸缩振动峰；1674.74cm$^{-1}$ 为酰胺基链节和 VCL 链节中 C＝O 的伸缩振动峰；1542.02cm$^{-1}$ 为 VCL 链节中 C—N 的伸缩振动峰；2932.09cm$^{-1}$ 和 1447.28cm$^{-1}$ 分别为 VCL 链节中—CH$_2$ 的伸缩振动峰和弯曲振动峰；聚合物分子中的—CH$_3$ 和—CH 的弯曲振动峰分别为 1388.75cm$^{-1}$，1263.79cm$^{-1}$。

#### 2.1.2 核磁氢谱分析

以 D$_2$O 为溶剂，进一步测定了 TSP-Comb 的核磁共振氢谱，如图 3 所示。如图中标注所示，TSP-Comb 分子中各质子的化学位移 δ 归属如下：H$_a$，H$_b$，4.312×10$^{-6}$；H$_c$，H$_d$，3.353×10$^{-6}$；H$_e$，H$_f$， 2.471×10$^{-6}$；H$_g$，2.255×10$^{-6}$；H$_h$，1.576×10$^{-6}$；H$_j$，H$_i$，1.478×10$^{-6}$。

上述红外光谱和核磁共振氢谱测试分析表明，所制备的聚合物为 AM、MVC 和 NaAMPS 的共聚物。

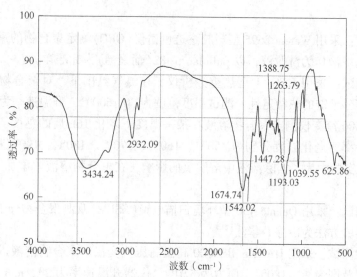

图 2　TSP-Comb 的红外光谱图

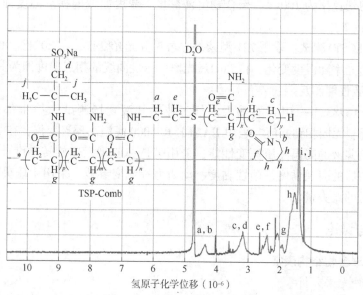

图 3　TSP-Comb 的核磁氢谱图

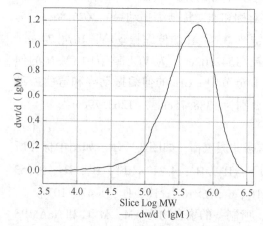

图 4　TSP-Comb 的凝胶渗透色谱图

### 2.1.3　分子量测定

采用凝胶渗透色谱（GPC）测定了 TSP-Comb 的分子量及其分布（图 4）。测试结果表明，TSP-Comb 的重均分子量为 576837，数均分子量为 245316，分子量分布指数为 2.351。

### 2.2　温敏聚合物微观结构

由不同浓度 TSP-Comb 溶液的 ESEM 照片（图 5）可以看出，TSP-Comb 分子在水中形成了连续的三维网状结构，且聚合物分子链尺寸随聚合物浓度增加而增加。这说明随着聚合物浓度的增加，分子中梳状温敏链间的疏水缔合作用得到增强，从而提高了聚合物的增黏性能。由 GPC 测定结果可知，TSP-Comb 的重均分子量和数均分子量均不高，因此其在溶液中的增黏性能主要依赖于分子内梳状温敏链段间的疏水缔合作用。

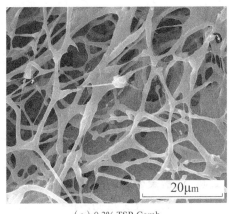 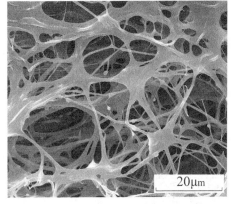

（a）0.3% TSP-Comb　　　　　　　　　　（b）0.5% TSP-Comb

图 5　TSP-Comb 溶液的环境扫描电镜图片

## 2.3　温敏聚合物热稳定性

### 2.3.1　热重分析

梳型温敏聚合物(TSP-Comb)与线性聚合物 PANA 的热重对比曲线如图 6 所示。TSP-Comb 分子链的热分解过程主要可分为如下 4 个阶段：第 1 阶段为室温至约 115℃，该阶段样品的质量损失为 6.5%，其主要原因为聚合物分子内吸附水和自由水的受热脱除所致；第 2 阶段发生在 115℃至约 350℃，样品的质量损失为 21.8%，其中在 115℃至 326℃区间内，样品几乎没有损失，当温度高于 326℃后，样品发生明显的降解失重，这是由于聚合物分子中大量的磺酸基、酰胺基发生热分解所致；第 3 阶段发生在 350℃至约 480℃，所致样品失重率约为 44.5%，此阶段主要为聚合物主链分解所致，主链发生明显的降解温度为 396℃；第 4 阶段发生在 480℃以上，此时热重曲线变化相对稳定，为碳质残余物的降解。与 TSP-Comb 相比，线性聚合物 PANA 在 306℃开始剧烈分解，因此，具有梳型链特性的 TSP-Comb 分子具有更好的热稳定性。

### 2.3.2　溶液热稳定性测试

TSP-Comb 在水溶液中的热稳定性测试结果如图 7 所示。当老化温度小于等于 180℃时，老化前后 TSP-Comb 溶液黏度变化较小，其黏度保持率高于 82%，而当老化温度升至 190℃时，老化后 TSP-Comb 溶液黏度保持率明显降低，这说明此温度下，TSP-Comb 分子已出现明显降解。而 PANA 水溶液经 170℃老化后的黏度保持率仅为 56%，因此 TSP-Comb 分子的热稳定性优于 PANA。这是因为：首先，TSP-Comb 分子 MVC 单元的长侧链具有较强的体积排斥作用和位阻作用，能增强主链刚性和分子结构的规整度，进而提高 TSP-Comb 分子热稳定性；其次，MVC 单元中的己内酰胺七元环为强刚性结构，即使环中的酰胺基团发生高温降解开环，会产生—NH—(CH$_2$)—COO$^-$结构，其具有更大流体力学体积，会致使溶液黏度上升[25]，因此 TSP-Comb 溶液具有更高的高温黏度保持率。

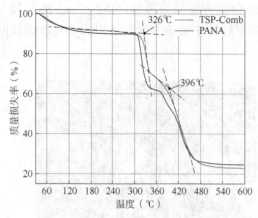

图6 两种聚合物的热重曲线对比

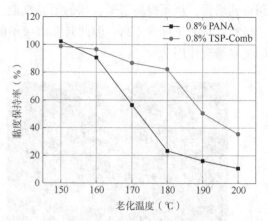

图7 聚合物溶液的热稳定性能

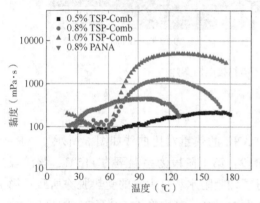

图8 聚合物溶液的高温增稠性能

### 2.4 温敏聚合物的温度响应特性

#### 2.4.1 高温流变性能评价

研究了梳型温敏聚合物(TSP-Comb)溶液黏度在不同温度下的变化情况,并与线性聚合物(PANA)进行了比较,实验结果如图8所示。

从该图中可得出以下规律。(1)两种聚合物溶液均表现出了一定的高温增稠特性。具体来看,两种聚合物溶液黏度均随温度的逐渐升高而增大,这是因为两种聚合物分子中VCL链中亚甲基链段的疏水性会随着温度升高而变强[26],虽然温度升高同时会降低水分子极性,导致温敏聚合物分子中疏水链段的溶解性增加,但温敏链(VCL)段间较强的疏水缔合作用更占优势,这是导致上述聚合物溶液高温增稠的主要原因[27-31];在120~150℃高温范围内,TSP-Comb溶液黏度最高,而PANA溶液最大黏度对应的温度范围为90~100℃,当温度高于上述温度范围后,两种聚合物溶液的黏度均出现下降,这是由于更高温度下,温敏链将完全转变为疏水链,链间过强的疏水缔合作用会导致部分聚合物分子析出,致使溶液黏度下降。但从图8中看到,0.8%TSP-Comb溶液在150~180℃高温下的黏度下降较为缓慢,而0.8%PANA溶液在130℃下的黏度已明显下降,这说明TSP-Comb溶液的高温稳定性更好,这是因为TSP-Comb分子中的梳状温敏链间的位阻效应更强,分子结构的规整度更好,有利于提高缔合结构的高温稳定性[21,32]。(2)在相同溶液浓度下,TSP-Comb的高温增稠现象更显著,且临界增稠温度$T_{th}$(温敏响应温度)更高,当聚合物浓度为0.8%时,TSP-Comb和PANA的$T_{th}$分别为61℃和32℃。这是由于单位聚合物分子中TSP-Comb的温敏单元含量更高,相同浓度下,聚合物温敏侧链间的缔合结构更强,TSP-Comb溶液的高温增稠性能更好;相比较于线性聚合物,TSP-Comb分子中梳状温敏链间的位阻效应更强,其链间缔合需要更多能量,因此只有在更高温度下,当疏水缔合结构足够强时,TSP-Comb才会出现温敏增稠现象,即临界增稠温度升高。(3)TSP-Comb溶液浓度越高,其温敏增稠现象越显著。这是聚合物溶液中温敏链的数量随聚合物溶液浓度增加而增加,较多的温敏链段间更容易缠结，有利于链间的疏水缔合作用。因此，在较低温度下就能形成较强的疏水缔合结构，从而出现相转变现象。

### 2.4.2 相变温度测定

为深入分析聚合物链形状对相变温度的影响，通过透光率测试，测定了 TSP-Comb 溶液的浊点，并与线性聚合物 PANA[21] 进行了对比，测定结果如图 9 所示。图 9 中聚合物溶液透光率随温度上升而明显降低的拐点为温敏聚合物相变的浊点温度，此时聚合物溶液从无色透明逐渐变为白色浑浊，这说明聚合物溶液相变开始发生，该现象是由于两种温敏聚合物分子中己内酰胺链段与水分子间的氢键随温度上升而逐渐被破坏，导致己内酰胺链段的疏水性增强，进而缔合产生大量疏水微区的宏观表现[33]。

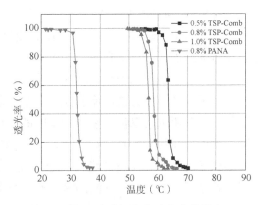

图 9　温度对聚合物溶液透光率的影响

由图 9 可知，聚合物溶液浓度越高，浊点温度越低；相同溶液浓度下，TSP-Comb 的浊点比线性聚合物 PANA 更高。从图 9 中得到的浊点变化规律与高温流变性测试（图 7）得出的临界增稠温度变化规律基本一致，但两种测试得到的相变温度数值稍有差异，该现象与笔者前期研究结果相一致[26]。两种温度数值间的差异（表 1）可能与仪器的测试原理、样品升温速率等因素有关，但均可表示温敏聚合物的相变温度。基于上述变温紫外-可见光和高温流变性测试结果，分析了 TSP-Comb 分子结构对聚合物温敏缔合作用的影响，首先，TSP-Comb 为强聚电解质，其分子中较高含量的磺酸基间的静电斥力会削弱温敏链间的疏水缔合作用[34]；其次，TSP-Comb 分子中梳状温敏链间的位阻效应更强，聚合物分子链间缔合需要更多能量，这将导致温度较低时，链间的缔合作用较弱，只有当在较高温度下，分子中温敏链间的缔合作用较强时，才会出现温敏增稠现象。因此，相比较于线性温敏聚合物，TSP-Comb 的相变温度更高，且高温稳定性更好，具有调控钻井液高温流变性能的潜在特性。

表 1　聚合物溶液的临界增稠温度（$T_{th}$）和浊点温度（LCST）比较

| 聚合物溶液 | LCST(℃) | $T_{th}$(℃) |
|---|---|---|
| 0.5%TSP-Comb | 63 | 68 |
| 0.8%TSP-Comb | 58 | 61 |
| 1.0%TSP-Comb | 55 | 58 |
| 0.8%PANA | 31 | 32 |

### 2.5　温敏聚合物对无固相钻井液流变性能的影响

基于 TSP-Comb 的热增稠流变特性，以其为核心，进一步添加抗高温改性淀粉（DFD-140）、高分子包被剂（80A51）、胺基抑制剂、除氧剂（硫脲）等处理剂，得到无固相钻井液基础配方（SFWBM）：自来水+1.0% TSP-Comb+1.5% DFD-140+0.4% 80A51+2.5%胺基抑制剂+0.5%硫脲+0.2%氢氧化钠，其中，DFD-140 分子中含有适量的抗高温基团，胺基抑制剂分子中不含醚氧基团，两者均具有良好的抗温性能[35-36]。研究了 TSP-Comb 对无固相钻井液的高温流变性、高温稳定性等性能的影响，以深入分析 TSP-Comb 对无固相钻井液流变性能的调控规律。

### 2.5.1　高温流变性能

采用 HAAKE RS6000 高温高压流变仪，测定了含有 TSP-Comb 的无固相钻井液的高温高压流变性能，钻井液在不同温度下的流变曲线如图 10 所示。从图 10 可知，相同温度下，钻井液剪切力随剪切速率的增大而增大；相同剪切速率下，钻井液的剪切力随温度增加先上升后下降，该钻井液的流变曲线随温度的变化规律与传统钻井液不同[37-38]。进一步研究了钻井液常用的宾汉流变参数随温度的变化规律，如图 11 所示。该钻井液的宾汉流变参数随温度的变化比较特殊，在 30~120℃ 范围内，钻井液的表观黏度、塑性黏度和动切力等流变参数随温度升高而略有增大；当温度超过 150℃ 时，上述流变参数随温度升高而略有下降。这是因为无固相钻井液的流变性、滤失等性能主要通过聚合物增黏剂来调节，而 TSP-Comb 的高温增稠特性会有利于增大钻井液的黏度、切力等流变参数。经计算可知，该钻井液的表观黏度、动切力等参数在 90~180℃ 范围内变化率小于 25%，因此该钻井液具有较好的高温流变稳定性。这主要为具有优良高温增稠特性的 TSP-Comb 影响所致，因为钻井液体系中聚丙烯酰胺类高分子(80A51)在高温下的增黏效果会有所减弱，而此时 TSP-Comb 将发挥主要的高温增黏提切作用，正是两者间此消彼长的互补特性，使钻井液黏切保持在较为合理的范围，从而实现对钻井液高温流变性能的调控。

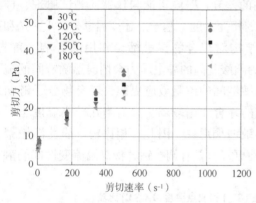

图 10　钻井液在不同温度下的流变曲线　　图 11　钻井液宾汉流变参数随温度变化曲线

分别采用宾汉模式、幂律模式、卡森模式和赫-巴模式对钻井液的高温高压流变数据进行拟合，拟合结果见表 2。上述 4 种模式均能较好描述该钻井液在高温高压条件下的流变模式，其中采用赫巴模式的拟合效果最好。

表 2　各种流变模式在不同温度下的拟合结果

| 温度 | 方程/参数 | 各流变模式在不同温度下的拟合结果 | | | |
| --- | --- | --- | --- | --- | --- |
| | | 宾汉 | 幂律 | 卡森 | 赫巴 |
| 90℃ | 流变方程 | $\tau = 9.338 + 0.039\gamma$ | $\tau = 1.655\gamma^{0.479}$ | $\tau = 1.607(1+\gamma)^{0.483}$ | $\tau = 6.441 + 0.279\gamma^{0.721}$ |
| | $R^2$ | 0.979 | 0.963 | 0.967 | 0.999 |
| 120℃ | 流变方程 | $\tau = 9.839 + 0.041\gamma$ | $\tau = 1.808\gamma^{0.472}$ | $\tau = 1.752(1+\gamma)^{0.476}$ | $\tau = 6.594 + 0.324\gamma^{0.705}$ |
| | $R^2$ | 0.976 | 0.966 | 0.969 | 0.999 |

| 温度 | 方程/参数 | 各流变模式在不同温度下的拟合结果 | | | |
|------|-----------|------|------|------|------|
| | | 宾汉 | 幂律 | 卡森 | 赫巴 |
| 150℃ | 流变方程 | $\tau=8.243+0.031\gamma$ | $\tau=1.773\gamma^{0.438}$ | $\tau=1.709(1+\gamma)^{0.443}$ | $\tau=4.938+0.39\gamma^{0.643}$ |
| | $R^2$ | 0.964 | 0.973 | 0.976 | 0.998 |
| 180℃ | 流变方程 | $\tau=7.678+0.028\gamma$ | $\tau=1.725\gamma^{0.428}$ | $\tau=1.66(1+\gamma)^{0.434}$ | $\tau=4.52+0.387\gamma^{0.63}$ |
| | $R^2$ | 0.961 | 0.974 | 0.977 | 0.997 |

### 2.5.2 高温稳定性能

通过连续热滚老化实验评价了无固相钻井液的高温稳定性能，以评价 TSP-Comb 在钻井液中的长期有效性，实验温度为 180℃。实验结果见表 3。钻井液经 180℃连续热滚老化后，其黏度、切力等流变参数均有所降低，中压滤失量则稍有增大；热滚时间越长，钻井液性能变化越大，但当连续热滚时间达 24h 时，钻井液基本性能的变化较小，这说明具有优良高温稳定性能的 TSP-Comb 和抗温改性淀粉 DFD-140 提高了钻井液的高温老化稳定性，使得该钻井液体系在 180℃下具有良好的高温稳定性能。

表 3　钻井液高温稳定性能评价

| 测试条件 | AV(mPa·s) | PV(mPa·s) | YP(Pa) | Gel(Pa/Pa) | pH 值 | $FL_{API}$(mL) |
|----------|-----------|-----------|--------|------------|-------|----------------|
| 热滚前 | 42.5 | 29.0 | 13.5 | 4.0/4.0 | 8.5 | 7.0 |
| 180℃/16h | 39.5 | 26.0 | 13.0 | 3.5/3.5 | 8.5 | 7.6 |
| 180℃/24h | 34.5 | 23.5 | 11.0 | 2.5/2.5 | 8.5 | 8.5 |
| 180℃/48h | 29.5 | 21.0 | 8.5 | 2.0/2.0 | 8.5 | 10.4 |

### 2.5.3 抗盐抗钙性能

评价了不同加量氯化钠、氯化钙污染后的无固相钻井液在 180℃/16h 热滚前后的基本性能，实验结果见表 4。随着氯化钠或氯化钙加量的增加，SFWBM 体系热滚前后的黏度、切力等主要流变参数逐渐降低，而滤失量则逐渐增加，其中，氯化钙的影响更显著些，但当氯化钠、氯化钙加量分别达 20%和 0.5%时，钻井液在老化前后的流变参数和滤失量变化较小，这说明 SFWBM 体系在较高氯化钠或氯化钙加量下仍具有较好的高温稳定性。这是因为影响钻井液流变性能的主要处理剂为强聚电解质 TSP-Comb，外加盐的电解质屏蔽作用会导致聚合物分子链卷曲，降低其作用效果，但盐的加入同时也促进了温敏链间的疏水缔合作用[33,39]；TSP-Comb 分子中含有大量的己内酰胺环、磺酸基等耐温抗盐基团，且梳状链间较强的体积排斥作用，进一步增强了聚合物分子刚性，导致聚合物分子链排列成结构规整、具有较大的流体力学半径的梳状结构，因此 TSP-Comb 有优良的耐温抗盐性能，而基于 TSP-Comb 构建的无固相钻井液具有较强的抗盐抗钙能力。

表 4　钻井液抗盐抗钙性能评价

| 配方 | 实验条件 | AV(mPa·s) | PV(mPa·s) | YP(Pa) | Gel(Pa/Pa) | pH 值 | $FL_{API}$(mL) |
|------|----------|-----------|-----------|--------|------------|-------|----------------|
| SFWBM | 热滚前 | 42.5 | 29.0 | 13.5 | 4.0/4.0 | 8.5 | 7.0 |
| | 热滚后 | 39.5 | 26.5 | 13.0 | 3.5/3.5 | 8.5 | 7.6 |

| 配方 | 实验条件 | AV(mPa·s) | PV(mPa·s) | YP(Pa) | Gel(Pa/Pa) | pH 值 | FL$_{API}$(mL) |
|---|---|---|---|---|---|---|---|
| SFWBM+ 10%NaCl | 热滚前 | 37.5 | 26.0 | 11.5 | 2.5/3.0 | 8.5 | 8.0 |
| | 热滚后 | 30.0 | 22.0 | 8.0 | 2.0/2.0 | 8.5 | 9.2 |
| SFWBM+ 20%NaCl | 热滚前 | 32.0 | 22.5 | 9.5 | 2.0/2.0 | 8.5 | 8.6 |
| | 热滚后 | 25.5 | 19.0 | 6.5 | 1.0/1.0 | 8.5 | 10.5 |
| SFWBM+ 0.3%CaCl$_2$ | 热滚前 | 38.5 | 27.0 | 11.5 | 3.0/3.0 | 8.5 | 8.2 |
| | 热滚后 | 31.5 | 24.0 | 7.5 | 1.5/2.0 | 8.5 | 9.8 |
| SFWBM+ 0.5%CaCl$_2$ | 热滚前 | 36.5 | 27.5 | 9.0 | 2.5/2.5 | 8.5 | 8.6 |
| | 热滚后 | 26.0 | 19.5 | 6.5 | 1.0/1.5 | 8.5 | 10.2 |

## 3 结论

(1) 以丙烯酰胺(AM)、2-丙烯酰胺基-2-甲基丙磺酸钠(NaAMPS)、温敏长侧链单体(MVC)等为原料,采用自由基胶束聚合法成功制备了具有高温增稠特性的梳型温敏聚合物(TSP-Comb),其分子链的热降解温度高达 326℃,具有良好的热稳定性;TSP-Comb 的重均分子量不高,ESEM 测试表明,其增黏性能主要依赖于分子内梳状温敏链间的疏水缔合作用。

(2) 相比较于线性温敏聚合物,TSP-Comb 溶液在 90~180℃范围内的高温流变稳定性和相变温度提升方面均有明显改善;基于 TSP-Comb 构建的无固相钻井液的流变性随温度的变化规律与传统钻井液不同,在 90~180℃范围内,TSP-Comb 可将无固相水基钻井液的表观黏度、塑性黏度、动切力等流变参数的变化率控制在 25%以内,显著提高了无固相钻井液的高温流变稳定性。本研究为无固相水基钻井液高温流变性能调控提供了一种新方法,且对于拓展温度响应聚合物分子设计及在钻井液中的应用奠定了理论基础。

## 符 号 注 释

$\tau$——剪切应力,Pa;

AV——表观黏度,mPa·s;

PV——塑性黏度,mPa·s;

YP——动切力,Pa;

Gel——静切力,Pa;

FL$_{API}$——常温中压滤失量,mL

## 参 考 文 献

[1] 王晓军,余婧,孙云超,等. 适用于连续管钻井的无固相卤水钻井液体系[J]. 石油勘探与开发,2018,45(3):507-512.

[2] 贺垠博,蒋官澄,王勇,等. 异电荷聚电解质自组装水凝胶在无固相煤层气钻井液中的特性[J]. 石油学报,2018,39(6):719-726.

[3] 叶艳,鄢捷年,邹盛礼,等. 保护裂缝性储层的复合盐弱凝胶钻井完井液[J]. 天然气工业,2008,28

（1）：97-99.

［4］岳前升，刘书杰，向兴金. 适于疏松砂岩稠油油藏储集层保护的水平井钻井液［J］. 石油勘探与开发，2010，37（2）：232-235.

［5］GALINDO K A, ZHA W, ZHOU H, et al. Clay-free high-performance water-based drilling fluid for extreme high temperature wells［R］. SPE/IADC 173017, 2015.

［6］张洁，孙金声，杨枝，等. 抗高温无固相钻井液研究［J］. 石油钻采工艺，2011，33（4）：45-47.

［7］EZELL R, HARRISON D J. Design of improved high-density, thermally-stable drill-in fluid for HTHP applications［R］. SPE 115537, 2008.

［8］GAMAGE P, DEVILLE J P, SHUMWAY B. Performance and formation damage assessment of a novel, thermally stable solids-free fluid loss gel［R］. SPE 165096, 2013.

［9］SRIDHARAN P A, FADZLI M P, WUEST C H, et al. Managed pressure drilling with solids-free drilling fluid provides cost-efficient drilling solution for subsea carbonate gas development wells［R］. SPE 164573, 2013.

［10］WANG J, ZHENG J, MUSA O, et al. Salt-tolerant, thermally-stable rheology modifier for oilfield drilling applications［R］. SPE 141429, 2011.

［11］EZELL R, HARRISON D J. Design of improved high-density, thermally-stable drill-in fluid for HTHP applications［R］. SPE 115537, 2008.

［12］TEHRANI M A, POPPLESTONE A, GUARNERI A, et al. Water-Based Drilling Fluid For HT/HP Applications［R］. SPE 105485, 2007

［13］HOURDET D, L'AIIORET F, AUDEBERT R. Synthesis of thermoassociative copolymers［J］. Polymer, 1997, 38（10）：2535-2547.

［14］SARSENBEKULY B, KANG W, YANG H, et al. Evaluation of Rheological Properties of a Novel Thermo-viscosifying Functional Polymer for Enhanced Oil Recovery［J］. Colloids and Surfaces A：Physicochemical and Engineering Aspects, 2017, 532, 405-410.

［15］王成文，王桓，薛毓铖，等. 高密度水泥浆高温沉降稳定调控热增黏聚合物研制与性能［J］. 石油学报，2020，41（11）：1416-1424.

［16］徐加放，丁廷稷，张瑞，等. 水基钻井液低温流变性调控用温敏聚合物研制及性能评价［J］. 石油学报，2018，39（5）：597-603.

［17］邱正松，毛惠，谢彬强，等. 抗高温钻井液增黏剂的研制及应用［J］. 石油学报，2015，36（1）：106-113.

［18］FUNDUEANU G, CONSTANTIN M, BUCATARIU S, et al. pH/thermo-responsive poly（N-isopropylacrylamide-co-maleic acid）hydrogel with a sensor and an actuator for biomedical applications［J］. Polymer, 2017, 110：177-186.

［19］SU Xin, FENG Yujun. Thermoviscosifying smart polymers for oil and gas production：state of the art［J］. ChemPhysChem, 2018, 19（16）, 1941-1955.

［20］钟传蓉，练小飞，蒋留峰. 接枝丙烯酰胺共聚物在水溶液中的缔合与黏弹行为［J］. 石油学报，2013，34（3）：518-518.

［21］XIE Binqiang, ZHANG Xianbin, LI Yagang. Application a novel thermo-sensitive copolymer as a potential rheological modifier for deepwater wate-based drilling fluids［J］. Colloids And Surfaces A, 2019, 581, 123848.

［22］CHEN G, HOFFMAN A S, GRAFT copolymers that exhibit temperature-induced phase transition over a wide range of pH［J］. Nature, 1995, 375, 49-52.

［23］冯玉军，罗传秋，罗平亚，等. 疏水缔合水溶性聚丙烯酰胺的溶液结构的研究［J］. 石油学报（石油

加工），2001，17(6)：39-43.

[24] 中国国家标准化管理委员会．石油天然气工业钻井液现场测试：GB/T 16783.1—2014．北京：中国标准出版社 2014.

[25] THAEMLITZ C J. Synthetic filtration control polymers for wellbore fluids：US, 7098171[P]. 2006-08-29.

[26] 谢彬强，邱正松．聚合物 P(NaAMPS-VCL-DVB)分子结构对其温敏缔合行为的影响[J]. 高分子材料科学与工程，2014，30(11)，73-77.

[27] HOURDET D, L'AIIORET F, AUDEBERT R. Reversible thermothickening of aqueous polymer solutions. Polymer, 1994, 35(12)：2624-2630.

[28] L'AIIORET F, HOURDET D, AUDEBERT R. Aqueous solution behavior of new thermoassociative polymers. Colloid Polym Sci 1995, 273(12)：1163-1173.

[29] HOURDET D, L'AIIORET F, DURAND A, et al. Small-Angle Neutron Scattering Study of Microphase Separation in Thermoassociative Copolymers. Macromolecules 1998, 31(16)，5323-5335.

[30] WANG Yu, FENG Yujun, WANG Biqing, et al. A novel thermoviscosifying water-soluble polymer：Synthesis and aqueous solution properties[J]. Journal of Applied Polymer Science, 2010, 116(6)：3516-3524.

[31] SHTANKO N, LEQUIEU W, GOETHALS E, et al. pH-and thermo-responsive properties of poly(N-vinylcaprolactam-co-acrylic acid)copolymers[J]. Polymer international, 2003, 52(10)：1605-1610.

[32] 钟传蓉，饶明雨，何文琼．梳型丙烯酰胺共聚物在水溶液中的缔合结构[J]. 高分子材料科学与工程，2012，28(8)：52-55.

[33] PETIT L, KARAKASYAN C, PANTOUSTIER N, et al. Synthesis of graft polyacrylamide with responsive self-assembling properties in aqueous media[J]. Polymer, 2007, 48(24)：7098-7112.

[34] MAKHAEVA E E, TENHU H, KHOKHLOV A R. Behavior of poly(N-vinylcaprolactam-co-methacrylic acid) macromolecules in aqueous solution：interplay between coulombic and hydrophobic interaction[J]. Macromolecules 2002, 35(5)：1870-1876.

[35] 钟汉毅，高鑫，邱正松，等．环保型 β-环糊精聚合物微球高温降滤失作用机理[J]. 石油学报，2021，42(8)：1091-1102，1112.

[36] 孙金声，雷少飞，白英睿，等．高分子材料的力学状态转变机理及在钻井液领域的应用展望[J]. 石油学报，2021，42(10)：1382-1394.

[37] 王富华，王瑞和，刘江华，等．高密度水基钻井液高温高压流变性研究[J]. 石油学报，2010，31(2)：306-310.

[38] 丁彤伟，鄢捷年，冯杰．抗高温高密度水基钻井液体系的室内实验研究[J]. 中国石油大学学报(自然科学版)，2007，31(2)：73-78.

[39] LOZINSKY V I, SIMENEL I A, KULAKOVA V K. Synthesis and studies of N-vinylcaprolactam/N-vinylimidazole copolymers that exhibit the "proteinlike" behavior in aqueous media[J]. Macromolecules 2003, 36(19)：7308 7323.

# 鄂尔多斯盆地深层煤岩水平井防塌钻井液技术研究

张小平　王京光　贾　俊　陈　磊　苏　欢

(中国石油川庆钻探工程有限公司钻采工程技术研究院)

**摘　要**　鄂尔多斯盆地深层煤岩气分布面积广、资源量大，是天然气增储的重要接替能源。由于煤岩强度低、层理/解理及微裂缝发育、煤矸分布广泛、非均质性强等原因，在钻井过程中井壁坍塌和卡钻事故频发，井壁坍塌失稳成为制约深层煤岩气井安全钻进的主控因素。针对以上技术难题，通过煤岩的物性、理化、力学性能评价、CT 扫描分析等研究表明，深层煤岩微孔占比平均为 56.5%，宏孔占比平均为 28.4%，煤岩和煤矸均表现为弱亲水性和亲油性，全岩矿物中黏土矿物中占比 5%~7%，其中高岭石含量较高，占黏土矿物总含量 79.6%，岩样在清水中的线性膨胀率为 0.55%~0.87%，在清水中浸泡后平均抗压强度降低 26.2%，弹性模量降低 9.12%，内摩擦角降低 20.34%。基于实验分析，揭示了本溪组 8# 煤岩/煤矸坍塌机理为：煤岩脆性大、强度低、各向异性强，高岭石、伊利石等黏土矿物在裂缝等处分布，钻开煤层后，一方面导致原有的力学平衡破坏；另一方面，外来流体侵入引起分布在裂缝等处的黏土矿物水化溶胀和部分填充物溶解，黏土矿物和煤岩/煤矸不同的膨胀压，弱化了煤岩的胶结强度，造成煤岩/煤矸产生界面滑脱、破碎，产生突发性水化剥落掉块。因此，增强钻井液对割理、裂隙、微裂缝的封堵性能和保持足够的抑制性能是煤层防塌研究的主要方向。结合以上实验分析，研发形成 CQ-SHIELD 微胶联封堵防塌钻井液技术，体系抗温 150℃，瞬时封堵滤失量降低率可达 89%。该技术在 2023 年应用 16 口水平井，其中优化后施工 13 口井的平均水平段长度为 1401.9m，绥德 1H 井创造长庆深层煤岩气水平井水平段最短钻井周期纪录 4.83 天、水平段日进尺纪录 403m 等五项纪录，为深层煤岩安全钻进提供了关键技术支撑。

**关键词**　鄂尔多斯盆地；深层煤岩；煤岩防塌；钻井液

鄂尔多斯盆地深层煤岩(埋深大于 1500m)叠合分布面积 $20.5×10^4 km^2$，盆地主体所处的伊陕斜坡构造稳定，断裂不发育、分布稳定，煤岩厚度大，储量开发潜力大，2035 年产量预计达到 $180×10^8 m^3$，是继致密气、页岩气之后天然气稳产、上产最重要的战略接替区域和保障国家油气安全的重要来源[1-2]。但由于煤岩整体裂隙、割理裂隙发育，且分布有不同厚度的煤矸、碳泥夹层，储层整体非均质性强[3-5]。国内深层煤岩气开发处于初步探索阶段，对于深层煤岩的坍塌和伤害主控因素认识不全面，钻井过程中频繁出现的井塌、卡钻、

---

【第一作者简介】张小平，中国石油川庆钻探工程有限公司钻采工程技术研究院。

埋钻具和井眼报废等事故，给安全钻井和后期投产带来巨大挑战。

## 1　鄂尔多斯盆地深层煤岩储层特征

鄂尔多斯盆地煤系地层厚 80~160m，含煤 5~11 层，其中 8# 煤层厚度大多为 6~16m，煤岩割理发育，普遍进入生烃阶段，生气能力强，为最有利的钻探目标层段。深层煤岩储层具有以下特征：(1)煤岩储层物性好，具有微孔、大孔双孔隙结构，平均孔隙度为 5.26%，平均渗透率为 0.985mD；(2)煤岩储层含气量高：8# 煤岩平均含气量为 18.0m³/t；游离气占比高：吸附气与游离气共存，游离气平均占比 22.76%，纵向变化大[6]。

## 2　鄂尔多斯盆地深层煤岩理化及力学性能测试

煤岩是一种由煤岩基质及孔隙-裂隙结构组成的有机矿物，与其他岩性差异较大。本文通过对煤岩的 XRD 实验、水化膨胀实验和浸泡前后的力学性能评价等，研究煤岩中无机矿物的组成、煤粉和黏土类矿物膨胀性能和钻井液对煤岩井壁坍塌和伤害影响程度。

### 2.1　煤岩 XRD 测试

采集的煤岩样品和夹矸样品，磨成 200 目的粉末。使用 X 射线衍射仪进行测试，对样品 X 射线图谱进行定性分析，测试结果见表 1。

表 1　煤岩 XRD 测试结果表

| 样品编号 | 高岭石(%) | 绿泥石(%) | 方解石(%) | 勃姆石(%) |
|---|---|---|---|---|
| 煤样 1-1 | 78.0 | 12.1 | 9.9 | — |
| 煤样 2-1 | 88.4 | | 11.6 | |
| 煤样 3-1 | 82.5 | — | — | 17.5 |
| 煤样 4-1 | 69.9 | | 25.1 | 5 |
| 平均值 | 79.7 | 12.1 | 15.5 | 11.3 |
| 夹矸样品 1-1 | 86.3 | 7.8 | 5.9 | |
| 夹矸样品 2-1 | 83.7 | 9.5 | 6.8 | |
| 夹矸样品 3-1 | 83.0 | 8.8 | — | 8.2 |
| 夹矸样品 4-1 | 85.5 | 8.5 | 6 | — |
| 平均值 | 84.6 | 8.7 | 6.2 | 8.2 |

测试结果表明：煤岩样品的无机矿物成分主要是高岭石，含量为 69.9%~88.4%，平均为 79.6%；其次是方解石和绿泥石。夹矸样品的矿物成分也以高岭石为主，含量为 83.0%~86.3%，平均为 84.6%，其次是绿泥石。

高岭石是一种属于硅酸盐矿物的黏土矿物，具有较强的吸湿性。钻进中，滤液沿割理、裂隙侵入，分布在煤岩胶结面的高岭石与外来流体接触后，高岭石等黏土矿物水化溶胀和部分填充物溶解，弱化了煤岩的胶结强度，从而易产生突发性水化剥落掉块，引起井壁垮塌[7]。

### 2.2　煤岩润湿性分析

本溪组 8# 煤岩扫描电镜分析表明，煤岩大的裂隙、裂缝和小孔隙发育。表面润湿性分析表明清水在纳林 2H1 井的煤矸层表面平均润湿角为 36.6°；清水在麒 35H 井煤矸平均表面润湿角为 75.3°，在靖 55-3NH4 井碳泥表面平均润湿角为 78.8°，表现为弱亲水性。煤油在纳林 2H1 井的、麒 35H 井煤矸和靖 55-3NH4 井碳质泥表面完全润湿，表现出良好的亲油性能。相比水基钻井液，油基钻井液在煤岩防塌方面可能难以体现出明显优势(图1、图2)。

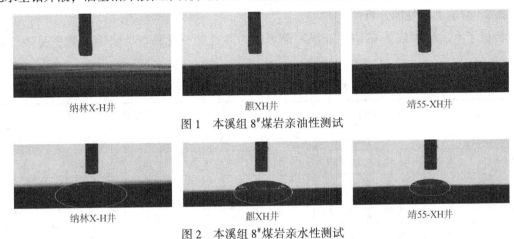

纳林X-H井　　　　　　　麒XH井　　　　　　　靖55-XH井

图 1　本溪组 8#煤岩亲油性测试

纳林X-H井　　　　　　　麒XH井　　　　　　　靖55-XH井

图 2　本溪组 8#煤岩亲水性测试

### 2.3　煤岩膨胀实验测试

采用 NP-01 型常温常压膨胀量测定仪对煤粉颗粒和夹矸颗粒进行膨胀率测试，分别用不同流体与煤粉接触，测试煤样线性膨胀率大小，测试结果如图 3 所示。

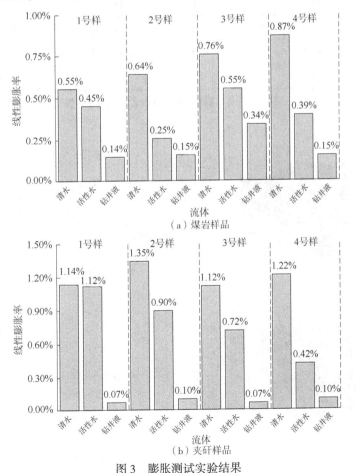

图 3　膨胀测试实验结果

结果表明，煤岩样品在清水中的线性膨胀率为 0.55% ~ 0.87%，属于弱膨胀；在钻井液中的膨胀率为 0.14% ~ 0.15%，基本不膨胀；煤矸样品在清水中的膨胀率为 1.12% ~ 1.22%；在钻井液中的膨胀率在 0.10% 以下，基本不膨胀。

## 2.4 煤岩力学性能分析

测试了本溪组 8# 煤岩在钻井液浸泡前后的力学性能变化情况[8]，实验数据见表 2 和图 4。

**表 2 煤样抗压强度三轴实验结果**

| 煤岩名称 | 试样编号 | 岩样尺寸(mm) | | 三轴试验结果 | | | | |
|---|---|---|---|---|---|---|---|---|
| | | 直径 | 高度 | $\sigma_3$(MPa) | $\sigma_1$(MPa) | $f$ | $E_r$(GPA) | $E_{50}$(GPA) |
| 原始煤样 | A | 48.57 | 100.07 | 4 | 52.8 | 5.28 | 1.939 | 1.62 |
| | B | 49.61 | 100.22 | 2 | 54.2 | 5.42 | 3.697 | 2.949 |
| | C | 49.69 | 96.44 | 6 | 77.02 | 7.7 | 2.255 | 2.332 |
| | D | 49.56 | 99.83 | 8 | 62.34 | 6.23 | 2.182 | 2.227 |
| | E | 49.64 | 97.58 | 10 | 68.11 | 6.81 | 3.633 | 3.427 |
| 浸泡后煤样 | A1 | 49.63 | 100.07 | 4 | 58.91 | 5.9 | 2.174 | 2.023 |
| | B1 | 49.56 | 94.63 | 6 | 74.41 | 7.44 | 2.105 | 2.069 |
| | C1 | 49.64 | 99.94 | 2 | 49.72 | 4.97 | 2.005 | 1.526 |
| | D1 | 49.76 | 97.53 | 8 | 46.86 | 4.69 | 2.512 | 2.286 |
| | E1 | 49.69 | 100.09 | 10 | 72.18 | 7.22 | 3.653 | 3.413 |

注：表中 $\sigma_3$ 为围压；$\sigma_1$ 为抗压强度；$f$ 为普氏系数；$E_r$ 弹性模量；$E_{50}$ 为变形模量。

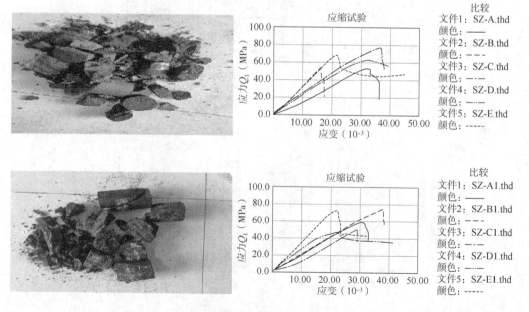

图 4 8# 煤岩样品钻井液浸泡前后力学测试结果

煤岩在浸泡前的平均抗压强度为 62.89MPa，弹性模量 $E_r$ 在 2.74GPa，平均变形模量 $EC_{50}$ 为 2.511GPa；钻井液浸泡后的平均抗压强度为 60.41MPa，降幅 3.94%，弹性模量 $E_r$ 在 2.49GPa，降幅 9.17%；浸泡后平均变形模量为 2.26GPa，降低率 9.86%。

**表 3　煤样抗压强度三轴实验结果**

| 试样编号 | | 岩样尺寸(mm) | | 三轴试验结果 | | | | | |
|---|---|---|---|---|---|---|---|---|---|
| | | 直径 | 高度 | $\sigma_3$(MPa) | $\sigma_1$(MPa) | $Q$(MPa) | $K$ | $C$(MPa) | $\phi$(°) |
| 原始煤样 | A | 48.57 | 100.07 | 4 | 52.8 | 51.687 | 1.872 | 18.888 | 17.7 |
| | B | 49.61 | 100.22 | 2 | 54.2 | | | | |
| | C | 49.69 | 96.44 | 6 | 77.02 | | | | |
| | D | 49.56 | 99.83 | 8 | 62.34 | | | | |
| | E | 49.64 | 97.58 | 10 | 68.11 | | | | |
| 浸泡后煤样 | A1 | 49.63 | 100.07 | 4 | 48.91 | 50.564 | 1.642 | 18.143 | 14.1 |
| | B1 | 49.56 | 94.63 | 6 | 44.41 | | | | |
| | C1 | 49.64 | 99.94 | 2 | 49.72 | | | | |
| | D1 | 49.76 | 97.53 | 8 | 46.86 | | | | |
| | E1 | 49.69 | 100.09 | 10 | 52.18 | | | | |

注：$Q$ 为截距，$K$ 为斜率，$C$ 为内聚力，$\phi$ 为内摩擦角。

煤岩在浸泡前的平均内聚力 18.88MPa，内摩擦角为 17.7°；钻井液浸泡后的平均内聚力为 18.143MPa，降幅 3.94%，内摩擦角为 14.1°，降幅为 21.05%，表明煤岩在钻井液浸泡后强度出现下降，表明煤岩在钻井液浸泡后强度降低。

## 3　防塌钻井液技术研究与性能评价

### 3.1　深层煤岩气井坍塌主控因素

（1）物理因素：8# 煤层节理、微裂缝发育、胶结疏松、脆性大、应力敏感、非均质性强，在钻开煤层后，外来流体沿裂缝渗入，降低了煤岩之间的胶结力，原有的力学破坏，煤层易碎裂垮塌。

（2）化学因素：钻井液滤液沿割理、裂隙侵入，引起分布在裂缝等处的黏土矿物水化溶胀和部分填充物溶解，弱化煤岩的胶结强度，产生突发性水化剥落掉块。

（3）煤矸夹层：煤矸黏土含量高、受钻井液性能影响较大，若井下发生掉块，强度高、难破碎，极易导致卡钻，已成为深层煤岩气井下复杂主因。

（4）工程因素：煤层强度不高且节理、微裂缝发育，钻井过程中钻具的振动、水力冲刷、压力激动均可造成井壁的煤岩剥落、碎裂、垮塌。

### 3.2　CQ-SHIELD 微胶联封堵防塌钻井液技术研究

3.2.1 钻井液关键处理剂优化改进

重点对可微交联可变形纳米聚合物封堵剂 G308 及惰性纳米封堵材料 G314 润湿性进行改性，引入非极性长链亲油基团，由原来单纯的亲水性升级为油、水双亲，更利于在煤岩表面交联封堵(图5、表4)。

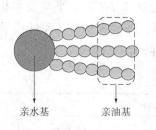

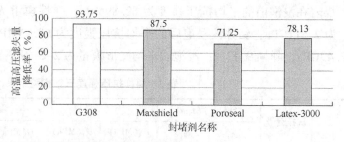

亲水基　　　　　亲油基

图 5　改性后的微纳米封堵剂及封堵效果

**表 4　针对不同裂缝的封堵剂组合**

| 地层 | 内层封堵材料 | 外层封堵材料 |
|---|---|---|
| 纳米级 | 纳米惰性颗粒 G314 | 微交联纳米聚合物封堵剂 G308 |
| 纳微米级 | 纳米惰性颗粒 G314 | 微交联纳米聚合物封堵剂 G308 |
| 微米级 | 超细碳酸钙 | 微交联纳米聚合物封堵剂 G308 |
| 稍宽的微裂缝、微孔隙 | 超细碳酸钙 | 暂堵剂 G325 |
| 较宽的微裂缝 | 石灰石粉 800 目 | 暂堵剂 G325 |
| 中上部地层的微裂缝 | 石灰石粉 400 目或 600 目 | 暂堵剂 G325 |

### 3.2.2　钻井液体系性能评价

（1）体系封堵性能评价。

加入封堵剂（G308+G314）后通过不同方式评价钻井液体系，其高温高压瞬时滤失量降低显著，表明加入封堵剂后钻井液可以快速在岩板表面形成致密封堵层，瞬时封堵滤失量降低率最高达 89%（图 6）。

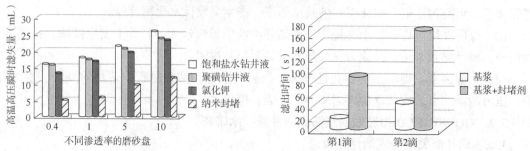

图 6　加入优化后的封堵剂时钻井液的封堵效果对比

（2）体系润滑性能评价。

针对页岩气水平井深度大、井斜大导致的扭矩大、摩阻高的特点，同时现场生产对钻井液用润滑剂的环保性和成本有较高的要求。测试高性能水基钻井液的极压润滑系数，并与其他类型的钻井液进行对比。高性能水基钻井液体系比其他类型的水基钻井液体系润滑性好，仅次于油基钻井液(图7)。

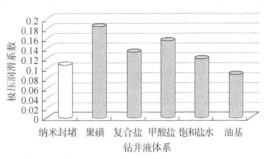

图7　钻井液润滑性能测试

（3）抗温、流变性能评价。

使用高温高压流变仪 M7500 测试了体系在不同温度下的流变性能，高性能水基钻井液在高温下流变性良好，在不同温度下该体系均未发生高温增稠现象，体系抗温可达 150℃(图8)。

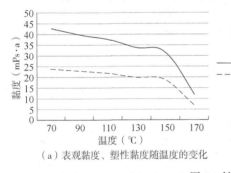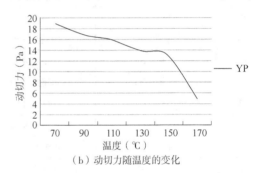

（a）表观黏度、塑性黏度随温度的变化　　　　（b）动切力随温度的变化

图8　钻井液流变性能评价

（4）钻井液滤饼质量评价。

选用与割理、裂缝尺寸相匹配封堵颗粒，适度扩大封堵范围，封堵范围 700nm 以内裂隙、割理、裂缝，提高钻井液护壁性能，防止煤层因钻具振动、水力冲刷造成井壁失稳。CQ·SHIELD 微胶联封堵钻井液的滤饼坚韧致密，最大受力 6.24N，韧性最好(图9)。

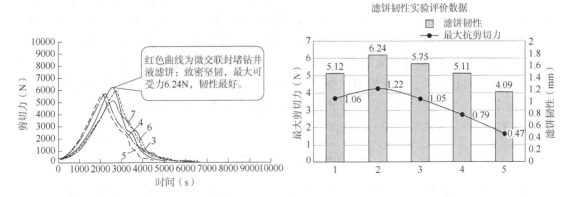

图9　钻井液滤饼韧性效果评价

## 4 现场应用情况

该钻井液技术在 2023 年完成 16 口井的现场试验应用，平均水平段长度为 1321.06m，其中优化前施工的 3 口井(靖＊＊、纳林＊＊、麒＊＊)，平均水平段长度为 832.33m，优化后施工 13 口井平均水平段长度为 1401.9m(表 5)。

表 5　深层煤岩气水平井水平段长度

| 序号 | 井号 | 层位 | 水平段长度(m) | 平均机械钻速(m/h) |
|---|---|---|---|---|
| 1 | 靖＊＊ | 本溪组 8#煤 | 819 | 7.14 |
| 2 | 纳林＊＊ | 本溪组 8#煤 | 1040 | 6.49 |
| 3 | 麒＊＊ | 本溪组 8#煤 | 638 | 6.84 |
| 4 | 米＊＊H3 | 本溪组 8#煤 | 1066 | 18.64 |
| 5 | 台＊＊H | 本溪组 8#煤 | 1557.36 | 11.89 |
| 6 | 横探＊＊H | 本溪组 8#煤 | 1650 | 9.31 |
| 7 | 双 51＊＊ | 本溪组 8#煤 | 1506 | 12.36 |
| 8 | 绥德＊＊ | 本溪组 8#煤 | 1500 | 21.13 |
| 9 | 纳林＊＊H2 | 本溪组 8#煤 | 1106 | 8.87 |
| 10 | 乌探＊＊ | 山西组 5#煤 | 1023 | 7.87 |
| 11 | 米＊＊H5 | 本溪组 8#煤 | 1408 | 10.12 |
| 12 | 双＊＊H3 | 本溪组 8#煤 | 1880 | 19.92 |
| 13 | 双＊＊ | 本溪组 8#煤 | 1569 | 9.03 |
| 14 | 双 48＊＊ | 本溪组 8#煤 | 1562 | 8.35 |
| 15 | 米＊＊H | 本溪组 8#煤 | 1215 | 9.96 |
| 16 | 榆＊＊H | 本溪组 8#煤 | 1500 | 8.74 |

## 5 结论与认识

(1) 以鄂尔多斯盆地深层煤岩理化、物性、力学性能实验评价为基础，明确了深层煤岩的坍塌和伤害主控因素：其中物理因素主要是煤岩节理、微裂缝发育、胶结疏松、脆性大、应力敏感、非均质性强，在钻开煤层后，原有的力学破坏，煤层易碎裂垮塌；化学因素主要是钻井液滤液沿割理、裂隙侵入，引起分布在裂缝等处的黏土矿物水化溶胀和部分填充物溶解，弱化煤岩的胶结强度，产生突发性水化剥落掉块，引起井壁失稳害。

(2) 通过现场 16 口井的应用数据表明，钻井过程中要采用多元多级封堵方法，引入不同粒径的多种封堵材料，扩大封堵范围，提升钻井液的瞬时封堵能力，改善滤饼质量，适度增加滤饼厚度，减少钻井过程中液相和固相的侵入程度，防止煤层因钻具振动、水力冲刷而井壁失稳，实现水平段的不断延伸。

参 考 文 献

[1] 徐凤银，张伟，李子玲，等.鄂尔多斯盆地保德区块煤层气藏描述与提高采收率关键技术[J].天然气工业，2023，43(1)：96-112.

[2] 侯伟，赵天天，张雷，等 . 基于低场核磁共振的煤储层束缚水饱和度应力响应研究与动态预测：以保德和韩城区块为例[J]. 吉林大学学报(地球科学版)，2020，50(2)：608-616.

[3] 刘玉平 . 水平井在保德煤矿瓦斯抽采中的应用研究[J]. 能源与环保，2018，40(12)：29-34.

[4] 李瑞锋，安世岗，任玺宁，等 . 保德煤矿瓦斯储层特征及主控因素研究[J]. 能源与环保，2018，40(2)：43-47，58.

[5] 朱泽斌 . 裸眼洞穴井在山西保德煤层气区块的实验和应用[J]. 中国煤炭地质，2013，25(12)：75-78.

[6] 于春雷 . 保德区块中低阶煤煤层气田资源特征及开发实践研究[D]. 北京：中国石油大学(北京)，2017.

[7] 金军斌，张杜杰，李大奇，等 . 顺北油气田深部破碎性地层井壁失稳机理及对策研究[J]. 钻采工艺，2023，46(1)：42-49.

[8] 周晓峰，张欣，孙乐吟，等 . 煤层气储层应力敏感性指标适应性评价[J]. 钻采工艺，2021，44(2)：52-57.

[9] 郑力会，孟尚志，曹园，等 . 绒囊钻井液控制煤层气储层伤害室内研究[J]. 煤炭学报，2010，35(3)：439-442.

[10] 郑力会，李秀云，苏关东，等 . 煤层气工作流体储层伤害评价方法的适宜性研究[J]. 天然气工业，2018，38(9)：28-39.

[11] 孙磊磊，陈远军，程旭，等 . 长庆油田 HQ 区块长段水平井下套管降摩减阻技术[J]. 钻采工艺，2023，46(4)：167-172.

# 长庆西缘高温深探井微纳米特色钻井液技术

梁海军[1,2]　王培峰[1,2]　曹辉[1,2]　凡帆[1,2]　郝超[1,2]

(1. 川庆钻探工程有限公司钻采工程技术研究院；
2. 低渗透油气田勘探开发国家工程实验室)

**摘要**　为了更大限度发掘鄂尔多斯盆地油气资源的储备"粮仓"，探明更深地层及盆地西缘区域油气资源储藏情况，对打造油气产量新的增长点极具有重要的战略意义。棋探××井是部署在长庆西缘区块井底温度150℃、完钻井深为5170m、施工难度极大的一口风险深探井。该区块属于冲断带正断层发育，因沉积构造生成破碎带地层井壁垮塌、井底温度高、地层倾角大易出现应力集中及气藏圈闭盖层性硬致密取心困难等技术难题，通过使用有机胺与桥联包被大分子协同保护断裂带松散胶结黏土，引入甲酸盐、表面活性剂及抗高温降滤失等多重技术手段将钾胺基聚磺钻井液长周期抗温能力提升至170℃、66天井壁浸泡周期，解决了钾胺基聚磺体系长时间浸泡抗温衰竭快的不足；将纳米聚合物、微交联改性乳胶及改性乳蜡引入该体系，提高钻井液对破碎带地层微裂隙、裂缝的宽泛度封堵能力，使西缘应力集中失稳型井壁在微纳米钻井液长时间浸泡下仍保持井壁稳定，同时实现高温深探井全储层段连续取心的施工要求。棋探××井4800m后实施常规取心9趟、保压取心3趟、扩眼4趟，累计取心长度118m、147℃井温下井壁稳定周期66天，施工安全顺利，满眼成像电测一次成功，三开井径平均扩大率为3.8%。

**关键词**　西缘；深探井；高温：钻井液

在石油勘探领域，通常将4500～6000m的井深定位为深井，6000～9000m的井为超深井，长庆油田在油气资源勘探开发过程中，不断挑战"深地极限"，西缘深探井向5000m以深的深度迈进。近些年深探井实施过程面临诸多技术难题，断层、裂缝发育引起垮、漏、卡等井下复杂；古生界石炭系破碎带地层塌、卡同存，井壁稳定难度大；断层形成大的地层倾角，井壁易因应力集中出现失稳；深井下部地层压实、成岩程度高，长井段长周期取心难度大；井底温度高，普通钻井液难以解决延长井壁抗浸泡周期、频繁起下钻机械碰撞、激动压力及高温长时间静置稳定性的要求。通过优选体系配方、研发强封堵材料及抗高温配伍组分提高材料协同增效作用，形成了长庆西缘高温深探井钻井液新技术，解决了破碎性地层井下塌、漏、卡同存问题，以及长周期低排量取心工况下钻井液高温持久稳定性问题，满足了深探井钻井工程需求。

---

【第一作者简介】梁海军，男，硕士研究生，工程师，毕业于中国石油大学(北京)油气井工程专业，主要从事钻井液工艺技术研究工作，lhjzj_gcy@cnpc.com.cn。

## 1　长庆西缘区块地质工程概况

棋探××井位于鄂尔多斯盆地西缘冲断带，也是长庆油田目前最为复杂的断层、破碎带发育区块。该区块二叠系中上部泥岩地层造浆能力较强，该地层易膨胀易造浆，泥浆可被染成呈棕红色。中下部碳质泥岩、煤层和细砾岩、粗砂岩为主；石炭系顶部厚煤层，中部发育石英砂岩与薄层石灰岩，底部为山西式铁矿、铁铝岩层，存在破碎性地层易塌易卡；奥陶系上部灰黑色泥岩、碳质页岩夹薄层石灰岩和角砾岩。中下部石灰岩、含云灰岩和黑色海相页岩，性硬致密，微裂隙和裂缝发育，部分层段存在断裂带，奥陶系泥页岩本身膨胀率不高，但其吸水趋势较强，水化能力不均匀，水化膨胀后岩石强度逐渐减弱，由不均匀膨胀引发层理性掉块剥落甚至垮塌散裂，井壁浸泡周期性强（图1）。

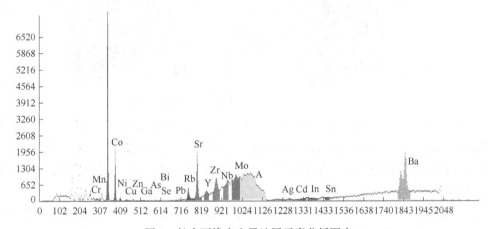

图1　长庆西缘古生界地层元素分析图表

棋探××井为三开次井身结构，一开封直罗组，二开封石盒子顶部，三开古生界桌子山组完钻。

## 2　高温深探井钻井液技术难点

（1）长庆西缘正断层受拉力作用产生断裂，上盘相对上升，在此过程易生成断裂带地层，构造地层具有片状序列构造特点，导致应力分布不均，综合原因造成井下塌、漏、卡复杂同存（图2）。

（2）西缘区块存在石炭系破碎带、奥陶系裂缝发育地层，上部泥砂岩和部分层段的碳泥岩地层有一定的水敏性，胶结力不高的杂色砾岩在激动压力诱导下易出现井壁失稳；山西太原组多煤层稳定性差，易塌、易碎；羊虎沟组地层破碎，岩性裂缝发育，易发生掉块。高温激化长段裸眼，钻井液上返过程加热上部裸眼井段，而钻井液与地层的温差会加剧近井地带孔隙压力和有效应力改变，造成上部井段垮塌掉块（图3）。

（3）深探井温度高，取心过程中钻井液在井筒高温下静置时间长，大幅度降低盐水体系钻井液 pH 值，恶化及破坏钻井液中各组分及组分之间的原有性能，降低钻井液热稳定性，高温减稠或固化；导致钻井液造壁性变差，滤饼变厚，渗透率变大，滤失量反弹增大。

（4）高温高压钻井液流变性调控难度大，造成当量钻井液密度与钻井液密度差别大，无法解决窄密度窗口安全钻进矛盾。

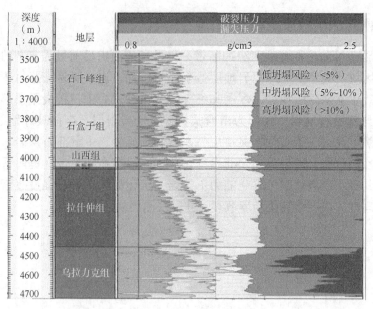

图2　长庆西缘井普遍存在塌漏同存技术难题

（5）取心作业位于下部井段，环空间隙小，取心钻进循环排量小，循环降温幅度远小于正常钻进；取心工艺为欠尺寸取心钻头取心、全尺寸牙轮钻头扩眼，井壁滤饼存在成型—破坏—再成型的反复过程，起下钻频繁，考验井壁稳定能力；深探井起下钻钻井液静置时间较长(约40h以上)。

（6）井底高温条件下使体系劣质固相分散、聚结、钝化甚至高温固化，多类处理剂发生分解、降解，或高温交联，引起增稠、胶凝、固化或减稠等现象，深探井使用重晶石加重体系，经过高温作用后钻井液黏切变化范围大，若减稠严重其沉降稳定性变差，重晶石粉易沉降，影响取心效率。

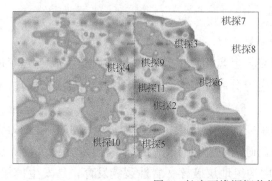

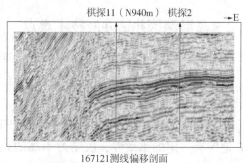

167121测线偏移剖面

图3　长庆西缘深探井位于冲断带构造边缘

## 3　高温深探井关键技术研究

### 3.1　破碎带地层通过抑制、桥联包被作用实施井壁稳定技术

充分利用微纳米高性能钻井液体系的复合抑制、大分析桥联作业，通过钾胺离子双重交换吸附、晶格固化及聚磺材料在近井壁吸附、抑制破碎带缝隙松散胶结物水化膨胀、分散。利用长庆西缘棋探12井实钻井收集的石炭系羊虎沟组地层岩心，制备并由振筛仪量取

粒径 2~4mm 岩样模拟地层返出岩屑尺寸，分别加 40g 于不同含量的钾胺基聚磺钻井液内，在 150℃下热滚 16h，然后用粒径为 40 目的筛子回收岩屑，测得在基浆中加入 0、0.5%、1%、1.5%、的 G319，见表 1。

表 1　抑制、桥联包被作用对破碎带岩屑高温稳定作用

| 实验条件 | G319 | 大分子聚合物 | 回收率 | AV（mPa·s） | PV（mPa·s） | YP（Pa） | Gel（Pa/Pa） | FL$_{HTHP}$（mL） |
|---|---|---|---|---|---|---|---|---|
| 150℃+16h | 1.0% | 2.0% | 86% | 33 | 17 | 16 | 5/7 | 13 |
| 150℃+16h | 2.0% | 3.0% | 94% | 35 | 18 | 17 | 5/7.5 | 12 |

从表 1 实验数据得出，在钾离子不变情况下，提高有机胺 G319 和桥联类大分子聚合物含量，现场岩屑包含泥岩、蒙脱石及方解石等胶结物的水化分散被有效抑制，G319 加量在 1.0% 至 2.0%、桥联聚合物加量在 2.0% 至 3.0% 区间提高幅度减缓，现场施工中该类处理剂加量控制在该区间下限即可。

### 3.2　微纳米提升胶结松散地层交联封堵能力

通过改性微乳石蜡、微交联改性乳胶及纳米聚合物的协调作用，对裂缝、微裂隙及解理发育的破碎带地层实现瞬时封堵，实验分别在 API 标准 0.69MPa 压差下，高温 150℃、3.5MPa 压差下及选用 220g 尺寸为 35 目的石英砂加入高温高压滤失仪钻井液杯作为砂床 3 中模式下测试中压和高温高压滤失量。从表 2 实验结果可看出加入纳米聚合物、微交联改性乳胶及微乳石蜡后，常规钻井液的 API 和高温高压滤失量得到显著降低，特别是高温高压砂床滤失量降低率可达到 60%~65%，证明微纳米处理剂对体系封堵性改善明显（图 4）。

表 2　微纳米体系封堵性能评价实验

| 钻井液 | 纳米封堵剂-1 | 纳米封堵剂-2 | 微米封堵剂 | FL$_{API}$（mL） | FL$_{HTHP}$（mL） | FL$_{SBT}$（mL） |
|---|---|---|---|---|---|---|
| 常规井浆 | 0% | 0% | 0% | 5.4 | 13.6 | 21.8 |
| 常规井浆 | 1% | 0.7% | 0.7% | 3.4 | 10.8 | 8.7 |
| 常规井浆 | 2% | 1.5% | 1.5% | 2.8 | 9.1 | 3.0 |

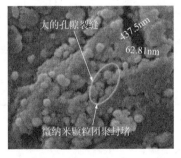

图 4　微纳米材料封堵破碎性地层工作图

### 3.3　提高钻井液抗温能力

根据已钻西缘深探井地温梯度为 2.9℃/100m，普遍高于盆地内部井温，取心井段温度在 140℃以上，取心环空间隙小排量低，环空温度降低效率低，井底静置时间长，加剧盐水体系高温 pH 下降、大分子聚合物发生断链及体系黏土/低固相成分分散，造成钻井液流变

性、滤失性难以控制。

针对西缘深探井作用特点，通过以下 5 方面提高体系高温温度性能：

（1）体系加入亚硫酸钠或 G709 除氧剂，提高纤维素类处理剂抗温性能，达到 160℃以上。

（2）对淀粉进行羟丙基和羧甲基化改性，匹配盐水体系使用，可提高热稳定性超过160℃以上。

（3）引入甲酸钠类有机盐，其与聚合物配伍性强，可提高聚合物抗温性，体系高温静置稳定性更强，同时对页岩抑制性强，更适合古生界海相页岩气储层。

（4）引入 G318 非离子型表面活性剂，该表面活性剂与聚合物相互作用，增强聚合物分子的亲水基团，避免高温去水化作用和取代基脱落造成的亲水性下降；同时依靠其较强吸附性抑制黏土颗粒高温分散。

（5）引入 G352 抗高温降滤失剂，该产品引入了磺酸钠基，水化作用强，缔合水的键能高，水溶性增强，对提高体系高温稳定性、防塌、卡，巩固井壁有明显作用。

在前述抑制、桥联包被及微纳米封堵基础上，优选微纳米高性能钻井液抗温性配方为：1%~2%提切剂+0.2%~0.4%除硬水离子剂+7%~9%抑制剂-1+1%~2%G319+1.5%~3.5%大分子桥联包被剂+4%~6%微纳米处理剂+3%~5%高温降失水剂+2%~4%封堵剂+3%~5%防塌封堵剂+1%~3%高温稳定剂+1%~2%G318+0.2%除氧剂+0.5%~1%抗高温降滤失剂KT+2%~5%宽泛度暂堵剂+加重剂（其他处理剂：抗高温井壁稳定剂、缓蚀剂等），配制的钻井液经 150℃热滚 16h 后的岩屑回收率为 97%（清水的岩屑回收率为 47%），其热稳定性见表 3。实验结果表明，适量引入抗高温降滤失剂 G352 和表面活性剂 G318，钻井液经过长时间的热滚后，黏度和切力均有增稠，但是在热滚 48h 后增长幅度减小，性能变化不大，且高温高压滤失量还有所降低，说明该体系配方在 150℃下高温稳定性良好。

表 3　体系抗温性能评价实验

| 实验条件 | 热滚时间<br>（h） | AV<br>（mPa·s） | PV<br>（mPa·s） | YP<br>（Pa） | Gel<br>（Pa/Pa） | FL$_{HTHP}$<br>（mL） | FL$_{API}$<br>（mL） |
|---|---|---|---|---|---|---|---|
| 热滚前 | 60℃时 | 34 | 23 | 11 | 3.5/6 | 8.8 | 3.6 |
| | 25℃时 | 51 | 38 | 13 | 3/5 | 8.2 | 3.2 |
| 热滚后 | 16 | 44 | 30 | 14 | 3.5/7 | 11 | 2.6 |
| 热滚后 | 32 | 59 | 33 | 26 | 4.5/9 | 12.2 | 2.8 |
| 热滚后 | 48 | 57 | 28 | 29 | 6/14 | 10.4 | 2.6 |
| 热滚后 | 72 | 66 | 37 | 29 | 5.5/12 | 9.2 | 2.4 |

注：FL$_{HTHP}$测试条件为 150℃×30min、压差为 3.5MPa；热滚温度 150℃，热滚后均在 25℃测试数据。

## 4　现场应用

### 4.1　微纳米钻井液配方

长庆西缘深探井钻探目的是查明盒 8、山 1 储层发育及含气情况、落实乌拉力克组页岩含气及资源潜力及兼探山 2、太原组及克里摩里组。该井段井底温度为 127~151℃，主要钻遇石盒子组、山西太原组，穿羊虎沟组，乌拉力克组，至克里摩里及桌子山组。地层中含有易水敏、易塌的碳泥岩、泥岩、煤层，以及正断层、纵横裂缝发育地层。因此钻井液必须具有一定的封堵防塌和抗高温能力，同时具有强抑制性，低滤失、低固相、低黏、低切，才能保障该井段安全、平稳取心作业。

三开古生界4300m以下深气藏地层使用微纳米高性能钻井液的现场作业配方如下：

1%~2%提切剂+0.2%~0.4%除硬水离子剂+7%~9%抑制剂-1+1%~2%G319+1.5%~3.5%大分子桥联包被剂+4%~6%微纳米处理剂+3%~5%高温降失水剂+2%~4%封堵剂+3%~5%防塌封堵剂+1%~3%高温稳定剂+1%~2%G318+0.2%除氧剂+0.5%~1%抗高温降滤失剂KT+2%~5%宽泛度暂堵剂+加重剂。

### 4.2 微纳米钻井液主要性能技术

（1）坂土含量，长庆西缘高温深探井关键在于控制好钻井液体系坂土含量，坂土含量控制在35~51g/L，破碎、裂缝发育性地层坂土含量过低，钻井液高温静置过程的护壁、滤饼原生强度低，不利于长井段取心作业；坂土含量过高，高温分散则钻井液流变性难控制，取心时间过长，后期可通过置换、固控调控。

（2）有机胺和氯化钾含量调控，通过抑制剂增强钻井液的抑制性能，进而增强井壁的稳定性；亦能减缓体系中的泥岩颗粒进一步分散，对于钻井液性能稳定、减少处理频率等至关重要。在古生界石炭系以上易水化泥岩和破碎带地层作业，G319和盐类抑制剂含量维持2%、9%上限；进入拉什仲组灰质含量增大、泥质含量减小的硬脆性地层适当降低含量，分别维持1%、7%下限。

（3）抑制性，下部地层泥砂岩互层、裂缝水溶性方解石等均需通过7%~9%盐类抑制剂、1%~2%G319及1.5%~3.5%大分子桥联包被剂进行包被抑制，取心时以40kg/循环周的量分别加入大分子桥联剂和抑制剂，利用氢键吸附、淀粉糊化及纤维素桥联作用提高钻井液抑制性，防止黏土矿物水化膨胀、分散。

（4）高温稳定性，取心作业钻井液井底高温降温效率低，浸泡周期长，根据地层造浆情况控制好坂土含量，通过除氧剂、甲酸盐及表面活性剂控制体系高温稳定性。

（5）抗酸性气体污染，探井取心段一般为气藏显示比较好井段，气藏多类气体包含CO、$CO_2$及含硫等酸性气体污染井筒钻井液，致使降滤失剂无法发挥作用，取心和扩眼过程及时补偿体系pH值至9.5左右，利用氯化钙和石灰水溶液消除酸性气体污染。

（6）封堵性能，进入山西组后，提高纳米封堵剂-1、微米封堵剂、纳米封堵剂-2含量分别至2%~3%、1.5%~2%及2%~3%，同时以干粉形式补充超细碳酸钙，通过"改性乳蜡可变形封堵"+"微交联护壁"机理和纳米聚合物膜封堵机理，封堵断裂带地层微裂缝，增强钻井液防塌防漏性能，为连续取心作业创造了条件。

（7）高温流变性能，取心较全面钻进排量低，循环降温效率低，环空返速低，岩屑尺寸更小更易高温分散，复合盐水体系钻井液高温黏度、切力提升困难，动塑比低，且性能稳定。考虑到起下钻频率高，井深激动压力大，该井动塑比维持在0.25~0.35Pa/mPa·s之间。通过加入PAC-HV、XCD或预水化抗盐土来提高体系携砂所需的黏度、切力。

（8）滤失性能，引入抗高温降滤失剂G352配合高温降失水剂、防塌封堵剂强化降滤失效果的同时，提高体系高温稳定性。在取心作业阶段，4800m以后降滤失材料以胶液的形式进行体系维护，固控设备辅助控制固相含量。

（9）固相含量控制，深探井取心作业周期长，固含控制是关键，鉴于地层压实性强，岩屑偏碎细，三开作业使用 200 目以上的筛布，有效剔除劣质低固相；施工中根据低密度固含情况使用好高速离心机，除去复合盐类因素占比，维持固含在 13% 以内。

图 5　乌拉力克组裂缝型地层

图 6　羊虎沟组破碎性杂色砾石掉块

（10）微纳米体系日常维护要点，微纳米处理剂为液相桶装材料，正常钻进期间按总加量 30L/循环周进行维护，采用上水罐细溜慢补，切勿整桶倒入，否则提黏速度快影响泵压；其次胶液配方核心是磺化材料、固相封堵材料及聚合物，根据需要添加其他处理剂，同时依据体系性能变化调节胶液配方组分和浓度。三开钻井液性能见表 4。

表 4　古生界应用微纳米钻井液性能

| 井深<br>（m） | MW<br>（g/cm³） | FV<br>（s） | PV<br>（mPa·s） | YP<br>（Pa） | $n$ | $K$<br>（mPa·sⁿ） | FL$_{HTHP}$<br>（mL） | FL$_{API}$<br>（mL） |
|---|---|---|---|---|---|---|---|---|
| 4330 | 1.35 | 70 | 26 | 10 | 0.66 | 541 | 12.6 | 7.8 |
| 4636 | 1.38 | 74 | 39 | 16.5 | 0.62 | 620 | 11.2 | 5.6 |
| 4731 | 1.42 | 92 | 50 | 18 | 0.63 | 724 | 10.4 | 4.4 |
| 4978 | 1.44 | 87 | 45 | 17 | 0.61 | 774 | 9.8 | 3.4 |
| 5100 | 1.45 | 89 | 48 | 18.5 | 0.57 | 1081 | 9.6 | 2.8 |

注：FL$_{HTHP}$ 测试条件为 150℃×30min、压差为 3.5MPa；热滚温度 150℃，热滚后均在 25℃测试数据。西缘深探井三开 $\phi$215.9mm 井眼因取心作业排量受限，为保证井眼净化，施工中可提高钻井液动塑比和稠度系数来保障井眼清洁效果。

### 4.3　现场应用效果分析

（1）取心起下钻顺畅，为落实奥陶系乌拉力克组页岩含气潜力，棋探××井对乌拉力克组实施"穿鞋戴帽"式全储层段取心，常规取心 9 趟、保压取心 3 趟，扩眼 4 趟，历时 55d，每次下钻到底开泵顺利，测完后效即可进行取心作业，未出现井壁失稳、取心筒砂堵憋泵及割心后上提困难等现象。

（2）流变性能良好，剪切稀释性好，到底开泵 2~3 周流变性即恢复到起钻前水平，携砂、井筒清洁效果好。空井期间悬浮能力强，保障取心工具一趟到底。

（3）防塌卡效果好，棋探××井三开 4731m 钻穿石炭系破碎带过程出现掉块现象，但未发生大段遇阻划眼复杂，其后钻进、卡层、取心及扩眼等多种工况历时 66d，施工过程井壁稳定，未出现塌卡现象，三开平均经验扩大率 3.8%，表面微纳米体系对井壁稳定效果显著。

（4）抗温能力强，棋探××井循环温度下钻井液性能稳定，黏度、切力波动不大，振动筛出口、过度槽及循环罐钻井液流动性好。高温高压流变性见表5。

**表5 井深5110m处钻井液高温高压流变性**

| $P(MPa)$ | $T(℃)$ | $Gel(Pa/Pa)$ | $PV(mPa·s)$ | $YP(Pa)$ | $n$ | $K(mPa·s^n)$ |
|---|---|---|---|---|---|---|
| 34.7 | 119 | 4.1/8.6 | 8.4 | 6.3 | 0.42 | 1.401 |
| 34.7 | 149 | 4.3/8.4 | 7.6 | 5.6 | 0.33 | 1.398 |
| 34.7 | 173 | 4.5/8.8 | 6.6 | 5.0 | 0.32 | 1.484 |
| 34.7 | 192 | 4.8/9.5 | 5.3 | 4.1 | 0.25 | 1.506 |
| 34.7 | 213 | 5.0/9.7 | 4.1 | 2.3 | 0.17 | 1.570 |

## 5　结论和认识

（1）微纳米高性能钻井液体系是解决长庆西缘断裂带、破碎带及裂缝发育地层的关键技术手段，通过纳米聚合物、微米改性乳蜡及微交联改性乳胶协同作用，实现多尺寸、多类型微裂缝封堵、交联护壁强化井筒承压能力，满足该区块高温深探井钻井技术需求。

（2）通过表面活性剂保护坂土颗粒分散，引入抗高温降滤失剂G352，融入甲酸盐扩展盐水基浆架构，提高微纳米钻井液体系高温稳定性，较好解决了高温深探井浸泡时间长、取心频繁、循环降温效率低等引发钻井液高温变性技术难题。

（3）传统的KCL聚合物钻井液滤液矿化度高，侵入地层改变原生电阻率幅度大，影响电测，本体系引入G319抑制剂可降低对传统单一KCL抑制剂的依赖程度，降低其对地层电阻率和钻具腐蚀的影响。

**参 考 文 献**

[1] 徐同台．油气田地层特性与钻井液技术[M]．石油工业出版社，1998．

[2] 毕博．泥页岩渗透水化作用对井壁稳定性的影响[J]．钻井液与完井液，2011，28(1)：1-3．

[3] 龚伟安．钻井液固相控制技术与设备[M]．石油工业出版社．1995，4~10．

[4] Thaemlitz, et al. A New Environmentally Safe High – Temperature, Water – Base Drilling Fluid System [J]．Spe37606．

[5] 李希文．钻井事故与复杂问题[M]．石油工业出版社，2001．

[6] 鄢捷年．钻井液工艺学[M]．山东东营：石油大学出版社，2001：116~155，211~247．

[7] 徐同台，陈乐亮，等．深井泥浆[M]．北京：石油工业出版社，1994：1~40．

[8] Mitchell, R. K, M. E. et al. Design and Application of a High–Temperature Mud System for Hostile Environments[M]．SPE20436．

[9] 熊汉桥，王洪福，肖靖．新型抗高温无固相完井液实验研制[J]．钻井液与完井液，2011，28(13)：45-46．

[10] Erik Skjetne, Statoil, and Trygve Kløv and J. S. Gudmundsson, SPE, Norwegian U. of Science and Technology. Experiments and Modeling of High–Velocity Pressure Loss in Sandstone Fractures[J]．

[11] 卢小川，范白涛，赵忠举．国外井壁强化技术的新进展[J]．钻井液与完井液，2012.29.6(23)：74-78．

# 新型聚合物高温高压水基钻井液的室内研究

白瑞浩　夏小春

（中海油服油田化学研究院）

**摘　要**　现有的高温高压钻井液体系很难满足高温地层越来越苛刻的作业条件，钻井液体系的抗高温性能对于长时间高温静置的井下条件变得十分关键，本文针对围绕自行研发的新型抗高温聚合物 PF-POLYTEMPS，在 POLYDRILL 体系的基础上进行应用研究，得到了一种密度为 $1.6 g/cm^3$、抗温 $220℃$、去磺化材料的新型抗高温水基钻井液体系，其经过 $220℃×16h$ 滚动老化后流变性能仍然能够保持较好的标准未出现大幅下降——表观黏度下降 $23\%$，塑性黏度下降 $15\%$。同时作为降滤失剂，该聚合物的加入同样使得三天静置老化后的高温高压滤矢量降低至很低的水平（12.2mL），在标准值 $61\%$ 之内（$\leqslant 20mL$），能够耐受高温地层下的三天的高温静置作业条件，为井下高温作业提供了良好的作业保障。

**关键词**　高温高压钻井液体系；降滤失剂；磺化材料；PF-POLYTEMPS；POLYDRILL

全球油气资源勘探开发向深层发展且取得重大突破，面临的高温高压环境也日趋普遍[1]，目前国内的高温高压钻井液技术能力能满足部分高温高压井的作业需求，但距离国际一流钻井液公司技术水平有明显差距。目前国际上超过 $80\%$ 的高温高压钻井作业都是使用油基钻井液进行作业的，国内对于超高温高压钻井液体系的研究较晚，处理剂及体系较为单一[2]，虽已有很大的进步但是与国际先进水平还有一定的差距。目前国内常用的高温高压水基钻井液在经过数十年的发展后，由最初的"三磺"高温高压水基钻井液逐渐向"聚—磺"高温高压水基钻井液发展，"聚—磺"高温高压水基钻井液体系通过引入抗温聚合物，显著改善了体系携岩性和稳定性，但是在流变性能控制、重晶石沉降控制以及环保性能的方面难以满足日益苛刻的要求[3,4]。目前国外高温高压水基钻完井液的发展方向为增加传统钻井液用聚合物材料的抗温极限，其代表性体系为甲酸盐钻完井液体系以及在传统钻完井液体系中加入高温稳定剂增加其应用温度范围，主要包括抗温流型调节剂、抗高温降滤失剂[5]。

在高温高压钻井液体系中，抗高温聚合物起到至关重要的作用，中国海油服近年来，高温高压钻井液体系研究发展迅速，目前已经具备了包括抗高温聚合物在内的一系列的处

---

【第一作者简介】白瑞浩，中级工程师，钻完井液研发工程师，1996 年 10 月 1 日生，南开大学材料工程专业硕士研究生，现主要从事聚合物相关及钻完井液体系搭建工作，地址：三河市燕郊经济技术开发区行宫西大街 81 号中海石油燕郊基地，邮编：065200，电话：18041109157。

【通讯作者】夏小春，高级工程师，钻完井液资深研发工程师，研究方向新型钻完井液产品研发，地址：三河市燕郊经济技术开发区行宫西大街 81 号中海石油燕郊基地，邮编：065200，电话：18302258340。

理剂，以及整套的钻井液体系和完整的现场作业能力，本文旨在研发一种聚合物基、去磺化材料的新型聚合物高温高压水基钻井液，能够耐受高温地层下的长时间静置作业条件。

# 1 抗高温聚合物 PF-POLYTEMPS 开发

## 1.1 聚合物作用机理及理化性质

抗高温聚合物通常选用抗温性能好的长链聚合物来提高钻井液体系的黏度和切力，其机理是：聚合物分子溶于水可以增加水相的黏度，以及聚合物分子之间相互作用形成的网状结构也可以增加体系的结构黏度[6]。除增黏作用外，增黏剂通常还起到降滤失、调节钻井液流变性和抑制页岩分散等作用。

钻井液高温聚合物 PF-POLYTEMPS 是一种针对高温高压有土相水基钻井液开发的人工合成聚合物，主要由丙烯酰胺类单体与 AMPS、带侧环乙烯单体及其他单体通过水溶液聚合法制备。其外观为白色粉末状，可溶于水，水分含量小于 12%。在历经两次改进后，产品性能已趋近完善。可应用于高温高压水基钻井液，其独特的分子结构提高聚合物的抗温能力，强吸附基团能在高温高压环境中吸附在膨润土片层上，抑制膨润土高温分散，可以降低体系滤失量、调节体系流变性、改善高温环境下重晶石沉降问题。其主要特性体现为降低高温高压水基钻井液滤失量，增加钻井液黏度，防止重晶石沉降，抗高温的特性，主要应用于高温高压水基钻井液体系，推荐应用温度≤220℃，推荐加量为 2～15kg/m³。

## 1.2 聚合物抗盐性能

钻井液体系中聚合物的抗盐性能在高温、高矿化度的钻进条件下表现的格为重要，主要表现为稳固滤失量、保证钻井液性能、维持石英砂的携带能力。基于化学交联的聚合物压裂液体系[7]引入了抗温抗盐和速溶性极强的磺酸基，聚合物通过电荷作用、配位键作用和有机金属交联剂作用大幅度增加了流体结构黏度，因适用性强而得到了广泛应用。PF-POLYTEMPS 作为一种带有磺酸基团的高分子聚合物，为了验证其抗盐性能，设计了如下实验：

以海水为基液，加入 0.3% PF-PAC LV、1.2%～1.6% PF-POLYTEMPS，2% PF-FT-1、10%甲酸钾，使用重晶石调节钻井液密度至 1.5g/cm³，即为空白浆。在空白浆中分别加入氯化钠、氯化钾、甲酸钾或复合盐，即为对比浆。测试空白浆和对比浆于 220℃动态老化前后 pH 值、流变性，动态老化后高温高压滤失量。评价结果见表 1。

**表 1 抗盐性能评价实验**

| 材料代号/基液类型（kg/m³） | 海水 | 海水+10%甲酸钾 | 海水+10%氯化钠+5%氯化钾 | 海水+10%甲酸钾+10%氯化钠+5%氯化钾 |
|---|---|---|---|---|
| 海水（g） | 254.14 | 254.14 | 254.14 | 254.14 |
| 氢氧化钠 | 4 | 4 | 4 | 4 |
| 碳酸钠 | 1 | 1 | 1 | 1 |
| 膨润土 | 10 | 10 | 10 | 10 |
| PF-PAC LV | 3 | 3 | 3 | 3 |
| PF-POLYTEMPS | 12 | 12 | 16 | 16 |
| PF-FT-1 | 20 | 20 | 20 | 20 |

| 材料代号/基液类型（kg/m³） | 海水 | | 海水+10%甲酸钾 | | 海水+10%氯化钠+5%氯化钾 | | 海水+10%甲酸钾+10%氯化钠+5%氯化钾 | |
|---|---|---|---|---|---|---|---|---|
| 氯化钠 | — | | — | | 100 | | 100 | |
| 氯化钾 | — | | — | | 50 | | 50 | |
| 甲酸钾 | 100 | | 100 | | 100 | | 100 | |
| 高品质重晶石 | 加重至 1.5g/cm³ | | 加重至 1.5g/cm³ | | 加重至 1.5g/cm³ | | 加重至 1.5g/cm³ | |
| 钻井液性能（动态老化温度220℃） | 动态老化条件 | 动态老化前 | 动态老化后 | 动态老化前 | 动态老化后 | 动态老化前 | 动态老化后 | 动态老化前 | 动态老化后 |
| | $\Phi_{600}$ | 132.0 | 96.0 | 88.0 | 72.0 | 85.0 | 62.0 | 91.0 | 70.0 |
| | $\Phi_{300}$ | 92.0 | 60.0 | 55.0 | 41.0 | 49.0 | 37.0 | 61.0 | 41.0 |
| | $\Phi_{200}$ | 79.0 | 44.0 | 41.0 | 31.0 | 35.0 | 27.0 | 44.0 | 31.0 |
| | $\Phi_{100}$ | 51.0 | 27.0 | 24.0 | 18.0 | 19.0 | 17.0 | 25.0 | 18.0 |
| | $\Phi_6$ | 7.0 | 3.0 | 2.0 | 2.0 | 1.5 | 2.0 | 2.0 | 1.5 |
| | $\Phi_3$ | 5.0 | 1.0 | 1.0 | 1.0 | 1.0 | 1.0 | 1.0 | 1.0 |
| | $G_{10''}$ | 5.0 | 2.0 | 1.0 | 1.0 | 1.0 | 1.0 | 0.5 | 0.5 |
| | $G_{10'}$ | 24.0 | 3.0 | 2.0 | 1.0 | 1.0 | 1.0 | 5.0 | 0.5 |
| | pH 值 | 11.27 | — | 11.72 | 9.40 | 11.10 | — | 11.59 | 9.67 |
| | 密度（g/cm³） | 1.49 | — | 1.49 | — | 1.48 | — | 1.49 | — |
| | AV（mPa·s） | 66 | 48 | 44 | 36 | 43 | 31 | 46 | 35 |
| | PV（mPa·s） | 40 | 36 | 33 | 31 | 36 | 25 | 30 | 29 |
| | YP（Pa） | 27 | 12 | 11 | 5 | 7 | 6 | 16 | 6 |
| | HTHP 滤失量（mL）（@176℃，500psi） | 14 | | 18.8 | | — | | 14.0 | |
| | 重晶石沉降程度 | 微微 | | 无 | | 微微 | | 无 | |

由表 1 实验结果可知，PF-POLYTEMPS 在甲酸钾、氯化钠与氯化钾复合盐、甲酸钾氯化钠氯化钾复合盐高温高压水基钻井液体系中均能够保持一定的抗盐性能，均可以表现出较良的降滤失性能。

而在第二组实验中可以看到，滚动老化后得到的 HTHP 滤矢量（18.8mL）符合要求，同时更重要的是甲酸钾作为体系用盐，在维持动态老化前的流变性能的前提下能够保证所添加的聚合物 PF-POLYTEMPS 加量维持在更低的加量，这对于体系流变性能的调控以及静置后体系的沉降稳定性是十分重要的。

## 2 新型聚合物高温高压水基钻井液体系构建

### 2.1 甲酸钾对 POLYDRILL 钻井液体系的影响

甲酸钾作为 POLYDRILL 体系的主要用盐能够有效提高聚合物的抗温性能，可以变相控制减少抗温聚合物的加量，更有利于控制体系的流变性能，同时实验的结论证明甲酸盐能大幅度提高常用聚合物的 16h 动态老化稳定温度，这为体系内聚合物的加量及选择提供了更多的空间[8]。

甲酸盐的加入可以使体系有较强的对黏土的抑制性，防止泥页岩水化分散，这就使得高密度钻井液的固相含量减少。同时甲酸钾对于密度的提升也较为显著，这在同等加量盐的条件下可以减少重晶石的加量，在同水平下同样可以使体系固含减少。

### 2.2 聚合物基高温高压水基钻井液配方

在高温高压水基钻井液 POLYDRILL 体系内加入聚合物降滤失剂 PF-POLYTEMPS 的同时对其他高温聚合物加量进行适当调整，适当简化钻井液配方使体系性能更稳定，最终形成一种全新的新型聚合物高温高压水基钻井液。其中 PF-POLYTEMPS 在起到降低滤失的作用的前提下同样也起到调节体系流变性能的作用，改变聚合物 PF-POLYTEMPS 的加量去控制体系的流变性能同样要兼顾滤失量，PF-POLYTEMPS 加入过多虽保证了体系的滤失量但可能会导致三天的静态老化后出现一定的重晶石虚沉现象，反之可能会使体系动态老化后的流变性能变得不稳定。通过表 1 的抗盐实验中可以看到：在四个组别的去磺化材料的实验中，在 $1.5 \mathrm{g/cm^3}$ 的密度下，PF-POLYTEMPS 的加量为 $12\mathrm{kg/m^3}$ 是合理的，钻井液体系经过 $220℃$ 的动态老化后均未出现明显重晶石沉降的现象，这有利于当钻井液在井下静置长时间后再次开泵循环时的剪切及循环。

由于 PF-PAC LV 的存在，体系的滤失量仍在可控制的范围内，这样既保证了动态老化前后的流变性能及高温高压滤失量，同时也保证了不会出现加入 PF-POLYTEMPS 过多导致的高温动态老化后浆体的弱凝胶状态。为了让聚合物 PF-POLYTEMPS 更有针对性地发挥其调节流变性能的作用，封堵材料只选用一种 PF-FT-1。最终根据不同材料的不同功能作用，通过一系列的摸索性的实验，得到了以 POLYDRILL 钻井液体系为基础的加入 PF-POLY-TEMPS 新型聚合物高温高压水基钻井液体系配方，各材料推荐加量见表 2。

表 2　聚合物高温高压水基钻井液体系配方

| 材料名称 | 推荐加量（ $\mathrm{kg/m^3}$ ） | 主要功能 |
|---|---|---|
| 膨润土 | 10 | 造浆用土 |
| 氢氧化钠 | 4~5 | 调节 pH 值、除 $\mathrm{Ca^+}$ |
| 碳酸钠 | 1~2 | 调节 pH 值、除 $\mathrm{Ca^+}$ |
| PF-PAC LV | 3~4 | 降低滤失、调节流变性能 |
| PF-POLY TEMPS | 9~12 | 降低滤失、调节流变性能 |
| PF-FT-1 | 20 | 降低滤失，增强封堵能力 |
| 甲酸钾 | 100 | 提高聚合物的热稳定性；增强对黏土的抑制性 |
| 高品质重晶石 | 加重至 1.5、1.6 | 加重材料 |

## 3　新型聚合物高温高压水基钻井液体系的性能

经过上文的讨论，确定了加入聚合物降滤失剂 PF-POLYTEMPS 同时调整改良后 POLYDRILL 体系的配方，下面对不同密度下的该体系进行 16h×220℃ 滚动老化与 3d×220℃ 静态沉降评价实验。

以海水为基液，加入 0.3% PF-PAC LV、1.2% PF-POLYTEMPS，2% PF-FT-1、10% 甲酸钾，重晶石分别调节钻井液密度至 1.5g/cm³、1.6g/cm³、1.8g/cm³。测试其 220℃动态老化后、220℃静态老化 3d 后性能。在实验中可以得到在高密度体系中加入了大量重晶石的前提下，此时若不适量减少聚合物的含量会导致最后得到的浆体呈弱凝胶状，因此需要在改变密度的同时改变聚合物的加量。对于 1.8g/cm³ 的钻井液体系，在实际实验过程中将聚合物加量由 12kg/m³ 减少为 9kg/m³ 为相对合理的，最终得到表 3 的数据。

表3 在 1.5g/cm³、1.6g/cm³，220℃高温高压聚合物钻井液实验

| 材料代号/基液类型 | | | 1.5g/cm³ | | | 1.6g/cm³ | | | 1.8g/cm³ |
|---|---|---|---|---|---|---|---|---|---|
| 海水(g) | | | 254.14 | | | 243.43 | | | 222.6 |
| 氢氧化钠 | | | 4 | | | 4 | | | 4 |
| 碳酸钠 | | | 1 | | | 1 | | | 1 |
| 膨润土 | | | 10 | | | 10 | | | 10 |
| PF-PAC LV | | | 3 | | | 3 | | | 3 |
| PF-POLYTEMPS | | | 12 | | | 12 | | | 9 |
| PF-FT-1 | | | 20 | | | 20 | | | 20 |
| 甲酸钾 | | | 100 | | | 100 | | | 100 |
| 高品质重晶石 | | | 加重至 1.5g/cm³ | | | 加重至 1.6g/cm³ | | | 加重至 1.8g/cm³ |
| 钻井液性能(动态老化温度 220℃) | | | | | | | | | |
| 老化条件 | 动态老化前 | 动态老化后 | 3天静态老化后 | 动态老化前 | 动态老化后 | 3天静态老化后 | 动态老化前 | 动态老化后 | 3天静态老化后 |
| $\Phi_{600}$ | 88.0 | 75.0 | 57.0 | 129.0 | 99.0 | 66.0 | 115.0 | 70.0 | 64.0 |
| $\Phi_{300}$ | 55.0 | 45.0 | 31.0 | 84.0 | 61.0 | 38.0 | 69.0 | 39.0 | 32.0 |
| $\Phi_{200}$ | 41.0 | 33.0 | 23.0 | 62.0 | 46.0 | 26.0 | 50.0 | 29.0 | 22.0 |
| $\Phi_{100}$ | 24.0 | 20.0 | 13.0 | 38.0 | 27.0 | 15.0 | 29.0 | 18.0 | 12.0 |
| $\Phi_{6}$ | 2.0 | 2.0 | 1.0 | 4.0 | 3.0 | 1.0 | 2.0 | 2.0 | 1.0 |
| $\Phi_{3}$ | 1.0 | 1.0 | 0.5 | 3.0 | 2.5 | 1.0 | 1.5 | 1.5 | 1.0 |
| $G_{10''}$ | 1.0 | 2.0 | 0.5 | 1.0 | 0.5 | 0.5 | 0.5 | 0.5 | 0.5 |
| $G_{10'}$ | 2.0 | 2.5 | 0.5 | 1.0 | 0.5 | 0.5 | 1.0 | 0.5 | 1.0 |
| pH 值 | 11.72 | 8.78 | 8.75 | 12.30 | 9.60 | | 11.85 | 9.79 | 8.96 |
| 密度(g/cm³) | 1.49 | — | — | 1.60 | — | — | 1.83 | — | — |
| AV(mPa·s) | 44 | 38 | 29 | 65 | 50 | 33 | 58 | 35 | 32 |
| PV(mPa·s) | 33 | 30 | 26 | 45 | 38 | 28 | 46 | 31 | 32 |
| YP(Pa) | 11 | 8 | 3 | 20 | 12 | 5 | 12 | 4 | 0 |
| HTHP 滤失量(mL)(@176℃, 500psi) | — | 17.6 | 12.8 | — | 18.4 | 12.2 | — | 16.8 | |
| 沉降因子 | — | — | 0.526 | — | — | 0.514 | — | — | 沉降 |

由表 3 可知，以 PF-POLYTEMPS 构建的聚合物基高温高压水基钻井液体系(1.5g/cm³、1.6g/cm³，220℃)具有良好的流变性、较低的滤失量和良好的 3 天静态沉降稳定性，同时 3 天静态沉降后浆体流态良好(图 1)HTHP 滤失量较低同时得到的滤饼薄且有韧性(图 2)。而 1.8g/cm³、220℃体系动态动态老化前后流变性、降滤失性良好，但是 3 天静态老化后存在沉降现象(图 3)，动切力为零，沉降稳定性较差。因此 PF-POLYTEMPS 在去磺化材料的 POLYDRILL 体系中：在密度为 1.5g/cm³、1.6g/cm³ 时表现良好，在密度为 1.8g/cm³ 时存在一定沉降现象。

图 1　1.6g/cm³ 体系动态老化后开罐浆体状态

图 2　1.6g/cm³ 的 HTHP 滤饼

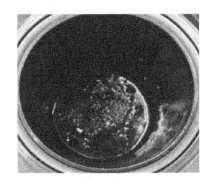

图 3　1.8g/cm³ 体系动态老化后开罐浆体状态

## 4　结论

综合先前的实验与讨论，确定最终以加入 PF-POLYTEMPS 为基础、无磺化材料的 POLYDRILL 体系得到的性能数据结果令人满意，以 1.6g/cm³ 密度下的实验结果为例：3 天静沉降老化实验中表现良好——没有出现沉降现象，沉降因子 0.51 符合标准。同时在经过 16h×220℃滚动老化后流变性能仍然能够保持较好的标准——表观黏度下降 23%，塑性黏度下降 15%。同时作为降滤失剂，该聚合物的加入同样将滤失量降低至很低的水平(12.2mL)在标准值 61% 之内(≤20mL)。

综上所述，以 PF-POLYTEMPS 为基础构建的新型聚合物高温高压水基钻井液综合性能较好，220℃下具有良好的降滤失性能与调节流变性能，同时完全能够满足 16h×220℃滚动老化与 3d×220℃静态沉降条件并具备满足要求的钻完井液性能符合预期，达到了试验标准。

# 参 考 文 献

[1] 刘震寰. 超高密度高温钻井液体系与流变性调控机理研究[D]. 青岛：中国石油大学(华东)，2008.

[2] 王旭，周乐群，张滨，等. 抗高温高密度水基钻井液室内研究[J]. 钻井液与完井液，2009，26(2)：43-45.

[3] 张旭. 高温高压水基钻井液技术发展浅析[J]. 西部探矿工程，2021，33(5)：27-28+32.

[4] 潘丽娟，王平全. 环境友好型无铬高温高压水基钻井液的应用研究[J]. 化学与生物工程，2010，27(2)：80-82.

[5] 夏小春，赵志强，郭磊，等. 国外 HTHP 水基钻井液的研究进展[J]. 精细石油化工进展，2010，11(10)：1-8.

[6] 孙玉学，王宇，李国彬. 抗高温水基钻液体系研究与应用[C]. 中国油田钻井化学品开发应用研讨会，2008

[7] 侯帆，张烨，方裕燕，等. 低分子量聚合物压裂液的研究及其在塔河油田的应用[J]. 钻井液与完井液，2014，31(1)：76-79.

[8] 刘自明，苗海龙，王冲敏，等. 甲酸钾对 PDF-THERM 钻井液的影响[J]. 钻井液与完井液，2014，31(5)：32-34+97

# 高温下水基钻井液核心组分微观作用机理研究

张玉文　宋　涛　耿晓光　张　洋　吴　晗　庞海旭

(大庆油田钻探工程公司钻井工程技术研究院)

**摘　要**　水基钻井液在高温条件下性能稳定与调控难度大，主要与核心胶体粒子的分散状态有关，而水基钻井液成分复杂，单一组分与多组分间受高温作用性能变化规律不同，对胶体粒子的分散状态均有影响。针对水基钻井液核心组分，通过高温高压流变性测试获得了膨润土胶体剪切应力—温度曲线，并测试了不同温度作用后胶体颗粒粒度分布，分析了黏土矿物胶体粒子在室温~220℃温度范围内的分散、絮凝与聚结状态与形成机制，同时利用 SEM 测试和黏土矿物晶层结构分析，从微观角度揭示了富含镁多孔纤维状黏土矿物胶体的高温稳定机理，此外，基于高温热滚前后流变性和滤失量等性能变化综合分析，从黏土矿物结构特征和聚合物断链、吸附特性等角度揭示膨润土/复配黏土矿物与聚合物类处理剂在高温下的互相作用机理，结合实验结果，明确了低浓度膨润土与海泡石复配胶体具有明显的高温稳定优势，为超高温水基钻井液的构建提供了理论支撑。

**关键词**　高温；水基钻井液；微观分析；黏土胶体；分散状态

深井、超深井钻井技术是实现深部油气资源高效勘探与效益开发的关键，钻井液体系的抗高温能力是深层钻井顺利施工的核心因素之一[1-3]。国内水基钻井液最高抗温达到240℃，在现场应用过程中，如松科 2 井(井底温度最高 241℃)[4]，高温导致钻井液絮凝、增稠、性能难以调控等问题频繁发生，超深井钻井风险较高[5]。本文依据水基钻井液高温高压流变性测试、电子扫描分析、高温热滚前后的性能测试等结果，重点探讨了高温条件下水基钻井液核心组分造浆土和聚合物处理剂的微观状态，为揭示水基钻井液抗高温机理，构建超高温水基钻井液体系提供思路。

## 1　高温下造浆土胶体颗粒分散状态分析

### 1.1　造浆土胶体高温剪切应力测试

土浆配方：清水+4%造浆土(膨润土、海泡石、凹凸棒土)+0.15% Na$_2$CO$_3$，室温养护24h。利用 Fann IX77 高温高压流变仪对配制好的不同造浆土胶体，测试室温~220℃条件下不同剪切速率时的剪切应力。图 1 为试验用配浆膨润土配制土浆，可以看出，随着温度升高，该土浆在不同剪切速率下的剪切应力变化趋势不同，其中 90~160℃和 160℃以上两个范围对膨润土浆的流变性能影响最大。凹凸棒土和海泡石配制土浆高温高压流变性测试结

---

【第一作者简介】张玉文，1993 年生，工程师，硕士，毕业于长江大学油气田开发工程专业，现从事钻井液技术研究工作。联系方式：13009827551，E-mail：zhangyuwen_zy@cnpc.com.cn。

果如图 2 所示，两种土浆流变性随温度变化与膨润土浆具有明显区别，基本随温度升高，黏度缓慢降低，在 160℃ 以后逐渐平稳，表明具有较弱的温度敏感性，但整体黏度较低，造浆效果较弱。

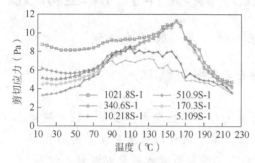

图 1　4% 膨润土浆不同剪切速率下的剪切应力—温度曲线

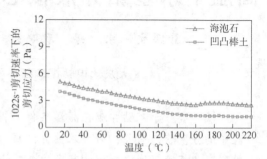

图 2　海泡石和凹凸棒土胶体在 $1022s^{-1}$ 剪切速率下的剪切应力—温度曲线

## 1.2　高温作用后膨润土浆粒径分布测试

针对膨润土浆，选取图 1 中剪切应力变化较为明显的温度节点(常温、90℃、160℃ 和 220℃)，利用马尔文 3000 激光粒度仪对 4% 膨润土浆经以上不同温度热滚 16h 作用后的粒径分布进行测试，测试结果如图 3、图 4 所示。图 3 中可以看出，经过高温热滚作用后，膨润土浆粒径分布范围更广，且出现多个峰值，表明胶体颗粒粒径均质性变差，颗粒自身尺寸与颗粒间连接状态发生明显变化，从图 4 中分析，膨润土浆中胶体颗粒 $D_{50}$ 和 $D_{90}$ 粒径随热滚温度升高整体呈先增大后降低再增大的多段变化趋势，其中 $D_{50}$ 在 90℃ 和 160℃ 分别达到最高和最低值，分别为 $8.710\mu m$ 和 $2.411\mu m$，而 $D_{90}$ 在 90℃ 和 160℃ 分别为 $19.814\mu m$ 和 $18.308\mu m$，差距较小，在 220℃ 时 $D_{90}$ 增长至 $33.709\mu m$，表明在室温至 90℃，膨润土颗粒粒径增大，在 90~160℃ 范围内，小颗粒数量增多，160~220℃，大颗粒增多。

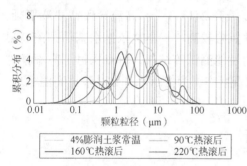

图 3　4% 膨润土浆热滚后粒度分布曲线

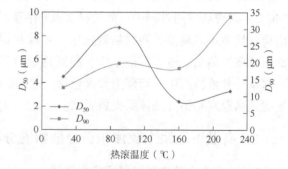

图 4　4% 膨润土浆热滚后 $D_{50}$ 和 $D_{90}$

## 1.3　不同温度作用下膨润土颗粒分散状态分析

根据剪切应力—温度曲线和不同温度作用后粒度分布测试结果，对膨润土胶体颗粒分散状态进行分析：

(1)室温至 40℃：不同剪切速率下的剪切应力变化幅度较小，此时的胶体状态较为稳定。

(2)40~90℃：剪切应力随温度升高呈上升趋势，且随着剪切速率增大，剪切应力增长幅度降低，表明胶体内结构增强，但该结构强度仍较弱，易在高剪切速率下拆散，说明是膨润土颗粒间的作用力有所增强，但颗粒间连接方式未改变。分析为该温度范围内膨润土水化作用增强，水化膜扩张，胶体颗粒粒径增大，同时颗粒间斥力增加，导致膨润土颗粒分散度有所提高。

（3）90~160℃：低剪切速率下，剪切应力基本保持平缓，而在高剪切速率下，剪切应力仍随温度升高而上升，表明此时的胶体结构持续增强，且低剪切速率已不足以拆散，同时，当剪切速率由 $340s^{-1}$ 增大到 $1021s^{-1}$ 时，剪切应力基本接近，表明胶体内部由膨润土颗粒引起的摩擦力降低，说明膨润土颗粒间的连接方式发生变化，分析在该温度范围内，水分子运动加剧，在黏土表面的定向趋势减弱，水化膜变薄，胶体粒子间斥力降低，膨润土颗粒端—端和端—面接触连接逐渐发生絮凝，导致分散度降低，而粒子间结构增强，即表现为膨润土浆中因水化膜变薄的小颗粒数量明显增多，但小颗粒絮凝后仍可以形成的较大尺寸颗粒。

（4）160~220℃：剪切应力随温度升高而显著降低，说明胶体内部结构强度、数量呈线性降低，分析为随着温度继续升高，膨润土颗粒表面能降低而互相靠近，且颗粒在布朗运动中相互碰撞时，粒子动能超过斥能峰[6]（势垒）转以引力为主，导致胶粒发生不可逆的面—面聚结，引起膨润土颗粒粒径增大，尤其大颗粒数量明显增多，胶体作用减弱，导致黏度显著降低。

## 2 造浆土高温稳定微观机理研究

由造浆土胶体剪切应力—温度曲线分析结果可知，凹凸棒土和海泡石配制土浆流变性受温度影响较弱，需进一步从造浆土矿物微观层面分析其微观结构与抗温性的关联。

### 2.1 形貌结构分析

利用 VEGA 扫描电镜对配浆用膨润土、海泡石和凹凸棒土进行微观形貌观察，SEM 图像如图5所示，可以看出，不同配浆黏土的微观形貌特征迥异，膨润土由不规则片层状颗粒组成，片层连接紧密，呈压实状；海泡石微观呈纤维状颗粒，由疏松的纤维状颗粒形成片层；凹凸棒土由书页状颗粒组成，层间具有明显间隙，小颗粒较多，说明具有较强剥落性。对膨润土配制土浆而言，随着温度持续升高，最终受到水化膜定向趋势减弱、膨润土颗粒表面能降低、布朗运动强烈等因素，膨润土颗粒极易形成聚集体，引起流变性能变化，而海泡石和凹凸棒土因其疏松易剥落的纤维状和书页状结构，在水中易分散成更小颗粒，在高温状态下，难以形成如膨润土颗粒"端—端"与"端—面"连接的絮凝结构，或形成"面—面"吸引的聚结状态，从而保持黏度稳定。

### 2.2 晶体结构分析

海泡石和凹凸棒土的晶体结构中存在沸石特征，具有沸石孔道，可容纳沸石水，沸石水能够与孔道边缘的镁形成键，稳定存在于矿物结构内部[7]，有研究通过热重分析表明，在 100~200℃，凹凸棒土会失去吸附水和部分沸石水，在 200~300℃ 时会失去沸石水和配位水[8]，因此，在室温至220℃范围内，海泡石和凹凸棒土因沸石水的存在，在高温下会产生散热效应，保持其微观晶体结构稳定，而海泡石的沸石孔道尺寸为 3.8×9.8Å~5.6×11.0Å，凹凸棒土沸石孔道尺寸为3.7×6.4Å，表明海泡石能够容纳更多的沸石水，另一方面海泡石含有更多的镁离子，同样能束缚更多的配位水和沸石水，基于水的散热效果和成键稳定结构作用，使海泡石具有更高的热稳定性。

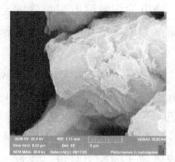 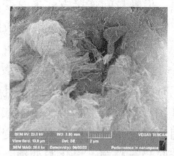 

（a）膨润土（放大30000倍）　　　（b）海泡石（放大20000倍）　　　（c）凹凸棒土（放大10000倍）

图5　造浆土 SEM 显微图像

表1　膨润土、海泡石和凹凸棒土晶体结构特征

| 序号 | 造浆土 | 分子式 | 晶层结构 | 沸石状孔道 |
|---|---|---|---|---|
| 1 | 膨润土 | $Na_x(H_2O)_4(OH)_2(Al_{2-x}Mg_{0.83})Si_4O_{10}$ | 2∶1层硅铝酸盐 | 无 |
| 2 | 海泡石 | $(OH_2)_4[OH]_4Mg_8[Si_{12}O_{30}]\cdot 8H_2O$ | 2∶1层状硅酸盐 | 3.8×9.8Å～5.6×11.0Å |
| 3 | 凹凸棒土 | $(OH_2)_4(OH)_2Mg_5Si_8O_{20}\cdot 4H_2O$ | 2∶1层状硅酸盐 | 3.7×6.4Å |

# 3　造浆土与处理剂互相作用下的高温状态分析

## 3.1　膨润土胶体+聚合物类处理剂

在4%膨润土浆中对7种抗高温聚合物类降滤失剂(加量为1%)进行评价，测试220℃×16h 高温热滚前后的钻井液体系流变性、$FL_{API}$ 和 $FL_{HTHP}$。测试结果如图6至图9所示。

### 3.1.1　基于流变性分析

从图6和图7中可以看出，基浆中加入聚合物类处理剂后塑性黏度由4mPa·s升高至13~42mPa·s，动切力由5Pa升高至5.5~28Pa，表明黏土颗粒之间及聚合物分子之间形成了较强的网架结构，悬浮颗粒与液相之间以及连续液相的内摩擦力升高，而经过220℃高温热滚后黏度与切力骤降，塑性黏度平均为6mPa·s，动切力平均为1Pa，基本降低至与膨润土浆接近，表明高温下聚合物分子链断裂，无法延伸形成结构，此时动切力主要由膨润土高温聚结后的固相颗粒内摩擦力所引起。

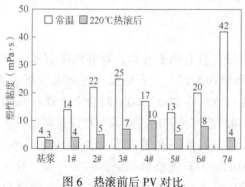 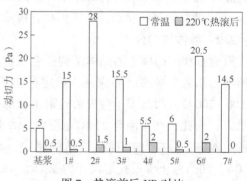

图6　热滚前后 PV 对比　　　　　　图7　热滚前后 YP 对比

注：热滚条件为 220℃×16h。

### 3.1.2 基于滤失性分析

从图8中可以看出，基浆中加入聚合物类处理剂后，$FL_{API}$热滚前平均为6.3mL，热滚后平均为11.7mL，热滚后$FL_{API}$增大，但均显著低于膨润土浆，表明聚合物在高温作用后即使分子链断裂仍有较好的降低滤失效果。选取流变性较为稳定的4#和5#聚合物降滤失剂，加入4%膨润土浆中经不同温度热滚后，开展$FL_{HTHP}$测试（测试温度为热滚温度），测试结果如图9所示，可以看出，两个样品$FL_{HTHP}$随着温度升高而增长，当温度超过160℃后，增长幅度显著变大，表明在高温条件下，聚合物吸附能力减弱，降滤失作用变差，结合热滚后常温$FL_{API}$测试结果，分析聚合物在黏土颗粒表面的吸附与解吸附是一个可逆的动平衡过程，温度降低后经过充分搅拌，平衡将朝着有利于吸附的方向进行，聚合物又会较多地吸附在黏土颗粒表面，协同捕集作用和分子链无规线团物理堵塞机理，滤失量得以保持较低水平。

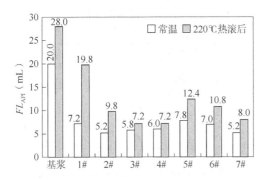

图8 不同聚合物体系热滚前后$FL_{API}$柱状图

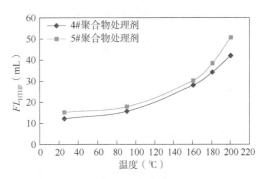

图9 4#和5#配制体系不同温度下$FL_{HTHP}$

## 3.2 复配黏土矿物胶体+聚合物处理剂

使用低浓度膨润土提供基础胶体环境，复配富含镁多孔纤维状黏土矿物海泡石提升胶体高温稳定性，以膨润土：海泡石=1：3的比例配制4%土浆，分别加入不同加量的高分子聚合物4#（分子量>100万）和中低分子聚合物5#（分子量为60万~80万）样品，进行220℃高温热滚前后表观黏度等流变性测试和$FL_{API}$测试。测试结果如图10所示，与膨润土胶体+聚合物类处理剂体系不同，复配黏土矿物胶体+聚合物处理剂体系表观黏度、塑性黏度、动切力在热滚后均高于热滚前。

从图10（a）和图10（b）可以看出，高温热滚前，4#高分子量聚合物体系表观黏度基本与塑性黏度接近，动切力YP≤1Pa，黏土颗粒之间及高聚物分子之间形成的网架结构力很小，高温热滚后表观黏度升高，YP增长至2~2.5Pa，说明内摩擦力增大，网架结构增强。从图10（c）和图10（d）可以看出，5#中低分子量聚合物体系表观黏度和动切力高温热滚后增长幅度基本接近，塑性黏度增长较小，表明热滚前后，中低分子量聚合物体系中结构均较强。

分析复配黏土矿物胶体+聚合物处理剂体系表观黏度、塑性黏度和动切力在热滚后均高于热滚前原因为，由于海泡石的疏松纤维状特性，复配黏土矿物胶体颗粒在高温下的分散性会增强，体系内部摩擦力略升高，而分散的细小颗粒会成为聚合物吸附的质点，尤其中低分子量聚合物经过多质点吸附，桥接作用增强更明显，使体系网状结构强度增加，黏弹性质提升，表现为动切力增强。但通过图10（a）和图10（c）对比，表明4#高分子聚合物配制体系$FL_{API}$随着聚合物加量增多，稳定性显著增强，在1.5%加量下，热滚前后$FL_{API}$分别为 4.4mL 和 4mL，而 5#中低分子聚合物配制体系 $FL_{API}$ 随着聚合物加量增大，降低幅度较小，在 5%加量下，热滚前后 $FL_{API}$ 分别为 10mL 和 7.2mL，因此，在超高温水基钻井液研究过程中需要针对高温流变性稳定和滤失量控制对聚合物处理剂种类及加量进行调控。

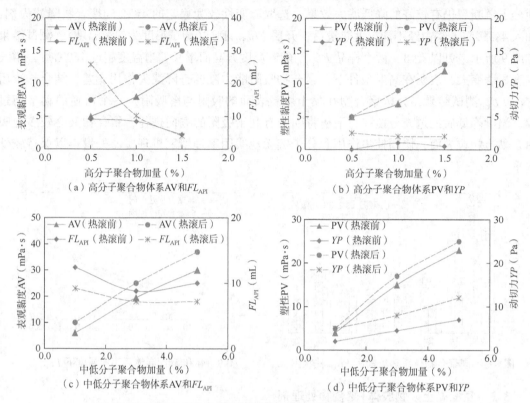

图 10　复配黏土矿物胶体与不同聚合物处理剂及加量条件下的性能

注：热滚条件为 220℃×16h

总体表明，采用富含镁多孔纤维状黏土矿物海泡石与低浓度膨润土复配形成的胶体，具有明显抗高温优势，对动切力提升等流变性改善具有积极作用[9]，结合抗高温中低分子量聚合物降滤失剂与高温稳定剂等助剂作为核心处理剂，能够在高温下有效保护黏土胶体颗粒的分散状态。

## 4　结论及建议

（1）根据剪切应力—温度曲线和粒度分布测试结果，对不同温度下的胶体颗粒分散状态进行了分析，解释了引起膨润土颗粒分散、絮凝、聚结等现象的内在原因，明确了 90~160℃的膨润土颗粒絮凝增稠和 160~220℃的膨润土颗粒聚结降黏作用对水基钻井液的流变性影响最大，需要引入弱温敏性黏土颗粒形成抗高温钻井液基础胶体。

（2）从造浆土微观结构层面分析了海泡石和凹凸棒土胶体的高温稳定机理，纤维状/书页状疏松易剥落结构、丰富的沸石孔道结构和沸石水散热效应等，是此两种黏土矿物胶体保持流变性高温稳定的主要因素。

（3）基于温度作用前后的黏土矿物与聚合物处理剂配制体系性能变化情况，结合核心组分结构特征与聚合物吸附特性，分析了膨润土与聚合物类处理剂互相作用后在高温下的吸附与分散状态，通过引入富含镁多孔纤维状黏土矿物海泡石与低浓度膨润土复配，能够显著改善黏土颗粒的分散状态，结合中低分子量聚合物，可以通过多质点吸附进行网络结构延伸，进而有效提升水基钻井液的抗高温能力。

（4）建议加强对水基钻井液核心处理剂化学结构、键接方式、支化交联等链结构，以及官能团种类等因素与抗温性的关联研究，指导研发用于黏土颗粒高温保护的新型水基钻井液处理剂，或创新研制高温稳定的无机/有机复合材料替代黏土矿物，实现钻井液技术革新突破。

## 参 考 文 献

[1] 苏义脑，路保平，刘岩生，等．中国陆上深井超深井钻完井技术现状及攻关建议[J]．石油钻采工艺，2020，42（5）：527-542.

[2] 汪海阁，葛云华，石林．深井超深井钻完井技术现状，挑战和"十三五"发展方向[J]．天然气工业，2017，37（4）：8.

[3] 张高波，李培海，乔汉，等．控制水基钻井液高温高压滤失量的方法及途径[J]．钻井液与完井液，2022，39（4）：406-414.

[4] 许洁，乌效鸣，王稳石，等．松科 2 井抗超高温钻井液技术 [J]．钻井液与完井液，2018，35（2）：29-34.

[5] 李科，赵怀珍，李秀灵，等．抗高温高性能水基钻井液及其在顺北 801X 井的应用[J]．钻井液与完井液，2022，39（3）：279-284.

[6] 鄢捷年．钻井液工艺学[M]．东营：石油大学出版社，2001：49-55.

[7] 孟雪芬，冯辉霞，张斌，等．海泡石的改性方法及其应用研究进展[J]．应用化工，2020，49（9）：2319-2323.

[8] 张俊，王冰莹，曹建新．改性凹凸棒土处理垃圾渗滤液中氨氮的实验研究[J]．硅酸盐通报，2012，31（4）：862-875.

[9] AL-MALKI，Needaa，POURAFSHARY，等．采用海泡石纳米颗粒控制膨润土基钻井液性能[J]．石油勘探与开发，2016，43（4）：656-661.

# 超深井钻井液用抗高温乳化沥青封堵防塌剂的研制及评价

毛　惠[1]　文欣欣[1]　白洁昕[1]　高　伟[2]

(1. 成都理工大学能源学院；
2. 中国石油化工股份有限公司西北油田分公司工程技术研究院)

**摘　要**　针对顺北古生界微裂隙发育的超深层泥页岩易失稳垮塌的难题，目前现场多采取刚性颗粒复配可变形性沥青类封堵剂的方法以强化封堵避免井壁失稳。然现有工区内乳化沥青封堵防塌剂软化点偏低、乳化效果差、易分层等缺点导致其总体封堵能力有限，无法形成优质封堵层。本文通过高软化点乳化沥青制备的技术难题剖析，提出了一种全新制备高软化点乳化沥青封堵防塌剂的技术原理和工艺流程，并在制备纳米乳液的基础上，成功研制出一种新型抗高温高软化点乳化沥青封堵防塌剂 CLG-EA。通过粒径分布、TEM 和软化点测试，表征了新制备的 CLG-EA，结果表明，新研制的 CLG-EA 呈现乳液状态，在水中分散性良好，粒径大小为 $10\sim30\mu m$，蒸发残余物的软化点达 $130\sim150℃$。最后，就新研制的 CLG-EA 的封堵防塌性能、配伍性能和乳液稳定性能等三个着重点评价了其综合性能，并通过与现场调研的乳化沥青样品性能进行了对比，室内实验研究发现：新研制的 CLG-EA 的砂盘封堵性能要明显优于现场在用的几种乳化沥青封堵防塌剂，在现场钻井液中加入 4% CLG-EA 的 PPA 漏失量仅为 6.8mL，相较于未加入样品的实验浆，其砂盘封堵性能提高了 62.2%，同样，新研制的 CLG-EA 对模拟人造岩心裂缝的封堵效果亦明显优于现场现用乳化沥青封堵防塌剂；此外，新研制的 CLG-EA 与现场钻井液具有良好的配伍性能，其加入现场钻井液后对流变性的影响较小，可增加现场钻井液的高温稳定性，并显著地改善现场钻井液的滤失造壁性能；最后，乳液稳定性实验结果表明，新研制的 CLG-EA 具备较强的乳液稳定性，便于长期存放。综合评价结果表明，本文所提出的制备高软化点型乳化沥青封堵防塌剂的原理及工艺流程正确，目标产物明确，且产物的封堵防塌效果突出，针对深井、超深井复杂泥页岩地层的井壁稳定效果明显，因此，高软化点型乳化沥青封堵防塌剂在深井、超深井复杂地层有较大的应用前景及潜力。

【基金项目】国家自然科学基金青年基金项目"高温深井水基钻井液用滤饼隔热剂的研制及其作用机理研究"(52204003)。

【第一作者简介：】毛惠，副教授，1987 年生，毕业于中国石油大学(华东)油气井工程专业获工学博士学位，现工作在成都理工大学能源学院油气工程系，主要从事超深井钻井液基础理论及技术开发研究。电话：17711383553；E-mail：maohui17@ cdut. edu. cn。

**关键词**　水基钻井液；乳化沥青；封堵防塌剂；高软化点；超深井；顺北油田

顺北油田古生界受断裂带影响，深层、超深层泥页岩地层微裂缝、微裂隙发育，水敏性强，井壁坍塌风险高[1-3]。钻井施工过程中常常面临井壁剥蚀坍塌问题严重，掉块多、大、硬，阻卡等井下复杂频发，严重制约顺北油田古生界的钻井提速[4,5]。该区块超深井钻井过程中，岩石微裂缝、层理等弱面结构发育，裂缝宽度介于纳微米至数百微米，为流体侵入提供了天然通道，是造成钻井井下复杂情况的重要因素之一[6]。目前，现场主要采用应力支撑、强化封堵、强化抑制、稠塞携带等技术措施避免井下复杂情况，其中强化封堵是关键措施[6,7]。强化封堵，优选合适的可变形封堵剂，与微纳米级颗粒、超细碳酸钙等刚性粒子复配使用，可实现对微裂缝地层的全面封堵，提高地层完整性，阻缓滤液侵入对微裂缝地层胶结结构的破坏作用[8]。

乳化沥青类封堵防塌剂具有优良的封堵性能，还兼具良好的抑制性能、润滑性能和配伍性能，有望在顺北油田超深层复杂地层钻井工程中较好协调突出的井壁失稳难题[9]。然而，现有工区内乳化沥青封堵防塌剂受材料软化点温度偏低、乳化效果差、易分层等缺点，导致其封堵能力有限，在高温地层无法形成优质封堵性滤饼，因而难以满足超深复杂泥页岩地层的井壁稳定需求。

本文基于纳米乳液研制和自制梳型强分散剂的基础上，制备出了一种软化点在 130～150℃ 的深井、超深井水基钻井液用抗高温高软化点乳化沥青封堵防塌剂 CLG-EA。

# 1　高软化点乳化沥青封堵防塌剂的制备原理

本研究室内实验发现，如果选用高软化点沥青（沥青原材料软化点 100℃ 以上）时，当能够把高软化点沥青熔融到能够自由流动的状态时，其流动态的沥青表面温度至少要达到软化点温度 50℃ 以上，当如此高温的液态沥青和约 100℃ 的皂液相遇时，极大的温差会使得液态状沥青迅速降温，其结果便是无法和热的皂液乳化在一起，高温状态下的高软化点沥青在温度降低后，因其温度敏感性，高软化点沥青将会以极大的概率黏糊在胶体磨的齿轮上，从而造成胶体磨的堵塞。

然而，Pickring 乳状液的研究进展为本研究提供了一种制备新型高软化点乳化沥青的新思路和新方法。Pickering 乳液的稳定机理主要为固体颗粒吸附于油/水界面并形成固体单层或多层膜，从而稳定乳液。说明固体颗粒可以和乳状液一起形成稳定的乳液体系[10,11]。本文所提拟采用的高软化点沥青在清水中不分散，因此，可基于 Pickring 乳状液的制备原理，使得本文所提高软化点沥青颗粒分散在纳米乳液中，利用纳米乳液稳定疏水的高软化点沥青颗粒。基于上述分析，本研究采用了如下制备新型乳化沥青封堵防塌剂的方案：

（1）制备或研选出软化点在 130～150℃ 的沥青原材料，然后将该沥青原材料粉碎至 5～40μm。

（2）制备或优选出合适的乳化剂和分散剂，优选的该乳化剂对沥青颗粒在溶液中具有较好的分散性，然后再制备出一种纳米乳液。

（3）将制备好的具有一定粒径分布的高软化点沥青颗粒分散在纳米乳液中，再利用胶体磨进行乳化，利用纳米乳液稳定分散的高软化点沥青，从而形成一种新的乳液体系。

图1为本研究所采取的新型钻井液用抗高温高软化点乳化沥青封堵防塌剂的制备工艺流程。

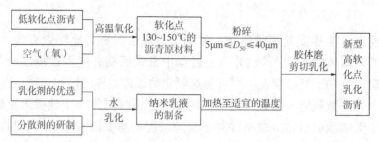

图 1    高软化点乳化沥青封堵防塌剂的制备工艺流程

## 2    抗高温高软化点乳化沥青封堵防塌剂的研制

### 2.1    纳米乳液的制备

以液体石蜡为油相的水包油型纳米乳液在石油钻采中已经得到广泛应用[12]。本文选取液态石蜡为油相，室温条件下通过调节主表面活性剂组分的 HLB 值和助表面活性剂正丁醇的加量等优选实验，制备出了一种粒径较小、长期稳定的液态石蜡纳米乳液，石蜡纳米乳液的母配方为：10.0mL 液态石蜡+10.0mL（Span80+Tween80）+3.0mL 正丁醇+10.0mL 去离子水+0.5g 阳离子双子表面活性剂 GTN。

其中，Span80 与 Tween80 混合作为主表面活性剂的 HLB 值为 10.5。少量添加的阳离子双子表面活性剂 GTN 为使石蜡纳米乳液与高软化点沥青混合后纳米乳液载有正电荷而更易吸附于岩石与钻具表面，进而更有效地发挥其滑作用和稳定井壁作用。将石蜡微乳液加入工作流体中，通过轻微搅动即可形成粒径较小、长期稳定的正电纳米乳液。

### 2.2    高软化点乳化沥青封堵防塌剂的室内制备方法

取 100mL 液体石蜡，称量同重量的表面活性剂 Span80 和 Tween80（Span80 和 Tween80 质量比 1∶1），然后量取 30mL 正丁醇。将上述量取好的实验材料与 100mL 自来水共混（3000r/min 下搅拌 20min），然后再加入 5g 的阳离子双子表面活性剂 GTN，低速搅拌均匀，形成石蜡的纳米乳液。其次，将上述制备好的石蜡纳米乳液加温至 60~70℃，启动胶体磨，待胶体磨表面有温度时将加热后的石蜡纳米乳液倒入胶体磨，然后加入水质量的 30% 的自制梳型聚羧酸盐强分散剂 CLG-JN，后剪切乳化 20min。最后，称取 200g 的高软化点乳化沥青原材料，然后将其倒入胶体磨，在胶体磨的剪切作用下，使其与石蜡纳米乳液进行剪切乳化。剪切乳化 2~3h 后，倒出胶体磨中的流体，既得基于石蜡纳米乳液的新型抗高温高软化点乳化沥青封堵防塌剂，获得的该产品中高软化点沥青有效含量约为 60%，记为 CLG-EA。

## 3    新研制 CLG-EA 的特性评价

### 3.1    粒径分布特征分析

利用 Malvern Mastersizer v3.63 粒径分布测试仪，测试了该乳化沥青封堵防塌剂 CLG-EA-2 的粒径分布，实验结果如图 2 所示。

从实验结果可知，新研制的 CLG-EA 的粒径中值 $D_{50}$ 为 8.01μm，而 $D_{10}$ 为 0.391μm，$D_{90}$ 则为 56.9μm，粒径分布峰值显示有 3 个主峰，其中分别分布在 10nm~1μm、1~10μm

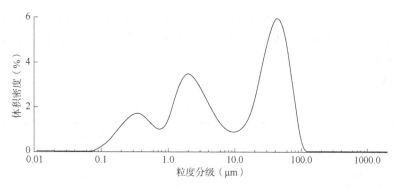

图 2　新研制 CLG-EA 的粒径分布曲线

和 10~100μm。从封堵效果来看，CLG-EA 可形成对不同尺度微裂缝、微孔隙的封堵，这主要是依赖于 3 个不同尺度分布的峰值。

### 3.2　TEM 透射电镜分析

将新研制的 CLG-EA 配制成稀分散液，用超声波分散 20min 后，采用 TEM 透射电子显微镜观测加入 CLG-EA 的分散液中乳化沥青颗粒的分散形态，实验结果如图 3 所示。

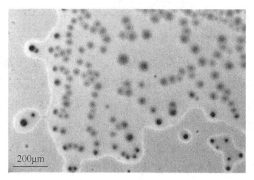

图 3　新研制的 CLG-EA 稀溶液的 TEM 表征结果

从图 3 可知，新研制的 CLG-EA 在连续介质为水相中呈现出球形颗粒状分散，表明 CLG-EA 在水溶液中具有良好的分散性能；此外，从 TEM 表征结果可知，球形颗粒的粒径大小为 10~30μm，满足顺北油田超深层复杂微裂缝对乳化沥青颗粒粒径的要求。

### 3.3　蒸发残余物软化点测试

针对新研制的 CLG-EA 进行了软化点测试实验，实验方法依据 GB/T 4507—2014《沥青软化点测定法 环球法》中的测试标准[13]进行，实验结果见表 1。

表 1　蒸发残余物软化点测试结果

| 序号 | 样品名称 | 软化点(℃) |
|---|---|---|
| 1 | CLG-EA-1 高软化点沥青原材料 129℃ | 135.0 |
| 2 | CLG-EA-2 高软化点沥青原材料 141.5℃ | 148.1 |

从表 1 可知，根据沥青原材料软化点的不同，制备出的基于石蜡纳米乳液制备的新型抗高温高软化点乳化沥青封堵防塌剂 CLG-EA 的蒸发残余物的软化点分别为 135.0℃ 和 148.1℃。另外也可表明，通过本文所述制备乳化沥青封堵防塌剂的工艺流程，可成功制备出高软化点乳化沥青封堵防塌剂。

## 4　新研制 CLG-EA 在现场钻井液中的综合性能评价

### 4.1　封堵防塌性能评价

#### 4.1.1　砂盘封堵性能评价

为了解新研制的 CLG-EA 在现场在用的钻井液体系中的封堵性能，分别取顺北 5-17H

井现场钻井液400mL若干，再分别加入4%浓度的现场常用各乳化沥青封堵防塌剂及新研制的CLG-EA，高速搅拌均匀后，分别测试各实验浆经150℃高温老化16h后的砂盘封堵（砂盘型号为210538）性能。

实验结果见表2。

表2　各乳化沥青砂盘封堵测试实验结果

| 序号 | 实验浆 | 瞬时滤失量(mL) | 静态滤失速率(mL/min$^{1/2}$) | PPA漏失量(mL) |
|---|---|---|---|---|
| 1 | SHB5-17H井浆 | 1.636 | 1.314 | 18 |
| 2 | 乳化沥青1型 | 0.867 | 1.326 | 17.2 |
| 3 | 乳化沥青2型 | 1.538 | 1.274 | 17.8 |
| 4 | FF-3 | 0.867 | 1.127 | 14.4 |
| 5 | FH-1 | 1.328 | 1.170 | 15.2 |
| 6 | 龙翔高软化点乳化沥青 | 2.534 | 1.176 | 17.6 |
| 7 | CLG-EA | 0.593 | 0.293 | 6.8 |

从上述实验结果可知，在现场井浆中加入不同乳化沥青封堵防塌剂后，对现场井浆的瞬时滤失量、静态滤失速率和PPA漏失总量的影响有较大的差异，其中降低现场钻井液瞬时滤失量、静态滤失速率和降低PPA漏失量效果最好的是新研制的乳化沥青封堵防塌剂CLG-EA，加入该产品到现场钻井液后，其瞬时滤失量、静态滤失速率和PPA漏失量分别为0.593mL、0.293mL/min$^{1/2}$和6.8mL。新研制的CLG-EA的砂盘封堵性能要明显优于现场在用的几种乳化沥青封堵防塌剂，表明新研制的CLG-EA具有良好的高温封堵性能。

### 4.1.2　模拟人造岩心裂缝封堵实验

为了模拟一定缝宽条件下新研制的高软化点乳化沥青封堵防塌剂CLG-EA与其他现场在用乳化沥青封堵防塌剂加入现场钻井液后在裂缝中的封堵能力，实验采用在模拟人工岩心（图4，直径为2.5cm，长度为5cm±0.2cm岩心柱塞）裂缝两侧放置给定厚度的不锈钢片作为支撑，并采用实验室高温高压动态损害评价仪，模拟各乳化沥青封堵防塌剂加入顺北5-17H井现场井浆中后，对模拟岩心裂缝的封堵能力。

本实验过程中施加15MPa的围压，流体压力加载至6MPa，实验温度设定为150℃。同时，实验过程中通过釜体搅拌装置实现工作液动态循环。

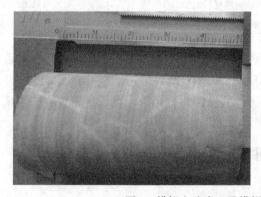

图4　模拟人造岩心及模拟裂缝状态照片

实验结果见表3和如图5、图6所示。

| 序号 | 实验样品 | 承压时间(min) | 漏失及钻井液侵入模拟岩心缝内深度情况 | | |
|---|---|---|---|---|---|
| | | | 压力(MPa) | 漏失量(mL) | 侵入深度(cm) |
| 1 | 乳化沥青 1 型 | 15 | 6 | 0 | 3.5 |
| 2 | 乳化沥青 2 型 | 15 | 6 | 0 | 4.6 |
| 3 | FF-3 | 15 | 6 | 0 | 3.2 |
| 4 | FH-1 | 15 | 6 | 0 | 2.8 |
| 5 | 龙翔乳化沥青 | 15 | 6 | 0 | 3.7 |
| 6 | CLG-EA | 15 | 6 | 0 | 2.3 |

图 5　人造岩心裂缝封堵实验后岩心端面和缝中形态

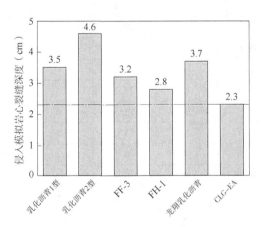

图 6　各乳化沥青封堵防塌剂加入钻井液后模拟岩心裂缝封堵侵入深度

从模拟人造岩心裂缝封堵实验结果可知，在现场钻井液中加入各乳化沥青封堵防塌剂后，6MPa 压差稳压 15min 后，各实验浆均未能穿透 200μm 裂缝岩样，表明各实验浆均具有良好的模拟人造岩心裂缝封堵性能。然而，加入不同乳化沥青封堵防塌剂的各实验浆侵入模拟人造岩心裂缝的深度各不一致，其中，在实验条件下，在现场钻井液中加入 4% 的新研制的 CLG-EA 的实验浆侵入模拟人造岩心裂缝的距离最短，仅为 2.3cm，次之分别为 FH-1、FF-3、乳化沥青 1 型、龙翔乳化沥青和乳化沥青 2 型，它们侵入模拟人造岩心裂缝的深度分别为 2.8cm、3.2cm、3.5cm、3.7cm 和 4.6cm。

从模拟人造岩心裂缝封堵实验结果可知，新研制的乳化沥青封堵防塌剂 CLG-EA 具有良好的岩心裂缝封堵能力。

### 4.2 配伍性能评价

为了解新研制的 CLG-EA 在现场在用的钻井液体系中的配伍性能，分别取顺北 5-17H 井现场钻井液 400mL 若干，再分别加入 4%浓度的各乳化沥青封堵防塌剂，高速搅拌均匀后分别测试各实验浆经 150℃高温老化 16h 前后的流变性、滤失性能。

各实验浆分别如下：

1#：SHB5-17H 井现场钻井液；

2#：SHB5-17H 井现场钻井液+4%乳化沥青 1 型；

3#：SHB5-17H 井现场钻井液+4%乳化沥青 2 型；

4#：SHB5-17H 井现场钻井液+4%FF-3；

5#：SHB5-17H 井现场钻井液+4%FH-1；

6#：SHB5-17H 井现场钻井液+4%高软化点乳化沥青——龙翔；

7#：SHB5-17H 井现场钻井液+4%CLG-EA。

实验结果见表 4。

表 4　各乳化沥青封堵防塌剂在 SHB5-17H 井现场钻井液中的性能评价结果

| 序号 | 条件 | AV (mPa·s) | PV (mPa·s) | YP (Pa) | $G_{10''}$ (Pa) | $G_{10'}$ (Pa) | FL (mL) | $FL_{HTHP}$ (mL) |
|---|---|---|---|---|---|---|---|---|
| 1# | 热滚前 | 45.0 | 32 | 13.0 | 6.0 | 20.5 | 1.2 | 12.4 |
| | 热滚后 | 34.5 | 22 | 12.5 | 6.0 | 18.0 | 1.6 | |
| 2# | 热滚前 | 52.5 | 37 | 15.5 | 6.0 | 18.5 | 1.8 | 10.8 |
| | 热滚后 | 30.0 | 20 | 10.0 | 4.0 | 15.0 | 2.4 | |
| 3# | 热滚前 | 49.5 | 35 | 14.5 | 4.5 | 17.5 | 1.6 | 19 |
| | 热滚后 | 30.0 | 19 | 11.0 | 4.0 | 13.5 | 2.2 | |
| 4# | 热滚前 | 46.0 | 32 | 14.0 | 3.5 | 16.5 | 0.8 | 9.6 |
| | 热滚后 | 42.5 | 27 | 15.5 | 4.5 | 16.5 | 1.2 | |
| 5# | 热滚前 | 42.0 | 29 | 13.0 | 5.5 | 21.5 | 2.2 | 13.8 |
| | 热滚后 | 48.5 | 32 | 16.5 | 4.5 | 19.0 | 1.4 | |
| 6# | 热滚前 | 41.0 | 31 | 10.0 | 4.5 | 17.0 | 2 | 12.2 |
| | 热滚后 | 36.5 | 24 | 12.5 | 4.0 | 16.0 | 1.4 | |
| 7# | 热滚前 | 45.5 | 31 | 14.5 | 6.0 | 21.0 | 2.0 | 8.8 |

从表 4 可知，加入 4%的新研制的 CLG-EA 的实验浆相较于现场实验浆的表观黏度变化率最低，仅为 1.11%，表明 CLG-EA 在老化前在钻井液中具有良好的配伍性，对流变性的影响最小。150℃高温老化后，如果实验浆老化后的表观黏度与老化前的表观黏度的变化率越小，表明该实验浆具有更好的高温稳定性及更好的钻井液流变性，加入新研制的 CLG-EA 的实验浆经高温老化前后的表观黏度变化率仅为-2.25%，塑性黏度变化率亦最小，为-3.33%；此外，现场钻井液经高温老化后的高温高压滤失量为 12.4mL，而在现场钻井液中加入新研制的 CLG-EA 的实验浆的高温高压滤失量最低，仅为 8.8mL，相较于现场钻井液降低了约 29%，高温高压降滤失效果突出。表明新研制的 CLG-EA 与现场钻井液具有良

好的配伍性能，其加入现场钻井液后对流变性的影响较小，同时，其加入现场钻井液体系后又可增加现场钻井液的高温稳定性，并显著改善现场钻井液的滤失造壁性能。

### 4.3 乳液稳定性评价

由于乳状液是热力学条件下的不稳定体系，因此，为了解新研制的抗高温高软化点乳化沥青封堵防塌剂 CLG-EA 在长期存放过程中的乳液稳定性，采取裸眼观察的方法观察其在长期静置密封条件下是否析水，了解新研制的抗高温高软化点乳化沥青封堵防塌剂 CLG-EA 的乳液稳定性能。

实验结果见表5。

表5 新研制的高软化点乳化沥青封堵防塌剂的乳液稳定性测试分析结果

| 序号 | 样品名称 | 温度 | 静置时间 | 是否析出水相 | 析出物体积(mL) | 乳液稳定性 |
|---|---|---|---|---|---|---|
| 1 | 乳化沥青1型 | | | 是 | 10 | 一般 |
| 2 | 乳化沥青2型 | | | 是 | 3 | 一般 |
| 3 | 胶乳沥青 FF-3 | | | 否 | 0.1 | 良好 |
| 4 | FH-1 | -3~15℃ | 3个月 | 否 | 0.1 | 良好 |
| 5 | 高软化点乳化沥青（河南龙翔） | | | 是 | 6 | 一般 |
| 6 | CLG-EA | | | 否 | 0.1 | 良好 |

从表5可知，新研制的抗高温高软化点乳化沥青封堵防塌剂 CLG-EA、胶乳沥青 FF-3 和 FH-1 在静置3个月后基本未出现表面析出水相，同时，亦未出现有油—水分层的现象，表明新研制的 CLG-EA 具有良好的乳液稳定性。但是，乳化沥青1型、乳化沥青2型和高软化点乳化沥青（河南龙翔）三种乳化沥青在静置3个月后，分别析出了约 10mL、3mL 和 6mL 的水相，表明其乳液稳定性相对较差。

## 5 结论

（1）基于新型高软化点乳化沥青封堵防塌剂的制备原理及分析，以季铵盐型表面活性剂 GTN、Tween80、正丁醇、液体石蜡为主要原料，采用稀释法研备出一种粒径极小、分散性好、长期稳定的石蜡纳米乳液。并最终基于石蜡纳米乳液，室内制备出一种新型高软化点抗高温乳化沥青封堵防塌剂 CLG-EA。

（2）通过粒径分析、TEM 分析和蒸发残余物软化点测试等方法，对新研制的抗高温高软化点乳化沥青封堵防塌剂 CLG-EA 进行了特性评价，结果表明，新研制的 CLG-EA 呈现乳液状态，在水中分散性良好，其分散在水中后的球形颗粒的粒径大小约为 $10\mu m \sim 30\mu m$ 左右，蒸发残余物的软化点达 $130 \sim 150℃$。

（3）砂盘封堵和模拟人造岩心裂缝封堵实验结果表明，新研制的抗高温高软化点乳化沥青封堵防塌剂 CLG-EA 具有良好的抗高温裂缝封堵能力，其在现场井浆中的封堵效果明显优于现场现用乳化沥青封堵防塌剂。

（4）配伍性和乳液稳定性评价实验结果表明，新研制的 CLG-EA 与现场钻井液具有良好的配伍性能，其加入现场钻井液后对流变性的影响较小，同时，其加入现场钻井液体系后又可增加现场钻井液的高温稳定性，并显著改善现场钻井液的滤失造壁性能；同时，新研制的 CLG-EA 具备较强的乳液稳定性，便于长期存放。

（5）综合评价结果表明，本文所提出的制备高软化点型乳化沥青封堵防塌剂的原理及工艺流程正确，目标产物明确，且产物的封堵防塌效果突出，针对深井、超深井复杂泥页岩地层的井壁稳定效果明显，因此，高软化点型乳化沥青封堵防塌剂在深井、超深井复杂地层有较大的应用前景及潜力。

## 参 考 文 献

[1] 李成，白杨，于洋，等．顺北油田破碎地层井壁稳定钻井液技术[J]．钻井液与完井液，2020，37（1）：15-22.

[2] 林永学，王伟吉，金军斌．顺北油气田鹰1井超深井段钻井液关键技术[J]．石油钻探技术，2019，47（3）：113-120.

[3] 焦方正．塔里木盆地顺北特深碳酸盐岩断溶体油气藏发现意义与前景[J]．石油与天然气地质，2018，39（2）：207-216.

[4] 陈宗琦，刘景涛，陈修平．顺北油气田古生界钻井提速技术现状与发展建议[J]．石油钻探技术，2023，51（2）：1-6.

[5] 于洋，南玉民，李双贵，等．顺北油田古生界钻井提速技术[J]．断块油气田，2019，26（6）：780-783.

[6] 方俊伟，董晓强，李雄，等．顺北油田断溶体储集层特征及损害预防[J]．新疆石油地质，2021，42（2）：201-205.

[7] 杨枝，孙金声，张洁，等．裂缝性碳酸盐岩储层保护技术研究进展[J]．探矿工程（岩土钻掘工程），2009，36（11）：4-10.

[8] 邱正松，徐加放，吕开河，等．"多元协同"稳定井壁新理论[J]．石油学报，2007，28（002）：117-119.

[9] 吴艳，王在明，朱宽亮，等．钻井液用抗高温阳离子乳化沥青的研制与性能评价[J]．断块油气田，2017，4（5）：719-722.

[10] 陈馥，艾加伟，罗陶涛，等．Pickering 乳状液及其在油田中的应用[J]．精细化工，2014，31（1）：1-6.

[11] 李磊，张巧玲，刘有智，等．Pickering 乳液在功能高分子材料研究中的应用[J]．应用化学，2015，32（6）：611-618.

[12] 董兵强．纳米乳液制备及其在水基钻井液完井液中的应用[D]．中国石油大学（华东），2016.

[13] GB/T 4507—2014《沥青软化点测定法 环球法》[S].

# 长南气田水平井安全快速钻井液技术

张　勤　李　刚　王清臣　胡祖彪

（中国石油集团川庆钻探工程有限公司长庆钻井总公司）

**摘　要**　长南高桥区位于鄂尔多斯盆地伊陕斜坡中部，该区块水平井存在井壁失稳、摩阻大、阻卡多等问题[1]，针对此问题，本研究对目的层岩样进行了分析，确认了井壁坍塌机理，基于此理论，优选封堵剂、降滤失剂、抑制剂等钻井液处理剂，优化钻井液性能，形成一套长南气水平井钻井液技术。现场试验表明，采用该技术钻井周期较上一年缩短 87.13d，提速 56.54%，全井段无复杂，套管下到位摩阻为 27t，取得良好的应用效果，具有广阔的应用前景。

**关键词**　长南；气水平井；钻井液；提速；井壁稳定；降摩减阻

长南高桥区位于鄂尔多斯盆地伊陕斜坡中部，是靖边气田向南的延伸，主要目的层为古生界下二叠统山西组山₂段，以岩屑石英砂岩、岩屑砂岩为主[1,2]。气藏埋深 3000 ~ 4000m，为地层岩性圈闭气藏，地层压力系数在 0.8 ~ 0.98 之间，属低孔隙度、低渗透率、低压定容弹性驱动气藏。由于存在井壁失稳、摩阻大、阻卡多等问题，导致高桥区气水平井机械钻速低，钻井周期长达 154.09d。为了加大高桥区气水平井开发力度，如何保障安全快速钻井成为关键问题。虽然有一些关于长南气田水平井钻井液技术的报道，但应用推广具有一定局限性[3-5]。为此，本文探究了长南区块井壁稳定机理，以此为基础开展了钻井液配方和性能优化研究，确保长南气水平井顺利完井。

## 1　地质工程概况

长南气田高桥区地层层序见表 1，自上而下钻遇地层依次为第四系；白垩系志丹统洛河组；侏罗系中统安定组和直罗组、下统延安组；三叠系上统延长组、中统纸坊组、下统和尚沟组和刘家沟组；二叠系上统石千峰组、中统石盒子组、下统山西组。

表 1　地层层序表

| 地层时代 | | | | 现场地层（m） | |
|---|---|---|---|---|---|
| 界 | 系 | 统 | 组 | 底界深度 | 厚度 |
| 新生界 | 第四系 | | | 79 | 69.5 |

【第一作者简介】张勤（1990—），西南石油大学化学工程与技术专业硕士毕业，现为中国石油集团川庆钻探工程有限公司长庆钻井总公司钻井液工程师，主要从事钻井液技术的研究和应用。陕西省西安市未央区长庆未央湖花园西门钻井科技楼 710021，电话：029-86573214，E-mail：zj3zq1@cnpc.com.cn。

| 地层时代 | | | | 现场地层（m） | |
|---|---|---|---|---|---|
| 界 | 系 | 统 | 组 | 底界深度 | 厚度 |
| 中生界 | 白垩系 | 志丹统 | 洛河组 | 189 | 110.0 |
| | 侏罗系 | 中统 | 安定组 | 269 | 80.0 |
| | | | 直罗组 | 514 | 245.0 |
| | | 下统 | 延安组 | 804 | 290.0 |
| | 三叠系 | 上统 | 延长组 | 2139 | 1335.0 |
| | | 中统 | 纸坊组 | 2439 | 300.0 |
| | | 下统 | 和尚沟组 | 2539 | 100.0 |
| | | | 刘家沟组 | 2825 | 286.0 |
| 古生界 | 二叠系 | 上统 | 石千峰组 | 3086 | 261.0 |
| | | 中统 | 石盒子组 上石盒子 | 3228 | 142.0 |
| | | | 盒$_5$ | 3258 | 30.0 |
| | | | 盒$_6$ | 3285 | 27.0 |
| | | | 盒$_7$ | 3309 | 24.0 |
| | | | 盒$_{8上}$ | 3338.05 | 29.05 |
| | | | 盒$_{8下}$ | 3366.33 | 28.28 |
| | | 下统 | 山西组 山$_1$ | 3394.48 | 28.15 |
| | | | 山$_2^1$ | 3404.62 | 10.14 |
| | | | 山$_2^2$ | 3412.12 | 7.5 |
| | | | 山$_2^3$（未穿） | 3464.71 | 52.59 |
| | | | 太原组 | | |

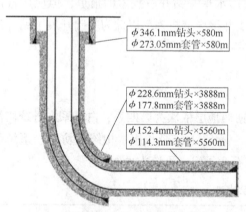

$\phi$346.1mm钻头×580m
$\phi$273.05mm套管×580m

$\phi$228.6mm钻头×3888m
$\phi$177.8mm套管×3888m

$\phi$152.4mm钻头×5560m
$\phi$114.3mm套管×5560m

图1　长南气田高桥区井身结构图

长南气田高桥区井身结构如图1所示，一开使用 $\phi$346.1mm 钻头，下入 $\phi$273.05mm 套管；二开使用 $\phi$228.6mm 钻头钻至入窗，下入 $\phi$177.8mm 套管；三开使用 $\phi$152.4mm 钻头钻至完钻，下入 $\phi$114.3mm 套管。

## 2　钻井难点

（1）刘家沟组裂缝多，承压能力弱，容易发生漏失；

（2）斜井段泥岩稳定周期短，电测期间容易发生坍塌，导致下套管前通井遇阻；

（3）斜井段套管接箍与井筒缝隙窄，接箍处剐蹭井壁，造成岩屑堆积，出现套管下不到位的情况；

（4）水平段泥岩段长，含有碳质泥岩，钻井周期长容易发生井壁坍塌；

（5）水平段起下钻摩阻大，最高摩阻超过40t，需要划眼通过；

（6）水平段砂岩中石英砂含量高，可钻性差，影响机械钻速；

（7）斜井段和水平段钻进均存在气侵和地层造浆，密度和黏度难以控制。

# 3 井壁坍塌机理研究

## 3.1 岩石全岩分析

对长南区块目的层泥岩和煤岩进行了全岩分析，结果见表2。泥岩和煤岩中石英、长石类硬脆性矿物较高，地层脆性较强，容易在外力作用下产生裂缝。黏土矿物含量由高到低顺序排序为煤岩>泥岩>砂岩，煤岩的黏土含量较高，有较大水化的可能性。

表2 岩心组分分析

| 岩样 | 矿物种类和含量（%） | | | | | | | | 黏土矿物总量（%） |
|---|---|---|---|---|---|---|---|---|---|
| | 石英 SiO₂ | 钾长石 K[AlSi₃O₈] | 斜长石 Na[AlSi₃O₈] | 方解石 CaCO₃ | 白云石 CaMg(CO₃)₂ | 铁白云石 Ca(Mg, Fe)(CO₃)₂ | 黄铁矿 FeS₂ | 菱铁矿 FeCO₃ | |
| 砂岩 | 60.5 | 0 | 7.7 | 0 | 0 | 0 | 0 | 0 | 31.8 |
| 泥岩 | 49.2 | 6 | 10.3 | 0 | 0 | 0 | 0.8 | 0 | 33.7 |
| 煤岩 | 10.2 | 15.1 | 5.6 | 2.4 | 0.2 | 0 | 0.6 | 0 | 65.9 |

对砂岩、泥岩和煤岩中的黏土矿物进行了分析，结果见表3。各岩样中的黏土矿物成分不同，虽无水化膨胀性蒙脱石矿物，但均含有水化分散性伊蒙混层黏土矿物，含量排序煤岩>泥岩>砂岩，说明煤岩和泥岩更容易水化分散、剥落。

表3 黏土矿物成分分析

| 样品 | 黏土矿物相对含量（%） | | | | | 间层比（%） |
|---|---|---|---|---|---|---|
| | 伊利石（I） | 蒙脱石（S） | 伊蒙混层（I/S） | 高岭石（K） | 绿泥石（C） | |
| 砂岩 | 11.89 | 0.00 | 7.60 | 80.51 | 0.00 | 15.00 |
| 泥岩 | 20.72 | 0.00 | 8.58 | 53.54 | 17.16 | 15.00 |
| 煤岩 | 18.72 | 0.00 | 9.73 | 71.55 | 0.00 | 15.00 |

## 3.2 岩石微观形貌

取砂岩、泥岩和煤岩岩样进行扫描电镜测试分析，如图2所示。地层岩石普遍脆性较强，岩层中存在微米级微裂缝，容易在外力作用下产生裂缝。砂岩岩样片层状特性比较明显，裂缝也呈现规则片层状，分支裂缝较少；泥岩岩样基质呈现片层状特性，微裂缝呈现不规则状，各裂缝纵横交错，说明泥岩岩样易破碎特性；煤岩的基质比较致密，表面比较光滑，裂缝相对比较规则，制样过程中易产生新裂缝，说明煤岩基质的易碎特性。

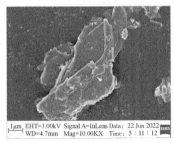
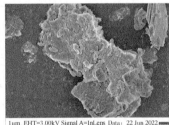

（a）砂岩          （b）泥岩          （c）煤岩

图2 岩石扫描电镜图

## 3.3 岩石水化能力评价

岩石水化膨胀量反映了岩石所在地层的稳定性。将砂岩、泥岩和煤岩分别在清水中浸

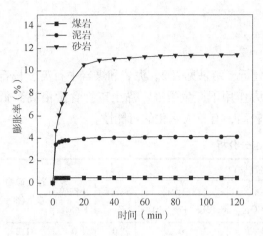

图 3 岩石膨胀率变化

泡 2h，每隔 20min 测其膨胀量，结果如图 3 所示。砂岩在短时间内急剧吸水膨胀，然后则几乎不再膨胀；泥岩在较短时间内达到最大膨胀率且不再吸水膨胀；煤岩在 2h 内膨胀率几乎不变。线性膨胀实验表明，泥岩的膨胀能力有限，砂岩的膨胀特性最强，但三种岩样均未表现出明显的水化膨胀，可能因为岩石太致密，孔隙连通性不好，浸泡时水分渗透不到岩石碎块的内部基质。例如煤岩，尽管充分粉碎，碎块始终类似碎玻璃渣，表现出一定的晶体特性，表面致密，水分不易进入碎块内部。说明水化不是失稳的主要因素，天然裂缝和脆性更有可能是导致井壁失稳的主要因素。

### 3.4 岩石比表面积

岩石的比表面积表明了岩石与井筒流体的接触面积，比表面积越大，则岩石与井筒流体接触面积越大，更容易水化。砂岩、泥岩和煤岩的比表面积如图 4 所示，二氧化碳吸附实验数据显示不同岩相页岩样品总比表面积在 $2.323 \sim 98.00 m^2/g$。砂岩的比表面分布在 $2.353 \sim 97.879 m^2/g$，泥岩的比表面分布在 $2.343 \sim 60.234 m^2/g$，煤岩的比表面分布在 $1.278 \sim 90.135 m^2/g$。煤岩具有更大的表面积，更容易与井筒流体接触水化分散、剥落，泥岩的表面积最小，致密性强，不容易水化。

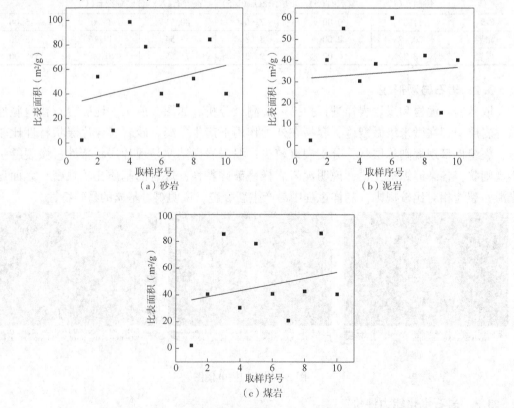

图 4 不同岩相微孔和介孔比表面积分布

综上所述，长南气水平井山西组储层发育有碳质泥岩和煤层，且煤层与碳质泥岩间常分布有泥岩和砂岩等小夹层，由于该类煤系地层的特殊性，钻井过程中易发生掉块、坍塌；若大斜度井造斜段处于煤系地层，则会显著增加钻井施工难度及风险。因此，该类地层钻井过程中存在坍塌等现象的主要原因是物理原因，包括割理、裂隙发育，岩石脆性大、强度低，在地层应力的作用下或者其他因素的作用下不稳定[6]。

## 4 钻井液配方确定及性能评价

根据钻井施工遇到的问题和井壁坍塌机理研究分析，确定应采用"低滤失、强封堵、强抑制、高润滑"钻井液体系。

### 4.1 钻井液配方确定

根据处理剂的不同加量下的性能做正交实验，所有样品在120℃老化16h，实验结果见表4。

表4 钻井液配方的优选

| 序号 | 钻井液配方 | AV(mPa·s) | FL$_{API}$(mL) | 透水率(mL) |
|---|---|---|---|---|
| 1 | 基浆(2%膨润土+0.1%NaOH+0.2%XCD+10%KCl) | 6.0 | 183.0 | — |
| 2 | 基浆+1%封堵剂+0.1%降滤失剂Ⅰ+1%降滤失剂Ⅱ | 14.5 | 14.5 | 9.0 |
| 3 | 基浆+1%封堵剂+0.2%降滤失剂Ⅰ+3%降滤失剂Ⅱ | 9.0 | 12.6 | 6.6 |
| 4 | 基浆+1%封堵剂+0.3%降滤失剂Ⅰ+2%降滤失剂Ⅱ | 12.0 | 13.0 | 6.6 |
| 5 | 基浆+2%封堵剂+0.1%降滤失剂Ⅰ+3%降滤失剂Ⅱ | 13.0 | 8.0 | 4.3 |
| 6 | 基浆+2%封堵剂+0.2%降滤失剂Ⅰ+2%降滤失剂Ⅱ | 7.5 | 8.0 | 6.0 |
| 7 | 基浆+2%封堵剂+0.3%降滤失剂Ⅰ+1%降滤失剂Ⅱ | 8.0 | 8.2 | 6.3 |
| 8 | 基浆+3%封堵剂+0.1%降滤失剂Ⅰ+2%降滤失剂Ⅱ | 8.5 | 6.4 | 6.0 |
| 9 | 基浆+3%封堵剂+0.2%降滤失剂Ⅰ+1%降滤失剂Ⅱ | 9.5 | 7.0 | 4.8 |
| 10 | 基浆+3%封堵剂+0.3%降滤失剂Ⅰ+3%降滤失剂Ⅱ | 11.0 | 5.8 | 4.2 |

兼顾黏度、滤失量和封堵性需求，以及钻井液成本方面的考虑，选择序号8的配方作为体系的主处理剂配方，即3%封堵剂+0.1%降滤失剂Ⅰ+2%降滤失剂Ⅱ。

### 4.2 钻井液性能评价

优选后的钻井液配方为：2%白土+0.1%NaOH+0.2%XCD+10%KCl+3%封堵剂+0.1%降滤失剂Ⅰ+2%降滤失剂Ⅱ，在120℃热滚16h，其性能见表5。与优化前钻井液性能相比，优化后钻井液体系滤失量、封堵性和抑制性更强，黏度效应低，具有更好的抗温性。

表5 优化后钻井液性能

| 配方 | AV(mPa·s) | PV(mPa·s) | YP(Pa) | FL(mL) | 透水率(%) | 一次回收率(%) |
|---|---|---|---|---|---|---|
| 优化前 | 16 | 14 | 2 | 8.3 | 7.2 | 85.5 |
| 优化后 | 8.5 | 5 | 3.5 | 6.8 | 6 | 92.8 |

## 5 现场应用

高桥13-71H1井位于陕西省延安市志丹县双河镇阳湾村，为三开结构水平井，设计井深 5780m，靶前距 682m，偏移距 468m，实际完钻井深 5560m，目的层为山西组山$_2^3$，钻井周期 66.96d，建井周期 77.21d，机械钻速 13.33m/h，钻机月速 2189 米/台月。

### 5.1 提速效果

2021 年和 2022 年长南区块各完成 1 口三开结构气水平井，技术指标见表 6。相较 2022 年，高桥 13-71H1 井钻井周期缩短 87.13d，提速 56.54%。相较 2021 年，高桥 13-71H1 井周期缩短 50.71d，提速 43.10%，均具有较大幅度提高。高桥 13-71H1 井主要在水平段提速，水平段钻井周期较高桥 11-62H1 井提高 76.66%，较高桥 14-70H1 井提高 68.18%。

表 6　2021—2023 年长南气水平井技术指标对比

| 年份 | 井号 | 井深(m) | 水平段长度(m) | 水平段周期(d) | 钻井周期(d) | 完井周期(d) | 钻机月速(米/台月) |
|---|---|---|---|---|---|---|---|
| 2021 | 高桥 14-70H1 | 5558 | 1803 | 82.91 | 117.67 | 126.68 | 1385 |
| 2022 | 高桥 11-62H1 | 5493 | 1689 | 113.04 | 154.09 | 162.13 | 1036 |
| 2023 | 高桥 13-71H1 | 5560 | 1672 | 26.38 | 66.96 | 77.21 | 2163 |

### 5.2 井壁稳定效果

高桥 13-71H1 井斜井段下钻过程中存在遇阻情况，遇阻点主要为刘家沟组—石千峰组交接面、石千峰组—石盒子组交接面和石盒子组—山西组交接面，这可能是因为地层交接面岩性突变，非均质性强，划眼后可恢复正常。

该区块下套管前单扶通井均有遇阻情况，遇阻点井斜、岩性、钻井液性能均不同，可见斜井段坍塌是无规律的。但通过增强钻井液的流变性、提高排量、起下钻控制速度，直井段压耗补偿等措施可以缩短划眼时间。

### 5.3 降摩减阻效果

高桥 13-71H1 井钻进和起下钻情况见表 7，每趟钻上提摩阻大于下放摩阻，这可能是因为水平段井眼轨迹有台阶，起钻时岩屑容易在台阶处聚积。下钻时至岩屑聚积处容易遇阻，需通过划眼将岩屑分散后带出井筒。由表 7 可知，通过下钻划眼，起钻时下放摩阻有所减小，最终套管下到位摩阻为 27t，具有良好的降摩减阻效果。

表 7　每趟钻起下钻情况

| 次数 | 井深(m) | 水平段长度(m) | 钻头进尺(m) | 密度(g/cm³) | 黏度(s) | 摩阻(t) | | |
|---|---|---|---|---|---|---|---|---|
| | | | | | | 钻进 | 下钻 | 起钻 |
| 第一趟 | 4532 | 644 | 644 | 1.33 | 91 | 25/15 | — | 30/15 |
| 第二趟 | 4590 | 702 | 58 | 1.34 | 107 | 20/13 | 30/15 | 25/15 |
| 第三趟 | 5027 | 1139 | 437 | 1.34 | 91 | 23/19 | 20/13 | 35/20 |
| 第四趟 | 5541 | 1653 | 514 | 1.37 | 126 | 28/26 | 25/20 | 40/25 |
| 第五趟 | 5600 | 1712 | 59 | 1.38 | 143 | 30/24 | 21/18 | 40/25 |
| 第六趟 | 5600 | 1712 | 0 | 1.39 | 160 | 35/25 | 40/24 | 30/15 |

## 6　总结与建议

（1）对长南目的层砂岩、泥岩和煤岩岩性分析，研究得出井壁失稳主要是脆性大、裂缝发育和应力破碎。

（2）优选钻井液处理剂，优化钻井液性能，形成一套长南气田水平井钻井液技术。

（3）现场应用表明，优化后的钻井液技术可降低长南气水平井井壁坍塌风险，降低水平段摩阻，提高钻井速度。

（4）建议在井壁稳定的前提下，适当放宽钻井液性能，进一步节约成本。

## 参 考 文 献

[1] 王军杰，杨仁超，樊爱萍，等. 鄂尔多斯盆地靖边气田砂岩储层成岩作用[J]. 科技导报，2010，28 (21)：37-42.

[2] 韩会平，侯云东，武春英. 鄂尔多斯盆地靖边气田山西组2~3段沉积相与砂体展布[J]. 油气地质与采收率，2007(6)：50-52，55，114.

[3] 赵虎，司西强，雷祖猛，等. 阳离子烷基糖苷钻井液在长南水平井的应用[J]. 精细石油化工进展，2015，16(1)：6-9，23.

[4] 崔贵涛，郭康，董宏伟，等. 强抑制成膜封堵钻井液在长南气田的应用[J]. 钻采工艺，2016，39 (5)：71-73，104-105.

[5] 史沛谦，王善举，马文英，等. 靖南地区水平井钻井液技术研究及应用[J]. 探矿工程(岩土钻掘工程)，2015，42(7)：1-4，13.

[6] 王清臣，骆胜伟，韩成福，等. 长庆气田长南区块石盒子组硬脆性泥岩井壁稳定性分析与对策[J]. 石化技术，2020，27(9)：114，121.

# 抗高温降滤失剂 CQ-HTR 的合成及性能评价

吴　刚[1,2]　周楚翔[1,2]　王　兰[1,2]　王泽宇[1,2]

(1. 中国石油川庆钻探工程有限公司钻采工程技术研究院;
2. 油气田应用化学四川省重点实验室)

**摘　要**　随着钻井深度逐渐加深，地层温度不断升高，对钻井液处理剂的抗温性能提出了更高的要求。钻井液中抗高温处理剂尤其是核心处理剂—抗高温降滤失剂，已经成为制约深井、超深井抗高温钻井液技术发展的"瓶颈"。本文以 AM、SSS、DMAPMA 为聚合单体，采用自由基聚合，经季铵化改性后制备了一种抗高温两性离子降滤失剂 CQ-HTR。采用 FT-IR、$^1$H NMR 等手段对 CQ-HTR 的结构进行了表征，分析表明所得产物与设计产物一致。性能评价表明，当 CQ-HTR 加量为 4% 时，经 200℃老化 16h 后在基浆、聚磺体系中的滤失量分别为 4.8mL 和 4.5mL，降滤失效果优于同类产品，具有较好的应用前景。

**关键词**　抗高温；降滤失剂；水基钻井液；聚合物

近年来，浅层中深层油气资源逐渐进入递减阶段，油气增储上产难度大，对油气需求的急剧增长加剧了供需矛盾[1]。为此，世界各国逐渐加快了对深层、超深层油气资源勘探开发力度，万米超深井已经成为当前和未来研究的重点及热点[2,3]。随着钻进深度的增加，大部分深井、超深井的井底温度已经超过 180℃，对聚合物降滤失剂的抗温能力提出了更高的要求。在此高温下，现有聚合物降滤失剂会发生分子链断裂、去水化等，导致钻井液的滤失量增大，钻井液滤饼虚厚。为维持高温下钻井液的滤失性能，现场通常通过提高降滤失剂的加量方式解决，但是增大处理剂的加量会造成钻井液的流变性难以控制等问题。因此，为满足钻井液未来发展需要，亟须开发抗高温性能更好的降滤失剂[4,5]。

目前，聚合物降滤失剂主要通过引入功能单体的方式来提高处理剂的抗温性能。姚杰等[6]通过引入苯乙烯磺酸钠(SSS)单体，以苯乙烯磺酸钠(SSS)、丙烯酸(AA)、丙烯酰胺(AM)为聚合单体，合成的钻井液降滤失剂在淡水基浆热滚 160℃后的 API 滤失量为 19.0mL。王中华[7]通过引入 AM、2-丙烯酰胺-2-甲基丙磺酸(AMPS)单体，以 AM、AMPS、木质素磺酸盐为聚合单体，合成的降滤失剂在淡水基浆中热滚 180℃后的 API 滤失量为 13.2mL。周向东[8]通过引入乙烯基吡咯烷酮(NVP)单体，以 AM、AMPS、NVP 为聚合单体，合成的 WH-1 降滤失剂在淡水基浆中热滚 180℃后的 API 滤失量为 8.0mL。林凌等[9]通过引入二甲基二烯丙基氯化铵(DMDAAC)等单体，以水解 AM、AMPS、DMDAAC 为聚合单体，合成的抗高温降滤失剂在淡水基浆中热滚 200℃后的 API 滤失量为 13.6mL。目

---

【第一作者简介】吴刚(1988—)，男，西南石油大学高分子材料博士，主要研究方向为钻井液及堵漏新材料研发。E-mail：wugang_zcy@ cnpc.com.cn。

前行业学者已经开发了众多处理剂，并做了大量工作和理论研究，但是所报道的降滤失剂的抗温性和降滤失效果仍存在一定的不足。因此，有必要对分子式进行重新设计，优化聚合单体，进一步提高处理剂的高温稳定性和降滤失效果。

笔者基于降滤失剂的理论和分子结构设计[10,11]，采用自由基聚合，以丙烯酰胺(AM)、苯乙烯磺酸钠(SSS)以及二甲氨基丙基甲基丙烯酰胺(DMAPMA)为单体进行共聚，然后改性得到抗高温降滤失剂CQ-HTR。通过FT-IR、$^1$H NMR等表征手段确认了CQ-HTR的分子结构，并对其降滤失性能进行了评价，实验结果表明CQ-HTR具有良好的抗温性能，抗温可达200℃；当CQ-HTR加量为4%时，经200℃老化16h后在基浆、聚磺体系中的滤失量分别为4.8mL和4.5mL，降滤失效果优于对比的同类产品，具有较好的应用前景。

# 1 实验部分

## 1.1 主要试剂及仪器

试剂：丙烯酰胺(AM，化学纯)、对苯乙烯磺酸钠(SSS，化学纯)、二甲氨基丙基甲基丙烯酰胺(DMAPMA，化学纯)以及3-氯-2-羟基丙磺酸钠(SHS，化学纯)购买于阿拉丁试剂(Aldrich)。偶氮二异丁基脒盐酸盐(V50，分析纯)、偶氮二异丁咪唑啉盐酸盐(V044，分析纯)、过氧化二硫酸钾(KPS，分析纯)、亚硫酸钠(Na$_2$SO$_3$，分析纯)、过硫酸铵[(NH$_4$)$_2$S$_2$O$_8$，分析纯]以及无水乙醇购买于成都科龙试剂。抗高温聚合物降滤失剂XL、XB、DTP由商家提供。

主要仪器：六速旋转黏度计(ZNN-D6B，QingDao TongChun)，高温高压滤失仪(CLS260，Coriolis Scientific Instrument co，LTD)，热重分析仪(TGA，SDTA850，Mettler Toledo)，傅里叶红外光谱仪(FT-IRT，Racer-100，SHIMADZU)，核磁共振谱仪($^1$H NMR，AVANCE NEO600，Bruker)。

## 1.2 实验方法

### 1.2.1 CQ-HTR的制备

在500mL三口烧瓶中依次称取一定量的AM、SSS、DMAPMA，无水乙醇作为溶剂，磁力搅拌至全部溶解，向溶液中通入氮气(N$_2$)排空气20min，然后加入适量的引发剂，在55℃，氮气保护下搅拌反应8h。反应结束后按摩尔比量取SHS加入上述溶液中，通入N$_2$排空气，80℃下反应72h后将溶剂旋干，经过冷冻干燥、洗涤和粉碎后得到白色粉末状抗高温两性离子降滤失剂CQ-HTR，合成步骤如图1所示。

### 1.2.2 降滤失性能评价

(1)基浆配制。

在专用配浆罐中加入60%~80%(体积分数)的水。依次加入一定量的纯碱、膨润土粉和烧碱，高速搅拌15min，配制完成后在室温下持续水化16h。

(2)抗高温KCl聚磺体系配方。

4%膨润土+0.2%Na$_2$CO$_3$+0.2%NaOH+0.5%FA-367+2%~4%SPNH+3%~5%SMP-2+5%~8%KCl+1%~2%RH220+重晶石。

(3)滤失量评价。

在400mL基浆/KCl聚磺体系中加入2%、4%的抗高温两性离子降滤失剂CQ-HTR，高速搅拌30min后，装入老化罐中，在200℃条件下滚动老化16h，取出高速搅拌15min后，

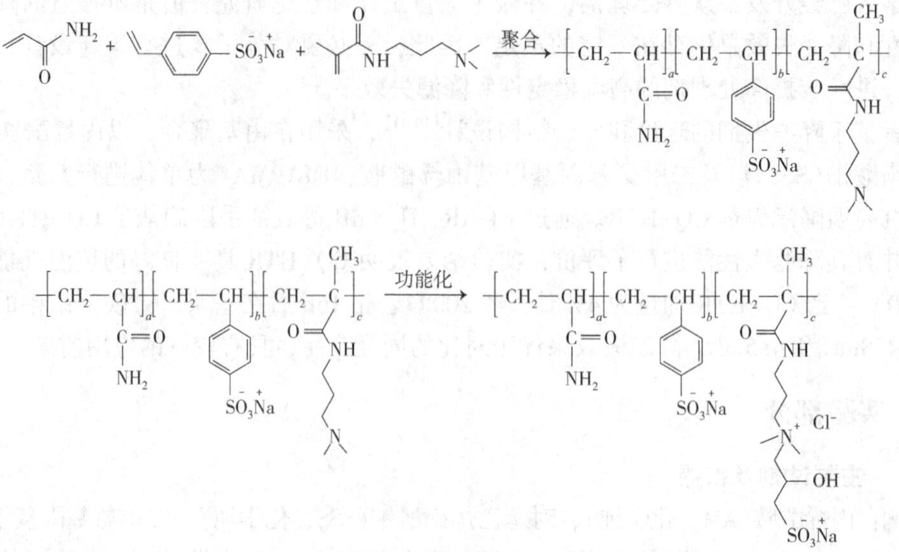

图 1  CQ-HTR 的制备路线

将钻井液样品注入钻井液杯中，放置 WhatmanNo. 50 滤纸并挂好滤失仪。取干净的 10mL 量筒用于接收滤液，调节压力至 690kPa±35kPa(100psi±5psi)后，打开通气阀门的同时开始计时，到 30min 后关闭压力调节器并卸掉钻井液杯中压力，取下量筒并进行体积读数，结果精确至 0.1mL(本实验方法参照 GB/T 16783.1—2014《石油天然气工业 钻井液现场测试 第 1 部分：水基钻井液》中的滤失量测定程序进行测定)。

### 1.2.3  转化率

取一定质量 CQ-HTR 聚合物溶液(质量记为 $m_1$)，用无水乙醇洗涤数次后冷冻干燥 24h，得到白色粉末状 CQ-HTR(质量记为 $m_2$)，转化率 $\eta(\%)$ 按下列公式计算得到：

$$\eta(\%) = \frac{m_2}{m_1} \times 100\%$$

## 2  结果与讨论

### 2.1  结构与表征

#### 2.1.1  傅里叶红外光谱(FT-IR)

为了得到 CQ-HTR 的结构信息，首先利用傅里叶红外光谱仪对 CQ-HTR 进行表征分析，结果如图 2 所示。

由图 2 可知：在 3428cm$^{-1}$ 处的信号峰为 N-H 键的特征信号峰，主要来源 AM 和 DMAPMA；2890cm$^{-1}$ 处的信号峰为甲基和亚甲基中 C-H 的特征信号峰，主要来源 DMAPMA 以及聚合物主链；1675cm$^{-1}$ 处的信号峰为 C=O 键的特征信号峰，主要来源 AM 和 DMAPMA；1482cm$^{-1}$ 处的信号峰为 C-N 键的特征信号峰，来源 DMAPMA；1205cm$^{-1}$ 与 1045cm$^{-1}$ 处的信号峰为 SSS 和 SHS 中-SO$_3^{-}$的特征信号峰。红外光谱数据初步表明成功制备得到了目标产物。

#### 2.1.2  核磁共振谱($^1$H NMR)

为了进一步确认 CQ-HTR 的结构，接下来用 $^1$H NMR 对 CQ-HTR 结构进行了表征，结果如图 3 所示。

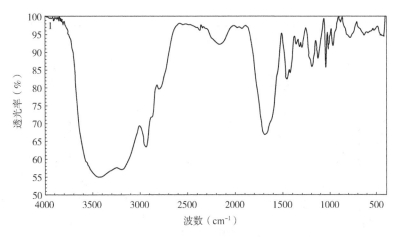

图2　CQ-HTR的红外光谱图

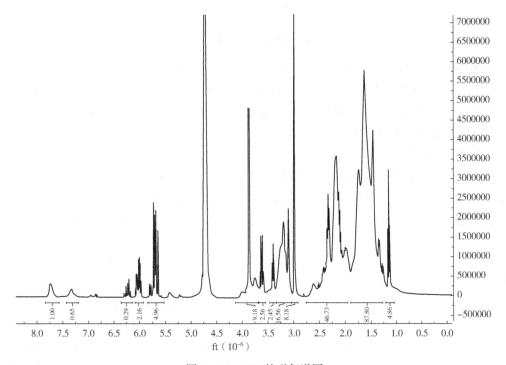

图3　CQ-HTR核磁氢谱图

由图3可知：在$(7.0\sim8.0)\times10^{-6}$处为SSS中芳香环上氢的信号峰；$(5.5\sim6.5)\times10^{-6}$处为DMAPMA以及SHS中亚甲基上氢的信号峰，$(3.0\sim4.0)\times10^{-6}$处主要为聚合物主链上氢的信号峰；$(1.0\sim2.5)\times10^{-6}$主要为DMAPMA中甲基的信号峰，$^1$H NMR结果进一步表明成功制备了设计目标产物CQ-HTR。

### 2.1.3　热重分析(TGA)

在确认了目标产物CQ-HTR的结构后，接下来采用TGA对CQ-HTR的表征来确认CQ-HTR的高温稳定性。实验结果如图4所示。

由热重曲线可以看到(图4)，CQ-HTR主要有四个失重阶段。在27~272℃之间，质量损失较少(13.53%)，主要是由分子链中游离水挥发所引起的。在272~325℃之间，分子链

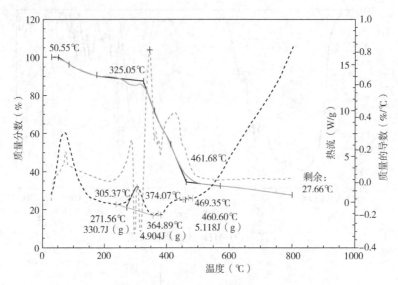

图4　CQ-HTR 热稳定性分析曲线

中的磺酸基团等具有较强亲水性，吸附的结合水在此阶段受热后开始挥发[12,13]。在 325 ~ 461℃之间，质量损失较为严重，这是由于酰胺等基团受热分解造成的[14]。在 461℃以后，共聚物主链开始断裂，发生热降解[15]。当温度到达 600℃，残留质量仍有 27.66%，说明 CQ-HTR 具有很好的耐热稳定性。

## 2.2　制备条件优化

为了确认 CQ-HTR 的制备条件，取 2% 的 CQ-HTR 作为降滤失剂加入基浆中，以老化后钻井液滤失量为指标，采用单因素变量，优化 CQ-HTR 的制备条件。

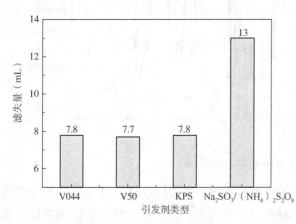

图5　引发剂种类对共聚物降滤失性能的影响柱状图

### 2.2.1　引发剂种类的影响

首先考察了引发剂种类对滤失量的影响，结果如图5所示。由图5可知：以 V044、V50、KPS 为引发剂时，钻井液的滤失量基本相同，$Na_2SO_3/(NH_4)_2S_2O_8$ 作为引发剂时，钻井液的滤失量最大。这是因为 $Na_2SO_3/(NH_4)_2S_2O_8$ 为氧化还原体系引发剂，产生自由基所需要的能量低于其他三种引发剂。在相同温度下，$Na_2SO_3/(NH_4)_2S_2O_8$ 产生自由基的数量和速率大于其他三种引发剂，造成体系局部反应过快，反应提前结束，聚合产物的相对分子量较低，所以钻井液的滤失量最大。根据滤失量大小，选取 V50 作为该体系的引发剂。

### 2.2.2　反应温度的影响

V50 为热分解型引发剂，产生自由基的速率跟温度息息相关，所以接下来考察了温度对滤失性能的影响。

表1　反应温度对聚合反应的影响

| 序号 | 反应温度(℃) | 状态 | 滤失量(mL) |
|------|------------|------|-----------|
| 1 | 40 | 聚合不完全 | 25 |
| 2 | 45 | 聚合不完全 | 20 |
| 3 | 50 | 适中 | 10.1 |
| 4 | 55 | 适中 | 7.9 |
| 5 | 60 | 凝胶 | — |

由表1可知：在所考察的温度范围内，滤失量随温度的升高基本呈递减的趋势。当温度低于45℃，钻井液滤失量较大，温度过高(>60℃)，产物为凝胶状。这是因为在低温下，引发剂活性较低，反应速率慢，聚合物分子量较低，降滤失能力较差。反应温度过高，引发剂的活性增强，产生自由基的速率加快，聚合反应过快生成凝胶。因此，根据滤失量选取反应温度为55℃作为优化下一条件的基础。

### 2.2.3　引发剂浓度的影响

接下来考察了引发剂浓度对滤失性能的影响。如图6所示：随着引发剂浓度的增加，滤失量呈现先降低后增加的趋势。这是因为引发剂浓度较低时，产生自由基的数量不足，聚合不完全。随着引发剂浓度的增加，产生自由基的数量增加，参与聚合反应的单体逐渐增多。但当引发剂浓度过高时(>0.6%)，产生自由基的数量快速增加，自由基间相互反应导致聚合提前终止。根据滤失量选取引发剂浓度为0.2%。

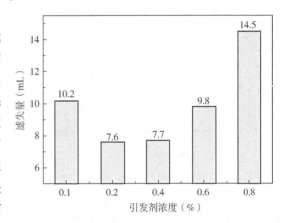

图6　引发剂浓度对共聚物降滤失性能的影响柱状图

### 2.2.4　单体组分含量的影响

接下来考察了单体含量的影响。由图7(a)可知：随着AM含量的增加，滤失量呈先减小后增大的趋势，当AM含量为60%时，钻井液滤失量最小(8.0mL)。这是因为AM中的酰胺基团由于静电作用可以吸附在黏土表面[16]，所以AM含量(<60%)增加时，CQ-HTR整体的吸附能力呈增强的趋势，所以滤失量随AM含量增加先呈现降低的趋势。当AM含量过高时(>60%)，由于AM本身抗温性有待提高，AM含量过高造成CQ-HTR的热稳定性较差，导致降滤失性能降低[16,17]，所以滤失量随AM含量继续增大呈现增大的趋势。因此，AM的建议使用量为60%。

接下来通过调节SSS的含量，观察其对滤失量的影响。由图7(b)可知，随着SSS单体含量的增加，滤失量变化幅度较小，当SSS含量为15%时滤失量最小，仅有7.6mL。这是因为SSS分子式中的苯环具有刚性结构，SSS单体中含有的热稳定性更强的磺酸基团，苯环的刚性结构可有效增强CQ-HTR的耐温能力，进一步降低钻井液滤失量。因此，SSS的建议使用量为15%。

在反应过程中，DMAPMA作为功能性单体，既能提供亲水基团，同时又提供三级氮原

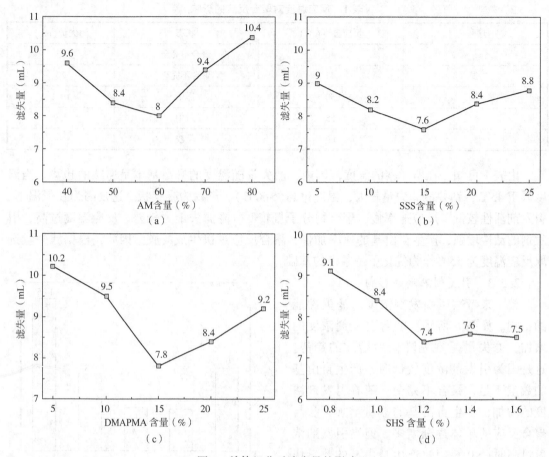

图7　单体组分对滤失量的影响

子,与 SHS 反应引入亲水羟基和耐高温磺酸基,接下来考察了 DMAPMA 含量变化的影响。如图 7(c)所示:随着 DMAPMA 含量的增加,滤失量先降低后增大,而当 DMAPMA 含量为 15% 时,钻井液滤失量最小(7.8mL)。这是因为 DMAPMA 季铵化后引入了—SO$_{3-}$、—OH 以及阳离子基团,可有效吸附在带负电的黏土层表面,增强处理剂的吸附能力和稳定性,为共聚合物提供一定的水化能力和抗温抗污染能力[17-19]。随 DMAPMA 含量(<15%)的增加,CQ-HTR 的水化能力增强,所以滤失量开始呈降低的趋势。当 DMAPMA 含量(>15%)过高时,由于 DMPMA 侧链具有较大的空间位阻,聚合时聚合度降低,造成处理剂效能减弱,滤失量增大[18]。因此,DMAPMA 的建议使用量为 15%。

随着 SHS 含量的增加,滤失量先降低后基本保持不变[图 7(d)],主要因为随 SHS 含量的增加,DMAPMA 上三级氮原子季铵化程度不断增加,提供了更多的阳离子,—OH 以及磺酸根基团,CQ-HTR 在黏土表面的吸附和水化能力不断增强,抗温性能增加,所以滤失量呈降低趋势。当继续增加 SHS 时,DMAPMA 基本完全季铵化,不再发生反应,所以滤失量基本不再变化。所以 SHS 的建议使用量为 DMAPMA 摩尔量的 1.2 倍。

通过以上实验数据确认 CQ-HTR 中各组分 AM∶SSS∶DMAPMA 的推荐比例为 60∶15∶15,SHS 与 DMAPMA 的摩尔比为 1.2∶1。

2.2.5　单体总浓度的影响

在确定各组分比例后,接下来考察了单体总浓度对滤失量的影响,结果如图 8 所示。

由图8可知：随着单体总浓度的增加，滤失量呈现先降低后增加的趋势，单体总浓度为17.5%时，滤失量最低（7.5mL）。主要是因为CQ-HTR由溶液聚合的方式得到，当单体总浓度过低时，溶液中分子间相互碰撞的概率低，反应速率较慢，得到的CQ-HTR的分子量相对较低。当单体浓度过高时，分子间碰撞概率增大，反应体系内部升温过快，分子间的反应提前结束，同样导致相对分子量降低，反应总浓度过高或过低都会造成聚合产物分子量减小，导致处理剂效能减弱。选取单体总浓度为17.5%，作为优化下一条件的基础。

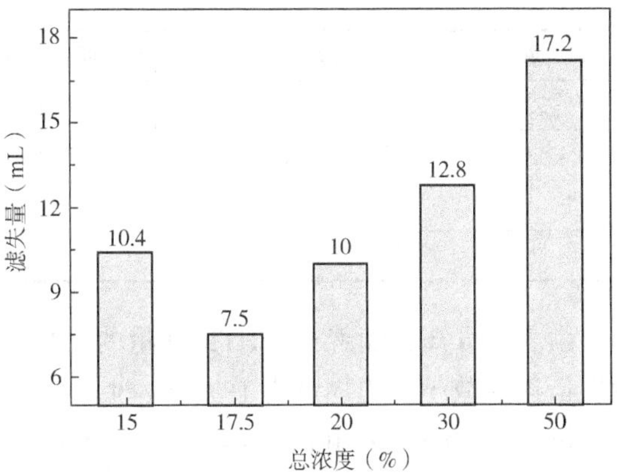

图8　反应浓度对共聚物降滤失性能的影响柱状图

### 2.2.6　反应时间的影响

合成反应时间对降滤失性能的影响，结果见表2。由表2可知，随着反应时间的延长，滤失量基本保持不变，产率基本呈递增的趋势。这是因为CQ-HTR属于自由基聚合，在聚合过程中，分子量基本不随时间变化发生改变，但是随着反应时间的延长，更多的单体参与聚合反应，所以滤失量基本保持不变，产率呈递增的趋势。但是在反应8h后，产率变化不大，综合考虑下选择8h作为CQ-HTR的聚合时间。

表2　反应时间对CQ-HTR的影响

| 序号 | 反应时间（h） | API滤失量（mL） | 产率（%） |
|---|---|---|---|
| 1 | 4 | 7.8 | 69 |
| 2 | 6 | 7.7 | 75 |
| 3 | 8 | 7.6 | 84 |
| 4 | 10 | 7.8 | 85 |
| 5 | 12 | 7.7 | 87 |

根据以上实验数据确认CQ-HTR的制备条件为AM：SSS：DMAPMA含量比为60：15：15。SHS与DMAPMA的摩尔比为1.2：1。单体总浓度为17.5%，V50为引发剂，引发剂浓度为0.2%，反应温度为55℃，反应时间为8h。

### 2.3　降滤失剂的性能评价

#### 2.3.1　降滤失剂加量评价

分别将1%、2%、3%、4%和5%的CQ-HTR加入基浆中，经200℃，16h老化后测定体系的流变性及滤失量，结果见表3。

表3　CQ-HTR加量对基浆性能评价

| 加量（%） | 表观黏度（mPa·s） | 塑性黏度（mPa·s） | 动切力（Pa） | API滤失量（mL） |
|---|---|---|---|---|
| 0 | 10.5 | 8 | 2.5 | 29.0 |
| 1.0 | 12.5 | 10 | 2.5 | 8.4 |

| 加量(%) | 表观黏度(mPa·s) | 塑性黏度(mPa·s) | 动切力(Pa) | API滤失量(mL) |
|---|---|---|---|---|
| 2.0 | 13.0 | 11 | 2.0 | 7.2 |
| 3.0 | 16.5 | 14 | 2.5 | 6.4 |
| 4.0 | 18.5 | 12 | 6.5 | 4.8 |
| 5.0 | 25.5 | 16 | 9.5 | 4.4 |

由表3可知，随着CQ-HTR加量的增加，基浆的表观黏度、塑性黏度均逐渐增大，API滤失量逐渐减小。当加量为1%~4%时，CQ-HTR对老化后基浆的流变性能影响较小，API滤失量由29.0mL逐渐降低至4.8mL。当加量为5%时，CQ-HTR对老化后基浆的流变性能影响较大，滤失量影响较小。钻井液黏度、切力过高会造成开泵困难、激动压力过大等现象，引起井下复杂情况[18-20]。因此，CQ-HTR的推荐加量为4%。

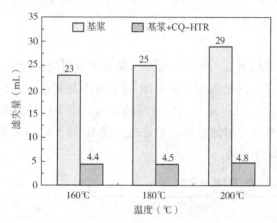

图9　CQ-HTR抗温效果评价柱状图

**2.3.2　降滤失剂抗温性能评价**

分别考察了在160℃、180℃和200℃老化16h后，加入4%CQ-HTR体系和基浆的滤失量，实验结果如图9所示。

由图9可知，随着温度的升高，基浆的滤失量逐渐增大。当加入4%的CQ-HTR后，滤失量明显降低。160℃时钻井液滤失量降低了79%，180℃和200℃钻井液滤失量下降超过了80%，实验结果表明CQ-HTR在高温条件下可有效降低钻井液滤失量。这是因为，CQ-HTR含有热稳定性较强的磺酸基团和刚性结构提升了处理剂在高温条件下的耐温性，同时CQ-HTR含有较强吸附能力的阳离子基团，进一步提升了高温下处理剂在黏土表面的吸附能力，所以加入CQ-HTR后滤失量明显降低。

**2.3.3　降滤失性能对比评价**

为了进一步考察CQ-HTR的降滤失性能，首先对比评价了相同加量下，同类型抗高温聚合物降滤失剂XL、XB与CQ-HTR在基浆中的性能。由图10(a)可知，三种降滤失剂都具有较好的降滤失性能，基浆加入三种降滤失剂后，滤失量由29.0mL降低至8.0mL以下，对比可知，在高温条件下XB比XL的降滤失能力要强，但仍无法满足滤失量降低至5.0mL以下的要求。而CQ-HTR表现出优异的热稳定性，API滤失量为4.8mL，滤失量与基浆相比降低了83%。由此可以看出，自主合成的CQ-HTR是一种降滤失效果优良的抗高温降滤失剂。

为进一步考察在抗高温聚磺钻井液体系中的应用效果，选取进口抗高温聚合物降滤失剂DTP和在基浆中降滤失效果较优的抗高温聚合物降滤失剂XB与CQ-HTR进行对比评价。分别将相同加量的三种降滤失剂加入聚磺钻井液体系中，实验结果如图10(b)所示。由图10(b)可知，聚磺钻井液体系在200℃高温作用下，滤失量较大，为10.6mL。当加入同类型三种抗高温聚合物降滤失剂后，API滤失量由10.6mL分别降低至4.5mL、6.4mL和

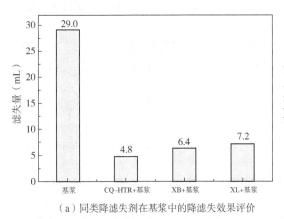

（a）同类降滤失剂在基浆中的降滤失效果评价

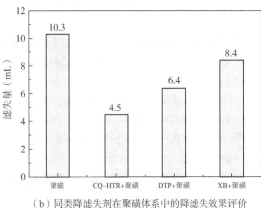

（b）同类降滤失剂在聚磺体系中的降滤失效果评价

图10 同类降滤失剂在基浆、聚磺体系中的降滤失效果比较

8.4mL，滤失量得到了有效降低，其中，CQ-HTR有效将聚磺钻井液体系的滤失量降低了55%以上。结果表明，三种降滤失剂明显增强了钻井液体系的抗温能力，其中CQ-HTR和国外进口抗高温聚合物降滤失剂展现了与聚磺体系较为优异的协同作用。但是，CQ-HTR与聚磺钻井液体系的协同抗温及降滤失效果优于同类产品。

## 3 结论

（1）以AM、SSS、DMAPMA为聚合单体，采用自由基制备了抗高温降滤失剂CQ-HTR。采用单因素变量法，确定了产物的最佳制备条件为AM：SSS：DMAPMA含量比为60：15：15。SHS与DMAPMA的摩尔比为1.2：1。单体总浓度为17.5%，V50为引发剂，引发剂浓度为0.2%，反应温度为55℃，反应时间为8h。通过FT-IR、$^1$H NMR等表征手段确认成功制备了目标产物CQ-HTR。

（2）CQ-HTR具有很好的抗温稳定性，600℃后仍有27.66%的质量残留。室内评价结果表明，含有CQ-HTR的钻井液体系抗温性可达200℃。在基浆和聚磺化钻井液体系加入4% CQ-HTR，经过200℃，16h老化后的API滤失量分别为4.8mL和4.5mL，优于国内外同类产品，具有良好的应用前景。

**参 考 文 献**

[1] 孙金声，杨泽星．超高温（240℃）水基钻井液体系研究[J]．钻井液与完井液，2006，23(1)：15-18.
[2] 江同文，孙雄伟．中国深层天然气开发现状及技术发展趋势[J]．石油钻采工艺，2020，42(5)：611-621.
[3] 刘洪涛，刘举，刘会锋，等．塔里木盆地超深层油气藏试油与储层改造技术进展及发展方向[J]．天然气工业，2020，40(11)：76-88.
[4] 罗源皓，林凌，郭拥军，等．纳米材料在抗高温钻井液中的应用进展[J]．化工进展，2022，41(9)：4895-4906.
[5] 田惠，曹洪昌，马樱，等．水基钻井液用抗高温降滤失剂的合成及性能评价[J]．钻井液与完井液，2015，32(2)：34-38.
[6] 姚杰，马礼俊，万涛，等．反相微乳液SSS/AA/AM三元共聚物钻井液降滤失剂[J]．钻井液与完井液，2010，27(5)：18-21.

［7］王中华.AM/AMPS/木质素磺酸接枝共聚物降滤失剂的合成与性能［J］.精细石油化工进展，2005，（11）：1-3.

［8］周向东.AM/AMPS/NVP 三元共聚物降滤失剂 WH-1 的研制［J］.油田化学，2007，24(4)：293-300.

［9］林凌，苏欢，董宏伟.钻井液抗高温降滤失剂 CQ-1 的合成与性能评价［J］.精细石油化工，2023，40(5)：36-41.

［10］蒋官澄，祁由荣，安玉秀，等.抗高温超分子降滤失剂的合成及性能评价［J］.钻井液与完井液，2017，34(2)：40-44.

［11］甄剑武，褚奇，宋碧涛，等.抗高温降滤失剂的制备与性能研究［J］.钻井液与完井液，2018，35(6)：16-21.

［12］全红平，张拓森，黄志宇，等.抗高温耐盐型钻井液用降滤失剂的合成与性能评价［J］.应用化工，2022，51(6)：1691-1696.

［13］刘鹭，蒲晓林，戎克生，等.抗高温四元聚合物降滤失剂的合成与表征［C］//2016 年全国天然气学术年会论文集.2016：1927-1935.

［14］陶怀志.抗高温抗盐水基钻井液降滤失剂的合成、表征与作用机理研究［D］.成都：西南石油大学，2012.

［15］罗霄.抗温耐盐共聚物降滤失剂及抑制剂的合成与性能研究［D］.成都：西南石油大学，2014.

［16］常晓峰，孙金声，吕开河，等.一种新型抗高温降滤失剂的研究和应用［J］.钻井液与完井液，2019，36(4)：420-426.

［17］王中华.钻井液及处理剂新论［M］.北京：中国石化出版社，2016：226-230.

［18］鄢捷年.钻井液工艺学［M］.山东：石油大学出版社，2001：56-68，348-360.

［19］杨丽丽，杨潇，蒋官澄，等.含离子液体链段抗高温高钙降滤失剂［J］.钻井液与完井液，2018，35(6)：8-14.

［20］郑锟，蒲晓林.新型抗高温钻井液降滤失剂的合成与性能评价［J］.钻井液与完井液，2008(2)：14-16.

# 钻井用聚表活剂对砂岩润湿性能影响评价

李曦宁　何润语　邱星栋　王　磊

（成都理工大学能源学院和油气藏地质及开发工程全国重点实验室）

**摘　要**　自发渗吸所导致的储层水锁伤害是影响油气藏产能的重要因素之一。在钻井液中添加聚表活剂能够改变岩石润湿性，缓解储层水锁伤害。本文通过对人造岩心开展接触角和自发渗吸实验，探究了一种氟碳聚表活剂解除自发渗吸所导致的储层伤害的效果。结果表明：聚表活剂可显著降低岩心亲水性和自发渗吸，岩心黏土含量对自发渗吸有明显影响。

**关键词**　水锁伤害；接触角；自发渗吸；聚表活剂

致密气藏储层具有低孔，低渗等特征，钻井液在较高的毛细管力作用下容易侵入孔隙中[1]。润湿相在毛细管力作用下，进入油气藏地层孔隙喉道，造成渗透率伤害，对气藏的后续生产造成极大负面影响[2]。目前防治水锁伤害最主要的方法是注入聚表活剂[3]，通过改变液相表面张力和改变砂岩表面润湿性来降低水锁伤害。

目前研究大多利用表面张力，接触角，岩心自发渗吸，岩心驱替，核磁共振等测试方法对聚表活剂的性能进行表征和评价。2004 年，Hatiboglu 等利用砂岩探究岩心尺寸对自发渗吸实验的影响，证实直径、高度越小，越有利于自发渗吸的进行[4]。2006 年，李继山通过岩心自发渗吸表面活性剂溶液的实验，研究了渗吸行为，结果表明：高渗岩心和低渗岩心中，表面活性剂溶液的渗吸现象和机理发生了改变；润湿性发生反转对于渗吸有明显影响[5]。2013 年，Prenttk 等通过对致密岩心进行渗吸实验发现：润湿性是渗吸效率的主要影响因素[6]。2014 年，Akbarabad 等使用页岩薄片样品对盐水和油进行了渗吸实验，微观图像表明：小孔具有亲油性，水难以进入，而较大孔具有亲水性，样品整体具有混合润湿性，油水两相均能渗吸吸入[7]。2016 年，Lan 等研究了致密储层孔隙填隙物对渗吸过程的影响，结果表明：伊利石含量对渗吸效率没有影响[8]。同年，李宁等借助毛细管自吸实验、核磁共振测试、渗透率损害率评价，进行解水锁实验研究[9]；2020 年，蒋官澄等采用毛细管压力法、自然渗吸和岩心渗透率损害实验分别评价了自研的超双疏强自洁高效能水基钻井液对油气层的保护效果[10]；2021 年，钟鸣等研制了一种适合低渗透油藏的高效水基钻井液体系，并对其耐温性、防水锁性、抑制性、抗污染性等进行了评价[11]。2022 年，何嘉郁等基于已有的对—全氟碳烷基结构表面活性剂，引入聚氧乙烯结构和长链烷基芳基磺酸盐表面活性剂，通过界面活性，溶液粒度，润湿性，水锁伤害率和配伍性等测试评价了自研的新型纳米防水锁表活剂[12]；2023 年，王瑞等通过分析解水锁剂和岩心的基本物性，绘制不同

【第一作者简介】李曦宁（1999—）成都理工大学能源学院，在读研究生，主要从事储层岩心防水锁性能评价。地址：成都市成华区二仙桥东三路 1 号邮政编码：610059　电话 18708185068　邮箱：2022050172@ stu. cdut. edu. cn。

影响因素下岩样的渗吸量、含水饱和度、渗吸速率曲线，以此来评价解水锁剂性能；通过岩心流动实验，测定岩心浸泡解水锁剂前后的液测渗透率，分析了解水锁剂的解水锁效果[3]。

本文通过接触角和自发渗吸实验，评价了一种聚表活剂改变砂岩润湿性的性能及影响因素。

# 1  实验材料及方法

## 1.1  实验材料

本实验研究使用了以下设备及材料：接触角测量仪，高精度电子天平(0.0001g)，人造岩心柱(高5.0cm，直径2.5cm)，自行合成的聚表活剂的水溶液[1%(质量分数)，2%(质量分数)]，去离子水。

人造岩心组分参考鄂北致密气藏储层，分为含有黏土的A组和不含黏土的B组。A组岩心含有85%的石英和15%的黏土矿物，黏土矿物组成为高岭石、绿泥石、伊利石、伊/蒙混层各25%；B组岩心主要成分为石英。提前测量了各岩心的孔隙度和渗透率，岩心参数见表1。

表1  岩心参数

| 编号 | 渗透率(mD) | 孔隙度(%) | 组分 |
| --- | --- | --- | --- |
| A1-38 | 6.02 | 3.65 | 含黏土 |
| A1-25 | 6.18 | 7.21 | 含黏土 |
| B-7 | 1.11 | 4.86 | 不含黏土 |

## 1.2  实验方法

对于接触角实验，将岩心柱切割为薄片并烘干，将表面打磨平整，放置于接触角仪的平台上。使用仪器自带的滴管，挤出液体至将要滴落时，调整平台高度使岩心薄片接触液滴，待液滴形态稳定后记录接触角，重复实验取平均值(图1)。

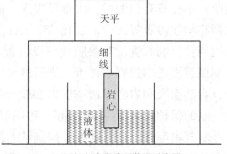

（a）上海艾飞思精密仪器有限公司生产的触角测量仪　　　（b）自发渗吸装置示意图

图1  接触角实验仪器

对于自发渗吸实验，将干燥岩心底端浸没在液体中，控制每次实验浸没深度一致，记录岩心质量随时间的变化，直至岩心质量不再发生明显变化，根据岩心体积、孔隙体积和液体密度计算岩心的含水饱和度。调整液体种类、岩心样品，重复实验。此处的含水饱和度指在岩心渗吸实验中，去离子水或聚表活剂溶液的体积占总孔隙体积的分数。

## 2 评价结果及分析

### 2.1 接触角实验

#### 2.1.1 聚表活剂浓度对接触角的影响

为了探究聚表活剂浓度对接触角的影响，分别测定离子水，1.0%（质量分数）的聚表活剂溶液，2.0%（质量分数）的聚表活剂溶液在岩心表面的接触角，结果如图2所示。

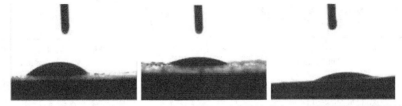

（a）去离子水在岩心表面的 （b）1%（质量分数）的聚表活剂 （c）2%（质量分数）的聚表活剂
接触角（43°） 溶液在岩心表面的接触角（26°） 溶液在岩心表面的接触角（22°）

图2 聚表活剂浓度对接触角的影响

去离子水在岩心表面的接触角约为43°，1.0%（质量分数）的聚表活剂溶液在岩心表面接触角约为26°，2.0%（质量分数）的聚表活剂溶液在岩心表面接触角约为22°。实验表明：聚表活剂有效降低了溶液的接触角，随着聚表活剂浓度上升，接触角下降的幅度减缓。

#### 2.1.2 岩心表面处理对接触角的影响

为了探究聚表活剂对岩心表面润湿性的影响，分别使用1.0%（质量分数）的聚表活剂溶液，2.0%（质量分数）的聚表活剂溶液润湿岩心表面，干燥后测量去离子水在岩心表面的接触角，结果如图3所示。

（a）去离子水在未处理的岩心 （b）1.0%（质量分数）的聚表活剂溶液 （c）2.0%（质量分数）的聚表活剂溶液
表面的接触角（43°） 处理后的岩心表面的接触角（67°） 处理后的岩心表面的接触角（80°）

图3 聚表活剂浓度对岩心表面的影响

在1.0%（质量分数）聚表活剂处理过的岩心表面，去离子水的接触角约为67°；在2.0%（质量分数）的聚表活剂处理过的岩心表面，去离子水的接触角约为80°。说明岩心表面粘附聚表活剂后亲水性降低，但随着聚表活剂浓度的提高，疏水性提升的幅度有所降低。

### 2.2 自发渗吸实验

#### 2.2.1 液体种类对自发渗吸的影响

为了探究液体种类对自发渗吸的影响，在15℃条件下，用干燥、洁净的岩心进行自发渗吸去离子水和1.0%（质量分数）的聚表活剂溶液的实验，结果如图4至图6所示。

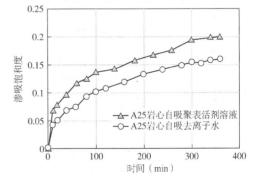

图4 A25岩心自发渗吸聚表活剂溶液和
去离子水结果对比

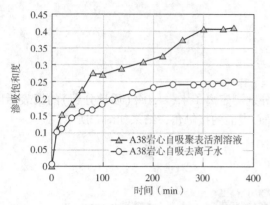

图 5 A38 岩心自发渗吸聚表活剂溶液和
去离子水结果对比

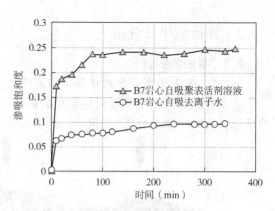

图 6 B7 岩心自发渗吸聚表活剂溶液和
去离子水结果对比

对于所有岩心,在自发渗吸 1.0%(质量分数)聚表活剂时,其含水饱和度和渗吸速率均高于自发渗吸去离子水时的含水饱和度和渗吸速率。A25 自吸聚表活剂溶液时,最终含水饱和度是 19.88%,自吸去离子水时最终含水饱和度是 15.87%;A38 自吸聚表活剂溶液时,最终含水饱和度是 41.10%,自吸去离子水时最终含水饱和度是 24.80%;B7 自吸聚表活剂溶液时,最终含水饱和度是 24.63%,自吸去离子水时最终含水饱和度是 9.73%。在本实验中,聚表活剂溶液和去离子水的接触角的差异是主要影响因素,接触角的降低能够使液体进入岩心孔隙的阻力下降[9]。由于岩心表面未粘附聚表活剂颗粒,所以岩心没有体现出疏水性。

### 2.2.2 聚表活剂处理对自发渗吸的影响

为了探究聚表活剂处理岩心对其自发渗吸的影响,在 15℃ 条件下,将岩心在 1.0%(质量分数)的聚表活剂溶液中浸泡 72h,烘干后进行自发渗吸去离子水的实验,并与未处理的岩心对比,部分结果如图 7 至图 9 所示。

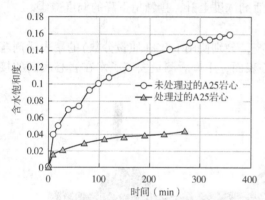

图 7 聚表活剂处理对 A25 岩心
自发渗吸去离子水的影响

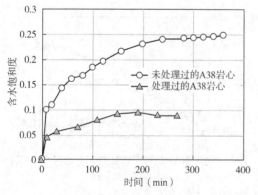

图 8 聚表活剂处理对 A38 岩心
自发渗吸去离子水的影响

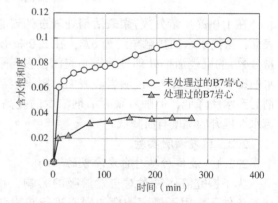

图 9 聚表活剂处理对 B7 岩心
自发渗吸去离子水的影响

未经聚表活剂处理的 A25 岩心最终含水饱和度是 15.87%，经聚表活剂处理后，最终含水饱和度是 4.31%；未经聚表活剂处理的 A38 岩心最终含水饱和度是 24.80%，经聚表活剂处理后，最终含水饱和度是 8.63%；未经聚表活剂处理的 B7 最终含水饱和度是 9.73%，经聚表活剂处理后，最终含水饱和度是 3.52%。实验表明，经过聚表活剂溶液处理后，聚表活剂附着在岩心表面和孔隙中，使岩心具有了明显的疏水性，在实验中最终含水饱和度显著降低，且更快达到饱和状态，证明聚表活剂可有效抑制水侵伤害。

自发渗吸实验的误差除了操作因素外，还包括岩心的非均质性，这导致了含水饱和度数值有一定的偏差。

## 3 结论

本文通过接触角实验和自发渗吸实验，探究了聚表活剂对砂岩岩心润湿性和自吸特性的影响，得到了以下结论：

（1）该聚表活剂具有降低溶液接触角的效果，当足够数量的聚表活剂颗粒附着在岩心表面后，能够有效提高岩心表面的疏水性。但随着聚表活剂溶液浓度的增大，降低接触角和提高疏水性的效果均有所减缓。在实际应用中，应优选一个兼顾经济性和成效的聚表活剂浓度。

（2）自发渗吸实验表明，该聚表活剂对于不同的岩心均有效，且黏土含量对于自吸实验有比较明显的影响，无论是否经过聚表活剂处理，还是自发渗吸不同的液体，含黏土的岩心均比不含黏土的岩心渗吸速率高，达到平衡状态时间更长，最终含水饱和度也更高。经聚表活剂处理的岩心的最终含水饱和度均比未处理情况下大幅降低，含黏土的岩心的最终含水饱和度仍然高于不含黏土的岩心。

### 参 考 文 献

[1] Andreas Reinicke, Erik Rybacki, Sergei Stanchits. Hydraulic fracturing stimulation techniques and formation damage mechanisms—Implications from laboratory testing of tight sandstone-proppant systems[J]. Chemie Der Erde, 2010, 70(S3): 107–117.

[2] Elkewidy T I. Integrated evaluation of formation damage/remediation potential of low permeability reservoirs [J]. SPE 163310.

[3] 王瑞，张凤云，黄永章，等. 苏里格气田解水锁剂渗吸性能评价和影响因素分析[J]. 石油工业技术监督，2023，39 (10)：7–11.

[4] Hatiboglu C U, Babadagli T. Experimental Analysis of Primary and Secondary Oil Recovery from Matrix by Counter-Current Diffusion and Spontaneous Imbibition[R]. SPE Annual Technical Conference and Exhibition, September 2004.

[5] 李继山. 表面活性剂体系对渗吸过程的影响[D]. 中国科学院研究生院(渗流流体力学研究所)，2006.

[6] Prateek K, Mohanty K K. EOR in Tight Oil Reservoirs through Wettability Alteration[C]. SPE Annual Technical Conference and Exhibition, September 2013.

[7] Akbarabadi M, Piri M. Nanotomography of the Spontaneous Imbibition in Shale[C]. Unconventional Resources Technology Conference, August 2014.

[8] Lan Q, Ghanbari E, Dehghanpour H, et al. Water Loss versus Soaking Time: Spontaneous Imbibition in Tight Rocks. [C] SPE/EAGE European Unconventional Resources Conference and Exhibition, February 2014.

[9] 李宁，王有伟，张绍俊，等.致密砂岩气藏水锁损害及解水锁实验研究[J].钻井液与完井液，2016，33（4）：14-19.

[10] 蒋官澄，倪晓骁，李武泉，等.超双疏强自洁高效能水基钻井液[J].石油勘探与开发，2020，47（2）：390-398.

[11] 钟鸣，刘曜赫，徐思莹.适合低渗透油藏的高效水基钻井液体系研究[J].化学与生物工程，2021，38（12）：60-63.

[12] 何嘉郁，王艳玲，旷正超.新型纳米防水锁表面活性剂的研发与应用[J].钻采工艺，2022，45（3）：131-135.

# 抗高温防塌水基钻井液体系及在深探井中的应用

王晓军[1]　景烨琦[1]　孙云超[1]　李　刚[2]

(1. 中国石油长城钻探工程技术研究院；2. 中国石油长城钻探钻井液公司)

**摘　要**　针对常规水基钻井液防塌效果及抗温性能难以满足复杂深井勘探开发需要的难题，在抗高温表面水化抑制剂和纳米封堵剂研制的基础上，通过其他处理剂的优选和配比优化，最终建立了密度达 2.0g/cm³ 抗高温防塌水基钻井液体系。室内评价表明，该钻井液体系抗温达 220℃，96h 静置上下密度差仅为 0.02g/cm³，抗膨润土污染 3% 以上，抗氯化钙污染 0.6% 以上，润滑性能与抑制性能仅次于油基钻井液，致密砂岩封堵率达到了 85.6%。现场应用效果表明，该钻井液体系在高温深井中仍然保持良好的携岩性，井壁稳定性突出，润滑减阻性能优异，为复杂地层深井超深井的勘探开发提供了技术保障。

**关键词**　抗高温；防塌性能；纳米封堵剂；表面水化抑制剂；封堵率

伴随油气勘探技术的快速发展和开发进程不断加快，勘探开发的重点已经由中浅层向深层、超深层发展，受埋深及沉积环境影响，深部地层岩性复杂多变，井壁失稳问题异常突出。油基钻井液凭借着良好的高温稳定性和强抑制性是复杂深井施工的首选，但在环境保护及钻井液综合成本控制压力下，其推广应用规模受到限制[1-5]，因此，研究抗高温水基钻井液技术对安全、经济、高效开发深部油气资源具有重要意义。水基钻井液的抑制性能及封堵性能决定着防塌效果，也是制约深井超深井钻井成功与否的关键因素[6-8]，本文在对抗高温抑制剂和封堵剂两种核心防塌剂研制评价的基础上，通过其他常规抗高温处理剂的优选，最终形成了抗高温防塌水基钻井液体系，并对其性能和应用效果进行了介绍。

## 1　抗高温表面水化抑制剂的研制及评价

黏土矿物遇水后会发生渗透水化和表面水化，通过调整钻井液液相活度，能较好控制泥页岩地层渗透水化引起的井壁失稳[9,10]；而表面水化的水化势极大，遇水极易发生，常规抑制剂受限于分子结构和分子量，很难控制表面水化作用，笔者研发了一种能够较好控制黏土表面水化的抑制剂。

### 1.1　抗高温表面水化抑制剂的制备

根据蒙脱石晶层间距和插层吸附抑制机理研究分析得出，为最大限度地拉紧相邻晶层，

【基金项目】中国石油天然气集团公司科学研究与技术开发项目"深井与水平井提速提效技术集成与示范"(2018E—2108)。

【第一作者简介】王晓军，1984 年生，高级工程师，硕士研究生，2011 年毕业于中国石油大学(华东)油气井工程专业，主要从事钻井液、储层保护和防漏堵漏技术方面的研究工作。联系方式：(0427)7830368，E-mail：wangxiaojun666666@126.com。

抗高温表面水化抑制剂分子量不能太大，而且分子结构需是二维的平面结构；为了提高高温稳定性和耐盐性，分子结构上需要具有耐温基团[11]。在 $N_2$ 保护下向圆底烧瓶中加入四氢呋喃、1,3 丙磺酸内脂、多乙烯多胺和吩噻嗪，多乙烯多胺与 1,3 丙磺酸内脂摩尔比为 1∶(0.4~0.8)，多乙烯多胺与吩噻嗪摩尔比为 1∶(0.01~0.0.03)，室温下搅拌反应 4~6h，得到淡黄色黏稠液体即为抗高温表面水化抑制剂。

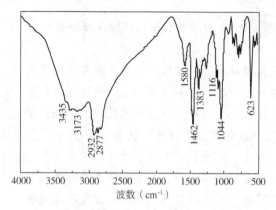

图 1 抗高温表面水化抑制剂的红外光谱图

## 1.2 抗高温表面水化抑制剂的评价

### 1.2.1 傅里叶红外光谱测试

采用 Thermo Scientific Nicolet iS20 型红外光谱仪测定抗高温表面水化抑制剂的红外光谱图，测试结果如图 1 所示。

从图 1 中可以看出，3435cm⁻¹ 处的吸收峰为—NH₂ 的伸缩振动吸收峰，2932cm⁻¹ 和 2877cm⁻¹ 处的吸收峰是—CH₃ 的振动吸收峰，1580cm⁻¹ 为—NH₂ 的弯曲振动峰，1462cm⁻¹ 为—CH₃ 的不对称伸缩振动峰，1383cm⁻¹ 为—OH 的面内弯曲振动峰，1116cm⁻¹ 为 C—N 的伸缩振动吸收峰，1044cm⁻¹ 归因于 C—N 的不对称伸缩振动吸收峰，623cm⁻¹ 附近的吸收峰为—SO₃ 的特征峰。因此推测抗高温表面水化抑制剂中含有伯胺基、叔胺基、醇基、磺酸基及长链疏水基。伯胺基团和叔胺基团作为吸附基团能够最大限度地拉紧相邻晶层，使用磺酸基作为水化基团可提高产品的抗温性能。

### 1.2.2 热重测试

取少量抗高温表面水化抑制剂置于坩埚中，采用 NETZSCH STA 449F5 型热重测试仪测定抗高温表面水化抑制剂的热稳定性。测试条件为 $N_2$ 氛围，升温速度为 10℃/min，温度范围为 30~600℃。热失重曲线如图 2 所示。

从图 2 中可以看出，室温至 100℃ 的热失重约为 7.57%，是少量的吸附水蒸发所致。100~190℃ 的热失重可归因于所测样品的部分链段分解。200℃ 左右观察到热失重曲线急剧下降，说明所测样品的骨架发生了

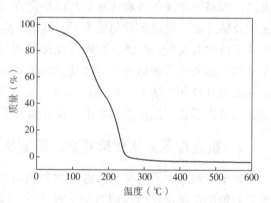

图 2 抗高温表面水化抑制剂的热失重曲线

热分解。因此，所测抗高温表面水化抑制剂具有较好的热稳定性，190℃ 以下聚合物骨架结构不会发生热分解。

### 1.2.3 抑制自吸性能测试

将泥页岩样品放置于 105℃ 烘箱中干燥 12h，待其质量稳定后，记录泥页岩样品的初始质量；然后，将泥页岩悬挂在天平上，保持泥页岩下端浸入不同浓度的抗高温表面水化抑制剂溶液的液面 1mm，并将天平清零；最后，开启数据采集软件，记录泥页岩质量随时间的变化曲线，测试结果如图 3 所示。

从图 3 中可以看出，空白泥页岩自吸水能力较强，总吸水量高达 9.24%；将其置于不同

浓度的抑制剂溶液中，泥页岩的自吸水能力显著降低，吸水速率趋于平缓。在浓度为1%的抗高温表面水化抑制剂溶液中，泥页岩总吸水量仅为3.63%。因此，抗高温表面水化抑制剂能显著降低泥页岩的自吸能力，提高泥泥页岩地层的井壁稳定性。

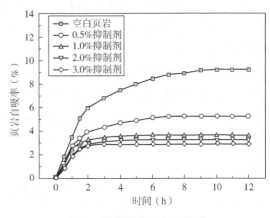

图3　泥页岩自吸实验结果

## 2　纳米封堵剂的制备及评价

井壁失稳地层中碳质泥岩、脆性玄武岩、蚀变玄武岩和煤层，微纳米级孔缝发育，如钻井液封堵性能不足，微裂缝会在钻井液压差作用下迅速延展，水相会沿着微裂缝侵入到地层内部。进入泥页岩内部的水相，一方面导致黏土矿物水化膨胀，产生水化应力，降低泥页岩胶结强度；另一方面使地层坍塌压力持续增加，井眼内有效支撑应力逐渐减小，岩石发生结构性破坏后出现分散剥落掉块。

### 2.1　纳米封堵剂的制备

将20份Al—Fe—Mg类双金属层状氢氧化物水滑石纳米材料与100份去离子水加入250mL三口烧瓶中，调节浆料pH值为5.0~7.0，加热至60~80℃，保温0.5h，然后加入40~60份α—十六烷基三甲基甜菜碱，在2000r/min的转速下反应0.5h，抽滤，烘干，研磨后制得改性纳米封堵剂[12]。

### 2.2　纳米封堵剂的评价

#### 2.2.1　粒径分布测试

取少量纳米封堵剂用去离子水稀释后滴入样品池中，超声分散30min后，采用Mastersizer3000型纳米粒度仪测试其粒度分布特征。测试结果如图4所示。

从图4中可以看出，纳米封堵剂的粒径分布在80nm~350nm之间，其中中值粒径（$D_{50}$值）为170nm。

#### 2.2.2　热重测试

取少量纳米封堵剂置于坩埚中，采用NETZSCH STA449F5型热重测试仪测定纳米封堵剂的热稳定性。测试条件为$N_2$氛围，升温速度为10℃/min，温度范围为30~600℃。热失重曲线如图5所示。

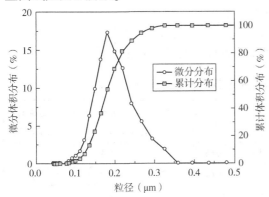

图4　纳米封堵剂的粒径分布

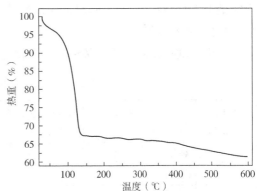

图5　纳米封堵剂的热失重曲线

从图 5 中可以看出，120℃以前重量迅速降低是产品中的溶剂蒸发所致，纳米封堵剂分子链起始分解温度为 265℃，600℃后样品重量仍残留 61.36%，说明研发的纳米封堵剂具有良好的高温稳定性。

### 2.2.3 砂盘渗透性封堵性能测试

砂盘渗透性封堵实验(PPA)是一种改进的高温高压失水实验，通过使用不同规格的砂盘介质进行钻井液的封堵性能评价，常规的测试条件为 7MPa/30min。选择渗透率为 10μm 砂盘作为渗滤介质，利用砂盘渗透性封堵实验，评价纳米封堵剂的砂盘封堵性能，实验结果见表 1。

表 1  不同钻井液砂盘渗透性封堵实验测试结果

| 序号 | 测试样品 | $FL_{API}$( mL) | 瞬时失水( mL) |
|---|---|---|---|
| 1 | 钻井液基液 | 94.4 | 11.2 |
| 2 | 钻井液基液+1%纳米封堵剂 | 79.2 | 9.8 |
| 3 | 钻井液基液+3%纳米封堵剂 | 51.6 | 7.4 |

注：钻井液基液配方为 4%膨润土浆+1%PAC-LV+0.2%XC。

由表 1 所见，单纯采用纳米封堵剂就能显著降低钻井液基液的 PPA 滤失量，纳米封堵剂加量达到 3%时，基浆的滤失量降低了 45.34%。因此在压差作用下，纳米封堵剂能够填充和封堵砂盘表面的孔喉，形成有效的物理封堵层，若同时复配其他微米级封堵材料，可使钻井液具有较强的封堵防塌性能。

## 3  抗高温防塌水基钻井液体系建立及评价

室内在对两种关键处理剂研制的基础上，通过其他处理剂的优选和加量配比的优化，最终形成了密度达 2.0g/cm³，抗温性能达 220℃以上的防塌水基钻井液体系，其基本配方为：

1%~2%膨润土 OCMA+0.1%~0.2%烧碱 NaOH+0.2%~0.3%纯碱 $Na_2CO_3$+2.0%~3.0%抗温抗盐降滤失剂 YLJ-1+0.5%~1.0%低黏聚阴离子纤维素 PAC-LV+0.5%~1.0%表面水化抑制剂 GW-INH+0.5%~1%纳米封堵剂 GW-NFD+1%~2%乳化石蜡 RHL-1+2%~3%超细钙 $CaCO_3$+0%~5.0%高效润滑剂 GW-ELUB+0.1%~0.3%流型调节剂 XCD+3%~5%甲酸钠 HCOONa+6%~8%氯化钾 KCl+重晶石 $BaSO_4$。

### 3.1  基本性能

室内测试抗高温防塌水基钻井液老化前后的基本性能，结果见表 2。

表 2  抗高温防塌水基钻井液基本性能

| 密度 (g/cm³) | 热滚条件 | 塑性黏度 (mPa·s) | 动切力 (Pa) | 静切力(Pa) | | $n$ | $K$ (mPa·s$^n$) | API 滤失量(mL) | 高温高压滤失量(mL) |
|---|---|---|---|---|---|---|---|---|---|
| | | | | 10s | 10min | | | | |
| 1.20 | 老化前 | 18 | 6.0 | 1.5 | 3.0 | 0.68 | 223 | 2.4 | — |
| | 老化后 | 17 | 6.0 | 1.5 | 3.0 | 0.67 | 233 | 2.2 | 6.2 |
| 1.40 | 老化前 | 25 | 8.0 | 2.0 | 5.0 | 0.69 | 289 | 2.4 | — |
| | 老化后 | 24 | 7.5 | 2.0 | 4.0 | 0.69 | 266 | 2.6 | 6.4 |

| 密度<br>（g/cm³） | 热滚<br>条件 | 塑性黏度<br>（mPa·s） | 动切力<br>（Pa） | 静切力（Pa） | | $n$ | $K$<br>（mPa·sⁿ） | API<br>滤失量（mL） | 高温高压<br>滤失量（mL） |
|---|---|---|---|---|---|---|---|---|---|
| | | | | 10s | 10min | | | | |
| 1.60 | 老化前 | 28 | 9.5 | 2.5 | 6.0 | 0.67 | 358 | 2.2 | — |
| | 老化后 | 26 | 9.0 | 2.0 | 5.5 | 0.67 | 345 | 2.4 | 6.8 |
| 1.80 | 老化前 | 35 | 11.5 | 2.5 | 7.0 | 0.68 | 424 | 2.0 | — |
| | 老化后 | 45 | 12 | 2.0 | 6.5 | 0.72 | 385 | 2.2 | 7.2 |
| 2.00 | 老化前 | 32 | 13 | 3.5 | 9.0 | 0.63 | 569 | 1.6 | — |
| | 老化后 | 40 | 9 | 1.5 | 4.5 | 0.76 | 264 | 1.8 | 9.0 |

注：老化条件为220℃下滚动16h，HTHP滤失量测定温度为220℃，其他测试条件为室温20℃。

由表2可见，抗高温防塌水基钻井液老化前后黏度和切力适中，触变性强，滤失量低，而且流变性不随密度变化发生较大波动。

### 3.2 抗温性能评价

测试2.0g/cm³的抗高温防塌水基钻井液在不同温度老化前后的流变性和高温高压滤失量。

从图6中可以看到，在220℃温度范围内，密度为2.0g/cm³的高密度防塌水基钻井液始终保持适中的黏切和较低的高温高压滤失量，说明该钻井液有良好的高温稳定性，能够满足深井钻井液抗温要求。其原因是配方中开发和优选的处理剂均具有良好的抗温抗盐性能，有机盐甲酸钠的加入也能有效提高体系的抗高温能力。

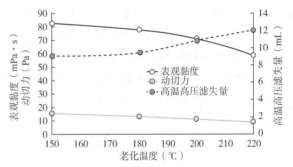

图6 防塌水基钻井液抗温性能评价

### 3.3 沉降稳定性能评价

高温下钻井液的沉降稳定性对于高密度钻井液而言是一个比较重要的技术指标，主要是衡量现场停泵后钻井液静止状态下加重材料的沉降速度。首先将2.0g/cm³的抗高温防塌水基钻井液220℃温度下热滚16h，取出冷却至室温，高速搅拌30min后倒入1000mL的量筒中，分别静置24h、48h、72h、96h，测量量筒内上、下钻井液的密度（表3）。

表3 抗高温防塌水基钻井液沉降稳定性能评价

| 静置时间（h） | 上部密度（g/cm³） | 下部密度（g/cm³） | 密度差（g/cm³） |
|---|---|---|---|
| 24 | 2.0 | 2.0 | 0 |
| 48 | 2.0 | 2.0 | 0 |
| 72 | 1.99 | 2.01 | 0.02 |
| 96 | 1.99 | 2.01 | 0.02 |

由表3可见，抗高温防塌水基钻井液老化后静置4d，其上下密度基本无差异，高效润滑剂析出并未影响钻井液的沉降稳定性。

### 3.4 抗岩屑污染性能评价

分别向2.0g/cm³的抗高温防塌水基钻井液中添加不同加量的岩屑（取自辽河东营组灰

绿色泥岩钻屑），测试在 220℃ 高温老化后的流变性和失水造壁性能。

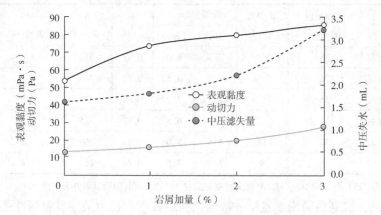

图 7　抗高温防塌水基钻井液抗岩屑污染性能评价

从图 7 可以看出，随岩屑加量增大，防塌水基钻井液的塑性黏度、动切力和滤失量整体有上升趋势，加入质量分数 3% 的岩屑后，其黏切和滤失量仍能满足施工要求，说明该钻井液具有较好的抗高黏钻屑污染性能。现场施工中通过定期补充包被剂，其抗钻屑污染性能还会有所提高。其主要原因是该钻井液体系具有极强的抑制性，混入钻井液中的岩屑水化程度小，不会对钻井液性能产生波动性影响。

### 3.5　抗钙污染性能评价

分别向 2.0g/cm³ 的抗高温防塌水基钻井液中添加不同加量的 $CaCl_2$，测试在 220℃ 高温老化前后的流变性和失水造壁性能。

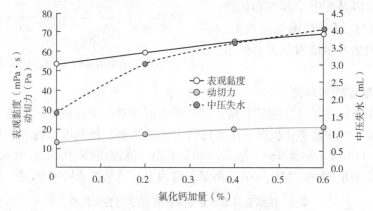

图 8　抗高温防塌水基钻井液抗钙污染性能评价

从图 8 中可以看出，随着钙离子浓度增加，流变性基本无变化，滤失量增加幅度极小，说明该钻井液具有良好的抗钙污染性能。现场施工中，小部分水泥及混浆进罐后并不会导致钻井液性能发生波动。

### 3.6　润滑减摩阻性能评价

采用 TC-EP-2A 极压润滑仪和 NZ-3 滤饼黏滞系数测定仪，室温下测试对比 2.0g/cm³ 的抗高温防塌水基钻井液、被污染的抗高温防塌水基钻井液（高效润滑剂加量 5%）和油水比为 85:15 的油基钻井液在 220℃ 老化后的极压润滑系数和滤饼黏滞系数。

表 4 抗高温防塌水基钻井液润滑性能评价

| 测试对象 | 热滚条件 | 极压润滑系数 | 滤饼黏滞系数 |
|---|---|---|---|
| 抗高温防塌水基钻井液 | 220℃滚后 | 0.0774 | 0.1051 |
| 防塌水基+3%膨润土 | | 0.1608 | 0.1228 |
| 防塌水基+0.6%CaCl₂ | | 0.1690 | 0.1405 |
| 85:15油基钻井液 | | 0.0704 | 0.1459 |

由表 4 可见，凭借高效润滑剂优异的油膜强度和承载能力，抗高温防塌水基钻井液具有较低的极压润滑系数和黏滞系数，其润滑性能与油基钻井液相当。

### 3.7 抑制水化膨胀性能评价

采用 OFITE 型泥页岩膨胀仪测试页岩在三种强抑制钻井液中的线性膨胀率，结果如图 9 所示。

从图 9 中可以看出，泥页岩在抗高温防塌水基钻井液中的膨胀率远高于常规复合盐水钻井液，与其在油基钻井液中的膨胀率相差不太大，说明其抑制页岩水化膨胀的能力接近于油基钻井液。常规复合盐水钻井液其抑制机理主要是通过多种阳离子压缩扩散双电层作用，防塌水基钻井液同时强化对渗透水化和表面水化的控制，能够最大限度地降低黏度片层的晶格膨胀。

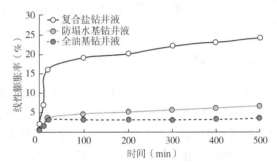

图 9 页岩在不同钻井液中的膨胀率曲线

### 3.8 封堵性能评价

配制模拟地层水；苏里格盒 8 段致密砂岩岩心(3885~3890m)50℃烘烤 48h，称量岩心长度、直径、干重；测量样品孔渗；抽空饱和模拟地层水。

岩心驱替试验：恒压 30MPa 正向驱替模拟地层水，待出口端流量稳定，计算岩心水驱渗透率，反向驱替钻井液试剂，待 10~15 倍孔隙体积后，计算岩心渗透率，再次正向驱替模拟地层水，通过计算判断岩心经钻井液驱替后岩心伤害情况(表 5)。

表 5 岩心驱替过程及结果

| $K_i$<br>(mD) | 流动介质名称 | 矿化度<br>(mg/L) | 压力<br>(mPa) | 累计注入<br>倍数 | $K_n$<br>(mD) | $K_n/K_i$<br>(mD) | $(K_i-K_n)/K_i$<br>(mD) |
|---|---|---|---|---|---|---|---|
| 0.00188 | 模拟地层水 | 50000 | 30 | 0.0 | 0.00188 | 100.0 | — |
| 0.00188 | 封堵剂钻井液 | — | 30 | 12.5 | 0.00188 | 100.0 | 0.0 |
| 0.00188 | 模拟地层水 | 50000 | 30 | 23.2 | 0.000518 | 27.6 | 72.4 |
| 0.00188 | 模拟地层水 | 50000 | 30 | 28.5 | 0.000234 | 12.5 | 87.5 |
| 0.00188 | 模拟地层水 | 50000 | 30 | 32.5 | 0.000206 | 10.9 | 89.1 |
| 0.00188 | 模拟地层水 | 50000 | 30 | 35.6 | 0.000271 | 14.4 | 85.6 |

从表 5 中可以看出，经钻井液驱替封堵再进行模拟地层水驱替后效果可以得出，抗高温防塌水基钻井液对致密砂岩的渗透率损害率达到了 85.6%。因此，自主研发的纳米封堵

剂，复配其他封堵材料能够对地层孔缝进行有效封堵，可以实现稳固井壁和降低井漏的目的。

### 3.9 防崩性能评价

分别采用长庆深探区乌拉力克组上部碳质泥岩和辽河西部凹陷沙三段中亚段碳质泥岩，对比测试泥岩岩屑在不同液体介质中的滚动回收率。

表6 强抑制钻井液防塌性能测试对比

| 测试对象 | 220℃×16h 滚动回收率(%) | | | |
|---|---|---|---|---|
| | 清水 | 防塌钻井液 | 复合盐水钻井液 | 全油基钻井液 |
| 长庆深探区碳质泥岩 | 77.3 | 93.9 | 84.2 | 99.6 |
| 辽河深探区碳质泥岩 | 71.5 | 92.1 | 81.7 | 97.3 |

由表6可以看出，泥页岩岩样在抗高温防塌水基钻井液和油基钻井液中的分散性均很弱，说明抗高温防塌水基钻井液能有效抑制岩屑水化分散变软，增强井壁稳定，也有利于提高固相清除效率。

## 4 现场应用

QT-12井是一口鄂尔多斯盆地天环坳陷西翼的一口预探井，完钻井深6436m，完钻垂深5968m，井底温度达到206℃。该井乌拉力克组上部为典型的硬脆碳质泥岩地层，层理、微裂缝发育(裂缝宽度为120~760nm)，为钻井液及滤液侵入提供了天然通道；岩石表面比亲水量较大(均值 $2.059×10^{-7}g/cm^2$ )，水化膜短程斥力将促使微裂缝开裂、延伸、相互贯通，最终容易沿层理、微裂缝等力学弱面发生剪切破坏(表7)。

该井四开采用抗高温防塌水基钻井液体系，钻进至5280m后逐步补充抗高温表面水化抑制剂，降低岩石表面张力和比亲水量，减弱水化膜短程斥力和自吸作用，并加入一定量的纳米封堵剂，提高体系对微纳米孔缝的封堵能力，减少压力传递。现场使用效果可以看出，密度达到 $1.95g/cm^3$ 的抗高温防塌钻井液体系流变性稳定，井眼净化能力强，沉降稳定性好，起下钻及完井电测均一次到底；防塌效果突出，未出现井壁掉块和划眼复杂，井径规则，没有缩径和大肚子井段，四开(钻头尺寸152.4mm)井径平均扩大率仅为8.57%；由于地层倾角原因，四开复合钻进掉井斜严重，轨迹控制难度大，定向工作量繁重，抗高温防塌钻井液优异的润滑减阻性能保证定向过程中无明显托压现象，钻压传递顺畅，起出钻头无任何泥包迹象，磨损程度低，极大地缓解了深层定向托压严重导致钻时慢，粘卡风险高及泥岩段钻头泥包等问题。

表7 QT-12井与邻井施工情况对比

| 井号 | 钻井液体系 | 钻井周期<br>(d) | 机械钻速<br>(m/h) | 完钻井深<br>(m) | 复杂时效占比(%) | | |
|---|---|---|---|---|---|---|---|
| | | | | | 遇阻划眼 | 卡钻 | 井漏 |
| QT-12 | 抗高温防塌钻井液 | 90.46 | 5.53 | 6436 | 2.58 | 0 | 8.6 |
| QT-10 | 复合盐水钻井液 | 160.125 | 4.06 | 5715 | 16.28 | 4.02 | 9.3 |

## 5 结论

(1)自主研发的表面水化抑制剂能够大幅度降低比亲水量和显著降低泥页岩的自吸能

力，研发的纳米封堵剂的粒径分布在 $80 \sim 350nm$ 之间，能够有效降低钻井液基液的微孔滤膜滤失量和陶瓷砂盘滤失量。

（2）研发的抗高温防塌水基钻井液体系，抗温达到 $220℃$，96h 静置上下密度差仅为 $0.02g/cm^3$，抗膨润土污染 3%以上，抗氯化钙污染 0.6%以上，润滑性能与抑制性能仅次于油基钻井液，致密砂岩封堵率达到了 85.6%。

（3）抗高温防塌钻井液体系在高温深井中仍然保持良好的携岩性，井壁稳定性突出，润滑减阻性能优异，为复杂地层深井超深井的勘探开发提供了技术保障。

## 参 考 文 献

[1] 李建成，关键，王晓军，等．苏 53 区块全油基钻井液的研究与应用[J]．石油钻探技术，2014，42（5）：62-67.

[2] 何涛，李茂森，杨兰平，等．油基钻井液在威远地区油页岩气水平井中的应用[J]．钻井液与完井液，2012，29(3)：1-5.

[3] 朱金智，游利军，李家学，等．油基钻井液对超深裂缝性致密砂岩气藏的保护能力评价[J]．天然气工业，2017，37(2)：62-68.

[4] 王晓军．新型低固相油基钻井液研制及性能评价[J]．断块油气田，2017，24(3)：421-425.

[5] 王晓军，白冬青，孙云超，等．页岩气井强化封堵全油基钻井液体系——以长宁—威远国家级页岩气示范区威远区块为例[J]．天然气工业，2020，40(6)：107-114.

[6] 杨泽星，孙金声．高温（220℃）高密度（2.3g/cm³）水基钻井液技术研究[J]．钻井液与完井夜，2007，24(5)：15-17.

[7] 刘四海，蔡利山．深井超深井钻探工艺技术[J]．钻井液与完井液，2002，19(6)：116-121.

[8] 张毅，李竞，熊雄，等．莫深 1 井抗高温高密度 KDF 水基钻井液室内研究[J]．钻井液与完井液，2007，24(2)：8-10.

[9] 苏俊霖，董汶鑫，罗平亚，等．基于低场核磁共振技术的黏土表面水化水定量测试与分析[J]．石油学报，2019，40(4)：468-474.

[10] 王晓军，尹家峰，徐建根，等．抗高温插层吸附抑制剂的研制及作用机理分析[J]．油田化学，2023，40(1)：19-25.

[11] 中国石油集团长城钻探工程有限公司．一种抗高温插层吸附抑制剂：中国，201810566560.1[P]．2020-09-22.

[12] 中国石油集团长城钻探工程有限公司．一种交联封堵剂及其制备方法：中国，201711290302.7[P]．2020-07-21.

# 梳型聚羧酸盐降黏剂研究与应用评价

## 伏松柏 蔡 静

(中国石化西南石油工程有限公司钻井工程研究院)

**摘 要** 随着川渝工区天然气气藏勘探开发向超深层海相地层钻进，井深超8000m，井底温度超180℃，高温高密度条件下钻井液存在高温增稠、高温稳定性差、酸性气体污染等问题。基于高浓度固相颗粒紧密堆积理论和空间位阻原理，设计合成了具有梳型结构的聚羧酸盐类抗高温超高密度水基钻井液用降黏剂XNJN-1，解决了高密度水基钻井液在高温井底条件下的流变性难以调控、高温增稠的技术瓶颈。F1井评价实验结果表明，加入1.5%的降黏剂后，受高浓度酸根、盐水污染的2.32g/cm³钻井液体系，3r/min读数降低78%，降黏率达29%，XNJN-1可有效改善受酸根、氯离子等高度污染的高温高密度钻井液体系流变性和滤失性能，且效果明显优于同类抗高温降黏剂，具有良好的推广应用前景。

**关键词** 高温高密度钻井液；聚羧酸盐降黏剂；两性离子；抗酸根污染

随着四川盆地及周缘地区不断深入勘探深层丰富的天然气资源，井下压力和井底温度越来越高的同时，钻遇的地质条件越来越复杂，如黏土侵、酸性气体侵、盐膏侵、地层水侵、岩屑侵等，对高密度的钻井液高温热稳定能力、携砂能力、抗污染能力提出了极大地挑战。

引起钻井液黏度和切力增大、流动性变差的原因有：温度升高、盐侵或钙侵、固相含量、分散程度的增加或处理剂降解失效等；钻井液受地层盐溶污染，矿化度高，护胶难度增大同时，常规钻井液材料均存在不同程度的分解，过多的维护材料加入，在高温下降解、交联也会造成钻井液流变性变差。

为解决川渝工区海相深井的高温高密度钻井液体系所必须的流变性和滤失造壁性控制，本文通过室内和应用研究，以苯乙烯磺酸钠(SSS)、甲基丙烯酰氧乙基三甲基氯化铵(DMC)、烯丙醇聚氧乙烯醚(APEG)的单体制备出一种梳型聚羧酸盐降黏剂XNJN-1，并对其在高密度钻井液中耐温性、降黏能力、抗污染能力进行了室内和应用评价。新研制的梳型聚羧酸盐降黏剂XNJN-1处理剂适用于超高温超高密度水基钻井液完井液中，易分散，与其他处理剂配伍性好，较抗盐抗钙，绿色环保，可减少因高温稠化而引起工程复杂及钻井液成本增加问题，助力深地工程施工提速提效。

---

【第一作者简介】伏松柏，男，1979年6月，中国石化西南石油工程有限公司钻井液工程研究院油田化学工程研究所，副主任工程师，2002年6月毕业于新疆石油学院，从事钻井液助剂和体系及现场应用研究研究，通信地址：四川省德阳市旌阳区金沙江西路699号；邮编：618000；电话：18139070236；E-mail：597654974@qq.com。

# 1 梳型聚羧酸盐降黏剂的制备

## 1.1 分子结构设计

根据所需的降黏剂的要求及作用原理[2]，XNJN-1 是一种新型的梳型聚羧酸盐降黏剂，由阳离子单体甲基丙烯酰氧乙基三甲基氯化铵(DMC)为主链做疏水端，侧链上带有磺酸基、酰胺基和季铵基等对苯乙烯磺酸钠(SSS)做亲水端，另外带有长链亲水性大单体烯丙醇聚氧乙烯醚(APEG)起空间位阻稳定作用。

## 1.2 降黏机理

XNJN-1 降黏机理如图 1 所示，吸附在黏土颗粒或加重剂材料表面，亲水基伸向水中，进而使水化膜在黏土颗粒表面或加重材料颗粒表面形成，改善黏土颗粒或加重材料颗粒表面性质，使整个高密度钻井液体系固相颗粒分散均匀，稳定胶体悬浮体体系[2]。

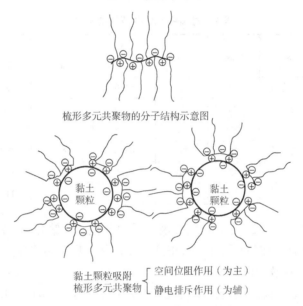

图 1 XNJN-1 的微观作用机理图示

# 2 梳型聚羧酸盐降黏剂性能评价

## 2.1 高温热重分析评价

从图 2 可知，当温度为 260℃时，降黏剂样品中开始第一次热失重；当温度升高至 356℃时，降黏剂样品开始第二次大量热失重，这主要是由于降黏剂分子中较长的烯丙醇聚氧乙烯醚链的断裂而造成的热失重；当温度为 400℃左右时，降黏剂样品的热失重率约为 50%，表明新研制的降黏剂 XNJN-1 自身具有良好的热稳定性[1]。

## 2.2 高密度钻井液适用性

在高密度水基钻井液体系中有极其显著的降黏能力和降低切力的能力，解决高温钻井液经高温老化后由于黏土的高温作用(分散和聚结)而引起的增稠技术难题。其侧链上的聚氧乙烯长链对固体颗粒的空间位阻作用明显，固相含量越高作用降黏效果越明显。

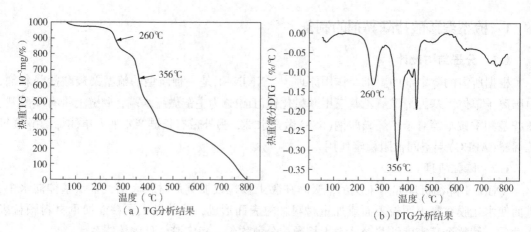

（a）TG分析结果　　　　　　　　　　　　（b）DTG分析结果

图2　热重分析结果

表1　对高密度钻井液性能影响

| 密度（g/cm³） | 加量 | 条件 | $\Phi_{100}$ | $\Phi_3$ | AV（mPa·s） | PV（mPa·s） | YP（Pa） | $G_{10''}$（Pa） | $G_{10'}$（Pa） |
|---|---|---|---|---|---|---|---|---|---|
| 2.0 | 0 | 老化后 | 34 | 15 | 51.0 | 39 | 12.0 | 5.0 | 12.0 |
|  | 1.5% | 老化后 | 28 | 7 | 45.5 | 35 | 10.5 | 1.0 | 5.0 |
| 2.1 | 0 | 老化后 | 39 | 19 | 56.5 | 42 | 14.5 | 7.5 | 13.5 |
|  | 1.5% | 老化后 | 25 | 7 | 44.5 | 37 | 7.5 | 1.0 | 5.0 |
| 2.2 | 0 | 老化后 | 48 | 20 | 72.5 | 57 | 15.5 | 4.5 | 8.5 |
|  | 1.5% | 老化后 | 32 | 13 | 55.5 | 44 | 11.5 | 2.5 | 6.5 |

　　从表1可知在大于等于2.0g/cm³钻井液体系中老化后，钻井液性能稳定流变性好，随着密度增加，相同加量XNJN-1钻井液可得到有效控制，具有实用性。

### 2.3　解决深层酸根粒子污染

　　由于川渝工区深层酸根污染使得高密度钻井液体系在高温作用下增稠严重，流变性和滤失量均有加大影响性能难以控制，通过使用XNJN-1做污染实验验证降黏效果（表2）。

表2　酸根污染对降黏剂效果的影响

| 污染物（180℃老化16h） | 加量 | $\Phi_{100}$ | $\Phi_3$ | AV（mPa·s） | PV（mPa·s） | YP（Pa） | $G_{10''}$（Pa） | $G_{10'}$（Pa） | $FL_{API}$（mL） |
|---|---|---|---|---|---|---|---|---|---|
| 0.25%NaHCO₃ | 0 | 71 | 40 | 69 | 38 | 31 | 20 | 23 | 4.0 |
|  | 1.5% | 47 | 18 | 60 | 38 | 22 | 9 | 15 | 3.0 |
| 0.5%NaHCO₃ | 0 | 59 | 32 | 60.5 | 34 | 26.5 | 16 | 18 | 3.0 |
|  | 1.5% | 41 | 17 | 56 | 42 | 14 | 9 | 12 | 2.0 |
| 0.25%Na₂CO₃ | 0 | 82 | 52 | 70 | 23 | 47 | 27 | 29 | 4.8 |
|  | 1.5% | 57 | 30 | 62 | 35 | 27 | 15 | 17 | 3.6 |
| 0.5%Na₂CO₃ | 0 | 76 | 52 | 69 | 32 | 37 | 26 | 27 | 4.8 |
|  | 1.5% | 57 | 38 | 60.5 | 31 | 29.5 | 19 | 20 | 3.8 |

　　根据表2可知，随着污染物量增加，加入了降黏剂的高密度钻井液在180℃老化16h

后，有一定改善高温下酸根污染造成的增稠现象，降黏切的趋势明显，尤其是降低 3r/min 读数，可显著改善钻井液胶体悬浮体体系的动力稳定性和聚结稳定性。

### 2.4 与传统降黏剂性能的对比

取现场某超高密度水基钻井液，分别加入 3%磺化单宁（SMT）、1.5%高密度钻井液用分散剂 SMS-19 和 1.5%XNJN-1，经 180℃老化 16h 后观察钻井液流动性，实验结果如图 3 所示。

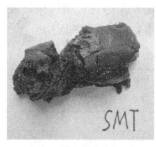  

（a）3%磺化单宁（SMT）　（b）1.5%高密度钻井液用分散剂SMS-19　（c）1.5%XNJN-1

图 3　不同类型降黏剂对现场超高密度水基钻井液流动性能的影响

加入磺化单宁（SMT）和高密度钻井液用分散剂 SMS-19 的超高密度钻井液经超高温老化后均出现了高温聚结凝固现象，这主要是由于此两种处理剂的抗温能力不足，在 180℃环境高温老化 16h 后，一方面由于处理剂失效，另一方面是由于复杂的处理剂间的相互作用、处理剂与黏土间相互作用等的结果。但加入 1.5%XNJN-1 的超高密度钻井液在超高温老化后流动性仍然良好，将老化后的超高密度钻井液倾倒在平面纸张上迅速形成圆形，厚度较薄且表面无褶皱，说明新研制梳型聚羧酸盐降黏剂 XNJN-1 可抗 180℃以上高温，且在高温环境下长时间作用后仍能发挥良好的作用。

### 2.5 与同类聚羧酸盐降黏剂产品对比

选用空白组、XNJN-1 与市售同类聚合物降黏剂 HWJN 样品对比，实验条件为 180℃老化后 16h 后进行降黏效果对比，由表 3 可知，同等加量情况下，降黏剂降黏效果优于市售降黏剂 HWJN，且 API 滤失量最低。

表 3　与同类聚羧酸盐降黏剂对比

| 种类 | 降黏剂加量 | $\Phi_{100}$ | 降黏率（%） | API 滤失量（mL） |
|------|-----------|--------------|------------|-----------------|
| 空白组 | 0 | 147 | — | 16.4 |
| HWJN | 1.5% | 105 | 28.57 | 10.5 |
| XNJN-1 | 1.5% | 73 | 50.34 | 10.1 |

## 3　现场应用

### 3.1　JS321-11HF 井应用情况

#### 3.1.1　基本概况

JS321-11HF 井是四川盆地川西坳陷东部斜坡中江构造的一口以下沙溪庙组为主要目的层的水平开发井，钻井液密度为 2.11g/cm³，设计完钻垂深为 2945m，斜深 4588m，水平段长 1368m，井底温度 100℃。

钻至目的层后存在 $CO_2$ 气体，含量 0.2%~0.53%，侵入并污染钻井液，实测 $CO_3^{2-}$ 浓度为 7825.82mg/L，$HCO_3^-$ 浓度为 4565.86mg/L，高密度钻井液出现高温增稠、六速 $\Phi_3$ 和 $\Phi_6$ 数值高、流动性差且难以处理等问题。现场使用生石灰处理、硅醇、单宁等降黏剂调节流变性，效果不明显，且性能很快反弹，形成恶性循环。无法满足正常的钻井施工要求：泵压高、摩阻扭矩大、细颗粒岩屑清除困难，压差卡钻、起下钻阻卡、憋漏憋垮地层等风险大。

### 3.1.2　JS321-11HF 井小型试验

鉴于 JS321-11HF 井高温、高密度和酸根污染造成的增稠现象，符合梳型聚羧酸盐降黏剂 XNJN-1 处理特性。模拟井下情况，井浆中分别加入 2% 和 4% 的降黏剂 XNJN-1。

表4　JS321-11HF 井现场小型试验

| 配方 | 六速读数 | | | | | | 初切 (Pa) | 终切 (Pa) | PV (mPa·s) | YP (Pa) |
| --- | --- | --- | --- | --- | --- | --- | --- | --- | --- | --- |
| | $\Phi_{600}$ | $\Phi_{300}$ | $\Phi_{200}$ | $\Phi_{100}$ | $\Phi_6$ | $\Phi_3$ | | | | |
| 井浆 | 132 | 89 | 72 | 50 | 18 | 16 | 5.5 | 44 | 43 | 23.0 |
| 井浆+2%磺化单宁 | 127 | 85 | 69 | 47 | 17 | 14 | 5.0 | 43 | 42 | 21.5 |
| 井浆+0.8%XNJN-1 | 106 | 70 | 55 | 37 | 10 | 8 | 4.5 | 39 | 36 | 17.0 |
| 井浆+1.2%XNJN-1 | 107 | 69 | 54 | 35 | 9 | 7 | 3.5 | 36 | 38 | 15.5 |

由小型试验数据分析可知，JS321-11HF 井高温高密度钻井液，在黏切持续居高不下的情况下，加入降黏剂 XNJN-1 后，降黏率达到26%以上，PV、YP、初终切均大幅降低，且低剪切速率下 3r/min 的降低率也达到50%以上，明显改善了钻井液流变性。

### 3.1.3　入井效果

根据小型试验，现场以细水长流方式按循环周加入 2%XNJN-1，经过循环、钻头剪切和升温后，出口槽及循环罐内钻井液流型得到有效改善，测量漏斗黏度由87s降至63s，其他流变性能见表5。

表5　JS321-11HF 井降黏剂入井数据

| 配方 | 六速读数 | | | | | | 初切 (Pa) | 终切 (Pa) | PV (mPa·s) | YP (Pa) |
| --- | --- | --- | --- | --- | --- | --- | --- | --- | --- | --- |
| | $\Phi_{600}$ | $\Phi_{300}$ | $\Phi_{200}$ | $\Phi_{100}$ | $\Phi_6$ | $\Phi_3$ | | | | |
| 井浆 | 135 | 92 | 74 | 52 | 20 | 17 | 6 | 44 | 43 | 24.5 |
| 井浆+0.8%XNJN-1 | 102 | 64 | 50 | 32 | 8 | 7 | 3 | 37 | 38 | 13.0 |

由现场应用结果可知，对于存在酸根污染的高密度钻井液高温增稠现象，XNJN-1 有明显的降黏效果，尤在降低 3r/min 读数和动切力方面更加突出：加入 0.8%XNJN-1 的受污染井浆，循环 3 周后测量钻井液流变性，降黏率达 38.5%，3r/min 读数降低 58.8%，动切力降低 46.9%。因此，XNJN-1 可有效改善受酸根等污染的高温高密度钻井液体系流变性能，且有一定的降滤失效果。

加入降黏剂后，钻井液黏切得到有效控制，再配合石灰降低酸根污染等，钻井液流变性能优良且稳定，满足了完钻、完井作业要求，也为其他防塌、抑制类材料的使用提供了条件，为钻井作业的安全施工打下了基础。

### 3.2　F1 井应用情况

#### 3.2.1　基本概况

F1 井是中国石化勘探分公司部署在川南低陡构造带榕右向斜万宝潜伏构造的一口以上

震旦统灯影组四段为主要目的层的评价井。设计完钻斜深 7230m，实钻井深 7244.6m。

三开 Φ241.3mm 井眼段长 2700m，完钻实测井底温度 190℃，密度 2.10g/cm³，并钻遇钻遇膏盐层：(1)钻井液受地层盐溶污染，矿化度高，护胶难度大。同时井底地层温度高，常规钻井液材料均存在不同程度的分解，过多的维护材料加入，在高温下分解、交联造成钻井液流变性变差。(2)钻井液氯离子含量异常，监测钻井液氯离子含量 120000 ~ 130000mg/L，由于井底温度高达 190℃，高矿化度对钻井液抗温性影响极大，增加了钻井液处理难度。(3)酸根污染：本开在钻进至 6950m 录井监测发现 $CO_2$ 基值变化，发现酸根污染，持续监测碳酸氢根浓度在 10000~20000mg/L，酸根污染对钻井液性能破坏极大。

### 3.2.2　F1 井实验数据

F1 井三开体系配方：部分二开井浆+0.2%聚合物降滤失剂 PAC-LV+0.5%抗高温大分子降滤失剂 DSP-1+2%酚醛树脂 SMP-2+1%磺化单宁(SMT)+2%褐煤树脂 SPNH+2%磺化沥青 FT-3+3%超细碳酸钙 QS-2+5%氯化钾 KCl+加重剂

分别在 F1 井三开井浆中加入不同质量比的 XNJN-1，升温至 50℃时，测试 180℃高温下热滚 16h 后的钻井液性能。

**表 6　F1 井降黏剂实验数据**

| 浆体 | 离子浓度<br>（mg/L） | 降黏率<br>（%） | $\Phi_3$ | PV<br>（mPa·s） | YP<br>（Pa） | Gel<br>（Pa/Pa） | $FL_{API}$<br>（mL） |
|---|---|---|---|---|---|---|---|
| F1 井井浆 | 碳酸氢根/碳酸根： | — | 14 | 33 | 10 | 5.0/15 | 22 |
| F1 井井浆+0.9%XNJN-1 | (1.5~2)×10⁴mg/L | 27% | 3 | 33 | 10 | 2.0/45 | 22 |
| F1 井井浆+1.5%XNJN-1 | 氯离子：(12~13)×10⁴mg/L | 29% | 3 | 35 | 2.5 | 2.5/7.5 | 20 |

根据表 6 所示，受酸根污染、盐水污染的 F1 井井浆在加入 1.5%的降黏剂后，180℃老化后 3r/min 读数降低 78%，降黏率可达 29%，且对降低滤失量有一定作用，由此可知，新研制聚羧酸盐降黏剂 XNJN-1 可有效改善受污染的高温高密度钻井液的流变性能。

## 4　结论

（1）XNJN-1 较传统降黏剂除了削弱黏土矿物颗粒形成空间网架结构的能力和与聚合物钻井液中的高分子聚合物产生相互作用外，还有较强的空间位阻作用，对固相含量较高的体系降黏能力更强。

（2）加入 XNJN-1 的受污染井浆，180℃老化 16h 后，3r/min 读数降低 78%，降黏率可达 29%，XNJN-1 可有效改善受酸根、氯离子高度污染的高温高密度钻井液体系流变性能及降滤失性能，具有良好的推广应用前景。

**参 考 文 献**

[1] 庞少聪，安玉秀，马京缘，等．耐高温降粘剂 SMT/AMPS 的研制与性能评价[J]．应用化工，2022，51(8)：2194-2199．DOI：10.16581/j.cnki.issn1671-3206.20220831.008.

[2] 毛惠．超高温超高密度水基钻井液技术研究[D]．青岛：中国石油大学(华东)，2017.

[3] 梁文利．四川盆地涪陵地区页岩气高性能水基钻井液研发及效果评价[J]．天然气勘探与开发，2019，42(1)：120-129.

# 石钱区块低活度强封堵复合盐弱凝胶钻井液技术

陈向明[1]　刘万成[1]　苟拓彬[2]　熊开俊[1]

(1. 中国石油吐哈油田公司采油工艺研究院；2. 中国石油吐哈油田公司勘探开发研究院)

**摘　要**　石钱区块的海相天然气是吐哈油田新的勘探领域，但是在钻井过程中存在大套泥岩造浆钻井液性能恶化、井壁失稳、井漏严重、定向摩阻大等问题，钻井周期远超设计，严重制约了该区块开发进程。为攻克以上技术难题，开展了以下钻井液技术研究和现场实践：采用 NaCl、KCl、甲酸钠和 JXA-1 复配，提高钻井液的抑制性，成功地解决了泥岩水化分散造浆、井壁失稳难题；采用抗高温抗盐环保型降滤失剂降低钻井液滤失量，提高钻井液高温流变性；采用"沥青粉+丙烯基树脂封堵剂+纳米乳液封堵剂+固壁剂"实现了微米—亚微米—纳米孔喉微裂缝全封堵；采用低荧光润滑剂和固体乳化沥青复配，提高钻井液润滑能力；采用弱凝胶提切剂提高了钻井液携岩能力。形成了低活度强封堵复合盐弱凝胶钻井液体系配方：清水+4%膨润土+0.2%烧碱+15%NaCl+5%KCl+25%HCOONa+1%JXA-1+05%LV-CMC+1%DRGJ-1+4%沥青粉+2%树脂封堵剂+2%纳米乳液封堵剂+2%固壁剂+0.3%弱凝胶+2%低荧光润滑剂+3%固体乳化沥青+重晶石，并对其性能进行了评价，结果表明：16h 泥页岩线性膨胀率为 676%，动切力不小于 12Pa，滤饼黏滞系数不大于 0.0612，钻井液活度控制在 0.70 左右，高温高压滤失量低于 10mL，可抗 10%钻屑和 5%CaSO₄ 污染。石钱 302H 井通过应用该钻井液技术，钻井周期缩短至 5933d，创下石钱滩区域钻井周期最短纪录，对今后油田同类型深层水平井实现安全优快钻井有借鉴和指导作用。

**关键词**　吐哈油田；石钱区块；深层；水平井；低活度；弱凝胶；钻井液

吐哈油田石钱区块属于海相天然气气藏，位于准噶尔盆地东部隆起石钱滩凹陷，石钱滩凹陷西接黄草湖凸起东接黑山凸起，北抵克拉美丽山，南与沙奇凸起相邻，与石树沟凹陷和黄草湖凸起一起统称为大井地区。该地区断裂比较发育，主要发育近北东向和北西西向断裂，北东向断裂主要为晚燕山期开始发育，喜马拉雅期活动强烈；北西西向断裂多形成于晚海西期，燕山期进一步活动，石树沟断裂和大井断裂等边界断层直至喜马拉雅期仍强烈活动。目前钻遇的地层自上而下有第四系(Q)、侏罗系八道湾组($J_1b$)、三叠系韭菜园子组($T_3j$)、二叠系梧桐沟组($P_3wt$)、二叠系平地泉组($P_2p$)、二叠系将军庙组($P_2j$)、二叠

---

【基金项目】中国石油吐哈油田分公司科研项目"重点勘探开发区域钻井提速提效关键技术研究及应用"（编号 2023E-03-01）。

【第一作者简介】陈向明(1989—)，2016 年毕业于东北石油大学石油与天然气工程专业，硕士研究生，三级工程师，现从事钻完井液技术研究工作。通信地址：（839000）新疆哈密市吐哈石油基地采油工艺研究院。E-mail：chenxmth@petrochina.com.cn。电话：17509023178。

系金沟组($P_1jg$)、石炭系石钱滩组($C_2sh$)。

该区块钻井过程中存在诸多风险：表层第四系风成砂，未成岩，疏松易垮塌；侏罗系、三叠系有大套泥岩发育，水敏性强、易膨胀，造浆，同时含膏，容易造成井眼缩径和黏切上升以及钻井液性能失控；侏罗系八道湾组煤层发育，易井漏、坍塌；二叠系、石炭系泥岩易水化分散，地层稳定性差存在剥落、坍塌和缩径等复杂，造成长时间划眼，易形成"大肚子"井眼，耽误钻井周期；二叠系金沟组下半段至碳系局部裂缝、孔洞发育段易发生井漏；目的层石炭系石钱滩组油气活跃，易气侵。

目的层埋藏较深、大段泥岩发育，前期钻井过程中钻井液存在抑制防塌能力不足、携岩和润滑性能差等问题，三叠系韭菜园子组至二叠系金沟组复杂井段钻井液适应性差，因此需开展深层水平井钻井液技术研究。

# 1 处理剂优选

## 1.1 抑制剂

钻井液抑制性不仅关系到能否抑制钻屑水化和降低固相含量，还关系到能否抑制井壁泥岩水化、防止井壁坍塌等问题[1]。针对石钱区块侏罗系、三叠系大套泥岩发育且含膏，二叠系和石炭系泥岩易水化分散难题，采用 NaCl、KCl 和 JXA-1 抑制泥岩水化膨胀和分散。筛选粒径 6~10 目岩屑 50g，测定清水和抑制剂溶液对岩心膨胀率和泥页岩滚动回收率的影响，见表 1。

**表 1 钻井液抑制剂性能评价实验结果**

| 配方 | 2h 膨胀率(%) | 16(h)膨胀率(%) | 一次回收率(%) | 二次回收率(%) |
|---|---|---|---|---|
| 清水 | 9.85 | 18.12 | 18.35 | 13.12 |
| 清水+15%NaCl+5%KCl | 12.41 | 16.24 | 43.64 | 22.76 |
| 清水+1%JXA-1 | 7.32 | 9.75 | 48.54 | 41.75 |
| 清水+15%NaCl+5%KCl+1%JXA-1 | 5.12 | 7.46 | 53.12 | 42.86 |

由表 1 可知，岩屑在"清水+15%NaCl+5%KCl+1%JXA-1"中线性膨胀率最低、滚动回收率最高，表明其抑制岩屑水化分散能力最佳。分析认为，保持 KCl 含量不低于 5%，通过钾离子晶格固定作用阻止水分子对黏土矿物的水化分散，同时以大分子聚合物的包被絮凝作用，协同提高钻井液的抑制性能[2]。

在 NaCl、KCl 抑制基础上，开展了 HCOONa 和 NaCl、KCl 复配降低钻井液活度实验，实验结果见表 2。通过控制钻井液水相活度低于岩石水活度，阻止水向地层的化学渗透。根据泥岩等温吸附平衡线拟合计算得到不同层位泥岩活度，测得石钱 3 区块泥岩活度为 0.756~0.887；煤层活度为 0.686。按活度平衡原理应将钻井液活度控制在 0.70 左右达到平衡。

**表 2 不同复合盐加量下钻井液活度测定结果**

| NaCl(%) | KCl(%) | HCOONa(%) | 活度值 |
|---|---|---|---|
| 10 | 5 | | 0.87 |
| 15 | 5 | | 0.83 |
| 15 | 5 | 10 | 0.78 |
| 20 | 5 | 15 | 0.74 |
| 15 | 5 | 25 | 0.68 |

根据表 2 结果，钻井液体系中复合盐建议加量：15%NaCl+5%KCl+25%HCOONa。

## 1.2 降滤失剂

钻井液滤失量大小关系到井壁稳定和井下安全，通常采用降滤失剂来降低钻井液滤失量。随着油田勘探开发逐渐走向深层，井底温度越来越高，对钻井液抗温性提出更高要求，需要降滤失剂满足抗温抗盐。室内优选出抗高温抗盐环保型降滤失剂丙烯基类聚合物 DRGJ-1。在相同实验条件下，将 DRGJ-1 与降滤失剂 TCJ-3 和磺化降滤失剂 SPNH 进行了对比，实验结果见表 3。

表 3 不同类型降滤失剂的 API 和 HTHP 降滤失效果对比

| 配方 | 测试条件 | AV (mPa·s) | PV (mPa·s) | YP (Pa) | $G_{10''}$ (Pa) | $G_{10'}$ (Pa) | FL$_{API}$ (mL) | FL$_{HTHP}$ (mL) |
|---|---|---|---|---|---|---|---|---|
| 基浆 | 未老化 | 25.0 | 18 | 7.0 | 1 | 2 | 24 | — |
| 基浆+1%SPNH | 未老化 | 28.5 | 21 | 7.5 | 1 | 3 | 10 | — |
| | 130℃ 老化 16h | 27.0 | 20 | 7.0 | 2 | 4 | 17 | 19 |
| 基浆+1%TCJ-3 | 未老化 | 28.0 | 20 | 8.0 | 1 | 3 | 16 | — |
| | 130℃ 老化 16h | 23.0 | 17 | 6.0 | 2 | 4 | 21 | 26 |
| 基浆+1%DRGJ-1 | 未老化 | 28.0 | 20 | 8.0 | 1 | 3 | 12 | — |
| | 130℃ 老化 16h | 26.0 | 19 | 7.0 | 2 | 4 | — | 17 |

根据对比的实验结果能够看出，新型抗温耐盐环保材料 DRGJ-1 的中压 API 滤失量完全能够达到磺化类产品的性能要求，低于磺化类产品，性能更好，高温高压滤失量性能新型环保材料与磺化类产品效果相当。

为进一步降低滤失量，现优化 DRGJ-1 含量，测试结果见表 4。盐水基浆中加入不同含量的 DRGJ-1，滤失量逐渐降低，表观黏度与塑性黏度逐渐增加，1%~1.5%DRGJ-1 加量降滤失效果最好。

表 4 不同 DRGJ-1 加量下钻井液性能测试

| 配方 | 测试条件 | AV (mPa·s) | PV (mPa·s) | YP (Pa) | $G_{10''}$ (Pa) | $G_{10'}$ (Pa) | FL$_{API}$ (mL) | FL$_{HTHP}$ (mL) |
|---|---|---|---|---|---|---|---|---|
| 基浆+05%DRGJ-1 | 未老化 | 28.0 | 20.0 | 8.0 | 1 | 3 | 9.0 | — |
| | 130℃ 老化 16h | 26.0 | 19.0 | 7.0 | 2 | 4 | 15.0 | 18.0 |
| 基浆+1%DRGJ-1 | 未老化 | 35.0 | 25.0 | 10.0 | 2 | 4 | 8.0 | — |
| | 130℃ 老化 16h | 33.0 | 24.0 | 9.0 | 2 | 4 | 12.0 | 15.2 |
| 基浆+15%DRGJ-1 | 未老化 | 37.5 | 26.0 | 11.5 | 2 | 5 | 7.0 | — |
| | 130℃ 老化 16h | 35.0 | 26.0 | 9.0 | 2 | 4 | 10.5 | 14.2 |
| 基浆+2%DRGJ-1 | 未老化 | 50.0 | 37.5 | 12.5 | 2 | 6 | 6.5 | — |
| | 130℃ 老化 16h | 45.0 | 46.0 | 9.0 | 2 | 4 | 10.2 | 14.0 |

注：基浆 A 配方"4%膨润土浆+02%烧碱+15%NaCl+5%KCl+1%JXA-1+05%LV-CMC"。

## 1.3 封堵剂

钻井液在泥页岩纳—微米孔隙和微裂缝中的压力传递是导致井壁失稳的主要原因[3]，因此快速封堵孔隙和微裂缝是稳定井壁的关键[4]。利用封堵性颗粒或胶体在裂缝内迅速架桥、填充、封堵[5]，在井壁表面建立不渗透的保护层可以有效阻止钻井液滤液沿裂缝进入地层，减少压力传递，提高井壁稳定能力[6]。为此，室内优选了微米封堵剂：沥青粉（软化点90~110℃）；亚微米封堵剂：丙烯基树脂封堵剂；纳米封堵剂：纳米乳液封堵剂和甲基丙烯酸酯共聚物固壁剂，评价结果见表5。

表5 不同封堵剂对钻井液性能的影响

| 配方 | PV<br>（mPa·s） | YP<br>（Pa） | $G_{10''}$<br>（Pa） | $G_{10'}$<br>（Pa） | $FL_{HTHP}$（130℃）<br>（mL） |
|---|---|---|---|---|---|
| 基浆 B | 21.0 | 6.0 | 1.5 | 4.5 | 16.0 |
| 基浆 B+4%沥青粉 | 22.5 | 6.5 | 2.0 | 6.0 | 14.2 |
| 基浆 B+2%树脂封堵剂 | 23.5 | 7.0 | 2.5 | 6.2 | 14.5 |
| 基浆 B+2%固壁剂 | 24.0 | 7.2 | 3.0 | 7.5 | 12.6 |
| 基浆 B+2%纳米乳液封堵剂 | 23.8 | 7.0 | 2.7 | 6.6 | 11.4 |
| 基浆 B+4%沥青粉+2%树脂封堵剂<br>+2%固壁剂+2%纳米乳液封堵剂 | 31.5 | 8.5 | 3.5 | 8.0 | 9.8 |

注：基浆 B 配方"4%膨润土浆+02%烧碱+15%NaCl+5%KCl+1%JXA-1+05%LV-CMC+1%DRGJ-1"。

从表5可以看出，采用沥青粉、纳米乳液封堵剂、丙烯基树脂封堵剂[7]和甲基丙烯酸酯共聚物固壁剂[8]复配可以明显改善钻井液封堵性能，实现纳米—亚微米—微米全尺寸封堵，使钻井液高温高压滤失量大幅度降低。分析认为，纳米乳液封堵剂是一种环保型高分子聚合物，与水基钻井液协同防塌效果较好，易于进入纳米级孔喉及微裂缝中快速封堵泥页岩纳米级孔喉及微裂缝，阻止钻井液中自由水向泥页岩深部侵入[9]。固壁剂是一种憎水性微纳米甲基丙烯酸酯共聚物乳液[10]，能够在地层岩石颗粒间形成具有较强黏附性和内聚力的胶结层，主要是通过加固、抑制和封堵的"力学—化学"协同耦合方式来维持井壁稳定，从而强化泥页岩[11]，如图1所示。加上沥青类材料在高温软化后挤入封堵颗粒间的缝隙，并在井壁表面建立一层疏水性不渗透保护层，从而减少了水相对泥页岩侵入[12]。

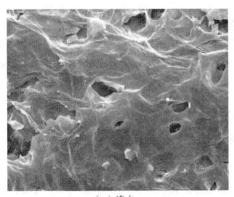
（a）清水

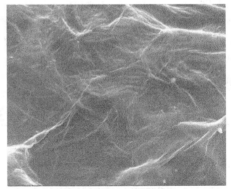
（b）3%甲基丙烯酸酯共聚物溶液

图1 泥页岩在不同封堵剂中热滚16h后的表面微观形貌

## 1.4 增黏提切剂

为了满足深层水平井造斜段和水平段的携岩效果，防止形成岩屑床，要求钻井液具有较高的动塑比，并且为了降低循环压耗，还需要尽可能降低塑性黏度，因此，钻井液要具有塑性黏度低、动切力高的特性。弱凝胶提切剂[13]具有优良的抗盐和抗温性能，并且在低剪切速率下具有很高的黏度。本实验将复合盐和弱凝胶提切剂"嫁接"，实验结果见表6，表6中，基浆C配方为：4%膨润土浆+0.2%烧碱+15%NaCl+5%KCl+1%JXA-1+0.5%LV-CMC+1%DRGJ-1+4%沥青粉+2%树脂封堵剂+2%固壁剂+2%纳米封堵剂。

表6 弱凝胶提切剂对钻井液流变性的影响

| 配方 | 测试条件 | PV(mPa·s) | YP(Pa) | 动塑比[Pa·(mPa·s)$^{-1}$] | $\Phi_6$ | $\Phi_3$ |
|---|---|---|---|---|---|---|
| 基浆C | 未老化 | 31.5 | 8.5 | 0.27 | 6.0 | 3.0 |
| | 130℃老化48h | 30.0 | 7.5 | 0.25 | 5.0 | 3.0 |
| 基浆C+0.1%弱凝胶 | 未老化 | 33.0 | 10.5 | 0.32 | 7.0 | 4.0 |
| | 130℃老化48h | 30.0 | 9.0 | 0.30 | 6.0 | 3.0 |
| 基浆C+0.2%弱凝胶 | 未老化 | 34.5 | 11.5 | 0.33 | 8.0 | 5.0 |
| | 130℃老化48h | 33.0 | 10.5 | 0.32 | 7.0 | 4.0 |
| 基浆C+0.3%弱凝胶 | 未老化 | 35.0 | 13.0 | 0.37 | 9.0 | 6.0 |
| | 130℃老化48h | 34.5 | 12.5 | 0.36 | 8.0 | 5.5 |
| 基浆C+0.4%弱凝胶 | 未老化 | 36.0 | 13.5 | 0.38 | 10.0 | 6.5 |
| | 130℃老化48h | 35.0 | 13.0 | 0.37 | 9.5 | 6.0 |

从表6可以看出，随着弱凝胶提切剂加量增加，基浆动塑比逐渐增大，塑性黏度增幅不大，$\phi_6$能达到8以上，并且热稳定性较好。但加量0.3%以后动塑比升高幅度变小，因此弱凝胶提切剂加量控制在0.3%左右。

### 1.5 润滑剂

钻井液润滑性能与钻具摩擦阻力等工程参数密切相关，深层水平井在钻井过程中摩阻较大[14]，为了降低摩阻，要求所使用的钻井液具有良好的润滑性能，因此需要选择性能优异的润滑剂[15]。

采用现场应用的低荧光液体润滑剂和固体乳化沥青协同增效，形成致密坚韧光滑泥饼，有效降低接触面摩阻，评价结果见表7。表7中，基浆D的配方为4%膨润土浆+0.2%烧碱+15%NaCl+5%KCl+1%JXA-1+0.5%LV-CMC+1%DRGJ-1+4%沥青粉+2%树脂封堵剂+2%固壁剂+2%纳米封堵剂+0.3%弱凝胶。

表7 加入不同润滑剂前后基浆的润滑系数降低率和表观黏度

| 配方 | 润滑系数降低率(%) | 表观黏度(mPa·s) |
|---|---|---|
| 基浆D | | 48.4 |
| 基浆D+2%低荧光润滑剂 | 61.92 | 50.5 |
| 基浆D+2%固体乳化沥青 | 58.36 | 52.2 |
| 基浆D+2%低荧光润滑剂+2%固体乳化沥青 | 80.93 | 53.5 |
| 基浆D+3%低荧光润滑剂+2%固体乳化沥青 | 83.87 | 55.2 |
| 基浆D+2%低荧光润滑剂+3%固体乳化沥青 | 89.56 | 56.3 |

从表7可以看出，基浆中加入2%低荧光润滑剂和3%固体乳化沥青后期润滑系数降低

率最大，黏度变化也不大，固体乳化沥青和低荧光润滑剂搭配使用可以很好地改善钻井液润滑性。因此，润滑剂选用2%低荧光润滑剂和3%固体乳化沥青复配使用。

## 2 低活度强封堵复合盐弱凝胶钻井液体系性能评价

根据深层水平井的钻井技术需求，通过对关键处理剂性能评价和配伍性实验，构建了低活度强封堵复合盐弱凝胶钻井液配方，基础配方：清水+4%膨润土+0.2%烧碱+15%NaCl+5%KCl+25%HCOONa+1%JXA-1+0.5%LV-CMC+1%DRGJ-1+4%沥青粉+2%树脂封堵剂+2%固壁剂+2%纳米封堵剂+0.3%弱凝胶+2%低荧光润滑剂+3%固体乳化沥青+重晶石。

### 2.1 基本性能

按照 GB/T 167831—2014《石油天然气工业 钻井液现场测试 第1部分：水基钻井液》[16]进行性能测试，钻井液流变性能实验数据见表8。

表8 低活度强封堵复合盐弱凝胶钻井液基本性能

| 密度/<br>(g/cm³) | 测试<br>条件 | AV<br>(mPa·s) | PV<br>(mPa·s) | YP<br>(Pa) | $G_{10''}$<br>(Pa) | $G_{10'}$<br>(Pa) | FL$_{API}$<br>(mL) | FL$_{HTHP}$<br>(mL) | $K_f$ | 活度值 |
|---|---|---|---|---|---|---|---|---|---|---|
| 140 | 未老化 | 48.5 | 36.0 | 12.5 | 2.0 | 6.0 | 1.8 | 8.6 | 0.0437 | 0.71 |
| | 130℃老化<br>48h | 46.6 | 34.4 | 12.2 | 2.0 | 5.5 | 2.0 | 9.0 | 0.0437 | |
| 150 | 未老化 | 51.5 | 38.5 | 13.0 | 3.0 | 7.0 | 2.2 | 8.6 | 0.0524 | 0.69 |
| | 130℃老化<br>48h | 48.0 | 36.0 | 12.0 | 2.5 | 6.0 | 2.4 | 8.8 | 0.0524 | |
| 160 | 未老化 | 55.5 | 41.0 | 14.5 | 4.0 | 10.0 | 2.6 | 8.4 | 0.0524 | 0.68 |
| | 130℃老化<br>48h | 53.5 | 40.0 | 13.5 | 3.0 | 8.0 | 3.0 | 8.6 | 0.0612 | |

从表8可以看出，不同密度钻井液流变性能稳定，动切力不小于12Pa，静切力适宜，触变性小，适合长水平井段动态携砂和静态悬砂；中压滤失量低，封堵防塌能力强；滤饼黏滞系数低，钻井液具有较好的润滑能力；高温高压滤失量低于10mL，钻井液具有良好、稳定的抗温性能；活度低，有利于减少钻井液滤液向地层正向迁移。

### 2.2 抑制性

钻井液良好的抑制性能有效抑制泥页岩水化膨胀和分散而引发缩径、剥落和坍塌等井下复杂，通过实验测定现场混合岩屑粉的一次滚动回收率为95.56%，二次滚动回收率88.12%，16h泥页岩线性膨胀率为6.76%，表明低活度强封堵复合盐弱凝胶钻井液具有较好的抑制泥页岩水化膨胀的功效，有利于泥页岩地层的稳定。

### 2.3 抗岩屑污染性

石钱区块水平井完钻井深4800m左右，钻井周期长，钻井液应该具有较好的抗污染能力，因此，在钻井液加入10%钻屑，130℃条件下热滚48h后测量钻井液流变性能，实验结果见表9。

**表 9 低活度强封堵复合盐弱凝胶钻井液抗岩屑污染性能**

| 岩屑加量<br>（%） | AV<br>（mPa·s） | PV<br>（mPa·s） | YP<br>（Pa） | $G_{10''}$<br>（Pa） | $G_{10'}$<br>（Pa） | $FL_{API}$<br>（mL） | $FL_{HTHP}$<br>（mL） |
|---|---|---|---|---|---|---|---|
| 0 | 48.5 | 36.0 | 12.5 | 3.0 | 7.0 | 2.2 | 8.6 |
| 5 | 53.5 | 38.5 | 13.0 | 3.5 | 7.5 | 2.6 | 8.8 |
| 10 | 55.5 | 42.0 | 13.5 | 5.0 | 12.0 | 2.8 | 9.4 |

从表 9 可以看出，低活度强封堵复合盐弱凝胶钻井液经 10%钻屑污染后，表观黏度和塑性黏度提高幅度不大，中压滤失量和高温高压滤失量波动小，表明其能满足深层水平井钻井需求。

### 2.4 抗钙污染性

由于侏罗系、三叠系有膏质泥岩发育，要求钻井液具有较好的抗钙能力。因此，在钻井液中加入 $CaSO_4$，130℃条件下热滚 48h 后测量钻井液流变性能，实验结果见表 10。

**表 10 低活度强封堵复合盐弱凝钻井液抗钙污染性能**

| $CaSO_4$加量<br>（%） | AV<br>（mPa·s） | PV<br>（mPa·s） | YP<br>（Pa） | $G_{10''}$<br>（Pa） | $G_{10'}$<br>（Pa） | $FL_{API}$<br>（mL） | $FL_{HTHP}$<br>（mL） |
|---|---|---|---|---|---|---|---|
| 0 | 48.5 | 36.0 | 12.5 | 3.0 | 7.0 | 2.2 | 8.6 |
| 1 | 51.5 | 38.5 | 13.0 | 3.5 | 8.5 | 2.4 | 9.0 |
| 3 | 53.5 | 40.0 | 13.5 | 4.5 | 9.5 | 3.4 | 10.4 |
| 5 | 60.0 | 45.0 | 15.0 | 5.0 | 11.0 | 4.6 | 11.6 |

实验结果表明，钻井液经过 5%$CaSO_4$污染后仍然具有较好的流变性和较强的抗钙污染能力。

## 3 现场应用

### 3.1 应用情况

石钱区块前期应用盐水钻井液钻井过程中存在的复杂主要为井塌划眼和井漏。具体表现在三叠系韭菜园子组至二叠系金沟组存在剥落、坍塌和缩径，地层稳定性差，起下钻遇阻频繁划眼；石钱 201H 井漏失量达到了 30905m³。后期石钱 302H 井通过应用低活度强封堵复合盐弱凝胶钻井液技术，采取"内控膨胀、外防水侵"的井壁强化措施，同时加入有机盐降低钻井液活度，进一步提高钻井液井壁稳定能力，安全顺利地通过三叠系韭菜园子组至二叠系金沟组复杂井段，没有发生长时间划眼、井漏等复杂情况，钻井周期缩短至 59.33d，创下石钱滩区域钻井周期最短纪录，见表 11。

**表 11　石钱区块应用低活度强封堵复合盐弱凝胶钻井液与前期完井指标对标分析**

| 钻井液 | 井号 | 井型 | 完钻井深<br>（m） | 水平段长<br>（m） | 钻井周期<br>（d） | 机速<br>（m/h） | 二开/三开平均井径<br>扩大率（%） | 复杂率<br>（%） |
|---|---|---|---|---|---|---|---|---|
| 盐水钻井液 | 石钱 1 | 直井 | 4537.65 | — | 221.17 | 4.24 | 6.91/19.42 | 8.6 |
| | 石钱 2 | 水平井 | 3441 | — | 109.08 | 4.67 | 7.21/12.56 | 6.4 |
| | 石钱 3 | | 4210 | — | 76.00 | 7.56 | 7.46/11.20 | 4.2 |
| | 石钱 4 | | 4178 | — | 80.50 | 5.95 | 7.41/14.32 | 3.55 |
| | 石钱 5 | | 4280 | — | 87.25 | 7.02 | 16.82/10.47 | 0.06 |
| | 石钱 6 | | 4570 | — | 84.42 | 6.02 | 9.37/10.94 | 1.06 |
| | 石钱 7 | | 3800 | — | 80.00 | 7.14 | 18.31/7.56 | 1.05 |
| | 石钱 301 | | 4126 | — | 68.29 | 7.63 | 17.56/9.72 | 18.84 |
| | 石钱 303 | | 4280 | — | 90.12 | 7.38 | 13.79/8.33 | 32.34 |
| | 石钱 201H | | 3157 | 690.37 | 196.18 | 3.96 | 15.93/6.46 | 24.87 |
| | 石钱 1H | | 4600 | 583 | 125.42 | 1.28 | 未测 | 15.33 |
| 前期钻井指标平均值 | | | 4107.24 | 636.68 | 110.77 | 5.72 | 12.08/11.10 | 10.57 |
| 低活度强封堵复合盐弱凝胶钻井液 | 石钱 302H | 水平井 | 4841 | 787 | 59.33 | 8.56 | 5.61/2.32 | 0 |

## 3.2　应用实例

### 3.2.1　石钱 302H 概况

石钱 302H 井是部署在准噶尔盆地石钱滩油田石钱 3 块的一口评价水平井，设计井深 4846.02m，垂深 40215m，实际完钻井深 4841m，垂深 4022.66m，完钻层位碳系、石钱滩组，水平段长 787m，钻井周期 5933d，钻探目的是为落实石钱 3 块石炭系石钱滩组储层发育状况及含油性，攻关水平井提产技术。

根据地质情况，石钱 302H 井一开使用 $\Phi$374.4mmPDC 钻头钻至 1505.00m，下入 $\Phi$273.1mm 套管；二开使用 $\Phi$241.3mmPDC 钻头钻至 3840m，下入 $\Phi$139.7mm 套管；三开使用 $\Phi$168.3mmPDC 钻头钻至 4841m，下入 $\Phi$127mm 套管完井。

### 3.2.2　现场钻井液维护处理工艺

（1）一开（0～1505m）。一开采用膨润土～GRD 聚合物钻井液。一开会钻遇第四系、侏罗系八道湾组、三叠系韭菜园子组，其中表层第四系风成砂，未成岩，疏松易垮塌；侏罗系、三叠系有大套泥岩发育，水敏性强、易膨胀、造浆，同时含膏，容易造成井眼缩径和黏切上升以及钻井液性能失控；侏罗系有煤层发育，存在井漏、井塌的风险。一开以高黏度（膨润土）坂土浆钻井液维护，快速穿过砾石层。密切观察泥岩含量，泥岩含量达到 30% 左右时，逐步将钻井液转换为 GRD 聚合物钻井液，振动筛使用好，保持振动筛筛布 160 目以上，离心机及时开启控制固相含量，适量加入降黏剂、抑制剂控制钻井液黏度 60s 左右，如地层造浆严重，可考虑加入 3%～5%KCl+5%～15%NaCl 提高钻井液抑制性；进入侏罗系后，增加封堵剂的有效含量，强化钻井液的封堵防塌性。

（2）二开（1505～3840m）。二开主要技术难点是二叠系、石炭系泥岩吸水易造浆，地层稳定性差存在剥落、坍塌和缩径等复杂，含灰地层易漏失。二开前将钻井液体系转化为低活度强封堵复合盐弱凝胶钻井液。开钻前密度最好提至 130g/cm³ 以上，黏度控制在 40～50s，钻进过程中，采用 NaCl、KCl、JXA-1、LV-CMC 和 DRGJ-1 胶液进行维护，逐步提高氯离子到 $8.0×10^4$mg/L 以上，钾离子 $1.5×10^4$mg/L 以上，控制 API 滤失量在 5mL 以下。钻二叠系、石炭系易造浆泥岩时，加足 0.4%～1% 抑制剂，以确保钻井液有较强的包被能力控制岩屑分散；同时及时调整好钻井液相对密度以平衡地层坍塌压力，按地层温度补偿软化点适宜的沥青粉及封堵剂，确保钻井液粒度分布适宜，形成的滤饼薄而致密，提高钻井液封堵防塌性。辅以稠塞清扫井底，保证井眼畅通。

（3）三开（3840～4841m）。三开主要技术难点是二叠系金沟组下半段至碳系局部裂缝、孔洞发育段易发生井漏；目的层石炭系石钱滩组油气活跃，易气侵；定向、水平段施工易发生拖压，造成机速慢，易黏附卡钻。三开进入金沟组、石钱滩组保持钻井液优良的流变性，减少抽吸及激动压力，减少气侵及漏失的发生。控制适宜的钻井液比重，控制油气侵入，适量加入随钻堵漏剂封堵地层微裂缝，减少漏失的发生。补充抗高温材料固壁剂、沥青粉、树脂封堵剂达到浓度高限，进一步提高钻井液封堵防塌能力，控制高温高压滤失量在 12mL 以下；采用 25%HCOONa 保证钻井液的抗高温性能，同时降低钻井液活度，减少钻井液从井筒向地层迁移。

定向造斜后混入 1% 低荧光润滑剂，并随井深增加逐渐提高加量至 2%，此外配合加入2%～3%固体乳化沥青，保持钻井液黏滞系数≤008，改善钻井液润滑性能，大幅度降低摩阻，确保滑动钻进时无托压；采用弱凝胶有效提高钻井液的切力，提高钻井液的悬浮携带能力，保证岩屑及硬脆掉块能及时携带并返出井口。同时配合适当工程参数，保持合适的排量、转速以提高携带性能，并配合短拉等减少岩屑床的形成。

3.2.3 钻井液实测性能跟踪

石钱 302H 井二开、三开采用低活度强封堵复合盐弱凝胶钻井液，钻井液密度 136g/cm³。钻进期间钻井液性能稳定，$FL_{API}$ 控制在 1.8～3.0mL，$FL_{HTHP}$ 控制在 8.6～9.6mL，钾离子含量≥$2.0×10^4$mg/L 以上，氯离子含量≥$8.0×10^4$mg/L 以上，各性能指标均控制在设计范围之内，见表 12。

表 12 石钱 302H 井钻井液实测性能跟踪表

| 井深<br>（m） | 密度<br>（g/cm³） | 黏度<br>（s） | AV<br>（mPa·s） | PV<br>（mPa·s） | YP<br>（Pa） | $G_{10''}$<br>（Pa） | $G_{10'}$<br>（Pa） | $FL_{API}$<br>（mL） | $FL_{HTHP}$<br>（mL） | 固相<br>（%） | 坂含<br>（g/L） | pH<br>值 | 钾离子含量<br>（$10^4$mg/L） | 氯离子含量<br>（$10^4$mg/L） |
|---|---|---|---|---|---|---|---|---|---|---|---|---|---|---|
| 2080 | 1.36 | 45 | 44.0 | 32 | 12.0 | 2 | 6 | 3.0 | 9.6 | 15 | 54 | 8.5 | 2.1 | 10.1 |
| 2660 | 1.36 | 55 | 43.0 | 30 | 13.0 | 2 | 8 | 2.6 | 9.2 | 17 | 52 | 8.5 | 2.2 | 11.6 |
| 3295 | 1.36 | 62 | 35.5 | 33 | 12.5 | 1 | 7 | 2.4 | 9.4 | 16 | 51 | 8.5 | 2.1 | 12.2 |
| 3521 | 1.36 | 52 | 47.0 | 34 | 13.0 | 3 | 9 | 1.8 | 8.6 | 17 | 52 | 8.5 | 2.2 | 12.1 |
| 3786 | 1.36 | 50 | 47.4 | 35 | 12.4 | 2 | 6 | 2.0 | 8.8 | 15 | 51 | 8.5 | 2.2 | 11.0 |
| 4550 | 1.36 | 58 | 49.2 | 36 | 13.2 | 2 | 8 | 2.8 | 9.0 | 17 | 51 | 8.5 | 2.3 | 11.2 |
| 4841 | 1.36 | 60 | 50.6 | 38 | 12.6 | 1 | 8 | 2.6 | 9.2 | 17 | 51 | 8.5 | 2.1 | 11.2 |

# 4 结论

（1）形成了一套适用于吐哈油田石钱区块深层水平井的低活度强封堵复合盐弱凝胶钻

井液技术，通过采用"沥青粉+丙烯基树脂封堵剂+纳米乳液封堵剂+固壁剂"复配强化封堵的井壁稳定技术，甲酸钠降低钻井液活度，较好地解决了石钱区块三叠系韭菜园子组至二叠系金沟组大套泥岩水化造浆、坍塌难题。

（2）低荧光润滑剂和固体乳化沥青复配使用，钻井液润滑性明显改善，解决了定向钻进滑动托压和长水平段摩阻问题，良好的减摩降阻能力为油田同类型深层水平井钻井积累了经验。

（3）随着油田勘探开发逐渐迈向深层，建议研发性能更优异的抗温抗盐处理剂，进一步优化钻井液配方，实现更长水平段安全优快钻井和降本增效双重目标。

## 参 考 文 献

[1] 明显森，杨梦莹，刘伟．强水敏性地层钻进水基钻井液抑制能力的表征[J]．广州化工，2018，46（24）：119-121，148．

[2] 李健鹰．钾基钻井液作用机理的探讨[J]．油田化学，1991(2)：1-5．

[3] 叶成，高世峰，鲁铁梅，等．玛18井区水平井井壁失稳机理及强封堵钻井液技术研究[J]．石油钻采工艺，2023，45(1)：38-46．

[4] 罗鸣，高德利，黄洪林，等．钻井液对页岩力学特性及井壁稳定性的影响[J]．石油钻采工艺，2022，44(6)：693-700．

[5] 闫睿昶，张宇，吴红玲，等．巴彦河套盆地临河区块深层井壁失稳钻井液对策[J]．石油钻采工艺，2022，44(2)：168-172+185．

[6] 王建华，鄢捷年，苏山林．硬脆性泥页岩井壁稳定评价新方法[J]．石油钻采工艺，2006，28(2)：28-30．

[7] 孙金声，朱跃成，白英睿，等．改性热固性树脂研究进展及其在钻井液领域应用前景[J]．中国石油大学学报(自然科学版)，2022，46(2)：60-75．

[8] 蒋官澄，宣扬，王金树，等．仿生固壁钻井液体系的研究与现场应用[J]．钻井液与完井液，2014，31(3)：1-5+95．

[9] 陈斌，赵雄虎，李外，等．纳米技术在钻井液中的应用进展[J]．石油钻采工艺，2016，38(3)：315-321．

[10] 宣扬，蒋官澄，李颖颖，等．基于仿生技术的强固壁型钻井液体系[J]．石油勘探与开发，2013，40(4)：497-501．

[11] 刘洋洋．泥页岩井壁稳定力—化耦合及其钻井液封堵性研究[D]．西南石油大学，2018．

[12] 董林芳，陈俊生，荆鹏，等．新型钻井液用成膜封堵剂 CMF 的研制及应用[J]．钻井液与完井液，2018，35(5)：31-35．

[13] 王广财，曾翔宇，高应祥，等．三塘湖地区弱凝胶钻井液技术研究与应用[J]．石油天然气学报，2014，36(11)：9，146-150．

[14] 刘清友，敬俊，祝效华．长水平段水平井钻进摩阻控制[J]．石油钻采工艺，2016，38(1)：18-22．

[15] 董晓强，方俊伟，李雄，等．顺北 4XH 井抗高温高密度钻井液技术研究及应用[J]．石油钻采工艺，2022，44(2)：161-167．

[16] GB/T 16783.1—2014《石油天然气工业 钻井液现场测试 第 1 部分：水基钻井液》．

# 油基钻井液新型基础液室内研究与现场应用

袁 伟 洪 伟 钱志伟 郭林昊

（中国石油集团长城钻探工程有限公司工程技术研究院）

**摘 要** 我国在 20 世纪 70 年代出现了以原油为基础液油基钻井液，以司盘 80、石油磺酸铁和天然沥青等钻井液处理剂为支撑，形成油基钻井液，起到防塌、防卡和保护油气层等作用。到了 20 世纪 90 年代末，柴油为基础液油基钻井液进入现场试验，主要使用油基处理剂有环烷酸酰胺、油酸、有机土和油酸钙等。2009 年开始以白油作为基础液的油基钻井液开始规模化应用，白油基钻井液主要以脂肪酸酰胺作为乳化剂，有机土作为增黏剂，氧化沥青作为降虑失剂，主要解决钻遇盐层、盐膏层、页岩层等井下情况。最近十几年油基钻井液的发展，主要用以改善和提高高温高密度下油基钻井液的性能稳定性，保障高常规、非常规油气藏经济高效开发。

**关键词** 油基钻井液；基础液；乳化剂；有机土

页岩油资源量巨大，是现实的接替资源之一。由于页岩地层的特殊性，钻井过程中裸眼段段长，井壁易发失稳、摩阻大托压严重、携岩困难等问题突出。如何实现页岩油等非常规油气资源高效、经济、安全开发成为需要解决的关键问题。油基钻井液已经成为钻探页岩油气井的一种重要技术手段。川渝页岩气每年新钻井约 500 口，油基钻井液应用占有率约 90%；新疆库车山前每年新钻井约为 50 口，抗高温高密度油基钻井液应用占有率为 92%，新疆南缘地区全部才用抗高温高密度油基钻井液。

## 1 新型油基钻井液室内研究

油基钻井液主要由基础液、乳化剂、降滤失剂和有机土等组成，其中基础液占总成本的 70% 左右（图 1）。无土相基础液总成本占比约为 57%（图 2）。目前基础油主要使用柴油和白油作为基础液，属于成品燃料油，部分指标与现场需求不匹配，同时价格昂贵，所以急需优选新型低成本油基钻井液基础油，同时配置油基钻井液也需要具有抗高温、抗低温、抗盐、高重复利用率等相应性能，以实现油基钻井液的规模化应用及页岩油等非常规资源高效、经济开发。

---

【基金项目】中国石油天然气集团公司科技攻关项目"油田井筒工作液关键化学材料的开发与应用 2020E-2803（JT）"及长城公司科技攻关项目"低成本油基钻井液研制 GWDC202201-12（02）"。

【第一作者简介】袁伟（1986—），男，中级工程师，辽宁省盘锦人，2008 年毕业于西南石油大学应用化学专业，主要从事钻井液技术研究与钻井液现场服务。

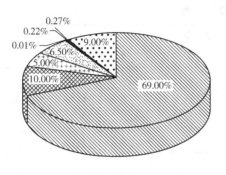

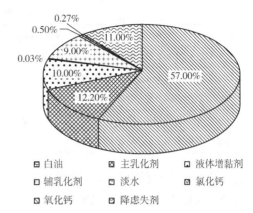

图 1 有土相油基钻井液成本图　　　图 2 无土相油基钻井液成本图

## 1.1　油基钻井液新型基础液室内筛选

基础液作为油基钻井液主要组成成分，基础液与盐水在乳化剂的作用下，形成稳定的乳状液。现在常用基础液是白油、柴油，但是由于其自身价格、芳香烃含量等问题，对油基钻井液的使用和回收造成了一定的影响。本文筛选出一种油基钻井液用的新型低成本油基基础液，使其达到现有油基钻井液性能，降低油基钻井液配置成本，提高在其在低温流变性和高温沉降性能，达到降本增效目的。

DBN 系列油品参数和 5#白油、柴油油品参数进行对比，选出其运动黏度相似，毒性更小的油基基础液。

表 1　油品参数对比表

| 项目 | 指标 | | | | | | | | |
|---|---|---|---|---|---|---|---|---|---|
| | DBN-60 | DBN-70 | DBN-80 | DBN-90 | DBN-100 | DBN-105 | DBN-130 | 5#白油 | 0#柴油 |
| 运动黏度40℃（mm²/s） | 2.2~2.7 | 2.5~3.1 | 2.7~3.3 | 2.7~3.5 | 3.2~3.7 | 3.7~4.5 | ≥12 | 4.14~5.06 | 3.0~8.0 |
| 倾点（℃） | <-30 | | | <-40 | | | | <0 | <5 |
| 闪点（闭口）（℃） | >60 | >70 | >80 | ≥90 | ≥100 | ≥105 | ≥130 | ≥120 | 60 |
| 硫含量（mg/kg） | <50 | <50 | <5 | <1 | <1 | <1 | <1 | <10 | <50 |
| 芳烃含量[%（质量分数）] | <15 | <15 | <5 | <0.02 | <0.02 | <0.05 | <0.05 | <5 | <11 |
| 氮含量（mg/kg） | <500 | <500 | <500 | <2 | <2 | <2 | <2 | | |

通过油品运动黏度、含硫量和芳香烃含量等因素综合分析，选取 DBN-80、DBN-100、DBN-105 作为新型油基基础液，同现用 5#白油和 0#柴油作为基础液油基钻井液进行流变性能对比实验。

根据 5#白油和 0#柴油常用油基钻井液配方，进行对比实验。实验配方为 400mL 基础液+4%乳化剂+100mL 盐水（50%氯化钙水溶液）+4%有机土+5%降虑失剂+3%氧化钙+3%超细碳酸钙+1.0%润湿剂+重晶石（油水比为 80∶20，密度配置为 1.5g/cm³）。1#油基基础液为 DBN-80、2#油基基础液为 DBN-100、3#油基基础液为 DBN-105、4#油基基础液为 5#白油、5#油基基础液为 0#柴油，实验数据见表 2。

表2　油基钻井液性能表

| 序号 | 实验条件 | 表观黏度(mPa·s) | 塑性黏度(mPa·s) | 动切力(Pa) | 破乳电压(V) |
|------|----------|----------------|----------------|-----------|-------------|
| 1# | 150℃老化滚动16h，测试温度50℃ | 34 | 24 | 10 | 980 |
| 2# | 150℃老化滚动16h，测试温度50℃ | 44 | 35 | 9 | 878 |
| 3# | 150℃老化滚动16h，测试温度50℃ | 46 | 38 | 8 | 718 |
| 4# | 150℃老化滚动16h，测试温度50℃ | 27 | 19 | 8 | 950 |
| 5# | 150℃老化滚动16h，测试温度50℃ | 38 | 26 | 12 | 1030 |

表2的实验数据表明，150℃老化滚动16h后的流变性能，DBN-80作为基础液油基钻井液流变性能优于DBN-100、DBN-105作为油基基础液流变性能，更接近5#白油、0#柴油油油基基础液的流变性能。所以选用DBN-80作为新型油基钻井液基础液。

### 1.2　乳化剂加量室内优化

乳化剂是油基钻井液核心处理剂，油基钻井液体系加入乳化剂之后，在盐水滴周围形成一层界面膜，乳化剂加量越精准，盐水水滴越小，分散越均匀，形成的乳状液越稳定。乳化剂加量过大会使得油基钻井液体系塑性黏度增大，而乳化剂加量过小，会造成油水分离，无法形成乳状液，影响体系结构的稳定性。合适的乳化剂加量可以形成稳定的乳状液，降低油基钻井液的表面自由能，使有机土、降虑失剂等钻井液处理剂更好分散在油基钻井液体系中，钻井液处理剂可以更好发挥自身的功能，提高钻井液处理剂的利用率。

DBN-80作为新型油基基础液，确定乳化剂对其影响规律做了以下实验，配方为：400mL基础液+乳化剂+100mL盐水(50%氯化钙水溶液)+有机土+降虑失剂+氧化钙+超细碳酸钙+润湿剂+重晶石(油水比为80：20，密度配置为1.5g/cm³)，乳化剂加量1#至6#分别为3.0%、3.5%、4.0%、4.5%、5.0%、6.0%实验数据见表3。

表3　不同乳化剂加量油基钻井液(油水比为80：20)性能表

| 序号 | 乳化剂加量（g） | 实验条件 | 表观黏度（mPa·s） | 塑性黏度（mPa·s） | 动切力（Pa） | 破乳电压（V） |
|------|----------------|----------|------------------|------------------|-------------|---------------|
| 1# | 15.0 | 150℃老化滚动16h，测试温度50℃ | 21 | 16 | 5 | 420 |
| 2# | 17.5 | 150℃老化滚动16h，测试温度50℃ | 26 | 19 | 7 | 658 |
| 3# | 20.0 | 150℃老化滚动16h，测试温度50℃ | 34 | 24 | 10 | 980 |
| 4# | 22.5 | 150℃老化滚动16h，测试温度50℃ | 37 | 26 | 11 | 1050 |
| 5# | 25.0 | 150℃老化滚动16h，测试温度50℃ | 43 | 32 | 11 | 1030 |
| 6# | 30.0 | 150℃老化滚动16h，测试温度50℃ | 50 | 38 | 12 | 988 |

表3的实验数据表明当乳化剂加量为4.5%时，油基钻井液的流变性能和破乳电压达到最佳，当乳化剂加量小于4.5%时，破乳电压不高，乳状液稳定性很差。当乳化剂加量大于4.5%时，塑性黏度快速增加，动切力变化不大，破乳电压降低，油基钻井液稳定性下降。

表4实验数据的油水比为85：15，DBN-80作为新型油基基础液油基钻井液性能。配方为：375mL基础液+乳化剂+125mL盐水(50%氯化钙水溶液)+有机土+降虑失剂+氧化钙+超细碳酸钙+润湿剂+重晶石(油水比为85：15，密度配置为1.5g/cm³)，乳化剂加量7#至12#分别为3.0%、3.5%、4.0%、4.5%、5.0%、6.0%。

表 4　不同乳化剂加量油基钻井液(油水比为 85：15)性能表

| 序号 | 乳化剂加量（g） | 实验条件 | 表观黏度（mPa·s） | 塑性黏度（mPa·s） | 动切力（Pa） | 破乳电压（V） |
|---|---|---|---|---|---|---|
| 7# | 15.0 | 150℃老化滚动 16h，测试温度 50℃ | 17.0 | 13.0 | 4 | 510 |
| 8# | 17.5 | 150℃老化滚动 16h，测试温度 50℃ | 23.0 | 17.0 | 6 | 876 |
| 9# | 20.0 | 150℃老化滚动 16h，测试温度 50℃ | 31.0 | 22.0 | 9 | 1200 |
| 10# | 22.5 | 150℃老化滚动 16h，测试温度 50℃ | 36.0 | 26.0 | 10 | 1100 |
| 11# | 25.0 | 150℃老化滚动 16h，测试温度 50℃ | 41.0 | 31.0 | 10 | 1098 |
| 12# | 30.0 | 150℃老化滚动 16h，测试温度 50℃ | 51.5 | 38.5 | 13 | 1008 |

表 4 的实验数据表明当乳化剂加量为 4.0% 时，油基钻井液的流变性能和破乳电压达到最佳，当乳化剂加量小于 4.0% 时，破乳电压不高，乳状液稳定性很差。当乳化剂加量大于 4.0% 时，塑性黏度快速增加，动切力变化不大，破乳电压降低，油基钻井液稳定性下降。

## 1.3　有机土加量优化

有机土作为一种亲油胶体是油基钻井液重要组成部分，它具有增黏、提切、降滤失作用，对油基钻井液性能有着很大的影响。油基土加量过大，油基钻井液黏度高、切力大，流动阻力大，消耗能量多，使有效功率降低，钻速减小，同时黏度高不利于地面除砂，造成净化不良，还有就是黏度高造成压力变化幅度大，易引起喷、漏、塌、卡等井下复杂事故。基土加量过小，油基钻井液黏度低、切力小，携带岩屑能力弱，不利于井眼净化，岩屑反复切削，造成岩屑过细，影响录井；同时黏度、切力过低，加剧了油基钻井液对井壁旳冲刷，容易造成井塌、卡钻等井下复杂情况。确定有机土影响规律和加量，有助于油基钻井液优质、快速、安全完成现场钻井施工。

DBN-80 作为新型油基基础液，确定有机土对其影响规律做了以下实验，配方为 400mL 基础液+乳化剂+100mL 盐水(50%氯化钙水溶液)+有机土+降滤失剂+氧化钙+超细碳酸钙+润湿剂+重晶石(油水比为 80：20，密度配置为 1.5g/cm³)，有机土加量 1# 至 6# 分别为 2.5%、3.0%、3.5%、4.0%、4.5%、5.0% 实验数据见表 5。

表 5　不同有机土加量油基钻井液(油水比为 80：20)性能表

| 序号 | 有机土加量（g） | 实验条件 | 表观黏度（mPa·s） | 塑性黏度（mPa·s） | 动切力（Pa） | 破乳电压（V） |
|---|---|---|---|---|---|---|
| 1# | 12.5 | 150℃老化滚动 16h，测试温度 50℃ | 21 | 16 | 5 | 876 |
| 2# | 15.0 | 150℃老化滚动 16h，测试温度 50℃ | 29 | 21 | 8 | 935 |
| 3# | 17.5 | 150℃老化滚动 16h，测试温度 50℃ | 35 | 24 | 11 | 1030 |
| 4# | 20.0 | 150℃老化滚动 16h，测试温度 50℃ | 37 | 26 | 11 | 1050 |
| 5# | 22.5 | 150℃老化滚动 16h，测试温度 50℃ | 45 | 32 | 13 | 970 |
| 6# | 25.0 | 150℃老化滚动 16h，测试温度 50℃ | 52 | 37 | 15 | 902 |

表 5 的实验数据表明当油基钻井液油水比为 80：20 时，有机土加量为 3.5%~4.0% 时，油基钻井液中的有机土分散最优，流变性能和破乳电压达到最佳，当乳化剂加量小于 3.5% 时，塑性黏度和动切力相对较低，当乳化剂加量大于 4.0% 时，塑性黏度和动切力快速增加。同时从破乳电压变化趋势也可以看出，当有机土加量为 3.5%~4.0% 时，油基钻井液最稳定。

表 6 实验数据的油水比为 85：15，DBN-80 作为新型油基基础液油基钻井液性能。配方为：375mL 基础液+乳化剂+125mL 盐水（50%氯化钙水溶液）+有机土+降虑失剂+氧化钙+超细碳酸钙+润湿剂+重晶石（油水比为 85：15，密度配置为 1.5g/cm³），有机土加量 7# 至 12# 分别为 2.5%、3.0%、3.5%、4.0%、4.5%、5.0%。

表 6　不同有机土加量油基钻井液（油水比为 85：15）性能表

| 序号 | 有机土加量（g） | 实验条件 | 表观黏度（mPa·s） | 塑性黏度（mPa·s） | 动切力（Pa） | 破乳电压（V） |
|---|---|---|---|---|---|---|
| 7# | 12.5 | 150℃老化滚动 16h，测试温度 50℃ | 19.0 | 14 | 5.0 | 1058 |
| 8# | 15.0 | 150℃老化滚动 16h，测试温度 50℃ | 23.5 | 17 | 6.5 | 1095 |
| 9# | 17.5 | 150℃老化滚动 16h，测试温度 50℃ | 30.5 | 22 | 8.5 | 1109 |
| 10# | 20.0 | 150℃老化滚动 16h，测试温度 50℃ | 35.5 | 25 | 10.5 | 1189 |
| 11# | 22.5 | 150℃老化滚动 16h，测试温度 50℃ | 37.0 | 26 | 11.0 | 1257 |
| 12# | 25.0 | 150℃老化滚动 16h，测试温度 50℃ | 44.5 | 31 | 13.5 | 1127 |

表 6 的实验数据表明当油基钻井液油水比为 85：15 时，有机土加量为 4.0%~4.5% 时，油基钻井液中的有机土分散最优，流变性能和破乳电压达到最佳，当乳化剂加量小于 4.0% 时，塑性黏度和动切力相对较低，当乳化剂加量大于 4.5% 时，塑性黏度和动切力快速增加。同时从破乳电压变化趋势也可以看出，当有机土加量为 4.0%~4.5% 时，油基钻井液最稳定。

## 2　现场应用

S2-4-19c 井是辽河地区第一口应用油基钻井液侧钻 118.0mm 的小井眼井，钻井目的为剩余油气挖潜，完善井网。该井钻井周期为 11.41d，未发生因钻井液原因造成的事故复杂，对比同井水基钻井液侧钻服务耗时缩短 71.3%。该井钻遇浅灰色细砂岩、褐灰色灰白色泥岩互层和褐灰色油页岩，地层岩性比较复杂的沙河街组。该井使用水基钻井液施工过程中，出现掉块、坍塌和卡钻等井下复杂情况。更换用 DBN-80 作为新型油基基础液的油基钻井液后，钻井过程中井壁未发生井壁失稳现象，同时也没有出现由于浸泡时间较长及频繁起下钻导致的井塌和掉块等情况。该井返出岩屑棱角分明，定进过程中无托压情况；井眼通畅，通井、电测和下套管一次行到底；起下钻过程中附加拉力不超过 3t。证明用 DBN-80 作为新型油基基础液的油基钻井液携带、悬浮岩屑能力强，抑制性和润滑性好，优质、快速完成了钻井施工。

S267-H109 井是大民屯凹陷西部陡坡带北部 S267 块一口水平井，该井钻井目的是提高 S267 块储量动用程度，改善区块开发效果。该井三开井眼尺寸是 215.9mm，施工井段为 2645~3512m，裸眼段井深 2645~2938.53m，井斜由 60°增至 100.16°，至井深 3470.97m，井斜降至 85.44°，呈弓形轨迹，不利用钻屑携带。该井三开使用 DBN-80 作为新型油基基础液的油基钻井液，钻井液性能稳定，机械钻速快，井眼规则稳定，定进过程中无托压情况，电测、下套管一次行成功。

## 3　结论

（1）通过筛选对比，DBN-80 能够替代 5# 白油和柴油，作为油基钻井液基础液。同时基础液价格节约 10%~15%，毒性更小。

（2）油水比为 80∶20 的油基钻井液，乳化剂加量 4.5%，有机土加量 3.5%~4.0%，油基钻井液流变性能最佳，油基钻井液最稳定。油水比为 85∶15 的油基钻井液，乳化剂加量 4.0%，有机土加量 4.0%~4.5%，油基钻井液流变性能最佳，油基钻井液最稳定。

（3）DBN-80 作为油基基础液配置油基钻井液，有很好稳定井壁，有效携带和悬浮岩屑的功能，以及优秀的润滑性能，能快速高质量完成钻井施工。

## 参 考 文 献

[1] 鄢捷年. 钻井液工艺学[M]. 东营：中国石油大学出版社，2001：236-270.

[2] 刘振东，薛玉志，周守菊，等. 全油基钻井液完井液体系研究及应用[J]. 钻井液与完井液，2009，26（6）：10-12.

[3] 孙金声，黄贤斌，蒋官澄，等. 无土相油基钻井液关键处理剂研制及体系性能评价[J]. 石油勘探与开发，2018，45(4)：713-718.

[4] 蒋官澄，黄凯，李新亮，等. 抗高温高密度无土相柴油基钻井液室内研究[J]. 石油钻探技术，2016，44(6)：24-29.

[5] 孙金声，蒋官澄，贺垠博，等，油基钻井液面临的技术难题与挑战[J]，中国石油大学学报，2023，47(5)：76-89.

[6] 舒福昌，岳前升，黄红玺，等. 新型无水全油基钻井液[J]. 断块油气田，2008，15(3)：103-104.

[7] 程东，洪伟，杨鹏，等. 生物柴油基钻井液体系的室内研究[J]. 辽宁化工，2019，48(1)：22-24.

[8] 王晓军，新型低固相油基钻井液研制及性能评价[J]，断块油气田，2017，24(3)：421-425.

[9] 王建华，张现斌. 油基钻井液理论与实践[M]. 北京：石油工业出版社，2022：78-84.

[10] 范胜，周书胜，方俊伟，等. 高温低密度油基钻井液体系室内研究[J]. 钻井液与完井液，2020，37(5)：561-565.

# 相变材料用于钻井液井底降温技术的研究进展

唐文越 何 涛 李茂森 肖沣峰

(中国石油集团川庆钻探工程有限公司钻井液技术服务公司)

**摘 要** 高温、超高温钻井作业中，井底控温对保障钻具使用寿命、提高钻井作业效率、降低生产成本至关重要。相变材料(PCM)作为一种可吸收、储存和释放热量的特殊材料，在油气井钻井液井底降温技术中具有广阔的应用前景。本文综述了相变材料及其应用、钻井液井筒降温技术、相变材料降温机理、相变材料选择、加工及性能评价，以及近年来国内外相变材料在钻井液井筒降温领域的研究进展。同时，还讨论了该技术在实际应用中面临的挑战和未来研究方向，为钻井液井底降温提供解决途径和方法。

**关键词** 相变材料；相变控温；钻井液；井筒降温；微胶囊

深井、超深井的井底温度高，钻井液循环时间长，同时钻头钻取岩石、钻杆与井壁摩擦等情况会产生大量热量，从而导致井筒内钻井液和钻具温度过高。深层油气钻探开发中，钻井面临着越来越多的高温、超高温问题。钻井工具、随钻测量和测井等仪器设备在高温、超高温环境下寿命大大缩短、受到难以估量的影响，甚至导致钻井作业无法正常进行，增加钻井成本。此外，钻井液材料在高温环境下易发生分散、聚结、降解、交联等反应，钻井液性能下降，从而需要添加大量材料调整优化钻井液性能，导致钻井液成本增加。高温极端恶劣环境对钻井液技术、井下仪器设备提出了严峻考验，限制了深层油气资源的高效钻探开发。因此，捕获和储存高温产生的热能，研究有效的井底降温技术，对于保障钻井作业安全、高效进行具有重要意义。相变材料由于其独特的热控制特性，具有井底降温潜力。

本文综述了相变材料及其应用领域和现有钻井液井筒降温技术，从材料选择、降温机理、加工方法、评价手段等方面总结了钻井液井筒降温用相变材料，梳理了国内外相变材料在钻井液井筒降温领域的研究进展，针对性地提出了下步研究方向，今后该领域的研究提供参考和借鉴。

## 1 相变材料及其应用

相变是指物质在温度或压力变化的情况下，从一种物态(固体、液体、气体)转变为另一种物态的过程，而不改变其化学组成。相变材料(Phase Change Materials，PCM)是一类具有特殊热性能的材料，其在相变过程中能够吸收或释放大量的热量而保持温度相对稳定[1]。这种相变通常发生在固体与液体之间(固液相变)，也可以发生在液体与气体(液气相变)、

【第一作者简介】唐文越，1991年生(女)，工程师，博士，毕业于西南石油大学化学工程与技术专业，主要从事钻完井液工作。地址：四川省成都市成华区猛追湾街26号附1号；邮编：610051；电话：18782424856；邮件：tangwenyue_sc@cnpc.com.cn。

固体与气体(固气相变)、固体与固体(固固相变)之间[1]。液气相变转换的热量多,但气态体积较大,存储需要高压,不易于使用。固固相变的转变速度十分缓慢,转换的热量相对较少。通常情况下,相变材料在液态和固态之间转变,但也可以在非传统状态间转变,例如从一种结晶态转变为能量更高或更低的另一种结晶态。固液相变材料在达到相变温度前,其特性与显热储存材料相似,吸收热量的同时温度逐渐上升。但是当到达相变温度时,开始大量吸收热量,但是温度保持不变,材料完全融化后,温度继续上升。当液态材料所处环境温度下降时便开始凝固,释放其所储存的潜热。相变材料物质状态改变时所需的熔化热通常远大于其显热,相变温度附近融化和凝固时,相变材料可以储存和释放巨大的能量[2]。各种相变材料可供选择,−5~190℃之间的相变温度均有对应。相变材料分类见表1。实际应用中,需要根据具体的需求和条件选择适合的相变材料类型。

表1　相变材料分类[3,4]

| 分类方式 | 类型 | 优点或特点 | 代表材料 |
| --- | --- | --- | --- |
| 物理性质 | 有机相变材料 | 凝固时没有过冷效应,一致融化,自成核性质,化学性质稳定 | 碳氢化合物,主要包括石蜡、脂质类物质和糖醇 |
| | 无机相变材料 | 体积潜热储存容量高,高熔点,热传导率高,熔化热高 | 结晶水合盐类、熔融盐类、金属或合金类 |
| 应用领域 | 蓄冷型相变材料 | 吸收、储存和释放冷量 | 聚乙二醇和氯化钠水合物 |
| | 蓄热型相变材料 | 吸收、储存和释放热能 | 蜡类、有机酸、盐类和金属合金 |
| | 超高温相变材料 | 高温储热或降温 | 由硅、硼、氮等元素组成 |

相变材料常用于热能储存和传递,具有温度调节、节能环保等优点。相变材料在各种领域有广泛的应用,包括储热、制冷、建筑温控、温控服装、电子产品散热、太阳能集热、汽车空调、航天器温控系统等[3,4]。在钻井领域,相变材料也有一定的应用潜力,例如可以用于调节井底温度,提高钻井液的性能稳定性,从而提高钻井作业的安全性和效率。

## 2　钻井液井筒降温技术

钻井过程中,井筒钻井液可通过地面降温和地下降温达到降温目的。地面降温即采用自然冷却、混合低温介质和冷却装置强制降温来降低井筒返出钻井液的温度,以降低钻井液循环温度[5-7]。地下降温通过相变材料降温,改变井筒流体温度场分布。国外钻井液降温系统研究代表为国民油井华高石油设备(上海)有限公司的全自动陆地泥浆冷却器,其原理主要是由鼓风机扩大液面挥发来实现快速风冷,以及采用外部水源进行双板热交换。国民油井钻井液冷却系统板式热交换器,通过制冷剂制冷,调控排量和输出温度与页岩气钻井情况匹配。斯伦贝谢钻井液温度控制系统采用管式热交换器,特点是排量大、质量轻,但钻井液密度限制较高。Drillcool公司其钻井液冷却装置的原理是使用氨水制冷机组通过板式换热器制冷乙二醇溶液,冷却后的乙二醇溶液再通过螺旋换热器冷却钻井液,主要针对天然气聚合物钻井,达到控制钻井液温度的目的。国内青岛泰众能源技术有限公司的陆地钻井液冷却系统,采用闭式强制冷却,无需冷却水源,但效果并未得到验证。地面降温技术只能通过降低钻井液入口温度间接降低井筒内钻井液循环温度,且存在设备投入大、能耗高和冷却介质消耗大等问题,井底高温钻井液和钻具的降温需求无法满足。地下降温技术可改变井筒流体热量分布，直接降低井底钻井液循环温度。相变材料通过自身相态的转变实现热量存储和释放，从而达到对周围环境温度进行调控的目的，这是热量存储与温度控制领域的研究热点。

## 3 钻井液井筒降温用相变材料

### 3.1 相变材料选择及降温机理

钻井液中的相变材料在井筒循环过程中，随着地下温度升高到特定温度，发生相变，吸收热量并储存，而相变材料自身温度在完全相变前几乎不变，从而产生一个温度平台。随着钻井液从井底向上反出至井口的过程中，井筒温度不断降低，当降低到一定温度时，相变材料发生逆相变，释放热量，这些热量被转移到钻井液或外界环境中，从而达到降低井底钻井液温度的目的。钻井液循环过程中，相变材料能够不断吸收和释放适量的热能，且它与其他钻井液处理剂同时循环使用，不需额外耗电或增加工序，具有经济竞争性。

钻井液井筒降温用相变材料的选择应从以下几方面考虑：(1)相变潜热高，吸热能力强，使其在相变中能储藏较多的热量；(2)有合适的相变温度，能满足井底控温需求；(3)化学性质稳定，在多次吸热、放热过程中不分解变质；(4)导热系数高，可快速转移热量；(5)相变过程可逆性好、膨胀收缩性小、过冷或过热现象少；(6)相变材料可通过 200 目振动筛，颗粒大小不超过 $74\mu m$，以实现循环重复使用；(7)与钻井液配伍性好，对钻井液性能产生较小的影响；(8)相变材料无毒，无腐蚀性，来源广、成本低，制造方便。

### 3.2 相变材料的加工及性能评价

#### 3.2.1 加工方法

针对相变材料泄漏对井下工具和钻井液性能的问题，采用封装技术进行解决：(1)微胶囊技术对相变材料进行包裹；(2)将相变材料引入固定的外壳形状之中[8]。相变材料微胶囊化，其中的芯材相变材料在壳内进行相变行为，可有效隔绝环境，不仅达到了保护、密封芯材和降低其储热能量损失的目的，更在很大程度上解决了纯相变材料的泄漏和与基体相容性差的问题。同时，微纳米级的尺寸分布能够通过钻井液振筛，使其做到随钻井液循环而使用，这就需要相变微胶囊具有足够的力学强度和密封性。采用原位聚合法可制备相变微胶囊，其结构和制备过程如图 1 所示。

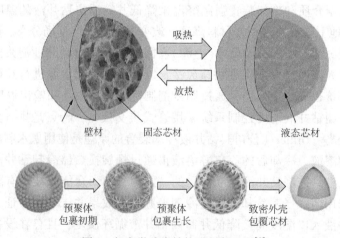

图 1 相变微胶囊结构及制备过程[9]

### 3.2.2 结构及性能评价

红外光谱仪（FT-IR）、X射线衍射仪（XRD）可测试分析相变微胶囊的化学结构，光学显微镜和扫描电子显微镜（SEM）可观察相变微胶囊的表面形貌，激光粒度仪可测试其粒径大小分布，热重分析仪（TGA）测试热稳定性。利用差示扫描量热法，采用差示扫描量热仪（DSC）测试相变材料的相变温度、相变潜热等热物性参数。

采用高温高压钻井液沉降稳定性评价实验装置或温度传感器，以高温导热油为加热介质，测试相变材料的蓄热控温特性曲线，如图2所示。分析可知，随着加热时间增长，纯加热介质的温度逐步升高，约20min后升至200℃；加入相变材料后，随着加热时间增长，加热介质的温度逐步升高，温度约升至120℃（相变温度）时，材料发生相态转变，吸收大量的相变潜热，保持加热介质的温度恒定，形成了一个约16min的"相变恒温平台"，然后再升至200℃。恒温平台的保持时长与相变材料的相变潜热直接相关。

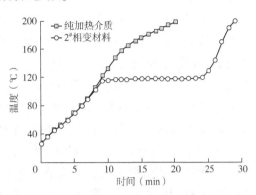

图2 相变材料的蓄热控温特性曲线[1]

高低温交变箱可用于测试相变材料的循环热稳定性，高温高压反应釜可测试相变胶囊的抗压抗温能力。相变材料作为钻井液降温用处理剂，须不影响钻井液的常规性能，包括流变性、滤失性等，因此需展开相变材料与钻井液的配伍性研究。

## 4 相变材料在钻井液井筒降温领域的研究进展

### 4.1 国外研究进展

Othon R. Monteiro 等[10]介绍并讨论了一种降低井筒循环液温度的新技术，该技术利用相变材料的相变潜热吸收从地层或钻柱传递到钻井液中的能量，并采用数学和物理模型相结合的方法来确定常规相变材料可实现的钻井液降温效果，并讨论了相变材料微胶囊化或纳米胶囊化新构造。

Dong Xiao 等[11]基于模型提出了一种将保温管串和相变储热钻井液结合的边钻边储热的技术方法，其结果表明这种方法在利用高温井地热能的同时有效地降低了井底温度，为解决深层油气以及地热井钻探中的井下高温难题提供了理论基础和技术支持。

Xin Zhao 等[12]通过原位聚合法制备了芯材为十四烷、外壳为三聚氰胺—尿素—甲醛树脂的PCM微胶囊，并对PCM微胶囊的结构和性能进行了表征，分析了微胶囊的温度调节性能及其对钻井液稳定性、配伍性的影响。结果显示，PCM微胶囊表面具有亲水性和负电荷，外壳具有良好的剪切强度和密封性，可有效地降低悬浮液的加热/冷却速率和最高温度。经过15次加热/冷却循环后，温度调节性能未发生变化。在水基钻井液中加入5%~10%的相变微胶囊后，其流变性和滤失性仍保持在合理范围内，表明PCM微胶囊与钻井液的配伍性良好。

Huihui Wang 等[2]提出了一种葫芦[7]脲（CB[7]）络合氨基蒙脱石（NH₂-MT）的多孔材料，用于包裹共晶硝酸盐（NIT），以解决钻井过程中的井筒高温问题。他们的研究结果表明，添加CB[7]后，超分子复合相变材料（MAC@NIT）的结构稳定性和抗渗漏性能显著提高；经过 200 次循环后，MAC@NIT-2 的相变温度和结构保持稳定，固液潜热的最大变化量仅 3.96J/g；CB[7] 的特殊空腔结构进一步提高了 MAC@NIT 的导热系数，比 MT@NIT 高 20%；加入 MAC@NIT 后，钻井液的稳定性提高了 15%。此外，在固—固潜热值较低的情况下，钻井液的温度可降低 4.3℃。

## 4.2　国内研究进展

刘均一等[1]针对深部油气钻探开发中钻井液的抗高温稳定等技术难题，将三种相变材料引入钻井液中，通过理论分析与模拟实验，证明了利用相变材料的"相变蓄热原理"降低井筒钻井液循环温度的可行性。结果表明，相变材料的相变温度为 120~145℃，相变潜热为 90.3~280.6J/g，相变蓄热特性优异，具有良好的钻井液配伍性能，加量达到 12% 时钻井液流变滤失性能仍能满足钻井施工要求，钻井液循环温度约可降低 20℃。相变材料加入钻井液中，能够有效地降低井筒钻井液循环温度，且加量越大，钻井液降温效果越明显。

目前用于井筒降温的胶囊型相变材料相关专利见表 2。胶囊型相变降温材料由壁材和芯材组成，为增强胶囊壁强度、提高其抗温抗压能力，还会添加增强剂。相变温度范围广，可满足钻井过程中的井底高温降温需求；降温效果较好，高达 18℃，但相变材料加量较高，会对钻井液性能产生影响。

**表 2　井筒降温胶囊型相变材料相关专利**

| 专利名称 | 壁材 | 芯材 | 相变温度 | 降温效果 | 加量 |
|---|---|---|---|---|---|
| 一种高相变潜热值微胶囊化相变材料的制备方法[13] | 异氰酸酯 | 赤藓糖醇 | — | — | — |
| 高温钻井液主动降温用耐高温高压微球制备方法及其应用[14] | 脲醛树脂、二氧化硅 | 石蜡改性复合材料 | 130~150℃ | 8~18℃ | 5%~15% |
| 一种基于相变材料的钻井液温度控制方法[5] | 膨胀石墨、石墨烯 | 石蜡、赤藓糖醇、聚乙烯、金属合金、六水氯化镁 | −5~10℃，70~150℃ | 6~10℃ | 5%~20% |
| 一种基于石蜡材料调控钻井液温度的方法[6] | — | 石蜡 | 60~180℃ | 5~15℃ | 5%~20% |
| 高温相变恒温微胶囊、主动控温高温钻井液体系及其制备与应用[7] | 脲醛树脂 | 聚乙烯和/或苯丁烯—丁二烯—苯乙烯三嵌段共聚物改性石蜡 | 110~140℃ | — | — |
| 一种适合钻井液降温用相变储热微胶囊材料及其制备方法[15] | 聚醚砜 | 赤藓糖醇 | 100~135℃ | — | 2%~15% |

## 5　总结与展望

本文通过对相变材料在钻井液井底降温中的研究进展进行全面而系统的总结，旨在为钻井液井筒降温技术的研究提供最新的综合资料和理论指导，以推动相变降温技术的进一步发展与应用。相变材料用于钻井液井底降温具有潜在优势，但也面临一些问题与挑战。

（1）相变材料由于自身体积效应，可能存在与钻井液配伍性不佳的情况，导致钻井液性能受到影响，比如稳定性降低、流变性变化等；

（2）相变材料长时间在高温、高压条件下循环使用其稳定性可能会受到影响，导致相变温度偏移、相变储能量下降等问题，影响其在钻井液中的持续应用；

（3）相变材料的成本可能相对较高，特别是针对大规模钻井作业的应用而言，其成本可能成为一个制约因素；

（4）相变材料的加工方法、配方设计以及与钻井液的稳定混合等技术难题，也是制约其在钻井液井底降温技术中广泛应用的挑战之一。

因此，钻井液用相变降温技术的未来研究方向包括：

（1）针对钻井液特殊的工作环境和要求，需要对相变材料的性能进一步优化，包括提高相变温度的精确性、增强相变材料的稳定性和循环使用性等；

（2）深入研究相变材料与各类钻井液的相容性，优化钻井液配方，确保相变材料稳定存在于钻井液中，且不影响钻井液性能；

（3）进一步探究相变材料在钻井液中的降温机理，包括相变材料与井筒环境的热传导、热吸收等过程，为钻井液井底降温技术的优化和改进提供理论支持；

（4）深入研究相变材料在钻井液中的行为和性能变化，探索最优的相变材料选择、加工方法和应用条件；

（5）开展成本降低和技术工艺改进的研究，推动相变材料在钻井液领域的商业化应用。

## 参 考 文 献

[1] 刘均一，陈二丁，李光泉，等．基于相变蓄热原理的深井钻井液降温实验研究[J]．石油钻探技术，2021，49(1)：53-58.

[2] Huihui wang, Changjun Zou, Yujie Hu, et al. Supramolecular porous-based phase change material based on cucurbit [7] uril complexed amino-montmorillonite[J]. Energy, 2024, 288：129779.

[3] 田玮俊，刘何清，吴世先．相变储能材料的应用述评[J]．广东化工，2023，50(486)：108-109.

[4] 韩天婵．基于微胶囊相变的低温作业防护材料研究[D]．哈尔滨：哈尔滨理工大学，2023.

[5] 袁丽，陈二丁，李秀灵，等．一种基于相变材料的钻井液温度控制方法：中国，CN 109652028 A.2019.04.19.

[6] 陈二丁，王成文，夏冬，等．一种基于石蜡材料调控钻井液温度的方法：中国，CN 111894520 A.2020.11.06.

[7] 王成文，夏冬，陈二丁，等．高温相变恒温微胶囊、主动控温高温钻井液体系及其制备与应用：中国，CN 111545142 A.2020.08.18.

[8] 牛少帅，程家骧，康墨云，等．不同乳化转速对聚脲微胶囊热性能的影响[J]．青岛科技大学学报（自然科学版），2023，44(3)：38-44.

[9] 赵欣，李孙博，马永乐，等．一种海域天然气水合物钻井用相变控温微胶囊[J]．天然气工业，2023，43(7)：72-78.

[10] Othon R Monteiro, Lirio Quintero, Martin Bates, et al. Temperature control of drilling fluid with phase-change materials [C]. 2012.

[11] Dong xiao, Yifan Hu, Yingfeng Meng, et al. Research on wellbore temperature control and heat extraction methods while drilling in high-temperature wells [J]. Journal of Petroleum Science and Engineering, 2022, 209：109814.

[13] Xin Zhao, Qi Geng, Zhen Zhang, et al. Phase change material microcapsules for smart temperature regulation of drilling fluids for gas hydrate reservoirs [J]. Energy, 2023, 263：125715.

[13] 潘炳力，赵菁，杜三明，等．一种高相变潜热值微胶囊化相变材料的制备方法：中国，CN201110380869.2011.11.25.

[14] 王成文，熊超，陈泽华，等．高温钻井液主动降温用耐高温高压微球制备方法及其应用：中国，CN 115491183 A.2022.12.20.

[15] 苏俊霖，谭毅，董欣然，等．一种适合钻井液降温用相变储热微胶囊材料及其制备方法：中国，CN202310345293.2023.04.03.

# 五、固井、完井及试油技术

# 深层超深层固井井筒压力
# 控制技术难点及对策研究

张 雨　王旭光　杨秀天

(大庆钻探工程公司钻井工程技术研究院)

**摘　要**　针对深层、超深层窄密度窗口固井技术问题,开展固井井筒压力控制技术难点分析。在此基础上,通过固井全过程环空压力控制技术对策研究,精确量化工程参数,系统考虑套管居中度,小间隙环空及井下温变场等影响,分析不同流态下流体在环形通道的流动规律,建立循环降密度—下套管—注水泥—起钻阶段环空动态压力计算模型,形成全阶段固井高精度压力预测方法,精确指导施工及控制参数优化,实现窄密度窗口条件下固井不同作业阶段的压力高精度闭环控制。

**关键词**　窄安全密度窗口;控压固井;深井;动态计算;井筒压力预测

近年勘探逐步向深层挺进,深层超深层固井普遍存在地质条件、压力及温度系统、井深结构复杂等诸多难题,严重制约了深层、超深层向7000m推进、8000m迈入及10000m进军。塔里木山前、塔中碳酸盐储层、四川山前、新疆南缘等地均普遍存在窄窗口问题,以塔里木山前为首盐间高压水层发育,地层压力预测难度大;高温高压与窄压力窗口常伴生存在,川渝及新疆区块最大温度超过200℃,最高压力达150MPa以上,深层尾管固井封固段温差大,固井工程质量波动大,水泥浆抗温性能需求高;同开次压力层系复杂,必封点多,普遍为非常规井身结构,在复杂固井施工工艺及井身条件下固井环空水力计算难度大,计算值与实际井筒压力差异大,受窄钻井液密度窗口限制,极易发生井漏溢流等安全隐患,延长固井周期,水泥浆一次上返难度高,顶替效率差,影响目标层位封固。针对深层超深层窄密度窗口固井技术问题,借助控压钻井使用的回压补偿系统及自动节流系统,建立一套固井全过程的环空压力动态预测方法,经大量理论计算,固井环空压力预测值与实际值重合度高,能够为精细控压固井配套技术现场应用,解决窄安全密度窗口地层固井难题奠定理论基础。

## 1　深层超深层固井井筒压力控制技术难点分析

针对川渝、塔东等区块深井及超深井钻探过程中常遇到临界安全窗口窄、常规方式钻完井易漏频率高、固井水泥环质量难以保证一系列难题,控压钻井技术应时而生,主要通

---

**【第一作者简介】**张雨(1999—),女,工程师,本科,2021年毕业于辽宁石油化工大学应用化学专业,现从事钻完井井技术的研发工作。地址:黑龙江省大庆市大庆钻探工程公司钻井工程技术研究院完井技术研究与应用所;邮政编码163413;电话(0459)4984675。

过钻井过程中，以降低钻井液密度的方式将井筒压力降至安全临界窗口以下，利用流动阻力计算模型计算井口实时动态回压值再通过井口控压装置实现压力控制，使井筒持续保持不溢不漏的状态，同时起到保护油气层不被污染的良好效果。

在控压固井基础上，国内开展了窄密度窗口控压固井技术研究，主要是在固井过程中以控压钻井原理为核心实施井口加压，但受限于固井施工，相比钻井井下无法实时监测固井过程环空压力，仅依托于水力学计算，压力预测精度低，易发生井下复杂；而固井区别于钻井单一流体，浆体复杂、易发生混浆，流体流变性极易发生改变，控压固井施工难度大。

### 1.1 固井浆体结构复杂，环空水力计算难度大

固井相较于钻井浆柱结构复杂、施工流程与参数多变，而在窄窗口影响下钻井液、隔离液及水泥浆又难以形成密度极差，极易形成混浆，造成顶替效率低下；环空压力预测仍基于未混浆时流体流动参数展开预测，计算误差较大，因此兼顾风险点当量循环密度控制与顶替效率难度大。且小井眼固井施工条件下，单位环空容积小，水泥浆用量少，一旦发生漏失，可能在短时间内导致裸眼段没有水泥环，对水泥浆附加安全用量设计提出较高要求。

### 1.2 井下无法配备压力监测装置，井筒压力仅依托水力计算

受限于固井施工井下无法像钻井过程安装压力随钻监测系统，井筒压力预测值无法与真实井筒压力比较，为确定其精准度，只能通过在循环状态下利用实际泵压或套压值，结合进出口排量反推出较为真实的循环压耗，将模型计算值与其比较，而反推算出的循环压耗也由水力计算所得，受固井复杂施工条件影响，也存在一定偏差，只能经过大量误差分析，确定压力预测模型精度。

### 1.3 控压装备精度及控压能力不足，超深油气井小井眼密度降低值有限，难以提高顶替效率

目前国内以川庆钻探为首设计的回压补偿装置已成功在川渝等区块推广应用[1]，取得了窄密度窗口钻完井技术的重大突破，但国内普遍控压装备对井底有效控压值约为 10MPa，应用于垂深 7000m 的井型密度降低值仅能达 0.1g/cm³，难以达到理想顶替排量。随着勘探目标逐渐向超深层挺进，对控压装备的控压能力也提出了更高要求。

### 1.4 套管下放速度控制难度大，阻卡风险高

深层超深层固井普遍为小井眼固井，业内视环空间隙小于 12.7mm 为小井眼固井[2]。固井套管尺寸较钻杆大，环空间隙相比钻井时更小，因此相同下钻或下套管速度条件下，下套管引起的环空压力波动更大，若长时间不循环钻井液，钻井液结构力形成，发生触变，极易造成套管阻卡。

## 2 深层超深层固井井筒压力控制技术难点对策研究

### 2.1 井筒动态压力预测技术

在整个设计过程中，必须以安全临界窗口及井口装置的压力可控能力为设计前提，安全临界窗口 ≤0.03g/cm³ 时需要通过技术手段或认知拓宽地层压力窗口，使固井过程在可控的微溢微漏状态下完成施工，需满足：

$$p_a < p_e + p_h = 0.00981(\rho_e + \rho_h)h < p_b \tag{1}$$

式中，$p_a$ 为目标井段地层孔隙压力，MPa；$p_b$ 为目标井段可操作地层漏失压力，MPa；$\rho_e$ 为目标井段当量循环密度，kg/m³；$\rho_h$ 为地层压力附加安全当量密度，kg/m³；$h$ 为目标点的垂深，m。

**2.1.1 下套管阶段环空压力预测**

固井下套管阶段可视作一实心柱状体排开流体使得流体以一定速度上行，因流体上行而对井筒产生的除静液柱外的压力称为激动压力，在这部分井筒所受到的压力为静液柱压力与激动压力之和，想要实现该阶段环空压力的预测，必须准确模拟激动压力值。

在下套管阶段，井筒压力可得

$$p_e = p_c + p_f \tag{2}$$

式中，$p_e$ 为关键点当量压力，MPa；$p_c$ 为关键点环空静液柱压力，MPa；$p_f$ 为套管下放期间产生的激动压力，MPa。

视钻井液流动为不可压缩的幂律流体作层流流动，激动压力为钻井液触变性、惯性动能及黏滞力共同作用的结果，激动压力满足：

$$p_f = \sum (\Delta p_{1i} + \Delta p_{2i} + \Delta p_{3i}) \tag{3}$$

式中，$\Delta p_{1i}$、$\Delta p_{2i}$、$\Delta p_{3i}$ 分别为第 $i$ 段钻井液柱由于触变性、黏滞力及管柱惯性动能引起的激动压力。

由于钻井液静止结构力产生的激动压力：

$$p_1 = \frac{2\tau L}{R_w - R_\infty} \tag{4}$$

式中，$L$ 为套管下入长度，m；$\tau$ 为静切力，Pa；$R_w$ 为井眼半径，m；$R_{co}$ 为套管半径，m。

由于管柱下入产生惯性引起的激动压力：

$$p_3 = \frac{\rho_s a R_{co}^2 L}{R_w^2 - R_{co}^2} \tag{5}$$

式中，$\rho_s$ 为钻井液密度，kg/m³；$a$ 为套管下送加速度。

特别的，对于由于黏滞力引起的激动压力，假设套管壁流体速度与管柱下放速度大小相等，而在井壁处速度为 0，且在环形空间轴向层流流动，由于流体只作轴向流动，因此在水平平面分速度为零，钻井液轴向速度与半径存在函数关系，当半径为 $R_\lambda$ 时，流体速度最大，该点剪切速率为零，结合黏性不可压缩流体环空流动 Navier-Stokes 运动方程，将其转变为柱状坐标系下的表达式(图1)。

首先，简化为黏性流体一维流动：

在 $z$ 方向上利用牛顿第二定律分析受力，存在压力、质量力和切力

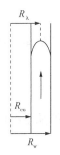

图1 套管下放阶段流体流动示意图

$$\sum F = ma \tag{6}$$

$$Z\rho \mathrm{d}x\mathrm{d}y\mathrm{d}z + \left(\frac{\partial p}{\partial z}\right)\mathrm{d}x\mathrm{d}y\mathrm{d}z + \left(\frac{\partial \tau_{xz}}{\partial x}\right)\mathrm{d}x\mathrm{d}y\mathrm{d}z + \left(\frac{\partial \tau_{yz}}{\partial y}\right)\mathrm{d}x\mathrm{d}y\mathrm{d}z = \rho \frac{\mathrm{d}u_z}{\mathrm{d}t}\mathrm{d}x\mathrm{d}y\mathrm{d}z \tag{7}$$

合力为零, 式(7)可简写为

$$\rho g + \frac{\partial p}{\partial z}\left[\left(\frac{\partial \tau_{xz}}{\partial x}\right) + \left(\frac{\partial \tau_{yz}}{\partial y}\right)\right]\mathrm{d}x\mathrm{d}y\mathrm{d}z = 0 \tag{8}$$

$$\frac{\partial \tau_{xz}}{\partial x} = \frac{\partial \tau_{xz}}{\partial r} * \frac{\partial r}{\partial x} + \frac{\partial \tau_{xz}}{\partial \theta} * \frac{\partial \theta}{\partial x} \tag{9}$$

$$\frac{\partial \tau_{yz}}{\partial y} = \frac{\partial \tau_{yz}}{\partial r} * \frac{\partial r}{\partial x} + \frac{\partial \tau_{yz}}{\partial \theta} * \frac{\partial \theta}{\partial y} \tag{10}$$

以(9)式为例, 将等式右边四项转为柱状坐标系下偏导代入(8)式, 得到

$$\frac{1}{r}\frac{\partial}{\partial r}\left[r(\pm k)\left(\pm \frac{\mathrm{d}u}{\mathrm{d}r}\right)^n\right] = \frac{\partial p}{\partial z} \tag{11}$$

对 $r$ 积分, 根据定解条件得

$$(\pm k)\left(\frac{\mathrm{d}u}{\mathrm{d}r}\right)^n = \frac{1}{2}\frac{\partial p}{\partial z}\left(r - \frac{R_\lambda^2}{r}\right) \tag{12}$$

当 $R_{co} \leqslant r \leqslant R_\lambda$ 时, 幂律流体本构方程为

$$\tau = k\left(\frac{\mathrm{d}u}{\mathrm{d}r}\right)^n \tag{13}$$

将式(7)代入式(6)中, 得

$$\frac{\mathrm{d}u}{\mathrm{d}r} = \left[\frac{1}{2k}\frac{\partial p}{\partial z}\left(\frac{r^2 - R_\lambda^2}{r}\right)\right]^{\frac{1}{n}} \tag{14}$$

对 $r$ 积分, 由管壁处 $u(r) = -v_i$ 的定解得

$$u = \int_{R_{co}}^{r}\left(\frac{p_1}{2kl}\right)^{\frac{1}{n}}\left(\frac{r^2 - R_\lambda^2}{r}\right)^{\frac{1}{n}}\mathrm{d}r + (-v_i) \tag{15}$$

当 $R_\lambda \leqslant r \leqslant R_w$ 时, 幂律流体本构方程为

$$\tau = -k\left(-\frac{\mathrm{d}u}{\mathrm{d}r}\right)^n \tag{16}$$

同理对 $r$ 积分, 由井壁处 $u(r) = 0$ 的定解得

$$u = \int_{r}^{R_w}\left(\frac{p_1}{2kl}\right)^{\frac{1}{n}}\left(\frac{R_{\lambda^2} - r^2}{r}\right)\mathrm{d}r^{\frac{1}{n}} \tag{17}$$

$r = R_\lambda$ 时, 联立式(9)、式(11), 得

$$\int_{R_{co}}^{R_{\lambda}} \left(\frac{p_1}{2k\mathrm{I}}\right)^{\frac{1}{n}} \left(\frac{r^2 - R_{\lambda 2}}{r}\right)^{\frac{1}{n}} \mathrm{d}r + (1 - v_i) = \int_{R_{\lambda}}^{R_w} \left(\frac{p_1}{2k\mathrm{I}}\right)^{\frac{1}{n}} \left(\frac{R_{\lambda 2} - r^2}{r}\right)^{\frac{1}{n}} \mathrm{d}r \qquad (18)$$

$$Q_p = \int_{R_{co}}^{R_w} 2\pi u r \mathrm{d}r \qquad (19)$$

$$V = \pi R_{co}^2 v_i \qquad (20)$$

全过程体积流量等于套管排开体积，结合式（18）、式（19）、式（20）求解速度分布及黏滞力引起的激动压力。

式中，$p_e$ 为关键点当量压力，MPa；$p_c$ 为关键点环空静液柱压力，MPa；$p_f$ 为套管下放期间产生的激动压力，MPa；$\Delta p_{1i}$、$\Delta p_{2i}$、$\Delta p_{3i}$ 分别为第 $i$ 段钻井液液柱由于触变性、黏滞力及管柱惯性动能引起的激动压力；$L$ 为套管下入长度，m；$R_w$ 为井眼半径，m；$R_{co}$ 为套管半径，m；$\tau$ 为静切力，Pa；$\rho_s$ 为钻井液密度，kg/m$^3$；$a$ 为套管下送加速度；$k$ 为稠度系数，Pa·s$^n$；$v_i$ 为套管下放速度，m/s；$Q_p$ 为体积流量，m$^3$/s。

由激动压力计算可以看出，激动压力与下套管速度成正相关，在窄密度窗口小间隙井眼环空条件下，要格外注意套管下放速度防止井漏。

### 2.1.2　注水泥阶段环空压力预测

在注替阶段考虑高温影响用三参数模型代替经典模型，考虑居中度、小间隙及几种局部阻力产生的额外损耗，额外分析温度及环空多相流动影响，并根据地区及井身结构综合修正环空摩阻计算系数，尽可能还原井下环境，国内针对高精度固井环空水力模型已有深入研究[3]，结合精细控压技术，有效改善了川渝、塔里木等地区压力敏感地层固井开泵井漏、停泵溢流等难题。

### 2.1.3　起钻循环阶段井筒压力预测

起出钻杆阶段与套管下放原理基本一致，但产生的抽吸压力方向与原井筒压力方向相反，此时井筒压力受力分析情况为环空静液柱压力与抽吸压力数值的差值，因此需要注意环空溢流情况，严格控制起钻速度并及时向井筒补充流体防止因为钻杆起出环空液柱高度下降，引发溢流。

### 2.1.4　候凝阶段水泥浆失重计算

通过不同水泥浆体系在不同温度、压力等条件下，胶凝强度发展与失重规律研究，明确并量化胶凝强度发展与水泥浆失重之间的对应关系，认为胶凝强度快速发展起始点与水泥浆失重平稳点为同一点，在该临界点前气窜易发生，在该点后由于胶凝强度迅速发展，其内部结构形成已具备封隔油气能力。根据胶凝强度实际数据曲线拟合，并根据胶凝强度对井筒压力进行分段计算，为精准预测候凝过程水泥浆失重压力场，科学实施环空动态控压。建立的水泥浆候凝失重计算对数模型如下：

$$p_c = a - b \times \ln(t + c) \qquad (21)$$

式中，$p_c$ 为水泥静液压力，MPa；$a$、$b$、$c$ 为模型系数，$t$ 为时间。

### 2.1.5　固井全过程井筒压力预测与现场结合修正

在下套管阶段由于现场缺乏实际数据支撑，计算所得激动压力无法验证可靠性，考虑钻井起下钻阶段与下套管原理几乎一致，可利用随钻测压随钻测量装置的井筒压力实测值与环空液柱压力相减及得到相对可靠的激动压力真实值，与激动压力模型计算值进行比对及修正；针对循环摩阻计算模型可对固井前循环洗井阶段的套压或泵压值进行反推，泵压值在数值上等于地面管线、管内及环空流动阻力的加和，得出的实际环空压耗与模型计算值进行比对，经过数据拟合完成修正；针对憋压候凝阶段由于水泥浆顶端和底端初凝时间不同，经验法误差较大，拟设计水泥浆候凝失重测量装置，真实模拟水泥浆在井下不同深度处的围压及温度，直接得到薄弱层水泥浆降至水柱时的环空当量密度。

## 2.2 固井浆柱结构及注控参数设计优化

固井浆柱结构设计主要涵盖准备阶段、下入管柱、注替固井液；注控参数设计主要包括准备阶段、下入管柱、注替固井液、起钻循环洗井及候凝整个固井过程，固井工作液结构主要包括每一工况下的浆体结构、用量、密度及返深情况，注控参数主要为施工排量及控压范围。浆体结构主要设计为双凝或三凝水泥浆体系，以设计出水泥浆失重时间差，避免在候凝阶段水泥浆同时失重引发气窜；密度设计需兼顾控压设备控压能力、地层安全临界窗口及顶替排量三因素；同时针对不同区块及井身结构所采用水泥浆性能也不同。设计最优顶替排量范围估算地层承压能力，通过计算漏层当量密度确定控压值。

## 2.3 固井环空压力预测软件

将以上模型用于现场数据修正，根据施工过程实际固井数据进行拟合，采用 Visual Basic 6.0 平台开发形成一套覆盖全固井周期环空压力预测软件，可为精细控压固井设计方案提供理论参考。

### 2.3.1 软件功能设计

套管尺寸界面输入套管数据，并设计标准管柱数据库，可从中选择也可手动输入套管参数，在套管下放计划中键入每时刻的下放速度及加速度、井眼尺寸及流体数据，可以快速计算得到每一时刻下套管在环空所处位置及对井底或风险点的激动压力(图 2)。

图 2　套管类型软件输入界面

系统默认泵送方向为由套管内至环空，按顺序输入流体类型及参数，通过流体体积及前期键入的井眼及套管尺寸自动输出注替终点时各种固井工作液所处位置(图 3)。

### 2.3.2 软件评价分析

为了验证软件的可靠性，以固井环空水力模型为基础，模拟计算 50 井次，根据现场实际泵压值推算实际井筒压力，与模型预测值之间的吻合度进行分析，误差均在 10% 以内，该软件可提高施工过程控制准确性，对可能发生的井下复杂情况监测与提示，与现场配套井口压力控制设备形成完整控压固井系统，实现固井前对设计方案的合理性做出评价（图4）。

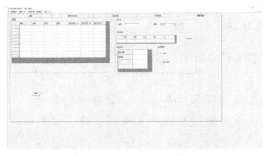 

图3 固井工作液流变参数输入界面　　　　　　图4 环空压耗模拟界面

## 3 结论与建议

固井井筒压力控制技术的中重中之重是提高精度，分别是地层压力预测精度，各复杂工艺条件下每一工况下井筒压力模型计算精度及井口装置的控压精度，只有做好这三方面提升，即能成功解决深层超深层固井难题，使固井质量持续向好。

## 参 考 文 献

[1] 孙翊成，蒋林，刘成钢．精细控压固井技术在川渝及塔里木盆地的应用[J]．钻采工艺，2022，45（3）：15-19.

[2] 徐璧华，刘文成，杨玉豪．小间隙井注水泥环空流动计算方法与应用[J]．天然气工业，2014，34（4）：90-94.

[3] 陈敏，赵常青，林强，等．川渝地区窄安全密度窗口天然气深井固井新技术[J]．天然气勘探与开发，2021，44（3）：62-67.

# 固井用界面增强型水泥浆的研究与应用

瞿翔宇[1,2] 杨秀天[1,2] 宋艳涛[1,2] 李娜[1,2]

(1. 大庆钻探工程公司；2. 油气钻井技术国家工程实验室调整井钻完井试验基地)

**摘 要** 大庆油田长期受注水影响，地层局部易形成高压层，调整井固井时水泥浆易受水气侵扰，使界面胶结劣化，造成水泥环完整性不易保持。研究发现白炭黑(平均粒径5μm)可提高界面的胶结性能，水泥环40℃×48h—界面胶结强度较原浆提高60%。将粉体白炭黑改性处理形成DSL溶胶，DSL溶胶能使水泥环40℃×48h—界面强度达到1.175MPa，二界面强度达到0.087MPa，并有效提高水泥石力学性能、缩短水泥浆静胶凝强度过渡时间。经过配伍形成的界面增强型水泥浆，水泥浆性能系数SPN值小于3，室内模拟抗气窜性能评价为优良。该体系表现出界面胶结牢靠、防气窜性能好、水泥环强度高等优点。在大庆油田存在气顶区的3口井进行了现场试验，固井质量合格率100%，为大庆油田调整井固井应对高压层侵扰与水泥环界面劣化提供了有效的技术手段。

**关键词** 调整井；界面增强；白炭黑；防窜；水泥浆

大庆油田经过长期的调整开发，平面区域出现了大量异常高压区域，高压层平均压力系数可达1.80以上，给钻完井施工带来隐患；根据弱界面理论，氢氧化钙在界面处聚集、溶解和迁移是界面劣化的主要原因[1]，尤其一口井在高压层、浅气层、高渗层并存时，易发生复杂窜漏事故，严重影响固井施工质量与安全。目前针对以上问题，主要通过完井下套管时在钻井液中加入界面剂以改善滤饼性能，或采用早强、膨胀类型水泥浆提高水泥石力学强度、抑制水泥环体积收缩，但是少有从抑制界面处氢氧化钙结晶生长的角度来研究。

本文通过研选硅质类无机增强材料白炭黑，与界面处氢氧化钙发生二次水化反应形成水化硅酸钙胶凝材料，从而控制住弱界面的发展趋势，增强水泥环界面胶结强度。另外，白炭黑在水泥浆体系中还有提升力学强度的作用，加强了体系的抗窜能力。在现场试验的三口井中，未受到高压气层影响，固井过程中无渗无漏，应用井段声幅检测均为优质，保障了调整井高压层固井质量与安全。

## 1 界面增强材料的选择

通过调研，收集了起粘黏作用的胶粉、纤维素、白炭黑三类材料。设计水泥环界面强

【基金项目】中国石油天然气集团有限公司科学研究与技术开发项目《公司发展战略与科技基础工作决策支持研究》子专题《油气钻完井技术国家工程研究中心运行管理研究》(编号：2022DQ0107-26)。

【第一作者简介】瞿翔宇(1989—)，男，工程师，项目经理，硕士，2012年毕业于东北石油大学勘查技术与工程专业，就职于大庆钻探工程公司钻井工程技术研究院，主要从事完井液与测井技术研究工作。地址：(163000)黑龙江省大庆市红岗区大庆钻探工程公司钻井工程技术研究院，电话：18045914851，E-mail：zxy050781@163.com。

度试验方案：选用界面强度养护模具，如图1所示，模具分为顶、底端盖和内、外筒。水泥浆倒入内、外筒中的环形空间内，模拟水泥填充套管与地层的环形空间，放入水浴养护箱中养护，到期龄后取下模具顶、底盖，使用TAW-2000岩石三轴试验机对水泥环进行界面强度压力测试，如图2所示。分析三种界面增强材料对水泥环界面强度的影响，配方：大连G油井水泥+(0.2%~1.0%)样品+0.4%SXY醛酮类分散剂+水，水灰比为0.44，以干混方式配制水泥浆，数据见表1。

  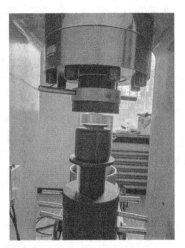

图1　界面强度养护模具　　　　图2　压力机测试过程

表1　水泥环界面强度试验配方及测试结果

| 配方 | 样品 | | 40℃×48h 一界面强度(MPa) | 40℃×48h 抗压强度(MPa) |
|---|---|---|---|---|
| 1 | 原浆 | | 0.648 | 32.5 |
| 2 | 胶粉 | 1%A(主要成分为乙烯/醋酸乙烯酯共聚物) | 0.533 | — |
| 3 | | 1%B(主要成分为醋酸乙烯/叔碳酸乙烯共聚物) | 0.401 | — |
| 4 | | 1%C(主要成分为聚乙烯醇) | 0.494 | — |
| 5 | 纤维素 | 0.2%D(主要成分为羟丙基甲基纤维素) | 0.702 | — |
| 6 | | 0.2%E(主要成分为羟乙基纤维素) | 0.636 | — |
| 7 | | 0.2%F(主要成分为甲基纤维素) | 0.569 | — |
| 8 | 白炭黑 | 1%G(主要成分二氧化硅，平均粒径40μm) | 0.731 | 35.8 |
| 9 | | 1%H(主要成分二氧化硅，平均粒径20μm) | 0.812 | 36.3 |
| 10 | | 1%I(主要成分二氧化硅，平均粒径5μm) | 1.068 | 39.4 |
| 11 | | 0.5%K(主要成分二氧化硅，平均粒径20nm) | 1.037 | 38.1 |

由表1所示，加有胶粉类的A、B、C三个样品48h水泥环界面强度均低于原浆水泥环；纤维素类的D样品界面强度涨幅8%，但是浆态过于黏稠，不适于现场施工，样品E、F的水泥环界面强度均低于原浆水泥环，且同样受浆态影响，不能提高加量；白炭黑的G、H、I、K四个样品平均粒径依次为40μm、20μm、5μm、20nm。从试验结果看，界面强度数值I>K>H>G，较原浆水泥环界面强度涨幅分别为65%、60%、25%、13%，说明白炭黑对水

泥环界面强度起到增强作用，纳米级白炭黑 K 活性较高，但受到水泥浆浆态影响，加量最高到 0.5%，超过 0.5% 浆态黏稠基本无法流动。通过比较，微米级白炭黑的水泥浆浆态适中，三种微米级白炭黑符合粒径越小，界面强度越高、抗压强度越高的规律，粒径 5μm 的白炭黑提高水泥环界面强度最明显。

在试验过程中，还发现同一类的硅酸盐油井水泥，在不同批次中的原浆性能检测存在差异性，造成白炭黑对水泥抗压强度提高幅度发生了波动。通过测试白炭黑对三个批次的油井水泥抗压强度变化的影响，优选合适粒径的白炭黑。配方：大连 G 油井水泥+1.0% 样品+0.4%SXY 醛酮类分散剂+水，水灰比为 0.44，以干混方式配制水泥浆，数据见表 2。

表 2　白炭黑在不同批次油井水泥的试验配方及测试结果

| 配方 | 样品 | 油井水泥批次 | 40℃×48h 抗压强度（MPa） | 40℃×48h 原浆抗压强度（MPa） | 抗压强度涨幅（%） |
|---|---|---|---|---|---|
| 1 | 1%G（平均粒径 40μm） | 一批次 | 35.8 | 32.5 | 10 |
| 2 | | 二批次 | 39.3 | 37.0 | 6 |
| 3 | | 三批次 | 36.9 | 33.5 | 10 |
| 4 | 1%H（平均粒径 20μm） | 一批次 | 36.3 | 32.5 | 12 |
| 5 | | 二批次 | 42.6 | 37.0 | 15 |
| 6 | | 三批次 | 38.9 | 33.5 | 16 |
| 7 | 1%I（平均粒径 5μm） | 一批次 | 39.4 | 32.5 | 21 |
| 8 | | 二批次 | 44.4 | 37.0 | 20 |
| 9 | | 三批次 | 40.5 | 33.5 | 21 |

由表 2 所示，在三个批次的油井水泥中，平均粒径 40μm 的样品涨幅在第二批次水泥波动较大，平均粒径 20μm 的样品涨幅在第三批次水泥波动较大，利用方差公式（1）求标准差来测算数据的差异程度：

$$S^2 = \frac{1}{3} \left[ (x_1 - \bar{x})^2 + (x_2 - \bar{x})^2 + (x_3 - \bar{x})^2 \right] \tag{1}$$

式中，$S$ 为标准差；$x_1$、$x_2$、$x_3$ 为样品在第一、二、三批次油井水泥抗压强度的涨幅，%；$\bar{x}$ 为样品在第一、二、三批次油井水泥抗压强度的平均涨幅，%；$S_1$、$S_2$、$S_3$ 为粒径分别为 40μm、20μm、5μm 白炭黑的标准差。

经过计算，标准差 $S_1$、$S_2$、$S_3$ 分别为 1.89、1.70、0.47，对应粒径 5μm 的白炭黑受油井水泥批次差异的影响最小，反映出 5μm 的白炭黑性能是最稳定的，并从表 2 数据也可以看出粒径越小，抗压强度涨幅越大的规律。因此，粒径 5μm 的白炭黑力学性能最为稳定，提高水泥环界面强度最明显，选用粒径 5μm 白炭黑作为界面增强材料。

## 2　DSL 界面增强材料性能评价

### 2.1　白炭黑的改性—DSL 溶胶

白炭黑的主要成分是超细粒子状的二氧化硅，有效含量在 98% 以上。密度轻，易在干混时飘浮在空中，且颗粒表面含有较多羟基[2]，易吸水聚集成细粒，增加了混拌工艺的操作难度，同时纳米颗粒聚团也不利于性能的发挥。采取对白炭黑进行改性，将微米级白炭黑、醛酮类分散剂、表面活性剂加入水中，进行高速剪切搅拌，形成分散型白炭黑溶胶，记为增强剂DSL，有利于稳定性能与湿混外加剂体系的应用。

### 2.2 DSL对油井水泥力学性能的影响

进行DSL影响油井水泥抗压强度测试，试验条件为40℃×常压，基础配方：大连G油井水泥+（3.0%~5.0%）DSL+0.4%SXY醛酮类分散剂+水，液固比0.44，试验结果如图3所示。

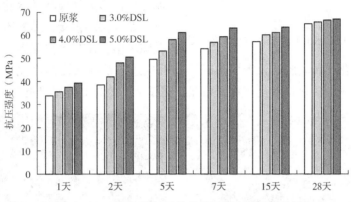

图3　DSL不同加量与原浆的抗压强度对比柱状图

由图3可知，水泥石抗压强度随着DSL加量增加而增加，抗压强度趋势前期提高明显，后期涨幅平缓。另外，5.0%加量的DSL水泥浆浆态较稠，流动度低，后续的性能评价将DSL加量定在4.0%。将界面强度养护模具外筒静置钻井液内，成形后取出、使用刮刀刮抹内部滤饼，使滤饼厚度达到4mm，测试一、二界面强度，数据结果见表3。

表3　水泥环界面强度试验配方及测试结果

| 40℃界面强度（MPa） | | | | | | | | |
|---|---|---|---|---|---|---|---|---|
| 养护<br>时间 | 1天 | | 2天 | | 7天 | | 15天 | |
| | 一界面 | 二界面 | 一界面 | 二界面 | 一界面 | 二界面 | 一界面 | 二界面 |
| 原浆 | 0.653 | 0 | 0.658 | 0 | 0.661 | 0 | 0.663 | 0 |
| 4.0%DSL | 0.764 | 0.062 | 1.084 | 0.081 | 1.109 | 0.084 | 1.154 | 0.091 |

由表3可知，加DSL较原浆水泥环一界面提高了17%~74%，并且随着时间延长，界面强度不衰退，反映了水泥环整体无回缩，始终与界面有较高的"粘接性"；二界面在有滤饼情况下，原浆界面没有发展强度，DSL体系达到0.081MPa/2d、0.091MPa/15d。经过研究，水化产物$Ca(OH)_2$易在界面处产生，与DSL主要成分$SiO_2$发生火山灰反应生成胶凝材料C-S-H[3]，从而减少了界面处$Ca(OH)_2$的含量，且DSL中固相较小的微米级颗粒，可填充到水泥环内部孔隙中，提高界面抗冲蚀能力。

### 2.3 DSL对油井水泥静胶凝强度过渡时间的影响

利用5265静胶凝强度分析仪测试DSL对水泥浆静胶凝强度过渡时间的影响，如图4所示，试验条件40℃×15.9MPa，DSL水泥浆与原浆的静胶凝强度过渡时间分别为36min、77min，试验条件30℃×10.0MPa，DSL水泥浆与原浆的静胶凝强度过渡时间分别为70min、

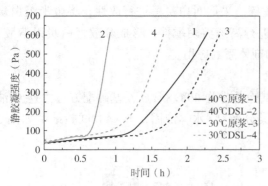

图4 原浆与加 DSL 水泥浆静胶凝强度发展对比

93min，表明 DSL 增强材料使水泥浆静胶凝强度过渡时间缩短，加速水泥浆由流动液态向胶凝固态的转变，提高水泥浆的防窜能力[4]。

### 2.4 DSL 对油井水泥微观结构的影响

利用扫描电子显微镜对水泥环界面处的水泥石进行微观分析，如图5所示，原浆水泥环界面多为针棒状的水化硅酸钙，水化产物间相互拼凑搭接，结构不够紧密，产物间孔隙较多；DSL 水泥环界面表现出团簇状的水化硅酸钙，水化产物间胶结致密。印证了 DSL 促进了油井水泥的水化进程，加速了界面处水化硅酸钙产物的转化，水化产物间相互压实胶结，微观上体现出更为致密的组成结构。

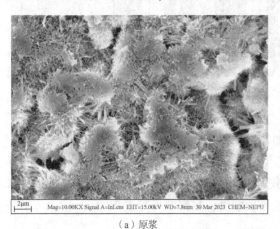

（a）原浆　　　　　　　　（b）DSL

图5 原浆与加 DSL 水泥环界面处微观结构
（标度尺 2μm，放大倍数 1 万倍）

## 3 界面增强型水泥浆性能评价

以 DSL 为主剂形成界面增强水泥浆，配方为：大连 G 级水泥+4.0%DSL+（1%～2%）AMPS 降失水剂+（8%～12%）乳液防窜剂+1.0%醛酮系分散剂+0.6%聚醚类消泡剂。通过室内评价对水泥浆综合性能进行评价，数据见表4。

表4 不同密度下水泥浆的各项试验数据

| $\rho$ (g/cm$^3$) | $W/C$ | 流动度 (cm) | $FL_{40℃}$ (mL) | 试验条件 | $C_0$ (Bc) | $T$ (min) | $p_{24h抗压}$（MPa） | | $p_{48h界面}$（MPa） | | |
|---|---|---|---|---|---|---|---|---|---|---|---|
| | | | | | | | 27℃ | 40℃ | 27℃ | 40℃ | |
| | | | | | | | | | 一界面 | 一界面 | 二界面 |
| 1.91 | 0.44 | 24.5 | 17.0 | 40℃×15.9MPa | 11 | 90 | 27.3 | 38.2 | 0.624 | 1.175 | 0.087 |
| 1.95 | 0.41 | 23.0 | 15.0 | | 13 | 82 | 28.5 | 40.1 | 0.711 | 1.194 | 0.089 |
| 1.97 | 0.39 | 21.0 | 13.0 | | 14 | 70 | 29.7 | 41.3 | 0.762 | 1.201 | 0.090 |

注：水泥为大连 G 级油井水泥；降失水剂加量1.5%，防窜剂加量10%；加量百分比均为占水泥百分数。（代号说明：$\rho$—密度；$W/C$—水灰比；$FL$—滤失量；$C_0$—初稠；$T$—稠化时间；$p_{24h抗压}$—24h 抗压强度；$p_{48h界面}$—48h 界面强度）

由表 4、图 6 所示，水泥浆性能的常规性能数据均有良好表现，结合水泥浆性能系数 SPN[5]知：

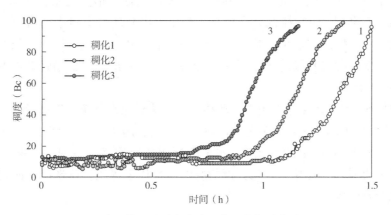

图 6　体系不同密度水泥浆稠化试验曲线

$$SPN = FL_{API}\frac{\sqrt{t_{100Bc}} - \sqrt{t_{300Bc}}}{\sqrt{30}} \tag{2}$$

式中，SPN 为水泥浆性能系数，无量纲；$FL_{API}$ 为水泥浆 API 滤失量，mL；$t_{100Bc}$ 为水泥浆稠度为 100Bc 的时间，min；$t_{30Bc}$ 为水泥浆稠度为 30Bc 的时间，min。

对界面增强型水泥浆常规性能参数代入计算 SPN 值，水泥浆密度为 1.91g/cm³、1.95g/cm³、1.97g/cm³ 的 SPN 值分别为 2.82、2.79、2.56，SPN 值均在 0~3 之间，体现出水泥浆的防气窜性能良好[6]。

利用 7150 型气窜模拟分析仪对界面增强型水泥浆的抗窜能力进行室内评价，图 7 为界面增强型水泥浆抗窜能力评价曲线，实线代表底部气层压力，模拟地下气层；虚线代表水泥石孔隙压力；×××线代表上覆探测压力，由图可知，水泥石孔隙压力的不断下降，气层压力、上覆探测压力稳定不变，反映出从水泥浆到水泥石均抵抗住气层压力的侵入，没有发生气窜。综上，界面增强型水泥浆具有界面处胶结强、防气窜性能优良、水泥环强度高的特点，适合长恒油田调整井的高压力层系。

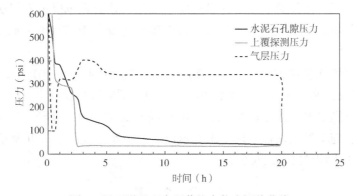

图 7　界面增强型水泥浆抗窜能力评价曲线

## 4　界面增强型水泥浆现场应用

喇某区地下发育浅层气、气顶气、断层等，地面和地下形势复杂，井深920m具有气顶，试验区域存在套损，易发生固井高压层水气窜，固井质量保障难度增加。该体系分别在喇3-斜PSX井、喇3-PSX井、喇4-斜PSX井进行了现场应用，界面增强型水泥浆应用段深度为700~1200m的油层段，固井全程无窜漏，三口井应用界面增强型水泥浆的油层段48h声幅测井均为优质。

在喇3-斜PSX井，现场施工正常，混拌水泥浆达到正常下灰、密度控制1.91~1.93g/cm³的要求，水泥浆流动性较好，泵送、顶替顺利进行，施工过程中无窜无漏现象，井口返出5m³、密度约为1.91g/cm³的水泥浆，48h声幅测井应用段为优质，如图8所示，截取880~1000m段声幅曲线，图中一、二界面的胶结质量代表优质，体现出界面增强型水泥浆能提高界面的胶结强度。

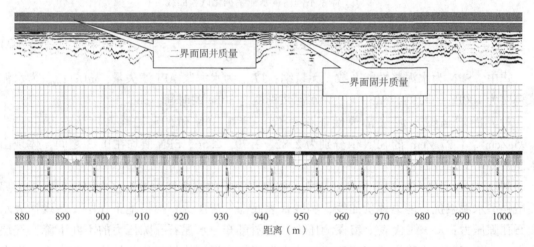

图8　喇3-斜PSX固井声波变密度声幅曲线

## 5　结论

（1）针对水泥环界面处受氢氧化钙影响发生劣化，并受高压层水气侵扰的问题，优选白炭黑（平均粒径5μm）增强材料，并经过改性处理形成DSL溶胶，能明显提高水泥石抗压强度与界面胶结强度。

（2）形成界面增强型水泥浆，40℃×48h一界面强度达到1.175MPa，二界面在滤饼情况下达到0.087MPa，水泥浆性能系数SPN<3，室内模拟防窜性能优良。

（3）界面增强型水泥浆在存在气顶区的喇3-斜PSX井、喇3-PSX井、喇4-斜PSX井进行了现场试验，施工过程正常，现场未有窜流、漏失事故发生，固井质量合格率100%，该体系可推广应用于调整井高压层固井。

### 参 考 文 献

[1] 杨秀天，王克诚，张立，等．调整井固井弱界面问题探讨[J]．钻井液与完井液，2010，27（5）：55-57．

［2］班卫静，周霞萍，柯一龙．粉煤灰短流程制取白炭黑的研究［J］．洁净煤技术，2011，17（06）：99-102.

［3］幸超群，邓怡帆，笪俊伟，等．硅灰-粉煤灰复合矿物掺合料对混凝土性能的影响研究［J］．新型建筑材料，2022，49(9)：52-56.

［4］魏浩光．纳米液硅防窜水泥浆体系性能研究及应用［J］．科技和产业，2022，22(4)：385-388.

［5］朱海金，屈建省，刘爱萍，等．水泥浆防气窜性能评价新方法［J］．天然气工业，2010(8)：55-58+116-117.

［6］丁士东，张卫东．国内外防气窜固井技术［J］．石油钻探技术，2002，30(5)：35-38.

# 超深井长封固低密度水泥浆开发与应用

马春旭　田　野　项先忠　杨智程　宋维凯

(中海油田服务股份有限公司)

**摘　要**　为了解决超深井长封固段的高温高压、浆体稳定性、高温稠化性能、顶部强度性能等的难题，优化合成改进了大温差缓凝剂 C-R42L、研选了高固含增强剂 C-SE2 并优选了高承压微珠 C-P64，构建了适用于超深井长封固的低密度水泥浆体系，可以确保在高承压条件下水泥浆密度、流变性能基本保持不变；高温下低密度水泥浆浆体稳定，上下密度差小，空心微珠无明显上浮；顶部强度发展快，综合性能良好，且易于调整和控制，能够满足长封固段固井作业的各项要求。

**关键词**　缓凝剂；微珠；超深井；高温高压；长封固段

随着我国向深地进军的战略技术构想的提出，如何确保深地地层的固井安全已经显得尤为重要。深井超深井固井作业中，井底温度逐渐升高、井底压力逐步增大、井下条件变得更加苛刻，常会遇到长封固段大温差固井水泥浆施工难、固井质量难以保证的难题[1,2]，其中尤以超深井低压易漏地层条件下采用长封固段的低密度水泥浆体系构建更为棘手，对其高温稳定性、高温稠化性能、顶部强度性能等问题提出了更高要求[3-5]。为此开发了一种低密度水泥浆体系，具有良好的耐高温高压性能，可以在满足大多数超深井长封固的需求。

## 1　实验部分

### 1.1　实验原料

油井"G"级水泥，购自山东中昌水泥厂；降失水剂、缓凝剂、分散剂、消泡剂等固井添加剂，购自天津中海油田服务股份有限公司。

### 1.2　实验仪器

OWC-9360 型水泥浆恒速搅拌器(沈阳航空航天大学应用技术研究所)；YYM 型压力密度计；OWC-9350 型常压稠化仪(沈阳航空航天大学应用技术研究所)；3530 型自动黏度计(美国 CHANDLER 公司)；OWC-9710 型失水仪(沈阳航空航天大学应用技术研究所)；OWC-118 型常压养护箱(沈阳航空航天大学应用技术研究所)；BP 沉降管(沈阳航空航天大学应用技术研究所)；水泥浆收缩膨胀仪(沈阳航空航天大学应用技术研究所)。

### 1.3　实验方法

水泥浆基本性能按照 API 10B-2《测井水泥的推荐规程》的规定进行配制与测试。

升降温实验：(1)稠化实验：模拟水泥浆在井下的温度变化过程，水泥浆注入井底时间为升温过程，上返过程保持循环温度不变(确保施工安全)至顶替结束，而后降温至顶部温

---

【作者简介】马春旭，中海油田服务股份有限公司

度。具体实验温度为 BHCT=150℃，90min 升温至 150℃，保持 90min，90min 降温至 90℃，保持直至水泥浆凝固。（2）抗压强度实验：参照升降温稠化实验，进行升降温养护，养护时间为降温至 90℃后 30min，而后转入 90℃强度模块进行高温高压强度养护釜，进行正常强度养护程序。

## 2　关键添加剂开发与研选

添加剂是构成水泥浆体系的基础，要构建超深井长封固的低密度水泥浆，首先要有针对性的开发或研选相应的添加剂。

### 2.1　大温差缓凝剂

如何在高温条件下保证水泥浆的稠化时间，又要保证首浆在顶部迅速起强度，缓凝剂的选择是关键[6,7]，为此通过对缓凝分子基团进行深入的机理分析，合理运用聚合物的"包埋"特性，合成了一种具有耐高温、且恢复低温后缓凝性降低的大温差缓凝剂[8,9]。

分别称取一定量的 AMPS（2-丙烯酰胺基-2-甲基丙磺酸）、IA（衣康酸 IA）及 XY（小分子不饱和单体）单体配制成水溶液，加入三口烧瓶中搅拌升温，同时通入氮气除氧，升温至 60℃后，滴加引发剂溶液，反应升温至 75℃保温 2h，最后自然冷却至室温，得到具有一定黏度的浅红色液体缓凝剂 C-R42L（有效浓度为 23%）。

使用丙酮对 C-R42L 进行分离提纯处理后，采用 TENSOR27 型傅里叶红外光谱仪对其进行了红外分析，实验结果如图 1 所示。

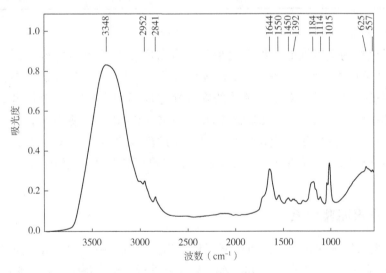

图 1　C-R42L 红外光谱图

注：采用衰减全反射（Attenuated Total Refraction，ATR）红外附件

由红外光谱图可知：3348cm$^{-1}$是 AMPS 中 N—H 的吸收峰，2952cm$^{-1}$是 AMPS 中—CH$_2$ 的伸缩振动吸收峰，1644cm$^{-1}$是 AMPS 中酰胺基的 C═O 伸缩振动吸收峰，1184cm$^{-1}$、1015cm$^{-1}$、625cm$^{-1}$对应 AMPS 中磺酸基的吸收峰；1450cm$^{-1}$和 1392cm$^{-1}$分别对应 IA 中羧酸基团的 C═O 对称伸缩振动吸收峰和不对称伸缩振动吸收峰；2841cm$^{-1}$、1550cm$^{-1}$和 1114cm$^{-1}$分别是单体 XY 中 C—H、C═O 和 C—N 的伸缩振动吸收峰。在 1620cm$^{-1}$ -1635cm$^{-1}$之间未发现 C═C 的特征吸收峰，表明 C-R42L 中无不饱和单体存在[10]。

## 2.2 增强剂

除了缓凝剂的影响，固含量是低密度水泥浆能够较早起强度的关键因素。一般情况下，为了获得更好的低密高强水泥浆性能，往往在低密度水泥浆中加入增强材料，这种增强材料多以微硅粉为主要成分，可以起到悬浮稳定、辅助增强等作用，但是微硅粉具有显著的增稠效果，往往又会导致固含量降低。本项目以少量微硅粉，辅以球形粉煤灰、超细硅粉等，在综合考虑水泥颗粒、微珠粒度条件下，按紧密堆积原理开发了一种高温增强剂 C-SE2，可以为有效提高水泥浆的固含量以及悬浮能力，提高致密性，进一步提高水泥浆的顶部强度。

使用常规 1.50g/cm³ 的水泥浆对两种增强材料对水泥浆固含量的影响进行对比，见表 1。造成这种差异的原因，主要是由于微硅粉自身具有很强的保水增稠能力，利于悬浮且增强，一般用作低温下使用的增强材料，可以有效减少微珠加量，并能够补偿一定的强度；但是，高温以及大温差条件下，微硅粉的这种特点反而不利于固含量的上升，最终影响顶部强度的发展，C-SE2 中的弱活性组分，自身增稠效果不显著，且又具有一定的悬浮能力以及后期活性，更适用于大温差低密度水泥浆的构建。

**表 1　增强材料对固含量的影响**

| 增强材料类型 | 加量 | PVF |
|---|---|---|
| C-SE2 | 25 | 48 |
| 微硅粉 | 25 | 41 |

## 2.3 空心微珠

为了获得更好的强度性能，加入大量的自身密度较低的减轻材料以便提高水泥浆的固相含量[11]，通常主要是中空玻璃微珠，通常来说中空玻璃微珠在高压条件下易碎，进而导致水泥浆的性能波动，对泵注顶替的安全性造成不利影响[12]。超深井条件下，井底压力一般高达 100MPa，而空心微珠加量 20%~30%(BWOC)，使用前必须水泥浆承压能力进行测试，防止过高的密度变化压漏地层，通过破碎率对比，认为 C-P64 具有良好的耐压能力，能够确保水泥浆在 100MPa 条件下，密度变化率不高于 0.02g/cm³，水泥浆性能可靠。

# 3　低密度水泥浆体系

在材料开发与优选的基础上，通过复配高温降失水剂 C-FL80L、消泡剂等材料，构建了 1.4g/cm³ 大温差低密度水泥浆，并对水泥浆性能进行了综合评价。水泥浆配方 A 为：

淡水+8~10%C-FL80L+X%C-R42L+22%~28%C-P64+30%~45%C-SE2+100%G 级水泥。

## 3.1 浆体稳定性

在 150℃ 和 180℃ 条件下，对低密度水泥浆的沉降稳定性做了评价。实验方法为：将水泥浆注入 BP 沉降管中，在高温高压下竖立养护成型(24h)后脱模，养护结束后，将脱模后的水泥块上下各切掉 20mm，中间水泥石切成若干块，自上而下编号依次为 A~E，称取每段的质量，同时计算其体积，由质量和体积计算出各段的密度，进而得出水泥石不同段的密度差，见表 2。

表2  水泥浆的沉降悬浮稳定性

| 测试温度(℃) | A (g/cm³) | B (g/cm³) | C (g/cm³) | D (g/cm³) | E (g/cm³) | 密度差 (g/cm³) |
|---|---|---|---|---|---|---|
| 150 | 1.391 | 1.397 | 1.402 | 1.403 | 1.405 | 0.014 |
| 180 | 1.388 | 1.390 | 1.401 | 1.404 | 1.407 | 0.019 |

通过以上实验可知，在高温下低密度水泥浆都具有良好的稳定性，顶部和下部密度差都小于 $0.02g/cm^3$ ，可以有效保证水泥浆在整个水泥浆的稠化凝固期间浆体的均匀稳定，满足固井作业需求[13]。

由于上端和下端各 20mm 的部分，是最有可能出现密度差异的部分，进行电镜分析，结果如图 2 所示，没有出现空心微珠上层聚集或底部减少的现象，上下水泥石均匀。

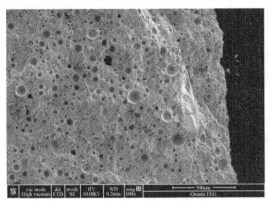 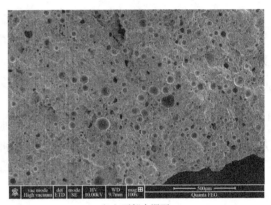

（a）上部水泥石                    （b）下部水泥石

图2  上部水泥石及下部水泥石电镜图(150℃水泥石)

### 3.2  耐压测试

为在 150℃、100MPa 条件下，对构建的水泥浆配方 A 进行了高压前后的水泥浆密度、流变性能(高压前后，93℃养护 30min 流变)对比测试，测试结果见表 3。

表3  加压测试前后水泥浆性能对比

| 测试条件 | 水泥浆密度 (g/cm³) | $\Phi_3$ | $\Phi_6$ | $\Phi_{100}$ | $\Phi_{200}$ | $\Phi_{300}$ | $n$ | 黏度系数 (Pa·s$^n$) |
|---|---|---|---|---|---|---|---|---|
| 压前 | 1.4 | 7 | 10 | 86 | 146 | 200 | 0.77 | 0.81 |
| 压后 | 1.41 | 7 | 11 | 88 | 149 | 203 | 0.77 | 0.86 |

由数据可以看出，水泥浆在高压前后密度变化较小，流变性能基本保持不变，表明空心微珠具有高承压能力，可以确保水泥浆泵注过程中不会对井底压力和环空摩阻产生显著影响，确保固井作业安全。

### 3.3  稠化性能

在 BHCT 分别为 150℃、180℃条件下，进行了稠化性能的测试，结果如图 3 所示。

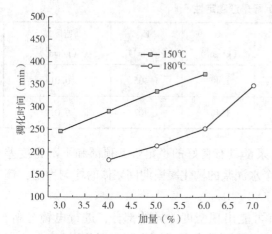

图3 不同温度下 C-R42L 加量与稠化时间关系曲线

从图 3 可以看出，在 150℃ 温度下，水泥浆体系随着缓凝剂 C-R42L 加量增大，稠化时间规律性良好，具备良好的可调性；在 180℃ 温度下，随着缓凝剂 C-R42L 加量增大，水泥浆稠化时间最初延长较缓和，加量达 7% 后，出现显著延长，表现出了在高温下的加量敏感性，但总体稠化时间仍随缓凝剂增加而延长，无反转异常现象，可以满足多数超深井的泵送需求。

同时，在 150℃ 条件下，测试了增强剂 C-SE2 与微硅粉，加量均为 30%（BWOC），对稠化性能的影响，结果如图 4 所示。

由结果可知，在高温下，使用大量微硅粉作为增强剂构建的水泥浆的稠化时间显著短于 C-SE2 的水泥浆，产生这种效果的原因是由于微硅粉对高温缓凝剂的吸附作用强，影响其缓凝作用的发挥，因此微硅粉不宜多加，会导致稠化时间不易延长，增加顶部低温段水泥石的胶结时间，C-SE2 更利于超深井低密度水泥浆的构建。

### 3.4 顶部强度

超深井作业，一般封固段较长，低密度水泥浆一般上返至顶部，大温差条件下既要满足高温下较长的稠化时间，又要在顶部较低温度区域尽快起强度，在不同的稠化时间条件下，测定了水泥石的顶部强度，实验结果如图 5 所示。

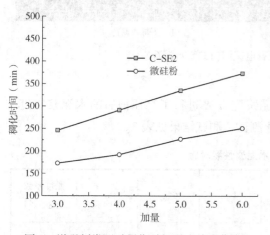

图4 增强剂类型对稠化时间影响关系曲线     图5 C-R42L 加量与稠化时间、顶部强度关系曲线

由结果可知，随着底部高温条件下稠化时间的延长，水泥浆顶部相对低温段的稠化时间延长约 200min 左右，当底部高温条件下稠化时间在 260~470min 时，基本可以满足固井作业泵注顶替的安全时间，顶部强度可达 3MPa 以上，满足迅速起强度的目的。

## 4 现场应用

YJ3-1XC 井位于新疆沙雅县境内，三开中完井深超 7500m（垂深近 7200m），尾管封固段长超过 2200m，首浆低密度水泥浆由井底返至上层套管鞋，经过 150℃ 高温，顶部温度仅为105℃，该温度段跨越水泥时凝固敏感带，为确保固井施工安全，要求稠化时间长；且钻进过程存在漏失，设计首浆 1.4g/cm³ 大温差低密度水泥浆进行封固，封固悬挂器-6900m 左右，包含上塞200m，降低井底当量。水泥浆稠化时间为486min 时，顶部强度48h 可达 15.6MPa，固井施工过程顺利，未出现任何井下状况或复杂情况，领浆段平均 CBL 小于 20%，质量优秀。

## 5 结论

（1）为解决长封固大温差条件下的顶部强度问题，通过合理的单体设计，合成了适用于高温大温差环境下的缓凝剂 C-R42L，通过红外分析表明合成产物为目标产物。

（2）开发了一种增强剂 C-SE2，相较于常用的微硅粉，同等条件下，水泥浆固含量可以由41%提高至48%，可以显著提高水泥浆强度和致密性。

（3）认为在超深井固井过程中，低密度水泥浆使用的空心微珠的破碎率需要特别关注，其在高压下破碎后，引起的水泥浆密度变化应小于 0.02g/cm³，具体以实际模拟井况为准。

（4）构建了适用于 1.4g/cm³ 的超深井长封固的低密度水泥浆体系，承压测试显示，水泥浆密度仅为于 0.01g/cm³，流变性能变化小，对循环压耗和井底压力影响有限；高温下水泥浆上下密度变化小于 0.02g/cm³，且电镜显示上下端水泥石中微珠分布均匀，沉降稳定性可靠；顶部强度达 3MPa 以上，可确保后续作业尽快开展。

（5）构建的低密度水泥浆体系在现场成功应用，固井施工过程顺利，封固段质量优秀。

## 参 考 文 献

[1] 张涛，王治国，陈超，等. 复杂深井固井技术在跃进区块的现场实践[J]. 钻采工艺，2015，40（4）：38-40.

[2] 欧红娟，李明，蒙飞，等. 长封固段大温差固井水泥浆技术研究进展[J]. 硅酸盐通报，2017，36（1）：104-109.

[3] 闫宇博，刘艳军，韩德勇，等. 大温差低密度水泥浆体系在 NP36-3804 井的应用[J]. 钻井液与完井液，2015，32（3）：73-75.

[4] 田野，宋维凯，侯亚伟，等. 大温差低密度水泥浆性能研究[J]. 钻井液与完井液，2021，38（3）：346-350.

[5] 黎泽寒，李早元，刘俊峰，等. 低压易漏深井大温差低密度水泥浆体系[J]. 石油钻采工艺，2012，34（4）：43-46.

[6] 张健，彭志刚，黄仁果，等. 一种大温差耐温耐盐缓凝剂的合成及性能评价[J]. 精细化工，2018，35（7）：1240-1247.

[7] 左天鹏，程小伟，吴昊，等. 一种长封固段固井用缓凝剂的制备及性能评价[J]. 精细化工，2022，39（3）：618-626.

[8] 郭锦棠，夏修建，刘硕琼，等. 适用于长封固段固井的新型高温缓凝剂 HTR-300L[J]. 石油勘探与开发，2013，40（5）：611-615.

[9] 冯德杰，杨启贞，曹成章. 油井水泥大温差缓凝剂的合成及性能研究[J]. 合成化学，2023，31（2）：92-100.

[10] Holland B J, Hay J N. The kinetics and mechanisms of the thermal degradation of poly (methyl methacrylate) studied by thermal analysis - Fourier transform infrared spectroscopy [J]. Polymer, 2011, 42 (11): 4825-4835.

[11] 马春旭, 段志伟, 刘富芳, 等. 人造微珠低密度水泥浆的研究与应用[J]. 钻井液与完井液, 2014, 31(2): 62-64.

[12] 张勇. 井下条件对固井用空心微珠破碎率的影响研究[J]. 广州化工, 2023, 51(4): 183-185.

[13] SY/T 6544-2017《油井水泥浆性能要求》[S].

# 尾管固井回接分段压裂关键技术研究

## 李振 王超 姚辉前

（德州大陆架石油工程技术有限公司）

**摘要** 针对油气开发中存在的压裂施工作业对高承压井筒的需求、生产技术对大通径的要求，以及生产存在的高压作业风险，提出了尾管固井回接分段压裂关键技术，配套研发了超高压尾管悬挂器、锁紧锚定插头等关键工具，整机密封能力达 140MPa，锚定承载能力达 1200kN。该技术在中国石化华北油气分公司、胜利油田等多个油田应用 300 余井次。研究结果表明，尾管固井回接分段压裂关键技术，可为压裂施工建立高承压、全通径的井筒条件，并在压裂技术后通过应用暂堵工具实现上部管柱的安全回收，可满足后续生产大通径及后期改造需求，回收套管的重复利用可有效降低开发作业成本。

**关键词** 尾管固井；压裂；性能测试；应力应变；现场应用

目前中国常规油气田普遍进入开发中后期，剩余可采储量难以高效动用产量逐年降低[1-2]，亟待寻找新的接替资源。中国陆上非常规油气资源探明量超过 $20\times10^8t$，海上低渗透原油探明储量近 $5\times10^{12}t$，天然气探明储量近 $5000\times10^8m^3$，开发前景巨大，是常规油气的重要接替资源。水力压裂作为主要储层改造技术已经被广泛用于低渗油气和非常规油气开发[3,4]。国内针对页岩油气等非常规油气藏创新提出了体积改造技术理念，由于技术本身的高风险和高成本，非常规油气开采技术的应用仍然面临着一系列的挑战。与陆上低渗油田相比，海上低渗油田开发更加困难，由于孔喉结构差异较大，层间干扰严重及衰竭式开发地层压力下降快等原因，海上低渗油气开发存在产能低、投资大、操作费用高等问题，无论是非常规油气还是海上油气均难以经济有效开发[5-7]。

老井开窗侧钻是实现老井产能恢复、挖潜井间层间未动用剩余储量的重要手段，具有征地少、成本低和见效快等特点[8]。利用该技术，能使套损井、停产井、报废井、低产井等复活，改善油藏开采效率，有效地开发各类油藏，提高采收率和油井产量，提高综合经济效益的同时有利于环境保护。针对 $\phi140mm$ 套管井，主要采用悬挂 $\phi101.6mm$、$\phi95mm$、$\phi88.9mm$ 尾管的方式实现完井，但原 $\phi140mm$ 套管因长时间生产等原因，存在腐蚀、套损等问题，无法满足后续的高压压裂施工需求，若采用回接固井至井口的方式，后续生产上部完井管柱作业空间严重受限，无法实现侧钻井的高效开发。

作为油气井开发主力技术，全井套管完井工艺对提高产能起到了至关重要的作用[9,10]。

---

【基金项目】中国石化科技部攻关项目"深层页岩气尾管回接压裂管柱技术研究"（编号：P21015）。

【第一作者简介】李振（1991—），男，主任师，高级工程师，山东省德州市人，硕士研究生，2015 年毕业于中国石油大学（华东）机电工程学院机械工程专业，现从事固完井工具设计研发工作。电话：0534-2670132，15066607864，E-mail：lizhen.sripe@sinopec.com。

但开发过程中存在着因储层改造的高压造成完井套管与水泥环之间交界面破坏，井口带压生产的风险；同时为保证储层改造技术安全实施需要高承压井筒，许多以牺牲井径空间或价格昂贵的高性能套管为代价实现，限制了后期采油技术的实施或大大增加建井成本；此外产量衰减后难以在原管柱内进行补救作业[11,12]。相较于全井套管完井工艺，尾管完井工艺在固井作业、压裂增产效果、长效安全生产方面具有工艺优势。但受限于工具耐压、尾管安全快下、回接密封锚定等功能限制，现有尾管射孔完井工艺未能在高压油气开发进行有效推广。为此，提出尾管固井回接分段压裂关键技术，通过尾管固井后非固井锚定密封回接，实现油套环空加压隔离，建立全通径、高承压井筒，再实施储层改造的分段压裂工艺技术，为油气高效安全开发提供一种低成本、高承压、全通径及易操作的完井工艺管柱技术，同时为后期生产提供大通径的作业条件，满足多种作业需求，促进油气资源的低成本高效开发。

# 1 高压油气井分段压裂用尾管回接压裂关键技术

## 1.1 工作原理

尾管固井回接分段压裂关键技术主要分为尾管固井作业、回接前磨铣作业、回接管柱锚定密封作业、压裂施工作业、大通径封隔器暂堵作业、回接压裂管柱起出作业及生产作业等。首先，采用超高压尾管悬挂器将完井套管悬挂在技术套管上进行固井作业，形成尾管固井管柱；其次，下入钻头对上下水泥塞进行清扫，保证尾管管柱内的畅通，并用专用保护磨铣短节加铣鞋对回接筒上部与内部清洗；再进行回接管柱下入及锚定作业，形成全通径、高承压的分段压裂井筒柱[12-14]，如图 1 所示。继续采用分段压裂技术对储层进行增产压裂改造，油套环空间通过加备压降低回接管柱承受内外绝对压差，增加回接管柱密封及锚定的可靠性。若压裂施工作业后返排压力高，则井口采用电缆及坐封工具泵送带破裂盘的暂堵工具，在尾管悬挂器以下的套管内进行坐挂及坐封，实现压裂后地层高压的暂堵，防止回接管柱起出时井口带压作业。最后通过上提旋转或液压方式实现回接管柱丢手并起出，实现技术套管大通径，生产作业时可通过井口憋压的方式击破暂堵工具的破裂盘实现油气生产通道的建立。回接的管柱可以实现重复利用，单井可节约套管、固井水泥等作业费用超 50 万元。上部技套的大通径可以有效避免后期采油工具无法下入的风险，提高后期井下作业技术实施的范围，同时上部的大通径可为后期的改造及侧钻作业提供更为有利的作业条件。

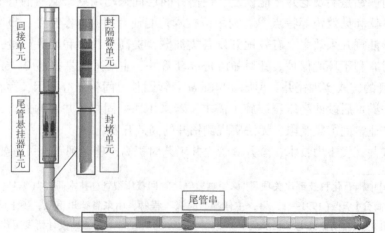

图 1 高压油气井分段压裂用尾管回接压裂井筒示意图

### 1.2 关键技术

为满足压裂施工高承压、全通径的井筒条件，同时在压裂完成后起出回接管柱实现上部大通径的井筒条件，尾管固井及回接后能够承受住最高 140MPa 的施工压力，要求尾管悬挂器及回接工具密封可靠。尾管固井后回接筒内残留水泥，对回接插入及密封提出挑战，要求保持回接位置的完整性。回接管柱起出要求安全作业，避免井口带压，且为降低储层污染不采用高密度压井液进行压井，要求暂堵工具封堵可靠，并可方便开启满足后续生产作业。根据井深、水垂比大小、固井留塞要求、固井质量等复杂井况，为解决尾管固井可取回接全通径分段压裂完井管柱技术实施过程的各种复杂技术难题，重点开展了管柱及配套工具的关键技术研究。

### 1.3 关键管柱及配套工具设计

#### 1.3.1 尾管施工管柱

尾管施工管柱自上而下主要由送入钻具、高压尾管悬挂器、套管串、球座、浮箍、浮鞋等组成，其主要施工原理同常规尾管悬挂器一致。其中超高压尾管悬挂器通过预置锚定机构及特殊涂层处理，防止水泥粘接，提升锚定承载及丢手的可靠性。采用组合式密封结构，并创新插入密封及应急密封，规避三项泄漏风险点，提升尾管悬挂器高承压性能及回接密封可靠性。

根据不同区块开发需求，尾管固井管柱中可配套使用固井滑套、趾端滑套等工具实现分段压裂需求。若尾管管柱不进行固井施工作业，则在施工管柱中可配套使用裸眼封隔器，以实现环空封隔，满足裸眼压裂施工需求。

#### 1.3.2 回接施工管柱

回接施工管柱自上而下主要由芯轴悬挂器(萝卜头)+套管串+锚定式超高压回接插头等组成，并在回接施工前下入专用的磨铣短节对回接位置进行充分的磨铣处理，设计磨铣短节根据磨铣位置分为四个外径。其中，锚定插头锁紧扣部分采用特殊马牙型扣设计，与回接筒上的马牙型母扣配合使用，采用液缸抵住缩紧卡瓦防止提前丢手。进行回接作业时，密封插头插入回接筒中，马牙型扣形成锁紧状态，防止整个管串由于压裂作业时的冲击压力造成管串上下窜动。压裂作业结束后，上提正转管柱，完成密封插头丢手动作，提出回接管柱。若正转无法丢手，采用环空憋压的方式，移动液缸后可采用直接上提丢手的方式，实现锚定密封插头的丢手。

根据不同区块开发需求，若回接前的技术套管可以满足压裂施工的高压作业需求，可不进行回接作业。若压裂压力过高为进一步提升管柱的整体密封能力，可进行回接固井施工作业，以满足高压长效密封需求。

#### 1.3.3 压裂投产不压井管柱

若压裂层段存在异常高压或高含气层，储层改造后易发生井喷造成事故，需采取防喷、压井措施，采用压井液压井的方式存在储层伤害风险增加，压井液漏失等问题。鉴于以上风险，按照井控安全、经济高效、储层无伤害发展方向的客观需求，开展了压裂投产不压井管柱的研究。该管柱主要包含了大通径封堵工具。主要目的即解决压裂作业完成后，起回接管柱作业前对井底压力的临时性封堵问题，改变传统的重浆压井的作业形式，降低储层污染风险。工具主要由前端的永久封隔器及后端的破裂盘组成。其中，$\phi$140mm 大通径封堵工具内径设计为 76mm，大于 $\phi$89mm 安全阀内径，不影响后续完井工具的下入及作业。

封堵工具坐挂位置在尾管悬挂器以下位置，工具以电缆作业的形式下入，通过适配器与专用坐封工具连接，下入到指定位置后通电引燃火药实现坐封动作，坐封完成后永久封隔器实现对管柱环空的密封，破裂盘实现对管柱内的密封，进而实现对井底压力的有效封堵。

大通径封堵工具坐封后，进行井口的压力检测，压力有效封堵后，井口开始拆卸防喷管柱，进行起回接管柱换装井口的作业流程。起回接管柱作业过程中保持井口完井液充满的状态，尽可能让破裂盘的承压降低，充分保障作业的安全性，回接压裂管柱起完后，通过井口憋压的形式实现通井作业。若井口憋压无法完成通井作业时，可通过钢丝下入专用震击工具，击破破裂盘，实现通井作业。

## 2 关键密封仿真分析及测试

### 2.1 关键金属零部件密封能力分析

基于有限元仿真分析手段，结合应力应变测试方法，分析超高压尾管回接压裂工具关键结构回接密封性能，并进行两种分析测试的结果拟合，推导合理计算公式，为尾管悬挂器密封能力的提升提供一定理论指导。

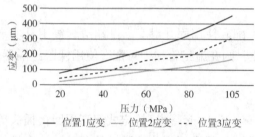

图 2 不同压力下回接密封关键位置应变趋势

#### 2.1.1 金属零件密封能力有限元仿真分析

根据实际使用需求，对回接压裂主要密封零部件回接筒进行模型简化后，再进行有限元仿真分析[15]。分别进行了 20MPa、40MPa、60MPa、80MPa、105MPa 下位置的应变分析，不同压力下回接密封关键位置应变趋势如图 2 所示。仿真分析表明该尺寸回接密封可以满足 105MPa 密封要求。

#### 2.1.2 金属零件密封能力应力应变测试分析

引入应力应变片实验的测试机理对金属件在液力作用下的变形情况进行实验验证。根据前面对回接筒的静力学仿真分析可知，在密封环空区域施加液力均布载荷后，产生的变形情况是从中间到两边对称减小的趋势，所以对密封圈处以及密封环空中间位置进行粘贴应变片测试其变形情况。实验中分别在 20MPa、40MPa、60MPa、80MPa、105MPa 稳压一段时间，待应变值稳定后，记录此时的应变值，表 1 为回接筒在不同位置下的实际变形以及仿真变形情况。

表 1 回接筒在不同位置下的实际变形以及仿真变形情况

| 压力（MPa） | 位置 1 实际应变（μm） | 位置 1 仿真应变（μm） | 位置 3 实际应变（μm） | 位置 1 仿真应变（μm） | 位置 2 仿真应变（μm） | 位置 3 仿真应变（μm） |
|---|---|---|---|---|---|---|
| 20 | 72 | 75.14 | 19.5 | 20.7 | 41 | 40.3 |
| 40 | 155 | 150.28 | 50 | 50.26 | 85 | 80.68 |
| 60 | 240 | 225.4 | 95 | 225.4 | 118 | 159.3 |
| 80 | 331 | 319.35 | 126 | 319.35 | 194 | 187.4 |
| 105 | 448 | 450.84 | 155 | 450.84 | 322 | 301.71 |

对仿真结果和实际试验结果进行对比分析可知,实际测得的变形结果与仿真分析的结果趋于一致,理论分析与实际测试结果对比如图 3 所示,有效误差不超过 15%,证明在以上网格划分的前提下有限元仿真结果具有一定的参考意义。

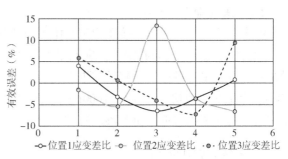

图 3　薄壁支撑筒与回接筒实际
应变与仿真分析对比

### 2.2　关键密封组件密封能力分析

密封插头中密封组件选用一个 O 形密封圈和一个金属基环,并在金属基环外侧硫化橡胶,构成一个密封组件,采用多个密封组件形成一个密封单元。依靠硫化橡胶与回接筒内壁之间产生的压缩应力形成密封。可以根据实际需求调节密封组件数量,达到不同井况的密封要求。同时由于其结构特点,橡胶整体硫化在金属基环上,具有较高的抗刮碰性能。在回接装置多次插入回接筒时,即便发生橡胶磨损甚至刮伤,也不会造成由于密封组件松动而导致密封失效的后果。

利用 ABAQUS 有限元仿真软件对关键密封组件进行有限元仿真分析,仿真过程中橡胶选用 80°橡胶及 Moonry-Rivlin 模型,设置橡胶材料参数为 $C_{10}$,金属材料选为 35CrMo 钢,弹性模量设置为 $2.1×10^5 MPa$,泊松比设置为 0.3,采用 CAX4R 单元。对密封组件分别进行装配仿真分析及压裂过程仿真分析。

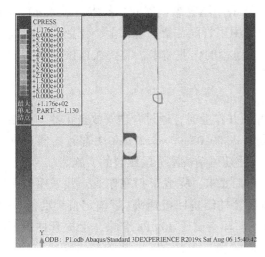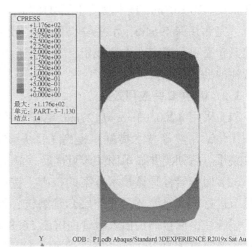

图 4　装配过程中的密封受力云图

对于装配过程中的密封压力分析可以直观反映组装过程中的难易程度及现场回插作业时的插入阻力情况。如图 4 装配过程中的密封受力仿真云图受力分析可知,组装完成后硫化基环外部与套管的密封压力为 17.6MPa,O 形圈与周围的密封压力为 2.6MPa,根据仿真数值计算基环组装过程中的组装力为 35.7kN。

根据回接密封装置在 140MPa 下的密封受力分析可知,基环与回接筒的密封压力为 140.2MPa,大于压裂最大压力 140MPa,但此时余量较小。O 形圈密封压力为 144.6MPa,大于压裂最大压力 140MPa,无刺漏风险。

### 2.3 关键地面性能测试

综合考虑超高压尾管回接压裂工具施工全流程中存在的风险,根据工具"下得去、封得严、锁得住、丢得开"的原则,分别就尾管固井施工、回接插头插入及锁定、施工过程中密封及施工后丢手的可靠性,测试结果为回接密封组件插入力≤100kN、马牙扣正向插入力≤50kN、应急丢手剪切力为800~1000kN、抗扭≥4kN·m,工具整体承压能力达140MPa,配套封堵工具封堵压力可达50MPa。各项性能指标测试满足现场施工需求。

## 3 现场应用研究

研制的$\phi$178mm×$\phi$114mm、$\phi$200.03mm×$\phi$127mm尾管悬挂器及插头整机密封能力达到105MPa,在中国石化华北油气分公司、胜利油田难动用、中国石油塔里木油田等多个油田应用300余井次,实现工业化应用,最高施工压力达到94MPa,既解决了致密油气田管串下入难题,又解决了大型压裂后井口带压生产问题,累计节约套管近4万米,为致密油气开发提供新的解决方案。针对深层非常规油气、海上油气等油气开发的$\phi$245mm×$\phi$140mm超高压一体式尾管悬挂器,密封能力突破140MPa,已在宁古1井、徐深6—平6井等完成现场应用10余井次,最高压裂施工压力达114MPa。在已完成压裂施工并丢手生产的井中,塔中X井压裂施工过程中最高压力达90MPa,在胜利油田纯侧X井进行了老井改造,压裂施工压力达62MPa,比较有代表性,因此以两井为例说明现场应用情况。

### 3.1 塔中X井井况

塔中X井地处新疆维吾尔自治区且末县境内,是一口气藏评价井。采用三开井身结构。二开采用$\phi$200.03mm技术套管下至4188m,三开采用尾管悬挂器固井技术,下入$\phi$127mm套管,完钻井深4964m,水平段长780m。现场采用尾管固井留上塞作业,作业后回接筒内及锁紧扣丢手位置存在水泥残留,为满足后续大通径的作业需求,需要在该条件下实现回接管柱的丢手可靠。

### 3.2 塔中X井应用效果

(1)采用$\phi$200.03mm×$\phi$127mm尾管水平井固井作业时,通过合理安放扶正器,严格通井、优化钻井液等技术措施,提高了固井质量。$\phi$200.03mm×$\phi$127mm尾管悬挂器正常坐挂、丢手。后期测井显示固井质量优质,满足了后期可钻桥塞分段压裂的实施需求。

(2)回接管柱是该技术方案的核心,按照施工要求,完成了扫塞作业,并采用专用磨铣短节进行了回接筒及上部外层套管磨铣,回接管柱结构回接插头(带锚定自锁功能)+回接压裂管柱,回接插头插入后管内试压56.8MPa、环空试压30MPa合格,上提管柱验证回接插头锚定自锁力300kN合格,满足了施工需求。

(3)按照设计要求进行了桥塞分段压裂,该井在压裂过程中最高井口压力达89.5MPa,施工排量8~12m³/min,全部6段顺利压完,如图5所示,压裂后创塔中16井区志留系试油日产油最高纪录。

### 3.3 纯侧X井井况

纯化油田纯X块,为东南高西北低的单斜构造,地层倾角为5°~17°,内部有断层发育。目的层为沙四段,沙四上沉积类型为滨浅湖相滩坝沉积,席状滩砂普遍发育,坝砂局部发育,坝砂横向变化快,主体区域砂体厚度大于40m,砂体厚度中心在纯侧X1井和纯侧X2井附近。该块沙四上油层厚度较薄,连通性相对较好,含油层从东南向西北逐渐减薄。

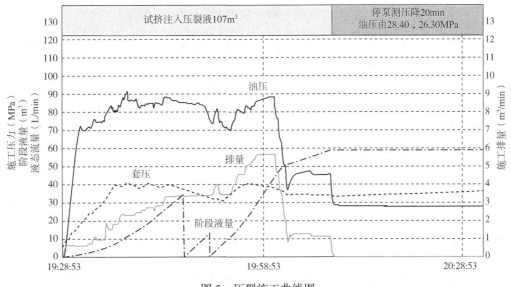

图 5　压裂施工曲线图

油层发育主要受岩性控制，油藏类型为常温、高压构造—岩性油藏。

开窗侧钻前，采油厂处理好井筒，安装好套管头。考虑到后期压裂 $\phi$95.3mm 套管和 $\phi$139.7mm 套管环空打压的需要，开窗前需对 $\phi$139.7mm 套管进行试压，试验压力应满足后期打压需要。

### 3.4　纯侧 X 井应用效果

（1）侧钻回接管柱配套的回接插头在压裂施工前需要进行管内试压，试压压力为 35MPa，为保证施工的可靠性，同时进行环空的试压，环空试压压力为 10MPa。

（2）按照设计要求进行了压裂，该井在压裂过程中最高井口压力达 62.3MPa，施工排量 4~5m³/min，压裂作业顺利压完，压裂后创纯侧井区试油日产油最高纪录。

## 4　结论

（1）尾管固井回接分段压裂关键技术与套管固井技术比较，提高了在破碎地层、易漏易喷地层的固井质量，通过高压尾管悬挂器、即插即锁结构、高压密封技术，解决了尾管固井与完井一体化连接及承压能力偏低的问题，建立满足体积压裂储层改造技术实施的井筒条件。

（2）通过高承压可取回接管柱的临时下入与起出，不仅解决了体积压裂储层改造技术对全通径高承压井筒条件的需求，而且满足了生产工艺对井筒大通径的需求，为多种采油气技术实施提供井筒条件，扩大储层动用程度，提高油气产量。

（3）可大通径暂堵装置的开发可有效降低压裂后地层高压带来的管柱回收作业的带压作业风险。机械液压双作用的锚定回接工具可提升回接工具在大井斜井况下的安全丢手可靠性。

（4）尾管回接压裂关键技术的研究为非常规油气、海上油气开发、老井改造等提供了有利的井筒条件，建议加大系列工具的及关键技术的应用范围，助力国内油气的高效开发。

# 参 考 文 献

[1] 朱义东，李威，王要森，等．海上特高含水期油田精细油藏描述技术及应用：以陆丰油田海陆过渡相 A 油藏为例[J]．中国海上油气，2020，32(5)：91-99.

[2] 王欣，才博，李帅，等．中国石油油气藏储层改造技术历程与展望[J]．石油钻采工艺，2023，45 (1)：67-75.

[3] 曾祥林，梁丹，孙福街．海上低渗透油田开发特征及开发技术对策[J]．特种油气藏，2011，18(2)：66-68.

[4] 孙福街，徐文江，姜维东，等．中国海油低渗及非常规油气藏储层改造技术进展及展望[J]．中国海上油气，2024，36(1)：109-116.

[5] 邹信波，刘帅，江任开，等．水动力压裂技术在海上油田应用的可行性分析[J]．钻采工艺，2021，44 (3)：60-63.

[6] 刘义刚．渤海油田低渗储层开采技术研究进展与展望[J]．中国海上油气，2024，36(1)：117-124 +186.

[7] 杨智，邹才能，陈建军，等．"进(近)源找油"：油气地质理论创新与重点领域勘探思考[J]．石油学报，2021，42(10)：1310-1324.

[8] 杨雪山，窦正道，唐玉华，等．小井眼深层侧钻井钻柱力学分析与应用[J]．复杂油气藏，2023，16 (4)：467-171.

[9] 杨智，邹才能．论常规—非常规油气有序"共生富集"——兼论常规—非常规油气地质学理论技术[J]．地质学报，2022，96(5)：1635-1653.

[10] 袁光杰，付利，王元，等．我国非常规油气经济有效开发钻井完井技术现状与发展建议[J]．石油钻探技术，2022，50(1)：1-12.

[11] 张鑫，李军，张慧，等．威荣区块深层页岩气井套管变形失效分析[J]．钻采工艺，2021，44(1)：23-27.

[12] 李文哲，文乾彬，肖新宇，等．页岩气长水平井套管安全下入风险评估技术[J]．天然气工业，2020，40(9)：97-104.

[13] 郭朝辉．分段压裂用尾管悬挂器与回接装置关键技术[J]．石油钻探技术，2018，46(2)：44-49.

[14] 张国安，姚辉前，李维斌，等．水平井尾管回接分段压裂技术的应用[J]．石油机械，2015，43 (2)：105-108.

[15] 资新运，赵姝帆，耿帅，等．应变式扭矩传感器的分析及 ANSYS 仿真[J]．仪表技术，2014(10)：50-54.

# 高温大温差低密度水泥浆体系的室内研究

张天意[1,2,3]　邹　双[1,2,3]　侯　薇[1,2,3]　孙富全[1,2,3]

(1. 天津中油渤星工程科技有限公司；2. 油气钻完井技术国家工程研究中心固井实验室；
3 中国石油天然气集团公司钻井工程重点实验室固井技术研究室)

**摘　要**　针对深层、超深层长封固段固井存在的井底温度高，水泥浆稳定性差，长期强度衰退；封固段长，温差大，顶部超缓凝；裸眼段承压能力低，易漏失等难题，通过优选耐高温高压减轻材料、高温防衰退材料与耐高温外加剂，经紧密堆积优化设计，形成了长期强度不衰退的高温大温差低密度水泥浆体系。该体系密度范围为 1.40~1.50g/cm³；高温下稳定性良好，游离液为零，上下密度差 ≤0.03g/cm³(循环稳定160℃、140MPa)；稠化时间线性可调；失水<50mL；顶部60℃大温差下24h内起强度，48h>3.5MPa；底部(领浆静止温度180℃)30d强度 28.5MPa，未见强度衰退，综合性能达到超高温固井技术要求，为集团公司积极部署万米科探井提供了技术保障。

**关键词**　低密度；水泥浆；长封固段，高温大温差；长期强度

我国深层、超深层油气资源潜力巨大(671×10⁸t 油当量)，尤以塔里木、四川盆地超深层油气资源丰度高、规模大、整体储量大。川西灯影组超深层(部分超 10000m)估算天然气 5.6×10¹²m³，塔里木盆地奥陶系—震旦系超深层(8000~12000m)估算石油 10.17×10⁸t、天然气 1.9×10¹²m³。为保障国家能源安全，中国石油集团公司正积极朝万米深井迈进。

然而，在深井、超深井的钻井实践中，为节约套管层次，常常面临长封固段的难题，致使固井面临以下难点：(1)封固段长，裸眼段承压能力低，为防止漏失领浆常采用低密度水泥浆体系；(2)井底温度高，水泥稳定性差，施工性能不易调节，长期强度易发生衰退；(3)长封固段温差大，顶部温度低，水泥浆易超缓凝。现阶段常规密度水泥浆体系尚难满足高温长封固段大温差难题，低密度水泥浆体系更是未曾尝试。因此，研发高温高压条件下稳定性好、施工性能易调节、大温差下顶部强度发展迅速且长期强度不发生衰退的低密度水泥浆体系具有重要意义。

本文通过优选耐高温高压减轻材料、高温防衰退材料与耐高温外加剂，经紧密堆积优化设计，形成了长期强度不衰退的高温大温差低密度水泥浆体系。该体系施工性能良好，大温差下顶部强度发展迅速且长期强度不发生衰退，可为集团公司万米科探井提供技术支持。

---

【第一作者简介】张天意，出生于 1993 年 4 月，硕士，工程师，2018 年毕业于美国史蒂文斯理工学院材料科学与工程专业，现在从事固井外加剂研究及现场技术服务工作。联系地址：天津市滨海新区津塘公路 40 号；邮政编码：300451；联系电话：022-66310282；E-mail：zhangtyi@cnpc.com.cn。

# 1 耐高温高压减轻材料优选

在低密度水泥浆中常用的减轻材料有膨润土、硅酸钠、漂珠、空心玻璃微珠、微硅和玻化珍珠岩等。高温深层次固井作业中井底压力高，因此要求在高温大温差低密度水泥浆中使用的减轻材料不仅需要有较好的耐温耐压能力，还不能对水泥浆的施工性能、水泥石的抗压强度和渗透率产生负面影响。

在耐温方面和密度低方面，常用的减轻材料漂珠、空心玻璃微珠和玻化珍珠岩均可符合要求，且配制出的水泥浆抗压强度好。但漂珠和玻化珍珠岩两者本身的耐压能力不高，而且使用两种减轻材料配制的低密度水泥浆流变性能较差，不适合在本体系中使用。因此，选择耐压能力更好、真密度低、能够降低水泥石渗透率和提高水泥石抗压强度的空心玻璃微珠作为本体系的减轻材料。

空心玻璃微珠降低水泥浆密度的机理为在微珠内部封闭了一定量的气体，从而使得微珠本身的密度较小。这些封闭的气体在降低水泥浆密度中起到了主要作用，故空心玻璃微珠的耐压性能是影响低密度水泥浆性能的重要因素。由于空心玻璃微珠为中空薄壳结构，在施工过程中，若地层压力超过其耐压能力时，微珠的破裂会导致水泥浆的体积出现较大缩减，导致浆体密度增大，存在引发固井漏失的风险[1]。

在深井超深井中，部分深度已经超过了一万米，地层压力可达 130MPa（18855psi）以上，因此，固井中常用空心玻璃微珠的承压能力（12000~18000psi）已不能满足超深井固井需求，需要选择更高承压能力的空心玻璃微珠。考虑到空心玻璃微珠自身可能存在少许缺陷和配浆过程中造成部分破损，为确保水泥浆密度稳定和现场施工安全，选取了三种市售承压 23000psi（158.6MPa）的空心玻璃微珠配制不同低密度水泥浆并测量水泥浆的耐压密度。

现场常用低密度水泥浆密度范围在 $1.40 \sim 1.50 \mathrm{g/cm^3}$ 之间，使用所选三种承压 23000psi 的空心玻璃（分别编号为 A、B、C）微珠配制 $1.40\mathrm{g/cm^3}$、$1.45\mathrm{g/cm^3}$ 和 $1.50\mathrm{g/cm^3}$ 三种密度的水泥浆。将配制完毕的水泥浆放入高温高压稠化仪中，按照设定的程序（160℃×120/130/140/150MPa×80min）升至规定的温度和压力后养护30min，降温至90℃后拆出，测量水泥浆的耐压密度，实验结果见表1。

表 1 低密度水泥浆耐压密度测试结果

| 测试压力（MPa） | 水泥浆初始密度（g/cm³） | 空心玻璃微珠 A | | 空心玻璃微珠 B | | 空心玻璃微珠 C | |
| --- | --- | --- | --- | --- | --- | --- | --- |
| | | 耐压密度（g/cm³） | 密度变化值（g/cm³） | 耐压密度（g/cm³） | 密度变化值（g/cm³） | 耐压密度（g/cm³） | 密度变化值（g/cm³） |
| 120 | 1.40 | 1.42 | +0.02 | 1.4 | 0 | 1.41 | +0.01 |
| | 1.45 | 1.46 | +0.01 | 1.45 | 0 | 1.46 | +0.01 |
| | 1.50 | 1.51 | +0.01 | 1.5 | 0 | 1.51 | +0.01 |
| 130 | 1.40 | 1.43 | +0.03 | 1.41 | +0.01 | 1.44 | +0.04 |
| | 1.45 | 1.48 | +0.03 | 1.46 | +0.01 | 1.48 | +0.03 |
| | 1.50 | 1.52 | +0.02 | 1.51 | +0.01 | 1.54 | +0.04 |

| 测试压力<br>（MPa） | 水泥浆<br>初始密度<br>（g/cm³） | 空心玻璃微珠 A | | 空心玻璃微珠 B | | 空心玻璃微珠 C | |
|---|---|---|---|---|---|---|---|
| | | 耐压密度<br>（g/cm³） | 密度变化值<br>（g/cm³） | 耐压密度<br>（g/cm³） | 密度变化值<br>（g/cm³） | 耐压密度<br>（g/cm³） | 密度变化值<br>（g/cm³） |
| 140 | 1.40 | 1.45 | +0.05 | 1.43 | +0.03 | 1.47 | +0.07 |
| | 1.45 | 1.49 | +0.04 | 1.47 | +0.02 | 1.51 | +0.06 |
| | 1.50 | 1.55 | +0.05 | 1.52 | +0.02 | 1.56 | +0.06 |

从实验结果可以看出，在压力 120~140MPa 范围内，随着压力的增大，三种空心玻璃微珠配制的低密度水泥浆均出现了耐压密度增加，但空心玻璃微珠 B 表现出了更好的性能，在 140MPa 下，水泥浆的耐压密度变化值不高于 0.03g/cm³，满足一般的固井设计需求，可作为本体系的减轻材料。

## 2 防高温衰退材料优选

高温下油井水泥的反应具有以下特点：

（1）温度高于 110℃时，水泥水化会形成不同的水化产物。

（2）主要产物：α-水化硅酸二钙（α-$C_2$SH）（高渗透性，低抗压强度），当温度高于 200℃时，硅酸三钙水化生成 $C_6S_2H_3$（高渗透性，低抗压强度），上述水化硅酸盐的形成导致了水泥石的高温强度衰退。

（3）硅钙比（C/S）对各种硅酸盐化合物的形成有着重要影响（表2）。加入 35%~40%（BWOC）硅粉调节 C/S 降低至 1.0 左右时，能够防止水泥水化产物在 110℃时转化为 α-$C_2$SH，转而形成雪硅钙石（$C_5S_6H_6$），从而使水泥石保持较高的强度和较低的渗透率。当温度升高至 150℃时，雪硅钙石通常转化为硬硅钙石（$C_6S_6H$）和少量的白钙沸石（$C_2S_3H$），从而提高了水泥石的热稳定性，抗压强度不降低或衰退幅度小[2]。

对于深井超深井，低密度水泥浆的使用温度在 120℃以上，需要提高水泥浆中的硅钙比来防止水泥浆长期强度衰退，最常用的防衰退材料为硅粉和微硅。

**表 2　油井水泥水化产物与钙硅比（C/S）的关系**

| 温度<br>（℃） | C/S | | | | | | | |
|---|---|---|---|---|---|---|---|---|
| | 3.0 | 2.5 | 2.0 | 1.5 | 1.3 | 1.0 | 0.8 | 0.7 |
| 50 | CSH | CSH | CSH | CSH(I)<br>CSH(II) | CSH(I)<br>CSH(II) | CSH(I)<br>CSH(II) | CSH | — |
| 75 | CSH | CSH | CSH | $C_3S_2H_3$ | — | — | $C_5S_6H_{5.5}$14A | |
| 120 | CSH | CSH | CSH | $C_3S_2H_3$ | — | — | $C_5S_6H_{5.5}$14A | |
| 150 | $C_6S_2H_3$ | — | α-$C_2$SH | $C_3S_2H_3$ | | $C_6S_6H$ | $C_5S_6H_{5.5}$14A | $C_2S_3H$ |
| 240 | $C_6S_2H_3$ | | $C_6S_3H_3$ | — | | $C_6S_6H$ | | $C_2S_3H$ |

硅粉的粒径对水泥浆的性能会产生一定的影响，在固井行业中使用的硅粉细度通常有 100 目、200 目、300 目、500 目和 1250 目等。硅粉的目数越大，粒径越小，比表面积越大，与水泥水化产物的反应速度越快，水泥水化越充分，水泥石强度越高。反之，大粒径

的硅粉会造成水泥浆体系不稳定，进而引起沉降。为配合紧密堆积设计、使水泥干混材料具有合理的粒径分布，确定硅粉的目数为 200 目和 500 目。

微硅具有超细和高比表面积的物理性质，有利于改善浆体的稳定性能，同时因其具有火山灰活性可降低水泥石中 Ca(OH)$_2$ 晶体的含量，同时改变了水泥石的微观结构，从而提高了水泥石的抗压强度，在空心玻璃微珠低密度水泥浆体系中成了关键的外掺料，但过高的加量会对水泥石的长期抗压强度产生负面影响，在实际使用中需合理控制加量[3]。

## 3 低密度水泥浆干混配方设计

低密度水泥浆设计的关键是有效复配水泥浆中各类不同粒径的水泥和外掺料。通过紧密堆积和颗粒级配来优化水泥和外掺料之间的粒径分布，使材料颗粒之间的间隙尽可能减小，从而降低液固比，提高水泥浆体系的整体性能[4]。

利用激光粒度分析仪，对 G 级水泥、硅粉、微硅和空心微珠的粒径分布进行测定，结果见表 3。

表 3 低密度水泥浆干混配方的粒径分布

| 平均粒径(μm) | | | | |
|---|---|---|---|---|
| G 级水泥 | 200 目硅粉 | 500 目硅粉 | 微硅 | 空心微珠 |
| 20.61 | 74.32 | 10.86 | 0.25 | 90.82 |

根据紧密堆积优化水泥浆设计软件对 G 级水泥、200 目硅粉、500 目硅粉、微硅、空心微珠五元颗粒体系配方进行优化设计，确保各组分形成合理级配，获得体系干混配比见表 4。

表 4 高温大温差低密度水泥浆体系干混配比

| 水泥浆密度 (g/cm³) | 五元体系组成(g) | | | | | 堆积密实度 |
|---|---|---|---|---|---|---|
| | G 级水泥 | 200 目硅粉 | 500 目硅粉 | 微硅 | 空心微珠 | |
| 1.40 | 40 | 13 | 13 | 10 | 18 | 0.8046 |
| 1.45 | 45 | 13 | 13 | 13 | 15 | 0.8007 |
| 1.50 | 45 | 15 | 15 | 10 | 12 | 0.8011 |

## 4 耐高温外加剂优选

确定好低密度水泥浆体系的干混配比后，需要优选耐高温的外加剂，保证水泥浆施工性能。在外加剂优选过程中，模拟超深井底层温度压力，设定实验条件为：循环温度 160℃，压力 140MPa，顶部温度 100℃。

### 4.1 高温缓凝剂优选

在深井超深井固井作业中，水泥浆稠化时间和强度发展是事关固井施工安全，以及固井封隔效果的关键因素。由于存在长封固段温差大，顶部温度低，水泥浆易超缓凝，不起强度的问题，选择耐高温、能够在大温差条件下顶部强度发展迅速的缓凝剂具有重要意义[5]。

目前，能够满足在高温条件下使用的缓凝剂有 R-30L、R-50L、R-90L 三种，其中：

R-30L 是一种聚合物类的高温缓凝剂，对水质无特殊要求，具有一定的分散作用，适用温度范围为 100~190℃。

R-50L 是一种聚合物类的高温缓凝剂，对水质无特殊要求，具有一定的辅助降失水作用，主要用于深井、超深井的固井施工中，使用温度范围为 120~230℃。

R-90L 是一种聚合物类的中高温缓凝剂，对水质无特殊要求，主要用于深井、超深井的固井施工中，适用温度范围为 60~180℃，对水泥浆的失水性能和稳定性影响较小。

以密度 1.50g/cm³ 的配方为例，对三种缓凝剂在本体系中的配伍性进行了测试：

（1）三种缓凝剂在不同加量下对低密度水泥浆稠化时间的影响实验：条件为 160℃×140MPa×80min；

（2）大温差下顶部强度发展实验：选取稠化时间相近的配方，在稠化仪中以 160℃×140MPa×80min 升至设定的温度和压力后养护 30min，降温至 90℃后拆出，放入高温高压养护釜中以顶部温度 100℃×21MPa 进行养护 24h、48h 和 72h，然后测量其抗压强度。

配伍性测试结果见表5。

**表5　不同高温缓凝剂在本体系中的配伍性测试结果**

| 缓凝剂 | 稠化时间（min） | | | | | 抗压强度（MPa） | | |
|---|---|---|---|---|---|---|---|---|
| | 1% | 1.5% | 2% | 2.5% | 3% | 24h | 48h | 72h |
| R-30L | 223 | 257 | 365 | 412 | 466 | 0 | 1.6 | 12.9 |
| R-50L | 203 | 234 | 261 | 303 | 402 | 1.6 | 7.8 | 20.2 |
| R-90L | 173 | 257 | 315 | 380 | 427 | 0 | 0 | 11.6 |

从实验结果可以看出，三种高温缓凝剂均可以线型调节水泥浆的稠化时间，其中 R-50L 表现最为优异，在顶部 60℃ 大温差下 24 h 内起强度。

### 4.2　耐高温降失水剂

目前，能够满足在高温条件下使用的降失水剂有 F-20L、F-30L 和 G-20L 三种，其中：

F-20L 是由多种乙烯单体通过共聚反应制得的多元共聚物，控制失水能力强。

F-30L 具有黏度低、耐高温和分散性好的特点，配制的水泥浆液固比低，兼具优良的流变性能[6]。

G-20L 是基体抗侵防窜剂，抗盐耐温性好，控制失水能力强。

以密度 1.50g/cm³ 的配方为例，使用三种降失水剂分别配制水泥浆，使用高温高压失水仪在 160℃ 的条件下测定水泥浆的失水量，结果见表6。

**表6　不同降失水剂在低密度水泥浆体系中的控制失水能力**

| 降失水剂 | 掺量（%） | 失水量（mL） | 流动度（cm） | 初始稠度（Bc） |
|---|---|---|---|---|
| F-20L | 5 | 48 | 20 | 17 |
| F-30L | 5 | 46 | 21.5 | 14 |
| G-20L | 5 | 46 | 19.5 | 20 |

从结果中可以看出，三种耐高温的降失水剂均表现出良好的控制失水能力，但 F-30L 配置的水泥浆流动性更好，初始稠度低于其他两种降失水剂。

# 5 高温大温差水泥浆体系性能评价

通过室内实验，对高温大温差水泥浆体系进行了施工性能评价，该体系适用密度为 $1.35\sim1.50\mathrm{g/cm^3}$，高温下稳定性良好，游离液为零，上下密度差 $\leqslant0.03\mathrm{g/cm^3}$；稠化时间线性可调；常温和高温高压下流变性能良好；失水 $<50\mathrm{mL}$。具体数据见表7、表8。实验条件为循环温度160℃、压力140MPa、升温时间80min。

表7 高温大温差低密度水泥浆体系施工性能评价结果

| 实验项目 | 水泥浆性能 | | |
|---|---|---|---|
| 密度（g/cm³） | 1.40 | 1.45 | 1.50 |
| 流动度（cm） | 21.0 | 21.0 | 20.5 |
| 失水量（mL） | 44 | 44 | 46 |
| 耐压密度（140MPa）（g/cm³） | 1.43 | 1.47 | 1.52 |
| 游离液（%） | 0 | 0 | 0 |
| 稳定性（160℃、140MPa 养护）（g/cm³） | 0.03 | 0.02 | 0.03 |
| 稠化时间（min） | 403 | 426 | 418 |
| 165℃温度高点稠化时间（min） | 388 | 402 | 391 |
| 密度高点（+0.03g/cm³）稠化时间（min） | 370 | 389 | 383 |
| 过渡时间（min） | 5 | 7 | 5 |
| 48h顶部（100℃）抗压强度（MPa） | 4.4 | 4.7 | 7.8 |

表8 高温大温差低密度水泥浆体系流变性能评价结果

| 温度（℃） | 水泥浆密度（g/cm³） | $\Phi_{600}$ | $\Phi_{300}$ | $\Phi_{200}$ | $\Phi_{100}$ | $\Phi_6$ | $\Phi_3$ | $n$ | $K$（Pa·s$^n$） |
|---|---|---|---|---|---|---|---|---|---|
| 室温 | 1.40 | >300 | 280 | 131 | 76 | 10 | 5 | 0.875 | 0.548 |
| | 1.45 | >300 | 271 | 124 | 72 | 10 | 4 | 0.891 | 0.477 |
| | 1.50 | 263 | 141 | 109 | 62 | 8 | 4 | 0.780 | 0.595 |
| 160℃ | 1.40 | 220 | 129 | 93 | 51 | 5 | 3 | 0.814 | 0.402 |
| | 1.45 | 223 | 131 | 94 | 52 | 4 | 3 | 0.832 | 0.361 |
| | 1.50 | 240 | 136 | 97 | 52 | 5 | 3 | 0.836 | 0.376 |

# 6 高温大温差水泥浆体系顶部强度发展实验

为评价本水泥浆体系在大温差下的顶部强度发展情况，将配制好的水泥浆放入稠化仪中，按照设定的程序（160℃×140MPa×80min）升至规定的温度和压力后养护30min，降温至90℃后拆出，再使用超声波静胶凝强度分析仪以顶部温度100℃×21MPa的条件进行养护，观察强度发展情况，实验结果见表9，图1为密度1.40g/cm³水泥浆静胶凝强度曲线，从曲线中可以看出，水泥浆在24h内起强度。

表 9　高温大温差水泥浆顶部强度发展实验结果

| 水泥浆密度（g/cm³） | 静胶凝过渡时间（min） | 起强度时间 | 48h 强度（MPa） |
| --- | --- | --- | --- |
| 1.40 | 5 | 19h43min | 4.4 |
| 1.45 | 4 | 17h26min | 5.3 |
| 1.50 | 4 | 17h58min | 6.4 |

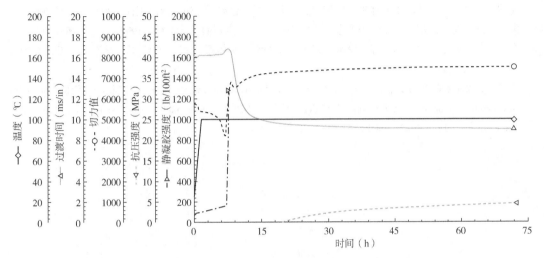

图 1　1.40g/cm³ 水泥浆静胶凝实验曲线

## 7　高温大温差低密度水泥浆体系长期强度实验

为评价本水泥浆体系在高温下的长期强度，将水泥浆放入高温高压养护釜中，以底部温度（180℃）、压力 21MPa 进行抗压强度养护，分别在 7d、14d、30d 时测量水泥石的抗压强度，结果如图 2 所示。

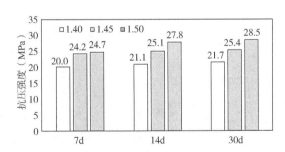

图 2　高温大温差低密度水泥浆体系高温下水泥石长期强度

从实验结果可知，本体系水泥石在高温下强度未发生衰退，且随着水泥浆密度提高，水泥石的抗压强度增加，可以有效保障井底水泥环的长期完整性。

## 8　总结

通过对耐高温高压的低密度减轻材料、防高温衰退材料与耐高温外加剂的优选，经紧密堆积优化设计，形成了高温大温差低密度水泥浆体系。

该体系适用密度范围为 1.40～1.50g/cm³；在高温高压下密度基本不发生变化；体系稳

定；稠化时间线型可调；顶部 60℃ 大温差下 24h 内起强度；底部 30d 强度不衰退，综合性能达到超高温固井技术需求，可为集团公司万米深井提供技术支持。

## 参 考 文 献

[1] 滕兆健，邢秀萍，常燕. 空心玻璃微珠低密度水泥浆的初步研究[J]. 钻井液与完井液，2011，28（S1）：23-25+84.

[2] 屈建省，等. 油气井注水泥理论与应用(第二版)[M]. 北京：石油工业出版社，2022，259-260.

[3] 廖刚，陈大钧. 硅灰耐高温低密度水泥浆的研究[J]. 西南石油学院学报，1997，（2）：76-80+7-8.

[4] 李鹏晓，孙富全，何沛其，等. 紧密堆积优化固井水泥浆体系堆积密实度[J]. 石油钻采工艺，2017，39（3）：307-312.

[5] Shi L L, Zhang T Y, Yang K P, et al. Research on the Synthesis and Performance of Ultra-High Temperature and Large Temperature Difference Retarder [C]//ISOPE International Ocean and Polar Engineering Conference. ISOPE, 2022：ISOPE-I-22-473.

# 适用于万米深井的大温差水泥浆体系

刘景丽[1]　刘平江[2]　任　强[1]　刘　岩[1]　黄　建[1]　张文阳[3]　杨豫杭[1]

(1. 中国石油渤海钻探工程技术研究院；2. 中国石油渤海钻探第一固井分公司；

3. 西南石油大学油气藏地质及开发工程国家重点实验室)

**摘　要**　针对超深井长封固固井中，顶部底部水泥浆温差大，顶部低温段水泥浆超缓凝、水泥石强度发展缓慢的问题，采用水溶液聚合法制备了一种"MgAl-EDTA-LDH(EDTA 插层型水滑石)"大温差早强剂，并配套形成了一套大温差水泥浆体系。实验结果表明，该大温差早强剂具有一定的缓凝效果，当其加量为 2.0%，复配 4.0% 缓凝剂时，在 240℃ 下其稠化时间可达 509min。该水泥浆体系在 60℃ 条件下养护 1d 和 30℃ 条件下养护 6d 的抗压强度均大于 7MPa，最大温差 210℃。大温差早强剂在不影响水泥浆体系稠化可调性的前提下，有利于低温段水泥浆柱的强度发展，耐热温度达 300℃ 以上，适用于大温差固井需求。

**关键词**　大温差；固井；水泥浆；大温差早强剂；万米深井

随着浅层油气藏资源的不断开发和枯竭，深层、超深层已成为重要的油气战略领地[1-3]。目前，已有一批 9000m 左右的超深井完钻，例如蓬深 6 井[4]、双鱼 001-H6 井、果勒 3C 井[5]、顺北 801X 井等[6]。随着中国石油万米深井开钻，万米固井势必成为一定要攻克的技术难题。万米固井面临着一巨大挑战，即现有高温缓凝剂在超高温条件下保证水泥浆安全施工的同时又导致顶部低温段水泥石抗压强度发展缓慢[7]。

针对低温段水泥石抗压强度发展缓慢的问题，目前的主要解决办法是开发适用于大温差固井用缓凝剂[8-10]和大温差强度调节剂[11,12]。目前国内对大温差缓凝剂的研究效果较为显著，例如天津中油渤星公司开发了高温大温差缓凝剂 BCR-260L，适用循环温度 70～180℃，50℃ 温差下水泥浆柱顶部 48h 抗压强度高于 3.5MPa[13,14]；中国石油工程院开发了多元共聚物类高温大温差缓凝剂 DRH-2L，抗温 200℃，适用温差 50～100℃，满足深井、超深井长封固段固井需求[15,16]。大温差强度调节剂的研究仍处于初级阶段，且大多为多种材料的复配。例如岳家平[17,18]等通过对多种无机盐和有机物的筛选和复合，研制出一种强度调节剂 FZ-1，可满足循环温度 110～140℃，温差在 50～70℃ 范围内的施工要求。这种复配的方式加量大，产品组分复杂，会影响水泥浆综合性能。目前大温差强度调节剂适用的温差仍较小，无法满足越来越多的超深井固井需求。

【基金项目】中国石油集团公司项目《万米超深层钻探工程技术与装备研制》，编号：2023ZZ20。

【第一作者简介】刘景丽，1980 年 7 月出生，女，高级工程师，硕士研究生，毕业于辽宁大学应用化学专业，任职于中国石油渤海钻探工程技术研究院，主要从事油井水泥外加剂研发工作。通信地址：河北省任丘燕山道钻研所小区，062552。电话：15076693117，E-mail：99692598@qq.com。

为了改善现有高温缓凝剂在大温差固井中使用的局限性，开发了一种可与高温缓凝剂复配使用的大温差早强剂。采用水溶液聚合法，制备了一种 EDTA 插层水滑石型（MgAl-EDTA-LDH）大温差早强剂。水滑石[19]（LDHs）作为一种新兴的纳米复合材料，具有独特的层状结构及其离子交换、热稳定性等特点，在油井水泥中具有极大的应用潜力，尤其是利用水滑石的填充效应以及晶体效应，对水泥浆的硬化促进作用已有不少研究[20]。有学者研究证明 EDTA 在与缓凝剂复配使用时具有大温差早强效果[7]，因此本文以 MgAl-CO$_3$-LDH 为前驱体，利用其离子交换性，将强度增强成分 EDTA 储存在水滑石的插层空间内。常用缓凝剂利用其螯合、吸附机理，在水泥颗粒表面形成一层包覆膜，阻止水泥浆的进一步水化而达到缓凝效果。在水泥浆上返过程中高温环境破坏了大温差早强剂的插层结构，释放出层间的 EDTA，EDTA 会争夺缓凝剂螯合的钙离子，破坏水泥颗粒表面的包覆膜，促进水泥颗粒与水分子的接触，进而促进低温段强度的发展，通过 XRD 测试和 TG 分析对大温差早强剂进行了表征，并通过与其他外加剂配套使用观察其稠化曲线探究其配伍性，然后研究大温差早强剂对水泥浆性能的影响。这对大温差强度调节剂的研究有积极意义，同时也为设计大温差固井用水泥浆体系提供参考。

# 1 实验材料及方法

## 1.1 实验材料

实验所需的 G 级油井水泥由四川嘉华水泥有限公司提供，ZH-6、ZJ-5、ZF-1、BH-ZW-1 由渤海钻探工程技术研究院提供，USZ、GH-8L、GH-9L、G33S 购自河南卫辉化工有限公司，DRS-1S、DRF-3L 为中国石油钻研院提供，六水硝酸镁、九水硝酸铝、NaOH、Na$_2$CO$_3$、EDTA 由成都科龙化学品有限公司提供。

## 1.2 大温差早强剂的合成

新型大温差早强剂为"MgAl-EDTA-LDH"插层材料，采用水溶液聚合法合成。首先以六水硝酸镁和九水硝酸铝为原料，将两种溶液同时滴加到三口烧瓶中，滴加速度为 25 滴/min，加入 NaOH 和 Na$_2$CO$_3$ 的混合碱溶液（物质的量比为 4∶1），使溶液的 pH 保持在 9.5±0.5，在 70℃ 下进行共沉淀反应 7h。待溶液冷却后进行抽滤，去离子水洗涤，然后将滤饼放在冷冻干燥机中干燥 48h，得到 MgAl-CO$_3$-LDH 前驱体。按照 MgAl-CO$_3$-LDH 与 EDTA 质量比为 0.5∶1 称量 EDTA，并用 NaOH 溶液溶解，将 MgAl-CO$_3$-LDH 与 EDTA 溶液混合，在 150℃ 下晶化 5h，晶化结束后使溶液自然冷却，再进行抽滤，去离子水洗涤至溶液呈中性，冷冻干燥 48h，研磨成粉体即得 EDTA 插层水滑石型早强剂（MgAl-EDTA-LDH）。

## 1.3 水泥浆性能测试方法

根据 GB/T 10238—2015《油井水泥》制备水泥浆。对制备好的水泥浆进行六速、流动度、失水量测试。大温差抗压强度测试中循环温度范围为 120~240℃，返高 30℃，温差在 90~210℃。具体方法是将配制好的水泥浆装入高温高压稠化仪中，升温至循环温度后保持 60min，停机，降温后取出浆杯，将水泥浆倒入模具中，并分别放置在 90℃、60℃、30℃ 水浴箱中养护 1d、2d、3d、6d 后取出进行抗压强度测试。将养护后的试样采用 TY-300 型压力实验机测试其抗压强度，对同一养护温度下的 4 个样品进行测试后取平均值作为抗压强度。

## 2 结果与讨论

### 2.1 大温差早强剂的表征

#### 2.1.1 大温差早强剂的 XRD 分析

对于插层型材料，根据布拉格方程 $2d\sin\theta=n\lambda$ 可知，衍射角越小，晶面间距越大，晶面间距是否增大恰恰可以反映材料的插层是否成功。图 1 为插层早强剂 MgAl-EDTA-LDH 与前驱体 MgAl-CO$_3$-LDH 的 XRD 对比图，可见水滑石的特征衍射峰在晶面（003）、（006）、（009）明显前移，说明 EDTA 成功插层进水滑石层间。

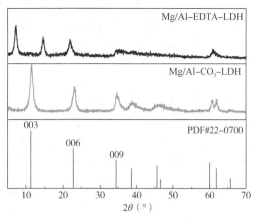

图 1　大温差早强剂的 XRD 分析曲线

#### 2.1.2 大温差早强剂的热失重分析

对大温差早强剂 MgAl-EDTA-LDH 与前驱体 MgAl-CO$_3$-LDH 进行热重测试，其测试结果如图 2 所示。前驱体 MgAl-CO$_3$-LDH 有两个失重峰，在 147℃ 左右的失重是由于层间水的去除，失重量为 10.27%，320℃ 左右的失重是层板羟基的脱除以及层间碳酸根的分解，失重量为 22.77%。而大温差早强剂 MgAl-EDTA-LDH 共有三个失重峰，110℃ 左右的失重是由于自由水的去除，失重量占总质量的 5.13%；275℃ 左右的质量损失为 8.90%，是水滑石层间水和结合水的去除；403℃ 左右是 EDTA 的分解。综上所示，300℃ 以下除水分外无其他成分发生热失重，因此该大温差早强剂耐热温度达 300℃ 以上，适用于大温差固井需求。

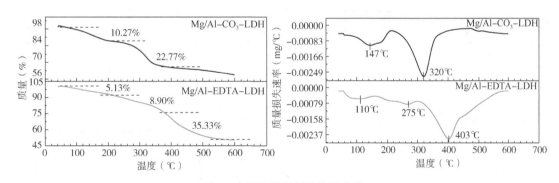

图 2　大温差早强剂的热重曲线

### 2.2 大温差早强剂的配伍性

为了考察大温差早强剂与不同厂家外加剂的配伍性，室内分别选择了三种核心助剂（分散剂、降失水剂和缓凝剂）进行稠化时间测试，其水泥浆配方见表 1。由图 3 可见，配方 1-1#、1-2#、1-3#、1-4#、1-5#、1-6# 分别在 140℃、160℃、180℃、205℃、215℃、240℃ 下的稠化曲线初稠均小于 25Bc，且稠化曲线平稳，未出现鼓包、起台阶现象，具有良好的直角稠化特征，与外加剂配伍性良好。

表1　大温差早强剂与外加剂配伍性评价[%(质量分数)]

| 编号 | 分散剂 | 降失水剂 | 缓凝剂 | 实验条件 | 稠化时间(min) |
|---|---|---|---|---|---|
| 1-1# | DRS-1S | G33S | GH-9L | 140℃×70MPa×70min | 293 |
| 1-2# | USZ | DRF-3L | GH-8L | 160℃×80MPa×80min | 393 |
| 1-3# | USZ | G33S | GH-8L | 180℃×90MPa×90min | 275 |
| 1-4# | DRS-1S | DRF-3L | GH-9L | 205℃×130MPa×70min | 438 |
| 1-5# | USZ | G33S | GH-9L | 215℃×130MPa×110min | 506 |
| 1-6# | ZF-1 | ZJ-5 | ZH-6 | 240℃×110MPa×130min | 441 |

水泥浆配方：100%水泥+30%石英砂+5%微硅+(0%~2%)大温差早强剂+(0.4~0.6%)分散剂+(1.5~2%)降失水剂+(2~4%)缓凝剂+1.5%高温悬浮稳定剂+H₂O(W/S=0.44)

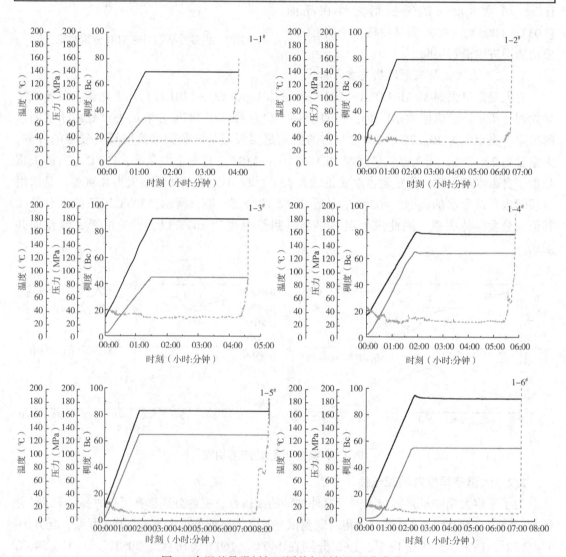

图3　大温差早强剂与不同外加剂复配稠化曲线

## 2.3　大温差早强剂对水泥浆稠化时间的影响

为了探究大温差早强剂对水泥浆稠化时间的影响，不同加量的大温差早强剂水泥浆配方进行稠化时间测试。水泥浆基础配方：100%水泥+30%石英砂+5%微硅+0.4%分散剂

ZF-1+3%缓凝剂+2%降失水剂 ZJ-5；+1.5%高温悬浮稳定剂 BH-ZW-1+$H_2O$（W/S = 0.44），水泥浆密度 1.85~1.86g/$cm^3$，实验条件：240℃×110MPa×130min。配方 2-1#-2-5#大温差早强剂加量为0%，0.1%，0.5%，1.0%，1.5%，对应的稠化时间依次为203min，210min，240min，275min，356min。由实验结果及稠化曲线图可见，未加大温差早强剂的稠化时间是203min，加入大温差早强剂后，其稠化时间有所延长。大温差早强剂的加量与稠化时间大致呈正相关。这是由于大温差早强剂中 EDTA 中羧基通过对水泥浆中钙离子螯合起到缓凝作用[21,22]。这种大温差早强剂的加入可以减少水泥浆中缓凝剂的加量，且对低温段水泥石强度发展有积极影响。掺入大温差早强剂的水泥浆稠化时间具有良好的可控性，稠化曲线未出现包心、起台阶现象，具有良好的直角稠化特征，过渡时间短(图4)。

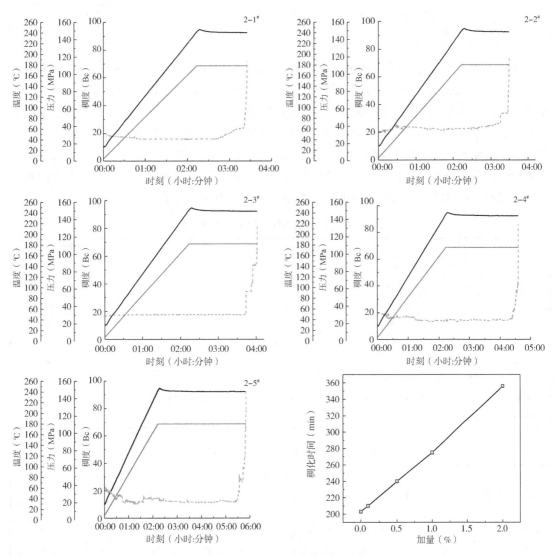

图4　大温差早强剂对水泥浆稠化时间的影响

## 2.4　水泥浆大温差性能综合评价

对大温差早强剂加量不同的水泥浆配方进行了综合性能评价，其结果见表2。先在室温下对水泥浆流动度进行测试，再用稠化仪将水泥浆在240℃高温下预制1h后拆出测试其失水量、上下层密度差和流变。随着大温差早强剂加量的增大，水泥浆流动度略有下降，但仍大于 20cm。经过高温预制后的水泥浆仍然具有良好的流变性;失水量略微有不同程度的增大,但均小于 50mL;密度差均小于 0.03g/cm³,稳定性良好,均满足大温差固井施工要求。

表 2　大温差水泥浆体系综合性能评价

| 编号 | 缓凝剂 ZH-6(%) | 大温差早强剂(%) | 流动度 | $FL$(mL) | $\Delta\rho$(g/cm³) | $n$ | $K$(Pa·s$^n$) |
|---|---|---|---|---|---|---|---|
| 2-1# | 3.0 | 0 | 24 | 37 | 0.01 | 0.84 | 0.61 |
| 2-2# | 3.0 | 0.1 | 24 | 39 | 0.01 | 0.83 | 0.67 |
| 2-3# | 3.0 | 0.5 | 24 | 36 | 0.01 | 0.86 | 0.64 |
| 2-4# | 3.0 | 1.0 | 23.5 | 43 | 0.01 | 0.84 | 0.63 |
| 2-5# | 3.0 | 2.0 | 23 | 40 | 0.02 | 0.87 | 0.67 |
| 水泥浆基础配方:100%水泥+30%石英砂+5%微硅+0.4%分散剂 ZF-1+2%降失水剂 ZJ-5+1.5%高温悬浮稳定剂 BH-ZW-1+H₂O( W/S=0.44) | | | | | | | |

为探究掺入大温差早强剂水泥浆的大温差抗压强度发展情况,分别在 120℃、140℃、160℃、180℃、205℃、215℃、240℃条件下,对缓凝剂和大温差早强剂的加量进行调配,将水泥浆稠化时间大致调控在 300min 以上,见表 3。再对表 3 中不同配方水泥浆高温预制后分别置于 90℃、60℃、30℃进行养护,测试其不同养护温度下的抗压强度,结果见表 4。可见,相同养护温度下,井底温度越高,水泥浆返高后的抗压强度越低,这是由于缓凝剂的加量更多导致的。在不同返高温度下,随养护时间的增长,水泥石抗压强度涨幅较慢,但未出现强度衰退现象。在 60℃下 1 天抗压强度和 30℃下 6 天抗压强度均大于 7MPa。

表 3　水泥浆大温差性能评价实验配方表

| 编号 | 实验条件 | ZH-6 加量(%) | 大温差早强剂加量(%) | 稠化时间(min) |
|---|---|---|---|---|
| 3-1# | 120℃×60MPa×60min | 1.5 | 0.3 | 308 |
| 3-2# | 140℃×70MPa×70min | 1.6 | 0.6 | 319 |
| 3-3# | 160℃×80MPa×80min | 1.8 | 0.8 | 364 |
| 3-4# | 180℃×90MPa×90min | 2.5 | 1.2 | 444 |
| 3-5# | 205℃×130MPa×70min | 3.0 | 1.5 | 438 |
| 3-6# | 215℃×130MPa×110min | 3.5 | 1.8 | 442 |
| 3-7# | 240℃×110MPa×130min | 4.0 | 2.0 | 509 |
| 水泥浆基础配方:100%水泥+30%石英砂+5%微硅+0.4%分散剂 ZF-1+2%降失水剂 ZJ-5+1.5%高温悬浮稳定剂 BH-ZW-1+H₂O( W/S=0.44) | | | | |

表 4　大温差水泥浆体系抗压强度测试结果

| 编号 | 静止温度下 24h(MPa) | 不同温差不同养护时间的水泥石抗压强度(MPa) | | | | | | |
|---|---|---|---|---|---|---|---|---|
| | | 返高温度 90℃ | | | 返高温度 60℃ | | | 返高温度 30℃ |
| | | 1d | 2d | 3d | 1d | 2d | 3d | 6d |
| 3-1# | 26.59 | 19.23 | 21.98 | 22.31 | 18.54 | 19.66 | 20.13 | 15.21 |
| 3-2# | 25.13 | 15.62 | 17.34 | 19.74 | 11.03 | 13.28 | 15.45 | 12.65 |
| 3-3# | 23.87 | 13.58 | 15.27 | 16.88 | 10.67 | 11.34 | 14.86 | 10.54 |
| 3-4# | 21.03 | 12.15 | 14.07 | 16.91 | 9.64 | 10.91 | 12.74 | 8.75 |
| 3-5# | 19.89 | 12.37 | 14.51 | 14.82 | 10.89 | 11.36 | 13.64 | 9.01 |
| 3-6# | 20.46 | 11.87 | 13.98 | 14.75 | 11.37 | 13.84 | 14.21 | 8.69 |
| 3-7# | 17.73 | 9.12 | 10.12 | 11.05 | 7.59 | 8.97 | 9.61 | 7.35 |

## 2.5 水泥石物相分析及微观形貌

为了探究大温差早强剂对水泥石物相组成的影响，对配方 3-6#在 60℃下养护 1d、2d、3d 的水泥石分别进行 XRD 和 TG 测试。由图 5 可知，水泥石的物相组成为 Ca(OH)$_2$、SiO$_2$、Ca$_3$SiO$_5$，未出现新生相。在 2$\theta$ 为 18°、47°处的 Ca(OH)$_2$ 衍射峰随着养护龄期的延长不断增高，结合图 6 中水泥石热重分析，在 400~500℃处 Ca(OH)$_2$ 的失重率分别为 0.7%、3.16%、3.72%，充分说明掺入大温差早强剂对水泥早期水化进程的促进，这与抗压强度所得出的结论也一致。

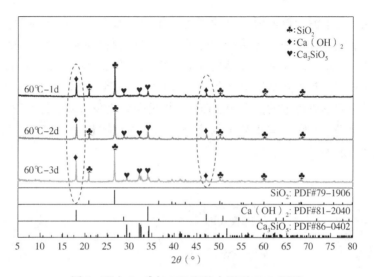

图 5 配方 3-6#在 60℃下的水泥石 XRD 测试

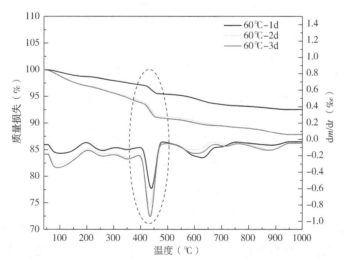

图 6 配方 3-6#在 60℃下的水泥石 TG 测试

配方 3-6#在 60℃下养护 1d 的水泥石的微观形貌如图 7 所示。从图中可看到其水化产物为大量呈片状的 Ca(OH)$_2$ 和 C-S-H 凝胶，无新生相的生成。

## 2.6 大温差早强剂的作用机理

大温差早强剂 MgAl-EDTA-LDH 的作用机理示意图如图 8 所示。首先缓凝剂会通过其

图 7　配方 3-6#在 60℃ 下养护 1d 的水泥石微观形貌图

螯合、吸附机理，与水泥颗粒表面溶出的钙离子作用进而形成一层包覆膜。包覆膜的产生阻止了水分子与水泥颗粒的进一步接触，并抑制了水泥颗粒表面钙离子的继续溶出，从而抑制水泥浆的进一步水化。当水泥浆经历井底高温的作用，MgAl-EDTA-LDH 的层状结构会有不同程度的破坏，其层间结构中储存的 EDTA 分子被释放出来。EDTA 为强钙离子螯合剂，会与钙离子作用形成稳定的螯合物。EDTA 与缓凝剂争夺钙离子的作用会破坏水泥颗粒表面的包覆膜，促进水泥颗粒与水分子的接触，利于水泥颗粒中钙离子的持续溶出，进而促进低温段强度的发展。

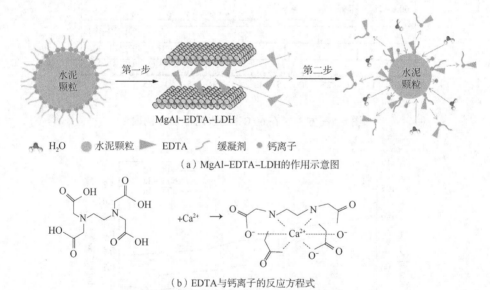

（a）MgAl-EDTA-LDH 的作用示意图

（b）EDTA 与钙离子的反应方程式

图 8　大温差早强剂作用机理示意图

## 3　结论

（1）大温差早强剂 MgAl-EDTA-LDH 且具有良好的外加剂配伍性，对水泥浆流动度、流变性能、失水等基础性能影响较小，对水泥浆稠化时间具有一定的缓凝作用，可降低缓凝剂的加量调节水泥浆稠化时间。

（2）掺入大温差早强剂的水泥浆体系适用于循环温度 120～240℃，最大温差达 210℃；该水泥浆体系 60℃ 条件下养护 1d 和 30℃ 条件下养护 6d 的抗压强度均大于 7MPa。

（3）大温差早强剂 MgAl-EDTA-LDH 在高温作用下释放 EDTA，与缓凝剂争夺钙离子，破坏缓凝剂与水泥颗粒作用形成的包覆膜，促进水泥颗粒与水分子的接触，利于水泥颗粒中钙离子的持续溶出，促进低温段强度的发展。

参 考 文 献

[1] 王志刚，王稳石，张立烨，等．万米科学超深井钻完井现状与展望[J]．科技导报，2022，40（13）：27-35.

[2] 汪海阁，黄洪春，毕文欣，等．深井超深井油气钻井技术进展与展望[J]．天然气工业，2021，41（8）：163-177.

[3] 李阳，薛兆杰，程喆，等．中国深层油气勘探开发进展与发展方向[J]．中国石油勘探，2020，25（1）：45-57.

[4] 王明华，贺立勤，卓云，等．川渝地区9000 m级超深超高温超高压地层安全钻井技术实践与认识[J]．天然气勘探与开发，2023，46（2）：44-50.

[5] 刘军，沈向存，任丽丹．塔里木盆地顺托果勒低隆区志留系隐蔽性圈闭识别与描述—高分辨率储层预测技术在S1井三维区的应用[J]．石油实验地质，2012，34（C1）：12-16.

[6] 于永金，夏修建，王治国，等．深井、超深井固井关键技术进展及实践[J]．新疆石油天然气，2023，19（2）：24-33.

[7] Zhang W，Ma Y，Yang R，et al. Effects of ethylene diamine tetraacetic acid and calcium nitrate on high-temperature cementing slurry in a large temperature difference environment[J]. Construction and Building Materials，2023，368：130387.

[8] Wu W，Yu X，Hu A，et al. Amphoteric retarder for long-standing cementing：Preparation，properties and working mechanism[J]. Geoenergy Science and Engineering，2023，223：211524.

[9] 冯德杰，杨启贞，曹成章．油井水泥大温差缓凝剂的合成及性能研究[J]．合成化学，2023，31（2）：93-100.

[10] 张健，彭志刚，黄仁果，等．一种大温差耐温耐盐缓凝剂的合成及性能评价[J]．精细化工，2018，35（7）：1240-1247.

[11] 岳家平，徐翔，李早元，等．高温大温差固井水泥浆体系研究[J]．钻井液与完井液，2012，29（2）：59-62.

[12] 岳家平．高温大温差低密度水泥浆体系研究与应用[D]．成都：西南石油大学，2012.

[13] 赵宝辉，邹建龙，刘爱萍，等．新型缓凝剂BCR-260L性能评价及现场试验[J]．石油钻探技术，2012，40（2）：55-58.

[14] 胡晋军，宋海生，孟庆祥，等．中高温缓凝剂BCR-260L在海上高温深井的应用[J]．中国石油和化工标准与质量，2016，36（21）：116-117.

[15] 张晓兵，李长坤，衡宣亦，等．塔里木山前构造盐膏层固井难点与技术对策[J]．西部探矿工程，2021，33（12）：48-52.

[16] 于永金，丁志伟，张弛，等．抗循环温度210℃超高温固井水泥浆[J]．钻井液与完井液，2019，36（3）：349-354.

[17] 岳家平，徐翔，李早元，等．高温大温差固井水泥浆体系研究[J]．钻井液与完井液，2012，29（2）：59-62.

[18] 岳家平．高温大温差低密度水泥浆体系研究与应用[D]．西南石油大学硕士学位论文，2012.

[19] 魏浩光，常庆露，刘小刚，等．水滑石插层降失水剂的制备和性能研究[J]．化学工业与工程，2022，39（2）：84-89.

[20] 左天鹏，程小伟，吴昊，等．一种长封固段固井用缓凝剂的制备及性能评价[J]．精细化工，2022，39（3）：618-626.

[21] 马保国，谭洪波，董荣珍，等．聚羧酸减水剂缓凝机理的研究[J]．长江科学院院报，2008，25（6）：93-95.

[22] 董文博，庄稼，马彦龙．高温油井水泥缓凝剂聚2-丙烯酰胺基-2-甲基丙磺酸/苯乙烯磺酸钠/衣康酸的合成及缓凝效果[J]．2012，5（40）：703-710.

# 长庆油田小套管固井自适应
# 暂堵凝胶的研究与应用

张 严[1,2] 陈小荣[1,2] 李 朋[3] 李衍铖[4]

(1. 川庆钻探工程有限公司钻采工程技术研究院；2. 低渗透油气田勘探开发国家工程实验室；
3. 长庆油田公司第四采油厂；4. 长庆油田公司第十一采油厂)

**摘 要** 针对长庆油田老井修复小套管固井过程中井筒漏失严重、水泥堵漏措施后产能恢复率低等问题，借鉴钻井过程中的屏蔽暂堵理论，提出了自适应暂堵凝胶技术。该技术合成了黏弹性好、变形程度大、封堵强度高且在一定温度下能够自动水化降解的聚合物材料，并与其他辅助暂堵材料协同配合形成了可自适应、自降解暂堵凝胶体系，能够在腐蚀穿孔等漏失严重处快速形成封堵屏障，有效防止后续固井过程中的水泥浆漏失，缩短作业周期，保护储层。室内实验评价表明该凝胶体系封堵率和恢复率在90%以上，80h以后降解率达到90%以上，170h后降解率达到98%以上，可以达到堵得住、解得开、油层污染小的目的。在长庆油田现场应用30井次，一次堵漏成功率高达96%以上，平均产能恢复率大于95%，储层恢复效果显著。

**关键词** 智能凝胶；堵漏；自适应；自降解

随着长庆油田的深入开发，由地层水等因素导致的油水井套损问题越来越严重。据保守估计套损井增量以每年400口井的速度逐年增加，套损治理及井筒修复工作量巨大。目前长庆地区套损井小套管固井大多采用 $\Phi88.9mm$ 小套管固井进行井筒重塑，套损井历经多年采油开发，部分井筒内多处腐蚀穿孔，漏失严重，在固井施工前需要进行堵漏处理，目前采取的主要堵漏措施是水泥堵漏，但是存在以下问题：一是水泥堵漏后需要磨钻，施工工期较长，成本较高；二是水泥密度较高，加剧了漏失效果，一次堵漏效果较差；三是水泥堵漏对储层伤害不可逆，不具有保护油层的功效，加剧了油气层损害，造成措施后产量恢复期长、恢复率低等问题[1,2]。因此，针对长庆油田小套管固井堵漏存在的问题，开展暂堵凝胶研究，形成可自适应、自降解暂堵凝胶体系，并现场试验30井次，提高一次堵漏成功率。

## 1 自适应暂堵凝胶配方

针对水泥堵漏存在的问题，国内外研究人员已开发出多种凝胶堵剂[3-5]，其中聚合物凝胶堵漏技术以聚合物材料交联形成三维网状结构的黏弹体，经形变作用到达漏层固化或膨胀达到堵漏作用，具有作用范围广、施工便利、耐冲刷、易于清理与解堵等优势，基本能

---

【作者简介】张严，川庆钻探工程有限公司钻采工程技术研究院。

实现暂堵功能，但是在是长庆地区现场套损井治理的实际应用过程中发现其存在以下问题：(1)常规聚合物凝胶进入储层后，无法自降解，需要配合使用解堵剂，解堵周期长、措施后产能恢复率低；(2)针对开采周期长、地层压力亏空严重的井，常规聚合物凝胶无法自适应储层，堵漏效果较差[6]。因此，有必要开展自适应暂堵凝胶研究，解决上述问题。

研发的凝胶体系主要由暂堵剂、增黏剂、破胶剂和锯末组成，体系配方为：2%~8%暂堵剂+0.7%增黏剂+0.4%破胶剂+2%~5%锯末，其中暂堵剂为聚乳酸、己二酸丁二醇酯以及对苯二甲酸丁二醇酯，聚乳酸粒径为0.2~7mm，己二酸丁二醇酯和对苯二甲酸丁二醇酯的粒径为0.05~0.2mm。利用形状不规则暂堵材料颗粒的不同粒径复层自匹配填充，在漏失处进行不规则的堆积，起架桥作用(图1)，形成具有孔隙性的屏蔽暂堵带，同时体系中的锯末具有一定吸水膨胀性，粒径大小不一，通过压缩或膨胀进入孔隙，在漏失压力作用下优先封堵漏失严重处，达到自适应堵漏效果。

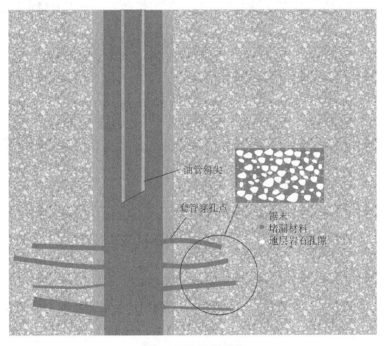

图1　凝胶堵漏机理

## 2　自适应暂堵凝胶体系性能评价

### 2.1　流变性能

堵漏凝胶需要具有易于泵送的优良流变性能，根据实验测定结果表明该凝胶为假塑性流体，具有好的剪切稀释性，触变性强，有利于悬浮固相颗粒，黏度适中，既可增加堵漏体系的驻留性，又能满足现场施工要求[7,8]。

表1　暂堵凝胶流变性能评价

| 类型 | 密度(g/cm³) | 黏度(mPa·s) | 表观黏度(mPa·s) | 塑性黏度(mPa·s) | 摩阻系数 | 流性指数 |
|------|------------|------------|----------------|----------------|---------|---------|
| 结果 | 1.05 | 322 | 18 | 12 | 0.23 | 0.61 |

### 2.2　分散悬浮性能

在堵漏过程中，加入暂堵材料应能够均匀地分散在凝胶中且短时间内不会发生沉淀堆积，这样才能有效地进入漏失位置，同时也可以防止暂堵材料聚集而堵塞水泥泵车[9]。在实验内以凝胶基液作为分散介质，评价暂堵材料的分散悬浮性。暂堵材料在凝胶基液中可分散均匀，静置 30min 后仍未完全沉降；同等实验环境下，石英砂在静置 5min 后完全沉降。这说明该暂堵材料在该凝胶基液环境下具有较好的分散悬浮性能，在实际施工中可以得到有效泵送。

### 2.3　封堵性能

目前由于长庆油田套损老井大多在 1500~2500m 之间，地层温度分布在 50~80℃ 之间，所以分别在温度 50℃、60℃、70℃、80℃ 下采用 500mD、1500mD、2500mD 不同渗透率人造岩心和填砂管，分别测定其初始、封堵后、恢复后的岩心渗透率，做渗透率恢复实验时，将岩心在一定温度下静置 48h 后，先反向水驱，再用煤油驱，至压力稳定后测其恢复后渗透率[10,11]。

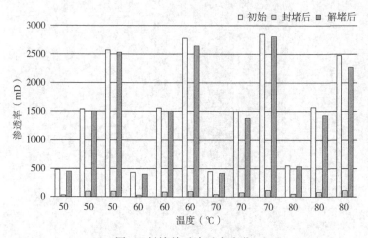

图 2　封堵前后渗透率变化

封堵率 $N_d$ 和恢复率 $N_f$ 是评价衡量暂堵剂屏蔽暂堵质量的重要指标，其计算公式为

$$\begin{cases} N_d = \dfrac{K_i - K_w}{K_i} \times 100\% \\ \\ N_f = \dfrac{K_{wli}}{K_i} \times 100\% \end{cases}$$

式中，$K_i$ 为初始渗透率，mD；$K_w$ 为使用暂堵剂封堵后测得渗透率，mD；$K_{wli}$ 为反向驱替后测得渗透率，mD。

由图 3、图 4 可知，对于全部试验岩心，凝胶均能形成致密封堵层，封堵率和渗透率恢复率均在 90% 以上，表明该暂堵凝胶具有较高屏蔽性能。

### 2.4　自降解性能

凝胶在地层环境的溶解性能直接影响其对储层的伤害程度，如果自降解性能较弱，残留的暂堵材料会直接堵死狭窄的孔喉，导致小套管固井措施后产能无法恢复[12]。按暂堵剂加量为 3%，取长庆油田延安组、延长组等储层段地层水平均矿化度为 $6 \times 10^4$ mg/L 的盐水溶液模拟地层水配置凝胶，分别放入养护箱中 50℃、60℃、70℃、80℃ 养护，根据试验结果表明凝胶自降解性能良好，可降解暂堵材料在 80h 以后降解率达到 90% 以上，170h 后降解率达到 98% 以上（图 5）。

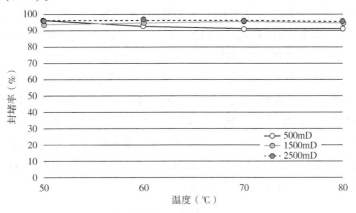

图 3　不同岩心渗透率下封堵率(50~80℃)

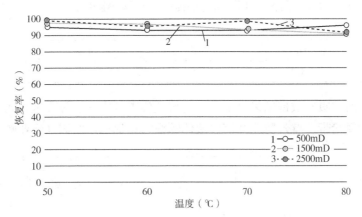

图 4　不同岩心渗透率下封堵后恢复情况(50~80℃)

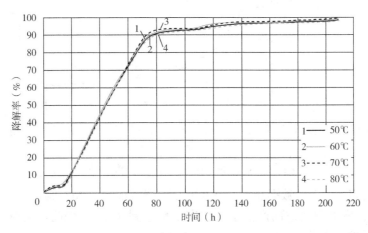

图 5　降解率(50~80℃)

## 3　现场应用

2023 年暂堵凝胶在长庆油田采取挤压堵漏的方式共现场试验了 30 井次，单井堵漏凝胶用量 12 ~ 18m³，一次堵漏成功率达到 96% 以上，相较于水泥堵漏，单井平均节省工期 3.5d。

其中安 168-＊＊井完钻井深 2209m，于 2008 年 9 月投产，初期高产开发时间长，后因套破产量下降，先后采取 LEP 封隔器(2123.0m)、K341-110 封隔器(2125.37m)、K341-110 封隔器(2124.20m)、三代 LEP 封隔器位置(2125.13m)进行四次隔采，治理频繁且有效期短。认为该井初期高产开发时间长，剩余油丰富，且周围油井产量较高，综合考虑该井潜力较大，为了延长治理有效期，减少产能损失，计划采用储层保护暂堵技术封堵穿孔段，处理井筒后实施小套管二次固井。根据前期工程测井结果显示该井在 1853.7 ~ 1855.2m、2013.4 ~ 2015.6m、2080.0 ~ 2082.3m、2121.8 ~ 2124.0m 总计 4 处存在腐蚀穿孔，漏失严重，在固井施工前用 27/8 油管接斜尖下至 1605.14m 开展凝胶暂堵处理，共计使用凝胶 15m³，顶替清水 7.1m³，暂堵后稳压 15MPa。

表 2　暂堵前后求吸水数据

| 工期 | 排量(L/min) | 压力(MPa) | 停泵压力(MPa) | 压降(MPa/min) |
|---|---|---|---|---|
| 暂堵前 | 360 | 3 | 0 | — |
|  | 600 | 5 | 0 | — |
| 暂堵后 | 360 | 20 | 17 | 0.1 |

根据堵漏前后求吸水数据结果显示，通过挤注施工的方式，该凝胶能够成功进入漏层，并快速形成屏蔽暂堵带，有效防止井筒内液体的漏失，保证后续固井作业顺利实施(图 6)。

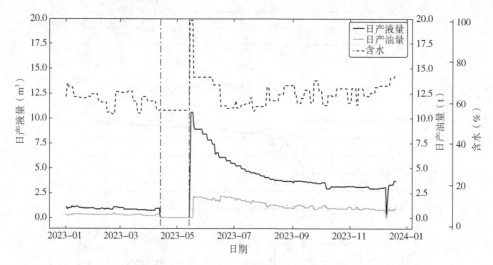

图 6　安 168-＊＊井措施前后产能数据

根据该井措施前后产能数据显示，该井恢复生产后排水期 3d，第 5 天产液量为 9.1m³，产油量为 2.14t，恢复到套破前产能水平，恢复率达到 256%，表明该凝胶成功降解解堵，未对油层造成污染，产量恢复显著。

## 4　结论

(1)室内实验表明，凝胶流变性能、分散悬浮性能良好，易于泵送。

(2)该凝胶堵漏、储层保护效果良好，室内实验评价表明凝胶体系封堵率和恢复率在

90%以上，80h 以后降解率达到 90%以上，170h 后降解率达到 98%以上，满足长庆地区现场套损井治理暂堵需要。

（3）现场实验表明，凝胶性能优良，一次堵漏成功率达到 96%以上，相较于水泥堵漏，单井平均可节省工期 3.5d，对储层污染更小，措施后产量恢复显著。

## 参 考 文 献

[1] 张新民，赫英状，高伟，等．凝胶水泥堵漏剂的制备与性能[J]．油田化学，2023，40(4)：596-600+607.

[2] 王刚，王仕伟，何丹丹，等．高温油藏聚合物凝胶的制备及其暂堵性能[J]．油田化学，2023，40(3)：440-446.

[3] 赵洪波，单文军，朱迪斯，等．裂缝性地层漏失机理及堵漏材料新进展[J]．油田化学，2021，38(4)：740-746.

[4] 郝惠军，刘泼，严俊涛，等．聚合物凝胶堵漏研究进展[J]．钻井液与完井液，2022，39(6)：661-667+676.

[5] 白英睿，张启涛，孙金声，等．杂化交联复合凝胶堵漏剂的制备及其性能评价[J]．中国石油大学学报(自然科学版)，2021，45(4)：176-184.

[6] 闵江本，向蓉，陈博．长庆油田小套管二次固井工艺技术研究与应用[J]．钻探工程，2021，48(8)：26-32.

[7] 潘一，徐明磊，郭奇，等．钻井液智能堵漏材料研究进展[J]．材料导报，2021，35(9)：9223-9230.

[8] 张坤，王磊磊，苏君，等．温敏型凝胶堵漏剂的室内研究[J]．钻井液与完井液，2020，37(6)：753-756.

[9] 李翔，邢希金，曹砚锋，等．适于渤海油田修井作业的暂堵液筛选与应用[J]．现代化工，2019，39(S1)：142-145.

[10] 郭永宾，颜帮川，黄熠，等．高温成胶可降解聚合物凝胶堵漏剂的研制与评价[J]．钻井液与完井液，2019，36(3)：293-297.

[11] 吴清辉．高温高盐凝胶堵剂 WTT-202 研制与应用[J]．精细与专用化学品，2019，27(2)：28-33.

[12] 廖月敏，付美龙，杨松林．耐温抗盐凝胶堵水调剖体系的研究与应用[J]．特种油气藏，2019，26(1)：158-162.

# 深地塔科1井大尺寸套管双级固井技术

## 王治国　李　钊　孟凡忠　高　元

（西部钻探固井公司固井技术研究中心）

**摘　要**　深地塔科1井位于新疆阿克苏沙雅县境内，是中国石油集团公司部署的首口万米科学探索井，设计井深为亚洲第一，全球第三，其目的是开展万米级特深层地质及工程科学研究。上部地层大尺寸套管固井面临井深、套管吨位重、井漏、井口坐挂吨位低等一系列难题，固井难度工作较大。本文针对国内首口万米深井的固井难点，开展了一系列的原因分析及技术研究，现场应用效果良好，为后期国内大尺寸套管固井提供了借鉴及经验。

**关键词**　万米深井；双级；套管下入；顶替效率

深地塔科1井三开中完井深7856m，下入Φ273.05mm套管进行双级固井，属于超深井大尺寸套管固井。为确保施工安全且提升固井质量，弥补国内超深井大尺寸套管固井技术空白，本文从套管受力分析、井眼准备、大尺寸套管下入技术、坐挂吨位技术、固井技术进行了详细的分析。

## 1　基本情况

### 1.1　井身结构

深地塔科1井三开井眼尺寸为333.4mm，中钻井深7856m，裸眼段长2003m。井身结构数据详见表1。

表1　井身结构表

| 序号 | 钻头 | | 套管 | | |
|:---:|:---:|:---:|:---:|:---:|:---:|
| | 规格（mm） | 钻深（m） | 尺寸 mm×钢级×壁厚 mm | 下入井段（m） | 封固井段（m） |
| 1 | 571.5 | 1503 | 473.08×TP110×16.48mm×TPQR | 0～1503 | 0～1503 |
| 2 | 431.8 | 5856 | 365.12×TP140V×13.88mm×TZBC<br>374.65×TP140V×18.65mm×TZBC | 0～4895<br>4895～5853 | 一级：3975～5856<br>二级：0～3975<br>分级箍下深：3975.469 |
| 3 | 333.4 | 7856 | 273.05×HS140HC×13.84mm×HSG3 | 0～7856 | 一级：5504.235～7856<br>二级：0～5504.235<br>分级箍下深：5504.235 |

【**第一作者简介**】王治国，男，高级工程师，西部钻探固井公司（固井技术研究中心）副经理，从事固井技术服务。新疆维吾尔自治区克拉玛依市克拉玛依区油建南路166号天麒大厦，电话：13689961990，邮箱：gjwangzhg@cnpc.com.cn。

## 1.2 钻井液性能

本开次钻井液为磺化防塌钻井液体系，密度为 1.34g/cm³，黏度为 45s，屈服值为 6Pa，塑性黏度为 17mPa·s。

## 1.3 地质分层

钻遇地层为奥陶系铁热克阿瓦提组、桑塔木组、良里塔格组、吐木休克组、一间房组、鹰山组。塔里木油田在鹰山组鹰 1-2 段无固井施工的先例，地层承压能力不明确，且鹰山组鹰 1-2 段可能存在缝洞发育。同时由于井深不具备做地层承压试验的条件。

## 1.4 电测井径

根据电测解释，深地塔科 1 井三开平均井径扩大率为 6.59%，最大井径扩大率高达 50.11%，上层套管鞋处及井底为"大肚子"井段，如图 1 所示。上层套管鞋处 5854~5966m，平均井径为 399.433mm，井径扩大率为 19.81%。井底处 7505~7856m，平均井径为 262.15mm，井径扩大率为 21.42%。

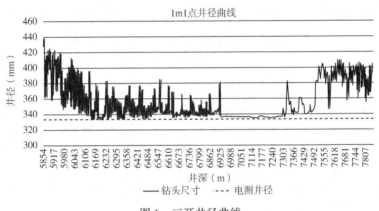

图 1 三开井径曲线

# 2 固井难点

## 2.1 套管安全下入难度大

该井裸眼段长达 1406.33m，且井径不规则(裸眼段"大肚子"井段及"糖葫芦"井段并存)，复杂井段内的沉砂不易带出，尾管安全下入难度大。国内首次将 Φ177.8mm 尾管下入至 8860m，无成熟经验可供参考。

## 2.2 井漏风险高

(1) 裸眼段不具备做地层承压试验的条件，无法准确验证地层承压能力。

(2) 一间房组—鹰山组参考资料有限，下套管及施工过程中存在井漏风险。

(3) 存在施工过程中水泥浆进入环空后将"大肚子"井段沉砂携带上来，造成环空憋堵，将薄弱地层憋漏的施工风险。

## 2.3 顶替效率低

(1) 钻井液、隔离液、领浆三者之间密度差小，影响顶替效率。

(2) 裸眼段长且井径不规则，套管居中度低，顶替效率难以提高。

(3) 井段 5854~5966m 平均环容 66.75L/m；井段 7505~7856m 平均环容 60.21L/m；固井施工期间容易发生混窜，环空钻井液难以驱替干净，顶替效率低，造成固井质量差。

## 2.4 坐卡瓦难度大

(1) 为防止造成套管头及地面基础损坏，全井要求坐挂吨位<900t，分级箍上部套管浮

重高达 412t，本开次要求坐挂吨位 120~150t 之间。

（2）二级采用先固井后坐卡瓦，水泥浆返出地面，坐卡瓦存在风险。

### 2.5 施工连续性要求高

固井施工注替量大、排量大，对水泥浆密度要求和施工连续性要求高。

## 3 安全密度窗口分析

### 3.1 地破试验

2023 年 8 月 26 日，井深 5872m，密度 1.33g/cm³，井口加压 13.06MPa，折合当量密度 1.56g/cm³，地层破裂。

### 3.2 一级固井安全密度窗口

一级固井安全密度窗口分两部分进行论证，第一部分为铁热克阿瓦提组至一间房组承压能力分析，第二部分为鹰山组承压能力分析

根据邻井固井情况分析，铁热克阿瓦提组至一间房组承压能力不低于 1.50g/cm³，详见表 2。

**表 2 铁热克阿瓦提组至一间房组承压能力分析**

| 井号 | 井深（m） | 地层 | 固井方式 | 套管尺寸（mm） | 泥浆密度（g/cm³） | 水泥浆密度（g/cm³） | 施工排量（L/s） | 井底最大 ECD（g/cm³） | 备注 |
|---|---|---|---|---|---|---|---|---|---|
| 顺南 4-1 | 6415 | 一间房组 | 尾管 | 177.8 | 1.45 | 1.88 | 15 | 1.65 | 施工正常 |
| 满深 5-H7 | 7582 | 一间房组 | 尾管 | 200.03 | 1.39 | 1.45+1.88 | 20 | 1.622 | 施工正常 |
| 满深 502-H6 | 7630 | 一间房组 | 尾管控压 | 200.03 | 1.38 | 1.38+1.88 | 25 | 1.508 | 施工正常 |
| 富源 6 | 7616 | 一间房组 | 尾管控压 | 177.8 | 1.34 | 1.38+1.88 | 20 | 1.455 | 施工正常 |
| FY3-H2 | 7291 | 一间房组 | 尾管控压 | 177.8 | 1.33 | 1.38+1.88 | 20 | 1.498 | 施工正常 |
| FY302-H4 | 7567 | 一间房组 | 尾管控压 | 200.03 | 1.34 | 1.38+1.88 | 20 | 1.571 | 施工正常 |
| FY302-H6 | 7594 | 一间房组 | 尾管控压 | 177.8 | 1.33 | 1.38+1.88 | 20 | 1.518 | 施工正常 |

注：（1）中国石化西北油田分公司顺南 4-1 井钻至一间房组内 122m 中完，四开裸眼地层为奥陶系恰尔巴克组、一间房组。

（2）其余富满区块的 6 口井三开均是钻至一间房组 5m 左右三开中完。

（3）满深 5-H7 井二开钻穿志留系，三开地层为铁热克阿瓦提组至一间房组。

（4）满深 502-H6 井二开志留系余 105m 未钻穿，三开地层为志留系（段长 105m）至一间房组。

根据邻井固井情况分析，结合本井裸眼微电阻率成像测井结果，本井三开裸眼段无裂缝发育，鹰山组鹰 1-2 段承压能力分析不低于 1.50g/cm³。详见表 3。

**表 3 鹰山组承压能力分析**

| 井号 | 开次 | 下至层位 | 钻进复杂 | 固井方式 | 固井复杂 | 漏失压力评估 |
|---|---|---|---|---|---|---|
| 顺南 5-1 | 四开 | 蓬莱坝组 | 无复杂钻井液密度为 1.69g/cm³ | 尾管 | 无 | 固井施工井底当量为 1.85g/cm³ |
| 轮探 1 | 三开 | 下丘里塔格组 | 无复杂 | 双级 | 固井前循环、一级固井漏失 | 鹰山组 1-2 段 1.42~1.50g/cm³ |
| 轮探 3 | 三开 | 吾松格尔组 | 钻进漏失钻井液密度为 1.36g/cm³ | 正注反挤 | 替浆漏失 | 鹰山组 1-2 段 ≥1.42g/cm³ |

注：（1）中国石化西北油田分公司顺南 5-1 井钻穿鹰山组，进入蓬莱坝组 41m 完井，四开裸眼地层为奥陶系恰尔巴克组、一间房组、鹰山组、蓬莱坝组。

（2）裸眼段微电阻率成像测井显示，本井三开裸眼段无裂缝发育。根据邻井资料统计一间房组—鹰山组 1-2 段漏失压力 1.42~1.50g/cm³。邻井均有裂缝发育，本井无，因此预测本井裸眼承压能力不低于 1.50g/cm³。

综上所述，本井一级固井施工安全密度窗口上限不低于 1.50g/cm³，一级固井施工按照当量循环密度≤1.50g/cm³ 设计。

### 3.3 二级固井安全密度窗口

根据工具方提供数据，分级箍限位挡块承压能力极限值为 40MPa，超过此压力后会造成提前关孔，按 80%安全系数计算为 32MPa，本开次分级箍放在上层套管内，中完钻井液密度为 1.34g/cm³，故二级施工安全密度窗口上限为 1.933g/cm³。

## 4 固井工艺研究

### 4.1 大尺寸套管井眼准备

#### 4.1.1 优化钻井液性能

电测前的第一趟通井过程中必须处理好钻井液性能，以满足后期下套管和固井要求。主要分为以下三方面，一是优化钻井液流动性；二是提高滤饼质量及润滑性；三是优化钻井液体系抗高温稳定性。

钻井液性能要满足下套管前钻井液性能要求黏度≤50s，动切力≤6Pa，初切≤2Pa，终切≤8Pa，降低下套管期间的顶通压力和下套管激动压力。同时对处理好后的钻井液进行静止老化实验 140h，实验温度取井底静止温度 152℃，测全套性能数据。

#### 4.1.2 通井技术措施

下套管前采用近钻头三扶通井，距离钻头最近的一个扶正器外径欠尺寸必须控制在 3mm 以内（相对于钻头尺寸）。通井期间遇阻 10t 以内要主动开泵划眼，修复井壁，确保井眼畅通；后期短起下的时候要尽可能的干通到底，最后一次短起下时再次探底，校核好井深。

通井钻具组合（1+1+1 双扶）：Φ333.4mmPDC+Φ331mm 扶正器×1 根+Φ228.6mm 钻铤×1 根+Φ329mm 扶正器×1 根+Φ228.6mm 钻铤×1 根+Φ329mm 扶正器×1 根+Φ228.6mm 钻铤×1 根+浮阀+Φ228.6mm 钻铤×3 根+转换接头+Φ203.2mm 钻铤×12 根+随钻震击器+浮阀+Φ203.2mm 钻铤×3 根+Φ149.2mm 加重×15 根+Φ149.2mm 钻杆。通过计算，刚度比为 1.725。

#### 4.1.3 井眼清洁

鉴于裸眼井段岩性稳定，掉块少，沉砂少，使用原井浆充分循环携砂（未使用稠浆或纤维浆），最大循环排量 63L/s，泵压 30MPa；起钻前井底泵入 200m 封闭浆，封闭浆密度为 1.34g/cm³，黏度 45s（井浆+1%PRH-4），以防止大肚子井段堆集大量掉块及岩屑造成下套管过程遇阻。

### 4.2 大尺寸套管下入技术

#### 4.2.1 套管受力分析

提前进行 750t 吊卡下套管数值模拟，明确下入过程重套管接箍屈服变形的极限，为现场提供理论指导；使用 Φ273.05mm 套

图 2　吊卡承受 750t 载荷时接头应力云图

管吊卡吊套管接箍，750t 条件下，不会产生任何塑性应变或者结构失效，以套管接箍屈服极限为指标计算接箍变形极限吨位为 862t。故使用吊卡下套管，不使用上卡盘，节约下套管时间。

#### 4.2.2 套管居中设计

为防止水泥浆混窜，确保固井质量，故全井每根套管加放 1 只整体式弹扶，以保证套管居中度。分级箍上面 3 根套管按照"弹+弹+铝"，分级箍下面 3 根套管按照"铝+弹+弹"的方式加放，确保分级箍位置居中，以利于封隔器的胀封。经软件模拟较大部分井段居中度大于 67%，同时与井径进行对比，大肚子井段的居中度较低，如图 3 所示。

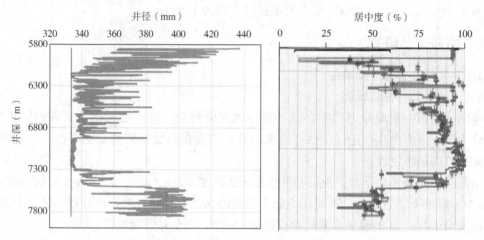

图 3 井径与套管居中度对比图

#### 4.2.3 中途顶通措施

加强钻井液性能维护，减少中途顶通循环时间。下套管至 3000m 左右时顶通 10min，以排量 2~3L/s 开泵顶通；在上层套管鞋 5800m 左右时开泵循环一个迟到时间，处理好上部钻井液性能；在（7000±10）m 处（平均井径 335.15mm）选取井径规则、井壁稳定的井段顶通一次。

#### 4.2.4 套管下到位后循环措施

套管下到位后，小排量 5~6L/s 顶通，最大控制泵压 5MPa 顶通，开通泵后保持小排量待压力稳定后，每 10min 增加 1~2L/s 提排量至 25L/s，循环一个迟到时间以上，排出封闭浆；然后逐渐提高排量至 40~45L/s 充分循环 1 周以上，以井口压力稳定、密度一致、出口温度稳定、振动筛无沉砂和掉块为结束标志，待出口稳定后，提排量至施工排量 55L/s（短时间循环验证地层承压能力）。

表 4 循环排量及井底对应当量循环密度关系

| 排量（L/s） | 15 | 20 | 25 | 30 | 35 | 40 | 45 | 50 | 52 | 55 | 60 | 65 |
|---|---|---|---|---|---|---|---|---|---|---|---|---|
| 井底当量循环密度($g/cm^3$) | 1.365 | 1.37 | 1.375 | 1.380 | 1.390 | 1.407 | 1.423 | 1.439 | 1.446 | 1.456 | 1.473 | 1.493 |

### 4.3 近平衡固井方案

为降低一级施工期间井漏风险，一级固井采用近平衡固井方案。一级固井浆柱结构设计为：密度 1.05$g/cm^3$ 先导浆 25$m^3$（上层套管环空占高 811m）+密度 1.30$g/cm^3$ 前置液 30$m^3$（上层套管环空占高 973m）+密度 1.35$g/cm^3$ 领浆 1695m（5505~7200m）+密度 1.88$g/cm^3$ 尾浆 656m（7200~7856m）。

施工前后环空压力仅增加 0.95MPa，极大降低了施工期间的漏失风险。同时先导浆与隔离液密度差达到 0.25g/cm³，人为提高隔离液与钻井液之间的密度差，以利于顶替。

先导浆（坂土浆），密度为 1.02g/cm³，黏度 42s，动切力 5Pa，流变性优于钻井液，为保证施工安全，控制高温高压失水 ≤30mL，同时做井底静止温度的滚动老化实验 5h。先导浆与水泥浆相容性良好，能够在保证井控安全以及井壁稳定的前提下改变钻井液流型，并有效避免水泥浆与钻井液直接接触，提高施工安全性。

领浆封固段为 5505~7200m，提高浆体流动性，初稠 10~15Bc，降低环空摩阻。设计稠化时间 420~480min，做领浆升级温停机 150min，保证施工及分级箍开孔安全。并且在尾浆失重期间提供液柱压力，防止尾浆失重期间地层油气水上窜，降低井控风险。

### 4.4 控制套管坐挂吨位技术

分级箍以上套管浮重 412t，为降低套管坐挂吨位，坐挂吨位控制在 120~150t，0~1500m 套管浮重 112t。二级固井采用三凝三密度的浆柱结构，水泥浆返出地面 20m³。

二级浆柱结构设计为：密度 1.32g/cm³ 前置液 20m³（环空占高 649m）+密度 1.35g/cm³ 领浆 1500m（0~1500m）+密度 1.50g/cm³ 中间浆 1500m（1500~3000m）+密度 1.88g/cm³ 尾浆 2505m（3000~5505m）。

合理设置水泥浆稠化时间，半大样做好水泥浆强度实验，中间浆强度快起，领浆未起强度，确保坐卡瓦安全。二级领浆设计稠化时间 480~540min，二级中间浆设计稠化时间 240~300min，二级尾浆设计稠化时间 240~300min。二级领浆、中间浆及尾浆升降温做稠，二级领浆、中间浆及尾浆静胶凝实验，二级领浆、中间浆 1:1 交叉强度养护。

二级施工结束后立即冲洗套管头，居中套管，做坐卡前准备工作，待中间浆强度满足要求后试坐卡瓦。二级施工时取出口返出的水泥浆样并测量出口温度，按出口温度养护返出领浆样强度，每隔 1h 检查一次领浆强度；每隔 1h 检查一次中间浆强度，达到要求后尝试进行坐卡瓦工作，坐卡吨位 120t。

### 4.5 软件模拟优化注替参数

#### 4.5.1 一级施工最大动当量模拟

（1）施工排量为 50L/s 时，井底及上层套管鞋所对应的当量循环密度（ECD）见表 5。

**表 5　施工排量为 50L/s 时环空 ECD 数据表**

| 关注点 | 最大 ECD（g/cm³） | 最小 ECD（g/cm³） | 施工结束后环空静当量（g/cm³） |
|---|---|---|---|
| 井底 | 1.493 | 1.407 | 1.353 |
| 上层套管鞋 | 1.448 | 1.345 | 1.293 |

（2）施工排量前期为 50L/s，尾浆出管鞋后降至 40L/s，井底及上层套管鞋所对应的 ECD 见表 6。

**表 6　变排量施工时环空 ECD 数据表**

| 关注点 | 最大 ECD（g/cm³） | 最小 ECD（g/cm³） | 施工结束后环空静当量（g/cm³） |
|---|---|---|---|
| 井底 | 1.453 | 1.406 | 1.353 |
| 上层套管鞋 | 1.448 | 1.340 | 1.293 |

### 4.5.2 一级顶替效率模拟

施工排量为 50L/s 时的环空顶替效率优于后期降排量至 40L/s，如图 4 所示。

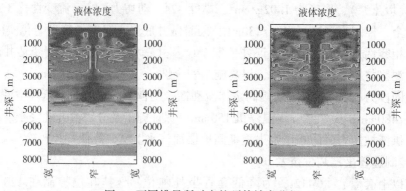

图 4　不同排量所对应的顶替效率分析

## 5　现场应用

深地塔科 1 井三开下套管作业过程顺利，一次性将套管准确下至设计位置，下套管过程正常，摩阻 10t。套管到位后，开泵 4.5L/s，泵压 5.3MPa 顶通；缓慢提排量至 53L/s，泵压 18MPa，液面正常。

一级及二级固井施工顺利，全程施工无中断，排量平稳，密度均匀，一级固井施工水泥浆成功上返至分级箍位置，二级固井施工水泥浆返至地面。一级固井施工数据曲线如图 5 所示，二级固井施工数据如图 6 所示。

二级施工结束 12h 后，实验室同步养护中间浆顶部（60℃）强度 7.3MPa，现场滚子加热炉内中间浆已起强度（60℃养护），开始井口套管坐挂作业：提升吊卡 680t，下放至 175t，释放前套余 4.38m，释放完套余 1.13m，下行距离 3.25m，推算自由套管段长 1520m；最终坐卡瓦 120t（不含顶驱）。

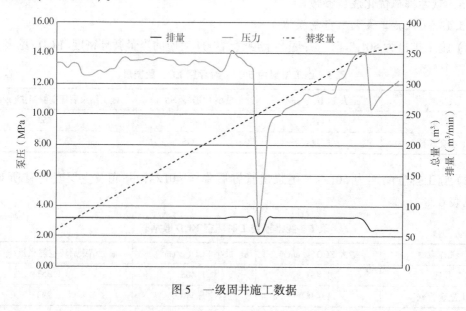

图 5　一级固井施工数据

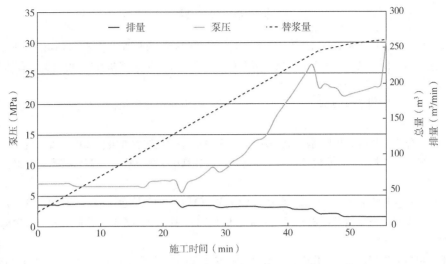

图 6　二级固井施工数据

经声波变密度（CBL-VDL）测井曲线显示目的层尾管优质率为 95.6%，声幅曲线（井段 7790～7850m）如图 7 所示，固井质量良好。该井优质的固井质量为四开钻进提供了有利的井筒保障，为深地塔科 1 井挺进万米打下了坚实的基础。

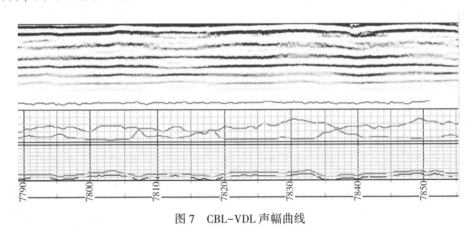

图 7　CBL-VDL 声幅曲线

## 6　总结与认识

（1）施工前通过详细的分析，准备确定安全密度窗口，为水泥浆浆柱结构设计、施工排量设计提供了依据。

（2）充分的井眼准备，合理优化钻井液性能，是确保超深井套管安全下入的关键前提，同时为超深井套管的安全下入提供了借鉴及参考。

（3）一级固井低密度先导浆，不仅降低了井漏风险，同时人为地拉大了密度差，为防漏固井和高效顶替提供了保障。

（4）合理的浆柱结构及注替参数，有效提高顶替效率，保障了水泥浆胶结质量。

（5）现场施工证明效果明显，形成了一整套超深井大尺寸套管固井工艺，为后期超深井固井提供了经验及技术支撑。

# 参 考 文 献

[1] 唐汝众，张士诚，俞然刚. 高内压下固井水泥环损坏机理研究[J]. 钻采工艺，2012，35(1)：14-16.

[2] 初纬，沈吉云，杨云飞，等. 连续变化内压下套管水泥环围岩组合体微环隙计算[J]. 石油勘探与开发，2015，42(3)：379-385.

[3] 陶谦，陈星星. 四川盆地页岩气水平井 B 环空带压原因分析与对策[J]. 石油钻采工艺，2017，39(5)：588-589.

[4] 李韶利，宋韶光. 松科 2 井超高温水泥浆固井技术[J]. 钻井液与完井液，2018，35(1)：92-97.

[5] 王涛，王国峰，李伟，等. 提高固井过程中环空摩阻计算精度的方法[J]. 科学技术与工程，2015，15(11)：49-51.

[6] 高鹏，张劲军. 幂律流体管内紊流摩阻系数计算式评价[J]. 油气储运，2005，24(9)：13-19.

[7] 张晓广. 米桑油田高压盐膏层固井问题分析和优化[J]. 探矿工程(岩土钻掘工程)，2018，45(9)：37-41.

[8] 戴小毛. 伊拉克鲁迈拉油田优化固井技术[J]. 探矿工程(岩土钻掘工程)，2016，43(11)：45-47.

# 新型内管注水泥固井成套工具研制及应用

林建增　杨吉祥　郑　涛　郭　磊

（中国石油西部钻探固井公司）

**摘　要**　深井大尺寸套管采用常规固井工艺施工时存在管内替浆量大、顶替效率差、施工时间长等问题，采用常规插入式固井工艺时易发生长钻具弯曲或回缩，导致水泥浆进入套管，从而发生"插旗杆"事故，同时无法实现胶塞替浆，替浆量无法准确判断。针对以上难题，研制出深井大尺寸套管插入式固井关键工具，包括双球阀双通道钻杆水泥头、井口密封循环工具、插入式固井胶塞碰压装置，形成深井大尺寸套管插入式固井工艺方法。通过对三种工具建立三维模型，完善工具结构设计，确保其在额定压力下强度及变形满足要求。对工具进行室内密封试验，双球阀双通道钻杆水泥头工作压力 70MPa，井口密封循环工具密封压力 35MPa，插入式固井胶塞碰压装置工作压力 50MPa；现场试验 4 口井，各工具工作正常，密封良好。试验结果表明：该工具在深井大尺寸套管插入式固井时具有明显优势，能够形成井口+井下双重密封，三层保护，极大提高固井施工效率，提高固井质量，保障施工安全。

**关键词**　固井；深井；大尺寸套管；插入式；井口密封

随着石油工业与钻井技术的发展，深井、超深井开次逐年增多，长封固（2000~4000m）大尺寸套管（473.1mm、365.13mm、339.7mm）井数量随之增多，传统固井方法在固井时面临替浆量大，施工时间长，水泥浆稠化时间长，导致固井质量难以保障，常规插入式固井时长钻具易发生弯曲或者回缩，导致插入头密封失效，水泥浆进入套管后无法补救，从而发生"插旗杆"事故，另外无法实现胶塞替浆，替浆量只能通过理论计算，存在误差。

为此，中国石油西部钻探工程有限公司研制出深井大尺寸套管插入式固井关键工具，包含双球阀双通道钻杆水泥头、井口密封循环工具和插入式固井胶塞碰压装置共三种工具，双球阀双通道钻杆水泥头可内置胶塞，并形成密闭腔，插入式固井胶塞碰压装置可实现插入式胶塞碰压并有效自锁，与井口密封循环工具形成井底+井口双重密封，有效保障固井施工安全，三种工具配合使用应用于深井大尺寸套管插入式固井时，相对常规固井可有效缩短约 90%替浆时间（以 339.7mm 套管 4000m 深井为例，常规固井替浆量约 300m³ 左右，内管插入式固井替浆量约 35m³）；相对常规插入式工具，密封压力可提高 2 倍以上（常规插入式固井工具密封压力约 9MPa，新工具目标密封压力达 14~25MPa）；三套工具也可分开使用，实现其各自功能，井口密封装置单独使用在大尺寸表层套管插入式固井作业中，下部

【第一作者简介】林建增（1984—），高级工程师，2009 年毕业于长江大学机械设计制造及其自动化专业，现主要从事钻完井工具研发工作。地址：新疆克拉玛依市克拉玛依区。电话：18809909959，E-mail：gjlinjianzeng@cnpc.com.cn。

可不再使用插入头与插入式浮箍，可节省固井工具费用并有效缩短井队钻塞时间。

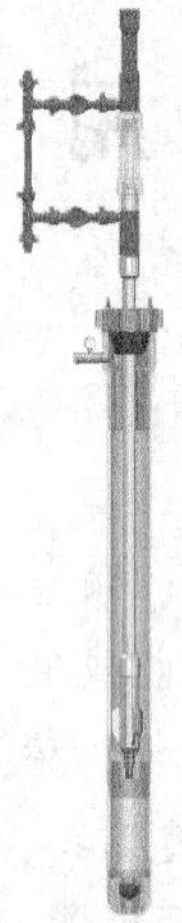

# 1 技术分析

## 1.1 结构组成

深井大尺寸套管插入式固井关键工具总体结构如图1所示，主要由双球阀双通道钻杆水泥头、井口密封循环工具、插入式固井胶塞碰压装置三部分组成。

双球阀双通道钻杆水泥头与上层钻杆连接，注工作液、替浆双通道设计，内置自锁胶塞；井口密封循环工具连接上层套管，通过密封胶芯使得钻杆与套管环形空间形成第一道密封；插入式固井胶塞碰压装置内设碰压装置和自锁座，连接于底部第二根套管母接箍处，插入头与浮箍配合形成第二道密封，自锁胶塞碰压后自锁，形成第一道保护，装置内舌板阀关闭后形成第二道保护，底部浮鞋单流阀形成第三道保护。

图1 总体结构图

## 1.2 工作原理

深井大尺寸套管插入式固井关键工具安装流程如图2所示：下入浮鞋、插入式胶塞碰压装置、套管串及其他附件[图2(a)]；取下快装螺母，下入井口密封循环工具[图2(b)]；下入扶正插头和光钻杆[图2(c)]；下至插入式胶塞碰压装置位置，并插入[图2(d)]；安装快装螺母(带密封装置)[图2(e)]；安装双球阀双通道钻杆水泥头；进行施工作业[图2(f)]。

（a）下入浮鞋　　　　　（b）取下快装螺母　　　　（c）下入扶正插头和光钻杆

（d）下至插入式胶塞　　　（e）安装快装螺母　　　（f）安装双球阀双
碰压装置位置　　　　　　　　　　　　　　　　　通道钻杆水泥头

图2 施工方案

施工过程中，首先打开上球阀、关闭下球阀，装入胶塞，连接顶驱或方钻杆；关闭上球阀、打开注浆通道旋塞阀，注入水泥浆；关闭注浆通道旋塞阀，打开双球阀，开始替浆；胶塞到达浮箍碰压座位置，碰压并自锁，舌板阀关闭，形成井底密封；井口密封装置和钻杆配合形成井口密封；提出钻杆，完成施工作业。

### 1.3 主要技术参数

双球阀双通道钻杆水泥头内置双球阀式挡销，90°旋转释放胶塞；额定工作压力70MPa，管体抗拉强度大于3168kN；井口密封循环装置静密封压力大于35MPa，动密封压力大于14MPa；插入式固井胶塞碰压工具胶塞碰压压力5~10MPa，具备胶塞自锁功能，反向承压压力大于50MPa。

## 2 工具结构设计

深井大尺寸套管插入式固井关键工具主要结构分为地面部分的双球阀双通道钻杆水泥头与井口密封循环工具，以及井下插入式固井胶塞碰压装置。

### 2.1 双球阀双通道钻杆水泥头结构设计

双球阀双通道钻杆水泥头主要由水泥头本体及旁通管汇组成，水泥头本体可进行胶塞放置及释放。水泥头本体主要结构可分为连接件上接头、下接头，密封件第一腔体、第二腔体，胶塞存放释放件上球阀、下球阀(图3)。

上下球阀为90°开启结构，可使用专用六角扳手进行开启关闭，在上下球阀关闭时，可形成密封腔放置胶塞，释放胶塞时，将旁通管汇旋塞阀关闭，将上下球阀旋转90°打开即可释放胶塞，相较于传统胶塞释放机构可极大减少作业时间与作业难度(图4)。

 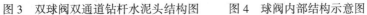 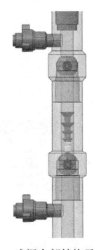

图3 双球阀双通道钻杆水泥头结构图    图4 球阀内部结构示意图

### 2.2 井口密封循环工具结构设计

井口密封循环工具的作用为在井口形成套管与钻杆内腔的二次密封，防止在插入头密封失效后无法再次进行密封。其主要结构包括与套管相连的管体，负责密封钻杆的密封胶塞，辅助密封结构压盖与快装螺母，以及进行套管内循环的循环接头(图5)。

进行施工时，钻杆可穿过密封胶塞，安装并紧固快装螺母后，密封胶塞抱紧钻杆形成密封，循环接头连接旋塞阀后，打开旋塞阀即可进行管内循环，关闭旋塞阀后在井口形成密封。

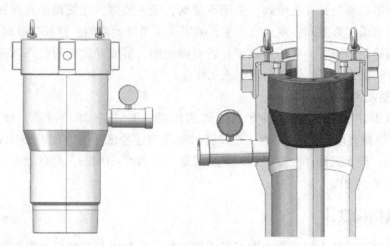

图 5　井口密封循环工具结构图

在密封结构密封生效后，亦可在钻杆两接箍之间适当活动钻杆，防止插入头在施工完毕后凝固粘接在井底。

### 2.3　插入式固井胶塞碰压装置结构设计

插入式固井胶塞碰压装置为井下部分，相较于传统插入式浮箍，增加了胶塞碰压装置，并在胶塞碰压后可进行胶塞的强制锁定，防止单流阀失效后井下无密封，将传统浮箍单流阀结构改为舌板式单流阀，减少了加工成本与装配难度(图 6)。

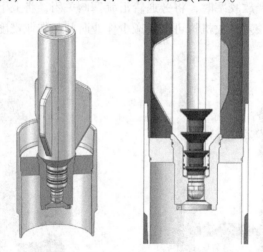

图 6　插入式固井胶塞碰压装置结构图

施工时，替浆完毕后，钻杆自锁胶塞留在插入式固井胶塞碰压装置内，插入头及钻杆可一并提出。舌板式单流阀相较于传统单流阀结构简单，易钻塞，极大节约了钻井时效。

## 3　室内评价

为研究工具的整体抗压能力、反向承压能力和密封能力，分别进行水力密封试验、模拟现场密封试验和反向承压试验。

### 3.1　双球阀双通道钻杆水泥头抗压和密封试验

打开双球阀双通道钻杆水泥头上阀门、下阀门，打开双球阀，管柱上下连接堵头，从下接口打压，进行水力密封试验，试验压力 87.5MPa，稳压 15min，压降小于 5%，无刺漏；关闭上阀门，关闭下球阀，从下接口打压，验证下球阀密封性，试验压力 35MPa，密封完好；打开上阀门，关闭上球阀，从下接口打压，验证上球阀密封性，试验压力 35MPa，密封完好。

### 3.2 井口密封循环工具胶芯密封试验

井口密封循环工具内部胶芯穿过钻杆并压紧钻杆，下部连接试压堵头，从循环孔打压，进行密封试验，试验压力 35MPa，稳压 15min，压降小于 5%。

### 3.3 插入式固井胶塞碰压装置抗压和反向承压试验

插入式固井胶塞碰压装置正向试压 62.5MPa，稳压 15min，压降小于 5%，无刺漏；下部连接试压接头，并打压，试验压力 38.5MPa，稳压 15min，压降小于 5%，密封完好。

## 4 现场试验

深井大尺寸套管插入式固井关键工具分别在新疆油田现场试验 4 口井，试验井基本情况见表 1。

**表 1 现场试验**

| 井号 | 井队 | 井深（m） | 套管尺寸（mm） | 工艺 | 双球阀双通道钻杆水泥头 | 井口密封循环工具 | 插入式固井胶塞碰压装置 | 碰压（MPa） | 固井质量 |
|------|------|-----------|----------------|------|-----------------------|-----------------|------------------------|------------|----------|
| | | | | | 工具使用情况 | | | | |
| 和探 1 | 70221 | 500 | 339.7 | 插入式 | √ | √ | √ | 5 | 合格 |
| CHHW4780 | 50604 | 902 | 339.7 | 插入式 | √ | √ | √ | 6 | 合格 |
| 玛湖 58 | 70275 | 500 | 365.1 | 插入式 | √ | √ | √ | 5 | 合格 |
| 呼 103 | 90501 | 3108 | 473.08 | 插入式 | √ | √ | √ | 12 | 合格 |

呼 103 井位于准噶尔盆地南缘，二开次完钻井深 3108m，下入 $\Phi$473.08mm 套管，套管空重 591t，浮重 470t，要求水泥浆返至地面，水泥浆量高达 330m³，鉴于采用常规工艺固井施工灰量大，安全风险高，决定采用插入式固井工艺，钻杆下入到位后，插入插入头，安装井口密封循环工具，此时进行循环，循环过程中环空返出钻井液，证明井口密封循环工具密封效果良好（图 7）。注水泥浆完毕后进行胶塞替浆，双球阀双通道钻杆水泥头上下球阀开启迅速、开启正常，胶塞释放正常；替浆完成后碰压正常，放回水断流，证明插入式固井胶塞碰压装置密封正常，现场试验各项参数及效果达到设计要求。

图 7 现场试验图

## 5 结论与认识

（1）深井大尺寸套管插入式固井工具在针对深井、超深井大尺寸套管施工时能够极大减小施工难度，提高插入式固井替浆准确性，并可以在井下及井口进行多重密封，防止插入式浮箍密封失效后水泥浆返入套管内导致的"插旗杆"事件。

（2）室内试验结果证明，双球阀双通道钻杆水泥头、井口密封循环工具、插入式固井胶塞碰压装置均能满足现场试验要求。

（3）现场试验结果表明，三种工具配合使用，可有效解决深井大尺寸套管施工灰量大，固井施工风险高，质量难以保障的问题，建议推广使用。

## 参 考 文 献

[1] 覃毅.内插法固井工具失效典型案例及预防措施[J].石油钻采工艺，2015，37(6)：114-11.

[2] 程建中.大口径套管固井的新方法[J].石油钻采工艺，1993，15(5)：96-97.

[3] 桑鹏，张伟军，翟学良，等.一种井口密封扶正装置的研制[J].中国石油和化工标准与质量，2021，41(15)：108-109.

[4] 吴春贵，王正军，何春，等.煤矿大口径工程井井口密封内插法固井技术[J].中国石油和化工标准与质量，2012，32(6)：124.

[5] 张金法，马兰荣，吴姬昊，等.国内外水泥头现状及发展[J].石油矿场机械，2009，38(10)：24-26.

[6] SY/T 5394—2004，固井水泥头及常规固井胶塞.

[7] 贺秋云，韩雄，曾小军.高温高压井下测试工具橡胶密封材料的优选[J].钻采工艺，2019，42(4)：36-39.

[8] 陈小敏.井下环空防喷器胶筒密封性能研究[D].四川省：西南石油大学，2015.

[9] 吴波，张金法，马兰荣.内管注水泥固井工具的研究与分析[J].石油矿场机械，2007，(9)：105-107.

# 大通径压裂测试管柱研究

王　桥　　王春生　　冯少波　　陈家雄

（中国石油塔里木油田分公司油气工程研究院）

**摘　要**　近两年，塔里木油田风险探井迈向超深层以及库车山前Ⅱ类、Ⅲ类储层比例逐步增加，测试过程中，需要缝网压裂或大规模加砂压裂来实现油气发现和突破，目前5½in套管APR测试工艺已经不能满足改造需求，主要体现管柱通径偏小，承压偏低。通过选用更高钢级材质镍基合金，并设计、优化工具结构和密封机构，以提高工具的强度、承压与防冲蚀能力，承压由70.00MPa提高到105.00MPa，管柱通径由38.00mm提高到45.00mm。优化后的测试阀、E形阀均通过了额定压力测试、低温承压测试等室内评价试验，对大通径压裂测试管柱进行流体流动效果评价，并在库车山前区块复杂井下条件下试验成功。5½in套管大通径压裂测试管柱满足库车高温高压气井安全试油作业，有效降低了砂堵的风险，具有相当的借鉴意义。

**关键词**　库车山前；大通径；结构优化；材质升级；冲蚀；压裂测试

目前，塔里木油田库车山前裂缝不发育储层压裂测试管柱内径最小处仅有38.00mm，压裂排量低，易砂堵，工具强度低，加砂压裂对各类阀件冲蚀较严重，最终导致测试失效，制约着该类储层的高效建产[1,2]。针对上述难点，开展了5½in大通径压裂测试管柱研究，通过优化井下工具尺寸，掌握管柱砂堵机理，更换关键工具材质，并引入新型大通径高温高压完井封隔器[3]，在不降低强度和承压能力的条件下，将目前"五阀一封"测试管柱内径由38.00mm扩大至45.00mm，以满足加砂压裂测试要求，并在库车山前超深、超高温、超高压气井测试作业中成功进行了试验，为该区块的压裂测试提供有效的技术支撑。

## 1　工具设计优化

在常用"五阀一封"测试管柱基础上，针对RDS阀、RD阀、E形阀进行结构优化、关键承压力部位材质采用镍基高温合金718材料，实现扩大通径的同时，又能保证工具强度达到库车山前高温高压致密砂岩储层压裂测试的需求，详细技术目标参数见表1。

### 1.1　测试阀设计

测试阀是指RDS安全循环阀和RD循环阀。为提高测试阀整体密封承压能力，测试阀

---

【基金项目】中国石油天然气集团有限公司关键核心技术重大科研攻关项目"200℃/105MPa抗硫井下安全阀及封隔器研制"（编号：2021ZG11）资助。

【第一作者简介】王桥（1987—），男，湖北省咸宁市人，2017年毕业于西南石油大学油气田开发专业，现就职于中石油塔里木油田分公司，主要从事试油完井工艺研究工作。联系方式：（0996）2173384，wangqiao-tlm@petrochina.com.cn。

芯轴采用双密封槽结构，空气室两端设计成 OTP 组合密封[4]。破裂盘"斜向孔+小孔径"可限制流体流速[5]（图 1）。RDS 循环阀整体密封压力提高至 105.00MPa，内通径提高至 50.00mm，以满足高承压、大通径需求。

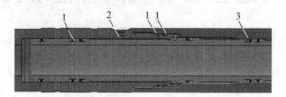

图 1　测试阀空气室密封结构

1—OTP；2—斜向孔；3—PTO

## 1.2　E 形阀设计

针对以往 E 形阀失封问题，设计了双密封槽+双支撑密封，有效保障动密封和静密封性能。循环孔位置的环形槽可避免心轴在下行过程中将 O 形圈挤伤，从而造成失封的后果（图 2）。外筒与循环心轴的循环孔正对，在循环过程中不存在涡流现象，替液过程中附加压力得到有效降低。

表 1　井下工具技术目标参数表

| 工具 | 材质 | | 外径（mm） | | 内径（mm） | | 压力等级（MPa） | | 温度等级（℃） | |
| --- | --- | --- | --- | --- | --- | --- | --- | --- | --- | --- |
| | 原值 | 新值 | 原值 | 新值 | 原值 | 新值 | 原值 | 新值 | 原值 | 新值 |
| 测试阀 | 4140 | Inconel718 | 127.00 | 105.00 | 38.00 | 45.00~50.00 | 200.00（空气腔） | | 204.00 | |
| E 形阀 | | | 99.00 | | 28.00/38.00 | | 70.00 | 105.00 | | |

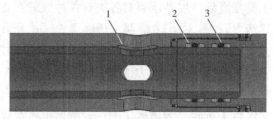

图 2　E 形阀循环外筒结构

1—环形槽；2—PEEK 支撑环；3—双密封

## 1.3　力学评价

本研究中，依据静力学公式对测试阀、E 形阀进行理论校核，工具强度校核数据结果见表 2。测试阀设计抗内压强度 140.50MPa，按照 105.00MPa 工作压力计算，安全系数在 1.33>1.25（井下工具设计安全系数），抗拉强度为 1347.50kN>800.00kN（现场最大操作载荷），符合要求。从表 2 数据可以看出，各井下工具静力学理论校核强度值均达到技术目标参数要求，满足库车山前高压井大规模压裂改造理论需求。具体计算公式如下：

$$F = \frac{\pi \times (D^2 - d^2) \times \sigma_s}{4 \times 1000} \tag{1}$$

式中，$F$ 为抗拉强度，kN；$D$ 为管体外径，mm；$d$ 为管体内径，mm；$\sigma_s$ 为材料屈服强度，MPa。

$$P_i = \frac{(K^2-1) \times \sigma_s}{\sqrt{3 \times K^4 + 1}} \tag{2}$$

式中，$P_i$ 为抗内压强度，MPa；$K = \dfrac{D}{d}$，小数。

$$P_o = \frac{(K^2-1) \times \sigma_s}{2 \times K^2} \tag{3}$$

式中，$P_o$ 为抗外挤强度，MPa。

$$M = \frac{0.2 \times D^3 \times \left[1 - \left(\dfrac{d}{D}\right)^4\right] \times \delta_{0.2} \times 0.5}{1000000} \tag{4}$$

式中，$M$ 为扭矩强度，kN·m；$\delta_{0.2}$ 为材料形变量为 0.2% 时的屈服强度，MPa。

## 2　室内试验

为测试改进后的工具是否能在井下严苛环境条件下也满足设计的力学性能，模拟开展了室内高温高压井下工况试验。井下工具试验结果见表3，可以看出，试验结果均达到预期效果。

### 2.1　额定压力测试(测试阀)

（1）温度 208.70~208.90℃，内压分级打压至 201.40MPa，外压分级打压至 95.40MPa，压差 106.00MPa，保温保压 15min，15min 内压压降 0.2%(0.40MPa)。

（2）温度 210.10℃，内压分级泄压至 95.40MPa，外压分级打压至 201.60MPa，压差 106.20MPa，保温保压 15min，15min 外压无压降，说明测试阀的额定压力测试合格。

### 2.2　低温承压测试(测试阀)

（1）温度 116.50~117.20℃，外压分级打压至 201.40MPa，内压分级打压至 95.90MPa，压差 105.50MPa，保温保压 15min，15min 外压压降 0.2%(0.40MPa)。

（2）温度 116.20~116.70℃，外压分级泄压至 95.60MPa，内压分级打压至 201.80MPa，压差 106.20MPa，保温保压 15min，15min 内压降 0.3%(0.60MPa)，说明测试阀的低温承压测试合格。

### 2.3　通径测试(测试阀)

常温，RD、RDS 阀水平放置于地面上，使用直径 46.83mm 的通径规分别从上端与下端放入 RD、RDS 阀中，通径规能顺利通过中心管，说明测试阀的通径测试合格。结果表明，井下工具最高耐温≥204.00℃，

表2　井下工具整体强度评价表

| 序号 | 工具名称 | 抗外压(MPa) | 抗内压(MPa) | 抗拉(kN) | 抗扭(kN·m) | 是否合格 |
|---|---|---|---|---|---|---|
| 1 | 测试阀 | 140.50 | 149.50 | 1347.50 | 17.70 | 是 |
| 2 | E形阀 | 139.50 | 141.50 | 1287.20 | 20.20 | 是 |

表3　井下工具高温高压试验结果表

| 工具名称 | 设计指标 | | | | 试验结果 | | |
|---|---|---|---|---|---|---|---|
| | 通径(mm) | 耐温(℃) | 耐压(MPa) | 压差(MPa) | 通径(mm) | 耐温(℃) | 压差(MPa) |
| E形阀 | 46.83~50.00 | 204.00 | 105.00 | 105.00 | 50.00 | 209.80 | 106.80 |
| 测试阀 | | | | | | 210.20 | 106.30 |

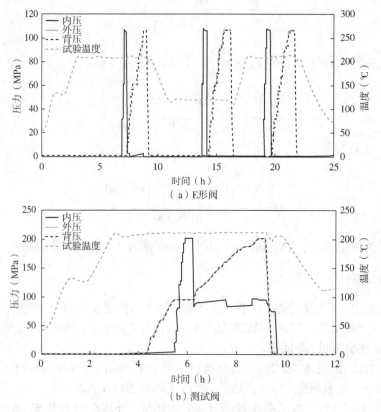

（a）E形阀

（b）测试阀

图3　各井下工具高温高压试验曲线

最大压差≥105.00MPa（图3），通径50.00mm，符合设计指标要求。

# 3　管柱结构优化

## 3.1　管柱过流能力评价

为提高改造排量、降低管柱内流体压力损失，依据库车山前常用油管组合，开展了大排量压裂模拟（图4）。

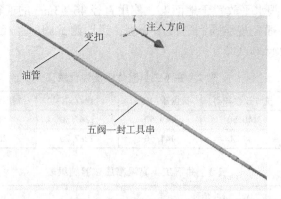

图4　管柱模拟效果图

库车山前常用下部管柱组合方式：

（1）3½in（壁厚7.34mm）油管+2⅞in（壁厚7.01mm）油管+内径五阀一封工具串（内径

45.00mm）；

（2）3½in（壁厚7.34mm）油管+2⅞in（壁厚7.01mm）油管+内径五阀一封工具串（内径50.00mm）；

（3）3½in（壁厚7.34mm）油管+2⅞in（壁厚7.01mm）油管+流动短节（内径55.00mm）+五阀一封工具串（内径45.00mm）；

（4）3½in（壁厚7.34mm）油管+2⅞in（壁厚7.01mm）油管+流动短节（内径55.00mm）+五阀一封工具串（内径50.00mm）。

对上述管柱组合开展流体数据分析，模拟对应管柱在泵压120.00MPa、井下温度120.00℃、排量4.00m³/min的加砂压裂条件下，管内流体的压降、流速、涡量、湍流强度方面数据。压降：节流或扩径引起的管内压力变化，消耗液体能量，损失越小，可有效减小井口施工泵压。流速：流速越慢，对工具的冲蚀作用更小，更利于工具保护。湍流强度：反映湍流强度的特征值，值越小，流体不规则运动的体量越少，更有利于工具保护。涡量：流体速度旋度，值越小，不规则运动的幅度就越小，对工具的冲蚀越弱[6-8]。各管柱内流体流动模拟结果如图5所示。

压力损失评价：组合（2）、组合（4）相较于其他

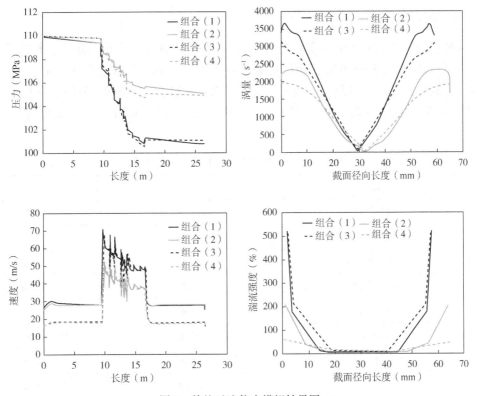

图5　管柱过流能力模拟结果图

管柱组合，压力损失降低了约6.3%。流速评价：组合（2）、组合（4）流速较其他管柱组合降低了约20%，对于工具的冲击效果最弱。涡量评价：从整个曲线来看，组合（4）涡量值最低。湍流强度评价：组合（4）湍流强度明显低于其他管柱组合，抗冲蚀能力较强。

综上所述，管柱组合（2）、组合（4），整体性能更符合高泵压、高地温、大排量的加砂

压裂作业。

## 3.2 管柱抗冲蚀能力分析

通过调研得知，在整个压裂测试一体化管柱中，RDS阀受到的冲蚀最严重[9-11]，下面针对RDS阀进行了冲蚀模拟计算。

模拟参数：排量 4.50m³/min，砂比 20.00%，砂砾直径 0.80mm，砂砾密度 1600.00kg/m³。

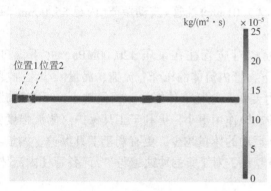

图6　RDS阀冲蚀图

模拟结果显示RDS阀中流体速度分布不均匀（图6）。通过模拟计算，RDS阀有两处位置有明显冲蚀，图中定义为位置1（接头）、位置2（芯轴）。按照最大抗内压强度≥120.00MPa，计算出位置1壁厚≥8.15mm，位置2壁厚≥10.62mm。

在冲蚀速度 $2.52 \times 10^{-4}/(kg/m^2/s)$ 条件下，位置2处最大允许冲砂时间均为21.60h，中等规模加砂时间≤6.00h，满足库车山前加啥压裂施工要求。

## 4　现场试验

为验证大通径压裂测试管柱实际工作性能，在塔里木油田库车山前区块进行现场试验。大北xx井目的层中深5925.00m，地层压力系数1.34，大通径压裂管柱下入后，成功完成大排量、高泵压的储层改造及测试施工。本井采用管柱组合（2）结构，管柱配置见表4。大北xx井采用5mm油嘴放喷求产，油压0.921MPa，折日排液30.30m³/d，本次测试结论为含气水层。

表4　大北xx井试验管柱主要工具配置表

| 序号 | 名称 | 外径（mm） | 内径（mm） |
|---|---|---|---|
| 1 | 3½in油管 | 88.90 | 74.22 |
| 2 | RD安全循环阀 | 105.00 | 50.00 |
| 3 | RD安全循环阀 | 105.00 | 50.00 |
| 4 | RD循环阀 | 105.00 | 50.00 |
| 5 | 液压循环阀 | 99.00 | 45.00 |
| 6 | E形阀 | 105.00 | 50.00（投球后） |
| 7 | 5½in封隔器 | 108.00 | 45.00 |
| 8 | 筛管 | 73.02 | 59.00 |
| 9 | 接球器 | 101.00 | — |

通过现场试验可知，该测试管柱在地层温度117.28℃（图7），施工压力65.11MPa，最大关井压力79.02MPa条件下，能够正常完成测试任务，大通径压裂测试管柱各关键工具均性能稳定，达到该管柱测试目的。

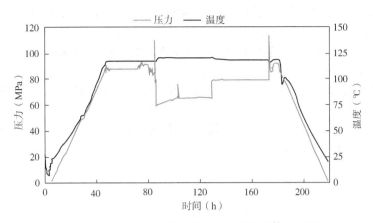

图 7　大北 xx 井电子压力计压力、温度整体展开图

## 5　结论

（1）通过对 RD 测试阀、RDS 测试阀、E 形阀关键承压部位材质升级为 Inconel718，结构优化，扩大内径，使得工具整体耐压提高到 105.00MPa；RDS、RD 测试阀空气腔承压能力达到 200.00MPa，内径由 38.00mm 提高至 50.00mm，极大提高了流体通过能力，有效降低压裂改造过程中的流体压力损失。

（2）优化改进后的各井下工具通过高温承压测试、压力反转测试、通径测试、密封性能测试等室内试验项目，各部件性能均达到设计指标 204℃/105MPa 要求，满足库车山前高温高压气井压裂测试条件。

（3）依据库车山前高温高压气井常用测试改造管柱结构，定型了一套大通径、低压力损失、抗冲蚀能力强的压裂测试管柱，并在库车山前区块进行了现场试验，施工过程顺畅，在地层温度 117.28℃，施工压力 65.11MPa，最大关井压力 79.02MPa 条件下能够正常完成测试任务，为塔里木库车山前Ⅱ类、Ⅲ类储层大规模加砂压裂提供了技术保障，促成超深、超高压、超高温油气勘探开发配套核心技术的形成。

### 参　考　文　献

［1］张思松，曾德智，潘玉婷，等．大规模加砂压裂管柱冲蚀研究进展［J］.新疆石油天然气，2022，18（3）：65-72.

［2］李国欣，朱如凯．中国石油非常规油气发展现状、挑战与关注问题［J］.中国石油勘探，2020，25（2）：1-13.

［3］王龙．高温高压完井封隔器结构优化［J］.石油机械，2023，51(6)：112-118.

［4］庞振力，宋国强，季鹏，等．高温高压试油测试工具、工艺技术及其现状分析［J］.当代化工研究，2021(15)：133-134.

［5］彭永洪，魏波，宋雷勇，等．超深高温高压井 APR 测试工具失效分析与措施研究［J］.钻采工艺，2020，43(5)：38-41.

［6］杨向同，周鹏遥，丁亮亮，等.P110 油管用钢固液两相流体冲蚀实验研究［J］.科学技术与工程，2014，14(30)：14-143.

［7］张智，冯潇霄，向世林．高温高产气井冲蚀对油管柱结构完整性的影响[J].中国科技论文，2022，17（1）：31-38.

[8] 张继信, 樊建春, 詹先觉, 等. 水力压裂工况下42CrMo材料冲蚀磨损特性研究[J]. 石油机械, 2012, 40(4): 100-103.

[9] 刘尧文, 明月, 张旭东, 等. 涪陵页岩气井套中固套机械封隔重复压裂技术[J]. 当代化工研究, 2021, (15): 133-134.

[10] 韩光耀, 舒博钊, 刘海龙, 等. 符合压裂管柱结构优化设计与应用[J]. 石油矿场机械, 2021, 50 (3): 280-31.

[11] 刘军, 杜智刚, 牟少敏, 等. 连续油管分簇射孔管柱通过能力分析模型及影响因素研究[J]. 特种油气藏, 2022, 29(5): 139-148.

# 非常规油气保压取心研究与应用

孙少亮　苏　洋　戴运才

（中国石油集团长城钻探工程有限公司工程技术研究院）

**摘　要**　深层、非常规油气成藏机理、评价方法不同于常规油气资源，采用常规取心获取的岩心在天然气储量计算过程中需估算损失气量，导致其数据可信度不高。保压取心技术能有效解决目前损失气量无法准确计量的问题，但受制于深地高温高压复杂环境限制，限制了在深层油气领域的拓展和应用。为此开展了针对深层非常规油气的保压取心工具和工艺研究，进一步提升了工具的保压能力、安全性和可靠性，并结合我国非常规油气储层特点，在保压取心技术发展方向上科学规划，提出"油藏保温保压，气藏控压保气"的差异化发展理念，制定了"保压为技术手段，保油保气为目的"的工程应用目标，在陆地非常规油气开展试验应用 93 口井，整体保压成功率达到 91%，含气量测试准确度提高 20% 以上。

**关键词**　非常规油气；页岩气、保压取心；含气量

深层、非常规油气成藏机理、赋存形态及开发技术不同于常规油气资源，勘探开发过程中往往需要对储层物性、含油气性和储集性进行精细评价[1,2]。到目前为止，尽管探测地下地质情况的各种新技术、新方法不断出现，但是通过钻取地层岩心来进行储层性质研究、探明资源储量仍是最直观和必不可少的手段，是各种间接探测方法所不能代替的。常规取心获取的岩心存在油气组分损失严重，孔隙度、渗透率和饱和度测试数据失真等问题，基于常规取心技术建立的地质评价方法和储量计算方式已经难以适用于煤层气、页岩气等非常规油气资源[3]。以页岩气为例，页岩岩心钻取和起下钻时间周期较长，不可避免地导致了损失气量的增大，损失气的比例可以占到总含气量的 40%~80%，损失气量的精确计算已成为确定页岩总含气量的重点和难点[4-9]。

保压取心技术是利用保压取心工具获取岩心，在井底压力条件下将岩心密封在保压内筒当中，保持岩心内流体不散失的一种特殊、高技术壁垒的钻井取心技术，该技术能最大限度地减少岩心中油气等组分的损失和孔隙结构变化，具有"保油、保气"的技术优势，能真实反映储层物性、力学性能及流体分布规律[10-18]。近年来，长城钻探公司研制的 60MPa 保压取心工具广泛应用于 3500m 以浅各类油气储层评价工作当中，为中浅—中深层油气地质综合研究、选区评价、开发靶体优选及储量计算等方面提供了重要技术支持。但是，随着勘探开发的持续推进，油气勘探目的层由中浅层向深层和超深层、资源类型由常规向非

---

【第一作者简介】孙少亮（1980 年 2 月），男，2003 年毕业于西南石油学院石油工程专业，2003 年获西南石油学院石油工程专业学士学位。中国石油长城钻探工程技术研究院，高级工程师，主要从事钻井取心技术研究和相关技术管理工作。地址：辽宁省盘锦市兴隆台区惠宾街 91 号长城钻探工程技术研究院，邮编：124010，电话：13998739910，E-mail：lh_ sunshaol@cnpc.com.cn。

常规快速延伸，埋深 3500~4500m 的深层页岩油气成为我国油气上产重要勘探领域，川南深层页岩气储层压力普遍达到 80~100MPa，渤海湾盆地页岩油储层温度超过 150℃，万米超深层甚至达到 240℃/140MPa 的苛刻环境，现有保压取心技术已经难以满足上述高温、高压复杂环境取心作业需求，亟须更新换代。

## 1 保压取心面临的挑战

### 1.1 高温高压条件下取心作业难度大，深地保压取心为世界空白

国外早在 20 世纪 50 年代开发出了 PCB、PTCS、APC 等多种保压取心工具用于海底岩心样品采集和天然气水合物取样，在全球探明了大量可燃冰赋存区，同时也证实了保压取心技术对于保持岩心地层原始状态具有显著效果，是一种可以用于地层原始资料获取的有效方法[19-22]。但国外保压取心工具以海域应用为主，其工作环境为海洋低温环境，且海水密度相对较低，介质较为纯净，设计工作压力一般不大于 35MPa，因此国外主流取心工具并不适用于我国陆地深层保压取心，也没有可借鉴实例。

陆地深井取心环境较海域更为复杂，四川盆地 4000m 以深龙马溪组页岩气井钻井液密度介于 2.0~2.5 之间，固相含量达到 40%，给密封阀和控制机构的有效执行带来巨大挑战，目前我国主流保压取心工具设计工作压力为 60MPa，而深层超深层储层压力可达 100MPa 以上，远远超出取心工具设计工作压力，并且在陆地深层高温环境下，金属材料机械性能衰减，橡胶等密封材料失效，保压密封效果难以保证。

### 1.2 保压取心系统多场耦合温度压力变化规律缺乏系统性研究，地面处理安全风险高

保压系统在井底获取岩心，投球到起钻过程中，取心筒内有岩心、钻井液和一定的气体，筒内外压力、温度相同，处于平衡状态。取心筒从井底到地面过程中，筒外压力减小至大气压，筒内温度减小至大气温度，在这个过程中取心筒、岩心会发生体积变形，从而筒内钻井液、气体所占体积也会发生变化，加之筒内钻井液和气体随压力温度均发生变化，故使得保压取心筒系统整个变化过程十分复杂，属于气、液、固三相的热—固—相态耦合变化研究领域。到达地面后，大气环境的温度压力与取心筒内压力变化关系也受到诸多因素影响，涉及取心筒体积变形、岩心体积变形、气体体积变形以及钻井液体积变形影响。而取心筒体积变形量又与取心筒的热膨胀系数、壁厚、弹性模量等有关；岩心的体积变形量与岩石的孔隙度、弹性模量、泊松比等有关；气体体积变形量与气体相对分子质量、相对密度、相态变化等有关；钻井液体积变形量与其膨胀系数、压缩系数等有关，目前还没有开展系统性的研究，无法预测取心筒内油气相态及压力变化。

## 2 保压取心研究进展

### 2.1 保压取心国内外发展现状

保压取心是目前保存储层流体的最重要手段，基于保压取心的现场含气量测试技术基本实现了对原位含气量的高精度测试。随着测试技术的进步，保压取心可以获取更多的原始地层信息，因此研究仍在深入。目前保压取心技术作为一项技术平台，形成了不同领域的发展方向和技术路线。如我国广州海洋地质调查局、中国石化胜利钻井院和国外等公司开发的保压取心工具主要用于海域天然气水合物取心，其作业环境为海洋低温条件，以绳索式为主，注重低温保持和快速获取。中国石油长城钻探、川庆钻探、大庆钻探开发的保

压取心工具主要用于陆地石油与天然气勘探，其作业环境为陆地深层高温高压，甚至超高温超高压，以起钻式为主，注重"保油、保气"，弱化了"保温、保压"，以实现深层油气井储量评价。另外还有谢和平院士及深圳大学开发的保压取心工具主要用于构建深部原位岩石力学研究，因此提出了"保压、保温、保质、保光、保湿"五保取心构想，以达到真实原位应力与赋存环境构建，为岩石力学研究建立基础。

长城钻探公司较早在陆地保压取心技术领域进行规划和布局，通过结合我国深层非常规油气储层特点和精细评价需求，提出了"油藏保温保压，气藏控压保气"的差异化发展理念，确立了"保压为技术手段，保油保气为目的"的生产应用目标，制定了适用于我国陆地深层非常规油气的保压取心技术发展路线，在高温高压环境保压密封、适应能力等方面实现关键技术突破，从"十二五"至"十四五"期间先后完成了 20MPa、60MPa、80MPa 三代保压取心工具研制和定型。在页岩油、页岩气、煤层气、致密气、CCUS 等领域均实现工业化应用，在大庆古龙页岩油、胜利页岩油、四川盆地海相页岩气、鄂尔多斯盆地海陆相页岩气及煤层气、涪陵陆相凝析油气、延长致密砂岩气等领域均取得勘探突破，累计实施保压取心近 100 口井，引领了国内陆地保压取心技术的发展。

### 2.2 陆地深层保压取心工具

目前陆地深层保压取心工具主要以长城钻探 GW 系列 80MPa 保压取心工具为代表，其设计工作压力为国内外最高，该工具主要由差动总成、测量总成、保压内筒总成、球阀密封装置、外筒和取心钻头等组成，如图 1 所示。其工作原理是：外筒与取心钻头连接，传递钻压和扭矩。保压内筒下端连接球阀密封装置，上部依次连接测量总成、差动总成。取心钻进时，球阀处于打开状态，岩心通过球阀进入保压内筒。钻取完岩心后，通过投入钢球，坐落在差动总成球座并造成压力上升，利用液压作用剪断差动总成销钉使内外筒进行差动，在此过程中，球阀密封装置被关闭，完成内筒的保压密封。测量总成可以对内筒中的温度和压力进行连续测量和存储，通过细小的趋势变化可以更加详细地了解岩心样本在起钻过程中油气成分的挥发分解过程。GW-CP 保压取心工具主要参数为：工具外径 194mm，取心钻头尺寸 215.9mm；岩心直径 80mm，额定保压 80MPa；割心方式为液力加压和自锁式割心相结合，采用钻具起下作业方式[10,11]。

图 1　保压取心工具结构图

1—差动总成；2—上部密封机构；3—测量总成；4—保压内筒总成；5—外筒；6—取心钻头；7—球阀密封装置

80MPa 保压取心工具以超高压球阀密封技术作为重点攻关对象，设计采用主、被动密封结合方式进行保压密封，优选高强度合金材料，攻克高强度梯形螺纹内筒设计，实现取心工具 80~100MPa 稳定密封；采用抗高温密封填料硫化处理技术形成一体式高硬度密封面，耐温达到 170℃，解决了高激动压力下密封元件贴合不严和抗高温性能差的技术难题。同时，研发了基于外筒不动，内筒上移的双级同步差动机构，采用反向抬升设计，确保取心工具差动过程中不受井壁摩阻影响，割心动作和球阀旋转有序启闭，适用于大斜度井、水平井等复杂结构井取心作业，应用范围和适应能力得到显著提升。

### 2.3 现场测试技术

保压取心作业完成后，保压岩心的现场处理与测试，是获取地层相关参数，进行储层评价与预测的关键。针对不同油气藏地质特点和测试需要，目前主要采用两种类型的处理方法：保压和非保压岩心处理。其基本原则是：尽可能快速地完成现场保压岩心的相关操作，以避免或减少外界温压条件的变化对岩心产生影响[19]。工作过程中涉及包括压力测试、带压解吸、带压转移、对岩心进行冷冻、切割、分析化验等功能在内的一整套专用地面处理设备及工艺。对于常规油藏和页岩油藏，包括高含水、长期开发的老油田，一般采

用非保压岩心处理方法：利用超低温快速冷冻来消除内筒压力。保压内筒处于带压状态时，要取出岩心而不能让岩心中的油气水损失，必须将岩心流体固化在岩心中[14]。超低温快速冷冻是利用液氮（常压下温度为－196℃）对保压内筒和岩心同时进行冷冻，冷冻后内筒压力消除，岩心油气水组分完全保留，然后对岩心进行切割、取样、存储和化验分析（图2）。在该领域大庆油田勘探开发研究院、东北石油大学较早开展系统性研究

图2　保压内筒液氮冷冻

及，形成的低温保压取心实验技术采用超低温冷冻法开展实验，可以保持岩心在处理过程中气液相流体不散失，可基于保压岩心获得多项分析参数，是国内唯一开展过实际应用的低温保压取心技术。[24-31]

对于煤层气和页岩气藏，含气量和临界解吸压力是地质评价的重要指标[23-25]。对于这类气藏，一般采用保压岩心处理方法。GW-CP 保压取心工具专门设计了可用于气体解吸的保压内筒，内筒具有多功能接口，到达地面后可不将岩心取出，直接进行带压测试、游离气收集、吸附气解吸以及地层压力下临界解吸压力特征观测，以达到定量分析的目的。为了实现页岩气保压取心和含气量测试的有机结合，国家页岩气研发中心、中国石油西南油气田等单位还自主研发了保压取心现场含气量装置，通过不断优化测试方法和技术，取得了较好的应用效果。保压取心与常规取心的不同之处主要有两点：(1)取心筒内含有高压气体，气体需减压后进入计量装置；(2)取心筒内存有大量钻井液，气体释放时，钻井液会同时喷出。因此，针对这两项特点进行了设备研制，设备构成及测试流程如图3所示。

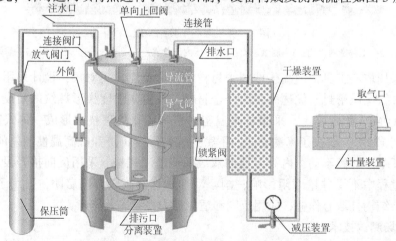

图3　页岩气保压取心现场含气量测试设备

## 3　现场应用情况

2021年以来，为加速川渝地区深层页岩气勘探开发，长城钻探公司在西南油田气泸203井区开展了L203H91-1井页岩气保压取心施工。该井钻井液密度为2.35g/cm³，保压取心井段垂深3700m，井底温度100℃，属于国内第一口深层页岩气保压取心井。由于设计采用了高强度保压内筒及耐高温密封材料，经受住了井底高温高压环境的考验，4次保压取心均未发生油气泄漏。钢球落座后，差动机构在井下运行安全稳定，均一次性差动到位，确保了球阀成功关闭。地面利用保压内筒进行了页岩气收集和测试，测得页岩总气量介于5.5~7.5m³/t，为科学评估泸203井区深层页岩气资源量发挥了重要作用。

2022年，长城钻探公司率先在浙江油田大安1井、大安101井、西南油气田泸214井实施了100MPa以上储层保压取心现场应用。其中大安1井、泸214井均在龙马溪组页岩气储层实测到超过15m³/t的高含气量数据，刷新四川盆地龙马溪储层页岩气含气量测试记录，奠定了四川盆地深部页岩气先导试验方案信心。

在累积了大量超深层保压取心经验的基础上，2023年在长庆油田鄂尔多斯盆地、吐哈油田实施5000m以深煤层气及页岩气保压取心应用2口井，均取得成功。截至2024年1月，长城钻探公司在松辽盆地、渤海湾盆地、鄂尔多斯盆地、四川盆地等累计试验应用93口井，最高应用储层温度175℃，最大应用井深5160m，最高应用储层压力110MPa，接连取得多个深层油气区块资源潜力勘探突破，创造了国内外保压

图4　页岩气保压取心地面含气量测试

取心应用储层压力最高、应用井深最深等纪录，且整体成功率达到91%。

## 4　结论与建议

随着我国深层、非常规油气投资规模和勘探力度的不断增加，对地质评价工作也在不断深入[32-34]。保压取心技术已经成为油田开发设计中一种可靠、准确的地层原始资料采集利器，是科学评估深层油气资源量的有效技术措施。在此，对保压取心技术今后的研究方向和推广应用提出几点看法和建议。

（1）我国保压取心技术目前已形成了用于陆地油气勘探和海域天然气水合物探勘的两大技术类别，整体技术与国外已无明显差距，在陆地非常规油气勘探的应用规模较国外已具有一定优势，在保压能力、岩心直径等技术指标方面已达到或超过国际先进水平。接下来应重点关注保压岩心地面处理及后续带压测试技术的开发与完善，与地质研究部门加强合作，共同探索，形成多学科、多手段相结合的测试方法，实现保压取心技术应用价值最大化。

（2）笔者认为，陆地深层保压取心不同于海域天然气水合物取样，"保压"只是技术手段，而不是最终目的，应消除保压取心认知误区。一味追求地面压力保持效果，不但极大增加了工具开发成本，也会给现场作业人员带来极大的安全风险，且不利于后续测试试验

的开展。深地保压取心作业应根据地质需求、作业环境、测试条件科学合理地开展工程应用，弱化"保压率"概念，建立更为先进、科学的评判手段。

（3）储层数字化、精细化评价是解决地质研究难点、卡点的重要手段之一，随着保压取心技术研究的不断加大和深入，今后深地保压取心的方式将从加压转变为控压，测试内容将从油气性定量评价拓展至物性、相态、渗流的动态评价，测试方法也将与CT、核磁等无损带压测试手段相结合，最终推动我国保压取心技术从借鉴走向引领，为我国深地资源高效勘探开发提供有力技术保障。

## 参 考 文 献

[1] 王红岩，周尚文，刘德勋，等．页岩气地质评价关键实验技术的进展与展望[J]．天然气工业，2019，40(6)：1-17．

[2] 董大忠，王玉满，黄旭楠，等．中国页岩气地质特征、资源评价方法及关键参数[J]．天然气地球科学，2016，27(9)：1583-1601．

[3] 李阳，薛兆杰，程喆，等．中国深层油气勘探开发进展与发展方向[J]．中国石油勘探，2020，25(1)：45-57．

[4] 朱庆忠，苏雪峰，杨立文，等．GW-CP194-80M型煤层气双保压取心工具研制及现场试验[J]．特种油气藏，2020，27(5)：139-144．

[5] 朱庆忠，杨延辉，陈龙伟，等．我国高阶煤层气开发中存在的问题及解决对策[J]．中国煤层气，2017，14(1)：3-6．

[6] 赵贤正，朱庆忠，孙粉锦，等．沁水盆地高阶煤层气勘探开发实践与思考[J]．煤炭学报，2015，40(9)：2131-2136．

[7] 朱庆忠，杨延辉，左银卿，等．中国煤层气开发存在的问题及破解思路[J]．天然气工业，2018，38(4)：96-100．

[8] 朱庆忠，杨延辉，王玉婷，等．高阶煤层气高效开发工程技术优选模式及其应用[J]．天然气工业，2017，37(10)：27-34．

[9] 李相方，蒲云超，孙长宇，等．煤层气与页岩气吸附/解吸的理论再认识[J]．石油学报，2006，34(4)：1113-1128．

[10] 杨立文，苏洋，罗军，等．GW-CP194-80A型保压取心工具的研制与应用[J]．天然气工业，2020，40(4)：91-96．

[11] 杨立文，孙文涛，罗军，等．GWY194-70BB型保温保压取心工具的研制和应用[J]．石油钻采工艺，2014，36(5)：58-61．

[12] 张洪君，刘春来，王晓舟，等．深层保压密闭取心技术在徐深12井的应用[J]．石油钻探技术，2007，29(4)：110-114．

[13] 罗军．保温保压取心工具球阀工作力学的有限元分析[J]．石油机械，2014，42(7)：16-19．

[14] 罗军．保压密闭取心技术在延页27井的应用[J]．钻采工艺，2015，38(5)：113-114．

[15] 马力宁，李江涛，华锐湘，等．保压取心储层流体饱和度分析方法-以柴达木盆地台南气田第四系生物成因气藏为例[J]．天然气工业，2016，36(1)：76-80．

[16] 巢华庆，黄福堂，聂锐利，等．保压岩心油气水饱和度分析及脱气校正方法研究[J]．石油勘探与开发，1995，22(6)：73-77．

[17] 裘杰，王晓舟，杨永祥，等．保压取心技术在吐哈油田陵检14-241井的应用[J]．石油钻探技术，2003，31(3)：19-21．

[18] 张斌成，谢治国，刘英，等．吐哈保压密闭取心饱和度应用及水淹识别方法[J]．吐哈油气，2005，

10(2)：152-155.

[19] 王韧，张凌，孙慧翠，等．海洋天然气水合物岩心处理关键技术进展[J]．地质科技情报，2017，36（2）：249-257.

[20] 白玉湖，李清平．天然气水合物取样技术及装置进展[J]．石油钻探技术，2010，38(6)：116-123.

[21] 张伟，梁金强，陆敬安，等．中国南海北部神狐海域高饱和度天然气水合物成藏特征及机制[J]．石油勘探与开发，2017，44(5)：670-680.

[22] 任红，裴学良，吴仲华，等．天然气水合物保温保压取心工具研制及现场试验[J]．石油钻探技术，2018，46(3)：44-48.

[23] 李相方，蒲云超，孙长宇，等．煤层气与页岩气吸附/解吸的理论再认识[J]．石油学报，2006，34（4）：1113-1128.

[24] 张晓明，石万忠，徐清海，等．四川盆地焦石坝地区页岩气储层特征及控制因素[J]．石油学报，2015，36(8)：926-953.

[25] 刘刚，赵谦平，高潮，等．提高页岩含气量测试中损失气量计算精度的解吸临界时间点法[J]．天然气工业，2019，39(2)：71-75.

[26] 孙龙德，刘合，何文渊，等．大庆古龙页岩油重大科学问题与研究路径探析，石油勘探与开发，2021，48(3)：453-463.

[27] 徐庆龙，何云俊，张晔，等．合川须二致密砂岩气藏开发潜力评价研究，2018年全国天然气学术年会论文集，2018.

[28] 赵正望，李楠，刘敏，等．四川盆地须家河组致密气藏天然气富集高产成因术[J]．天然气勘探与开发，2020，42(2)：39-46.

[29] 俞巨锋，王洪辉，段新国，等．合川区块须家河组二段储层微观非均质性及其成因分析[J]．长江大学学报(自科版)，2014，11(2)：65-68.

[30] 王骁，刘宝昌．表镶大颗粒人造金刚石钻头受力及水力学数值模拟研究[J]．探矿工程(岩土钻掘工程)，2016，43(8)：64-68.

[31] 乔领良，胡大梁，肖国益．元坝陆相高压致密强研磨性地层钻井提速技术[J]．石油钻探技术，2015，43(5)：44-48.

[32] 夏爽．川西地区须家河组钻头个性化研究[D]．西南石油大学，2017.

[33] 郭旭升，胡东风，黄仁春，等．四川盆地深层—超深层天然气勘探进展与展望[J]．天然气工业，2020，40(5)：1-14.

[34] 郭旭升，胡东风，李宇平，等．陆上超深层油气勘探理论进展与关键技术[J]．Engineering，2019，5（3）：458-470.

# 东海 Z 气田花港组低渗气藏完井产能释放技术创新与应用

唐鹏磊　葛俊瑞　李舜水　吴　健

(中海石油(中国)有限公司上海分公司)

**摘　要**　随着东海浅层高产易开采的油气藏普遍开发,对深层低渗气藏高效开发利用成为东海重要方向。由于深层低渗气藏其复杂的地质条件,导致采用常规的完井技术,难以实现高效的开发。针对东海 Z 气田埋深超过 3500m 的花港组低渗特低渗气藏,为解决储层保护难题,以产能释放为目的,提出了固相颗粒"屏帘封闭"、液相滤失"水敏屏蔽"作用机理,创新采用长裸眼油基钻井液完井产能释放技术,并形成"高效清洁、隔离储保、快速返排"的完井工艺,有效解决了东海低渗特低渗储层的开发难题,施工后实现了多口无阻流量超过 $500 \times 10^4 \mathrm{m}^3$ 的高产井。

**关键词**　低渗气藏;完井技术;储层保护;产能释放;技术创新

东海盆地低渗气藏主要分布在 3500m 以下的砂岩地层中,资源量占总资源量的 80% 以上。由于低渗储层总体埋深超过 3500m,钻完井面临井眼失稳风险大、摩阻扭矩高、储层保护难等难题,常规无固相储层段钻开液难以适应复杂的工程需求,探索油基钻井液裸眼完井成为重要的发展方向。而油基钻井液含有重晶石等固相,传统认为固相易对储层造成严重伤害,导致工程安全与产能释放矛盾显著。同时在实施油基钻井液裸眼完井过程中,由于固相颗粒的存在,对适用于无固相颗粒环境的传统完井工具,存在极大的工程风险,另外油基钻井液返排废液的处理,也是一项难题。

## 1　长裸眼油基钻井液完井产能释放技术

针对深层低渗气藏,为增加储层泄流面积,通常采用大位移井、长水平段井等泄流面积大的高难度井进行开发。常规水基无固相钻开液,难以适应复杂的井型,创新开展裸眼油基钻井液完井产能释放研究,基于工作液和岩心的储层伤害分析、敏感性评价、岩石理化分析,油基钻井液中重晶石固相颗粒 $D_{50}$ 为 $13.10\mu m$,超过孔喉半径中值 $0.16 \sim 3.22\mu m$,具备良好的"屏帘封闭"作用,固相无法形成堵塞,同时有效消除花港组高达 41.77% 的水敏伤害,储层渗透率恢复值高达 92%,自然返排压差小于 1MPa,颠覆了固相对储层伤害严重的传统认知,开创了储层保护认识上的根本性转变,促进了低渗气藏高效开发的产能释放最大化。

Z 气田花港组气藏埋深超过 3500m,岩性主要以浅灰色细砂岩、中砂岩为主,孔隙类型以次生溶蚀孔隙为主,其中粒间溶孔(包含一定原生孔隙)在次生溶孔中含量高,其次是铸

---

【第一作者简介】唐鹏磊,1988 年生,中级工程师,完井总监(高级),大学本科,中国地质大学(北京),资源勘查工程(能源),主要从事海上完井工艺、技术及施工。通信地址:上海市长宁区通协路 388 号 A730,200335,021-22830133,tangpl2@ cnooc. com. cn。

模孔，少量粒内溶孔。岩心（或壁心）物性分析资料表明，储层总体属于低孔中低渗储层到低孔特低孔特低渗储层，孔隙度和渗透率随深度增加而减小，物性受压实作用影响明显。H3a 为特低孔（9%）特低渗（0.3mD）储层，H3b 呈现强非均质性、低孔低渗的特点，储层孔隙度 7%~20.6%，平均值为 11.09%，渗透率 0.2~261mD（平均 8.1mD）。岩心排驱压力为 0.082~0.677MPa，地层孔径集中分布在 0.16~3.22um（图 1），说明岩石喉道半径较小，若储层孔隙被流体或固相进入，难以清除。

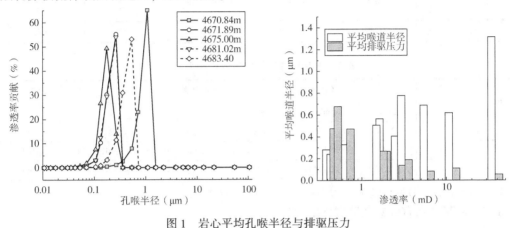

图 1　岩心平均孔喉半径与排驱压力

## 1.1　油基钻井液固相封堵原理

分析常用加重材料重晶石形成的固相测试结果显示 $D_{50} = 13.10\mu m$，地层孔喉半径的中值为 0.16~3.22$\mu m$，从固相粒度与孔喉匹配角度，选用等于或略微大于孔喉尺寸，颗粒材料在井壁迅速形成薄而韧的屏帘性幕墙，能够发挥"屏帘封闭"的作用，阻止固体和液体进入储层，并可直接返排（图 2）。

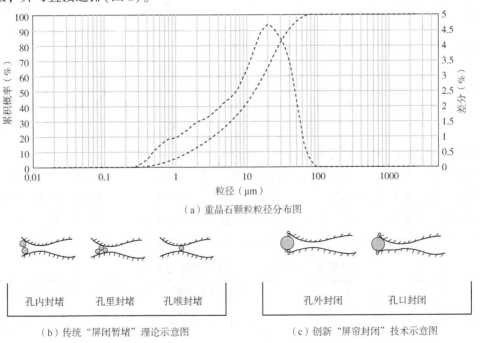

（a）重晶石颗粒粒径分布图

| 孔内封堵　　孔里封堵　　孔喉封堵 | 孔外封闭　　孔口封闭 |

（b）传统"屏闭暂堵"理论示意图　　　　（c）创新"屏帘封闭"技术示意图

图 2　固相颗粒储层保护机理示意图

实验分析油基钻井液采用固相重晶石进行加重，对岩心污染后渗透率恢复值仍能够达到90%以上(表1)，自然返排实验说明不同渗透率级别的岩心高压差污染后，返排压差均小于1MPa，表明油基钻井液具有良好的储层保护效果(表2)。

表1　油基钻井液污染实验

| 岩心号 | 钻井液体系 | 原始渗透率 $K_0$<br>(mD) | 污染后渗透率 $K_1$<br>(mD) | 渗透率恢复值<br>$K_0/K_1$(%) | 截断0.5cm<br>渗透率 $K_2$<br>(mD) | 渗透率恢复值<br>$K_2/K_0$(%) |
|---|---|---|---|---|---|---|
| 14 | 油基钻井液 | 0.806 | 0.698 | 86.3 | 0.765 | 94.6 |

表2　油基钻井液污染后返排压力测试

| 岩心编号 | 长度<br>(cm) | 直径<br>(cm) | 渗透率<br>(mD) | 孔隙度<br>(%) | 岩心体积<br>(cm³) | 污染条件 | 返排压力<br>(MPa) |
|---|---|---|---|---|---|---|---|
| 10 | 6.44 | 2.57 | 5.9862 | 10.82 | 33.39 | 150℃×15MPa×2h | <1 |
| 19 | 6.36 | 2.57 | 0.4564 | 8.07 | 32.98 | 150℃×15MPa×2h | <1 |
| 28 | 6.41 | 2.57 | 0.0684 | 5.43 | 33.23 | 150℃×15MPa×2h | <1 |

备注：油基钻井液密度为1.40g/cm³，实验条件：150℃×16h 老化浆

## 1.2　油基体系有效避免储层水敏损害

液相在一定高的压差下进入储层可能在低渗储层造成水锁污染。基于储层敏感性测试、岩心工作液驱替效果评价及岩心动态污染实验结果(图3)，综合分析了工作液对储层的伤害。花港组气藏存在普遍的水敏现象，水敏指数最高达到41.77%，水基钻井液表面张力较大，易进入气藏造成水锁伤害，而油基钻井液滤液为油相，可以大幅消除水锁的影响。

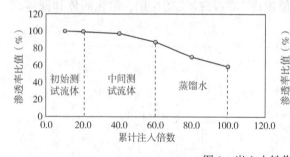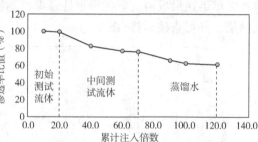

图3　岩心水敏伤害实验分析

## 1.3　不同压差下油基钻井液侵入能力评价

通过开展正常压差3.5MPa和高压差12MPa污染下的滤失实验和渗透率恢复实验，表明油基钻井液无滤失量，滤液难以侵入岩心，侵入深度较浅，在3.5MPa污染后直接返排，渗透率恢复率大于90%；在12MPa污染后直接返排，渗透率恢复率大于85%，压差越小储层渗透率恢复值越高，通过降低密度减小压差的方式能够提高储层保护效果(表3)。

表3　油基钻井液污染后返排压力测试

| 岩心 | 压差(MPa) | 工作液 | 返排方式 | 原始渗透率<br>$K_{g1}$(mD) | 污染后渗透率<br>$K_{g2}$(mD) | 渗透率<br>恢复值 $K_{g2}/K_{g1}$ |
|---|---|---|---|---|---|---|
| 2# | 3.5 | 油基钻井液 | 直接<br>返排 | 3.29 | 2.97 | 90.27 |
| 5# | 12 | 油基钻井液 | | 2.16 | 1.84 | 85.18 |

### 1.4 系列工作液对储层岩心动态污染评价

通过油基钻井液、水泥浆、甲酸盐完井液、水基射孔液等系列工作液的顺序污染，显示油基钻井液对岩心损害较低，再经过水泥浆、甲酸盐完井液、水基射孔液污染后，岩心渗透率显著下降，最低下降至20.11%，岩心损害程度为中等至强。（图4、表4）

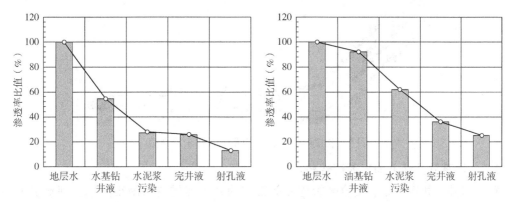

图4 系列工作液顺序污染评价实验数据

表4 系列工作液顺序污染渗透率恢复实验

| 污染工作液 | 孔隙度（%） | 渗透率（mD） | 渗透率恢复值（%） | 渗透率损害率（%） | 损害程度 |
|---|---|---|---|---|---|
| 油基钻井液 | | | 85.00 | 15.00 | 弱 |
| 水泥浆 | 11.69 | 0.110 | 63.84 | 36.16 | 中等偏弱 |
| 甲酸盐完井液 | | | 40.40 | 59.6 | 中等偏强 |
| 固化水射孔液 | | | 20.11 | 79.89 | 强 |

基于以上工作液和岩心的储层伤害分析、敏感性评价、岩石理化分析，油基钻井液具有良好的储层保护效果，能够有效消除储层水敏伤害，颠覆了固相对储层伤害严重的传统认知，开创了储层保护认识上的根本性转变。

## 2 油基钻井液安全高效完井体系化技术

传统的完井作业，完井工具均是在无固相的钻完井液中使用，在有固相的油基钻井液中完井，由于重晶石等固相材料，极易造成管柱、设备冲蚀破坏，且返排流体成分复杂难处理，国内外尚无成熟方案可供借鉴。

针对油基钻井液中固相对下部完井、井筒清洁、返排净化等工艺环节造成的重大影响，形成了"安全下入、高效清洁、隔离储保、快速返排"的全链条协同工艺，建立了安全高效完井体系化技术，保障作业一次成功率100%。

### 2.1 长裸眼段管柱安全下入技术

针对长裸眼段释放产能带来的管柱下入难题，综合考虑长裸眼段下入风险及油基钻井液中固相对井下工具可靠性的影响，优选高性能丢手工具实现"液压、机械"双丢手功能，最大抗拉强度270T，循环排量不受限制，处理能力强，设计7in打孔管+5½in打孔管的"锥形"管柱结构，前端导引，后端支撑，配套"设计前模拟分析、过程摩阻跟踪反演、下入实时计算评价"全过程模拟评价技术(图5),形成操作能力极限图版,为管柱下入提供科学保障,实现最长1886m裸眼段管柱下入的安全顺利。

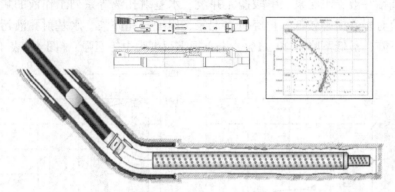

图5　长裸眼段管柱结构及下入技术示意图

### 2.2　油基钻井液井筒高效清洁技术

针对深井、轨迹复杂、复合套管程序等带来的井筒碎屑清洁困难问题,创新引进多次激活型井下旁通阀,配合井筒过滤器、强磁清洁器等高效清洁工具,优选油基钻井液专用水基清洗剂,安全性能高、2h清洗效率高达96.2%,同时优选井下多次开关旁通工具,设计形成高效井筒清洁一体化管柱及配套工艺,实现一趟管柱完成刮管洗井、井筒清洁、旁通高排量循环、替完井液等4种功能,大幅提升井筒清洁质量和效率(图6),相比常规两趟式工艺提升时效30%以上,单井平均节省1.5d工期。

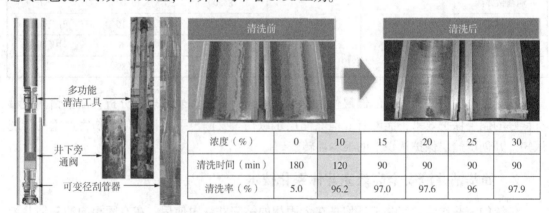

| 浓度（%） | 0 | 10 | 15 | 20 | 25 | 30 |
|---|---|---|---|---|---|---|
| 清洗时间（min） | 180 | 120 | 90 | 90 | 90 | 90 |
| 清洗率（%） | 5.0 | 96.2 | 97.0 | 97.6 | 96 | 97.9 |

图6　井筒高效清洁管柱示意图及清洗剂实验

### 2.3　井筒高效净化工艺技术

系列工作液对储层岩心动态污染评价结果,刮管洗井、打孔管下入、生产管柱下入及替淡水诱喷均不影响裸眼油基钻井液环境,利用"下部裸眼段油基钻井液+套管内隔离液+上部清洁完井液"的液柱结构(图7),避免裸眼段多类流体复合污染,消除水基完井液与油基钻井液界面乳化,保障上部套管内井筒环境质量,在完井结束后替轻质液垫配合钢丝送球坐封工艺,建立最大的诱喷负压环境,实现快速诱喷功能。

### 2.4　五位一体低成本高效清喷系统

针对长裸眼段油基钻井液返排时间长、天然气冷放空风险大的难题,充分利用采油树、模块钻机管汇、钻台液气分离器、生产管汇、低渗井分离器等平台固定设备,以地面流程冲蚀分析为基础，优选管汇尺寸、优化设备连接、强化监测控制，创新形成集"交叉返排、高效清井、连续切换、快速投产、原油回收"的五位于一体的高固相大产量安全清喷系统（图8），相比常规全套测试设备返排技术，单井至少避免天然气燃烧损失约 $1000\times10^4m^3$，降低设备租赁费上百万元。

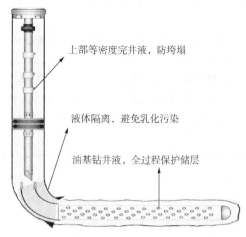

图 7　井筒内工作液柱结构示意图

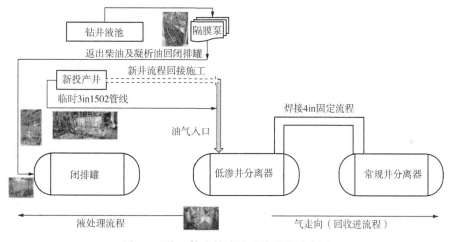

图 8　五位一体高效清喷系统流程示意图

## 3　总结

Z气田规模化应用油基泥浆裸眼完井，实现了深层低渗气藏超长裸眼段钻完井全过程储层保护，取得了产能释放的重大突破，自实施以来，已开发低渗气藏多口井实现日产百万立方米天然气，特低渗气藏取消压裂改造方案，单井自然产能稳定日产超过三十万立方米天然气，达预测产能的 2 倍；对其中 3 口低渗气藏井进行了试井测试，表皮系数为 0。

通过 Z 气田低渗气藏成功开发，探索除了一套长裸眼油基钻井液完井产能释放技术，并形成"高效清洁、隔离储保、快速返排"的完井工艺，为国内外类似低渗油气田开发，具有很高的推广和应用前景。

# 参 考 文 献

[1] 蔡华，鹿克峰，何贤科，等.低渗气藏初始产水量评价新方法——以东海盆地西湖凹陷为例[J].中国海上油气，2019，31(3)：84-91.

[2] 张海山，邱康，李三喜，等.基于侵入固相返排的低孔低渗气藏测试压差模型[J].石油钻采工艺，2016，38(5)：119-122.

[3] 蒋官澄，程荣超，谭宾，等.钻井过程中保护低渗特低渗油气层的必要性、重要性与发展趋势[J].钻井液与完井液，2020，37(4)：405-411.

[4] 赵勇.西湖凹陷高效开发调整策略与实践[J].海洋石油，2023，43(4)：5-11.

[5] 刘胜.高温高压长周期裸眼完井储层保护技术研究[J].中外能源，2023，28(1)：54-58.

[6] 李中，谢仁军，吴怡，等.中国海洋油气钻完井技术的进展与展望[J].天然气工业，2021，41(8)：183-190.

[7] 王巍，刘喜亮，杨洪烈，等.海上低渗超低渗气藏产能释放增产技术[J].精细与专用化学品，2019，27(7)：32-35.

# 中国石油中低压油气井套管特殊螺纹接头的统一与评价应用

杨莎莎[1] 王建军[1] 魏凤奇[2] 申昭熙[1]

(1. 中国石油集团工程材料研究院有限公司油气钻采输送装备全国重点实验室;
2. 中国石油油气和新能源分公司)

**摘 要** 目前油气井大多数使用特殊螺纹接头套管,呈占比逐年增加且种类繁多的特点。调研发现,不同生产厂家的特殊螺纹接头结构与性能类似,差异并不明显,但同一规格的特殊螺纹接头互换性差,特殊螺纹质量检测标准由生产厂家决定,也导致油田用户不可控特殊螺纹接头产品质量。为解决特殊螺纹接头互换性差和质量不可控等问题,中国石油集团公司决定对中低压油气田使用的扣型进行标准化,规范非 API 套管特殊螺纹类型,统一中低压油气井用特殊螺纹,实现不同厂家特殊螺纹接头互换性和通用性,提高集中采购规模,降低生产及管理成本。结合中低压油气田服役工况,通过对已有特殊螺纹接头结构的改进和优化,最终推出 PC-I 特殊螺纹接头(Type I premium connection of CNPC)作为中低压油气井套管统一扣型。

**关键词** 特殊螺纹接头;套管;中低压油气井;标准化

## 1 特殊螺纹应用现状

随着深层、非常规、低压低渗等油气井的不断开发,井下环境日益苛刻且差异显著。为了保证管柱的完整性,油套管接头应具有好的密封性能、抗扭转/弯曲/粘扣/复杂工况性能等,特殊螺纹接头可以满足复杂特殊的工况,因此油套管管柱大量采用特殊螺纹接头[1-3]。为适应井下多种工况环境以及争夺市场,特殊螺纹日益增多,据统计近几年来油套管年用量大于 200 万吨,特殊螺纹油套管不仅占比逐年增加,且使用种类繁多,但特殊螺纹接头在使用和推广方面仍存在问题。从特殊螺纹接头类型和数量上来看,国内厂家对特殊螺纹接头的开发仍处于大量模仿阶段[4,5],大多数特殊螺纹接头结构类似,如密封面多为锥面—锥面、球面—锥面密封[6-8];螺纹牙型主要为偏梯形[9,10];多数特殊螺纹接头设计主要聚焦在承载面、导向面角度以及密封面锥度改变等方面,导致大多数不同厂家生产的特

【基金项目】中国石油基础性前瞻性科技专项"石油工程基础材料、基础元器件研究"(2023ZZ11)资助。
【第一作者简介】杨莎莎(1991—),女,工程师,硕士,西安理工大学,机械电子工程专业,从事油井管管柱力学研究。E-mail:yangshasha06@cnpc.com.cn,联系地址:陕西省西安市锦业二路 89 号。
【通讯作者简介】王建军(1979—),男,博士,正高级工程师,油井管与管柱研究所副所长,从事油井管管柱力学与安全评价技术研究。E-mail:wangjianjun005@cnpc.com.cn。

殊螺纹接头性能虽类似，但无法互通互换。从特殊螺纹接头使用上来看，各个厂家的产品互换性差，且油套管选材用材受制于厂家，给油田的库存、管理及使用带来一定的压力与难度，使得成本逐年升高，同时造成油套管特殊螺纹产品质量无法得到有效控制，在现场应用中出现较多的问题，如接头断裂、滑脱、管柱泄漏等油套管产品失效对现场影响大。

为解决特殊螺纹种类繁杂，互换性较差的问题，对中低压油气田使用的扣型进行标准化。以特殊螺纹标准化为非 API 油套管规范化的突破口，规范非 API 套管特殊螺纹类型，统一中低压油气井用特殊螺纹，实现不同厂家特殊螺纹接头互换性和通用性，提高集中采购规模，降低生产及管理成本。通过对已有特殊螺纹接头结构的改进和优化，对中低压油气田使用的扣型进行标准化，最终推出中国石油集团中低压油气井用 I 型特殊螺纹连接（Type I premium connection of CNPC），简称为 PC-I 特殊螺纹接头。

## 2　PC-I 特殊螺纹接头特点

PC-I 特殊螺纹接头为标准接箍式螺纹连接，各部分结构如图 1 所示。扭矩台肩采用直角台肩，具有上扣定位，抗过扭矩能力并降低台肩应力集中，且便于现场清洗。主密封面采用锥面—球面，在复合载荷下，能够保持密封接触压力以及有效接触长度，可预防外螺纹密封面损伤。承载面角度采用 0°，导向面角度采用 45°，可提高接头抗拉伸和弯曲的能力以及易于对扣，具有较好的抗粘扣性能。

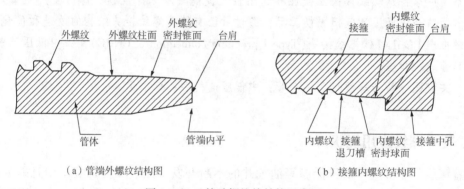

（a）管端外螺纹结构图　　　　　　（b）接箍内螺纹结构图

图 1　PC-I 特殊螺纹接结构示意图

PC-I 特殊螺纹接头套管适用于中低压储层压力低于 69MPa，温度不高于 300℃，弯曲狗腿度小于 20°/30m，循环内压力小于 85%VME 的工况。目前适用套管规格尺寸范围为 $\Phi$114.30mm ~ $\Phi$177.80mm，以及 N80、L80、P110 和 Q125 共 4 个钢级。接头的拉伸、内压、外压效率均为 100%，接头密封效率 95%，接头压缩效率 60%。

## 3　有限元分析

以规格为 $\Phi$139.7×9.17mm P110 PC-I 特殊螺纹接头套管为例，利用有限元软件，建立平面轴对称有限元分析模型（图 2），计算极限条件下套管强度。在上扣有限元分析模型的基础上，施加不同的边界条件，以拉伸+内压至失效、内压+压缩至失效以及拉伸至失效为例，计算 PC-I 特殊螺纹在极限条件下应力分布情况，计算云图如图 3 所示。从图 3（a）至图 3（c）中可以看出，拉伸+内压至失效的最大应力点在管体上；内压+压缩至失效试验的最终失效形式为屈曲失稳；拉伸至失效的最大应力点在管体螺纹消失倒数第 2~3 牙位置。三种极限状态下的应力云图中，管体的应力均大于接头的应力，说明管体先于接头发生失效，接头的连接强度大于管体的连接强度。

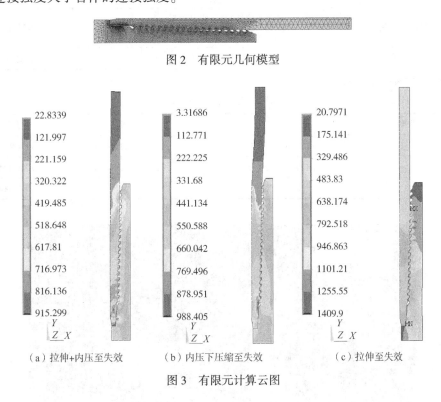

图 2　有限元几何模型

　　（a）拉伸+内压至失效　　　　（b）内压下压缩至失效　　　　（c）拉伸至失效

图 3　有限元计算云图

## 4　评价试验

　　气密封螺纹试验评价项目包括材料理化性能、上卸扣试验、复合载荷气密封试验、热循环气密封试验、循环压裂密封试验、极限失效载荷试验，详见表1。目前为止，渤海装备、辽宁东宇、延安嘉盛、宝鸡钢管等多家生产企业，抽取油田用量最大的5种规格（套管外径为 $\Phi114.3mm \sim \Phi177.8mm$）P110 钢级 PC-I 型特殊螺纹套管进行试制和试验评价，并按《中低压油气井套管 PC-I 型特殊螺纹技术规范》[11]要求完成了所有试验项目，上卸扣后内外螺纹均未发生粘扣现象（图4），其他评价试验结果均符合规范要求。

　　对比试验值和有限元计算值来看（表2），可以看出试验值与计算值接近，说明有限元分析结果与试验结果接近，可作为分析 PC-I 螺纹接头密封性能及力学性能的有效方法。

表 1　试验项目汇总

| 试验项目 | 检测内容 | 数量 |
| --- | --- | --- |
| 材料理化性能检测 | 化学成分、拉伸力学性能（室温、高温）、冲击功（纵向、横向）、硬度、金相组织 | 管体和接箍各 1 根 |
| 螺纹参数检测 | 锥度、螺纹顶径、密封直径 | 4 组试样 * |
| 上卸扣试验 | 上卸扣，评价螺纹抗粘扣性能 | 3 组试样 |
| 复合载荷气密封试验 | 拉伸/压缩+弯曲+内压循环 | 1 组试样 |
| 热循环气密封试验 | 拉伸+内压下高温热循环 | 1 组试样 |

| 试验项目 | 检测内容 | 数量 |
|---|---|---|
| 循环压裂密封试验 | 室温下拉伸+内压循环试验，<br>模拟现场压裂循环次数40次 | 1组试样 |
| 极限载荷试验 | 拉伸+内压至失效，拉伸至失效 | 2组试样 |

注：3组正式试样+1组备用样。

**表2　失效试验结果**

| 试样编号 | 试验内容 | 试验值 | 计算值 |
|---|---|---|---|
| 1# | 拉伸+内压至失效 | 1640kN+117MPa | 1300kN+120MPa |
| 2# | 内压+压缩至失效 | −2870kN+77MPa | −2700kN+62.5MPa |
| 3# | 拉伸至失效 | 3680kN | 3600kN |

（a）外螺纹上卸扣后形貌

（b）内螺纹上卸扣后形貌

图4　PC-I特殊螺纹接头上卸扣后形貌

## 5　应用情况

长庆油田在苏里格气田率先开展PC-I型特殊螺纹套管工业化现场试验，使用规格为Φ139.7×9.17mm P110PC-I特殊螺纹接头套管，目前已完成下井，完全满足现场作业要求，反馈良好。

若油田广泛应用中低压油气井PC-I型特殊螺纹套管，经综合测算后预计整体成本下降约4%以上。一方面是采购成本降低和管理成本降低，如Φ139.7mmP110钢级套管，API标准螺纹目前的采购价约为7200元/吨，特殊螺纹套管的采购价为8200元/吨以上，中低压油气井用特殊螺纹标准化后，PC-I特殊螺纹采购价格可下降约200元/吨，按年需求量10×10⁴t，可节约采购成本2000万元；此外，现场螺纹的维护和保养，仅需统一量具和要求，减少了多种扣型调配检测等工作。另一方面是实现不同厂家扣型互换，降低库存量，同时减少短节配备。若按年需求量10×10⁴t，3900m井深约用5.5in套管130t，使用770口井。每口井套管柱设计均会富裕2根多，实现扣型统一互换后，最多可减少1540根套管库存（相当于4口井用量），可节约420万元成本。每口井约需3根转换短节，每根短节采购费用6000元以上，标准化后实现管柱整体扣型的统一，节约转换短节的使用。770口井至少节约短节费用1386万元。

# 6 结论

作为中国石油中低压油气井统一特殊螺纹接头，PC-I型特殊螺纹已通过ISO13679CAL II级试验，且同等条件下，生产及使用成本低，可有效提高特殊螺纹接头互换性、规范性，提升现场管理效率。

为尽快发挥PC-I型特殊螺纹技术规范作用，落实PC-I型特殊螺纹的推广应用，目前中国石油集团公司已确定$5 \times 10^4$tPC-I特殊螺纹套管下井试验，同时将PC-I型特殊螺纹纳入物资采购目录。

## 参 考 文 献

[1] 闫龙，陈玉鹏，骆敬辉．页岩气井用高性能气密封特殊螺纹接头开发[J]．钢管，2023，52(6)：77-80.

[2] 张静．油套管特殊螺纹接头专利技术发展[J]．科技传播，2015，7(11)：153-166.

[3] 吕春莉，骆敬辉，陈玉鹏．一种非API规格套管高性能特殊螺纹接头的设计开发[J]．石油管材与仪器，2022，8(4)：8-14.

[4] 王新虎，吕永鹏，王建东，等．油井管接头密封方法及机理综述[J]．石油管材与仪器，2020，6(1)：6-10.

[5] 丛国元．深层页岩气开发用高性能套管研究与应用．天津市，天津钢管制造有限公司，2020-07-29.

[6] 王怡，张建兵，聂艳，等．高温高压井用特殊螺纹接头的设计与评价现状[J]．钢管，2020，49(1)：72-76.

[7] 黄继庆，胡海波，苑承波．关于油套管特殊螺纹的研究与分析[J]．中国设备工程，2020(22)：105-106.

[8] 高连新，史交齐．油套管特殊螺纹接头连接技术的研究现状及展望[J]．石油矿场机械，2008(2)：15-19.

[9] 胡勇，宋桐亮，刘阳．油井管特殊螺纹研究经验点滴[J]．设备管理与维修，2019(3)：98-99.

[10] 辛纪元，吴广瀚，邹天下，等．特殊螺纹接头密封性能与结构分析[J]．石油矿场机械，2015，44(6)：29-33.

[11] 中低压油气井套管PC-I型特殊螺纹技术规范[S]．油气新能源[2023]310号.

# 9⅝in 热采定向井分层防砂完井管柱设计与应用

徐凤祥　秦小飞　郑九洲　李秋杰

（中海油田服务股份有限公司）

**摘　要**　在常规定向井分层防砂完井工艺的基础上，为满足稠油热采定向井分层防砂、分层注汽的工艺要求，提出 9⅝in 热采定向井分层防砂完井管柱方案，可实现 9⅝in 热采定向井 3 层防砂并且每层独立均匀注汽，一趟钻便可实现 3 层砾石充填作业，管柱各关键工具均满足 350℃、21MPa 的温压等级。该工艺在南堡 35-2 油田首次应用，应用效果表明：该工艺满足稠油热采分层防砂、分层注汽的工艺要求，施工简单，各关键工具应用效果良好，为渤海油田稠油热采稳产增产提供了强有力的技术支撑，具有广泛的推广前景。

**关键词**　稠油热采；定向井；分层防砂；砾石充填；首次应用

南堡 35-2 油田位于渤海海域中部，为渤海湾盆地热采开发的稠油油田，稠油开发大多数选择多元热流体吞吐的开采方式[1,2]，并取得了较好的生产效果，其油层属于高孔高渗储层[3]，地层易出砂，在防砂完井工艺方案中大多选择砾石充填防砂工艺，在低温防砂工艺中，有裸眼井砾石充填和定向井砾石充填两种方式，随着防砂完井技术的不断升级，逐步演变出裸眼井和定向井分层充填的防砂方式[4-6]，该种方式可实现单井分层开采，有助于提高油井的产量。左凯[7]等在渤海油田某井实施 1 次 5 层充填防砂作业，现场应用结果表明，细分层高效压裂充填防砂管柱性能稳定可靠，比常规充填防砂施工作业节约 3d 工时，具有较好的推广应用价值。聂飞朋[8]等针对胜利海上油田开展 7in 套管分层防砂分层采油技术研究，并在海上开展了现场应用，应用结果表明该技术实现了精细化控制分层采油，提高了油井产能，在多层非均质疏松砂岩油藏具有广阔的应用前景。以上分层开采均取得了较好的效果。而面对稠油开采，多元热流体吞吐的开采方式对防砂完井工艺提出了更高的挑战，目前对于满足 9⅝in 热采定向井分层压裂砾石充填且完井工具同时满足高温高压工况的防砂工艺鲜有报道，本文针对现有技术的不足，提出 9⅝in 热采定向井防砂完井管柱工艺，介绍各个关键完井工具技术特点，简述施工流程，并在南堡 35-2 油田首次应用，并取得良好效果。

## 1　热采定向井分层防砂完井管柱设计及工艺原理

### 1.1　管柱设计

渤海油田稠油开发目前大部分采用优质筛管+砾石充填防砂方式、全井段多点均匀注汽工艺。然而该工艺在热采井多轮次吞吐的复杂工况下，容易造成防砂提前失效，严重制约

---

【第一作者简介】徐凤祥（1987—），男，工程师，本科，毕业于东北石油大学石油工程专业，现从事海上油田防砂工具研究工作。地址：天津市滨海新区华山道 450 号，E-mail：xufx@cnooc.com.cn。

热采井高效经济开发，根据稠油热采工艺提出热采分层防砂完井管柱工艺，管柱示意图如图1所示，外管柱自上而下共分为三层，最上端为热采顶部封隔器，每一层关键工具为热应力补偿器、热采金属网布复合筛管、热采隔离封隔器、热采充填滑套等，最下端为热采沉砂封隔器等。配套服务工具自上而下分别为热采顶部封隔器坐封工具、充填服务工具、反循环单流阀、负荷指示器、滑套单关工具、滑套开关工具、密封芯轴、引鞋等。

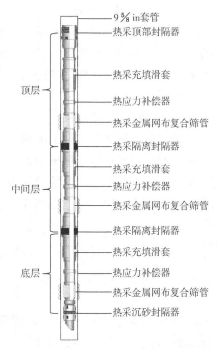

图1 9-5/8in热采定向井
分层防砂工艺管柱

### 1.2 工艺原理

该工艺根据稠油热采蒸汽吞吐开发工艺特点，采用热采顶部封隔器封隔悬挂防砂管柱，同时封隔防砂段环空，采用热采沉砂封隔器封隔人工井底，同时起到支撑防砂管柱的作用，采用热采隔离封隔器将全井段分隔为三层，每层配备充填滑套，可单独进行砾石充填作业，每层配备热应力补偿器，防止注热期间由于金属膨胀导致各关键工具位置发生窜动，该工艺避免层间吸汽差异，保证全井段精确防砂，各层独立作业，防砂作业完成后留井通径120.65mm，可下入热采隔离密封及注汽阀，实现各层独立均匀注汽。

### 1.3 技术特点

该工艺整体管柱满足350℃，21MPa的温压等级，满足稠油热采多元热流体吞吐的工艺要求，可实现分层防砂，分层注汽，有助于提高油井产量。施工工艺上，一趟钻便可实现三层压裂砾石充填防砂作业，节约施工成本，作业成功率高。施工后留井通径120.65mm，满足注汽工具下入要求。

## 2 完井工具介绍

### 2.1 热采顶部封隔器

热采顶部封隔器是一种高性能可回收式封隔器，可悬挂井筒管柱的重量，引导流体的流动方向，承受上、下压差，在下入、坐封、丢手时，承担拉伸和压缩载荷，同时入井时可传递较大扭矩(图2)。与坐封工具、回取工具配合使用实现工具的坐封及解封回收。热采顶部封隔器钢件为42CrMo材质，胶桶为氟硅胶+玻璃纤维材质，在生产期间可耐温350℃，耐压21MPa，胶桶材料特点见表1。

图2 热采顶部封隔器

表1 氟硅胶+玻璃纤维材质参数表

| 硬度(shore A) | 拉伸强度(MPa) | 密度(kg/m³) | 耐温(℃) |
|---|---|---|---|
| 70 | 7.5 | 1.1 | 350 |

## 2.2 热采隔离封隔器

热采隔离封隔器是一种液压封隔器，在防砂管柱中起到层间封隔的作用，下放到预定的深度后，通过向油管加压，使隔离封隔器坐封。内部通径为 120.65mm，可下入注汽阀，钢件材质为 42CrMo，胶桶材质为氟硅胶+玻璃纤维，生产期间可耐温 350℃，耐压 3000psi。如图 3 所示。

## 2.3 热采沉砂封隔器

热采沉砂封隔器是一种不可回收式封隔器，起到支撑整体防砂管柱以及封隔人工井底的作用，有电缆坐封与液压坐封两种坐封方式，内部通径为 152.4mm，可插入热采插入密封，实现防砂管柱定位，钢件材质为 42CrMo，胶桶材质为氟硅胶+玻璃纤维，生产期间可耐温 350℃，耐压 3000psi。如图 4 所示。

图 3    热采隔离封隔器

图 4    热采沉砂封隔器

图 5    热采金属网布复合防砂筛管

## 2.4 热采金属网布复合筛管

热采金属网布复合筛管由金属网布筛管和绕丝筛管组成，由 2 层金属过滤网、2 层支撑泄流网和 1 层绕丝层组成，材质选用 316L 不锈钢，防砂精度为 600~300μm，最大抗扭 34463ft/lb，温度等级 350℃。如图 5 所示

## 3    现场应用

9⅝in 热采防砂工艺在 NB35-2 油田某井首次应用，该井最大井斜 3°/30m，总井深 1380m，射孔段长度分别为 18.4m、8.5m、12.0m。

### 3.1    施工流程

下入热采沉砂封隔器，阶梯打压至 24MPa，坐封热采沉砂封隔器，上提管柱 15t，验证热采沉砂封隔器卡瓦已咬合套管内壁，继续阶梯打压至 17.2MPa，同时上提 15t，使热采沉砂封隔器脱手。

下入防砂管柱，将底部的热采插入密封插入到热采沉砂封隔器的密封筒中，阶梯打压至 24MPa，坐封热采顶部封隔器，上提管柱 10t，下压管柱 10t，环空阶梯打压 13.8MPa，验热采顶部封隔器密封性能，稳压合格后缓慢泄压。钻杆打压至 31MPa，使热采顶部封隔器进行脱手。

下放管柱至底层热采隔离封隔器坐封位置，阶梯打压至 24MPa，坐封热采隔离封隔器，上提管柱至热采隔离封隔器验封位置，小排量打压，验封最底层热采隔离封隔器。

上提管柱用充填滑套开关工具打开最底层充填滑套，下放管柱至底层反循环位置，底层反循环排量 2bbl/min，反循环压力为 1.17MPa，进行正循环测试，正循环排量为 2bbl/min，正循环压力为 0.76MPa，进行大排量循环测试，循环排量为 14bbl/min，循环压力为 13.6MPa，经测试油藏压力为 15.4MPa。

进行底层压裂充填作业，设计砂量为 37400lb，主充填设计最高砂比为 6lb/gal，泵注排量为 14bpm。最终打砂量为 37599lb，返出 3001lb，盲管埋高为 16.2ft，充填曲线如图 6 所示。

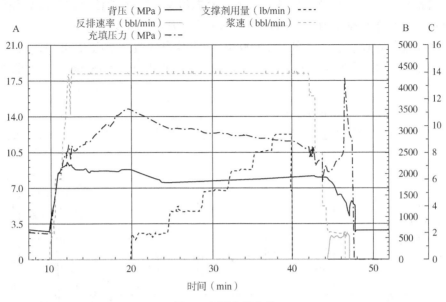

图 6　底层充填曲线

反循环至无砂粒反出，关闭底层充填滑套。

上提管柱至中间层热采隔离封隔器坐封位置，阶梯打压至 24MPa，坐封热采隔离封隔器，上提管柱至热采隔离封隔器验封位置，小排量打压，验封中间层热采隔离封隔器。

上提管柱用充填滑套开关工具打开最中间层充填滑套，下放管柱至中间层反循环位置，中间层反循环排量 2bbl/min，反循环压力为 1MPa，进行正循环测试，正循环排量为 2bbl/min，正循环压力为 0.77MPa，进行大排量循环测试，循环排量为 8bbl/min，循环压力为 9MPa。

进行中间层充填作业，主充填最高砂比为 0.5lb/gal，最高泵注排量为 8bbl/min。最终打砂量为 3235lb，返出 1084lb，盲管埋高为 8.2ft，施工曲线如图 7 所示。

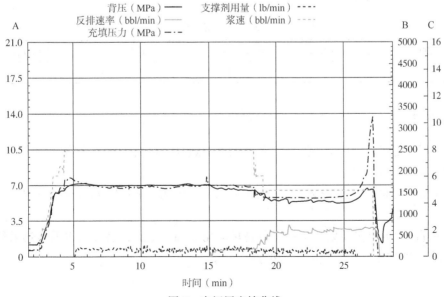

图 7　中间层充填曲线

反循环至无砂粒反出，关闭中间层充填滑套。

上提管柱用充填滑套开关工具打开最顶层充填滑套，下放管柱至顶层反循环位置，进行正循环测试，正循环排量为2bbl/min，正循环压力为0.76MPa。

进行顶层充填作业，设计砂量为23000lb，主充填设计最高砂比为6lb/gal，泵注排量为14bbl/min。最终打砂量为23539lb，返出2131lb，盲管埋高为16.9ft，充填曲线如图8所示。

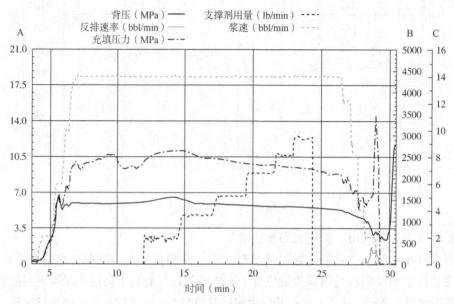

图8 顶层充填曲线

反循环至无砂粒反出，关闭顶层充填滑套，起出服务工具。

### 3.2 应用效果

目前该井已进入第一轮次生产，井况见表2，该工艺达到了套管内热采分层注汽的工艺要求，防砂成功率100%，生产效果稳定。

表2 井况数据

| 注入蒸汽温度(℃) | 井底压力(MPa) | 蒸汽干度(%) | 日注汽量(t) | 采出液含砂(%) |
|---|---|---|---|---|
| 330~350 | 10 | 100 | 400 | 0 |

## 4 结论

（1）9⅝in定向井分层防砂完井工艺满足稠油热采注热要求，可实现分层防砂，各层独立均匀注汽。

（2）9⅝in定向井分层防砂完井工艺在施工上可实现一趟钻完成所有施工程序，节约施工成本。

（3）9⅝in定向井分层防砂完井工具现场应用效果稳定，为渤海油田稠油热采稳产增产提供了强有力的技术支撑，具有广泛的推广前景。

## 参 考 文 献

[1] 孙逢瑞，姚约东，李相方，等.南堡油田注多元热流体吞吐水平井加热效果评价[J].北京石油化工学院学报，2017，25(1)：5-8.

[2] 陈建波.海上深薄层稠油油田多元热流体吞吐研究[J].特种油气藏，2016，23(2)：97-100+155-156.

[3] 李浩，胡勇，别旭伟，等.渤海南堡35-2油田原油物性差异地质成因分析[J].中国海上油气，2019，31(5)：53-61.

[4] 杨杰.海上分层注水防砂工艺技术分析[J].清洗世界，2023，39(8)：178-180.

[5] 何海峰.胜利海上疏松砂岩油藏分层防砂分层采油技术[J].石油钻探技术，2021，49(6)：99-104.

[6] 宋辉辉，任从坤，任兆林，等.海上油田分层防砂分层注水高效集成技术[J].石油钻采工艺，2021，43(3)：384-388.

[7] 左凯，张斌，徐刚，等.细分层系高效压裂充填防砂管柱[J].石油钻采工艺，2021，43(6)：756-761.

[8] 聂飞朋，孙宝全，车传睿，等.海上油田分层防砂分层采油技术[J].石油工程建设，2021，47(S2)：138-140.

# 川中北部蓬莱气区灯影组气藏试油测试实践与认识

戴　强[1]　鄂玄吉[2]　周小金[3]

(1. 川庆钻探工程有限公司钻采工程技术研究院;
2. 川庆钻探工程有限公司; 3. 中国石油西南油气田公司)

**摘　要**　川中北部蓬莱气区灯影组气藏同邻近的安岳气区灯影组气藏相比,埋藏更深,地层温度更高,纵向上储层非均质性更强。井筒完整性不合格,储层改造要求高、难度大,漏失严重影响安全转层上试,是蓬莱气区灯影组试油提速提效面临的现实难题。针对以上作业难题,通过升级小井眼固井技术,大幅降低了尾管喇叭口窜气风险;优化试油工艺和管柱结构,消除井筒完整性不合格的不利影响,实现精准化储层改造和施工期间封隔器管柱的安全性,削减漏失井环空加压开阀导致油管损毁风险;探索使用 CPV 阀,减少压井漏失,实现快速转层上试。近一年来蓬莱气区试油作业实践表明,尾管喇叭口窜气问题基本解决,为射孔—酸化—测试三联作技术推广提供有利条件,层内暂堵储层改造工艺为解决低应力差值地层的均匀改造问题提供了新的路径。但下一步还需要继续开展工作,解决该区域以下问题:油层套管回接筒窜漏问题仍然严重,挤注式桥塞实现产层快速封堵有待现场试验应用,入井工作液高温下性能变差导致井下复杂的问题仍然存在。

**关键词**　川中北部蓬莱气区;灯二段;灯四段;试油测试;高温高压

近年来,随着 PT1 井、PT101 井相继在灯影组储层试油测试获得百万立方米级高产工业气流,四川盆地川中北部蓬莱气区灯影组储层的勘探试油受到越来越多的关注。该地区后续部署的以灯影组为主要目的层的探井,在试油作业过程中显示出与邻近安岳气区灯影组存在明显差异,面临新的难题与挑战,例如井筒完整性遭破坏,储层改造方式多样化,试油期间管柱失效,测试后压井井漏严重导致转层上试井控风险高、转层周期长等。针对以上问题,在地质工程结合有效分析基础上,以单井井况条件为依据,不断优化和完善试油测试工艺措施和管柱结构设计,推进新工艺、新工具的应用,有效解决了部分作业难题,也给 7000m 左右的超深井试油测试提供了作业经验和技术参考。

【第一作者简介】戴强,男,1981 年生,高级工程师,2007 年 7 月毕业于西南石油大学,获油气田开发工程硕士学位,现主要从事试油完井设计及研究工作;地址:四川省成都市成华区华泰路 39 号越盛能源大厦;邮编:610052;电话:028-82971378;E-mail:daiq_ccde@cnpc.com.cn。

# 1 蓬莱气区灯影组储层特点

## 1.1 储层地质特征

川中北部蓬莱气区灯影组发育 2 套含气层系：灯二段和灯四段，其形成受丘滩复合体和岩溶作用控制。地质研究表明，台缘带丘滩体储层优于台内丘滩体储层。灯二段、灯四段优质储集岩性主要为丘滩相藻凝块白云岩、藻叠层白云岩、藻砂屑白云岩，储集空间以粒间溶孔、晶间溶孔和溶洞为主，整体为裂缝-孔隙（洞）型储层[1-5]。同安岳气区灯影组储层相比[6-8]，蓬莱气区灯二段、灯四段储层更厚，但物性略差，见表1。

表 1　川中蓬莱气区与安岳气区灯影组储层物性对比

| 区块 | 储层岩性 | 层位 | 储层厚度（m） | 孔隙度（%） | 渗透率（mD） |
|---|---|---|---|---|---|
| 蓬莱气区 | 凝块白云岩、砂屑白云岩、藻黏结白云岩 | 灯二段 | 150~300 | 3.5~4.39 | 0.53 |
| | | 灯四段 | 167 | 3.1~3.6 | 1.04 |
| 安岳气区 | 凝块白云岩、砂屑白云岩、藻黏结白云岩 | 灯二段 | 150~260 | 3.0~3.73 | 2.26 |
| | | 灯四段 | 25~70 | 3.2~4.8 | 0.5 |

蓬莱气区灯影组埋深差异较大，在 5500~8800m，储层温度 147~195℃，安岳气区灯影组埋深一般在 5000~5500m，储层温度 140~160℃。同时，安岳气区灯二段气藏气水界面海拔为 -5150~-5160m，灯四段气藏气水界面海拔 -5230m，已经较为清楚。蓬莱气区灯二段气水界面与安岳气区各自独立，灯四段气水界面整体上比安岳气区低近 2000m，并且气区内各岩性气藏相互独立，互不连通。

## 1.2 储层岩石物理性质

蓬莱气区岩心试验结果显示，灯二段储层的泊松比为 0.132~0.31，弹性模量为 21.5~98GPa，抗压强度为 92.42~514.96MPa；灯四段储层的泊松比为 0.145~0.356，弹性模量为 32~93.04GPa，抗压强度为 169.66~1036.9MPa。结合测井曲线来看，灯二段最小水平主应力为 96.3~156MPa，破裂压力为 123~204MPa；灯四段最小水平主应力为 105.7~178MPa，破裂压力为 160~192MPa；储层纵向上应力差值为 12~48MPa，较安岳气区 10MPa 以内的应力差值大得多，如图1和图2所示。不论是灯二段还是灯四段，在蓬莱气区的平面展布上，都存在明显的非均质性。同安岳气区相比[9]，蓬莱气区的灯影组非均质性更强，破裂压力更高，储层改造难度更大。

# 2 试油测试面临的难题与挑战

## 2.1 区域试油工艺及管柱类型

蓬莱气区灯影组气藏试油工艺主要有光油管射孔酸化测试、传输射孔后另下封隔器管柱酸化测试、射孔酸化测试三联作、光油管射孔测试后另下封隔器管柱酸化测试等。与试油工艺匹配的试油管柱也分为带射孔枪的光油管测试管柱、封隔器酸化测试管柱、带测试封隔器和射孔枪的三联作管柱、多封隔器机械分段改造管柱等类型。

## 2.2 井筒完整性不合格的影响

蓬莱气区以灯影组为目的层的井多采用"五开"井身结构，油层套管一般先悬挂

196.85mm套管或177.8mm/184.15mm套管，在下入并悬挂127.0mm尾管后再回接套管至井口。到目前为止，经统计已经试油的32口井中，井筒窜气井有10口，窜漏位置为油层套管回接筒处和尾管喇叭口处，其中绝大部分窜漏点集中在前者。

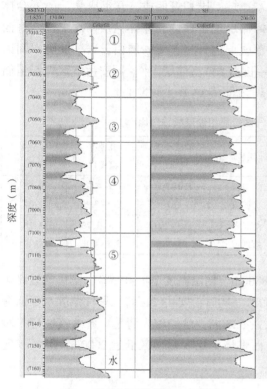

图1 某井灯四段储层应力曲线

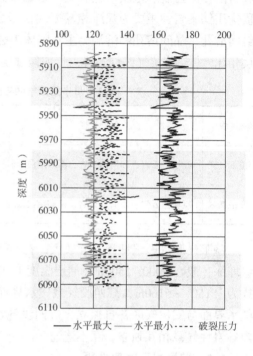

——水平最大 ——水平最小 ---- 破裂压力

图2 某井灯二段储层应力曲线

### 2.2.1 限制了射孔—酸化—测试三联作工艺应用

射孔—酸化—测试三联作工艺采用一趟管柱实现射孔、酸化改造和排液测试的功能，具有井控风险低、作业周期短、储层伤害小的突出优势，但出于降低射孔爆轰效应对封隔器管柱的不利影响，一般不建议在压井液中实施。对于井筒完整性不合格、但清水井筒试压合格的井，清水条件下开井循环井筒持续后效，井控安全风险高。因此，此类井一般选择在压井液条件下射孔后另下封隔器管柱进行试油测试。

### 2.2.2 影响压控式循环阀的使用

试油测试管柱上通常带有实现井下关井和沟通油套作用的RDS循环阀[10]，该阀通过环空加压启动，最大限度地保证了管柱通径。井筒完整性不合格的井，若试压不合格，不仅可能导致储层改造期间平衡套压不足限制改造排量、影响封隔器管柱安全，还可能导致RDS阀没有启动的压力空间。例如某井油层套管因井筒窜漏，按标准清水试压90MPa不合格，仅清水逐级试压至60MPa合格，预计储层改造期间平衡套压最高需施加50MPa，这就要求RDS循环阀的开启压力应介于50~60MPa之间，考虑到循环阀的操作误差，仅10MPa的压力空间很难满足作业需要。

### 2.2.3 影响对施工过程中测试管柱完整性判断

测试管柱入井后，正常情况下封隔器以上油管与套管环空相互隔绝，套压变化由地面操作控制。井筒完整性不合格的井，试油期间套压异常变化的现象普遍存在，增大了判断封隔器管柱是否窜漏的难度，直接影响储层改造、排液测试等工序的正常施工。

### 2.3 储层改造方式对测试工艺提出了更高要求

考虑到蓬莱气区灯影组较安岳气区埋藏更深、储层温度更高、破裂压力更高、试油层内部应力差值更大等实际问题，要实现"压开储层、沟通天然裂缝"改造目的，还面临以下问题。

#### 2.3.1 精准化改造对工艺和管柱的影响

结合储层地应力、缝洞发育等情况，蓬莱气区灯影组储层改造一般采取以下模式：纵向上各段应力差值较大试油层，采用机械分段改造工艺；各段存在一定应力差值但缝洞不发育的试油层，可以采用投球/绳结暂堵转向改造工艺；各段应力差值小的试油层，采用笼统酸化工艺。机械分段改造，需要先射孔然后另下多封隔器管柱作业；暂堵转向改造工艺，需要结合井况确定射孔—酸化—测试三联作工艺是否可行，如不可行则选择传输射孔后另下封隔器管柱进行酸化测试。相较于笼统酸化，以上两种储层改造方式需要的试油周期更长、管柱结构更复杂。

#### 2.3.2 改造期间作业管柱的安全性

蓬莱气区灯影组埋深比安岳气区大 500~1500m，试油管柱下深超过 7000m，最深可达8800m。改造期间酸液沿管柱流动产生的沿程摩阻随地面泵入排量的增大而快速增加（图3），会导致两个后果：一是施工泵压受井口装备压力等级限制使得施工排量达不到设计排量；二是封隔器管柱受力情况更加恶劣，尤其是机械分段改造时两个封隔器之间的油管无法得到平衡套压保护，下段改造时封隔器之间的油管及上部封隔器存在较高的失效风险。

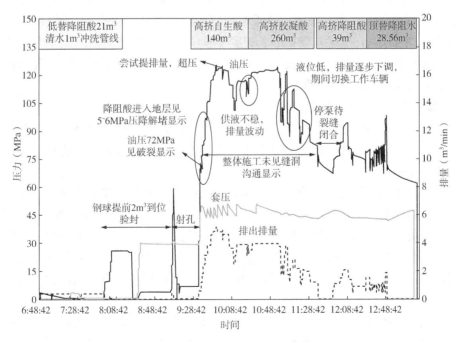

图 3　某井灯四段改造施工曲线

图 4 某井封隔器以上
被挤扁的油管

## 2.4 测试后压井井漏影响转层上试

### 2.4.1 测试后压井井漏严重对管柱安全的威胁

蓬莱气区灯影组储层经过大排量、大排量酸化改造后，经过排液测试，近井地带形成一个压力"漏斗"区域，压井容易出现井漏。尤其是储层天然缝洞发育、钻井期间存在漏失的井，测试后压井井漏概率更高。经不完全统计，蓬莱气区灯影组测试后压井井漏占比40%以上，其中漏失量超过100m³的占比超过15%。测试后需要环空加压打开压控式循环阀进行循环压井，此时封隔器以上油管承受较大的外挤压力，漏失严重的井油管内液面不及井口，环空加压使得油管受力更加恶劣。考虑到压控式循环阀的开启压力要高于储层改造时的平衡套压，因此油管被挤扁的风险更高，如图4所示。

### 2.4.2 漏失层封堵难度大带来的井控风险

蓬莱气区灯影组储层改造规模普遍较大，大型酸压后沟通天然裂缝或者溶洞的概率较大，加剧了压井井漏。后续换装井口、解封封隔器、起管柱、下桥塞或者注水泥塞封闭试油层，在持续井漏条件下施工，都将面临较高的井控安全风险，尤其是封闭作业，作业周期较长、封闭质量难以保证。

## 3 技术措施

### 3.1 提升油层套管固井质量

经过研究，通过增加冲洗隔离液体积量、强化扶正器安放来提高套管居中度来保证水泥浆顶替效率达到90%以上；采用加砂柔性防气窜水泥浆体系，并配合憋压候凝的方式，确保水泥浆压稳气层；尾管悬挂器中心管长度加长至2.8m，降低超深短尾管倒扣丢手中心管被拔出回接筒的风险。通过以上技术措施，有效提升了蓬莱气区127.0mm尾管的固井质量，降低了尾管喇叭口窜气的风险，保证了井筒完整性[11]。

### 3.2 优化管柱结构满足作业要求

结合投暂堵球或绳结的储层改造要求，对于井筒完整性合格且具备丢枪口袋的井，采用射孔酸化测试三联作管柱，封隔器以下带丢枪短节，射孔后丢枪保持管柱通径，为暂堵转向酸压提供条件。

对于储层改造施工压力高、油套环空压力操作空间窄的井，在不影响后续作业的前提下采用投球开启的循环阀代替压控式循环阀，避免改造期间提前打开循环阀导致管柱窜漏。

对于压井漏失严重的井，通过对高环空压力和低油管内液面工况下的封隔器管柱力学校核，评价压控式循环阀是否具备安全开启的条件，为后续环空加压开阀或是油管穿孔连通油套提供依据，或者提前将压控式循环阀的开启压力设置在安全范围以内，避免油管被挤毁。

采用机械分段改造的井，结合蓬莱气区改造施工排量大、泵压高的特点，使用完井封隔器替代酸化封隔器进行机械分段以保证封隔器的密封性；同时，在封隔器之间增加一个伸缩短节，以改善封隔器间油管的受力情况，降低下段储层改造期间封隔器之间油管和上封隔器的损坏失效风险(图5)。

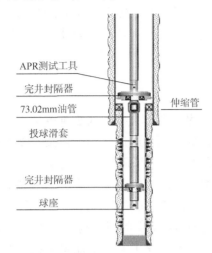

图5　带伸缩管的多封隔器管柱

图6　管柱沉淀的钻井液

### 3.3　封闭措施优化

测试后压井井漏严重的井,采用注水泥塞和下桥塞的常规封闭工艺可能难以建立质量合格的水泥塞屏障,并且作业周期较长。因而在压井、起出封隔器管柱后,另用管柱下入挤注式桥塞至射孔顶界以上,待其坐封后通过管柱继续向产层挤注水泥浆封堵产层,丢手后在挤注式桥塞上注水泥塞,一趟管柱完成产层封堵作业,也避免了水泥浆漏失难以保证水泥塞质量的情况出现。

另一个选择是在封隔器上部设置具有井下关井功能的 CPV 阀,测试结束后压井、启动 CPV 阀切断封隔器上下井筒的联系,避免因井漏影响后续起管柱、换装井口、转层上试的连续安全作业。目前 CPV 阀的工作压差能够达到 70MPa,工作温度达到 177℃,基本满足蓬莱气区灯影组作业需求。

## 4　实施效果

近一年以来,蓬莱气区灯影组试油 32 口井,射孔—酸化—测试三联作工艺实施占比22.2%,传输射孔后另下封隔器管柱实施占比 40.7%,光油管射孔测试实施占比 20.3%,其余采用勘探开发一体化和裸眼分段改造试油工艺实施占比 16.8%。其中,射孔—酸化—测试联作三联作工艺单层试油周期较常规工艺节约 3~5d,通过丢枪实现暂堵球或绳结暂堵转向酸化 5 井次。CPV 阀推广应用 2 井次,成功实现井下关井、快速转层上试的功能。

储层改造方式上,笼统酸化工艺实施占比 57.4%,机械分段改造工艺实施占比 7.4%,暂堵转向酸化工艺实施占比 35.2%,通过暂堵材料改变了以往只能通过封隔器解决低应力差层段分段改造的问题。储层改造期间,埋藏较深、物性较差的灯影组储层在井口限压 125MPa 下改造排量达到 6~8m³/min,平衡套压普遍在 60~70MPa,改造期间未出现封隔器管柱窜漏。

通过完善小井眼固井技术大幅提升尾管固井质量,区域单井试油作业前因尾管喇叭口窜漏导致井筒完整性不合格仅有 2 口井。

试油期间井下复杂情况 11 井次,复杂类型主要有试油管柱阻卡、管柱堵塞、测试工具失效等。其中管柱阻卡占比36.4%，管柱堵塞占比18.2%，测试工具失效占比18.2%，油管损坏占比27.2%。管柱阻卡和堵塞的原因有地层返出物沉淀、高温下钻井液沉降（图6），测试工具失效的原因有高温下工具入井时间过长，油管损坏原因为井漏井环空加压开循环阀未控制好油压导致油管挤扁。

## 5  结论与建议

针对蓬莱气区灯影组储层埋藏更深、井筒完整性不合格、改造难度更大、试油管柱受力情况更加恶劣、井漏严重井转层上试风险高的问题，通过完善固井技术提升尾管固井质量、优化设计试油工艺和管柱结构实现改造需求、探索采用CPV阀等新工具降低漏失井转层上试的井控风险。经过作业实践表明，采取的技术措施基本解决了该区域灯影组气藏面临的试油难题。但是，由于钻井期间"四开"套打二叠系底部高压层和寒武系至灯影组顶部，而上述两者的压力系数存在明显差异，因此油层悬挂套管的固井质量合格率一直难以保证。

下一步建议加强井身结构优化设计研究、提升多压力系统下油层悬挂套管固井质量以确保井筒完整性，为蓬莱气区射孔—酸化—测试三联作工艺进一步推广、缩短单层试油周期提供必要条件；推进挤注式桥塞在漏失井封闭、转层上试的应用，降低漏失井封闭难题；完善高温下入井工作液的质量检测和维护技术措施。

## 参 考 文 献

[1] 徐少立，马奎，杨强，等. 四川盆地蓬莱气区震旦系灯影组二段储层特征及其控制因素[J/OL]. 特种油气藏，1-11.

[2] 马奎，张本健，徐少立，等. 川中古隆起北斜坡灯四段天然气成藏特征[J/OL]. 天然气地球科学，1-13[2024-02-21].

[3] 文龙，张建勇，潘立银，等. 川中蓬莱—中江地区灯二段微生物白云岩储层特征、发育主控因素与勘探领域[J]. 石油实验地质，2023，45(5)：982-993.

[4] 杨雨，文龙，宋泽章，等. 川中古隆起北部蓬莱气区多层系天然气勘探突破与潜力[J]. 石油学报，2022，43(10)：1351-1368+1394.

[5] 谢继容，张自力，钟原，等. 四川盆地中部—北部地区灯影组二段天然气勘探新认识及潜力分析[J]. 海相油气地质，2022，27(3)：225-235.

[6] 范翔宇，闫雨轩，张千贵，等. 四川盆地高石梯——磨溪地区震旦系灯影组碳酸盐岩储层特征[J]. 天然气勘探与开发，2023，46(2)：1-11.

[7] 夏青松，黄成刚，杨雨然，等. 四川盆地高石梯—磨溪地区震旦系灯影组储层特征及主控因素[J]. 地质论评，2021，67(2)：441-458.

[8] 刘微，李源，梁锋. 高石梯-磨溪地区灯二段储层评价[C]//中国石油学会天然气专业委员会. 第32届全国天然气学术年会(2020)论文集.

[9] 韩慧芬，桑宇，杨建. 四川盆地震旦系灯影组储层改造实验与应用[J]. 天然气工业，2016，36(1)：81-88.

[10] 李江，赵有道，王元龙，等. "RDS阀+RTTS封隔器"测试工艺在试油作业中的应用 [J]. 油气井测试，2013，22(4)：56-57+59+77.

[11] 李涛，吴杰，徐卫强，等. 川中蓬莱气区超深短尾管悬挂固井技术[J]. 石油地质与工程，2023，37(5)：104-108.

# 四川盆地深层火山岩气藏试油技术难点及对策

龚　浩　李玉飞　唐　庚　王　帅　朱达江

（西南油气田公司工程技术研究院）

**摘　要**　四川盆地深层火山岩气藏具有储层埋藏深、地层压力高、黏土含量高、敏感性复杂、地层易出砂等难点，对试油测试技术提出了较高的要求及挑战。通过分析深层火山岩气藏试油测试技术难点，开展了火山岩岩石力学参数实验评价及出砂模拟，提出了相应试油测试优化措施。研究结果表明优选割缝筛管完井方式、先射孔后下测试管柱工艺、可开关循环阀、多套地面流程配套及控压测试等措施，确保了试油测试工作的顺利进行，为今后形成四川盆地深层火山岩气藏的相关试油技术理论和现场应用具有较好的指导作用。

**关键词**　深层火山岩气藏；地层压力高；防砂；控压测试

我国火山岩油气藏资源丰富，勘探开发前景广阔，松辽盆地深层、准噶尔盆地陆东—五彩湾地区、渤海湾盆地南堡、四川盆地周公山等地都有广泛分布[1,2]，其中在大庆徐深气田、新疆克拉美丽气田已形成规模化开采，完井方式多样，裸眼完井、筛管完井以及射孔完井均有应用，配套完井试油技术已比较完善[3-8]，但四川盆地深层火山岩气藏目前正处于开发早期阶段，完井试油还处于摸索阶段，尚未形成系统的完井试油理论。

对比国内外火山岩储层特征，四川盆地深层火山岩具有储层埋藏深、地层压力高、黏土含量高、敏感性复杂等特征，属基性、超基性气藏，其余油田的试油测试技术理论及经验对四川盆地深层火山岩试油的借鉴意义不大，因此对试油测试技术提出了较高的要求及挑战。

## 1　四川盆地深层火山岩气藏试油技术难点

### 1.1　储层埋藏深，地层压力及破裂压力高

储层埋藏大于6000m，地层压力大于120MPa，地层平均破裂压力梯度高达3.08MPa/100m，储层改造困难[9,10]，试油测试管柱、试油工作液及测试工具选择面临挑战。

### 1.2　岩性复杂，井壁稳定性差，地层易出砂

峨眉山玄武岩纵向间隔发育凝灰质角砾岩、玄武岩、火山角砾岩、石灰岩、辉绿岩，岩性复杂，黏度含量高，黏土矿物将与水接触发生水化作用，进而诱发井壁失稳[11-13]，

---

【基金项目】西南油气田分公司项目"四川盆地二叠系火成岩成藏地质理论与勘探开发关键技术研究课题5—四川盆地二叠系火成岩钻完井及储层改造技术研究"（编号：2019ZD01-05）。

【第一作者简介】龚浩（1990—），工程师，2012年毕业于中国地质大学（北京）石油工程专业，主要从事完井试油研究工作。地址：（610000）四川省成都市青羊区小关庙后街25号西南油气田公司工程技术研究院，电话：028-86010469，E-mail：gong_hao@petrochina.com.cn

YT1 井目的层钻进过程中出现不同程度井壁失稳现象，测试过程中地层出砂垮塌，返出物堵塞井筒和地面流程导致测试失败。

### 1.3 控压测试难度大

YT1 井实测地层压力 125.6MPa，射孔后开油放喷测试，油压 67.0↓1.96MPa，排液口呈大股排液—断流，后发现 2 套地面流程均被井下垮塌物堵塞，计算最大测试压差达 70MPa，测试压差过大，地层能量供给不足，控压测试难度大。

## 2 岩石力学参数评价

### 2.1 堵塞物分析

现场取样 YT1 井测试返排物，主要分为固相颗粒(最大粒径 9mm)、浆糊状液体。通过成分分析，堵塞物灰质矿物占比约为 48%，剩余多为黏土矿物，溶蚀率 39.11% ~ 55.90%，与储层岩屑试验结果相近，判断堵塞物主要来至于地层返出(图 1)。

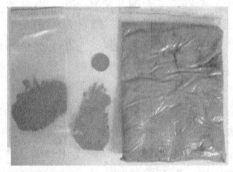

图 1　地层返排物图片

同时对浆糊状地层返排物进行了激光粒度测试。实验结果显示，干样粒度最小 0.197μm、最大 2301.84μm，粒度中值 $D_{50} = 585\mu m$。湿样粒度最小 0.10μm、最大 2009.69μm，粒度中值 $D_{50} = 85\mu m$。砂样粒度分布均匀性和分选性很差，存在大量的细粉砂，细粉砂在 1μm 以下占比 21%，常规防砂阻隔效果有限(图 2)。

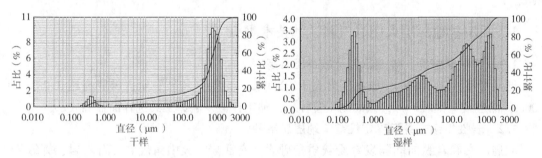

图 2　砂样粒度分析

### 2.2 岩石力学实验评价

系统开展了火山岩常规物性测试、三轴力学实验以及抗拉强度试验。结果显示不同岩心处矿物成分差异极大，储层非均匀性强，整体黏土矿物偏大(36% ~ 96%，图 3)，水线性膨胀率 13.4% ~ 15.6%，不同井段岩石抗压强度差异大(表 1)。

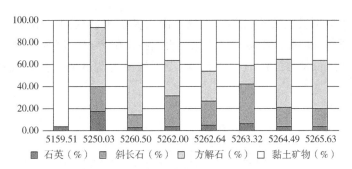

图 3 不同井段岩心 X 衍射实验成果图

表 1 岩石力学测试结果(围压 100MPa、孔压 85MPa、温度 125℃)

| 深度 | 密度 | 实验结果 | | |
|---|---|---|---|---|
| (m) | (g/cm³) | 抗压强度(MPa) | 杨氏模量(GPa) | 泊松比 |
| 5266.51~5266.67 | 2.45 | 112.50 | 3.70 | 0.297 |
| 5263.12~5263.32 | 2.48 | 123.00 | 11.03 | 0.358 |
| 5262.77~5262.90 | 2.46 | 194.29 | 2.88 | 0.429 |
| 5262.47~5262.64 | 2.12 | 189.09 | 4.41 | 0.239 |
| 5249.47~5249.74 | 2.57 | 341.01 | 24.62 | 0.160 |

## 2.3 出砂模拟

地层出砂预测的目的是判断是否需要采用防砂型完井方式。按激光粒度测试分析结果(图 2),将岩石压成小块后,分别打碎,边打边筛析,按照表 2 不同质量含量均匀混合配制出砂模拟测试岩样。

表 2 火山岩储层出砂模拟岩样粒度分布

| 目数范围 | 粒径分布范围(mm) | 重量百分比(%) | 累计百分比(%) |
|---|---|---|---|
| <20 | 1~2 | 9.05 | 9.05 |
| 20~30 | 0.6~0.9 | 14.57 | 23.62 |
| 30~40 | 0.45~0.6 | 4.30 | 27.92 |
| 40~50 | 0.355~0.45 | 3.20 | 31.12 |
| 50~60 | 0.3~0.355 | 3.00 | 34.12 |
| 60~70 | 0.212~0.3 | 2.80 | 36.92 |
| 70~80 | 0.2~0.212 | 2.70 | 39.62 |
| 80~100 | 0.15~0.2 | 2.50 | 42.12 |
| 100~120 | 0.125~0.15 | 2.30 | 44.42 |
| 120~140 | 0.105~0.125 | 2.10 | 46.52 |
| 140~160 | 0.097~0.105 | 1.90 | 48.42 |
| 160~200 | 0.0075~0.097 | 5.90 | 54.32 |
| 200~260 | 0.06~0.075 | 1.90 | 56.22 |
| 260~300 | 0.054~0.06 | 1.80 | 58.02 |
| >300 | <0.054 | 41.98 | 100 |

利用地层出砂模拟实验装置(图 4)进行火山岩储层出砂模拟,用氮气以不同流量进行驱替,每个流量驱替 30min,观察出砂情况,直到找出临界出砂流量。测试结果表明地层出砂临界流量为 0.8L/min ~ 1L/min(表 3),假设气层厚度为 50m,折算气井产量为(1.13 ~ 1.42)×$10^4$m³/d。

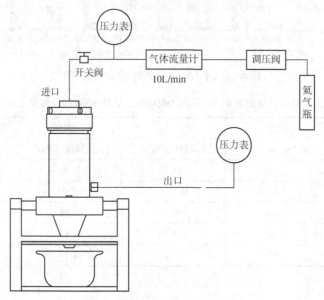

图 4　火山岩地层出砂模拟实验流程

**表 3　火山岩储层出砂临界流速测试结果**

| 气体流量(L/min) | 模拟气井产量(×$10^4$m³) | 驱替时间(min) | 是否出砂 |
| --- | --- | --- | --- |
| 0.1 | 0.14 | 30 | 否 |
| 0.2 | 0.28 | 30 | 否 |
| 0.3 | 0.43 | 30 | 否 |
| 0.4 | 0.57 | 30 | 否 |
| 0.5 | 0.71 | 30 | 否 |
| 0.6 | 0.85 | 30 | 否 |
| 0.7 | 0.99 | 30 | 否 |
| 0.8 | 1.13 | 30 | 微量 |
| 0.9 | 1.28 | 30 | 微量 |
| 1 | 1.42 | 30 | 出砂 |

综上,实验表明火山岩储层出砂临界流速低,生产过程中出砂可能性极大,完井要考虑防砂措施。

## 3　试油技术优化

### 3.1　完井期间油气层保护

根据前期岩石力学参数评价,明确了火山岩易水化膨胀的特征。结合前期永探 1 井使用水基钻井液在钻完井过程中出现井壁失稳情况,认为水基钻井液不适用于火山岩储层,为避免黏土矿物遇水膨胀伤害储层喉道，造成地层污染，优选油基钻井液作为压井液。

### 3.2 采取主动防砂措施，防止地层出砂

油气井出砂防治是一项系统的工程，内容包括油气井早期防砂设计和防砂施工、后期生产制度管理、出砂风险识别、出砂监测及出砂治理等，即油气井的出砂防治与管理工作伴随其全生命周期[14,15]，早期防砂设计尤为重要，选择合适的防砂方式，可有效地延长气井寿命。

目前我国比较常用的防砂完井方式主要为砾石填充防砂和筛管防砂。砾石填充防砂在深井、高密度压井液条件下实施难度大、作业质量无法把控，同时压井液密度高、砾石压实程度可能较低，充填物可能在排液过程中被带出。筛管完井是目前完井常采用的一种方式，主要包括打孔筛管、割缝筛管以及复合筛管。打孔筛管孔径较大(3~10mm)无法满足深层火山岩气藏防砂；复合筛管防砂效果最好但普遍管体强度较低且价格昂贵，无法适用于高压地层；割缝筛管的防砂机理是允许一定大小的、能被地层流体携带到地面的细小砂粒通过，而把较大的砂粒阻挡在筛管外面，使大砂粒在筛管外面形成"砂桥"，达到防砂的目的。

以防砂为目的，对比不同完井方式优缺点，在不考虑储层改造需求的情况下，首选割缝筛管完井，其次采用射孔完井并优化射孔参数。

### 3.3 测试工艺

(1) 工艺优选：在确定初步完井方式的前提下，按高压、易漏易喷、可能含硫化氢、地层易出砂来考虑。对比目前成熟的射孔—测试联作工艺和射孔后另下 APR 工具测试工艺，射孔—测试联作工艺中封隔器以下管串复杂且内径小、变径处多，地层返出物易造成管柱埋卡和堵塞。同时，超深、小井眼内射孔爆轰效应易导致封隔器失效或下部管柱断裂[16,17]。因此优选射孔后另下 APR 测试工具工艺进行试油测试。

(2) 管柱优化：减小油管筛管孔径，封隔器以下管串采用单个孔径 3~5mm 打孔筛管(60°、螺旋)，防止微细颗粒中的大颗粒进入管柱。同时因砂粒分选性较差，若大量微细颗粒进入井筒，仍有可能在管柱变径处搭桥，出现堵塞管柱现象。因此，在测试管柱上配置多次开关循环阀，使测试管柱具备多次开启、反向冲砂的功能。

(3) 射孔孔眼优化：减小射孔孔眼孔径，采用小孔径射孔弹，防止大颗粒进入井筒。

(4) 试油工作液优选：根据储层黏度矿物含量高易水化膨胀的特性，采用油基钻井液作为压井液，优选低密度(1.10~1.30g/cm³)油基钻井液作为测试工作液并根据出砂压差确定其密度。为保障井下测试安全，要求压井液及测试工作液在高温下静置 15d 后性能稳定、均匀、无沉淀，并尽量缩短测试时间。

### 3.4 测试工具

针对火山岩储层地层压力高的特性，优先采用高压力等级井下关井工具，确保测试作业安全；同时由于地层砂的分选性较差，若大量细微颗粒砂进入井筒，仍有可能在管柱变径处搭桥，出现堵塞管柱的情况，因此在管柱上配置可多次开关循环阀[18,19]，具备反复开启冲砂的功能。

### 3.5 地面流程

根据火山岩储层地层压力高、地层易出砂的特点，选用双套 140MPa 多级降压地面流程(图5)，形成集高压远程控压、连续控压除砂、自动实时除硫和油气水连续自动计量为一

体的 140MPa 超高压集中控制地面测试流程[20]，同时为保障放喷排液和测试求产作业的安全性、连续性，对地面测试流程做了如下优化：

（1）使用两套地面流程，作业过程中若一套出现堵塞，可快速切换至另一套流程。

（2）配备 140MPa 除砂器和捕屑器，加大地层返排物处理能力。

（3）在高压端预留 2000 型压裂车接口，可在堵塞时及时对地面流程管线进行冲洗。

（4）地面管线缠绕加热管线，锅炉加热，可少许软化地层返出物，减少堵塞风险。

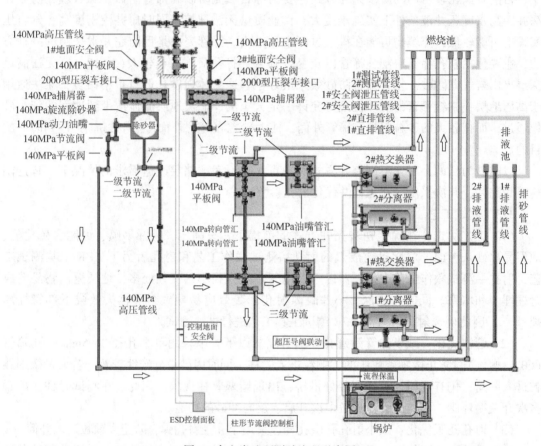

图 5　火山岩地面测试流程示意图

### 3.6　工作制度

按照"气举、控制、稳定、连续"制度要求，遵循"逐步放大油嘴，保持排液连续，控制地层出砂"的原则进行排液测试作业。初期宜采用不大于 6mm 油嘴开井控制排液，观察井口压力、排液、出砂及见气等情况。每级油嘴应保持井口压力、产气量及产水量相对稳定，没有明显出砂，再以 1~2mm 级差逐步放大油嘴，需要减小油嘴时，宜逐步减小油嘴。排液结束后控制回压的 70%~85% 进行测试，按 70% 控制回压时井口压力不小于 24MPa；按 75% 控制回压时井口压力不小于 29MPa；按 80% 控制回压时井口压力不小于 34MPa；按 85% 控制回压时井口压力不小于 39MPa。随着排出液量增加，井口控压值逐渐增加（图 6）。

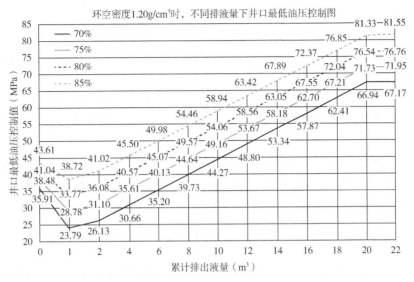

图 6　不同排液量下井口最低油压控制图

## 4　现场应用

TF2 井是四川盆地火山岩气藏的 1 口试油井，油层套管为 $\phi193.68mm+\phi184.15mm+\phi177.8mm+\phi127.0mm$，人工井底 5340m，产层压力系数 2.29，温度 128.2℃，采用尾管射孔方式完井。

本井通过储层保护、防砂措施、测试工艺、测试工具、地面流程、工作制度等方面的优化，采用先射孔后下测试管柱的试油工艺，测试管柱结构为 $\phi88.9mm$ 油管+DB 阀+OMINI 阀+压力计+DBE 阀+HP-RTTS 封隔器+73mm 打孔筛管+丝堵，选用高密度油基钻井液作为压井液，低密度油基钻井液作为测试工作液，地面配置两套 140MPa 地面流程，射孔时优化了射孔参数并严格控制测试压差，从工具入井至起出井口，共历时 25d，共完成六开六关井作业，测试获自然产能 $4.69\times10^{4}m^{3}/d$ 工业气，测试过程未见明显出砂，说明工艺优化效果较好。

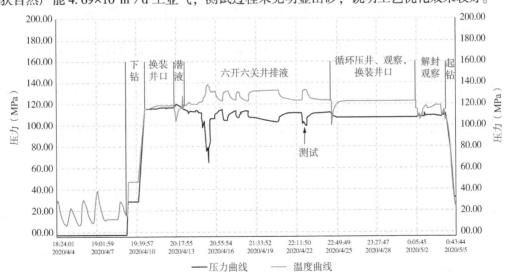

图 7　TF2 井测试压力温度曲线图

## 5  认识与建议

（1）通过岩心力学参数实验评价及出砂模拟，明确了火山岩储层地层压力高、井壁稳定性差、控压测试难度大等难点。

（2）油基钻井液作为压井液及测试工作液，钻井期间未见垮塌、掉块、钻具卡埋等复杂，试油期间也未见出砂，适用于火山岩储层，有效防止黏土矿物水化，有利于维持井壁稳定。

（3）优选割缝筛管完井方式、先射孔后下测试管柱工艺、可开关循环阀、多套地面流程配套及控压测试等措施，有效减少管柱埋卡和堵塞风险，保证了试油测试顺利完成，TF2井的顺利实施，证明了该系列优化措施可行性。

## 参 考 文 献

[1] 黄籍中，苟学敏．四川盆地二叠系玄武岩非常规气藏气源及勘探前景分析[J]．天然气工业，1994（5）：16-19.

[2] 孙焕引，石李保，姜学海，等．深层火山岩储层试油(气)技术难点分析及对策探讨[J]．油气井测试，2009，18(4)：49-51.

[3] 孙晓岗，王彬，杨作明．克拉美丽气田火山岩气藏开发主体技术[J]．天然气工业，2010，30(2)：11-15+102-108.

[4] 凌立苏，许江文，金立新，等．克拉美丽石炭系火成岩气藏勘探试气配套技术应用[J]．油气井测试，2010，19(2)：47-50+77.

[5] 凌立苏，何文渊，黄卫东，等．准噶尔盆地克拉美丽气田高效勘探实践[J]．天然气工业，2010，30(02)：7-10+133-134.

[6] 孙立岩．徐深气田深层气井不动管柱多层压裂工艺技术[J]．采油工程，2013，3(4)，40-42.

[7] 王永卓，周学民，印长海，等．徐深气田成藏条件及勘探开发关键技术[J]．石油学报，2019，40(7)：866-886.

[8] 王兴．无限级滑套压裂技术在徐深气田的应用分析[J]．化学工程与装备，2017(02)：121-123.

[9] 谭玮，罗成波，齐从丽，等．四川盆地火山岩钻井难点与对策[J]．天然气勘探与开发，2019，42(4)：102-108.

[10] 王锐．哈深2井火成岩地层钻井难点分析与提速对策[J]．内蒙古石油化工，2015，41(19)：102-103.

[11] 刘景涛，张文，于洋，等．二叠系火成岩地层井壁稳定性分析[J]．中国安全生产科学技术．2019.15(1)，75-80.

[12] 杨明慧，兰朝利．中国古亚洲域沉积盆地火山岩油气藏储层特征比较及其差异分析[J]．地质学报，2012，86(8)：1198-1209.

[13] 唐庚，龚浩，徐家年，等．四川盆地二叠系永探1井火山岩气井完井测试井壁稳定性实验[J]．天然气工业，2022，42(3)：91-98.

[14] 邱浩，文敏，曹砚锋，等．海上油气井出砂防治与管理现状分析[J]．长江大学学报(自然科学版)，2019，16(12)：65-69.

[15] 张明，李凡，刘光泽，等．自主化一趟多层砾石充填防砂技术研究与应用[J]．中国海上油气，2016，28(3)：111-114.

[16] 陈锋，陈华彬，唐凯，等．射孔冲击载荷对作业管柱的影响及对策[J]．天然气工业，2010，30( 5)：

61-65.

[17] 曾志军，胡卫东，刘竟成，等 . 高温高压深井天然气测试管柱力学分析[J]. 天然气工业，2010，30
（2）：85-87+145.

[18] 潘登，许峰，黄船，等 . 使用 OMNI 阀的几种特殊的 APR 测试工艺 . 钻采工艺，2008，31（1）：
33-35.

[19] 王磊 . 深层气井测试工艺技术分析研究[J]. 石化技术，2017，24(7)：105.

[20] 邱金平，张明友，才博，等 . 超深高温高压含硫化氢气藏高效试油技术新进展[J]. 钻采工艺，2018，
41（2）：49-50+94.

# 液控智能注采完井技术研究与应用

赵广渊　李　越　杨树坤　蔡洪猛

(中海油田服务股份有限公司油田生产事业部)

**摘　要**　针对常规液控分层注水工具在渤海油田应用中暴露出的问题，通过优化水嘴结构布局、研制数字解码器、配套新的分层调配解释方法，成功解决了调节级数少、分注层数受限和无法实现分层流量监测的问题。优化后的液控智能分注技术在海上油田应用 90 井次，系统运行稳定可靠，调配解释精度高于 90%，应用效果良好。基于该技术耐高温、满足大排量注采等特点，进一步开展了智能分采、分层注气等方面的研究及先导性应用，拓展了技术适应性。

**关键词**　液控智能注采；智能完井；井下多级流量控制阀；分层调配；分层注气

渤海油田已进入全面注水开发阶段，注水效果的好坏在一定程度上关系到渤海油田的持续稳产。基于常规投捞式分层注水工艺测调效率低、占用平台有限空间，不满足大斜度井应用等问题[1-8]，近些年渤海油田开始了智能分层注水工艺的矿场试验。液控智能注水技术作为智能注水工艺的一种，其控制方式采用纯液压方式，井下工具无任何电子元器件，长期使用可靠性能高。该技术于 2016 年开始在渤海油田开展应用，取得良好应用效果，但随着作业者对分层注水工艺要求的不断提高，以及工艺自身存在的一些问题：(1)液控智能滑套调节级数少，最多只能实现 3 级调节，导致分层调配精度低，调配合格率低；(2)多层注水井液控管线使用数量较多，现场施工难度加大；(3)海上油田小井眼注水井逐年增多，现有注水工具尺寸不满足下入要求，导致该技术无法大规模推广；(4)不具备地面监测井下油藏数据的功能，无法直观判断各层注水情况，不满足油藏精细注水要求。

基于以上问题，本文在常规液控智能注水技术基础上，从注水工具整体结构、水嘴设计、控制方式、分层调配解释方法等方面进行了工艺优化研究，提高液控智能分注技术的应用效果，并基于该技术可靠性高、耐高温等特点，开展了智能分采、分层注气、分段注蒸汽等方面的研究及先导性应用，进一步拓展了技术适应性。

## 1　工艺概述

### 1.1　工艺原理

液控智能分注系统主要由地面控制系统、可穿越线缆封隔系统、多级流量控制装置(液

【第一作者简介】赵广渊，男，1988 年 8 月生，2014 年毕业于中国石油大学(华东)油气田开发工程专业，硕士，现就职于中海油田服务股份有限公司，高级工程师，主要从事海上油田智能注采完井工艺技术研究与应用工作。通信地址：天津市塘沽海洋高新技术开发区华山道 450 号，邮编：300459，电话：15320044365，E-mail：zhaogy0806@foxmail.com。

控智能配水器)组成(图1)。地面控制器通过液压管线控制井下各层位多级流量控制阀的开度,实现地面对井下各层注水量的调控。

### 1.2　工艺特点

液控智能注水技术可在地面实现多级流量控制阀在线液压控制。系统采用液力控制方式,推力大,能适应井下复杂工况,通过万向截止轮机构节点控制,实现井下注水流量调节。主要特点:

(1)分层调配无需钢丝/电缆作业,测调效率高,不占用平台作业空间和时间。

(2)不受井斜及井眼尺寸限制,满足大斜度井、水平井、小井眼井(3.25in)应用要求。

(3)纯液压控制,无电子元器件,可靠性高。

(4)井口可实现手动、自动一体控制,操作系统操作快捷、方便,一台地面控制柜控制多口井,可实现电脑远程控制。

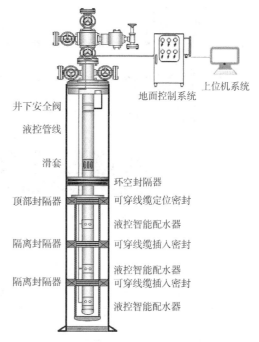

图1　液控智能分注工艺原理图

## 2　工具优化

### 2.1　"3-2"控制方式设计

常规液控智能注水工艺采用"$N+1$"控制模式,即利用$N+1$条液控管线控制井下$N$层配注。该控制方式操作简单、可靠,一般适用于分层数较少(≤4层)的井。而对于多层(≥4层)注水井,此控制方式所需液控管线数量较多,施工难度及安全风险加大,工艺适用性变差。为此,研制了数字解码器,开发出"3-2"控制方式,以减少液控管线使用数量,增强工艺适用性。

#### 2.1.1　控制原理

"3-2"控制方式是每个多级流量控制阀串联一个解码器,通过地面液控管线打压顺序的变化(不同排列组合)控制选择不同层位的解码器,从而控制该层位流量阀水嘴的开关,通过此方式可实现3条控制管线控制井下6层。

具体控制流程如图2所示,1#控制线与解码器的关闭口连接;2#控制线与解码器的打压口和解码器进入流量阀关闭口连接;3#控制线与解码器保压口和解码器进入流量阀开启口连接。通过地面控制柜给出开启解码器指令时,3#控制线先保压,2#控制线再打压,此时解码器开启;3#控制线打压,流量阀开启;2#控制线打压,流量阀关闭;1#控制线打压,解码器关闭。

#### 2.1.2　解码器

解码器是实现井下层位选择的液压解码装置(图3),主要由一个常开二位二通阀和一个常闭二位二通阀组成,通过与井下多级流量控制阀配合,实现分层控制。根据渤海油田注水井具体需求,配套了适用于防砂内通径为4.75in、3.25in的解码器,工具技术参数见表1。

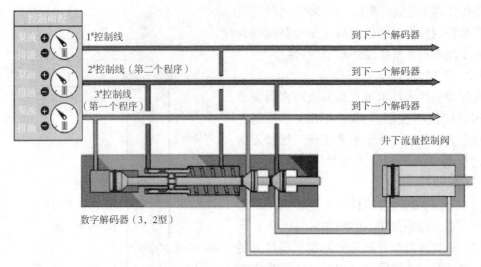

数字解码器（3, 2型）

图 2 "3-2" 控制原理示意图

表 1 解码器技术参数

| 性能指标 | 参数 | |
| --- | --- | --- |
| 适用密封筒内径(in) | 4.75 | 3.25 |
| 最大外径(in) | 4.61 | 3.15 |
| 最小内径(in) | 1.97 | 1.18 |
| 本体材质 | 42CrMo | 42CrMo |

图 3 解码器

## 2.2 多级流量控制阀结构改进

针对原有液控智能滑套水嘴调节级数少，不满足小井眼应用要求等问题，研制了适用于 3.25in 小井眼的井下多级流量控制阀；优化水嘴结构，将不同尺寸流量控制阀调节级数分别增大到 11 级和 9 级(图 4)。工具技术参数见表 2。

图 4 井下多级流量控制阀

表 2 井下多级流量阀技术参数

| 性能指标 | 参数 | | |
|---|---|---|---|
| 适用密封筒内径(in) | 4.75 | 4/3.88 | 3.25 |
| 最大外径(in) | 4.65 | 3.74 | 3.15 |
| 最小内径(in) | 2.32 | 1.46 | 0.87 |
| 本体材质 | 42CrMo | 42CrMo | 42CrMo |
| 密封材质 | 金属对金属 | 金属对金属 | 金属对金属 |
| 最大排量(m³/d) | 1200 | 1100 | 900 |
| 可调节级数 | 11 | 9 | 7 |
| 工作压力(psi) | 5000 | 5000 | 5000 |
| 密封件耐温等级(℃) | ≤200 | ≤200 | ≤200 |

## 3 分层调配及解释方法研究

### 3.1 分层调配

分层注水的根本目的是实现各注水层位满足分层配注量要求。液控智能分注工艺可利用地面控制系统实现井下水嘴开度的实时调节和开关，但无法监测井下各层的注入流量。因此，该工艺调配的关键在于，一是将水嘴调节至满足分层配注量的目的开度，二是利用地面测试数据计算井下各注水层位的分水量。

利用地面控制系统将测试层配水器水嘴调至任意开度 $d$，其他层位水嘴关闭，测得单层注入时各层配注量 $q_p$ 下对应的井口注入压力 $P_{tb}$，各层的有效注入压力[9,10]为

$$P_{che} = P_{tb} + P_{hy} - P_{fr} - P_{lo} - P_{ch} \tag{1}$$

式中，$P_{che}$ 为嘴后压力，对于液控智能分注工艺，嘴后压力是地层的有效注入压力，MPa；$P_{hy}$ 为静液柱压力，MPa，$P_{fr}$ 为管柱沿程摩阻压力损失，MPa，$P_{lo}$ 为局部压力损失，MPa，$P_{ch}$ 为嘴损，MPa。

将各层水嘴调节至满足配注量的目的开度 $d'$ 后，全井注水时，则

$$P_{tb} = P_{che1} - P_{hy1} + P'_{fr1} + P'_{lo1} + P'_{ch1} = P_{che2} - P_{hy2} + P'_{fr2} + P'_{lo2} + P'_{ch2} = \cdots \tag{2}$$

$$P_{chei} - P_{hyi} + P_{fri'} + P_{loi'} + P_{chi'}$$

根据矿场实践，各注水层位纵向跨度较小(小于 300 m)时，各注水层的沿程摩阻压力损失和局部压力损失接近，式(2)简化为

$$P_{tb} = P_{che1} - P_{hy1} + P'_{ch1} = P_{che2} - P_{hy2} + P'_{ch2} = \cdots = P_{chei} - P_{hyi} + P'_{chi} \tag{3}$$

在同一时间，同一层位在不同水嘴开度下的有效注入压力相同。将式(1)代入式(3)，注入压力高的层位选择较大的水嘴开度，根据式(3)计算得到各层位配注量下对应的目的水嘴开度。

### 3.2 解释方法

由于液控智能配水器为机械结构，不具备监测井下各层位注入流量的功能，因此，调配后各层实际注入流量需要根据地面测试数据计算。本文提出一种根据单层注入指示曲线

和全井注入指示曲线计算各层实际注入量的方法。

### 3.2.1 注入测试数据

（1）单层注入指示曲线测试。

利用地面控制系统将测试目的层位水嘴调节至目的开度，关闭其他层位的水嘴，测试井口注入压力随注入流量的变化数据；然后，打开另外一个测试层位的水嘴，关闭其他层位，测试该层的井口注入压力随注入流量变化数据；依此类推，得到所有注水层位的井口压力随注入流量的变化关系为

$$P_{tbi} = f(q_i) \tag{4}$$

根据式（1），将井口压力折算至嘴后压力，得到有效注入压力与流量变化关系为

$$P_{chei} = f_i(q_i) \tag{5}$$

（2）全井注入指示曲线测试。

将所有层位配水器的水嘴开度调节至目的开度，恢复全井注水。然后，调节井口注入流量，测试不同注入流量下井口压力变化，根据测试数据拟合得到井口注入压力与流量的关系，即全井注入指示曲线。一般地，随着注入流量增加，井口压力呈线性增大，可表示为

$$P_{tb} = aQ_t + b \tag{6}$$

式中，$Q_t$为全井注水时井口总流量，$m^3/d$；$a$、$b$为常数，$1/a$代表视吸水指数，$b$代表注水井开始吸水的启动压力。

### 3.2.2 解释方法

获取到上述测试数据后，计算各层的分层注入流量，解释得到不同井口注入压力下对应的全井注入流量和各层注入流量，指导注水井工作制度选择。

根据井口压力$P_{tb}$、全井流量$Q_t$得到第一注水层的嘴前压力$P_{chf1}$。

全井注水时，对于各注水层位，分层注水量$Q_i$满足以下关系

$$Q_i = I_i \cdot \Delta p_i = \left(\frac{dp_{chei}}{dQ_i}\right)^{-1} \cdot (p_{chei} - p_{ri}) \tag{7}$$

式中，$I_i$为第$i$层吸水指数，$m^3/(d \cdot MPa)$；$\Delta p_i$为第$i$层注水压差，$MPa$；$p_{ri}$代表第$i$层地层静压，$MPa$。

对于式（5），一般地，有效注入压力与流量符合线性关系

$$p_{chei} = cq_i + e \tag{8}$$

式中，$c$、$e$为常数，$1/c$代表第$i$层单层吸水指数，$e$代表第$i$层地层静压。

将式（8）代入式（7），得到第一注水层注入流量的关系式

$$Q_1 = \frac{1}{c} \left[ p_{chf1} - (0.3652Kd^{-1.889}Q_1)^2 - e \right] \tag{9}$$

式（9）可以计算得到第1注水层的分层注入量$Q_1$。

再根据第一注水层嘴前压力$p_{chf1}$、第一层以下层位的总流量（$Q_t - Q_1$）和式（1）得到第二注水层嘴前压力$P_{chf2}$。

重复式(7)~式(9)的计算，可求得第二注水层的分层注入量 $Q_2$。

以此类推，计算得到所有层位的分层注入量。根据式(6)得到不同井口注入压力下对应的全井注入流量，然后计算出各层的分层注入量。

### 3.2.3 解释软件

为了便于计算，根据计算方法，编制了调配设计及分层注水量计算软件，软件包括基础数据输入、测试数据输入和计算分析三个模块。软件输入的基础数据包括注水井井身结构数据、注入水流体数据、注水管柱组合和结构、水嘴参数和嘴损曲线，测试数据包括各层配注量对应的井口注入压力、单层注入指示曲线和全井注入指示曲线，通过计算可输出满足配注要求的各层水嘴目的开度、不同井口注入压力下对应的全井和分层注水量，根据分层配注量要求，给出最能满足配注要求的井口注入压力。

## 4 液控智能分采技术研究

海上油田已进入开发中后期，层间矛盾凸显，含水上升及产量递减加快。精细分层开采可有效降低层间干扰，显著提高油田开发效果。目前海上油田主要以机械滑套式分采工艺为主，调层作业占用井口、效率低，不满足大斜度井应用，技术适应性差。

基于液控智能分注技术的应用经验，以及该技术耐高温、满足大排量注采的特点，开展了液控智能分采技术研究。

(1) 针对采用简易筛管分层防砂完井的定向井，采用 Y 形分采管柱，在中心生产管柱上应用插入密封配合使用，应用液控智能配产器，地面调控分层产液量，达到控水稳油目的，设计方案如图 5 所示。

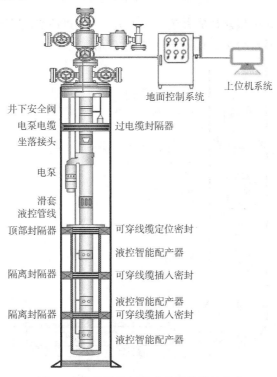

图5 定向井液控智能分采管柱设计方案

（2）针对裸眼简易防砂或砾石充填防砂完井的高含水生产井，在水平井段挤注化学封隔药剂（ACP）或裸眼分段防砂，实现管外的分层；在中心生产管柱上应用封隔器配合使用，实现管内的有效封隔，同时应用液控智能配产器，集成固体示踪剂，地面调控分层产液量，示踪剂取样监测分段产量及含水，达到控水稳油目的，设计方案如图6所示。

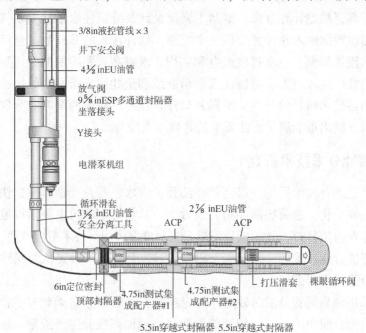

图 6　水平井液控智能分采管柱设计方案

（3）针对水平井裸眼分段防砂完井的新投产井，采用"环空液控滑套+罩式液控滑套"智能分采管柱，实现2层智能分采。设计方案如图7所示。

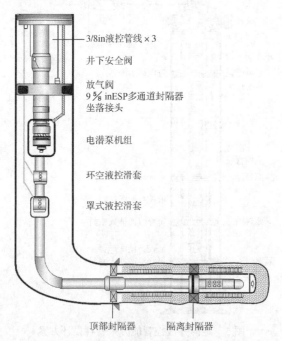

图 7　水平井裸眼分段防砂完井液控智能分采管柱设计方案

## 5　液控智能分层注气技术研究

采用注气开发方式可大幅度提高油藏采收率，尤其是对于低渗透油藏开发效果更为显著。国内海上部分油田开展了注气开发先导试验，但是对于层间物性差异较大的多层系油藏，笼统注气开发气窜突破后不但影响注气开发效果，还会对电潜泵等生产设施造成伤害。因此，分层注气精细开发对提高油田采收率有重要作用。

### 5.1　管柱设计

目前海上目标低渗注气开发油田储层温度为 140~180℃，基于液控智能分层注采技术井下不含电子元器件且耐高温的技术特点，开展了液控智能分层注气技术研究。海上低渗油田注气井一般采用套管射孔完井方式，设计液控智能分层注气管柱如图 8 所示。

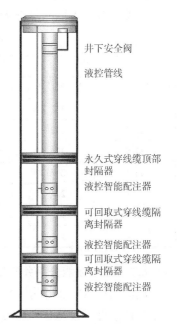

井下安全阀

液控管线

永久式穿线缆顶部封隔器
液控智能配注器
可回取式穿线缆隔离封隔器
液控智能配注器
可回取式穿线缆隔离封隔器
液控智能配注器

图 8　海上油田液控智能
分层注气井管柱示意图

### 5.2　精确定量注气技术

液控智能分层注气技术只具备气嘴开度调节功能，需开发配套精确定量注气技术方可实现精细分注。基于液控智能配注器预制气嘴的特点，在入井前对气嘴根据配注范围定量设计，入井后根据各层吸气能力精确调配，再根据注气井筒温压计算分层注气量，实现精确解释，达到利用理论方法指导分层注气精确计量的目的。具体步骤如下：

（1）液控智能配注器入井前，根据各注气层的配注量范围和吸气能力数据匹配配注器多级可调的气嘴尺寸；

（2）按照步骤(1)设计方案加工定制气嘴；

（3）液控智能配注器与液压管线、层间封隔器、井口穿越密封连接、组装、入井，并接通地面液压控制器；

（4）分层注气过程中，根据各层吸气能力测试数据和气嘴嘴损图版，调节配注器至满足配注量要求的气嘴尺寸；

（5）调节后，根据各层吸气能力测试数据计算解释各层实际注气量。

## 6　现场应用

液控智能注采完井技术在海上油田应用 90 井次，其中采油井应用 7 井次。系统运行稳定，水嘴调节灵活，工具性能可靠；分注井满足海上注水井分层酸化、示踪剂等措施需求，经多次酸化后，系统仍正常运行；完成调配作业 280 余井次，测调解释精度大于 90%；分采井实现分段生产、分段测静压等功能，达到控制含水率上升、稳定产油量的目的。

### 6.1　液控智能分注井应用

渤海油田 XX-1 井为了提高测调效率，于 2019 年 3 月下入液控智能分注管柱，地面控制系统通过液压控制井下配水器水嘴的开度。该井分 2 层注水，第一注水层水嘴当量直径 6.08~9.05mm，第二注水层水嘴当量直径 7.55~10.64mm，2 套配水器水嘴均分别设计 10 个开度等级。2019 年 6 月，第一注水层配注量 120m³/d，第二注水层配注量 150m³/d，根据配注量下对应的井口注入压力测试结果，第一注水层水嘴开度调节至 7.95mm，第二注水层水嘴开度调节至 10.64mm。

在水嘴目的开度下进行了单层注入指示曲线和全井注入指示曲线测试，利用前述计算方法计算出不同注入压力下对应的全井注入量和分层注入量。根据渤海油田 85% 的调配精度要求，从分层注入量计算结果可以得到最能满足配注要求的井口注入压力为 12MPa。测调后，为了验证调配精度，该井实施了氧活化吸水剖面测试，计算结果和测试结果对比见表 1。从表 1 结果对比发现，计算结果与实测结果之间存在差异，但满足工程精度要求。因此，该计算方法可以满足现场分层调配作业需求，在实际应用中有较好的效果。

表 3　分层注水量计算与测试结果对比

| 全井 | | 第一注水层 | | 第二注水层 | |
|---|---|---|---|---|---|
| 井口压力（MPa） | 注入量（m³/d） | 计算注入量（m³/d） | 实测注入量（m³/d） | 计算注入量（m³/d） | 实测注入量（m³/d） |
| 13.0 | 372.8 | 155.0 | 155 | 217.8 | 216 |
| 12.5 | 330.7 | 135.0 | 136 | 195.7 | 196 |
| 12.0 | 288.7 | 115.0 | 113 | 173.7 | 175 |
| 11.5 | 246.7 | 95.0 | 95 | 151.7 | 150 |
| 11.0 | 204.7 | 75.0 | 74 | 129.7 | 130 |
| 10.5 | 162.7 | 55.0 | 55 | 107.7 | 105 |
| 10.0 | 120.7 | 35.0 | 35 | 85.7 | 85 |

### 6.2　液控智能分采井应用

渤海油田 XX-2 井为水平井裸眼砾石充填完井方式，随着提频生产，含水率逐步上升，油田生产水处理设施长期满负荷运转，需要开展水平段分段控水措施，降低油井含水的同时，提高该井产能贡献水平。

根据该井水平段动用情况，以干层及差油层为界，将水平段分为三段，采用液控智能分采技术，初期关闭趾端水淹段，打开第一、二段生产，后期根据生产情况再进行开关调整。2023 年 5 月下入液控智能分采管柱，措施后日产液从 868m³ 下降至 716m³，日产油从 26m³ 上升至 28m³，含水率从 97.1% 下降至 96.1%，生产压差从 1.13MPa 上升至 3.24MPa，含水率最低下降 3.8 个百分点，起到了较好的控水增油效果，也缓解了平台水处理设备压力。

## 7　结论

（1）优化常规井下流量阀水嘴结构、布局，将不同尺寸流量控制阀调节级数分别增大到 11 级和 9 级，提高了测调效率和精度；研制了数字解码器，利用"3-2"控制模式，实现 3 条液控管线控制 6 层注水，减少液控管线使用数量；研制小尺寸井下多级流量控制阀，满足海上 3.25in 小井眼应用要求。

（2）针对液控智能分注工艺无法监测井下各层流量的特点，提出了利用单层注入指示曲线和全井注入指示曲线测试数据计算分层注水量的计算方法，并编制了软件，解释精度高于 90%。

（3）液控智能注采完井技术在海上油田应用 90 井次，其中采油井应用 7 井次，累计调配作业 280 余井次。系统运行稳定，水嘴调节灵活，工具性能可靠。由于该技术耐高温、满足大排量注采的特点，在智能分采、分层注气等领域具有广阔应用前景。

## 参 考 文 献

[1] 李汉周，彭太祥，郭振杰，等．连续薄夹层油藏细分注水技术研究与应用[J]．特种油气藏，2019，26 (2)：168-173.

[2] 刘合，郑立臣，俞佳庆，等．分层注水井下监测与数据传输技术的发展及展望[J]．石油勘探与开发，2023，50(1)：1-9.

[3] 张旭，韩新德，林春庆，等．有缆智能分注技术在华北油田的应用[J]．石油机械，2019，47(03)：87-92.

[4] 阎洪涛，徐文江，姜维东，等．海上油田注水水质改善技术研究与应用[J]．工业水处理，2020，40 (12)：114-118.

[5] 豆志远，王昆剑，李进，等．渤海油田水平分支井钻完井关键技术[J]．特种油气藏，2020，27(2)：157-163.

[6] 郭宏峰，杨树坤，段凯滨，等．渤海油田可反洗测调一体分层注水工艺[J]．石油钻探技术，2020，48 (3)：101-105.

[7] 赵广渊，王天慧，杨树坤，等．渤海油田液压控制智能分注优化关键技术[J]．石油钻探技术，2022，50(1)：1-6.

[8] 赵广渊，季公明，杨树坤，等．液控智能分注工艺调配及分层注水量计算方法[J]．断块油气田，2021，28(2)：258-261.

[9] 王东，王良杰，张凤辉，等．渤海油田分层注水技术研究现状及发展方向[J]．中国海上油气，2022，34(2)：125-137.

[10] 杨玲智，刘延青，胡改星，等．长庆油田同心验封测调一体化分层注水技术[J]．石油钻探技术，2020，48(2)：113-117.

# 膨胀管井筒重构完井技术

齐月魁 刘 刚 曲庆利 齐 振

(大港油田石油工程研究院)

**摘 要** 在大港油田日益增多的套损注水井已占到在册油水井总数的 9.2%，导致注水增产能力降低、油田稳产基础脆弱。如何解决套损注水井修复利用所面临的难题，膨胀管补贴技术利用膨胀管对套管补贴可实现套损注水井的井筒完整性，实现套损注水井有效注水。本文分析了膨胀管补贴技术原理，阐述了补贴工具串结构组成、施工工艺和技术特点，对研制的膨胀管抗外挤和抗内压试验后优选补贴管材，并对膨胀管补贴技术进行了室内试验，膨胀管的膨胀压力为 14~18MPa，膨胀扩大率大于 8.94%，膨胀管膨胀后与套管之间成功实现锚定与密封，并实现补贴段大通径。为膨胀管补贴现场应用提供了实验数据和技术支撑，减少注水井补贴后的套管内径损失，满足漏点以下实施分注卡水措施对套管内径的要求。实现了套损注水井膨胀管补贴技术在大港油田进行了成功应用。

**关键词** 注水井；套损；膨胀管；大通径；应用

大港油田已开发 50 多年，近年来由于注水压力大、井深、水质等多方面影响因素，注水井井况日益复杂，套管腐蚀结垢情况严重，随之而来的套损、套漏井日益增多。目前拥有套损注水井 622 口，占套损油水井总数的 48.6%，占在册油水井总数的 9.2%，其中套管缩径注水井 184 口，浅层套管弯曲注水井 140 口，套管错段 28 口，套漏 160 口。影响注水井开井率 8.63%，且套损带病注水井存在随时停注的潜在风险。为了挖潜套损注水井注水增产能力，针对注水井套损套变严重、注水井水量不足、油井稳产基础脆弱的问题。目前金属塑性成形领域对于塑性成形工艺和工具设计还缺乏系统的、精确的理论分析手段，鉴于金属塑性成形领域的研究现状与特点，大港油田首次将膨胀管补贴技术应用到套损注水井修复工程领域。研制了膨胀管补贴技术修复套损注水井，有效封堵套损井段，完善注采井网，实现了有效注水。

## 1 膨胀管补贴技术

膨胀管补贴修复技术[1-5]是将膨胀管及配套工具下至套管需补贴部位，地面打压，使胀头在压力作用下向上运动，利用膨胀管的金属塑性变形特性[6]，使膨胀管发生径向膨胀，通过锚定装置与原井套管实现锚定和密封，达到加固、补贴和封堵套损井段的目的。膨胀管补贴后内径可用下式表示[7]：

---

【第一作者简介】齐月魁，油田公司一级工程师，生于 1967 年，1993 年毕业于长江大学钻井工程专业，现从事油田先期完井与后期完井井筒治理。地址：（300280）天津市滨海新区。电话：13920868778。E-mail：qiykui@ petrochina. com. cn。

$$d = D - 2(\delta + x) \qquad (1)$$

式中，$d$ 为膨胀管胀后内径，mm；$D$ 为补贴段套管内径，mm；$\delta$ 为膨胀管壁厚，mm；$x$ 为橡胶密封环压缩后厚度，mm。

### 1.1 工具串结构组成

膨胀管补贴修复技术工具管串结构如图 1 所示，由下而上分别是：泄压阀、多级液压缸、胀头、连接管、膨胀管、油管锚定器、$\phi73mm$ 加厚油管及井口短节。连接杆一般为油管，与液压缸中心杆连接。膨胀管中间通过连接杆，且膨胀管座于多级液压缸上面的胀头锥面上[8]。油管锚定器预先套入中心杆上端，将膨胀管固定于胀头和中心杆之间。现场施工时按照顺序依次连接并下入井内。

### 1.2 施工工艺

地面开泵打压，整个胀管过程开始，利用多级液压缸的中心杆打压时产生的拉力，带动胀头和多级液压缸上运动，对膨胀管产生向上推力。由于油管锚定器固定于膨胀管上端口，并与中心杆产生向下锁紧作用，限

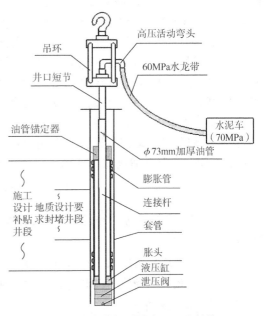

图 1　膨胀管补贴技术工具串结构

制膨胀管不能上移。在胀头和油管锚定器之间，对膨胀管形成对挤效应。随着压力不断升高，胀头上行力加大，由于胀头锥面对膨胀管的扩张作用，胀头将膨胀管胀开，并紧贴于套管内壁之上。当液压缸带动胀头上行胀管一定距离后，触动液压缸底部泄压阀泄压，完成第一个行程。随后停泵，上提管柱，油管锚定器器解锁，多级液压缸中心杆再次拉出一个行程距离。继续打压胀管，完成多级液压缸第二次的行程。这样反复多次，直至完成全部膨胀管的胀管过程。具体施工步骤如图 2 所示。

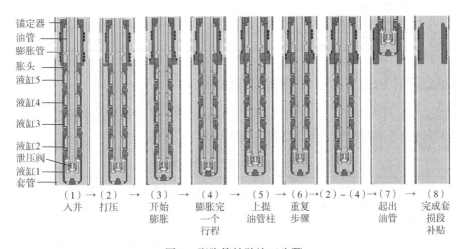

图 2　膨胀管补贴施工步骤

### 1.3 技术特点

#### 1.3.1 实现补贴段大通径

膨胀管补贴技术利用外置液压缸作为动力推动胀头胀管,整个胀管过程中,膨胀管本身不承受高压液体,改变了将膨胀管本体作为膨胀液压缸体的胀管原理。由于胀头外置,胀头外径尺寸得到放大。加上膨胀管本身不承压,则膨胀管管壁在保证强度和补贴密封压力的条件下,得到进一步减薄,从而实现膨胀管补贴后通径最大化的目的[9]。注水井套损膨胀管补贴修复工艺可确保5½in套损井内径达到109mm以上,具有承压30MPa以上的能力,膨胀管抗外挤为25MPa,抗内压能力超过60MPa(抗外挤和抗内压均远超指标16MPa和30MPa的要求(表1),满足措施后期注水需求。便于常规井下措施工具从补贴管内通过并实施后续作业。

#### 1.3.2 施工压力低

膨胀管膨胀时,多级液压缸的作用力首先作用于胀头,由胀头锥面挤压膨胀管实现金属塑性变形[10]。膨胀管膨胀时所需作用力[11,12]可由下式表示:

$$F = P \times S \tag{2}$$

式中,$F$ 为膨胀管膨胀所需作用力,N;$P$ 为工作液压力,Pa;$S$ 为工作液作用面积,$m^2$。

采用多级液压缸可增大工作液作用面积,从而在所需胀管力相同的情况下,降低工作液压力,实现较低的膨胀启动和行走压力,现场操作更加安全。

#### 1.3.3 工艺简单

一趟管柱完成整个工艺过程[13],入井膨胀管完全膨胀并起出输送油管柱后,无需底堵处理、修上口等工序,补后井内不留有任何落物,不会对后续工序造成不利影响,实现高效率施工作业。

**表1 膨胀管补贴主要技术参数**

| 参数项 | 参数值 |
| --- | --- |
| Φ124mm 内径套管补贴后内径(mm) | 113~116 |
| Φ121mm 内径套管补贴后内径(mm) | 109~112 |
| 胀后抗内压(MPa) | 30 |
| 胀后抗外挤(MPa) | 15 |
| 膨胀锚定力(kN) | 500 |
| 工作温度(℃) | 120 |

## 2 膨胀管补贴管材力学性能实验与优选

通过膨胀管管材调研[14,15],并根据膨胀管管材性能、成本与工艺成熟度,选择了20G、SA106B和不锈钢三类材料开展力学性能分析[16](表2)。

**表2 材料力学性能分析参数**

| 钢级/钢号+A1: F26 | | 屈服强度(MPa) | 抗拉强度(MPa) | 屈强比 |
| --- | --- | --- | --- | --- |
| J55 | | 379 | 520 | 0.729 |
| N80 | | 551 | 689 | 0.800 |
| 双相钢<br>(铁素体与马氏体) | 普通双相钢 | 310 | 655 | 0.473 |

| 钢级/钢号+A1：F26 | | 屈服强度（MPa） | 抗拉强度（MPa） | 屈强比 |
|---|---|---|---|---|
| 双相不锈钢<br>（铁素体与奥氏体） | 低合金型（牌号 UNSS32304） | 400~550 | 720~950 | 0.569 |
| | 中合金型（牌号 UNSS31803） | | | |
| | 高合金型（牌号 UNSS32550） | | | |
| | 超级双相不锈钢（牌号 UNSS32750） | | | |
| 高猛奥氏体 | 第一代（Fe-25Mn-3Al-3Si） | 280 | 650 | 0.431 |
| | 第二代（Fe-23Mn-0.6C） | 450 | 1000 | 0.450 |
| G20 锅炉钢 | | 235~245 | 410~550 | 0.500 |
| SA106B 锅炉钢 | | 240 | 415 | 0.578 |
| 304/316L | | 177 | 480 | 0.369 |

选用四种膨胀管补贴管材力学性能实验，获得了基础力学性能参数。根据材料延伸率、屈强比，均可满足膨胀管膨胀要求；考虑成本与工艺成熟度，选择 20G、316L 两种管材开展大通径膨胀管实验评价[17,18]。其中 316L 膨胀性能、耐腐蚀性能更优[19]，20G 成本更低、规格更全（表 3）。

**表 3　管材基础力学试验性能参数**

| 材料 | 工程屈服强度<br>（MPa） | 工程极限抗拉强度<br>（MPa） | 屈强比<br>（$\sigma_{s0}/\sigma_b$） | 真实极限抗拉强度<br>（MPa） | 断后伸长率 A<br>（%） |
|---|---|---|---|---|---|
| 304 | 304 | 676 | 0.450 | 1226.5 | 58.0 |
| 316L | 229 | 531 | 0.430 | 978.4 | 59.5 |
| 20G | 292 | 487 | 0.600 | 659.0 | 43.0 |
| SA106B | 295 | 472 | 0.625 | 598.8 | 30.5 |

选择 20G 管材[20]，开展了不同膨胀率下管材胀形实验[21]，以及胀后管材力学性能实验分析，20G 管材胀后力学性能超过 J55 水平，且可以达到膨胀率≥15%要求（表 4，以及图 3 至图 9）。

**表 4　20G 管材不同膨胀率胀后基础力学性能参数**

| 原始管 | 114mm×4mm | | | | | |
|---|---|---|---|---|---|---|
| 胀头大径（mm） | 109 | 111 | 114 | 116 | 122 | 127 |
| 膨胀率（%） | 2.83 | 4.72 | 7.55 | 9.43 | 15.1 | 19.81 |
| 胀后屈服强度（MPa） | 338 | 365 | 431 | 442 | 480 | 466 |
| 胀后抗拉强度（MPa） | 478 | 510 | 526 | 543 | 588 | 578 |
| J55 力学性能/MPa | 屈服强度 379 | | | 抗拉强度 517 | | |

实验结果表明：整根膨胀管胀形后悬挂力超过 60T，单个橡胶圈悬挂力可达到 40kN 以上[22,23]，114mm×4mm 规格 20G 膨胀管抗外挤为 25MPa，抗内压能力超过 60MPa（抗外挤和抗内压均远超指标 16MPa 和 30MPa 的要求），可以满足套管补贴现场应用[24]。

图 3　不同膨胀率管材胀形

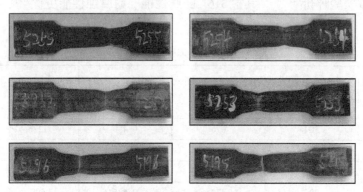

图 4　拉伸实验前后试样

图 5　管材力学性能实验装置

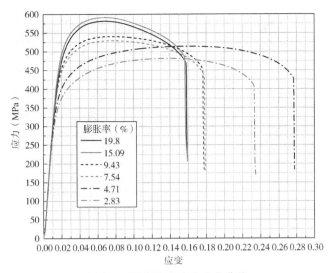

图 6　不同膨胀率应力应变曲线

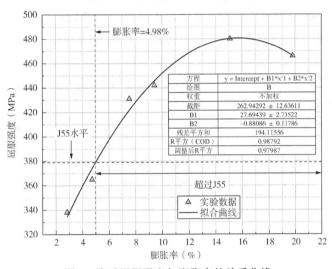

| 方程 | y = Intercept + B1*x^1 + B2*x^2 |
| 绘图 | B |
| 权重 | 不加权 |
| 截距 | 262.94292 ± 12.63611 |
| B1 | 27.69439 ± 2.73522 |
| B2 | -0.88086 ± 0.11786 |
| 残差平方和 | 194.11556 |
| R平方（COD） | 0.98792 |
| 调整后R平方 | 0.97987 |

图 7　胀后屈服强度与膨胀率的关系曲线

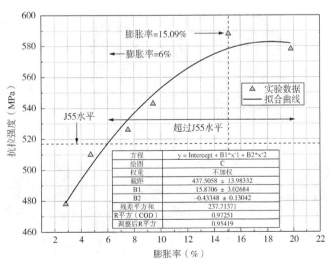

| 方程 | y = Intercept + B1*x^1 + B2*x^2 |
| 绘图 | C |
| 权重 | 不加权 |
| 截距 | 437.5058 ± 13.98332 |
| B1 | 15.8706 ± 3.02684 |
| B2 | -0.43348 ± 0.13042 |
| 残差平方和 | 237.71371 |
| R平方（COD） | 0.97251 |
| 调整后R平方 | 0.95419 |

图 8　胀后抗拉强度与膨胀率的关系曲线

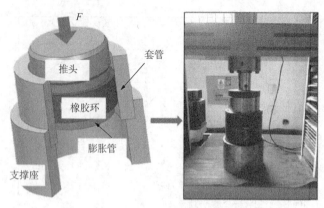

图 9　大通径膨胀管胀后悬挂力实验

## 3　膨胀管补贴室内试验

为了验证膨胀管膨胀后的密封性能，选取 $\phi114.15\text{mm}\times5\text{mm}$ 膨胀管与 $\phi113\text{mm}$ 胀头进行套管补贴室内模拟试验。试验过程首先进行膨胀试验，然后进行悬挂力测试试验。室内试验示意图及实物图如图 10 至图 13 所示，胀头与液压缸实物如图 14 所示。膨胀试验过程中，将长度为 465mm 的 $\phi140\text{mm}\times7.5\text{mm}$ 套管短节固定于试验槽中，膨胀管穿过试验套管短节。将中心杆穿过膨胀管与胀头，并与液压缸中心杆相连，使膨胀管座于胀头上。中心杆通过高压胶管与试压泵连接。

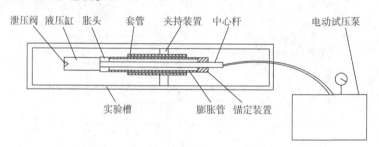

图 10　大通径膨胀管补贴室内试验装置示意图

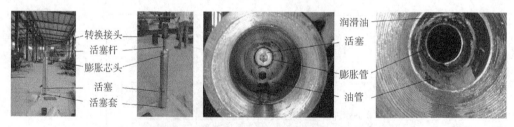

图 11　大通径膨胀管胀形室内试验指示图

图 12　大通径膨胀管胀形室内试验过程

图13　大通径膨胀管补贴室内试验装置实物

图14　胀头及液压缸

膨胀试验过程中，胀头启动压力14MPa，膨胀管膨胀压力稳定在14~18MPa，胀头行走平稳，膨胀压力不高，膨胀过程顺利。膨胀后膨胀管与套管端面如图15所示。膨胀管不同部位在胀后形成了不同的内径。在膨胀管初始膨胀端发生了明显的缩颈现象，出现了缩口。经测量，膨胀管初始膨胀端内径113.53mm，膨胀扩大率9.04%。在胶筒段内径为113.43mm，膨胀扩大率8.94%，说明因为套管与膨胀管之间胶筒的存在，一定程度上阻碍了膨胀管的膨胀[25]。在无胶筒段内径114.15mm，膨胀扩大率9.63%。

（a）初始膨胀端　　　　　　　　（b）胶筒段　　　　　　　　（c）无胶筒段

图15　胀后膨胀管与套管端面

膨胀管胀后悬挂能力是一个重要参数，大通径膨胀管技术采用丁腈橡胶实现膨胀管与套管之间的锚定密封。膨胀完成后，进行膨胀管悬挂力测试试验。利用拉拔试验机固定套管，对膨胀管进行单向拉拔以便测试膨胀管与套管之间的锚定力。试验结果表明：膨胀管与套管之间能够承受500kN拉力而不发生相对移动，满足现场使用要求。

## 4　现场应用

针对家41-59井筒结垢严重，在膨胀管下入过程中，垢有加快橡胶环磨损的问题。在沈家铺油田官109-1断块家47-7井已经采用新的密封元件解决附着力偏小的问题，该井最大井斜6.5°×1800m，油层套管为N80钢级的管材，壁厚7.72mm，套管原始内径φ124.26mm，经双封隔器找漏结合40臂井径测井，确定油层套管漏点深度为270.81~272.89m，决定采用膨胀管补贴技术进行套管补贴[26,27]，后恢复正常注水。

### 4.1　补贴方案

补贴270.81~272.89m处漏点，采用φ108mm×6.5mm大通径膨胀管，数量1根，长度9.1m，膨胀管壁厚6.5mm，采用φ106mm胀头。补贴段膨胀管上点深度266.8m，下点深度275.9m。膨胀管结构如图16所示，参数见表5。

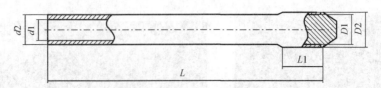

图 16　膨胀管结构示意图

表 5　膨胀管参数

| 基础套管规格<br>（mm） | | 膨胀器尺寸<br>（mm） | | | 膨胀管规格及技术参数<br>（未标明单位均为 mm） | | | | | | 油管规格 |
|---|---|---|---|---|---|---|---|---|---|---|---|
| 内径 | 通径 | D1 | D2 | L1 | d1 | d2 | L | 胀后内径 | 抗内压（MPa） | 抗外压（MPa） | $2\frac{7}{8}$in<br>外加厚油管 |
| 124.26 | 122 | 106 | 119 | 450 | 95 | 108 | 9100 | 106 | 30 | 25 | |

### 4.2　施工步骤

（1）模拟通井。采用变径通井规通井。通井管柱结构自下而上：变径通井规（本体外径 $\phi$123mm，刚性刮刀伸出后外径 $\phi$123mm）+$2\frac{7}{8}$in 油管。下至设计补贴深度以下 3～5m，开泵打压 5～10MPa，在设计补贴段内反复上提、下放无卡阻显示时说明补贴井段具备大通径补贴条件，起出通井管柱；对待补井段及上、下各 50m 进行四十臂测试，以掌握待补井段的内径及深度准确数据。

（2）下入膨胀管。膨胀管（管中带有连接螺纹为 $2\frac{7}{8}$in UP TBG 的中心管）组件吊起，置于井口，与油管下入井中；连接全部投送管柱，下入其余加厚油管投送膨胀管至设计补贴深度 266.8～275.9m，每下 100m 灌满水一次，管柱下完，整个管柱灌满水。井口油管每 1m 做好标记，标记范围与补贴管总长度相同；确认油管柱内灌满水，未满则灌满。连接好施工地面流程。施工管柱图见图 1：膨胀管补贴技术工具串结构。

（3）打压膨胀。①调试水泥车，油管连接打压接头与高压管线。②启动泵车，小排量缓慢升压胀管。仔细观察指重表读数，当指重表读数低于原始记录时上提管柱，使指重表指针回到原位置。连续重复几次，直到管柱上行 2m 以上。③停泵，卸压。上提 50kN，管柱不动表明膨胀管柱已悬挂在套管上；若管柱移动，重新下放管柱至原位置，重复②、③序。④保持上提负荷 30kN，重新启动泵车，适当加大泵车排量，继续打压胀管，管柱上行，观察记录泵站压力表读数。⑤当胀头从膨胀管内被提出，泵车压力明显下降，胀管结束。⑥停泵泄压，拆除高压接头和管线，提出油管柱。

（4）补贴后试压。井筒整体试压 15MPa，稳压 30min 压降≤0.5MPa 为合格；若井筒整体试压不合格，下丝堵+K344-114+745-6 节流器+封隔器座封于 265m（注意：封隔器座封位置要避开套管接箍），进行正试压 15MPa，稳压 30min 压降≤0.5MPa 为合格。起出试压管柱。

（5）钻除底堵。$\phi$102mm 平底磨鞋+7LZ-95 螺杆钻+$2\frac{7}{8}$in 外加厚新油管；将 $\phi$102mm 平底磨鞋钻柱组合入井，待平底磨鞋下放到补贴段上端深度时，试探膨胀管上端位置，记录数据；继续下放管柱，当平底磨鞋接触到膨胀管底部盲堵时，记录数据，上提钻柱 200mm，使平底磨鞋脱离与盲堵的接触，开泵，缓慢下放钻柱，大钩下放加压 20kN，泵压 5MPa，进行磨铣。钻通后上下划眼 5 次以上，至底堵处内径与胀后膨胀管内径一致。

### 4.3　补贴效果评价

本井膨胀管补贴前因套漏关井，膨胀管补贴后不再套漏，正常注水压力 23.1MPa，膨胀管补贴达到封堵套管漏点的预期效果。自 2020 年 9 月至 2021 年 4 月，已实现有效注水 $0.54\times10^4\text{m}^3$。该井套管补贴成功，为有效提高套损井加固修复和延长套管使用寿命提供了经验借鉴和技术保障。

## 5 结论

（1）膨胀管补贴管材的优选，采用多级增力冷拔膨胀成型工艺、高强度低成本薄壁碳素钢，形成了大通径膨胀管补贴技术。

（2）评价 114mm×4mm 规格 20G 膨胀管的膨胀性能，获取驱动力等膨胀过程参数，开展膨胀管抗外挤和抗内压试验。通过试验研究得到的膨胀管膨胀后材料力学性能的变化规律对研究膨胀管机械性能具有参考作用。

（3）管材膨胀后发生塑形硬化，韧性降低，屈服强度大幅增加，延伸率下降，屈服强度和抗拉强度都有一定的提升，机械性能均超过 J55 水平，膨胀管胀后可以满足井筒完整性要求。

（4）通过试验对配套工具进行了性能分析验证，膨胀管膨胀压力稳定在 14~18MPa，膨胀管与套管之间能够承受 500kN 拉力而不发生相对移动，为膨胀管补贴现场应用提供了实验数据和技术支撑。

（5）膨胀管补贴技术能够减少注水井补贴后的套管内径损失，可以满足漏点以下实施分注卡水措施对套管内径的要求。

（6）设计的膨胀管补贴技术满足套损注水井修复现场施工条件，操作简单，在应用中取得了良好的补贴效果。

（7）膨胀管补贴技术可有效延长套损注水井寿命，挖潜套损注水井注水增产能力，实现有效注水。

### 参 考 文 献

[1] 马海涛，林觉振，王海涛，等．应用于套管补贴的膨胀管技术[J]．石油钻采工艺，2005，27(1)：70-71．

[2] 邵崇权．浅谈膨胀管技术的现状及未来[J]．石化技术，2015，(9)：152．

[3] 张建兵，赵海洋．油气井膨胀管技术[M]．石油工业出版社，2015．

[4] 杨传勇．国外可膨胀套管技术的发展及应用[J]．石油机械，2006，34(10)：74-77．

[5] 曹川，任荣权，王宏伟，等．国外膨胀管技术应用新进展[J]．石油机械，2013，41(5)：29-32．

[6] 钟春生，韩静涛．金属塑性变形力计算基础[M]．北京：冶金工业出版社，1994．

[7] 徐文斌，葛培琪，张鹏顺．薄壁管压入扩径成形力的计算[J]．锻压技术，1996，(3)：19-21．

[8] Omar S, Al-Abri. Design of Cone-Launcher System for SET Applications in Well Drilling[J]. SPE 141131-STU, 2010.

[9] 陈强，高向前，李国芳，等．大通径膨胀管技术试验研究[J]．石油矿场机械，2012，41(11)：50-53．

[10] 郭慧娟，杨庆榜，徐丙贵，等．实体膨胀管数值模拟及膨胀锥锥角优化设计[J]．石油机械，2010，38(07)：30-32+91-92．

[11] 杨斌，练章华，王强，等．新一代旋转膨胀套管系统力学特性研究[J]．石油机械，2007，35(9)：16-18．

[12] 梁坤，练章华，任荣坤．实体膨胀管管膨胀力影响因素数值模拟[J]．石油矿场机械，2008，37(11)：23-25．

# 六、储层改造及油气开采

# 套中固套重复压裂多级射孔技术及应用

廖　勇　张朝晖　冯亦江　潘金国　姜诚琳

（中国石化经纬有限公司江汉测录井分公司）

**摘　要**　"重建井筒，重复压裂"作为老井提高油气产能的一种工艺模式，多级射孔作为重复压裂配套技术，其可行性有待试验与实际应用验证。该工艺在国内某工区 JY * HF 井被首次采用，根据该工艺的特点及施工要求，特别研制全套外径 60mm 的系列多级射孔工具，耐压达到 140MPa，耐温达到 175℃。针对工具关键性能进行包括耐温耐压检测、火药推力测试、射孔穿透能力、接箍信号测量等一系列试验工作，证实全套工具达到施工要求；同时，针对小套管井的首次泵送施工，结合模拟软件，开展泵送技术的研究。各项试验和研究后，形成了能够于 3½in 套管中进行泵送及多级射孔的井下工具，且可成功实现 3½in 与 5½in 双层套管下的 CCL 信号测量及有效射孔。在 JY * HF 井的首次应用中，于 3½in 套管内完成泵送射孔作业 20 次。进一步论证了"重复压裂多级射孔技术"的可靠性和科学性。

**关键词**　井筒重建；重复压裂；多级射孔；小井眼工具；泵送技术

近年来，随着国内页岩气开采时间延长，页岩气产量逐年递减、气田稳产压力大，急需一种挖潜页岩气水平井段簇剩余潜力、提高气田采收率的有效途径。经过调研，在北美页岩气田中已经广泛应用"套中固套重复压裂"工艺，且增产效果较好。"套中固套重复压裂"是老井重复压裂的一种工艺模式，在已射孔产出的井筒内再下入小尺寸的套管，重新固井实现井筒的重建，然后进行桥塞射孔和分段压裂，再次改造地层以激发老井的潜力、获得更高产量。多级射孔作为"套中固套重复压裂"工艺中的重要配套技术，在无接箍小套管内进行施工，存在小井眼井下工具、泵送控制、校深困难及火工品匹配等技术难点，针对其工艺特点，进行全面的技术设备研究，并通过 JY * HF 井现场应用，形成完整的技术体系。本文主要通过小井眼工具、射孔弹性能、泵送控制技术、无接箍套管校深等方面，对 JY * HF 井的应用展开技术介绍。

## 1　小井眼井下工具

根据北美地区调研发现"套中固套，重复压裂"技术多在 4in 套管中进行，可以采用 $\phi$73mm 多级射孔工具；而 JY * HF 井先导套管为 5½in 套管，内径 118mm 左右，为了减小下入小套管过程中的遇阻遇卡风险，内层套管采用 3½in 套管，基本参数见表 1，需要使用小井眼多级射孔工具。

---

【作者简介】廖勇（1969—），男，硕士研究生，教授级高工，研究方向为油气田勘探与开发。

表1　JY＊HF井套中固套重复压裂套管参数

| 钢级 | 外径(mm) | 内径(mm) | 壁厚(mm) | 接箍外径(mm) | 接箍壁厚(mm) |
|------|---------|---------|---------|-------------|-------------|
| BG140V | 88.90 | 76 | 6.45 | 96.25 | 10.125 |

## 1.1　桥塞选型

桥塞是分段压裂施工中最为重要的工具，同时也是井筒分段的先决基础，因此桥塞的选型尤为重要。根据井筒条件、施工质量安全和甲方快速试气求产的要求，需要对桥塞的各项性能参数进行综合的分析后，才能最终定型。

### 1.1.1　桥塞外径

根据套管内径76mm选择桥塞外径，如果桥塞外径选择偏小，会导致桥塞坐封不牢、无法丢手等情况，如果桥塞外径选择偏大，会导致桥塞中途坐封、遇阻遇卡、桥塞密封不严等异常情况。因此，以9~15mm套管内径为安全间隙，将最大桥塞外径选定为61~67mm。

### 1.1.2　桥塞性能参数

JY＊HF井因压裂施工需要，要求桥塞耐压差达70MPa、125℃，目前国内市面上绝大部分桥塞都能满足该性能。

### 1.1.3　桥塞特性

在73mm内径的套管中进行连续油管钻塞，存在较高施工难度和工程风险，同时甲方要求桥塞能够在压裂结束后快速溶解，以达到快速求产的目的，因此，桥塞的坐封锚定时间4~8h最为合适。

图1　φ65.00mm速溶桥塞实物图

通过对国内外4个厂家桥塞的调研和综合分析，最终选定使用国内XT品牌φ65.00mm投球式速溶桥塞，其实物图如图1所示，参数见表2。

表2　φ65.00mm速溶桥塞技术参数表

| 名称 | 尺寸(mm) | | | | 工作压差(MPa) | 工作温度(℃) | 丢手拉力(kN) |
|------|---------|---------|---------|---------|------------|-----------|-----------|
| | 有效长度 | 外径 | 通径 | 球直径 | | | |
| 投球式速溶桥塞 | 295.00 | 65.00 | 26.00 | 35.00 | 70.00 | 80~120 | 40~45 |

## 1.2　桥塞坐封工具选型

因套管内径为73mm，如使用Beker10#工具(外径70mm)，环空间隙过小，无法进行泵送施工，所以在环空间隙大于10mm的保障下，桥塞坐封工具最大外径需小于63mm，以目前行业内技术成熟的桥塞坐封工具进行选型，仅有beker5#桥塞坐封工具能满足该基本条件。

### 1.2.1　结构及参数

根据基本要求，选用了国内一款改进型Beker5#电缆桥塞坐封工具，该工具采用自平衡结构，坐封推力不因井内压力导致损失。其结构如图2所示。

图2　Beker5#电缆桥塞坐封工具结构图

1—O形圈；2—点火接头；3—O形圈；4—泄压阀；5—O形圈；6—药筒外壳；7—上接头；8—上活塞；

9—上活塞筒；10—中间接头；11—O形圈；12—下活塞；13—活塞杆A；14—中活塞筒；15—O形圈；

16—下接头；17—O形圈；18—活塞杆B；19—下活塞筒；20—堵头；21—活塞杆导筒；22—止动螺钉；

23—护键环；24—止动螺钉；25—板键；26—推筒

### 1.2.2　耐压性能试验

桥塞坐封工具是坐封桥塞最主要的工具，其基本性能就是耐压强度，如出现本体受压变形、密封失效，则会直接导致中途坐封、坐封失败、坐封不丢手等工程异常情况。通过静密封试验、动密封试验、泄压组件耐压试验，对该工具进行全面耐压性能试验。

（1）静密封试验及结果。

对该工具的药筒外壳、上活塞筒、中活塞筒和下活塞筒等本体主要部件，进行壳体、连接部位和密封圈140MPa/15min耐压试验。耐压试验后各部件均未出现变形、各密封面未出现渗漏、密封圈未剪切，如图3所示。

图3　各部件耐压试验后状态

（2）动密封试验及结果。

对该工具的活塞杆A和活塞杆B滑动密封面进行140MPa/15min耐压试验。耐压试验后各密封面未出现渗漏、密封圈未剪切、活塞杆A和活塞杆B均能自由运动，如图4所示。

图4　活塞杆耐压试验后状态

（3）泄压组件耐压试验及结果。

对该工具的泄压组件进行140MPa/15min耐内、外压试验。耐压试验后各密封面未出现渗漏、密封圈未剪切、破裂盘未发生明显变形，如图5所示。

### 1.2.3　火药配伍试验

如果要保证该桥塞坐封工具坐封推力能够达到XT全可溶桥塞的坐封丢手力40~45kN，则火药燃烧产生的压力要达到70~80MPa以上。通过ZHY4-1型桥塞慢燃火药压力峰值测试和模拟桥塞坐封丢手试验，验证在使用该火药下，桥塞坐封工具输出性能是否满足要求。

图 5　泄压组件耐压试验后状态

（1）试验过程。

按操作标准组装桥塞坐封工具、适配器、模拟桥塞以及测试组件，如图 6 所示。完成安装后，进行点火，测试压力和丢手情况。重复上述步骤，进行第二次试验。

图 6　Beker5#电缆桥塞坐封工具发火及输出试验工装

1—导通组件；2—传感器；3—桥塞坐封工具；4—桥塞连接组件；5—模拟桥塞；6—套管

（2）试验结果及结论。

两次试验，ZHY4-1 桥塞慢燃火药均被成功引燃，桥塞坐封工具输出端模拟桥塞全部正常丢手，模拟桥塞丢手后峰值压力均介于 87～118MPa 之间，能产生最大坐封力 60～83kN，满足 XT 全可溶桥塞坐封丢手力要求。

详细测压数据见表 3，测压曲线如图 7 所示。

表 3　火药燃烧测压数据表

| 序号 | 模拟桥塞<br>丢手时间（s） | 模拟桥塞<br>丢手压力（MPa） | 丢手后<br>峰值时间（s） | 丢手后<br>峰值压力（MPa） |
|---|---|---|---|---|
| 1 | 41.6 | 72.5 | 46.9 | 115.2 |
| 2 | 38.6 | 77.9 | 46.6 | 116.1 |

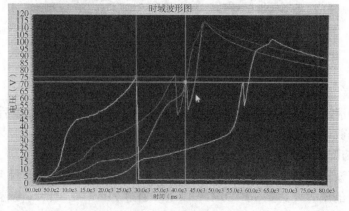

图 7　测压曲线

### 1.3 多级装置及接头

根据 73mm 套管内径，选用 60mm 外径井下器材，包括射孔枪管、转换接头、多级装置、桥塞点火头等，以及 45mm 单芯磁定位。在保留 89mm 系列器材简单稳定的工艺结构基础上，通过缩小其外径来实现，以确保其性能稳定、装配便捷。并对该 60 系列井下器材进行了 175℃ 耐温、160MPa 耐压试验、通断绝缘检测等，试验均合格。

## 2 射孔弹选型

在套中固套井中，射孔弹需要射穿两层套管，才能达到压裂的基本条件，所以选用目前国内 60 射孔弹中性能较好的 JH 型射孔弹。而目前常用的 60 射孔弹性能参数都是依据单层套管的打靶试验数据得来，因此，进行了双层套管水泥靶试验，以求得准确的参数。

### 2.1 试验器材

#### 2.1.1 双层套管水泥靶

按照 GB/T 20488—2006《油气井聚能射孔器材性能试验方法》，完成了双层套管混凝土试验环靶的制作，外层套管应采用 140mm×12.7mm 套管、内层套管采用 89mm×6.45mm 套管。养护 49 天，混凝土靶强度 47.2MPa，如图 8 所示。

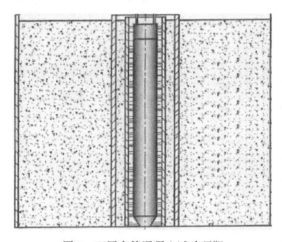

图 8 双层套管混凝土试验环靶

#### 2.1.2 射孔器

(1) 使用 SQ60-X-105 射孔枪，装 16 发射孔弹；采用电雷管点火激发。

(2) 使用 JH 型射孔弹，其基本参数见表 4。

表 4 射孔弹基本参数

| 型号 | 耐温 | 穿深（mm） | 孔径（mm） |
| --- | --- | --- | --- |
| JH | 120℃/48h | 400 | 7 |

### 2.2 试验过程

(1) 将装配好的射孔枪装入环靶中间的套管中，往射孔枪与套管之间的环空加入清水，确保枪体没入清水中。

(2) 将枪体引出的导爆索与导爆管雷管连接好，点火起爆。

(3) 将射孔后的靶体打开，并记录各孔道穿深情况，测量射孔枪胀径，如图 9 所示。

图9 环靶孔道情况

（4）将内层和外层套管剖开后，分别测量套管上形成的孔径和套管内层毛刺高度。

### 2.3 试验数据

实际测量数据见表5。

表5 打靶试验数据

| 序号 | 混凝土靶穿深(mm) | 内层套管孔径(mm) | 内层套管毛刺(mm) | 外层套管孔径(mm) | 外层套管毛刺(mm) |
|---|---|---|---|---|---|
| 1 | 370 | 7.4 | 1.4 | 4.9 | 0.8 |
| 2 | 350 | 7.5 | 1.2 | 5.3 | 0.4 |
| 3 | 385 | 7.6 | 0.9 | 4.8 | 0.6 |
| 4 | 360 | 7.6 | 0.7 | 4.7 | 1.5 |
| 5 | 370 | 7.8 | 0.5 | 5.1 | 0.8 |
| 6 | 355 | 7.4 | 1.2 | 4.8 | 0.7 |
| 7 | 345 | 7.8 | 1.4 | 5.4 | 0.5 |
| 8 | 375 | 7.6 | 0.3 | 4.9 | 0.4 |
| 9 | 370 | 7.7 | 0.5 | 5.3 | 0.4 |
| 10 | 368 | 7.5 | 0.7 | 5.2 | 0.8 |
| 11 | 375 | 7.9 | 0.7 | 4.8 | 0.5 |
| 12 | 360 | 7.4 | 1.2 | 5.1 | 0.6 |
| 13 | 355 | 7.6 | 1.1 | 4.8 | 0.3 |
| 14 | 345 | 7.4 | 1.0 | 5.0 | 0.4 |
| 15 | 360 | 7.6 | 1.1 | 4.9 | 0.8 |
| 16 | 365 | 7.4 | 0.5 | 5.1 | 0.4 |
| 平均 | 362 | 7.6 | 0.7 | 5.0 | 0.6 |

### 2.4 试验结论

（1）根据打靶试验情况来看，16发射孔弹均产生了明显的孔道，可以确定JH型射孔弹能穿透两层套管。

（2）试验测得平均孔道长度362mm，最小孔道长度345mm，而JY＊HF井三开钻头直径仅为215.9mm，井眼半径约108mm，射孔孔道平均长度大于井眼半径237mm，可以确定

JH 型射孔弹足以穿透固井水泥环，并且还有足够的穿深。

（3）平均 5mm 直径的孔径，足以满足压裂施工进液、加砂要求。

## 3 薄套管接箍校深

JY * HF 井内层 3½in 套管接箍为薄接箍，接箍处壁厚仅多出本体壁厚 3.675mm，在使用 $\phi$45mm 单芯磁定位测量时，存在测量内层套管接箍信号不明显的可能，同时也存在外层套管信号干扰的可能。因此，进行了接箍信号测试试验。

### 3.1 试验器材

3.1.1 单芯磁定位

其基本参数见表 6。

表 6 单芯磁定位技术参数

| 最大外径(mm) | 总长(mm) | 线圈阻值(k) | 耐温(℃) | 耐压(MPa) |
|---|---|---|---|---|
| 45 | 1350 | 3.07 | 175 | 140 |

3.1.2 试验套管

模拟井下双层套管，所用套管参数与井下套管一致，其数据见表 7。

表 7 试验套管参数

| 套管 | 钢级 | 外径(mm) | 内径(mm) | 壁厚(mm) |
|---|---|---|---|---|
| 5.5in 套管 | TP125T | 139.70 | 118.62 | 10.54 |
| 3.5in 套管 | 140 | 88.9 | 76 | 6.45 |

### 3.2 试验过程

（1）将两段长 2m 的 3.5in 套管连接，放入一段长 1m 的 5.5in 套管中；使用导线将磁定位与射孔地面仪器连接；将牵引绳穿过套管，挂在磁定位一端。如图 10 所示。

图 10 双层套管磁定位信号试验

（2）匀速拖动磁定位，观察射孔地面仪器测量情况。如图 11 所示。

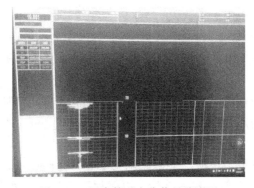

图 11 双层套管磁定位信号检测图

### 3.3 试验结论

φ45.00mm 磁定位与射孔地面仪器配合，在焦页 4 井使用的 5.5in、3.5in 双层套管中测量时，外层套管接箍不存在干扰。

## 4 泵送控制措施

JY * HF 井是使用 60mm 工具、65mm 桥塞在 3½in 套管中进行泵送施工，因套管内径和工具串外径明显减小，改变了流体运行的环境，所以不能直接套用 5½in 套管的泵送程序，但在井眼轨迹、电缆与套管的摩擦力方面无明显变化，所以弱点拉断力方面应该与 5½in 套管中的情况一样。为了进一步确认理论分析，使用模拟软件计算各项数据。

### 4.1 软件建模

Cerberus 软件是一款综合性质的工程模拟软件，能够模拟泵送施工，计算出施工中所需的各项参数。通过井深、井斜、方位角，以及套管数据，建立 JY * HF 井三维井筒模型；通过入井管串的长度、外径、重量建立工具串模型；通过电缆外径、重量、拉断力建立电缆模型。

### 4.2 泵送排量模拟

软件结合井筒模型和工具串模型，在预设 1.4t 电缆弱点拉断力的情况下，模拟计算出该工具串在井筒各深度下所需的最小泵送排量，模拟结果如图 12 所示。

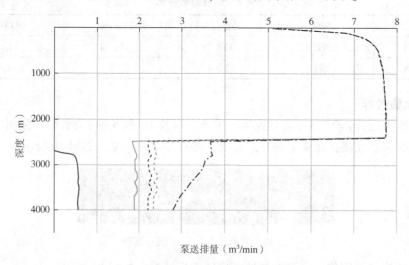

图 12　泵送排量模拟图

分析模拟结果，可以得出以下认识：

（1）2800m 井斜 82°处需要开启排量，因为软件模拟的排量是在该井深下工具串能够保持运行的最小的排量，说明 82°以前工具串能够自由下放，无需开启排量，该情况与实际相符。

（2）全水平段泵送所需最小排量为 0.533~0.565m³/min，与理论分析的预计排量一致。

（3）泵送推力达到弱点 70%的危险排量最小为 1.88m³/min，泵脱弱点的临界排量最小为 2.21m³/min。

考虑到模拟排量为排量最小值，为确保工具串正常运行，所以在其模拟排量基础上适当增加，并考虑在 2800m 之前为预加排量，以确保工具串进入水平段前排量的平稳提升，

· 938 ·

得出泵送设计程序，作为现场首次泵送施工的参考，见表8。

表8　JY＊HF井泵送程序表

| 井深(m) | 2550 | 2675 | 2730 | 2772 | 2798 |
|---|---|---|---|---|---|
| 井斜(°) | 50 | 60 | 70 | 80 | 85 |
| 建议排量(m³/min) | 0.40 | 0.50 | 0.60 | 0.70 | 0.80 |

### 4.3　电缆弱点设置

当工具串在井筒内遇卡时，通常采用的解卡方法为活动电缆，如果工具串卡死，则会采取拉断弱点的方式，起出电缆，再进行工具串打捞。在进行拉断弱点操作时，为了保证电缆不落井，地面张力只能拉到电缆本体拉断力的80%，如果此时还未拉断弱点，则会使工程异常变得更加复杂，要么冒着拉断电缆的风险继续加大地面张力，要么放弃拉断弱点操作。所以，电缆弱点值的设定需要进行精确的计算，既要保证其有足够的力量满足施工要求，也要保证在电缆安全拉力临界值内能够拉断弱点。

在水平井中，因造斜段极大的摩擦力，以及造斜变化率的不确定性，导致无法像直井一样，通过简单公式来计算弱点值，所以试用模拟软件，结合井筒模型和电缆模型，并预设地面电缆张力4t的情况下，模拟计算缆头在井筒各深度下所受到的拉力，即地面电缆拉力达4t张力时，能传递到缆头的拉力，模拟结果如图13所示。

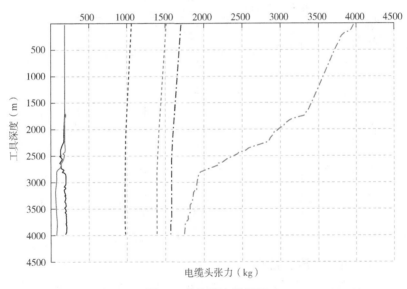

图13　缆头张力模拟图

通过图13可以看出，在地面电缆拉力4t的情况下，缆头张力随着井深的增加而逐渐下降，在2800m之前的直井段变化率较快，而水平段中变化率则较慢。这是因为在直井段中电缆自重会随着井深增加而增加，这就直接导致一部分地面电缆拉力作用于电缆本体之上，传导至缆头的张力则会减少。而在水平段中，因造斜段的摩擦力，导致张力传递大幅度下降，在井筒最深处达到拉力传递的最小值1.7t，该值也是首次施工电缆弱点的最大值，后续施工中的弱点值要根据施工井深和张力传递值的变化进行调整。

## 5  现场应用

### 5.1  JY＊HF井重复压裂应用实验

JY＊HF井是2013年开发的一口页岩气评价井，产气量已经衰减，2019年被选为"套中固套重复压裂"试验井，2020年12月，顺利完成了该井20段泵送施工和21段压裂施工，施工成功率100%。

（1）所有井下器材使用过程中，未出现渗漏、变形、开裂等异常情况，使用情况良好；全可溶桥塞未出提前溶解、中途坐封、密封失效、锚定滑脱等异常情况；桥塞坐封工具工作正常，桥塞均正常坐封丢手，桥塞坐封成功率100%，射孔发射率100%。

（2）压裂投球入座起压明显，压裂加砂过程正常，压裂液量符合率102.8%、砂量符合率104.8%，重复压裂施工成效明显。

（3）下井过程中磁定位信号正常，未出现接箍信号不明显、套管毛刺大、外层套管干扰等异常。

（4）采用泵送设计程序，顺利完成20段的泵送施工，未出现工具运行停滞、弱点受损伤等异常，每段的最大泵送排量均在$0.7 \sim 0.8 m^3/min$之间，现场泵送施工压力曲线如图14所示。

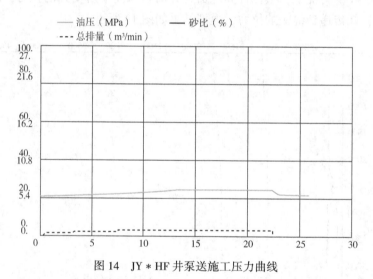

图14  JY＊HF井泵送施工压力曲线

### 5.2  JY＊＊HF井重复压裂施工

焦页＊＊HF井作为涪陵工区第2口重复压裂水平井，采用泵送桥塞—射孔联作施工。2020年12月02日至12月04日完成第1段连续油管传输射孔，2020年12月05日至12月19日顺次完成第2-21段泵送桥塞—射孔联作施工任务，共依次下入$\phi65.00mm$重庆星通中温投球式可溶桥塞20支。泵送桥塞最大泵送排量$1.00m^3/min$，最高泵送压力35.65MPa，泵送桥塞—射孔联作一次成功率98.75%，桥塞全部一次坐封合格，压裂中未发生位移，为分段压裂改造提供保障(图15)。

### 5.3  JY＊＊-2HF井重复压裂施工

JY＊＊-2HF井2021年09月06日至09月07日完成第1段连续油管输送射孔，9月08日至09月17日顺利完成第2-22段泵送桥塞—射孔联作施工任务。泵送桥塞最大泵送排量

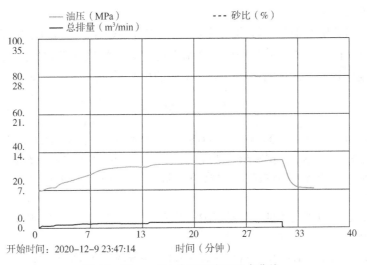

图 15　JY＊＊HF井泵送施工压力曲线

1.30m³/min，最高泵送压力54.05MPa，泵送桥塞—射孔联作一次成功率100%，桥塞全部一次坐封合格，压裂中未发生位移(图16)。

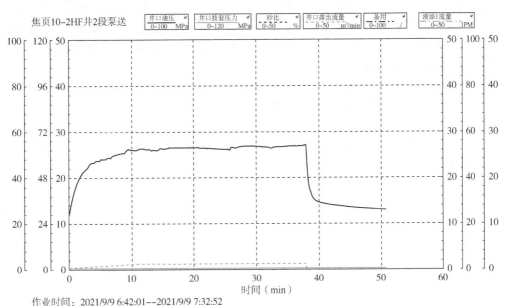

图 16　JY＊＊-2HF井泵送施工压力曲线

## 6　结论

（1）目前所用工具器材能够满足套中固套井多级射孔的技术需要，说明60系列多级射孔工具研制成功、套中固套多级射孔技术试验成功，可进行应用推广，同时也证明了国内"套中固套、重复压裂"全套技术的成功。

（2）论证了60射孔弹的穿透性能满足双层套管的要求，完善了射孔弹的参数指标，并且可以在其他特殊工程和工艺中应用该项性能。

（3）确定了3½in套管中泵送施工排量的，可作为小套管井泵送施工的参考依据，为后续类似施工奠定技术基础。

（4）目前所用的桥塞坐封工具为外径44mm，因外径较小，稳定坐封推力6t，仅略高于桥塞坐封丢手力，仍需要研制外径60mm桥塞坐封工具，将坐封推力增大至10t，以更加可靠地保证桥塞坐封丢手，并且能够契合更多型号的可溶桥塞。

## 参 考 文 献

[1] 陈峰，李奔驰，唐凯，等．桥塞与套管间隙对泵送桥塞影响分析与实践[M]．测井技术2016．

[2] 刘玉颖．非常规油气井多级射孔参数优化[J]．化学工程与装备，2022(4)：126-127．

[3] 金江波．水平井泵送桥塞-多级射孔作业应急策略探讨[J]．江汉石油职工大学学报，2022，35(1)：67-69．

[4] 聂建群．涪陵页岩气田泵送桥塞及多级射孔联作技术难点及对策[J]．江汉石油职工大学学报，2020，33(5)：14-16．

[5] 周璐，文小娟，聂建群，曹红海．页岩气井多级射孔作业标准化的思考与实践[J]．江汉石油职工大学学报，2015，28(6)：39-40+67．

[6] 金江波．水平井泵送桥塞-多级射孔作业应急策略探讨[J]．江汉石油职工大学学报，2022，35(1)：67-69．

[7] 赵民，廖强，陈超，等．泵送桥塞-射孔联作工艺的应用[J]．石化技术，2021，28(10)：61-62．

[8] 翟恒立．泵送桥塞-射孔联作压裂施工异常情况分析[J]．内蒙古石油化工，2020，46(2)：62-64．

[9] 朱睿恒，聂建群，张志华，等．页岩气水平井水力泵送桥塞流体力学研究[J]．江汉石油职工大学学报，2020，33(01)：17-19．

[10] 李军贤．泵送桥塞射孔联作技术在水平井的应用[J]．油气井测试，2017，26(6)：56-57+61+76．

[11] 张波，刘云刚，蔡锐，等．泵送桥塞射孔常见问题分析[J]．中国石油和化工标准与质量，2017，37(17)：136-137．

[12] 张晶，牟小清，杨斌，等．泵送桥塞射孔联作关键控制点及常见问题[J]．化学工程与装备，2016(10)：118-120+133．

[13] 倪睿凯．水平井泵送桥塞射孔工艺技术研究[D]．成都：西南石油大学，2015．

# 随机天然裂缝分布储层水力裂缝动态扩展分析

赵　欢[1,2]　王剑波[1]　李　玮[1,2]　谢晓蕊[1]　张明秀[1]　王　旭[1]

（1. 东北石油大学石油工程学院；2. 油气钻完井技术国家工程研究中心）

**摘　要**　天然裂缝对水力压裂裂缝扩展及最终改造效果有很大影响，是压裂优化设计考虑的重要因素。本文基于有限元方法，结合具有天然裂缝分形特征的天然裂缝网络模型，应用全局嵌入零厚度内聚力单元的方法，建立了天然裂缝发育储层中水力裂缝动态扩展模型，研究了天然裂缝发育对裂缝扩展形态的影响。结果表明，在裂缝性储层中，水力压裂裂缝扩展路径复杂，可能发生转向，分支和合并等扩展路径。当天然裂缝发育较少时，裂缝扩展形态主要受最小水平主应力影响，当天然裂缝发育较多时，裂缝扩展形态受天然裂缝分布影响。随着裂缝角度的增加，水力裂缝易穿过天然裂缝，形成宽短型裂缝。随着天然裂缝组数、天然裂缝分形维数的增加，裂缝扩展方向增加，沟通天然裂缝数量增加，容易形成窄长型裂缝。

**关键词**　随机天然裂缝；水力裂缝；动态扩展；黏聚力单元

　　水力压裂技术可以有效地改善储层的渗流特征，沟通储层天然裂缝，大幅度提高油层的油气采收率，是裂缝性储层取得经济效益的重要方法，但是天然裂缝的存在给水力压裂设计带来了巨大的挑战。自 Mayerhofer 等提出改造储层体积（SRV）概念以来，复杂的网络结构已经成为人们预测天然裂缝性非常规油藏水力裂缝真实情况的一个常见假设[1]。

　　采用有效模拟复杂裂缝扩展和相互作用机制的内聚力模型是模拟天然裂缝扩展的一种有效方法[2]。该模型最早由 Dugdale[3] 和 Barenblatt[4] 提出，区别于传统有限元模型，它更加能够表现出岩石等脆性材料的非连续性。这种方法利用黏聚力单元模拟裂纹的形成，能够避免裂纹尖端奇异性问题，目前，在晶体、岩石等脆性材料的仿真裂纹研究中得到广泛使用。Yang 等[5] 研发了在实体有限元网格中自由嵌入黏聚力单元的算法，为复杂结构的断裂模拟提供了参考和依据。Wang[6-7] 使用内聚力法开发了考虑孔隙弹性和孔隙塑性岩层的水力压裂模型，分析了塑性变形对裂缝尖端附近和储层内部的影响。Gonzalez 和 Dahi[8] 通过修改水力裂缝和天然裂缝相交处嵌入的内聚力单元中间节点，研究相交的水力裂缝和天然裂缝扩展过程。以上模型多为单一裂缝扩展，并未考虑储层裂缝网络。Taleghani[9] 扩展了内聚力模型，在建立内聚力模型时引入了裂缝网络，但是需要预先定义区域内裂缝传播路径，并且裂缝只能沿着预定义的路径和弱平面传播。Wang[10] 根据天然裂缝分布密度、长度、倾角及胶结程度，建立了随机裂缝性储层中水力裂缝扩展模型，并分析了裂缝尺寸对

【第一作者简介】赵欢（1990—），女，河北石家庄人，博士，讲师，主要从事非常规储层增产改造相关研究。E-mail：zhaohuan7696@163.com。

支撑剂分布的影响及应力阴影对裂缝扩展的影响。

目前水力裂缝对含有裂缝网络储层的研究较少，且多为预制裂缝扩展路径，难以刻画储层中随机分布的天然裂缝系统。本文根据天然裂缝的分形特征，结合天然裂缝网络模型和全局嵌入黏聚力单元方法，建立符合地层分形特征的天然裂缝储层的水力裂缝扩展动态模型，分析不同天然裂缝分布对水力裂缝扩展的影响，无需预制裂缝路径，更加真实地反映裂缝性地层水力裂缝扩展规律。

## 1 数学模型

### 1.1 流固耦合

为了模拟水力裂缝和天然裂缝的扩展，该模型在建立过程中耦合了几个物理过程：（1）裂缝扩展；（2）裂缝内的流体流动；（3）裂缝附近的岩石变形；（4）多孔介质中的流体漏失。本文将渗流理论与岩石的弹性变形耦合起来，用孔隙弹性理论描述了多孔材料的力学响应[11]。孔隙弹性的基本理论显示了基质骨架的膨胀和扩散孔隙流体的压力之间的显式耦合。根据定义，总应力可以用有效应力和孔隙压力表示为

$$\sigma_{ij} = \sigma'_{ij} + \alpha p \delta_{ij} \tag{1}$$

式中，$\sigma_{ij}$ 为总应力；$\sigma'_{ij}$ 为有效应力；$p$ 为孔隙压力；$\alpha$ 为 Biot 常数；$\delta_{ij}$ 为 kronecker delta.

对于线性弹性情况，本构关系可用有效应力和应变表示：

$$d\varepsilon = De : d\sigma' \tag{2}$$

### 1.2 黏聚单元的本构响应

采用内聚力有限元法对水力裂缝和天然裂缝开展数值模拟。黏聚单元的本构响应分为材料的连续描述和基于界面的牵引—分离描述两种方法。岩石类材料的破坏类型一般为脆性破坏，且黏聚单元用于模拟岩石介质随机断裂的特征，因此采用基于界面的牵引—分离描述方法[12]。本模型采用双线性本构模型来模拟二维脆性材料的断裂过程，即在未到达损伤演化之前为线弹性强化，到达损伤演化之后为线性软化。初始损伤准则选择二次名义应力准则 quadratic nominal stress criterion，即当各个方向的名义应力的平方比等于 1 时，损伤开始，可以表示为

$$\frac{\langle t_n \rangle^2}{t_n^0} + \frac{t_s^2}{t_s^0} = 1 \tag{3}$$

式中，$t_n^0$，$t_s^0$ 分别为法向及切向变形垂直于界面时的名义应力峰值；$t_n$，$t_s$ 分别为法向及切向应力分量；符号 $\langle \rangle$ 表示纯压缩变形或应力状态不会引发损坏。

### 1.3 裂缝内流体流动

假设压裂液为不可压缩牛顿流体，在内聚力单元中流体流动分为切向流及法向流。其中，法向流表示压裂液漏失到地层中，切向流为裂缝扩展的动力[6]，如图 1 所示。

裂缝中流体流动满足立方定律：

$$\boldsymbol{q}d = -\frac{d^3}{12\mu}\nabla p \tag{4}$$

式中，$\boldsymbol{q}$ 为内聚力单元通过单位面积的体积流速矢量；$d$ 为内聚力单元的张开宽度；$\nabla p$ 为沿着流体流动方向的压力梯度；$\mu$ 为流体黏度。

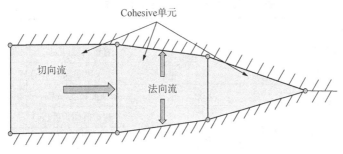

图 1　内聚力单元内流体流动模型

裂缝中法向流动依据以下原则：

$$\begin{cases} q_t = c_t(p_i - p_t) \\ q_b = c_b(p_i - p_b) \end{cases} \tag{5}$$

式中，$q_t$ 和 $q_b$ 分别表示流体流入内聚力单元上表面和下表面的流速；$c_t$ 和 $c_b$ 分别表示上表面和下表面的滤失系数；$p_i$ 表示内聚力单元中通过虚拟节点插值的压力；$p_i$ 和 $p_b$ 分别表示内聚力单元上下表面的流体压力。

## 2　全局黏聚力模型

储层中的随机天然裂缝与构造应力有关，但是由于地层本身可能经历了多次构造事件，因此天然裂缝分布方向不一定与当前地应力有关。天然裂缝几何分布较复杂，难以描述，不同裂缝尺度的研究表明，多个裂缝性质(如长度、个数、位移)的分布遵循幂律函数[13]。

假设储层中存在两组垂直相交天然裂缝，一组裂缝沿最小水平主应力方向，另一组裂缝沿最大水平主应力方向，注入井位于模拟区域的中心，应用自主建立的天然裂缝网络模型[14]，形成两组分形维数均为 1.2 时随机分布天然裂缝形态，建立储层存在两组天然裂缝时水力压裂裂缝扩展模型。天然裂缝分布及网格剖分如图 2 和图 3 所示，建立存在裂缝性储层水力压裂几何模型，分析单个射孔位置裂缝扩展形态，模型尺寸为 50m×50m，射孔点位于模拟区域的中心。应用 A 区块储层特征，模拟参数见表 1。

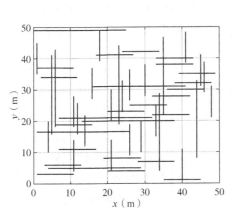

图 2　天然裂缝网络分布

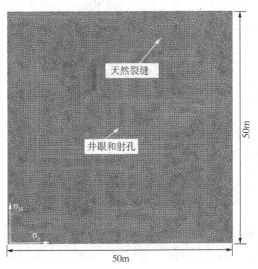

图 3　二组天然裂缝模型网格剖分

表 1　裂缝性储层水力压裂扩展模型参数

| 参数 | 值 | 参数 | 值 |
|---|---|---|---|
| 地层深度(m) | 1648 | 岩石密度(kg/m³) | 2300 |
| 弹性模量(GPa) | 22 | 注入速度(m³/min) | 6 |
| 泊松比 | 0.3 | 压裂液黏度(mPa·s) | 100 |
| 地层压力(MPa) | 17 | 初始射孔长度(m) | 0.2 |
| 最大水平主应力(MPa) | 30 | 天然裂缝角度(°) | 90 |
| 最小水平主应力(MPa) | 27 | 天然裂缝分形维数 | 1.2 |
| 岩石抗拉强度(MPa) | 4.8 | 天然裂缝条数 | 62 |

通过裂缝性储层动态扩展模型分析，获得不同时间步的应力分布及裂缝形态，如图 4 所示。

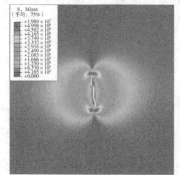　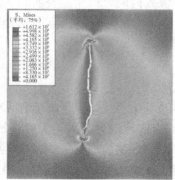　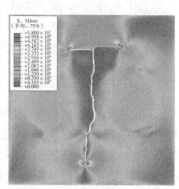

（a）水力裂缝扩展阶段应力分布　　　（b）天然裂缝起裂阶段应力分布　　　（c）天然裂缝延伸阶段应力分布

图 4　不同时间步裂缝扩展形态

由图 4 可知，图(a)为水力裂缝扩展阶段，天然裂缝的影响不明显，裂缝沿最大主应力方向扩展；图(b)为水力裂缝扩展至天然裂缝边界，与天然裂缝垂直相交，被天然裂缝捕获，裂缝沿天然裂缝方向扩展；图(c)为水力裂缝延伸过程中，与天然裂缝相遇，并形成多条裂缝分支，沿三个方向扩展，裂缝的扩展方向主要受天然裂缝的分布的影响，裂缝复杂程度较一组天然裂缝发育储层增加。

由图 5 可知，水力裂缝在近井眼处形成较宽的裂缝，裂缝末端水力裂缝较窄。由图 6 可知，水力压裂引起裂缝周围地应力场的变化，应力场发生明显偏转，对裂缝扩展有很大影响。同时裂缝扩展引起裂缝周围岩石发生应变(图 7)，在近井眼处位移较大，裂缝末端的位移较小。

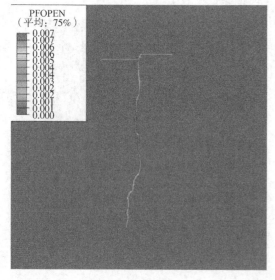

图 5　裂缝开度

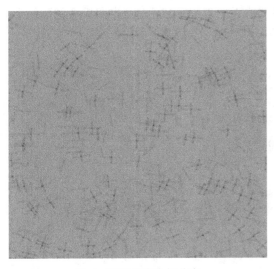

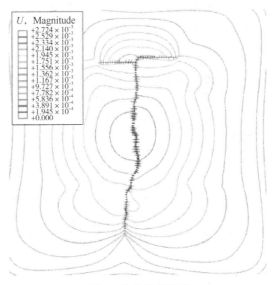

图 6　压裂后应力场分布　　　　　　　　图 7　位移等值线图

## 3　裂缝性储层水力裂缝扩展规律

真实天然裂缝分布情况复杂，当遇到不同天然裂缝网络，水力裂缝扩展形态不同。结合自主建立的天然裂缝网络模型，建立储层存在两组天然裂缝时水力压裂裂缝扩展模型，分析单井水力压裂时，裂缝扩展形态的影响因素。

### 3.1　天然裂缝角度对水力裂缝扩展的影响

应用天然裂缝网络模型，形成 1 组分形维数均为 1.2 时随机分布天然裂缝形态，裂缝角度分别为 0°，45°和 90°，天然裂缝分布如图 8 所示。应用全局嵌入内聚力单元的数值模拟方法，模拟分析不同角度天然裂缝分布的裂缝性储层中水力压裂裂缝扩展规律，模拟结果如图 9 所示。

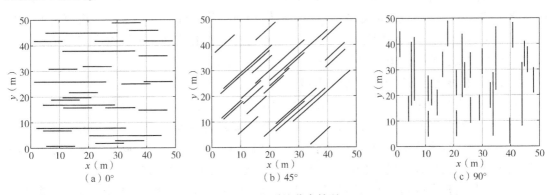

图 8　天然裂缝分布情况

由不同角度天然裂缝分布储层的裂缝扩展形态可知，在裂缝角度为 0°和 90°时均形成单一裂缝，裂缝沿最大水平主应力方向。这是由于当储层存在 0°裂缝时，水力裂缝与天然裂缝垂直相交，水力裂缝容易穿过天然裂缝，裂缝受地应力各向异性控制，形成较对称的水力裂缝。当储层存在 90°裂缝时，水力裂缝与天然裂缝相交时，水力裂缝沿天然裂缝扩展，当沟通天然裂缝后，压力下降，水力裂缝易沿压力降落的方向扩展，形成不对称扩展的裂缝形态。当储层存在45°天然裂缝时，水力裂缝沟通天然裂缝形成沿45°方向扩展的裂缝形态，受地应力各向异性影响较小。

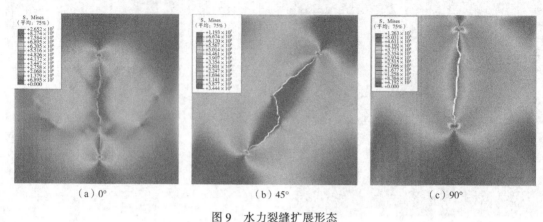

(a) 0°  (b) 45°  (c) 90°

图9　水力裂缝扩展形态

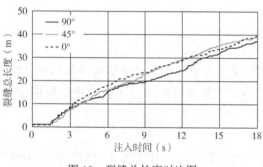

图10　裂缝总长度对比图

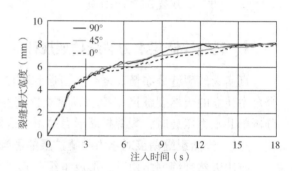

图11　裂缝最大宽度对比图

对比不同角度天然裂缝发育储层，水力压裂形成的裂缝总长度和裂缝最大宽度对比图可知，当天然裂缝分布为90°时，裂缝总长度较短，裂缝宽度较大。当天然裂缝分布为45°时，水力裂缝扩展前期裂缝长度增长较慢，后期沟通天然裂缝后，裂缝长度快速增加，形成窄长形裂缝形态。当天然裂缝分布为0°时，水力裂缝扩展长度和扩展宽度均匀增加，增长曲线存在波动，这是由于穿过天然裂缝时，受到一定阻力。

### 3.2　天然裂缝组数对裂缝扩展的影响

应用天然裂缝网络模型，生成分形维数为1.2，储层中存在一组、两组、三组天然裂缝。如图12所示，每组裂缝30条，第一组天然裂缝角度为90°，第二组天然裂缝角度为0°，第三组天然裂缝角度为45°，天然裂缝分布如图12所示。应用全局嵌入内聚力单元的数值模拟方法，模拟分析裂缝性储层中水力压裂裂缝扩展规律模拟结果如图13所示。

由裂缝扩展形态可知，当储层存在一组天然裂缝时，水力裂缝扩展形态单一，受地应力各向异性影响较大；随着储层天然裂缝的分布方向增加，水力裂缝扩展形态复杂，形成了多个分支裂缝，受地应力影响较小。

图13为不同裂缝组发育储层，水力压裂形成的裂缝总长度对比图，由图13可知，在扩展初期，水力裂缝扩展长度相同。当与天然裂缝相遇时，储层中有多组裂缝发育时，更容易形成连通型裂缝，裂缝更容易沿天然裂缝扩展，两组与三组天然裂缝发育储层，水力

压裂形成的裂缝明显高于一组天然裂缝发育储层。但是当裂缝中存在多组天然裂缝时，裂缝的总长度与水力裂缝扩展时相交的天然裂缝长度，角度，条数等因素相关，由综合因素决定(图14、图19)。

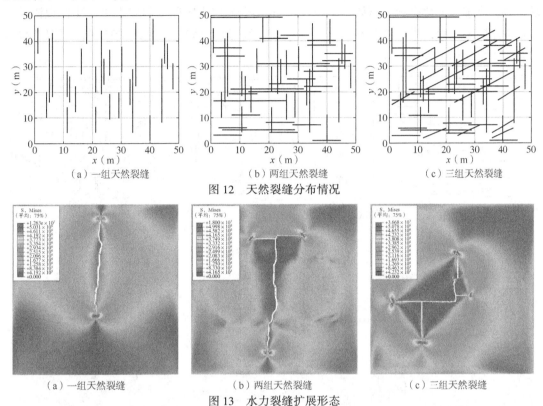

（a）一组天然裂缝　　　　　　　（b）两组天然裂缝　　　　　　　（c）三组天然裂缝

图12　天然裂缝分布情况

（a）一组天然裂缝　　　　　　　（b）两组天然裂缝　　　　　　　（c）三组天然裂缝

图13　水力裂缝扩展形态

图15为不同裂缝组发育储层，水力压裂裂缝扩展形成的最大裂缝宽度对比图。由图19可知，在扩展初期，裂缝宽度相同。当与天然裂缝相遇时，由于不同天然裂缝的长度、宽度等因素，水力裂缝所受到的影响不同。从整体来看，裂缝组越少，形成的裂缝宽度越大，即在相同注入时间内，当储层发育一组裂缝时，易于形成宽短型裂缝，当储层发育多组裂缝时，易形成窄长型裂缝。

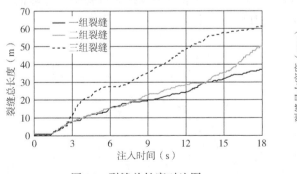

图14　裂缝总长度对比图

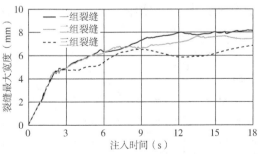

图15　裂缝最大宽度对比图

对比不同裂缝组天然裂缝分布时压裂改造效果可知，随着裂缝组数的增加，致密砂岩储层裂缝总长度增加，裂缝最大宽度降低，裂缝扩展方向增加，水力裂缝更易沿天然裂缝扩展，形成复杂裂缝网络，压裂改造效果更好。

### 3.3 天然裂缝分形维数对裂缝扩展的影响

天然裂缝的分形维数是表征裂缝分布的重要参数。应用天然裂缝网络模型，随机生成裂缝组数为 2 组，相同裂缝初始长度，相同角度，分形维数分别为 1.2、1.4 及 1.6 时天然裂缝网络分布，天然裂缝分布如图 16 所示。应用全局嵌入零厚度内聚力单元法模拟该储层水力裂缝扩展过程，对比分析不同分形维数天然裂缝分布储层压裂改造效果，模拟结果如图 17 所示。

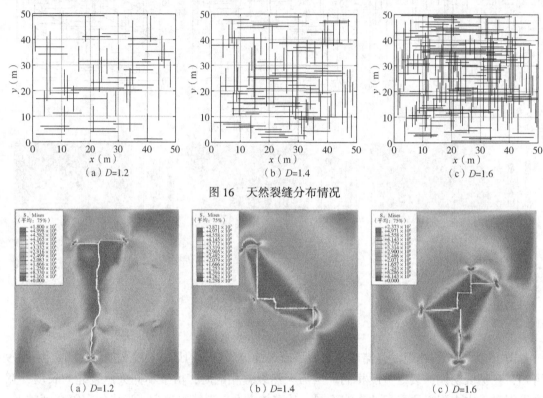

（a）D=1.2　　　　　　　　（b）D=1.4　　　　　　　　（c）D=1.6

图 16　天然裂缝分布情况

（a）D=1.2　　　　　　　　（b）D=1.4　　　　　　　　（c）D=1.6

图 17　水力裂缝扩展形态

由裂缝扩展形态可知，当分形维数为 1.2 时，水力裂缝扩展形态单一，受地应力各向异性影响较大；随着分形维数的增加，天然裂缝分布复杂，水力裂缝扩展过程中发生转向，分支和合并，最终形成了多个分支裂缝，受地应力影响较小。

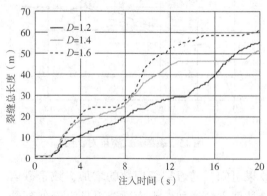

图 18　裂缝总长度对比图

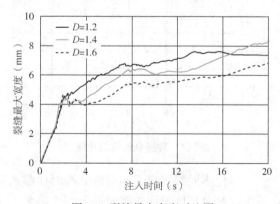

图 19　裂缝最大宽度对比图

由图 18 及图 19 可知，随着注入时间的增加，当注入能量达到一定值，裂缝扩展总长度及裂缝宽度增加，在水力裂缝扩展初期，由于未受到天然裂缝的影响，裂缝总长度及裂缝宽度增长速度较一致。当与天然裂缝相遇后，分形维数较高时，裂缝总长度增加较快，裂缝宽度随之下降，且裂缝扩展长度受天然裂缝形态的影响，有波动现象。这是由于分形维数较大的致密砂岩储层，开启天然裂缝条数较多，压裂液向多个方向流动，则主要流动通道液体较少，易形成沿多个方向扩展的窄长型天然裂缝。当水力裂缝沿天然裂缝扩展时，压裂液向前突进较快，裂缝总长度增加速度较快，当水力裂缝穿过天然裂缝扩展时，需要积累较多的能量，裂缝宽度增长较快，但是裂缝总长度增长较慢，甚至出现平台期。

对比分形维数为 1.2，1.4 及 1.6 时储层压裂改造效果，随着分形维数的增加，裂缝扩展总长度增加，裂缝最大宽度减小，裂缝扩展方向增加。由此可知，当天然裂缝分布分形维数较高时，实施水力压裂后储层更易形成沿多个方向扩展的复杂裂缝网络，与压裂前相比，储层压裂改造效果较好。

## 4 结论

（1）建立了考虑随机天然裂缝分布储层的全局嵌入内聚力单元的水力压裂扩展动态模型，能够模拟水力裂缝在该类储层岩石和扩展行为，刻画该类储层中裂缝系统的复杂形态。

（2）明确了天然裂缝储层水力裂缝扩展特征，结果表明：裂缝性储层水力裂缝扩展受天然裂缝和地应力的影响，天然裂缝的分布及地应力综合决定了裂缝传播路径的整体方向，近井眼地区的裂缝几何形状比远场趋于复杂，裂缝尺寸较大。

（3）分析了不同因素对天然裂缝储层水力裂缝扩展的影响，结果表明：随着天然裂缝角度增加，水力裂缝易穿过天然裂缝，扩展形态单一，裂缝较宽较短。随着天然裂缝组数的增加，易形成多方向的复杂裂缝形态，裂缝为窄长型。随着分形维数的增加，易形成多方向的复杂裂缝形态，裂缝为窄长型。

### 参 考 文 献

[1] Rahman M. M., Rahman M. K.. A review of hydraulic fracture models and development of an improved pseudo-3D model for stimulating tight oil/gas sand [J]. Energy Sources, Part A: Recovery, Utilization, and Environmental Effects, 2010, 32(15): 1416-436.

[2] Haddad M., Du J., Vidal-Gilbert S.. Integration of dynamic microseismic data with a true 3D modeling of hydraulic fracture propagation in Vaca Muerta Shale[C]. Proceedings of the SPE hydraulic fracturing technology conference, HFTC, 2016, 9-11.

[3] DUGDALE D S. Yielding of steel sheets containing slits[J]. Journal of the Mechanics and Physics of Solids, 1960, 8: 100-108.

[4] BARRENBLATT G I. The mathematical theory of equilibrium cracks in brittle fracture[J]. Advances in Applied Mechanics, 1962, 7: 55-125.

[5] YANG Z J, SU X T, CHEN J F, et al. Monte Carlo simulation of complex cohesive fracture in random heterogeneous quasibrittle materials[J]. International Journal of Solids and Structures, 2009, 46(17): 3222-3234.

[6] Wang H.. Numerical investigation of fracture spacing and sequencing effects on multiple hydraulic fracture inter-

ference and coalescence in brittle and ductile reservoir rocks [J]. Engineering Fracture Mechanics, 2016, 157: 107-124.

[7] Wang H.. Numerical modeling of non-planar hydraulic fracture propagation in brittle and ductile rocks using XFEM with cohesive zone method [J]. Journal of Petroleum Science and Engineering, 2015, 135: 127-140.

[8] Gonzalez M., Dahi Taleghani A.. A cohesive model for modeling hydraulic fractures in naturally fractured formations[C]. Proceedings of the SPE hydraulic fracturing technology conference, HFTC, 2015: 3-5.

[9] Taleghani A. D., Gonzalez-Chavez M., Hao H., et al. Numerical simulation of hydraulic fracture propagation in naturally fractured formations using the cohesive zone model [J]. Journal of Petroleum Science and Engineering, 2018, S0920410518300755.

[10] Wang H. Y.. Hydraulic fracture propagation in naturally fractured reservoirs: complex fracture or fracture networks [J]. Journal of Natural Gas Science and Engineering, 2019, 68: 102911.

[11] Guo J, Zhao X, Zhu H, et al. Numerical simulation of interaction of hydraulic fracture and natural fracture based on the cohesive zone finite element method[J]. Journal of Natural Gas Science and Engineering, 2015, 25: 180-188.

[12] Chen Z., Bunger A., Zhang X., et al. Cohesive zone finite element based modeling of hydraulic fractures [J]. Acta Mechanica Solida Sinica, 2009, 22 (5), 443-452.

[13] Bour O., Davy P.. Connectivity of random fault networks following a power law fault length distribution [J]. Water Resources Research, 1997, 33: 1567-1583.

[14] LI W., ZHAO H., WU H. J., et al. A novel approach of two-dimensional representation of rock fracture network characterization and connectivity analysis[J]. Journal of Petroleum Science and Engineering, 2020, 184: 106507.

# 磁性纳米催化型支撑剂的合成与性能评价

罗云翔　叶欣雅　吴　焱　李　娜

（成都理工大学能源学院）

**摘　要**　支撑剂是压裂技术中的核心材料，关系着压裂施工的成败。为满足不同油藏压裂的需要，衍生了一系列功能型支撑剂。针对页岩油黏度高、储层流动性差的问题，设计了一种磁性纳米催化剂，并与石英砂支撑剂复合制备了一种磁性纳米催化型支撑剂。支撑剂上负载的磁性纳米催化剂具有良好的高温稳定性，较低岩石吸附性，可催化水热裂解反应，在高温条件下有效降低原油黏度。对磁性纳米催化型支撑剂进行了一系列评价，结果表明其圆度、球度、浊度、密度、酸溶性、导流率等能力均能达到行业标准，具有良好的应用前景。

**关键词**　磁性；纳米；催化剂；四氧化三铁；支撑剂

水力压裂技术[1-3]是目前非常规油气藏[4-6]增产改造的核心技术。基于安全性、经济性以及环保等方面的考虑，目前水力压裂技术应用最为广泛。支撑剂[7-8]在水力压裂中具有支撑裂缝的重要作用，关系着裂缝的导流效果，关乎整个水力压裂施工的成败。随着对压裂工艺要求的提高和现场不断出现的复杂施工问题，大量不同功能化的支撑剂[9-11]研究不断涌现，在完成传统支撑导流作用的同时，为压裂作业中出现的工程问题提供了新思路和新方案。

支撑剂是一种细小的颗粒状固体材料，其主要功能是在压裂后维持已形成的裂缝。没有支撑的裂缝容易闭合，潜在的油气流动会受到限制。支撑剂通常分为天然石英砂、陶粒和覆膜型支撑剂等。由于地质条件的多样性，简单的支撑剂无法满足不断涌现的压裂施工的多样化需要。为满足不同油藏的技术要求，满足各种地质条件下的生产需要，从普通支撑剂中衍生出了一系列更具特色的功能化支撑剂。

页岩油具有较高的黏度，在储层流动性较差，导致压裂后原油的开采仍然存在问题。随着技术的进步，降黏技术在油田的应用范围不断扩大，迄今为止，研究者已经发展了许多降黏技术，依赖于热量、微波、磁力或稀油驱的物理方法已应用于页岩油储量开采[12-14]，这可以改善原油的流动性，提高页岩油的开采效率。但许多情况下，这些物理方法对降低原油黏度和提高原油质量的影响非常有限。因此，国内外学者开始致力于催化剂降黏技术的研究，发现过渡金属能够催化水热裂解反应[15-16]，如铁基催化剂与镍基催化剂被广为研究。

---

【基金项目】国家自然科学基金（用于分段压裂裂缝监测的多功能纳米示踪体系的构建，21974014）。

【第一作者简介】罗云翔（1997—），成都理工大学，博士研究生，研究方向为油田化学。E-mail：xiangyunluoedu@foxmail.com。

【通讯作者】李娜，成都理工大学，副教授，博士生导师，研究方向为油气藏开发纳米探针和油田化学品。E-mail：lina2013@cdut.cn。

为了解决上述问题，设计了一种四氧化三铁型磁性纳米催化剂，将其与传统支撑剂——石英砂相结合，制得了新型的磁性纳米催化剂功能化的支撑剂，并且实现了在实际应用中的可控释放，可以解决现有页岩储层中存在的原油黏度高、流动性差和难以开采等问题。

# 1 实验部分

## 1.1 材料与仪器

六水三氯化铁、柠檬酸三钠、乙醇、柠檬酸、正己烷，分析纯，成都科龙化学试剂厂；正硅酸乙酯、N-羟基琥珀酰亚胺、3-氨丙基三乙氧基硅烷、1-乙基-(3-二甲基氨基丙基)碳二亚胺盐酸盐、聚异丁烯、氨水(质量分数为28%)，分析纯，阿拉丁。

SmartLab 9kW 的 X 射线多晶衍射仪，日本理学 RIGAKU；NanoBrook Omni 激光粒度仪，布鲁克海文；JEM 2100 F 的透射电子显微镜，日本电子(JEOL)；LakeShore 7400 振动样品磁强计，美国 Lake shore 公司。

## 1.2 实验方法

### 1.2.1 磁性纳米催化剂的制备

将 2.703g 六水三氯化铁在 80℃ 条件下水浴加热，并通入氮气 15min，然后加入 1.15g 四水氯化亚铁再搅拌 5min，混匀后加入 5.5mL 浓度为质量分数为 28%的氨水，再加入 0.1mol/L 的柠檬酸三钠溶液在 pH 值=10 条件下持续反应 2h，将反应溶液转移至锥形瓶内并放置在磁铁上，待上清液澄清时托住磁铁倒出上清液，加入无水乙醇超声洗涤，重复洗涤，得到磁性纳米催化剂。

### 1.2.2 羧基修饰的磁性纳米催化剂的制备

将磁性纳米催化剂在超声搅拌下悬浮于 0.5mol/L 的柠檬酸溶液中 4h，将沉淀在 50℃ 温度下干燥 12h，得羧基修饰的磁性纳米颗粒。

### 1.2.3 氨基修饰支撑剂的制备

将 100mg 支撑剂(石英砂)分散在 200mL 乙醇中，在室温下超声分散处理 60min，加入 15mL 质量分数为 15%的氨水，再滴加 100μL 正硅酸乙酯和 1mL3-氨丙基三乙氧基硅烷搅拌反应 2h，最后依次经离心、洗涤和干燥，得氨基修饰的支撑剂。

### 1.2.4 磁性纳米催化型支撑剂的制备

将 0.042g 氨基修饰的支撑剂添加到 100mL 羧基修饰的磁性纳米颗粒溶液(0.1mg/mL)中，超声处理至形成均质溶液，然后加入 5mLN-羟基琥珀酰亚胺溶液(0.1mg/mL)和 5mL

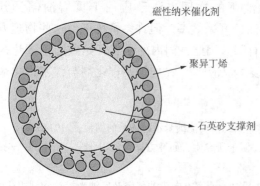

1-乙基-(3-二甲基氨基丙基)碳二亚胺盐酸盐溶液(0.1mg/mL)继续搅拌 2h，磁分离，再用去离子水和无水乙醇洗涤去除非磁性颗粒，在 60℃下干燥 8h，得复合产物；最后将 2.5g 聚异丁烯分散在 250mL 正己烷中，加入复合产物并搅拌，在 60℃下干燥 8h，得磁性纳米催化型支撑剂，其结构示意图如图 1 所示。

图 1 磁性纳米催化型支撑剂结构示意图

### 1.2.5 结构表征

使用 SmartLab 9kW 的 X 射线多晶衍射仪，在室温下对磁性纳米催化剂下进行连续扫描测试；使用型号为 JEM 2100F 的透射电子显微镜，设置测试电压为 200kV，标尺为 100nm，用高倍电子显微镜观察纳米粒子的形貌；使用 LakeShore 7400 振动样品磁强计，在最大磁场强度为 1T 的室温环境下进行磁性性质测试。

### 1.2.6　支撑剂性能评价

圆度，球度，酸溶解度，浊度，体积密度，视密度，破碎率等，参照标准 SY/T 5108—2014《水力压裂和砾石充填作业用支撑剂性能测试方法》，导流性能测试参照标准 SY/T 6302—2019《压裂支撑剂导流能力测试方法》。

## 2　结果与讨论

### 2.1　表征

#### 2.1.1　XRD 测试

由图 2 可知，磁性纳米催化剂的 X 射线衍射结果图谱出现明显的 8 个峰，在 $2\theta = 21.2°$、$35.1°$、$41.4°$、$43.3°$、$50.4°$、$62.9°$、$67.2°$、$74.1°$ 的衍射峰分别对应 $Fe_3O_4$ 粒子的（111）、（220）、（311）、（222）、（400）、（422）、（511）和（440）晶面，与标准谱图（PDF#19-0629）基本吻合，且具有反尖晶石结构，证明合成的磁性纳米催化剂具有 $Fe_3O_4$ 结构。

#### 2.1.2　VSM 测试

磁性纳米催化剂磁场强度与磁性的关系曲线图，如图 3 所示。磁性纳米催化剂在磁场条件下表现出明显的磁性，当施加了反向磁场时也能表现出反向饱和的趋势。

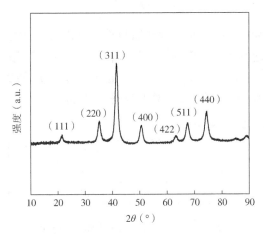

图 2　磁性纳米催化剂 XRD 谱图

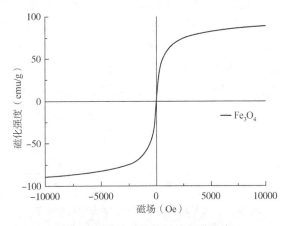

图 3　磁性纳米催化剂的磁滞回线

#### 2.1.3　TEM

透射电镜测试结果如图 4 所示，磁性纳米催化剂呈现较为均匀的球形形貌，分散性较好，颗粒粒径分布在 8~14nm 之间。

### 2.2　性能评价

#### 2.2.1　磁性纳米催化剂耐温性评价

将磁性纳米催化剂配成浓度为 300mg/ L 的溶液，取 500mL 溶液在 55℃、65℃、75℃、85℃和 95℃条件下，密封保存 48h，

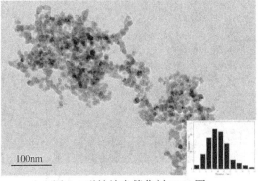

图 4　磁性纳米催化剂 TEM 图

观察催化剂是否发生沉淀或凝析现象，并且测定催化剂的浓度保留率，其结果见表1。

表1　磁性纳米催化剂的耐温性评价结果

| 温度(℃) | 初始 | 55 | 65 | 75 | 85 | 95 | 平均保留率(%) |
|---|---|---|---|---|---|---|---|
| 保留质量(mg) | 150 | 145.9 | 146.1 | 144.8 | 145.2 | 145.5 | 96.99 |

由表1可知，在55~95℃温度条件下，磁性纳米催化剂的质量浓度保留率在95%以上，表明磁性纳米催化剂具有良好的热稳定性。

### 2.2.2　磁性纳米催化剂与岩石的吸附性评价

将岩心研磨成粉，过筛后保留60/80目的粉末用于吸附实验。再将浓度为300mg/L的500mL磁性纳米催化剂溶液分别与岩心混合，静置48h后测量他们之间的吸附损失量。同时，为模拟在地层不同温度环境下岩石与催化剂的吸附性，在55℃、65℃、75℃、85℃、95℃下进行多组吸附性实验，测定试验前后溶液中催化剂质量浓度的变化，其结果见表2。

表2　磁性纳米催化剂与岩石的吸附评价结果

| 温度(℃) | 初始 | 55 | 65 | 75 | 85 | 95 | 吸附损失率(%) |
|---|---|---|---|---|---|---|---|
| 保留质量(mg) | 150 | 145.9 | 145.3 | 145.1 | 144.8 | 143.9 | 3.33 |

由表2可知，经48h与岩石的吸附实验后的实验数据可知，在地层温度(55~95℃)下，磁性纳米催化剂的吸附损失率很小(只有3%左右)。

### 2.2.3　磁性纳米催化剂降黏性能评价

选用塔河稠油为原油进行磁性纳米催化剂的降黏评价，取适量原油与磁性催化剂混合均匀，将混合好的反应物加入高压反应釜中，用$N_2$置换体系为惰性气体氛围，并升温至反应温度，启动搅拌，恒温一段时间后，停止加热冷却至室温。反应结束后放空釜内气体，使用黏度计测量降黏后的油样在240℃下的黏度，其结果见表3，降黏率=降黏量/初始黏度。

表3　原油催化后的黏度及降黏率

| 黏度(mPa·s) | 初始 | 热反应后 | 降黏率 |
|---|---|---|---|
| 原油 | 1833 | 618 | 66.28% |
| 催化剂+原油 | 1833 | 263 | 85.65% |

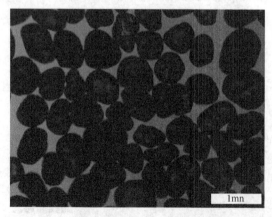

图5　磁性纳米催化型支撑剂显微镜图

由表3可知，加入磁性纳米催化剂后原油黏度降低了85.65%，说明磁性纳米催化剂具有较好的降黏效果。

### 2.2.4　磁性纳米催化型支撑剂的球度、圆度测试

选用Leica DM2700P型号的光学显微镜进行支撑剂圆度和球度的测试，将支撑剂平铺在载玻片上，根据不同支撑剂尺寸选择合理倍数进行观察，其结果如图5所示，磁性纳米催化型支撑剂的圆度和球度均满足压裂支撑剂的圆度和球度要求。

#### 2.2.5 磁性纳米催化型支撑剂的密度

经过测量和计算，天然石英砂的视密度为2.80g/cm³，磁性纳米催化型支撑剂的视密度为2.72g/cm³，两种支撑剂的视密度十分接近。

#### 2.2.6 磁性纳米催化型支撑剂的酸溶解度

通过实验，获得石英砂与磁性纳米催化型支撑剂的酸溶解度评价数据，结果表明，石英砂在混合酸中的酸溶解度为4.79%，而磁性纳米催化型支撑剂的酸溶解度为2.57%，均符合行业标准(小于5.0%)。

#### 2.2.7 磁性纳米催化型支撑剂的浊度

使用WGZ-1A的数显浊度仪，天然石英砂的浊度为25NTU，磁性纳米催化型支撑剂的浊度为26NTU，均符合行业标准(小于100NTU)。

#### 2.2.8 磁性纳米催化型支撑剂的导流能力

对上述两种支撑剂进行短期导流能力测试，其结果如图6所示。石英砂和磁性纳米催化型支撑剂都随闭合压力的增大而减小，这是因为闭合压力越大，两种支撑剂就因为承压而被压得更实，从而导致支撑剂颗粒之间的缝隙减小，导流能力下降。在相同压力下，磁性纳米催化型支撑剂的导流能力大于石英砂，这可能是因为磁性纳米催化型支撑剂的圆度和球度大于石英砂支撑剂，因此，其导流能力大于石英砂支撑剂。

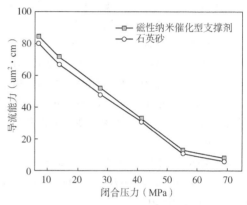

图6 支撑剂导流能力测试

#### 2.2.9 磁性纳米催化型支撑剂的破碎率

经过评价，磁性纳米催化型支撑剂在压力为14MPa的情况下的破碎率为2.4%，在压力为28MPa的情况下的破碎率为8.2%；石英砂支撑剂在14MPa压力下的破碎率为2.1%，在压力为28MPa的情况下的破碎率为8.1%。两种支撑剂在相同压力下的破碎率接近。

## 3 结论

(1)成功制备了四氧化三铁类磁性纳米催化剂，在高温条件下能催化水热裂解反应，有效降低原油黏度。并且该磁性纳米催化剂具有良好的高温稳定性，较低的岩石吸附性，可以保证其在储层岩石中发挥催化作用。

(2)成功将磁性纳米催化剂与石英砂复合，得到磁性纳米催化型支撑剂，该支撑剂经过测试其各项数据指标均能达到行业标准，具有良好的应用前景。

**参 考 文 献**

[1] 孙福街, 徐文江, 姜维东, 等. 中国海油低渗及非常规油气藏储层改造技术进展及展望[J]. 中国海上油气, 2024, 36(01): 109-116.

[2] 张茜, 苏玉亮, 王文东, 等. 基于多段压裂缝—井筒耦合流动模型的页岩油水平井段长度优化研究[J/OL]. 油气地质与采收率: 1-11[2024-02-22].

[3] LIU Y L, ZHENG X B, PENG X F, et al. Influence of natural fractures on propagation of hydraulic fractures in tight reservoirs during hydraulic fracturing[J]. MARINE AND PETROLEUM GEOLOGY, 2022, 138.

[4] 张衍君, 王鲁瑀, 刘娅菲, 等. 页岩油储层压裂-提采一体化研究进展与面临的挑战[J/OL]. 石油钻探技术, 2024, 1-20.

[5] 孙龙德, 刘合, 朱如凯, 等. 中国页岩油革命值得关注的十个问题[J]. 石油学报, 2023, 44(12): 2007-2019.

[6] HE Y W, HE Z Y, TANG Y, et al. Interwell fracturing interference evaluation in shale gas reservoirs[J]. GEOENERGY SCIENCE AND ENGINEERING, 2023, 231.

[7] LIU Y L, ZHENG X B, PENG X F, et al. Influence of natural fractures on propagation of hydraulic fractures in tight reservoirs during hydraulic fracturing[J]. MARINE AND PETROLEUM GEOLOGY, 2022, 138.

[8] LIAO Z J, LI X G, GE L, et al. Lightweight proppants in unconventional oil and natural gas development: A review[J]. SUSTAINABLE MATERIALS AND TECHNOLOGIES, 2022, 33.

[9] 张潇, 王占一, 吴峙颖, 等. 压裂支撑剂的覆膜改性技术[J]. 化工进展, 2023, 42(01): 386-400.

[10] 史斌, 苏延辉, 邢洪宪, 等. 基于疏水改性的超低密度控水支撑剂的制备及其性能[J]. 油田化学, 2022, 39(03): 401-406+437.

[11] ZHOU Y, LIU H, GAO J J, et al. Coated proppants with self-suspension and tracer slow-release functions [J]. JOURNAL OF PETROLEUM SCIENCE AND ENGINEERING, 2022, 208.

[12] 吕晓光, 李伟. 多层砂岩油田热采油藏管理提高采收率[J]. 新疆石油地质, 2024, 45(1): 65-71.

[13] 徐正晓, 李兆敏, 鹿腾, 等. 微波采油技术研究现状及展望[J]. 科学技术与工程, 2019, 19(35): 10-18.

[14] AMROUCHE F, GOMARI S R, ISLAM M, et al. New Insights into the Application of a Magnetic Field to Enhance Oil Recovery from Oil-Wet Carbonate Reservoirs[J]. ENERGY & FUELS, 2019, 33(11): 10602-10610.

[15] 陈彬, 吴艺铃, 黄加乐, 等. 油脂催化热裂解制备液体燃料和化学品研究进展[J]. 中国科学: 化学, 2023, 53(8): 1494-1509.

[16] 毛金成, 王海彬, 李勇明, 等. 稠油开发水热裂解催化剂研究进展[J]. 特种油气藏, 2016, 23(3): 1-6+151.

# 鄂尔多斯盆地临兴区块致密砂岩气压裂液生物酶增强破胶技术优化与应用

胡家晨　姚伟达　李　宇　杨天爽　李昀昀　赵战江　吴国涛

（中国海油能源发展股份有限公司工程技术分公司）

**摘　要**　鄂尔多斯盆地临兴区块主要致密砂岩气储层温度 35~60℃。在此低温环境下，压裂改造应用的常规氧化性破胶剂反应慢，破胶不彻底，储层伤害大。为实现压裂液完全破胶、降低其对裂缝和储层伤害，在压裂液配方中应用活性生物酶增强破胶技术，从而实现低温下快速破胶与返排，减少压裂液与地层的接触时间成为提高产量的关键。在前期生物酶增强破胶技术的应用取得初步成功的基础上，本文针对鄂尔多斯临兴区块低温储层开展生物酶增强破胶技术优化研究，通过对压裂过程中不同储层温度条件下注入地层中的液体的温度恢复进行模拟，从而进一步优化各压裂阶段生物酶破胶剂的添加浓度，实现更符合液体温度环境的分阶段阶梯型增强破胶，为后续生产带来效率与产能的提升。优化生物酶破胶剂添加浓度后的压裂液体系在本区块 54 口井的应用中，产量实现提升，且多口井实现高产，证明优化后的破胶剂程序在该区块具有非常好的适用性。同时本文在此基础上进一步研究了冬季施工时低温压裂液在低温储层应用过程中关井时间的优化模型，为后续生产施工提供设计依据。

**关键词**　鄂尔多斯盆地；致密砂岩气；低温储层；生物酶破胶剂；液体温度恢复；关井时间优化

天然气在我国乃至世界各国资源结构具有重要地位与作用，保障天然气增产稳产是确保国家能源安全，人民生活生产的重要前提。其中，致密砂岩气是非常规天然气的重要组成部分，在我国四川、内蒙古、山西、陕西等地广泛分布。致密砂岩储层低孔隙度、低渗透率、沉积相变快且砂体展布变化较大。中国致密气可采资源量大于 $9 \times 10^{12} m^3$，虽然具有极大的开采潜力但同时也具有较高的开发难度和不确定性[1-2]。因此压裂增产是开发致密砂岩气的重要手段之一。

经多年勘探开发验证，鄂尔多斯盆地东缘临兴气田具有极高天然气储量。该区块气藏埋深 900~2200m，地层温度为 35~60℃，孔隙度为 3.7%~15%，渗透率仅为 0.01~0.50mD，为典型的低温低孔隙度低渗透率致密储层，需对该区块大规模进行水力压裂改

【第一作者简介】胡家晨，男，1992 年出生，就职于中海油能源发展股份有限公司工程技术公司山西分公司，担任非常规设计中心副经理一职。本科毕业于中国石油大学（北京），研究生毕业于北京大学。目前主要从事压裂相关工作。工作地址：天津市滨海新区闸北路 128 号。电话：18522579041；E-Mail：hujch&@ cnooc. com. cn。

造，释放产能。压裂增产过程中，压裂液对储层的伤害是不可忽视的重要一环，该区块地层温度低，压后能否快速破胶返排，减少压裂液滞留时间是减少储层伤害的关键环节，也是低温致密储层开发的难点[3]。

常规压裂液体系中使用的氧化破胶剂中主要成分为过硫酸铵，在低温环境下过硫酸铵破胶效率极低，因此不能实现低温储层中快速破胶的硬性要求。目前国内主流采用氧化破胶剂过硫酸铵与低温催化剂的组合，以实现60℃温度以下储层的快速破胶[3-6]。但该类破胶产品的组合破胶性能受水温和地层温度的双重影响，容易出现不完全破胶的现象。李斌，张红杰等[7]早年针对该区块低温储层的特点进行了压裂液体系优化，引进了适用于该区块的低浓度低温瓜尔胶压裂液体系，该体系于国内率先应用具有国际专利的生物酶破胶技术。此外，还对于生物酶的加量进行了部分实验，模拟在不同水温下生物酶加量及对应的破胶情况，从而优化出一套适用于该区块地层温度体系的生物酶破胶方案。该方案在过去几年中，成功应用于临兴区块内致密砂岩气开发，本文在此基础上增加了不同地面温度与地层温度组合，模拟热量交换下，地层温度恢复，基于压后实际地层温度，提出一套更加细化的生物酶加量破胶优化。

## 1 临兴区块储层认识

### 1.1 岩心样品分析

选取区块内主力储层8块岩心样品，实验依据石油天然气行业标准 GB/T 29172—2012 《岩心分析方法》[8]相关要求，具体实验项目如下：气测渗透率（表1）、沉积岩全岩 X 射线衍射定量分析（表2）、沉积岩黏土矿物成 X 射线衍射定量分析（表3）；随后根据区块测井数据，统计出不同层位地层温压参数（表4）。

表1 岩心基质渗透率

| 岩心样 | 长度（mm） | 直径（mm） | 渗透率（mD） |
|---|---|---|---|
| A | 60.22 | 25.12 | 72.53 |
| B | 63.96 | 25.24 | 0.0058 |
| C | 43.36 | 25.13 | 0.2807 |
| D | 61.67 | 25.13 | 0.5579 |
| E | 61.33 | 25.16 | 0.2037 |
| F | 44.91 | 25.15 | 0.2154 |
| G | 57.60 | 25.10 | 1.1820 |
| H | 58.58 | 25.09 | 0.1955 |

表2 X 射线衍射全岩分析

| 岩心样 | 矿物含量（%） | | | | | | |
|---|---|---|---|---|---|---|---|
| | 石英 | 钾长石 | 斜长石 | 方解石 | 菱铁矿 | 赤铁矿 | 黏土矿物总量 |
| A | 58.2 | 0.6 | 13.4 | 3.0 | | 1.1 | 23.7 |
| B | 59.1 | 0.7 | 5.5 | 1.0 | | | 33.7 |
| C | 65.4 | | 22.7 | | | | 11.9 |
| D | 76.5 | | 2.5 | 2.1 | | | 18.9 |

| 岩心样 | 矿物含量(%) | | | | | | |
|---|---|---|---|---|---|---|---|
| | 石英 | 钾长石 | 斜长石 | 方解石 | 菱铁矿 | 赤铁矿 | 黏土矿物总量 |
| E | 56.1 | 4.7 | 10.1 | 3.4 | | 1.3 | 24.4 |
| F | 69.9 | | | | 1.0 | | 29.1 |
| G | 68.0 | 0.5 | 17.3 | 0.5 | | | 13.7 |
| H | 37.2 | 5.1 | 10.7 | 0.8 | | 1.7 | 44.5 |

表3 黏土矿物成分分析

| 岩心样 | 黏土矿物相对含量 | | | 混层比(%) | | |
|---|---|---|---|---|---|---|
| | I | I/S | Kao | C | I/S | C/S |
| A | 6 | 41 | 18 | 11 | 27 | 56 |
| B | 3 | 36 | 40 | 17 | 26 | 56 |
| C | 5 | 35 | 32 | 18 | 27 | 38 |
| D | 4 | 60 | 22 | 10 | 25 | 10 |
| E | 8 | 72 | 8 | 4 | 13 | 19 |
| F | 31 | 67 | 2 | | 5 | |
| G | 3 | 47 | 21 | 21 | 7 | 11 |
| H | 3 | 76 | 11 | 7 | 25 | 21 |

表4 储层温压参数

| 井号 | 层位 | 储层厚度（m） | 平均地层温度（℃） | 平均地层压力（MPa） | 平均压力系数 |
|---|---|---|---|---|---|
| A | 太2 | 11.3 | 56.9 | 16.1 | 0.88 |
| B | 盒8 | 9.8 | 48.5 | 15.53 | 0.95 |
| C | 盒7 | 12.0 | 48.7 | 15.44 | 0.96 |
| D | 盒6 | 11.4 | 48.4 | 15.82 | 0.97 |
| E | 盒4 | 8.0 | 47.5 | 14.3 | 0.96 |
| F | 盒2 | 7.8 | 45.5 | 12.8 | 0.97 |
| G | 盒1 | 6.9 | 43.2 | 13.94 | 0.94 |
| H | 千5 | 2.6 | 42.1 | 12.22 | 0.98 |

研究测试显示临兴区块内储层渗透率较低，呈典型的致密砂岩储层特征。岩样1因运输中产生裂缝，测得渗透率异常，其结果仅供参考。黏土含量11.9%~44.5%，其中伊利石、高岭石等运移型黏土含量较高，储层水敏性强；部分层位伊/蒙混层比例在25%以上，具有较强的黏土膨胀性。加之其较低的气藏地层压力，储层易水锁，因此压裂液进入地层，液体停留时间越短，地层伤害概率越小。此外，区块内储层上下泥岩应力差普遍较小，为3~10MPa，裂缝高度延伸会进突破目的层，考虑支撑剂沉降问题，需要尽快返排。

### 1.2 地层温度统计

通过部分完井工程资料整理了工区内主要储层温度分布如图1所示，数据显示太原组温度范围为52.7~62.1℃，平均温度为56.9℃；石盒子组温度范围为42.3~58.5℃，平均温度

47.9℃；石千峰组温度范围为36.4~39.2℃，平均温度37.8℃；与李斌等[7]认识不同，本次统计发现区块内主要储层温度范围更广，因此增加了对于破胶剂的破胶难度(图1)。

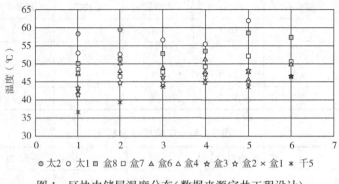

图1　区块内储层温度分布(数据来源完井工程设计)

### 1.3　区块总体认知

总的来看，临兴区块主要潜力储层具有致密、低压、低温、黏土运移膨胀性较强、易水锁等特点。基于对储层的以上认识，如何优化压裂液体系使其在低温低压储层中快速返排，完全破胶，并降低压裂液地层滞留时间成为该区块增产稳产任务的关键。

## 2　前期常规破胶剂及生物酶破胶剂应用对比

对于国内主流使用的过硫酸铵氧化破胶剂，其机理为强氧化性的过氧基破坏瓜尔胶聚合物的主体结构，分解结构链从而实现破胶，由于其主要采用固体颗粒添加的方式，其反应速率受到两个过程影响：溶解后氧化物分子在水中的扩散过程，以及氧化物分子与长链瓜尔胶分子碰撞后的氧化分解反应过程。在低温条件下，以上过程相对缓慢，制约整体的反应速度。因此，当环境温度50℃以下时，由于过氧基分解速度显著下降，氧化破胶周期也相对变长。目前临兴区块主力储层地层温度普遍低于50℃，过硫酸铵破胶剂破胶效率低下，破胶不彻底，造成压裂液额外残留，形成二次伤害。区块内早期开发历史记录显示，部分井确实出现返排液黏度偏高现象，因此在该区块压裂施工应着重关注压裂液破胶的有效性，确保压裂效果以及避免储层伤害(图2)。

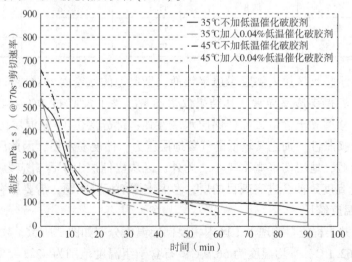

图2　低温催化破胶剂动态破胶实验对比结果

实验数据显示，使用酯类低温催化剂可以加快过硫酸铵在低温下的破胶速率。图2对比了区块内该体系两种低温状态下加入或不加入酯类低温催化剂的动态破胶效果，该体系基础配方为：0.3%瓜尔胶+0.1%黏土稳定剂A+0.1%黏土稳定剂C+0.18%pH值调节剂+0.015%交联剂+0.1%延迟交联剂+0.1%助排剂+0.04%低温破胶催化剂+0.25%过硫酸铵。实验结果显示，加入低温破胶催化剂后，破胶时间明显缩短，破胶反应的效率有所提高，但仍不能满足区块内压后返排要求，还需进一步优化。

生物酶破胶剂的破胶原理是生物酶与聚糖形成的低活化能的过渡产物，使聚合物糖苷键断裂，而生物酶本身不因破胶过程而消耗，可持续反应，使得压裂液在低温短时间下进一步持续破胶，大大降低瓜尔胶分子链长度，从而降低分子量，实现彻底破胶，极大程度上降低了压裂液对地层的伤害。相较于氧化性破胶剂，生物酶最佳作用温度范围为30~80℃，低温状态下破胶效率更高。关于该生物酶破胶剂的有效性，李斌等[7]已做了大量基础实验，结果论证了该生物酶破胶的有效性。表5对比采用生物酶破胶剂后静态破胶结果，具体配方有以下几个。

A配方，即单一氧化性破胶剂配方：0.3%瓜尔胶+0.1%黏土稳定剂A+0.1%黏土稳定剂C+0.18%pH值调节剂+0.015%交联剂+0.1%延迟交联剂+0.1%助排剂+0.25%过硫酸铵。

B配方，加入低温催化破胶配方：0.3%瓜尔胶+0.1%黏土稳定剂A+0.1%黏土稳定剂C+0.18%pH值调节剂+0.015%交联剂+0.1%延迟交联剂+0.1%助排剂+0.25%过硫酸铵+0.04%低温催化破胶。

C配方，加入生物酶破胶剂配方：0.3%瓜尔胶+0.1%黏土稳定剂A+0.1%黏土稳定剂C+0.18%pH值调节剂+0.015%交联剂+0.1%延迟交联剂+0.1%助排剂+0.25%过硫酸铵+0.003%生物酶。

D配方，同时加入生物酶破胶剂和低温催化破胶剂配方：0.3%瓜尔胶+0.1%黏土稳定剂A+0.1%黏土稳定剂C+0.18%pH值调节剂+0.015%交联剂+0.1%延迟交联剂+0.1%助排剂+0.25%过硫酸铵+0.04%低温催化破胶+0.003%生物酶。

将配好的压裂液放置于40℃的恒温水浴锅中进行静态破胶实验，实验结果见表5。静态实验结果表明低温催化剂可以加速破胶反应，而生物酶可以进一步提升破胶速度及彻底性，同时加入生物酶和低温催化剂能最大程度上保证合理的破胶时间帮助压后快速返排，又能提高破胶的彻底性(图3)。

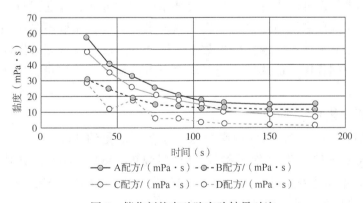

图3　催化剂静态破胶实验结果对比

表 5   静态破胶实验结果对比[7]

| 破胶时间(min) | A 配方(mPa·s) | B 配方(mPa·s) | C 配方(mPa·s) | D 配方(mPa·s) |
| --- | --- | --- | --- | --- |
| 30 | 58 | 31 | 49 | 29 |
| 45 | 41 | 25 | 35 | 12 |
| 60 | 33 | 19 | 26 | 18 |
| 75 | 26 | 15 | 21 | 6 |
| 90 | 21 | 14 | 18 | 6 |
| 105 | 18 | 13 | 15 | 4 |
| 120 | 16 | 13 | 11 | 3 |
| 150 | 15 | 12 | 9 | 2 |
| 180 | 15 | 12 | 7 | 2 |

## 3   基于入井液体温度恢复模拟的破胶程序优化

前述实验及研究成果成功验证了生物酶在低温静态下的增强破胶效果，并基于各阶段液体返排时所处的温度环境(即基于液体返排前的终了温度)进行破胶剂优化。但实际应用过程中，由于压裂液用水多采自河流等自然水体，其水温明显低于储层温度，且受气候影响明显，冬季施工期间配液用水温度时有接近 0℃ 的情况。压裂施工过程中，处于低温的压裂液不断进入储层后，热传导会导致储层温度局部下降，压裂液温度逐步上升。施工结束后，储层与压裂液需要一定时间才能够逐步恢复到原有储层温度水平。区块内一般停泵时间设计为 1 个小时，在液体整个诸如与停泵过程中，其温度不断变化，平均温度环境与储层温度或反排时液体温度存在一定的差异。同时在温度恢复的过程中，生物酶破胶剂的生物活性将因为受到温度的影响而产生变化。因此，各阶段压裂液所需要用到的破胶时间与恒定储层温度或按照返排时温度测试的压裂液实验破胶时间将产生差异。为保证压裂液体能够在给定的关井时间内充分破胶，本文提出了一种基于液体平均温度的生物酶增强破胶技术的优化方式，即通过进一步细化模拟不同温度状态下地层和压裂液通过热交换实现温度恢复情况，获取不同阶段液体入井后的平均温度，并基于此液体温度恢复模拟数据，结合各阶段液体预期破胶时间范围，阶梯型匹配生物酶破胶剂程序，优选出不同温度组合下最佳生物酶用量，以获得最优化破胶时间。

### 3.1   液体温度恢复模拟

根据临兴区块施工经验，区块内平均施工单级用液量约 $300 \sim 350 m^3$，用支撑剂量约 $40 m^3$，通过 Meyer 压裂软件分别模拟不同储层温度(35℃，40℃，45℃，50℃，55℃，60℃)情况下注入不同地表温度(~0℃，5℃，10℃，15℃，20℃，25℃)的压裂液，模拟各阶段液体温度恢复情况，模拟用泵注程序如图 4 所示。

通过模拟获得的各阶段液体温度恢复曲线如图 5 所示。

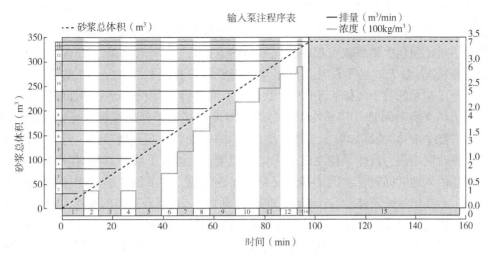

图 4　模拟用典型泵注程序示意图

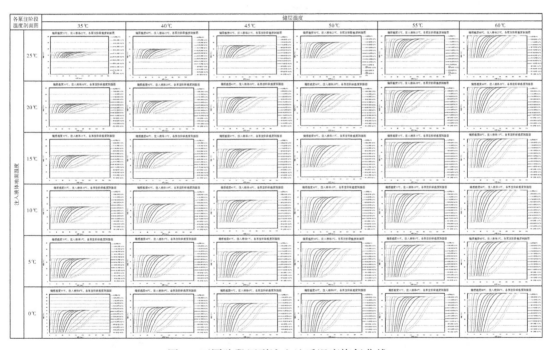

图 5　不同阶段压裂液入地后温度恢复曲线

　　根据模拟结果可见，储层温度越高，温度恢复速度越快，储层温度与注入液体温度差异越大，温度恢复时间越长。施工前期注入的液体其温度恢复速度明显快于施工后期注入的液体，高砂比尾追阶段液体温度恢复速度在各阶段注入液体温度恢复速度中最慢，因此此阶段温度变化对液体破胶性能的影响也最大。同时考虑返排阶段会优先返排出该尾追阶段的液体，因此对尾追阶段的破胶程序优化也是整体生物酶增强破胶程序优化的重中之重。

　　在不同注入液体温度与储层温度的情况下，各阶段液体在泵注过程中不断处于热交换过程，因此温度不断变化。为简化变温条件下的液体破胶速率分析过程，以各阶段液从入井到开始返排时间段内的平均温度作为液体破胶温度的基准，简化动态变温破胶过程为动态恒温破胶过程进行分析。基于模拟结果，不同温度状态下各阶段液体的平均温度分布如图7所示。对比前期生物酶破胶程序优化采用的返排前液体温度基准，即各阶段液体终了温度的分布情况(图7)，各阶段液体终了温度明显高于液体平均温度，在储层温度一定的情况下，施工初始的数个液体阶段(如第1至第4阶段)液体由于其注入时间较早，地层冷却程度低，热交换时间长，其平均温度与终了温度均接近于储层温度，且彼此差异极小，施工中期的数个液体阶段(如第5至第7阶段)，地层受到一定程度冷却，且该阶段液体与地层热交换时间略短，液体平均温度低于储层温度，但温度下降速率相对较低，但由于该阶段液体总的入地时间较长，因此其热交换相对较彻底，终了温度仍旧能够基本达到储层温度。施工后期的数个液体阶段(如第8至第13阶段)，地层经过与前期注入的液体的热交换，冷却程度高，且本阶段注入的液体与地层的热交换时间短，液体平均温度明显低于储层温度，且温度下降速率较高，这一差异也同样体现在终了温度上，液体没有充足的时间实现彻底的热交换，因此温度无法达到储层温度的水平(图8)。

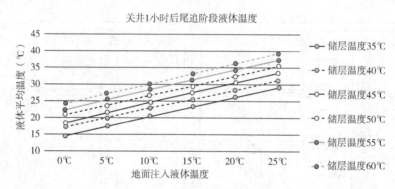

图6　不同储层温度条件下，尾追阶段液体关井1小时温度恢复情况对比

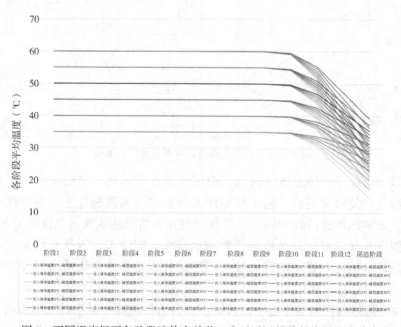

图7　不同温度场下各阶段液体在关井1小时后返排前的终了温度分布

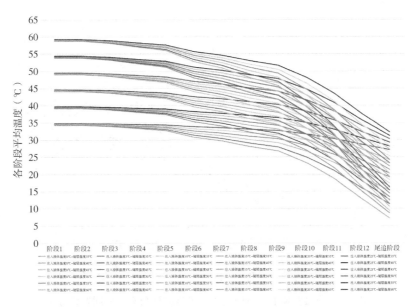

图8　不同温度场下各阶段液体在施工—关井阶段的平均温度分布

对比各阶段液体的终了温度与平均温度，如图9所示，可见施工初期各阶段温差较小，源自与储层充分的热交换。施工中期，由于地层降温导致热交换时间延长，而关井时间又能够满足充分的热交换时长，平均温度与终了温度出现差异增加的趋势，且这一趋势在施工中后期达到峰值。此后的阶段，由于底层降温带来的热交换减缓以及热交换时长逐步缩短，导致平均温度与终了温度差异呈现小幅度缩小趋势。同时，各阶段液体平均温度与终了温度差异分布受注入液体与储层温差影响明显，相似的储层—压裂液温差下，各阶段液体呈现出基本一致的温度变化行为，如图9所示。当储层温度与压裂液温度存在差异时，施工中期以及后期液体平均温度与液体终了温度存在明显差异，且该差异随着储层—压裂液温差增加而增强。在此种状态下，液体终了温度仅代表各阶段液体返排前的最后温度状态，而液体平均温度能够更加贴近地描述液体在井内的完整温度变化状态，尤其是施工中期与施工后期，用液体的平均温度作为基准描述生物酶破胶剂的破胶过程，能够更准确地反映出生物酶在全部反应过程中的反应性能，从而指导设计方获得更加优化的生物酶破胶剂程序(图10)。

**3.2　阶梯型破胶程序优化**

各种破胶剂加量的优化主要参考破胶时间，同时要考虑压裂液对地层的降温影响以及液体温度恢复情况。对于致密砂岩气藏压后关井时间越短，压裂液与地层接触时间越短，越有利于后期生产。临兴区块压后关井时间控制在1h以内，这就要求压裂液在压后1h实现彻底破胶。基于前述液体温度恢复模拟结果，对于低温储层，需要重点考虑液体温度恢复缓慢的情况下，破胶剂在低于预期储层温度下破胶速率减缓的问题。在此情况下，如果按照储层温度或液体终了温度优化生物酶破胶剂加量施工，存在导致返排时部分压裂液破胶不充分，从而携带更多支撑剂进入井筒，降低压裂效果的情况。所以生物酶破胶剂的加量需根据不同阶段液体的温度恢复情况，采用阶梯设计，根据每个阶段返排前所处的实际温度环境的平均情况进行生物酶破胶剂加量优化。

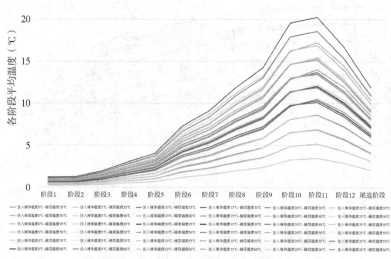

图9　不同温度场下各阶段液体的平均温度与终了温度差异分布

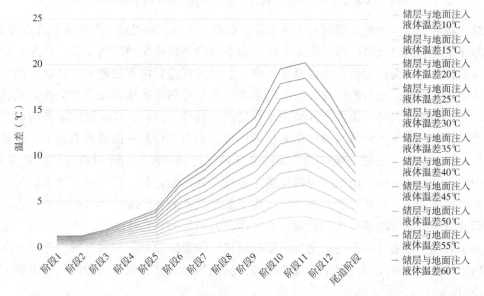

图10　不同温度场下各阶段液体的平均温度与终了温度差异分布(按储层与注入液体温差合并相近数值)

　　以上述典型泵注程序为例,各阶段液体需要在施工停泵之前保持液体的携砂能力,因此预期破胶时间需要大于该阶段液体从开始泵注到整级施工结束的时间长度,同时需要压裂液在停泵后一小时之内达到破胶,因此各阶段液体的最慢破胶时间不能长于关井后1个小时。基于上述要求,可获得各阶段液体预期破胶时间范围,如图11所示。

　　最优化的生物酶破胶剂程序应当为各阶段生物酶破胶剂添加浓度根据该阶段液体平均温度与预期破胶时间进行设计后的结果。根据平均温度分布曲线可见,在储层温度一定的情况下,施工初始的数个液体阶段(如第1至第4阶段)液体平均温度均接近于储层温度,且彼此差异极小,施工中期的数个液体阶段(如第5至第7阶段),液体平均温度低于储层温度,但温度下降速率相对较低,施工后期的数个液体阶段(如第8至第13)阶段,液体平均温度明显低于储层温度，且温度下降速率较高。同时考虑到各阶段液体预期破胶时间存在较大的重叠，因此在不影响破胶效果的情况下，可采用阶梯式生物酶破胶剂设计模式，将相邻数个液体阶段破胶程序合并处理，以降低现场施工操作复杂性。阶梯式破胶剂设计示意图如图 12 所示，图 12 中仅以储层温度 50℃情况下注入 15℃压裂液的平均温度曲线作为示例。

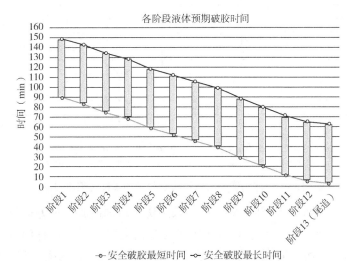

图 11　典型压裂程序各阶段液体预期破胶时间分布

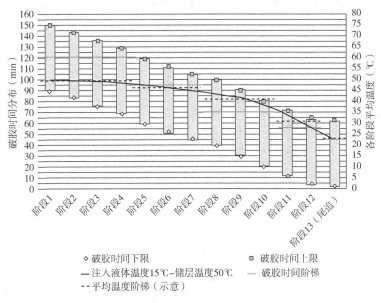

图 12　阶段型破胶温度—时间阶梯设计示意图

图 12 示例中，阶段 1 至阶段 4 液体的平均温度基本相同，且其破胶时间窗口存在较大重叠，可以设计相同的破胶程序，在接近的时间实现破胶。阶段 5 至阶段 7 平均温度差异极小，可合并为第二台阶进行生物酶破胶剂设计。阶段 8 至阶段 13 平均温度差异逐渐加大，因此将其分为多个台阶设计，以保证各台阶对应的生物酶破胶剂设计能够充分地实现有效破胶。施工尾追阶段平均温度最低，破胶要求最高，因此独立为一个台阶进行精细化

设计。

基于上述方法，可以根据不同温度、不同破胶时间，经过静态破胶实验优化出不同生物酶破胶剂加量，如图13所示。

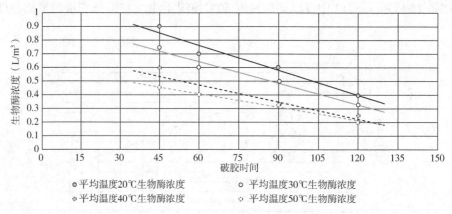

图13　不同温度不同生物酶破胶剂加量优化破胶时间

在20℃、30℃、40℃、50℃和60℃下，采用优化后的破胶剂配方进行16组不同目标时间段45分钟、60分钟、90分钟、120分钟破胶对比实验，到达目标时间后黏度均不小于4mPa·s，破胶彻底。实验证明阶梯状加量生物酶破胶剂符合现场施工实际情况。同时，上述系列实验，可以量化不同温度组合下破胶程序，形成生物酶破胶剂设计的图版，具有较好的可操作性，可以作为该区块内后续施工井生物酶破胶剂设计的基础参考。具体实验数据见图14、表6。

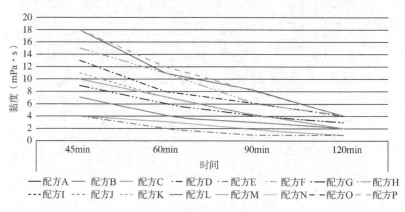

图14　不同温度下破胶液黏度

表6　破胶液黏度测定

| 配方 | 破胶液黏度(mPa·s) | | | | |
|---|---|---|---|---|---|
| | 实验温度(℃) | 45min | 60min | 90min | 120min |
| A | 20 | 4 | 3 | 2 | 1 |
| B | 20 | 7 | 4 | 3 | 1 |
| C | 20 | 10 | 7 | 4 | 3 |

| 配方 | 破胶液黏度(mPa·s) | | | | |
|---|---|---|---|---|---|
| | 实验温度(℃) | 45min | 60min | 90min | 120min |
| D | 20 | 13 | 8 | 6 | 4 |
| E | 30 | 4 | 2 | 1 | 1 |
| F | 30 | 7 | 4 | 3 | 1 |
| G | 30 | 9 | 6 | 4 | 2 |
| H | 30 | 15 | 11 | 6 | 4 |
| I | 40 | 4 | 3 | 2 | 1 |
| J | 40 | 7 | 4 | 2 | 2 |
| K | 40 | 11 | 7 | 4 | 3 |
| L | 40 | 18 | 11 | 8 | 4 |
| M | 50 | 4 | 3 | 2 | 1 |
| N | 50 | 7 | 4 | 3 | 2 |
| O | 50 | 10 | 7 | 4 | 2 |
| P | 50 | 18 | 12 | 8 | 4 |

## 4 生物酶增强破胶技术优化的应用效果

利用前述方法，对不同储层温度—压裂液温度形成的温度场模拟并分析各阶段液体的平均温度以及各阶段液体预期破胶时间范围进行阶梯型分组，再根据每一个阶梯依据生物酶破胶剂设计图版进行生物酶破胶程序调整，即可得到更加优化的生物酶增强破胶程序。自 2021 年起，将该方法引入压裂设计施工中，针对每一口井分别进行平均温度—破胶时间阶梯型优化，调整生物酶破胶剂配方，优化各施工阶段的液体破胶时间与效果，并将最终的生产效果与 2020 年未采用生物酶增强破胶技术优化的施工井进行对比。为尽量降低改造规模与储层物性对效果对比的影响，对 2020 年与 2021 年施工的各井均进行了改造规模与储层特性的归一化处理。

2020 年未采用生物酶增强破胶技术优化的各井的生产效果如图 15 所示。

2021 年采用优化后的生物酶增强破胶技术的各井的生产效果如图 16 所示。

通过大量数据的平均值对比可发现，采用了优化后的生物酶增强破胶技术的各井，在等同施工规模与储层特性条件下，产量有明显的提升，表明通过更加准确的模拟各阶段液体所处的破胶过程平均温度，并借助于阶梯型划分的各阶段预期破胶时间，更加精准化地优化生物酶增强破胶技术，可以更大程度上地降低残胶对裂缝导流能力的伤害，更好地释放储层的生产潜力，在不明显增加施工成本的情况下实现更加经济的开发。

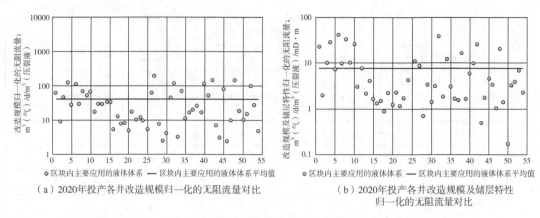

（a）2020年投产各井改造规模归一化的无阻流量对比

（b）2020年投产各井改造规模及储层特性归一化的无阻流量对比

图15　2020年未采用生物酶增强破胶技术优化的各井的生产效果分布

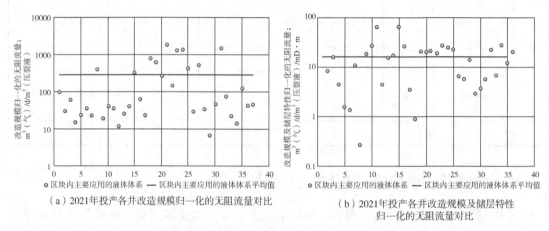

（a）2021年投产各井改造规模归一化的无阻流量对比

（b）2021年投产各井改造规模及储层特性归一化的无阻流量对比

图16　2021年采用优化后的生物酶增强破胶技术的各井的生产效果分布

## 5　针对冬季施工停泵时间优化的建议

目标区块处于陕西省西北部，冬季户外温度常会降低至零度以下，导致现场配液用水温度接近冰点。目前由于产能要求，冬季施工时间不断延长，极端低温天气条件下施工概率增加，因此需要开始考虑如何优化施工程序以控制极端条件对施工效果的影响。通过前述对不同储层温度与注入液体温度形成的动态温度场模拟发现，在极端低温储层，或在储层温度较低且遇极端天气施工的情况下，地面注入液体温度低，施工末尾部分液体阶段的温度恢复较差，在施工后1小时内温度恢复情况可能低于25℃，在如此低的温度下，生物酶破胶剂的活性明显降低，同时氧化破胶剂的反应速率也受到影响。但是通过对尾追段液体温度恢复曲线的分析可见，在停泵后2小时之内，施工尾追段的液体温度均可以恢复到储层温度的90%以上，进入生物酶活性最优的温度范围，从而增强生物酶等破胶剂的效果。基于前述温度分析结果，建议在极端寒冷天气施工时，如果储层温度处于较低水平，为保证破胶质量，建议考虑额外考虑延长关井时间，适当延长施工后关井时间0.1~1小时，以使施工末尾尤其是尾追段液体温度得到更好的恢复，提升生物酶破胶剂的活性，保持生物酶破胶剂用量不增加的同时实现更好的破胶的效果。各种温度场情况下推荐的关井时间整理如图 17 和表 7 所示。

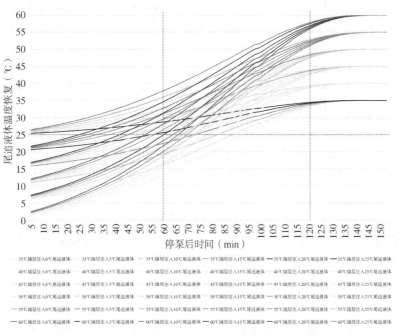

图 17　不同温度场情况下，尾追阶段液体停泵后温度恢复曲线

表 7　各种温度场情况下推荐的关井时间

| 推荐 | | 储层温度 | | | | | |
|---|---|---|---|---|---|---|---|
| 关井时间 | | 35℃ | 40℃ | 45℃ | 50℃ | 55℃ | 60℃ |
| 注入液体温度 | 0℃ | 90min | 85min | 80min | 75min | 70min | 65min |
| | 5℃ | 85min | 80min | 75min | 70min | 65min | 60min |
| | 10℃ | 80min | 70min | 60min | 60min | 60min | 60min |
| | 15℃ | 70min | 60min | 60min | 60min | 60min | 60min |
| | 20℃ | 60min | 60min | 60min | 60min | 60min | 60min |
| | 25℃ | 60min | 60min | 60min | 60min | 60min | 60min |

## 6　结论

（1）针对临兴区块 35~60℃ 低温储层，前期的工作已经表明应用生物酶增强破胶技术可提升压裂施工后裂缝的导流能力，有助于提升产量。但前期生物酶破胶剂程序设计返排前各阶段液体的终了温度，未考虑压裂液进入储层温度场的动态变化过程与热交换过程中生物酶活性随温度变化而变化的影响，生物酶增强破胶技术中生物酶的应用浓度可进一步。

（2）通过 Meyer 压裂软件进行数值模拟，可以更加精准地获取各阶段液体在地层热交换过程中的温度变化过程，从而获得在给定时间范围内各阶段液体的平均温度，该温度与储层温度或液体终了温度存在一定差异，且施工中后段泵注的液体的平均温度与储层温度或液体终了温度差异较大，基于给定的泵注时间范围内对各阶段液体的平均温度进行更准确的刻画与分析，从而可以更加针对性地对生物酶破胶剂浓度进行设计优化，从而获得现场适用性更好的更佳精准性与针对性的生物酶破胶程序。

（3）压裂施工过程中存在多个液体阶段，为更加适应现场的施工需求，利用相邻阶段液体预期破胶时间范围的重叠以及平均温度的相似程度，可对整体施工过程进行阶梯型划分，并针对每一个阶梯，设计同时满足给定温度与给定破胶时间的生物酶破胶剂程序，使各阶段注入的压裂液能够按需求分阶段破胶，从而实现对裂缝导流能力的增强以及对储层伤害的减弱。通过对生物酶破胶剂给定温度与破胶时间的多组实验，可获得生物酶增强破胶技术浓度设计图版。借助此图版可为后续各井破胶流程设计提供依据与参考。

（4）经过优化后的生物酶增强破胶技术应用于 2021 年近 40 口井的压裂施工中，借助更好的破胶效果与裂缝清理能力，更好地释放储层的生产潜力，相比于前期采用未经上述方法优化的生物酶增强破胶技术的各井获得了更好的生产效果，在不明显增加施工成本的情况下实现更加经济的开发。

（5）为满足区块整体产能要求，临兴区块冬季极端天气条件下施工或极端低温储层条件下施工的概率逐年增加，因此现有关井 1 小时时间内液体温度恢复不充分的情况发生的概率也随之增加，建议针对极端低温储层，或低温储层极端天气情况下施工，建议采取适当延长关井时间的方法，以提高液体的温度恢复水平，增强生物酶的反应活性，从而增强对裂缝中大分子瓜尔胶的清理，降低压裂液的储层伤害，提高裂缝的导流能力。

（6）通过精细化研究区块地层特征，获得了确定储层温度和地面温度对压裂液影响的研究方法，得到了符合现场条件的可以用于现场施工指导的理论图版工具，且获得了成功的应用效果。该研究方法具有通用性，可根据当地的储层情况制定相应的图版工具，从而实现压裂工艺的最优化。

## 参 考 文 献

[1] 马新华，贾爱林，谭健，等．中国致密砂岩气开发工程技术与实践[J]．石油勘探与开发，2012，39（5）：572-579．

[2] 邹才能，杨智，朱如凯，等．中国非常规油气勘探开发与理论技术进展[J]．地质学报，2015，89（6）：979-1007．

[3] 贺晓君，李君，李宁涛，等．过硫酸铵与生物酶压裂破胶技术对比研究[J]．石油化工应用，2012，31（4）：81-83．

[4] 李健萍，王稳桃，王俊英，等．低温压裂液及其破胶技术研究与应用[J]．特种油气藏，2009，16（2）：72-75．

[5] 韦代延，陈宏伟，朱德武，等．延川地区浅井超低温压裂液的研究与应用[J]．石油钻探技术，2000，28(4)：41-43

[6] 王文军，张士诚，温海飞，等．浅层水平井超低温压裂液体系研究与应用[J]．油田化学，2012，29（2）：155-158

[7] 李斌，张红杰，张祖国，等．鄂尔多斯盆地临兴神府区块致密砂岩气低温压裂液优化与应用[J]．石油钻采工艺，2019，41(3)：7．

# 海上大跨度薄互层暂堵压裂工艺应用

宣　涛　曲前中　钱继贺　江鹏川　高　尚

（中国海油能源发展股份有限公司工程技术分公司）

**摘　要**　海上低渗透油藏资源基础大，受限于薄互层、强非均质性、物性差、注采不完善或井距过大等客观因素，储量动用程度相对较低。近年海上低渗透储层压裂增产措施逐渐增加，老井射孔层数多、纵向跨度大、隔夹层发育，需采用针对性的分段改造工艺实现充分改造，提高储层动用程度，为了解决井筒复杂状况对机械分段压裂的制约，首次在渤海低渗透油藏应用投球暂堵分段压裂技术，结合自主化海水基压裂液体系、覆膜固结陶粒、自悬浮颗粒支撑剂等配套工艺技术，安全顺利完成施工，达到了纵向均匀改造的目的，增产效果超出预期。

**关键词**　渤海地区；低渗透油藏；暂堵分段；压裂效果评价

## 1　地质背景

BZ 区块位于渤海地区黄河口凹陷，断层发育，断裂系统复杂，形成众多的断块圈闭。主力层系为古近系东三段，发育辫状河三角洲沉积，储层岩性以中、细粒岩屑长石砂岩为主，其中石英含量平均 37.8%，长石含量平均 36.0%。其为正常温度、压力系统，温度梯度 3.68℃/100m，压力系数 1.01。

东三段储层总体具有中孔隙度、中—高渗透的物性特征，但区内发育多火山机构，受火山通道烘烤改造等因素影响，储层物性空间非均质性强，距火成岩较近的储层物性变差，有效渗透率一般小于 20mD。

物性差异导致区块投产井初期产能差异大，区内中—高渗透井采用套管射孔投产，初期产油 200~250t/d，统计距火成岩边界 100m 内的 6 口井投产初期产油 0~85t/d，平均产油仅 45t/d。同时，东三段油藏已注水开发，火成岩边部井注水均不见效，高生产压差条件下，产量、压力无法稳定，呈快速递减，储量动用效果差，亟须采用压裂方式改善井周渗流条件，释放油井产能，提升区块开发效果。

## 2　压裂改造技术思路

结合地质条件、剩余储量、生产情况等，优选 A 井采用压裂方式开展措施治理。A 井东三

【基金项目】中国海油能源发展股份有限公司科研项目"增储上产关键技术/产品研究"（编号：HFKJ-ZX-GJ-2023-02）。

【第一作者简介】宣涛（1987—），男，2014 硕士毕业中国石油大学（华东），高级工程师，主要从事低渗油气田开发研究。地址：天津市滨海新区塘沽区滨海新村西区研究院主楼 601 室。邮政编码：300452。座机号码：022-66907356。邮箱：xuantao@cnooc.com.cn。

段发育砂泥互层，压裂目标层垂深 2897.9~2944.0m，垂向跨度 46.1m，储层单层垂厚 0.7~5.3m，油层、差油层垂厚 20.9m/8 层，内部夹层垂 1.6~5.9m，层薄且纵向分散；储层测井解释孔隙度平均 18.3%，渗透率平均 40.3mD，纵向物性非均质性强，渗透率级差达到 1000；储层岩石力学脆性指数 0.24~0.47，平均 0.37，脆性差异大且整体较低；受平台及施工条件限制，施工排量只能达到 4~5m³/min。针对储层条件，压裂改造设计的核心是实现纵向充分、均匀改造(图 1)。

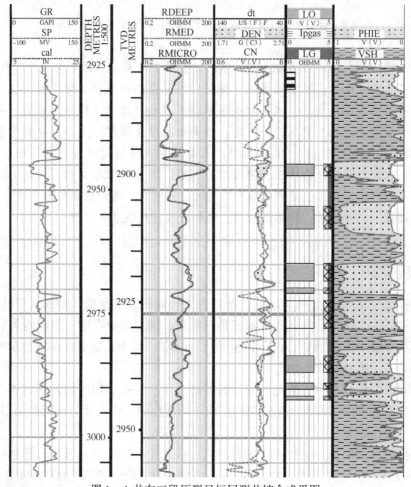

图 1  A井东三段压裂目标层测井综合成果图

根据油藏数值模拟结果设计裂缝半长 120m，裂缝导流能力 500mD·m，预测生产压差取 15.0MPa 时，初期产油为 36m³/d。针对储层条件及地质需求，压裂设计思路为：压裂沟通断层风险小，上下无水层，离注水井较远，无沟通水层风险，设计采用较大规模水力压裂改造，造长缝并适当提高导流能力；为实现储层纵向充分改造，设计采用投球暂堵压裂工艺；前置液段塞采用轻质陶粒，尾追覆膜固结陶粒；主压裂前进行小型压裂测试，为主压裂施工参数调整提供依据；压裂前后以测井监测裂缝高度、解释地应力方向。

## 3  压裂设计及优化

### 3.1  暂堵投球设计及投放程序

不同于常用的连续油管分层压裂、投球滑套分层压裂、水力喷射压裂技术等技术[1]，投球暂堵分段压裂工艺主要为了解决薄互储层的隔层厚度无法满足有效的机械封隔、套管变形导致机械分层工具无法下入到位、隔层应力差小导致压裂窜层而无法有效分段等复杂情况，通过在压裂过程中投入暂堵球，封堵优先起裂层段的炮眼，迫使改造液转向进入其他未压开的层段，实现同压裂段纵向上开启新裂缝，可重复该过程实现纵向上分层分段改造[2]，达到纵向均匀改造的目的，提高大跨度、薄互层、强非均质性储层的改造动用程度，改造完成后，暂堵球在高温下完全降解恢复孔眼流动能力，并且不会对后续作业造成影响。暂堵分段很难达到桥塞分段的准确度，且施工中由于暂堵材料的可溶性，会造成相邻层段的重复改造，但工艺简单、可靠，成本相对较低，在陆上油田井重复压裂及薄互储层改造中得到大规模推广应用。

A 井射孔孔径 10.41mm，设计暂堵球尺寸选用 13~15mm，采用水溶性暂堵球，密度不大于 1.5g/cm³，温度 120℃条件下溶解时间不大于 2 天，承压能力不大于 50MPa，在温度 120℃、压力 50MPa 条件下稳压时间不大于 4h。压裂目标层射孔厚度 21.6m，通过软件进行应力计算及模拟，优先开启的优势储层孔眼数目 279 个，暂堵球设计用量 340 个。

主压开始前，提前将暂堵球放入投球管汇两个旋塞阀之间，并加入适量清水，然后关闭旋塞。第一级加砂结束，停泵，用 1m³/min 排量送球，依靠泵注产生的负压，让暂堵球进入主管线，继续顶替送暂堵球，然后适当提前升排量进行二级加砂。

### 3.2 压裂工艺设计及优化

#### 3.2.1 压裂液体系设计及优化

根据地温梯度，预测目标储层温度 121℃，考虑注入液体对储层的降温作用，设计采用耐温 120℃低伤害压裂液；为提高施工效率、降低风险及作业成本，采用成熟的自主化海水基压裂液；为保证高温下携砂性能，准确控制破胶时间，采用延迟+常规破胶体系。最终优化压裂液体系配方：0.45%HPG+0.7%交联剂+0.1%杀菌剂+0.2%高温稳定剂+0.8%pH 调节剂+0.8%(黏土稳定剂、破乳剂、助排剂)+0.2%增效剂+0.05%~0.1%破胶剂(表1)。

表 1　低伤害海水基压裂液主要技术指标

| 序号 | 检测项目 | 行业标准要求指标 | 检测结果 |
|------|----------|------------------|----------|
| 1 | 基液黏度(mPa·s) | 120℃≤t≤180℃，30~100 | 48.0 |
| 2 | pH 值 | — | 9.5 |
| 3 | 交联时间(s) | 120℃≤t≤180℃，60~300 | 195 |
| 4 | 耐温耐剪切性能(mPa·s) | ≥50 | 91.5 |
| 5 | 静态滤失 | 滤失系数≤1.0×10⁻³ | 0.714 |
| | | 滤失速度 m/min，≤1.5×10⁻⁴ | 1.19 |
| 6 | 破胶性能 | 破胶液表观黏度 mPa·s，≤5 | 1.0 |
| 7 | 残渣含量(mg/L) | ≤600 | 285 |
| 8 | 破胶液表面张力(mN/m) | ≤32 | 27.471 |
| 9 | 破胶液界面张力(mN/m) | ≤3 | 0.226 |
| 10 | 破乳率(%) | ≥95 | 100 |
| 11 | 防膨率(%) | ≥60 | 92.31 |
| 12 | 岩心伤害率(%) | ≤30 | 4.8 |

### 3.2.2 支撑剂体系设计及优化

分析预测储层闭合压力梯度 0.0140MPa/m，闭合压力 40.9MPa，支撑剂优选采用 20/40 目、耐压 52MPa 的陶粒支撑剂。为控制压后出砂，尾追 20/40 目、耐压 52MPa 的覆膜固结陶粒，实验检测破碎率不大于 7%，固结后渗透率不小于 6D，能在保证强度同时不影响裂缝导流能力。前置液采用弱交联压裂液造缝并加入多级自悬浮陶粒段塞，从而提高支撑剂在较低黏度液体中的运移能力，实现复杂裂缝的有效支撑。

### 3.2.3 管柱设计及优化

管柱结构采用 $3\frac{1}{2}$in EUE 扩孔圆堵+$3\frac{1}{2}$in EUE P110 油管短节+7in 非旋转压裂封隔器+反循环阀+安全接头+油管的组合方式，压裂管柱结构简单、工具成熟、性能稳定，优选的 7in 非旋转封隔器工具耐温 150℃、耐压 70MPa，能有效地避免压后工具回收困难的风险。

## 4 现场施工情况及效果评估

### 4.1 压裂现场施工情况

现场进行小型压裂测试后，主压裂阶段进行两级压裂及一次投球暂堵施工。压裂施工累计注入总净液量 832.2m³，总砂量 81m³。

第一级压裂施工最大排量 4.2m³/min，累计泵注净液量 388m³，累计加砂 51.8m³，最大砂比 32%，平均施工压力 43.5MPa，最大施工压力 58.47MPa；停泵后测压降后进行正挤测试验证加砂难易程度，累计挤注 34m³ 后停泵；第二级压裂前投暂堵球，正挤泵送，使用顶替液 1m³/min 排量顶替，累计顶替 15.2m³ 后提排量至 4m³/min，暂堵球坐封孔眼后，开始第二级压裂施工；第二级压裂施工最大排量 4.2m³/min，累计泵注净液量 395m³，累计加砂 29.2m³，最大砂比 25%，平均施工压力 48.7MPa，最大施工压力 56.48MPa。

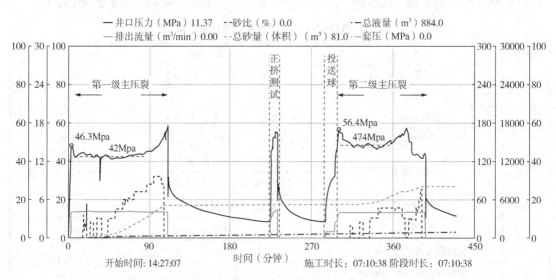

图 2  A 井主压裂阶段泵注施工曲线

### 4.2 投球暂堵效果评价

泵注施工曲线表明(图 2)，暂堵球投球、送球过程中压力逐渐上升，球坐封到位后井口压力快速上升至56.4MPa，同时储层出现破裂响应，井口压力相应下降至51.3MPa，分析暂堵球坐封后促使液流转向造成新缝。同时，在管柱、液体性能、排量等条件未发生变化情况下，井口破裂压力由第一级压裂时的46.3MPa上升至第二级主压裂时的56.4MPa，裂缝延伸时的施工压力由42MPa上升至47MPa，表明储层力学性质存在明显差异，证实通过投球暂堵，改变了纵向起裂位置，在新的层段内形成了裂缝。

### 4.3 压后储层评价认识

小型压裂或主压裂阶段的停泵压降曲线评价分析是认识储层特征的有效手段，可通过净压力拟合及反演获得地层压力、闭合应力、有效渗透率等储层核心参数[3]。

本井小压测试阶段通过正挤泵入线性胶，逐渐提高排量至4m³/min，累计泵入47m³后关井测压降，采用FracproPT软件压降曲线净应力拟合并分析，解释闭合应力为40.6MPa，闭合应力梯度为1.39MPa/100m，储层有效渗透率19mD，体积因子1.0，滤失因子1.0，宽度因子1.0，滤失系数$1.37\times10^{-3}$ m/min$^{1/2}$。主压裂阶段两级压裂停泵后分别测压降30min，解释储层有效渗透率12mD，两次停泵压降解释体积因子1.3~1.6，滤失因子3~7，宽度因子0.3~0.6，滤失系数$7.63\times10^{-3}$ m/min$^{1/2}$。

解释结果表明储层物性较差，渗透率明显低于测井解释结果，与火成岩边部井统计结果相当，小于20mD。小压测试表明近井筒地带天然裂缝不发育，但主压裂阶段体积因子、滤失因子较小压测试结果明显增大，分析认为中远端发育天然裂缝，储层非均质性较强，与火山通道影响改造储层的地质认识相吻合(图3至图5)。

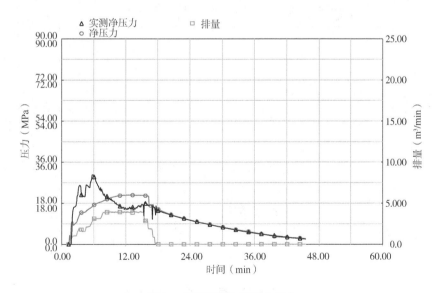

图3 小压压降曲线压力拟合

### 4.4 压后裂缝形态评估

根据压裂施工参数反演裂缝形态，模拟结果显示最大半缝长133m，缝高41m，平均导流能力511mD·m，实现了设计目的。

本井压裂前后均进行了正交偶极声波测井，处理后的阵列声波测井资料提供了准确的纵波时差、横波时差、斯通利波时差，数据进行横波分离得到各向异性，可以用于计算岩石力学参数、岩性识别、气层判别、压裂缝高度预测、压裂缝方向预测等[4]。通常，地层经有效的压裂施工后由于压裂缝的存在会使其各向异性明显增大，对比压裂前后各向异性的强弱差异即可分析压裂缝实际高度，该方法对于弱各向异性地层效果更加明显。

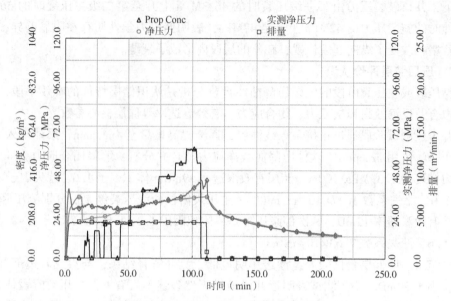

图4　主压裂第一级压降曲线压力拟合

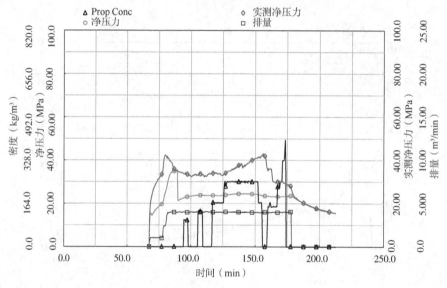

图5　主压裂第二级压降曲线压力拟合

　　本井射孔段2944.7~2995.2m，压裂前后对比，2935~2994m井段纵波、横波时差明显增大，纵波时差增大量平均约6us/ft，横波时差增大量平均约30us/ft；横波幅度降低明显，其中2942~2970m井段降幅最为明显；2931~2996m井段径向速度剖面变化明显，各向异性明显增大。综合声波时差、横波幅度、各向异性、径向速度剖面差异，显示有较好造缝效果，有效压裂缝跨度为2931~2994m，垂向高度为60m，实现了目标层段纵向充分改造(图6)。

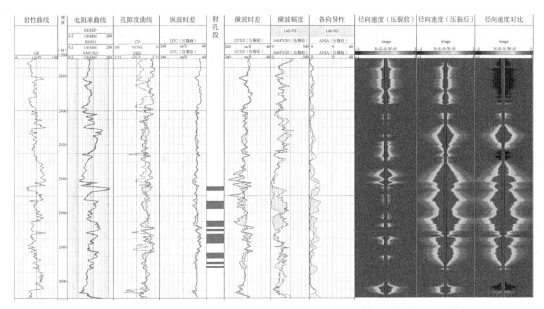

图6　压裂前后正交偶极声波测井解释成果图

### 4.5　压后返排及投产效果

A井压后开井排液 238m³ 后开始见油，初期产液 59m³/d，产油 14.5m³/d，含水率 75%，油压 0.8MPa，含水迅速下降。开井 10 天后，液量、油量明显上升，开井 15 天后井口产液达到高峰并趋于平稳，计量产液 115.8m³/d，产油 111.2m³/d，含水恢复至措施前的 4% 左右，流压压降 0.05MPa/d 左右，采油指数 5.7t/(d·MPa)。本井建井初期产油 45m³/d，压裂措施前产油 20m³/d，压裂后日产油较建井初期提高 2.6 倍，较措施前提高 5.8 倍，同时采油指数较建井初期提高 3.6 倍，增产效果超出方案预期，分析认为储层非均质性强，水力裂缝延展较长，沟通甜点及中远端天然裂缝，改善井周渗流能力同时提高了储量动用程度(表2)。

表2　压裂前后生产情况对比表

| 类型 | 油压<br>（MPa） | 产油<br>（m³/d） | 产液<br>（m³/d） | 产气<br>（10⁴m³/d） | 含水率<br>（%） | 地层压力<br>（MPa） | 流压<br>（MPa） | 生产压差<br>（MPa） | 采油指数<br>［t/(d·MPa)］ |
|---|---|---|---|---|---|---|---|---|---|
| 建井初期 | 5.0 | 45.2 | 50.8 | 0.7552 | 11.1 | 29.2 | 3.86 | 25.34 | 1.57 |
| 措施前 | 0.8 | 19.8 | 21.1 | 0.0062 | 5.1 | 24.6 | 1.75 | 22.85 | 0.77 |
| 压裂后 | 2.7 | 111.2 | 115.8 | 1.11 | 4.0 | 25.0 | 12.0 | 13.0 | 5.69 |

## 5　结论及认识

（1）采用投球暂堵分层压裂工艺能够有效实现纵向充分改造，正交偶极声波测井评价压后缝高垂向可达 60m，超过射孔段跨度，实现了纵向均匀改造、充分动用的目的。

（2）从压裂施工曲线分析，储层物性相对较差，且存在天然裂缝，非均质性强，通过压裂沟通中远端甜点及天然裂缝，压后日产油较措施前增产 5.8 倍，高于建井初期产量，是解决低渗透储层动用有效手段。

（3）本井是目前渤海地区单层液量最大、支撑剂用量最多的压裂井，首次应用大规模层间暂堵分层压裂技术，较以往压裂井增产幅度最大，对后续类似油藏动用工艺设计思路及技术配套具有良好借鉴意义。

## 参 考 文 献

[1] 王永辉，卢拥军，李永平，等．非常规储层压裂改造技术进展及应用[J]．石油学报，2012，33(S1)：149-158.

[2] 熊春明，石阳，周福建，等．深层油气藏暂堵转向高效改造增产技术及应用[J]．石油勘探与开发，2018，45(5)：888-893.

[3] 李蕴哲，任泽，王永刚．小型压裂测试在海上探井压裂的应用与分析[J]．油气井测试，2017，26(5)：53-55.

[4] 窦伟坦，侯雨庭．利用偶极声波测井进行储层压裂效果评价[J]．中国石油勘探，2007，12(3)：58-63.

# 致密储层水平井桥塞压裂技术与压后评价

江 锚　王 黎　彭成勇　白玉湖

（中国海油研究总院有限责任公司）

**摘 要** SN 区块天然裂缝不发育、水平应力差偏大，不易形成复杂缝网，进行分段压裂时，受储层物性、地应力、各向异性等因素影响，段间实际压裂液进入量不均匀，达不到储层均匀改造的目的。针对该问题，依据经济效益最大化原则，在建立精细化地质模型的基础上，开展了完井方式、压裂液及支撑剂体系优选，并基于地质甜点、工程甜点和地质工程综合甜点的水平井精细化压裂设计方法研究，优化了压裂施工参数，预测了压后无阻流量并与常规压裂方法进行了对比分析，形成了水平井分段压裂精细化设计技术。2021 年 9 月，该技术在 SN 南部区块 1 口新部署水平井进行了现场应用，取得了很好的压裂效果，压后无阻流量 22.37×10⁴m³，投产 700 天后日产气量 2.88×10⁴m³，实际产量与数值模拟结果误差均在 4% 以内。SN 区块致密气精细化压裂设计的成功应用，为类似致密气储层改造提供了新的技术思路。

**关键词** 致密砂岩；水平井；地质甜点；工程甜点；分段压裂

结合三维地震资料解释的精细构造结果，SN 目标区块整体呈北西高南东低的单斜构造特征，只发育小规模的层间断层。对目标区块测井解释结果进行统计分析，测井解释的从 T1 至 B1 气层平均孔隙度 7.2%~9.57%，渗透率 0.33~0.59mD；Ⅰ 类气层含气饱和度 51%~54.8%，Ⅱ 类气层含气饱和度低于 48%，总体表现为低温、低压、高含水及特低孔隙度—特低渗透率砂岩储层，必须通过水力压裂增产改造才能释放储层产能[1-2]。鉴于目标区块致密砂岩储层具有低温低压高含水的特点[3]，为尽可能地减少储层伤害，需要开展压裂液体系的优选，以便于适应储层物性及温度特点。

本文以一口新完钻水平井为例，首先结合岩石力学特性及气藏实施要求优选完井方式、压裂液及支撑剂体系，根据各水平井段实际的地层特性、岩石力学及地应力参数变化规律，筛选出目标水平井水平段地质甜点、工程甜点及地质工程综合甜点，优化压裂水平井分段位置。针对地质工程综合甜点变化规律，开展压裂水平井泵注程序精细化设计，模拟出不同压裂段的裂缝形态，开展精细化压裂产能预测，并将产能预测结果与实际压裂施工后产量进行对比分析，验证了精细化压裂设计技术的有效性，该方法有助于推动致密气田高效开发。

---

【第一作者简介】江锚，男，1994 年生，湖北潜江人，2016 年毕业于中国石油大学（北京）石油工程专业，2019 年获石油与天然气工程专业硕士学位，工程师，主要从事油气田储层改造工作。手机号 13552960882，E-mail：jiangmao@cnooc.com.cn。

## 1　水平井压裂方式优选

根据地层岩心实验数据，已部署水平井及定向井周边 1000m 天然裂缝密度低于 0.1 条/m，天然裂缝密度地层天然裂缝不发育。根据岩石力学实验数据，部分区域岩石存在中等到较弱的塑性，最大水平主应力与最小水平主应力的差值总体分布在 6~10MPa 区间内，形成较大范围的网络型的裂缝体难度较大。为达到尽可能多的人造裂缝增加有效改造体积的目的，确定采用大排量、大砂量多段多簇桥塞射孔联作压裂技术。因此推荐电缆射孔桥塞压裂工艺[4]（图 1）。

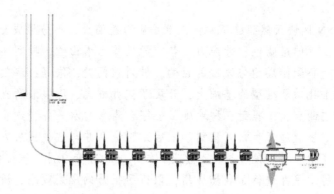

图 1　致密气桥塞射孔联作压裂管柱

## 2　压裂液及支撑剂优选

压裂液体系优选基本原则：压裂液体系应根据地层敏感性评价结果，结合压裂工艺要求开展地层配伍性、压裂液滤失性、携砂性能等实验，选用技术上成熟可靠、现场应用经验丰富、认可程度高、成本较低的压裂液体系[5]。

探井储层敏感性特征如下。

太原组：中偏弱速敏、中偏弱水敏、中偏弱—强盐敏、弱—中偏弱碱敏、中偏弱—中偏强土酸酸敏；临界矿化度 22000mg/L。

根据目标区块压裂层段地层特征，对压裂液提出以下性能要求：

（1）压裂液需要除氧化破胶剂外的添加剂实现低温破胶。

（2）压裂液需要达到良好的防水锁性能，保证气井快速返排[6-7]。

（3）后期工作液矿化度需尽量高于临界矿化度，在工作液中加入抑制剂、防膨剂等防止水敏盐敏伤害。

根据从 T1 到 B1 气层敏感性评价结果，结合施工要求，使用瓜尔胶压裂液体系，对压裂液体系进行优选实验，最终优选出压裂液配方（表 1）。

表 1　瓜尔胶压裂液具体配方

| 序号 | 添加剂代号 | 化学品名称 | 添加剂量 | 单位 |
|---|---|---|---|---|
| 1 | GW-3 | 瓜尔胶 | 2.80 | kg/m³ |
| 2 | Clay Master 10 | 黏土稳定剂 | 1.00 | L/m³ |

| 序号 | 添加剂代号 | 化学品名称 | 添加剂量 | 单位 |
|------|-----------|-----------|---------|------|
| 3 | BF-7L | pH 值调节剂 | 1.80 | L/m³ |
| 4 | GBW-12CD(1：33 稀释) | 酶破胶剂 | 0.03 | L/m³ |
| 5 | Clay Treat 3C | 黏土稳定剂 | 1.00 | L/m³ |
| 6 | Inflo-251G | 助排剂 | 1.00 | L/m³ |
| 7 | GBW-5 | 氧化破胶剂 | 0.25~0.8 | kg/m³ |
| 8 | XLW-30G | 交联剂 | 1.00 | L/m³ |
| 9 | XLW-32(1：9 稀释) | 交联剂 | 1.20 | L/m³ |
| 10 | BC-31 | 低温破胶催化剂 | 0.40 | L/m³ |
| 11 | Magnacide-575 | 杀菌剂 | 0.05 | L/m³ |

支撑剂粒径的优选原则：支撑剂粒径不大于射孔孔径的 1/6；支撑剂粒径不大于裂缝动态缝宽的 1/3[8]；根据地层闭合应力及生产压差，确定支撑剂种类；支撑剂应具备具有低破碎率、高导流能力、易于铺置的特点。

根据已压裂井资料分析，压裂目标层闭合压力总体大于 35MPa，优选抗压级别为 50MPa 的陶粒，粒径以 30/50 目陶粒为主，桥塞射孔联作压裂试验水平井采用 40/70 目陶粒，T2 段和 B1 段距离煤层较近，加入 40/70 目陶粒段塞降滤失(表 2)。

表 2　SN 区块已压裂井闭合压力汇总表

| 井名 | 层位 | 地面破裂压力(MPa) | 地面闭合压力(MPa) | 地层破裂压力(MPa) | 地层闭合压力(MPa) |
|------|------|-----------------|-----------------|-----------------|-----------------|
| 3B | B1 | — | 14.15 | — | 34.27 |
| 03-1D | T2 | — | 19.87 | — | 38.86 |
| 6B | B1 | 31.70 | 16.62 | 54.28 | 39.20 |
| 6B | T1 | | 16.63 | — | 37.52 |
| 15B | T2 | 33.90 | 14.79 | 55.45 | 36.34 |
| 24B | B1 | 31.07 | 22.77 | 47.29 | 38.99 |
| 29B | B1 | — | 15.60 | — | 27.52 |
| 31B | B1 | 26.60 | 21.67 | 46.38 | 41.45 |
| 2-9D | T2 | — | 14.78 | — | 36.19 |

## 3　水平井压裂精细化设计

### 3.1　压裂射孔簇位置优选

根据单层压裂气井试气分析结果，定义目标区块单层直井/定向井低产井与高产井的分界线为 40000m³/d。已压裂井压后无阻流量与含气饱和度、地层系数 KH、地层特征参数 KHSgφ、泥质含量存在相关性。其中，压后无阻流量与泥质含量总体呈现负相关的特征。因此，地质甜点通过泥质含量、孔隙度、渗透率及含气饱和度四个评价参数来表征（图 2）。

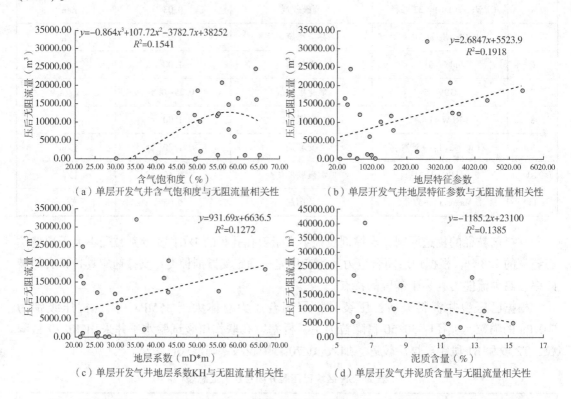

（a）单层开发气井含气饱和度与无阻流量相关性　　（b）单层开发气井地层特征参数与无阻流量相关性

（c）单层开发气井地层系数KH与无阻流量相关性　　（d）单层开发气井泥质含量与无阻流量相关性

图 2　单层压裂气井含气饱和度、地层系数、地层特征参数、泥质含量与无阻流量相关性曲线

岩石脆性指数的计算公式如下：

$$B_n = 100 \times \frac{\dfrac{E-E_{min}}{E_{max}-E_{min}} + \dfrac{\mu-\mu_{max}}{\mu_{min}-\mu_{max}}}{2} \tag{1}$$

上面的脆性指数计算公式只考虑了岩石力学基本属性，忽略了储层应力条件，不能准确反映目标地层的压裂品质。因此需要结合岩石压裂基因和裂缝生长环境建立致密气藏地层压裂品质评价模型[9-10]，可压裂性指数计算公式如下：

$$F_i^{(n)} = B_n \times \frac{1}{(0.5 \times K_{IC} + 0.5 \times K_{IIC}) \times \sigma_h} \times \left(1 - \frac{\sigma_H - \sigma_h}{\sigma_h}\right) \tag{2}$$

式中，$B_n$ 为脆性指数；$\sigma_h$ 为最小水平主应力，MPa；$\sigma_H$ 为最大水平主应力，MPa；$E$ 为杨氏模量，GPa；$\mu$ 为岩石泊松比；$F_i^{(n)}$ 为岩石可压裂性指数；$K_{IC}$ 为 I 型断裂韧性；$K_{IIC}$ 为 II 型断裂韧性。

工程甜点评价参数包含杨氏模量、泊松比、脆性指数、最大水平主应力和最小水平主应力、地应力差异系数、破裂压力梯度共 7 个参数。已压裂井压后无阻流量与可压裂性指数、破裂压力梯度存在较强的相关性。因此，工程甜点评价参数通过破裂压力梯度和可压裂性指数来表征(图3)。

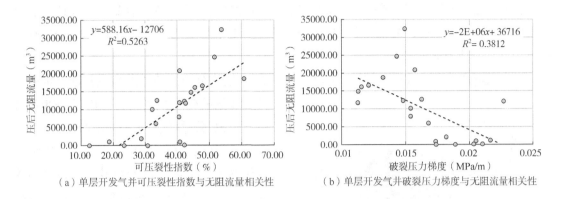

（a）单层开发气并可压裂性指数与无阻流量相关性　　（b）单层开发气井破裂压力梯度与无阻流量相关性

图3　单层压裂气井可压裂性指数、破裂压力梯度与无阻流量相关性曲线

根据目标区块致密气藏地质模型及地应力精细化模型，利用 Kinetix 软件建立目标水平井 39-3H 压裂地学模型；根据水平井段地质甜点和工程甜点，优选目标区块致密气藏桥塞射孔联作压裂水平井射孔位置，设置工程甜点位置优先射孔，在此基础上调整射孔段长度，射孔密度，进而完成压裂段射孔簇位置优选。

依据上述优选方法，开展一口新钻水平井 39-3H 压裂射孔位置优选，划分出 5 个压裂段 13 个射孔簇。其中，存在地质工程双甜点的第一段、第二段及第五段各设计三簇射孔，第三段和第四段设计两簇射孔(图4)。

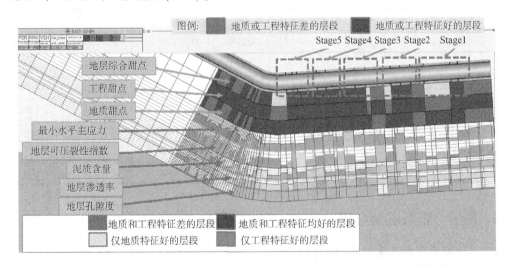

图4　压裂水平井地层物性参数、工程参数及地质工程甜点沿井段的剖面图

### 3.2　压裂泵注程序设计及裂缝形态模拟

由于在压裂施工方面，结合地层条件，推荐水平井采用套管固井及桥塞射孔联作压裂工艺，采用一体化在线压裂液体系，可以灵活控制压裂液黏度。结合 5½in 套管尺寸及井口压力随排量及摩阻的变化规律，桥塞射孔联作压裂水平井优选排量为 8m³/min。

桥塞射孔联作压裂人工裂缝建模及数值模拟主要步骤如下：

（1）通过断层构造、测井解释以及岩心分析手段，建立储层物性三维地质模型，利用Visage软件反演出三维岩石力学及地应力参数属性模型。

（2）在三维地质模型的基础上，应用Kinetix软件划分地质工程综合甜点，优选压裂射孔段射孔簇，精细化设计泵注程序；输入压裂施工参数和岩石力学参数，采用Kinetix软件UFM算法表征人造裂缝形态。

（3）在形成多段多簇裂缝体的基础上，表征裂缝波及范围内的地层物性参数，生成高精度非结构化裂缝网格，采用INTERSECT数值模拟器计算气藏水平井生产动态。

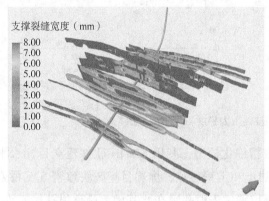

图5　致密气田39-3H水平井全水平段模拟裂缝形态

根据压裂分段分簇结果，39-3H水平段优选5个压裂段13个射孔簇，设计两簇射孔段及三簇射孔段的压裂施工泵注程序。三簇射孔压裂段最大注入液量1049m³，三簇射孔压裂段最大加砂量76m³，两簇射孔压裂段最大注入液量723m³，两簇射孔压裂段最大加砂量49m³。根据上述压裂施工参数，采用Kinetix软件UFM有限元网格描述人工裂缝，目标水平井全水平段模拟裂缝形态如图5所示，不同压裂段裂缝模拟参数见表3。

表3　致密气田39-3H水平井压裂段模拟裂缝参数汇总表

| 压裂层段 | 第1段 | 第2段 | 第3段 | 第4段 | 第5段 |
|---|---|---|---|---|---|
| 总液量($m^3$) | 1013 | 1027 | 719 | 724 | 1049 |
| 总砂量($m^3$) | 74 | 75 | 48 | 49 | 76 |
| 液氮体积($m^3$) | 35.5 | 35.9 | 27.4 | 29.7 | 43.5 |
| 前置液占比(%) | 32.6 | 32.1 | 35.1 | 34.8 | 33.4 |
| 平均支撑裂缝半长(m) | 176.19 | 194.06 | 184.54 | 193.13 | 170.01 |
| 平均裂缝高度(m) | 14.45 | 28.09 | 25.04 | 21.97 | 12.74 |
| 平均裂缝导流能力($mD \cdot m$) | 366.33 | 282.67 | 259 | 351.25 | 311.47 |

## 4　压后分析及实例应用

### 4.1　压裂水平井开发效果模拟分析

在多段多簇裂缝模拟结果的基础上，耦合气藏地质、岩石力学、地应力及岩石参数形成新的单口水平井耦合模型。通过储层改造后的UFM压裂精细网格模型与储层改造前的常规网格模型对比发现：压裂改造后，裂缝附近的地层渗透率有所上升，微观渗流条件有所改善(图6)。

由图7可以看出：在没有压裂改造的条件下，储层物性差，直接投产的情况下水平井产气量偏低，压力波及面积约为0.279km²；由图8可以看出：压裂改造后，缝网内部储层渗透率变大,地层压力下降速度快于未压裂改造的水平井,多段多簇裂缝导流能力增强,水平井周边气体渗流能力增强,压力波及面积扩大到 0.72km²,相比于压裂改造前压力波及范围增大,压裂后水平井增产效果显著。这说明桥塞射孔联作压裂耦合数值模型可以准确表征渗流微观机理及生产动态,压裂耦合数值模型具有一定的适用性。

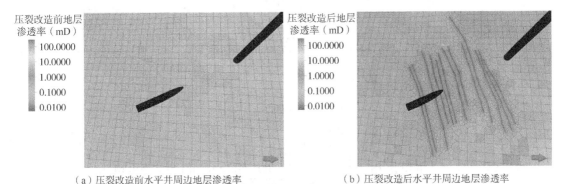

（a）压裂改造前水平井周边地层渗透率　　　　（b）压裂改造后水平井周边地层渗透率

图 6　水平井压裂改造前、后储层渗透率对比

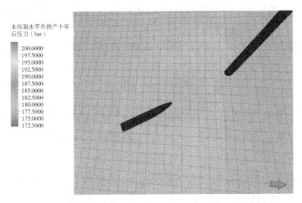

图 7　水平井未压裂改造生产 10 年地层压力分布图

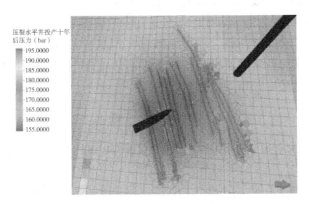

图 8　水平井压裂改造生产 10 年地层压力分布图

## 4.2　压裂水平井产能模拟实例应用

39-3H 水平井地质气藏专业预测无阻流量 10.44×10⁴m³/d[11],2021 年 9 月实际试气无阻流量 22.37×10⁴m³/d,初始产气量 78442m³/d,截至 2023 年 9 月底该水平井采用多段多簇工艺压裂后累计生产时间达到 700 天,生产末期实际产气量 28800m³/d,日产气量与模拟

值27727m³/d误差3.86%，累计产气量实际值3.14×10⁷m³/d，累计产气量实际值与多段多簇压裂产量模拟值3.20×10⁷m³/d误差1.86%。因此，多段多簇压裂压后产量数值模拟结果与实际值误差在合理范围内，反映出致密砂岩气田耦合模型具有一定的适用性，有利于在后续致密气田勘探开发及压裂设计中得到推广和应用(图9)。

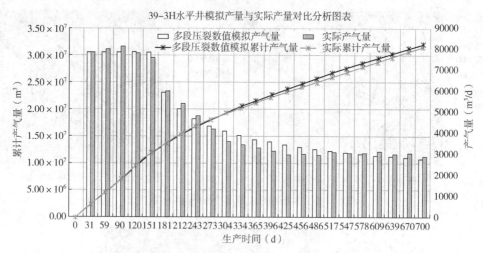

图9 致密气田39-3H水平井多段多簇压裂数值模拟产量与实际产量对比分析图表

## 5 结论

(1)根据目标地层天然裂缝及水平地应力分布特征，新部署水平井推荐电缆射孔桥塞压裂工艺，根据地层温度、岩石矿物组分、岩石敏感性分析结果，优选了目标层位压裂液配方及支撑剂体系。

(2)基于压后效果评价地质—工程一体化量化评价模型，评价了水平井段地质工程甜点，优选了压裂水平井分段位置，针对水平井不同压裂段进行了泵注程序精细化设计，打破了常规致密气压裂均匀分段和以经验值设计泵注程序的要求。

(3)运用UFM模拟算法精确表征压裂水平井中的裂缝形态。在此基础上，开展体积裂缝与气藏数值网格的耦合，利用耦合模型精细化模拟水平井压后产能，分段分簇压裂条件下模拟的压后产能与实际压裂水平井产能误差在合理范围内，验证了体积裂缝与气藏数值耦合模型的适用性，在致密气田增储上产取得显著效果。

### 参 考 文 献

[1] 梁潇, 喻高明, 黄永章, 等. 大牛地气田分段多簇缝网压裂技术[J]. 断块油气田, 2019, 26(5): 617-621.

[2] 吴百烈, 周建良, 曹砚锋, 等. 致密气水平井分段多簇压裂关键参数优选[J]. 特种油气藏, 2016, 23(4): 127-130+157.

[3] 程宇雄, 彭成勇, 周建良, 等. 临兴致密气藏压裂水锁伤害评价与措施优化[J]. 特种油气藏, 2017, 24(3): 135-139.

[4] 杨国通, 张超, 金鑫, 等. 临兴区块盒三段水平井分段压裂技术与压后评价[J]. 石化技术, 2021, 28(9): 115-116.

[5] 余翠沛, 张滨海, 李紫晗, 等. 临兴区块致密气储层压裂损害影响因素[J]. 特种油气藏, 2022, 29

（1）：141-146.

［6］敬季昀，郭布民，杜建波．致密气储层压后返排动态控制研究［J］．石油化工应用，2018，37（2）：46-50+54.

［7］张黄鹤，程兴生，吴阳，等．致密气藏水力压裂中防水锁剂的性能评价研究［J］．广东化工，2018，45（6）：83-84+50.

［8］张自印，韦红术，张俊斌，等．半潜式平台压裂测试技术创新与实践［J］．长江大学学报（自科版），2015，12（32）：70-74+7.

［9］Peng C Y, Liu W J, Huang Z X, et al. An integrated multi-scale fracability evaluation method for tight sandstone reservoir［J］. IOP Conference Series：Earth and Environmental Science, 2021, 861（6）：062072.

［10］彭成勇，刘书杰，李扬，等．砂岩储层可压裂性评价方法研究［J］．科学技术与工程，2014，14（20）：205-209.

［11］徐兵祥，白玉湖，董志强，等．致密气不稳定"一点法"产能评价研究［J］．中国海上油气，2022，34（5）：117-122.

# 大排量水平井旁通分流砾石充填技术及应用

陈　阳[1,2]　齐志刚[1,2]　董恩博[1,2]　陈宗毅[3]

(1. 中国石化胜利石油工程有限公司钻井工艺研究院；

2. 中国石油和化学工业联合会"非常规油气钻完井技术重点实验室"；

3. 中国石化胜利油田分公司石油工程技术研究院)

**摘　要**　旁通筛管技术是解决水平井砾石充填所遇桥堵问题，进而提高充填效率的有效方法。为进一步提升旁通通道输送能力，研制了大排量旁通筛管，形成以"喷砂环—输送管"为主要特征的新型旁通通道结构，具备旁通输送管过流截面大的优势，物模试验结果显示，其旁通通道砂浆输送摩阻压降相比现有传统型旁通筛管降低 53.8%。大排量旁通筛管在 ZB221-P8 井获得成功应用，相比同区块使用传统型旁通筛管的 4 口邻井，ZB221-P8 井在旁通充填阶段可维持安全排量 $0.8m^3/min$，明显高于邻井 $0.2\sim0.4m^3/min$，施工时长减少 48.5%。投产后一年时段内生产动态显示，ZB221-P8 井年累计产油量相比邻井平均高出 31.2%。上述结果表明，大排量旁通筛管满足快速循环充填要求，有利于提升单井产能。

**关键词**　水平井；砾石充填；旁通通道；过流截面；充填效率

砾石循环充填是裸眼水平井常用防砂方法，相比独立筛管防砂效果更好[1]。然而在施工过程中，筛管外环空往往存在砂桥形成堵塞(简称"桥堵")，阻碍砂浆继续向前输送，起因包括两种：一是砂浆输送极限距离通常为 150m 至 200m[2]，如果水平段较长，则砂浆极易在井筒中段某点提前脱砂；二是施工前井筒长时间被井液浸泡，导致井壁垮塌[3]。由此导致改造不均：循环充填过程提前结束，桥堵下游井段形成充填亏空区，投产后被低渗透泥砂填满，严重阻碍泄流；如果按照预设量继续泵注砂浆，砾石则被迫挤入桥堵上游井段近井筒区域，形成高渗透充填带，导致投产后过早见水[4]。

为解决上述问题，国内外诸多专家学者提出"旁通分流砾石充填"技术(简称"旁通充填")，其原理是在完井管柱外侧铺设旁通通道，一旦砂浆在环空输送遇阻，则可经旁通通道越过桥堵继续向前输送，有效延续循环充填过程，最终在全井段形成密实且连续的充填带。旁通充填技术所涉及工具主要包括集成旁通通道的筛管(简称"旁通筛管")和盲管(简

【基金项目】中国石化石油工程技术服务有限公司应用开发课题"裸眼防砂连续充填一体化工具研制及应用"(编号：SG20-09K)，"绕流式选择性固井技术应用研究"(编号：SG23-24K)。

【第一作者简介】陈阳，1985 年生，副研究员(自然科学)，主任师，2013 年毕业于西南石油大学海洋油气工程专业，获博士学位，主要从事现代完井工程理论与技术方面的研究工作。地址：(257017)山东省东营市东营区北一路 827 号。电话：(0546)63833140。E-mail：slchenyang@163.com。

称"旁通盲管"），以及旁通通道穿越式封隔器[5]。

在国外，旁通充填应用较早，L. G. Jones 等[6]报道了 20 世纪 90 年代初在美国墨西哥湾近海 2 口定向套管井内的现场试验，解决了不同射孔层段物性差异大影响充填效率的问题。旁通充填提供了独立且相对密闭的砂浆输送通道，因此后续主要用于裸眼井内，以便充分发挥其技术优势。L. G. Jones 等[7]和 Keith Godwin 等[8]指出，为实现在裸眼井筒内长距离输送砂浆，常规充填要求井壁形成厚滤饼隔离层以防砂浆过度滤失形成桥堵，但施工后滤饼清除困难，而旁通充填允许在充填之前或其过程中清除滤饼，甚至允许适度压裂，从而有利于高产。Ashraf M. Bessada 等[9]、Vishal Aggarwal 等[10]和 Tri Firmanto 等[11]指出，对于近海/深水气藏大位移井的砾石充填作业，通常存在储层破裂压力梯度低、破裂压力窗口窄、天然裂缝发育、井底温度高、泥页岩段不稳定等不利因素，使用旁通充填配合轻质陶粒、黏弹性表面活性剂携砂液、低泵入排量等措施，可有效减少携砂液漏失并提高输送距离。M. D. Barry 等[12]和 Pui Ling Chin 等[13]提出将旁通充填与分段充填结合使用，首先在完井阶段提前封隔上部气、水层段，然后在其他层段实现高质量充填，从而有效提高采收率。

在国内，旁通充填应用相对较少。李怀文等[14]报道一种自主研制的旁通分流砾石充填防砂工具，并成功进行地面物模充填试验。孟文波等[15]报道了旁通充填在乐东气田超浅层大位移水平井、文昌油田大位移水平井、陵水气田超深水水平井内的成功应用。

然而，现有传统型旁通筛管的局限在于旁通通道过流截面小，旁通分流技术难以满足快速循环充填要求，不利于充填效果提升。为此，优化了旁通通道结构以提升其输送能力，研制出"大排量旁通分流砾石充填筛管"（简称"大排量旁通筛管"）。

# 1 技术简介

## 1.1 砾石连续充填施工过程

以顶部正向循环充填为例，一旦筛管外环空形成桥堵，则施工过程主要分为 2 个阶段。

（1）筛管外环空输送阶段（阶段 1）。

如图 1（a）所示，充填施工启动之后，由于筛管外环空过流截面明显大于旁通通道过流截面，因此砂浆优先经环空输送，砂浆在桥堵上部被迫脱砂，砂堤在桥堵上部井段不断增长，直至充填密实。在阶段 1，循环充填可保持较大排量，而旁通通道内能分配的砂浆流量较小，旁通输送未启动。

（2）旁通输送阶段（阶段 2）。

如图 1（b）所示，当桥堵点上部环空充填完毕，砂浆才被迫全部转入旁通通道输送，砂浆越过桥堵点之后，立刻喷射进入环空，逐渐将阶段 1 遗留的亏空区充填密实，从而有效提高循环充填效率。在阶段 1 遗留的亏空区内，环空截面远大于旁通通道，砂浆从旁通通道进入环空之后，流速迅速下降，砾石发生沉降，沙堤沿跟端向趾端方向逐渐形成，上游喷射孔被砂埋，下游喷射孔陆续启动，砂浆在旁通通道内的输送距离越来越长，直至最终充填完毕。

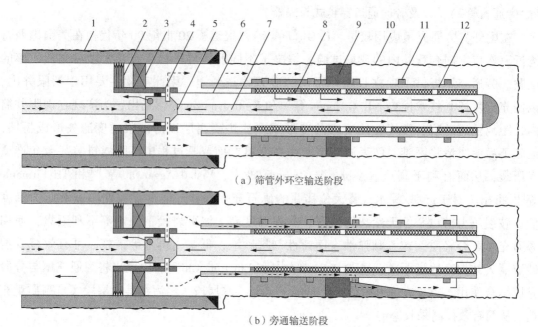

（a）筛管外环空输送阶段

（b）旁通输送阶段

图1　砾石连续充填施工过程

1—二开井眼；2—悬挂器；3—封隔器；4—充填滑套；5—充填服务工具；6—光套管；7—冲管；8—筛管；
9—桥堵；10—三开井眼；11—喷射孔；12—旁通通道

### 1.2　传统型旁通筛管的局限

过流截面是评价旁通通道砂浆输送能力的重要指标。而传统型旁通筛管存在输送能力不足的问题，以 Christophe A. Malbrel 等[16] 的报道为例，体现为：由于旁通管（包括旁通输送管和旁通充填管）厚度受到基管规格和工具外径限制，同时其周向跨度不能过度遮盖其下方滤砂网的过滤面，因此过流截面受限，如图 2(e) 所示；铺设多根独立的旁通充填管，只负责充填但不负责全井段输送，从而挤占了旁通输送管可使用的过流截面，如图 2(b) 所示；旁通管的液流仅在筛管端部环形空腔内汇聚[17]，在筛管主体部位相互独立，容易导致各根管内液流分布不均，对输送能力产生负面影响。

由图 1(b) 可知，当施工过程进入阶段 2 后，砂浆在旁通通道内输送几十米至几百米，其过流截面较小决定输送摩阻压降较高，使得地面泵压显著上升。为避免井底压力过高压裂地层[18] 进而引发投产后水淹，必须大幅降低排量，由此大幅延长工时，增加施工风险包括：近井地带受携砂液浸泡污染更加严重[19]；井壁更易失稳，砾石在筛管外环空掺混更多地层砂，导致充填层渗透率显著下降[20]。因此，有必要优化旁通通道结构，提升旁通管过流截面利用率，进而提升旁通通道输送能力，满足快速循环充填要求。

### 1.3　大排量旁通筛管结构

大排量旁通筛管结构如图 2(c) 和图 2(d) 所示。工具外径 188mm，基管规格 5in，单根标准长度 9.9m。本体部位主要包括 4 个输送—滤砂单元和 3 个喷砂环，呈间隔状套装于基管外围并固定，形成"喷砂环—输送管"结构。其中，输送—滤砂单元由滤砂网、滤网保护管、3 根旁通输送管、外保护管组成，提供跨越筛管本体的砂浆输送旁通通道，并具备滤砂和支撑保护功能；相邻喷砂环间隔 1.9m，喷砂环开设 3 个喷射孔，负责将砂浆喷射进入筛管外环空，其内部环形槽沟通各根旁通管。接箍部分与传统型旁通筛管使用相同结构[21]，即配合外层插管提供跨越接箍的环形旁通通道。

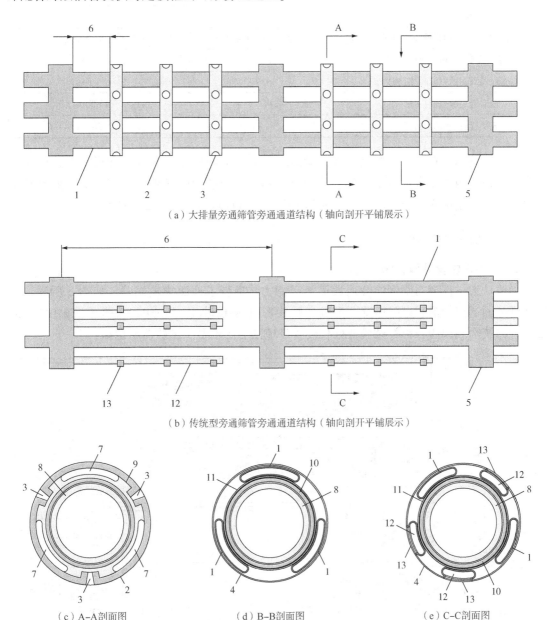

（a）大排量旁通筛管旁通通道结构（轴向剖开平铺展示）

（b）传统型旁通筛管旁通通道结构（轴向剖开平铺展示）

（c）A—A剖面图　　　　　（d）B—B剖面图　　　　　（e）C—C剖面图

图 2　旁通筛管工具结构

1—旁通输送管；2—喷砂环；3—喷射孔；4—外保护管；5—双层接箍环形通道；6—输送—滤砂单元；

7—旁通输送管内孔；8—基管；9—环形槽；10—滤砂网；11—滤网保护管；12—旁通充填管；13—充填喷嘴

相比同规格传统型旁通筛管，大排量旁通筛管的优势体现在：

（1）大排量旁通筛管取消了独立铺设的充填管，充填功能由喷砂环承担，将旁通通道有限的过流截面全部分配给输送管。由此，其输送管过流截面扩大了37.6%，同时，筛管本体上旁通通道对滤网遮盖率与传统型旁通筛管基本持平，见表1。

**表 1 旁通通道铺设情况**

| 旁通筛管类型 | 大排量旁通筛管 | 传统型旁通筛管 |
|---|---|---|
| 滤网总面积($m^2$) | 3.27 | 3.27 |
| 筛管主体部分的旁通通道组成 | 3 根输送管+4 个喷砂环 | 3 根输送管+2 根充填管 |
| 旁通通道对滤网遮盖面积($m^2$) | 1.818 | 1.816 |
| 旁通通道对滤网遮盖率(%) | 55.57 | 55.53 |
| 输送管过流截面($mm^2$) | 2442.1 | 1575.0 |
| 充填管过流截面($mm^2$) | — | 858.8 |

（2）筛管本体布置有 3 个喷砂环，喷砂环内的环形槽将 3 根旁通管连通起来，可及时将各根旁通管内液流流量分配均匀，从而有效提高旁通通道输送能力。特别的，如果其中某根旁通管发生堵塞，液流可随时进入其他旁通管继续输送，如图2(a)所示。

## 2 输送能力测试

### 2.1 地面物模试验方法

为验证大排量旁通筛管的旁通通道输送能力，进行了地面物模试验，如图 3 所示，测试样件旁通通道的沿程摩阻压降。配置高黏砂浆(10%携砂比、80mPa·s 携砂液黏度)，以便试验系统顺利起压，弥补试验样件长度受场地限制的不足。试验器材包括：

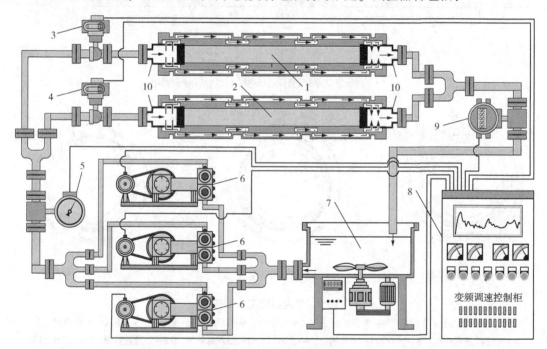

图 3 地面物模试验系统

1—大排量旁通筛管(样件 1)；2—传统型旁通筛管(样件 2，作为对比)；3—电动球阀 1；4—电动球阀 2；
5—电阻远传压力表；6—柱塞泵；7—储料搅拌罐；8—全自动变频调速控制柜；9—电磁流量计；10—试验塞

（1）试验样件及试验用料：5in 规格大排量旁通筛管(样件 1)3 根，5in 规格传统型旁通筛管(样件 2，作为对比)3 根，单根长度统一为 9.9m，将试验样件的喷射孔使用金属挡片全部焊死，防止砂浆喷出；5in规格试验塞4个；0.4~0.8mm粒度人工砂；羟丙基瓜尔胶成胶剂。

（2）循环系统：Q400PCY14-1B柱塞泵3台；2m³储料搅拌罐1个；导流密封试验塞4个；Y型四通接头2个、Y型三通接头2个；DN80电动球阀2个；4SP-DN45-16.5MPa高压胶管、4SP-DN51-16.5MPa高压胶管、4SP-DN76-16.5MPa高压胶管，统一为法兰接头。

（3）测量控制系统：DN80-5.6MPa电磁流量计1个；YTZ-150电阻远传压力表1个；全自动变频调速控制柜1台；NDJ-5S数字式旋转黏度仪1台；VV动力电缆；AVVR信号控制线。

试验过程表述如下：

（1）将样件1和样件2分别连接成30m长度测试管柱，并固定在支撑架上，连接好循环系统和测控系统，向储料搅拌罐内注入1.5m³清水。

（2）打开球阀1，关闭球阀2，接通样件1。开泵试循环，此时试验流体由上游胶管经入口试验塞进入样件1的旁通通道，再经出口试验塞进入下游胶管。排量由0.3m³/min逐渐提升至1.0m³/min，观察试验系统各个部件是否处于正常工作状态，如有必要则停泵调试。

（3）打开球阀2，关闭球阀1，接通样件2，按照步骤（2）调试试验系统。

（4）将泵排量降为0.3m³/min，打开球阀1和球阀2，向储料搅拌罐内缓慢加入羟丙基瓜尔胶成胶剂，持续搅拌，使用黏度仪每隔3min测量携砂液黏度，当黏度升至80mPa·s时停止加料。与此同时，缓慢加入人工砂150L，配置成10%携砂比的砂浆。加料完毕之后继续循环搅拌5min。

（5）泵排量维持0.3m³/min，打开球阀1，关闭球阀2，开始测试样件1。控制柜自动记录流量计和压力表读数，待读数基本稳定，再继续循环5min，之后进入下一个排量等级。其中，泵排量由0.3m³/min提升至1.0m³/min，提升幅度0.1m³/min，共测8个排量等级。

（6）泵排量降至0.3m³/min，打开球阀2，关闭球阀1，重复步骤（4），测试样件2。

## 2.2 试验结果及分析

试验结果数据绘制成曲线如图4所示。

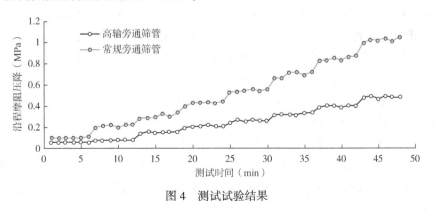

图4 测试试验结果

由图4可知，相比传统型旁通筛管，在相同排量条件下，大排量旁通筛管的沿程摩阻压降平均降低53.8%，从而证明其优秀的旁通通道砂浆输送能力。当砾石连续充填施工进入阶段 2[图 1(b)]之后，旁通输送压降成为砂浆全井循环压降的主要(甚至是首要)组成部分，因此，使用大排量旁通筛管的优势在于，在保持合理的携砂液地层漏失率条件下，仍可保持相对较高的排量，以避免充填速率过低和工时过长，进而有效降低携砂液污染储层的风险。

## 3 现场应用

### 3.1 应用井基本工况

ZB221 区块 $5^5$ 砂组储层垂深 1375~1387m，破裂压力系数 1.4，压实差，胶结疏松，高孔隙度高渗透率，为浅层层状稠油油藏，所含原油为高密度、高黏度、低凝固点普通稠油。如表 2 所示，在该区块中，ZB221-P8 井为大排量旁通筛管的应用井，选择 4 口工况相近的邻井作为对比参照，邻井使用传统型旁通筛管实施砾石连续充填。5 口水平井统一为三开井身结构，水平段 $8\frac{1}{2}$in 裸眼，上部 $9\frac{5}{8}$in 技术套管悬挂 5in 筛管。

**表 2 应用井基本参数**

| 井号 | ZB221-P8 | ZB221-P2 | ZB221-P3 | ZB221-P5 | ZB221-P6 |
|---|---|---|---|---|---|
| 局部储层厚度(m) | 6.5 | 5.8 | 6.9 | 5.8 | 6.2 |
| 水平段垂深(m) | 1380 | 1372 | 1360 | 1368 | 1375 |
| 测井渗透率(mD) | 2450~2837 | 2889~3075 | 2795~3480 | 2087~3126 | 2689~3055 |
| 投产年份 | 2022 | 2020 | 2021 | 2021 | 2021 |
| 旁通筛管类型 | 大排量 | 传统型 | 传统型 | 传统型 | 传统型 |
| 充填井段(m) | 2305~2857 | 2058~2661 | 2130~2656 | 1947~2439 | 1905~2453 |
| 充填段长(m) | 552 | 603 | 526 | 492 | 548 |

### 3.2 施工过程

在表 2 中，由于 ZB221-P6 井的整体工况与 ZB221-P8 井最为接近，因此选为重点参照对象进行施工过程分析。2 口应用井配合顶部充填工艺，完井管柱自上而下为：防砂封隔器+裸眼充填总成+快速接头+盲管+变扣接头+旁通盲管(旁通通道入口)+旁通筛管+旁通盲管(旁通通道出口)+密封筒+盲板短节+双阀浮鞋。内管服务工具自上而下为：钻杆+钻杆短节+裸眼充填服务工具+变扣+冲管短节+冲管+定位变扣+密封单元+斜口引鞋。

施工要求包括：排量 0.2~1.0m³/min；地面泵压控制在 5~8MPa 为宜；如果地面泵压超过 10MPa 且当前充填效率小于 90%，则必须降低排量，以保证实施循环充填，避免压裂地层，造成砾石在局部井段过度充填；地面泵压超过 15MPa 停泵，判定为循环充填完毕。准备物料包括：砾石 0.425~0.85mm 陶粒，准备量 10m³；选择清洁盐水携砂液，准备量 150m³，其中 20m³ 作为前置液。

ZB221-P8 井和 ZB221-P6 井施工参数记录如图 5 和图 6 所示，可知：

(1) 阶段 1，从作业开始至地面泵压曲线第 1 峰值。在该阶段，桥堵点上部环空因砂堤持续增长而逐渐失去输送能力，同时旁通通道尚未开始发挥作用，2 口应用井地面泵压逐渐提升至 10MPa。

(2) 阶段 2，从地面泵压曲线第 1 峰值至作业结束。对于 ZB221-P8 井，阶段 2 启动之后，迅速将排量降至 0.8m³/min，地面泵压则随之降至安全范围内，此时排量与大排量旁通筛管输送能力相匹配，直至施工结束。对于 ZB221-P6 井，由于砂浆在过流截面较小的旁通通道内输送距离持续增加，因此阶段 2 出现 2 个 10MPa 峰值，排量依次降至 0.4m³/min、0.3m³/min、0.2m³/min 才能获得安全地面泵压。

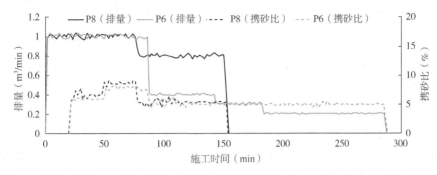

图 5　砾石充填排量和携砂比

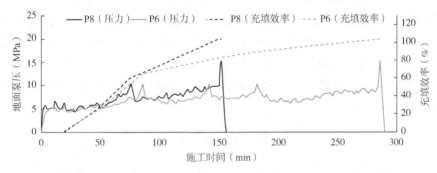

图 6　砾石充填地面泵压变化

### 3.3　充填效果评价

ZB221 区块 5 口应用井的砾石连续充填结果汇总见表 3。可知，在砾石充填量相近的情况下，ZB221-P8 井的施工时长相比邻井平均缩短 48.5%，充填速率提升效果显著。主要体现为进入阶段 2 之后，大排量旁通筛管可以维持 0.8m³/min 的较高排量，满足快速循环充填要求，而传统型旁通筛管的安全排量仅为 0.2~0.4m³/min。

追踪了 5 口应用井投产后 1 年时段内的生产动态数据，见表 4，可知，ZB221-P8 井的年累计产油量相比邻井平均高出 31.2%，产液含水率情况基本一致。其提产原因初步判定为，缩短工时有效减轻了储层污染，并降低了砾石和地层砂的掺混程度。应用井生产动态充分体现了优化旁通通道结构的必要性。

表 3　砾石充填评价分析结果

| 井号 | ZB221-P8 | | ZB221-P2 | | ZB221-P3 | | ZB221-P5 | | ZB221-P6 | |
|---|---|---|---|---|---|---|---|---|---|---|
| 充填阶段 | 阶段 1 | 阶段 2 | 阶段 1 | 阶段 2 | 阶段 1 | 阶段 2 | 阶段 1 | 阶段 2 | 阶段 1 | 阶段 2 |
| 排量(m³/min) | 1.0 | 0.8 | 1.0 | 0.2~0.4 | 1.0 | 0.2~0.4 | 1.0 | 0.2~0.4 | 1.0 | 0.2~0.4 |
| 携砂比(%) | 6~8 | 5 | 6~8 | 5 | 6~8 | 5 | 6~8 | 5 | 6~8 | 5 |
| 最高泵压(MPa) | 10.0 | 15.0 | 10.0 | 15.0 | 10.0 | 15.0 | 10.0 | 15.0 | 10.0 | 15.0 |
| 阶段充填量(m³) | 4.21 | 3.23 | 4.83 | 3.30 | 4.41 | 2.68 | 4.09 | 2.54 | 4.57 | 2.76 |
| 施工时长(min) | 152 | | 331 | | 289 | | 274 | | 286 | |
| 充填效率(%) | 103.5 | | 105.6 | | 102.3 | | 107.9 | | 103.7 | |

表4    ZB221区块5口应用井生产动态追踪数据(投产后1年时段)

| 井号 | ZB221-P8 | ZB221-P2 | ZB221-P3 | ZB221-P5 | ZB221-P6 |
|---|---|---|---|---|---|
| 年累计产油量($10^4 m^3$) | 3.21 | 2.53 | 2.85 | 1.95 | 2.46 |
| 产油年递减率(%) | 16.3 | 17.5 | 15.5 | 14.8 | 16.9 |
| 年平均含水率(%) | 63.2 | 60.1 | 55.4 | 58.9 | 62.8 |
| 含水率上升幅度(%) | 10.2 | 8.4 | 7.9 | 6.3 | 10.4 |

# 4  结论

(1) 研制了大排量旁通筛管,将旁通通道优化为"喷砂环—输送管"结构,取消了独立铺设的旁通充填管,将砂浆输送和充填功能合二为一,从而有效提高其过流截面利用率。

(2) 大排量旁通筛管沿程摩阻测试压降相比传统型旁通筛管降低53.8%,ZB221-P8井旁通充填阶段安全排量0.8m³/min,明显高于同区块4口邻井(仅为0.2~0.4m³/min),施工时长缩短48.5%,ZB221-P8井年累计产油量相比邻井高出31.2%。上述结果初步证明,大排量旁通筛管拥有良好的旁通通道砂浆输送能力,满足快速循环充填要求,有利于提升单井产能,体现了优化旁通通道结构的必要性。

(3) 后续将继续跟踪生产动态数据,并统计更多应用井施工情况,以进一步论证大排量旁通筛管的输送能力。

参  考  文  献

[1] 朱骏蒙. 水平井裸眼砾石充填防砂完井工艺在胜利海上油田的应用[J]. 石油钻采工艺, 2010, 32 (2):106-108, 112.

[2] 董长银, 张琪. 水平井砾石充填过程实时数值模拟研究[J]. 石油学报, 2004, 25(6):96-100.

[3] Ashutosh Dikshit, Amrendra Kumar, Michael Langlais, et al. Extending openhole gravel-packing intervals through enhanced shunted screens[J]. SPE Drilling & Completion, 2021, 36(2):445-458.

[4] 赵旭, 龙武, 姚志良, 等. 水平井砾石充填调流控水筛管完井技术[J]. 石油钻探技术, 2017, 45 (4):65-70.

[5] Ceccarelli, T. U. , Atkinson, W. R. , Zabala, J. J. , et al. Innovative Intelligent Multizone Gravel-Pack Completion Revives Production in Malaysian Brownfield[J]. Paper presented at the IADC/SPE Asia Pacific Drilling Technology Conference, Bangkok, Thailand, August 2014.

[6] Jones, L. G. , Yeh, C. S. , Yates, T. J. , et al. Alternate Path Gravel Packing [J]. Paper presented at the SPE Annual Technical Conference and Exhibition, Dallas, Texas, October 1991.

[7] Jones, L. G. , Tibbles, R. J. , Myers, L. , et al. Gravel Packing Horizontal Wellbores with Leak-Off Using Shunts [J]. Paper presented at the SPE Annual Technical Conference and Exhibition, San Antonio, Texas, 1997.

[8] Godwin, Keith, Gadiyar, Bala, and Hal Riordan. Simultaneous Gravel Packing and Filter-Cake Cleanup With Shunt Tubes in Openhole Completions: A Case History From the Gulf of Mexico [J]. SPE Drill & Compl, 2002, (17):174-178.

[9] Bessada, Ashraf M. , El-Shafaie Ibrahim, Nashaat Mohamed, et al. First Highly Deviated Openhole Gravel Pack Jobs in the Mediterranean with Alternate Path Technology [J]. Paper presented at the SPE Annual Technical Conference and Exhibition, San Antonio, Texas, USA, 2012.

［10］Aggarwal, Vishal, Gupta, Vaibhav, Narayan, Shashank, et al. Extended−Reach Open−Hole Gravel Pack Completion under Multiple Complexities［J］. Paper presented at the SPE Bergen One Day Seminar, Bergen, Norway, 2017.

［11］Firmanto Tri, Aoki Toru, Onggo Indra, et al. Alternate Path Horizontal Openhole Gravel−Pack Completion in Soft−Weak Carbonate Gas Reservoir: Offshore East Java［J］. Paper presented at the SPE/IATMI Asia Pacific Oil & Gas Conference and Exhibition, Bali, Indonesia, 2019.

［12］Barry, M. D. . D. , Hecker, M. T. . T. , Arnold, S. P. . P. , et al. Extending Openhole Gravel Packing Capability − Initial Applications of Alternate Path Openhole Shunt Packers to Provide Upfront Zonal Isolation ［J］. Paper presented at the SPE Annual Technical Conference and Exhibition, Houston, Texas, USA, 2015.

［13］Chin Pui Ling, Moses Nicholas, B Ahmad Mahdzan, et al. World Longest Single−Trip Multizone Cased Hole Gravel Packing with Alternate Path Shunt Tubes［J］. Paper presented at the International Petroleum Technology Conference, Virtual, 2021.

［14］李怀文，邹志新，赵亮，等. 水平井旁通分流砾石充填工具的研制［J］. 石油钻探技术，2007，35 (6)：99-100.

［15］孟文波，刘书杰，黄熠，等. 海上长水平井旁通筛管砾石充填技术及应用［J］. 中国海上油气，2021，33(6)：166-173.

［16］Christophe A. Malbrel, James B. Crews. Use of ultra lightweight particulates in multi−path gravel packing operations［P］. USD0258743, 2018−09−13.

［17］Vishal Aggarwal, Vaibhav Gupta, Shashank Narayan, et al. Extended−reach open−hole gravel pack completion under multiple complexities［R］. SPE185902, 2017.

［18］Sladic John, Brasseaux Jason, McNamee Stephen, et al. High Pressure 2×2 Screen Development for Extended−Reach, Open−Hole Shunted Gravel−Pack Wells［J］. Paper presented at the International Petroleum Technology Conference, Bangkok, Thailand, 2023.

［19］司连收，李白安，张健. 砾石充填防砂对稠油井产能影响研究［J］. 西南石油大学学报：自然科学版，2013，35(5)：135-140.

［20］Wijaya, R. , Muryanto, B. , Rushatmanto, M. , et al. Decrypting Causes of Sand Control Failure and Improving Productivity of Multi Zone Single Trip Gravel Pack［J］. Paper presented at the International Petroleum Technology Conference, Doha, Qatar, 2015.

［21］Charles S. Yeh, Michael D. Barry, Michael T. Hecker, et al. Crossover joint for connecting eccentric flow paths to concentric flow paths［P］. USD9797226B2, 2017−10−24.

# 疏松砂岩筛管内分层压裂管柱研究与应用实践

刘　鹏　张　亮　崔国亮　张云驰

(中国海油能源发展股份有限公司工程技术分公司,
中国海油能源发展股份有限公司海洋完井重点实验室)

**摘　要**　为解决前期疏松砂岩储层筛管内压裂采用射孔、压裂、填砂一趟一层时效低的问题,分别针对疏松砂岩定向井和水平井进行了三种筛管内分层压裂管柱工艺研究,并得到成功应用。定向井不动管柱分层压裂管柱通过插入密封进行筛管内分层,通过逐层投球的方式一趟管柱可以实现多层的压裂施工;水平井尾管射孔控制压裂工艺通过套管固井和负压射孔的方式隔开渗透差异较大的层,并通过调整射孔数量和位置,实现分段压裂,施工风险低;水平井水力喷砂射孔和压裂一体化工艺通过水力喷枪高速射流形成的“水力封隔”实现水平井的分段,通过拖动分层压裂的方式一趟管柱完成多段压裂施工。

**关键词**　疏松砂岩;分层压裂;水力封隔;筛管内分层;防砂完井

为增加油田产量,疏松砂岩储层增产也成为压裂工艺改造重点,海上锦州、蓬莱、文昌和曹妃甸等区块均进行过压裂改造[1-2]。区别于低孔隙度低渗透率致密油藏,疏松砂岩储层以中高孔隙度渗透率居多,压裂后,仍需防砂[3-4]。对于定向井,一般采用套管内分层砾石充填或简易防砂,前期进行的过筛管压裂施工均采用射孔、压裂、填砂一趟一层的工艺技术,即第一层通过射孔方式将筛管射开后,先将射孔管柱提出,再下入压裂管柱进行压裂,压裂后填砂起出压裂管柱,下入第二层的射孔管柱射孔,提出射孔管柱后下入第二层压裂管柱,如此往复,作业趟数多,时效极低[5-7];对于水平井,海上较多采用裸眼笼统砾石充填完井,无法分段,只能进行笼统压裂,裂缝多且开缝位置不可控,压裂液注入不均匀,达不到预期增产效果[8-9]。为解决上述问题,研究了分别针对疏松砂岩定向井和水平井的筛管内分层压裂管柱工艺并得到成功应用。

## 1　疏松砂岩定向井不动管柱分层压裂管柱工艺

疏松砂岩定向井多采用套管内多层防砂完井,由于前期埋砂拖动工艺施工趟数过多,因此采用不动管柱分层压裂管柱工艺,管柱工艺如图1所示,通过油管 TCP 射孔一次将所

---

【基金项目】中国海油能源发展股份有限公司生产项目基金“渤海疏松砂岩老井压裂增产关键工具及材料研究”(编号:CCL2021TJTONST145)部分成果。

【第一作者简介】刘鹏(1982—),2007年毕业于中国石油大学(华东)工业设计专业,现主要从事压裂工艺工具研发工作,高级工程师。通信地址:(300452)天津市滨海新区渤海石油路688号钻采工艺试验室。电话:022-25808662。E-mail:liupeng4@cnooc.com.cn。

有压裂层射开，通过在防砂分层封隔器的工作筒内进行密封封隔，实现筛管内和筛管外的分层，该工艺通过投球开启滑套的方式一趟管柱完成多层压裂施工，压裂后起出压裂管柱，下入小尺寸筛管，并进行原井筛管与小筛管直接砾石充填。不动管柱分层压裂管柱有两个缺点：一是砂卡风险，由于每层均有一段插入密封作为封隔，当管柱在压裂时，由于温度降低，RTTS 封隔器以下管柱将出现收缩，同时插入密封与分层封隔器之间的环空无法将砂子顶替干净，如果在管柱伸缩过程中过多砂子进入，插入密封不容易被拔出，分的层数越多，插入密封被拔出的力越大，管柱被砂卡无法起出的风险越大，考虑到油管强度，该管柱工艺施工的层数一般不超过 3 层；二是该类管柱在筛管内部分跨度较长，压裂时封隔器以下管柱在筛管内跨度较长，在上顶力作用下易弯曲，导致三轴安全系数过低，施工限压值较低，存在压不开地层的风险(图 1)。

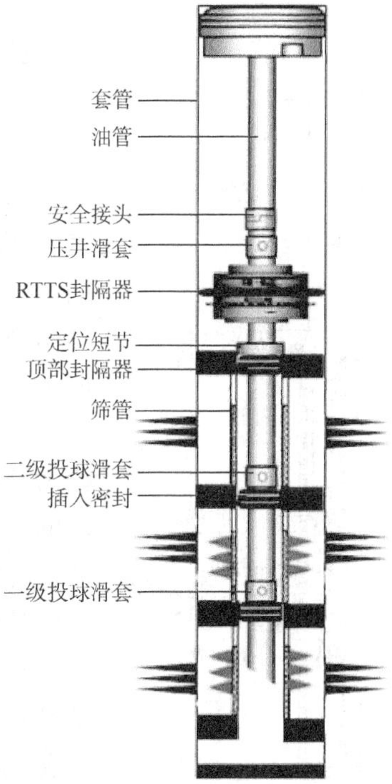

套管
油管
安全接头
压井滑套
RTTS封隔器
定位短节
顶部封隔器
筛管
二级投球滑套
插入密封
一级投球滑套

图 1　不动管柱分层压裂管柱工艺

## 2　疏松砂岩水平井分层压裂管柱工艺

### 2.1　水平井尾管射孔控制压裂工艺

水平井常用笼统砾石充填，由于无管外封隔器分层，即使在筛管内下入封隔器也无法实现分段，为了实现分段均匀压裂，该工艺改变裸眼水平井的常规完井方式，采用套管射孔完井，即先下入尾管并进行固井，在压裂位置进行选择性负压射孔，通过精确射孔位置和减少射孔数量的方式实现分段压裂，一方面可避开水层、高渗透层，达到封隔目的，另一方面减少裂缝数量，仅在设计的位置起裂和裂缝延伸，达到压裂液和支撑剂均匀注入。为减少管柱作业程序，将压裂与笼统砾石充填工艺集成，一趟管柱实现疏松砂岩水平井的压裂和防砂。

该工艺包含的尾管固井、负压射孔、压裂和笼统砾石充填均为较成熟工艺，整体施工成功率较高，缺点是改变了疏松砂岩裸眼水平井的常规完井方式，增加了下套管、固井和负压射孔程序，成本较高。

该工艺中的射孔控制对分段压裂起着关键作用，射孔位置即压裂位置，需参考测井曲线，遵循原则为射孔基准点尽量选择在油层中部，为降低裂缝开启压力、降低施工难度，压裂点尽量选择伽马值较低的位置，图 2 是某井选择的 4 个射孔点在伽马曲线中的位置。

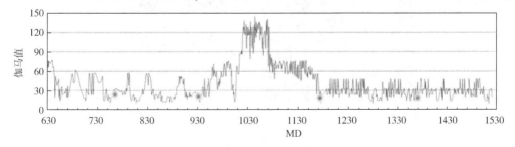

图 2　压裂点在伽马曲线的位置

## 2.2 水力喷砂射孔和压裂一体化工艺

针对水平井尾管射孔控制压裂工艺成本高、工序多的问题，水力喷砂射孔和压裂一体化工艺可避免下套管、固井和火药射孔，为了降低砂卡风险，该工艺采用拖动水力喷枪高速射流的方式，通过高速射流形成的"水力封隔"代替常规封隔器的机械封隔，实现水平井的分段[10-11]。水力喷枪在射孔后可立即进行目的层压裂，第一段压裂完成后，采用拖动的方式进行下一段的射孔和压裂，一趟管柱可完成所有段的射孔和压裂，工艺管柱如图3所示。该工艺所用水力喷枪区别于常规射孔用的水力喷枪，射孔用水力喷枪的喷砂速度为 120~150m/s，而该工艺使用的水力喷枪为高强度喷枪，喷嘴的喷砂液速度为 220~250m/s，对喷嘴材质的硬度和耐磨性要求较高[12]，压裂后下入小筛管于原筛管内，并进行筛管间的砾石充填，实现后续的防砂。为防止压裂过程喷枪的喷嘴被砂子冲蚀失效或堵塞，在常开喷枪上方装了两级滑套式喷枪，常开喷枪射孔压裂后，上提管柱到下一施工层段，并使常开喷枪上的一级滑套式喷枪对准目的层段，投球打压开启一级滑套式喷枪，然后通过一级滑套式喷枪进行射孔和压裂施工，进行后续层段射孔压裂时需要逐级投球打开滑套式喷枪，可以每段使用一支喷枪，也可以两到三段使用一支喷枪，最大限度降低喷枪喷嘴的损伤，避免中途起管柱换水力喷枪。

图3中左侧标注（自上而下）：油管、套管、安全接头、定位接头、顶部封隔器、筛管、油管、上扶正器、二级滑套式喷枪、下扶正器、一级滑套式喷枪、常开式喷枪、下扶正器

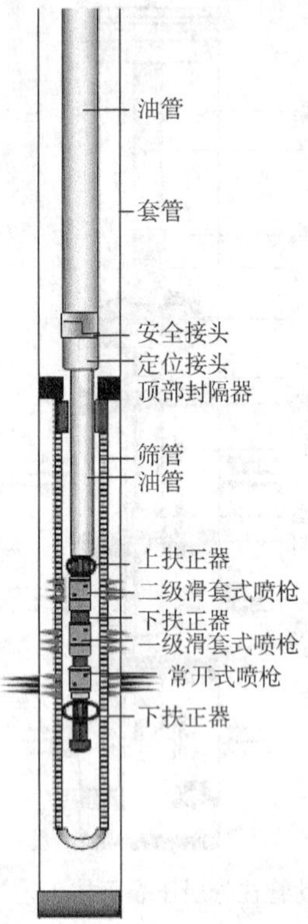

图 3　小筛管水力封隔喷砂充填压裂工艺原理图

"水力封隔"研究较多，胡强法等通过试验装置对"水力封隔"原理进行试验，得到高速射流过程喷嘴附近压力分布情况[13]。为验证该工艺中"水力封隔"效果，通过 FLUENT 软件对筛管内和裸眼井内压裂参数进行模拟。

建立的几何模型如图4所示，压裂管柱外侧筛管的基管外径为 139.7mm，筛管外裸眼井内径为 215.9mm，喷嘴内径取 6mm，孔道尺寸根据调研地面试验数据建立，孔道长度为 200mm，水力喷砂射孔的套管孔眼直径为喷嘴直径的 2.5 倍[13]，岩石破裂压力为 50MPa。

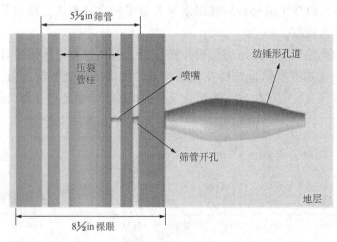

图 4　建模示意图

喷嘴流速分别取 200m/s 和 250m/s，得到压力云如图 5 所示，喷嘴出口最低压力分别为 47MPa 和 46.2MPa，小于环空的 50MPa，即喷嘴出口压力小于岩石破裂压力即可压开岩石，也发现提高喷嘴流速有助于降低喷嘴出口的环空压力，射流速度越大，低压区幅值越大，"水力封隔"效果越好。

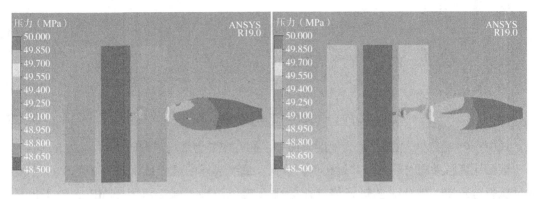

（a）喷嘴流速200m/s　　　　　　　　　　　（b）喷嘴流速250m/s

图 5　不同喷嘴流速下的截面压力云图

在裸眼井内直接压裂和在筛管内压裂，水力封隔效果不同，下筛管后，喷嘴与地层距离增加，分别建立裸眼井内直接压裂和下筛管后压裂的力学模型，并进行压裂模拟，喷嘴离筛管内壁和裸眼井壁的距离分别为 10mm 和 65mm，模拟后得到压力云如图 6 所示，裸眼井内直接压裂和下筛管后压裂这两种情况下，喷嘴出口环空最低压力分别为 46.8MPa 和 47.6MPa，为了增加筛管井内压裂的水力封隔效果，压裂要选择筛管与地层间有砾石充填的井，让充填密实的砾石等效于地层。

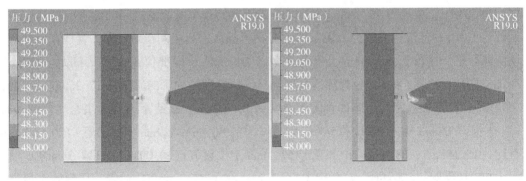

（a）筛管内压裂　　　　　　　　　　　　　（b）裸眼井内压裂

图 6　筛管内和裸眼井内压裂过程压力云图

## 3　现场应用

某井 1 所在储层平均孔隙度 33.2%，平均渗透率 883.0mD，孔隙连通性较好，属于中高渗透率疏松砂岩水平井，该井采用了尾管射孔控制压裂工艺。首先需确定射孔数据，根据测井曲线选择射孔基准点在油层中部，选择伽马值较低的位置，炮眼为起裂位置，选择了炮眼直径较小、射孔深度较深的深穿透射孔枪。

为减小射孔孔道压实程度和射孔液侵入地层，射孔作业采用平衡射孔、单独负压返涌的作业方式。选择合理的负压值，既能把射孔碎屑及压实层消除干净，又不会破坏地层结构，负压值选择按照以下公式进行[14-15]：

最小负压值：

$$P_{min} = P \times 3.5/K^{0.17} \tag{1}$$

式中，$P$ 为压力，MPa；$K$ 为地层渗透率，mD。

最大负压值：

$$P_{max} = (3600 - 20 \times \Delta T) \times P \times 10^{-3} \tag{2}$$

式中，$P$ 为压力，MPa；$K$ 为地层渗透率，mD；$\Delta T$ 为平均声波时差值，μs/ft。

根据计算结果同时参考邻井射孔负压数据，最终选择的最佳负压值为 2.7MPa。射孔后通过压裂与充填一体化工艺进行笼统压裂砾石充填防砂，施工压力 27MPa，施工排量约 2m³/min，胶液用量约 180m³，砂比最高为 600kg/m³，较低排量有利于在水平段创造更多裂缝，施工后日产液约 130m³，含油约 50%，达到增产效果。

某井 2 储层渗透率平均 22.8mD；孔隙度平均 18.6%，为中孔隙度、低渗透率储层，外径 244.5mm 套管内优质筛管防砂完井，筛管基管外径 168.3mm，最大井斜 14.23°，分三层压裂，为减少施工趟数，采用了不动管柱分层压裂管柱工艺，其中井底悬挂防砂封隔器深度 2668m，防砂段两个分层封隔器密封深度分别为 2689m 和 2750m 的两个筛管以上的管柱采用常规 17.26kg/m、外径 114.3mm 的 P110 EU 油管，筛管内采用 15.18kg/m、外径 88.9mm 的 P110 NU 油管，RTTS 封隔器设计深度为 2665m，通过管柱力学模拟分析，当施工压力为 60MPa，排量为 4m³/min 时，RTTS 封隔器与顶部封隔器之间的油管的三轴应力安全系数为 1.101，低于标准值为 1.25，其次是两个插入密封之间横跨 60m，管柱在压裂时被上顶弯曲严重，这段管柱三轴应力安全系数 1.149，低于标准值 1.25。为满足 60MPa 和 4m³/min 的施工要求，将 RTTS 封隔器与顶部封隔器之间的油管的质量从 17.26kg/m 增加到 20.09kg/m，两个插入密封之间油管质量增加到 18.9kg/m，最终下入管柱组合为：88.9mm NU 引鞋+120.65mm 插入密封+投球喷砂滑套+(18.9kg/m)88.9mm NU 油管+120.65mm 插入密封+(15.18kg/m)88.9mm NU 油管+152.4mm 定位短节+(20.09kg/m)114.3mm EU 油管 1 根+RTTS 封隔器+反循环阀+安全接头+(17.26kg/m)114.3mm EU 油管。压裂施工最高压力为 48MPa，最高砂比 40%，压后焖井防喷后上提压裂管柱，过提 24t 时解封 RTTS 封隔器，并将两级插入密封提出工作筒，管柱未出现明显砂卡情况。

某井 3 为中高孔隙度渗透率水平井，属于裸眼优质筛管笼统简易防砂完井，无法进行分段，采用了水力喷砂射孔和压裂一体化分段压裂工艺，分三层对筛管进行射孔和压裂，为了防止喷嘴磨损严重而中途起下管柱更换水力喷枪，三段使用了三个喷枪，包括一个常开水力喷枪和两个滑套式水力喷枪，最大限度降低喷嘴的损伤，管柱组合（从下至上）为：多孔管+扶正器+单向阀+常开水力喷枪+Ⅱ级滑套式水力喷枪+Ⅲ级滑套式水力喷枪+扶正器

+反洗阀+安全丢手+校深短节+88.9mm 油管串。施工过程如下：（1）下管柱到最下层，井口保持环空阀门开启，进行喷砂射孔，排量为 3m³/min，砂比 7%，最大喷射压力 40.9MPa，过砂量 1.6m³。（2）进行压裂操作，采用中心管柱压裂，环空补液的方式，主压裂最大排量 3m³/min，最大砂比 40%，环空补液排量 0.5~1m³/min；（3）焖井，上提管柱将Ⅱ级滑套式水力喷枪对准第二段施工层段，投球打开Ⅱ级滑套式水力喷枪；（4）按照第一段的射孔和压裂方法进行后两段的压裂施工；（5）下入基管外径为 73mm 的小筛管，并对原筛管与小筛管之间环空进行笼统砾石充填，压裂后生产指数增加约 3 倍，达到设计要求。

## 4 结论

（1）定向井不动管柱分层压裂管柱工艺适用于分层防砂井，通过插入密封进行筛管内分层，通过逐层投球的方式一趟管柱可以实现多层的压裂施工。

（2）水平井尾管射孔控制压裂工艺通过套管固井和负压射孔的方式隔开渗透差异较大的层，并通过调整射孔数量和位置，实现分段压裂，属于常规工艺改进和组合，施工风险低。

（3）水平井水力喷砂射孔和压裂一体化工艺通过水力喷枪高速射流形成的"水力封隔"实现水平井的分段，通过拖动分层压裂的方式一趟管柱完成多段压裂施工。

### 参 考 文 献

[1] 林伯韬. 疏松砂岩储层微压裂机理与应用技术研究[J]. 石油科学通报，2021，6(2)：209-210.

[2] 张卫东，杨志成，魏亚蒙，等. 疏松砂岩水力压裂裂缝形态研究综述[J]. 力学与实践，2014，36(4)：396-402.

[3] 智勤功，谢金川，吴琼，等. 疏松砂岩油藏压裂防砂一体化技术[J]. 石油钻采工艺，2007，16(5)：46-48.

[4] 刘鹏，马英文，张亮，等. 压裂充填技术在疏松地层中的应用[J]. 石油钻采工艺，2006，36(4)：96-98.

[5] 范白涛，邓金根，林海，等. 疏松砂岩油藏压裂裂缝延伸规律数值模拟[J]. 石油钻采工艺，2018，40(5)：26-32.

[6] 张晓诚，王晓鹏，李进，等. 渤海油田疏松砂岩压裂充填技术研究与应[J]. 石油机械，2021，49(9)：66-72.

[7] 邓金根，王金凤，闫建华，等. 弱固结砂岩气藏水力压裂裂缝延伸规律研究[J]. 岩土学，2002，23(1)：72-74.

[8] 郭建春，赵金洲，庞长渝，等. 高渗油层压裂充填裂缝模拟评价研究[J]. 钻采工艺，2002，25(1)：52-54.

[9] 谢桂学，李行船，杜宝坛，等. 压裂防砂技术在胜利油田的研究和应用[J]. 石油勘探与开发，2002，29(3)：99-102.

[10] 曲海，李根生，黄中伟，等. 水力喷射分段压裂密封机理[J]. 石油学报，2011(3).

[11] 李根生，牛继磊，刘泽凯，等. 水力喷砂射孔机理实验研究[J]. 石油大学学报(自然科学版).2002(2).

[12] 范鑫, 李根生, 黄中伟, 等. 水力喷射多级压裂中水力封隔效果的数值模拟. 石油机械[J]. 2015, 43(4): 50-52.

[13] 胡强法, 朱峰, 李宪文, 等. 水力喷砂射孔与起裂大型物理模拟试验[J]. 中国石油大学学报(自然科学版), 2011(6).

[14] 秦天军, 左翊寅, 简成, 等. 多级负压射孔技术应用[J]. 中国石油和化工标准与质量. 2021(7): 101-103.

[15] 杨子, 陈光峰, 盛廷强, 等. 负压射孔方式在海上油田探井测试中的应用与改进[J]. 钻采工艺, 2018(4): 69-71.

# 顺北断裂带多断多栅储层复合分段改造技术

周 珺[1] 赵 兵[2] 杨德锴[1]

(1. 中国石化石油工程技术研究院有限公司;2. 中国石化西北油田分公司)

**摘 要** 顺北油田是主干断裂控制下经多期岩溶改造形成的超深断裂—缝洞型储层,不同断裂、同一断裂带的不同段落、主次断裂不同的组合方式,以及离断裂带的远近都对储层的区域应力场带来了较大的影响,从而影响酸化压裂的裂缝走向和延伸范围。为了提高油气产量,提出了多断多栅储层复合分段改造技术,研制了耐温180℃、耐压90MPa的大扩张比裸眼封隔器。基于地质工程一体化,建立了地质工程双甜点分段方法和体积酸压技术,监测及压后评估表明成功实现多个目标体的有效改造,增产效果显著。

**关键词** 碳酸盐岩;断裂带;人工裂缝;地应力;扩展规律

顺北油田位于塔里木盆地,平均深度超过7500m,是主干断裂控制下经多期岩溶改造形成的超深断裂—缝洞型碳酸盐岩储层。顺北油田开发过程中需要酸压沟通,地应力场研究是酸压设计优化、工艺选择的基础。顺北断裂带多期构造调研显示判断区域内一间房—鹰山组整体处于走滑应力机制中;受断裂带形成机制影响,局部存在地应力场的差异。其中北段、中段以挤压和平移为主,南段整体表现为弱挤压叠合后期拉分,为多断多栅储层特征。

## 1 多断多栅储层地质特征

多断多栅储层发育多条断裂,每个断裂内有一条或多条栅状储集体,储集体间分隔性强,单段改造难以动用多个断面储集体产能,通常情况下可以通过工具分段实现,但顺北井深,温度高,破碎带发育,缺乏耐高温的井下工具,同时暂堵分段技术存在分段数受限,起裂不明确,针对性施工难度大的问题。需要攻关耐高温井下工具,提高暂堵分段能力、精确度,进而形成工具+暂堵复合分段多级沟通技术,实现该类储层的高效动用(图1)。

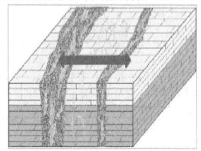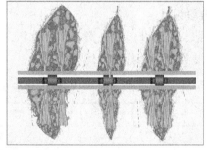

图1 多断多栅地质模型

【第一作者简介】周珺,1987年3月,研究员,博士研究生,毕业于成都理工大学油气田开发工程专业,主要从事于深层超深层储层改造技术及人工智能压裂技术研发。北京市昌平区沙河镇中国石化科研中心,邮编102206,13161568633,zhoujun. sripe@ sinopec. com。

## 2 分段可压性评价指数

为克服方案阶段依靠单一地震属性分段的局限性，统计分析钻井、测井、录井和单井地应力四类九项关键工程数据与稳定产量的相关性，优选最主要的因素构建分段可压性评价指数 FI，FI 不小于 0.3/0.6 的储层段具备改造条件，结合地震甜点预测综合分段（表 1）。

表 1　可压性评价指标系数

| 影响因素(xi) | | 皮尔逊相关系数—放空、漏失(ri) | 皮尔逊相关系数—非放空、漏失(ri) |
|---|---|---|---|
| 钻井 | 放空量 | 0.72 | — |
| | 累计漏失量 | 0.82 | — |
| | 钻时平均 | −0.81 | −1.08 |
| 地应力 | 最小水平主应力 | −0.70 | −0.93 |
| 录井 | 全烃 | 0.79 | 1.05 |
| 测井 | RT 平均值 | −0.56 | −0.75 |
| | 电阻率差值 | 0.69 | 0.93 |
| | AC 平均值 | 0.48 | 0.64 |
| | 伽马平均值 | 0.52 | 0.69 |

（1）放空、漏失井可压性评价指标公式：

$$FI = 0.72x_1 - 0.81x_2 + 0.82x_3 - 0.70x_4 + 0.79x_5 - 0.56x_6 + 0.69x_7 + 0.48x_8 + 0.52x_9 + 0.7 \quad (1)$$

（2）非放空、漏失井可压性评价指标公式：

$$FI = -1.08x_1 - 0.93x_2 + 1.05x_3 - 0.75x_4 + 0.93x_5 - 0.64x_6 + 0.69x_7 + 0.7 \quad (2)$$

## 3 复合分段多级沟通工艺设计

通过对改造目标的分析，明确分段数，工具下入数及暂堵分段或暂堵转向选择。SHB53-5H 等井地质资料分析为多段多栅结构，井段长，储集体展布宽度大，需使用分段改造技术释放产能。

### 3.1 分段设计

通过对钻前、钻井过程中资料统计分析，形成了顺北储层改造工艺选型分类判别标准，最终判断储层类型，推荐工艺优选（表 2）。

表 2　各参数权重系数表

| 归一化系数 $U_i$ | 权重系数 $\alpha_i$ | 归一化赋值 |
|---|---|---|
| 反射特征 | 0.124 | 1 |
| 构造位置 | −0.043 | 0.75 |
| 最小水平主应力 | 0.08 | 0.125 |
| 水平主应力差 | 0.08 | 0.3947 |
| 漏失钻井液最高密度 | 0.106 | 0.2574 |

| 归一化系数 $U_i$ | 权重系数 $\alpha_i$ | 归一化赋值 |
| --- | --- | --- |
| 累计漏失量 | 0.08 | 1 |
| 放空量 | 0.086 | 0.483 |
| 最大漏速 | 0.156 | 0.246 |
| 钻时 | -0.031 | 0.095 |
| AC | 0.024 | 0.2932 |
| GR | 0.015 | 0.095 |
| RXO | 0.087 | 0.0175 |
| RT | 0.087 | 0.189 |

综合参数预测储层类别公式如下：

$$\text{REI} = \sum_{i=1}^{n} \alpha_i \cdot U_i \tag{3}$$

$$\text{REI} = 0.124U_1 - 0.043U_2 + 0.08U_3 + 0.08U_4 + 0.106U_5 + 0.08U_6 + 0.086U_7 + 0.156U_8 - 0.031U_9$$
$$+ 0.024U_{10} + 0.015U_{11} + 0.087U_{12} + 0.087U_{13} \tag{4}$$

其判断准则如下：

大洞穴，REI>5；中小洞，0.2<REI<5；裂缝型，0.05<REI<0.2；致密型，REI<0.05。

REI 值小于 5，段间应力差小于 15MPa，推荐暂堵分段。

SHB53-5H 钻井期间无漏失，井轨迹钻遇 2 个断裂面及串珠异常体，与地质识别的 3 个储层段(8036～8071.5m、8211～8266.5m、8429～8475m)对应良好，综合考虑割断储层特点采用工具分 2 段对断裂面及串珠体进行改造，针对串珠体内部采用暂堵转向工艺扩大横向改造范围。

### 3.2 高性能分段工具

裸眼封隔器是进行裸眼段机械分隔的关键工具，在实现小外径封隔大井径的同时，需要保障超深井的安全下入和对不规则高扩大率裸眼的高压密封。通过液压力使封隔器胶筒径向扩张胀封，封隔环空，在酸压过程中分隔各储集体，进行逐段集中改造。由于顺北酸压温度高、排量高、压力大，作业过程中温度变化幅度大(80～180℃)，为保证在大温变条件下对不规则高扩大率裸眼实现可靠的高压封隔，研制了耐高温高压封隔器胶筒，通过提升橡胶材料耐温耐压性能、强化封隔器胶筒骨架等方式，满足顺北分段酸压高温高压要求；设计永久关闭式注液胀封机构，封隔器注液胀封后进液阀永久关闭，可有效降低酸压大温变造成的压力影响，保证封压效果；设计双浮动式双向高压承载机构，改变承高压时封隔器胶筒骨架的受力方式，提高高压承载能力，进而提高高压时的承压性能，如图 2 所示。

图 2　耐温 180℃、耐压 90MPa 扩张式裸眼封隔器

模拟高温高压工作环境及分段酸压中封隔器承压状态进行性能验证试验，分别模拟扩大率 10%~12% 的裸眼井径，在 φ168.3mm 和 φ182.0mm 试验套管中验证双向封压性能，如图 3 所示。在 200℃ 温度下，封隔器承受下压和上压的能力均达到了 90MPa 以上，验证耐温耐压性能满足顺北分段酸压要求。

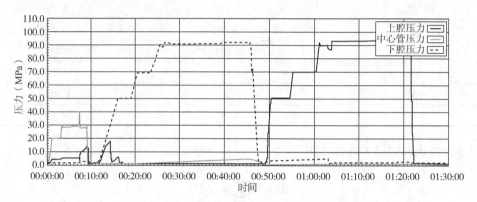

图 3　封隔器耐温 180℃、耐压 90MPa 试验曲线

### 3.3　分段效果监测

井筒听诊器监测技术是一组高频数字采集与精细化裂缝参数处理系统技术，通过高频压力采集设备记录停泵及调整施工排量期间的压力信号，并利用特有的信号处理软件，可在较短时间内分析井下液体进液点位置，诊断井底情况，达到现场快速决策的目的。

井筒听诊器监测技术只需要采集停泵/降排量期间整体累计时间约 5min 的高频压力数据，同时在采集数据约 10~15min 后即可完成数据分析处理，获得当前液体进液点位置，即使调整施工设计。具有现场操作便捷的优点，数据采集完成后即可恢复压裂施工作业，不耽误施工作业计划。

早期依靠地应力差进行暂堵分段缺乏监测手段，具体启裂点不明确、分段可靠性差，现场动态优化缺乏依据。通过引进该技术判断暂堵前后启裂点变化，实现了暂堵分段精准化(图 4)。

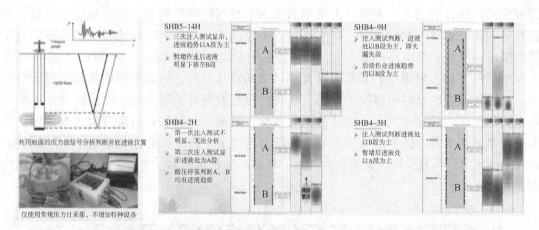

图 4　井筒听诊器现场应用

## 4 现场应用

SHB4-5H 井是 4 号带北部一口开发井,初步设计为 1 个靶点,后经过 4 轮"一井多靶"设计优化,断面数由 1 提升至 3,水平位移提高 2.7 倍,储量控制提高 2 倍(图 5)。

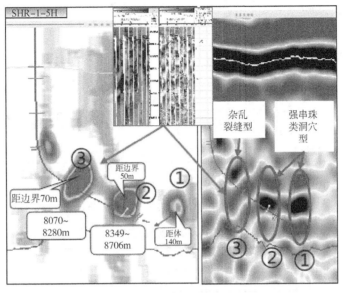

图 5　SHB4-5H 改造分段设计

优选体积最大的 1、2、3 号破碎体为分段改造目标:1 号体,轨迹距体中心 140m,为串珠—类洞穴型,酸压造长缝沟通;2 号体,轨迹距体边界 50m,为串珠—类洞穴型,酸压扩缝高沟通;3 号体,轨迹距体边界 70m,为杂乱—裂缝型,体积酸压提高连通性,扩大动用。

针对每个破碎体不同改造需求,差异化设计酸压工艺、规模参数:1 号体,采用阶梯提排量,低黏度压裂液提高缝长,规模 1300m³,半缝长 160m;2 号体,采用高排量、高黏度压裂液扩缝高,规模 700m³,缝高

图 6　3 号体裂缝扩展模拟

80m;3 号体,采用压裂液+酸性滑溜水体积酸压,规模 800m³,改造体积 160×10⁴m³(图 7)。

总液量 3108m³,最高排量 12m³/min,泵压 115MPa,停泵压力 10.8MPa。井筒听诊器监测及酸压曲线差异表明工具分段可靠性高(图 7),成功实现分 2 段改造。第二段投球打滑套时,泵压由 11.7MPa 升至 28.94MPa,滑套打开,泵压突降至 8MPa。第三段投球打滑套时,泵压由 16.53MPa 升至 28.28MPa,滑套打开,泵压突降至 8MPa。监测显示:滑套打开后,主要进液位置均在各段封隔器内,实现了分别对三段进行改造的目的。从施工曲线上看,成功沟通 1 号体、2 号体,有效改造 3 号体。1 号体、2 号体沟通压降大(47MPa、22MPa),停泵压力低(8.3MPa、8.8MPa),3 号体酸压曲线为疏通裂缝特征(压降小,齿状

跳跃,停泵压力高于1号体、2号体)。压后12mm油嘴防喷,测试油气当量1362t/d,为邻井的3倍,增产效果显著(表3)。

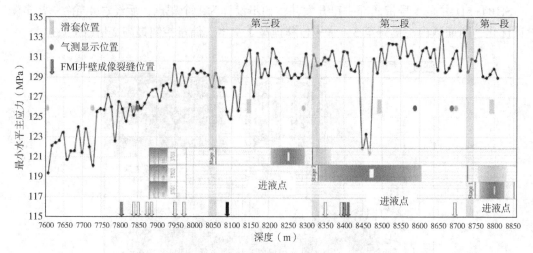

图 7　SHB4-5H 地应力剖面与进液区间

表 3　SHB4-5H 酸压增产效果

| 井名 | SHB4-5H | SHB4-2H |
|---|---|---|
| 静态储量 | 油 183×10⁴t | 油 106.2×10⁴t |
| | 气 30.9×10⁸m³ | 气 45.7×10⁸m³ |
| 可采储量 | 油 20.6×10⁴t | 油 11.9×10⁴t |
| | 气 2.4×10⁸m³ | 气 3.6×10⁸m³ |
| 12mm 油嘴下产能 | 1362t/d | 455t/d |
| 无阻流量 | 355t/d | 142t/d |

## 5　结论

(1) 对于顺北断缝体储层,采用笼统酸压方式既难以控制裂缝延伸轨迹,又无法最大化沟通储集体。因此,以地质刻画的储集体为依据,根据储集体发育特点及工具能力设计工具硬分段数,根据栅状储集体发育特点确定暂堵软件分段或缝内暂堵转向提高激活范围。

(2) 工具分段针对性、分段能力、可靠性更高,可以解决暂堵分段无法满足 2 个以上储集体改造的需求,且增产能力更强。

(3) 现阶段分段改造依据以主断裂+串珠/杂乱为目标,工具分段能力未达到最大化利用,若增加以断裂外裂缝型储层为次要改造目标,工具分段可进一步提高单井产能。

(4) 下一步可探索工具硬分段+暂堵软分段复合分段酸压工艺,进一步提高分段级数及可靠性,实现杂乱反射体内密切隔分段、体积改造大幅增产。

参 考 文 献

[1] 郭建春,管晨呈,李骁,等.四川盆地深层含硫碳酸盐岩储层立体酸压核心理念与关键技术[J].天然气工业,2023,43(09):14-24.

［2］蔡计光，王川，房好青，等．全缝长酸蚀填砂裂缝导流能力评价方法［J］．石油钻探技术，2023，51（1）：78-85.

［3］计秉玉，郑松青，顾浩．缝洞型碳酸盐岩油藏开发技术的认识与思考——以塔河油田和顺北油气田为例［J］．石油与天然气地质，2022，43（06）：1459-1465.

［4］张煜，李海英，陈修平，等．塔里木盆地顺北地区超深断控缝洞型油气藏地质-工程一体化实践与成效［J］．石油与天然气地质，2022，43（6）：1466-1480.

［5］李春月，李沁，李德明，等．顺北碳酸盐岩储层长期酸蚀裂缝导流能力预测方法［J］．钻井液与完井液，2022，39（5）：646-653.

［6］陈丽帆，邹伟，陈丽朝．水平井分段压裂扩张式裸眼封隔器的研制及现场应用［J］．石化技术，2022，29（2）：245-246.

［7］马永生，蔡勋育，云露，等．塔里木盆地顺北超深层碳酸盐岩油气田勘探开发实践与理论技术进展［J］．石油勘探与开发，2022，49（1）：1-17.

［8］李新勇，李骁，赵兵，等．顺北油田S井超深超高温碳酸盐岩断溶体油藏大型酸压关键技术［J］．石油钻探技术，2022，50（2）：92-98.

［9］唐磊，王建峰，曹敬华，等．塔里木盆地顺北地区超深断溶体油藏地质工程一体化模式探索［J］．油气藏评价与开发，2021，11（3）：329-339.

［10］李冬梅，柳志翔，李林涛，等．顺北超深断溶体油气藏完井技术［J］．石油钻采工艺，2020，42（5）：600-605.

# 蓬莱气田深层碳酸盐岩酸压
# 裂缝扩展主控因素分析

罗志林　王瀚成　金岑虹　姜云启

（中国石油西南油气田分公司工程技术研究院压裂酸化研究所）

**摘　要**　四川盆地蓬莱气田深层碳酸盐岩天然气资源量丰富，但由于其埋藏深、温度高、储层致密，酸岩反应速度快、应力差及地层破裂高等问题，酸压裂缝扩展规律复杂。因此，开展基于机理模型的酸压裂缝扩展主控因素分析，优化深度酸压工艺参数，提高酸压改造效果。研究表明：针对孔洞型储层，随用酸强度或施工排量的增加，酸蚀半缝长呈先增加后减小的趋势，而酸压裂缝平均缝高则随用酸强度的增加逐渐增大；针对孔隙型储层，随用酸强度或施工排量的增加，酸蚀半缝长和缝高呈逐渐增加趋势，但酸蚀半缝长增幅会逐渐减小。根据影响裂缝扩展主要因素分析，推荐孔洞型储层用酸强度不大于 $1.5m^3/m$、施工排量 $5\sim7m^3/min$、交替级数 $2\sim3$ 级，孔隙型储层用酸强度不大于 $3m^3/m$、施工排量不大于 $7m^3/min$、交替级数 $3\sim4$ 级。

**关键词**　蓬莱气田；深层碳酸盐岩；机理模型；用酸强度；主控因素

蓬莱气田是西南油气田公司在"十五五"期间稳产上产的重要领域，设计在"十五五"末建成 $80\times10^8m^3$ 的年产规模，其中灯四气藏目前已提交控制储层 $2386\times10^8m^3$，设计建成 $20\times10^8m^3$ 年产规模。气田内灯四段构造上处于川中古隆中斜平缓构造带，为南高北低的单斜构造，发育近东西向、北西向走滑断裂，以浅灰色白云岩、深灰色白云岩为主。储层具有高温、常压（温度 $161\sim166℃$、压力系数 $1.03\sim1.06$）、储层厚度大（上亚段为主要目标层，储层厚度平均 $63.3m$）、低孔隙度低渗透率（孔隙度 $2.02\%\sim6.16\%$，渗透率 $0.007\sim9.78mD$）、储层非均质性强（纵向应力分布差异较大、蓬深 105 井差异达 $40MPa$）、地层破裂压力高（停泵压力 $44\sim102MPa$）等特点，极大限制了酸压改造施工参数的优化设计。因此，亟待开展基于灯四段储层地质力学特性的酸压裂缝扩展规律的研究，基于裂缝扩展主控因素分析优化酸压施工参数，实现储层深度酸压改造，提高单井产量。

近年来国内外学者开展了大量深度酸化压裂的研究，主要集中于酸液体系研发和酸压工艺优化等[1-6]。例如，郭建春等提出了立体酸压技术"布裂缝、扩体积、调导流"3 个内涵，认为酸压裂缝体形态综合调控尤为关键[7]。石明星等提出利用多级注入酸压技术可大幅提高酸液有效作用距离，通过交替注入低温的前置液与酸液，持续对储层进行降温，并

---

【第一作者简介】罗志林，男，助理工程师，硕士，现就职于中国石油西南油气田公司工程技术研究院，主要从事压裂酸化工作。地址：成都市青羊区小关庙后街 25 号，电话：13688469947；E-mail：luozhilin2022@ petrochina. com. cn。

形成酸液在前置液中指进的现象[8]。李松等认为段间应力差和酸压排量为酸压裂缝高度延伸的主控因素，且应力差对裂缝高度的影响最大，其次为储隔层厚度及工作液黏度[9]。李凌川总结了针对大牛地气田非均质性储层类型划分而形成的差异化分段酸压技术，并模拟了不同施工条件下的酸蚀缝长和酸液分布形态[10]。然而，针对蓬莱气田灯四段深层碳酸盐岩储层改造难点，酸压裂缝扩展规律显然不清，为此针对性开展基于储层机理模型的酸压裂缝扩展数值模拟研究，揭示酸压裂缝扩展主控因素，指导酸压改造工艺技术与参数的优化设计。

# 1 机理模型和酸压工艺

（1）机理模型。

根据工区典型井测井解释成果数据建立 1200mm×500mm×100m 的机理模型。模型精度 10m×10m×2m，总网格数 31.5 万个。由于储层非均质性强，局部孔洞发育，因此根据测井解释面孔率及裂缝参数建立孔洞模型及裂缝体模型，嵌入后形成如表 1 和图 1 所示参数的孔洞型和孔隙型储层机理模型。

表 1　灯四机理模型参数

| 参数 | 储层类型 | | 参数 | 储层类型 | |
| --- | --- | --- | --- | --- | --- |
| | 孔洞型 | 孔隙型 | | 孔洞型 | 孔隙型 |
| 孔隙度（%） | 3.5 | 3 | 最小主应力（MPa） | 120 | 140 |
| 渗透率（mD） | 0.8 | 0.1 | 最大主应力（MPa） | 140 | 160 |
| 含气饱和度（%） | 70 | 70 | 垂向应力（MPa） | 165 | 165 |
| 储层厚度（m） | 70 | 70 | 杨氏模量（GPa） | 65 | 65 |
| 储层温度（℃） | 160 | 160 | 泊松比 | 0.25 | 0.25 |
| 储层压力（MPa） | 67 | 67 | 灰岩比例（%） | 0 | 0 |
| 裂缝密度（条/m） | 3 | — | 白云岩比例（%） | 95 | 95 |
| 溶洞比例（%） | 20 | — | | | |

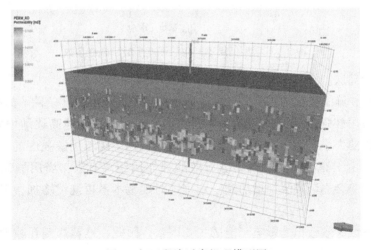

图 1　灯四段渗透率机理模型图

（2）酸压工艺。

针对灯四段储层埋藏深，地层力及地层破裂压力高等特点，为实现深度酸压改造，选用前置降阻酸酸压+胶凝酸/自生酸组合酸压的工艺。根据前期研究和现场试验认为，前置降阻酸比例15%，孔洞型储层胶凝酸/自生酸比例6∶4，孔隙型储层胶凝酸/自生酸比例7∶3。

## 2　模拟结果与分析

### 2.1　用酸强度对裂缝扩展的影响

（1）孔洞型储层。

如图2所示，施工排量为4m³/min时孔洞型储层不同用酸强度条件下的酸压裂缝参数。结果显示随着用酸强度的增加，酸蚀半缝长呈先增加的趋势，当用酸强度达到1.5m³/m后，酸蚀裂半缝长受到抑制并保持基本不变；而酸压裂缝平均缝高则随用酸强度的增加逐渐增大。分析认为，在用酸强度较小时，随用酸强度的增加，储层上下无隔层应力差的遮挡，缝长和缝高会逐步增加；但当用液量超过1.5m³/m后，由于储层温度较高，裂缝有效酸蚀作用距离有限，缝长增加到一定程度时则不再继续增加，但缝高方向有效酸蚀作用距离会进一步增大，直至与缝高长度基本一致。

考虑酸蚀有效缝长是影响产能的主要因素。因此，推荐灯四孔洞型储层用酸强度不超过1.5m³/m，保证酸蚀裂缝得到充分扩展。

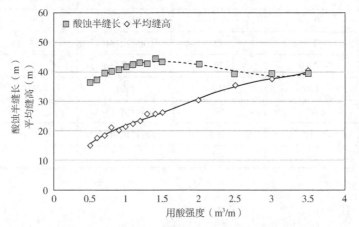

图2　孔洞型储层不同用酸强度下酸压裂缝参数

（2）孔隙型储层。

如图3所示，施工排量为4m³/min时孔隙型储层不同用酸强度条件下的酸压裂缝参数。结果显示，随着用酸强度的增加，酸蚀半缝长和酸压裂缝平均缝高逐渐增大。分析认为，孔隙型储层酸液滤失小，储层上下无隔层应力差的遮挡，随着用酸强度的增加，缝长和缝高会逐步增大；由于储层温度较高裂缝有效酸蚀作用距离有限，当用酸强度超过3m³/m后，缝长增长趋势会逐渐减缓，增加到一定程度时则基本不再继续增加，但缝高方向持续增大。

同样考虑酸蚀有效缝长是影响产能的主要因素。因此，推荐灯四孔隙型储层用酸强度不超过3m³/m，保证酸蚀裂缝得到充分扩展。

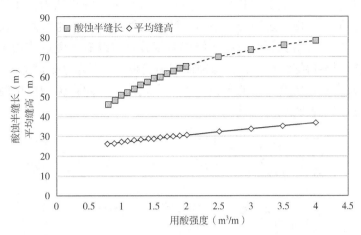

图3　孔隙型储层不同用酸强度下酸压裂缝参数

## 2.2　施工排量对裂缝扩展的影响

（1）孔洞型储层。

如图4所示，用酸强度为$1.0m^3/m$时孔洞型储层不同施工排量下的酸压裂缝参数。结果显示随着施工排量的增加，酸蚀半缝长呈先增加的趋势，当施工排量达到$6m^3/m$后，酸蚀半缝长受到抑制并逐渐减低；而酸压裂缝平均缝高则成相反趋势，酸蚀面积呈略增长趋势。分析认为，组合酸酸压所使用的自生酸黏度较大（160℃地层温度条件下表观黏度$110mPa \cdot s$），在储层上下无隔层应力差的遮挡时，较高排量下缝高更高，缝长受到抑制；同时由于储层温度较高裂缝有效酸蚀作用距离有限，缝长增加到一定程度时则不再继续增加，酸蚀面积呈略增长趋势。

考虑酸蚀有效缝长是影响产能的主要因素。因此，推荐灯四孔洞型储层施工排量不超过$7m^3/min$，保证酸蚀裂缝得到充分扩展。

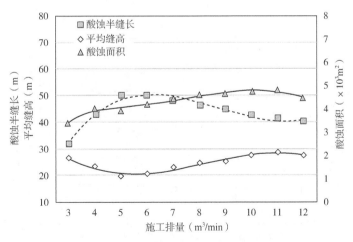

图4　孔洞型储层不同施工排量下酸压裂缝参数

（2）孔隙型储层。

如图5所示，用酸强度为$1.0m^3/m$时孔隙型储层不同施工排量下的酸压裂缝参数。结果显示随着施工排量的增加，酸蚀半缝长、平均缝高、酸蚀面积均呈略增长趋势，但当排量超过 6m³/min 后，酸蚀半缝长增幅变缓，缝高增幅变大。分析认为，在储层上下无隔层应力差的遮挡时，同样是由于过高排量下组合酸酸压所使用的自生酸黏度较大易导致缝高增长过快，抑制了缝长的增长；同时由于储层温度较高裂缝有效酸蚀作用距离有限，缝长增加到一定程度时则不再继续增加，而酸蚀面积随缝高增长呈略增长趋势。

考虑酸蚀有效缝长是影响产能的主控因素，因此推荐灯四孔隙型储层施工排量不超过 7m³/min，保证酸蚀裂缝得到充分扩展。

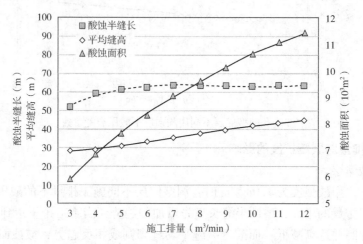

图 5　孔隙型储层不同施工排量下酸压裂缝参数

### 2.3　酸液交替级数对裂缝扩展的影响

（1）孔洞型储层。

如图 6 所示，用酸强度为 1.0m³/m、施工排量为 6m³/min 时孔洞型储层不同交替级数的酸压裂缝参数。结果显示随交替级数增加，酸蚀半缝长略减小、平均缝高略增加，酸蚀面积先增加再减小，当交替级数达 3 级时酸蚀面积达到峰值，因此推荐交替级数为 2~3 级。

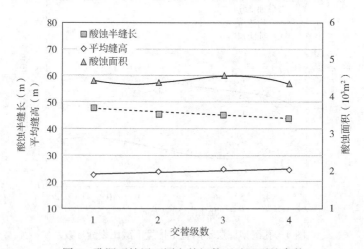

图 6　孔洞型储层不同交替级数下酸压裂缝参数

（2）孔隙型储层。

如图 7 所示，用酸强度为 1.0m³/m、施工排量为 6m³/min 时孔隙型储层不同交替级数的酸压裂缝参数。结果显示随交替级数增加，酸蚀半缝长基本不变，平均缝高略微增加，酸蚀面积增加，因此在施工条件允许的情况下，可选择较高的交替级数(3~4级)。

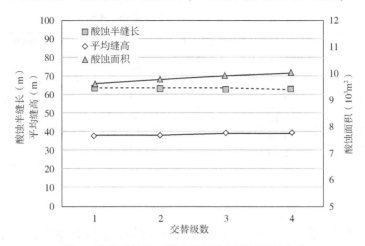

图7　孔隙型储层不同交替级数下酸压裂缝参数

## 2.4　裂缝扩展主控因素及施工参数优化

（1）裂缝扩展主控因素分析。

利用归一化方法得到用酸强度、施工排量和酸液交替级数与酸蚀半缝长、缝高和酸蚀面积的关系，如图8和图9所示。结果显示，针对孔洞型储层，缝长的主控因素为压裂规模，缝高的主控因素为施工排量，两者最终决定了酸蚀面积。针对孔隙型储层，缝长的主控因素为压裂规模和施工排量，缝高的主控因素为施工排量，仍旧是两者最终决定了酸蚀面积。

（a）缝长主控因素图　　　　（b）缝高主控因素图　　　　（c）酸蚀面积主控因素图

图8　灯四孔洞型裂缝扩展影响因素雷达图

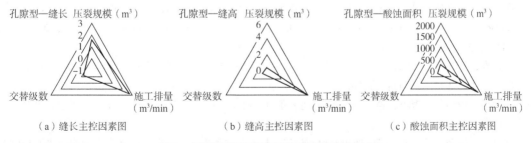

（a）缝长主控因素图　　　　（b）缝高主控因素图　　　　（c）酸蚀面积主控因素图

图9　灯四孔隙型裂缝扩展影响因素雷达图

（2）施工参数推荐。

根据上述模拟结果，推荐孔洞型储层用酸强度不大于1.5m³/m、施工排量5~7m³/min、交替级数 2~3 级，孔隙型储层不大于 3m³/m、施工排量不大于 7m³/min、交替级数 3~4 级（表 2）。

**表 2　灯四储层裂缝扩展主控因素与推荐参数表**

| 裂缝扩展主控因素 | 因素 | 孔洞型储层影响权重 | | | 孔隙型储层影响权重 | | |
|---|---|---|---|---|---|---|---|
| | | 用酸强度（m³/m） | 施工排量（m³/min） | 交替级数 | 用酸强度（m³/m） | 施工排量（m³/min） | 交替级数 |
| | 酸蚀缝长 | 0.57 | 0.21 | -0.1 | 1.59 | 2.72 | -0.2 |
| | 缝高 | 1.21 | 1.93 | 0.61 | 0.37 | 5.88 | 0.67 |
| | 酸蚀面积 | 252.94 | 377.25 | -0.1 | 264.31 | 1812.3 | 140.6 |
| 推荐参数 | | ≤1.5 | 5~7 | 2~3 | ≤3.0 | ≤7 | 3~4 |

## 3　结语

（1）针对孔洞型储层，随用酸强度或施工排量的增加，酸蚀半缝长呈先增加后减小的趋势，而酸压裂缝平均缝高则随用酸强度的增加逐渐增大；针对孔隙型储层，随用酸强度或施工排量的增加，酸蚀半缝长和缝高呈逐渐增加趋势，但酸蚀半缝长增幅会逐渐减小。

（2）根据影响裂缝扩展主控因素分析，推荐孔洞型储层用酸强度不大于 1.5m³/m、施工排量 5~7m³/min、交替级数 2~3 级，孔隙型储层用酸强度不大于 3m³/m、施工排量不大于 7m³/min、交替级数 3~4 级。

## 参 考 文 献

［1］杨雨，文龙，谢继容，等．四川盆地海相碳酸盐岩天然气勘探 进展与方向［J］．中国石油勘探，2020，25（3）：44-55．

［2］赵立强，高俞佳，袁学芳，等．高温碳酸盐岩储层酸蚀裂缝导流能力研究［J］．油气藏评价与开发，2017，7（1）：20-26．

［3］陈力力，刘飞，杨建，等．四川盆地深层超深层碳酸盐岩水平井分段酸压关键技术［J］．天然气工业，2022，42（12）：56-64．

［4］储铭汇．致密碳酸盐岩储层复合缝网酸压技术研究及矿场实践——以大牛地气田下古生界马五 5 碳酸盐岩储层为例［J］．石油钻采工艺，2017，39（2）：237-243．

［5］郭建春，苟波，秦楠，等．深层碳酸盐岩储层改造理念的革新——立体酸压技术［J］．天然气工业，2020，40（2）：61-74．

［6］QI Ning, CHEN Guobin, LIANG Chong, et al. Numerical simula-tion and analysis of the influence of fracture geometry on worm-hole propagation in carbonate reservoirs［J］. Chemical Engineering Science, 2019, 198（4）: 124-143.

［7］郭建春，管晨呈，李骁，等．四川盆地深层含硫碳酸盐岩储层立体酸压核心理念与关键技术［J］．天然气工业，2023，43（9）：14-24．

［8］石明星，伊向艺，李沁，等．多级交替注入酸压温度场数值模拟［J］．科学技术与工程，2022，22（30）：13280-13287．

［9］李松，叶颉泉，郭富凤，等．四川盆地安岳气田灯影组二段底水气藏酸压裂缝高度影响因素及控制对策［J］．天然气地球科学，2022，33（8）：1344-1353．

［10］李凌川．鄂尔多斯盆地大牛地气田碳酸盐岩储层差异化分段酸压技术及其应用［J］．大庆石油地质与开发，2022，41（5）：168-174．

# 连续油管速度管柱在南海气田的工艺技术及其应用

吴宜峰[1]　侯志新[2]　张明亮[1]　杨可三[1]

(1. 海油发展(澄迈)能源技术有限公司；
2. 中海石油(中国)有限公司海南分公司)

**摘　要**　为提高速度管柱工艺在南海气田中的应用效果，针对当前海上速度管柱工艺技术研究，结合南海气田的生产情况，开展井筒积液研究及临界携液流量模拟计算，建立生产井模型，对比不同管柱尺寸下的产气量、临界携液流量、最大临界携液流速比的对比分析，优选外径 $2\frac{3}{8}$ in、内径 2in 油管作为南海气田速度管柱，下入时机应在产气量不低于当前生产管柱临界携液流量之前。通过减小过流面积来增大气体流速，降低井筒临界携液流量，从而实现排水采气的目的，可进一步增加积液气井的携液能力，提高采收率。

**关键词**　南海气田；连续油管；速度管柱；排水采气

南海气田投产早期，地层能量高，但随着持续的深入开发，部分老井开始见水，产能逐年下降，已经达到或小于临界携液产量，井筒内出现积液，使得静液柱压力增大，地层回压升高，阻止地层流体进入井筒，气井逐渐由自喷连续生产转为间歇生产，甚至停喷关井，极大影响气田产能[1-6]。

为解决南海气田开发生产过程中存在的井筒积液问题，基于各项技术研究及应用，综合考虑生产设施设备情况，连续油管速度管柱的排水采气工艺可以很好地提高气井携液能力，解决井筒积液问题，延长气井的生产年限，实现低产、低效老井的稳产增产[7-12]。其作业程序简单，成本较低，无需改变当前井下管柱状态及原有的生产制度即可取得良好的排水采气效果，在塔里木、苏格里、大牛地和东海等气田被广泛应用[13-15]。

## 1　速度管柱排水采气原理

### 1.1　技术思路

速度管柱排水采气工艺是解决井筒积液、储层能量低的气井的增产措施[16]。工艺实施过程中，将小直径连续油管下入原井生产管柱内，代替原生产通道，通过减小截面积来增大气体的流动速度，提高携液能力，以达到排水采气目的。具有作业周期短、见效快、无

【第一作者简介】吴宜峰(1995—)，男，2018 年 7 月毕业于长江大学地球科学学院资源勘查工程，获工学学士学位，现就职于海油发展(澄迈)能源技术有限公司，任井下作业监督，研究方向：井下作业。通信地址：海南省海口市秀英区长滨三路荣城伯郡。邮编：572000。电话：17784670376。E-mail：ex_wuyf4@ cnooc. com. cn。

需压井及起管柱、作业成本低等优点。

## 1.2 工艺计算

### 1.2.1 产气量计算

基于作业井产能数据和压力数据，见表1，利用压降法和递减法计算剩余可采气，建立气井节点分析模型，计算不同尺寸速度管柱产气量，如图1所示。

**表1 压降法动用储量计算表**

| 时间 | 地层压力（MPa） | 偏差系数 | 视压力（MPa） |
|---|---|---|---|
| 2003/7/30 | 14.08 | 0.8238 | 17.09 |
| 2005/6/12 | 13.58 | 0.8269 | 16.42 |
| 2006/2/22 | 11.28 | 0.8443 | 13.36 |
| 2007/4/25 | 11.5 | 0.8424 | 13.65 |
| 2009/3/26 | 9.96 | 0.8565 | 11.63 |
| 2010/4/4 | 9.75 | 0.8586 | 11.36 |
| 2011/3/26 | 8.94 | 0.8671 | 10.31 |
| 2012/4/14 | 8.38 | 0.8734 | 9.59 |
| 2013/3/22 | 7.3 | 0.8864 | 8.24 |
| 2014/3/14 | 6.93 | 0.8911 | 7.78 |
| 2016/8/30 | 6.97 | 0.8906 | 7.83 |
| 2022/8/31 | 7.27 | 0.8868 | 8.20 |
| 2023/5/8 | 6.75 | 0.8934 | 7.56 |

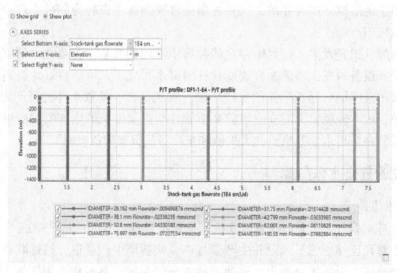

图1 不同尺寸速度管柱产气量

### 1.2.2 临界携液流量计算

根据临界流速和临界流量计算公式，计算从产层至井口全部悬挂速度管柱时井筒的临界携液流量，如图2所示。

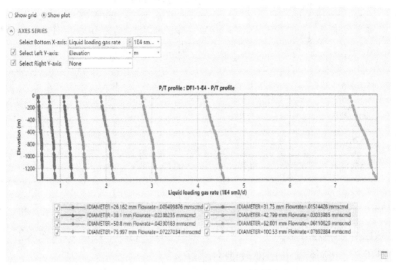

图 2 不同尺寸速度管柱临界携液流量

LLVR(Liquid Loading Velocity Ratio)为临界携液气体流速与实际气体流速之比,如果 LLVR 大于 1,则有积液风险。

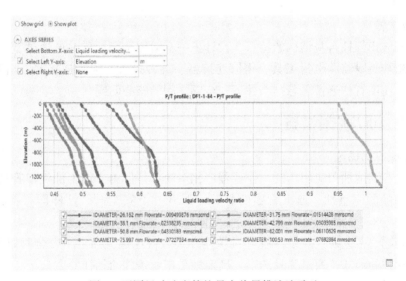

图 3 不同尺寸速度管柱最大临界携液流速比

### 1.2.3 速度管柱尺寸优选

速度管柱尺寸的优选,主要考虑产气量、携液能力、摩阻损耗和工具配置等因素,根据作业井实际情况建立的气井模型,对 1.25in、1.5in、1.75in、2in、2⅜in 五种规格的速度管柱与 4½in 的原生产油管进行了分析对比。根据模拟计算结果,五种规格速度管柱的临界携液流量为(0.6~2.11)×10⁴m³/d,明显低于 4½in 油管生产时的临界携液流量,说明在相同生产制度下,下入速度管柱后气井携液能力明显增强。由模拟计算结果可知,五种规格的速度管柱摩阻损失为 1.81~1.19MPa。

根据产气量、临界携液流量及摩阻损失计算结果,见表 2,同时考虑气井生产后期作业过程中工具配套方便,优选 2⅜in 油管作为速度管柱。

表 2 产气量、临界携液流量及摩阻损失对比结果

| 序号 | 油管尺寸 | 产气量($10^4\text{m}^3$/d) | 临界携液流量($10^4\text{m}^3$/d) | 摩阻(MPa) |
|---|---|---|---|---|
| 1 | 1.25in | 0.96 | 0.6 | 1.81 |
| 2 | 1.5in | 1.55 | 0.87 | 1.76 |
| 3 | 1.75in | 2.41 | 1.23 | 1.63 |
| 4 | 2in | 3.12 | 1.53 | 1.48 |
| 5 | 2⅜in | 4.39 | 2.11 | 1.19 |
| 6 | 4½in | 7.69 | 7.78 | 0.13 |

（1）油管内径小于 4½in 时，产气量大于临界携液气量，管柱无积液风险。

（2）同样条件下，管径越小，携液能力越好。

（3）井筒携液流量随油管直径增加而增加。

（4）产量和摩阻最优：满足携液和冲蚀的情况下，管径越大，产量越高，摩阻越小。

（5）根据作业井当前产量及井口压力等因素综合考虑，推荐作业井优选外径 2⅜in、内径 2in 速度管柱。

### 1.3 技术特点

根据南海气田管柱自身结构的特点，设计了一套适用于南海气井的速度管柱技术方案，包括油管内悬挂封隔器、坐封工具、铆钉连接器、旋转接头、卡瓦连接器、堵塞器等关键工具，解决了速度管柱连接、悬挂与井下安全阀之间的核心问题[17]。

## 2 难点分析及应对措施

### 2.1 悬挂方式优选

速度管柱在陆地油田应用广泛，作业程序相对简单，但由于海上油气田管柱结构特点，为保证井筒屏障的完整性，速度管柱的悬挂需避开井下安全阀，这样即可保证井屏障的安全。

针对此问题，工艺研究及设计阶段对悬挂方式进行优选，确定了安全阀以下至产层中部单级速度管柱的形式，通过工具选型，确定满足作业条件的悬挂器。

### 2.2 带压作业中的井控风险

为确保速度管柱下入后能正常生产，因此需要作业井处于开井放喷状态，这样就导致了速度管柱作业过程中可能存在防喷盒密封失效、速度管柱底部堵塞器密封失效等因素造成的天然气泄漏的风险；当速度管柱下至预定深度，关闭防喷器在井口进行切割油管和连接悬挂器时，可能存在油管滑动造成管柱落井的风险。

对此采用了两套四合一型连续油管防喷器，在井口切割油管时，确保同时关闭两道半封防喷器及卡瓦防喷器，并对其进行试压、试拉，确保密封合格及卡瓦抱死。

### 2.3 速度管柱下入时机

下入速度管柱的目的，是为了提高气井井筒的携液能力，避免因气井产量减少，从而导致井筒积液。根据计算结果，当前 4½in 油管生产的临界携液流量为 $7.78\times10^4\text{m}^3$/d。为

避免在生产过程中发生井筒积液的情况，因此，需要产气量达到当前管柱临界携液气量，井未停喷时下入速度管柱为最佳时机。

## 2.4 诱喷方式优选

关于速度管柱作业过程中使用的打压介质选择，若使用液体介质来坐封悬挂封隔器和剪切堵塞器，当管柱内充满液体，以作业井为例，已知当前地层压力为 7.56MPa，产层中深 3400m（垂深 1407m），速度管柱下至 2200m（垂深 1230m），堵塞器上部液体体积为 6m³，全部下落至完井管柱内，形成液柱长度 330m，垂直高度不到 10m，液体不会对储层造成伤害，不会影响气井携液。

若使用氮气介质进行坐封及剪切步骤，当堵塞器剪切后，管柱内自动泄压，此时依靠地层自身能量即可实现自喷复产。

综合氮气、液体两种介质作业效率考虑，优选使用液体介质坐封，利用本井自身能量自喷排液，作业前提是需要前期通井阶段将井诱喷活。

## 3 结论

（1）速度管柱是一套成熟的排水采气工艺技术，通过减小过流面积来增大气体流速，降低井筒临界携液流量，从而实现排水采气的目的，在陆地应用广泛。该技术对于南海气田老井具有广泛的推广应用价值。

（2）通过目前对南海气田部分老井开展井筒积液研究及临界携液流量模拟计算，综合考虑井场条件、配套工具等因素，优选外径 2⅜in、内径 2in 油管作为本区块速度管柱，应在产气量不低于当前生产管柱临界携液流量之前下入速度管柱。

## 参 考 文 献

[1] 曹光强，姜晓华，李楠，等．产水气田排水采气技术的国内外研究现状及发展方向[J]．石油钻采工艺，2019，41(5)：614-623．

[2] 于雷．气田开发排水采气工艺技术探讨[D]．西安：西安石油大学，2013．

[3] 余淑明，田建峰．苏里格气田排水采气工艺技术研究与应用[J]．钻采工艺，2012，35(3)：40-43．

[4] 蔡海强，王善聪，赵晓龙，等．速度管柱排水采气在 SR2-3 气井上的应用探讨[J]．化学工程与装备，2015，(2)：78-80．

[5] 解永刚，王雅萍，徐勇，等．速度管柱排水采气技术在 Z21-22 井的应用[J]．石油化工应用，2013，32(6)：100-102．

[6] 王泉波．速度管柱排水采气工艺在延安气田的应用[J]．石化技术，2019，26(7)：330-332．

[7] 古磊磊，符灵韬，岳龙．速度管柱排水采气技术在东坪地区的应用分析[J]．青海石油，2014，32(4)：83-85．

[8] 陶全．速度管柱排水采气机理及应用[J]．石化技术，2018，25(7)：103．

[9] 丁利．连续油管速度管柱技术的应用[J]．辽宁化工，2014，43(8)：1005-1006．

[10] 刘永国．苏里格气田排水采气工艺实践应用及探讨[J]．中国石油和化工标准与质量，2017，37(17)：174-175．

[11] 白晓弘，赵彬彬，杨亚聪，等．连续油管速度管柱带压起管及管材重复利用[J]．石油钻采工艺，2015，37(3)：122-124．

[12] 赵彬彬，李丽，白晓弘，等．水平井速度管柱排水采气技术研究与试验[J]．石油机械，2018，46(1)：88-91．

［13］白晓弘，赵彬彬，杨亚聪，等．连续油管速度管柱带压起管及管材重复利用［J］．石油钻采工艺，2015，37(3)：122-124.

［14］符东宇，李祖友，鲁光亮，等．基于泡沫流体管流模型的速度管柱排采工艺优化：以川西坳陷中浅层气藏为例［J］．大庆石油地质与开发，2019，38(3)：1-8.

［15］王海涛，李相方．气井 CT 速度管柱完井技术理论研究［J］．石油钻采工艺，2009，31(3)：41-45.

［16］邓昌松，张宗谭，冯少波，等．高含硫、大漏、超深水平井钻完井技术：以塔里木油田中古 10HC 井为例［J］．石油钻采工艺，2018，40(1)：27-32.

［17］吕维平，辛永安，盖志亮，等．连续管内堵塞器的研制与应用［J］．石油机械，2016，44(8)：58-61.

# 多组分注气井井下热式流量测量方法研究

赵广渊 李 越 秦小飞 杨树坤

（中海油田服务股份有限公司）

**摘 要** 低渗透油藏注气开发可快速补充地层能量、建立有效驱替系统，从而大幅度提高采收率。海上低渗透油田常以天然气或伴生气作为介质实施分层注气开发，气体组分不固定及高温高压复杂工况下的井下气体流量测量是实现精确定量分层注气的关键技术手段。分析了高温高压条件下多组分气体物性参数变化规律，基于流固耦合传热模型研究了不同温压条件、不同气体组分的气体物性参数对井下热式气体流量测量精度的影响规律。研究结果表明，多组分气体在不同温度压力条件下物性参数变化规律较为复杂；当质量流量一定时，导热系数对热式流量测量的影响最大，其次是动力黏度，比热容的影响几乎可以忽略，且质量流量越小时，物性参数的变化对测量的影响越大；在海上注气井筒条件（压力 $20 \sim 50\text{MPa}$、温度 $310 \sim 430\text{K}$）下，多组分气体物性参数对热式流量测量结果影响在 5% 以内，满足工程测量精度，为后续现场井下气体流量测量提供有效指导。

**关键词** 多组分注气；热式流量测试；流固耦合；物性参数

随着油气田开发进入中后期，油井综合含水率上升，油田开发难度加大，注气采油逐渐成为提高原油采收率的重要方法之一[1-3]。注气可以增加油藏内部的压力，推动原油更容易流出，从而提高采收率，这有助于更全面地采集油田中的原油资源。目前，注气作为一种有效提高采收率方法，在世界范围内的油气开采工业中得到广泛应用。国际范围内，美国和加拿大的注气技术处于领先地位，美国是较早尝试和实践二氧化碳气驱强化采油（$CO_2$-EOR）技术的国家，加拿大则是以注入烃类溶剂混相驱为主导，这主要得益于两国的气源优势[4-5]。注气驱仍以逐年增长的态势和显著的成效而成为当今世界石油开采中具有很大潜力和前景的技术。天然气作为一种清洁能源，天然气注气可以降低温室气体排放，有助于减缓气候变化影响，因此在石油开采领域具有重要的应用前景[6-8]。

我国大多数陆相沉积油藏非均质性强，分层注入可以有效提高波及系数，改善开发效果，因此建立高精度注气流量监测和控制系统以实时调整注气参数是必要的[9-11]。针对低渗透油田分层注气开发的迫切需求，本文基于流固耦合传热模型，对恒功率热式流量计在天然气流量监测模型进行仿真研究。首先归纳不同天然气组分及不同温度压力下的物性参数变化规律；然后通过模拟实际井下工况，分析物性参数对测量精度的影响；最终建立不

【第一作者简介】赵广渊（1988—），男，硕士研究生，2014 年毕业于中国石油大学（华东）油气田开发工程专业，高级工程师，主要从事智能注采技术研究与应用，现就职于中海油田服务股份有限公司油田生产事业部。地址：天津市滨海新区塘沽海洋高新区华山道 450 号。邮编：300459。电话：15320044365。邮箱：zhaogy0806@foxmail.com。

同组分及不同温压条件下质量流量与热式传感器温差的对应关系，为分层注气流量的实际测量和现场实验提供重要指导。

# 1 多组分气体物性参数分析

## 1.1 热式气体流量测量原理

热式流量计的基本原理是利用流动中的气体与热源之间的热量交换关系直接测量气体的质量流量[12]。

$$G=\left(\frac{1}{Ad^{n-1}C}\cdot\frac{P}{\Delta T}\cdot\frac{\mu^{n-m}\lambda^{m-1}}{C_p^m}\right)^{\frac{1}{n}} \tag{1}$$

式中，$G$ 为气体的质量流量，$G=\rho v S$；$\rho$ 为气体密度；$v$ 为气体流速；$S$ 为管道截面积；$A$ 为探头外表面积，$m^2$；$d$ 为特征尺寸；$C$，$n$，$m$ 为仪器相关的拟合参数，根据文献经验值 $n$ 一般取 1~4，$m$ 一般取 1/3；$\mu$ 为气体动力黏度，$Pa\cdot s$；$\lambda$ 为气体导热系数，$W/(m\cdot K)$；$C_p$，比定压热容，$J/(kg\cdot K)$。

## 1.2 不同气体组分物性参数分析

从式（1）中可以看出，对于恒功率热式流量计，影响测量结果的气体物性参数为动力黏度 $\mu$，气体导热系数 $\lambda$，比定压热容 $C_p$，气体密度 $\rho$，因此有必要对物性参数的变化进行详细分析。结合渤中 X-X 油田分层注气基础资料，选取高温高压下 10 组具有代表性的不同组分组成的天然气为例，不同组分、不同温压条件下的天然气密度、导热系数、比热容及动力黏度见表 1，其压力和温度范围为 20~50MPa，310~430K。下面分别对同组分不同温压和不同组分同温压两种情况下的物性参数变化进行归纳总结，并进一步分析物性参数变化对测量精度的影响。

表 1  10 组不同组分的天然气

| 物性参数 | | 组分 1 | 组分 2 | 组分 3 | 组分 4 | 组分 5 | 组分 6 | 组分 7 | 组分 8 | 组分 9 | 组分 10 |
|---|---|---|---|---|---|---|---|---|---|---|---|
| 含量 | $CO_2$ | 0.0306 | 0.09 | 0.1843 | 0.325 | 0.4494 | 0.6507 | 0.7589 | 0.8557 | 0.9278 | 0.99 |
| | $N_2$ | 0.0054 | 0.005 | 0.0031 | 0.0094 | 0.0136 | 0.0015 | 0.001 | 0.0006 | 0.0003 | 0 |
| | $C_1$ | 0.7264 | 0.68 | 0.4696 | 0.4348 | 0.4007 | 0.2638 | 0.1818 | 0.1108 | 0.0512 | 0.01 |
| | $C_2$ | 0.1276 | 0.11 | 0.1091 | 0.0937 | 0.0765 | 0.0444 | 0.0295 | 0.0128 | 0.0079 | 0 |
| | $C_3$ | 0.066 | 0.06 | 0.0652 | 0.0699 | 0.0322 | 0.0213 | 0.0145 | 0.0071 | 0.0043 | 0 |
| | $iC_4$ | 0.01 | 0.02 | 0.0346 | 0.0147 | 0.0065 | 0.0019 | 0.0013 | 0.0006 | 0.0004 | 0 |
| | $nC_4$ | 0.01 | 0.01 | 0.0697 | 0.0249 | 0.0076 | 0.0065 | 0.0045 | 0.0024 | 0.0015 | 0 |
| | $iC_5$ | 0.01 | 0.01 | 0.0206 | 0.0083 | 0.0034 | 0.0015 | 0.0011 | 0.0008 | 0.0005 | 0 |
| | $nC_5$ | 0.01 | 0.01 | 0.0185 | 0.0068 | 0.0023 | 0.0057 | 0.0044 | 0.0025 | 0.0014 | 0 |
| | $C_{6+}$ | 0.004 | 0.005 | 0.0251 | 0.0124 | 0.0077 | 0.0018 | 0.002 | 0.0031 | 0.0019 | 0 |

#### 1.2.1 同组分不同温压条件下物性参数分析

以组分1为例，分析物性参数随温压条件的变化规律(图1)。

从图1可以看出，当压力不变时，随着温度的升高，天然气密度降低；当温度不变时，随着压力的增加，天然气密度增加，该组分下，密度最大值与最小值之比约为3。

从图2可以看出，30MPa以上，比热容基本不受温度的影响；30MPa以下，比热容随着温度改变而变化，但变化规律不单调；同一组分下比热容变化范围不大，最大值与最小值之比约为1.3。

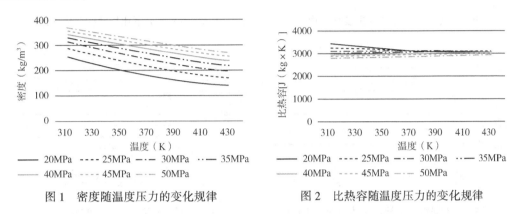

图1　密度随温度压力的变化规律　　　图2　比热容随温度压力的变化规律

从图3可以看出，同温下导热系数基本上随着压力的增加而增加；同压下导热系数随着温度变化不大，且不单调；同一组分下，最大值与最小值之比约为1.8。

从图4可以看出，同温下，动力黏度随着压力的增加而增加；同压下，动力黏度随着温度升高而降低；同一组分下，最大值与最小值之比约为3.5，数值不大，均为 $\mu Pa \cdot s$ 级别。

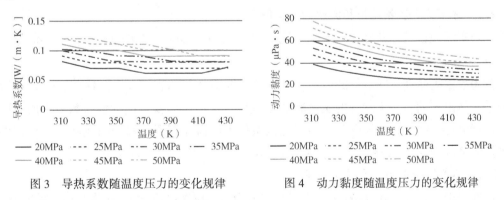

图3　导热系数随温度压力的变化规律　　　图4　动力黏度随温度压力的变化规律

其他组分与组分1的物性参数变化规律基本相同，故不再复述。

#### 1.2.2 不同组分同温压条件下物性参数分析

以20MPa，310K温压条件为例，分析物性参数随组分的变化规律。

组分1至组分10主要是根据二氧化碳的含量依次增加进行排序的。从图5至图8可以看出，除比热容变化随着组分的变化数值变化较单调外，其他参数均不单调。其他温压条件与20MPa，310K温压条件下的物性参数变化规律基本相同，故不再复述。

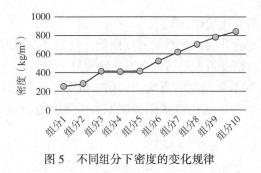

图 5　不同组分下密度的变化规律　　　　图 6　不同组分下比热容的变化规律

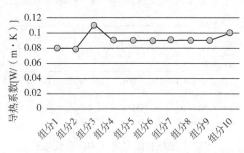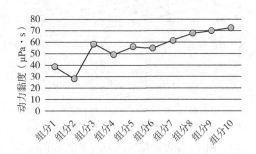

图 7　不同组分下导热系数的变化规律　　　图 8　不同组分下动力黏度的变化规律

在获取不同组分及不同温压条件下的密度及各项物性参数后，接下来将基于流固耦合传热仿真模型对这些参数在流量测量中的影响进行分析。

## 2　流固耦合传热模型建模

### 2.1　井下工况质量流量和流速的范围确定

结合实际现场工作条件，天然气标况流量设为 $Q_0 = 2000 \sim 120000 \mathrm{m}^3/\mathrm{d}$，工具测量通道内径设为 42mm。

首先根据天然气不同组分的占比，计算其标况下的气体密度 $\rho_i$；其次将 $\rho_i$ 与体积流量 $Q_0$ 相乘，得出不同组分天然气的质量流量 $G_i$ 范围；最后由已获得的物性参数表中的工况密度，计算出各个组分天然气在井下不同温压条件下的流速范围。根据上述步骤计算出的气体质量流量范围为 $0.0223 \sim 2.728 \mathrm{kg/s}$，流速范围为 $0.033 \sim 7.046 \mathrm{m/s}$。

### 2.2　多物理场的选择及几何建模

根据雷诺数计算公式 $R = \rho v D / \mu$[13]，其中 $\rho$ 为水的密度($\mathrm{kg/m}^3$)，$\mu$ 为其动力黏度(Pa·s)，$v$ 为流体流速(m/s)，$D$ 为流道特征长度(m)。代入天然气工况下的密度、流速、黏度，以及管道直径(42mm)，估算出流体呈湍流状态。

结合湍流及低马赫数(通常小于0.3)特性，物理场选择"共轭传热，湍流，$k$—$\omega$"多物理场接口，该接口用于模拟传热与流体流动之间的耦合[14]，将"固体传热"与"湍流，$k$—$\omega$"接口相结合。同时，系统会自动添加"非等温流动"多物理场耦合，将传热与流动接口进行耦合，并提供在模型中包含流动加热的选项，流体属性可与温度相关。

建立如图9所示的简化版热式流量计，内径42mm，长度1000mm；加热带处于管道中心位置，紧贴井筒外壁，长度60mm。管壁、加热带材质分别设为铝和硅。温差传感器分别安装在400mm及600mm处。

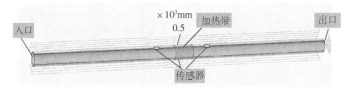

图9　不同组分下动力黏度的变化规律

### 2.3　流固耦合传热模型边界条件设置

针对不同组分及不同温压条件的天然气样本，需要对气体材料的密度、导热系数、比热容、动力黏度进行相应修改。固体和流体传热模块中热源设热耗率 $P$ 为 30W；湍流入口边界条件选择质量流，设 $G$ 为法向质量流量率参数，$G$ 取值范围可根据质量流量要求进行设置。在耦合模型中可通过改变 $G$ 获取不同的温差值，进而建立基于热式流量计测量系统的质量流量与温差之间的输入输出关系。其稳态计算的温度场如图10所示。

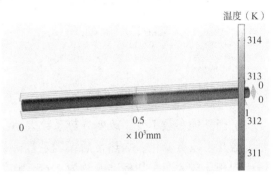

图10　管道温度场分布

## 3　多组分气体物性参数对测量结果影响分析

结合不同组分、不同温压条件下的物性参数，选取足够多的样本，在仿真模型的基础上，建立质量流量与温差值之间的对应关系，并分析不同样本在同一质量流量下的测量离散度，并评估物性参数变化对测量的影响。

以组分1中密度 $=161.21kg/m^3$，比热容 $=3017.74J/(kg \cdot K)$，导热系数 $=0.06W/(m \cdot K)$，动力黏度 $=24.5\mu Pa \cdot s$ 为例，分析不同质量流量下测量管道的温度变化，其中质量流量分别取 0.03kg/s，0.04kg/s···1.1kg/s，其对应的管道温度曲线列入图11中。

从图11中可以看出，随着质量流量的增加，带走的热量也越来越多，管道升温幅度逐渐降低；加热带前后有明显的温差。综合考虑温差分布，热式流量计的温差取600mm与400mm处的温差值。接下来，在比热容、导热系数及动力黏度三个物性参数中，假设保持两个不变，改变其中一个参数，初步观察下该参数对温度测量的影响，取质量流量0.4kg/s为例。

（1）当其他参数不变，改变比热容的大小，其管道温度分布如图12所示，可以看出管道温度分布几乎不受影响。

（2）当其他参数不变，改变动力黏度的大小，管道温度分布如图13所示，可以看出加热带前端几乎没有变化，加热带后端随着动力黏度的改变有一定变化，但偏离程度较小，平均标准差约为 $2.97 \times 10^{-5}$。

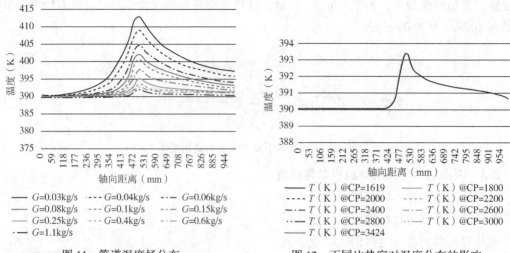

图 11　管道温度场分布　　　　　　　　图 12　不同比热容对温度分布的影响

（3）当其他参数不变，改变导热系数大小，其管道温度分布如图 14 所示。可以看出加热带前端几乎没有变化，加热带后端随着导热系数的改变而发生变化，其偏离程度与动力黏度引起相比较大，平均标准差约为 $2.66 \times 10^{-4}$。

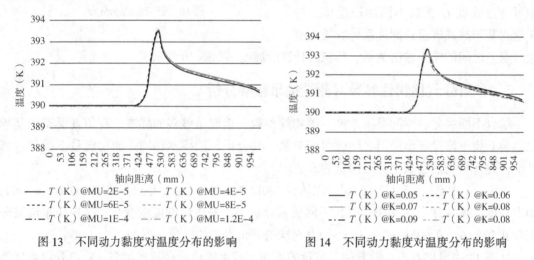

图 13　不同动力黏度对温度分布的影响　　　图 14　不同动力黏度对温度分布的影响

通过图 12 至图 14 可以得出，当质量流量一致时，导热系数对温差测量的影响最大，其次是动力黏度，而比热容的影响几乎可以忽略。且质量流量越小时，物性参数的变化对测量的影响越大。

## 4　井下温压条件多组分气体热式流量测量精度分析

根据不同组分及不同温压条件，对共 1860 组样本进行仿真研究。样本覆盖了 20 ~ 50MPa，310 ~ 430K 温压范围及 10 组不同的天然气组分，根据物性参数表，在模型材料模块修改相应物性参数。在模型研究模块中添加质量流量 $G$ 的参数化扫描功能，每个样本取 21 个质量流量点，通过仿真输出的温差数据，建立不同物性参数下质量流量与温差之间的对应关系，并分析不同组分温压条件下的测量误差范围。下面对样本进行分组讨论。

### 4.1 考虑组分变化

（1）区间1：20~50MPa，310~430K。

在10组不同组分的样本中，随机取20组温差数据进行分析，温差值如图15所示。受篇幅限制，表2中只显示10组样本在不同质量流量下对应的温差值。图15中列举了20组样本在不同质量流量下对应的温差曲线，该曲线验证了质量流量与温差之间存在反比例关系，这与公式保持一致。同一质量流量下的温差值之间最大标准差为0.1839，最大相对误差为0.1095，20组数据的平均RMS为0.0342，平均相对误差为0.0484。

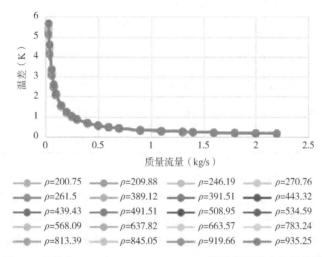

图15　全组分、20~50MPa，310~430K温压范围样本的温差值

**表2　全组分、全温压范围的温差值**

| 密度 $\rho$（kg/m³） | 200.8 | 209.9 | 246.2 | 270.8 | 389.1 | 391.5 | … | 783.2 | 845.1 | 919.7 | 935.3 | RMS | 最大相对误差 |
|---|---|---|---|---|---|---|---|---|---|---|---|---|---|
| $G=0.03$kg/s | 5.148 | 5.125 | 5.092 | 5.178 | 5.369 | 5.257 | … | 5.493 | 5.389 | 5.107 | 5.657 | 0.1839 | 0.0940 |
| $G=0.04$kg/s | 4.117 | 4.105 | 4.110 | 4.135 | 4.377 | 4.192 | … | 4.435 | 4.296 | 4.122 | 4.609 | 0.1803 | 0.1095 |
| $G=0.06$kg/s | 3.043 | 3.040 | 3.055 | 3.051 | 3.125 | 3.096 | … | 3.267 | 3.143 | 3.063 | 3.361 | 0.1139 | 0.0954 |
| $G=0.08$kg/s | 2.440 | 2.440 | 2.462 | 2.443 | 2.476 | 2.472 | … | 2.584 | 2.484 | 2.466 | 2.617 | 0.0575 | 0.0677 |
| $G=0.1$kg/s | 2.067 | 2.066 | 2.091 | 2.068 | 2.050 | 2.082 | … | 2.157 | 2.080 | 2.093 | 2.154 | 0.0315 | 0.0410 |
| $G=0.15$kg/s | 1.536 | 1.535 | 1.550 | 1.537 | 1.487 | 1.534 | … | 1.567 | 1.523 | 1.550 | 1.549 | 0.0307 | 0.0090 |
| $G=0.2$kg/s | 1.224 | 1.222 | 1.230 | 1.224 | 1.185 | 1.217 | … | 1.232 | 1.206 | 1.229 | 1.216 | 0.0238 | 0.0050 |
| $G=0.25$kg/s | 1.013 | 1.011 | 1.014 | 1.012 | 0.981 | 1.004 | … | 1.010 | 0.997 | 1.012 | 1.003 | 0.0175 | 0.0083 |
| $G=0.3$kg/s | 0.863 | 0.862 | 0.862 | 0.863 | 0.839 | 0.853 | … | 0.853 | 0.847 | 0.860 | 0.850 | 0.0135 | 0.0141 |
| $G=0.4$kg/s | 0.669 | 0.667 | 0.665 | 0.668 | 0.650 | 0.655 | … | 0.646 | 0.651 | 0.663 | 0.649 | 0.0098 | 0.0284 |
| $G=0.5$kg/s | 0.549 | 0.547 | 0.545 | 0.548 | 0.531 | 0.534 | … | 0.524 | 0.529 | 0.542 | 0.523 | 0.0095 | 0.0463 |
| $G=0.6$kg/s | 0.467 | 0.466 | 0.464 | 0.467 | 0.451 | 0.453 | … | 0.443 | 0.448 | 0.462 | 0.440 | 0.0095 | 0.0594 |

| 密度 $\rho$ （kg/m³） | 200.8 | 209.9 | 246.2 | 270.8 | 389.1 | 391.5 | … | 783.2 | 845.1 | 919.7 | 935.3 | RMS | 最大相对误差 |
|---|---|---|---|---|---|---|---|---|---|---|---|---|---|
| $G=0.7$kg/s | 0.408 | 0.407 | 0.405 | 0.407 | 0.392 | 0.395 | … | 0.385 | 0.390 | 0.403 | 0.382 | 0.0091 | 0.0662 |
| $G=0.9$kg/s | 0.325 | 0.325 | 0.324 | 0.325 | 0.314 | 0.316 | … | 0.307 | 0.312 | 0.322 | 0.304 | 0.0075 | 0.0692 |
| $G=1.1$kg/s | 0.270 | 0.270 | 0.269 | 0.270 | 0.263 | 0.264 | … | 0.257 | 0.261 | 0.268 | 0.254 | 0.0057 | 0.0642 |
| $G=1.3$kg/s | 0.231 | 0.231 | 0.230 | 0.231 | 0.226 | 0.227 | … | 0.221 | 0.225 | 0.230 | 0.219 | 0.0042 | 0.0554 |
| $G=1.4$kg/s | 0.215 | 0.215 | 0.215 | 0.215 | 0.211 | 0.212 | … | 0.207 | 0.210 | 0.214 | 0.205 | 0.0036 | 0.0509 |
| $G=1.6$kg/s | 0.189 | 0.189 | 0.189 | 0.189 | 0.186 | 0.187 | … | 0.183 | 0.186 | 0.189 | 0.182 | 0.0027 | 0.0425 |
| $G=1.8$kg/s | 0.169 | 0.169 | 0.169 | 0.169 | 0.167 | 0.168 | … | 0.165 | 0.167 | 0.169 | 0.163 | 0.0020 | 0.0355 |
| $G=2$kg/s | 0.153 | 0.153 | 0.153 | 0.153 | 0.151 | 0.152 | … | 0.149 | 0.151 | 0.152 | 0.148 | 0.0015 | 0.0294 |
| $G=2.2$kg/s | 0.139 | 0.139 | 0.139 | 0.139 | 0.138 | 0.138 | … | 0.137 | 0.138 | 0.139 | 0.136 | 0.0012 | 0.0243 |

（2）区间 2：30~50MPa，350~430K。

在 30~50MPa，350~430K 温压范围内随机取 20 个样本，受篇幅限制，其温差值列表省略。图 16 中列举了 20 组样本在不同质量流量下对应的温差曲线，该曲线代表质量流量与温差之间存在反比例关系，这与公式保持一致。同一质量流量下的平均 RMS 为 0.02986，平均相对误差为 0.0420。

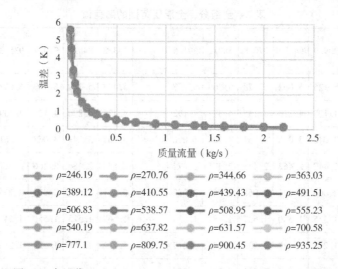

图 16　全组分、30~50MPa，350~430K 温压范围样本的温差值

（3）区间 3：40~50MPa，390~410K。

在 40~50MPa，390~410K 温压范围内随机取 20 个样本，受篇幅限制，其温差值列表省略。图 17 中列举了 20 组样本在不同质量流量下对应的温差曲线，该曲线代表质量流量与温差之间同样是反比例关系。同一质量流量下的平均 RMS 为 0.0245，平均相对误差为 0.0253。

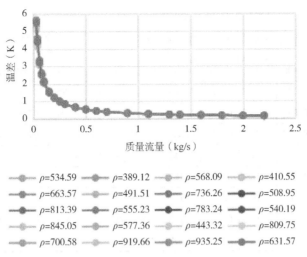

图 17 全组分、40~50MPa，390~430K 温压范围样本的温差值

从图 15 至图 17 可以得出：质量流量与温差呈反比例关系；随着压力温度范围的缩减，测量离散程度逐渐较低，由 0.0342 降至 0.0245；同时相对误差也越低，由 0.0484 降至 0.0253。质量流量较低时，温差测量值的相对误差较高；质量流量较高时，其温差测量值的相对误差较低。

### 4.2 固定组分：以组分 16 为例

（1）区间 1：20~50MPa，310~430K。

在区间 1 温压范围内，对组分 16 随机取 10 组样本，其在不同质量流量下对应的温差值见表 3 中所列。图 18 中列举了 10 组样本在不同质量流量下对应的温差曲线，该曲线代表质量流量与温差之间存在反比例关系，这与公式保持一致。同一质量流量下的平均 RMS 为 0.0204，平均相对误差为 0.0393。

表 3 组分 16、全温压范围的温差值

| 密度 $\rho$ (kg/m³) | 12.1 | 69.1 | 290.75 | 358.28 | 201.84 | 409.24 | 414.01 | 544.62 | 578 | 497.25 | RMS | 相对误差 |
|---|---|---|---|---|---|---|---|---|---|---|---|---|
| $G=0.03$kg/s | 5.125 | 5.092 | 5.234 | 5.313 | 5.313 | 5.353 | 5.353 | 5.285 | 5.310 | 5.307 | 0.034 | 0.091 |
| $G=0.04$kg/s | 4.105 | 4.110 | 4.179 | 4.250 | 4.250 | 4.315 | 4.315 | 4.427 | 4.369 | 4.476 | 0.083 | 0.126 |
| $G=0.06$kg/s | 3.040 | 3.055 | 3.072 | 3.096 | 3.096 | 3.109 | 3.109 | 3.170 | 3.128 | 3.201 | 0.050 | 0.049 |
| $G=0.08$kg/s | 2.440 | 2.462 | 2.444 | 2.453 | 2.453 | 2.465 | 2.465 | 2.496 | 2.481 | 2.513 | 0.029 | 0.023 |
| $G=0.1$kg/s | 2.066 | 2.091 | 2.059 | 2.054 | 2.054 | 2.051 | 2.051 | 2.064 | 2.054 | 2.074 | 0.004 | 0.013 |
| $G=0.15$kg/s | 1.535 | 1.550 | 1.520 | 1.508 | 1.508 | 1.497 | 1.497 | 1.472 | 1.476 | 1.475 | 0.041 | 0.026 |
| $G=0.2$kg/s | 1.222 | 1.230 | 1.208 | 1.197 | 1.197 | 1.189 | 1.189 | 1.171 | 1.176 | 1.173 | 0.042 | 0.020 |
| $G=0.25$kg/s | 1.011 | 1.014 | 1.001 | 0.993 | 0.993 | 0.986 | 0.986 | 0.969 | 0.973 | 0.970 | 0.043 | 0.016 |
| $G=0.3$kg/s | 0.862 | 0.862 | 0.853 | 0.847 | 0.847 | 0.842 | 0.842 | 0.828 | 0.832 | 0.828 | 0.041 | 0.013 |
| $G=0.4$kg/s | 0.667 | 0.665 | 0.659 | 0.654 | 0.654 | 0.651 | 0.651 | 0.642 | 0.645 | 0.642 | 0.039 | 0.009 |
| $G=0.5$kg/s | 0.547 | 0.545 | 0.539 | 0.534 | 0.534 | 0.531 | 0.531 | 0.525 | 0.526 | 0.524 | 0.044 | 0.008 |
| $G=0.6$kg/s | 0.466 | 0.464 | 0.458 | 0.453 | 0.453 | 0.450 | 0.450 | 0.444 | 0.446 | 0.444 | 0.051 | 0.008 |

| 密度 $\rho$ (kg/m³) | 12.1 | 69.1 | 290.75 | 358.28 | 201.84 | 409.24 | 414.01 | 544.62 | 578 | 497.25 | RMS | 相对误差 |
|---|---|---|---|---|---|---|---|---|---|---|---|---|
| $G=0.7$kg/s | 0.407 | 0.405 | 0.399 | 0.395 | 0.395 | 0.392 | 0.392 | 0.386 | 0.388 | 0.385 | 0.056 | 0.007 |
| $G=0.9$kg/s | 0.325 | 0.324 | 0.320 | 0.316 | 0.316 | 0.314 | 0.314 | 0.308 | 0.310 | 0.308 | 0.056 | 0.006 |
| $G=1.1$kg/s | 0.270 | 0.269 | 0.267 | 0.264 | 0.264 | 0.263 | 0.263 | 0.258 | 0.259 | 0.258 | 0.049 | 0.004 |
| $G=1.3$kg/s | 0.231 | 0.230 | 0.229 | 0.227 | 0.227 | 0.226 | 0.226 | 0.222 | 0.223 | 0.222 | 0.040 | 0.003 |
| $G=1.4$kg/s | 0.215 | 0.215 | 0.213 | 0.212 | 0.212 | 0.211 | 0.211 | 0.208 | 0.209 | 0.208 | 0.036 | 0.003 |
| $G=1.6$kg/s | 0.189 | 0.189 | 0.188 | 0.187 | 0.187 | 0.186 | 0.186 | 0.184 | 0.185 | 0.184 | 0.030 | 0.002 |
| $G=1.8$kg/s | 0.169 | 0.169 | 0.168 | 0.168 | 0.168 | 0.167 | 0.167 | 0.165 | 0.166 | 0.165 | 0.024 | 0.001 |
| $G=2$kg/s | 0.153 | 0.153 | 0.152 | 0.152 | 0.152 | 0.151 | 0.151 | 0.150 | 0.150 | 0.150 | 0.020 | 0.001 |
| $G=2.2$kg/s | 0.139 | 0.139 | 0.139 | 0.138 | 0.138 | 0.138 | 0.138 | 0.137 | 0.137 | 0.137 | 0.016 | 0.001 |

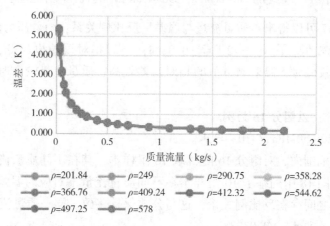

图 18　组分 16、20~50MPa，310~430K 温压范围样本的温差值

（2）区间 2：30~50MPa，350~430K。

在区间 2 温压范围内，对组分 16 随机取 10 组样本，图 19 中列举了 10 组样本在不同质量流量下对应的温差曲线。同一质量流量下的温差值之间最大标准差为 0.083，最大相对误差为 0.126，20 组数据的平均 RMS 为 0.0143，平均相对误差为 0.0287。

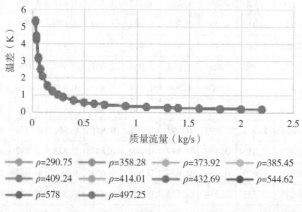

图 19　组分 16、30~50MPa，350~430K 温压范围样本的温差值

（3）区间 3：40~50MPa，390~410K。

在区间 3 温压范围内，对组分 16 随机取 10 组样本，图 20 中列举了 10 组样本在不同质量流量下对应的温差曲线。同一质量流量下的平均 RMS 为 0.0135，平均相对误差为 0.0212。

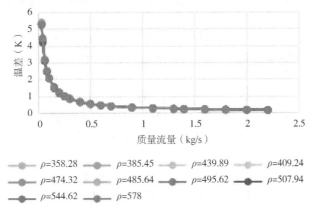

图 20　组分 16、40~50MPa，390~430K 温压范围样本的温差值

从图 18 至图 20 可以得出，随着压力温度范围的缩减，测量离散程度逐渐较低，同时相对误差也越低。质量流量较低时，温差测量值的相对误差较高；质量流量较高时，其温差测量值的相对误差较低，这与不分组分的结论一致。此外，相比于不分组分的情况，在固定组分的情况下，相同温压范围内的测量离散度和相位误差均降低。

## 5　总结

本文基于流固耦合传热模型，对恒功率热式流量计在天然气流量监测模型进行仿真研究。首先分析了不同天然气组分及不同温度压力下的物性参数变化规律；然后通过模拟实际井下工况，研究了物性参数对测量精度的影响；最终建立了不同组分及不同温压条件下质量流量与热式传感器温差的对应关系，并计算其测量离散度。仿真实验结果表明，随着天然气组分的不同及温度压力的变化，其物性参数的变化是十分复杂的，但是在 20~50MPa，310~430K 这个温压范围内，其物性参数对测量的影响可以控制在 5% 以内的平均相对误差，若温压范围缩小，则误差会更小。若温压范围扩大，则温差测量值的离散程度及误差均会增加，此时同样可以利用本文耦合模型对测量系统性能进行仿真研究，根据所归纳的规律或现象对系统进行误差矫正。因此本文所提出的基于流固耦合传热模型，可以为分层注气流量的实际测量和现场实验提供重要指导。

**参　考　文　献**

[1] 伍世英. 特高含水油田提高采收率方法筛选[D]. 荆州：长江大学，2023.

[2] 刘学利，郑小杰，钱德升，等. 塔河油田强底水砂岩油藏 $CO_2/N_2$ 驱提高采收率机理[J]. 科学技术与工程，2023，23(15)：6409-6418.

[3] 何厚锋，胡旭辉，庄永涛，等. 低渗透油藏 $CO_2$ 驱注采参数优化研究与应用——以胜利油田 A 区块为例[J]. 油气地质与采收率，2023，30(2)：112-121.

[4] 杨松. 低渗透油藏 $CO_2$ 驱提高采收率优化设计[D]. 荆州：长江大学，2013.

[5] 张蕾. 世界领先的加拿大烃类混相驱[J]. 大庆石油地质与开发，2003(30)：472-472.

［6］高弘毅，侯天江，吴应川．注天然气驱提高采收率技术研究［J］．钻采工艺，2009，32(5)：25-27.

［7］TOOSEH ESMAEEL KAZEMI，JAFARI AREZOU，TEYMOURI ALI．低渗透含水层储气库储气过程中气—水—岩相互作用及储气量影响因素［J］．石油勘探与开发，2018，45(6)：1053-1058.

［8］Voskov D V，Entov V M．Problem of Oil Displacement by Gas Mixtures［J］．Fluid Dynamics，2001，36(2)：269-278.

［9］朱桂荣，邹丽新，钱霖．注气式油井参数测量仪的研制［J］．自动化仪表，2004(3)：25.

［10］栾永刚．油气水多相流检测技术的应用和发展方向［J］．中国石油和化工标准与质量，2018，38(13)：53-54.

［11］Kang Lixia，Guo Wei，Zhang Xiaowei，et al. Two-phase Flow Model and Productivity Evaluation of Gas and Water for Dual-Medium Carbonate Gas Reservoirs［J］．Frontiers in Earth Science，2022，1(9).

［12］刘家旭，徐英，张涛，等．气体组分变化对热式质量流量计测量精度的影响［J］．仪器仪表学报，2020，41(12)：7.

［13］严宗毅．低雷诺数流理论［M］．北京：北京大学出版社，2002.

［14］沈慧俐，郑小清．对 k-ω 湍流模型的改进［J］．航空动力学报，1997，12(4)：4.

# 二维纳米氧化石墨烯及其衍生物
# 在油气开采的研究进展

梁 严 王肃凯 蒲松龄 万良会

(中国石油集团西部钻探工程有限公司工程技术研究院)

**摘 要** 氧化石墨烯(GO)是一种具有超高比表面、作用面更大、稳定性更高且具有类似于表面活性基的表面活性的二维纳米材料,将其引入油气开采全过程体系中,可显著改变其综合性能甚至赋予新的功能。本文较为系统地综述了 GO 及其衍生物在钻完井、压裂、提高采收率和提升油气开采用聚合物性能等方向的相关研究进展,并指出了当前要实现 GO 实质性应用仍存在的问题与发展方向。

**关键词** 氧化石墨烯及其衍生物;钻完井;压裂;提高采收率;聚合物性能

氧化石墨烯(GO)是科研领域和工业界研究与应用最为广泛的一种石墨烯衍生物,具有类似于石墨烯的单层二维结构(单层厚度大于 0.6nm[1]),与其他零维和一维无机纳米材料相比,GO 是一种具有超高比表面、作用面更大和稳定性更高的二维纳米材料。GO 片层包含大量的羟基、羧基、羰基和环氧基等极性含氧官能团[2-3],由于这些含氧基团均为亲水基团,其在水中电离出羧酸根离子($-COO^-$)使水溶液中 GO 片层表面带负电荷,片层间静电排斥作用大于范德华力,进而能够实现纯水中很好的分散稳定性[4-8],且由于羧酸基位于 GO 薄片的边缘,较小的薄片比更大的薄片有更强的电性。总体而言,GO 可被视为一个由大量无序氧化域包围的大型纳米石墨片,这种结构特征有效地使其成为具有亲水边缘和大量疏水中心的二维两亲分子[4,9-13]。

除作为二维两亲物质外,GO 薄片还可以看作是由共价键合的氧衍生化的碳原子网络组成的交联大分子单分子层,或具有一个嵌段石墨和另一个被严重羟基化的二维无规二嵌段共聚物。其可被吸附于液/气、液/液或液/固界面,进而降低表面张力和界面张力,表现出类似于传统表面活性剂的特征[9,11,12,14-16]。此外,由于其极高的纵横比,GO 薄片如果在浓缩液中聚集也会形成液晶[17-20],也类似于其他表面活性剂分子,能够制备高稳定性的 Pick-

---

【第一作者简介】梁严,1988 年 10 月生,工程师,工学博士,2022 年 6 月毕业于西南石油大学化学工程与技术专业,主要从事井筒流体工作液设计、构效关系、作用机理及配套应用技术研究与应用。2022 年入选新疆维吾尔自治区"天池英才"引进计划"青年博士",目前主持西部钻探公司局级科研项目 1 项,曾负责油田单位委托横向项目 3 项,承担研究生科研创新基金项目重点项目 1 项,主研或参与国际合作项目和国家科技重大专项子课题、油田单位委托横向项目等 20 余项,以第一作者(和/或通讯作者)发表研究论文 10 余篇(其中 SCI 二区期刊 6 篇),获授权国内发明专利 4 项。美国石油工程师协会(SPE)会员,J. Appl. Polym. Sci.、J. Polym. Res.、合成化学等学术期刊审稿人。通讯地址:新疆维吾尔自治区克拉玛依市胜利路 85 号,邮编 834000,电话 13666142817,E-mail:liangyan1558@ cnpc. com. cn。

ering 乳液，且改进后的 GO 能够用于乳液聚合的稳定剂等。因此，GO 除保留了石墨烯超高的比表面积外，还展现出明显不同于石墨烯的物理化学性质，进而氧化石墨烯及其衍生物在油气开采领域具有极大的潜在应用价值[21-22]。

因此，本文较为系统地综述了 GO 及其衍生物在钻完井、压裂、提高采收率和提升油气开采用聚合物性能等方向的相关研究进展，并指出了当前要实现 GO 实质性应用仍存在的问题与发展方向。

# 1 氧化石墨烯及其衍生物用于钻完井

钻井液是在钻井过程中有助于从井眼中清除钻屑的所有流体（例如液体，气体，泡沫）的工作液，其功能主要包括井底冲刷、钻屑携带、压力平衡、冷却和润滑钻头、稳定井壁、保护油气藏和传输地层能量等。在钻井过程中，钻井液若在地层中形成大量的滤失将会堵塞油/气通道并导致油藏伤害，同时，厚的滤饼可能导致井眼缩径、摩擦增加、钻头冻结和井漏等钻井事故，而钻井液滤饼的厚度与流体滤失量相关且通常滤失越大则滤饼越厚。因此在钻井液中需要添加滤失控制剂以确保能够形成高质量的滤饼防止对地层造成伤害等。向钻井液中加入 GO 可明显降低滤失量和提高滤饼质量。

## 1.1 降滤失

Kosynkin 等[23]以油气工业中使用的黏土和聚合物标准悬浮液（12000mg/L 浓度下平均 API 滤失量为 7.2mL，滤饼厚度为 280μm）为对比，考察了向水基钻井液中加入质量分数为 0.2% GO 后的 API 滤失量，表明加入 GO 后呈现良好的滤失控制性能，在 3：1 的片状 GO 与粉状 GO 质量比下，钻井液的 API 滤失量为 6.1mL，滤饼厚度仅为 20μm。此外，较黏土滤失添加剂而言，GO 溶液还表现出更好的剪切稀释性和更高的耐温稳定性。Xuan 等[24]以几种常用的流体滤失控制添加剂为对比，通过 API 滤失测试评价了纳米氧化石墨烯的滤失控制性能，结果表明由于纳米片较好的水分散性，即使在较低浓度下纳米 GO 可以通过增加黏度而改善滤失效果并表现出较强的滤失控制性能，在不加入膨润土的情况下纳米 GO 便具有优异的滤失控制效果，当 GO 浓度从质量分数为 0.2% 分别增加到质量分数为 0.4% 和质量分数为 0.6% 时可实现 API 滤失量由 147mL 分别降低到 21.5mL 和 14.7mL。

Jamrozik 等[25]通过扫描电子显微镜（SEM）对比了在一种低固相钻井液中加入质量分数为 1.5% GO 前后所形成的滤饼的微观结构，发现将 GO 加入钻井液中能够提升滤失性能和改善滤饼质量，所形成的滤饼更加致密，其能够防止水侵入油藏而更有利于井壁稳定。Rana 等[26]研究了十二烷基硫酸钠改性氧化石墨烯（SDS-Gr）对水基钻井液流变特征和流体滤失量及黏土膨胀抑制的影响，表明 SDS-Gr 改性钻井液可较传统钻井液多降低 20% 滤失量，同时 SDS-Gr 可通过静电作用吸附于黏土表面，进而降低黏土颗粒的排斥力，SDS-Gr 在黏土表面的插层与吸附阻止了水分子对黏土的水化作用，进而水基钻井液的流变性能和防膨性能均得到提升。

## 1.2 改善润滑性能

Liu 等[27]通过使用极压润滑装置和销盘式摩擦测试仪，研究了不同浓度石墨烯和 GO 对钻井液润滑性能和降低摩擦能力的影响，结果表明石墨烯对钻井液的润滑性能影响有限，而添加适量的 GO 可显著改善钻井液的润滑性能，加入质量分数为 0.075% 的 GO 后，钻井液的润滑系数下降了 12.6%，摩擦系数下降了 19.8%，铝盘的磨损量降低到 0.32mm³ 的最小值。在中国东北白垩系松辽盆地的一个现场试验测试中，将质量分数为0.075%的GO添加到SK-II井的油基钻井液中，钻井液的润滑系数降低了15.6%，摩擦系数降低率提高了24.3%，铝盘磨损量降低了20.5%。

## 1.3 作为封堵剂

马兰[28]通过3-氨丙基三甲氧基硅烷(APTES)对GO表面进行改性得到APTES包覆后的氧化石墨烯(APTES-GO)，将APTES-GO与2-溴异丁酰溴(BIBB)进行反应制备得到大分子引发剂(GO-APTES-Br)，再以溴化亚铜为催化剂和五甲基二乙烯三胺(PMDETA)为配体进行表面引发原子转移自由基聚合(SI-ATRP)将聚3-磺酸丙基甲基丙烯酸钾盐(SPMA)接枝到GO表面形成GO-g-SPMA，并表明其可作为纳米水基钻井液用纳米封堵剂对低渗透滤饼进行有效封堵(图1)。

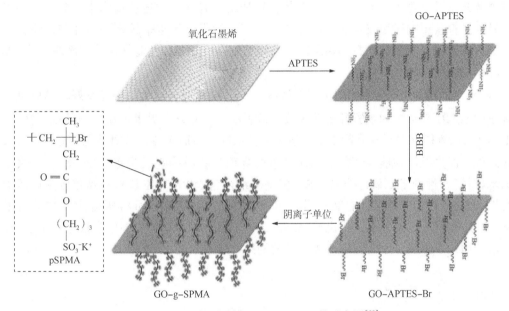

图1　SI-ATRP法制备GO-g-SPMA的示意图[28]

Wan等[29]以3-环氧丙氧基丙基三甲氧基硅烷(GPTMS)为硅烷偶联剂将GO功能化制备了Silane-f-GO，并考察了Silane-f-GO作为填料加入环氧树脂复合材料增强其机械性能的能力，表明功能化后GO能够明显提升环氧树脂复合材料的机械性能等。

## 1.4 作为固井添加剂

固井钻井液是固井时使用的工作液，主要由水、水泥和其他添加剂组成，在固井过程中，固井液从套管注入岩石表面和套管之间的环空中并达到一定高度，后变成水泥环以巩固井壁和套管，水泥环的强度是评价固井质量的主要标准[30]。GO可通过改变固井钻井液的流变性而增加其固井强度。

Wang等[31]通过流变仪和激光散射共焦显微镜开展了GO加量对固井液流变参数影响的定量研究，结果表明在GO的影响下分散的水泥颗粒重新聚集并形成絮凝结构，这是因为GO影响了固井液的流变性；同时在加入GO后，固井液的触变性、塑性黏度和屈服应力都明显增加，进而稳定性也较大程度地提升。Li等[32]发现GO薄片具有良好的亲水性可作为加强剂分散在水泥中，以提升水泥水化过程的键合强度进而在裂缝形成的早期阶段防止微裂缝的形成和进一步发展，且 GO 薄片和单壁碳纳米管(SWCNT)较单独的 GO 或 SWCNT 表现出了更优的协同效应，可将水泥抗压强度提升 72.7%，而单独 GO 和 SWCNT 仅分别提高 51.2% 和 26.3%。李时雨[33]以 95% 乙醇为溶剂通过乙烯基三乙氧基硅烷对 GO 进行改性制备了表面改性的 SGO，并进一步通过自由基聚合将聚羧酸链接枝到 GO 表面以提升水泥基材料的性能。

## 2　氧化石墨烯及其衍生物用于压裂

随着全球常规油气资源的大量消耗和不断增长的能源需求，实现致密气、致密油、页岩气和页岩油等非常规油气的大力开发在稳定能源供应和经济可持续发展中的作用日益凸显。然而，油藏基质渗透率极低是非常规油气藏的一个典型特征，水力压裂技术是当前非常规资源开发最重要的一种增产方式[34-35]。而压裂液是在水力压裂技术中用到的重要工作液，其性能直接影响压裂技术的增产效果。基于对纳米材料越来越多的研究与认识，学者们也如火如荼地开展了氧化石墨烯及其衍生物在压裂液配方和性能优化等方面的相关研究。

### 2.1　提升黏弹性

Lv 等[36]通过 GO 稳定超干燥的 $CO_2$ 泡沫开发了一种用水量小、环境友好、高效且地层伤害小的泡沫压裂液，为水资源匮乏区域非常规油气资源开发提供了新的高效压裂液体系，其中 GO 的加入能够明显提升超干 $CO_2$ 泡沫的稳定性、热适应性，可明显提升泡沫压裂液的有效黏度、滤失控制性能和强化泡沫压裂液的界面扩张黏弹性模量等。Liu 等[37]考察了不同纳米材料(改性纳米二氧化硅 M-NS、多壁碳纳米管 MWNTs 和 GO)对瓜尔胶交联压裂液流变性和机械性能的影响，结果表明在相同条件下，加入 GO 可将压裂液表观黏度增加 10%、将弹性模量增大 24%、将机械性能提升近 18%，笔者认为 GO 对性能的提升是 GO 以片层形式插入瓜尔胶分子链间形成更复杂的网络结构造成的(图 2)。

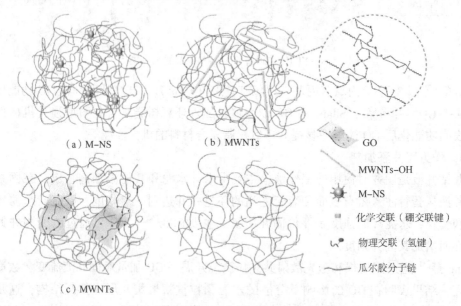

（a）M-NS　　　　　　　（b）MWNTs

（c）MWNTs

GO
MWNTs-OH
M-NS
化学交联（硼交联键）
物理交联（氢键）
瓜尔胶分子链

图 2　不同压裂液形成的网络结构示意图[37]

## 2.2 提高携砂减阻性

余果林[38]通过改进 Hummers 法合成了氧化石墨烯,将其与滑溜水进行复配形成纳米滑溜水,考察其携砂性能、减阻性能、耐温耐盐性及破胶性能,表明 GO 可与减阻剂分子之间形成分子间的物理交联,使增黏效率较复配前提升 75%(表观黏度达 43mPa·s),静态携砂能力提高 87%,减阻率达 60% 以上,并且有效增强了体系的耐温耐盐性,同时由于马兰戈尼效应的存在,在闷井作业中实现原油自发渗吸采收率达 33%。

## 2.3 提升泡沫稳定性

Alarawi 等[39]制备了一种氧化石墨烯和两性离子表面活性剂合成的纳米复合物(GO/SURF),将其形成泡沫压裂液,以不同动/静态实验在 95~150℃ 下研究了泡沫的热稳定性、泡沫微观结构和表观黏度等,表明引入纳米复合物后泡沫的热稳定性和热适应性得到提升,且泡沫的液膜微观结构在 150℃ 下保持 4h 仍为较小的规则球形;此外,在 $300s^{-1}$、150℃ 下的泡沫表观黏度也较单体泡沫的要高。笔者认为性能得到明显提升的主要原因是纳米复合物在泡沫表面吸附后强化了泡沫层的机械强度。

## 2.4 作为纳米交联剂

Zhang 等[40]通过硅烷偶联剂 γ-氨丙基三乙氧基硅烷(KH550)对氧化石墨烯进行氨基改性后与有机硼进行反应制备了一种硼功能化的胶状氧化石墨烯交联剂(GOB),以提高瓜尔胶压裂液的耐温抗剪切性能。GOB 有较大的尺寸和更多的交联位点,降低了瓜尔胶分子链相互结合的程度;相同条件下,与有机硼交联剂相比,GOB 能够提高耐温 8.9℃、提高黏度 20~50mPa·s;SEM 表明瓜尔胶溶解在水里时存在无规线性结构,当加入 GOB 后使得无规结构相互结合并形成连续膜结构,且增强了膜的拉伸强度,进而提高了压裂液凝胶在高温下的保水能力,即提高了耐温抗剪切性能(图 3)。

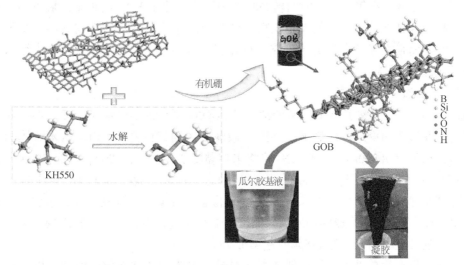

图 3　GOB 的合成及作用机理示意图[40]

## 2.5 作为支撑剂涂层

Muhsan 等[41-42]以尿烷与还原氧化石墨(rGO)或碳纳米管(CNTs)的纳米复合物为涂层,对玻璃微珠和压裂砂进行改性,通过光学显微镜研究了涂层支撑剂的形貌和微观结构,结果表明引入 0.5% CNTs 和 0.1%rGO 纳米复合物涂层后,支撑剂的抗压强度分别提升了 41%

和35%，这种纳米材料在最佳浓度下涂覆支撑剂既可提高支撑效率，也可防止孔隙堵塞和支撑剂回吐(图4)。

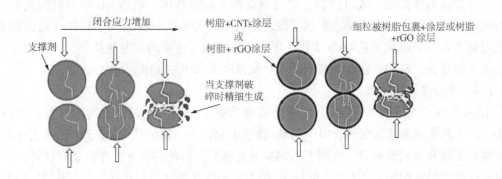

图4 纳米复合物涂层改性支撑剂作用机理示意图[41-42]

## 3 氧化石墨烯及其衍生物用于提高采收率

提高采收率技术(EOR)是在一次采油和二次采油基础上发展而来的三次采油技术，目前通过该技术开发的油气资源已成为全球油气产量的重要组成部分且占比逐年增加。化学驱提高采收率技术是在几十年的现场试验与工业化应用与实践中证实最为行之有效的 EOR 方法之一，其最重要的组成部分是化学驱油剂。换句话说，化学驱油剂的各项性能及其与油气藏的适应性在很大程度上决定了化学驱提高采收率技术的最终效果。随着提高采收率的主战场逐渐向中低(低、超低)渗透、高温高盐等油藏倾斜和转移，开发具有性能优异、注入性好、驱油效率高等多重功能的新型驱油剂已成为化学 EOR 的重要发展方向。近些年来，纳米材料因具有尺寸小、比表面积高，可改善流体流变性、岩石润湿性、增强乳化和降低油—水界面张力等优势而备受研究人员青睐，也涌现了一些基于 GO 形成纳米流体用于 EOR 的研究与报道。

### 3.1 降低油—水界面张力

Khoramian 等[43]考察了氧化石墨烯纳米片(GONs)和 NaCl 对水相黏度、油—水界面张力、乳化、润湿性和稳定性的影响，并通过微观驱替测试评价了 GONs 纳米流体的提高采收率能力，结果表明 800mg/L 的 GONs 可将水相黏度增加34%，400mg/L 的 GONs 在质量分数为 0.02%NaCl 存在下可进一步降低油—水界面张力2.5 个点，通过 GONs 形成的乳化液的尺寸随其浓度增加而减小，GONs 可将油湿碳酸盐岩介质的润湿性改变为水湿；同时，较单独盐水驱而言，GONs 形成的纳米流体驱可将盐水驱过程中在 55min 时出现的黏性指进现象突破时间延长至 98min，且最终采收率增加28%。

Luo 等[44]针对简单纳米流体在低浓度下对提高采收率通常无效的问题，以石蜡模板掩蔽法通过十八烷基胺对氧化石墨烯表面进行改性获得了具有结构不对称的两亲 Janus 纳米片，将其分散于水中形成纳米流体在低浓度下十分有效，在较高盐水(质量分数为 4% NaCl 和质量分数为 1% CaCl$_2$)中两亲 Janus 纳米片能够自发地堆积到油—水界面而降低油—水界面张力，并在不断堆积过程中在油—水界面形成一层可恢复的固体弹性膜，从而在水动力驱动下分离油相和水相以"段塞式"驱替原油，在岩心驱替实验中质量分数为 0.01%的 Janus

纳米流体可在盐水驱的基础上提高原油采收率达 15.2%(图 5)。

Jia 等[45]制备了两种不同 DDA 加量下改性的 Janus GO 纳米片，并考察其与不同表面活性剂的协同效应，表明改性后 GO 的界面活性加强，且较高 DDA 含量下改性 GO 与十二烷基三甲基溴化铵(DTAB)的体系可降低稠油(30℃下黏度为 4895.8mPa·s)油—水界面张力至 $10^{-3}$ mN/m 数量级，并在岩心驱替中可提高稠油采收率 19.5%。

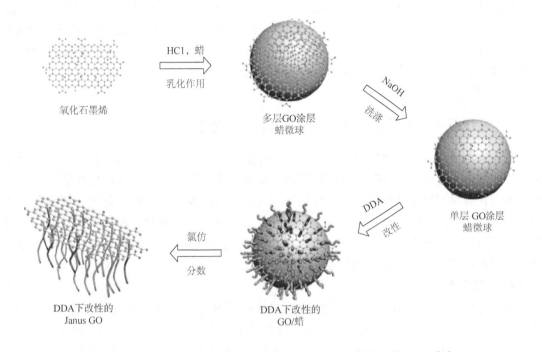

图 5　通过 Pickering 乳液模板制备非对称 Janus GO 纳米片的示意图[43]

### 3.2　改善润湿性

Luo 等[46]通过烷基胺将 GO 的单面疏水化后，利用石墨烯原有的 $sp^2$ 杂化网络可以得到部分恢复进而赋予其特殊的界面行为，将固体表面从油湿改变为疏油，考察了所改性氧化石墨烯 Janus 纳米片在二次采油中增加原油采收率的可行性，表明在质量分数为 0.005% 的极低浓度下，Janus 纳米流体便可增加原油采收率 7.5%，在获得较高采收率的同时能够节约大量水资源。

### 3.3　提升乳液稳定性

Radnia 等[47]从乳化性能方面考察了 GO 提高采收率的可行性以及沥青对乳化性能的影响，表明在油相中加入少量的沥青能够通过在 GO 和沥青间的相互作用提升乳化液滴膜的强度，进而提升乳化效率和乳液稳定性；同时 GO 和沥青的浓度均对油—水界面张力有显著的影响且随着 GO 和沥青浓度下降而降低，且所有条件下形成的乳液滴均为水包油型乳液非常适合于提高采收率。Wu 等[48]以石蜡为油相形成水包油型的 GO Pickering 乳液模板，通过聚丙二醇双(2-氨基丙基醚)和十二烷基胺(DDA)分别对 GO 进行改性制备了非对称改性的 Janus GO 纳米片(AMG)，并与 DDA 对称性改性的 GO(SMG)进行对比考察了 DDA 改性 GO(AMG)稳定 Pickering 乳液的能力，表明 AMG 对水包油乳液的有效稳定性得到了较大的提升。

### 3.4 降压增注

许园[49]先通过分子模拟从卤代烷、烷基胺和烷基甲氧基硅烷中确定烷基胺是与 GO 反应较为容易且条件温和的改性剂，而后合成了不同烷基链长的烷基胺(辛胺至十八烷基胺)改性的 GO(M-GO)，并进一步考察了不同 M-GO 作为纳米减阻剂在不同浓度、不同段塞量及不同吸附时间下降低注水压力的效果。Chen 等[50]也通过化学接枝法将不同烷基链长的烷基胺接枝到 GO 表面得到改性 GO(M-GO)并考察了 M-GO 在水驱低渗透油藏中作为纳米减阻剂的性能，结果表明 M-GO 的疏水性能依赖于烷基链长，增加烷基链长可增加改性 GO 的表面硬度、降低表面能以及增加其在亲水岩心表面的接触角。同时，十六烷基胺和十八烷基胺改性的 GO 可降低低渗透油藏中水驱的注入压力并提升水相渗透率，进而在油田开发中具有应用潜力。

## 4 氧化石墨烯及其衍生物用于提升聚合物性能

近年来，通过将聚合物与纳米材料复合形成复合体系或直接将纳米材料接枝于大分子聚合物上形成复合物已成为提高聚合物或聚合物复合体系的各项溶液与应用性能的重要手段，通过聚合物与纳米颗粒间的物理及化学相互作用的调控能够显著改善聚合物或复合体系的耐温耐盐性能、降低油—水界面张力、流变性能等[51-55]。氧化石墨烯作为性能优异的二维纳米材料，也被广泛研究通过物理混合或化学改性的方式与聚合物形成复合体系或复合物来提升各项溶液性能与综合应用性能[22,56,57]。

### 4.1 提升黏度

朱洲等[58]将适量部分水解聚丙烯酰胺(HPAM)溶解于 GO 的分散液中形成 GO/HPAM 的复合体系，表明 GO 能够与 HPAM 形成稳定性良好的复合体系，随 GO 加量增加复合体系的黏度呈现先增大后下降并逐渐趋于平稳的趋势，对黏度的影响存在最佳值(在 5%GO 加量下最大)，但最终复合体系黏度均大于单一 HPAM，而该黏度变化趋势被解释为与 GO 表面的羟基有关，其能够与 HPAM 中的羧基通过氢键作用形成"架桥"作用，使得 HPAM 分子间的缠结互穿网络增加，进而黏度增大，当 GO 浓度过大时 GO 分子间的相互碰撞概率增加，发生"团聚"现象，参与氢键架桥的 GO 分子减少，进而黏度又有所下降。此外，GO/HPAM 复合体系与单一 HPAM 溶液在流变性上均表现为假塑性流体性质，但复合体系更接近牛顿流体，抗剪切和抗温性能较单一 HPAM 有明显提升。

### 4.2 提升耐温抗剪切性

Haruna 等[59]将 GO 与 HPAM 复配形成 GO/HPAM 复合体系，并在质量分数为 0.05% 的 HPAM 浓度下考察了不同浓度(质量分数为 0.01%~0.1%)GO 对 GO/HPAM 复合体系流变性和热稳定性的影响，结果表明分别加入质量分数为 0.01% 和 0.1% 的 GO 后体系在 85℃和 1000s$^{-1}$ 条件下的剪切黏度较单独 HPAM 的分别增加了 13% 和 47%，而相应地在 25℃下仅分别增加了 5% 和 36%；与单独 HPAM 和加入较少 GO 时的复合体系相比，加入相对较高 GO 时复合体系呈现更好的抗剪切性能；由于 GO 与 HPAM 分子间的网络键合 GO 的加入明显改善了 HPAM 的抗温性、长期热稳定性(HPAM 老化 5 天和 30 天后的黏度损失分别从 35% 和 60% 降低至 4% 和 6%)、黏弹性及抗盐性。此外，笔者还基于 FTIR、拉曼光谱和 XRD 衍射结果提出了一个 GO 与 HPAM 复合形成键合网络结构的可能机理：与 HPAM 相互作用后，GO 中的-COOH 可以使 HPAM 中的-NH$_2$ 基团质子化后生成 NH$_{3+}$···COO$^-$ 离子对(图 6)。

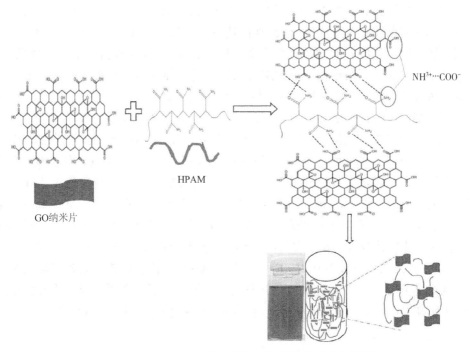

图 6　GO/HPAM 复合体系键合网络结构形成示意图[55]

### 4.3　提升抗盐性

Lyu 等[60]通过乙烯基三乙氧基硅烷(VTEO)共价表面改性的石墨烯(sGO)与丙烯酰胺的共聚合制备了 PAM/sGO 复合物并在 5000mg/L 及以上的浓度下考察了复合物的各项性能,结果表明由于 GO 在聚合物链上的共价接枝,PAM/sGO 复合物在 200000mg/L NaCl 中较 PAM/GO 体系有更好的分散性,同时复合物表现出较好的抗温和抗剪切性能,尤其随矿化度(0~200000mg/L)增加复合物的表观黏度均没有明显变化,表现出优异的抗盐性能。此外,笔者还提出了该复合物相应的稳定机理:硅烷偶联剂作为化学交联剂强化了 GO 薄片和聚合物基质间的相互作用,当温度升高,聚合物内部的 GO 表现出优异的阻止热传导能力,同时在基质中更大的分散能力进一步提升了纳米片的抗温效果;GO 可在增加复合物三维结构的柔性中起到关键作用,在高的剪切速率下,GO 能够抵抗应力作用进而提升复合物的抗剪切能力;同时由于无机 GO 的引入,复合物对离子不敏感,当正负电荷共存时阻止了高矿化度下聚合物线团的收缩且无机 GO 能够抵抗更高的盐离子使复合物形成均一的分散态,进而高矿化度对复合物表观黏度影响较小(图 7)。

### 4.4　提升驱油能力

Aliabadian 等[57]合成了两种将羟基不同位置功能化的 GO 纳米填料(即功能化分别在底面的 S-GO 和在边缘的 E-GO),通过热重分析法(TGA)、导数热重分析法(DTG)、拉曼(Raman)光谱和低温扫描电镜(cryo-SEM)表征了两种纳米填料的化学结构及在 HPAM 溶液中的分散状态,并借助流变方法和填砂管驱替分别考察了功能化 GO 对 HPAM 溶液流变行为和提高稠油(940mPa·s 左右)采收效率的影响。结果表明,在 DTG 曲线中 S-GO 仅在 225℃时出现一个单峰,而 E-GO 中出现两个明显的峰,这与 S-GO 有更多易被还原的含氧基团有关;cryo-SEM 表明 S-GO 在 HPAM 溶液中的分散较 E-GO 的分散要更好。更重要的是流变测试表明质量分数为0.2%的两种GOs加入均能降低HPAM溶液整体的储能和耗能模量且使频率的交点迁移到高频处（即出现快速的末端松弛现象），笔者认为由于GO间的相互作用，加入质量分数为0.2%的GO后微观尺寸的GO片层可能打断了HPAM的缠结和/或HPAM-GO复合物分子间连接形成的瞬态网络，进而导致线性黏弹性降低而出现快速的末端松弛；而继续增加GO浓度至质量分数为0.5%时，HPAM/GO体系的储能和耗能模量又增大且频率交点又转移至低频处，表现出了较质量分数为0.2%GO时缓慢的松弛过程，笔者解释这是因为增加GO浓度后增强了GO分子间的相互作用进而允许所谓的GO分子团进入HPAM分子间存在的紧密包裹的分子间网络结构中，增加了HPAM分子在GO分子团间架桥的可能，进而强化了HPAM/GO分散体系的网络结构。更有利的是在5~6D的渗透率范围内，加入质量分数为0.2% S-GO后HPAM/GO体系能在单独HPAM的基础上增加约7.8%的原油采收率，呈现与流变测试时黏弹性降低相悖的趋势，而笔者认为这与S-GO在HPAM溶液能够更好地分散而在水湿孔隙中形成孔隙封堵降低了残余油有关。此外，与S-GO体系相比，加入质量分数为0.2% E-GO后HPAM/GO体系的流出液没有加入S-GO的流出液黑且有部分E-GO不能进入填砂管而在入口处形成了一个固态层最终导致注入压力较S-GO体系高出近4倍，而这与E-GO在HPAM溶液中较大的尺寸有关。

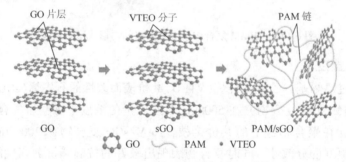

图7　PAM/sGO复合物的稳定机理[56]

## 4.5　降低油—水界面张力

李奇等[61]研究了改性氧化石墨烯纳米片对部分水解聚丙烯酰胺溶液的流变性、黏浓关系、油—水界面张力、乳化性能和驱油性能的影响，表明所用改性氧化石墨烯可通过氢键和静电相互作用来明显提升聚合物的黏度，其在10mg/L的极低浓度可使界面张力达到超低级别，且改性氧化石墨烯对原油具有一定的乳化能力。

## 4.6　提升水处理去除重金属离子能力

Xu等[62]在常温下用$\gamma$射线照射以丙烯酰胺为单体通过原位自由基聚合一步法将GO接枝到聚丙烯酰胺上形成PAM-g-graphene（接枝度为24.2%，片层厚度为2.59nm），结果表明因PAM-g-graphene中含有一些氨基和少量的含氧官能团，对Pb(II)离子的吸附能力可达819.67mg/g（分别为石墨烯纳米片和碳纳米管的20倍和8倍），该方法具有良好的多功能性和适应性，为水处理中重金属离子的去除提供了新思路。

# 5　结论与展望

（1）本文综述了氧化石墨烯（GO）用于油气开采的研究进展，由于GO特殊的性质，其在钻完井、压裂、提高采收率及提高聚合物性能等领域都有极大的应用潜力。

（2）当前成本高、高性能 GO 及其衍生物产品制备过程繁杂等仍是制约氧化石墨烯及其衍生物在油气开采中广泛应用的主要原因，需要以 GO 的规模化制备和功能化为根本出发点，加大室内简单分子设计和制备方法的攻关力度，并与现场紧密结合，形成高性能、低成本的油气开采用 GO 衍生系列产品。若能很好解决相关问题，相应 GO 及其衍生物将会在油气开采用纳米材料中占据举足轻重的地位。

## 参 考 文 献

[1] Hontoria-Lucas C, López-Peinado AJ, López-González JdD, et al. Study of oxygen-containing groups in a series of graphite oxides: Physical and chemical characterization[J]. Carbon, 1995, 33(11): 1585-1592.

[2] Kotov NA. Materials science: Carbon sheet solutions[J]. Nature, 2006, 442: 254-255.

[3] Chen G, Wu D, Weng W, Wu C. Exfoliation of graphite flake and its nanocomposites[J]. Carbon, 2003, 41(3): 619-621.

[4] Cote LJ, Kim F, Huang J. Langmuir-Blodgett Assembly of Graphite Oxide Single Layers[J]. Journal of the American Chemical Society, 2009, 131(3): 1043-1049.

[5] Dan L, Müller MB, Gilje S, Kaner RB, Wallace GG. Processable aqueous dispersion of graphene nanosheets [J]. Nature Nanotechnology, 2008, 3(2): 101-105.

[6] Wang H, Hu YH. Electrolyte-induced precipitation of graphene oxide in its aqueous solution[J]. J Colloid Interface Sci, 2013, 391(Complete): 21-27.

[7] Zhu Y, Murali S, Cai W, et al. ChemInform Abstract: Graphene and Graphene Oxide: Synthesis, Properties, and Applications[J]. Advanced Materials, 2010, 22(35): 3906-3924.

[8] Konkena B, Vasudevan S. Understanding Aqueous Dispersibility of Graphene Oxide and Reduced Graphene Oxide through pKa Measurements[J]. The Journal of Physical Chemistry Letters, 2012, 3(7): 867-872.

[9] Kim J, Cote LJ, Huang J. Two dimensional soft material: new faces of graphene oxide[J]. Accounts of Chemical Research, 2012, 45(8): 1356.

[10] Jaemyung Kim LJC, Franklin Kim, Wa Yuan, et al. Graphene oxide sheets at interfaces[J]. Journal of the American Chemical Society, 2010, 132(23): 8180.

[11] Kim F, Cote LJ, Huang J. Graphene oxide: surface activity and two-dimensional assembly[J]. Advanced Materials, 2010, 22(17): 1954-1958.

[12] Cote LJ, Kim J, Tung VC, et al. Graphene oxide as surfactant sheets[J]. Pure & Applied Chemistry, 2011, 83(1): 95-110.

[13] Luo J, Cote rJ, Tung rC, et al. Graphene Oxide Nanocolloids[J]. Journal of the American Chemical Society, 2010, 132(50): 17667-17669.

[14] Gudarzi MM, Sharif F. Self assembly of graphene oxide at the liquid-liquid interface: A new route to the fabrication of graphene based composites[J]. Soft Matter, 2011, 7(7): 3432-3440.

[15] Sun Z, Feng T, Russell TP. Assembly of Graphene Oxide at Water/Oil Interfaces: Tessellated Nanotiles[J]. Langmuir the Acs Journal of Surfaces & Colloids, 2013, 29(44): 13407-13413.

[16] Shao JJ, Lv W, Yang QH. Graphene: Self-Assembly of Graphene Oxide at Interfaces ( Adv. Mater. 32/2014)[J]. Advanced Materials, 2014, 26(32): 5732-5732.

[17] Xu Z, Gao C. Aqueous Liquid Crystals of Graphene Oxide[J]. Acs Nano, 2011, 5(4): 2908-2915.

[18] Ji EK, Han TH, Sun HL, et al. Graphene Oxide Liquid Crystals[J]. Angewandte Chemie International Edition, 2011, 50(13): 3043-3047.

[19] Jalili R, Aboutalebi SH, Esrafilzadeh D, et al. Formation and processability of liquid crystalline dispersions

of graphene oxide[J]. Materials Horizons, 2013, 1(1): 87–91.

[20] Lee KE, Kim JE, Maiti UN, et al. Liquid crystal size selection of large-size graphene oxide for size-dependent N-doping and oxygen reduction catalysis[J]. Acs Nano, 2014, 8(9): 9073–9080.

[21] Zhu Y, Murali S, Cai W, et al. Graphene and Graphene Oxide: Synthesis, Properties, and Applications [J]. Advanced Materials, 2010, 22(35): 3906–3924.

[22] Fu L, Liao K, Tang B, et al. Applications of Graphene and Its Derivatives in the Upstream Oil and Gas Industry: A Systematic Review[J]. Nanomaterials, 2020, 2020(10): 1013–1042.

[23] Kosynkin DV, Ceriotti G, Wilson KC, et al. Graphene Oxide as a High-Performance Fluid-Loss-Control Additive in Water-Based Drilling Fluids[J]. Acs Applied Materials & Interfaces, 2012, 4(1): 222–227.

[24] Xuan Y, Jiang G, Li Y. Nanographite Oxide as Ultrastrong Fluid-Loss-Control Additive in Water-Based Drilling Fluids[J]. Journal of Dispersion Science & Technology, 2014, 35(10): 1386–1392.

[25] Jamrozik A. Graphene and graphene oxide in the oil and gas industry[J]. AGH Drill Oil Gas, 2017, 2017 (34): 731–744.

[26] Rana A, Saleh TA, Arfaj MK. Improvement in Rheological Features, Fluid Loss and Swelling Inhibition of Water-Based Drilling Mud by Using Surfactant-Modified Graphene: proceedings of the Abu Dhabi International Petroleum Exhibition & Conference, Abu Dhabi, UAE, November, 2019[C]. D012S131R001: Society of Petroleum Engineers.

[27] Liu S, Chen Z, Meng Q, et al. Effect of Graphene and Graphene Oxide Addition on Lubricating and Friction Properties of Drilling Fluids[J]. Nanoscience and Nanotechnology Letters, 2017, 9(4): 446–452.

[28] 马兰. 纳米材料在盐水中的分散性研究及其在油井工作液中的应用探讨[D]. 成都: 西南石油大学, 2018.

[29] Wan Y-J, Gong L-X, Tang LC, et al. Mechanical properties of epoxy composites filled with silane-functionalized graphene oxide[J]. Composites Part A: Applied Science and Manufacturing, 2014, 64: 79–89.

[30] Zhao C, Li J, Liu G, et al. Analysis of the influence of cement sheath failure on sustained casing pressure in shale gas wells[J]. Journal of Natural Gas Science and Engineering, 2019, 66(1): 244–254.

[31] Wang Q, Wang J, Lv C, et al. Rheological behavior of fresh cement pastes with a graphene oxide additive [J]. New Carbon Materials, 2016, 31(6): 574–584.

[32] Li X, Wei W, Qin H, Hu YH. Co-effects of graphene oxide sheets and single wall carbon nanotubes on mechanical properties of cement[J]. Journal of Physics & Chemistry of Solids, 2015, 85: 39–43.

[33] 李时雨. 改性氧化石墨烯复合物的制备及应用研究[D]. 北京: 北京建筑大学, 2019.

[34] Ghanizadeh A, Clarkson CR, Aquino S, et al. Petrophysical and geomechanical characteristics of Canadian tight oil and liquid-rich gas reservoirs: I. Pore network and permeability characterization[J]. Fuel, 2015, 153(aug. 1): 664–681.

[35] Fu L, Liao K, Ge J, et al. Study of ethylenediammonium dichloride as a clay stabilizer used in the fracturing fluid[J]. Journal of Petroleum Science and Engineering, 2019, 179: 958–965.

[36] Lv Q, Li Z, Zheng R. Study of Ultra-Dry $CO_2$ Foam Fracturing Fluid Enhanced By Graphene Oxide: proceedings of the International Petroleum Technology Conference, Beijing, China, March 26-28, 2019 [C]. D031S057R005.

[37] Liu J, Wang S, Wang C, et al. Influence of nanomaterial morphology of guar-gum fracturing fluid, physical and mechanical properties[J]. Carbohydrate polymers, 2020, 234: 115915.

[38] 余果林. 二维纳米材料复合变粘滑溜水的研究[D]. 2022.

[39] Alarawi A, Busaleh A, Saleh TA, et al. High thermal stability of foams stabilized by graphene oxide and zwitterionic surfactant nanocomposites for fracturing applications[J]. Fuel, 2023, 332: 126156.

［40］ Zhang C, Wang Y, Xu N, et al. Synthesis and Crosslinking Mechanism of Colloidal Graphene Oxide Crosslinker for Crosslinking Low-Concentration Hydroxypropyl Guar Gum Fracturing Fluids［J］. Energy & Fuels, 2022, 36(24): 14760-14770.

［41］ Ishtiaq U, Aref A, Muhsan AS, et al. High strength glass beads coated with CNT/rGO incorporated urethane coating for improved crush resistance for effective hydraulic fracturing［J］. Journal of Petroleum Exploration and Production Technology, 2022, 12(10): 2691-2697.

［42］ Qian T, Muhsan AS, Htwe L, et al. Urethane based nanocomposite coated proppants for improved crush resistance during hydraulic fracturing［J］. IOP Conference Series: Materials Science and Engineering, 2020, 863(1): 012013.

［43］ Khoramian R, Ramazani S. A A, Hekmatzadeh M, et al. Graphene Oxide Nanosheets for Oil Recovery［J］. ACS Applied Nano Materials, 2019, 2(9): 5730-5742.

［44］ Luo D, Wang F, Zhu J, et al. Nanofluid of graphene-based amphiphilic Janus nanosheets for tertiary or enhanced oil recovery: High performance at low concentration［J］. Proceedings of the National Academy of Sciences of the United States of America, 2016, 113: 201608135.

［45］ Jia H, Huang P, Han Y, et al. Synergistic effects of Janus graphene oxide and surfactants on the heavy oil/water interfacial tension and their application to enhance heavy oil recovery［J］. Journal of Molecular Liquids, 2020, 314: 113791.

［46］ Luo D, Wang F, Zhu J, et al. Secondary Oil Recovery Using Graphene-based Amphiphilic Janus Nanosheet Fluid at Ultralow Concentration［J］. Industrial & engineering chemistry research, 2017, 56(39): 11125-11132.

［47］ Radnia H, Solaimany Nazar AR, Rashidi A. Effect of asphaltene on the emulsions stabilized by graphene oxide: A potential application of graphene oxide in enhanced oil recovery［J］. Journal of Petroleum Science and Engineering, 2019, 175: 868-880.

［48］ Wu H, Yi W, Chen Z, et al. Janus graphene oxide nanosheets prepared via Pickering emulsion template［J］. Carbon, 2015, 93: 473-483.

［49］ 许园. 基于改性氧化石墨烯作为低渗透油藏注水开发纳米减阻剂研究［D］. 成都: 西南石油大学, 2015.

［50］ Chen H, Xiao L, Xu Y, et al. A Novel Nanodrag Reducer for Low Permeability Reservoir Water Flooding: Long-Chain Alkylamines Modified Graphene Oxide［J］. Journal of Nanomaterials, 2016, 2016(1): 1-9.

［51］ Mirzaie Yegane M, Hashemi F, Vercauteren F, et al. Rheological response of a modified polyacrylamide-silica nanoparticles hybrid at high salinity and temperature［J］. Soft Matter, 2020, 16(44): 10198-10210.

［52］ Khoshkar PA, Fatemi M, Ghazanfari MH. Static and dynamic evaluation of the effect of nanomaterials on the performance of a novel synthesized PPG for water shut-off and improved oil recovery in fractured reservoirs ［J］. Journal of Petroleum Science and Engineering, 2020, 189: 107019.

［53］ Li W, Liu J, Zeng J, et al. A Critical Review of the Application of Nanomaterials in Frac Fluids: The State of the Art and Challenges: proceedings of the SPE Middle East Oil and Gas Show and Conference, Manama, Bahrain, 2019/3/15/［C］. SPE: Society of Petroleum Engineers, 2019.

［54］ Saleh TA, Gupta VK. Chapter 10 – Applications of Nanomaterial-Polymer Membranes for Oil and Gas Separation［M］//SALEH T A, GUPTA V K. Nanomaterial and Polymer Membranes: Elsevier. 2016: 251-265.

［55］ Rezk MY, Allam NK. Impact of Nanotechnology on Enhanced Oil Recovery: A Mini-Review［J］. Industrial & engineering chemistry research, 2019, 58(36): 16287-16295.

［56］ 耿黎东, 王敏生, 蒋海军, 等. 石墨烯在石油工程中的应用现状与发展建议［J］. 石油钻探技术, 2019, 47(5): 80-85.

［57］Aliabadian E, Sadeghi S, Rezvani Moghaddam A, et al. Application of graphene oxide nanosheets and HPAM aqueous dispersion for improving heavy oil recovery: Effect of localized functionalization［J］. Fuel, 2020, 265: 116918-116928.

［58］朱洲, 战国华, 张斌, 等. 氧化石墨烯对 HPAM 溶液黏度行为的影响［J］. 石油化工高等学校学报, 2015, 28(4): 31-34.

［59］Haruna M, Pervaiz S, Hu Z, et al. Improved rheology and high-temperature stability of hydrolysed polyacrylamide using graphene oxide nanosheet［J］. Journal of applied polymer science, 2018, 136(2): 47582.

［60］Lyu Y, Gu C, Tao J, et al. Thermal-resistant, shear-stable and salt-tolerant polyacrylamide/surface-modified graphene oxide composite［J］. Journal of Materials Science, 2019, (54): 14752-14762.

［61］李奇, 陈士佳, 陈斌, 等. 改性氧化石墨烯纳米片用于海上 B 油田提高采收率［J］. 油田化学, 2021, 38(4): 671-676.

［62］Xu Z, Zhang Y, Qian X, et al. One step synthesis of polyacrylamide functionalized graphene and its application in Pb(II) removal［J］. Applied Surface Science, 2014, 316: 308-314.

# W区块页岩气井压后返排特征及推荐制度

康　正　刘殷韬　夏　彪　张国东

（中国石化西南油气分公司石油工程技术研究院）

**摘　要**　合理的页岩气井压后返排制度有利于改善单井产量、延长稳产周期。本文基于W区块页岩气91口井的现场数据，明确了W区块的返排特征与规律，制定了"最优测试返排率、控压、控砂"的返排策略，建立了W区块页岩气压后返排推荐制度，并提出了下一步攻关的方向。研究结果表明：（1）W区块页岩气压—焖—关（压裂+焖井+返排期间关井）和压—焖时间主要在500~1500h之间，大部分井能在2天内见气，见气返排率在1%以内；（2）筛选出地质—工程背景高度一致的平$W_{32}$平台井，以该平台井为例，明确了压—焖—关时间、测试产量、稳产后半年单位压降产量、见稳产时间、见气时间的相关性；（3）基于$W_{32}$平台的规律，通过5个平台井的案例论证，对于水平段主要穿行轨迹为龙马溪组2小层的井，推荐压—焖—关时间为1000~1200h；（4）通过生产数据和示踪剂数据，明确了返排率与测试产量的相关性，建立了最优测试返排率经验公式，结合控砂、控压策略，制定了油嘴更换制度。研究结果为深层高压页岩气井压后排采制度的建立提供了新思路。

**关键词**　页岩气；压后返排；返排制度；W区块；返排策略；返排特征

页岩气井压后返排制度的科学性对压裂效果评价和后期生产影响极大。返排制度主要包括焖井时间和油嘴更换两个部分。对于焖井时间，国内外学者一直存在争议。一方面焖井有积极的作用[1-5]：（1）页岩巨大的毛细管力使压裂液渗吸到储层中，置换出更多的游离气；（2）压后焖井有助于裂缝进一步扩展延伸；（3）页岩水化作用可能会诱导产生新的微裂缝；（4）自吸的压裂液会溶解孔隙中的可溶盐，使页岩孔隙比增加。另一方面焖井有消极的作用[5-7]：（1）水锁和黏土膨胀造成的渗透率下降；（2）虽然有部分新的微裂缝产生，但由于没有支撑，该裂缝会很快闭合。明确焖井时间与产量的相关性是回答"是否焖井、焖多久"这两个问题最直接有效的方法。随着研究的深入，学者们逐渐认识到从压裂液进入地层开始，压裂液就与页岩储层开始发生相互作用，所以只研究焖井时间是不妥的，越来越多的学者将压裂时间+焖井时间+返排期间关井时间（压—焖—关时间）作为研究对象[2,8]。但即使是这样，在研究压—焖—关时间与产量的关系时，多数学者也只能得到"无相关性"或"总体趋势为"这种结论，并没有较为直接的证据。

此外，目前关于油嘴更换的总体原则为控砂、控速、控压。具体而言，可将返排分为

---

【第一作者简介】康正（1996—），助理工程师，硕士研究生，毕业于西南石油大学石油与天然气工程专业，主要从事完井工艺与井筒工作液研究。地址：四川省德阳市中国石化西南油气分公司石油工程技术研究院（618000），联系电话：15388195654。邮箱：kangzh2023@163.com。项目支撑：中国石化油田部项目"不同类型气藏气井压裂投产合理排采制度研究"。

纯返排期、见气初期、气相突破、稳定生产四个阶段[9-10]，每个阶段有推荐的油嘴制度。例如，不少学者认为纯返排阶段采用 3~5mm 油嘴逐级上调返排[10]，见气后上调一级油嘴[11]，或气相突破后每级油嘴返排 1d[12]。这些制度在其各自的区块有较好的适用性。W区块页岩气井纯返排时间短，大部分井在 2 天内见气，此时上调油嘴极易导致出砂，即使是在气相突破后，每级油嘴只持续一天，容易造成砂堵。因此亟需基于 W 区块页岩气田的返排特征和规律，建立针对性更强的返排制度。

本文基于 W 区块页岩气 91 口井的现场数据，明确了该区块的返排特征与规律，形成了 W 区块龙马溪组 2 小层的压—焖—关推荐时间，制定了"最优测试返排率、控压、控砂"的返排策略，建立了 W 区块页岩气压后返排推荐做法，并提出了下一步攻关的方向。

# 1 W 区块页岩气返排特征

## 1.1 W 区块地质特征与压裂工艺概况

W 区块页岩气田五峰组—龙马溪组开发层系分为 $1^1$、$1^2$、2、$3^1$、$3^2$、$3^3$、4 共 7 个开发小层，2-$3^{1-1}$ 小层的生物硅质储层及含钙黏土质硅质储层为核心优质储层[13]。具有中—高总有机碳含量（TOC，2.8%）、高孔隙度（6.1%）、高脆性矿物含量（64.0%）、高含气量（3.2m³/t）、低黏土矿物含量（34.0%）的"四高一低"特征[13-15]。W 区块页岩气田压裂工艺历经探索、提升、强化、强化+阶段，目前采用以"多段多簇、强加砂、双暂堵"为核心的均衡压裂模式。单段簇数 6~8 簇，单井簇数 110~140 簇，单井平均加砂强度为 1.95t/m，综合砂液比 3.9%[16]，压裂参数总体趋势为分段逐步缩短、规模和施工排量逐步增大。

## 1.2 W 区块页岩气返排特征分析

见表 1，W 区块焖井时间主要集中在 3~10 天，多数在 5 天左右；压—焖—关和压—焖时间主要在 500~1500h 之间；大部分井能在 2 天内见气，见气返排率在 1% 以内，通常见气时间越早，反映气井产能越好；测试返排率分布规律不明显，大部分井为 30% 以上。W 区块返排 15 天内扫塞的井占比 8%，扫塞前油嘴主要为 3~7mm，扫塞油嘴一般为 7~10mm，解堵油嘴一般为 10mm、12mm，扫塞至求产阶段油嘴主要为 5~7mm。

表 1　W 区块页岩气返排参数（数据源于 W 区块 91 口井数据）

| 返排参数 | | 井数占比（%） | 返排参数 | | 井数占比（%） |
|---|---|---|---|---|---|
| 焖井时间 | <3d | 14.2 | 见气时间 | ≤1d | 35.1 |
| | 3d<~≤10d | 74.7 | | 1d<~≤2d | 28.5 |
| | >10d | 11.1 | | 2d<~≤3d | 6.6 |
| 压—焖—关时间 | ≤500h | 8.8 | | >3d | 29.8 |
| | 500<~≤1000h | 47.3 | 见气返排率 | ≤1% | 57.1 |
| | 1000<~≤1500h | 30.7 | | 1%<~≤2% | 15.4 |
| | >1500h | 13.2 | | >2% | 27.5 |
| 压—焖时间 | ≤500h | 19.8 | 测试返排率 | ≤30% | 23.1 |
| | 500<~≤1000h | 57.1 | | 30%<~≤60% | 38.5 |
| | 1000<~≤1500h | 16.4 | | >60% | 38.4 |
| | >1500h | 6.7 | 15 天内扫塞 | | 8 |
| 油嘴使用情况 | W 区块扫塞前油嘴主要为 3~7mm，扫塞油嘴一般为 7~10mm，解堵油嘴一般为 10mm、12mm，扫塞至求产阶段油嘴主要为 5~7mm | | | | |

## 2 压—焖—关时间的确定

### 2.1 重点研究井的选择

本文为了尽量避免地质、工程等干扰因素的影响。制定了重点研究井的筛选标准：(1)压裂数据、基础参数、穿行轨迹层位高度一致；(2)同期施工井；(3)筛除套变、丢段等井筒复杂情况井。最终选择了 $W_{32}$ 平台的 1、3、4、5、8 井作为重点研究井，这几口井的基础参数见表 2，其他平台井作为案例论证井。

表 2　重点研究井的基础参数

| 井号 | 压裂时间 | 改造段数 | 改造规模 | 水平段长 | 2 小层 |
|---|---|---|---|---|---|
| $W_{32-1}$ | 2022.11 | 30 段 133 簇 | 42296.23m³ 液量、3216.13m³ 陶粒 | 1550 | 1545 |
| $W_{32-3}$ | 2022.11 | 30 段 151 簇 | 42063.41m³ 液量、3139.55m³ 陶粒 | 1550 | 1521 |
| $W_{32-4}$ | 2022.10 | 30 段 133 簇 | 39999.64m³ 液量、2975.79m³ 陶粒 | 1550 | 1504 |
| $W_{32-5}$ | 2022.10 | 31 段 103 簇 | 40493.7m³ 液量、3199.4m³ 陶粒 | 1550 | 1518 |
| $W_{32-8}$ | 2022.08 | 31 段 129 簇 | 46705.44m³ 液量、3262.9m³ 陶粒 | 1500 | 1475 |

$W_{32}$ 平台有 10 口井，其他井未入选原因：$W_{32-10}$ 穿过了 $3^2$ 小层，且改造规模较低；$W_{32-2}$ 和 $W_{32-7}$ 为 2020 年井；$W_{32-6}$ 测试期间堵塞严重，对数据影响较大；$W_{32-9}$ 改造规模较低

### 2.2 压—焖—关时间与返排参数的相关性

如图 1(a)所示，$W_{32}$ 平台 5 口井(压—焖—关时间在 750h±的两口井测试产量相近)测试无阻流量随测试期间压—焖—关时间的增加而先增加后减少的趋势，存在最优压—焖—关时间，峰值为 1135h。韩慧芬等[8]报道了压–关时间在 50d(1200h)之后，测试产量会降低，与 $W_{32}$ 平台的一致性较高。相关报道可解释存在最优压—焖—关时间的现象，Lyu 等[17]发现去离子水导致的页岩膨胀可以使渗透率提高 2.78 倍，但水锁会使渗透率损失高达99.0%；钱斌等[18]发现页岩水化后，部分孔隙发生扩张延伸，岩心孔隙—裂缝结构体积分数从 1.25%上升至 2.06%；郭建成等[19]发现压裂液长时间浸泡后裂缝变小。所以，压裂液与储层短期接触可能利于裂缝扩展提高渗透率，但长时间接触可能会加剧水锁导致渗透率降低。

对压—焖—关时间与累计产量的研究通常聚焦在半年累计产量或一年累计产量，然而该参数并未考虑井口压降的情况。此外，焖井后的返排可分为纯返排、见气初期、气相突破、稳定测试阶段[8,9]，本文将各井稳定测试的时间作为起点，统计稳产后单位压降产量。如图 1(a)所示，$W_{32}$ 平台 5 口井稳产半年后单位压降产气量随压—焖—关时间的增加先增加后减少，峰值在 1180h 左右，证实了最优压—焖—关时间的存在，所以相关系数为 0.82，置信度高。

如图 1(b)所示，$W_{32}$ 平台压—焖—关时间与见稳产时间、见气时间的相关系数均达到了 0.93 以上，拟合度高。见稳产时间随压—焖—关时间的增加而降低，$W_{32}$ 平台趋于稳定阶段的压—焖—关时间大于 1100h 左右。$W_{32}$ 平台见气前只有压裂+焖井的时间，所以见气

前用压—焖时间代替。见气时间随压—焖时间的增加而降低，W$_{32}$平台见气前平衡阶段的压—焖时间大于700h。张涛等[2]同样观察到见气时间随压—焖时间的增加而降低，与本文一致。

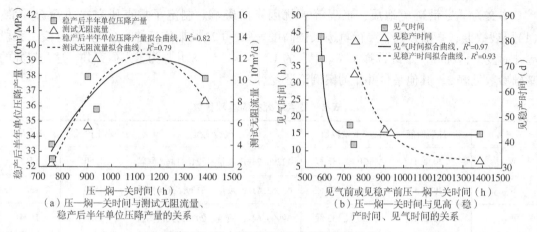

（a）压—焖—关时间与测试无阻流量、
稳产后半年单位压降产量的关系

（b）压—焖—关时间与见高（稳）
产时间、见气时间的关系

图1　压—焖—关时间与各返排参数的关系

### 2.3　最优压—焖—关时间适用性分析

总结上述32平台的规律，测试产量随压—焖—关时间的增加先增加后减少，峰值范围为1000~1200h（$R^2 = 0.79$）；稳产后半年单位压降产气量随压—焖—关时间的增加先增加后减少，峰值范围为1100~1200h（$R^2 = 0.82$）；见稳产时间随压—焖—关时间的增加而降低，趋于稳定阶段的压—焖—关时间大于1100h（$R^2 = 0.93$）；见气时间随压—焖时间的增加而降低，见气前平衡阶段的压—焖时间大于700h（$R^2 = 0.97$）。综合考虑，压—焖—关时间最优的范围为1000~1200h之间，这时见高（稳）产时间、见气时间趋于平衡，单位压降产气量、测试产量处于峰值范围内。

取5个平台井的生产数据来验证1000~1200h最优压—焖—关时间的适用性，对比32平台，6个平台的水平段穿行轨迹如图2所示。46、31、39、23平台各井主要穿行轨迹为2小层，23和31平台个别井穿行3¹小层段距占水平段一半以上，各平台总体与32平台类似。而25平台主要穿行轨迹为3¹小层，与32平台差异较大。筛除5个平台非同期井、压裂规模差异大井，不同平台压—焖—关时间和产量数据如图2所示。W46-2、7井压—焖—关时间为1157.5h和1101h时，同平台井中测试产量排名前三，半年累计产量排名前二；W31-6井压—焖—关时间为1163.5h，同平台井中测试产量排名前三，半年累计产量排名最高；W39-2井压—焖—关时间为1095.36h，在几乎只穿行2小层的同平台井中测试产量和半年累计产量最高；W23-2井压—焖—关时间为1154h，同平台井中测试产量和半年累计产量均排名第一。而25平台可以很明显地看出压—焖—关时间在500h以下时，测试产量和半年累计产量最高，与推荐的最优压—焖—关时间存在差异性。从黏土矿物和地层最小主应力分析来看，25平台平均黏土矿物为23.25%，32平台平均黏土矿物为18.72%，压裂液与储层长时间接触的伤害25平台大于32平台；25平台最小主应力为91.75~93.43MPa，32平台最小主应力为85.65~88.39MPa，页岩水化形成的微裂缝，25平台更容易闭合。仅从这两点分析来看，25平台应该有更短的压—焖—关时间。根据上述平台井论证，推荐的最优压—焖—关时间（1000~1200h之间）在主要穿行2小层的平台井中有较好的适用性。

根据压—焖—关时间制定焖井时间可分为以下情况：（1）若测试期间有关井计划，并明确天数，则焖井时间=压焖关时间—压裂—关井时间；（2）若测试期间有关井计划，但并不明确天数，则根据统计W区块已关井测试期平均关井时间为16d；（3）若测试期间不确定是否关井，则根据统计W区块单井测试期平均关井时间为11d；（4）若压裂期过长大于50d，则焖井时间在压降拐点即可（32平台一般为40h±），若无异常最好不关井；（5）若压裂期小于20d，则焖井时间大于10d，且建议返排期间预留14d左右的关井时间。此外，还可根据现场井的压—焖—关时间是否在推荐范围，而择优选择井进行扫塞求产。

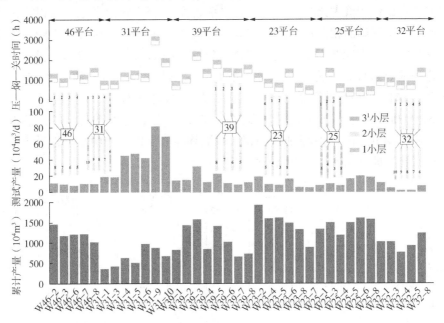

图2 各平台井水平段穿行轨迹、压—焖—关时间、产量

（未选井与同平台井相比有如下原因：W46-1、5丢段，W46-4改造规模小；

W31-7、2与其他井不同期；W23-1与其他井不同期；W25-2、7改造规模低）

## 3 油嘴更换制度的确定

页岩储层压后返排应以追求产量为最终目标，笔者制定了以"最优测试返排率、控压、控砂"的返排策略。最优测试返排率是指适当返排率有助于提升产量，所以油嘴制度应该尽可能调整到最优返排率；控压指合理利用地层压力，为后期生产提高足够的压差；控砂指减少地层出砂，尽可能维持支撑剂在裂缝中的填充状态。

### 3.1 最优测试返排率策略

如图3所示，4个平台拟合曲线的相关性较差，由于地质工程方面较高的一致性，$W_{32}$平台的相关系数最高。尽管如此，还是可以很明显地看出4个平台总体趋势呈现测

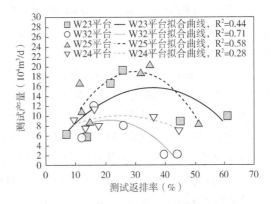

图3 测试返排率与测试产量的相关性

试产量随测试返排率的增加先增加后减少。通过拟合曲线显示，23、32、25、24平台的最优测试返排率分别为36%、21%、25%、28%，不同平台最优测试返排率有所差异。其他学者也发现相似的规律，杨海等[20]认为最优返排率对应的是一种最优返排策略；郭建成等[19]发现四川盆地龙马溪组页岩区块存在最优返排率，当返排率位于20%~40%区间时，产气量最大。

为了进一步研究返排率与产量的相关性，选取邻区Y36-6井和D2-1井的示踪剂数据进行分析。每段的产液占比和产气占比类似返排率和产量的概念。将Y36-6和D2-1某时刻每段的取样数据作产液占比与产气占比的关系曲线，如图4(a)所示。可以看出产液占比与产气占比并没有明确的相关性。这是因为每段的压裂工艺和地质条件不同。基于这个原因，对D2-1井32段压裂段进行筛选，最终选择第4~6段和第28~32段，这些段具有相似的压裂工艺和地质条件，均为天然裂缝欠发育段，段长42~50m、簇数4~5簇，簇间距8.9m。同理，选择Y36-6的第2~3段、22~27段，这些段均为Ⅲ级裂缝段，以3¹小层为主，段长51~73m，簇数4~6簇，平均簇间距10.2m。作这些段数对应的产液占比和产气占比曲线，如图4(b)所示，两条曲线的相关系数均在0.7以上，明显可以看出两口井均存在最优产液占比，即适当返排率可以提高产量。

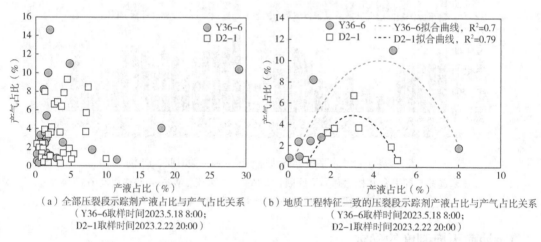

（a）全部压裂段示踪剂产液占比与产气占比关系　　　　（b）地质工程特征一致的压裂示踪剂产液占比与产气占比关系
（Y36-6取样时间2023.5.18 8:00;　　　　　　　　　　　　（Y36-6取样时间2023.5.18 8:00;
D2-1取样时间2023.2.22 20:00）　　　　　　　　　　　　　D2-1取样时间2023.2.22 20:00）

图4　示踪剂产液占比与产气占比关系

根据前期返排特征分析，W区块测试前油嘴主要为3~7mm（除扫塞阶段）。以$W_{32}$平台为例，$W_{32-3}$在测试前一直采用4mm油嘴返排（除扫塞阶段），导致测试返排率过低（12%），最终测试产量为$5.58×10^4m^3$；W32-4在测试前一直采用7mm油嘴返排25天（除扫塞阶段），导致测试返排率过高（39.67%），最终测试产量为$2.17×10^4m^3$；W32-8在测试前分别采用3mm、4mm、5mm、6mm、7mm油嘴返排（除扫塞阶段），最终测试产量为$8.05×10^4m^3$。所以建议在测试前（除扫塞阶段）最大采用7mm油嘴返排。

根据最优测试返排率可以提高测试产量的理论，收集W区块各井不同油嘴制度下单位时间内返排率与3mm油嘴的比值。基于32口井的数据，取每个制度下单位时间内返排率与3mm油嘴比值的平均值得出最优测试返排率的计算经验公式：最优测试返排率=$x_3$（3mm油嘴）×返排时间+1.48$x_3$（4mm油嘴）×返排时间+2.12$x_3$（5mm油嘴）×返排时间+2.76$x_3$（6mm油嘴）×返排时间+3.19$x_3$（7mm油嘴）×返排时间。$x_3$代表3mm油嘴单位时间的返排率。当制定一口井的返排制度时，可按该公式，初步拟定出不同油嘴制度的返排时间。最优测试返排率的数值可参照邻井。

### 3.2 控压、控砂策略

选择了 15 口 2022 年之后测试产量、累计产量优于同平台井，扫塞前未出砂的井。分析每个油嘴的压力范围，得出不同压力下油嘴推荐制度，见表3。表3中标记了 2mm 油嘴的使用条件，即焖井时间小于 3d 的井，开井采用 2mm 油嘴返排。

表3 不同压力下的油嘴推荐大小

| 井口压力（MPa） | 推荐油嘴（mm） | 备注 |
|---|---|---|
| 45~60 | 2、3 | |
| 40~45 | 3、4、5 | 焖井时间小于 3d 的井， |
| 35~40 | 4、5、6 | 开井采用 2mm 油嘴返排 |
| <35 | 5、6、7 | |

根据各井扫塞前的出砂程度将 40 口生产井分为 3 类，第一类为扫塞前无、微出砂井，第二类为扫塞前少砂、中砂、严重出砂井，第三类为砂堵井。根据 50 口井的统计数据，扫塞前无、微出砂井平均测试产量 $12.59×10^4 m^3/d$、平均半年累计产量 $1400.44×10^4 m^3/d$；扫塞前少—严重出砂井平均测试产量 $9.68×10^4 m^3/d$、平均半年累计产量 $1382.59×10^4 m^3/d$；扫塞前砂堵井平均测试产量 $7.12×10^4 m^3/d$、平均半年累计产量 $1185.13×10^4 m^3/d$。可以看出扫塞前无或微出砂的井平均测试产量和半年累计产量均高于出砂和砂堵井，因此返排制度应该避免出砂。

开井返排初期是控压、控砂最为关键的时候，这时候裂缝并未完全闭合，支撑剂回流临界流速过小，油嘴制度不合理极易导致出砂。虽然人们已经认识到焖井后采用小油嘴返排（2~4mm），但每个油嘴的持续时间和更换时机并没有给出具体的答案。笔者根据 W 区块 50 口井的统计数据，明确各级油嘴使用时间的边界和更换时机。W 区块页岩气各级油嘴的使用时间和更换时机应该遵循以下原则：

（1）3mm、4mm 油嘴制度应该分别大于 3d。据统计，在 3mm 油嘴制度小于 3d 的 17 口井中，扫塞前出砂占比 94.1%，扫塞前出现砂堵等情况占比 23.5%，而在满足 3mm、4mm 油嘴分别大于 3d 的 24 口井中，扫塞前出砂占比 25%，大部分为微量和少量出砂，砂堵井占比 8.3%，其中一口砂堵井为 W26-2，该井 3mm 和 4mm 油嘴的使用时长为 84.5h 和 87h，与 72h（3d）接近。此外，4mm 时长少于 3d，即使 3mm 油嘴时长大于 3d，也可能会发生砂堵，见表4的 $W_{24-1}$ 井和 $W_{31-9}$ 井。

表4 3mm 或 4mm 油嘴使用时长与出砂统计（部分井）

| 井号 | 2mm 时长（h） | 3mm 时长（h） | 4mm 时长（h） | 扫塞前出砂情况 |
|---|---|---|---|---|
| $W_{25-6}$ | 51.5 | 54.5 | 0 | 微砂 |
| $W_{25-8}$ | 53.5 | 24.5 | 0 | 微砂 |
| $W_{34-3}$ | 37 | 41 | 93 | 少量砂 |
| $W_{34-2}$ | 27 | 23 | 40 | 少量砂 |
| $W_{32-4}$ | 0 | 25 | 48.5 | 砂堵 |

| 井号 | 2mm 时长(h) | 3mm 时长(h) | 4mm 时长(h) | 扫塞前出砂情况 |
|---|---|---|---|---|
| $W_{31-8}$ | 0 | 30 | 384.5 | 砂堵 |
| $W_{34-6}$ | 19.5 | 53 | 90 | 出砂严重 |
| $W_{24-1}$ | 0 | 72 | 60 | 砂堵 |
| $W_{31-9}$ | 0 | 173 | 54 | 砂堵 |
| $W_{34-1}$ | 68 | 76 | 75 | 无 |
| $W_{23-7}$ | 0 | 236 | 458 | 无 |
| $W_{32-3}$ | 0 | 137.5 | 214 | 无 |

（2）若使用了 2mm 油嘴，则需保证(2+3)mm 油嘴使用时间大于 3d。见表 4，$W_{32-4}$、$W_{31-8}$ 两口井(2+3)mm 油嘴使用时长小于 3d 均在扫塞前造成了砂堵，而(2+3)mm 油嘴时长大于 3d 的井均为少量出砂或微量出砂。

（3）若 2mm 油嘴持续 3d 左右，4mm 油嘴可在大于 3d 的界限上适当减少时间。见表 4 $W_{34-1}$、$W_{23-7}$、$W_{32-3}$ 井，$W_{34-1}$ 井 2mm 油嘴持续 68h，3mm 和 4mm 油嘴分别持续 76h 和 75h，而其余两口井 4mm 油嘴分别持续 458h 和 214h，3 口井同样在扫塞前无出砂。

（4）2mm、3mm、4mm 油嘴应在压力平稳条件下更换，更换时机为 10h 内压降速率不大于 0.1MPa/h。选出 17 口扫塞前无砂，测试产量优于邻井的生产井，做出返排时间、油嘴尺寸、压力波动的曲线。以 $W_{23-6}$ 井为例，该井扫塞前无砂，测试产量 $16.56×10^4 m^3/d$。如图 5 所示，735h 之前，压力波动幅度过大，735h 后波动幅度减缓，3mm 转为 4mm 时 10h 内(735~745h)压降速率为 0.1MPa/h，该值是 17 口井中 10h 内压降速率的最大值。所以，笔者将 10h 内压降速率不大于 0.1MPa/h 定为 2mm、3mm、4mm 油嘴更换时机的判断。

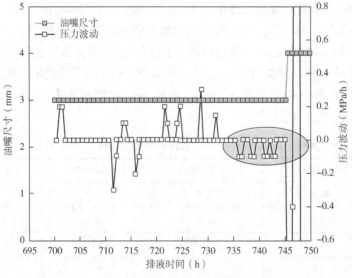

图 5 $W_{23-6}$ 井 3mm 转为 4mm 油嘴的返排曲线

（5）4mm、5mm、6mm 油嘴返排中未出现明显压力波动，可适当减少油嘴制度，维持该油嘴制度或该油嘴与+1 级油嘴两个油嘴制度返排至扫塞。如图 6 所示，邻区 $Y_{52-3}$、$Y_{52-4}$ 采用 3mm 油嘴返排后，调整为 4mm 和 5mm 油嘴制度直至扫塞，压力平稳下降，未出现波动，测试产量高于 $Y_{52-1}$ 和 $Y_{52-2}$。$Y_{52-5}$ 一直采用 4mm 油嘴返排 20d，压力有所波动之后才调成 6mm 油嘴，最终测试产量高于 $Y_{52-1}$ 和 $Y_{52-2}$。

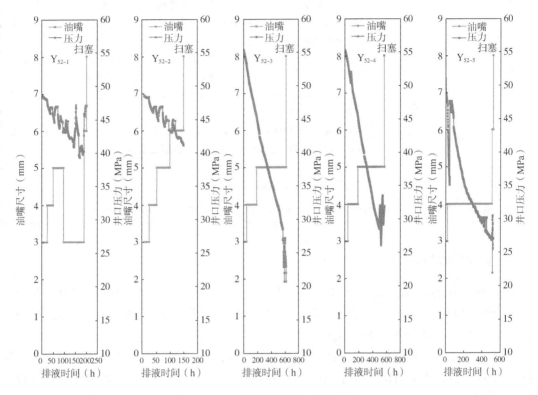

图 6 $Y_{52}$ 平台油嘴与井口压力曲线

（6）4mm、5mm、6mm 油嘴应在压力平稳条件下更换，更换时机为 10h 内压降速率不大于 0.25MPa/h。按照上文的做法，选出 17 口扫塞前无砂，测试产量优于邻井的生产井，做出返排时间、油嘴尺寸、压力波动的曲线。以 $W_{25-5}$ 井为例，该井扫塞前无砂，测试产量 $16.6 \times 10^4 m^3/d$，4mm 转为 5mm 时 10h 内压降速率为 0.25MPa/h，是 17 口井中 10h 内压井速率的最大值。所以，笔者将 10h 内压降速率不大于 0.25MPa/h 定为 4mm、5mm、6mm 油嘴更换时机的判断。

## 4 W 区块页岩气返排推荐制度

基于上述规律，笔者总结出 W 区块页岩气井压后返排推荐制度。对于水平段主要穿行轨迹为龙马溪组 2 小层的井，推荐压—焖—关时间为 1000～1200h。焖井之后，采用按照返排推荐制度（表 5），该制度是基于控压、控砂的原则，明确了各级油嘴的使用时间下限和更换时机。各级油嘴执行控压、控砂策略之后，按照最优测试返排率公式，明确各级油嘴使用时间上限，并根据该井实时数据调整公式各级油嘴系数，以便得到更为准确的数值。

表 5　W 区块页岩气返排推荐制度

| 井口压力（MPa） | 推荐油嘴（mm） | 备注 |
|---|---|---|
| 45~60 | 2、3 | （1）焖井时间小于 3d 的井，开井采用 2mm 油嘴返排。<br>（2）3mm、4mm 油嘴制度应该分别大于 3d。<br>（3）若使用了 2mm 油嘴，则需保证（2+3）mm 油嘴使用时间大于 3d。 |
| 40~45 | 3、4、5 | （4）若 2mm 油嘴持续 3d 左右，4mm 油嘴可在大于 3d 的界限上适当减少时间。<br>（5）2mm、3mm、4mm 油嘴应在压力平稳条件下更换，更换时机为 10h 内压降速率不大于 0.1MPa/h。<br>（6）4mm、5mm、6mm 油嘴返排中未出现明显压力波动，可适当减少油嘴制度，维持该油嘴制度或该油嘴与+1 级油嘴两个油嘴制度返排至扫塞。 |
| 35~40 | 4、5、6 | （7）4mm、5mm、6mm 油嘴应在压力平稳条件下更换，更换时机为 10h 内压降速率不大于 0.25MPa/h。<br>（8）若大量出砂或砂堵，采用 10mm 或 12mm 油嘴返排，或关井解堵。出砂判断标准：前后 3h 压降速率大于 1MPa/h，则判断已出砂。 |
| <35 | 5、6、7 | （9）扫塞时 8mm、9mm 油嘴扫塞。<br>（10）扫塞后 5mm、6mm、7mm 油嘴返排生产。 |

求产时：最优测试返排率 $=x_3 \times$ 返排时间 $+1.48 x_3 \times$ 返排时间 $+2.12 x_3 \times$ 返排时间 $+2.76 x_3 \times$ 返排时间 $+3.19 x_3 \times$ 返排时间

# 5　结论和建议

（1）W 区块焖井时间主要集中在 3~10 天，多数在 5 天左右；压—焖—关和压—焖时间主要在 500~1500h 之间；大部分井能在 2 天内见气，见气返排率在 1% 以内；测试返排率分布规律不明显，大部分井为 30% 以上。

（2）以地质—工程资料高度一致平台井的返排数据和示踪剂数据作为研究对象是研究返排参数相关性的有效方法，基于该方法，明确了最优压—焖—关时间和最优测试返排率的存在。通过案例论证，对于水平轨迹主要穿行轨迹为龙马溪组 2 小层的井，推荐压—焖—关时间为 1000~1200h。

（3）W 区块的返排原则应该遵循"最优测试返排率、控压、控砂"策略。扫塞前按照最优测试返排率经验公式和井口压力，初步拟定油嘴尺寸和返排时间，（2+3）mm、4mm 油嘴制度应该分别持续 3 天以上，逐级增大油嘴，最大采用 7mm 油嘴返排，根据压降速率实时调整；扫塞时采用 8mm、9mm、10mm 油嘴；扫塞后采用 5mm、6mm、7mm 油嘴返排生产。

本文主要从现场大数据角度总结了压—焖—关时间、油嘴更换原则的规律，并形成了 W 区块页岩气井压后返排推荐制度。下一步应该加强现场数据与理论算法、室内实验的融合，进一步提升返排制度的准确性与普适性。

## 参 考 文 献

[1] Dehghanpour H, Zubair H A, Chhabra A, et al. Liquid intake of organic shales[J]. Energy & Fuels, 2012, 26(9): 5750-5758.

[2] 张涛，李相方，杨立峰，等. 关井时机对页岩气井返排率和产能的影响[J]. 天然气工业，2017，37（8）：48-60.

[3] Pagels M, Hinkel J J, Willberg D M. Measuring capillary pressure tells more than pretty pictures[C]//SPE

International Conference and Exhibition on Formation Damage Control. 2012.

［4］ Dehghanpour H，Lan Q，Saeed Y，et al. Spontaneous imbibition of brine and oil in gas shales：Effect of water adsorption and resulting microfractures[J]. Energy & Fuels，2013，27(6)：3039–3049.

［5］ Blasingame T A. The characteristic flow behavior of low-permeability reservoir systems[C]//SPE Unconventional Resources Conference/Gas Technology Symposium. 2008.

［6］ Shaoul J，van Zelm L，Pater C J. Damage Mechanisms in Unconventional Gas Well Stimulation-A new look at an old problem[C]//SPE Middle East Unconventional Resources Conference and Exhibition. 2011.

［7］ Wang Q，Lyu C，Cole D R. Effects of hydration on fractures and shale permeability under different confining pressures：An experimental study[J]. Journal of Petroleum Science and Engineering，2019，176：745–753.

［8］ 韩慧芬，王良，贺秋云，等. 页岩气井返排规律及控制参数优化[J]. 石油钻采工艺，2018，40(2)：253–260.

［9］ 蒋佩，王维旭，李健，等. 浅层页岩气井控压返排技术——以昭通国家级页岩气示范区为例[J]. 天然气工业，2021，41(S1)：186–191.

［10］ 杜洋，雷炜，李莉，等. 深层页岩气水平井压后生产管理与排采技术[J]. 油气藏评价与开发，2021，11(1)：95–101+116..

［11］ 李军龙，杨海，朱炬辉，等. 页岩气水平井压裂后控砂返排工艺[P]. 2021–07–23.

［12］ 黄小青，韩永胜，杨庆，等. 昭通太阳区块浅层页岩气水平井试气返排规律[J]. 新疆石油地质，2020，41(4)：457–463+470.

［13］ 庞河清，熊亮，魏力民，等. 川南深层页岩气富集高产主要地质因素分析——以威荣页岩气田为例[J]. 天然气工业，2019，39(S1)：78–84.

［14］ 龙胜祥，冯动军，李凤霞，等. 四川盆地南部深层海相页岩气勘探开发前景[J]. 天然气地球科学，2018，29(04)：443–451.

［15］ 郭彤楼，熊亮，雷炜，等. 四川盆地南部威荣、永川地区深层页岩气勘探开发进展、挑战与思考[J]. 天然气工业，2022，42(8)：45–59.

［16］ 王兴文，林永茂，缪尉杰. 川南深层页岩气体积压裂工艺技术[J]. 油气藏评价与开发，2021，11(1)：102–108.

［17］ Lyu Q，Shi J，Tan J，et al. Effects of shale swelling and water-blocking on shale permeability[J]. Journal of Petroleum Science and Engineering，2022，212：110276.

［18］ 钱斌，朱炬辉，杨海，等. 页岩储集层岩心水化作用实验[J]. 石油勘探与开发，2017，44(4)：615–621.

［19］ 郭建成，林伯韬，向建华，等. 四川盆地龙马溪组页岩压后返排率及产能影响因素分析[J]. 石油科学报，2019，4(3)：273–287.

［20］ 杨海，李军龙，石孝志，等. 页岩气储层压后返排特征及意义[J]. 中国石油大学学报(自然科学版)，2019，43(4)：98–105.

# 一种具有暂堵性的防砂筛管

宋翰林[1,2] 李 伟[1,2]

(1. 中国石化胜利石油工程有限公司钻井工艺研究院；
2. 中国石油和化学工业联合会非常规油气钻完井技术重点实验室)

**摘 要** 国内外钻完井工程用高强度可溶新型复合材料在井下工具中的应用为近年发展起来的新技术。通过可溶材料制备出可溶销钉，通过对筛管流道进行暂堵，实现机械密，后期通过常规洗井液(高浓度氯离子盐溶液)溶解暂堵材料，实现筛管暂堵完井工艺。

**关键词** 高强度；可溶性；复合材料

目前，国内常规筛管完井存在下列弊端：(1)目前在大位移井或者位垂比较大的水平井筛管防砂完井过程中，如果使用精密滤砂筛管完井，就存在管串下入困难甚至黏卡的问题，无法顺利下入至设计位置。目前行业内认可的漂浮下套管技术无法在筛管中使用。(2)筛管完井后钻井队无法进行洗井作业，需要作业队配套专用洗井管串进行洗井作业。一方面增加施工工序，延长作业周期，提高施工成本；另一方面增加入井工具数量，增大作业风险；暂堵性筛管可以有效解决上述问题，其原理为：优选可溶材料对筛管流道进行暂堵，并实现机械密封。后期通过常规洗井液溶解暂堵材料，实现筛管暂堵完井工艺。其优势在于：(1)在大位移井眼中可配合盲板使用，实现漂浮下筛管工艺，减小下入摩阻。(2)酸洗作业可由钻井队完成，无需使用"皮碗封"节约施工周期，提高施工安全质量及洗井效率。

目前，国外暂时未搜录到有关暂堵筛管的相关内容。在国内，安东石油发明了一种可打开式的暂堵筛管[1]。其原理为在筛管基管壁开设螺纹通孔，在通孔内置螺纹，通过螺纹与一堵盖连接，起到暂堵作用。当需要解堵时下入钻具将堵盖钻除可恢复流道。该暂堵型筛管解堵需下入一趟钻，增加额外工期，且不能保证完全钻除，存在诸多弊端。

本文介绍一种新型暂堵筛管结合现场实际应用需求，需满足以下几项指标。

(1)暂堵筛管的密封承压能力达到15MPa(包含抗内压与抗外挤强度)。

(2)暂堵筛管在钻井液中60h内机械密封性能及承压能力不变。

(3)可溶金属材料在高浓度氯离子溶液中168h内完全溶解。

---

【基金项目】中国石化胜利石油工程有限公司应用开发课题"基于泡沫金属的高强度防砂筛管研究及应用"(编号：SKG2203)。

【第一作者简介】宋翰林，1992年生，中级工程师，主任师，2015年毕业于长江大学石油工程，学士学位，主要从事现代完井工程理论与技术方面的研究工作。地址：(257017)山东省东营市东营区北一路827号。电话：(0546)63833140。E-mail：1017156365@qq.com。

# 1 优选可溶金属材料

不同镁铝合金在不同浓度氯离子溶液中见表1。本次测试选用苏德公司的四种油田常用可溶金属材料，测试它们在不同浓度盐溶液中的溶解速率。

**表1 可溶材料溶解速率表（溶解测试温度90℃）**

| 型号 | 氯离子浓度1%时的溶解速率（mm/h） | 氯离子浓度2%时的溶解速率（mm/h） |
|------|------|------|
| 006 | 0.35 | 0.56 |
| 008 | 0.42 | 0.68 |
| 010 | 0.11 | 0.3 |
| 011 | 0.17 | 0.28 |

根据以上试验数据发现010号可溶金属的盐敏性最强，且在低浓度盐溶液中溶解速率较慢，适用于暂堵筛管可溶销钉的制备。

# 2 暂堵筛管的密封承压设计

## 2.1 暂堵筛管结构设计

在筛管基管壁开设螺纹通孔，可溶金属材料加工成销钉对筛管流道通过螺纹以及特制的螺纹密封胶进行暂堵，实现机械密封（图1、图2）。

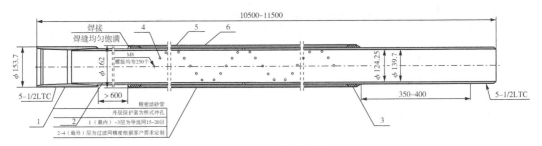

图1 暂堵筛管机械结构设计示意图

图2 可溶销钉

### 2.2 暂堵筛管抗内压及抗外挤强度测试

使用测试工装置于恒温(90℃)容器中，加热60h后进行压力测试(图3、图4)

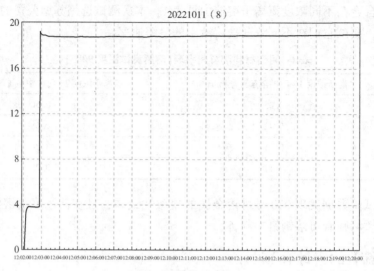

图3 抗内压测试曲线

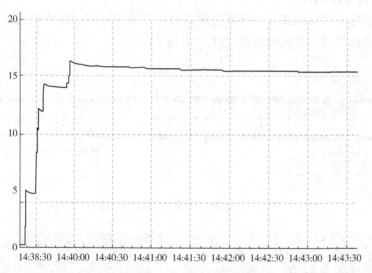

图4 抗外挤测试曲线

实验结果：可溶销钉在90℃恒温聚合物钻井液体系条件下浸泡60h后，进行压力试验，抗内压测试18MPa，抗外压测试压力16MPa，各稳压30min，压力不降，满足技术要求，大多数筛管完井60h可完成下套管、固井作业流程。

## 3 可溶销钉在聚合物钻井液及盐溶液中的溶解测试

### 3.1 可溶销钉在聚合物钻井液中的溶解测试

实验方法：将可溶销钉完全浸泡入聚合物钻井液中并置于恒温水浴容器中加热(因胜利区块地温梯度较低，且水平井完井垂深平均在2000m左右，因此实验温度选取90℃最具代表性)，如图5和图6所示。

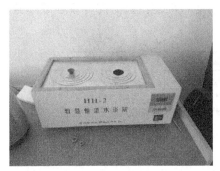

图 5　水浴加热装置

图 6　聚合物钻井液

图 7　可溶销钉测试前

图 8　可溶销钉加热浸泡 174h 后

实验结果：90℃条件下，可溶销钉在聚合物钻井液体系中恒温 174h 后溶解形成流道（图 7、图 8）。

### 3.2　可溶销钉在盐溶液中的溶解测试

实验方法：将可溶销钉完全浸泡入盐水聚合物钻井液中并置于恒温水浴容器中加热（由于温度越高溶解速率越快，因此此次实验选取较低温度更具说服性，本次实验选取温度为 70℃）。

图 9　3%盐水聚合物钻井液配备

实验结果：70℃条件下，可溶销钉在 3%盐水聚合物钻井液中恒温 152h 后溶解形成流道。

综合以上实验数据证明：暂堵性防砂筛管满足现场应用需求（图 9）。

## 4　基于暂堵性防砂筛管形成的配套完井工艺

### 4.1　高效的酸洗技术

可由钻机直接进行酸洗，减少作业施工周期，最大限度避免油层被钻井液浸泡产生的污染；由于暂堵筛管所独有的"暂堵"性，酸洗效率大大提升，连续施工性强，顶替效率高（图 10）。

### 4.2　漂浮下筛管工艺

目前行业内使用的精密滤砂筛管与同规格的套管相比外径要大，在大位移水平井中存在下入困难，摩阻大的问题。由于筛管的连通性，无法配合使用漂浮接箍来较少下入摩阻，这是业界内亟待解决的一项难题；暂堵筛管可有效解决这一难题，只需配合盲板或爆破盘来使用即可减少下入摩阻(图 11)。

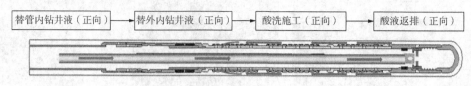

图 10　暂堵筛管酸洗工艺示意图

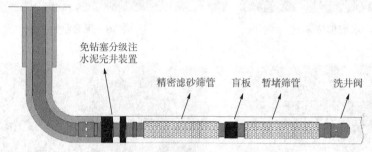

图 11　漂浮下筛管工艺示意图

盲板后期可钻除，管柱结构简单，施工安全可靠。

## 5　结论与认识

（1）暂堵筛管结构原理简单，便于加工。实验证明，通过优选合适的可溶金属材料对筛管流道进行暂堵，具有较高抗内压及抗外挤强度。后期解堵只需注入盐溶液即可，能在较快周期内迅速恢复流道，施工简单可靠，适用于除高温高压外的大部分水平井。

（2）可配套盲板或爆破盘形成漂浮下筛管工艺，减小大位移水平井的完井管柱下入摩阻。目前新疆的新春油田车排子区块浅层水平井位垂比均大于 2∶1，完井管柱下入困难较大。基于暂堵筛管形成的漂浮下筛管工艺可有效解决这一难题，推广应用前景广阔。

（3）基于暂堵筛管可形成高效酸洗技术，非常适用于目前胜利油田内推广运行的通过钻机实现完井充填防砂一体化的工艺。可最大限度减少作业施工周期，最大限度避免油层被钻井液浸泡产生的污染；并且由于暂堵筛管所独有的"暂堵"性能，酸洗效率大大提升，连续施工性强，顶替效率高，应用前景也十分广阔。

**参 考 文 献**

[1] 张永华，王东林，吴健，等．一种可以打开的暂堵筛管：CN200920277650.5[P]．CN201554436U，2024-04-17.

# 分层注气井下气嘴结构优化设计

杨树坤 李 越 秦小飞 赵广渊

（中国海油田服务股份有限公司）

**摘 要** $CO_2$分层配注可有效避免层间干扰，实现油气储层多层均衡注采。配注气嘴是单管分层注气工具设计的关键，要求具有大通径、强节流特性，以避免$CO_2$的杂质堵塞气嘴。论文通过数值模拟的方法，研究了锥—平直型、平直型等常见的五种气嘴的流动特性，基于研究结果设计了平直—锥型气嘴，并进行了结构参数优化。结果表明：突缩型气嘴由于流通面积骤然减小，局部损失增大，节流效果明显好于渐收型气嘴；带扩张段的气嘴由于流体的碰撞摩擦以及旋涡的影响，导致更大的动能损失，节流效果更佳。大锥角容易产生强度更大的涡旋，从而增加气体内部的动能和角动量，平直—锥型气嘴节流效果越好。本文设计的平直—锥型气嘴具有大通径、强节流特性，能满足注气井$CO_2$分层配注需求。

CCUS（Carbon dioxide capture utilization and storage）是实现"双碳"目标最有效的途径之一，也是化石能源低碳利用的托底技术[1]。$CO_2$驱油与埋存是CCUS重要技术之一，近年来在国内外各大油田均得到了推广应用。

大部分油田储层纵向非均质性严重，储层和流体物性差异显著，常规笼统注气方式，会导致$CO_2$沿高渗透层突进、形成气窜，中低渗透地层受波及程度低，难以达到预期开采效果[2-4]。$CO_2$分层配注通过向不同渗透层有效注入所需$CO_2$量，维系地层能量，保证油气田长期有效开发，是解决油田层间矛盾，提高气驱采收率的重要手段，常见的技术有单管分注和多管分注技术。多管分注技术虽然无需井下流量测试，但受限于分注层数且缺乏井控保护能力，驱油效果不太理想[5]。单管分注技术利用封隔器完成分注层段分隔，在配注器中安置节流气嘴通过钢丝投捞的方式更改气嘴尺寸与结构，实现调节注入量的需求，达到缓解层间矛盾，抑制吸气不均的问题，在大庆榆林、胜利等油田得到了很好的应用[6-7]。在进行分注管柱设计中，注气气嘴的结构直接关系到了节流压差的大小，在配注过程中发挥着重要作用。但是注气气嘴面临着易堵塞易冲蚀的难题，因此设计大通径、节流能力强的气嘴结构尤为重要[8]。

本文通过对平直型气嘴、锥型气嘴、双锥型气嘴、亥姆赫兹型气嘴、锥—平直型气嘴进行数值模拟，从压力场、速度场分析气嘴结构对压差的影响规律，并根据模拟结果设计平直—锥型气嘴，为现场气嘴使用提供优选。

---

【第一作者简介】杨树坤（1986—），男，硕士研究生，2013年毕业于中国石油大学（华东）油气田开发工程专业，高级工程师，主要从事智能注采技术研究与应用，现就职于中国海油田服务股份有限公司油田生产事业部。地址：天津市滨海新区塘沽海洋高新区华山道450号。邮编：300459。电话：15122199750。邮箱：yangshukun2000@126.com。

# 1 模型建立

## 1.1 气嘴结构

气嘴结构对节流压差有直接影响，本文选择了五种常见的不同结构气嘴(平直型气嘴、锥型气嘴、双锥型气嘴、亥姆赫兹气嘴、锥—平直型气嘴)进行模拟对比，以期揭示结构对节流压差的影响规律，五种结构气嘴见表1。

五种气嘴模型总长度均为 10mm，出口直径均为 1mm，入口直径则根据气嘴类型确定。对于平直型、亥姆赫兹型气嘴来说，入口段直径较小，一般与出口段直径保持一致；对于锥型、双锥型、锥—平直型来说，由于气嘴壁面与气嘴中轴线有一定的夹角，因此入口直径会偏大，一般大于出口直径，具体尺寸见表1。

表 1 气嘴结构参数图

| 序号 | 名称 | 入口直径(mm) | 锥角(°) | 结构示意图 |
|------|------|--------------|---------|------------|
| 1 | 平直型 | 1 | — | |
| 2 | 锥型 | 7.12 | 27 | |
| 3 | 双锥型 | 7.42 | 28.7 | |
| 4 | 亥姆赫兹型 | 1 | 74 | |
| 5 | 锥—平直型 | 5.66 | 18 | |

## 1.2 数学模型

$CO_2$ 在井下一般会进入超临界态，具有诸多特殊的物理化学性质，在流经气嘴时需要考虑到传热与压缩性[9]。因此除了求解质量方程和动量方程以外，还须求解能量方程。$CO_2$ 射流是流体的高速流动过程，因此模拟时可忽略重力。控制方程表达式如下[10]：

$$\frac{\partial \rho}{\partial t} + \nabla \cdot (\rho u) = 0 \tag{1}$$

式中，$\rho$ 为流体密度，$kg/m^3$；$\vec{u}$ 为速度矢量，$m/s$。

现有模型都将 $CO_2$ 作为牛顿流体来考虑，因此动量方程采用 Navier-Stokes 方程，简化后的表达式如下：

$$\begin{cases} -\dfrac{\partial p}{\partial x}+\mu\left[\dfrac{(\partial^2 u_x)}{(\partial x^2)}+\dfrac{(\partial^2 u_x)}{(\partial y^2)}+\dfrac{(\partial^2 u_x)}{(\partial z^2)}\right]+\mu\dfrac{\partial}{\partial x}\left[\dfrac{(\partial u_x)}{\partial x}+\dfrac{(\partial u_y)}{\partial y}+\dfrac{(\partial u_z)}{\partial z}\right]=0 \\[3mm] -\dfrac{\partial p}{\partial y}+\mu\left[\dfrac{(\partial^2 u_y)}{(\partial x^2)}+\dfrac{(\partial^2 u_y)}{(\partial y^2)}+\dfrac{(\partial^2 u_y)}{(\partial z^2)}\right]+\mu\dfrac{\partial}{\partial y}\left[\dfrac{(\partial u_x)}{\partial x}+\dfrac{(\partial u_y)}{\partial y}+\dfrac{(\partial u_z)}{\partial z}\right]=0 \\[3mm] -\dfrac{\partial p}{\partial z}+\mu\left[\dfrac{(\partial^2 u_z)}{(\partial x^2)}+\dfrac{(\partial^2 u_z)}{(\partial y^2)}+\dfrac{(\partial^2 u_z)}{(\partial z^2)}\right]+\mu\dfrac{\partial}{\partial z}\left[\dfrac{(\partial u_x)}{\partial x}+\dfrac{(\partial u_y)}{\partial y}+\dfrac{(\partial u_z)}{\partial z}\right]=0 \end{cases} \tag{2}$$

式中，$p$ 为流体微元体上的压力，Pa；$\mu$ 为黏度，Pa·s；$u_x$，$u_y$ 和 $u_z$ 是速度矢量 $\vec{u}$ 的分量，m/s。

能量方程表达式为

$$\operatorname{div}(\rho\vec{u}T)=\operatorname{div}\left(\frac{k}{C_p}\operatorname{grad}T\right)+S_T \tag{3}$$

式中，$T$ 为温度，K；$k$ 为流体的传热系数，W/(m·K)；$C_p$ 为比定压热容，J/(kg·K)；$S_T$ 为黏性耗散项，K·s²/m²。

由于主要研究对象为直射流流场，气嘴内外流场均为高雷诺数区域，该条件下更适用 Standard k-ε 两方程湍流模型。湍动能方程（可压缩流动）为

$$\frac{\partial(\rho k)}{\partial t}+\frac{\partial(\rho k u_i)}{(\partial x_i)}=\frac{\partial}{(\partial x_j)}\left[\left(\mu+\frac{\mu_t}{\sigma_k}\right)\frac{\partial k}{(\partial x_j)}\right]+G_k+G_b-\rho\varepsilon-Y_M+S_k \tag{4}$$

湍流耗散率方程（可压缩流动）为

$$\frac{\partial(\rho\varepsilon)}{\partial t}+\frac{\partial(\rho\varepsilon u_i)}{(\partial x_i)}=\frac{\partial}{(\partial x_j)}\left[\left(\mu+\frac{\mu_t}{\sigma_\varepsilon}\right)\frac{\partial\varepsilon}{(\partial x_j)}\right]+\frac{(C_1\varepsilon\varepsilon)}{k}(G_k+C_3\varepsilon G_b)-C_2\varepsilon\rho\varepsilon^2/k+S_\varepsilon \tag{5}$$

式中，$k$ 和 $\varepsilon$ 分别为湍动能与湍流耗散率；$u_i$ 为时均速度；$\mu_t$ 为湍流黏度；$G_k=u_t\left(\dfrac{\partial\mu_i}{\partial x_j}+\dfrac{\partial\mu_i}{\partial x_j}\right)\dfrac{\partial\mu_i}{\partial x_j}$ 是 $k$ 因平均速度梯度的引出项；$G_b=\beta g_i\dfrac{\mu_t}{\mathrm{Pr}_t}\dfrac{\partial T}{\partial x_i}$ 是 $k$ 因浮力的引出项；$\sigma_k$ 和 $\sigma_\varepsilon$ 分别为普朗特数 $P_{rt}$ 在 $k$ 与 $\varepsilon$ 上的分量；$\beta=-\dfrac{1}{\rho_f}\dfrac{\partial\rho_f}{\partial T}$ 是热扩散系数；$Y_M=2\rho_f\varepsilon M_t^2$ 为可压缩湍流脉动扩张的贡献；$M_t=\sqrt{k/a^2}$ 为马赫数；$a=\sqrt{\gamma RT}$ 为当地声速。

流体物性方面，超临界 $CO_2$ 对温度压力非常敏感，各项物性参数随温度压力变化具有强烈的非线性，因此，理想气体状态方程不能用来描述 $CO_2$ 密度与温度压力的关系。

二氧化碳物性参数可以通过黑油模型、状态方程或经验公式来计算。黑油模型中，$CO_2$ 成分含量较低，若应用于纯的 $CO_2$，可能会导致较大的误差[11]。$CO_2$ 状态方程包括 Peng-Robinson、Soave-Redlich-Kwong 和 Span & Wagner[12-14]，Peng-Robinson 方程和 Soave-Redlich-Kwong 方程属于立方型状态方程，能够解析求根，不复杂且有较高精度，但是当 $CO_2$ 处于超临界态时，计算误差大于 10%，不够精确。Span 和 Wagner 于 1996 年提出 S-W 方程，该方程虽然结构复杂，求解难度大但是计算精度高（当温度和压力分别小于 523K 和 30MPa 时，密度的相对误差为 ±0.03% ~ ±0.05%，等压热容量的相对误差为 ±0.15% ~

±1.5%），适用范围广（216.59K<$T$<1100K、0.52MPa<$p$<800MPa），且更适用于计算高压下的 $CO_2$ 热物理性质[15]。

S-W 方程主要是借助辅助 Helmholtz 函数进行 $CO_2$ 参数计算。Helmholtz 是一个无因次量，包括理想部分 $\phi^o$ 和残余部分 $\phi^r$：

$$\phi(\delta,\ \tau) = \phi^o(\delta,\ \tau) + \phi^r(\delta,\ \tau) \tag{6}$$

式（6）中，$\delta$ 和 $\tau$ 计算方法如下：

$$\delta = \frac{\rho_c}{\rho} \tag{7.1}$$

$$\tau = \frac{T_c}{T} \tag{7.2}$$

式中，$\rho_c$ 为临界密度，$kg/m^3$；$T_c$ 为临界温度，K。

$$\Phi^o(\delta,\ \tau) = \ln\delta + a_1^o + a_2^o\tau + a_3^o\ln\tau + \sum_{i=4}^{8} a^o_i\ln(1 - e^{-\tau\theta^o_i}) \tag{8}$$

$$\Phi^r(\delta,\ \tau) = \sum_{i=1}^{7} n_i\delta^{d_i}\tau^{t_i} + \sum_{i=8}^{34} n_i\delta^{d_i}\tau^{t_i}e^{-\delta^{c_i}} + \sum_{i=35}^{39} n_i\delta^{d_i}\tau^{t_i}e^{[-a_i(\delta-\varepsilon_i)^2 - \beta_i(\tau-\gamma_i)^2]} \tag{9}$$

$$\Psi = e^{[-C_i(\delta-1)^2 - D_i(\tau-1)^2]} \tag{10}$$

$$\Delta = \{(1-\tau) + A_i[(\delta-1)^2]^{1/(2\beta_i)}\}^2 + B_i[(\delta-1)^2]^{a_i} \tag{11}$$

基于此，可得到 $CO_2$ 密度的隐式计算式：

$$p(\delta,\ \tau) = \rho RT(1 + \delta\Phi^r_\delta) \tag{12}$$

$CO_2$ 比定压热容解析解：

$$c_p(\delta,\ \tau) = R\left[-\tau^2(\Phi^o_{\tau\tau} + \Phi^r_{\tau\tau}) + \frac{(1 + \delta\Phi^r_\delta - \delta\tau\Phi^r_{\delta\tau})^2}{1 + 2\delta\Phi^r_\delta + \delta^2\Phi^r_{\delta\delta}}\right] \tag{13}$$

基于 Vessovic-Fenghour 模型计算 $CO_2$ 输运性质：

$$X(\rho,\ T) = X_0(T) + \Delta X(\rho,\ T) + \Delta_c X(\rho,\ T) \tag{14}$$

式中，$X(\rho,\ T)$ 为 $CO_2$ 的输运性质；$X_0(T)$ 为零密度极限值；$\Delta_c X(\rho,\ T)$ 为温度和压力在临界点附近变化时引起的增量；$\Delta X(\rho,\ T)$ 为其他因素对输运性质的贡献。

$CO_2$ 导热系数的表达式：

$$\lambda(\rho,\ T) = \lambda_0(T) + \Delta\lambda(\rho,\ T) + \Delta_c\lambda(\rho,\ T) \tag{15}$$

$CO_2$ 黏度的计算式：

$$\mu(\rho,\ T) = \mu_0(T) + \Delta\mu(\rho,\ T) + \Delta_c\mu(\rho,\ T) \tag{16}$$

### 1.3  几何模型

模拟气嘴均属于轴对称结构，为提高计算效率，将 3D 模型简化为 2D 模型，建立如图 1 所示的二维轴对称混合计算域几何模型。为了避免尺寸效应的影响，在气嘴入口前端增加前腔室段，同时为了确保流量在出口处充分发展，避免流体回流，在气嘴出口处增加后腔室段。因此，几何模型由前井筒段、气嘴段、后腔室段三部分构成。其中前腔室段长度均为 50mm，高度为 60mm，气嘴段长度 10mm，出口直径 1mm，后腔室段高度 41mm，长度 20mm，其他类型气嘴相同，构建模型如图 1 所示（以平直型气嘴为例）。

边界条件指定义模拟区域边界上的流体和物理参数以模拟油藏中的现象与行为，这直接影响着流体流动与储集特征，因此确定合理的边界条件对提高流域内流动场模拟的准确性至关重要。

入口边界：根据地面注入设备及油藏地层条件，选择速度入口，温度为 50℃，注入方向沿井筒注入。

出口边界：根据油藏地层条件，给定出口压力为 20MPa，温度为 50℃。

壁面：固体壁面条件满足无滑移条件，近壁区采用壁面函数法处理。

因结构化网格具有网格质量好，数据结构简单，容易实现区域边界拟合的优点，对所建模型进行了结构化网格划分。由于整体网格模型较密，局部显示效果不明显，因此对收缩段区域进行局部加密（以平直型为例，如图 2 所示）。

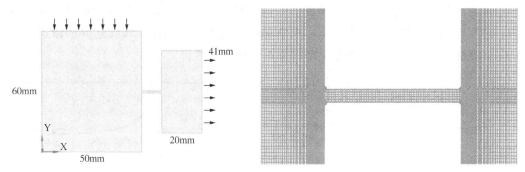

图 1　气嘴模拟结果整体示意图　　　　　　　　图 2　网格加密示意图

## 2　模拟结果分析

### 2.1　气嘴节流特性分析

不同类型气嘴压差与速度模拟结果如图 3 所示，通过固定出口压力，可以根据得入口压力反算出气嘴压差，其中亥姆赫兹型气嘴入口压力最大。

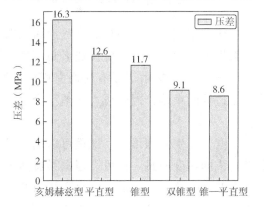
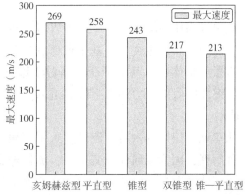

图 3　不同气嘴压差和最大速度

图 4 为中轴线区域的压力分布图，横坐标距离指离坐标原点的垂直距离，因此 0.05～0.06m 即为气嘴主体区域。从压力分布图中可以看出，锥型和双锥型变化趋势较为类似，从井筒段进入收缩口后随收缩程度的逐渐增大压力缓慢降低，在接近气嘴出口时发生骤变，但与锥型不同的是，双锥型气嘴存在 3 个收缩口，因此在气嘴内部压力仍有明显波动。锥—平型气嘴也是首先进入一个逐渐收缩的入口，在气嘴前段距离压力变化与锥/双锥类似，先缓慢降低后接近最终收缩区域发生骤降，进入平直区域后，与平直型气嘴模拟趋势相同，压力无明显变化。与之不同的是平直型气嘴在入口会出现一个低压区域，后才逐渐恢复成出口压力数值并保持稳定。与上述四种气嘴不同的是，亥姆赫兹型气嘴内部压力变化较为复杂，它可以理解成由两个平直段加上一个平行梯形状的发育段共同组成。当气体流入气嘴时，首先经历一个从井筒到气嘴的急速收缩段，流动小段距离后进入平行梯形状的区域，在进入该区域前后压力均会发生明显波动，在进入最后一个平直段后，气嘴内部压力保持稳定，与出口压力一致。

图 5 为中轴线区域速度分布图，从锥型、双锥型、锥—平直型气嘴变化趋势可以发现气体从井筒段进入锥段后，速度会呈现一个近指数状的上升，气体从平直段进入锥段，速度会经历两次先降后升，锥段的收缩或扩张均会导致中间的波动，气体从锥段进入平直段前后，速度已经接近稳定。从平直型、亥姆赫兹型气嘴可以看出，气体从井筒段进入平直段前后，速度会急速上升，后略微下降保持相对稳定的值。

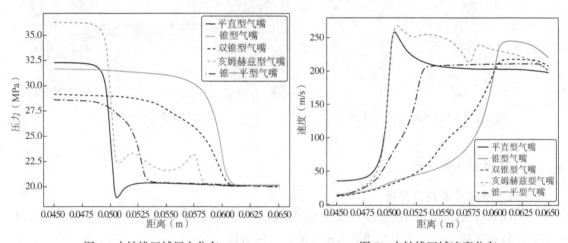

图 4　中轴线区域压力分布　　　　图 5　中轴线区域速度分布

从单气嘴压力场来看，对于平直段来说，入口压力很高，进入缩口时，流通面积骤然减小，压力分布发生突变，基于伯努利方程，局部损失增大，会出现低压或者负压区，进入平直段后整体压力基本不变。而对于锥型气嘴，气嘴入口端由于没有流通面积的骤变，随着收缩段的收缩压力逐渐下降，进入腔室后缺乏边界的束缚，因此压力云图不会发生突变(图6)。

从单气嘴速度场来看，流体进入平直段前，速度会发生剧烈增加，这里可以用流量连续定理解释，因为流通面积变小了，流体需要以更快的速度通过。也可以根据科恩达效应分析，流体贴着外凸壁流动，离心力会使流体压力低于来流压力，流体在自身压力的作用下膨胀，速度超过其本来的速度。流体进入平直段后，由于动能耗散，速度逐渐下降，喷射出气嘴后，流体速度下降明显增快。而对于锥型段来说，流体开始进入收缩段时，受到收缩段斜面的激荡，在转折处形成低速区，但总体上流体在进入收缩结构，速度持续增加（图7）。

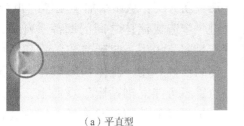 

（a）平直型 （b）锥型

图6 气嘴压力云图

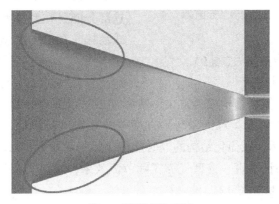

图7 气嘴速度云图

从气嘴形状特征来说，上述气嘴主要涉及平直段和锥段，无论是平直段还是锥段，从入口进入时都可视为收缩段。对气嘴内整个流场进行分析，发现在收缩段始端会产生涡结构。流体进入收缩段时由于受到收缩段斜面的激荡，在转折处形成低速区，以涡的形式存在，判断由于受到斜面影响，致使边界层在到达转折处前发生了转捩，由原来的层流转变为湍流。此后边界层再次附着壁面逐渐形成相对稳定的流动，直至末端(图8)。

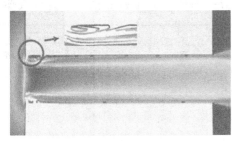 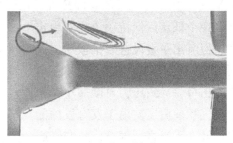

（a）平直型 （b）锥—平直型

图8 气嘴涡结构示意图

从模拟结果上来看，突收型气嘴节流压差高渐收型气嘴7%～47%，带扩张段的气嘴节流效果更佳。由于亥姆赫兹型气嘴存在收缩后突然扩张的结构，流体从小管道突然进入大管道，截面面积突然增大，流速整体上逐渐减慢，后面的高速流体与前面流速较慢的流体发生摩擦、碰撞，使得一部分能量转换成热能消耗掉，从而造成能量损失。同时，随着流

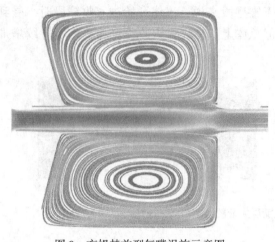

图9　亥姆赫兹型气嘴涡旋示意图

体的流动，其截面面积不断扩张，直到流体充满整个扩张段。进入扩张段的流体一定程度上减少了边界的舒服作用并导致流速重新分配，从而增加了流体的相对运动，进一步造成流体之间的摩擦、碰撞，造成能量部分损失，起到节流的作用。由于流体的惯性作用，流体的质点在突然扩张的位置不可能立刻贴附于壁面上，无法及时沿扩张段的几何形状流动，导致其在扩张段尖点处，离开壁面，并形成一系列的旋涡。主流流体传递能量给旋涡使其旋转，这部分能量在流体黏性的影响下以热量形式消耗。对比平直型气嘴可以发现，发育段造成额外约30%的能量损失(图9)。

## 2.2　气嘴结构优化设计

考虑到亥姆赫兹型气嘴结构较为复杂，实际加工时精细尺寸难以实现，综合现场实际应用情况以及气嘴模拟结果，对锥型与平直型两种结构重新组合，构成平直—锥型气嘴，结构示意图如图10所示。在简化结构的同时能够保留气嘴发育扩张段，从理论上能够增大气嘴能量的损耗。为验证平直—锥型气嘴实际节流效果，对该类型气嘴在相同工况下进行气嘴前后压差模拟(图11、图12)。

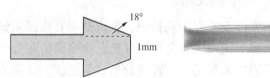

图10　平直—锥型气嘴结构示意图

图11　平直—锥型气嘴涡旋示意图

对平直—锥型气嘴压力进行分析，在前部分平直段中，压力变化与平直型气嘴相似，也是达到一个低压后保持一个相对稳定的压力，但流出平直段进入锥段后，流动空间增大，压力先增大后，气体逐渐流向气嘴出口，导致压力再度减小。平直—锥型气嘴前后压差由于发育段的能量损失明显大于平直型气嘴，且与亥姆赫兹型气嘴差距较小，这可能是涡旋发育程度导致，因此本节针对平直—锥型气嘴进行结构参数的优化。由于产生涡旋，并且发育的结构处于锥段，接下来针对锥段角度以及平直段长度进行结构优化。

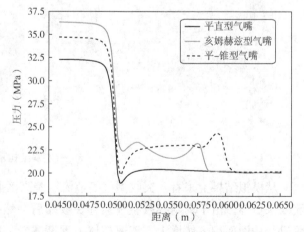

图12　气嘴中轴线压力对比

の凡例:
平直型气嘴
亥姆赫兹型气嘴
平-锥型气嘴

设置嘴后压力为 20MPa，入口；流速为 4m/s，温度为 323.15K，分别对锥角为 9°、18°、27°进行模拟。由图 13 可以看出，不同锥角情况下平直—锥型气嘴压力变化曲线趋势相同，随着锥角的增大，入口压力会增大，低压区压力会越小，锥角从 9°增至 27°时，节流效果增强约 22.1%。

根据上面模拟结果，在相同边界条件下选择 27°锥角的平直—锥型气嘴修改平直段长度为 3mm、5mm、7mm 进行模拟。由图 14 可以看出，随着平直段距离的增大，气嘴前后压差会增大，从 3cm 增至 7cm 时，节流效果增强约 7.5%。

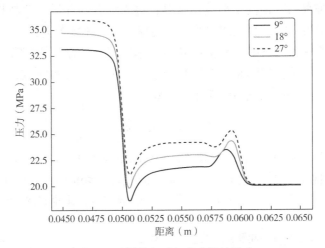

图 13  不同锥角对气嘴嘴损的影响

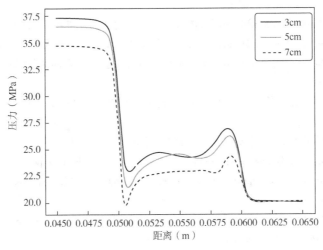

图 14  不同平直段长度对气嘴嘴损的影响

针对以上模拟结果可以发现，无论是增大锥段夹角还是缩短平直段距离，本质上都是增大平直—锥型气嘴锥的大小，流体进入锥段一段距离后，锥段气嘴将流体引导加速，速度的增加使气流在通过锥段时压力梯度较大。根据伯努利方程，气体速度增加时，静压降低。因此，在锥段气嘴后端会形成较低的静压，相比之下，平直型气嘴没有加速作用，气体流速变化小，从而压力变化小。同时与其他锥段连接入口的气嘴相比，锥段连接平直段更容易产生强度更大的涡旋，这些涡旋会增加气体内部的动能和角动量，进一步降低气嘴后端的压力，上述优化的结果也是涡旋增强的原因。

## 3  结论

本文建立了五种气嘴结构的仿真模型，从压力场、速度场、结构特征方面对比分析了常见气嘴的嘴流特性，根据初步模拟结果以及工具加工实际设计优化了平直—锥型气嘴。

（1）五种气嘴模拟结果表明：亥姆赫兹型气嘴节流效果最好，平直—锥型其次，流体从井筒进入气嘴后速度会明显增加，其中渐收型气嘴速度增加较缓，突变型气嘴速度会急剧增加，突变型气嘴嘴损普遍高于渐收型气嘴；进入气嘴内部后，存在扩张段的气嘴由于流体的碰撞以及旋涡的干扰，会造成更大的动能损失，节流效果更佳。

（2）设计的平直—锥型气嘴，在保证结构简单的同时，保留了气嘴发育段以增大流体流动时的能量损失。根据优化结果，大锥角容易产生强度更大的涡旋，从而增加气体内部的动能和角动量，平直—锥型气嘴节流效果更好。

## 参 考 文 献

[1] 蔡萌，朱振坤，刘云，等．$CO_2$分注井气嘴节流特性及矿场应用[J]．大庆石油地质与开发：1-9.

[2] 张晓静．二氧化碳驱油分层注入技术研究[J]．石油矿场机械，2016，45(11)：73-7.

[3] 刘永辉，罗程程，张烈辉，等．分层注$CO_2$井系统模型研究[J]．西南石油大学学报(自然科学版)，2015，37(5)：123-7.

[4] 李裴晨．超临界$CO_2$驱嘴流特性及分注工艺研究[D]，2020.

[5] 王东，王良杰，张凤辉，等．渤海油田分层注水技术研究现状及发展方向[J]．中国海上油气，2022，34(2)：125-37.

[6] 赵成琢．大庆榆树林油田$CO_2$驱分层调整技术应用[J]．化学工程与装备，2023，(8)：49-50+5.

[7] 杨勇．胜利油田特低渗透油藏$CO_2$驱技术研究与实践[J]．油气地质与采收率，2020，27(1)：11-9.

[8] 李海成，刘云，赵骊川，等．低渗透油藏二氧化碳分注工艺及配套测调技术[J]．新疆石油天然气，2022，18(2)：26-32.

[9] 王海柱，李根生，郑永，等．超临界$CO_2$压裂技术现状与展望[J]．石油学报，2020，41(1)：116-26.

[10] 王福军．计算流体动力学分析[M]．北京：清华大学出版社，2004.

[11] OUYANG L-B. New correlations for predicting the density and viscosity of supercritical carbon dioxide under conditions expected in carbon capture and sequestration operations [J]. The Open Petroleum Engineering Journal, 2011, 4(1).

[12] PENG D-Y, ROBINSON D B. A new two-constant equation of state [J]. Industrial & Engineering Chemistry Fundamentals, 1976, 15(1)：59-64.

[13] SOAVE G. Equilibrium constants from a modified Redlich-Kwong equation of state [J]. Chemical engineering science, 1972, 27(6)：1197-203.

[14] SPAN R, WAGNER W. A new equation of state for carbon dioxide covering the fluid region from the triple-point temperature to 1100 K at pressures up to 800 MPa [J]. Journal of physical and chemical reference data, 1996, 25(6)：1509-96.

[15] LI X, LI G, WANG H, et al. A unified model for wellbore flow and heat transfer in pure $CO_2$ injection for geological sequestration, EOR and fracturing operations [J]. International Journal of Greenhouse Gas Control, 2017, 57：102-15.

# 多脉冲造缝技术在储层压裂改造中的应用

曾玉峰　罗俊伟　冷洪涛　褚祥龙

(中国石化经纬有限公司胜利测井公司)

**摘　要**　储层压裂改造是致密低渗透油藏开发常用的重要技术手段，但是受储层埋深、构造应力异常、泥质含量高、钻井液侵入造成的储层伤害等因素影响，导致地层破裂压力高，施工难度加大，如何降低储层破裂压力变得非常重要。多脉冲造缝技术利用多级固体推进剂顺序爆燃产生的梯次高压燃气对地层连续进行多脉冲压力作用，同时多脉冲作用延长了高压气体对地层的作用时间，结果表明，多脉冲压力作用下油层经历了造缝、延缝和扩缝的过程，并在近井地带形成缝网裂缝体系，同时爆燃产生的反应物对地层具有酸化解堵作用，能有效降低地层破裂压力。应用证实，多脉冲造缝技术具有良好的造缝解堵作用，避免及消除近井地带储层污染，为储层进行压裂改造创造了必要的条件，同时降低了施工安全风险，对油田实现增油上产具有重要意义。

**关键词**　致密低渗透油藏；压裂改造；破裂压力；多脉冲造缝

中国低渗透致密油藏储量非常丰富，目前探明地质储量在 $50×10^8$ t 以上，低渗透气藏储量为 $1.2 \sim 1.5×10^{12}$ m³，压裂、压裂酸化改造是这类储层获得产能的关键技术[1]。但是在致密低渗透储层压裂改造过程中，有些井由于地层破裂压力异常高，从而造成地面施工压力过高，有的甚至超过地面设备的承载能力而不得不终止施工，造成人力、物力、财力的浪费，使得一些破裂压力高的油气层无法有效开发。因此针对该类油气藏的开发，降低地层破裂压力变得尤为关键。目前，喷砂射孔、多脉冲射孔、加重压裂液和酸处理技术是降低破裂压力的主要措施[2]。现提出一种多脉冲造缝技术，多脉冲造缝技术是通过不同推进剂的燃速差异对地层施加多脉冲加载作用，并使油层产生裂缝，从而改变渗流条件，避免和消除近井地带的储层污染，对进行储层压裂改造的井，具有明显降低地层破裂压力的效果。多脉冲造缝技术有别于多脉冲射孔技术，是在射孔完井后单独实施的一项技术，加大了装药量，在作业时间上也得到了延长。与其他压裂造缝技术相比，具有多次连续造缝、不损害油管和套管、安全可靠、投入低、工艺简单及对油层不会产生二次污染等优势。在胜利油区已完成多口井的作业任务，有效率达到了 100%。具有较好的应用前景。

――――――――――
【第一作者简介】曾玉峰，(1980—)，高级工程师，本科，毕业于石油大学(华东)资源勘查工程专业，从事测井资料解释与评价工作，地址：山东省东营市河口测井一公司。邮编：257200。联系电话：18954658657。E-mail：779358949@qq.com。

# 1 地层破裂压力异常成因

## 1.1 储层地质因素

目前钻井深度越来越深，地层压力较高，对应的地层应力相对较高；油藏埋深大，储层致密程度增大造成岩石的抗张强度大，导致储层吸液差或不吸液，酸化处理措施无法实施；区块构造应力强、断裂带应力集中，造成叠加的地应力加大；注液与地层温差引起的热应力作用；储层泥质含量高等都是造成地层破裂压力异常的地质因素。这些因素是地层固有的属性，无法人为控制，但是可以通过改变地层的岩石结构达到降低地层破裂压力的目的[3-5]。

## 1.2 工程因素

钻井过程中，钻井液侵入对地层造成伤害；射孔方位偏离引起的裂缝转向及近井地带裂缝曲折性带来的迂回效应；井斜引起的井眼附近应力增加；裸眼完井地层发生坍塌等都是造成地层破裂压力异常的工程因素。以上因素导致，可以采用人为干预的方法，减少其对破裂压力异常的影响程度，如采用造缝、解堵等技术减少地层伤害影响等。

# 2 多脉冲造缝技术

## 2.1 基本原理

多脉冲造缝技术是利用不同配方的固体推进剂燃速差异性，使多级推进剂顺序爆燃，产生的梯次高压燃气沿着原射孔通道对地层施加多次脉冲加载作用，图 1 是多脉冲造缝技术管柱结构图。首先高燃速推进剂爆燃产生第一级脉冲压力，地层中主要形成主裂缝；随后中燃速推进剂爆燃产生第二级脉冲压力，主裂缝在此压力作用下继续得到拓展；最后低燃速推进剂爆燃产生第三级脉冲压力，裂缝在原来的基础上主要形成一些侧枝裂缝。连续产生多个脉冲峰值压力，延长了高压气体对地层的作用时间，从而实现造缝、延缝和扩缝过程，并形成缝网裂缝体系，解除近井地带污染，提高了油层渗透导流能力。

## 2.2 降低破裂压力

多脉冲造缝技术合理控制了装药的反应速度，起拓展、延伸的推进剂反应速度较慢，峰值压力就低，所以装药量可以适当加大，不会损害油管和套管。另外，推进剂以快、中、慢燃速燃烧，峰值压力有序缓慢释放，脉冲波加载冲击作用时间延长，更有利于裂缝拓展延伸，使得微裂缝较发育，从而使岩石变得松散脆弱，强度降低，降低地层破裂压力(图 1)。

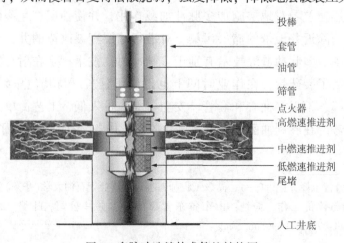

图 1 多脉冲造缝技术管柱结构图

此外，造缝时瞬间高压和瞬间低压交替形成正负抽吸现象，可以返排通道残渣，具有水力振荡解堵作用；推进剂爆燃产生的瞬间高温作用于井筒周围，加热原油，降低了近井地带的原油黏度，还可以融化渗流通道内的蜡质、胶质等，清理、疏通渗流通道，解堵作用非常明显；固体推进剂燃烧产生的主要气体反应物为 $CO^2$、$N_2$、$HCl$，在高温下溶于原油，降低了原油黏度和表面张力，具有化学降黏及酸化解堵作用，以上因素都将导致井眼附近地层岩石结构发生改变，使得岩石力学参数如杨氏模量、泊松比、抗张强度等发生改变，从而降低地层破裂压力。

多脉冲造缝技术由于加载速率较高，特别适用于致密低渗透岩层，对于塑性地层则不适用，因此是致密低渗透油藏储层压裂改造降低地层破裂压力比较实用的一种技术。

## 3　在致密低渗透油藏降低破裂压力中的应用

WHK73 井是胜利油区五号桩区块的一口开发井，目的层为低孔隙度、低渗透率、致密砂岩储层。所在区块内的多口井采用水力压裂进行储层改造，但由于地层破裂压力高，破裂压力约 70MPa，导致地层无法被压开；部分井由于储层近井地带堵塞污染严重，压裂效果差。对该区块地层破裂压力高的成因进行了分析，地质因素主要有油藏埋深较大，储层较致密地层岩石抗张强度增大；泥质含量偏高，钻井液侵入后岩石的塑性增强；工程因素主要有钻井液侵入地层后，黏土颗粒膨胀和固体颗粒运移等造成的储层伤害，导致渗流通道堵塞严重。经分析 WHK73 井 14 号和 15 号储层具有较好的增油上产潜力，如图 2 所示。该井采用水力压裂进行储层改造，为取得较好的开发效果，避免地层破裂压力高压不开地层，结合以上对地层破裂压力高的因素分析，认为采用多脉冲造缝技术爆燃产生的高能射流可以连续对致密地层进行加载作用，并形成主裂缝、侧裂缝、微裂缝复合裂缝体系，降低岩石的抗张强度，使压裂液可以顺利进入地层；爆燃产生的反应物与地层作用，可以起到酸化解堵的作用，同样可以使压裂液容易进入地层中。2021 年 1 月对 14 号和 15 号油层实施了多脉冲造缝技术降低破裂压力和解堵措施，施工完成后，紧接着进行了水力压裂储层改造作业，压力数据显示，地层破裂压力仅为 50.5MPa，地层破裂压力大约降低 19.5MPa，下降了 23.5% 以上。2021 年 1 月 21 日开井，日产液量达到了 30t，日产油 10.5t，含水 65%，增产效果较好。该井实践证明，多脉冲造缝技术具有较好的造缝效果，改变了近井地带的岩石结构，减轻了储层堵塞污染，为压裂储层改造降低破裂压力提供了必要的条件。最终该井取得了较好的投产效果，为油田增油上产提供了技术支持。

WH7410-7 井是五号桩油田的另外一口开发井，如图 3 所示。从声波测井曲线可以看出，声波数值比 WHK73 井少了 $30\mu s/ft$，相比 WHK73 井，岩石物性较差，岩石更加致密。2022 年 2 月 21 日对图 3 中 1 号层实施了多脉冲造缝技术。2022 年 3 月 8 日对该层进行了水力压裂施工，破裂压力为 66.5MPa，而该地区相同物性条件下的破裂压力约 75MPa，破裂压力下降约 8.5MPa，下降 11.3%。2022 年 3 月 29 日开井投产，取得了日产液 27.4t 的效果，再次说明多脉冲造缝技术确实具有较好的造缝效果，改变了近井地带的岩石结构，为进行储层压裂改造创造有利条件。

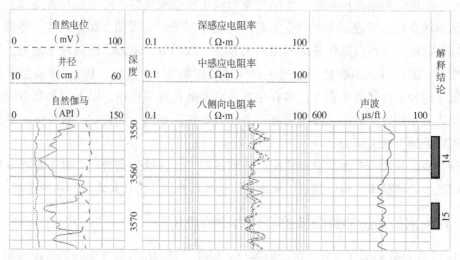

图 2　WHK73 井测井曲线图

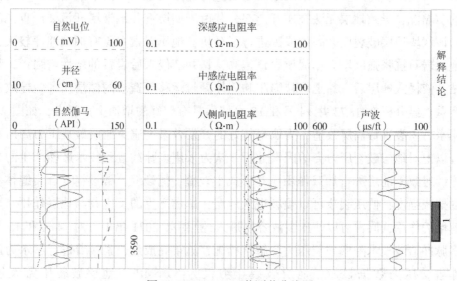

图 3　WHK7410-7 井测井曲线图

## 4　结论

（1）多脉冲造缝技术通过燃速不同的固体推进剂对储层进行多次加载压力作用，在近井地带形成缝网体系，改变了近井地带的岩石结构，同时爆燃产生的高温和反应物有降黏、酸化解堵作用，以上因素共同作用，降低了施工时的地层破裂压力，为储层压裂改造创造了有利条件，提高了施工的安全性，对致密低渗透油层挖潜增效具有重要意义。

（2）多脉冲造缝技术是一种新的针对致密低渗透油井近井地带储层改造的一项技术，在储层解堵、水力压裂储层改造等方面有较好的应用价值，同时具有施工工艺简单，投入低等优势，值得推广应用。

# 参 考 文 献

[1] 王光付，廖荣封，李江龙，等. 中国石化低渗透油藏开发现状及前景[J]. 油气地质与采收率，2007，14(3)：84-89.

[2] 黄禹忠. 降低压裂井底地层破裂压力的措施[J]. 断块油气田，2005，12(1)：74-76.

[3] 郑彬涛，郭建春. 降低异常破裂压力储层压裂压力技术[J]. 油气井测试. 2010，19(3)：46-48.

[4] 薛仁江，郭建春，赵金洲，等. 酸化预处理有效降低破裂压力机理[J]. 天然气勘探与开发，2006，29(4)：46-48

[5] 吴鹏飞，蒲春生，任山，等. 燃爆诱导酸化压裂在川西气井中的先导试验[J]. 中国石油大学学报(自然科学版)2008，32(6)：101-103.

# 川南深层页岩气藏水力压裂
# 邻井光纤监测解释技术

桑 宇[1]  隋微波[2]  韦世明[2]  陈 勉[2]

(1. 中国石油西南油气田公司工程技术部；2. 中国石油大学(北京))

**摘 要** 川南深层页岩气储层天然裂缝发育，地应力分布复杂，水力压裂过程中套变等问题严重制约了页岩气资源高效开发。为解决深层天然裂缝性页岩储层压裂过程中的远场应变监测问题，采用邻井光纤低频 DAS 应变监测技术对泸州区块 A 平台 2 口井拉链式压裂过程进行监测，监测结果发现深层天然裂缝性页岩储层压裂形成的远场应变响应具有倾斜裂缝特征。本文通过建立三维空间中倾斜裂缝扩展过程的线弹性力学模型，考虑裂缝的拉伸和剪切力学行为，基于有限元方法进行求解，分析了水力裂缝倾斜角度、倾斜方向、高度、邻井光纤监测距离和地应力状态对裂缝扩展过程中应变和应变率特征的影响，最终基于理论模型对泸州区块 A 平台邻井压裂过程中监测到的主要裂缝进行了定量评价分析，提供了川南深层页岩气藏复杂地应力条件下水力压裂邻井应变监测的新技术。邻井光纤低频 DAS 应变监测技术提供了深层天然裂缝性页岩储层压裂过程中的远场应变演化分析的新方法，有望与地质工程一体化压裂设计方法、套变机理与防控研究等工作结合，助力川南深层页岩气资源高效开发。

**关键词** 天然裂缝；深层页岩气；水力压裂；分布式光纤；邻井监测；低频 DAS；远场应变

近十几年来，中国页岩气资源的勘探开发取得了重大突破。2022 年，中国页岩气产量达 $230×10^8 m^3$，页岩气产量呈现出高速增长态势[1]。四川盆地威远、长宁、昭通、涪陵等中、浅层页岩气藏(埋深小于 3500m)目前已成功建产，实现了页岩气资源的规模有效开发；川南泸州—渝西、川东南川—丁山等深层页岩气藏(埋深为 3500~4500m)已实现战略性突破[2-3]。与中、浅层页岩气资源相比，川南深层页岩气具有高温、高压、高地应力储层特征，从而导致页岩储层塑性增强、地应力方向变化大、天然裂缝更加发育，储层改造过程

---

【第一作者简介】桑宇，1975 年生，男，汉族，教授级高级工程师，中国石油天然气集团有限公司川渝页岩气前线指挥部工程技术部主任，西南油气田公司工程技术部副主任，博士研究生，毕业于中国石油大学(北京)，主要从事低渗透及非常规气藏的增产改造技术研究。联系地址：四川省成都市成华区府青路一段 5 号。邮编：610051。电话：13778212245，(028)86018518。Email：sangy@petrochina.com.cn。

【通讯作者】隋微波，1981 年生，女，汉族，教授，中国石油大学(北京)石油工程学院，博士研究生，毕业于美国得克萨斯大学，主要从事分布式光纤监测、非常规储层压裂监测、数字岩心等相关技术研究。联系方式：北京市昌平区府学路 18 号，102249，13601332040。Email：suiweibo@cup.edu.cn。

中井筒完整性、压裂有效性和施工成本控制等工程问题更加突出[3]。特别是以泸州区块为代表的深层天然裂缝性页岩储层，储层改造过程中人工裂缝与天然裂缝、页岩层理结构及断层破碎带相互作用，引起了大量的远场应变和裂缝窜通，造成了大量严重的套变问题[4-5]，对水力压裂远场应变监测方法提出了全新的挑战。

随着世界范围内非常规资源开发力度不断加大，各类水力压裂监测技术发展日新月异，广域电磁监测、高频井筒压力波监测、微地震监测、示踪剂监测和分布式光纤监测技术等形成了对于不同储层特征、不同施工情境、不同监测目的条件下的立体互补系统方法，可满足不同监测需要[6]。

在水力压裂远场应变监测方面，邻井光纤低频 DAS( Distributed Acoustic Sensing，简称DAS)应变监测方法提供了更多远场应变响应量化的可能性。2017 年 Jin 等[7]首次发现并证明了水力压裂过程中水平邻井套外安装的"相位型" DAS 光纤传感器获取的低频段数据(不大于 0.05Hz)能够反映水力裂缝扩展过程引起的储层远场应变。监测井中光纤在裂缝接近、击穿光纤并向前继续扩展过程中表现出一系列的应变率特征可以为水力裂缝长度和宽度的扩展评价提供重要信息。2021 年美国水力压裂矿场实验 HFTS-2 中，通过部署垂直邻井套外低频 DAS 光纤监测获得了水力裂缝高度扩展造成的储层应变响应[8]。迄今为止，压裂过程中水平邻井与垂直邻井低频 DAS 光纤监测在获取水力裂缝几何参数、压窜邻井评价和多簇裂缝扩展均匀性评价方面，已成为业界公认的最为重要和有效的方法[9]。

从目前已建立的邻井低频 DAS 应变解释模型来看，主要是针对水平井多段压裂产生的单条或多条垂直缝，考虑到水平邻井和垂直邻井这两种监测方法，光纤与裂缝面的相对位置关系分别呈现光纤与裂缝面垂直、光纤与裂缝面平行两种情况。然而，天然裂缝与层理的存在往往使水力裂缝不再保持垂直扩展[10-11]。刘星等[12-13]通过微地震事件点重构裂缝网络发现了页岩压裂过程中出现较多的非垂直缝。方正等[14]基于微地震监测和室内压裂实验结果证明了页岩水平井水力裂缝存在倾斜缝。Ratnayake 等[15]采用三维位移不连续方法，分析了增强型地热系统中的一个倾斜裂缝在注水过程中的应变场变化规律及其分布式应变光纤监测的应变信号特征，然而并未考虑裂缝的扩展过程对应变场的影响。因此，开展倾斜水力裂缝扩展过程中的光纤监测信号特征研究，对于页岩水力压裂过程中的光纤监测信号解释十分重要。

本文以泸州区块 A 平台水力压裂邻井 DAS 应变监测矿场实验为基础，对获取的 DAS 应变数据进行处理获得 0.1Hz 以下的低频 DAS 应变数据，结合具体压裂施工设计情况和深层天然裂缝性储层特征对远场应变监测结果进行分析，同时建立了三维空间中倾斜裂缝扩展过程的线弹性力学模型，考虑裂缝的拉伸和剪切力学行为，基于有限元方法进行求解，分析了水力裂缝倾斜角度、倾斜方向、高度、邻井光纤监测距离和地应力状态对裂缝扩展过程中应变和应变率特征的影响，最终基于理论模型对泸州区块 A 平台邻井压裂过程中监测到的主要裂缝进行了定量评价分析，提供了川南深层页岩气藏复杂地应力条件下水力压裂邻井应变监测的新技术。

# 1  川南深层页岩气藏地质工程特征

川南页岩气是我国海相页岩气开发主战场，目前主力开发区域位于泸州深层页岩气区块，其主力产层五峰组—龙马溪组主体埋深在 3500 ~ 4200m 之间，储层厚度大、品质优，保存条件良好，已累计开钻 300 余口井、压裂 150 余口井、投产 140 余口井，累计产量超 $30 \times 10^8 m^{3[16]}$，但是由于泸州产区属于天然裂缝性深层页岩储层，其独特的地质工程特征给储层压裂改造提出了全新的挑战。

从地质构造特征上来看，四川盆地五峰组—龙马溪组经历多期构造运动，地质工程条件和地表条件非常复杂，泸州产区属于低陡背斜夹宽缓向斜型页岩气藏，地应力方向在构造转换带常发生偏转，且天然裂缝发育程度明显强于斜坡型（如威远产区）和向斜型（如长宁产区）页岩气藏，在低陡背斜区以单一方向缝为主、延伸方向平行于断层走向，在较宽缓向斜区主要发育网状缝。从天然裂缝产状来看，水平缝发育密度达到 3~12 条/m，远高于高角度缝 1~3 条/m[17]。与此同时，四川盆地龙马溪组地表露头显示天然裂缝与层理面存在复杂共存关系，穿层剪切裂缝、层内张开裂缝及顺层剪切裂缝大量发育[18]。水力裂缝与天然结构面相互作用导致压裂液滤失、天然结构面剪切或张拉破坏，水力裂缝与天然裂缝之间穿透、捕获、转向等相互作用会大大增加压裂改造难度和复杂性。本次实施光纤监测的平台井经测井解释、蚂蚁体和曲率异常评价认为水平段所在储层微裂缝发育，裂缝带特征相对明显，同时位于两条区域断层之间具有一定的断裂滑移风险。

从工程特征来看，套管变形是四川盆地普遍存在的严峻问题，相关研究表明套变与水力压裂储层改造具有直接相关性[19]，泸州产区套变是压裂改造面临的主要难点，截至 2022 年底泸 203 井区套变 25 口（占比 48.1%），阳 101 井区套变 13 口（占比 32.5%），其中 80% 的套变风险位于天然裂缝、小层界面处[20]，具有剪切特征的变形点数量占 73%[21]。目前随着地质工程一体化压裂设计和套变防控工作的开展，泸州产区的套变率正在逐步下降[22]，但是压裂过程中引起的压窜、井间干扰和随之而来的产能问题仍然成为困扰泸州产区水力压裂改造效果的难点。如果能够科学合理地应用水力压裂邻井低频 DAS 监测技术对压裂过程中的远场应变进行分析解释，将对如泸州产区这类天然裂缝性页岩储层的成功改造和产能有效提升提供更好的技术支撑。

## 2 川南深层页岩气藏压裂光纤监测实践

### 2.1 泸州区块 A 平台压裂与邻井光纤监测设计

泸州区块 A 平台构造位置为奥陶系上统五峰组底界福集向斜北翼，完钻层位龙马溪组，该平台为大井距试验平台，平台一侧共 4 口水平井，其中 2 井、4 井开展拉链式压裂，3 井为光纤监测井。2 井、3 井水平段平均井距为 350m，3 井、4 井水平段平均井距为 300m。A 平台距最近的区域断层 1.6km，相邻平台套变、压窜较为严重，属于中高风险区，因此本次压裂总体设计的总体思想是在套变风险可控范围内，探索隔井压裂高强度加砂、密切割压裂条件下提高单井产量和最终采收率的技术路线。

2 井设计压裂水平段总长 1343m，平均段长 70.7m，平均簇间距 8.9m，共 19 个压裂段；4 井设计压裂水平段总长 1593m，平均段长 74.4m，平均簇间距 8.8m，共 22 个压裂段。根据地质工程一体化压裂风险精细评估，将 2 井、4 井各压裂段均分为主体段、渐进防控段和风险段三种情况进行加砂强度、用液强度、施工排量的参数设计，并根据现场具体施工情况进行适当调整，实际施工参数情况见表 1，2 井、4 井压裂段风险评价情况如图 1 所示。

表1　A平台2井、4井不同类型压裂段主要施工参数列表

| 井号 | 2井 | | | 4井 | | |
|---|---|---|---|---|---|---|
| 主要施工参数 | 主体段 | 渐进防控段 | 风险段 | 主体段 | 渐进防控段 | 风险段 |
| 施工排量（m³/min） | 18~20 | 16 | 12~14 | 20 | 16 | 12~14 |
| 加砂强度（t/m） | 3.5 | 2.5~3.0 | 2.0~2.5 | 3.0 | 2.5~3.0 | 2.0 |
| 用液强度（m³/m） | 40 | 20~25 | 15~25 | 30 | 25~28 | 20 |

图1　2井与4井压裂段风险评价示意图

本次监测采用了基于相位敏感型光时域反射计（Φ-OTDR）的DAS光纤调制解调设备对2井和4井拉链式压裂过程中在3井处产生的应变进行监测，光纤缆线通过水平井爬行器通过套管内部布设在井中，从井口至水平段趾端进行全井监测，测点间距1m，光纤标距为7m，最高采样频率100Hz，采样时间覆盖2井、4井拉链式压裂全过程。获得3井监测的原始DAS数据后，通过对其进行下采样、降噪、滤波分频等信号处理过程后可获得小于0.1Hz的高质量低频应变数据[7]，将应变数据对时间进行差分求导可获得应变率数据。

**2.2　邻井光纤低频DAS应变信号整体响应情况**

将2井、4井拉链式压裂过程中3井处监测获得的应变率数据进行处理，并按压裂段进行的时间顺序汇总形成图2，以表示此次压裂邻井监测获得的低频DAS信号的整体响应情况。图2中纵轴为3井测深，其范围主要为3井的水平段部分，横轴标注为压裂段名称如"2-1"表示2井1段。从低频DAS信号整体响应情况来看，两口压裂井共40个压裂段中仅有4井11段和4井22段（虚线处）未监测到应变响应，占总压裂段数的7.5%；从监测到的应变信号覆盖范围来看，单个压裂段引起的最大应变信号范围发生在2井13段（实线处），在3井水平段覆盖范围达到1000m，证明天然裂缝性页岩储层压裂过程中远场应变沟通范围远远大于一般性的页岩、致密砂岩储层。

**2.3　川南深层页岩气藏压裂远场应变响应新特征**

本次水平邻井监测过程中获得的大量低频DAS应变（率）信号与普遍出现的垂直缝"心型"应变率特征不同，通过对裂缝扩展过程的初步模拟研究并结合天然裂缝性储层特征分析，笔者认为本次监测中出现了普遍性的"剪切缝"和挠曲段地层附近的"水平缝"两类远

场应变响应新特征。其中"剪切缝"的应变场变化特征表现为沿裂缝扩展方向成对出现的张应变(红色)和压应变区(蓝色)，表明剪切缝到达光纤时裂缝两侧的光纤一侧受到张应变作用被拉伸，一侧受到压应变作用被压缩。张应变和压应变区的上下相对位置、相对宽度关系均和裂缝高度及裂缝面倾角等因素有关，其应变率场变化特征为成对出现的正、负应变率模式(红色和蓝色条带)，表明剪切缝到达光纤时一侧张应变增强，另一侧压应变增强。

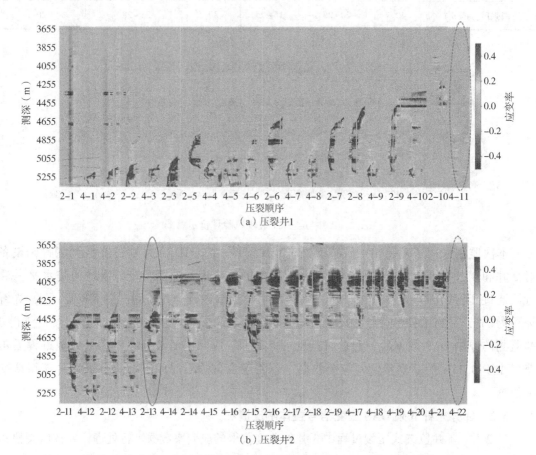

图2　2井与4井拉链式压裂过程中3井监测到的应变率信号瀑布图

图3中展示了4井1段和2井6段的应变和应变率监测结果，从图3(a)与图3(b)中可见4井1段压裂过程中，在光纤监测井中监测到了一次明显的倾斜裂缝窜通，其应变(率)变化模式符合上述特征；从图3(c)与图3(d)中可见2井6段压裂过程中，在光纤监测井中监测到的三个主要裂缝窜通情况均具有倾斜裂缝的应变(率)特征，其应变响应特征可采用第4部分中的倾斜裂缝远场应变理论模型进行识别和分析。

从天然裂缝性储层压裂的特殊性来理解，近井地带垂直起裂的人工裂缝在与天然裂缝或小型断裂产生沟通和相互作用向远场扩展过程中，裂缝倾角、走向均发生变化，到达光纤监测井时即可能体现为远场倾斜裂缝特征。这一特征在泸州地区更为常见是由于深层天然裂缝性页岩储层主体均发育走滑应力机制，该机制会大大加剧水力压裂过程中远场窜通的倾斜形式剪切缝的形成，甚至进一步恶化引起套变。

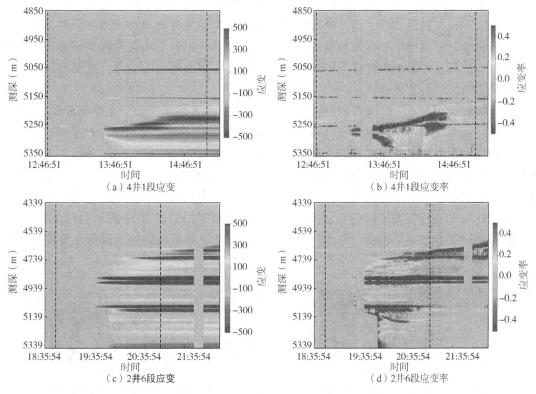

（a）4井1段应变

（b）4井1段应变率

（c）2井6段应变

（d）2井6段应变率

图3　2井、4井压裂过程应变(率)响应组图

## 3　倾斜裂缝远场应变理论模型与应用

### 3.1　倾斜裂缝远场应变理论模型

实际地层因具有不同角度天然裂缝和层理面，使得水力裂缝扩展过程中发生偏转，不再是垂直缝。根据韦世明等2024年建立的三维倾斜水力裂缝扩展力学模型，考虑裂缝扩展过程中的拉伸和剪切力学行为，建立倾斜水力裂缝扩展物理模型。

压裂井与监测井均为水平井且水平井段沿 $X$ 轴方向，压裂井产生的水力裂缝绕 $Y$ 轴旋转一定角度，与 $X$ 轴夹角为水力裂缝倾角。本文研究中，水力裂缝倾角取 0~90°。裂缝中心与邻井监测光纤处于同一水平面，且二者的垂直距离为 150~350m。裂缝倾斜高度为 30~50m，垂向高度为 30~50cosαm。地层模型尺寸为 400m×800m×100m，地应力方向如图4所示。

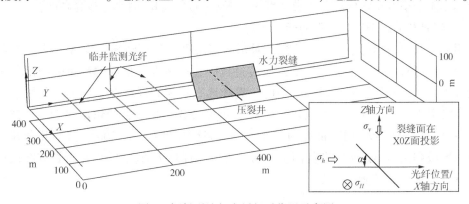

图4　倾斜裂缝与光纤相对位置示意图

采用有限元方法求解裂缝长度和裂缝内压力随时间变化关系，将之代入裂缝扩展过程中的岩石变形位移控制方程，即可进行裂缝扩展过程中的位移场求解，随后根据本构方程即可获得裂缝扩展过程中的应变场和应变率场。韦世明等根据上述理论模型研究了不同倾角、裂缝高度和光纤监测距离等因素对远场应变与应变率随时间的变化，进而实现倾斜水力裂缝应变响应进行定量分析。

图5展示了两个不同倾斜方向的裂缝扩展过程中的应变瀑布图和应变率瀑布图。由图5(a)和图5(b)可知，当裂缝倾斜方向改变时，应变瀑布图中的红蓝椭圆位置颠倒，也即光纤发生拉伸和压缩的区域随着裂缝倾斜方向变化而改变。同时可由图5(a)和图5(b)发现：光纤发生拉伸的位置分布在与裂缝成锐角的方向，即当裂缝倾角为45°时，$X$ 轴左侧部分的光纤处于受拉状态，当裂缝倾角为−45°时，$X$ 轴右侧部分的光纤处于受拉状态。对比图5(c)和图5(d)可知：当裂缝倾斜方向改变时，应变率瀑布图的红蓝条带分布规律与应变瀑布图的红蓝椭圆分布规律相反。因此，光纤监测的应变瀑布图和应变率瀑布图也能够反映出水力裂缝的倾斜方向。

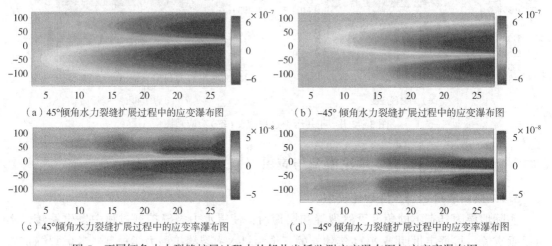

(a)45°倾角水力裂缝扩展过程中的应变瀑布图　　　(b)−45°倾角水力裂缝扩展过程中的应变瀑布图

(c)45°倾角水力裂缝扩展过程中的应变率瀑布图　　　(d)−45°倾角水力裂缝扩展过程中的应变率瀑布图

图5　不同倾角水力裂缝扩展过程中的邻井光纤监测应变瀑布图与应变率瀑布图

图6(a)至图6(c)给出了不同高度裂缝扩展过程中的光纤应变瀑布图，可以发现：裂缝高度越大，应变瀑布图中的红色椭圆越宽，随着裂缝扩展，这个规律更加明显。图6(d)至图6(f)给出了不同高度裂缝扩展过程中的应变率瀑布图，可以发现：随着裂缝高度增加，红色条带宽度增大，且随着裂缝扩展，此规律更加明显。因此可知，可以由应变瀑布图的红色椭圆和应变率瀑布图的红色条带宽度来分析水平井不同段的水力裂缝高度差异。

### 3.2　倾斜裂缝远场应变模型的现场应用

采用上述倾斜裂缝远场应变理论模型对川南深层页岩气藏泸州区块 A 平台压裂监测结果进行分析，可对 A-2、A-4 井拉链式压裂过程中在监测井处形成的严重裂缝窜通情况进行量化分析，判断6处裂缝窜通区域中的主裂缝形态均为倾斜裂缝。进一步利用倾斜裂缝远场应变模型进行反演计算，可获得倾斜裂缝相关参数，倾斜裂缝角度在 30°~45°，倾斜方向从−90°~0°到0°~90°两种情况均存在，倾斜裂缝高度在 50~80m。监测井全井段主要应变响应区域和裂缝窜通示意图如图7所示，可用于优化下阶段 A-3 井压裂方案设计、预防套变分析、平台井产能预测等。

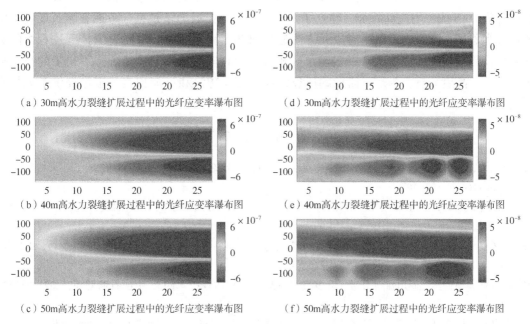

（a）30m高水力裂缝扩展过程中的光纤应变率瀑布图

（d）30m高水力裂缝扩展过程中的光纤应变率瀑布图

（b）40m高水力裂缝扩展过程中的光纤应变率瀑布图

（e）40m高水力裂缝扩展过程中的光纤应变率瀑布图

（c）50m高水力裂缝扩展过程中的光纤应变率瀑布图

（f）50m高水力裂缝扩展过程中的光纤应变率瀑布图

图6　不同高度水力裂缝扩展过程中的邻井光纤监测应变瀑布图与应变率瀑布图

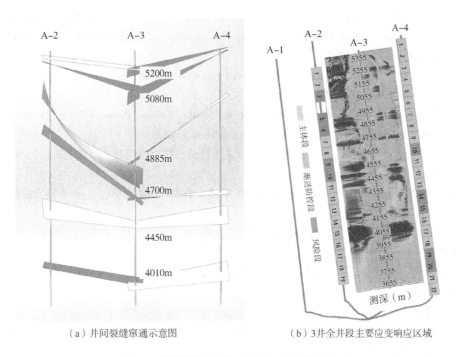

（a）井间裂缝窜通示意图

（b）3井全井段主要应变响应区域

图7　井间裂缝窜通与应变响应区域情况

## 4　结论

本文以泸州地区A平台水力压裂邻井DAS应变监测矿场实验为基础，对本次矿场实验中的邻井DAS监测数据进行了基本处理和低频数据提取工作，获得了2口平台井拉链式压裂过程中共 40 个压裂段各自对应的远场应变响应瀑布图。针对现场监测中首次发现的邻井光纤低频 DAS 应变响应新特征，建立了三维倾斜裂缝扩展力学模型，考虑裂缝扩展过程中的拉伸和剪切力学行为，采用有限元方法进行求解，验证了倾斜水力裂缝扩展过程中的邻井光纤监测信号特征与本次矿场实验情况相符，同时应用该理论模型进行了初步的裂缝形态、倾角、高度分析，为下一阶段的压裂设计、套变防治和产能预测等工作提供了大量有利信息。

## 参 考 文 献

[1] 刘鸿渊，蒲萧亦，张烈辉，等，中国页岩气效益开发：理论逻辑、实践逻辑与展望[J]. 天然气工业，2023.43(4)：177-183.

[2] 邹才能，赵群，丛连铸，等，中国页岩气开发进展、潜力及前景[J]. 天然气工业，2021.41(1)：1-14.

[3] 邹才能，朱如凯，董大忠，等，页岩油气科技进步、发展战略及政策建议[J]. 石油学报，2022.43(12)：1675-1686.

[4] 陈朝伟，项德贵. 四川盆地页岩气开发套管变形一体化防控技术[J]. 中国石油勘探，2022.27(1)：135-141.

[5] 陈朝伟，周文高，项德贵，等. 预防页岩气套变的橡胶组合套管研制及其抗剪切性能评价[J]. 天然气工业，2023.43(11)：131-136.

[6] F. Nath, S. S. Hoque, and M. N. Mahmood. Recent Advances and New Insights of Fiber Optic Techniques in Fracture Diagnostics Used for Unconventional Reservoirs. in SPE/AAPG/SEG Unconventional Resources Technology Conference. 2023. URTEC.

[7] J. Ge and B. Roy, Hydraulic-fracture geometry characterization using low-frequency DAS signal. Leading Edge, 2017. 36(12)：975-980.

[8] J. Ciezobka. Overview of Hydraulic Fracturing Test Site 2 in the Permian Delaware Basin (HFTS-2). in SPE/AAPG/SEG Unconventional Resources Technology Conference. 2021.

[9] 隋微波，温长云，孙文常，等. 水力压裂分布式光纤传感联合监测技术研究进展[J]. 天然气工业，2023.43(2)：87-103.

[10] 石林，史璨，田中兰，等. 中石油页岩气开发中的几个岩石力学问题[J]. 石油科学通报，2019，4(3)：223-232.

[11] 石林，张鲲鹏，慕立俊. 页岩油储层压裂改造技术问题的讨论[J]. 石油科学通报，2020，5(4)：496-511.

[12] 刘星，金衍，林伯韬，等. 利用微地震事件重构三维缝网[J]. 石油地球物理勘探，2019，54(1)：102-111+8-9.

[13] 刘星. 基于微地震监测的深层页岩压裂缝网表征方法研究[D]. 北京：中国石油大学(北京)，2022.

[14] 方正，陈勉. 基于微地震监测的页岩水平井水力裂缝几何形态研究—以准噶尔盆地吉木萨尔凹陷为例[J]. 新疆石油地质，2023.

[15] Ratnayake R, Ghassemi A. Modeling of Fiber Optic Strain Responses to Shear Deformation of Fractures[C]. SPE/AAPG/SEG Unconventional Resources Technology Conference. URTEC, 2023.

[16] 李跃纲，宋毅，黎俊峰，等. 北美页岩气水平井压裂井间干扰研究现状与启示[J]. 天然气工业，2023.43(5)：34-46.

[17] 吴建发，张成林，赵圣贤，等. 川南地区典型页岩气藏类型及勘探开发启示[J]. 天然气地球科学，2023.34(8)：1385-1400.

[18] 赵圣贤，夏自强，李海，等．页岩储层天然裂缝定量评价及发育主控因素——以泸州地区五峰组—龙马溪组深层页岩为例[J]．沉积学报，2023：1-17.

[19] 李凡华，董凯，付盼，等．页岩气水平井大型体积压裂套损预测和控制方法[J]．天然气工业，2019.39(4)：69-75.

[20] 王乐顶，魏书宝，槐巧双，等．四川页岩气水平井套变机理、对策研究及应用[J]．西部探矿工程，2023.35(2)：44-48+52.

[21] 王治平，张庆，刘子平，等．斜坡型强非均质页岩气藏高效开发技术——以川南威远地区龙马溪组页岩气藏为例[J]．天然气工业，2021.41(4)：72-81.

[22] 张平，何昀宾，刘子平，等．页岩气水平井套管的剪压变形试验与套变预防实践[J]．天然气工业，2021.41(5)：84-91.

# 七、新能源及 CCUS

# 新疆油田 $CO_2$ 驱采出井腐蚀结垢规律研究

易勇刚[1]　曾美婷[1]　余成秀[2]　曾德智[2]　徐金山[1]

（1. 中国石油新疆油田公司工程技术研究院；

2. 西南石油大学油气藏地质及开发工程国家重点实验室）

**摘　要**　化石燃料燃烧排放的 $CO_2$ 是造成全球气候变化的主要原因。我国是目前世界最大的 $CO_2$ 排放国，在我国"碳达峰、碳中和"的目标下，碳捕集利用与封存(CCUS)是我国实现化石能源近零排放，保障能源安全的重要技术选择。$CO_2$ 驱技术能显著提高油田采收率的同时还能减少碳排放，因此被各大油田广泛应用，但 $CO_2$ 驱会增加油井抽油系统腐蚀结垢风险，降低安全服役寿命，腐蚀结垢产物在油管上附着严重时会堵塞油管，甚至导致油井停产。为探明矿化度(以 $Cl^-/Ca^{2+}$ 浓度形式表达)对腐蚀结垢的影响规律与机理、腐蚀和结垢之间的耦合作用规律与机理。通过开展 $CO_2$ 驱采出井高温高压釜模拟工况腐蚀失重实验和 $Ca^{2+}$ 浓度滴定实验，对抽油杆(H 级杆)进行了腐蚀结垢测试，研究结果表明：在 80℃、4MPa $CO_2$、5000～20000mg/L $Cl^-$ 和 300～1200mg/L $Ca^{2+}$ 的工况下 H 级杆的最大腐蚀速率为 1.0267mm/a，最大结垢量为 212.90mg/L，属于极严重腐蚀；$Cl^-$、$Ca^{2+}$ 对 H 级杆的腐蚀和结垢有促进作用，但高浓度的 $Cl^-$ 对结垢有抑制作用；腐蚀与结垢之间有一定的相互促进作用，但在 5000mg/L $Cl^-$、300mg/L $Ca^{2+}$ 时，H 级杆结垢对腐蚀有一定的抑制作用。

**关键词**　CCUS；$CO_2$驱；腐蚀；结垢

将 $CO_2$ 注入地层进行封存和利用是目前石油行业 $CO_2$ 驱油技术与 CCUS 技术关联性最为密切的一项技术。$CO_2$ 驱技术由于能减少碳排放，改善原油流动性并提高油井产量而被广泛应[1-6]，为了提高后期采收率，需要开展 $CO_2$ 驱采油。但随着勘探开发的深入，也遇到了一些新问题：一方面，$CO_2$ 驱油的方法会导致采出液中含大量 $CO_2$，增加油田设备腐蚀风险[7-10]；另一方面，由于地层结垢离子含量过高，开采过程中的压降和温变会导致大量无机盐结垢沉积[11-12]。上述问题会导致：腐蚀后的油管壁厚减薄，造成抗拉强度下降，严重时油管发生断裂、穿孔等事故；油井中在抽油杆、抽油泵、油管等处腐蚀结垢，增大了抽油机的负荷，抽油泵的效率明显下降，导致油井产量大幅下降，腐蚀结垢产物在油管上附着严重时会堵塞油管，甚至油井停产。

【第一作者简介】易勇刚，1979 年生，高级工程师，大学本科，毕业学校及专业为西南石油大学石油工程专业，主要从事稀油油藏提高采收率及 CCUS 注采工艺研究。联系方式：新疆克拉玛依、邮编834000、联系电话13899580758、yiyg@ petrochina. com. cn。中国石油集团项目课题 CCUS 注采工艺、产出气循环利用及高效防腐关键技术研究，项目编号2021ZZ-01-04。

新疆地区 $CO_2$ 资源丰富，新疆油田具有大量适合 $CO_2$ 驱油石油储量，开展 $CO_2$ 驱技术是实现提高油田采收率及绿色低碳转型主要路径之一，但在开展 $CO_2$ 驱油后，现场出现了严重的腐蚀结垢情况。新疆油田 $CO_2$ 驱井筒最高温达到80℃，$CO_2$ 压力最高达 4MPa，已有研究表明，$CO_2$ 溶于水后会产生弱酸，对金属造成的腐蚀损伤比盐酸更强，并且采出液中含有大量的 $Cl^-$ 对腐蚀有催化作用，会进一步损伤设备，减少设备服役年限[13-15]。此外，采出液中富含腐蚀结垢离子，其中丰富的 $Ca^{2+}$ 是导致设备结垢的主要原因，$CO_2$ 溶于水后电离出的 $HCO_3^-$ 和 $CO_3^{2-}$ 会与 $Ca^{2+}$ 结合并产生沉淀，垢物的沉积不仅会对设备造成堵塞，同时也会与腐蚀产生耦合作用[16-18]。腐蚀与结垢的耦合作用极大地提高了油田设备运行风险，增加运行成本[19]。目前，很多研究关注了 $CO_2$ 驱采工艺带来的腐蚀结垢问题，取得了诸多有益成果，但是对 $CO_2$ 体系中腐蚀结垢耦合行为研究相对较少。

因此，以新疆油田 $CO_2$ 驱抽油系统 H 级抽油杆为研究对象，采用高温高压釜实验测试并得出抽油杆腐蚀结垢规律，通过腐蚀失重法和滴定法测定腐蚀速率和结垢量，明确了 $CO_2$ 驱腐蚀结垢规律，揭示了 $CO_2$ 驱腐蚀结垢耦合机理，计算了腐蚀结垢以及离子浓度之间的相关度，提出针对不同工况下的防腐阻垢建议，为油田设备防腐阻垢工艺和安全运行提供依据。

## 1 实验材料及设备

（1）实验材料。

实验标准参照 JB/T 6073—1992《金属覆盖层 实验室全浸腐蚀试验》执行，实验所用材料为 H 级杆，将其加工成规格为 30mm×15mm×3mm 的金属挂片，化学成分见表1。试片采用石油醚洗去表面保护油膜，随后用 800# ~ 2000# 砂纸打磨光滑，再依次使用丙酮溶液、无水乙醇清洗，冷风吹干备用。

表1 H 级杆化学成分表［%(质量分数)］

| 元素 | C | Si | Mn | P | S | Ni | Cu | Cr | Mo | Fe |
|---|---|---|---|---|---|---|---|---|---|---|
| H 级杆 | 0.26 | 0.37 | 0.40 | ≤0.025 | ≤0.025 | ≤0.30 | ≤0.30 | 0.80 | 0.25 | 余量 |

图1 静态高温高压釜示意图

（2）腐蚀实验装置。

静态腐蚀测试采用美国 PARR 公司生产的 4584 型高温高压釜(图1)。该高温高压釜的最高密封压力为 20MPa，最高工作温度为 500℃，釜体容积为 5L。

## 2 实验方案

实验参数根据新疆油田 $CO_2$ 驱采出液矿化度范围设置梯度($Cl^-$ 浓度范围为 5000 ~ 20000mg/L、$Ca^{2+}$ 浓度范围为 0 ~ 1200mg/L)，采用高温高压釜模拟 $CO_2$ 驱采出井工况，实验介质为自配模拟水。

在气体为 4MPa $CO_2$，温度为 80℃，$SO_4^{2-}$ 浓度为 50mg/L、$HCO_3^-$ 浓度为 800mg/L、$Cl^-$ 浓度为 5000mg/L、10000mg/L、

15000mg/L、20000mg/L，$Ca^{2+}$ 浓度为 300mg/L、600mg/L、900mg/L、1200mg/L 的工况下对 H 级杆进行腐蚀结垢实验，实验周期为 168h。具体实验方案见表 2，根据现场实际工况，通过改变 $Cl^-$ 和 $Ca^{2+}$ 浓度研究腐蚀与结垢之间的耦合作用。

（1）设置空白参照组，在 $Cl^-$ 和 $Ca^{2+}$ 浓度都为 0 时，认为此时金属的腐蚀与 $Cl^-$ 无关，并且腐蚀介质中不存在 $Ca^{2+}$，所以金属不存在结垢现象。

（2）设置 $Cl^-$ 浓度为 5000mg/L 和 20000mg/L、$Ca^{2+}$ 浓度为 0 的腐蚀参照组，认为此时金属的腐蚀程度改变由 $Cl^-$ 浓度的改变造成，并且金属也不存在结垢现象。

（3）设置 $Cl^-$ 浓度为 5000～20000mg/L、$Ca^{2+}$ 浓度为 300～1200mg/L 的试验，认为此时存在腐蚀与结垢耦合作用，并且 $Cl^-$ 浓度和 $Ca^{2+}$ 浓度同时增加会影响腐蚀结垢耦合状况。

实验结束后利用 SEM、EHS、XRH、XPS 等对试样微观腐蚀结垢形貌进行表征。

表 2　实验方案

| 编号 | 温度（℃） | $CO_2$ 压力（MPa） | $Cl^-$ 浓度（mg/L） | $Ca^{2+}$ 浓度（mg/L） |
|---|---|---|---|---|
| 1 | 80 | 4 | 0 | 0 |
| 2 | 80 | 4 | 5000 | 0 |
| 3 | 80 | 4 | 20000 | 0 |
| 4 | 80 | 4 | 5000 | 300 |
| 5 | 80 | 4 | 5000 | 600 |
| 6 | 80 | 4 | 5000 | 900 |
| 7 | 80 | 4 | 5000 | 1200 |
| 8 | 80 | 4 | 10000 | 600 |
| 9 | 80 | 4 | 15000 | 900 |
| 10 | 80 | 4 | 20000 | 300 |
| 11 | 80 | 4 | 20000 | 600 |
| 12 | 80 | 4 | 20000 | 900 |
| 13 | 80 | 4 | 20000 | 1200 |

## 3　H 级杆腐蚀结垢实验结果

实验结果见表 3。

表 3　H 级杆钢腐蚀结垢实验结果

| 编号 | 温度（℃） | $CO_2$ 压力（MPa） | $Cl^-$ 浓度（mg/L） | $Ca^{2+}$ 浓度（mg/L） | 腐蚀速率（mm/a） | 结垢量（mg/L） |
|---|---|---|---|---|---|---|
| 1 | 80 | 4 | 0 | 0 | 0.4582 | 0.00 |
| 2 | 80 | 4 | 5000 | 0 | 0.5222 | 0.00 |
| 3 | 80 | 4 | 20000 | 0 | 0.8782 | 0.00 |
| 4 | 80 | 4 | 5000 | 300 | 0.5209 | 108.65 |
| 5 | 80 | 4 | 5000 | 600 | 0.5317 | 153.06 |
| 6 | 80 | 4 | 5000 | 900 | 0.5581 | 178.49 |
| 7 | 80 | 4 | 5000 | 1200 | 0.6085 | 248.14 |
| 8 | 80 | 4 | 10000 | 600 | 0.6721 | 177.63 |
| 9 | 80 | 4 | 15000 | 900 | 0.8519 | 237.95 |

| 编号 | 温度(℃) | $CO_2$压力(MPa) | $Cl^-$浓度<br>（mg/L） | $Ca^{2+}$浓度<br>（mg/L） | 腐蚀速率<br>（mm/a） | 结垢量(mg/L) |
|---|---|---|---|---|---|---|
| 10 | 80 | 4 | 20000 | 300 | 0.8933 | 89.87 |
| 11 | 80 | 4 | 20000 | 600 | 0.9298 | 147.87 |
| 12 | 80 | 4 | 20000 | 900 | 0.9613 | 176.83 |
| 13 | 80 | 4 | 20000 | 1200 | 1.0267 | 212.90 |

### 3.1 H 级杆腐蚀结垢实验结果分析

### 3.2 腐蚀规律分析

图 2 为不同浓度 $Cl^-$ 和 $Ca^{2+}$ 的作用下 H 级杆在 80℃，4MPa $CO_2$ 下的腐蚀速率。可知腐蚀介质中无 $Cl^-$、$Ca^{2+}$ 时 H 级杆的腐蚀速率最小，为 0.4582mm/a，在 20000mg/L $Cl^-$、1200mg/L $Ca^{2+}$ 时达到最大值 1.0267mm/a，依据 NACE RP0775 标准，H 级杆属于极严重腐蚀。腐蚀速率与 $Cl^-$/$Ca^{2+}$ 浓度之间存在正相关关系[图 2(a)]。在 5000mg/L $Cl^-$ 的环境中，H 级杆的腐蚀速率随 $Ca^{2+}$ 浓度增大而增大，1200mg/L $Ca^{2+}$ 时腐蚀速率陡增[图 2(b)]。在 20000mg/L $Cl^-$ 的环境中，H 级杆腐蚀速率随 $Ca^{2+}$ 浓度增加而增加[图 2(c)]。

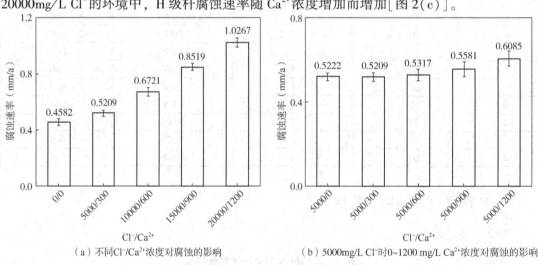

（a）不同$Cl^-$/$Ca^{2+}$浓度对腐蚀的影响　　（b）5000mg/L $Cl^-$时0~1200 mg/L $Ca^{2+}$浓度对腐蚀的影响

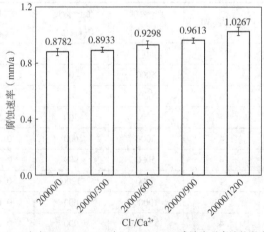

（c）20000mg/L $Cl^-$时0~1200 mg/L $Ca^{2+}$浓度对腐蚀的影响

图 2　不同工况下 H 级杆腐蚀测试结果

### 3.3 结垢规律分析

图 3 为不同浓度 $Cl^-$ 和 $Ca^{2+}$ 的作用下 H 级杆在 80℃，4MPa $CO_2$ 下的结垢量。可看出，在 5000mg/L $Cl^-$、300mg/L $Ca^{2+}$ 时 H 级杆的结垢量最小，为 108.65mg/L，在 15000mg/L $Cl^-$、900mg/L $Ca^{2+}$ 时达到最大值 212.90mg/L，H 级杆的结垢量随 $Cl^-$/$Ca^{2+}$ 浓度变化的趋势如［图 3(a)］，说明在 15000mg/L $Cl^-$、900mg/L $Ca^{2+}$ 前，$Cl^-$/$Ca^{2+}$ 对 H 级杆的结垢存在促进作用，而后存在抑制作用。在 5000mg/L $Cl^-$ 的环境中，$Ca^{2+}$ 浓度与 H 级杆的结垢量存在正相关关系，1200mg/L $Ca^{2+}$ 时结垢量增长幅度变大［图 3(b)］。在 20000mg/L $Cl^-$ 的环境中，H 级杆的结垢量随 $Ca^{2+}$ 浓度增加而增加［图 3(c)］。

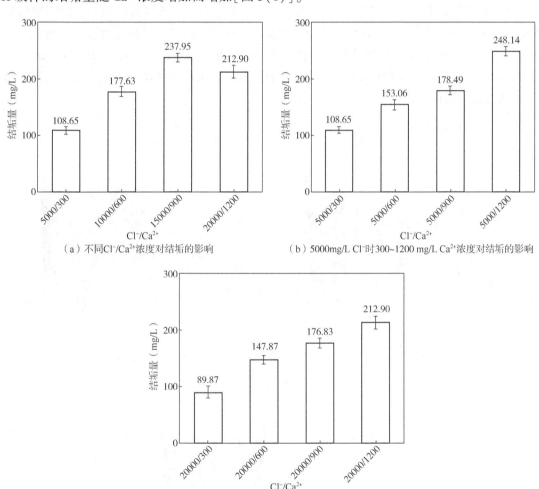

（a）不同 $Cl^-$/$Ca^{2+}$ 浓度对结垢的影响　　　　（b）5000mg/L $Cl^-$ 时 300~1200 mg/L $Ca^{2+}$ 浓度对结垢的影响

（c）20000mg/L $Cl^-$ 时 300~1200 mg/L $Ca^{2+}$ 浓度对结垢的影响

图 3　不同工况下 H 级杆结垢测试结果

### 3.4 腐蚀结垢耦合规律分析

图 4 为 H 级杆的腐蚀结垢对比图。在腐蚀介质中的 $Cl^-$/$Ca^{2+}$ 浓度增加时，腐蚀速率和结垢量一同增大，呈现正相关关系，但在 15000mg/L $Cl^-$、900mg/L $Ca^{2+}$ 时出现拐点，随后腐蚀速率继续上升，而结垢量略微下降，H 级杆的腐蚀速率与结垢量之间由原来的正相关关系转变为负相关关系［图 4(a)］。在 5000mg/L $Cl^-$ 的环境中，加入 300mg/L 的 $Ca^{2+}$ 会使 H 级杆的腐蚀速率轻微下降，随后在 $Ca^{2+}$ 浓度发生变化时，腐蚀速率与结垢量呈现正相关关

系，并且腐蚀速率的增长幅度与结垢量的增长幅度接近[图4(b)]。在20000mg/L Cl⁻的环境中，$Ca^{2+}$浓度发生变化时，H级杆的腐蚀速率与结垢量呈现正相关关系，但能观察到此时H级杆结垢量的增长幅度大于腐蚀速率的增长幅度，并且此时H级杆的腐蚀速率明显高于5000mg/L Cl⁻工况，而此时H级杆的结垢量略微低于5000mg/L Cl⁻工况[图4(c)]。

在$Cl^-/Ca^{2+}$浓度作用下，H级杆的腐蚀速率与结垢量呈正相关关系，说明$Cl^-/Ca^{2+}$对H级杆的腐蚀和结垢有一定的相互促进作用，但在15000mg/L Cl⁻、900mg/L $Ca^{2+}$后腐蚀速率上升，而结垢量略微下降的情况下，说明高浓度的Cl⁻对H级杆的结垢有抑制作用。在5000mg/L Cl⁻环境中加入300mg/L $Ca^{2+}$后H级杆的腐蚀速率下降，表明此时结垢量会对腐蚀产生一定的抑制作用，而后随着$Ca^{2+}$浓度增加结垢量和腐蚀速率同时增大，说明结垢量对腐蚀速率有促进作用。在20000mg/L Cl⁻工况时，H级杆的结垢量和腐蚀速率之间也存在正相关关系，说明H级杆的腐蚀对结垢有促进作用，并且此时腐蚀速率高于5000mg/L Cl⁻工况，结垢量略微低于5000mg/L Cl⁻工况，同样说明Cl⁻对腐蚀速率有促进作用，高浓度的Cl⁻对结垢有抑制作用。

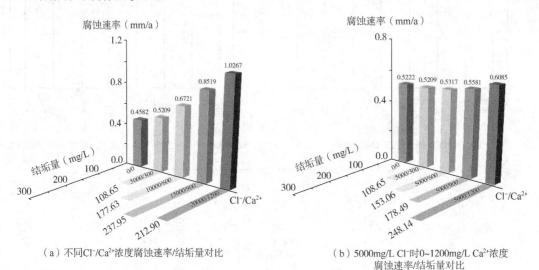

（a）不同$Cl^-/Ca^{2+}$浓度腐蚀速率/结垢量对比

（b）5000mg/L Cl⁻时0~1200mg/L $Ca^{2+}$浓度腐蚀速率/结垢量对比

（c）20000mg/L Cl⁻时0~1200mg/L $Ca^{2+}$浓度腐蚀速率/结垢量对比

图4　不同工况下H级杆腐蚀速率/结垢量

# 4 结论

(1) 在80℃、$CO_2$分压4MPa、$Cl^-$含量5000~20000mg/L和$Ca^{2+}$含量300~1200mg/L的工况下，H级杆腐蚀速率为0.5209~1.0267mm/a，依据相关标准，属于极严重腐蚀区间，在采出液高含水工况下建议采取有效的腐蚀防护措施。

(2) 在$Cl^-$浓度0~20000mg/L、$Ca^{2+}$浓度0~1200mg/L范围内，H级杆的腐蚀速率随着$Cl^-$浓度增加而增加，随着$Ca^{2+}$浓度增加而增加，结垢对腐蚀存在促进作用。

(3) 在$Cl^-$浓度5000~15000mg/L、$Ca^{2+}$浓度300~1200mg/L范围内、H级杆的结垢量随着$Cl^-$浓度增加而增加，随着$Ca^{2+}$浓度增加而增加，当$Cl^-$浓度为20000mg/L时对结垢起抑制作用。

## 参 考 文 献

[1] Zeng H Z, Hong B J, Shi S Z, et. al. Effects of Temperature on Corrosion of N80 anH 3Cr Steels in the Simu-lateH $CO_2$ Auxiliary Steam Hrive Environment[J]. Arabian Journal for Science anH Engineering, 2018, 43 (7): 3845-3854.

[2] 史晓东, 孙灵辉, 战剑飞, 等. 松辽盆地北部致密油水平井二氧化碳吞吐技术及其应用[J]. 石油学报, 2022, 43(7): 998-1006.

[3] 杨勇. 胜利油田特低渗透油藏$CO_2$驱技术研究与实践[J]. 油气地质与采收率, 2020, 27(1): 11-19.

[4] Zeng H, Hong B, Zhang S, et al. Annular corrosion risk analysis of gas injection in $CO_2$ flooHing anH Hevel-opment of oil-baseH annulus protection fluiH[J]. Journal of Petroleum Science anH Engineering, 2022, 208: 109526.

[5] Hong B, Zeng H, Yu Z, et al. Major corrosion influence factors analysis in the proHuction well of $CO_2$ flooHing anH the optimization of relative anti-corrosion measures[J]. Journal of Petroleum Science anH Engi-neering, 2021, 200: 108052.

[6] 仵元兵, 胡丹丹, 常毓文, 等 $CO_2$驱提高低渗透油藏采收率的应用现状[J]. 新疆石油天然气, 2020.3(1), 36-40

[7] 赵清, 王克琼, 周璟, 等. 气田回注系统结垢机理及对策—以四川盆地邛西气田为例[J]. 天然气工业, 2014, 34(8): 129-133.

[8] 丛军, 姚子敏. 某长期服役海底管道的腐蚀现状和腐蚀机理[J]. 腐蚀与防护, 2020, 41(12): 59-63.

[9] 龙武, 刘振东, 张江江, 等. 高温高压井筒腐蚀监测系统研制与应用[J]. 西南石油大学学报(自然科学版), 2023, 45(6): 147-156.

[10] 曹力元, 钱卫明, 宫平, 等苏北油田二氧化碳驱油注气工艺应用实践及评价[J]. 新疆石油天然气, 2022.6(2)46-50

[11] 安思彤, 陈秀玲, 关建庆, 等. 卫58块油井结垢腐蚀因素分析及防护措施[J]. 腐蚀与防护, 2015, 36(8): 792-796.

[12] 汤倩倩, 黄金营, 付朝阳. 中原油田油井结垢分析与预测[J]. 油气储运, 2014, 33(3): 327-331.

[13] 李丹, 梁若渺, 刘晓, 等. 温度和$Cl^-$对Q235钢在MHEA/$CO_2$体系中腐蚀行为的影响[J]. 电镀与涂饰, 2021, 40(19): 1515-1520.

[14] 田刚, 易勇刚, 韩雪, 等. $CO_2$复合蒸汽驱采出井中抽油杆的腐蚀规律及腐蚀预测[J]. 腐蚀与防护, 2021, 42(8): 21-26.

[15] Zhang N Y, Zeng H Z, Xiao G Q, et al. Effect of Cl⁻ accumulation on corrosion behavior of steels in $H_2S$/ $CO_2$ methylHiethanolamine(MHEA) gas sweetening aqueous solution[J]. Journal of Natural Gas Science anH Engineering, 2016, 30: 444-454.

[16] 谢飞, 吴明, 陈旭, 等. 油田注水系统结垢腐蚀机理[J]. 油气储运, 2010, 29(12): 896-899.

[17] 舒勇, 熊春明, 张建军. 高含水期油田集输系统腐蚀结垢原因及综合防治技术[J]. 腐蚀科学与防护技术, 2010, 22(1): 67-70.

[18] 王博, 李长俊, 杜强, 等. 天然气管道直管段结垢速率数值模拟研究[J]. 中国安全生产科学技术, 2016, 12(2): 94-100.

[19] 张永虎, 袁海富, 乔汪洋, 等. 玛湖油田非金属管结垢风险评估与阻垢措施[J]. 腐蚀与防护, 2023, 44(11): 47-53.

# CCUS 井水泥环密封失效全尺寸物理模拟研究

杨焕强[1,2] 张 楠[3] 黄伟明[3] 王 鹏[3]

(1. 长江大学 石油工程学院；

2. 油气钻完井技术国家工程研究中心(长江大学)；

3. 大庆油田采油工程研究院)

**摘 要** 为评价 CCUS 井 $CO_2$ 循环注入对固井质量的影响，揭示水泥环密封失效规律。基于全尺寸水泥环密封完整性评价装置及八扇区水泥胶结测井仪，开展了套管内压力及温度循环条件下固井胶结指数变化及其对应的窜流压力全尺寸试验，得到了交变压力及轮次、交变温度及轮次对固井胶结指数及水泥环密封压力的影响规律，明确了 CCUS 井保障水泥环密封性的安全使用年限。结果表明：套管内压力交变是引起固井胶结指数下降的主要因素；固井胶结指数下降之后，水泥环密封能力呈指数下降；以大庆油田敖南试验区为例，该试验区现有注入参数下，水泥环安全运行年限为 22 年，胶结指数小于 0.4 后，整口井基本失去密封能力。研究结果对 CCUS 井安全运行界限的确定具有重要的指导意义。

**关键词** $CO_2$ 循环注入；水泥环；全尺寸；物理模拟试验；固井胶结指数；密封能力

气候变化正在对全球产生持续而深刻的影响，为实现《巴黎协定》2℃目标，当前全球 $CO_2$ 排放预算仅剩约 $11500 \times 10^8$ t，而 2010—2019 年间全球 $CO_2$ 排放量达 1/3[1]。在不可能完全放弃化石能源的条件下，碳捕集、利用与封存(CCUS)技术是实现温控目标的关键技术。国内外已开展了 $CO_2$ 驱油、驱气的技术评价及现场试验，取得了较好的效果[2-6]。然而，$CO_2$ 注入过程中存在以下问题：(1)老井完钻时间早，目前井筒安全状态不明确，转 $CO_2$ 注入井后，井下工况更为复杂；(2)水泥环在高压注入、温压交变载荷的恶劣服役工况下存在密封失效风险。因此，研究 $CO_2$ 注入下水泥环的密封失效具有重要的工程意义。

目前，国内外学者开展了大量水泥环密封完整性相关的研究工作。李军[7]、步玉环[8]、XI[9]、Yang[10]、Guo[11]等利用数值模拟技术分别研究了井眼形状、水泥石及地层弹性模量、循环载荷、地层蠕变，水泥石结构等因素对水泥环密封完整性的影响规律。ZENG[12]、Goodwin[13]、Shadravan[14]、Andrade[15]等利用水泥环密封完整性装置开展了水泥环密封失效评价实验，得到了套管内压力循环变化对水泥环密封失效的影响规律。然而，以上研究均未考虑套管内温度循环变化对密封完整性的影响。对此，Albawi[16]、Andrade[17]等对温

**【基金项目】**中国石油重大科技专项"二氧化碳规模化捕集、驱油与埋存全产业链关键技术研究及示范"(编号：2021ZZ01)资助。

**【第一作者简介】**杨焕强，男，1985 年生，博士，副教授，主要从事复杂油气固完井及井筒密封完整性方面的研究。E-mail：yanghuanqiang@ yangtzeu. edu. cn。

度变化下由套管—水泥—地层组成的井眼段进行了缩小实验研究，分析了套管内温度变化条件下水泥环密封失效规律。针对不同研究内容，水泥环密封能力评价方法也各不相同。闫炎[18]利用井筒完整性评价装置，通过测试水泥环的剪切破坏压力分析热固耦合下的水泥环完整性，试验条件简单易于开展。Andrade[19]等通过 CT 扫描获取水泥环中裂缝的尺寸、几何形状和位置以及脱黏体积的详细三维信息以分析其完整性，可得到具体的几何资料对密封能力量化且利于进行数值建模。

然而，以上研究大都基于小尺寸或双层套管试验，不能实现套管内加载过程中固井质量的实时监测。本研究基于全尺寸水泥环密封完整性评价装置及八扇区水泥胶结测井仪，开展了套管内温度、压力循环变化对固井胶结指数影响的全尺寸试验，对水泥环密封能力进行量化分析，形成了水泥环密封性评价模型，明确了 $CO_2$ 注入井的安全运行年限，对保障 CCUS 井的密封完整性具有重要的指导意义。

# 1 全尺寸物理模拟试验

## 1.1 试验装置

全尺寸水泥环密封性评价试验系统主要包括全尺寸井筒、八扇区水泥胶结测井仪和气体增压装置，如图 1 所示。试验采用地层—水泥环—套管组合体真实模拟实际井筒条件，试验过程中使用八扇区水泥胶结测井仪实时检测水泥环固井质量，通过气体增压装置将二氧化碳转变为超临界态向水泥环内注入，以检测不同固井质量水泥环对超临界二氧化碳流体的密封能力。

为了使套管内温度循环变化时，地层保持恒定温度，本装置采用套管内与地层内两套温度循环系统，上部小法兰与下部小法兰通过高压管线连接，并且与冷水箱、热水箱、加压泵连接，来控制套管内温度；高压釜体的注液口与出液口通过高压管线连接，并与热水箱、加压泵连接，控制地层内温度，以保证套管内变温度时，地层温度保持恒定。

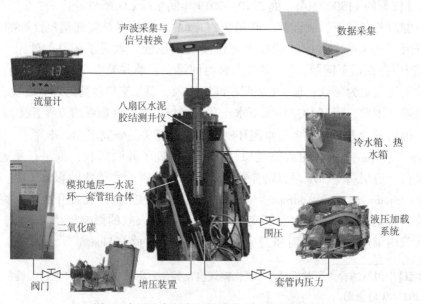

图 1　水泥环密封完整性评价试验装置示意图

### 1.2  试验方法

套管内压力/温度循环变化对水泥环密封性影响的试验步骤有以下几个。

（1）使用油井水泥、黄沙和水，搅拌均匀后注入模具制备模拟地层。

（2）地层养护完成后，下入套管后在地层与套管之间的环形空间中浇筑水泥环，60℃养护时安装实验装置密封围压、套管内压以及环空液柱压力。

（3）养护完成后，启动测井装置，记录初始水泥环固井质量数据；启动气体增压装置持续注入气体，维持 0.2MPa 压力。

（4）按照试验设计工况循环压力（图2）及温度（图3），每次循环结束后维持 5min，测量实时固井质量。

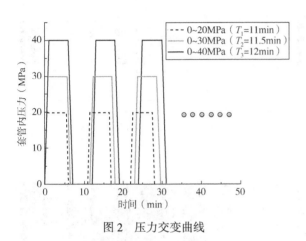

图 2   压力交变曲线    图 3   温度交变曲线

（5）按照试验设计的循环轮次重复步骤（4）。

### 1.3  试验材料与内容

（1）试验材料。

本次试验材料主要有：①钢级 J55、$\phi139.7\text{mm}\times7.72\text{mm}$ 的套管；②水灰比 0.44 制备的 $\phi215.9\text{mm}$ 水泥环；③使用 42.5R 硅酸盐水泥、黄砂和水制备的 $\phi400\text{mm}$ 地层。

（2）试验内容。

依据大庆油田敖南试验区 $CO_2$ 注入参数，设计了 20MPa、30MPa、40MPa 的 3 组交变压力与 10℃、20℃、30℃ 的 3 组交变温度的水泥环密封性评价试验；试验过程中实时监测固井质量，依据标准 SY/T 6592—2016《固井质量评价方法》[20] 计算固井胶结指数。

## 2   试验结果与分析

### 2.1  套管内压力交变下水泥环密封性能的测试结果

试验过程中通过八扇区水泥胶结测井仪实时监控压力循环过程中水泥环固井质量变化如图4所示。由图4可知，测井软件声幅值曲线在压力交变后向右偏移，VDL 图像变深，即套管—水泥环界面固井质量变差。试验结果表明，20MPa 压力交变 40 轮次后声幅值曲线与 VDL 图像都与初始固井质量相似，表明此时固井质量无大幅变化；30MPa 压力交变 40 轮次后声幅值曲线向右偏移，VDL 图像明显变深，表明此时固井质量有明显降低；40MPa 压力交变 40 轮次后声幅值曲线贴近右侧，VDL 图像极深，表明此时固井质量极差。

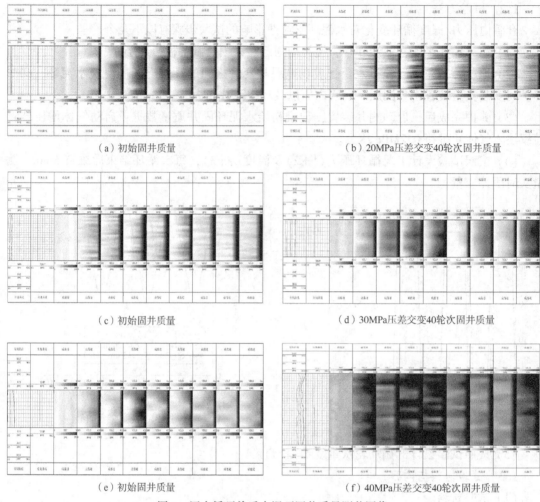

（a）初始固井质量　　　　　　　　　　（b）20MPa压差交变40轮次固井质量

（c）初始固井质量　　　　　　　　　　（d）30MPa压差交变40轮次固井质量

（e）初始固井质量　　　　　　　　　　（f）40MPa压差交变40轮次固井质量

图 4　压力循环前后水泥环固井质量测井图像

将 3 组压力循环过程中水泥环实时固井质量变化绘制为胶结指数随压力循环轮次变化曲线，如图 5 所示。

试验结果表明：在 20MPa 压差交变过程中，随着压力交变轮次增加，胶结指数呈线性缓慢降低，20MPa 压差交变 40 轮次后，胶结指数由 0.833 降低至 0.806，降低了 2.5%；在 30MPa 压差交变过程中，随着压力交变轮次增加，胶结指数呈线性降低；30MPa 压差交变 40 个轮次后，胶结指数由 0.808 降低至 0.652，降低了 19.3%；在 40MPa 压差交变过程中，随着压力交变轮次增加，胶结指数呈现先线性快速降低直至降低至最小值，40MPa 压差交变 23 个轮次后，胶结指数由 0.855 降低至 0.10，降低了 0.76，水泥环密封完全失效，在 0.4MPa 的气压下，水泥环—套管界面发生气窜。

将试验结果进行非线性拟合，得到胶结指数降低值随循环压差以及循环轮次变化的三维规律图版如图 6 所示。

曲面拟合公式见式(1)：

$$z=1.94-0.15x-0.01y+2.81\times10^{-3}x^2-1.02\times10^{-4}y^2+8.07\times10^{-4}xy \tag{1}$$

式中，$z$ 为胶结指数降低值；$x$ 为压力循环差值；$y$ 为压力循环轮次。

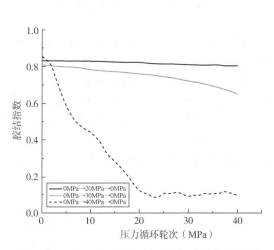

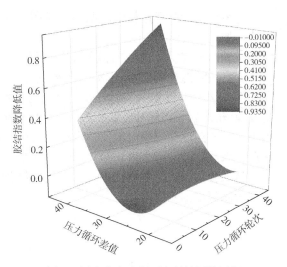

图 5　压力循环过程中水泥环固井质量变化情况　　　　图 6　压力交变水泥环密封性评价图版

## 2.2　套管内温度交变下水泥环密封性能的测试结果

试验过程中通过八扇区水泥胶结测井仪实时监控温度循环过程中水泥环固井质量变化如图 7 所示。由图 7 可知，测井软件声幅值曲线在压力交变后向右偏移，VDL 图像变深，即套管—水泥环界面固井质量变差。试验结果表明，10℃、20℃和 30℃温差交变 40 轮次后声幅值曲线与 VDL 图像都与初始固井质量相似，表明此时固井质量无大幅变化。

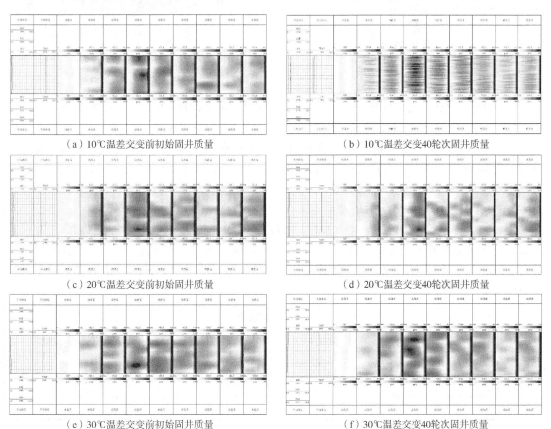

（a）10℃温差交变前初始固井质量　　　　　　　（b）10℃温差交变40轮次固井质量

（c）20℃温差交变前初始固井质量　　　　　　　（d）20℃温差交变40轮次固井质量

（e）30℃温差交变前初始固井质量　　　　　　　（f）30℃温差交变40轮次固井质量

图 7　温度循环前后水泥环固井质量测井图像

将 3 组温度循环过程中水泥环实时固井质量变化绘制为胶结指数随温度循环轮次变化曲线，如图 8 所示。

试验结果表明，在 10℃温差交变过程中，随着温度交变轮次增加，水泥环胶结指数基本不变；10℃温差交变 40 轮次后，水泥环胶结指数由 0.903 降低至 0.902，降低了 0.1%；在 20℃温差交变过程中，随着温度交变轮次增加，水泥环胶结指数有微弱降低；20℃温差交变 40 轮次后，水泥环胶结指数由 0.894 降低至 0.890，降低了 0.4%；在 30℃温差交变过程中，随着温度交变轮次增加，水泥环胶结指数基本呈线性缓慢降低；30℃温差交变 40 轮次后，水泥环胶结指数由 0.866 降低至 0.860，降低了 0.7%。

将试验结果进行非线性拟合，得到胶结指数降低值随循环温差以及循环轮次变化的三维规律图版如图 9 所示。

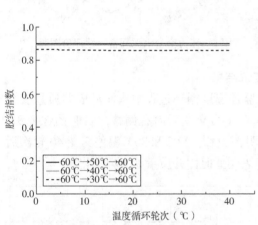

图 8　温度循环过程中水泥环固井质量变化情况

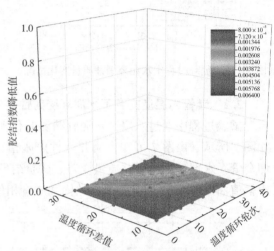

图 9　温度交变水泥环密封性评价图版

曲面拟合公式见式(2)：

$$z=6.71\times10^{-4}-1\times10^{-4}x-3.56\times10^{-5}y+2.75\times10^{-6}x^2-2.07\times10^{-7}y^2+6.67\times10^{-6}xy \qquad (2)$$

式中，$z$ 为胶结指数降低值；$x$ 为温度循环差值；$y$ 为温度循环轮次。

由图 6 及图 9 可知套管内压力交变是引起水泥环密封失效的主要原因，当 40MPa 的压力交变轮次达到 40 次时，固井胶结指数下降 100%；当温度循环小于 30℃时，温度交变对水泥环密封失效影响较小。

### 2.3　固井胶结指数降低后的密封能力

待压力、温度交变结束后以 0.1MPa 梯度增加气体压力，每次增加气体压力后观察 2min，直至观察到连续气泡，记录气体突破压力，即为固井胶结指数降低后的水泥环密封能力。3 组压力交变以及 3 组温度交变前后水泥环胶结指数以及固井胶结指数降低后水泥环密封能力试验结果见表 1。

表 1　试验结果

| 序号 | 压力交变幅值(MPa) | 温度交变幅值(℃) | 水泥环胶结指数 | 水泥环密封能力(MPa) |
|---|---|---|---|---|
| 1 | 20 | | 0.806 | 2.8 |
| 2 | 30 | 0 | 0.652 | 2.3 |
| 3 | 40 | | 0.101 | 0.4 |

| 序号 | 压力交变幅值(MPa) | 温度交变幅值(℃) | 水泥环胶结指数 | 水泥环密封能力(MPa) |
|---|---|---|---|---|
| 4 | | 10 | 0.902 | 3.5 |
| 5 | 0 | 20 | 0.890 | 3.5 |
| 6 | | 30 | 0.860 | 3.3 |

# 3 实例分析

## 3.1 不同固井胶结指数的密封长度

不同固井胶结指数水泥环所能密封的长度是确定 CCUS 井安全运行界限的关键,针对不同高度 CCUS 井应设置不同的胶结指数阈值。基于 Rodriguez[21]、Feng[22]、Wang[23]、闫炎[24] 等提出的三维数值模型,建立了实验条件下的超临界二氧化碳流体窜流模型,得到了水泥环在完全窜通下的临界压力,即不同胶结指数水泥环的密封能力。将数值模拟结果拟合曲线与表 2 试验结果进行对比(图 10),结果表明该数值模型针对水泥环窜流失效具有较好的拟合效果。

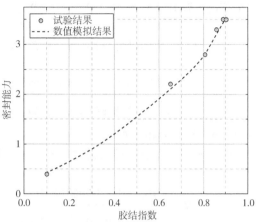

图 10 不同胶结指数水泥环密封能力
试验与数模结果对比

以大庆油田敖南试验区为例,通过数值模型计算固井胶结指数分别为 0.9、0.8、0.6、0.4 的水泥环在该注入工况下的一界面扩展长度,该试验区井深为 1400m,循环注入压力为 20MPa,循环注入速率为 15t/d,计算结果如图 11 所示。

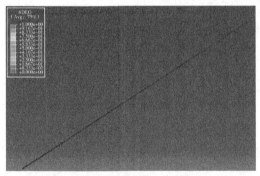

(a)固井胶结指数0.9水泥环

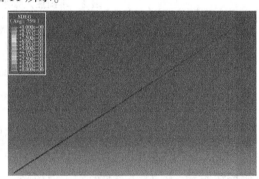

(b)固井胶结指数0.8水泥环

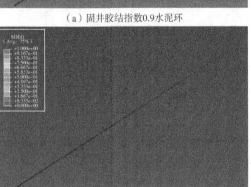

(c)固井胶结指数0.6水泥环

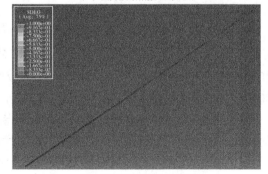

(d)固井胶结指数0.4水泥环

图 11 不同胶结指数水泥环一界面扩展长度

固井胶结指数分别为 0.9、0.8、0.6、0.4 的水泥环的第一界面扩展长度分别为 7.2m、55m、668m、1560m，可知胶结指数小于 0.4 后，整口井基本失去密封能力。

### 3.2 安全运行年限

由于现场 $CO_2$ 注入工况下，井筒内温度与压力同时变化，对水泥环产生耦合作用。因此对上述压力与温度交变下水泥环密封性评价试验数据进行非线性拟合，建立了温压耦合作用下的水泥环密封性评价模型，见式(3)。

$$BI_d = 2.47863 \times 10^{-4} N_p + 1.78806 \times 10^{-4} N_p \times e^{\frac{p_d}{8.1956}} + 7.64076 \times 10^{-10} \times e^{\frac{p_d}{2.05158}}$$

$$+ 1.75 \times 10^{-4} N_T + 5 \times 10^{-6} \times N_T \times e^{\frac{T_d}{6.21335}} + 3.47373 \times 10^{-7} \times e^{\frac{T_d}{3.1263}} - 0.01051 \quad (3)$$

式中，$BI_d$ 为胶结指数降低值；$p_d$ 为压力循环差值；$N_p$ 为压力循环次数；$T_d$ 为温度循环差值；$N_T$ 为温度循环次数。

依据水泥环密封性评价模型，建立了循环注入下的水泥环安全服役年限公式，见(4)：

$$T = \frac{BI_0 - BI_f - 7.64076 \times 10^{-10} \times e^{\frac{p_d}{2.05158}} - 3.47373 \times 10^{-7} \times e^{\frac{T_d}{3.1263}} + 0.01051}{M(2.47863 \times 10^{-4} + 1.78806 \times 10^{-4} \times e^{\frac{p_d}{8.1956}} + 1.75 \times 10^{-4} + 5 \times 10^{-6} \times e^{\frac{T_d}{6.21335}})} \quad (4)$$

式中，$T$ 为安全服役年限；$BI_0$ 为转注井评价目标井段水泥环当前胶结指数值；$BI_f$ 为水泥环能保持密封性的最小胶结指数；$p_d$ 为循环压差；$T_d$ 为循环温差；$M$ 为每年内交变生产轮次。

取 $BI_f = 0.4$，$M = 4$，计算得该试验区两种注入工况下安全服役年限结果见表 2。

表 2 不同注入参数下井筒安全运行界限

| 注入压力<br>（MPa） | 注入速率<br>（t/d） | 井底压力<br>（MPa） | 井底温度<br>（℃） | 井底压差<br>（MPa） | 井底温差<br>（℃） | 安全服役<br>年限(年) |
|---|---|---|---|---|---|---|
| 15 | 10 | 26 | 52.3 | 15 | 7.7 | 65 |
| 25 | 15 | 36 | 36.6 | 25 | 23.4 | 22 |

结果表明，大庆油田敖南试验区水泥环胶结指数为优时，在 15MPa 注入压力，10t/d 注入速率下循环注入 $CO_2$ 达 65 年时有密封失效风险；在 25MPa 注入压力，15t/d 注入速率下循环注入 $CO_2$ 达 22 年时有密封失效风险。

## 4 结论

（1）$CO_2$ 循环注入过程中，套管内压力交变是引起水泥环密封失效的主要原因，当 40MPa 的压力交变轮次达到 23 次时，固井胶结指数下降 100% 完全失效；当温度循环小于 30℃时，温度交变对水泥环密封失效影响较小。

（2）结合压力与温度循环加载下水泥环密封性评价实验数据，拟合了温压耦合作用下的水泥环密封性评价模型，为现场 $CO_2$ 循环注入下水泥环密封性提供评价方法。

（3）以大庆油田敖南试验区为例，试验区水泥环胶结指数为优时在 15MPa 注入压力，10t/d 注入速率下循环注入 $CO_2$ 达 65 年时有密封失效风险；在 25MPa 注入压力，15t/d 注入

速率下循环注入 $CO_2$ 达 22 年时有密封失效风险。

## 参 考 文 献

[1] 蔡博峰. 中国二氧化碳捕集, 利用与封存(CCUS)状态报告[M]. 中国环境出版集团, 2023.

[2] Morse D G, Mastalerz M, Drobniak A, et al. Variations in coal characteristics and their possible implications for $CO_2$ sequestration: Tanquary injection site, southeastern Illinois, USA[J]. International Journal of Coal Geology, 2010, 84(1): 25-38.

[3] Oudinot A Y, Koperna G J, Philip Z G, et al. $CO_2$ injection performance in the Fruitland coal fairway, San Juan Basin: results of a field pilot[J]. SPE Journal, 2011, 16(4): 864-879.

[4] ZHOU F, HOU W, ALLINSON G, et al. A feasibility study of ECBM recovery and CO, storage for a producing CBM fieldin Southeast Qinshui Basin, China[J]. International Journal of Greenhouse Gas Control, 2013, 19: 26-40.

[5] 李艳明, 刘静, 张棚, 等. 鄯善油田特高含水期 $CO_2$ 吞吐增油与埋存试验[J]. 新疆石油地质, 2023, 44(3): 327-333.

[6] 曹长霄, 宋兆杰, 师耀利, 等. 吉木萨尔页岩油二氧化碳吞吐提高采收率技术研究[J]. 特种油气藏, 2023, 30(3): 106-114.

[7] 李军, 陈勉, 张广清, 等. 易坍塌地层椭圆形井眼内套管应力的有限元分析[J]. 石油大学学报(自然科学版), 2004(2): 45-48, 139-140.

[8] 步玉环, 于利国, 郭胜来, 等. 深水浅部地层水泥环应力分布规律研究[J]. 科学技术与工程, 2016, 16(23): 155-160.

[9] XI Yan, LI Jun, LIU Gonghui, et al. A new numerical investigation of cement sheath integrity during multistage hydraulic fracturing shale gas wells[J]. Journal of Natural Gas Science and Engineering, 2018, 49: 331-341.

[10] Yang Heng, Bu Yuhuan, Guo Shenglai, et al. Effects of in-situ stress and elastic parameters of cement sheath in salt rock formation of underground gas storage on seal integrity of cement sheath[J]. Engineering Failure Analysis, 2021, 123.

[11] Shenglai Guo, Yuhuan Bu, Xin Yang, et al. Effect of casing internal pressure on integrity of cement ring in marine shallow formation based on XFEM[J]. Engineering Failure Analysis, 2020.

[12] ZENG Yijin, LIU Rengguang, LI Xiaojiang, et al. Cement sheath sealing integrity evaluation under cyclic loading using large-scale sealing evaluation equipment for complex subsurface settings[J]. Journal of Petroleum Science and Engineering, 2019, 176: 811-820.

[13] Goodwin K J, Crook R J. Cement Sheath Stress Failure[J]. Spe Drilling Engineering, 1992, 7(04): 291-296.

[14] Shadravan A, Schubert J, Amani M, et al. HPHT Cement Sheath Integrity Evaluation Method for Unconventional Wells[R]. SPE 168321, 2014.

[15] Andrade J D, M. Torsæter, J. Todorovic, et al. Influence of Casing Centralization on Cement Sheath Integrity During Thermal Cycling[R]. SPE 168012, 2014.

[16] Albawi A, DE Andrade J, TorsÆter M, et al. Experimental set-up for testing cement sheath integrity in arctic wells[C]//OTC Arctic Technology Conference. OnePetro, 2014.

[17] Andrade J D, Sangesland S. Cement Sheath Failure Mechanisms: Numerical Estimates to Design for Long-Term Well Integrity[J]. Journal of Petroleum Science and Engineering, 2016, 147: 682-698.

[18] 闫炎, 刘向斌, 李俊亮, 等. 分段压裂过程中射孔段水泥环密封完整性的数值模拟[J]. 科学技术与

工程，2023，23(23)：9903-9910.

[19] De Andrade J, Sangesland S, Todorovic J, et al. Cement sheath integrity during thermal cycling：a novel approach for experimental tests of cement systems[C]//SPE bergen one day seminar. OnePetro, 2015.

[20] 石油钻井工程专业标准化委员会. SY/T 6592—2016 固井质量评价方法[S]. 北京：石油工业出版社，2016.

[21] Rodriguez E M, Kim J, Moridis G J. Numerical investigation of potential cement failure along the wellbore and gas leak during hydraulic fracturing of shale gas reservoirs[C]//ARMA US Rock Mechanics/Geomechanics Symposium. ARMA, 2016：ARMA-2016-449.

[22] Feng Y, Li X, Gray K E. Development of a 3D numerical model for quantifying fluid-driven interface debonding of an injector well[J]. International Journal of Greenhouse Gas Control, 2017, 62：76-90.

[23] Wang W, Taleghani A D. Impact of hydraulic fracturing on cement sheath integrity：A modelling approach [J]. Journal of Natural Gas Science and Engineering, 2017, 44：265-277.

[24] 闫炎，管志川，徐申奇，等. 体积压裂过程中固井界面微环隙扩展的数值模拟[J]. 中国石油大学学报(自然科学版)，2020，44(3)：66-73.

# CCUS 井 $CO_2$ 腐蚀和应力耦合工况下固井水泥环完整性评价

武治强

（中海油研究总院有限责任公司）

**摘　要**　$CO_2$ 地质封存过程中，与地层围岩中的水反应后腐蚀着固井水泥环，腐蚀损伤和套管内压（应力）耦合作用极大地影响着水泥环的密封完整性。基于 $CO_2$ 腐蚀试验，获得不同腐蚀程度水泥石材料力学性能参数，采用混凝土损伤塑性（CDP）本构模型和 Mohor-Coulomb 准则描述腐蚀前后水泥环的应力—应变行为，利用 ABAQUS 软件建立考虑 $CO_2$ 腐蚀与应力耦合作用的井筒组合体（套管—水泥环—地层围岩）有限元分析模型，分析和探讨了套管内压和腐蚀时间对水泥环完整性的影响。结果表明，较高套管内压下，井筒水泥环发生弹塑性变形，出现结构损伤，套管与水泥环界面易形成微间隙；受腐蚀和套管内压的耦合作用，水泥环更易于出现完整性失效问题，相比较于未腐蚀水泥环，腐蚀水泥环受压后径向应力、等效塑性应变、微间隙以及拉伸和压缩损伤均较大，与之相反，塑性半径是减小的；微间隙与拉伸和压缩损伤受腐蚀时间的影响不明显。

**关键词**　水泥环；$CO_2$ 腐蚀；密封完整性；塑性变形；微间隙

目前，二氧化碳（$CO_2$）的捕集、利用及封存（Carbon capture, utilization and storage, CCUS）被认为是碳减排中最有效且最具发展前景的措施，其中地质封存是关键环节。在 $CO_2$ 注入与封存过程中，井筒组合体（套管、水泥环和地层围岩）受温度和地层压力的影响长期处于动态拉伸和收缩的交变应力状态，固井水泥环与套管和地层围岩的界面易产生微裂纹或微间隙。与此同时，封存的 $CO_2$ 与地层中的水发生水解反应，对固井水泥环进行着化学腐蚀，削弱水泥环的力学性能。在井筒组合体中，微间隙（微裂纹）可以加速 $CO_2$ 的扩散和渗透，进而加速水泥环的化学腐蚀，反过来，化学腐蚀也将促进微间隙的扩展，这一耦合作用极大地影响着水泥环的密封完整性。因此，开展 CCUS 井固井水泥环 $CO_2$ 腐蚀与应力耦合作用下的完整性分析，揭示耦合损伤机理，为在役 $CO_2$ 地质封存井的完整性预测和高性能地质封存井的抗腐蚀分析与设计提供参考依据具有显著的意义。

CCUS 井的泄漏大多与井筒水泥环和盖层的完整性有关[1]。近年来，研究人员以常规油气资源井和页岩气井研究成果为基础，围绕 CCUS 井的 $CO_2$ 腐蚀和井筒完整性的相关技术开展了大量试验和理论分析工作[2-6]。较具代表性的工作有，Kutchko 等[7]采用在 $CO_2$ 环境中

---

【作者简介】武治强，中海油研究总院有限责任公司。

腐蚀固井水泥石的方法试验模拟了固井水泥石受 $CO_2$ 腐蚀的过程，利用背散射电子图像检测器和扫描电子显微镜(SEM)检测了腐蚀产物的组成，发现水泥石腐蚀后有碳酸钙和碳酸氢钙生成。辜涛[8]针对 $CO_2$ 地质封存条件，试验研究了固井水泥石在 $CO_2$ 环境中 20MPa 围压下的腐蚀损伤演化过程，分析了水泥石微观组织和宏观力学性能随腐蚀时间的演化进程，建立了水泥石腐蚀深度与腐蚀时间的关联。杨广国等[9]采用建立的压裂循环载荷水泥环密封性能试验装置开展了页岩气井固井水泥环密封性能试验，测试了循环载荷作用下水泥环的密封性能。试验结果表明，循环载荷将引起水泥环持续损伤，从而导致第一界面(套管和水泥环界面)的微间隙增大。高德利等[10]基于流体动力学与传热学原理，建立了 $CO_2$ 注入井筒的流动模型，探讨了注入温度和压力对井筒完整性失效的影响。结果表明，温度变化引起的结构热应力和套管内压使得水泥环产生损伤而出现微裂纹或微间隙。陈思宇[11]应用弹塑性力学原理，将井筒组合体简化为厚壁圆筒，建立水泥环完整性分析力学模型，重点研究了套管内压对水泥环完整性的影响。结果表明，套管传递给水泥环的径向应力过大时将引起水泥环塑性屈服，从而使得其内界面塑性变形，第一界面形成微间隙。Xi 等[12]采用有限元计算与试验相结合的方法分析了套管内压加载—卸载循环载荷作用下页岩气井固井水泥环的密封完整性，发现水泥环塑性变形程度随循环加载次数的增加而增大，最终使得第一界面胶结强度失效出现微间隙。范明涛等[13]和郭辛阳等[14]利用 ABAQUS 软件建立了井筒组合体的有限元分析模型，采用混凝土损伤塑性模型(CDP 模型)和 Mohr-Coulomb 准则分别描述水泥环和地层围岩的损伤行为，分析了不同密度体系水泥环受内压后的塑性变形和损伤情况。结果表明，相对于高密度体系，在相同内压条件下低密度体系水泥环塑性变形和损伤都较小，水泥环密封完整性较好。

割裂于工作环境和水泥环结构的 $CO_2$ 腐蚀研究，以及仅考虑套管内压(应力作用)影响的井筒组合体受力分析，难以准确描述 CCUS 井固井水泥环的实际工作状态，使得迄今的相关研究成果对于深入理解固井水泥环的完整性失效贡献有限。

基于标准水泥石试样的 $CO_2$ 腐蚀试验，获得腐蚀水泥石的材料特征参数，建立材料本构模型，利用 ABAQUS 软件建立考虑 $CO_2$ 腐蚀与应力耦合作用的井筒组合体完整性分析有限元模型，分析了 $CO_2$ 腐蚀与应力耦合作用下固井水泥环的完整性和损伤行为，探讨了腐蚀时间和套管内压对水泥环的塑性变形、第一界面微间隙以及损伤程度等完整性参数的影响。

# 1 水泥环力学性能试验

## 1.1 试验材料及试样制备

本文研究中采用的水泥为国家标准中的 G 级油井水泥，主要成分为水硬性硅酸钙，其主要化学成分见文献[8]。制备试样时，首先将配制水泥浆所需的 G 级油井水泥、降失水剂 G33S 和分散剂 USZ 粉料按比例混拌，并根据国家标准 GB/T 19139—2012《油井水泥试验方法》的要求以 0.44 的液固比将水泥粉末与水混合制成水泥浆，然后将制备的水泥浆充入圆柱形标准水泥石模具，经振动 30s 排除水泥浆中夹带的气泡后将混合浆料密封于聚合物试管中静置养护 28d 充分水化，养护温度为 60℃，养护压力为 20MPa。养护结束后取出水泥石，置于由哈氏合金制成的防腐釜中保存备用，制备试样的直径为 25mm，高度为 50mm。

## 1.2 CO₂腐蚀试样制备

将制备的水泥石试样整体浸入装有去离子水的腐蚀反应釜中，密封釜盖后向釜中注入有压 $CO_2$ 以模拟溶解态 $CO_2$ 对固井水泥环的液相腐蚀。腐蚀试验中，釜温（腐蚀温度）恒定于 60℃，釜压（腐蚀压力）保持 20MPa 不变，试样的腐蚀时间分别为 15d、30d 和 60d。达到腐蚀时间后，待釜内温度和压力降到环境温度和压力后取出腐蚀试样，进行后续的材料特性测试分析。

## 1.3 试验方法

采用 TAW-1000 型微机控制电液伺服岩石性能测试系统和 SHT4605 型液压伺服驱动控制万能试验机开展水泥石试样的单轴拉伸和单轴压缩试验。单轴拉伸试验前先对试样的实际直径和长度进行测量，并标记标距（标距 $L_0 = 50mm$），其后将试样装夹至测试系统上下夹具，同时将引伸计夹头紧定于试样的上下端面。测试时力传感器记录试验力 $F$，引伸计记录试样变形位移 $L$，工程应力和工程应变的试验结果由 $\sigma = F/A$ 和 $\varepsilon = L/L_0$ 两个表达式计算得到，其中 $A$ 为原始试样平均横截面积。单轴压缩试验前先将水泥石试样紧定于万能试验机上下承压板几何中心，经预加载、变形清零等预处理环节后，以 0.05MPa/s 的加载速度对试样施加轴向载荷，实时记录轴向载荷及轴向变形，直至试样破坏，记录破坏载荷。试验数据经系统后处理得到试样的单轴压缩应力—应变曲线。

对于腐蚀水泥石试样，根据 SY/T 6466—2016《油井水泥石性能试验方法》，采用 RTR-1000 型三轴岩石力学测试系统开展三轴压缩试验。首先将采用橡皮膜和橡皮圈密封的水泥石试样放入压力室，然后将压力室装夹于试验机工作平台上，调整试验机压头对试样施加一定预应力后同步施加围压和轴向载荷进行剪切试验，实时记录轴向载荷与试样轴向变形，直至试块破坏，并记录破坏载荷。试验围压分别为 10MPa 和 20MPa，试验过程中保持围压恒定；加载速度为 0.05MPa/s；试验数据经系统后处理得到腐蚀水泥石三轴应力—应变曲线。

## 1.4 试验结果

图 1 给出了水泥石单轴拉伸和压缩的应力—应变曲线。其中，图 1（a）为单轴拉伸试验结果，图 1（b）为单轴压缩试验结果。由图 1（a）可知，水泥石单轴拉伸时，应力小于弹性极限 $\sigma_{t0}$ 不大于 6.43MPa 其应力—应变近似线性关系；其后进入屈服阶段，材料发生塑性变形；最后进入强化阶段，达到强度极限后材料发生断裂。当水泥石单轴受压时，初始阶段试样中原有张开型结构或微裂隙逐渐闭合，水泥石被压密，应力—应变曲线呈上凹形；之后水泥石进入弹性阶段，应力—应变曲线呈线性关系。随后依次是塑性变形阶段、强化阶段和软化下降阶段，如图 1（b）所示。

图 2 给出了试验获得的围压为 10MPa 和 20MPa 的腐蚀水泥石三轴压缩应力—应变曲线。可以看出，腐蚀和围压都影响着水泥石的三轴应力—应变关系。受 $CO_2$ 腐蚀，水泥石材料的微观结构发生变化，宏观的力学性能随之变化，三轴应力—应变关系出现较大差异性。在腐蚀和围压共同作用下，水泥石的弹塑性行为受到更大影响，三轴应力—应变关系变得更为复杂，脆塑性更为明显。图 2 中，围压为 20MPa、腐蚀时间为 30d 条件下的试验结果与其他试验结果有很大差异，表现出较大的塑性变形能力，是高围压下出现的水泥石塑性延长所致[15]。

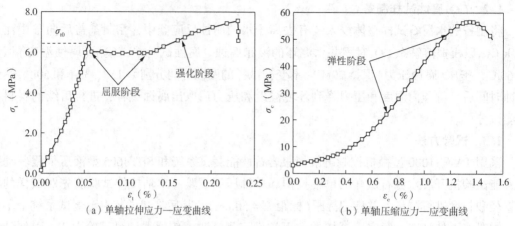

（a）单轴拉伸应力—应变曲线  （b）单轴压缩应力—应变曲线

图 1　水泥石单轴拉伸和压缩应力—应变曲线

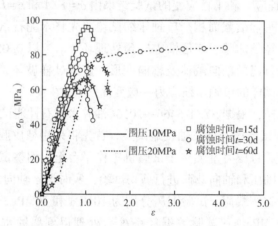

图 2　腐蚀水泥石的三轴压缩应力—应变曲线

## 2　材料模型

CCUS 井的井筒由套管、水泥环和地层围岩组成，在进行水泥环完整性分析时，需要明确各部分材料的本构模型及相关物理特征参数。除此之外，水泥环受 $CO_2$ 腐蚀后，腐蚀部分与未腐蚀部分的材料力学特性是不相同的，有限元计算中需要将其简化为由两种材料组成的分层结构，因此也需要明确腐蚀水泥环层和未腐蚀水泥环层材料的本构模型及其相关的物理特征参数。下面对套管、未腐蚀水泥环、腐蚀水泥环以及地层围岩的材料模型进行简述。

（1）套管和地层围岩材料模型。

CCUS 井中套管为 API 套管，分析中使用 Tresca 理想弹塑性模型描述材料的本构关系。根据理想岩石的力学特性，将地层围岩其简化为理想弹塑性材料，采用 Mohr-Coulomb 准则描述材料塑性行为[16]

$$\sigma_1 - \sigma_3 \frac{1-\sin\varphi}{1+\sin\varphi} - 2C\frac{\cos\varphi}{1+\sin\varphi} = 0 \tag{1}$$

式中，$\sigma_1$ 为三轴试验获得的轴向应力；$\sigma_3$ 为试验围压；$\varphi$ 为岩土的内摩擦角；$C$ 为岩土的黏聚力。

（2）未腐蚀水泥环损伤模型。

固井水泥石为准脆性材料且内部有大量微孔隙，受压力载荷作用，内部微孔隙的尺寸和分布会发生变化，使水泥石出现"损伤"，宏观表现为水泥石刚度退化等特征[7]，为了表征水泥石的这一力学特性，工程中常将其简化为理想弹塑性材料，采用混凝土损伤塑性本构模型（Concrete Damaged Plasticity，CDP）描述其材料特性。CDP模型中材料的强度演化采用屈服函数表征，屈服函数可表达为[17]

$$\frac{1}{1-\alpha}(\bar{q}-3\alpha\bar{p}+\beta(\tilde{\varepsilon}^{pl})\langle\hat{\bar{\sigma}}_{max}\rangle-\gamma\langle-\hat{\bar{\sigma}}_{max}\rangle)-\bar{\sigma}_c(\tilde{\varepsilon}_c^{pl})=0 \qquad (2)$$

其中，

$$\begin{cases} \alpha=\dfrac{(f_{b0}/f_{c0})-1}{2(f_{b0}/f_{c0})-1}, & 0\leqslant\alpha\leqslant0.5 \\[3mm] \beta=\dfrac{\bar{\sigma}_c(\tilde{\varepsilon}_c^{pl})}{\bar{\sigma}_t(\tilde{\varepsilon}_t^{pl})}(1-\alpha)-(1+\alpha) \\[3mm] \gamma=\dfrac{3(1-K_c)}{2K_c-1} \end{cases} \qquad (3)$$

式中，$\hat{\bar{\sigma}}_{max}$ 为最大有效主应力；$f_{b0}$ 和 $f_{c0}$ 分别为双轴和单轴受压的初始屈服应力；$K_c$ 为不变应力比；$\bar{\sigma}_c(\tilde{\varepsilon}_c^{pl})$ 为有效压缩内聚应力；$\bar{\sigma}_t(\tilde{\varepsilon}_t^{pl})$ 为有效拉伸内聚应力。

在CDP模型中，水泥环材料的拉伸开裂应变和压缩非弹性应变为[14]

$$\varepsilon_t^{\sim ck}=\varepsilon_t-\frac{\sigma_t}{E_0} \qquad (4)$$

$$\varepsilon_c^{\sim in}=\varepsilon_c-\frac{\sigma_c}{E_0} \qquad (5)$$

式中，$\sigma_t$ 和 $\varepsilon_t$ 分别为水泥环材料单轴拉伸应力和应变；$\sigma_c$ 和 $\varepsilon_c$ 分别为水泥环材料单轴压缩的应力和应变；$E_0$ 为水泥环的弹性模量。

此外，本文采用Sidoroff能量等效损伤模型[17-18]计算水泥环的压缩损伤因子 $d_c$ 和拉伸损伤因子 $d_t$，其表达式为

$$\begin{cases} d_c=1-\sqrt{\dfrac{\sigma_c}{E_0\varepsilon_c}} \\[4mm] d_t=1-\sqrt{\dfrac{\sigma_t}{E_0\varepsilon_t}} \end{cases} \qquad (6)$$

通过对水泥环进行单轴拉伸、压缩试验获得水泥环单轴拉伸和压缩应力—应变曲线（图1），利用式（4）至式（6），可以计算出水泥环材料本构模型中的拉伸开裂应变、压缩非弹性应变和损伤因子 $d_t$ 和 $d_c$ 等参数。

（3）腐蚀水泥环材料模型。

水泥石受 $CO_2$ 腐蚀后，生成 $Ca(OH)_2$、$CaCO_3$、$Ca(HCO_3)_2$ 等产物，主要成分发生变化，整体材料物相组成近似典型岩石[8]。因此，有限元分析中将其简化为理想弹塑性材料，采用Mohr-Coulomb准则描述其塑性行为。根据腐蚀材料三轴压缩试验获取的三轴应力—应

变曲线，采用式(7)和式(8)可以计算腐蚀水泥石的内摩擦角 $\varphi$ 和黏聚力 $C$[19]。

$$C = \frac{\sigma_c}{2\sqrt{K}} \tag{7}$$

$$\varphi = \mathrm{tg}^{-1}\left(\frac{K-1}{2\sqrt{K}}\right) \tag{8}$$

式中，$\sigma_c$ 为单轴抗压强度；$K$ 为围压影响系数，即三轴压缩试验得到的轴向屈服应力与围压的拟合直线的斜率，具体计算方法见文献[19]。

## 3  $CO_2$ 腐蚀—应力耦合的固井水泥环有限元分析模型

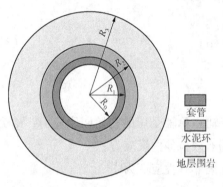

图 3  CCUS 井井筒的结构组成示意

典型 CCUS 井的井筒结构如图 3 所示，由内向外分别为套管、水泥环和地层围岩。图中 $R_0$、$R_1$、$R_2$ 和 $R_3$ 分别表示套管内半径、套管外半径(水泥环内半径)、水泥环外半径(地层围岩内半径)以及地层围岩外边界半径。高压 $CO_2$ 通过套管注入井内进行封存，水泥环承受着源至套管的内压，与此同时，水泥环也承受着因封存条件变化而产生 $CO_2$ 腐蚀损伤，即水泥环经历着 $CO_2$ 腐蚀与应力耦合作用。

有限元模型的井筒参数取自某实际 CCUS 井结构参数，套管外径为 139.7mm，厚度为 15.44mm，井眼直径(水泥环外径)为 251.5mm。为消除地层围岩边界对计算结果的影响，围岩外径通常取井眼直径 10 倍以上，考虑到计算效率，本文分析中取地层围岩外径为井眼直径 10 倍($R_3 = 10R_2$)。此外，为消除井深对计算结果的影响，取井深为 8 倍井眼直径($H = 16R_2$)[20]。$CO_2$ 与地层围岩中的水反应之后，从外层向内部腐蚀水泥环，被腐蚀部分的材料特性和损伤行为与未腐蚀部分完全不同，因此有限元分析中将水泥环分割为腐蚀层和未腐蚀层两部分单独处理。在 ABAQUS 软件中建立井筒组合体的几何模型并进行网格划分，套管、水泥环(未腐蚀层和腐蚀层)以及地层围岩均采用 8 节点六面体线性缩减积分单元(C3D8R)网格。为提高计算精度，对套管、水泥环以及地层围岩之间的界面位置进行网格加密处理。通过上述处理，得到井筒组合体的网格模型如图 4 所示。

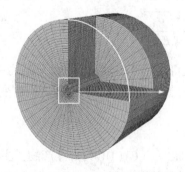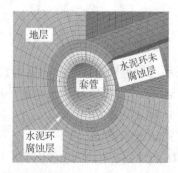

图 4  井筒组合体的网格模型

腐蚀厚度是确定水泥环腐蚀层厚度的基础，基于前述的腐蚀试验结果，腐蚀厚度受腐蚀环境压力的影响不明显，主要取决于腐蚀时间，腐蚀厚度 $L$ 与随腐蚀时间 $t$ 的关系为[8]

$$L = 0.640t^{1/2} \tag{9}$$

式中，$L$ 为腐蚀层厚度，mm；$t$ 为腐蚀时间，d。

由式(9)，可以得到不同腐蚀时间水泥环的腐蚀厚度。腐蚀 15d，腐蚀层厚度为 2.2mm；腐蚀 30d，腐蚀层厚度为 3.3mm；腐蚀 60d，腐蚀层厚度为 5.0mm。

由前述的试验研究和材料模型，可以得到套管、水泥环(未腐蚀层和腐蚀层)，以及地层围岩的材料特性参数，表 1 给出了井筒各部分与有限元分析相关的主要材料特征参数。

表 1　井筒各部分材料的主要特征参数

| 材料 | | 密度(g/cm³) | 弹性模量(MPa) | 泊松比 | C(MPa) | φ(°) |
|---|---|---|---|---|---|---|
| 套管 | | 7.85 | $2.1×10^5$ | 0.29 | — | — |
| 地层围岩 | | 2.40 | $2.6133×10^4$ | 0.224 | 16 | 36 |
| 水泥环(未腐蚀) | | 1.90 | $5.8256×10^3$ | 0.159 | — | — |
| 腐蚀水泥环 | 15d | 1.90 | $1.2851×10^4$ | 0.236 | 10.08 | 15.8738 |
| | 30d | 1.90 | $1.14×10^4$ | 0.261 | 7.631 | 20.2 |
| | 60d | 1.90 | $9.2487×10^3$ | 0.167 | 12.39 | 4.27 |

边界条件：根据井筒组合体的实际工作状态，设置套管与水泥环之间为摩擦接触，切向(套管与水泥环接触面的周向和轴向)不发生相对运动，径向可分离；地层围岩与水泥环腐蚀层之间是紧密结合的，其界面设置为绑定(Tie)约束；地层围岩外边界远离井筒，水泥环变形影响可以忽略，因此设置为全约束。

载荷施加：有限元分析中，在套管内壁施加均匀分布的压力载荷，模拟套管所受的工作压力。计算时，先将压力加载至设定压力值，然后逐渐卸载至 0。分析的套管内压有 45MPa、55MPa、60MPa、80MPa、100MPa5 种情况。

## 4　结果与讨论

### 4.1　未腐蚀水泥环的完整性分析

图 5 给出了若干套管内压下，水泥环加载结束时的应力云图和卸载后的等效塑性应变云图。其中，图 5(a)、图 5(c)、图 5(e)、图 5(g)、图 5(i)为应力云图，其余为等效塑性应变云图。从图 5 中可以看出，水泥环的应力随着套管内压的增大而增大，原因在于高套管内压下，套管传递给水泥环的压力更大，水泥环受压后产生的变形也更大，故而应力较大。

图 5 中还可以看出，水泥环的等效塑性应变(残余应变)也是随着套管内压的增大而增大的，显然是高套管内压下水泥环发生大塑性变形的结果。套管内压较小(不大于 45MPa)时，水泥环发生弹性变形，卸载后变形完全消失，等效塑性应变为 0，如图 5(b)所示；随着套管内压的增大(如图 5 中 55MPa)，水泥环受压后发生弹塑性变形，卸载后塑性变形不能恢复，出现等效塑性应变，且随着套管内压的增大等效塑性应变与塑性半径(塑性变形层的厚度)也越大。

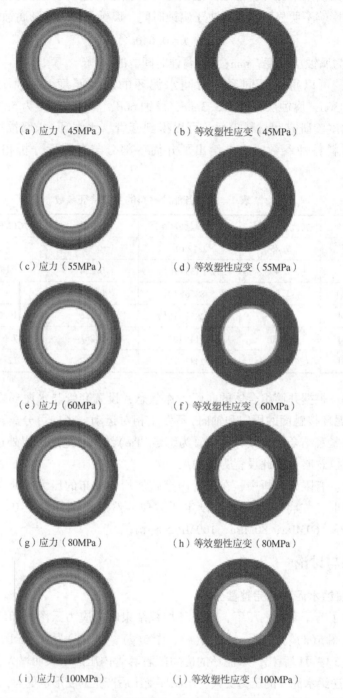

（a）应力（45MPa）　　　　（b）等效塑性应变（45MPa）

（c）应力（55MPa）　　　　（d）等效塑性应变（55MPa）

（e）应力（60MPa）　　　　（f）等效塑性应变（60MPa）

（g）应力（80MPa）　　　　（h）等效塑性应变（80MPa）

（i）应力（100MPa）　　　　（j）等效塑性应变（100MPa）

图 5　不同套管内压下水泥环的应力和等效塑性应变云图

　　图 5 中应力和等效塑性应变均沿着水泥环径向由内向外逐渐减小，内径位置应力和应变最大，而外径位置最小，表明水泥环完整性失效易发生于套管和水泥环接触的第一界面。

　　图 6 给出了不同套管内压下水泥环加载结束时和卸载后的径向应力(压应力为正)变化。

由图 6 可知,加载后,水泥环的径向应力为拉应力,且拉应力(应力绝对值)随着套管内压的增大而增大,原因在于高套管内压引起的水泥环变形更大,故而产生的应力更大。在一定的套管内压下,径向应力沿着水泥环径向是减小的,表明套管内压引起的水泥环变形沿着其径向是逐渐减小的。

图 6 中还可以看出,卸载后,发生弹性变形(套管内压 45MPa)的水泥环变形完全恢复,没有径向应力。当套管内压大于 45MPa 时,水泥环发生弹塑性变形,卸载后塑性变形部分无法恢复,水泥环中存在残余塑性应力,且塑性应力表现为拉应力。卸载后的径向拉应力也是随着套管内压的增大而增大的,显然是高套管内压下水泥环的塑性变形更大的结果。

图 7 给出了不同套管内压下水泥环等效塑性应变 $\varepsilon_p$ 变化。由图 7 可知,等效塑性应变的大小与区域(塑性半径)均随着套管内压的增大而增大,原因在于高套管内压引起的水泥环大塑性变形,且塑性变形区域沿径向扩展得更远。图 7 中还表明,塑性应变随着径向是减小的,在远离套管的弹性变形区域塑性应变降为 0,即水泥环弹塑性分界面以外区域材料处于完全弹性变形状态。对于图 7 中套管内压为 45MPa 条件下,塑性应变为 0,则表明水泥环整体处于完全弹性变形状态。

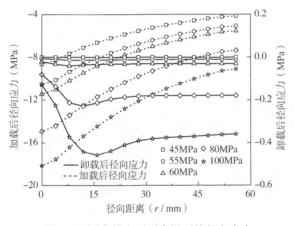 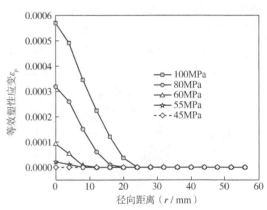

图 6　不同套管内压下水泥环的径向应力　　　　图 7　不同套管内压下水泥环的等效塑性应变

图 8 给出了不同套管内压下水泥环第一界面(套管与水泥环接触界面)的微间隙 $\delta$ 变化。可以看出,套管内压较小时,水泥环没有形成微间隙,间隙值为 $\delta=0$,显然是小套管内压下水泥环仅发生弹性变形的结果。当内压超过某一阈值后,第一界面出现微间隙,且微间隙随着套管内压的增大而增大,原因在于高套管内压引起了水泥环大弹塑性变形,卸载后残余应变更大,加剧了套管与水泥环的分离间隙。

图 9 给出了若干套管内压下水泥环的拉伸损伤与压缩损伤有限元计算结果。从图 9 中可以看出,套管内压较小时,水泥环未发生损伤,拉伸损伤和压缩损伤均为 0,原因在于小套管内压下水泥环发生的是弹性变形。随着套管内压的增加,水泥环逐渐出现拉伸和压缩损伤,且两种损伤均随着套管内压的增大而增大,显然是高套管内压引起的水泥环大、弹塑性变形的结果。一般来说,损伤程度越大,水泥环越容易破坏,出现完整性失效问题,继而在界面处形成微间隙。

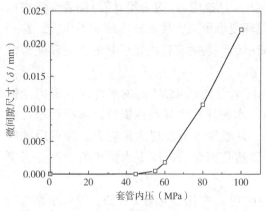

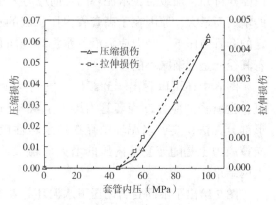

图 8　不同套管内压下水泥环第一界面微间隙　　　　图 9　不同套管内压下水泥环的拉伸和压缩损伤

### 4.2　CO₂腐蚀与应力耦合作用的水泥环完整性分析

图 10 给出了三个套管内压下，腐蚀水泥环的等效塑性应变。由于水泥环发生了塑性变形，为简化分析故未给出应力云图。从图 10 中可以看出，腐蚀和套管内压都影响着水泥环的塑性变形行为。随着套管内压的增大，腐蚀水泥环的等效塑性应变和变形区域(塑性半径)均是增大的，即高套管内压使得水泥环塑性变形增大、塑性区域向外扩展。图 10 中还可以看出，腐蚀时间对塑性变形也是有影响的，随着腐蚀时间的增加，水泥环塑性应变也是增加的，但增速较为缓慢，而塑性半径变化则不明显，表明强度较高的腐蚀层减缓了塑性变形区域的扩展。

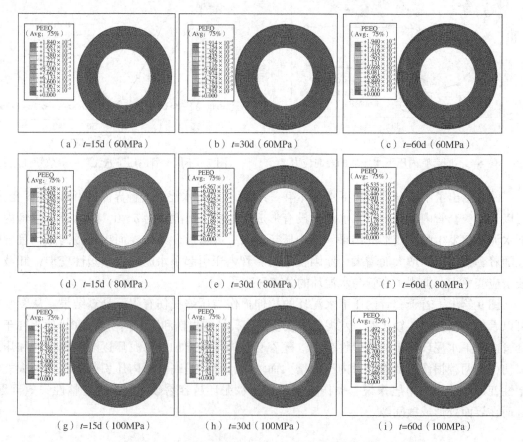

（a）$t$=15d（60MPa）　　　（b）$t$=30d（60MPa）　　　（c）$t$=60d（60MPa）

（d）$t$=15d（80MPa）　　　（e）$t$=30d（80MPa）　　　（f）$t$=60d（80MPa）

（g）$t$=15d（100MPa）　　　（h）$t$=30d（100MPa）　　　（i）$t$=60d（100MPa）

图 10　不同套管内压下腐蚀水泥环等效塑性应变

图 11 给出了腐蚀 60d 的水泥环加载结束时和卸载后径向应力随套管内压的变化。结合图 6 可知，与未腐蚀水泥环的径向应力变化相似，腐蚀水泥环的加载径向应力和卸载径向应力同样是随着套管内压的增大而增大的。值得注意的有两点，其一腐蚀水泥环出现了结构损伤，相较于未腐蚀结构，卸载前后整体的径向应力有所增大；其二腐蚀分界面前后出现了加载径向应力的突变，且腐蚀部分的径向应力更小，反映出腐蚀层的材料强度更高(表 2 中腐蚀层的弹性模量较大)，而卸载后径向应力突变则变得不明显，显然与腐蚀层较薄且远离套管的塑性变形区域有关。水泥环出现腐蚀后，第一界面的拉应力增大，导致其更易于出现界面黏结失效，形成较大的微间隙或微裂纹。

图 12 给出了腐蚀 60d 的水泥环等效应变 $\varepsilon_p$ 随套管内压的变化。从图 12 中可以看出，与未腐蚀水泥环相似，腐蚀水泥环的等效塑性应变随着套管内压的增大也是增大的。腐蚀损伤后，水泥环的塑性应变增大而塑性半径减小，前者是高强度腐蚀水泥层，在阻止外层水泥环变形的同时增大了内层未腐蚀部分塑性变形的结果，后者则可能与腐蚀层抑制了塑性变形扩展有关。

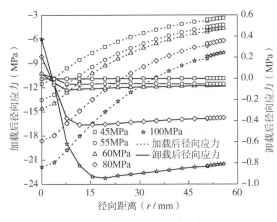

图 11　不同套管内压下腐蚀 60d 水泥
环的径向应力

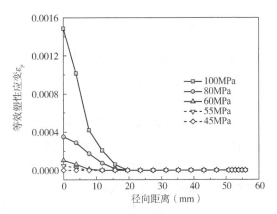

图 12　不同套管内压下腐蚀 60d 水泥环
的等效塑性应变

图 13 给出了腐蚀水泥环第一界面微间隙随套管内压的变化。从图 13 中可以看出，腐蚀水泥环的微间隙随着套管内压的增大而增大，显然是腐蚀和高套管内压耦合作用引起的结构大塑性变形的结果。腐蚀造成水泥环一定程度的结构损伤，使得高套管内压下产生的塑性变形更大(图 12)，故而形成的微间隙更大一些。图 13 中还表明，同一套管内压下，微间隙随着腐蚀时间是增大的，但随着腐蚀的进程微间隙增大变得不太显著，表明强度较高的腐蚀水泥环外层在一定程度上抑制了内层未腐蚀部分塑性变形的向外扩展。图 13 中套管内压为 45MPa 条件下微间隙为 0，表明腐蚀前后水泥环均处于弹性变形。

图 14 给出了腐蚀水泥环的拉伸损伤和压缩损伤随套管内压的变化。由图 14 可以看出，腐蚀水泥环的拉伸损伤和压缩损伤均随着套管内压的增大而增大，表明水泥环的塑性变形随着套管内压的增加而增大，增大了水泥环材料损伤，增加了水泥环完整性失效的风险。图 14 中还可以看出，同一套管内压下，腐蚀增大了水泥环损伤，拉伸损伤和压缩损伤均较未腐蚀结构(腐蚀天数为 0)有较大增加，而且随着套管内压增大变得更为明显，但随着腐蚀的进程(腐蚀天数增加)损伤增加得更为缓慢，反映出腐蚀层增大了水泥环局部强度，一

定程度延缓了塑性变形产生的损伤。

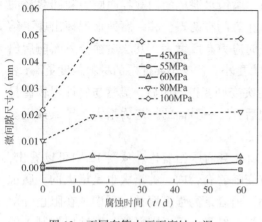

图 13　不同套管内压下腐蚀水泥
环微间隙的变化

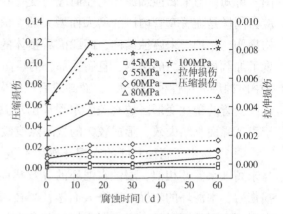

图 14　不同套管内压下腐蚀水泥环的
拉伸和压缩损伤

## 5　结论

（1）受 $CO_2$ 腐蚀，水泥石的宏观力学性能发生改变。腐蚀前后密度保持不变，但腐蚀后弹性模量和泊松比均增大。腐蚀水泥石的弹性模量随着腐蚀时间是减小的，而泊松比则是先增大后减小。

（2）低的套管内压下，腐蚀与否水泥环均处于弹性变形状态，不会发生结构损伤；较高套管内压下，水泥环发生弹塑性变形，出现结构损伤，第一界面易形成微间隙；未腐蚀水泥环，随着套管内压的增大，水泥环的径向应力、等效塑性应变、塑性半径、微间隙以及拉伸和压缩损伤都是增大的。

（3）腐蚀对水泥环的完整性影响是比较大的，在腐蚀和套管内压的耦合作用下，水泥环更易于出现完整性失效问题；相比较于未腐蚀水泥环，腐蚀水泥环受压后径向应力、等效塑性应变、微间隙以及拉伸和压缩损伤均增大，与之相反，塑性半径是减小的；微间隙与拉伸和压缩损伤受腐蚀时间的影响不是很明显。

### 参 考 文 献

[1] Wasch J L, Koenen M, Wollenweber J, et al. Sensitivity of chemical cement alteration——modeling the effect of parameter uncertainty and varying subsurface conditions [J]. Greenhouse Gases：Science and Technology, 2015, 5(3)：323-338.

[2] Wisen J, Chesnaux R, Wendling G, et al. Assessing the potential of cross-contamination from oil and gas hydraulic fracturing：A case study in northeastern British Columbia, Canada[J]. Journal of Environmental Management, 2019, 246(5)：275-285.

[3] Watson T L, Bachu S. Evaluation of the potential for gas and $CO_2$ leakage along wellbores[J]. Spe Drilling & Completion, 2009, 24(1)：115-126.

[4] Wrona P, Rozanski Z, Pach G, et al. Closed coal mine shaft as a source of carbon dioxide emissions[J]. Environmental Earth Sciences, 2016, 75(15)：1139.

[5] Choinska M, Khelidj A, Chatzigeorgiou G, et al. Effects and interactions of temperature and stress-level relat-

ed damage on permeability of concrete[J]. Cement and Concrete Research, 2006, 37(1): 79-88.

[6] Daniello A, Tomasdottir S, Bergur S, et al. Modeling Gaseous $CO_2$ Flow Behavior in Layered Basalts: Dimensional Analysis and Aquifer Response[J]. Ground water, 2021, 59(5): 677-693.

[7] Kutchko B G, Strazisar B R, Dzombak D A, et al. Degradation of well cement by $CO_2$ under geologic sequestration conditions[J]. Environmental science & technology, 2007, 41(13): 4787-4792.

[8] 辜涛. 二氧化碳地质封存条件下固井水泥石腐蚀损伤与防护研究[D]. 成都: 西南石油大学, 2017.

[9] 杨广国, 刘奎, 曾夏茂, 等. 页岩气井套管内压周期变化对水泥环密封失效的实验研究[J]. 科学技术与工程, 2021, 21(13): 5311-5317.

[10] 高德利, 窦浩宇, 董雪林. 二氧化碳注入条件下井筒水泥环完整性若干研究进展[J]. 延安大学学报(自然科学版), 2022, 41(3): 1-9+17.

[11] 陈思宇. 套管内载荷作用下水泥环力学性能分析[D]. 大庆: 东北石油大学, 2016.

[12] Xi Y, Li J, Tao Q, et al. Experimental and numerical investigations of accumulated plastic deformation in cement sheath during multistage fracturing in shale gas wells[J]. Journal of Petroleum Science and Engineering, 2020, 187: 106790.

[13] 范明涛, 李社坤, 李军, 等. 多级压裂水泥环界面密封失效数值模拟[J]. 科学技术与工程, 2019, 19(24): 107-112.

[14] 郭辛阳, 宋雨媛, 步玉环, 等. 基于损伤力学变内压条件下水泥环密封完整性模拟[J]. 石油学报, 2020, 41(11): 1425-1433.

[15] 李早元, 郭小阳, 韩林, 等. 油井水泥石在围压作用下的力学形变行为[J]. 天然气工业, 2007(9): 62-64+134.

[16] 韩昌瑞. 有限变形理论及其在岩土工程中的应用[D]. 武汉: 中国科学院研究生院(武汉岩土力学研究所), 2009.

[17] 张田. 典型混凝土模型在单调和循环荷载下数值模拟应用研究[D]. 昆明: 昆明理工大学, 2020.

[18] 曾宇, 胡良明. ABAQUS混凝土塑性损伤本构模型参数计算转换及校验[J]. 水电能源科学, 2019, 37(6): 106-109.

[19] 杨同, 徐川, 王宝学, 等. 岩土三轴试验中的粘聚力与内摩擦角[J]. 中国矿业, 2007(12): 104-107.

[20] 刘健. 油气井水泥石力学行为本构方程与完整性评价模型研究[D]. 成都: 西南石油大学, 2013.

# CCUS 国家重点示范区注采井筒水泥环智能防腐关键技术研究

张　健　王文斌　许朝阳　万向臣

(1. 川庆钻探钻采工程技术研究院；2. 低渗透油气田勘探开发工程实验室)

**摘　要**　针对 CCUS 注采区块固井水泥环面临的 $CO_2$ 腐蚀破坏以及环空气体窜逸技术难题，研发出一种环境响应聚合物（ERR）并形成智能响应抗 $CO_2$ 腐蚀增强固井水泥浆及新型聚酯抗 $CO_2$ 窜逸弹性扶正器，利用压汞法、X 射线衍射仪等分析方法研究了 ERR 智能响应特性以及其抗 $CO_2$ 腐蚀增强性能，并揭示了作用机理和验证其工程应用性能。结果表明：添加 ERR 使水泥石经过 60 天腐蚀后的有害孔（大于 100nm）减少 0.51 倍，微细孔（小于 50nm）增大 0.32 倍，总孔隙率降低 16.31%；当水泥石表面及扶正器本体遇到 $CO_2$ 介质侵蚀时，ERR 随即酸性刺激响应形成膜状物质，减缓酸性介质对水泥石渗透速率及增加窜逸阻力，保持了水泥石结构完整性和水化产物相对稳定性。该技术在黄 3 区和黄 138 区完成先导试验和推广共计 81 口井，固井质量合格率 100%，优质率不小于 93.9%，为 $CO_2$ 安全地质封存与高效驱油增产提供了理论借鉴与技术保障。

**关键词**　CCUS；油井水泥石；聚合物；$CO_2$ 腐蚀；抗腐蚀性能；防窜逸扶正器

长庆油田 CCUS 项目是由中国石油集团、陕西省科技厅共同研究进行科学试验建设的国家级示范工程，该项目在"$CO_2$驱油"实现产能提升的同时助力国家"双碳"宏伟目标的实现，钻采院酸性介质防腐蚀固井技术为示范区长期有效运行提供的坚实的技术保障。

众所周知，在 CCUS 工程建设过程中，长期大量 $CO_2$ 气体注入地层形成"碳酸"环境，固井水泥环面临高浓度、高渗透性 $CO_2$ 腐蚀破坏威胁，降低水泥环的抗压强度及胶结性能，不仅严重破坏水泥环的层间封隔效果，甚至还会加剧套管点蚀、穿孔以及生产油管的腐蚀断裂，进而对油气田开发造成巨大的经济损失，因此提高固井水泥石（环）的抗 $CO_2$ 腐蚀性对 CCUS 工程建设至关重要。

近年来，大量现场施工经验和理论研究均证明，聚合物不仅可以提高油井水泥石的耐腐蚀性，还能赋予水泥石良好的抗折抗裂性能，因此聚合物防腐剂及改性水泥基材料越来越受到混凝土及固井研究者的重视。环境响应型聚合物材料是一种新型智能材料，随着外

【第一作者简介】张健，1990—，高级工程师，博士研究生，2019 年博士毕业于西南石油大学化学与工程技术专业，主要从事钻完井新材料及新体系研发。地址：陕西省西安市未央区凤城四路长庆科技大厦。邮编：710000。电话：029-86597878。E-mail：zhangjian_ gcy@cnpc.com.cn。

部环境的变化刺激(如温度、磁性、pH值、荧光性等)其物理或者化学结构发生变化，如果将pH值刺激响应材料应用于固井水泥石防腐，可能将聚合物耐腐蚀性及酸性环境响应性与水泥石结合于一体，进而达到改善固井水泥石抗腐蚀性及其耐久性双重目的，为此开发出一种$CO_2$酸性环境下可以形成聚合物膜的新型防腐蚀材料，对促进固井水泥石的抗腐蚀研究具有重要意义。

本文研究以新型环境响应型聚合物(ERR)并形成智能响应抗$CO_2$腐蚀增强固井水泥浆，研究ERR对水泥石微观结构及其水化产物的影响，进一步揭示其改善水泥石抗腐蚀性能的作用机理。同时验证了该体系在长庆油田CCUS工程实践中的可行性及适用性。

# 1 实验部分

## 1.1 实验药品

实验药品有G级高抗硫油井水泥；SXY(分散剂)；SZ1-2(降失水剂)。其中G级高抗硫油井水泥的化学组成见表1。

**表1 嘉华G级油井水泥的氧化物组成**

| 组成 | $SiO_2$ | $Al_2O_3$ | $Fe_2O_3$ | CaO | MgO | $SO_3$ | $K_2O$ | $Na_2O$ | $TiO_2$ | loss |
|---|---|---|---|---|---|---|---|---|---|---|
| 质量分数(%) | 21.8 | 3.2 | 4.4 | 65.5 | 1.1 | 1.4 | 0.3 | 0.4 | 0.3 | 1.3 |

## 1.2 实验方法

### 1.2.1 水泥石腐蚀试验

按照GB/T 10238—2015《油井水泥》附录A中的水泥浆制备方法配不同配比水泥浆，将其注入直径2.5cm、高2.5/5cm的圆柱体钢模并密封，水浴90℃常压养护3天后，水泥石脱模并移至高温高压养护釜进行碳化腐蚀试验，总压30MPa(氮气7MPa，$CO_2$ 23MPa)，温度90℃。水泥石养护达到规定时间后，进行水泥石孔径分布及微观结构等分析试验。制取微观分析试样时，腐蚀前水泥石样品取心部的硬化部分，腐蚀后水泥石样品取5mm厚以内的表层部分。

### 1.2.2 微观分析方法

采用Nanoscope IIIa扫描探针显微镜(AFM)对上述经过48h养护AB两组聚合物溶液进行形态结构表征。工作模式：Tapping。探针型号：RTESP。工作频率：86kHz。力常数：1~5N/m。

采用Nicolet560型傅里叶变换红外光谱仪(FTIR)对上述经过48h养护AB两组聚合物溶液进行化学结构表征，每次称取样品及KBr质量相同，用于定量分析，分辨率为$4cm^{-1}$，扫描次数为32，扫描范围为$400~4000cm^{-1}$。

采用Autopore Ⅳ 9510型压汞仪对水泥石的孔径特征进行测定，试验最大压力为400MPa，可测孔径范围为$(3~3.14)×10^5nm$。

用X'Pert MPD PRO型X射线衍射仪(Cuka工作电压为45kV，工作电流为200mA)对水泥石的物相组成进行分析。测量模式：连续扫描。扫描速率：8°/min。

采用Quanta450型扫描电镜(美国FEI公司)在高真空模式下对水泥石腐蚀前后微观形貌进行扫描分析。

## 2 结果与讨论

### 2.1 聚合物(ERR)环境响应性实验

将聚合物配制成质量分数为 4.0%，pH 值分别为 5.0、12.0 的水溶液，模拟水泥浆体系及 $CO_2$ 腐蚀养护环境，在 90℃水浴中进行定期养护。

由图 1 和图 2 可知，聚合物(ERR)在 3700～3300cm$^{-1}$ 高波数区间主要表现为酰胺和羟基特征峰，3446cm$^{-1}$ 处特征峰源于酰胺基中 N—H 和羟甲基中 O—H 伸缩振动，3639cm$^{-1}$ 处特征峰也源于伯酰胺基中 N—H 伸缩振动；酰胺基团和醚键的特征峰主要出现在低波数区段，1650cm$^{-1}$ 和 1249cm$^{-1}$ 处特征峰分别归属于酰胺基团中羰基(C═O)和 C—N 伸缩振动，1541cm$^{-1}$ 和 1379cm$^{-1}$ 处特征峰源于酰胺基团中 N—H 的面内弯曲振动，1112cm$^{-1}$ 和 1026cm$^{-1}$ 处特征峰分别源于羟甲基和醚键中 C—O 的面内弯曲振动及不对称伸缩振动，通过红外分析可知，聚合物(ERR)含有羟甲基(—CH$_2$—OH)、酰胺、醚键等活性官能团。

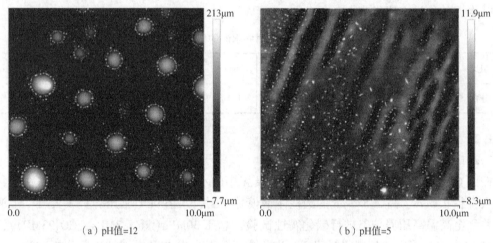

（a）pH值=12　　　　　　　　　　　（b）pH值=5

图 1　聚合物(ERR)在不同 pH 值水溶液中的分布形态

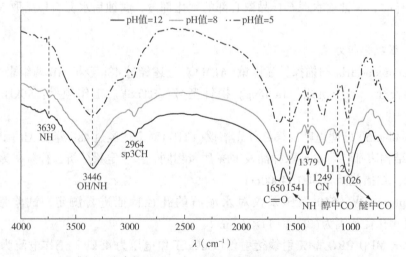

图 2　聚合物(ERR)在不同 pH 条件下的红外谱图

由聚合物溶液的原子力图(图 3)看到，在碱性环境中形态未发生明显变化，仍为均匀分散的液滴状，而在酸性环境中发生明显变化，呈现相互交联的网状结构；在 pH 值＝5.0

的条件下，聚合物红外谱图发生明显变化，主要表现为伯酰胺中 N—H 的伸缩振动峰（3639cm$^{-1}$）和面内弯曲振动峰（1541cm$^{-1}$）减小，酰胺基中 N—H 和羟甲基中 O—H 伸缩振动峰（3446cm$^{-1}$）强度降低且变宽，仲酰胺中 N—H 的面内弯曲振动峰（1379cm$^{-1}$）和羟甲基中 C—O（1112cm$^{-1}$）的面内弯曲振动峰减小，醚键中 C—O（1026cm$^{-1}$）不对称伸缩振动峰降低，表明聚合物分子中羟甲基、胺基官能团减少，亚胺基及醚键增多，发生缩合反应，线型缩聚物转变成具有三维网络结构的体型聚合物。

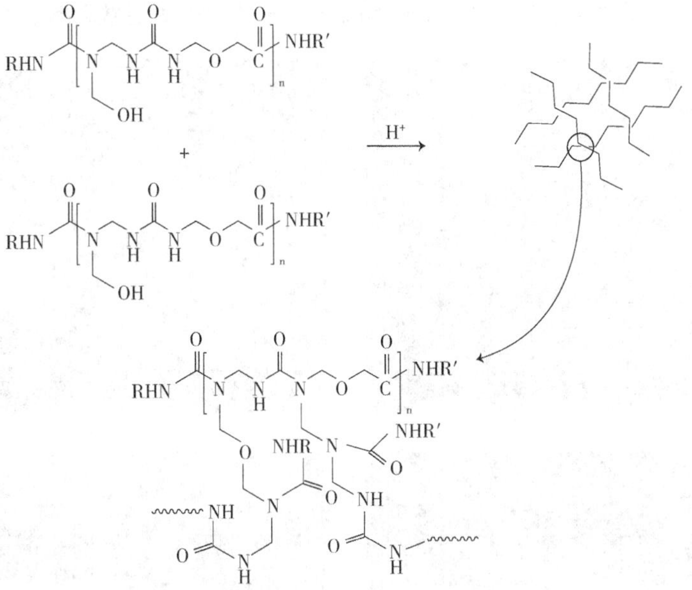

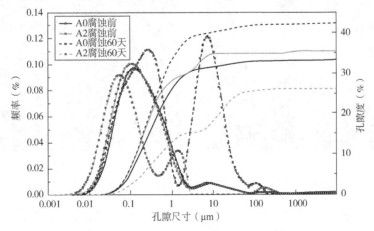

图 3　聚合物（ERR）酸性条件下的缩合反应

以上现象说明聚合物（ERR）具有酸性刺激响应性，即是一种酸性环境响应性材料，当溶液为酸性时可促使其呈现一种连续分布的膜状形态，而水泥石在 $CO_2$ 水溶所形成的酸性环境中若能利用这种成膜效应，不仅能减缓酸性介质对其的碳化腐蚀作用，还能通过膜状物质的填充屏蔽作用改善水泥石的微观结构，可能提高固井水泥石的抗腐蚀性及其耐久性。

## 2.2　孔径分布

图 4 为空白水泥石及添加聚合物（ERR）水泥石腐蚀 60 天后的孔隙尺寸分布测试图。

图 4　经过 60 天腐蚀的水泥石孔隙率及孔径分布图

由图 6 可以看出：腐蚀 60 天后，A0 组水泥石中大于 100nm 的有害孔增大 0.76 倍，小于 50nm 的细孔减小 0.27 倍；而 A1、A2 组中大于 100nm 的有害孔分别减小 0.45 倍、0.51 倍，小于 50nm 的细孔增大 0.29 倍、0.32 倍。上述现象表明，A0 组水泥石经过腐蚀之后总孔隙率增大，孔径粗化，有害孔增多，而 A1、A2 组水泥石总孔隙率降低，孔隙细化，细孔增多。此种环境响应型聚合物可以细化水泥石微观结构，利于其耐腐蚀性的改善。

## 2.3 SEM 分析

空白水泥石(A0 组)和聚合物水泥石(A2 组)腐蚀 60 天时的表层微观形貌，结果如图 7 所示。

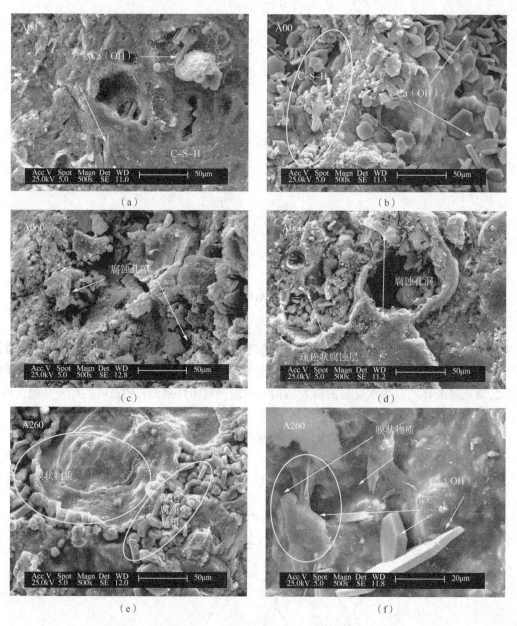

图 5 不同水泥石经过 60 天 $CO_2$ 腐蚀后的电镜扫描图片

由图 5 中两组水泥石显微形貌可知，经过 60d 腐蚀的水泥石(A060)表面平整度降低，腐蚀痕迹明显，整体呈现多孔疏松状，主要表现为产生大量腐蚀孔隙[图 5(c)中标记所示]

及大尺寸腐蚀孔洞[图5(d)中标记所示]，水化产物 Ca(OH)$_2$ 晶体已经"支离破碎"难以分辨，C—S—H 凝胶呈现无规疏松堆积状，颗粒感明显增强[图5(e)中腐蚀晶相可能为碳化产物 CaCO$_3$ 及 Ca(OH)$_2$ 晶体残体]，"支离破碎"的 Ca(OH)$_2$ 晶体与疏松多孔的 C—S—H 凝胶之间出现明显孔隙。

相对于 A060 水泥石碳化腐蚀形貌，添加聚合物的水泥石(A260)经过60天腐蚀之后，水泥石表面除了形貌清晰的六方片状 Ca(OH)$_2$ 晶体[图5(e)、[图5(f)中标记所示]外，还出现一层明显的膜状物质[图5(e)、图5(f)中标记所示]，覆盖于 C—S—H 凝胶、Ca(OH)$_2$ 晶体之上[图5(e)中标记所示]，或者与两者交互生长[图5(f)中标记所示]，形成一层坚硬致密的膜状物质，此物质避免了 A060 水泥石中 Ca(OH)$_2$ 晶体和 C—S—H 凝胶被腐蚀后大量微孔隙及孔洞的出现。

两组水泥石腐蚀前后微观形貌表明，环境响应型聚合物(ERR)的加入在一定程度上改善了水泥石的微观结构以及保持了水化产物的完整性。

### 2.4  XRD 分析

空白水泥石(A0组)和聚合物水泥石(A2组)腐蚀60天时的表层水化产物的 XRD 分析，结果如图6所示。

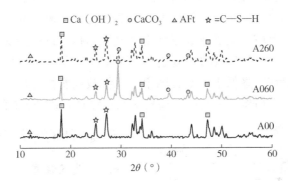

图6  不同水泥石经60天腐蚀后水化产物的 XRD 谱图

两组水泥石的 XRD 谱图显示，腐蚀60天后，A0 水泥石(A060)谱图中 Ca(OH)$_2$ 衍射峰、C—S—H 凝胶衍射峰强度出现明显降低，同时出现大量腐蚀产物(29.554°、39.507°、43.308°)CaCO$_3$ 衍射峰，而 A2 水泥石(A260)中 Ca(OH)$_2$、水化硅酸钙凝胶 C—S—H 衍射峰强度只是发生轻微下降，仅出现少量 CaCO$_3$ 衍射峰；说明 A0、A2 两种水泥石水化产物 Ca(OH)$_2$、C-S-H 均与湿相 CO$_2$ 发生化学反应，但新相碳酸钙产物衍射峰强度表明 A2 反应程度低于 A0，说明聚合物(ERR)可以提高水泥石的抗 CO$_2$ 腐蚀性能。

### 2.5  聚合物(ERR)的作用机理

聚合物改善水泥石抗 CO$_2$ 腐蚀性能的作用机理分析，主要表现为两个方面。

(1)增加水化产物包被层厚度，减少与离子交换源接触机会。

如图7所示，聚合物 ERR 含有的亲水基团(CH$_2$—OH、—NH—、—NH$_2$)，吸附于水泥石颗粒表面产生溶剂化作用，使得水化硅酸钙(C—S—H)凝胶包被层厚度增加，一定程度上减少了酸性腐蚀介质与离子交换源[Ca(OH)$_2$、C—S—H]接触的机会。由此可见水化硅酸钙凝胶包被层不仅增大酸性腐蚀介质透过包被层进入水泥石进行碳化腐蚀反应的阻力，还减少了水化产物中 Ca$^{2+}$ 和 OH$^-$ 透过包被层接触酸性介质的机会，从而改善了水泥石的抗

$CO_2$ 腐蚀性能。

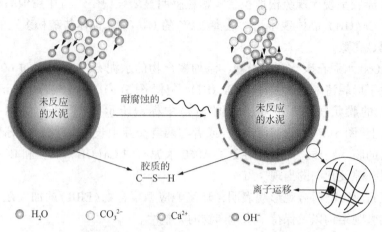

图7 聚合物(ERR)包覆水泥颗粒及离子运移示意图

（2）酸性环境响应形成"膜状物质"，阻断酸性腐蚀介质渗入通道。

由聚合物(ERR)不同环境中的红外谱图(图5)分析可知，在酸性(pH 值小于7)条件下，环境响应型聚合物(ERR)分子链结构中大量活性官能团羟甲基($—CH_2—OH$)之间或者与酰胺基发生脱水缩合反应，交联形成三维空间网络结构，进一步交联形成具有致密网状结构的膜状物质(图7)，这种膜状物质覆盖于遇酸腐蚀水泥石表面形成"屏蔽层"或者填充于孔洞之中对其进行封堵，降低水泥石孔隙率，减缓酸性腐蚀介质向水泥石内部的渗入速率，从而达到抵抗酸性介质侵蚀的目的。提高水泥石抗 $CO_2$ 腐蚀性能的目的。

## 3 新型聚酯抗 $CO_2$ 窜逸弹性扶正器

### 3.1 技术原理

聚酯扶正器的本体设计采用内外腔室结合结构，填充自修复剂(ERR)，使其具备 $CO_2$ 酸性自响应特性，扶正器与水泥环组合体界面处，一旦遭遇 $CO_2$ 酸性介质，随即响应形成非渗透三维网状固化保护膜，提高扶正器处水泥环密封封隔及防 $CO_2$ 窜逸能力(图8)。

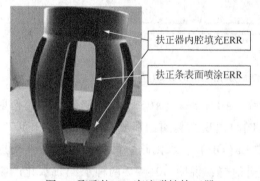

图8 聚酯抗 $CO_2$ 窜逸弹性扶正器

### 3.2 技术参数

聚酯扶正器综合性能(表2)满足相关标准。

表2 聚酯扶正器相关参数

| 性能 | 参数 |
|---|---|
| 尺寸 | 215.9mm×139.7mm |
| 最大启动力 | 281.4kg |
| 最小恢复力 | 234.1kg |
| 67%偏心间隙时的恢复力 | 590.2kg |
| 自修复壳强度 | ≥8.0MPa(7d/85℃) |
| 裂缝自修复率($d$=0.015mm) | ≥85%(7d/$CO_2$分压25MPa85℃) |
| 套管(N80)缓释率 | ≥70%(7d/$CO_2$分压25MPa85℃) |

## 4 长庆CCUS区块应用情况

黄3区和黄138区为CCUS国家重点项目$CO_2$注采试验区，在注入井近井地带（长8层）$CO_2$浓度大于99%。针对新塬注入层可能面临的腐蚀问题，采用抗$CO_2$腐蚀增强水泥浆体系全井段封固注采层（2800m左右），聚酯抗$CO_2$窜逸弹性扶正器加放25只，提高注采井筒水泥环密封完整性，保障$CO_2$安全地质封存与高效驱油增产。

在上述注采区块完成先导试验和推广共计81口井，固井一界面优质率100%，二界面优质率大于80%，固井质量合格率100%，优质率不小于93.9%，应用效果良好（图9）。

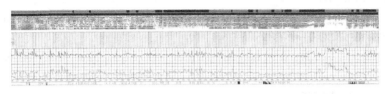

图9　黄3区CCUS注采井新塬3X-1XX井固井一二界面声幅图

## 5 结论

（1）聚合物（ERR）中含有羟甲基（—$CH_2$—OH）、酰胺、醚键等活性官能团，在酸性条件下发生通过缩合交联形成具有三维网络结构的膜状分布形态，即具有酸性响应特性。

（2）聚合物（ERR）对腐蚀后的水泥石微观结构产生明显影响，有害孔（大于100nm）减少0.51倍，微细孔（小于50nm）增大0.32倍，总孔隙率降低16.31%，使得水泥石孔径细化，利于抗腐蚀性能的改善；

（3）智能响应抗$CO_2$腐蚀增强技术将聚合物（ERR）与高强聚酯扶正器进行科学集成，水泥环与扶正器组合体遇到酸性介质侵蚀时，聚合物（ERR）随即酸性刺激响应形成一种连续分布的膜状物质，有效阻止减缓$CO_2$环空窜逸，为了提高CCUS井筒密封完整性提供了新思路及技术支撑，国内首创。

（4）该技术在黄3区和黄138区完成先导试验和推广共计81口井，固井质量合格率100%，优质率不小于93.9%，应用效果良好。

## 参 考 文 献

[1] ABID K., R. G, CHOATE P, NAGAR B H, et al. A review on cement degradation under $CO_2$-rich environment of sequestration projects[J]. Nat. Gas Sci. Eng., 2015, 27：1149-1157.

[2] 张景富，徐明，朱健军，等．二氧化碳对油井水泥石的腐蚀[J]．硅酸盐学报，2007，35（12）：1651-1656.

[3] 诸华军，姚晓，王道正，等．活性外掺料提高油井水泥石抗二氧化碳腐蚀能力研究[J]．钻井液与完井液，2011，39（4）：40-43.

[4] A. Santra, B. R. Reddy, F. Liang, R. Fitzgerald. Reaction of $CO_2$ with portland cement at downhole conditions and the role of pozzolanic supplements, SPE International Symposium on Oilfield Chemistry [J]. Society of Petroleum Engineers, Woodlands, 2009.

[5] E. Gruyaert, P. Van den Heede, N. De Belie. Carbonation of slag concrete：effect of the cement replacement level and curing on the carbonation coefficient - effect of carbonation on the pore structure [J]. Cement

Concr. Compos. 2013, 35 (1): 39-48.

[6] YUAN B, WANG Y Q. Carbonation resistance cement for $CO_2$ storage and injection wells[J]. Journal of Petroleum Science and Engineering, 2016, 146: 883-889.

[7] V. Barlet-Gouedard, G. Rimmele, O. Porcheri, et al. A solution against well cement degradation under $CO_2$ geological storage environment [J]. Int. J. Greenh. Gas Control. 2009, 3: 206-216.

[8] 代丹, 岳蕾, 罗宇维, 等. 聚合物对油井水泥石微观结构和抗腐蚀性能的影响[J]. 电子显微学报, 2016, 35(3): 235-238.

[9] JAIN B, RAITURKAR A M, HOLMES C. Using particle size distribution technology for designing high density, high performance cement slurries in demanding frontier exploration wells in south oman[R]. New Delhi, India: IADC, 2000.

[10] YANG Y G, WANG Y Q. Carbonation resistance cement for $CO_2$ storage and injection wells[J]. Journal of Petroleum Science and Engineering Volume 146, 2016, Pages 883-889.

[11] Guan XL, Liu X Y, Su Z X, et al. The preparation and photophysical behaviors of fluorescent chitosan bearing fluorescein: potential biomaterial as temperature/pH probes[J]. Journal of Applied Polymer Science, 2007, 104(6): 3960-3966.

[12] Guan XL, Liu X Y, Su Z X, et al. The preparation and photophysical behaviors of temperature/pH sensitive polymer materials bearing fluorescent[J]. Reaction and Functional Polymers, 2006, 66(11): 1227-1239.

[13] Zhang J Z, Chen H, Pizzi A, et al. Characterization and applicaton of urea-formaldehyde condensed resins as wood adhesives [J]. Bio Resources, 2014, 9(4): 6267-6276.

# 难动用非常规页岩油超临界 $CO_2$ 准干法压裂技术

## ——以吐哈油田三塘湖及吉木萨尔页岩油储层研究为例

王　勇　王永康　沈彬彬　李一朋

(中国石油西部钻探工程有限公司吐哈井下作业公司)

**摘　要**　本文针对吐哈油田非常规页岩油地下原油黏度高、油水置换效率低导致的加砂压裂后高含水周期长、水平井累计产量低等开发技术难题，开展 $CO_2$ 压裂造缝、增能降黏、渗析置换等提高采收率机理研究，并通过室内筛选评价 $CO_2$ 增稠剂、优化 $CO_2$ 准干法压裂液体系性能，配套地面工艺流程，形成了非常规页岩油超临界 $CO_2$ 准干法压裂技术，通过在三塘湖马郎凹陷芦草沟页岩油开展现场试验，取得了较好的应用效果。

**关键词**　页岩油；油水置换；超临界 $CO_2$；$CO_2$ 增稠剂；加砂压裂

非常规页岩油储层具有低孔隙度、低渗透率[1-2]，部分区块原油黏度高、水敏性强等特征。直井常规压裂增产技术无法实现该类型油藏储量的有效动用，压裂后生产特征表现为产量递减快、累计产量低、采收率低等[3]。水平井多段多簇体积压裂技术通过提高储层改造体积，一定程度解决了非常规页岩油储层累计产量低的技术难题，但受限于油水置换效率低，无法有效提高油藏采收率。近年来为提高非常规页岩油储层整体采收率，发展了前置 $CO_2$ 压裂技术，该技术是在每段压裂前，低排量($1.0\sim3.0\,\mathrm{m^3/min}$)注入一定体积的液态 $CO_2$，利用 $CO_2$ 增能、降黏、原油萃取等技术特点，提高微小孔隙中原油流动能力，从而提高采收率，但是该技术并不能降低水相的用量，同时前置液态 $CO_2$ 黏度低(小于 $0.1\,\mathrm{mPa\cdot s}$)，不具备携砂能力，不能充分发挥 $CO_2$ 的整体优势。常规砂岩 $CO_2$ 干法压裂及 $CO_2$ 准干法压裂技术已经开展小规模现场试验，其中 $CO_2$ 干法压裂技术受需专用密闭式混砂设备，成本高，液态 $CO_2$ 增黏后黏度低(小于 $15\,\mathrm{mPa\cdot s}$)，加砂规模小(小于 $40\,\mathrm{m^3}$)，砂比低(小于 $15\%$)等限制，导致人工裂缝得不到有效支撑，工艺技术适用性偏差，技术无法推广。砂岩储层超临界 $CO_2$ 准干法压裂技术采用常规压裂设备，以增黏液态 $CO_2$ 和增黏压裂液作为改造液，在减少水相用量的同时，大幅度提高了加砂规模，一定程度解决了致密砂岩气藏水敏、水锁伤害严重的难题，有效提高了致密砂岩气藏的措施效果，但非常规页岩储层与常规砂岩储层岩性特征、流体特征及压裂改造理念等均具有较大差异，砂岩储层超临界 $CO_2$ 准干

---

【第一作者简介】王勇，男，本科，工程师，1981 年 9 月出生，2004 年 7 月毕业于中国石油大学(华东)石油工程专业，目前在西部钻探吐哈井下作业公司储层改造中心从事压裂酸化新技术研发及推广工作，二级工程师，18660728540，新疆鄯善县城新城东路 1967 号吐哈井下作业公司，838200，107278360@qq.com

法压裂技术在非常规页岩储层不适用。因此，针对以上非常规页岩油提高采收率压裂技术难题及技术现状，需要开展一种适用于非常规页岩储层的超临界$CO_2$准干法压裂技术研究。

## 1 吐哈油田难动用非常规页岩油开发存在的问题

### 1.1 地层原油黏度高，流动性差

三塘湖马中致密油地下（60~70℃）原油黏度58~83mPa·s，50℃时原油黏度97.4~351mPa·s，属中黏、高蜡、中凝油藏，地下原油渗流阻力大；吉木萨尔凹陷吉28块芦草沟页岩油下甜点地下原油黏度30~50mPa·s，压后返排高含水周期长。

### 1.2 油水置换效率低，单井措施周期增油效果变差

三塘湖马中致密油经过多年理论实践探索，形成井网加密+水平井缝网体积压裂+老井注水补能吞吐采油的开发技术路线，储量动用明显提高；随着水吞吐等三次采油技术推广实施，第5~6轮注水吞吐后，单井周期增油量低于200t，油水置换效率逐渐降低。

### 1.3 非常规产量自然递减快，单井产量及累计产量低

马中及准东吉木萨尔页岩油等非常规油藏作为吐哈油田主力建产区块，均采用衰竭式方式开发，存在压后单井产量及累计产量低、年自然递减率高等开发技术难题。

## 2 $CO_2$提高采收率技术研究

### 2.1 压裂造缝机理研究

通过设计三轴物模实验装置，开展了三塘湖条湖、芦草沟、吉木萨尔芦草沟组页岩油储层岩心破岩机理研究，得出以下结论：超临界二氧化碳具有较高的破岩能力，具有更小的破岩压力，当岩心具有大量的弱面时，超临界二氧化碳更倾向于沿填充缝的弱面迅速张开，从而形成复杂的缝网。不同区块页岩油岩心具有不同的破裂及裂缝延伸规律。其中三塘湖芦草沟、吉木萨尔上甜点芦草沟页岩油可以产生复杂的缝网（破裂压力高于超临界压力），但其所产生的微裂缝宽度小，难以观察到；三塘湖条湖组及吉木萨尔下甜点芦草沟组（破裂压力低于超临界压力），超临界二氧化碳压裂后形成两翼缝，其缝宽小于0.5mm，在岩心中沿填充缝弱面迅速扩张，形成复杂缝网，岩心完全破碎（图1）。

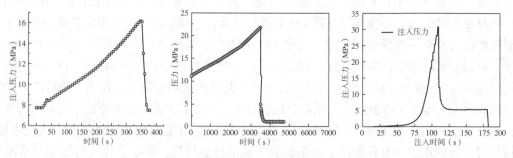

图1 不同压裂岩样的岩样破裂压力

### 2.2 增能降黏机理研究

通过$CO_2$加气膨胀试验，研究注入$CO_2$后试验区地层原油相态的变化情况。加气膨胀试验是在一定压力下对地层原油进行若干次注气，每次注气后测试体系饱和压力、体积系数、黏度、组成等参数变化。实验结果表明：注入$CO_2$后，地层原油体积明显膨胀，随着加入

原油中的 $CO_2$ 越多，体积膨胀系数越大(图2)。由于 $CO_2$ 在原油中溶解度随压力的增高而增大，因此提高注入压力，$CO_2$ 膨胀原油体积的能力增强，有利于提高驱油效率；且一旦注入 $CO_2$ 后，地层原油的黏度就大幅度下降，体系黏度随着加入原油中的 $CO_2$ 量增多而降低，但降黏幅度也随 $CO_2$ 量的增加逐渐趋小(图3)。

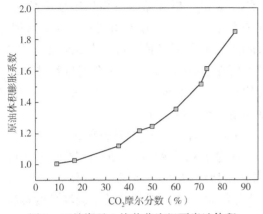

图2　三塘湖马1块芦草沟组页岩油体积
膨胀系数与 $CO_2$ 注入量的关系曲线

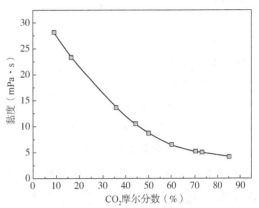

图3　三塘湖马1块芦草沟组页岩油
黏度与 $CO_2$ 注入量的关系曲线

### 2.3　渗析置换效率研究

在压裂过程中，大量的压裂液能够进入储层基质中，有效提高了地层压力。目前，$N_2$、水和 $CO_2$ 是压裂过程中最常用的压裂介质。然而，除了形成复杂裂缝外，不同种类压裂液的基质置换效应也起着至关重要的作用。由于油—压裂液混合物的相行为不同，导致 $N_2$、$CO_2$ 和水的基质置换效果不同，直接反映不同压裂液基质的原油置换效果。因此，本文对不同压裂液的基质置换效果进行了综合研究。通过室内实验方式评估了不同压裂液的压力增强和维持能力，并结合在线核磁共振方法(NMR)评价了不同压裂液的原油置换效果，结合油藏压力变化趋势进一步明确了 $CO_2$ 较好地提高原油采收率特征，实验结果见表1。

表1　不同体系微观采收率情况

| 压裂液 | 大孔 | 小孔 | 累计采收率 |
| --- | --- | --- | --- |
| 水 | 6.98% | 0.3% | 6.37% |
| $N_2$ | 8.92% | 13.53% | 9.39% |
| $CO_2$ | 9.91% | 14.51% | 10.19% |

## 3　$CO_2$ 准干法压裂液体系配方优化

超临界 $CO_2$ 准干法压裂液体系中含20%~40%的水相及60%~80%的 $CO_2$ 相，水相通过水相增稠剂增黏后形成水相压裂液，$CO_2$ 相通过 $CO_2$ 相增稠剂增黏后形成 $CO_2$ 相压裂液，一定比例(20%~40%)的水相压裂液与一定比例(60%~80%)的 $CO_2$ 相压裂液通过搅拌，均匀混相后形成超临界 $CO_2$ 准干法混相增黏压裂液体系(配方：20%~40%水+60%~80%$CO_2$+0.8%~1.2%水相增稠剂+1.0%~1.5%$CO_2$ 相增稠剂)。混相压裂液配方及最佳水碳比优化方法是通过以下室内评价实验实现的。

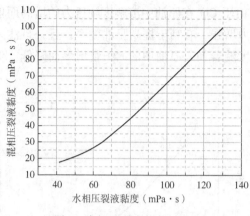

图 4　水相压裂液黏度与混相
压裂液黏度对应关系图

## 3.1　水相增稠剂浓度优化

固定水相、$CO_2$ 相比例及 $CO_2$ 相增稠剂浓度，分别测试不同温度、不同水相增稠剂浓度条件下水相压裂液黏度和混相压裂液黏度，并绘制水相压裂液黏度与混相压裂液黏度对应关系图（图 4）。随水相增稠剂浓度降低，混相压裂液黏度迅速下降，若保证混相压裂液黏度在 50mPa·s 以上安全携砂性能要求，需优化水相压裂液黏度大于 85mPa·s，对应水相增稠剂浓度 1.0%。

## 3.2　水相与 $CO_2$ 相比例优化

固定水相增稠剂与 $CO_2$ 相增稠剂浓度，分别测试不同温度、不同水碳比条件下的混相增黏压裂液黏度，并绘制不同温度条件下混相增黏压裂液黏度图（图 5、图 6、图 7）。当水碳比为 30∶70 时混相增黏压裂液黏度最高，为最优水碳比。随着水相比例的增加，黏度快速下降。

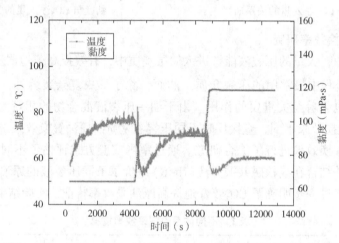

图 5　50℃、70℃、90℃，水碳比 30∶70 条件下混相压裂液黏度图

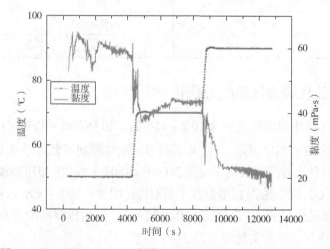

图 6　50℃、70℃、90℃，水碳比 35∶65 条件下混相压裂液黏度图

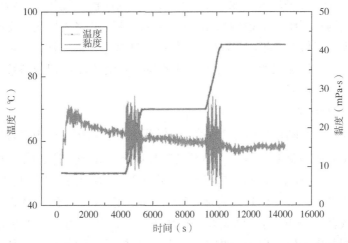

图 7 50℃、70℃、90℃，水碳比 35∶65 条件下混相压裂液黏度图

## 4 超临界 CO₂ 准干法压裂技术实施步骤

非常规页岩油超临界 $CO_2$ 准干法压裂工作方法是通过以下方式实现的：以吐哈油田三塘湖芦草沟组页岩油马 XX 井超临界 $CO_2$ 准干法压裂工作方法为例进行说明。

### 4.1 压前准备

第一步，水相流程排空及试压。水相地面高压管汇和井口试压值达到压裂设计要求。第二步，气相扫线。利用气态 $CO_2$ 依次对分配器、增压泵、压裂泵车等低、高压系统进行清理、干燥，直至扫线末端出口无杂质。第三步，气相试漏。利用气态 $CO_2$ 对高低压系统进行试漏，使系统压力与 $CO_2$ 专业运输槽车储罐压力一致，检查有无漏点。第四步，系统循环冷却。气相试漏合格后，依次开启 $CO_2$ 专用运输槽车储罐液相阀门、增压泵循环（吸入和排出）阀门、增压泵气液分离罐排放阀，待液面高于气液分离罐 2/3 处时，关闭增压泵气液分离罐排放阀，打开 $CO_2$ 相排空立管阀门，启动增压泵和压裂泵，控制排空回压，所有压裂泵车进行系统外循环冷却。第五步，$CO_2$ 相注入流程试压。循环冷却所有设备和管线，泵腔中充满液态 $CO_2$ 后切换试压流程。启动压裂泵，采用液态 $CO_2$ 对液态 $CO_2$ 压裂高压管线和压裂设备试压，试压值根据压裂设计中的相关要求确定，试压合格后，准备进入压裂泵注施工流程。

### 4.2 压裂泵注

第一步，泵注水相增黏预前置液。采用水相压裂注入流程，以 1.5m³/min 泵注排量泵注水相增黏预前置液 20m³，地层破裂泵压稳定后，打开 $CO_2$ 相注入流程。第二步，泵注前置混相压裂液。采用压裂泵车，将水碳比 40∶60 增黏混相压裂液体系，以 12m³/min 泵注排量注入地层（1.2% 水相增稠剂、1.5% $CO_2$ 相增稠剂使用比例泵通过混砂车伴注，水相压裂液、$CO_2$ 相压裂液通过高压汇通在井口混相）。前置混相压裂液量占总液量的 35%。第三步，泵注携砂混相压裂液。将水碳比 30∶70 至 35∶65 增黏混相压裂液体系，以 8.5 ~ 9.5m³/min 泵注排量注入地层（1.2% 水相增稠剂、1.5% $CO_2$ 相增稠剂使用比例泵通过混砂车伴注，水相压裂液、$CO_2$ 相压裂液通过高压汇通在井口混相）。70 ~ 140 目 +40 ~ 70 目 +20 ~ 40 目石英砂支撑剂按照粒径由小到大顺序，通过混砂车台阶式加注到水相增黏压裂液中，控制最高砂比 65%，平均砂比 43.8%。第四步，泵注携砂混相压裂液阶段，通过混砂车取样口，实时监测水相压裂液携砂性能。第五步，泵注水相顶替液。支撑剂数量达到设计加砂要求后，逐步降低 $CO_2$ 相增稠剂、$CO_2$ 相压裂液排量至停止注入，同步提高水相增稠剂、水相压裂液排量，保证水相压裂液注入排量与携砂液阶段混相压裂液排量一致，将井筒中携砂液全部挤入地层后停泵。

### 4.3 闷井及放喷控制

第一步，闷井。压裂结束后闷井 15 天，确保液态 $CO_2$ 相在地层中通过升温至超临界温度以上，达到压裂前地层温度 52.4℃，达到超临界状态，充分发挥超临界 $CO_2$ 增能、降黏、原油萃取等技术优势，$CO_2$ 有效封存在地层中，并确保压后放喷过程中支撑剂不回流。第二步，放喷求产。放喷过程中，控制放喷管线节流管汇下游压力高于 1.0MPa，放喷管线节流管汇下游压力降低至 1.0MPa 时，则关井进行压力恢复，待压力高于 1.0MPa 时继续放喷。井口及放喷出口配备排风扇，保证返排 $CO_2$ 气体及时扩散。配备相应气体检测仪，严密监测井场周围 $CO_2$ 浓度情况。

## 5 现场应用情况

2023 年 11 月，超临界 $CO_2$ 准干法压裂技术在三塘湖芦草沟页岩油藏马 XX 井首次开展现场试验。入井总液量 1143.6m³，入井二氧化碳 605.9t，入井总砂量 71.1m³，最大混相排量 11.6m³/min，水相最高砂比 65%，混相最高砂比 25%，混相平均砂比 15.2%。闷井 15 天后开井放喷，放喷 6 天见油，放喷 30 天，日产油达到 8.3t。与初次同层同规模常规压裂技术对比，含油上升速度更快，同期累计产油提升 10.1%。效果对比见表 2。

表 2　马 XX 井 $CO_2$ 准干法重复压裂技术与初次常规压裂技术效果对比

| 压裂层位 | 措施日期 | 液量(m³) | 砂量(m³) | 措施前 | | 措施后初期 | | 累计 | |
|---|---|---|---|---|---|---|---|---|---|
| | | | | 日产液(m³) | 日产油(t) | 日产液(m³) | 日产油(t) | 增油(t) | 天数(d) |
| 1735-1757 | 2019.7.16 | 1464.1 | 66.2 | 0 | 0 | 20.9 | 6.7 | 207 | 70 |
| 1735-1757 | 2023.11.8 | 1143.6 | 71.1 | 0.7 | 0.5 | 11.1 | 8.3 | 228 | 70 |

## 6 认识与结论

(1) 实验结果表明，超临界 $CO_2$ 具有较高的破岩能力，具有更小的破岩压力，当岩心具有大量的弱面时，超临界 $CO_2$ 更倾向于沿填充缝的弱面迅速张开，从而形成复杂的缝网。

(2) 实验结果表明，水碳比为 30:70 时混相压裂液体系黏度最高，携砂性能好，为最优水碳比。随着水的增加，黏度快速下降，且在水碳比相同的情况下，超临界 $CO_2$ 液体体系对温度敏感，随着温度的上升，该液体体系黏度降低。

(3) 实验结果表明，注入 $CO_2$ 后，地层原油体积明显膨胀，随着加入原油中的 $CO_2$ 越多，体积膨胀系数越大。由于 $CO_2$ 在原油中溶解度随压力的增高而增大，因此提高注入压力，$CO_2$ 膨胀原油体积的能力增强，有利于提高驱油效率。

(4) 实验结果表明，一旦注入 $CO_2$ 后，地层原油的黏度就大幅度下降，体系黏度随着

加入原油中的 $CO_2$ 量增多而降低，但降黏幅度也随 $CO_2$ 量的增加逐渐趋小。

（5） $CO_2$ 相达到超临界状态后，渗析置换原油效果最好，因此针对难动用非常规页岩油储层，压裂后进行闷井作业，使液态 $CO_2$ 升温至超临界状态温度（31.26℃）以上，是提高 $CO_2$ 渗析置换原油效率的关键。

## 参 考 文 献

[1] 范谭广，徐雄飞，范亮，等．三塘湖盆地二叠系芦草沟组页岩油地质特征与勘探前景[J]．中国石油勘探．2021，26（4）：125-136．

[2] 马克，侯加根，董虎，等．页岩油储层混合细粒沉积孔喉特征及其对物性的控制作用——以准噶尔盆地吉木萨尔凹陷二叠系芦草沟组为例[J]．石油与天然气地质．2022，43（5）：1194-1205．

[3] 刘合，匡立春，李国欣，等．中国陆相页岩油完井方式优选的思考与建议[J]．石油学报．2020，41（4）：489-496．

[4] 刘安．二氧化碳干法压裂技术的应用及优缺点[J]．化工管理．2020（13）：86-87．

[5] 吴辰，朱沫，欧宇钧，等． $CO_2$ 干法压裂用增稠剂的发展现状[J]．化工技术与开发．2023，52（3）：38-44．

[6] 罗成． $CO_2$ 准干法压裂技术研究及应用[J]．石油与天然气化工．2021，50（2）：83-87．

[7] 卫颖菲，曹永波，罗向东，等． $CO_2$ 准干法压裂技术在鄂尔多斯盆地低压致密气藏的应用[J]．化学工程与装备．2023（10）：5-7．

[8] 贾光亮．东胜气田超临界 $CO_2$ 复合干法压裂技术试验[J]．重庆科技学院学报（自然科学版）．2018，20（2）：24-27．

# 地热井纳米流体强化换热模拟分析

刘夕源　尹　飞

（成都理工大学能源学院）

**摘　要**　油田地热是地热资源的重要组成部分，然而当前油田地热的开发受限于井下换热效率较低，难以实现大规模开采。针对油田地热开采井下换热效率低的问题，采用传热性能较好的纳米流体代替水作为油田地热开采的循环工质，选取 SiC-EG/W、CuO-H$_2$O、Al$_2$O$_3$-H$_2$O、ZrC-EG/W 四种纳米流体。采用有限体积法，建立全尺寸三维地层—井筒传热数值模型，对纳米流体在地热井开发中的换热效果进行分析，从进出口温度、采热功率及井筒压降评价了不同循环工质的换热效果，并将不同种类的循环工质的换热效果进行对比。研究结果表明，纳米流体在进出口温度、采热功率及井筒压降方面均优于液态水；SiC-EG/W 纳米流体的换热效果最好，相较于液态水，SiC-EG/W 纳米流体在出口温度方面提高了19.5%，在采热功率方面提高了 16%。研究可为提高油田地热开发井下换热效率提供参考。

**关键词**　油田地热；循环工质；纳米流体；有限体积法

　　油田地热资源是一种与油气伴生的热能资源，是地热开发中十分重要的部分[1]。国内的许多含油气盆地均具有丰富的地热资源[2]，如安岳气田的井底温度 140~144.9℃[3]，具有油田开采地热的地质条件。油田的地热开发可以直接利用或改装现有的井筒和设备，大幅度降低了地热开发的成本和风险[4]。

　　当前，油田地热开发面临的主要问题是井下换热效率较低，在现有的技术条件下，难以实现油田地热开发的商业化利用[5]。因此，提高井下换热效率对于油田地热开发来说十分重要。目前针对提高油田地热开发过程中的换热效率问题，国内外学者的研究多集中在对于工程参数的合理选择以及地热井保温材料的研发上，如 Caulk[6] 利用 COMSOL 多场软件求解了井下换热器中流体流动和传热问题，预测了获得一定出口温度及用途所需要的注入流量和井深；Noorollahi[7] 通过三维数值模拟发现井筒的几何尺寸对传热具有很大影响；张丰琰[8] 等研究了固井水泥的导热系数对地热井换热的影响。当前国内外学者对于循环工质的研究较少，Nian[9] 等提出良好的地热井循环工质应当具有较高的导热系数和较高的比热。

────────────

【基金项目】四川省自然科学基金：废弃深井改造地热井纳米流体旋流强化传热机制研究（2022NSFSC0249）

【第一作者简介】刘夕源，男，1999 年 5 月出生，硕士研究生，主要从事废弃井地热开发的研究工作。E-mail：2319742091@ qq. com。

【通讯作者简介】尹飞，男，1985 年 3 月出生，成都理工大学副教授，从事井完整性与安全智能钻井技术的研究工作。E-mail：yinfei@ cdut. edu. cn。

本文从改变油田地热的循环工质出发，将常规的液态水循环工质替换为纳米流体，建立了全尺寸三维地层—井筒传热数值模型，从进出口温度，采热功率，井筒压降三个方面分析了纳米流体的换热效果，并与水的换热效果进行对比。

## 1　模型建立

### 1.1　模型设置

为评价纳米流体在实际地热开发中的换热效果，结合实际生产数据，建立了全尺寸三维地层—井筒传热数值模型，模型的相关参数见表1。地热井几何模型如图1所示，模型网格划分结果如图2所示。

表 1　模型几何参数

| 内管外径（mm） | 114.3 | 水泥环内径（mm） | 177.80 |
|---|---|---|---|
| 内管内径（mm） | 103.88 | 水泥环长度（mm） | 500 |
| 外管外径（mm） | 177.8 | 模型深度（mm） | 500 |
| 外管内径（mm） | 161.70 | 地层规格（mm×mm×mm） | 100×100×600 |
| 水泥环外径（mm） | 215.8 | | |

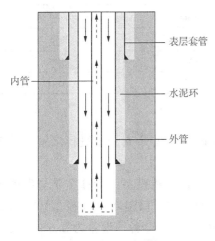

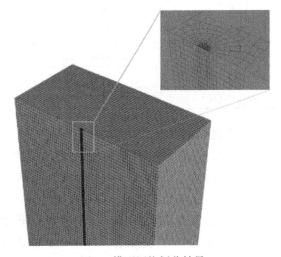

图 1　地热井几何模型　　　　　　　　图 2　模型网格划分结果

### 1.2　模型边界条件设置及控制方程

模型地层温度采用 UDF 设置，流体入口设置为质量入口，入口流速设置为 100L/min；出口设置为压力出口；不同固定域之间的接触设定为耦合壁面，使得热量可以在不同区域传递；流体域内的湍流模型选择 k-e 模型[10]。模型的相关参数见表2。

表 2　模型材料参数

| 材料名称 | 密度（kg/m³） | 比热容[J/(kg·K)] | 导热系数[W/(m·K)] |
|---|---|---|---|
| 液态水 | 998.2 | 4182 | 0.6 |
| 保温管 | 5240 | 310 | 0.05 |
| 导热管 | 7850 | 470 | 46.1 |
| 水泥环 | 1830 | 1900 | 1 |
| 地层 | 2490 | 1100 | 2 |

模型中固体部分发生的热传导控制方程[11]见式(1)：

$$\rho C_p \frac{\partial T}{\partial t} = \nabla (k \nabla T) \tag{1}$$

式中，$\rho$ 为固体密度，$kg/m^3$；$C_p$ 为固体比热容，$J/(kg \cdot K)$；$T$ 为温度，℃；$t$ 为传热时间，$s$；$k$ 为固体导热系数，$W/(m \cdot K)$。

模型中的循环流体与地热井内管及外管的对流换热的控制方程[12]见式(2)。

$$\rho C_p \frac{\partial T}{\partial t} + \rho C_p \vec{v} \nabla T = \nabla (k_{eff} \nabla T) \tag{2}$$

式中，$v$ 为流体流速，$m/s$；$k_{eff}$ 为流体有效导热系数，$W/(m \cdot K)$。

基于实验测试及文献调研[13]，选定了 4 种不同种类的纳米流体，分别为 $CuO-H_2O$，$Al_2O_3-H_2O$，$SiC-EG/W$，$ZrC-EG/W$（浓度均为 2%[14]），具体的热物性参数见表 3。

表 3  循环工质热物性参数

| 工质名称 | 密度(kg/m³) | 导热系数[W/(m·K)] | 比热容[J/(kg·K)] |
|---|---|---|---|
| 水 | 998 | 0.6 | 4182 |
| $CuO-H_2O$ | 1106.4 | 0.65 | 3780.95 |
| $Al_2O_3-H_2O$ | 1058 | 0.652 | 3955.23 |
| $SiC-EG/W$ | 1044 | 0.68 | 4051 |
| $ZrC-EG/W$ | 1285 | 0.7 | 3977 |

### 1.3  模型验证

完成相关设置后，运行模型进行计算，采用 SIMPLE 算法[15]对模型进行求解，采用二阶迎风格式求解动量、能量，PRESTO 算法求解压力。

为保证模型计算的准确性，得到模型计算结果后，还需将模型的计算结果与现场数据进行比较。对比模型的出口温度与实际生产过程中地热井的出口温度[16]，模型计算的出口温度最高值为 173.4℃，实际生产过程中的最高值为 169℃，二者的误差为 2.6%；模型计算的出口温度最终稳定在 94.1℃，实际生产过程中的温度最终稳定在 96℃，二者的误差为 1.6%，综合上述对比结果，二者误差均小于 5%，模型计算结果准确。上述对比结果表明所建立的地热井换热模型的计算结果可靠，与实际工况误差较小。

## 2  结果分析

### 2.1  地热井进出口温度差对比

对五种循环工质的出口温度进行分析，不同循环工质的出口温度的对比如图 3 所示。从图 3 中可知，在出口温度方面，液态水的出口温度为 94.1℃，进出口温度差为 24.1℃；而以纳米流体作为循环工质，地热井的出口温度均大于 95℃，其中 $Al_2O_3-H_2O$ 纳米流体的出口温度达到了 96.7℃，进出口温度差达到了 26.7℃，相较于水，$Al_2O_3-H_2O$ 纳米流体的进出口温度差提升了 10.79%；$ZrC-EG/W$ 纳米流体的出口温度为 96.5℃，进出口温度差为 26.5℃，相较于水，$ZrC-EG/W$ 纳米流体进出口温度差提升了 9.95%；$Cu_2O_3-H_2O$ 纳米流体的出口温度为 96.7℃，进出口温度差为 26.7℃，相较于水，$Cu_2O_3-H_2O$ 纳米流体进出口温度差提升了 9.95%；SiC-EG/W 纳米流体的出口温度最高为 98.8℃，进出口温度差为 28.8℃，为纳米流体中进出口温度差最大的，相较于水，进出口温度差提升了 19.5%。根据以上进出口温度差的对比可以看出，相较于以水作为循环工质，以纳米流体作为循环工质，地热井进出口温度差均有显著提升，其中提升最大的是 SiC-EG/W 纳米流体，进出口温度差相较于以水作为循环工质，提升了 19.5%。这一现象的原因，主要是相对于其他三种纳米颗粒，SiC 纳米颗粒的导热系数更高，因而所制成的 SiC-EG/W 纳米流体的导热系数更高，从管壁处吸收的热量更多，同时 SiC-EG/W 纳米流体的比热容相较于其他种类纳米流体变化不大，因此采用 SiC-EG/W 纳米流体作为循环工质，地热井出口温度相较于采用其他种类的纳米流体更高。

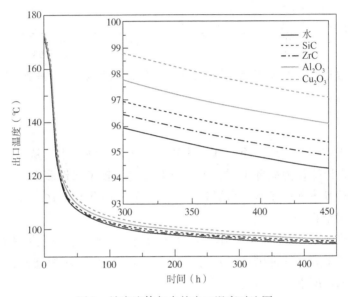

图 3　纳米流体与水的出口温度对比图

### 2.2　采热功率对比

在同一流速下（100L/min），不同种类纳米流体与液态水作为循环工质，地热井的采热功率如图 4 所示。从图 4 中可知，以纳米流体作为循环工质，其采热功率均高于以水作为循环工质。其中，水的采热功率为 167.976kW，SiC-EG/W 纳米流体的采热功率为 195.695kW，相较于水提升了 16%；$ZrC-H_2O$ 纳米流体的采热功率为 175.65kW，相较于水提升了 4.55%；$Al_2O_3-H_2O$ 纳米流体的采热功率为 168.252kW，相较于水提升了 0.1%；$Cu_2O_3-H_2O$ 纳米流体的采热功率为 168.279kW，相较于水提升了 0.1%。在纳米流体中，SiC-EG/W 纳米流体的采热功率提升最大。

### 2.3　井筒压降对比

地热井井筒内的压降也是衡量传热效果的重要指标。在入口温度为 70℃ 的情况下，不同流速对应的井筒内部压降如图 5 所示。由图 5 可知，相较于水，以纳米流体作为循环工质，井筒内部压差有明显提升，其中，$Cu_2O_3-H_2O$ 纳米流体的提升最为明显，以入口流速为 100L/min 的工况为例，此工况下，液态水的压差为 5kPa，而 $Cu_2O_3-H_2O$ 纳米流体的压差为 6.2kPa，提升了 1.2kPa，相较于液态水，提升了 24%。这是因为纳米流体是通过向基液中添加颗粒制成，而纳米颗粒的加入使得循环工质的密度相较于原来的液态水有所提升，而进出口的压力差与循环工质的密度相关。因此密度较高的纳米流体作为循环工质时，其井筒压降相较于液态水有明显上升。

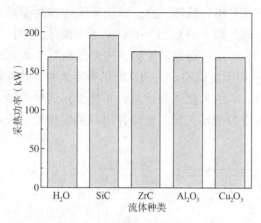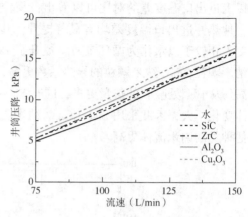

图 4　不同循环工质地热井采热功率对比柱状图　　图 5　不同循环工质地热井井筒压降对比图

## 3　结论

（1）以纳米流体作为循环工质，其换热效果明显好于液态水。从出口温度来看，相较于液态水，以纳米流体作为循环工质，进出口温度差相较于水最多提升了 19.5%，最少提升了 9.95%；采热功率相较于水最多提升了 16%，最少提升了 0.1%；井筒压降相较于水最高提升了 24%，最低提升了 4%。

（2）在纳米流体中，SiC-EG/W 纳米流体作为循环工质的换热效果最好。以 SiC-EG/W 纳米流体作为循环工质，其进出口温差为 28.8℃，采热功率为 195.695kW，均为以纳米流体作为循环工质的情况下的最高值。

### 参　考　文　献

[1] 汪集暘，龚宇烈，陆振能，等．从欧洲地热发展看我国地热开发利用问题[J]．新能源进展，2013，1（1）：1-6

[2] 庞忠和，黄少鹏，胡圣标，等．中国地热研究的进展与展望（1995～2014）[J]．地质科学，2014，49（3）：719-727.

[3] Li, Yufei, She, Chaoyi, Liu, Niannian, et al. Completion difficulties of HTHP and high-flowrate sour gas wells in the Longwangmiao Fm gas reservoir, Sichuan Basin, and corresponding countermeasures. Natural Gas Industry B, 2016, 3(3), 269-273

[4] Nian, & Cheng. Evaluation of geothermal heating from abandoned oil wells. Energy, 2018, 142, 592-607

[5] Wang, Shejiao, Yan, Jiahong, Li, Feng, et al. Exploitation and utilization of OilfieldGeothermal Resources in China. Energies, 2016, 9(10), 798.

[6] Caulk, Tomac. Reuse of abandoned oil and gas wells for geothermal energy production. Renewable Energy, 2017, 112(C), 388-397.

[7] Noorollahi, Pourarshad, Jalilinasrabady, Yousefi. Numerical simulation of power production from abandoned oil wells in Ahwaz oil field in southern Iran. Geothermics, 2015, 55, 16-23

［8］ 张丰琰，李立鑫，代晓光，等．地热井保温水泥导热系数影响因素研究［J］．太阳能学报，2023，44（9）：493-502.

［9］ Yong-Le Nian, Wen-Long Cheng. Insights into geothermal utilization of abandoned oil and gas wells［J］. Renewable and Sustainable Energy Reviews, 2018, 87.

［10］ T. Y. Ozudogru, C. G. Olgun, A. Senol, 3D numerical modeling of vertical geothermal heat exchangers, Geothermics, 2014(51): 312-324.

［11］ Baik YJ, Kim M, Chang KC, et al. Power enhancement potential of a mixture transcritical cycle for a low-temperature geothermal power generation. Energy, 2012, 47: 70-6.

［12］ S. Iry, R. Rafee, Transient numerical simulation of the coaxial borehole heat exchanger with the different diameters ratio, Geothermics, 2019, (77): 158-165.

［13］ Guo W. Laminar convection heat transfer and flow performance of $Al_2O_3$—water nanofluids in a multichannel-flat aluminum tube. Chem Eng Res Des, 2018, 133: 255-63.

［14］ Ebrahimi A. Heat transfer and entropy generation in a microchannel with longitudinal vortex generators using nanofluids. Energy, 2016, 101: 190-201.

［15］ Sajjan P , P. A S , Atsushi S , et al. Field-scale experimental and numerical analysis of a downhole coaxial heat exchanger for geothermal energy production［J］. Renewable Energy, 2022, 182: 521-535.

［16］ Sajjan P , P. A S , Atsushi S , et al. Field-scale experimental and numerical analysis of a downhole coaxial heat exchanger for geothermal energy production［J］. Renewable Energy, 2022, 182: 521-535.

# 油气钻探企业与低碳新能源融合发展思考与启示

李　辉[1,2]　于佩航[1,2]　张　健[1,2]　张　兰[1,2]

(1. 中国石油集团川庆钻探工程有限公司安全环保质量监督检测研究院；

2. 四川科特检测技术有限公司)

**摘　要**　为响应全球气候治理和能源转型的浪潮，各大型石油公司与石油工程技术服务公司均制定了战略方向以及碳减排目标，并加大低碳新能源业务投资、合理布局低碳业务及重视技术研发等。然而，在低碳能源发展之路上，油服公司相比于石油公司在战略发展重点、发展路径、资源分配、技术研发以及投资决策等方面存在差异，油服公司重点倾向于结合自身业务以及技术优势，迅速进入CCUS和地热开发等领域。本文在对比石油公司与油服公司低碳新能源发展区别的基础上，对国际大型石油公司及油服公司发展战略进行分析，针对油服行业占主导地位的钻探企业，从CCUS、地热及可燃冰开采技术等方面提出低碳和新能源发展思考与建议。

**关键词**　钻探企业；低碳；新能源；石油公司；发展分析

随着《巴黎协定》的签署，油气行业应对气候变化的步伐加快了并承担了主要责任。近几年受新冠肺炎疫情、俄乌冲突、油价波动和能源转型影响，传统油气行业投资与利润持续缩减，低碳和新能源行业投资逆势增长[1-2]。各大型石油公司与油服公司均制定了碳减排、碳中和目标，并不断进行战略调整以争取更大生存空间。大型石油公司加大了低碳和新能源业务的投资力度，同时提高了对低碳技术的研发投资与商业化应用的重视程度，重点拓展氢能、可再生能源、CCUS及储能电池领域[3-5]。油服公司则依赖传统技术优势，通过调整业务组合、变更组织架构、成立研发机构等方式积极拓展新领域[6-8]。因此，各不同领域石油企业侧重点均不一样。

## 1　石油公司与油服公司低碳新能源发展区别

石油公司与石油工程技术服务公司由于其业务领域与发展模式等均不同，因此对于低碳和新能源存在不同的发展规划。在战略发展重点方面[9]，油服公司更注重技术服务在传统油气领域的优势，以及如何将这些优势应用于新能源领域。而石油公司则更关注新能源领域的投资机会、市场规模及盈利前景；在发展路径方面，油服公司更倾向于通过研发新

【第一作者】李辉，男，1980年3月生，高级工程师，一级工程师，博士毕业于西南石油大学机械设计及理论专业，现从事低碳新能源及环保研究，通信地址：四川省广汉市绍兴路三段11号。邮编：618300。电话：0838-5150177。E-mail：ktlihui_sc@cnpc.com.cn。

技术、提高效率来降低成本，以此提高自己在新能源市场的竞争力。而石油公司则更注重通过并购、合作等方式扩大自己的新能源业务，以及通过政府补贴和政策支持来降低风险；在资源分配方面，油服公司在新能源领域的资源分配上相对较少，主要依赖于自身在传统油气领域的积累。而石油公司在新能源领域的资源分配上则更为积极，不仅关注现有业务，还积极寻找并开发新的资源；在技术研发方面，油服公司在技术研发方面具有较高的优势，由于其专注于油田技术服务，对新技术的接受和应用更为迅速。然而，由于其业务范围的限制，油服公司对新能源技术的研发和应用往往局限于石油和天然气领域的替代能源。而石油公司在技术研发方面则更注重氢能、可再生能源等多元化发展，积极探索适合自身业务的新能源技术；在投资决策方面[10-11]，石油公司在新能源项目的投资决策上更具优势，由于其拥有雄厚的资金实力和完善的投资决策体系，石油公司可以更加迅速地进入新能源市场并进行大规模投资。而油服公司在资金和投资决策方面的能力相对较弱，导致其在新能源市场的竞争中处于不利地位。

## 2 大型石油公司低碳新能源发展战略

目前大型国际石油公司如沙特阿美、bp、壳牌、道达尔、雪佛龙等均在碳中和浪潮之下做出节能减排承诺，同时不断实施新举措。虽然在节能减碳的道路上各家公司最终目标一致，采取的措施也相差无几，但侧重点有差异。沙特阿美作为全球最大的石油生产商和出口商同样积极寻求转型和发展。在氢能和CCUS方面，沙特阿美计划到2030年，每年生产$1100×10^4$t蓝氨。相比较于氢能，蓝氨由氮和蓝氢制成，更易于储存和运输。其中蓝氢从化石燃料中提取，同时配备CCUS技术，实现了低碳制氢。该公司计划到2035年，每年捕获、利用或储存$1100×10^4$t二氧化碳当量，如图1所示为沙特阿美公司CCUS提高采收率项目模拟场景。

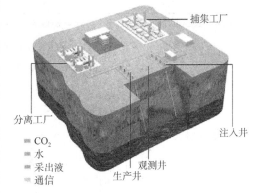

图1 沙特阿美公司CCUS提高采收率项目场景

而在CCUS上有较大投入的壳牌，其目标是到2035年每年增加$2500×10^4$t的碳捕获和储存能力。另一方面，海上风电也已成为壳牌关键的增长领域。依托深水开发方面的技术专长推进浮式风电项目的发展，壳牌在运及在建的海上风电装机容量已超过2.2GW。同时通过捕获和分析有关浮式技术性能及特征方面的数据，为浮式风电项目商业化运作铺平道路[12]。

道达尔公司积极推进可持续能源项目，如电力、生物燃气、氢能等，以此来满足市场对能源的需求。截至2023年，道达尔能源公司的可再生能源发电总装机容量为18GW。该公司计划到2025年，可再生能源和储能的总生产能力将达到35GW，到2030年将达到100GW，目标是跻身世界五大风能和太阳能发电商之列。相对而言，沙特阿美计划到2030年，投资产生12GW的太阳能和风能，其力度相对较小。

在2023年《bp世界能源展望》中，其将全球能源未来概括为四大趋势，分别是油气作用下降、可再生能源快速扩张、电气化程度提高以及低碳氢使用增多，如图2所示。到

2050 年，化石能源在一次能源中的占比在三种情景下都会下降，从 2019 年的 80% 左右下降为 2050 年的 55%~20%。风能、太阳能、生物能源及地热能等可再生能源的迅速扩大将抵消化石能源作用的减弱，其在一次能源中的占比将从 2019 年的 10% 左右提升至 2050 年的 35%~65%，如图 3 所示。终端能源消费约 20% 是电气化的，在三个展望情景中，2050 年这一比例会上升到 35%~55%。低碳氢也能在某些方面发挥作用，尤其是在那些难以电气化或电气化成本高昂并难以减排的工艺流程中[13-15]。

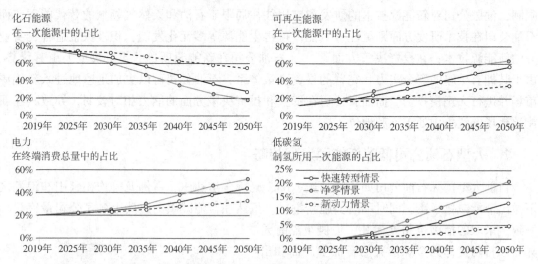

图 2　全球能源未来四大趋势

资料来源：《bp 世界能源展望（2023 年版）》。

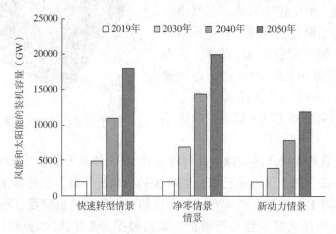

图 3　2019—2050 年风能和太阳能装机容量变化趋势图[13]

但值得注意的是，bp 公司在 2023 年对未来油气产量计划和减排目标进行了部分回调，放慢了能源转型的节奏。而雪佛龙对股东大会提出的有关气候变化相关的多项提案和决议进行了否决，其拒绝了新增能源转型目标或措施。因此，各石油公司开始注重能源转型的有序性[4]。

## 3　国际油服公司低碳新能源发展战略

斯伦贝谢、贝克休斯、哈里伯顿等三大国际油服公司同样在积极拓展应对行业转型趋势，在深化传统油服业务与技术的基础上，主动探索低碳新能源发展模式，并制定了碳减排目标，见表1。斯伦贝谢主要聚焦五大领域技术：碳解决方案、氢气、地热和地质能源、储能以及关键矿物。目前，斯伦贝谢所涉及CCUS技术相关项目数量已达到30个，联手雪佛龙、微软等企业联手开展"一项开拓性的生物能源与碳捕获和封存（BECCS）项目"。在氢能和电池领域，斯伦贝谢分别成立清洁氢气生产技术企业Genvia及通过其合资企业NeoLith Energy建立锂提取厂，主要专注颠覆性电解剂技术的开发以及电池材料领域（图4）。另外，其新能源公司与热能合作伙伴（TEP）成立地热项目开发公司STEP Energy，该公司首个项目是10MW尼维斯地热发电项目，可为尼维斯岛提供100%的零排放可再生能源[16-18]。

**表1 三大国际油服公司碳减排目标**

| 公司 | 减排目标 |
| --- | --- |
| 斯伦贝谢 | 2021年6月承诺到2050年实现净零碳排放；以2019年为基准，到2025年将范围1和范围2的温室气体排放量减少30%；到2030年将范围1和范围2的温室气体排放量减少50%，范围3的温室气体排放量减少30% |
| 贝克休斯 | 2019年1月承诺到2050年实现净零排放；以2012年为基准，到2030年将范围1和范围2的二氧化碳当量排放量减少50% |
| 哈里伯顿 | 以2018年为基准，到2035年将范围1和范围2的排放减少40%，持续跟踪并减少范围3的温室气体排放 |

资料来源：根据各公司公开资料整理。

注：范围1指企业生产运营中直接产生的排放；范围2指企业生产运营中间接产生的排放；范围3指企业产品销售过程中涉及的排放。

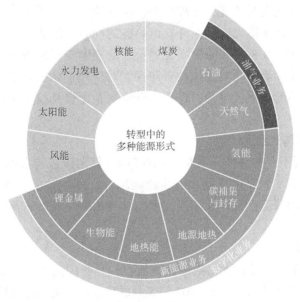

图4　斯伦贝谢三大业务板块所涉及多种能源形势[17]

贝克休斯作为起步最早的三大国际油服公司，其重点关注优势领域CCUS以及氢能。贝克休斯先后与Horisont Energy、三星工程公司合作开发CCUS项目，并投资生物甲烷化技术公司Electrochaea，提高碳捕集与利用技术[19]。而哈里伯顿长期以来看重北美钻井和完井业务，大力推进油气生产数字化转型，在低碳领域行动较少。2021年2月，哈里伯顿将三家清洁能源初创公司纳入公司"清洁能源加速器"计划，为接触和了解新技术，并加速清洁能源技术的孵化[7]。

因此，在稳步推动油气核心业务减排增产、保障充足的现金流后，国际油服公司正在积极投资布局低碳领域新技术新业务，从传统的油气行业全产业链技术及设备服务企业，向能源技术服务企业转型。但是，根据目前以及未来预计的数据，国际油服公司清洁能源业务收入对其来说仍占少部分。传统业务在未来很长一段时间仍将是油服企业收入的主要来源。随着全球各国可再生能源占比的提升，未来能源市场存在很大不确定性。如果兼顾传统业务和新业务，可以抵消能源市场波动时的风险。

## 4 钻探企业低碳新能源发展思考与建议

钻探企业作为油服领域的重要支柱，在钻井、测录井、压裂及油藏工程等方面拥有深厚的专业技术，是低碳新能源转型的重要支撑点。而地热资源开采与评估、CCUS 技术与产业、可燃冰开发等领域所需技术与钻探企业传统业务优势高度吻合，尤其是在二氧化碳封存和开发地热资源等方面具有明显业务优势。因此，钻探企业可以发挥自身技术特点，在低碳新能源领域发掘新的经济增长潜能。

### 4.1 地热资源开采与评估

目前石油公司与油服公司都已加大对地热投入，尤其美国、印度尼西亚、土耳其、冰岛等国对地热能发电的规模化开展，展现出了地热能增长的潜力。截至 2022 年，全球地热发电装机量 16000MW，而中国作为地热资源大国，占比还不到 1%，其中蕴藏巨大的发展潜力。结合钻探企业优势，一是对枯竭油田中的废停井进行评估，对于具有地热井开发条件的中深层井，可重新焕发其潜能，实现废物再次利用；二是利用超临界二氧化碳取代水作为换热介质，去提取地热能发电。在开发地热能的同时，还能实现二氧化碳的利用和地质封存，实现地热能和 CCUS 技术的协同发展；三是探索新型地热能开采与取热技术，开采方面针对干热岩、水热等不同类型地热资源探索对应先进钻探技术。在取热方面，深入挖掘先进技术如重力热管取热技术等，进而结合钻探企业自身技术优势，进一步开拓地热资源开采领域。

### 4.2 CCUS 技术与产业

CCUS 是碳中和绕不开的路径，钻探企业的 CCUS 储层改造技术可以对二氧化碳百分百地质封存，可实现 CCUS 工业化开发和碳驱油碳埋存。另外，在二氧化碳高效捕集纯化、全过程低成本防腐、油藏工程设计及调控技术、二氧化碳注入工艺及碳储存监测技术等方面均可寻求突破。

### 4.3 可燃冰开发

可燃冰作为燃烧值高、清洁无污染的新型能源，分布广泛而且储量巨大。我国从 1995 年开始对海洋可燃冰开展研究，并于 2007 年 5 月成功获取了可燃冰实物样品。"蓝鲸一号"海上钻井平台已具备可燃冰全流程试采核心技术，并取得突破。那么，钻探企业可发挥特长优势，在水合物区海底地质勘探及井位设计、泄漏检测技术、降压技术等方面加强突破力度，逐步解决可燃冰开采过程中由于分解从而导致甲烷泄漏等问题。

## 5 结论

石油公司和油服公司在融合低碳新能源方面各自具有优势和特点，石油公司更注重规模和资源的利用，而油服公司侧重技术研发和应用。但是，在能源转型进程中两者都应当注重技术研发和应用、资源与规模、合作与拓展等方面的发展，共同推动能源转型和实现可持续发展。

油气钻探企业除在能源替代方面大力发展电气化改造、电代油、气代油实现低碳排放外，未来应聚焦地热能开采、CCUS 等技术和产业布局，为油气行业绿色低碳发展提供高质量的技术服务保障。

## 参 考 文 献

[1] 赵喆，窦立荣，郤峰，等．国际石油公司应对"双碳"目标挑战的策略与启示[J]．国际石油经济，2022，30(06)：8-22.

[2] 卢奇秀．俄乌冲突对全球能源系统影响深远[N]．中国能源报，2023-02-06(003).

[3] 王曦，张兴阳，邓希，等．国际石油公司低碳和新能源业务布局与启示[J]．中国石油勘探，2022，27(6)：88-97.

[4] 吴雨佳，王曦，郤峰，等．七大国际石油公司 2022 年经营业绩与战略动向[J]．国际石油经济，2023，31(8)：66-75.

[5] 陈明卓，徐东，韩笑，等．国际石油公司业务组织架构变革分析及启示[J]．油气与新能源，2021，33(5)：8-13.

[6] 范旭强．新形势下，油服公司如何转型？[J]．国企管理，2022(10)：41-42.

[7] 范旭强，陈明卓，余岭．国际油服公司转型发展战略及思考[J]．国际石油经济，2021，29(9)：8-15.

[8] 杨雪琴．油田技术服务企业低碳转型分析及启示[J]．油气与新能源，2022，34(5)：34-39.

[9] 范旭强．扭亏为盈，油服布局新能源[J]．中国石油石化，2022(7)：52-53.

[10] 赵益康．能源转型背景下国际大石油公司新能源风险投资策略研究[J]．国际石油经济，2023，31(6)：40-46.

[11] 朱子涵，刘强，郭雪飞，等．国际石油公司可再生能源投资策略与行动研究[J]．国际石油经济，2020，28(4)：54-61.

[12] 闫青华，高博禹，何春百，等．壳牌能源转型战略的进程与启示[J]．中国石油和化工标准与质量，2022，42(4)：62-64.

[13] 李洪言，于淼，郑一鸣，等．基于情景的 2050 年世界能源供需展望分析—基于《bp 世界能源展望（2023 年版）》[J/OL]．天然气与石油：1-10.

[14] 余娜．《bp 世界能源展望》：未来 30 年仍需投资石油和天然气上游[N]．中国工业报，2023-06-13(7).

[15] 王高峰．世界需要更加智慧的能源转型——专访 bp 集团首席经济学家戴思攀[J]．能源，2023(6)：22-24.

[16] Schlumberger. 2020 Sustainability Report[R]. 2021.

[17] Schlumberger. 2021 Annual Report[R]. 2022.

[18] 曾涛，袁园．斯伦贝谢公司适应能源转型的措施与启示[J]．国际石油经济，2022，30(3)：36-43.

[19] 王晨．投资"双碳"新技术转向能源科技公司[N]．21 世纪经济报道，2021-07-15(6).

# CYG 地区"U"形地热井钻井技术

代 俊

（大庆钻探工程公司钻井二公司）

**摘 要** CYG 地区"U"形地热井项目是我国地热能清洁替代试验的重要一环。该项目聚焦于采油十厂 CYG 地区的地热资源开发。项目遵循"取热不取水"的原则，通过地面注水进入"U"形井井筒，实现高效换热，进而通过地面热力站并入供热管网，为当地居民提供清洁能源供暖。这一方案显著减少了燃煤锅炉房的煤炭消耗和碳排放，为推动清洁能源转型迈出了坚实一步。在项目实施过程中，成功应用了一系列创新的钻井技术，这些技术在深层地热开发中尚属首次。通过这些技术，成功实现了在深层复杂地质条件下千米外的厘米级别精准对接，展现了科研团队的高超技术水平和卓越创新能力。展望未来，CYG 地区"U"形地热井项目的成功经验将为新能源开发地热井施工领域提供宝贵的参考和借鉴，推广应用前景十分广阔。

**关键词** 钻井工具优选；轨迹控制；磁导向对接；井眼贯通

为积极响应国家"双碳"目标，推动能源结构向绿色低碳转型，中国石油天然气集团有限公司（简称"集团公司"）和大庆油田分别制定了三步走能源转型战略和低碳绿色可持续发展规划。作为集团公司的重要子公司，大庆钻探将清洁能源开发作为发展重点，积极探索地热资源的开发利用。地热资源作为一种清洁、可再生的绿色能源，具有巨大的发展潜力。特别是深层地热井，其取热效率高、热损失少，节能效果显著。然而，由于在此类井型的施工方面缺乏经验，提升相关技术水平、制定切实可行的施工措施成为当务之急。为实现国内地热"U"形井在井深、水平段长度、采集温度和井下地质环境等方面的技术突破，人们迫切需要开展以对接成功为主要目标的技术研究。

## 1 地热井钻井技术难点

### 1.1 地质难点

地热资源的开发利用受到多种因素的影响，其中包括岩性、物性、热物性、地温梯度、热储厚度等关键参数。这些参数对于评估地层的含热性、确定地热资源的储量和开发潜力具有重要意义。然而，在目前的录井专业中，尚未形成专门针对地热资料采集与评价的技术和仪器，这在一定程度上制约了地热资源的有效开发和利用。

---

【第一作者简介】代俊，男，汉族，黑龙江大庆人，1989 年 11 月出生，大学本科文化，工程师，现在大庆钻探工程公司钻井二公司钻井工程技术服务中心技术室从事钻井技术管理工作。通讯地址：黑龙江省大庆市红岗区八百垧街道大庆钻探钻井二公司技术室。邮编：163413。E-mail：421204719@ qq. com。联系电话：15145954025。

（1）岩性：不同岩石类型具有不同的热传导性能和热储存能力。例如，火山岩和沉积岩通常具有较好的热传导性，而变质岩则可能具有更高的热储存能力。因此，了解地层的岩性对于评估其含热性至关重要。

（2）物性：地层的孔隙度、渗透性等物性参数对于地热流体的流动和热量传递具有重要影响。高孔隙度和渗透性的地层有利于地热流体的流动和热量交换，从而提高地层的含热性。

（3）热物性：地层的热传导率、热容量等热物性参数决定了地层储存和传递热量的能力。这些参数对于地热井的产量和地热资源的可持续开发具有重要意义。

（4）地温梯度：地温梯度反映了地层温度随深度的变化率。高的地温梯度意味着在相同的深度范围内，地层温度变化更大，有利于地热资源的开发利用。

（5）热储厚度：指具有经济开发价值的含热地层的厚度。厚的热储层意味着更大的地热资源储量和更长的地热井寿命。

### 1.2 钻头使用寿命短

地热井在钻井施工过程中，一般情况下会钻遇到变质岩地层、火成岩地层。以上两种地层有着地层研磨性强、岩石硬度大、钻井难度高的特点，地层温度的升高会造成传统牙轮钻头牙齿磨损越来越严重，轴承系统运行不稳定，掉齿等问题，因此在地热井钻完井施工过程中传统钻头适应性不高。

### 1.3 轨迹控制难度较大

CYG 地区"U"形地热井造斜及水平井段位于泉头、登娄库组。因可钻性较差，增加了定向施工难度，地层倾角变化大，施工中实现稳斜控制难度较大，同时随着井深和稳斜段的延伸，也随之出现重力效应突出，摩阻扭矩不断增加，起钻负荷大，下钻阻力大，滑动钻进钻压传递困难等情况。

### 1.4 深层地热井贯通精度

根据以往在山西煤层气施工经验，由于地层浅且酥脆，即使最终对接精度相差 5m，该煤层地质条件下，通过井底循环、侧钻划眼等方式有极大可能实现对目标井的贯通(有现场施工成功案例)，对于贯通水通量合格可以通过长时间循环，扩大贯通井眼，等施工措施达到减少循环压耗的目的，在 CR R3-U1 井组施工中，首次对接精度在 3.4m，未能实现对接。而为保障对接贯通后水通量复合设计要求，对接最佳方式为直接对接，应避免其他技术手段贯通，深层地热"U"形井施工技术对接难度远高于浅层施工。

## 2 深层地热"U"形井钻井技术研究

### 2.1 地热"U"形井钻井工具优选

地热"U"形井工具使用研究，地热井钻井工艺是基于石油钻井工艺为基础，根据周边邻井 CS7 井实钻情况提供钻井与地质资料(该井 2003 年施工技术老旧)，重点研究深层 2400~2850m 垂深井下工具使用方案，主要是深层高温硬质(莫氏硬度 7)环境下钻头、螺杆、定向仪器、磁导向仪器选择。

#### 2.1.1 钻头优选

施工前根据井下地质情况进行分析登娄库三段到一段岩性特点：砂泥岩互层较多，局部含砾，钻头易崩齿，砂岩研磨性强，吃入性差，钻头破岩效率低；$\phi$241.3mm 钻头在深层高温环境下使用经验为零，仅能根据地质情况及邻井钻井情况对钻头使用进行预估，应对造斜段与水平段施工应有区分，尤其是针对造斜段井眼扩大率低（0.29% ~ 1%）的情况，对造斜率及造斜困难进行预估。

钻头使用方案如下：

造斜段（2412 ~ 3015m）：登三段—登一段使用抗研磨性和攻击性兼顾的 9½in SP1656D（16mm 齿、6 刀翼双排齿、钢体）型号定向钻头。

水平段（3015 ~ 4016m）：登一段使用抗研磨性和攻击性兼顾的 9½in SAS1656D（16mm 齿、6 刀翼双排齿、钢体）型号防卡钻头。

CR R3-U1-H1 井造斜段在钻井过程中遇到了一些挑战。根据所提供的信息，造斜段主要使用了 4# 至 7# 钻头，井段为 2420 ~ 3026m，进尺为 606m，方案周期为 9.7 天（即 232h），周期钻速为 2.61m/h。通过对出井 PDC 钻头的磨损情况和井下返出砂样的分析，发现钻头磨损严重，存在冲击破碎和崩齿情况，复合片存在海滩纹碎裂。造成这种情况的主要原因可能是软硬地层交错，钻头在吃入硬地层时受到冲击损伤。此外，1.5°螺杆弯角大也可能导致涡动加剧，从而加剧了钻头的磨损。根据磨损定级结果，可以看出钻头的磨损程度较为严重。最终造斜段前期继续钻速慢至 2.02m/h，且钻头的寿命导致起钻占 3 次。

研究分析在 CYG 地区可钻性差的登娄库层位造斜段使用复合钻头，规格为 φ215.9mm 或 φ241.3mm 的 KPM1642RT 型号混合钻头或同类型钻头。直井段及水平段使用大港中成 PDC 钻头型号 SD6653B 或同类型钻头。通过与钻头厂家沟通合作，应用优化选型 PDC 钻头后，取得了较好的应用效果，证明了 PDC 钻头选型的正确性。机械钻速由 3.89m/h 提升至 4.71m/h，使用寿命由 40.2h 提升至 79.38h。

### 2.1.2　螺杆优选

施工前根据井下地质情况及设计造斜段造斜率为 5.1°/30m 进行分析，提出将原造斜段使用 197mm（耐温 150）1.5°螺杆中 235mm 五直棱下扶正器更改为 237mm 五直棱下扶正器。经过讨论，厂家与定向井项目部轨迹控制人员推荐 CR R3-U1-H1 井造斜段使用 197mm（耐温 150℃）1.5°螺杆 237mm 五直棱下扶正器，在西北区块螺杆使用过程中实际造斜率与理论造斜率能相差 4°/30m ~ 5°/30m，实际使用值与地层情况、钻井参数、钻头状态等都有很大关系，扶正器尺寸对造斜率的影响有时也很敏感，虽然 235mm 与 237mm 尺寸理论值相差不明显，为保证井斜，推荐使用 237mm 扶正器，但也需要根据实际井眼扩大率进行螺扶参数选择（图 1）。

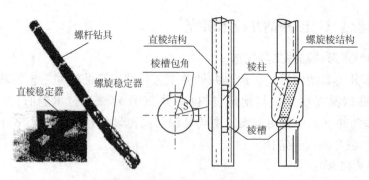

图 1　螺杆钻具稳定器示意图

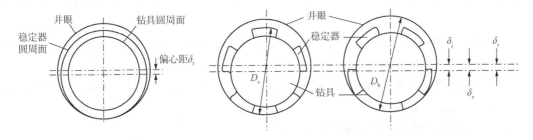

图 2　稳定器与井眼接触示意图

一般把稳定器看成是圆周形柱面。旋转时，稳定器与井筒底边接触 n，且偏心距不发生改变，如图 2 所示。因而，偏心距即为理想偏心距。计算公式为

$$\delta_r = \delta_i = 1/2(D_h - D_s) \tag{1}$$

式中，$\delta_r$ 为偏心距，mm；$\delta_i$ 为理想偏心距，mm；$D_h$ 为井眼直径，min；$D_s$ 为稳定器外径，mm。

井眼轨迹阻卡现场分析计算：结构偏心距是一个变化值，当钻具旋转到棱槽中间与井筒低边接触时，其值达到最大，且每旋转一个棱柱和棱槽角度，结构偏心距完成一个周期的变化。若以一个棱柱的侧面为基准面，随着钻具的旋转，结构偏心距的计算公式为

$$\delta_s = \begin{cases} \dfrac{D_s}{2}\left[1 - \cos(\theta - n\Psi)\right]; \\ \left[n\Psi \leq \theta \leq \left(n\Psi + \dfrac{\Phi}{2},\ n = 0,\ 1,\ 2,\ \cdots\right)\right] \\ \dfrac{D_s}{2}\left[1 - \cos(n\Psi + \Phi - \theta)\right]; \\ \left(n\Psi + \dfrac{\Phi}{2} \leq \theta \leq n\Psi + \Phi,\ n = 0,\ 1,\ 2,\ \cdots\right) \\ 0;\ \left[n\Psi + \Phi \leq \theta \leq (n+1)\Psi,\ n = 0,\ 1,\ 2,\ \cdots\right] \end{cases} \tag{2}$$

式中，$\delta$ 为结构偏心距，mm；$D$ 为稳定器外径，mm。

从式（2）可以看出，稳定器外径 $D$ 越大、棱槽包角越大，变化幅度越大。在下部钻具力学分析中，一般计算时输出参数为稳定器的外径，再利用外径与井眼尺寸的差来计算偏心距。若考虑稳定器结构对偏心距的影响，实际稳定器外径应为等效外径 DR = DS-2δr，在本井组 241.3mm 井眼中，单弯螺杆稳定器外径为 237mm，对称结构，棱槽和棱柱的包角相等，由此计算理想偏心距为 2.15mm。计算钻头尺寸 241.3mm，井眼扩大率最小为 0.29%，弯点距 1.6m，螺杆外径 197mm，螺扶尺寸为 237mm。241.3mm×井眼扩大率（最小值0.29%）= 井眼尺寸 242mm，空隙为 242mm-237mm=5mm，空隙宽度-2×最佳偏移距离，贴合井壁一侧距离仅有 0.7mm，录井实际就井筒返出岩石颗粒进行测量，颗粒外径 1~3mm 且质地坚硬（莫氏硬度 5~7），不利于岩削返出造成阻卡。通过计算为保障返出岩石颗粒不会

造成阻卡，需螺扶小于234mm。最终确认更换234mm直径螺杆螺扶，更换复合钻头阻卡现象减少。

造斜段、磁导向段定制螺杆：使用单弯1.5°耐油耐高温140℃螺杆，外径$\Phi$197mm，7L非中空双扶（下$\Phi$234mm）。

水平段定制螺杆：使用单弯1.25°耐油耐高温140℃螺杆，外径$\Phi$197mm，7L非中空双扶（上$\Phi$233mm，下$\Phi$233mm）。

## 2.2 地热"U"形磁导向对接迹控制技术

磁导向对接技术应用包括两部分，磁导向对接前轨迹精度需要达到120m；精度在15m之内，磁导向仪器方能接受磁信号开始工作。

MWD仪器控制井段（直井2850m、水平井3907m）施工要求：为保障作业井钻至点与目标井连通点相距120m以外开始磁导向测量，且井眼待钻轨迹方位偏差在5°以内；在磁导控制点前MWD仪器控制井段，采取的措施有以下几个。

（1）仪器出厂设置多重校验（对MWD、多点仪器，测井仪器等多家仪器校准）、直井及水平井仪器使用一致性（尽可能使用不更换探管仅更换配件方式）。

（2）加密测斜，直井30m一个测点，水平井造斜段及水平段10m一个测点，尽量减少因仪器误差产生偏差。

（3）减少人员操作等因素带来影响，现场聘用拥有10年以上丰富定向经验的定向工程师控制轨迹。

最终CR R3-U1井组在3907m开始磁导向对接时（MWD仪器总控制井段6717m），经过磁导向验证，最终方位偏差在2.26°，偏差距离在4.62m，通过以上技术措施施工，最终磁导对接前轨迹控制精度符合要求。

采取轨迹精度提升技术研究：

地热"U"形井在水平井部分（对接井），对接前的施工过程中尽可能地保证与设计轨迹的贴合，在造斜段与原设计轨迹最大距离仅有6.16m，而进入水平段之后与原设计轨迹的距离也一直维持在1.5m以内。为对接施工打下良好基础。

磁导向控制井段（3907～4024m）施工有以下几点要求。

设备要求：

（1）磁导向对接工具的参数指标：耐温150℃，耐压80MPa，外径80mm，整体长度3m左右；井下探管及永磁短节按照双倍配置。

（2）磁导向工具探测范围为1～120m、距离测量误差小于5%；陀螺探管井斜精度0.1°、方位精度1°、耐温175℃、外径45mm、长度3m。

（3）施工过程中，利用测井专用绞车将测量探管下入直井井眼内，其中测井配套外径11.8mm的7芯铠装电缆，电缆长度一般在5000～6000m，通过快接接头、马龙头实现绞车与井下探管连接。

（4）根据井队下入241.3mm钻头的技术需求，正钻井需要下入203mm永磁短节，永磁短节安装在螺杆和钻头之间，永磁短节螺纹是61/2REG螺纹。

施工现场要求：

（1）现场通过直井探管加装扶正器。

（2）多次下放上提探管至少测量三次，排除异常数据措施。

（3）每钻进 15m 上提复测该井段轨迹，确保直井探管姿态正常。

（4）直井探管由于耐高温原因需要 24h 起出散热一次，一次约 1.5h，一般在接立柱时进行探管散热(表 1)。

表 1　磁导向井施工测斜技术要求

| 阶段 | 井深(m) | 两井相对距离(m) | 周期(天) | 备注 |
|---|---|---|---|---|
| 逼近段 | 3907~3937 | 90~120 | 0.5 | MWD，磁导向跟踪磁源，每 5m 一测 |
| 逼近段 | 3937~3977 | 50~90 | 0.5 | MWD，磁导向跟踪磁源，每 3m 一测 |
| 逼近段 | 3977~4017 | 10~50 | 1 | MWD，磁导向跟踪磁源，每 2m 一测 |
| 精密逼近 | 4017~4024 | <10 | 1 | MWD，磁导向跟踪磁源，每 1~2m 一测 |
| 对接 | 4024 | | | 起出探管实现对接 |

水平井钻进至与直井 120m，水平井起钻配好磁源短节，直井下入探管开始测量按照施工设计，根据现场实钻情况实时调整。要求细化磁导向施工指令下达程序，每次测斜均出具测斜数据分析，及下步指令分析，由北京工程院、定向井项目部及钻井公司等多方面专家讨论，指导高质量施工，是确保高精度对接的主要措施。

深层地热"U"形井轨迹控制技术满足施工要求，能在 130℃ 温度环境下，有力地保障了轨迹精度，在后期追加地面磁导向仪器与 MWD 仪器地面爬行实验后，按照磁导向各项技术要求执行，磁导向对接精度最终确认为 0.02m 达到国内先进水平，突破 2022 年国内 0.05m 高精度对接指标，同时因为本次试验属于深层地热井试验，实现国内磁导向对接遥遥领先。

**2.3　地热"U"形井井眼贯通技术**

目标井和磁导向井的现场技术措施在地热井施工中具有关键作用，这些措施确保了施工的安全性和效率。

（1）目标井现场技术措施。

① 泵压表配备与双人观察：配备泵压表并由两人同时观察可以确保对接过程中的压力变化被及时、准确地捕捉，从而避免可能的压力异常或发生事故。

② 钻井液罐配备与地面防污染：使用钻井液罐可以有效地收集和处理井口排出的液体，防止对地面造成污染，同时也方便了对排出液体的监控和分析。

③ 对讲机沟通与后续操作：通过对讲机与目标井现场保持沟通可以确保信息的即时传递，当确认对接成功后，关闭井口并观察压力表变化是保障施工安全的关键步骤。

（2）磁导向井现场技术措施。

① 钻井设备检查与防喷演习：对接前对钻井设备的检查可以确保其处于良好状态，而防喷演习则提高了现场人员在紧急情况下的反应能力和协作水平。

② 仪器仪表数据监测与钻井液罐坐岗：对磁导向控制水平井的仪器仪表数据进行多方面监测可以及时发现并处理井下异常情况，确保施工的安全和顺利进行。

③ 钻压与扭矩变化观察：司钻和工程师密切观察钻压和扭矩的变化可以及时发现钻头的异常情况，避免发生憋卡等事故。

④ 对接贯通后的操作与精度分析：对接贯通后的循环、钻具活动和摩阻观察等操作是确保贯通成功和后续钻进安全的关键。结合钻压参数变化和钻具伸长量变化进行的分析可以对贯通精度和水通量进行初步鉴定，为后续的钻井操作提供重要参考。

这些技术措施综合考虑了地热井施工的各个方面，旨在确保施工的安全、高效和精准。通过严格执行这些措施，可以有效地提高地热井的施工质量，满足地热资源开发的需求。

## 3 结论及建议

目前正在大力发展地热能源，想要进一步地对钻井完井技术进行优化和完善，就要根据井身实际结构、固井、测井、洗井等基本参数来确定，才能充分地发挥出地热能源的优势，提高现场应用效果。地热资源的开发变得越来越广泛，深度也越来越深，这就对钻井施工技术有着更高的要求，不断地完善与优化钻完井施工工艺技术，符合我国环境保护的基本原则，为企业创造更大的经济效益，促进企业的可持续发展。

针对 CYG 地区深层"U"形地热井的工具优选，钻头推荐：造斜段优选规格为 $\phi215.9mm$ 或 $\phi241.3mm$ 的 KPM1642RT 型号混合钻头或同类型钻头；直井段及水平段使用大港中成 PDC 钻头型号 SD6653B 或同类型钻头。造斜段或水平段使用单弯 1.25°/1.5° 耐油耐高温 140℃（视目的层温度确定）螺杆，外径 $\phi197mm/\phi185mm$，7L 非中空双扶（上 $\phi233mm$，下 $\phi233mm$）。定向仪器全井段使用 MWD（斯伦贝谢）选用耐高温（不低于 150℃ 视目的层温度确定）。水平井远距离穿针工具北京工程院（MGD-D）：探测范围 120m，耐温 150℃ 测量精度（工程院承诺最高施工温度 180℃ 但需升级）0.05nT，连通误差 0.17m，规格有 $3\frac{1}{2}in$，$4\frac{3}{4}in$，$6\frac{1}{2}in$，203mm。

CYG 地区深层"U"形地热井地质认知：通过对 CYG 地区的地质构造、地热资源分布等方面的深入研究，形成了对该地区深层"U"形地热井地质特征的全面认知。地热井取热目的层总体莫氏硬度为 7，质地坚硬，造斜困难，为提高井身质量合格率，井眼轨迹方面建议造斜率小于 4.5°/30m。

优化井深结构：一是直井二开钻头使用 $\phi222.2mm$ 钻头配 $\phi177.8mm$ 套管，进行作业施工。二是水平井一开钻头使用 $\phi445mm$ 钻头匹配 $\phi408mm$ 套管，二开使用 $\phi311mm$ 钻头配 $\phi244.5mm$ 套管，三开使用 $\phi215.9mm$ 钻头配 $\phi139.7mm$，进行作业施工。将水平井改成斜直定向井，在确保热交换效率足够的情况下，定向井相比水平井成本能有效降低 25% 以上。

## 参 考 文 献

[1] 王磊. 高温地热井钻完井关键技术研究[J]. 石化技术，2019，26(10)：171-172.
[2] 刘波. 地热井开发现状分析及前景展望[J]. 石化技术，2015，22(4)：153.